FÍSICA III

ELETROMAGNETISMO

14e

YOUNG & FREEDMAN

SEARS & ZEMANSKY

FÍSICA III

ELETROMAGNETISMO

14e

YOUNG & FREEDMAN

SEARS & ZEMANSKY

Hugh D. Young

Roger A. Freedman

Universidade da Califórnia, Santa Bárbara

Colaborador

A. Lewis Ford

Universidade A&M do Texas

Tradutores:

Daniel Vieira e Lucas Pilar

Revisão técnica:

Adir Moysés Luiz

Doutor em ciência

Professor associado aposentado do Instituto de Física da Universidade Federal do Rio de Janeiro

Pearson

Gerente editorial	Thiago Anacleto
Supervisora de produção editorial	Silvana Afonso
Coordenador de produção editorial	Jean Xavier
Editor de aquisições	Vinícius Souza
Editora de texto	Sabrina Levensteinas
Editores assistentes	Marcos Guimarães e Karina Ono
Preparação	Renata Siqueira Campos
Revisão	Oitava Rima
Capa	Solange Rennó
Projeto gráfico e diagramação	Casa de Ideias

Dados Internacionais de Catalogação na Publicação (CIP)
(Câmara Brasileira do Livro, SP, Brasil)

Young, Hugh D.
Física III, Sears e Zemansky: eletromagnetismo/ Hugh D. Young, Roger A. Freedman ; colaborador A. Lewis Ford ; tradução Lucas Pilar da Silva e Daniel Vieira; revisão técnica Adir Moysés Luiz. – 14. ed. – São Paulo: Pearson Education do Brasil, 2016.

Título original: University physics with modern physics
Bibliografia
ISBN 978-85-430-1591-0

1. Eletromagnetismo 2. Física I. Freedman, Roger A.. II. Ford, A. Lewis. III. Título.

15-09796 CDD-537

Índice para catálogo sistemático:
1. Eletromagnetismo : Física 537

Printed in Brazil by Reproset RPSA 230127

Direitos exclusivos cedidos à
Pearson Education do Brasil Ltda.,
uma empresa do grupo Pearson Education
Avenida Santa Marina, 1193
CEP 05036-001 - São Paulo - SP - Brasil
Fone: 19 3743-2155
pearsonuniversidades@pearson.com

Distribuição
Grupo A Educação
www.grupoa.com.br
Fone: 0800 703 3444

SUMÁRIO

FÍSICA III

ELETROMAGNETISMO

FÍSICA I

MECÂNICA

FÍSICA II
TERMODINÂMICA E ONDAS

FÍSICA IV
ÓTICA E FÍSICA MODERNA

APÊNDICES

REFERÊNCIA DE CLAREZA E RIGOR

Desde a sua primeira edição, o livro *Física* tem sido reconhecido por sua ênfase nos princípios fundamentais e em como aplicá-los. O texto é conhecido por sua narrativa clara e abrangente, e por seu conjunto amplo, profundo e ponderado de exemplos funcionais — ferramentas-chave para o desenvolvimento do conhecimento conceitual e das habilidades para a solução de problemas.

A **décima quarta edição** melhora as características essenciais do texto, enquanto acrescenta novos recursos influenciados pela pesquisa acadêmica em física. Com foco no aprendizado visual, novos tipos de problemas encabeçam as melhorias elaboradas para criar o melhor recurso de aprendizagem para os alunos de física de hoje.

FOCO NA SOLUÇÃO DE PROBLEMAS

EXEMPLO 21.3 SOMA VETORIAL PARA FORÇAS COLINEARES

Duas cargas puntiformes estão localizadas no eixo x de um sistema de coordenadas: $q_1 = 1{,}0$ nC está em $x = +2{,}0$ cm, e $q_2 = -3{,}0$ nC está em $x = +4{,}0$ cm. Qual é a força elétrica total exercida por q_1 e q_2 sobre uma carga $q_3 = 5{,}0$ nC em $x = 0$?

SOLUÇÃO

IDENTIFICAR E PREPARAR: a **Figura 21.13a** mostra a situação. Para obter a força total sobre q_3, a incógnita do problema, devemos encontrar a soma vetorial das duas forças elétricas atuando sobre essa carga.

EXECUTAR: a Figura 21.13b é um diagrama do corpo livre para a carga q_3, que é repelida por q_1 (que possui o mesmo sinal) e atraída por q_2 (que possui sinal oposto). $\vec{F}_{1\text{ em }3}$ está no sentido de $-x$ e $\vec{F}_{2\text{ em }3}$ está no sentido de $+x$. Convertendo as unidades, temos, a partir da Equação 21.2,

$$F_{1\text{ em }3} = \frac{1}{4\pi\epsilon_0}\frac{|q_1q_3|}{r_{13}^2}$$
$$= (9{,}0 \times 10^9\ \text{N}\cdot\text{m}^2/\text{C}^2)\frac{(1{,}0 \times 10^{-9}\ \text{C})\,(5{,}0 \times 10^{-9}\ \text{C})}{(0{,}020\ \text{m})^2}$$
$$= 1{,}12 \times 10^{-4}\ \text{N} = 112\ \mu\text{N}$$

Da mesma forma é possível demonstrar que $F_{2\text{ em }3} = 84\ \mu$N. Portanto, sabemos que $\vec{F}_{1\text{ em }3} = (-112\ \mu\text{N})\hat{\imath}$ e $\vec{F}_{2\text{ em }3} = (84\ \mu\text{N})\hat{\imath}$. A força elétrica líquida sobre q_3 é dada por

$$\vec{F}_3 = \vec{F}_{1\text{ em }3} + \vec{F}_{2\text{ em }3} = (-112\ \mu\text{N})\hat{\imath} + (84\ \mu\text{N})\hat{\imath}$$
$$= (-28\ \mu\text{N})\hat{\imath}$$

AVALIAR: para conferir, note que o módulo de q_2 é três vezes maior que o módulo de q_1, mas q_2 está duas vezes mais distante de q_3. Pela Equação 21.2, isso significa que $F_{2\text{ em }3}$ deve ser $\frac{3}{2^2} = \frac{3}{4} = 0{,}75$ vez o valor de $F_{1\text{ em }3}$. Isso está de acordo com nossos resultados: $F_{2\text{ em }3}/F_{1\text{ em }3} = (84\ \mu\text{N})/(112\ \mu\text{N}) = 0{,}75$. Como $F_{2\text{ em }3}$ é a força mais fraca, o sentido da força líquida é o mesmo de $\vec{F}_{1\text{ em }3}$ — ou seja, no sentido de $-x$.

Figura 21.13 Nossa esquematização do problema.

(a) Nosso diagrama da situação

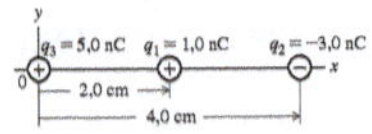

(b) Diagrama do corpo livre para q_3

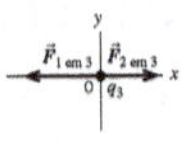

◀ O FOCO NA SOLUÇÃO DE PROBLEMAS baseado em pesquisa — IDENTIFICAR, PREPARAR, EXECUTAR, AVALIAR — é utilizado em cada Exemplo. Essa abordagem consistente ajuda os alunos a enfrentarem os problemas de modo ponderado, em vez de partir direto para o cálculo.

ESTRATÉGIA PARA A SOLUÇÃO DE PROBLEMAS 23.1 DETERMINAÇÃO DO POTENCIAL ELÉTRICO

IDENTIFICAR *os conceitos relevantes:* lembre-se de que o potencial elétrico é a *energia potencial por unidade de carga.*

PREPARAR *o problema* por meio dos seguintes passos:

1. Faça um desenho indicando claramente a localização das cargas (que podem ser puntiformes ou uma distribuição contínua de cargas) e a escolha dos eixos de coordenadas.
2. Indique no desenho a posição do ponto em que você deseja calcular o potencial elétrico V. Algumas vezes essa posição será arbitrária (digamos, um ponto a uma distância r do centro de uma esfera carregada).

EXECUTAR *a solução* da seguinte forma:

1. Para encontrar o potencial produzido por um conjunto de cargas puntiformes, aplique a Equação 23.15. Quando o problema fornece uma distribuição contínua de cargas, descubra um modo de dividi-la em elementos infinitesimais e, a seguir, use a Equação 23.16. Faça a integral empregando os limites apropriados para incluir completamente a distribuição de cargas.
2. Se o campo elétrico for conhecido, ou se você for capaz de calculá-lo usando os métodos do Capítulo 21 ou do 22, pode ser mais fácil aplicar a Equação 23.17 ou a Equação 23.18 para calcular a diferença de potencial entre dois pontos a e b. Quando apropriado, use sua liberdade de definir como zero o potencial V em algum ponto conveniente e escolha esse local como o ponto b. (Para cargas puntiformes, geralmente esse ponto está no infinito. Para outros tipos de distribuição de cargas — principalmente aquelas que se estendem até o infinito — pode ser necessário definir V_b como zero a uma certa distância finita da distribuição de cargas.) Então, o potencial em qualquer outro ponto, digamos o ponto a, pode ser calculado a partir da Equação 23.17 ou a 23.18 com $V_b = 0$.
3. Embora o potencial V seja uma grandeza *escalar*, pode ser necessário usar os componentes dos vetores $\vec{E}$ e $d\vec{l}$ quando você aplicar a Equação 23.17 ou a 23.18 para calcular V.

AVALIAR *sua resposta:* confira se o resultado obtido está dentro das expectativas. Se o resultado fornecer V em função da posição, faça um gráfico dessa função para verificar se isso faz sentido. Se o campo elétrico for conhecido, você poderá fazer um teste qualitativo do resultado de V, verificando se ele diminui quando você se desloca no mesmo sentido de $\vec{E}$.

ESTRATÉGIAS PARA A SOLUÇÃO DE PROBLEMAS ▶ fornecem aos alunos táticas específicas para a resolução de determinados tipos de problema.

Problema em destaque Cálculo do campo elétrico: meio anel carregado

A **Figura 21.34** apresenta a carga positiva Q distribuída uniformemente em torno de um semicírculo de raio a. Encontre o módulo, a direção e o sentido do campo elétrico resultante no ponto P, o centro da curvatura do semicírculo.

GUIA DA SOLUÇÃO

IDENTIFICAR E PREPARAR

1. As incógnitas da questão são os componentes do campo elétrico no ponto P.
2. Divida o semicírculo em segmentos infinitesimais, cada um representando um segmento de arco circular curto que possui raio a e ângulo $d\theta$. Qual é o comprimento de um desses segmentos? Qual é o valor da carga que um segmento possui?
3. Considere um segmento infinitesimal em uma posição angular θ no semicírculo, medido a partir do canto direito inferior do semicírculo onde $x = a$, $y = 0$. (Logo, $\theta = \pi/2$ em $x = 0$, $y = a$ e $\theta = \pi$ em $x = -a$, $y = 0$.) Quais são os componentes x e y do campo elétrico em P (dE_x e dE_y) produzidos apenas por esse segmento?

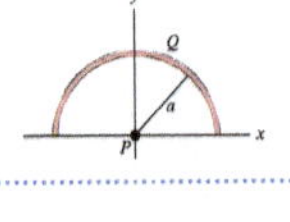

Figura 21.34 Carga distribuída uniformemente em torno de um semicírculo.

EXECUTAR

4. Integre suas expressões para dE_x e dE_y entre $\theta = 0$ e $\theta = \pi$. Os resultados serão os componentes x e y do campo elétrico no ponto P.
5. Use seus resultados da etapa 4 para encontrar o módulo, a direção e o sentido do campo elétrico no ponto P.

AVALIAR

6. Seu resultado para o módulo do campo elétrico está expresso nas unidades corretas?
7. Explique como você poderia encontrar o componente x do campo elétrico usando um argumento de simetria.
8. Qual seria o campo elétrico no ponto P caso o semicírculo passasse a ser um círculo completo, cujo centro se localiza no ponto P?

◀ PROBLEMAS EM DESTAQUE, que ajudam os alunos a passarem de exemplos resolvidos de um único conceito para problemas multiconceituais ao final do capítulo, foram revisados com base no feedback dos revisores, garantindo que sejam eficazes e estejam no nível de dificuldade apropriado.

INFLUENCIADO PELO QUE HÁ DE MAIS NOVO EM PESQUISA ACADÊMICA

PEDAGOGIA INSPIRADA POR DADOS E PESQUISA

DADOS MOSTRAM

Força elétrica e campo elétrico

Quando os alunos recebiam um problema sobre força elétrica e campo elétrico, mais de 28% davam uma resposta incorreta. Erros comuns:

- Esquecer que o campo elétrico $\vec{E}$ atuando sobre uma carga puntiforme não depende dessa carga puntiforme. O valor de $\vec{E}$ depende das cargas que o produzem, e não da carga que sofre seus efeitos.
- Esquecer que $\vec{E}$ é um vetor. Quando o campo $\vec{E}$ em um ponto *P* resulta de duas ou mais cargas puntiformes, $\vec{E}$ é a soma vetorial dos campos produzidos pelas cargas individuais. De modo geral, esse valor é diferente da soma dos módulos desses campos.

◀ NOTAS DADOS MOSTRAM alertam os alunos para os erros estatisticamente mais comuns cometidos na solução de problemas de determinado tópico.

$$\Phi_E = \int E\cos\phi\, dA = \int E_\perp\, dA = \int \vec{E}\cdot d\vec{A} \qquad (22.5)$$

Fluxo elétrico através de uma superfície; Módulo do campo elétrico $\vec{E}$; Componente de $\vec{E}$ perpendicular à superfície; Ângulo entre $\vec{E}$ e normal à superfície; Elemento da área da superfície; Elemento vetorial da área da superfície

▲ Todas as EQUAÇÕES PRINCIPAIS AGORA ESTÃO COMENTADAS para ajudar os alunos a fazer uma ligação entre entendimento conceitual e matemático da física.

24.71 •• **DADOS** Você está realizando experiências com um capacitor plano de placas paralelas com ar entre as placas. Você conecta o capacitor a uma bateria com tensão elétrica igual a 24,0 V. Inicialmente a distância *d* entre as placas é igual a 0,0500 cm. Em uma das experiências, você deixa a distância entre as placas aumentar, com a bateria conectada, e mede a energia elétrica armazenada entre as placas para cada um dos valores de *d*. Em uma outra experiência, você desconecta a bateria antes de iniciar o aumento da distância entre as placas. Um conjunto de dados obtidos é indicado na **Figura P24.71**, na qual você plotou a energia acumulada em função de 1/*d*. (a) Para qual das duas ... esse conjunto de dados se aplica: para a primeira ...a conectada) ou para a segunda (com a bateria des...tes das variações de *d*)? Explique. (b) Use os dados ...Figura P24.71 para calcular a área *A* de cada placa. ...l caso, bateria conectada ou desconectada, o capa...na mais energia quando *d* = 0,400 cm? Explique.

◀ PROBLEMAS DE DADOS aparecem em cada capítulo. Esses problemas de raciocínio baseados em dados, muitos deles ricos em contexto, exigem que os alunos usem evidência experimental, apresentada no formato de tabela ou gráfico, para formular conclusões.

Problemas com contexto

BIO **O óvulo elétrico.** Após a fecundação, os óvulos de muitas espécies passam por uma rápida mudança na diferença de potencial através de sua membrana externa. Essa alteração afeta o desenvolvimento fisiológico dos óvulos. A diferença de potencial através da membrana é denominada *potencial de membrana*, V_m, que é o potencial dentro da membrana menos o potencial fora dela. O potencial de membrana surge quando as enzimas usam a energia disponível em ATP para expelir ativamente três íons de sódio (Na^+) e acumular dois íons de potássio (K^+) no interior da membrana — tornando o interior menos positivamente carregado que o exterior. Para um óvulo de um ouriço-do-mar, V_m é cerca de −70 mV; ou seja, o potencial no interior é 70 mV menor que no exterior. A membrana do óvulo comporta-se como um capacitor com uma capacitância aproximadamente igual a 1 $\mu F/cm^2$. A membrana do óvulo não fertilizado é *seletivamente permeável*

◀ Cada capítulo inclui de três a cinco PROBLEMAS COM CONTEXTO, que seguem o formato usado nos testes de medicina MCAT. Esses problemas exigem que os alunos investiguem diversos aspectos de uma situação física da vida real, normalmente biológica por natureza, conforme descrito em um texto inicial.

PREFÁCIO

Para o professor

Este livro é o resultado de seis décadas e meia de liderança e inovação no ensino da física. A primeira edição do livro *Física*, de Francis W. Sears e Mark W. Zemansky, publicada em 1949, foi revolucionária dentre os livros-texto baseados em cálculo por dar ênfase aos princípios da física e suas aplicações. O êxito alcançado por esta obra para o uso de diversas gerações de alunos e professores, em várias partes do mundo, atesta os méritos desse método e das muitas inovações introduzidas posteriormente. Tornou-se famoso pela clareza das aplicações e pela solução de exemplos e problemas fundamentais para a compreensão da matéria.

Ao preparar esta décima quarta edição, incrementamos e desenvolvemos o livro, de modo a incorporar as melhores ideias extraídas de pesquisas acadêmicas, com ensino aprimorado de solução de problemas, pedagogia visual e conceitual pioneira e novas categorias de problemas de final de capítulo, além de melhorar as explicações de novas aplicações da Física oriundas das pesquisas científicas recentes.

Novidades desta edição

- **Todas as equações principais agora incluem anotações** que descrevem a equação e explicam os significados dos símbolos. Essas anotações ajudam a promover o processamento detalhado da informação e melhoram a assimilação do conteúdo.
- **Notas de DADOS MOSTRAM** em cada capítulo, com base em dados capturados de milhares de alunos, advertem sobre os erros mais comuns cometidos ao resolver problemas.
- **Conteúdo atualizado da física moderna** inclui seções sobre medição quântica (Capítulo 40) e entrelaçamento quântico (Capítulo 41), bem como dados recentes sobre o bóson de Higgs e radiação básica cósmica (Capítulo 44).
- **Aplicações adicionais da biociência** aparecem por todo o texto, principalmente na forma de fotos, com legendas explicativas, para ajudar os alunos a ver como a física está conectada a muitos avanços e descobertas nas biociências.
- **O texto foi simplificado**, com uma linguagem mais concisa e mais focada.
- **Revendo conceitos de...** relaciona os conceitos passados essenciais, no início de cada capítulo, para que os alunos saibam o que precisam ter dominado antes que se aprofundem no capítulo atual.

Principais recursos de *Física*

- **Problemas em destaque** ao final dos capítulos, muitos deles revisados, oferecem uma transição entre os Exemplos de único conceito e os problemas mais desafiadores do final do capítulo. Cada Problema em Destaque impõe um problema difícil, multiconceitual, que normalmente incorpora a física dos capítulos anteriores. Um **Guia da Solução** de modelo, consistindo em perguntas e dicas, ajuda a treinar os alunos para enfrentar e resolver problemas desafiadores com confiança.
- **Grupos de problemas** profundos e extensos abordam uma vasta gama de dificuldade (com pontos azuis para indicar o nível de dificuldade relativo) e exercitam tanto a compreensão da física quanto a habilidade para a solução de problemas. Muitos problemas são baseados em situações complexas da vida real.
- Este livro contém mais **Exemplos** e **Exemplos Conceituais** que a maioria dos outros principais livros baseados em cálculo, permitindo que os alunos explorem desafios para a solução de problemas que não são tratados em outros livros-texto.

- Uma **abordagem para a solução de problemas (Identificar, Preparar, Executar e Avaliar)** é usada em cada Exemplo, bem como nas Estratégias para a Solução de Problemas e nos Problemas em Destaque. Essa abordagem consistente ajuda os alunos a saber como enfrentar uma situação aparentemente complexa de modo ponderado, em vez de partir direto para o cálculo.
- **Estratégias para a Solução de Problemas** ensinam os alunos a tratar de tipos específicos de problemas.
- As **figuras** utilizam um estilo gráfico simplificado, com foco na física de uma situação, e incorporam mais **anotações explicativas** que na edição anterior. As duas técnicas têm demonstrado um forte efeito positivo sobre o aprendizado.
- Os populares **parágrafos de "Atenção"** focalizam as principais ideias erradas e as áreas problemáticas do aluno.
- As perguntas de **Teste sua compreensão**, ao final da seção, permitem que os alunos verifiquem se entenderam o material, usando um formato de exercício de múltipla escolha ou de ordenação, para descobrir problemas conceituais comuns.
- **Resumos visuais** ao final de cada capítulo apresentam as principais ideias em palavras, equações e imagens em miniatura, ajudando os alunos a revisarem de forma mais eficiente.

Para o aluno

Como aprender física para valer

***Mark Hollabaugh**, Normandale Community College, Professor Emérito*

A física abrange o pequeno e o grande, o velho e o novo. Dos átomos até as galáxias, dos circuitos elétricos até a aerodinâmica, a física é parte integrante do mundo que nos cerca. Você provavelmente está fazendo este curso de física baseada em cálculo como pré-requisito para cursos subsequentes que fará para se preparar para uma carreira de ciências ou engenharia. Seu professor deseja que você aprenda física e que goste da experiência. Ele está muito interessado em ajudá-lo a aprender essa fascinante matéria. Essa é uma das razões para ter escolhido este livro-texto para o seu curso. Também foi por isso que os doutores Young e Freedman me pediram para escrever esta seção introdutória. Desejamos seu sucesso!

O objetivo desta seção é fornecer algumas ideias que possam auxiliá-lo durante a aprendizagem. Após uma breve abordagem sobre hábitos e estratégias gerais de estudo, serão apresentadas sugestões específicas sobre como usar o livro-texto.

Preparação para este curso

Caso esteja adiantado em seus estudos de física, você aprenderá mais rapidamente alguns conceitos, por estar familiarizado com a linguagem dessa matéria. Da mesma forma, seus estudos de matemática facilitarão sua assimilação dos aspectos matemáticos da física. Seu professor poderá indicar alguns tópicos de matemática que serão úteis neste curso.

Aprendendo a aprender

Cada um de nós possui um estilo próprio e um método preferido de aprendizagem. Compreender seu estilo de aprender ajudará a focar nos aspectos da física que podem ser mais difíceis e a usar os componentes do seu curso que o ajudarão a superar as dificuldades. Obviamente, você preferirá dedicar mais tempo estudando os assuntos mais complicados. Se você aprende mais ouvindo, assistir às aulas e conferências será muito importante. Se aprende mais explicando, o trabalho em equipe vai lhe ser útil. Se a sua dificuldade está na solução de problemas, gaste uma parte maior do seu tempo aprendendo a resolver problemas. Também é fundamental desenvolver bons hábitos de estudo. Talvez a coisa mais importante que você possa fazer por si mesmo seja estabelecer uma rotina de estudos, em horários regulares e em um ambiente livre de distrações.

Responda para si mesmo as seguintes perguntas:

- Estou apto a usar os conceitos matemáticos fundamentais da álgebra, da geometria e da trigonometria? (Em caso negativo, faça um programa de revisão com a ajuda de seu professor.)
- Em cursos semelhantes, qual foi a atividade na qual tive mais dificuldade? (Dedique mais tempo a isso.) Qual foi a atividade mais fácil para mim? (Execute-a primeiro; isso lhe dará mais confiança.)
- Eu entendo melhor a matéria se leio o livro antes ou depois da aula? (Pode ser que você aprenda melhor fazendo uma leitura superficial da matéria, assistindo à aula e depois relendo com mais atenção.)
- Eu dedico tempo adequado aos meus estudos de física? (Uma regra prática para um curso deste tipo é dedicar, em média, 2h30 de estudos para cada hora de aula. Para uma semana com 5 horas de aula, deve-se dedicar cerca de 10 a 15 horas por semana estudando física.)
- Devo estudar física todos os dias? (Distribua as 10 ou 15 horas de estudos durante a semana!) Em que parte do dia meus estudos são mais eficientes? (Escolha um período específico do dia e atenha-se a ele.)
- Eu estudo em um ambiente silencioso, que favorece minha concentração? (As distrações podem quebrar sua rotina de estudos e atrapalhar a assimilação de pontos importantes.)

Trabalho em grupo

Cientistas e engenheiros raramente trabalham sozinhos e preferem cooperar entre si. Você aprenderá melhor e com mais prazer estudando física com outros colegas. Alguns professores aplicam métodos formais de aprendizagem cooperativa ou incentivam a formação de grupos de estudo. Você pode, por exemplo, formar seu próprio grupo de estudos com os colegas de sala de aula. Use e-mail para se comunicar com outros colegas. Seu grupo de estudos será um excelente recurso quando estiver fazendo revisões para os exames.

Aulas e anotações

Um componente importante de seu curso são as aulas e conferências. Na física isso é especialmente importante, porque seu professor geralmente faz demonstrações de princípios físicos, executa simulações em computador ou exibe vídeos. Todos esses recursos ajudam você a entender os princípios fundamentais da física. Não falte a nenhuma aula, e caso, por algum motivo, isso seja inevitável, peça a algum colega do seu grupo de estudos suas anotações e explique o que aconteceu.

Faça anotações das aulas sob a forma de tópicos e deixe para completar os detalhes do conteúdo mais tarde. É difícil anotar palavra por palavra, portanto, anote apenas as ideias básicas. O professor pode usar um diagrama contido no livro. Deixe um espaço em suas notas para inserir o diagrama depois. Após as aulas, revise suas anotações, preenchendo as lacunas e anotando os pontos que devem ser mais desenvolvidos posteriormente. Anote as referências de páginas, equações ou seções do livro.

Faça perguntas em classe ou procure o professor depois da aula. Lembre-se de que a única pergunta "tola" é aquela que não foi feita. Sua instituição poderá ter assistentes de ensino ou outros profissionais disponíveis para ajudá-lo com alguma dificuldade.

Exames

Fazer uma prova gera um elevado nível de estresse. Contudo, estar bem preparado e descansado alivia a tensão. Preparar-se para uma prova é um processo contínuo; ele começa assim que a última prova termina. Imediatamente depois de uma prova, você deve rever cuidadosamente os eventuais erros cometidos. Se tiver resolvido um problema e cometido erros, proceda do seguinte modo: divida uma folha de papel em duas colunas. Em uma delas, escreva a solução correta do problema. Na outra, coloque sua solução e, se souber, onde foi que errou. Caso não consiga identificar o erro com certeza, ou não souber como evitar cometê-lo novamente, consulte seu professor. A física se constrói a partir de princípios básicos e é necessário corrigir imediatamente qualquer interpretação incorreta. *Atenção*: embora você possa passar em um exame deixando para estudar na última hora, não conseguirá reter adequadamente os conceitos necessários para serem usados na próxima prova.

AGRADECIMENTOS

Desejamos agradecer às centenas de revisores e colegas que ofereceram valiosos comentários e sugestões para este livro. O sucesso duradouro de *Física* deve-se, em grande medida, às suas contribuições.

Miah Adel (U. of Arkansas at Pine Bluff), Edward Adelson (Ohio State U.), Julie Alexander (Camosun C.), Ralph Alexander (U. of Missouri at Rolla), J. G. Anderson, R. S. Anderson, Wayne Anderson (Sacramento City C.), Sanjeev Arora (Fort Valley State U.), Alex Azima (Lansing Comm. C.), Dilip Balamore (Nassau Comm. C.), Harold Bale (U. of North Dakota), Arun Bansil (Northeastern U.), John Barach (Vanderbilt U.), J. D. Barnett, H. H. Barschall, Albert Bartlett (U. of Colorado), Marshall Bartlett (Hollins U.), Paul Baum (CUNY, Queens C.), Frederick Becchetti (U. of Michigan), B. Bederson, David Bennum (U. of Nevada, Reno), Lev I. Berger (San Diego State U.), Angela Biselli (Fairfield U.), Robert Boeke (William Rainey Harper C.), Bram Boroson (Clayton State U.), S. Borowitz, A. C. Braden, James Brooks (Boston U.), Nicholas E. Brown (California Polytechnic State U., San Luis Obispo), Tony Buffa (California Polytechnic State U., San Luis Obispo), Shane Burns (Colorado C.), A. Capecelatro, Michael Cardamone (Pennsylvania State U.), Duane Carmony (Purdue U.), Troy Carter (UCLA), P. Catranides, John Cerne (SUNY at Buffalo), Shinil Cho (La Roche C.), Tim Chupp (U. of Michigan), Roger Clapp (U. of South Florida), William M. Cloud (Eastern Illinois U.), Leonard Cohen (Drexel U.), W. R. Coker (U. of Texas, Austin), Malcolm D. Cole (U. of Missouri at Rolla), H. Conrad, David Cook (Lawrence U.), Gayl Cook (U. of Colorado), Hans Courant (U. of Minnesota), Carl Covatto (Arizona State U.), Bruce A. Craver (U. of Dayton), Larry Curtis (U. of Toledo), Jai Dahiya (Southeast Missouri State U.), Dedra Demaree (Georgetown U.), Steve Detweiler (U. of Florida), George Dixon (Oklahoma State U.), Steve Drasco (Grinnell C.), Donald S. Duncan, Boyd Edwards (West Virginia U.), Robert Eisenstein (Carnegie Mellon U.), Amy Emerson Missourn (Virginia Institute of Technology), Olena Erhardt (Richland C.), William Faissler (Northeastern U.), Gregory Falabella (Wagner C.), William Fasnacht (U.S. Naval Academy), Paul Feldker (St. Louis Comm. C.), Carlos Figueroa (Cabrillo C.), L. H. Fisher, Neil Fletcher (Florida State U.), Allen Flora (Hood C.), Robert Folk, Peter Fong (Emory U.), A. Lewis Ford (Texas A&M U.), D. Frantszog, James R. Gaines (Ohio State U.), Solomon Gartenhaus (Purdue U.), Ron Gautreau (New Jersey Institute of Technology), J. David Gavenda (U. of Texas, Austin), Dennis Gay (U. of North Florida), Elizabeth George (Wittenberg U.), James Gerhart (U. of Washington), N. S. Gingrich, J. L. Glathart, S. Goodwin, Rich Gottfried (Frederick Comm. C.), Walter S. Gray (U. of Michigan), Paul Gresser (U. of Maryland), Benjamin Grinstein (UC, San Diego), Howard Grotch (Pennsylvania State U.), John Gruber (San Jose State U.), Graham D. Gutsche (U.S. Naval Academy), Michael J. Harrison (Michigan State U.), Harold Hart (Western Illinois U.), Howard Hayden (U. of Connecticut), Carl Helrich (Goshen C.), Andrew Hirsch (Purdue U.), Linda Hirst (UC, Merced), Laurent Hodges (Iowa State U.), C. D. Hodgman, Elizabeth Holden (U. of Wisconsin, Platteville), Michael Hones (Villanova U.), Keith Honey (West Virginia Institute of Technology), Gregory Hood (Tidewater Comm. C.), John Hubisz (North Carolina State U.), Eric Hudson (Pennsylvania State U.), M. Iona, Bob Jacobsen (UC, Berkeley), John Jaszczak (Michigan Technical U.), Alvin Jenkins (North Carolina State U.), Charles Johnson (South Georgia State C.), Robert P. Johnson (UC, Santa Cruz), Lorella Jones (U. of Illinois), Manoj Kaplinghat (UC, Irvine), John Karchek (GMI Engineering & Management Institute), Thomas Keil (Worcester Polytechnic Institute), Robert Kraemer (Carnegie Mellon U.), Jean P. Krisch (U. of Michigan), Robert A. Kromhout, Andrew Kunz (Marquette U.), Charles Lane (Berry C.), Stewart Langton (U. of Victoria), Thomas N. Lawrence (Texas State U.), Robert J. Lee, Alfred Leitner (Rensselaer Polytechnic U.), Frederic Liebrand (Walla Walla U.), Gerald P. Lietz (DePaul U.), Gordon Lind (Utah State U.), S. Livingston (U. of Wisconsin, Milwaukee), Jorge Lopez (U. of Texas, El Paso),

Elihu Lubkin (U. of Wisconsin, Milwaukee), Robert Luke (Boise State U.), David Lynch (Iowa State U.), Michael Lysak (San Bernardino Valley C.), Jeffrey Mallow (Loyola U.), Robert Mania (Kentucky State U.), Robert Marchina (U. of Memphis), David Markowitz (U. of Connecticut), Philip Matheson (Utah Valley U.), R. J. Maurer, Oren Maxwell (Florida International U.), Joseph L. McCauley (U. of Houston), T. K. McCubbin, Jr. (Pennsylvania State U.), Charles McFarland (U. of Missouri at Rolla), James Mcguire (Tulane U.), Lawrence McIntyre (U. of Arizona), Fredric Messing (Carnegie Mellon U.), Thomas Meyer (Texas A&M U.), Andre Mirabelli (St. Peter's C., New Jersey), Herbert Muether (SUNY, Stony Brook), Jack Munsee (California State U., Long Beach), Lorenzo Narducci (Drexel U.), Van E. Neie (Purdue U.), Forrest Newman (Sacramento City C.), David A. Nordling (U.S. Naval Academy), Benedict Oh (Pennsylvania State U.), L. O. Olsen, Michael Ottinger (Missouri Western State U.), Russell Palma (Minnesota State U., Mankato), Jim Pannell (DeVry Institute of Technology), Neeti Parashar (Purdue U., Calumet), W. F. Parks (U. of Missouri), Robert Paulson (California State U., Chico), Jerry Peacher (U. of Missouri at Rolla), Arnold Perlmutter (U. of Miami), Lennart Peterson (U. of Florida), R. J. Peterson (U. of Colorado, Boulder), R. Pinkston, Ronald Poling (U. of Minnesota), Yuri Popov (U. of Michigan), J. G. Potter, C. W. Price (Millersville U.), Francis Prosser (U. of Kansas), Shelden H. Radin, Roberto Ramos (Drexel U.), Michael Rapport (Anne Arundel Comm. C.), R. Resnick, James A. Richards, Jr., John S. Risley (North Carolina State U.), Francesc Roig (UC, Santa Barbara), T. L. Rokoske, Richard Roth (Eastern Michigan U.), Carl Rotter (U. of West Virginia), S. Clark Rowland (Andrews U.), Rajarshi Roy (Georgia Institute of Technology), Russell A. Roy (Santa Fe Comm. C.), Desi Saludes (Hillsborough Comm. C.), Thomas Sandin (North Carolina A&T State U.), Dhiraj Sardar (U. of Texas, San Antonio), Tumer Sayman (Eastern Michigan U.), Bruce Schumm (UC, Santa Cruz), Melvin Schwartz (St. John's U.), F. A. Scott, L. W. Seagondollar, Paul Shand (U. of Northern Iowa), Stan Shepherd (Pennsylvania State U.), Douglas Sherman (San Jose State U.), Bruce Sherwood (Carnegie Mellon U.), Hugh Siefkin (Greenville C.), Christopher Sirola (U. of Southern Mississippi), Tomasz Skwarnicki (Syracuse U.), C. P. Slichter, Jason Slinker (U. of Texas, Dallas), Charles W. Smith (U. of Maine, Orono), Malcolm Smith (U. of Lowell), Ross Spencer (Brigham Young U.), Julien Sprott (U. of Wisconsin), Victor Stanionis (Iona C.), James Stith (American Institute of Physics), Chuck Stone (North Carolina A&T State U.), Edward Strother (Florida Institute of Technology), Conley Stutz (Bradley U.), Albert Stwertka (U.S. Merchant Marine Academy), Kenneth Szpara-DeNisco (Harrisburg Area Comm. C.), Devki Talwar (Indiana U. of Pennsylvania), Fiorella Terenzi (Florida International U.), Martin Tiersten (CUNY, City C.), David Toot (Alfred U.), Greg Trayling (Rochester Institute of Technology), Somdev Tyagi (Drexel U.), Matthew Vannette (Saginaw Valley State U.), Eswara Venugopal (U. of Detroit, Mercy), F. Verbrugge, Helmut Vogel (Carnegie Mellon U.), Aaron Warren (Purdue U., North Central), Robert Webb (Texas A&M U.), Thomas Weber (Iowa State U.), M. Russell Wehr (Pennsylvania State U.), Robert Weidman (Michigan Technical U.), Dan Whalen (UC, San Diego), Lester V. Whitney, Thomas Wiggins (Pennsylvania State U.), Robyn Wilde (Oregon Institute of Technology), David Willey (U. of Pittsburgh, Johnstown), George Williams (U. of Utah), John Williams (Auburn U.), Stanley Williams (Iowa State U.), Jack Willis, Suzanne Willis (Northern Illinois U.), Robert Wilson (San Bernardino Valley C.), L. Wolfenstein, James Wood (Palm Beach Junior C.), Lowell Wood (U. of Houston), R. E. Worley, D. H. Ziebell (Manatee Comm. C.), George O. Zimmerman (Boston U.)

Além disso, gostaria de agradecer aos meus colegas do passado e do presente da UCSB, incluindo Rob Geller, Carl Gwinn, Al Nash, Elisabeth Nicol e Francesc Roig, pelo dedicado apoio e pelas valiosas discussões. Expresso minha gratidão especial aos meus primeiros professores, Willa Ramsay, Peter Zimmerman, William Little, Alan Schwettman e Dirk Walecka, por me mostrarem como é claro e envolvente o ensino da física, e a Stuart Johnson, por me convidar a participar deste projeto como coautor deste livro a partir da nona edição. Meus especiais agradecimentos a Lewis Ford, por criar diversos novos problemas para esta edição, incluindo a nova categoria de problemas DADOS; a Wayne Anderson, que revisou cuidadosamente todos os problemas e os resolveu, com Forrest Newman e Michael Ottinger; e a Elizabeth George, que forneceu a maior parte da nova categoria de Problemas com Contexto. Agradeço em particular a Tom Sandin, por suas diversas contribuições para os problemas de final de capítulo, incluindo a verificação cuidadosa de todos eles e a escrita de outros novos. Também tiro meu chapéu e dou as boas-vindas a Linda Hirst, por colaborar com uma série de ideias que se tornaram novos recursos de Aplicação nesta edição. Quero expressar meu agradecimento especial à equipe editorial da Pearson norte-americana: a Nancy Whilton, pela visão editorial; a Karen Karlin, por sua leitura atenta e cuidadoso desenvolvimento desta edição; a Charles Hibbard, pela cuidadosa leitura das provas; e a Beth Collins, Katie Conley, Sarah Kaubisch, Eric Schrader e Cindy Johnson, por manter a produção editorial fluindo. Acima de tudo, desejo expressar minha gratidão e meu amor à minha esposa, Caroline, a quem dedico minhas contribuições a este livro. Alô, Caroline, a nova edição finalmente saiu – vamos comemorar!

Diga-me o que você pensa!

Gosto de receber notícias de alunos e professores, especialmente com relação a erros ou defeitos que vocês encontrarem nesta edição. O falecido Hugh Young e eu dedicamos muito tempo e esforço para escrever o melhor livro que soubemos escrever, e espero que ele o ajude à medida que você ensina e aprende física. Por sua vez, você pode me ajudar avisando sobre o que ainda precisa ser melhorado! Por favor, fique à vontade para entrar em contato eletronicamente ou pelo correio comum. Seus comentários serão muito bem recebidos.

Agosto de 2014

Roger A. Freedman
Department of Physics
University of California, Santa Barbara
Santa Barbara, CA 93106-9530
airboy@physics.ucsb.edu
http://www.physics.ucsb.edu/~airboy/
Twitter: @RogerFreedman

Material de apoio do livro

No site www.grupoa.com.br professores e alunos podem acessar os seguintes materiais adicionais:

Para professores:

- Apresentações em PowerPoint;
- Manual de soluções;
- Exercícios adicionais (em inglês).

Esse material é de uso exclusivo para professores e está protegido por senha. Para ter acesso a ele, os professores que adotam o livro devem entrar em contato através do e-mail divulgacao@grupoa.com.br.

Para estudantes:

- Exercícios adicionais.

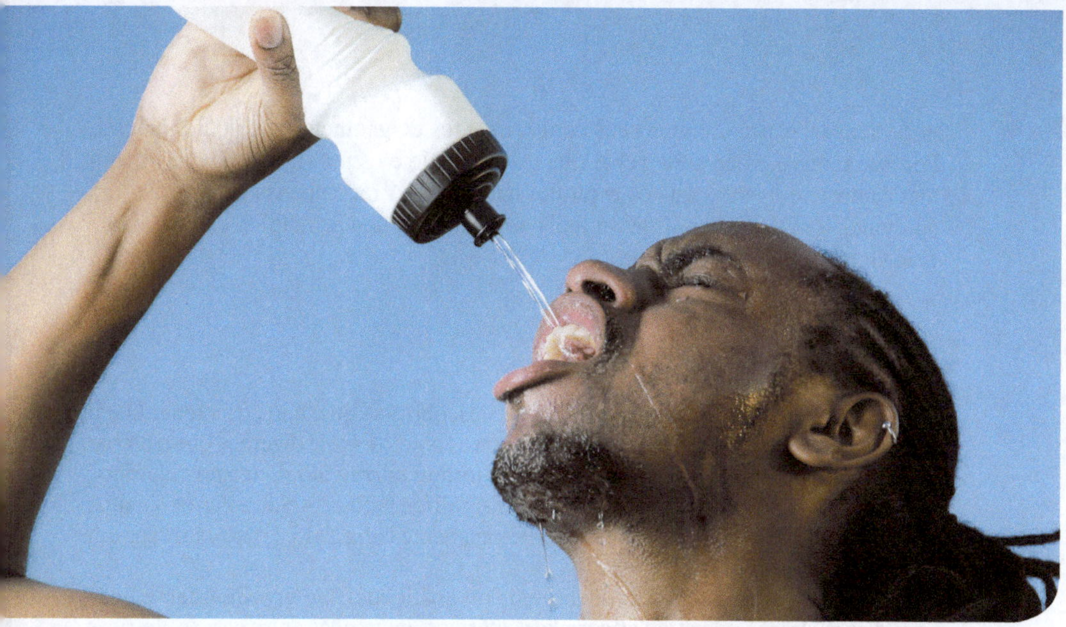

? A água torna a vida possível: as células do seu corpo não funcionariam sem água na qual dissolver as moléculas biológicas essenciais. A água é um solvente tão eficiente porque suas moléculas (i) apresentam carga líquida igual a zero; (ii) apresentam carga líquida igual a zero, mas as cargas positivas e negativas estão separadas; (iii) apresentam carga líquida diferente de zero; (iv) não respondem a forças elétricas; (v) exercem forças elétricas de repulsão umas sobre as outras.

21 CARGA ELÉTRICA E CAMPO ELÉTRICO

OBJETIVOS DE APRENDIZAGEM

Ao estudar este capítulo, você aprenderá:

21.1 A natureza da carga elétrica e como sabemos que ela é conservada.

21.2 Como os objetos se tornam eletricamente carregados.

21.3 Como usar a lei de Coulomb para calcular a força elétrica existente entre as cargas.

21.4 A distinção entre força elétrica e campo elétrico.

21.5 Como calcular o campo elétrico em função de um conjunto de cargas.

21.6 Como usar o conceito de linhas de campo elétrico para visualizar e interpretar os campos elétricos.

21.7 Como calcular as propriedades dos dipolos elétricos.

Revendo conceitos de:

1.7-1.10 Álgebra vetorial, incluindo o produto escalar e o produto vetorial.

4.3 A segunda lei de Newton.

7.5 Equilíbrio estável e instável.

12.5 Linhas de corrente no escoamento de fluidos.

No Capítulo 5, mencionamos os quatro tipos de forças fundamentais. Até aqui, a única dessas forças que examinamos em detalhes foi a gravidade. Agora estamos preparados para analisar a força decorrente do *eletromagnetismo*, que envolve tanto a eletricidade quanto o magnetismo.

As interações eletromagnéticas envolvem partículas que possuem *carga elétrica*, um atributo que é tão fundamental quanto a massa. Assim como os objetos com massa são acelerados por forças gravitacionais, os objetos eletricamente carregados são acelerados por forças elétricas. A descarga elétrica que você sente quando arrasta os sapatos ao caminhar em um tapete e depois segura uma maçaneta metálica é causada por partículas carregadas que passam entre seus dedos e a maçaneta. As correntes elétricas são simplesmente correntes de partículas carregadas dentro de fios em resposta a forças elétricas. Até mesmo as forças que mantêm os átomos ligados entre si para formar a matéria sólida, e que impedem que os átomos de um objeto sólido passem uns através dos outros, são fundamentalmente decorrentes das interações elétricas entre as partículas carregadas dentro dos átomos.

Iniciaremos nosso estudo do eletromagnetismo neste capítulo examinando a natureza da carga elétrica. Vamos descobrir que a carga é quantizada e obedece a um princípio de conservação. Quando as cargas estão em repouso em nosso quadro de referência, exercem forças *eletrostáticas* entre si. Estas forças são extremamente importantes em química e biologia e possuem diversas aplicações tecnológicas. Forças eletrostáticas são regidas por uma relação simples, conhecida como *Lei de Coulomb*, e são mais convenientemente descritas utilizando o conceito de *campo elétrico*. Nos capítulos seguintes, vamos ampliar nossa discussão para incluir cargas elétricas em movimento. Isso irá nos conduzir à compreensão do magnetismo e, notavelmente, da natureza da luz.

Enquanto as ideias-chave do eletromagnetismo são conceitualmente simples, aplicá-las a problemas práticos irá exigir o uso de muitas das suas habilidades matemáticas, especialmente seus conhecimentos de geometria e cálculo integral. Por este motivo, você pode achar que este capítulo e os próximos são mais matematicamente exigentes que os capítulos anteriores. A recompensa por seu esforço adicional será um entendimento mais aprofundado dos princípios essenciais da física moderna e da tecnologia.

21.1 CARGA ELÉTRICA

Na Grécia antiga, em torno de 600 a.C., descobriu-se que, após friccionar lã em um pedaço de âmbar, este passava a atrair outros objetos. Hoje dizemos que o âmbar adquiriu uma **carga elétrica** líquida, ou se tornou *carregado*. O termo "elétrico" tem origem na palavra grega *elektron*, que significa âmbar. Ao arrastar os sapatos por um tapete de náilon, você se torna eletricamente carregado e pode carregar um pente, passando-o pelo cabelo seco.

Hastes de plástico e peles (de animais ou artificiais) são especialmente boas para demonstrar as **características eletrostáticas**, interações entre cargas elétricas que estão em repouso (ou praticamente em repouso). Depois de carregar ambas as hastes de plástico na **Figura 21.1a** friccionando-as com a pele, vemos que as hastes se repelem.

Quando friccionamos hastes de vidro com um pedaço de seda, as hastes de vidro também se tornam carregadas e se repelem (Figura 21.1b). Porém, uma haste de plástico carregada *atrai* uma haste de vidro carregada; além disso, a haste de plástico e a pele se atraem, e a haste de vidro e a seda se atraem (Figura 21.1c).

Esses experimentos e muitos outros semelhantes mostraram que existem exatamente dois tipos de carga elétrica: o tipo de carga elétrica acumulada na haste de plástico friccionada com a pele e o tipo acumulado na haste de vidro friccionada com a seda. Benjamin Franklin (1706-1790) sugeriu chamar de carga *positiva e negativa*, respectivamente, esses dois tipos de carga, e esses nomes ainda são utilizados. A haste de plástico e a seda possuem cargas negativas; a haste de vidro e a pele possuem cargas positivas.

Duas cargas positivas ou duas cargas negativas se repelem. Uma carga positiva e uma carga negativa se atraem.

Figura 21.1 Experimentos de eletrostática. (a) Objetos com carga negativa se repelem. (b) Objetos com carga positiva se repelem. (c) Objetos com carga positiva e objetos com carga negativa se atraem.

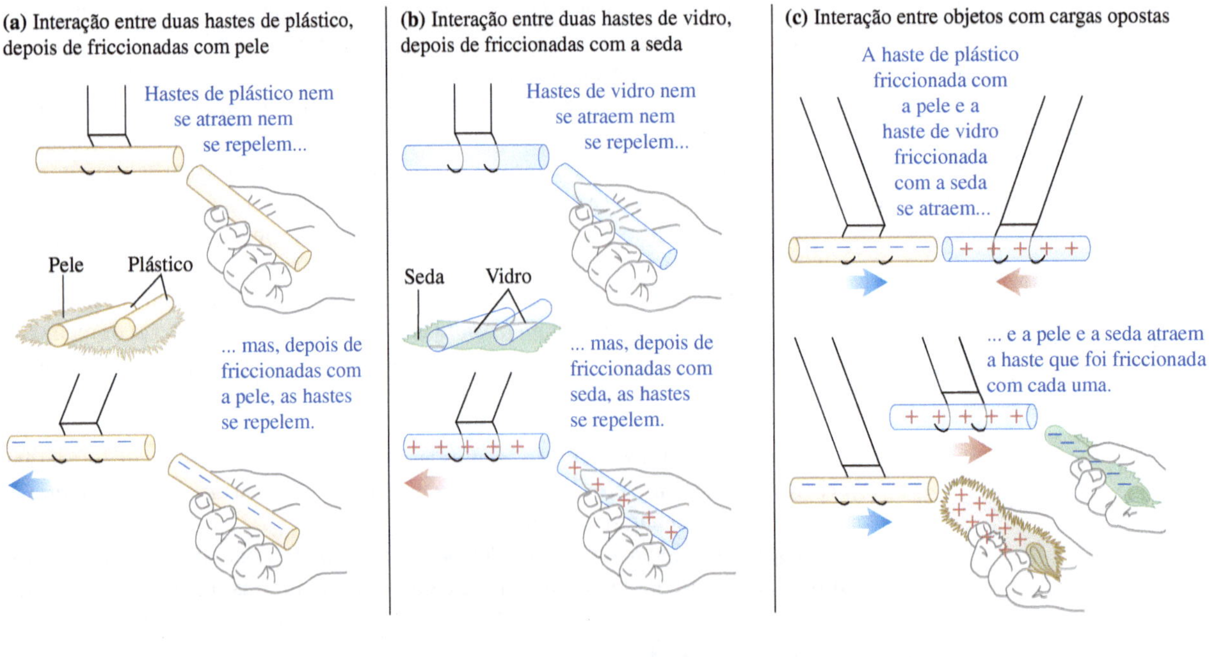

ATENÇÃO **Atração e repulsão elétrica** A atração e repulsão entre dois objetos carregados às vezes é resumida como "cargas semelhantes se repelem e cargas opostas se atraem". Contudo, "cargas semelhantes" não significa que as duas cargas são idênticas, apenas que ambas as cargas possuem o mesmo *sinal algébrico* (ambas positivas ou ambas negativas). "Cargas opostas" significa que os dois objetos possuem uma carga elétrica, e que essas cargas possuem sinais algébricos opostos (uma positiva e outra negativa).

Uma impressora a laser (**Figura 21.2**) utiliza as forças entre corpos carregados. O tambor fotossensível de imagem da impressora recebe uma carga positiva. À medida que o tambor gira, um raio laser atinge áreas selecionadas do tambor, deixando essas áreas com uma carga *negativa*. Partículas de toner carregadas positivamente aderem apenas às áreas do tambor "escritas" a laser. Quando uma folha de papel entra em contato com o tambor, as partículas de toner aderem ao papel e formam uma imagem.

Figura 21.2 Esquematização da operação de uma impressora a laser.

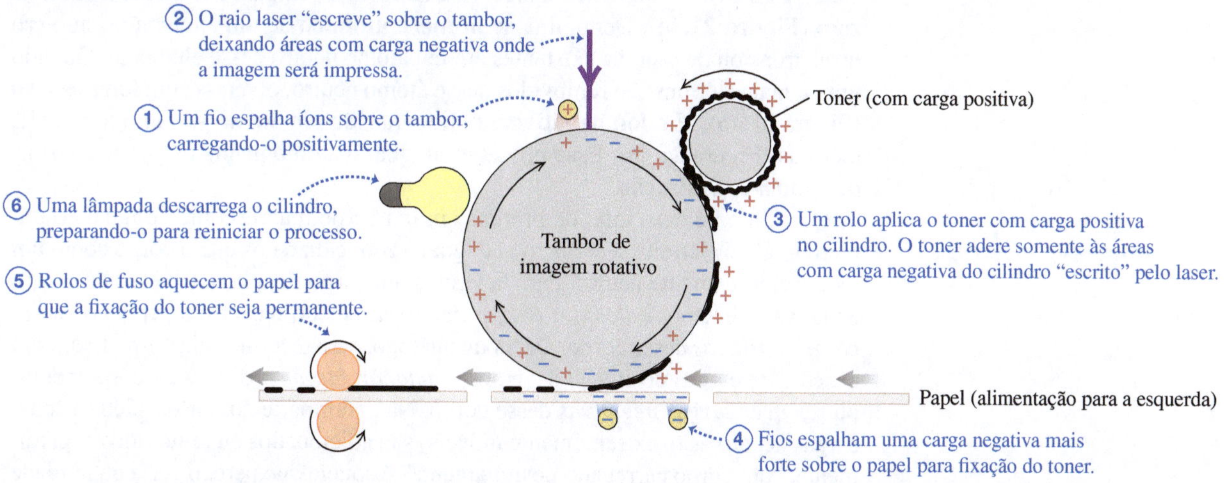

Carga elétrica e a estrutura da matéria

Ao ser carregada pela fricção com pele animal ou seda, como na Figura 21.1, uma haste não apresenta alterações visíveis na aparência. Então, o que realmente acontece com a haste quando ela se torna carregada? Para responder a essa pergunta, é preciso analisar atentamente a estrutura dos átomos, os blocos de construção da matéria comum.

A estrutura dos átomos pode ser descrita em termos de três partículas: o **elétron**, que possui carga negativa; o **próton,** que possui carga positiva; e o **nêutron**, que não possui carga elétrica (**Figura 21.3**). Prótons e o nêutrons são constituídos por partículas, denominadas *quarks*, que possuem cargas elétricas correspondentes a $\pm\frac{1}{3}$ e $\pm\frac{2}{3}$ da carga do elétron. Quarks isolados nunca foram observados, e há razões teóricas para acreditar que, em princípio, seria impossível observar um quark isolado.

Os prótons e nêutrons no interior de um átomo constituem um centro pequeno e muito denso, chamado **núcleo**, com dimensões da ordem de 10^{-15} m. Ao redor do núcleo estão os elétrons, estendendo-se a distâncias da ordem de 10^{-10} m do núcleo. Se um átomo tivesse um diâmetro de alguns quilômetros, seu núcleo teria o tamanho de uma bola de tênis. Os elétrons negativamente carregados são mantidos no interior do átomo por forças elétricas de atração exercidas sobre eles, pelo núcleo positivamente carregado. (Os prótons e nêutrons são mantidos no interior dos núcleos atômicos estáveis em virtude de uma interação de atração, chamada *força nuclear*, que supera a repulsão elétrica entre os prótons. A força nuclear possui curto alcance, e seus efeitos não se estendem para muito além do núcleo.)

Figura 21.3 A estrutura de um átomo. O átomo aqui descrito é lítio (veja a Figura 21.4a).

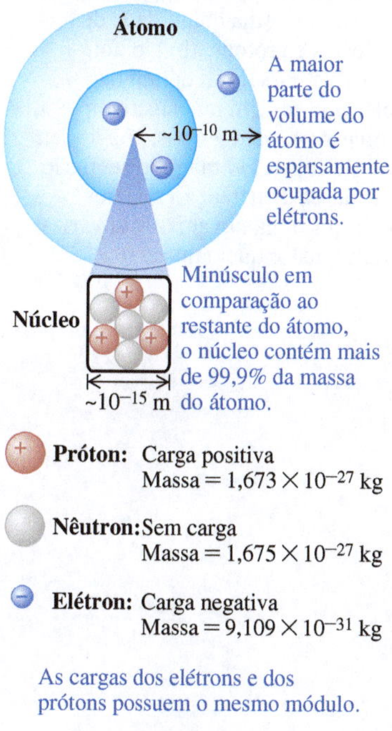

As massas das partículas individuais, com a precisão atualmente conhecida, são dadas por

$$\text{Massa do elétron} = m_e = 9{,}10938291\,(40) \times 10^{-31}\ \text{kg}$$
$$\text{Massa do próton} = m_p = 1{,}672621777\,(74) \times 10^{-27}\ \text{kg}$$
$$\text{Massa do nêutron} = m_n = 1{,}674927351\,(74) \times 10^{-27}\ \text{kg}$$

Os números entre parênteses indicam a incerteza nos dois últimos dígitos. Note que as massas do próton e do nêutron são praticamente iguais e cerca de 2.000 vezes maiores que a massa do elétron. Mais de 99,9% da massa de qualquer átomo está concentrada em seu núcleo.

O módulo da carga elétrica negativa do elétron é *exatamente* igual (dentro do erro experimental) ao da carga elétrica positiva do próton. Em um átomo neutro, o número de elétrons é igual ao número de prótons existentes no núcleo do átomo, e a carga elétrica total (a soma algébrica de todas as cargas) é exatamente igual a zero (**Figura 21.4a**). Denomina-se **número atômico** de um elemento o número de elétrons ou de prótons existentes em um átomo neutro desse elemento. Quando um ou mais elétrons são removidos desse átomo neutro, obtém-se um **íon positivo** (Figura 21.4b). Um **íon negativo** é obtido quando um átomo *ganha* um ou mais elétrons (Figura 21.4c). Esse processo no qual o átomo ganha ou perde elétrons denomina-se **ionização**.

Quando o número total de prótons em um corpo macroscópico é igual ao número total de elétrons, a carga total é igual a zero e dizemos que o corpo como um todo é eletricamente neutro. Para fazermos um corpo ficar com excesso de cargas negativas, devemos *adicionar cargas negativas* ao corpo neutro ou então *remover cargas positivas* desse corpo. De modo análogo, para fazermos um corpo ficar com excesso de cargas positivas, devemos *adicionar cargas positivas* ao corpo neutro ou *remover cargas negativas* desse corpo. Na maior parte dos casos, elétrons com cargas negativas (e extremamente móveis) são adicionados ou removidos e, geralmente, "um corpo carregado positivamente" é aquele que perdeu certa quantidade de elétrons. Quando falamos da carga elétrica de um corpo, sempre nos referimos à sua carga *líquida*. A carga líquida é uma fração muito pequena (em geral da ordem de 10^{-12}) da carga total positiva ou negativa existente no corpo neutro.

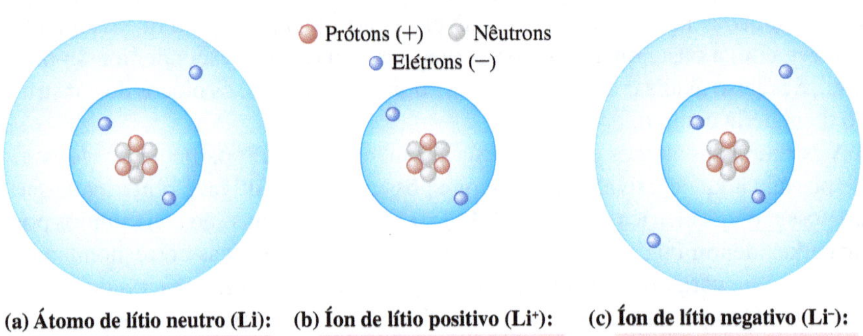

(a) Átomo de lítio neutro (Li):
3 prótons (3+)
4 nêutrons
3 elétrons (3−)
Elétrons equivalem a prótons: carga líquida igual a zero

(b) Íon de lítio positivo (Li^+):
3 prótons (3+)
4 nêutrons
2 elétrons (2−)
Menos elétrons do que prótons: carga líquida positiva

(c) Íon de lítio negativo (Li^-):
3 prótons (3+)
4 nêutrons
4 elétrons (4−)
Mais elétrons do que prótons: carga líquida negativa

Figura 21.4 (a) Um átomo neutro possui a mesma quantidade de elétrons e prótons. (b) Um íon positivo possui um déficit de elétrons. (c) Um íon negativo possui um excesso de elétrons. (As 'cascas' de elétrons são uma representação visual da distribuição real dos elétrons, uma nuvem difusa várias vezes maior que o núcleo.)

A carga elétrica é conservada

Na discussão precedente, há dois princípios muito importantes envolvidos implicitamente. O primeiro é o **princípio da conservação da carga elétrica**:

A soma algébrica de todas as cargas elétricas existentes em um sistema isolado permanece constante.

Quando atritamos uma haste de plástico e um pedaço de pele, ambos inicialmente descarregados, a haste adquire carga elétrica negativa (uma vez que ela retira elétrons da pele) e a pele adquire carga elétrica positiva com o *mesmo* módulo (uma vez que ela perde a mesma quantidade de elétrons fornecidos para a haste). Portanto, a carga elétrica total do sistema constituído pelos dois corpos permanece constante. Em qualquer processo no qual um corpo é carregado, a carga elétrica não é criada nem destruída, mas meramente *transferida* de um corpo a outro.

Acredita-se que a lei da conservação da carga elétrica seja uma lei de conservação *universal*. Nunca foram observadas evidências experimentais que violassem esse princípio. Até em interações envolvendo energias elevadas, durante as quais ocorrem criação e destruição de partículas, como a criação de um par elétron-pósitron, a carga elétrica total do sistema isolado permanece exatamente constante.

O segundo princípio importante é:

O módulo da carga do elétron ou do próton é uma unidade natural de carga elétrica.

Qualquer quantidade de carga elétrica observada é sempre um múltiplo inteiro dessa unidade básica. Dizemos que a carga elétrica é *quantizada*. O dinheiro é um exemplo familiar de quantização. Quando você compra um produto em uma loja, o pagamento em dinheiro é sempre algum múltiplo de um centavo. Nenhuma quantidade de dinheiro pode ser menor que um centavo, assim como nenhuma carga elétrica pode ser dividida em uma quantidade menor que a carga de um elétron ou de um próton. (As cargas elétricas do quark, $\pm\frac{1}{3}$ e $\pm\frac{2}{3}$ da carga do elétron, provavelmente não podem ser observadas como cargas isoladas.) Portanto, a carga elétrica de qualquer corpo macroscópico é sempre igual a zero ou a um múltiplo inteiro (positivo ou negativo) da carga elétrica do elétron.

A compreensão da natureza elétrica da matéria esclarece muitos aspectos do mundo físico (**Figura 21.5**). As ligações químicas que mantêm os átomos unidos para formar moléculas devem-se às interações elétricas entre os átomos. Elas abrangem as fortes ligações iônicas que mantêm os átomos de sódio e de cloro unidos para produzir o sal de cozinha, e as ligações relativamente fracas entre os fios de DNA que registram o código genético de seu corpo. A força normal exercida sobre você pelo solo provém das forças elétricas entre as partículas carregadas nos átomos de seus sapatos e nos átomos do solo. A força de tensão em um fio esticado e a força adesiva da cola também se devem às interações elétricas dos átomos.

Figura 21.5 A maior parte das forças que atuam sobre este esquiador aquático é elétrica. As interações elétricas entre as moléculas adjacentes provocam a força da água sobre o esqui, a tensão no cabo de reboque e a resistência do ar sobre o corpo do esquiador. As interações elétricas também mantêm unidos os átomos no corpo do esquiador. Somente uma força totalmente não elétrica atua sobre o esquiador: a força da gravidade.

TESTE SUA COMPREENSÃO DA SEÇÃO 21.1 Dois objetos carregados eletricamente se repelem em razão da força elétrica. As cargas dos objetos são: (i) uma positiva e outra negativa; (ii) ambas positivas; (iii) ambas negativas; (iv) ou (ii) ou (iii); (v) qualquer uma das alternativas (i), (ii) ou (iii). ∎

21.2 CONDUTORES, ISOLANTES E CARGAS INDUZIDAS

Alguns materiais possibilitam a migração da carga elétrica de uma região do material para outra, enquanto outros impedem o movimento das cargas elétricas. Por exemplo, a **Figura 21.6a** mostra um fio de cobre suspenso por um fio de náilon. Suponha que uma das extremidades do fio seja tocada por uma haste de plástico e que a outra extremidade esteja presa a uma esfera metálica inicialmente descarregada; a seguir, a haste carregada e o fio de cobre são removidos. Quando

Figura 21.6 O cobre é um bom condutor de eletricidade; o náilon é um bom isolante. (a) A carga elétrica é transferida da haste de plástico para a esfera metálica através do fio de cobre, carregando a esfera negativamente. A seguir, a esfera metálica é (b) repelida por uma haste de plástico carregada negativamente e (c) atraída por uma haste de vidro carregada positivamente.

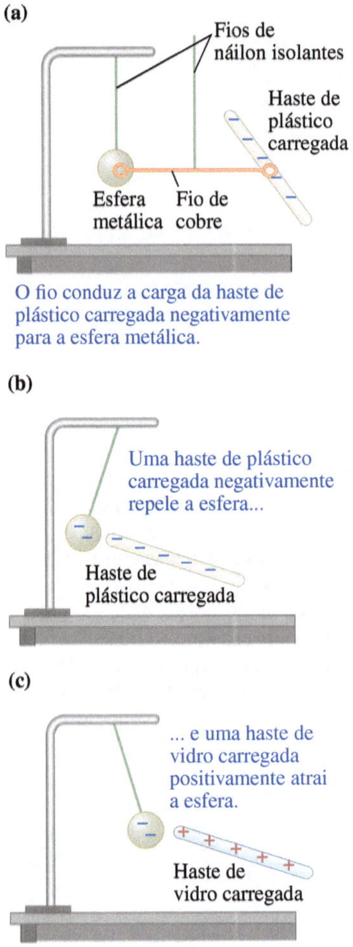

você aproxima outro corpo carregado da esfera (figuras 21.6b e 21.6c), ela é atraída ou repelida, mostrando que se tornou eletricamente carregada. A carga elétrica foi transferida da haste de plástico para a esfera através do fio de cobre.

Chamamos o fio de cobre de **condutor** de eletricidade. Caso você repetisse essa experiência substituindo o fio de cobre por um fio de náilon ou uma tira de borracha, verificaria que *nenhuma* carga seria transferida da haste de plástico para a esfera. Esse tipo de material denomina-se **isolante**. Um condutor permite que ocorra o movimento de cargas elétricas com facilidade através dele, enquanto um isolante não. (Os fios de sustentação em náilon mostrados na Figura 21.6 são isolantes, o que impede que a carga deixe a bola metálica e o fio de cobre.)

Como exemplo de um bom isolante, citamos um tapete de fibras em um dia seco. Quando você arrasta os pés no tapete, o atrito de seus sapatos com as fibras produz cargas elétricas que permanecem em seu corpo, pois elas não podem escoar através das fibras isolantes. Quando, a seguir, você toca um objeto condutor como uma maçaneta metálica, ocorre uma rápida transferência de carga elétrica, o que provoca um choque. Uma forma de evitar isso é enrolar algumas fibras do tapete em núcleos condutores, de modo que qualquer carga gerada em você seja transferida ao tapete, sem lhe causar qualquer dano. Outra solução é cobrir as fibras do tapete com uma camada antiestática que dificulta a transferência de elétrons entre seus sapatos e o tapete; isso impede, logo de início, que qualquer carga seja gerada em você.

A maioria dos metais é composta de bons condutores, enquanto muitos materiais não metálicos são isolantes. No interior de um metal sólido como o cobre, um ou mais elétrons externos de cada átomo se desprendem e podem se mover livremente através do material, do mesmo modo que as moléculas de um gás podem se mover livremente através dos espaços entre os grãos em um balde de areia. Os elétrons restantes permanecem ligados aos núcleos carregados positivamente, os quais, por sua vez, permanecem relativamente fixos no interior do material. Em um isolante não existe praticamente nenhum elétron livre, e a carga elétrica não pode ser transferida através do material. Denomina-se *semicondutor* um material que possui propriedades intermediárias entre as de um bom condutor e as de um bom isolante.

Carga por indução

Podemos carregar uma esfera metálica usando um fio de cobre e uma haste de plástico eletricamente carregada, como mostra a Figura 21.6a. Nesse processo, alguns elétrons em excesso existentes na haste de plástico são transferidos para a esfera, reduzindo a carga elétrica negativa da haste. Existe outra técnica, na qual a haste de plástico pode produzir uma carga com sinal *oposto* em outro corpo, sem que haja perda de sua própria carga. Neste caso, dizemos que o corpo foi carregado por **indução**.

A **Figura 21.7** indica um exemplo de como carregar um corpo por indução. Uma esfera metálica é apoiada em um suporte isolante (Figura 21.7a). Ao aproximar da esfera uma haste carregada negativamente, sem que a haste toque na esfera (Figura 21.7b), os elétrons livres na esfera metálica são repelidos pelo excesso de elétrons

Figura 21.7 Carregando uma esfera metálica por indução.

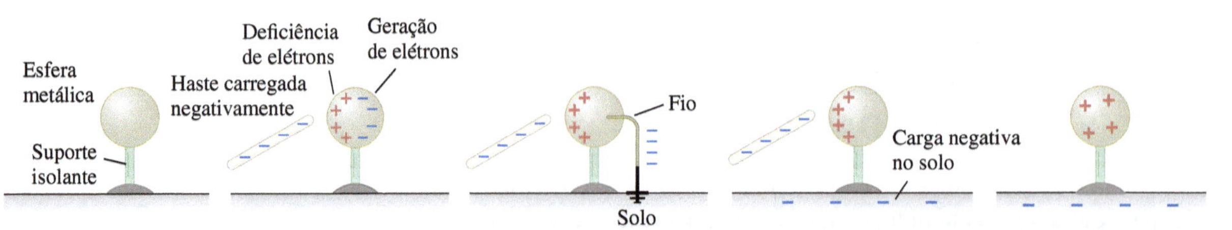

(a) Esfera metálica sem carga elétrica

(b) A carga negativa na haste repele os elétrons, criando zonas de **carga induzida** negativa e positiva

(c) O fio permite que os elétrons gerados (carga induzida negativa) escoem para o solo

(d) O fio é retirado; a esfera passa a ter somente uma área de deficiência de elétrons, com carga positiva.

(e) A haste é removida; os elétrons se rearranjam, a esfera possui deficiência generalizada de elétrons (carga líquida positiva) na haste e deslocados para a direita da esfera, afastando-se da haste. Esses elétrons não escapam da esfera porque o suporte e o ar ambiente são isolantes. Portanto, há um excesso de elétrons no lado direito da esfera, e uma deficiência de elétrons (ou seja, uma carga elétrica líquida positiva) no lado esquerdo. Dizemos que em cada lado da esfera surgiu uma **carga induzida**.

Nem todos os elétrons livres se deslocam para o lado direito da superfície da esfera. À medida que começam a surgir cargas induzidas, elas exercem forças orientadas para a *esquerda* sobre os outros elétrons livres. Estes são repelidos pelos elétrons negativos existentes no lado direito e atraídos pelas cargas positivas induzidas do lado esquerdo. O sistema atinge um estado de equilíbrio no qual a força sobre um elétron orientada para a direita, produzida pela haste, é exatamente igual à força sobre o mesmo elétron orientada para a esquerda, produzida pelas cargas induzidas. Quando removemos a haste carregada, os elétrons livres retornam para o lado esquerdo da esfera e a condição de neutralidade original é restaurada.

O que ocorrerá se, mantendo a haste de plástico próxima da esfera, você encostar a extremidade de um fio condutor sobre o lado direito da esfera, mantendo a outra extremidade do fio em contato com a superfície terrestre (Figura 21.7c)? A Terra é condutora e, por ser extremamente grande, pode funcionar como uma fonte praticamente inesgotável de elétrons ou como um dissipador de elétrons indesejáveis. Algumas cargas negativas escoam através do fio para a superfície terrestre. Suponha agora que você desconecte o fio (Figura 21.7d) e depois remova a haste carregada (Figura 21.7e); restará uma carga líquida positiva na esfera. A carga negativa da haste não foi alterada no processo. A Terra adquiriu uma carga negativa de módulo igual à carga positiva induzida que permaneceu na esfera.

Forças elétricas sobre objetos descarregados

Finalmente, notamos que um corpo carregado pode exercer força até mesmo sobre objetos que *não* estão carregados. Se você friccionar um balão com um tapete e em seguida segurá-lo contra o teto, ele ficará grudado no teto, embora este não possua nenhuma carga elétrica líquida. Depois de fazer um pente adquirir carga passando-o pelo seu cabelo, o pente pode atrair pedacinhos de papel ou de plástico descarregados (**Figura 21.8a**). Como isso é possível?

Essa interação é produzida pelo fenômeno da indução de cargas. Mesmo em um isolante, as cargas elétricas podem se deslocar ligeiramente quando há uma carga por perto. Isso é indicado na Figura 21.8b; o pente de plástico, carregado negativamente, produz um ligeiro deslocamento das cargas das moléculas no interior do isolante neutro, um efeito chamado de *polarização*. As cargas positivas e negativas do material possuem o mesmo módulo, porém as cargas positivas estão

Figura 21.8 As cargas no interior das moléculas de um material isolante podem se deslocar ligeiramente. Consequentemente, um pente com qualquer carga elétrica não nula atrai um isolante neutro. Pela terceira lei de Newton, o isolante neutro atrai o pente com uma força de mesmo módulo.

(a) Um pente carregado atrai pedaços de plástico descarregados

(b) Como um pente com carga negativa atrai um material isolante

(c) Como um pente com carga positiva atrai um material isolante

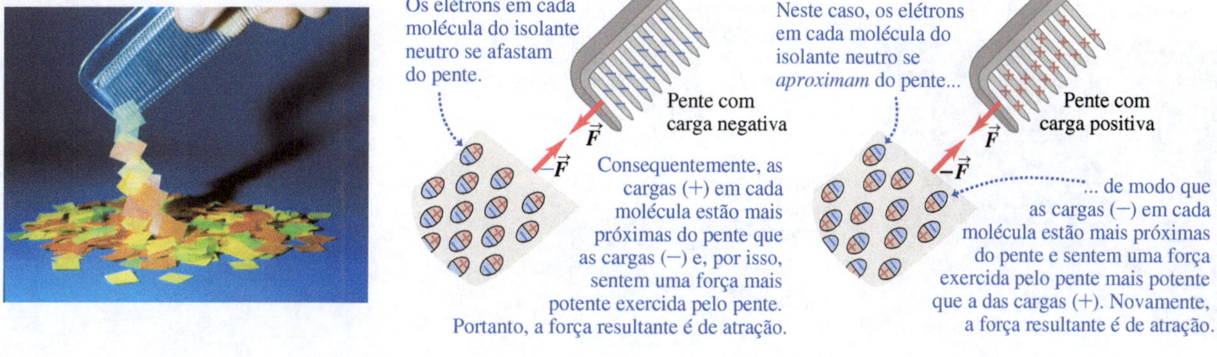

Figura 21.9 O processo de pintura eletrostática (compare as figuras 21.7b e 21.7c). Um objeto de metal a ser pintado está ligado à Terra ("solo"), e as gotículas de tinta recebem carga elétrica ao saírem pelo bico borrifador. Cargas induzidas de sinal oposto surgem no objeto quando as gotículas se aproximam, como indicado na Figura 21.7b, e elas atraem as gotículas à superfície. Esse processo minimiza o excesso causado por nuvens de partículas soltas de tinta e dá um acabamento especialmente uniforme.

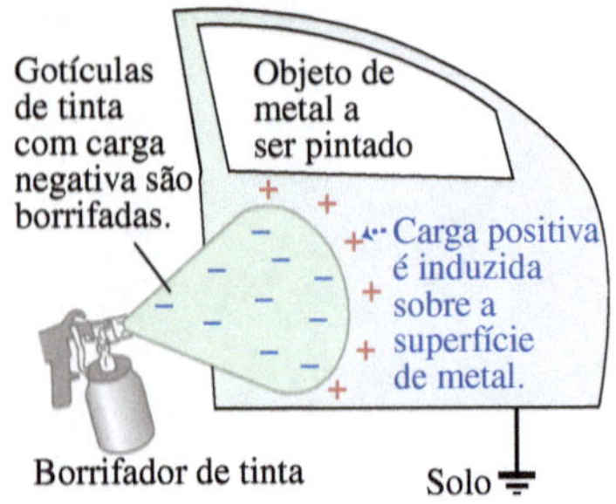

mais próximas do pente que as cargas negativas, sofrendo uma força de atração maior que a força de repulsão sobre as cargas negativas. Portanto, a força resultante é de atração. (Na Seção 21.3, estudaremos como as forças elétricas dependem da distância.) Observe que o isolante neutro também pode ser atraído por um pente carregado *positivamente* (Figura 21.8c). Nesse caso, as cargas no isolante sofrem um deslocamento em sentido contrário ao do caso anterior; as cargas negativas no isolante estão mais próximas do pente e sofrem uma força de atração maior que a força de repulsão sofrida pelas cargas positivas no isolante. Portanto, *qualquer* que seja o sinal da carga elétrica de um objeto carregado, ele sempre exerce uma força de atração sobre um isolante neutro. A **Figura 21.9** mostra uma aplicação industrial desse efeito.

TESTE SUA COMPREENSÃO DA SEÇÃO 21.2 Considere duas esferas metálicas leves, cada uma pendurada em um fio de náilon isolante. Uma das esferas possui carga líquida negativa, enquanto a outra não possui carga líquida. (a) Quando as esferas estão próximas, mas não se tocam, elas (i) se atraem, (ii) se repelem ou (iii) não exercem nenhuma força entre si? (b) Caso as esferas se toquem, elas (i) se atraem, (ii) se repelem ou (iii) não exercem nenhuma força entre si? ❙

21.3 LEI DE COULOMB

Charles Augustin de Coulomb (1736-1806) estudou as forças de interação entre partículas carregadas em 1784. Ele usou uma balança de torção (**Figura 21.10a**) semelhante à usada 13 anos mais tarde por Cavendish para estudar a força de interação gravitacional, que é muito mais fraca que a elétrica, conforme discutimos na Seção 12.1. Para **cargas puntiformes**, corpos carregados muito menores que a distância r que os separa, Coulomb verificou que a força elétrica entre eles é proporcional a $\frac{1}{r^2}$. Ou seja, quando a distância r dobra, a força se reduz a um quarto de seu valor inicial; quando a distância se reduz à metade, a força se torna quatro vezes maior que seu valor inicial.

A força elétrica entre dois corpos também depende da carga existente em cada corpo, que será designada por q ou Q. Para explorar essa dependência, Coulomb dividiu uma carga em duas partes iguais, colocando um pequeno condutor esférico carregado em contato com outro condutor esférico idêntico descarregado; por simetria, as cargas são igualmente divididas entre as duas esferas. (Observe o papel essencial desempenhado pela lei da conservação da carga nesse procedimento.)

BIO Aplicação Forças elétricas, suor e fibrose cística Uma maneira de testar se uma pessoa é portadora da doença genética fibrose cística (FC) é medir do teor de sal de seu suor. O suor é uma mistura de água e íons, incluindo íons de sódio (Na^+) e cloro (Cl^-), que compõem o sal de cozinha (NaCl). Quando o suor é secretado pelas células epiteliais, alguns dos íons de Cl^- escoam do suor de volta para essas células (um processo denominado reabsorção). A atração elétrica entre as cargas positivas e negativas atrai íons de Na^+ juntamente com o Cl^-. As moléculas de água não conseguem retornar para dentro das células epiteliais, portanto, o suor sobre a pele tem um baixo teor de sal. No entanto, em pessoas com FC, a reabsorção de íons de Cl^- é bloqueada. Este é o motivo pelo qual pessoas com FC possuem suor notavelmente salgado, com até quatro vezes a concentração normal de Cl^- e Na^+.

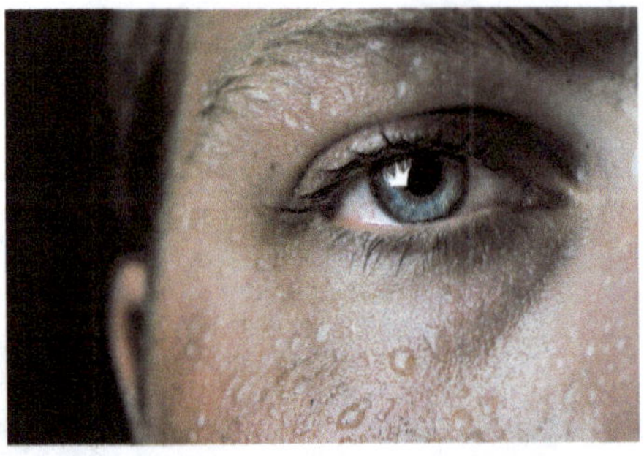

Figura 21.10 (a) Medição da força elétrica entre cargas puntiformes. (b) As forças elétricas entre cargas puntiformes obedecem à terceira lei de Newton: $\vec{F}_{1\text{ em }2} = -\vec{F}_{2\text{ em }1}$.

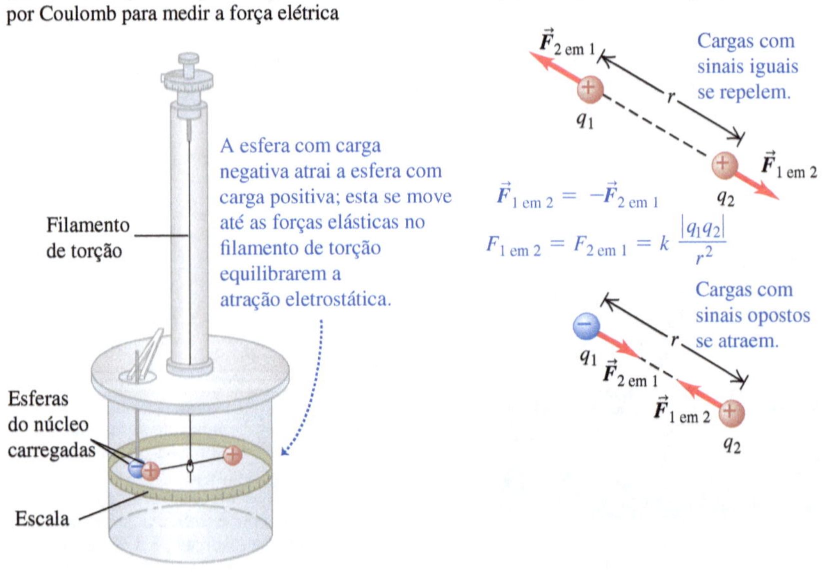

Dessa maneira, ele poderia obter uma carga igual à metade da carga inicial, um quarto da carga inicial e assim por diante. Ele verificou que a força elétrica entre as duas cargas q_1 e q_2 é proporcional a cada uma das cargas e, portanto, proporcional ao *produto* q_1q_2 das duas cargas.

Desse modo, Coulomb estabeleceu uma relação hoje conhecida como **lei de Coulomb**:

O módulo da força elétrica entre duas cargas puntiformes é diretamente proporcional ao produto das cargas e inversamente proporcional ao quadrado da distância entre elas.

Em termos matemáticos, o módulo F da força que qualquer uma das duas cargas q_1 e q_2, separadas por uma distância r, exerce sobre a outra pode ser expresso pela relação

$$F = k\frac{|q_1q_2|}{r^2} \qquad (21.1)$$

em que k é uma constante de proporcionalidade cujo valor numérico depende do sistema de unidades usado. As barras verticais que indicam valor absoluto são usadas na Equação 21.1 porque as cargas q_1 e q_2 podem ser positivas ou negativas, enquanto o módulo da força F é sempre positivo.

A direção da força que qualquer uma das cargas exerce sobre a outra é sempre ao longo da linha reta que passa pelas cargas. Quando as cargas q_1 e q_2 possuem o mesmo sinal, ambos positivos ou ambos negativos, as forças são repulsivas; quando as cargas q_1 e q_2 possuem sinais opostos, as forças são atrativas (Figura 21.10b). As duas forças obedecem à terceira lei de Newton: elas sempre possuem o mesmo módulo e sentidos contrários, mesmo quando as cargas não são iguais em módulo.

A proporcionalidade da força elétrica com $\frac{1}{r^2}$ foi verificada com grande precisão. Não existe nenhuma razão para suspeitar que o fator do expoente não seja exatamente igual a 2. Portanto, a Equação 21.1 tem estrutura igual à da lei da gravitação. Porém, a interação elétrica é um fenômeno diferente da interação gravitacional. A interação elétrica depende das cargas elétricas e pode ser atrativa ou repulsiva, enquanto a interação gravitacional depende das massas e só pode ser atrativa (porque não existe massa negativa).

Constantes elétricas fundamentais

O valor da constante de proporcionalidade k na lei de Coulomb depende do sistema de unidades. Em nossos estudos da eletricidade e do magnetismo, usaremos exclusivamente unidades do SI. Muitas unidades elétricas do SI abrangem unidades familiares, como o volt, o ampère, o ohm e o watt. (*Não* existe nenhum sistema britânico de unidades elétricas.) A unidade SI de carga elétrica é igual a um **coulomb** (1 C). Usando unidades do SI, a constante k na Equação 21.1 é

$$k = 8{,}987551787 \times 10^9\ \mathrm{N \cdot m^2/C^2} \cong 8{,}988 \times 10^9\ \mathrm{N \cdot m^2/C^2}$$

O valor da constante k é conhecido com muitos algarismos significativos porque esse valor está intimamente relacionado à velocidade da luz no vácuo. (Veremos isso no Capítulo 32 quando estudarmos a radiação eletromagnética.) Conforme dissemos na Seção 1.3, a velocidade da luz no vácuo é *definida* exatamente como $c = 2{,}99792458 \times 10^8$ m/s. Em termos de c, o valor de k é precisamente dado por

$$k = (10^{-7}\ \mathrm{N \cdot s^2/C^2})\,c^2$$

Você pode conferir as unidades da relação anterior para verificar se k realmente possui as unidades certas.

Primeiro, podemos medir a força elétrica F entre duas cargas iguais q separadas por uma distância r e usar a lei de Coulomb para determinar o valor da carga. Portanto, podemos encarar o valor de k como uma definição operacional do coulomb. Contudo, por razões de precisão experimental, é melhor definir o coulomb em termos da unidade de *corrente* elétrica (carga por unidade de tempo), ou seja, o *ampère*, que é igual a um coulomb por segundo. Retornaremos a essa definição no Capítulo 28.

Usando unidades do SI, geralmente escrevemos a constante k da Equação 21.1 como $\frac{1}{4\pi\epsilon_0}$, em que ϵ_0 ("épsilon zero") é denominada **constante elétrica**. Essa substituição simplifica muitas fórmulas que serão encontradas em capítulos posteriores. A partir de agora, quase sempre escreveremos a lei de Coulomb na forma

Lei de Coulomb: módulo da força elétrica entre duas cargas puntiformes

$$F = \frac{1}{4\pi\epsilon_0}\frac{|q_1 q_2|}{r^2} \tag{21.2}$$

Constante elétrica: $\frac{1}{4\pi\epsilon_0}$; Valores das duas cargas: $|q_1q_2|$; Distância entre as duas cargas: r

As constantes na Equação 21.2 são dadas aproximadamente por

$$\epsilon_0 = 8{,}854 \times 10^{-12}\ \mathrm{C^2/N \cdot m^2} \quad \text{e} \quad \frac{1}{4\pi\epsilon_0} = k = 8{,}988 \times 10^9\ \mathrm{N \cdot m^2/C^2}$$

Nos exemplos e nos problemas, geralmente usaremos o valor aproximado

$$\frac{1}{4\pi\epsilon_0} = 9{,}0 \times 10^9\ \mathrm{N \cdot m^2/C^2}$$

Conforme dissemos na Seção 21.1, a unidade mais fundamental de carga elétrica é o módulo da carga de um próton ou de um elétron, que será designado por e. O valor mais preciso disponível quando este livro foi escrito é dado por

$$e = 1{,}602176565(35) \times 10^{-19}\ \mathrm{C}$$

Um coulomb representa o valor negativo da carga total existente em aproximadamente 6×10^{18} elétrons. Comparativamente, um cubo de cobre de 1 cm de aresta contém aproximadamente $2{,}4 \times 10^{24}$ elétrons. Cerca de 10^{19} elétrons passam através do filamento luminoso de uma lâmpada incandescente a cada segundo.

Em geral, os problemas de eletrostática (isto é, que envolvem cargas em repouso) não incluem cargas tão elevadas quanto 1 coulomb. Duas cargas de 1 C separadas por uma distância de 1 m exerceriam uma força mútua com módulo aproximadamente igual a 9×10^9 N (aproximadamente 1 milhão de toneladas)! A carga total dos elétrons existentes em uma moeda de cobre de um centavo é ainda maior, aproximadamente igual a $1{,}4 \times 10^5$ C, mostrando que não podemos perturbar a neutralidade elétrica a não ser usando forças muito elevadas. Os valores típicos de cargas elétricas livres oscilam aproximadamente entre um microcoulomb (1 μC = 10^{-6} C) e um nanocoulomb (1 nC = 10^{-9} C).

EXEMPLO 21.1 FORÇA ELÉTRICA *VERSUS* FORÇA GRAVITACIONAL

Uma partícula α (o núcleo do átomo de hélio) possui massa $m = 6{,}64 \times 10^{-27}$ kg e carga $q = +2e = 3{,}2 \times 10^{-19}$ C. Compare o módulo da força de repulsão elétrica entre duas partículas α ("alfa") com o módulo da força de atração gravitacional entre elas.

SOLUÇÃO

IDENTIFICAR E PREPARAR: este problema envolve a lei de Newton para a força gravitacional F_g entre partículas (veja a Seção 12.1) e a lei de Coulomb para a força elétrica F_e entre cargas puntiformes. Devemos comparar essas forças, de modo que a incógnita do problema seja a razão entre essas duas forças, F_e/F_g. Usamos a Equação 21.2 para F_e e a Equação 12.1 para F_g.

EXECUTAR: a **Figura 21.11** mostra nossa esquematização do problema, a partir das equações 21.2 e 12.1.

$$F_e = \frac{1}{4\pi\epsilon_0}\frac{q^2}{r^2} \qquad F_g = G\frac{m^2}{r^2}$$

(*Continua*)

(Continuação)

Essas duas forças possuem relações de proporções inversas do quadrado de r, que se cancelam quando calculamos a razão:

$$\frac{F_e}{F_g} = \frac{1}{4\pi\epsilon_0 G}\frac{q^2}{m^2}$$

$$= \frac{9{,}0 \times 10^9\ \text{N}\cdot\text{m}^2/\text{C}^2}{6{,}67 \times 10^{-11}\ \text{N}\cdot\text{m}^2/\text{kg}^2}\frac{(3{,}2 \times 10^{-19}\ \text{C})^2}{(6{,}64 \times 10^{-27}\ \text{kg})^2} = 3{,}1 \times 10^{35}$$

AVALIAR: esse número extraordinariamente elevado mostra que a força gravitacional nesse caso é completamente desprezível em comparação à força elétrica. Isso é sempre verdade para interações entre partículas atômicas e subatômicas. Contudo, entre dois corpos do tamanho de uma pessoa ou de um planeta, em geral a carga líquida positiva é aproximadamente igual à carga líquida negativa, e a força elétrica é muito *menor* que a força gravitacional.

Figura 21.11 Nossa esquematização do problema.

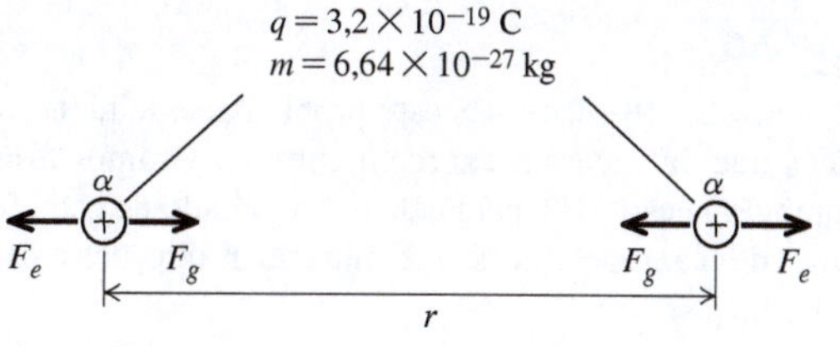

Superposição de forças

A lei de Coulomb como nós a apresentamos descreve apenas a interação entre duas cargas *puntiformes*. Quando duas cargas exercem forças sobre uma terceira carga, a experiência mostra que a força total exercida sobre essa carga é dada pela *soma vetorial* das forças que as duas cargas exercem individualmente. Essa importante propriedade, denominada **princípio da superposição das forças**, pode ser aplicada a um número qualquer de cargas. Usando esse princípio, podemos aplicar a lei de Coulomb para *qualquer* conjunto de cargas. Dois dos exemplos no final desta seção demonstram a aplicação do princípio da superposição.

Teoricamente, a lei de Coulomb como nós a apresentamos só poderia ser usada para cargas puntiformes *no vácuo*. Quando existe matéria no espaço entre as cargas, a força resultante sobre cada carga se altera porque ocorre o fenômeno da indução de cargas elétricas nas moléculas do material do meio considerado. Descreveremos esse efeito posteriormente. Contudo, na prática, podemos usar a lei de Coulomb sem nenhuma alteração para cargas puntiformes no ar. Para a pressão atmosférica normal, a presença do ar altera o valor da força elétrica no vácuo em apenas uma parte em 2.000.

ESTRATÉGIA PARA A SOLUÇÃO DE PROBLEMAS 21.1 LEI DE COULOMB

IDENTIFICAR *os conceitos relevantes*: a lei de Coulomb descreve as forças elétricas entre partículas carregadas.

PREPARAR *o problema* usando as seguintes etapas:

1. Faça um desenho indicando as localizações das partículas carregadas e classifique cada partícula conforme a respectiva carga.
2. Se as cargas não estiverem localizadas na mesma linha, monte um sistema de coordenadas xy.
3. O problema pedirá que se encontre a força elétrica que atua sobre uma ou mais partículas. Identifique essa(s) partícula(s).

EXECUTAR *a solução* da seguinte forma:

1. Calcule o módulo da força que cada partícula exerce sobre uma partícula de interesse, usando a Equação 21.2.
2. Use esses módulos para montar um diagrama do corpo livre mostrando os vetores da força elétrica que atuam sobre cada partícula de interesse. A força exercida pela partícula 1 sobre a partícula 2 aponta da partícula 2 para a partícula 1, caso as duas cargas tenham sinais opostos, mas aponta da partícula 2 para o lado oposto ao da partícula 1 caso as cargas tenham o mesmo sinal.
3. Use o princípio da superposição para calcular a força elétrica total — uma soma *vetorial* — sobre cada partícula de interesse. (Revise a álgebra vetorial abordada desde a Seção 1.7 até a Seção 1.9. Esse método de componentes muitas vezes é útil.)
4. Use unidades consistentes; unidades do SI são completamente consistentes. Em $\frac{1}{4\pi\epsilon_0} = 9{,}0 \times 10^9\ \text{N}\cdot\text{m}^2/\text{C}^2$, as distâncias devem ser expressas em metros, as cargas, em coulombs e as forças, em newtons.
5. Alguns exemplos e problemas deste e dos próximos capítulos envolvem distribuições *contínuas* de carga ao longo de uma linha, sobre uma superfície ou através de um volume. Nesses casos, a soma vetorial mencionada no item 3 transforma-se em uma *integral* vetorial. Dividimos a distribuição de cargas em regiões infinitesimais, usamos a lei de Coulomb para cada região e, a seguir, integramos para achar a soma vetorial. Em alguns casos, isso pode ser feito sem necessidade do uso de integrais.
6. Explore quaisquer simetrias na distribuição de cargas para simplificar o processo de resolução de problemas. Por exemplo, duas cargas idênticas q exercem uma força elétrica líquida igual a zero sobre uma carga Q, que se encontra no ponto médio entre elas, porque as forças sobre Q possuem o mesmo módulo e sentidos opostos.

AVALIAR *sua resposta*: confira se os resultados numéricos são razoáveis e confirme se o sentido da força elétrica líquida está de acordo com o princípio de que cargas iguais se repelem e cargas opostas se atraem.

EXEMPLO 21.2 FORÇA ENTRE DUAS CARGAS PUNTIFORMES

Duas cargas puntiformes, $q_1 = +25$ nC e $q_2 = -75$ nC, estão separadas por uma distância $r = 3{,}0$ cm (**Figura 21.12a**). Determine o módulo e o sentido da força elétrica (a) que q_1 exerce sobre q_2; e (b) que q_2 exerce sobre q_1.

SOLUÇÃO

IDENTIFICAR E PREPARAR: este problema solicita as forças elétricas que duas cargas exercem entre si. Usamos a lei de Coulomb, Equação 21.2, para calcular o módulo de cada força. Os sinais das cargas elétricas determinarão as direções e os sentidos das forças.

EXECUTAR: (a) após converter r para metros e as unidades de q_1 e q_2 para coulombs, obtemos, com a Equação 21.2,

$$F_{1\text{ em }2} = \frac{1}{4\pi\epsilon_0}\frac{|q_1 q_2|}{r^2}$$

$$= (9{,}0 \times 10^9\ \text{N}\cdot\text{m}^2/\text{C}^2)\,\frac{|(+25 \times 10^{-9}\ \text{C})(-75 \times 10^{-9}\ \text{C})|}{(0{,}030\ \text{m})^2}$$

$$= 0{,}019\ \text{N}$$

Visto que as duas cargas possuem sinais opostos, a força é de atração (para a esquerda na Figura 21.12b), ou seja, a força que atua sobre q_2 está sobre a reta que une as duas cargas e possui sentido orientado para q_1.

(b) Como foi feito na parte (a), temos

$$F_{2\text{ em }1} = \frac{1}{4\pi\epsilon_0}\frac{|q_2 q_1|}{r^2} = F_{1\text{ em }2} = 0{,}019\ \text{N}$$

A força de atração exercida sobre q_1 é direcionada para a direita (Figura 21.12c).

AVALIAR: a terceira lei de Newton se aplica à força elétrica. Embora as cargas possuam módulos diferentes, o módulo da força que q_2 exerce sobre q_1 é igual ao módulo da força que q_1 exerce sobre q_2, e essas duas forças possuem sentidos opostos.

Figura 21.12 Qual é a força elétrica que q_1 exerce sobre q_2, e qual é a força elétrica que q_2 exerce sobre q_1? As forças gravitacionais são desprezíveis.

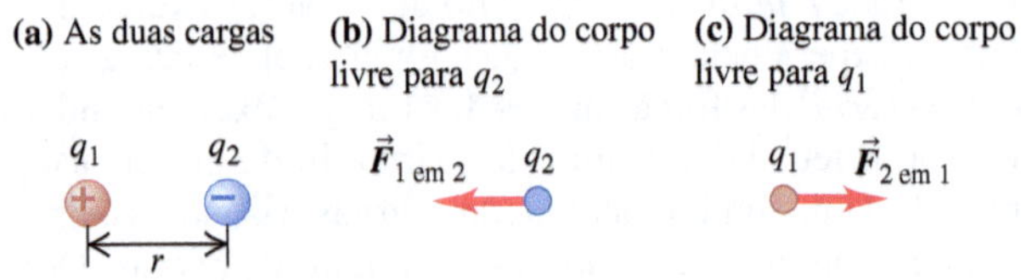

EXEMPLO 21.3 SOMA VETORIAL PARA FORÇAS COLINEARES

Duas cargas puntiformes estão localizadas no eixo x de um sistema de coordenadas: $q_1 = 1{,}0$ nC está em $x = +2{,}0$ cm, e $q_2 = -3{,}0$ nC está em $x = +4{,}0$ cm. Qual é a força elétrica total exercida por q_1 e q_2 sobre uma carga $q_3 = 5{,}0$ nC em $x = 0$?

SOLUÇÃO

IDENTIFICAR E PREPARAR: a **Figura 21.13a** mostra a situação. Para obter a força total sobre q_3, a incógnita do problema, devemos encontrar a soma vetorial das duas forças elétricas atuando sobre essa carga.

EXECUTAR: a Figura 21.13b é um diagrama do corpo livre para a carga q_3, que é repelida por q_1 (que possui o mesmo sinal) e atraída por q_2 (que possui sinal oposto). $\vec{F}_{1\text{ em }3}$ está no sentido de $-x$ e $\vec{F}_{2\text{ em }3}$ está no sentido de $+x$. Convertendo as unidades, temos, a partir da Equação 21.2,

$$F_{1\text{ em }3} = \frac{1}{4\pi\epsilon_0}\frac{|q_1 q_3|}{r_{13}^2}$$

$$= (9{,}0 \times 10^9\ \text{N}\cdot\text{m}^2/\text{C}^2)\,\frac{(1{,}0 \times 10^{-9}\ \text{C})\,(5{,}0 \times 10^{-9}\ \text{C})}{(0{,}020\ \text{m})^2}$$

$$= 1{,}12 \times 10^{-4}\ \text{N} = 112\ \mu\text{N}$$

Da mesma forma é possível demonstrar que $F_{2\text{ em }3} = 84\ \mu$N. Portanto, sabemos que $\vec{F}_{1\text{ em }3} = (-112\ \mu\text{N})\hat{\imath}$ e $\vec{F}_{2\text{ em }3} = (84\ \mu\text{N})\hat{\imath}$. A força elétrica líquida sobre q_3 é dada por

$$\vec{F}_3 = \vec{F}_{1\text{ em }3} + \vec{F}_{2\text{ em }3} = (-112\ \mu\text{N})\,\hat{\imath} + (84\ \mu\text{N})\,\hat{\imath}$$

$$= (-28\ \mu\text{N})\,\hat{\imath}$$

AVALIAR: para conferir, note que o módulo de q_2 é três vezes maior que o módulo de q_1, mas q_2 está duas vezes mais distante de q_3. Pela Equação 21.2, isso significa que $F_{2\text{ em }3}$ deve ser $\frac{3}{2^2} = \frac{3}{4} = 0{,}75$ vez o valor de $F_{1\text{ em }3}$. Isso está de acordo com nossos resultados: $F_{2\text{ em }3}/F_{1\text{ em }3} = (84\ \mu\text{N})/(112\ \mu\text{N}) = 0{,}75$. Como $F_{2\text{ em }3}$ é a força mais fraca, o sentido da força líquida é o mesmo de $\vec{F}_{1\text{ em }3}$ — ou seja, no sentido de $-x$.

Figura 21.13 Nossa esquematização do problema.

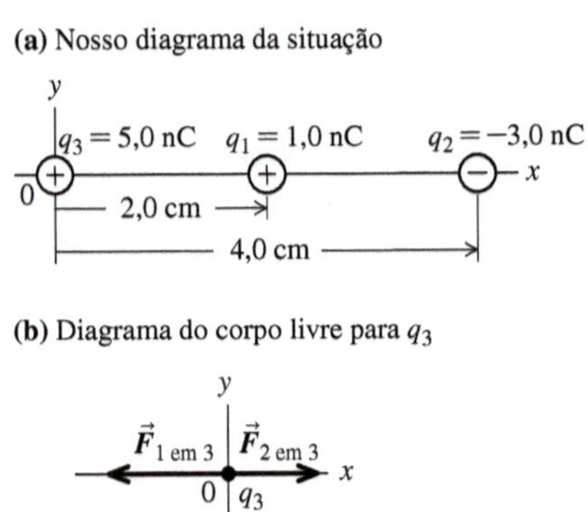

EXEMPLO 21.4 SOMA VETORIAL DE FORÇAS ELÉTRICAS EM UM PLANO

Duas cargas puntiformes positivas iguais $q_1 = q_2 = 2{,}0\ \mu C$ estão localizadas em $x = 0$, $y = 0{,}30$ m e $x = 0$, $y = -0{,}30$ m, respectivamente. Determine o módulo, a direção e o sentido da força elétrica total (resultante) que q_1 e q_2 exercem sobre uma terceira carga $Q = 4{,}0\ \mu C$ em $x = 0{,}40$ m, $y = 0$.

SOLUÇÃO

IDENTIFICAR E PREPARAR: como no Exemplo 21.3, devemos calcular a força que cada carga exerce sobre Q e a seguir obter a soma vetorial dessas forças. A **Figura 21.14** mostra a situação. Como as três cargas não são colineares, o modo mais fácil para calcular as forças consiste em usar os componentes.

EXECUTAR: a Figura 21.14 mostra as forças $\vec{F}_{1\,\text{em}\,Q}$ e $\vec{F}_{2\,\text{em}\,Q}$ exercida pelas cargas idênticas q_1 e q_2, que estão a distâncias iguais de Q. De acordo com a lei de Coulomb, o módulo de *ambas* as forças é dado por

$$F_{1\,\text{ou}\,2\,\text{em}\,Q} = (9{,}0 \times 10^9\ \text{N}\cdot\text{m}^2/\text{C}^2) \times \frac{(4{,}0 \times 10^{-6}\ \text{C})(2{,}0 \times 10^{-6}\ \text{C})}{(0{,}50\ \text{m})^2} = 0{,}29\ \text{N}$$

O componente x de cada uma das duas forças é dado por

$$(F_{1\,\text{ou}\,2\,\text{em}\,Q})_x = (F_{1\,\text{ou}\,2\,\text{em}\,Q})\cos\alpha = (0{,}29\ \text{N})\frac{0{,}40\ \text{m}}{0{,}50\ \text{m}} = 0{,}23\ \text{N}$$

Usando um raciocínio de simetria, vemos que os componentes y das duas forças possuem módulos iguais e sentidos opostos. Portanto, sua soma é igual a zero e a força total $\vec{F}$ em Q tem componente x $F_x = 0{,}23\ \text{N} + 0{,}23\ \text{N} = 0{,}46\ \text{N}$. A força total em Q aponta no sentido $+x$ e possui módulo igual a 0,46 N.

AVALIAR: a força total sobre Q aponta em um sentido que não se afasta diretamente de q_1 nem de q_2. Em vez disso, esse sentido é uma acomodação que aponta para fora do *sistema* das cargas q_1 e q_2. Você consegue perceber que a força total *não* apontaria no sentido $+x$ se q_1 e q_2 não fossem iguais ou se a disposição geométrica das cargas não fosse tão simétrica?

Figura 21.14 Nossa esquematização deste problema.

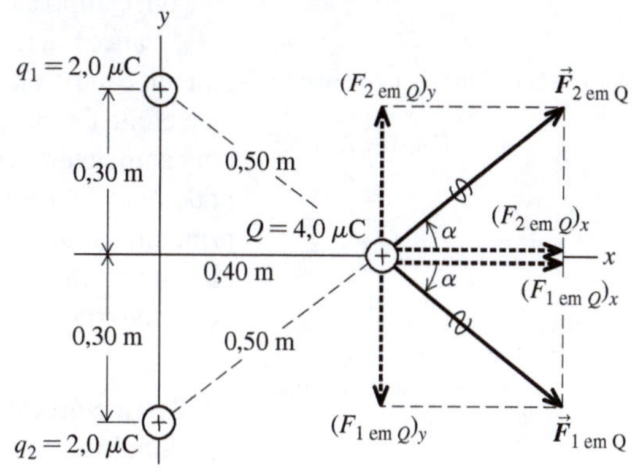

TESTE SUA COMPREENSÃO DA SEÇÃO 21.3 Considere que a carga q_2 no Exemplo 21.4 fosse $-2{,}0\ \mu C$. Nesse caso, a força elétrica total sobre Q (i) apontaria no sentido positivo de x; (ii) apontaria no sentido negativo de x; (iii) apontaria no sentido positivo de y; (iv) apontaria no sentido negativo de y; (v) seria igual a zero; (vi) nenhuma das alternativas. ❙

21.4 CAMPO ELÉTRICO E FORÇAS ELÉTRICAS

Quando ocorre uma interação no vácuo entre duas partículas que possuem cargas elétricas, como é possível que uma delas perceba a existência da outra? Podemos começar a responder a essa pergunta e, ao mesmo tempo, reformular a lei de Coulomb de uma forma muito útil, usando o conceito de *campo elétrico*.

Campo elétrico

Para introduzirmos esse conceito, vamos examinar a repulsão mútua entre dois corpos A e B com cargas positivas (**Figura 21.15a**). Suponha que B possua uma carga q_0 e seja $\vec{F}_0$ a força elétrica que A exerce sobre B. Um modo de interpretar a ação dessa força consiste em imaginar uma "ação a distância", ou seja, essa força poderia agir pelo espaço vazio sem a necessidade de nenhuma interação física entre A e B. (A força da gravidade também poderia ser imaginada como uma força de "ação a distância".) Porém, podemos visualizar melhor a interação entre A e B imaginando um processo com duas etapas. Inicialmente, supomos que o corpo A, em virtude da carga elétrica que possui, de algum modo *modifica as propriedades do espaço ao redor dele*. A seguir, o corpo B, em virtude da carga elétrica que *ele* possui, sente como o espaço foi modificado pela outra carga. A resposta sentida por B é a força elétrica $\vec{F}_0$.

Figura 21.15 Um corpo carregado cria um campo elétrico ao redor dele.

(a) *A* e *B* exercem forças elétricas entre si

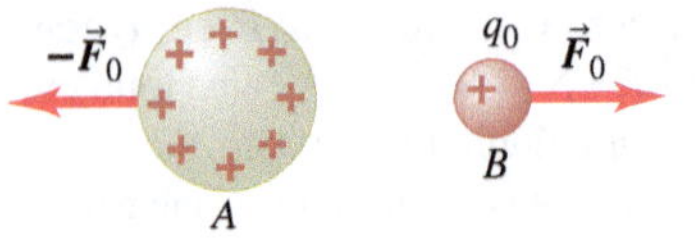

(b) Remova o corpo *B*...

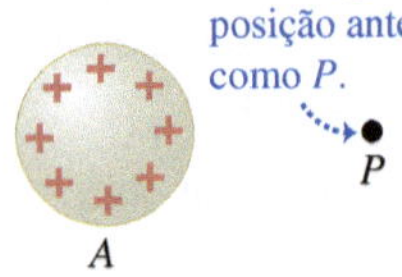

(c) O corpo *A* forma um campo elétrico $\vec{E}$ no ponto *P*.

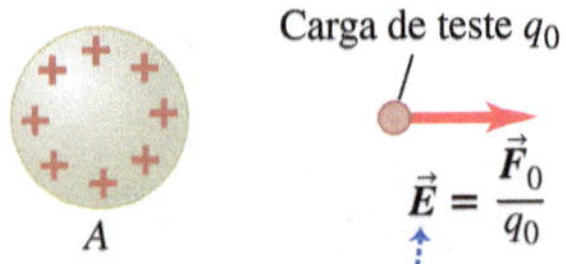

BIO Aplicação Tubarões e o "sexto sentido" Os tubarões têm a capacidade de localizar presas (como o linguado e outros peixes de fundo) que estão completamente escondidas sob a areia no fundo do oceano. Eles fazem isso através da detecção de fracos campos elétricos produzidos pelas contrações musculares de suas presas. Os tubarões derivam sua sensibilidade a campos elétricos (um "sexto sentido") a partir de canais cheios de geleia em seus corpos. Estes canais terminam em poros na pele do tubarão (mostrado nesta fotografia). Um campo elétrico fraco como 5×10^{-7} N/C já provoca um fluxo de carga dentro dos canais e aciona um sinal no sistema nervoso do tubarão. Como o tubarão tem canais com diferentes orientações, ele pode medir diferentes componentes do vetor do campo elétrico e, consequentemente, determinar a direção do campo.

Para entendermos como esse processo de duas etapas ocorre, inicialmente consideramos apenas o corpo *A*: removemos o corpo *B* e designamos pela letra *P* o ponto que ele ocupava (Figura 21.15b). Dizemos que o corpo *A* produz um **campo elétrico** no ponto *P* (e em todos os outros pontos nas vizinhanças). Esse campo elétrico está presente no ponto *P* mesmo quando não existe nenhuma carga em *P*; isso decorre somente da existência da carga sobre o corpo *A*. Quando uma carga q_0 é, a seguir, colocada no ponto *P*, ela sofre a ação da força elétrica $\vec{F}_0$. Adotamos o ponto de vista de que essa força é exercida sobre a carga q_0 pelo *campo elétrico* no ponto *P* (Figura 21.15c). Portanto, o campo elétrico serve de intermediário para comunicar a força que *A* exerce sobre q_0. Visto que a carga puntiforme q_0 sofre a ação da força em qualquer ponto nas vizinhanças de *A*, o campo elétrico produzido por *A* está presente em todos os pontos ao redor de *A*.

De modo análogo, podemos dizer que a carga puntiforme q_0 produz em torno dela um campo elétrico e que esse campo exerce sobre o corpo *A* uma força elétrica $-\vec{F}_0$. Para cada força (a força de *A* sobre q_0 e a força de q_0 sobre *A*), uma das cargas cria um campo elétrico que exerce uma força sobre a outra carga. Enfatizamos que esse efeito é uma *interação* entre *dois* corpos carregados. Uma única carga produz um campo elétrico no espaço de suas vizinhanças, porém esse campo elétrico não pode exercer força resultante sobre a carga que o criou; esse é um exemplo do princípio geral enunciado na Seção 4.3, segundo o qual um corpo não pode produzir uma força resultante sobre si mesmo. (Se esse princípio não fosse verdadeiro, você poderia dar um pulo até o teto simplesmente puxando seu cinto para cima!)

A força elétrica sobre um corpo carregado é exercida pelo campo elétrico produzido por *outros* corpos carregados.

Para verificarmos se existe um campo elétrico em um dado ponto, colocamos no referido ponto um corpo carregado, chamado de **carga de teste** (Figura 21.15c). Quando a carga de teste sofre a ação de uma força elétrica, concluímos que existe um campo elétrico nesse ponto. Esse campo elétrico é produzido por outras cargas que não a carga q_0.

A força é uma grandeza vetorial, de modo que o campo elétrico também o é. (Observe o uso de sinais vetoriais, assim como as letras em negrito e os sinais de mais, menos e igual na discussão a seguir.) Definimos o *campo elétrico* $\vec{E}$ em um ponto como a força elétrica $\vec{F}_0$ que atua sobre uma carga q_0 nesse ponto, dividida pela carga q_0. Ou seja, o campo elétrico em um dado ponto é igual à *força elétrica por unidade de carga* que atua sobre uma carga situada nesse ponto:

Campo elétrico = força elétrica por unidade de carga

$$\vec{E} = \frac{\vec{F}_0}{q_0} \tag{21.3}$$

$\vec{F}_0$: Força elétrica sobre uma carga de teste q_0 em função de outras cargas

q_0: Valor da carga de teste

Usando unidades SI, para as quais a unidade de força é 1 N e a unidade de carga é 1 C, a unidade de campo elétrico é 1 newton por coulomb (1 N/C).

Quando o campo elétrico $\vec{E}$ for conhecido em um dado ponto, usando a Equação 21.3, podemos obter a força elétrica $\vec{F}_0$ que atua sobre uma carga puntiforme q_0 colocada nesse ponto. Essa força é dada simplesmente pelo campo elétrico $\vec{E}$ produzido pelas outras cargas, com exceção da carga q_0, multiplicado pela carga q_0:

$$\vec{F}_0 = q_0\vec{E} \tag{21.4}$$

(força exercida sobre uma carga puntiforme q_0 por um campo elétrico $\vec{E}$)

A carga q_0 pode ser positiva ou negativa. Quando q_0 for *positiva*, a força $\vec{F}_0$ que atua sobre a carga terá o mesmo sentido de $\vec{E}$; quando q_0 for *negativa*, $\vec{F}_0$ e $\vec{E}$ terão sentidos opostos (**Figura 21.16**).

Figura 21.16 A força $\vec{F}_0 = q_0\vec{E}$ que atua sobre uma carga q_0 provocada pelo campo elétrico $\vec{E}$.

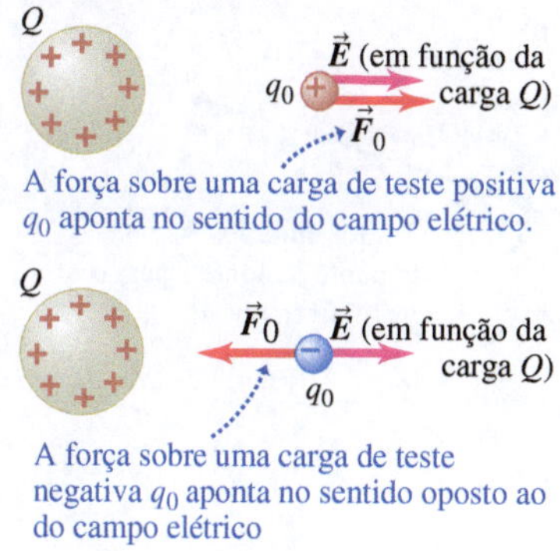

Embora o conceito de campo elétrico possa ser novo para você, a ideia básica — de que um corpo produz um campo no espaço em torno dele e um segundo corpo sofre a ação desse campo — já foi, na realidade, introduzida anteriormente. Compare a Equação 21.4 com a expressão familiar da força gravitacional $\vec{F}_g$ que a Terra exerce sobre um corpo de massa m_0:

$$\vec{F}_g = m_0\vec{g} \tag{21.5}$$

Nessa expressão, $\vec{g}$ é a aceleração da gravidade. Dividindo ambos os lados da Equação 21.5 pela massa m_0, obtemos

$$\vec{g} = \frac{\vec{F}_g}{m_0}$$

Portanto, podemos interpretar $\vec{g}$ como a força gravitacional por unidade de massa. Por analogia à Equação 21.3, é possível dizer que $\vec{g}$ é o *campo gravitacional*. Desse modo, a interação gravitacional entre a Terra e um corpo de massa m_0 pode ser descrita como um processo com duas etapas: a Terra produz um campo gravitacional $\vec{g}$ no espaço em torno dela, e o campo gravitacional produz uma força dada pela Equação 21.5 sobre um corpo de massa m_0 (que chamamos de *massa de teste*). O campo gravitacional $\vec{g}$, ou a força gravitacional por unidade de massa, é um conceito útil porque não depende da massa do corpo sobre o qual a força gravitacional está atuando; analogamente, o campo elétrico $\vec{E}$, ou a força elétrica por unidade de carga, também é um conceito útil porque não depende da carga do corpo sobre o qual a força elétrica está atuando.

ATENÇÃO $\vec{F}_0 = q_0\vec{E}$ somente se aplica a cargas de teste *puntiformes* A força elétrica que atua sobre uma carga de teste q_0 pode variar de um ponto a outro do espaço, de modo que o campo elétrico pode assumir diferentes valores em pontos diferentes. Por essa razão, a Equação 21.4 só deve ser usada para determinar a força elétrica que atua sobre uma carga *puntiforme*. Quando o corpo carregado possui um tamanho suficientemente grande, o campo elétrico $\vec{E}$ pode variar em módulo e direção em pontos diferentes ao longo do corpo, e a determinação da força elétrica resultante que atua sobre o corpo pode se tornar complicada.

Campo elétrico de uma carga puntiforme

Quando a distribuição de cargas da fonte corresponde a uma carga puntiforme q, é fácil encontrar o campo elétrico que ela produz. O local onde essa carga se encontra denomina-se **ponto da fonte**, e o ponto P onde desejamos determinar o campo elétrico é chamado de **ponto do campo**. Também é útil introduzir um *vetor unitário* $\hat{r}$ que aponta ao longo da linha que une o ponto da fonte ao ponto do campo (**Figura 21.17a**). Esse vetor unitário é igual ao vetor deslocamento $\vec{r}$ que une o ponto da fonte ao ponto do campo, dividido pela distância $r = |\vec{r}|$ entre esses dois pontos; ou seja, $\hat{r} = \vec{r}/r$. Se colocarmos uma carga de teste pequena q_0 no ponto do campo P, a uma distância r do ponto da fonte, o módulo F_0 da força será dado pela lei de Coulomb, Equação 21.2:

$$F_0 = \frac{1}{4\pi\epsilon_0}\frac{|qq_0|}{r^2}$$

Figura 21.17 Campo elétrico $\vec{E}$ produzido no ponto P por uma carga puntiforme q em S. Note que tanto em (b) como em (c), o campo elétrico $\vec{E}$ é produzido por q (veja a Equação 21.7), porém *atua* sobre q_0 no ponto P (veja a Equação 21.4).

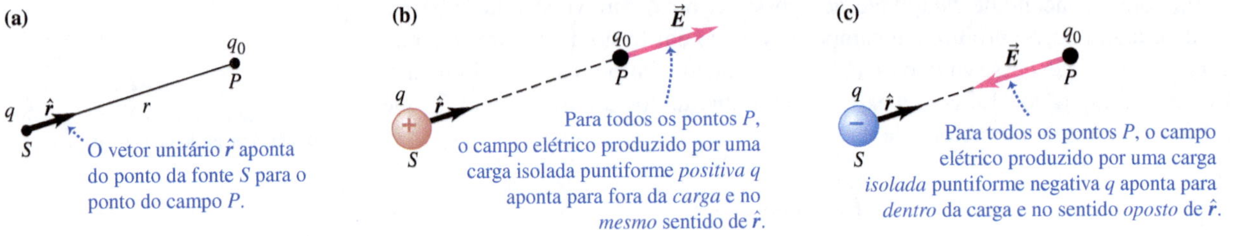

Pela Equação 21.3, o módulo E do campo elétrico no ponto P é dado por

$$E = \frac{1}{4\pi\epsilon_0}\frac{|q|}{r^2} \quad \text{(módulo de campo elétrico de uma carga puntiforme)} \tag{21.6}$$

Usando o vetor unitário $\hat{r}$, podemos escrever uma equação *vetorial* que fornece o módulo, a direção e o sentido do campo elétrico $\vec{E}$:

Campo elétrico em função de uma carga puntiforme

$$\vec{E} = \frac{1}{4\pi\epsilon_0}\frac{q}{r^2}\hat{r} \tag{21.7}$$

Valor da carga puntiforme (q); Vetor unitário da carga puntiforme para onde o campo é medido ($\hat{r}$); Distância da carga puntiforme até onde o campo é medido (r); Constante elétrica (ϵ_0)

Figura 21.18 Uma carga puntiforme q produz um campo elétrico $\vec{E}$ em *todos* os pontos no espaço. A força do campo diminui conforme a distância aumenta.

(a) O campo produzido por uma carga puntiforme positiva aponta para *fora* da carga

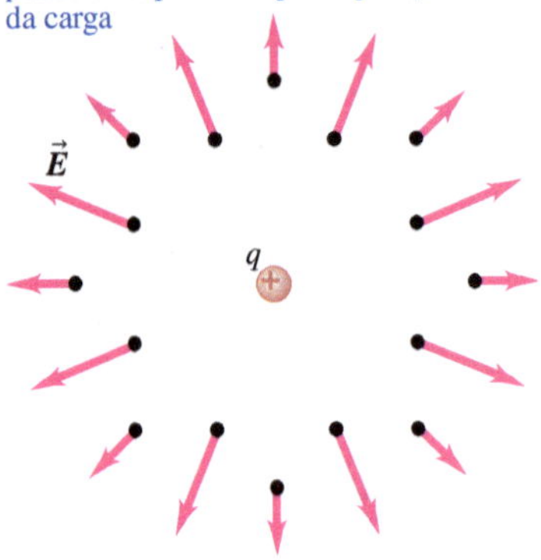

(b) O campo produzido por uma carga puntiforme negativa aponta para *dentro* da carga

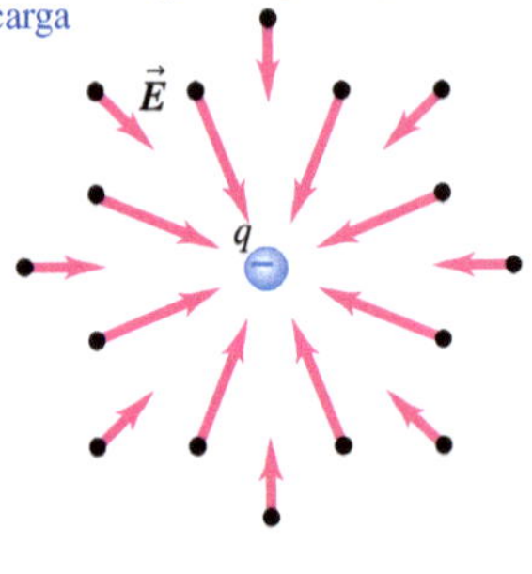

Por definição, o campo elétrico de uma carga puntiforme sempre aponta para *fora* de uma carga positiva (ou seja, no mesmo sentido de $\hat{r}$; veja a Figura 21.17b), porém para *dentro* de uma carga negativa (ou seja, no sentido oposto ao de $\hat{r}$; veja a Figura 21.17c).

Enfatizamos o cálculo do campo elétrico $\vec{E}$ em um determinado ponto. Porém, uma vez que o campo elétrico $\vec{E}$ pode variar de um ponto para outro, ele não é dado por uma única grandeza vetorial, mas por um conjunto *infinito* de grandezas vetoriais, cada uma das quais associada a um ponto desse espaço. Esse é um exemplo de um **campo vetorial**. A **Figura 21.18** mostra uma série de campos vetoriais produzidos por uma carga positiva ou uma carga negativa. Quando usamos um sistema de coordenadas retangulares (x, y, z), cada componente de $\vec{E}$ em geral é uma função das coordenadas (x, y, z) do ponto. Podemos representar os componentes desse vetor por $E_x(x, y, z)$, $E_y(x, y, z)$ e $E_z(x, y, z)$. Outro exemplo de campo vetorial é a velocidade $\vec{v}$ das correntes de vento; o módulo e a direção da velocidade $\vec{v}$ e, portanto, seus componentes vetoriais, podem variar de um ponto a outro da atmosfera.

Em alguns casos, o módulo e a direção do campo elétrico (e, portanto, de seus componentes vetoriais) são constantes em todos os pontos de uma dada região; nesse caso, dizemos que o campo é *uniforme* na região considerada. Um importante exemplo disso é o campo elétrico encontrado no interior de um *condutor*. Caso exista um campo elétrico no interior de um condutor, o campo exerce uma força sobre cada carga existente no interior do condutor, produzindo um movimento de cargas livres. Por definição, não existe *nenhum* movimento efetivo em uma situação eletrostática. Concluímos que, *na eletrostática, o campo elétrico deve ser igual a zero em todos os pontos no interior de um condutor*. (Note que, quando existe um *buraco* no interior de um condutor, não podemos afirmar que o campo elétrico seja necessariamente igual a zero no interior dele.)

Usando o conceito de campo elétrico, nossa descrição da interação elétrica é composta por duas partes. Em primeiro lugar, uma dada distribuição de cargas funciona como uma fonte do campo elétrico. Em segundo lugar, o campo elétrico dessa distribuição exerce uma força sobre qualquer carga presente no interior desse campo. Em geral, nossa análise também apresenta duas etapas: primeiro, calculamos o campo elétrico produzido por certa distribuição de cargas; depois, determinamos o efeito desse campo em termos de força e do movimento. A segunda etapa geralmente envolve leis de Newton, assim como os princípios das interações elétricas. Na próxima seção, mostraremos como determinar o campo elétrico produzido por diversas distribuições de fontes, porém, a seguir apresentaremos três exemplos para a determinação do campo elétrico produzido por cargas puntiformes e para o cálculo da força elétrica que um dado campo $\vec{E}$ exerce sobre uma carga.

EXEMPLO 21.5 MÓDULO DO CAMPO ELÉTRICO DE UMA CARGA PUNTIFORME

Calcule o módulo do campo elétrico $\vec{E}$ de uma carga puntiforme $q = 4{,}0$ nC em um ponto do campo situado a uma distância de 2,0 m da carga.

SOLUÇÃO

IDENTIFICAR E PREPARAR: este problema se refere ao campo elétrico em função de uma carga puntiforme. Como conhecemos o módulo da carga e a distância entre a carga e o ponto do campo, usamos a Equação 21.6 para calcular o módulo do campo E.

EXECUTAR: de acordo com a Equação 21.6,

$$E = \frac{1}{4\pi\epsilon_0}\frac{|q|}{r^2} = (9{,}0 \times 10^9\ \text{N}\cdot\text{m}^2/\text{C}^2)\frac{4{,}0 \times 10^{-9}\ \text{C}}{(2{,}0\ \text{m})^2}$$
$$= 9{,}0\ \text{N/C}$$

AVALIAR: nosso resultado, $E = 9{,}0$ N/C, significa que uma carga de 1,0 C em um ponto a 2,0 m de distância de q sofreria uma força igual a 9,0 N. A força sobre uma carga de 2,0 C seria igual a (2,0 C)(9,0 N/C) = 18 N, e assim por diante.

EXEMPLO 21.6 VETOR DO CAMPO ELÉTRICO DE UMA CARGA PUNTIFORME

Uma carga puntiforme $q = -8{,}0$ nC está localizada na origem. Determine o vetor do campo elétrico para o ponto do campo $x = 1{,}2$ m, $y = -1{,}6$ m.

SOLUÇÃO

IDENTIFICAR E PREPARAR: devemos encontrar o *vetor* $\vec{E}$ do campo elétrico em função de uma carga puntiforme. A **Figura 21.19** mostra a situação. Vamos utilizar a Equação 21.7; para fazer isso, primeiro achamos a distância r entre o ponto do campo P e o ponto da fonte S (a posição da carga q, que nesse exemplo é igual à origem O), bem como uma expressão para o vetor unitário $\hat{r} = \vec{r}/r$ que aponta no sentido de S para P.

EXECUTAR: a distância de S até P é dada por

$$r = \sqrt{x^2 + y^2} = \sqrt{(1{,}2\ \text{m})^2 + (-1{,}6\ \text{m})^2} = 2{,}0\ \text{m}$$

O vetor unitário $\hat{r}$, portanto, é dado por

$$\hat{r} = \frac{\vec{r}}{r} = \frac{x\hat{\imath} + y\hat{\jmath}}{r}$$
$$= \frac{(1{,}2\ \text{m})\hat{\imath} + (-1{,}6\ \text{m})\hat{\jmath}}{2{,}0\ \text{m}} = 0{,}60\hat{\imath} - 0{,}80\hat{\jmath}$$

A seguir, de acordo com a Equação 21.7,

$$\vec{E} = \frac{1}{4\pi\epsilon_0}\frac{q}{r^2}\hat{r}$$
$$= (9{,}0 \times 10^9\ \text{N}\cdot\text{m}^2/\text{C}^2)\frac{(-8{,}0 \times 10^{-9}\ \text{C})}{(2{,}0\ \text{m})^2}(0{,}60\hat{\imath} - 0{,}80\hat{\jmath})$$
$$= (-11\ \text{N/C})\hat{\imath} + (14\ \text{N/C})\hat{\jmath}$$

AVALIAR: como a carga q é negativa, o vetor $\vec{E}$ aponta do ponto do campo para a carga (o ponto da fonte), possuindo sentido oposto ao do vetor unitário $\hat{r}$ (compare com a Figura 21.17c). Deixamos para você fazer como exercício o cálculo do módulo e da direção de $\vec{E}$ (veja o Exercício 21.30).

Figura 21.19 Nossa esquematização deste problema.

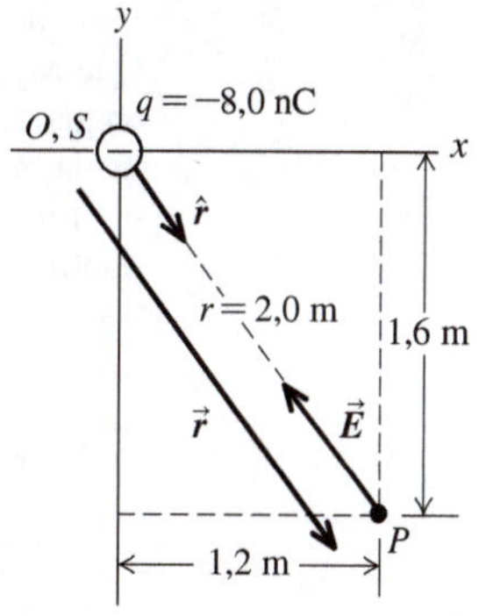

EXEMPLO 21.7 ELÉTRON EM UM CAMPO ELÉTRICO UNIFORME

Quando os terminais de uma bateria são conectados a duas placas condutoras paralelas separadas por um vão pequeno, as cargas resultantes sobre as placas produzem um campo elétrico $\vec{E}$ aproximadamente uniforme na região entre as placas. (Na próxima seção, mostraremos por que isso acontece.) Se as placas estão separadas por uma distância de 1,0 cm conectadas a uma bateria de 100 V, como indica a **Figura 21.20**, o campo está orientado verticalmente de baixo para cima e seu módulo é dado por $E = 1{,}00 \times 10^4$ N/C. (a) Calcule a aceleração de um elétron (carga $-e = -1{,}60 \times 10^{-9}$ C, massa $m = 9{,}11 \times 10^{-31}$ kg liberado do repouso na placa superior. (b) Calcule o módulo da velocidade e a energia cinética do elétron adquiridos ao longo do trecho de 1 cm até a placa inferior. (c) Quanto tempo ele leva para percorrer essa distância?

(Continua)

(Continuação)

SOLUÇÃO

IDENTIFICAR E PREPARAR: este exemplo envolve a relação entre campo elétrico e força elétrica. Também envolve a relação entre força e aceleração, a definição de energia cinética e as relações cinemáticas entre aceleração, distância, velocidade e tempo. Um sistema de coordenadas é indicado na Figura 21.20. Como conhecemos o campo elétrico, usamos a Equação 21.4 para obter a força que atua sobre o elétron e a segunda lei de Newton para obter sua aceleração. Como o campo é uniforme entre as placas, a força e a aceleração são constantes, e podemos usar as fórmulas de aceleração constante do Capítulo 2 para achar a velocidade do elétron e o tempo de percurso. Achamos a energia cinética a partir de $K = \frac{1}{2}mv^2$.

EXECUTAR: (a) embora $\vec{E}$ seja orientado verticalmente de baixo para cima (no sentido $+y$), a força $\vec{F}$ é orientada verticalmente de cima para baixo (pois a carga do elétron é negativa), portanto, a componente F_y é negativa. Visto que F_y é constante, o elétron se move com uma aceleração constante:

$$a_y = \frac{F_y}{m} = \frac{-eE}{m} = \frac{(-1{,}60 \times 10^{-19}\,\text{C})(1{,}00 \times 10^4\,\text{N/C})}{9{,}11 \times 10^{-31}\,\text{kg}}$$
$$= -1{,}76 \times 10^{15}\,\text{m/s}^2$$

(b) O elétron parte do repouso, de modo que seu movimento ocorre somente no sentido $+y$ (o sentido da aceleração). Podemos determinar o módulo da velocidade do elétron em qualquer ponto y usando a Equação 2.13 para movimentos com aceleração constante, $v_y^2 = v_{0y}^2 + 2a_y(y - y_0)$. Temos $v_{0y} = 0$ e $y_0 = 0$, então, quando $y = -1{,}0$ cm $= -1{,}0 \times 10^{-2}$ m, temos

$$|v_y| = \sqrt{2a_y y} = \sqrt{2(-1{,}76 \times 10^{15}\,\text{m/s}^2)(-1{,}0 \times 10^{-2}\,\text{m})}$$
$$= 5{,}9 \times 10^6\,\text{m/s}$$

A velocidade é orientada de cima para baixo, de modo que $v_y = -5{,}9 \times 10^6$ m/s. A energia cinética do elétron é dada por

$$K = \tfrac{1}{2}mv^2 = \tfrac{1}{2}(9{,}11 \times 10^{-31}\,\text{kg})(5{,}9 \times 10^6\,\text{m/s})^2$$
$$= 1{,}6 \times 10^{-17}\,\text{J}$$

(c) De acordo com a Equação 2.8 para movimentos com aceleração constante, $v_y = v_{0y} + a_y t$,

$$t = \frac{v_y - v_{0y}}{a_y} = \frac{(-5{,}9 \times 10^6\,\text{m/s}) - (0\,\text{m/s})}{-1{,}76 \times 10^{15}\,\text{m/s}^2}$$
$$= 3{,}4 \times 10^{-9}\,\text{s}$$

AVALIAR: nossos resultados mostram que, em problemas sobre partículas subatômicas, como os elétrons, muitas grandezas — incluindo aceleração, módulo da velocidade, energia cinética e tempo — terão valores *muito* diferentes dos constatados para objetos comuns, como bolas de beisebol e automóveis.

Figura 21.20 Um campo elétrico uniforme entre duas placas condutoras paralelas conectadas a uma bateria de 100 V. (Nesta figura, a separação entre as placas está exagerada em relação ao tamanho delas.)

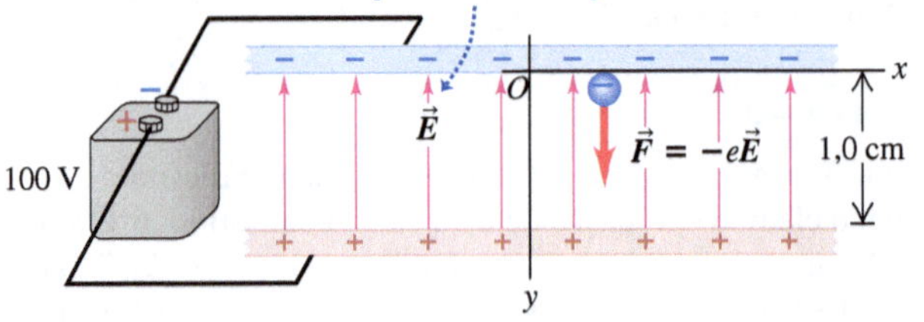

TESTE SUA COMPREENSÃO DA SEÇÃO 21.4 (a) Uma carga puntiforme negativa se move ao longo de uma trajetória retilínea no sentido de uma carga puntiforme positiva fixa. Que aspectos da força elétrica sobre a carga puntiforme negativa permanecerão constantes enquanto ela se move? (i) Módulo; (ii) direção e sentido; (iii) módulo, direção e sentido; (iv) nenhum deles. (b) Uma carga puntiforme negativa se move ao longo de uma órbita circular em torno de uma carga positiva puntiforme. Que aspectos da força elétrica sobre a carga puntiforme negativa permanecerão constantes enquanto ela se move? (i) Módulo; (ii) direção e sentido; (iii) módulo, direção e sentido; (iv) nenhum deles. ❙

21.5 DETERMINAÇÃO DO CAMPO ELÉTRICO

A Equação 21.7 fornece o campo elétrico produzido por uma única carga puntiforme. Porém, em muitas situações reais que envolvem forças e campos elétricos, verificamos que a carga se encontra *distribuída* ao longo do espaço. As hastes de plástico e de vidro, indicadas na Figura 21.1, possuem cargas distribuídas ao longo de suas superfícies, assim como o tambor de imagem de uma impressora a laser (Figura 21.2). Nesta seção, aprenderemos a determinar o campo elétrico produzido por diversas distribuições de cargas elétricas. Os cálculos envolvidos são extraordinariamente importantes para as aplicações tecnológicas das forças elétricas. Para determinar as trajetórias de núcleos atômicos em aceleradores para radioterapia realizada em tratamentos contra o câncer, ou de partículas carregadas em um dispositivo eletrônico semicondutor, você deve conhecer com detalhes a natureza do campo elétrico que atua sobre cada carga.

Superposição dos campos elétricos

Para determinarmos o campo elétrico produzido por uma distribuição de cargas, imaginemos a distribuição como um conjunto de cargas puntiformes $q_1, q_2, q_3, ...$ (Esta hipótese é efetivamente bastante realista, porque, conforme vimos, as cargas elétricas são oriundas de elétrons e prótons, que são partículas tão pequenas que podem ser consideradas puntiformes.) Para qualquer ponto *P*, cada carga puntiforme produz seu respectivo campo elétrico $\vec{E}_1, \vec{E}_2, \vec{E}_3, ...$, de modo que uma carga de teste q_0 colocada em *P* sofre a ação de uma força $\vec{F}_1 = q_0\vec{E}_1$ exercida pela carga q_1, uma força $\vec{F}_2 = q_0\vec{E}_2$, exercida pela carga q_2, e assim por diante. De acordo com o princípio da superposição das forças, discutido na Seção 21.3, a força *total* $\vec{F}_0$ resultante da ação da distribuição de cargas sobre q_0 é a soma vetorial dessas forças individuais:

$$\vec{F}_0 = \vec{F}_1 + \vec{F}_2 + \vec{F}_3 + \cdots = q_0\vec{E}_1 + q_0\vec{E}_2 + q_0\vec{E}_3 + \cdots$$

O efeito combinado de todas as cargas da distribuição é descrito pelo campo elétrico *total* $\vec{E}$ no ponto *P*. De acordo com a Equação 21.3, esse campo elétrico é dado por

$$\vec{E} = \frac{\vec{F}_0}{q_0} = \vec{E}_1 + \vec{E}_2 + \vec{E}_3 + \cdots$$

O campo elétrico total no ponto *P* é igual à soma vetorial dos campos que cada carga da distribuição produz no ponto *P* (**Figura 21.21**). Esse resultado é chamado de **princípio da superposição dos campos elétricos**.

Quando uma carga é distribuída ao longo de uma linha, sobre uma superfície ou através de um volume, alguns termos adicionais são úteis. Para uma distribuição linear de cargas (como no caso de uma haste estreita e longa de plástico carregada), usaremos a letra λ (a letra grega lambda) para representar a **densidade linear de carga** (carga por unidade de comprimento, medida em C/m). Quando a carga estiver distribuída sobre uma superfície (como a superfície do tambor de reprodução de imagens de impressoras a laser), usaremos a letra σ (sigma) para representar a **densidade superficial de carga** (carga por unidade de área, medida em C/m^2). E, quando a carga se encontrar distribuída através de um volume, tomaremos a letra ρ (rô) para representar a **densidade volumétrica de carga** (carga por unidade de volume, medida em C/m^3).

Alguns dos cálculos que serão apresentados nos exemplos a seguir podem parecer complexos. Depois que você resolver alguns exemplos, desenvolvendo cada etapa, verá que essa tarefa não é tão complicada. Muitas técnicas usadas nos cálculos apresentados nesses exemplos serão novamente empregadas no Capítulo 28 para calcular os campos *magnéticos* produzidos por cargas em movimento.

DADOS MOSTRAM

Força elétrica e campo elétrico

Quando os alunos recebiam um problema sobre força elétrica e campo elétrico, mais de 28% davam uma resposta incorreta. Erros comuns:

- Esquecer que o campo elétrico $\vec{E}$ atuando sobre uma carga puntiforme não depende dessa carga puntiforme. O valor de $\vec{E}$ depende das cargas que o produzem, e não da carga que sofre seus efeitos.
- Esquecer que $\vec{E}$ é um vetor. Quando o campo $\vec{E}$ em um ponto *P* resulta de duas ou mais cargas puntiformes, $\vec{E}$ é a soma vetorial dos campos produzidos pelas cargas individuais. De modo geral, esse valor é diferente da soma dos módulos desses campos.

Figura 21.21 Ilustração do princípio da superposição dos campos elétricos.

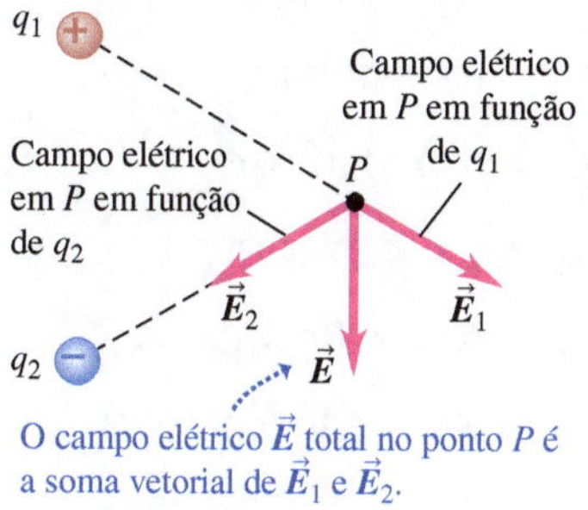

ESTRATÉGIA PARA A SOLUÇÃO DE PROBLEMAS 21.2 CÁLCULOS ENVOLVENDO CAMPO ELÉTRICO

IDENTIFICAR *os conceitos relevantes*: use o princípio da superposição sempre que for necessário calcular o campo elétrico em função de uma distribuição de cargas discreta ou contínua.

PREPARAR *o problema* usando as seguintes etapas:

1. Faça um desenho que mostre a localização das cargas e sua escolha dos eixos de coordenadas.
2. No desenho, indique a posição do *ponto do campo P* (o ponto em que você quer calcular o campo elétrico $\vec{E}$).

EXECUTAR *a solução* como segue:

1. Use unidades consistentes. Distâncias devem ser medidas em metros e cargas, em coulombs. Quando um valor é fornecido em centímetros ou nanocoulombs, não se esqueça de convertê-lo.
2. Distinga entre o ponto da fonte *S* e o ponto do campo *P*. O campo produzido por uma carga puntiforme sempre aponta de *S* para *P* quando a carga é positiva, e de *P* para *S* quando a carga é negativa.
3. Calcule a soma *vetorial* ao aplicar o princípio da superposição; caso sinta necessidade, revise os métodos da soma vetorial no Capítulo 1.
4. Simplifique seus cálculos explorando quaisquer simetrias na distribuição de cargas.
5. Quando a distribuição de cargas for contínua, defina um pequeno elemento de carga que pode ser considerado como um ponto, determine seu campo elétrico no ponto *P* e procure um método para somar os campos de todos os elementos de carga calculando uma integral. Geralmente, é mais fácil fazer isso para cada componente de $\vec{E}$ em separado, então você terá de calcular uma ou mais integrais. Verifique se os limites de integração estão corretos; especialmente quando houver simetria, tome cuidado para não contar duas vezes a mesma carga.

AVALIAR *sua resposta:* verifique se o sentido de $\vec{E}$ é razoável. Caso seu resultado para o módulo *E* do campo elétrico seja uma função da posição (digamos, coordenada *x*), compare seu resultado com qualquer outro limite cujo módulo você conheça. Se possível, confira sua resposta realizando outro tipo de cálculo.

EXEMPLO 21.8 CAMPO DE UM DIPOLO ELÉTRICO

A distância entre duas cargas puntiformes $q_1 = +12$ nC e $q_2 = -12$ nC é igual a 0,100 m (**Figura 21.22**). (Denomina-se *dipolo elétrico* um conjunto de duas cargas iguais, porém de sinais opostos.) Determine o campo elétrico produzido por q_1, o campo elétrico produzido por q_2 e o campo elétrico resultante (a) no ponto a; (b) no ponto b; e (c) no ponto c.

SOLUÇÃO

IDENTIFICAR E PREPARAR: devemos obter o campo elétrico total em três pontos diferentes em função de duas cargas puntiformes. Usaremos o princípio da superposição: $\vec{E} = \vec{E}_1 + \vec{E}_2$. A Figura 21.22 mostra o sistema de coordenadas e a localização dos três pontos do campo a, b e c.

EXECUTAR: em cada ponto do campo, $\vec{E}$ depende de $\vec{E}_1$ e $\vec{E}_2$ naquele ponto. No ponto a, o módulo do campo $\vec{E}_{1a}$ causado por q_1 é

$$E_{1a} = \frac{1}{4\pi\epsilon_0}\frac{|q_1|}{r^2}$$

$$= (9{,}0 \times 10^9 \text{ N}\cdot\text{m}^2/\text{C}^2)\frac{12 \times 10^{-9}\text{ C}}{(0{,}060 \text{ m})^2}$$

$$= 3{,}0 \times 10^4 \text{ N/C}$$

Calculamos os outros módulos do campo da mesma forma. Os resultados são

$$E_{1a} = 3{,}0 \times 10^4 \text{ N/C}$$

$$E_{1b} = 6{,}8 \times 10^4 \text{ N/C}$$

$$E_{1c} = 6{,}39 \times 10^3 \text{ N/C}$$

$$E_{2a} = 6{,}8 \times 10^4 \text{ N/C}$$

$$E_{2b} = 0{,}55 \times 10^4 \text{ N/C}$$

$$E_{2c} = E_{1c} = 6{,}39 \times 10^3 \text{ N/C}$$

Os *sentidos* dos campos correspondentes são todos para *fora* da carga positiva q_1 e para *dentro* da carga negativa q_2.

(a) No ponto a, tanto $\vec{E}_{1a}$ quanto $\vec{E}_{2a}$ apontam para a direita, logo

$$\vec{E}_a = E_{1a}\hat{\imath} + E_{2a}\hat{\imath} = (9{,}8 \times 10^4 \text{ N/C})\,\hat{\imath}$$

(b) No ponto b, $\vec{E}_{1b}$ aponta para a esquerda enquanto $\vec{E}_{2b}$ aponta para a direita, logo

$$\vec{E}_b = -E_{1b}\hat{\imath} + E_{2b}\hat{\imath} = (-6{,}2 \times 10^4 \text{ N/C})\,\hat{\imath}$$

(c) A Figura 21.22 mostra as direções e os sentidos de $\vec{E}_1$ e $\vec{E}_2$ no ponto c. Os dois vetores possuem o mesmo componente x:

$$E_{1cx} = E_{2cx} = E_{1c}\cos\alpha = (6{,}39 \times 10^3 \text{ N/C})\left(\tfrac{5}{13}\right)$$

$$= 2{,}46 \times 10^3 \text{ N/C}$$

Por simetria, E_{1y} e E_{2y} possuem o mesmo módulo e sentidos opostos, portanto sua soma é igual a zero. Logo,

$$\vec{E}_c = 2(2{,}46 \times 10^3 \text{ N/C})\hat{\imath} = (4{,}9 \times 10^3 \text{ N/C})\hat{\imath}$$

AVALIAR: também podemos encontrar $\vec{E}_c$ usando a Equação 21.7 para o campo de uma carga puntiforme. O vetor de deslocamento $\vec{r}_1$, que liga q_1 ao ponto c, é dado por $\vec{r}_1 = r\cos\alpha\hat{\imath} + r\,\text{sen}\,\alpha\,\hat{\jmath}$. Portanto, o vetor unitário que aponta de q_1 ao ponto c, é dado por $\hat{r}_1 = \vec{r}_1/r = \cos\alpha\,\hat{\imath} + \text{sen}\,\alpha\,\hat{\jmath}$. Por simetria, o vetor unitário que aponta de q_2 ao ponto c possui um componente x oposto, porém o mesmo componente y: $\hat{r}_2 = -\cos\alpha\,\hat{\imath} + \text{sen}\,\alpha\,\hat{\jmath}$. Podemos agora usar a Equação 21.7 para escrever os campos $\vec{E}_{1c}$ e $\vec{E}_{2c}$ no ponto c em notação vetorial e, em seguida, encontrar o valor da soma dos dois. Como $q_2 = -q_1$ e a distância r até c é a mesma para suas cargas,

$$\vec{E}_c = \vec{E}_{1c} + \vec{E}_{2c} = \frac{1}{4\pi\epsilon_0}\frac{q_1}{r^2}\hat{r}_1 + \frac{1}{4\pi\epsilon_0}\frac{q_2}{r^2}\hat{r}_2$$

$$= \frac{1}{4\pi\epsilon_0 r^2}(q_1\hat{r}_1 + q_2\hat{r}_2)$$

$$= \frac{q_1}{4\pi\epsilon_0 r^2}(\hat{r}_1 - \hat{r}_2)$$

$$= \frac{1}{4\pi\epsilon_0}\frac{q_1}{r^2}(2\cos\alpha\,\hat{\imath})$$

$$= 2(9{,}0 \times 10^9 \text{ N}\cdot\text{m}^2/\text{C}^2)\frac{12 \times 10^{-9}\text{C}}{(0{,}13 \text{ m})^2}\left(\tfrac{5}{13}\right)\hat{\imath}$$

$$= (4{,}9 \times 10^3 \text{ N/C})\,\hat{\imath}$$

Este é o mesmo valor que encontramos no item (c).

Figura 21.22 Campo elétrico em três pontos, a, b e c, estabelecidos pelas cargas q_1 e q_2, os quais formam um dipolo elétrico.

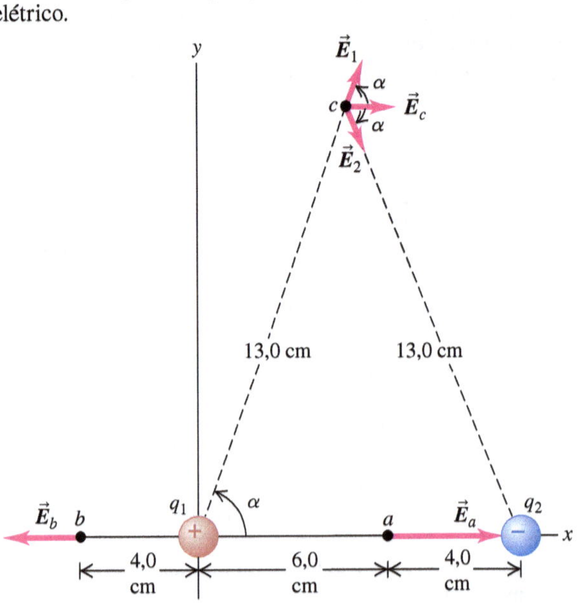

EXEMPLO 21.9 CAMPO DE UM ANEL CARREGADO

Uma carga Q é distribuída uniformemente ao longo de um anel condutor de raio a (**Figura 21.23**). Determine o campo elétrico em um ponto P situado sobre o eixo do anel a uma distância x de seu centro.

SOLUÇÃO

IDENTIFICAR E PREPARAR: este problema envolve a superposição de campos elétricos. Cada parcela de carga em torno do anel produz um campo elétrico em um ponto arbitrário sobre o eixo x; a incógnita do problema é o campo elétrico resultante de todas essas parcelas de carga.

EXECUTAR: como indicado na Figura 21.23, dividimos o anel em segmentos infinitesimais de comprimento ds. Em termos de densidade linear de carga $\lambda = Q/2\pi a$, um segmento de comprimento ds possui uma carga $dQ = \lambda ds$. Considere dois segmentos idênticos, um indicado na figura em $y = a$, e outro em $y = -a$. O Exemplo 21.4 nos mostra que a força resultante $d\vec{F}$ exercida sobre uma carga de teste puntiforme em P e, consequentemente, o campo elétrico resultante $d\vec{E}$, estão sobre o eixo x. O mesmo pode ser dito para qualquer par de segmentos em torno do anel, então o campo elétrico *resultante* no ponto P se encontra no sentido positivo do eixo x: $\vec{E} = E_x\hat{\imath}$.

Para calcular E_x, note que o quadrado da distância r entre um segmento qualquer do anel e o ponto P é dado por $r^2 = x^2 + a^2$. Logo, o módulo do campo elétrico $d\vec{E}$ produzido pelo segmento no ponto P é

$$dE = \frac{1}{4\pi\epsilon_0}\frac{dQ}{x^2 + a^2}$$

O componente x desse campo é dado por $dE_x = dE\cos\alpha$. Sabemos que $dQ = \lambda ds$ e a Figura 21.23 mostra que $\cos\alpha = x/r = x/(x^2 + a^2)^{\frac{1}{2}}$, portanto

$$dE_x = dE\cos\alpha = \frac{1}{4\pi\epsilon_0}\frac{dQ}{x^2 + a^2}\frac{x}{\sqrt{x^2 + a^2}}$$

$$= \frac{1}{4\pi\epsilon_0}\frac{\lambda x}{(x^2 + a^2)^{3/2}}ds$$

Para encontrarmos E_x, integramos a expressão anterior sobre todos os segmentos do anel, ou seja, para s de 0 a $2\pi a$ (a circunferência do anel). O integrando possui o mesmo valor para todos os pontos do anel, portanto, pode ser retirado da integral. Logo, temos:

$$E_x = \int dE_x = \frac{1}{4\pi\epsilon_0}\frac{\lambda x}{(x^2 + a^2)^{3/2}}\int_0^{2\pi a} ds$$

$$= \frac{1}{4\pi\epsilon_0}\frac{\lambda x}{(x^2 + a^2)^{3/2}}(2\pi a)$$

$$\vec{E} = E_x\hat{\imath} = \frac{1}{4\pi\epsilon_0}\frac{Qx}{(x^2 + a^2)^{3/2}}\hat{\imath} \qquad (21.8)$$

AVALIAR: de acordo com a Equação 21.8, $\vec{E} = \mathbf{0}$ está no centro do anel ($x = 0$). Isso faz sentido; cargas situadas em pontos opostos do anel empurrariam uma carga de teste no centro em sentidos opostos, e a soma vetorial de cada um desses pares de forças seria igual a zero. Quando o ponto do campo P estiver situado a uma distância muito maior que o raio do anel, temos $x >> a$ e o denominador da Equação 21.8 será aproximadamente igual a x^3. Nesse limite, o campo elétrico no ponto P é dado por

$$\vec{E} = \frac{1}{4\pi\epsilon_0}\frac{Q}{x^2}\hat{\imath}$$

Em outras palavras, quando o anel está tão distante que seu raio se torna desprezível em relação a essa distância x, o campo elétrico do anel será o mesmo que o produzido por uma carga puntiforme.

Figura 21.23 Cálculo do campo elétrico em um ponto sobre o eixo de um anel carregado. A carga considerada na figura é positiva.

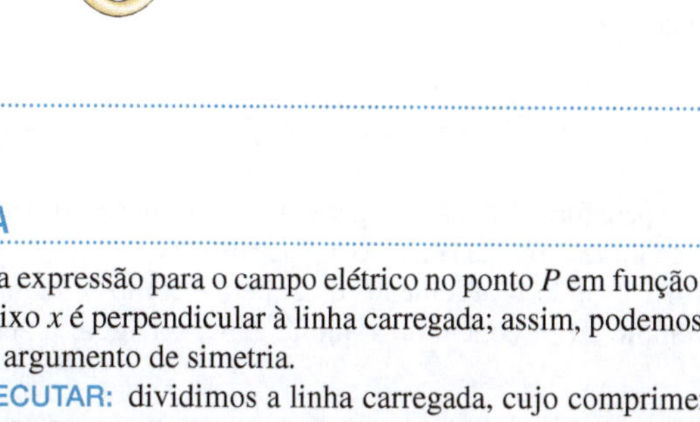

EXEMPLO 21.10 CAMPO DE UMA LINHA RETA CARREGADA

Uma carga elétrica positiva Q está distribuída uniformemente ao longo do eixo y entre $y = -a$ e $y = +a$. Determine o campo elétrico em um ponto P situado sobre o eixo x a uma distância x da origem.

SOLUÇÃO

IDENTIFICAR E PREPARAR: a **Figura 21.24** mostra a situação. Como no Exemplo 21.9, devemos encontrar o campo elétrico produzido por uma distribuição contínua de carga. A incógnita é uma expressão para o campo elétrico no ponto P em função de x. O eixo x é perpendicular à linha carregada; assim, podemos usar um argumento de simetria.

EXECUTAR: dividimos a linha carregada, cujo comprimento é igual a $2a$, em segmentos infinitesimais de comprimento igual a dy. A densidade linear de carga é dada por $\lambda = Q/2a$, e a carga $dQ = \lambda dy = (Q/2a)dy$. A distância r entre um segmento a uma altura y e o ponto do campo P é dada por $r = (x^2 + y^2)^{1/2}$, logo o módulo do campo elétrico no ponto P produzido por esse segmento a uma altura y é dado por

(Continua)

(*Continuação*)

Figura 21.24 Nossa esquematização deste problema.

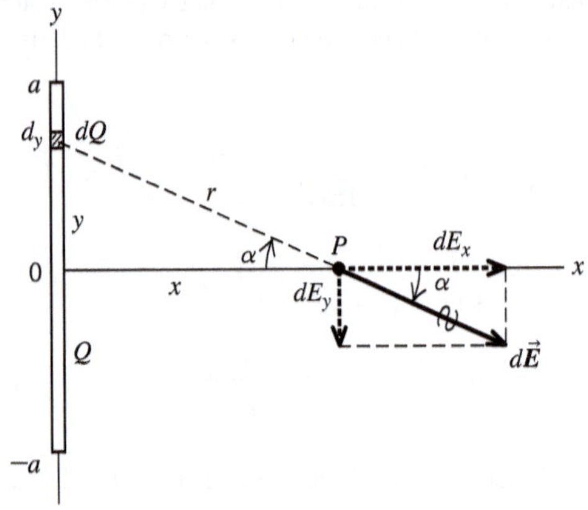

$$dE = \frac{1}{4\pi\epsilon_0}\frac{dQ}{r^2} = \frac{1}{4\pi\epsilon_0}\frac{Q}{2a}\frac{dy}{(x^2+y^2)}$$

A Figura 21.24 mostra que os componentes x e y desse campo são $dE_x = dE \cos\alpha$ e $dE_y = -dE \text{ sen } \alpha$, onde $\cos\alpha = x/r$ e $\text{sen } \alpha = y/r$. Então,

$$dE_x = \frac{1}{4\pi\epsilon_0}\frac{Q}{2a}\frac{x\,dy}{(x^2+y^2)^{3/2}}$$

$$dE_y = -\frac{1}{4\pi\epsilon_0}\frac{Q}{2a}\frac{y\,dy}{(x^2+y^2)^{3/2}}$$

Para encontrarmos o campo elétrico resultante no ponto P, somamos os campos de todos os segmentos ao longo da linha — ou seja, integramos entre $y = -a$ e $y = +a$. Convidamos você a fazer os detalhes da integração (uma tabela de integrais seria útil). Os resultados são dados por

$$E_x = \frac{1}{4\pi\epsilon_0}\frac{Q}{2a}\int_{-a}^{+a}\frac{x\,dy}{(x^2+y^2)^{3/2}} = \frac{Q}{4\pi\epsilon_0}\frac{1}{x\sqrt{x^2+a^2}}$$

$$E_y = -\frac{1}{4\pi\epsilon_0}\frac{Q}{2a}\int_{-a}^{+a}\frac{y\,dy}{(x^2+y^2)^{3/2}} = 0$$

ou, em notação vetorial,

$$\vec{E} = \frac{1}{4\pi\epsilon_0}\frac{Q}{x\sqrt{x^2+a^2}}\hat{\imath} \qquad (21.9)$$

$\vec{E}$ aponta para fora da linha carregada quando λ é positivo, e para dentro da linha carregada quando λ é negativo.

AVALIAR: usando o argumento de simetria como o adotado no Exemplo 21.9, concluímos que E_y deve ser igual a zero; colocando-se uma carga de teste positiva no ponto P, as cargas situadas na metade superior da linha de carga empurram a carga de teste para baixo, e a metade inferior da linha de carga empurra com módulo igual. Por causa da simetria, concluímos que a metade superior e a metade inferior contribuem igualmente para o campo elétrico resultante no ponto P.

Quando a linha reta é muito *curta* (ou o ponto do campo está muito longe da linha reta), de modo que $x >> a$, podemos desprezar a no denominador da Equação 21.9. Então o campo elétrico será o mesmo que o produzido por uma carga puntiforme, conforme encontramos no Exemplo 21.9:

$$\vec{E} = \frac{1}{4\pi\epsilon_0}\frac{Q}{x^2}\hat{\imath}$$

Para explorar o que acontece quando a linha reta é muito *longa* (ou o ponto do campo está muito perto da linha reta), de modo que $a >> x$, primeiro reescrevemos a Equação 21.9 com algumas modificações:

$$\vec{E} = \frac{1}{2\pi\epsilon_0}\frac{\lambda}{x\sqrt{(x^2/a^2)+1}}\hat{\imath} \qquad (21.10)$$

No limite $a >> x$, podemos desprezar x^2/a^2 no denominador da Equação 21.10, portanto,

$$\vec{E} = \frac{\lambda}{2\pi\epsilon_0 x}\hat{\imath}$$

Esse é o campo de linha carregada com um comprimento *infinitamente grande*. Em qualquer ponto P situado a uma distância r medida perpendicularmente até a linha de cargas em *qualquer* direção e sentido, $\vec{E}$ possui um módulo

$$E = \frac{\lambda}{2\pi\epsilon_0 r} \quad \text{(linha carregada de comprimento infinito)}$$

Note que esse campo elétrico é proporcional a $1/r$, contrariamente ao caso de uma carga puntiforme, que produz um campo proporcional a $1/r^2$.

Certamente, na natureza não existe nenhuma linha carregada de comprimento infinito. Contudo, quando o ponto do campo estiver suficientemente próximo da linha reta, a diferença entre o resultado de uma linha infinita e o resultado finito real será muito pequena. Por exemplo, se a distância r entre o ponto de campo e a linha carregada for igual a 1% do comprimento da linha, a diferença no valor de E será menor que 0,02% do valor do resultado de uma linha infinita.

EXEMPLO 21.11 CAMPO DE UM DISCO UNIFORMEMENTE CARREGADO

Um disco não condutor com raio R possui uma densidade superficial de carga positiva uniforme σ. Encontre o campo elétrico em um ponto situado sobre o eixo do disco a uma distância x de seu centro. Suponha que x seja positivo.

SOLUÇÃO

IDENTIFICAR E PREPARAR: a situação é indicada na **Figura 21.25**. Podemos representar a distribuição de cargas como um conjunto de anéis concêntricos carregados dQ. No Exemplo 21.9,

(*Continua*)

(Continuação)

obtivemos a Equação 21.8 para o campo elétrico no eixo de um único anel carregado uniformemente; portanto, nessa situação basta integrar as contribuições de todos os anéis.

EXECUTAR: um anel típico possui carga dQ, raio interno r e raio externo $r + dr$. Sua área é aproximadamente igual a sua largura dr vezes sua circunferência $2\pi r$, ou $dA = 2\pi r\, dr$. A carga por unidade de área é dada por $\sigma = dQ/dA$, portanto, a carga do anel é dada por $dQ = \sigma dA = 2\pi\sigma r\, dr$. Usamos dQ no lugar de Q na Equação 21.8, a expressão para o campo em razão do anel que encontramos no Exemplo 21.9, e substituímos o raio do anel a por r. Portanto, o componente dE_x do campo elétrico no ponto P em função desse anel é dado por

$$dE_x = \frac{1}{4\pi\epsilon_0}\frac{2\pi\sigma r x\, dr}{(x^2 + r^2)^{3/2}}$$

Para determinarmos o campo elétrico resultante produzido pela contribuição de todos os anéis, integramos dE_x para todos os valores de r de $r = 0$ a $r = R$ (*não* de $-R$ até R):

$$E_x = \int_0^R \frac{1}{4\pi\epsilon_0}\frac{(2\pi\sigma r\, dr)x}{(x^2 + r^2)^{3/2}} = \frac{\sigma x}{4\epsilon_0}\int_0^R \frac{2r\, dr}{(x^2 + r^2)^{3/2}}$$

A integral pode ser calculada usando-se a substituição $t = x^2 + r^2$ (o que resulta em $dt = 2r\, dr$); deixamos para você a tarefa de fazer os detalhes da integração. O resultado é

$$E_x = \frac{\sigma x}{2\epsilon_0}\left[-\frac{1}{\sqrt{x^2 + R^2}} + \frac{1}{x}\right]$$

$$= \frac{\sigma}{2\epsilon_0}\left[1 - \frac{1}{\sqrt{(R^2/x^2) + 1}}\right] \qquad (21.11)$$

AVALIAR: quando o disco é muito grande (ou o ponto está muito próximo do disco), de modo que $R >> x$, o termo $1/\sqrt{(R^2/x^2)} + 1$ na Equação 21.11 será muito menor que 1. A Equação 21.11 passa a ser

$$E = \frac{\sigma}{2\epsilon_0} \qquad (21.12)$$

O resultado final não contém a distância x do ponto do campo até o disco. Isso significa que o campo elétrico produzido por um plano *infinito* com uma distribuição uniforme de cargas é *independente da distância entre o ponto e o plano*. Portanto, esse campo elétrico é uniforme; sua direção é sempre perpendicular ao plano e seu sentido aponta para fora dele. Novamente, observamos que, na natureza, não existe nenhum plano infinito com cargas; contudo, quando a distância x do ponto do campo P for muito menor que as dimensões do plano, o campo elétrico nesse ponto será aproximadamente igual ao produto da Equação 21.12. Se o ponto P estivesse situado à *esquerda* do plano ($x < 0$), o resultado seria o mesmo, exceto pelo fato de que o sentido de $\vec{E}$ seria da direita para a esquerda em vez de da esquerda para a direita. Caso a distribuição de cargas fosse negativa, os sentidos dos campos seriam para dentro do plano em vez de para fora dele.

Figura 21.25 Nossa esquematização deste problema.

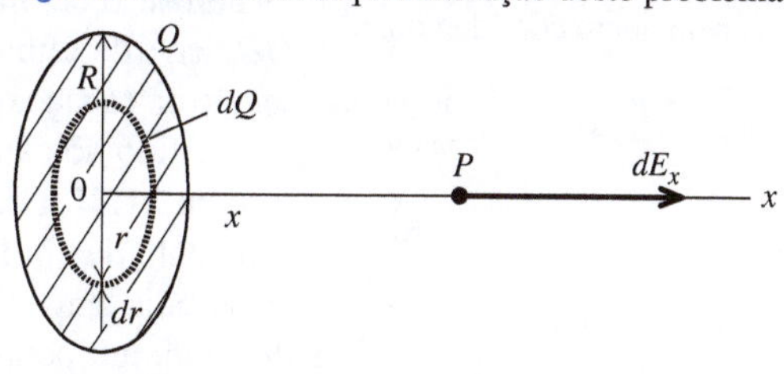

EXEMPLO 21.12 CAMPO DE DUAS PLACAS INFINITAS COM CARGAS OPOSTAS

Duas placas paralelas infinitas separadas por uma distância d possuem densidades superficiais de carga uniformes $+\sigma$ e $-\sigma$ (**Figura 21.26**). Determine o campo elétrico entre as duas placas, acima do plano superior e abaixo do plano inferior.

SOLUÇÃO

IDENTIFICAR E PREPARAR: a Equação 21.12 nos fornece o campo de um único plano infinito uniformemente carregado. Para encontrar o campo elétrico produzido por *duas* placas, usaremos o princípio da superposição (Figura 21.26).

EXECUTAR: de acordo com a Equação 21.12, $\vec{E}_1$ e $\vec{E}_2$ possuem o mesmo módulo em todos os pontos, independentemente da distância entre o ponto e qualquer plano:

$$E_1 = E_2 = \frac{\sigma}{2\epsilon_0}$$

A partir do Exemplo 21.11, $\vec{E}_1$ sempre aponta para fora do plano 1 e $\vec{E}_2$ sempre aponta para dentro da carga do plano 2.

Nos pontos situados entre os planos, $\vec{E}_1$ e $\vec{E}_2$ se reforçam; nos pontos acima do plano superior ou abaixo do plano inferior, eles se cancelam. Logo, o campo elétrico resultante é dado por

$$\vec{E} = \vec{E}_1 + \vec{E}_2 = \begin{cases} \mathbf{0} & \text{acima da placa superior} \\ \dfrac{\sigma}{\epsilon_0}\hat{\jmath} & \text{entre as placas} \\ \mathbf{0} & \text{abaixo da placa inferior} \end{cases}$$

AVALIAR: como as placas foram consideradas infinitas, o resultado não depende da separação d. Nosso resultado mostra que o campo elétrico entre duas placas com cargas opostas é essencialmente uniforme caso a separação das placas seja muito menor que as dimensões delas. Na verdade, usamos esse resultado no Exemplo 21.7 (Seção 21.4).

ATENÇÃO Campos elétricos não são "fluxos" Talvez você tenha pensado que o campo elétrico $\vec{E}_1$ da placa 1 não conseguiria "penetrar" na placa 2, e que o campo elétrico $\vec{E}_2$ da placa 2 não conseguiria "penetrar" na placa 1. Você pode concluir isso se pensar em um plano como um tipo de substância que "flui", saindo ou entrando em uma carga. Na verdade, não existe esse tipo de substância, e os campos $\vec{E}_1$ e $\vec{E}_2$ dependem somente das cargas que os produziram. O campo elétrico *resultante* é simplesmente dado pela soma vetorial de $\vec{E}_1$ com $\vec{E}_2$.

(Continua)

(Continuação)

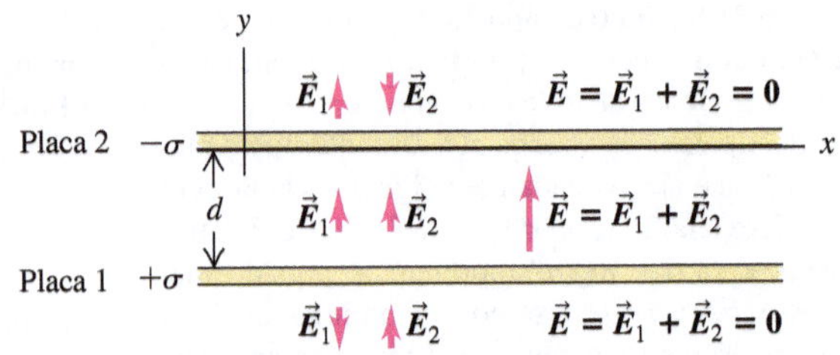

Figura 21.26 Cálculo do campo elétrico produzido por duas placas infinitas carregadas com cargas opostas. A figura mostra uma vista de perfil obtida por um corte ortogonal das placas; somente uma região das placas infinitas pode ser mostrada!

TESTE SUA COMPREENSÃO DA SEÇÃO 21.5 Suponha que a linha de carga na Figura 21.24 (Exemplo 21.10) tivesse carga $+Q$ distribuída uniformemente entre $y = 0$ e $y = +a$ e tivesse carga $-Q$ distribuída uniformemente entre $y = 0$ e $y = -a$. Neste caso, o campo elétrico em P (i) apontaria no sentido positivo de x; (ii) apontaria no sentido negativo de x; (iii) apontaria no sentido positivo de y; (iv) apontaria no sentido negativo de y; (v) seria igual a zero; (vi) nenhuma dessas alternativas. ❙

21.6 LINHAS DE UM CAMPO ELÉTRICO

Figura 21.27 A direção do campo elétrico em qualquer ponto é tangente à linha de campo elétrico que passa pelo ponto considerado.

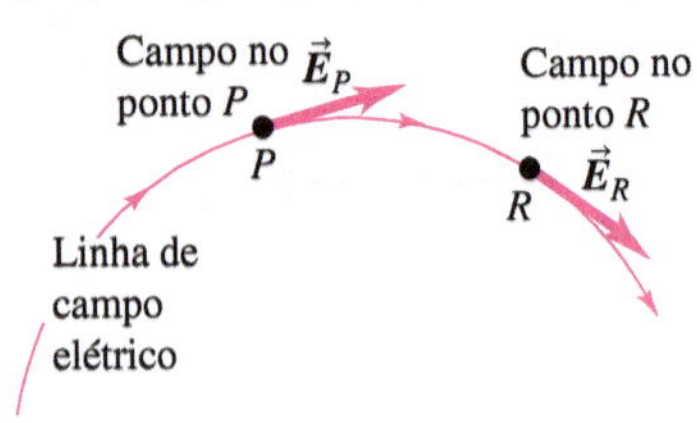

O conceito de campo elétrico pode parecer um pouco ilusório porque não se pode vê-lo diretamente. As *linhas* do campo elétrico constituem uma ajuda valiosa para visualizar o campo e interpretá-lo de modo mais realista. Uma **linha de campo elétrico** é desenhada como uma linha imaginária, reta ou curva, que passa por uma região do espaço de tal modo que sua tangente em qualquer ponto forneça a direção e o sentido do campo elétrico no ponto considerado. A ideia básica é indicada na **Figura 21.27**. (Usamos um conceito semelhante em nossa discussão sobre o escoamento de um fluido na Seção 14.5. Uma *linha de corrente* é uma linha reta ou curva cuja tangente em qualquer ponto fornece a direção e o sentido da velocidade do fluido no ponto considerado. Contudo, existe apenas semelhança matemática entre uma linha de corrente de um fluido e uma linha de campo elétrico; não existe nada "fluindo" ao longo de uma linha de campo elétrico.) O cientista inglês Michael Faraday (1791-1867) foi o primeiro a introduzir o conceito de linhas de campo. Ele chamou essas curvas de "linhas de força", porém a expressão "linhas de campo elétrico" é preferível.

As linhas de campo elétrico indicam a direção e o sentido do campo elétrico $\vec{E}$ em cada ponto, e o espaçamento dessas linhas fornece uma ideia do *módulo* de $\vec{E}$ em cada ponto. Nos locais onde $\vec{E}$ é forte, desenhamos linhas agrupadas de forma compacta; onde $\vec{E}$ é mais fraco, as distâncias entre as linhas são maiores. Em qualquer ponto particular, o campo elétrico possui uma única direção, de modo que somente uma linha de campo elétrico pode passar em cada ponto. Em outras palavras, as linhas de campo elétrico *jamais se cruzam*.

A **Figura 21.28** mostra algumas das linhas de campo elétrico em um plano com (a) uma única carga positiva; (b) duas cargas de mesmo módulo, porém de sinais opostos (um dipolo); e (c) duas cargas positivas iguais. Diagramas como esses algumas vezes são chamados de *mapas do campo*. Eles são, na verdade, seções retas de uma configuração em três dimensões. A direção do campo elétrico resultante em cada ponto desses diagramas segue pela tangente da linha de campo elétrico que passa pelo ponto considerado. As setas indicam o sentido do vetor $\vec{E}$ ao longo de cada linha de campo elétrico. O tamanho real dos vetores do campo foi desenhado em alguns pontos em cada uma das configurações. Note que, em geral, o módulo do campo elétrico é diferente em pontos diferentes de uma mesma linha de campo elétrico — uma linha de campo elétrico *não* é uma curva que possui o módulo do campo elétrico constante!

A Figura 21.28 mostra que as linhas de campo elétrico estão direcionadas para *fora* das cargas positivas (visto que, nas vizinhanças de uma carga puntiforme positiva, o campo elétrico $\vec{E}$ aponta para fora da carga) e para *dentro* das cargas negativas (visto que, nas vizinhanças de uma carga puntiforme negativa, o campo

Figura 21.28 Linhas de campo elétrico para três distribuições de cargas diferentes. Geralmente o módulo de $\vec{E}$ difere em pontos diferentes da mesma linha de campo elétrico.

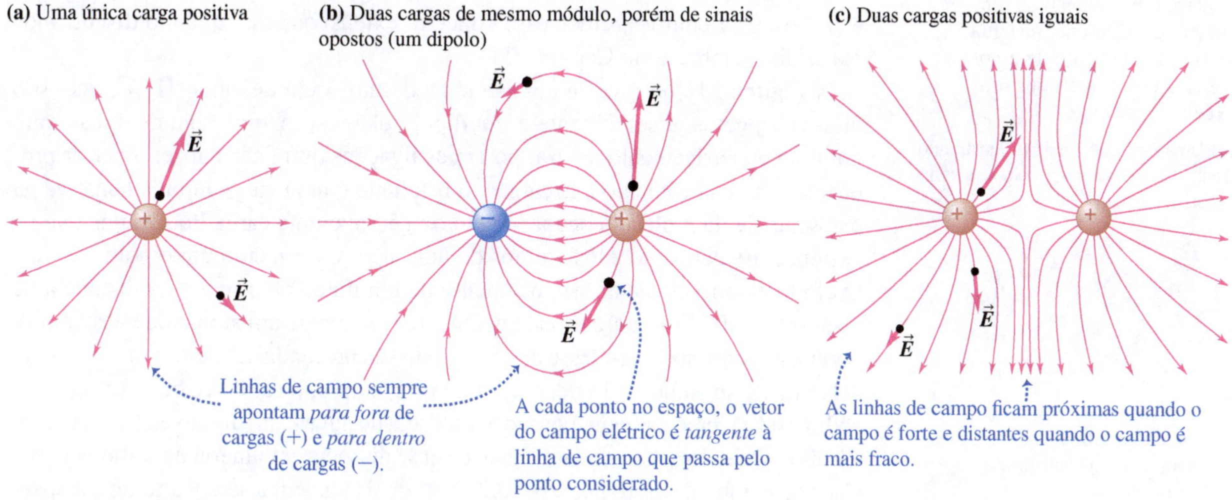

elétrico $\vec{E}$ aponta para dentro da carga). Em locais onde o campo elétrico possui módulo grande, como entre as duas cargas com sinais opostos na Figura 21.28b, as linhas de campo são desenhadas de forma mais compactada. Nos locais onde o campo elétrico possui módulo pequeno, como entre as duas cargas positivas na Figura 21.28c, as distâncias entre as linhas são grandes. Em um campo elétrico *uniforme*, as linhas de campo são retas, paralelas, e as distâncias entre as linhas são constantes, como indica a Figura 21.20.

A **Figura 21.29a** mostra a vista de cima de um dispositivo experimental para visualizar as linhas de campo elétrico. Nesse dispositivo, as extremidades de dois fios carregados positivamente são inseridas em um recipiente com um líquido isolante, e algumas sementes de grama flutuam sobre o líquido. As sementes são isolantes eletricamente neutros, porém o campo elétrico dos dois fios carregados produz uma *polarização* das sementes, gerando um ligeiro deslocamento das cargas positivas e negativas no interior das moléculas da semente, como indica a Figura 21.8. A extremidade da semente com carga positiva é puxada no mesmo sentido de $\vec{E}$, e a extremidade da semente com carga negativa é puxada em sentido contrário ao de $\vec{E}$. Portanto, o eixo maior de cada semente tende a se orientar paralelamente ao campo elétrico na mesma direção da linha de campo elétrico que passa na posição da semente (Figura 21.29b).

Figura 21.29 (a) Linhas de campo elétrico produzidas por duas cargas opostas. A configuração é resultante de pequenas sementes de grama flutuando sobre óleo mineral; as extremidades de dois fios carregados estão inseridas no óleo. Compare esta configuração com a indicada na Figura 21.28b. (b) O campo elétrico produz polarização nas sementes, que, por sua vez, se alinham ao campo.

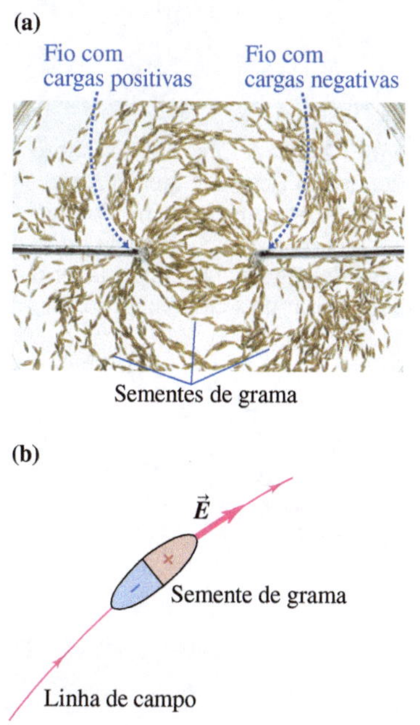

ATENÇÃO **Linhas de campo elétrico não coincidem com trajetórias** É um equívoco comum acreditar que, se uma partícula com carga q está em movimento onde existe um campo elétrico, a partícula deve se mover ao longo de uma linha do campo elétrico. Como $\vec{E}$ em qualquer ponto é tangente à linha do campo elétrico que passa por esse ponto, é verdade que a *força* $\vec{F} = q\vec{E}$ sobre a partícula e, consequentemente, a aceleração dela, são tangentes à linha de campo. Contudo, aprendemos no Capítulo 3 que a aceleração de uma partícula que realiza um movimento curvilíneo *não pode* ser tangente à trajetória. Geralmente, a trajetória de uma partícula carregada *não* coincide com a linha do campo elétrico.

TESTE SUA COMPREENSÃO DA SEÇÃO 21.6 Suponha que as linhas do campo elétrico em uma região do espaço sejam linhas retas. Se uma partícula carregada fosse lançada a partir do repouso nessa região, a trajetória da partícula seria ao longo de uma linha do campo elétrico? ❙

21.7 DIPOLOS ELÉTRICOS

Um **dipolo elétrico** é um par de cargas puntiformes com mesmo módulo, porém sinais opostos (uma carga positiva q e uma carga negativa $-q$), separadas por uma

Figura 21.30 (a) A molécula de água é um exemplo de dipolo elétrico. (b) Cada tubo de teste contém uma solução de uma substância diferente na água. O grande momento de dipolo elétrico da água produz um excelente solvente.

(a) Uma molécula de água, mostrando a carga positiva em vermelho e a carga negativa em azul

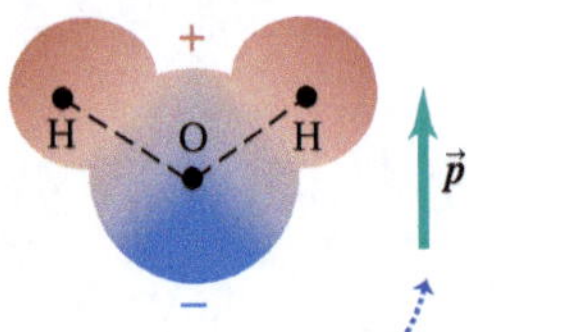

O momento de dipolo elétrico $\vec{p}$ aponta da extremidade negativa para a extremidade positiva da molécula.

(b) Várias substâncias dissolvidas em água

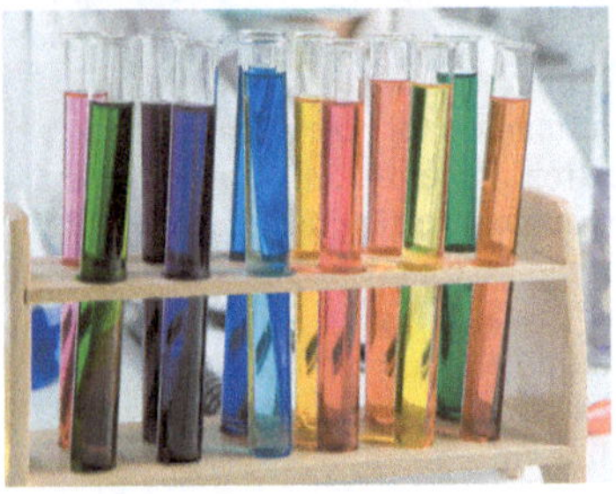

distância d. Introduzimos o conceito de dipolo elétrico no Exemplo 21.8 (Seção 21.5); esse conceito é digno de um estudo mais aprofundado porque muitos sistemas físicos, de moléculas até antenas de TV, podem ser descritos como dipolos elétricos. Também usaremos esse conceito extensivamente quando discutirmos materiais dielétricos no Capítulo 24.

A **Figura 21.30a** mostra um esquema da molécula de água (H_2O), que, sob muitos aspectos, é semelhante a um dipolo elétrico. A molécula de água como um todo é eletricamente neutra, porém as ligações químicas em seu interior produzem um deslocamento das cargas; o resultado é uma carga líquida negativa na extremidade da molécula ocupada pelo oxigênio, e uma carga líquida positiva na extremidade ocupada pelos átomos de hidrogênio, formando um dipolo elétrico. O efeito é equivalente ao deslocamento de um único elétron a uma distância de apenas 4×10^{-11} m (aproximadamente igual ao raio de um átomo de hidrogênio), porém, as consequências desse deslocamento são profundas. A água é um excelente solvente de substâncias iônicas, como, por exemplo, o sal de cozinha (cloreto de sódio, NaCl), precisamente porque a molécula de água é um dipolo elétrico (Figura 21.30b). Quando dissolvido em água, o sal se dissocia em um íon de sódio positivo (Na^+) e um íon de cloro negativo (Cl^-), os quais tendem a serem atraídos, respectivamente, pelas extremidades negativas e positivas das moléculas de água; essa força mantém os íons separados na solução. Caso as moléculas de água não fossem dipolos elétricos, a água seria um solvente fraco e praticamente todos os efeitos químicos que ocorrem nas soluções aquosas seriam impossíveis. Esses efeitos incluem todas as reações bioquímicas em todos os tipos de vida existentes na Terra. Na realidade podemos afirmar, de modo bastante realista, que sua existência como ser vivo depende dos dipolos elétricos!

Vamos abordar duas questões sobre dipolos elétricos. Primeira: que forças e torques são exercidos sobre um dipolo elétrico quando este é colocado em um campo elétrico externo (ou seja, um campo oriundo de cargas no exterior do dipolo)? Segunda: qual é o campo elétrico produzido pelo próprio dipolo?

Força e torque sobre um dipolo elétrico

Figura 21.31 A força elétrica sobre este dipolo elétrico é igual a zero, porém existe um torque resultante entrando perpendicularmente no plano da página que tende a fazer o dipolo girar no sentido horário.

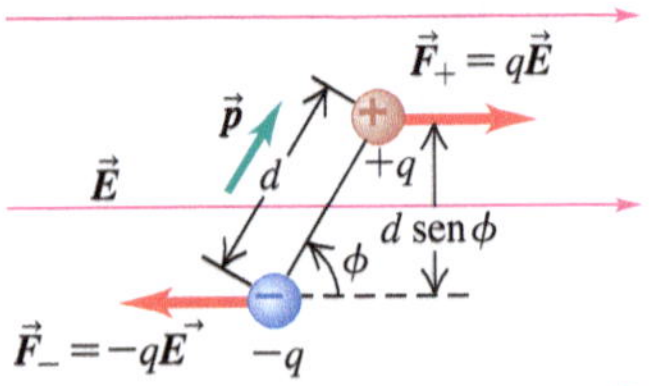

Para começar a abordar a primeira questão, vamos colocar o dipolo elétrico em um campo elétrico externo *uniforme* $\vec{E}$, como indica a **Figura 21.31**. Ambas as forças $\vec{F}_+$ e $\vec{F}_-$ que atuam sobre as duas cargas possuem o mesmo módulo qE, porém os sentidos dessas forças são opostos e, portanto, a resultante é igual a zero. *A força resultante sobre um dipolo elétrico em um campo elétrico uniforme externo é igual a zero.*

Entretanto, como as forças não atuam ao longo da mesma linha, o *torque* resultante não é zero. Calculamos o torque em relação ao centro do dipolo. Seja ϕ o ângulo entre o campo elétrico $\vec{E}$ e o eixo do dipolo; então, o braço de alavanca tanto para $\vec{F}_+$ quanto para $\vec{F}_-$ é igual a $(d/2)$ sen ϕ. O módulo do torque tanto para $\vec{F}_+$ quanto para $\vec{F}_-$ é igual a $(qE)(d/2)$sen ϕ, e ambos os torques tendem a fazer o dipolo girar no sentido horário (ou seja, $\vec{\tau}$ na Figura 21.31 entra perpendicularmente no plano da página). Logo, o módulo do torque resultante é igual ao dobro do módulo de cada torque individual:

$$\tau = (qE)(d\,\text{sen}\phi) \qquad (21.13)$$

onde d sen ϕ é a distância perpendicular entre as linhas de ação das duas forças.

O produto da carga q pela distância d é o módulo de uma grandeza chamada **momento de dipolo elétrico**, designada pela letra p:

$$p = qd \qquad \text{(módulo do momento de dipolo elétrico)} \qquad (21.14)$$

As unidades de p são carga vezes distância (C · m). Por exemplo, o módulo do momento de dipolo elétrico da molécula de água é dado por $p = 6{,}13 \times 10^{-30}$ C · m.

ATENÇÃO O símbolo *p* possui vários significados Não confunda o momento de dipolo com pressão nem com momento linear. O número de grandezas físicas é maior que o número de letras do alfabeto; logo, algumas letras são usadas para designar mais de uma grandeza. O contexto em que a letra aparece geralmente deixa claro o que queremos dizer, mas tome cuidado.

Aprofundando a definição, dizemos que o momento de dipolo elétrico é uma grandeza *vetorial* $\vec{p}$, cujo módulo é dado pela Equação 21.14, e cuja direção é o eixo do dipolo, sendo o sentido orientado da carga negativa para a carga positiva, como indica a Figura 21.31.

Usando a Equação 21.13, o módulo τ do torque exercido pelo campo elétrico é dado em função de p pela relação

Módulo do torque sobre um dipolo elétrico

$$\tau = pE \operatorname{sen}\phi \tag{21.15}$$

Módulo de um campo elétrico $\vec{E}$; Ângulo entre $\vec{p}$ e $\vec{E}$; Módulo do momento de dipolo elétrico $\vec{p}$

Visto que o ângulo ϕ na Figura 21.31 é o ângulo entre os vetores $\vec{p}$ e o campo elétrico $\vec{E}$, a relação anterior faz lembrar a definição do módulo do *produto vetorial* discutido na Seção 1.10. (Talvez você queira revisar essa discussão.) Portanto, podemos escrever a relação do torque sobre um dipolo usando notação vetorial do seguinte modo:

O vetor torque sobre um dipolo elétrico

$$\vec{\tau} = \vec{p} \times \vec{E} \tag{21.16}$$

Momento de dipolo elétrico; Campo elétrico

Você pode usar a regra da mão direita para o produto vetorial para verificar que o vetor torque $\vec{\tau}$ na Figura 21.31 é orientado para dentro da página. O módulo do torque é máximo quando $\vec{p}$ e $\vec{E}$ são perpendiculares e igual a zero quando esses vetores são paralelos ou antiparalelos. O torque tende sempre a alinhar a direção de $\vec{p}$ paralelamente a $\vec{E}$. Para $\phi = 0$, ou seja, $\vec{p}$ e $\vec{E}$ paralelos, o equilíbrio é estável, e para $\phi = \pi$, ou seja, com $\vec{p}$ e $\vec{E}$ antiparalelos, o equilíbrio é instável. A polarização de uma pequena semente, como no dispositivo indicado na Figura 21.29b, produz um momento de dipolo elétrico na semente; o torque produzido por $\vec{E}$ faz com que ela se alinhe paralelamente a $\vec{E}$ e, portanto, fique em equilíbrio ao longo de uma linha do campo.

Energia potencial de um dipolo elétrico

Quando um dipolo muda de direção em um campo elétrico, o torque do campo elétrico realiza um *trabalho* sobre ele, produzindo uma correspondente variação da energia potencial. O trabalho dW realizado pelo torque τ durante um deslocamento infinitesimal $d\phi$ é dado pela Equação 10.19: $dW = \tau\, d\phi$. Como o torque possui o sentido da diminuição de ϕ, devemos escrever o torque como $\tau = -pE \operatorname{sen} \phi$; e,

$$dW = \tau\, d\phi = -pE \operatorname{sen}\phi\, d\phi$$

Em um deslocamento finito de ϕ_1 até ϕ_2, o trabalho total realizado sobre o dipolo é dado por

$$\begin{aligned} W &= \int_{\phi_1}^{\phi_2} (-pE \operatorname{sen}\phi)\, d\phi \\ &= pE\cos\phi_2 - pE\cos\phi_1 \end{aligned}$$

O trabalho realizado é igual à variação da energia potencial com o sinal oposto, análogo ao que vimos no Capítulo 7: $W = U_1 - U_2$. Assim, vemos que uma definição apropriada de energia potencial U para esse sistema é

$$U(\phi) = -pE\cos\phi \tag{21.17}$$

Nessa relação, reconhecemos o *produto escalar* $\vec{p} \cdot \vec{E} = pE\cos\phi$, portanto, podemos também escrever

Energia potencial para um dipolo em um campo elétrico $U = -\vec{p} \cdot \vec{E}$ (21.18)

($\vec{E}$: Campo elétrico; $\vec{p}$: Momento de dipolo elétrico)

A energia potencial possui um valor mínimo $U = -pE$ (isto é, seu valor negativo com maior módulo), correspondendo a uma posição de equilíbrio estável, para $\phi = 0$ e $\vec{p}$ e $\vec{E}$ paralelos. A energia potencial possui um valor máximo quando $\phi = \pi$ e $\vec{p}$ é antiparalelo a $\vec{E}$; então $U = +pE$. Quando $\phi = \pi/2$, em que $\vec{p}$ é perpendicular a $\vec{E}$, U será igual a zero. Poderíamos definir U de outro modo, considerando seu valor igual a zero para outra orientação de $\vec{p}$, porém nossa definição é a mais simples possível.

A Equação 21.18 nos permite analisar o efeito indicado na Figura 21.29 de outra forma. O campo elétrico $\vec{E}$ fornece a cada semente um momento de dipolo elétrico, e a semente então se alinha a $\vec{E}$ para minimizar a energia potencial.

EXEMPLO 21.13 FORÇA E TORQUE SOBRE UM DIPOLO ELÉTRICO

A **Figura 21.32a** indica um dipolo elétrico no interior de um campo elétrico uniforme com módulo igual a 5×10^5 N/C orientado paralelamente ao plano da figura. As cargas são $+1{,}6 \times 10^{-19}$ C e ambas as cargas estão sobre o plano da figura, e a distância entre elas é igual a 0,125 nm $= 0{,}125 \times 10^{-9}$ m. Calcule (a) a força resultante exercida pelo campo sobre o dipolo; (b) o módulo, a direção e o sentido do momento de dipolo elétrico; (c) o módulo, a direção e o sentido do torque; (d) a energia potencial do sistema na posição indicada.

SOLUÇÃO

IDENTIFICAR E PREPARAR: este problema usa os conceitos desta seção referentes a um dipolo elétrico colocado em um campo elétrico. Usamos a relação $\vec{F} = q\vec{E}$ para cada carga puntiforme, para achar a força sobre o dipolo como um todo. A Equação 21.14 fornece o momento de dipolo, a Equação 21.16, o torque sobre o dipolo e a Equação 21.18, a energia potencial do sistema.

EXECUTAR: (a) uma vez que o campo elétrico é uniforme, as forças que atuam sobre as cargas são iguais e opostas e a força resultante é igual a zero.

(b) O módulo p do momento de dipolo elétrico $\vec{p}$ é dado por

$$\begin{aligned} p &= qd = (1{,}6 \times 10^{-19}\text{ C})(0{,}125 \times 10^{-9}\text{ m}) \\ &= 2{,}0 \times 10^{-29}\text{ C} \cdot \text{m} \end{aligned}$$

O sentido de $\vec{p}$ aponta da carga negativa para a positiva, formando um ângulo de 145° no sentido horário com o sentido do campo elétrico (Figura 21.32b).

(c) O módulo do torque é

$$\begin{aligned} \tau &= pE\,\text{sen}\,\phi = (2{,}0 \times 10^{-29}\text{ C} \cdot \text{m})(5{,}0 \times 10^5\text{ N/C})(\text{sen}\,145°) \\ &= 5{,}7 \times 10^{-24}\text{ N} \cdot \text{m} \end{aligned}$$

Usando a regra da mão direita para o produto vetorial (veja a Seção 1.10), o torque $\vec{\tau} = \vec{p} \times \vec{E}$ aponta ortogonalmente para fora da página. Isso corresponde a um torque no sentido anti-horário, que tende a alinhar $\vec{p}$ com $\vec{E}$.

(d) A energia potencial é dada por

$$\begin{aligned} U &= -pE\cos\phi \\ &= -(2{,}0 \times 10^{-29}\text{ C} \cdot \text{m})(5{,}0 \times 10^5\text{ N/C})(\cos 145°) \\ &= 8{,}2 \times 10^{-24}\text{ J} \end{aligned}$$

AVALIAR: o módulo da carga, a distância entre as cargas, o momento de dipolo e a energia potencial são todos muito pequenos, mas todos típicos para moléculas.

Figura 21.32 (a) Um dipolo elétrico. (b) Direções e sentidos do momento de dipolo elétrico, do campo elétrico e do torque ($\vec{\tau}$ aponta para fora da página).

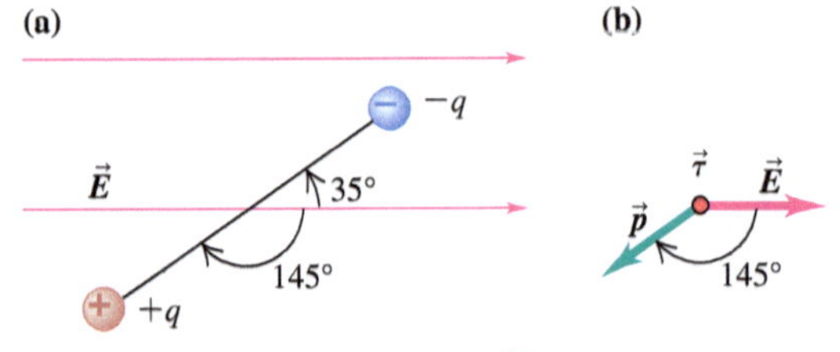

Nesta discussão, estamos supondo que $\vec{E}$ é uniforme, de modo que a força resultante que atua sobre o dipolo elétrico é igual a zero. Caso $\vec{E}$ não fosse uniforme, as forças nas extremidades não se cancelariam completamente e a força resultante poderia ser diferente de zero. Logo, um corpo sem nenhuma carga elétrica líquida, porém com um momento de dipolo elétrico, pode sofrer uma força elétrica resultante em um campo elétrico não uniforme. Como dissemos na Seção 21.1, um corpo neutro pode ser polarizado por um campo elétrico, surgindo nele uma separação de cargas e, portanto, um momento de dipolo elétrico. Isso explica como um corpo descarregado pode sofrer a ação de forças eletrostáticas (veja a Figura 21.8).

BIO Aplicação Um peixe com momento de dipolo elétrico
Ao contrário do tubarão-tigre (Seção 21.4), que detecta os campos elétricos produzidos por sua presa, o aba-aba, *Gymnarchus niloticus* — que é noturno e possui visão ruim —, gera seu próprio campo elétrico para caçar outros peixes. Ele consegue deixar sua cauda carregada negativamente em relação à sua cabeça, produzindo um campo elétrico semelhante ao de um dipolo, como indica a Figura 21.28b. Quando um peixe menor entra no campo, seu corpo altera a configuração do campo e alerta o *G. niloticus* que uma refeição está presente.

Campo de um dipolo elétrico

Vamos agora estudar um dipolo elétrico como uma *fonte* de campo elétrico. A forma geral do campo por um dipolo é mostrada pelo mapa do campo indicado na Figura 21.28b. Em cada ponto da configuração, o campo elétrico resultante $\vec{E}$ é dado pela soma vetorial dos campos produzidos pelas duas cargas individuais, como no Exemplo 21.8 (Seção 21.5). Sugerimos que você faça diagramas mostrando essa soma vetorial em diversos pontos.

Para obtermos informações quantitativas sobre o campo de um dipolo elétrico, precisamos fazer alguns cálculos, como o próximo exemplo ilustra. Observe o uso do princípio da superposição dos campos elétricos para a soma vetorial das contribuições individuais das cargas. Observe também que devemos usar técnicas de aproximação até mesmo no caso relativamente simples do campo elétrico produzido por duas cargas. Os cálculos envolvidos podem se tornar bastante complicados, e geralmente utilizamos análises feitas com o uso de um computador para a determinação do campo elétrico em função de distribuições arbitrárias de cargas.

EXEMPLO 21.14 CAMPO DE UM DIPOLO ELÉTRICO, NOVO ESTUDO

Na **Figura 21.33**, um dipolo elétrico está centralizado na origem, com o vetor $\vec{p}$ apontando para o eixo $+y$. Deduza uma expressão para o campo elétrico em um ponto P ao longo do eixo y, considerando y muito maior do que d. Para fazer isso, use a série binomial $(1 + x)^n \cong 1 + nx + n(n-1)x^2/2 + \ldots$ (válido para o caso $|x| < 1$).

Figura 21.33 Cálculo do campo elétrico produzido por um dipolo elétrico para um ponto situado sobre seu eixo.

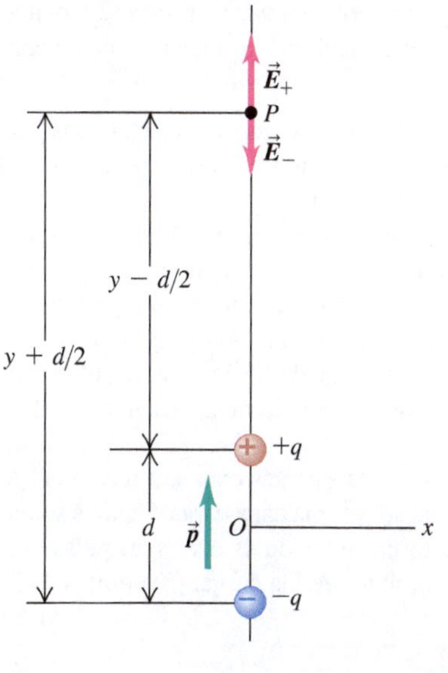

SOLUÇÃO

IDENTIFICAR E PREPARAR: usamos o princípio da superposição: o campo elétrico total é a soma vetorial do campo produzido pela carga positiva e do campo produzido pela carga negativa. No ponto do campo P indicado na Figura 21.33, o campo $\vec{E}_+$ da carga positiva possui um componente y positivo (de baixo para cima) e o campo $\vec{E}_-$ da carga negativa possui um componente y negativo (de cima para baixo). Somamos esses componentes para obter o campo elétrico resultante e, a seguir, aplicamos a aproximação de que y é muito maior que d.

EXECUTAR: o componente y resultante do campo elétrico E_y produzido pelas duas cargas é dado por

$$E_y = \frac{q}{4\pi\epsilon_0}\left[\frac{1}{(y - d/2)^2} - \frac{1}{(y + d/2)^2}\right]$$

$$= \frac{q}{4\pi\epsilon_0 y^2}\left[\left(1 - \frac{d}{2y}\right)^{-2} - \left(1 + \frac{d}{2y}\right)^{-2}\right]$$

Usamos esse método no Exemplo 21.8 (Seção 21.5). Agora vamos à aproximação: quando estamos muito afastados do dipolo em comparação ao seu tamanho, portanto $y >> d$, temos $d/2y << 1$. Fazendo $n = -2$ e identificando $d/2y$ com o papel desempenhado por x na série binomial, mantemos apenas os dois primeiros termos da série (os demais termos desprezados são muito menores). Assim, encontramos

(Continua)

(*Continuação*)

$$\left(1 - \frac{d}{2y}\right)^{-2} \cong 1 + \frac{d}{y} \quad \text{e} \quad \left(1 + \frac{d}{2y}\right)^{-2} \cong 1 - \frac{d}{y}$$

Portanto, E_y é dado aproximadamente por

$$E_y \cong \frac{q}{4\pi\epsilon_0 y^2}\left[1 + \frac{d}{y} - \left(1 - \frac{d}{y}\right)\right] = \frac{qd}{2\pi\epsilon_0 y^3} = \frac{p}{2\pi\epsilon_0 y^3}$$

AVALIAR: um caminho alternativo para obter essa expressão consiste em colocar as frações da expressão de E_y sobre um denominador comum, somar e, em seguida, aproximar o denominador $(y - d/2)^2(y + d/2)^2$ para y^4. Deixamos os detalhes para você (veja o Exercício 21.58).

Quando o ponto P não está sobre o eixo de coordenadas, as expressões são um pouco mais complicadas, porém para *todos* os pontos muito afastados do dipolo elétrico (em qualquer direção) o campo elétrico cai com $1/r^3$. Compare esse resultado com a dependência de $1/r^2$ para uma carga puntiforme, com a dependência de $1/r$ para uma linha de cargas e com a independência de r para o caso de um plano carregado infinito. Existem distribuições de cargas para as quais o campo elétrico decresce ainda mais rapidamente. Um *quadrupolo elétrico* é um conjunto de dois dipolos elétricos iguais com orientações opostas e separados por uma distância pequena. Para pontos muito afastados de seu centro, o campo elétrico de um quadrupolo cai com $1/r^4$.

TESTE SUA COMPREENSÃO DA SEÇÃO 21.7 Um dipolo elétrico é colocado em uma área de campo elétrico uniforme $\vec{E}$, com o momento de dipolo elétrico $\vec{p}$ apontando no sentido oposto a $\vec{E}$. O dipolo está (i) em equilíbrio estável, (ii) em equilíbrio instável ou (iii) nenhuma das alternativas? (*Dica*: revise a Seção 7.5.) ❙

CAPÍTULO 21 RESUMO

Carga elétrica, condutores e isolantes: a grandeza fundamental da eletrostática é a carga elétrica. Existem dois tipos de carga: a positiva e a negativa. Cargas de mesmo sinal se repelem. Cargas de sinais opostos se atraem. A carga se conserva; a carga total de um sistema isolado permanece sempre constante.
Toda matéria comum é constituída de prótons, nêutrons e elétrons. Os prótons positivos e os nêutrons eletricamente neutros estão ligados no interior do núcleo pela ação da força nuclear; os elétrons negativos giram em torno do núcleo em distâncias muito maiores que o diâmetro nuclear. As interações elétricas são as principais responsáveis pela estrutura dos átomos, das moléculas e dos sólidos.
Os condutores são materiais no interior dos quais o movimento de cargas ocorre com facilidade. Os isolantes não permitem que as cargas se movimentem facilmente. Quase todos os metais são bons condutores; a maioria dos materiais não metálicos é isolante.

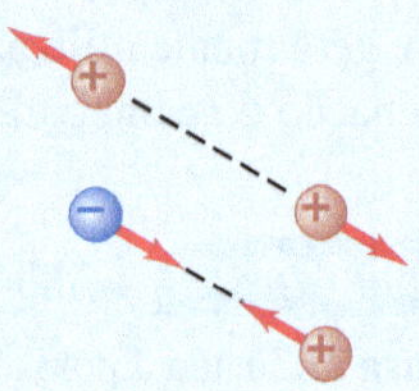

Lei de Coulomb: para cargas q_1 e q_2 separadas por uma distância r, o módulo da força elétrica sobre cada carga é proporcional ao produto q_1q_2 e inversamente proporcional a r^2. A direção da força que atua sobre uma carga é dada pela linha reta que une as duas cargas — repulsiva quando q_1 e q_2 possuem o mesmo sinal e atrativa quando q_1 e q_2 apresentam sinais opostos. A unidade SI de carga elétrica é o coulomb, abreviado pela letra C. (Exemplos 21.1 e 21.2.)
Quando duas ou mais cargas exercem forças entre si, a força total sobre uma dada carga é igual à soma vetorial das forças individuais exercidas pelas outras cargas sobre a referida carga. (Exemplos 21.3 e 21.4.)

$$F = \frac{1}{4\pi\epsilon_0}\frac{|q_1q_2|}{r^2} \qquad (21.2)$$

$$\frac{1}{4\pi\epsilon_0} = 8{,}988 \times 10^9\ \text{N}\cdot\text{m}^2/\text{C}^2$$

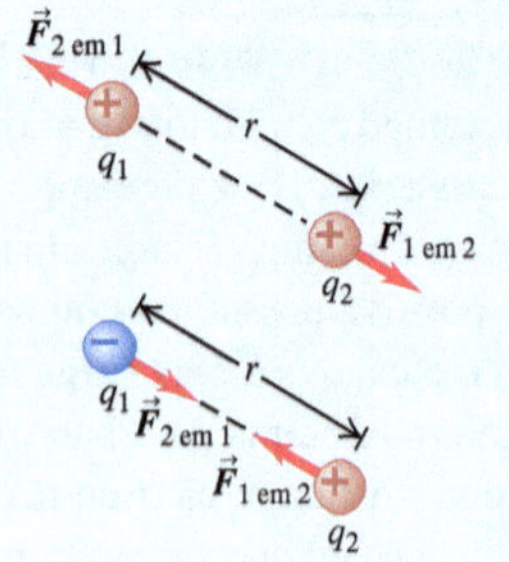

Campo elétrico: o campo elétrico $\vec{E}$, uma grandeza vetorial, é a força elétrica por unidade de carga exercida sobre uma carga de teste em qualquer ponto. O campo elétrico produzido por uma carga puntiforme aponta radialmente para fora da carga ou para dentro dela. (Exemplos 21.5 a 21.7.)

$$\vec{E} = \frac{\vec{F}_0}{q_0} \qquad (21.3)$$

$$\vec{E} = \frac{1}{4\pi\epsilon_0}\frac{q}{r^2}\hat{r} \qquad (21.7)$$

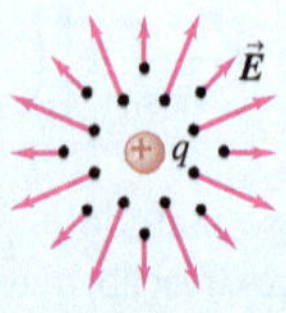

Superposição dos campos elétricos: o campo elétrico $\vec{E}$ de qualquer combinação de cargas é igual à soma vetorial dos campos elétricos produzidos pelas cargas individuais. Para calcular o campo elétrico produzido por uma distribuição contínua de cargas, divida a distribuição em pequenos elementos, calcule o campo elétrico produzido por cada elemento e determine a soma vetorial para cada componente do campo elétrico, geralmente fazendo uma integral. As distribuições de cargas são descritas pela densidade linear de carga λ, pela densidade superficial de carga σ e pela densidade volumétrica de carga ρ. (Exemplos 21.8 a 21.12.)

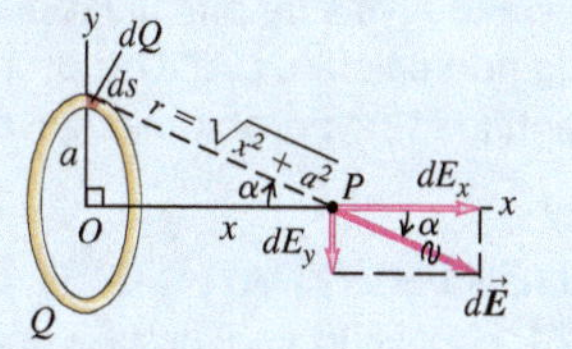

Linhas de campo elétrico: as linhas de campo elétrico oferecem uma representação gráfica do campo elétrico. Em qualquer ponto de uma linha de campo, a tangente à linha fornece a direção e o sentido de $\vec{E}$ no ponto considerado. O número de linhas por unidade de área (perpendicular à sua direção) é proporcional ao módulo de $\vec{E}$ no ponto considerado.

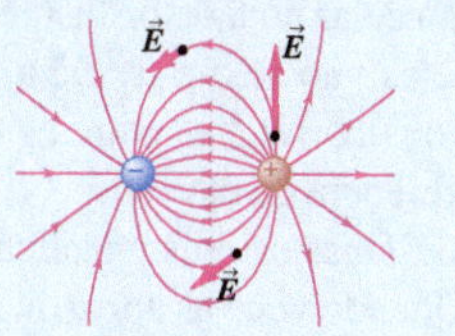

Dipolos elétricos: um dipolo elétrico é um par de cargas elétricas com sinais opostos com o mesmo módulo q separadas por uma distância d. O momento de dipolo elétrico $\vec{p}$ tem módulo $p = qd$. A direção de $\vec{p}$ é o eixo do dipolo, e seu sentido aponta da carga negativa para a carga positiva. Um dipolo elétrico em um campo elétrico $\vec{E}$ sofre a ação de um torque $\vec{\tau}$, cujo módulo é o produto vetorial de $\vec{p}$ e $\vec{E}$. O módulo do torque depende do ângulo ϕ entre $\vec{p}$ e $\vec{E}$. A energia potencial U para um dipolo elétrico em um campo elétrico também depende da orientação relativa de $\vec{p}$ e $\vec{E}$. (Exemplos 21.13 e 21.14.)

$$\tau = pE \operatorname{sen}\phi \quad (21.15)$$

$$\vec{\tau} = \vec{p} \times \vec{E} \quad (21.16)$$

$$U = -\vec{p} \cdot \vec{E} \quad (21.18)$$

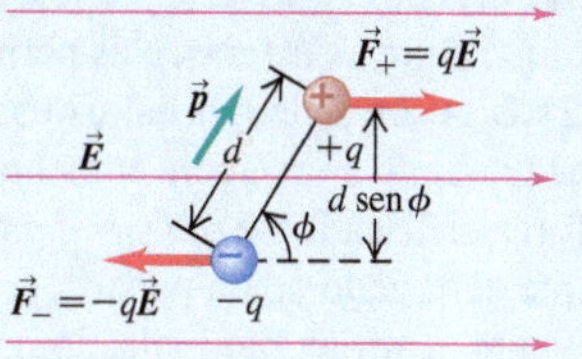

Problema em destaque Cálculo do campo elétrico: meio anel carregado

A **Figura 21.34** apresenta a carga positiva Q distribuída uniformemente em torno de um semicírculo de raio a. Encontre o módulo, a direção e o sentido do campo elétrico resultante no ponto P, o centro da curvatura do semicírculo.

GUIA DA SOLUÇÃO

IDENTIFICAR E PREPARAR

1. As incógnitas da questão são os componentes do campo elétrico no ponto P.
2. Divida o semicírculo em segmentos infinitesimais, cada um representando um segmento de arco circular curto que possui raio a e ângulo $d\theta$. Qual é o comprimento de um desses segmentos? Qual é o valor da carga que um segmento possui?
3. Considere um segmento infinitesimal em uma posição angular θ no semicírculo, medido a partir do canto direito inferior do semicírculo onde $x = a$, $y = 0$. (Logo, $\theta = \pi/2$ em $x = 0$, $y = a$ e $\theta = \pi$ em $x = -a$, $y = 0$.) Quais são os componentes x e y do campo elétrico em P (dE_x e dE_y) produzidos apenas por esse segmento?

Figura 21.34 Carga distribuída uniformemente em torno de um semicírculo.

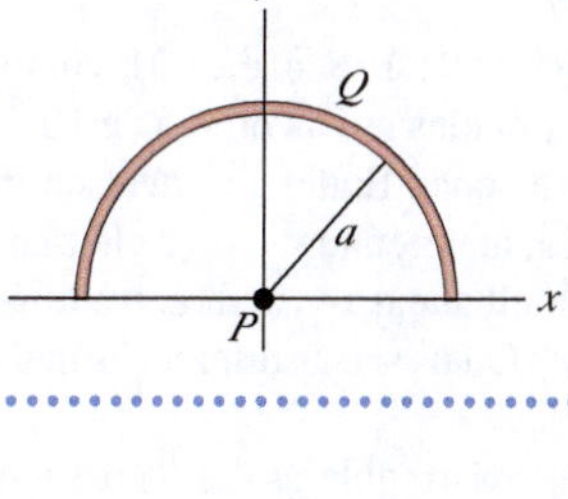

EXECUTAR

4. Integre suas expressões para dE_x e dE_y entre $\theta = 0$ e $\theta = \pi$. Os resultados serão os componentes x e y do campo elétrico no ponto P.
5. Use seus resultados da etapa 4 para encontrar o módulo, a direção e o sentido do campo elétrico no ponto P.

AVALIAR

6. Seu resultado para o módulo do campo elétrico está expresso nas unidades corretas?
7. Explique como você poderia encontrar o componente x do campo elétrico usando um argumento de simetria.
8. Qual seria o campo elétrico no ponto P caso o semicírculo passasse a ser um círculo completo, cujo centro se localiza no ponto P?

PROBLEMAS

•, ••, •••: níveis de dificuldade. PC: problemas cumulativos, incorporando material de outros capítulos. CALC: problemas exigindo cálculo. DADOS: problemas envolvendo dados reais, evidência científica, projeto experimental e/ou raciocínio científico. BIO: problemas envolvendo biociências.

QUESTÕES PARA DISCUSSÃO

Q21.1 Quando você destaca duas tiras de fita adesiva transparente do mesmo rolo e imediatamente as suspende próximas uma da outra, elas vão se repelir. Quando você gruda a parte adesiva de uma delas no lado brilhante da outra e depois puxa para afastá-las, elas vão se atrair. Dê uma explicação plausível para essa série de ocorrências entre as tiras da fita adesiva, envolvendo a transferência de elétrons.

Q21.2 Duas esferas metálicas estão suspensas com fios de náilon. Quando você as aproxima, elas tendem a se atrair. Com base somente nessa informação, discuta todas as possibilidades de existência de cargas na superfície das esferas. Caso fosse possível o toque entre as esferas, elas permaneceriam unidas? Explique.

Q21.3 A força elétrica entre duas partículas carregadas torna-se fraca quando a distância aumenta. Suponha que, em vez disso, a força elétrica fosse *independente* da distância. Nesse caso, um pente carregado ainda poderia produzir uma polarização de um isolante neutro como indicado na Figura 21.8? Por quê? O isolante neutro ainda seria atraído pelo pente? Novamente, por quê?

Q21.4 Suas roupas tendem a se aglutinar depois que passam pela secadora. Por quê? Você espera que, na secagem, supondo que todas as roupas sejam feitas do mesmo material (digamos, algodão), a aglutinação seja maior ou menor do que no caso de roupas feitas com materiais diferentes? Por quê? (Talvez você queira fazer a experiência na próxima vez em que lavar roupa.)

Q21.5 Uma esfera metálica descarregada está suspensa por um fio de náilon. Quando uma haste de vidro carregada positivamente é colocada próxima à esfera, ela é atraída e se move no sentido da haste. Porém, se a esfera toca a haste, ela repentinamente se afasta dela. Explique por que ela é inicialmente atraída e, a seguir, repelida.

Q21.6 BIO Faça uma estimativa de quantos elétrons existem em seu corpo. Apresente claramente todas as suas hipóteses. (*Dica*: a maior parte dos átomos em seu corpo possui o mesmo número de elétrons, prótons e nêutrons.) Qual é a soma das cargas de todos esses elétrons?

Q21.7 A **Figura Q21.7** mostra algumas linhas do campo elétrico em função de três cargas puntiformes sobre o eixo vertical. As três cargas possuem o mesmo módulo. (a) Quais são os sinais algébricos de cada carga? Explique seu raciocínio. (b) O módulo do campo elétrico tem seu valor mínimo em que ponto(s)? Explique seu raciocínio. Explique como os campos elétricos individuais de cada carga puntiforme combinam para produzir um campo resultante pequeno nesse(s) ponto(s).

Figura Q21.7

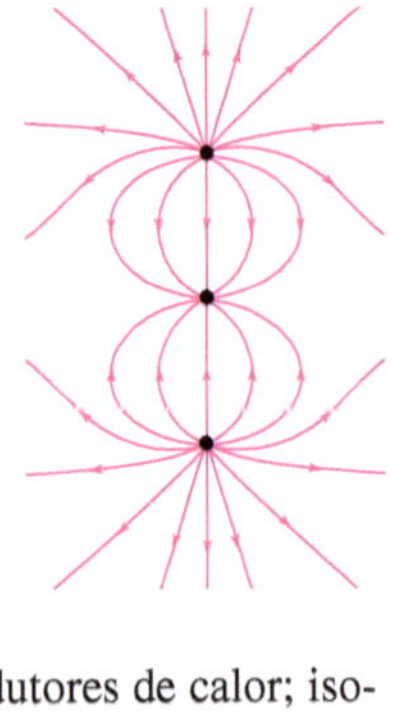

Q21.8 Bons condutores elétricos, como os metais, em geral também são bons condutores de calor; isolantes elétricos, como a madeira, em geral são maus condutores de calor. Explique por que existe uma relação entre a condução elétrica e a condução térmica desses materiais.

Q21.9 Suponha que a carga da Figura 21.28a esteja fixa em uma posição. Uma partícula pequena positivamente carregada é colocada em algum local e, em seguida, liberada. A trajetória da partícula seguirá uma linha do campo elétrico? Por quê? Suponha que a partícula seja colocada em algum ponto da Figura 21.28b e liberada (as cargas positivas e negativas exibidas estão fixas). Sua trajetória seguirá uma linha do campo elétrico? Por quê? Explique quaisquer diferenças entre suas respostas para as duas situações.

Q21.10 Dois objetos metálicos idênticos são montados sobre suportes isolantes. Descreva como você poderia introduzir em tais objetos cargas com sinais opostos, porém com módulos exatamente iguais.

Q21.11 Como as cargas do elétron e do próton possuem o mesmo valor absoluto, os átomos são eletricamente neutros. Suponha que isso não seja exatamente verdadeiro, e o valor absoluto da carga do elétron seja 0,00100% menor que a carga do próton. Estime o valor da carga líquida deste livro nessas circunstâncias. Apresente claramente todas as suas hipóteses. (*Dica*: a maioria dos átomos neste livro possui o mesmo número de elétrons, prótons e nêutrons.) Qual seria o módulo da força elétrica entre dois livros separados por 5,0 m de distância? Essa força seria atraente ou repulsiva? Explique como o fato de que a matéria comum é estável mostra que os valores absolutos das cargas do elétron e do próton devem ser idênticos a um nível *muito* elevado de precisão.

Q21.12 Quando você caminha sobre um tapete de náilon e, a seguir, toca um objeto metálico grande, como uma maçaneta, pode ocorrer uma faísca e você sentirá um choque. Por que, em um dia seco, existe maior probabilidade de isso ocorrer do que em um dia úmido? (*Dica*: veja a Figura 21.30.) Por que, quando você toca um objeto metálico *pequeno*, como um clipe de papel, a probabilidade de choque é menor?

Q21.13 Você tem um objeto com carga negativa. Como pode usá-lo para colocar carga negativa em uma esfera metálica isolada? E para colocar carga positiva na esfera?

Q21.14 Quando duas cargas puntiformes de igual massa e carga são liberadas sobre uma mesa com atrito desprezível, cada qual possui uma aceleração inicial (módulo) a_0. Se, em vez disso, você mantiver uma fixa e liberar a outra, qual será a aceleração inicial: a_0, $2a_0$ ou $a_0/2$? Explique.

Q21.15 Uma carga puntiforme de massa m e carga Q e outra carga puntiforme de massa m, porém com carga $2Q$, são liberadas sobre uma mesa com atrito desprezível. Caso a carga Q tenha uma aceleração inicial a_0, qual será a aceleração de $2Q$: a_0, $2a_0$, $4a_0$, $a_0/2$ ou $a_0/4$? Explique.

Q21.16 Um próton é colocado em um campo elétrico uniforme e depois liberado. A seguir, um elétron é colocado nesse mesmo ponto e liberado. Essas duas partículas sofrem a mesma força? A mesma aceleração? Elas se movem na mesma direção e sentido quando liberadas?

Q21.17 No Exemplo 21.1 (Seção 21.3), vimos que a força elétrica entre duas partículas α é da ordem de 10^{35} vezes mais forte que a força gravitacional. Então, por que sentimos facilmente a gravidade da Terra, mas nenhuma força elétrica que dela emana?

Q21.18 Que semelhanças existem entre uma força elétrica e uma gravitacional? Quais são as diferenças mais relevantes entre essas forças?

Q21.19 Dois objetos irregulares A e B possuem cargas elétricas de sinais opostos. A **Figura Q21.19** mostra as linhas do campo elétrico próximo desses objetos. (a) Qual objeto é positivo, A ou B? Como você sabe? (b) Onde o campo elétrico é mais forte, próximo de A ou de B? Como você sabe?

Figura Q21.19

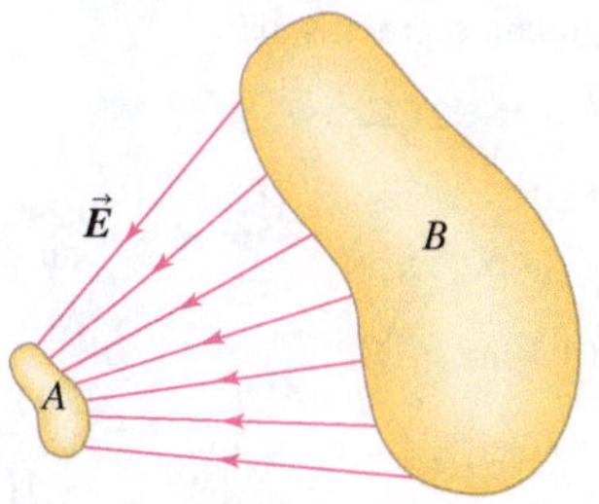

Q21.20 Um núcleo é constituído por prótons e nêutrons. Isso mostra que, além das forças elétrica e gravitacional, deve existir outro tipo de interação. Explique.

Q21.21 Um campo elétrico suficientemente forte pode fazer um átomo se tornar um íon positivo — isto é, fazer com que ele perca um ou mais elétrons. Explique como isso pode ocorrer. O que determina a intensidade mínima capaz de produzir esse efeito?

Q21.22 Os campos elétricos no ponto P produzidos pelas cargas positivas q_1 e q_2 são mostrados na **Figura Q21.22**. O fato de eles se cruzarem viola a afirmação feita na Seção 21.6 de que os campos elétricos nunca se cruzam? Explique.

Figura Q21.22

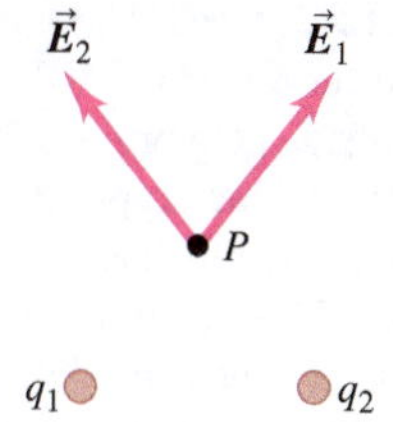

Q21.23 A temperatura e a velocidade do ar possuem valores diferentes em diferentes pontos da atmosfera terrestre. A velocidade do ar é uma grandeza vetorial? Por quê? A temperatura do ar é uma grandeza vetorial? Por quê?

Exercícios

Seção 21.3 Lei de Coulomb

21.1 •• Uma pequena esfera de chumbo de massa igual a 8,00 g possui excesso de elétrons com uma carga líquida igual a $-3{,}20 \times 10^{-9}$ C. (a) Calcule o número de elétrons em excesso sobre a esfera. (b) Quantos elétrons em excesso existem por átomo de chumbo? O número atômico do chumbo é igual a 82 e sua massa atômica é 207 g/mol.

21.2 • Um relâmpago ocorre quando existe fluxo de cargas elétricas (principalmente elétrons) entre o solo e uma nuvem de tempestade. A taxa máxima do fluxo de cargas elétricas em um raio é aproximadamente igual a 20.000 C/s; essa descarga dura cerca de 100 μs. Qual é a quantidade de carga que flui entre a terra e a nuvem nesse intervalo? Quantos elétrons fluíram durante esse intervalo?

21.3 •• Um próton e um elétron, separados por $2{,}0 \times 10^{-10}$ m (uma distância atômica comum), são liberados. Encontre a aceleração inicial de cada partícula.

21.4 • **Partículas em um anel de ouro**. Você possui um anel de ouro puro (24 quilates) com massa igual a 10,8 g. A massa atômica do ouro é igual a 197 g/mol e seu número atômico é 79. (a) Quantos prótons existem no anel e qual é a carga total positiva correspondente? (b) Sabendo que o anel não tem nenhuma carga líquida, quantos elétrons ele possui?

21.5 • BIO **Propagação de sinal em neurônios.** *Neurônios* são componentes do sistema nervoso do corpo que transmitem sinais à medida que impulsos elétricos se propagam ao longo de sua extensão. Essa propagação acontece quando cargas subitamente entram e saem de uma parte do neurônio chamada *axônio*. Medições mostraram que, durante a entrada dessa parte do ciclo, cerca de $5{,}6 \times 10^{11}$ Na^+ (íons de sódio) por metro, cada um com carga de $+e$, entram no axônio. Quantos coulombs de carga entram por um comprimento de 1,5 cm do axônio durante esse processo?

21.6 • Duas pequenas esferas separadas por uma distância igual a 20,0 cm possuem cargas iguais. Quantos elétrons em excesso devem estar presentes em cada esfera para que o módulo da força de repulsão entre elas seja igual a $3{,}33 \times 10^{-21}$ N?

21.7 •• Um ser humano médio pesa cerca de 650 N. Se dois desses seres de peso médio carregassem, cada um, 1,0 coulomb de excesso de carga, um positivo e outro negativo, qual deve ser a distância entre eles para que a atração elétrica seja igual a seus pesos de 650 N?

21.8 •• Duas pequenas esferas de alumínio, cada uma com massa igual a 0,0250 kg, estão separadas por uma distância de 80,0 cm. (a) Quantos elétrons estão presentes em cada esfera? (O número atômico do alumínio é 13 e sua massa atômica é 26,982 g/mol.) (b) Quantos elétrons devem ser removidos de uma esfera e adicionados à outra para que o módulo da força de atração entre elas seja igual a $1{,}00 \times 10^4$ N (aproximadamente igual ao peso de uma tonelada)? Suponha que as esferas possam ser tratadas como cargas puntiformes. (c) A que fração da carga total de cada esfera essa quantidade corresponde?

21.9 •• Duas esferas de plástico pequenas recebem cargas elétricas positivas. Quando estão separadas por uma distância de 15,0 cm, a força repulsiva entre elas possui módulo igual a 0,220 N. Qual é a carga de cada esfera (a) se as duas cargas fossem iguais e (b) se uma esfera possuísse uma carga quatro vezes maior que a outra?

21.10 •• **Quão intensa é a força elétrica?** Suponha que você tenha duas pequenas caixas, cada uma contendo 1,0 g de prótons. (a) Se uma fosse colocada na Lua por um astronauta e a outra permanecesse na Terra, e se elas estivessem ligadas por uma corda muito leve (e muito comprida!), qual seria a tensão na corda? Expresse sua resposta em newtons e em libras. Você precisa levar em conta as forças gravitacionais da Terra e da Lua sobre os prótons? Por quê? (b) Qual a força gravitacional que cada caixa de prótons exerce sobre a outra caixa?

21.11 • Em um experimento no espaço, um próton é mantido fixo e outro é liberado do repouso a uma distância de 2,50 mm. (a) Qual é a aceleração inicial do próton após ser liberado? (b) Faça gráficos qualitativos (sem números!) de aceleração *versus* tempo e velocidade *versus* tempo do movimento do próton liberado.

21.12 • Uma carga negativa de $-0{,}550$ μC exerce uma força de baixo para cima de 0,600 N sobre uma carga desconhecida, situada a 0,300 m diretamente abaixo da primeira. (a) Qual é o valor da carga desconhecida (módulo e sinal)? (b) Determine o módulo, a direção e o sentido da força que a carga desconhecida exerce sobre a carga de $-0{,}550$ μC.

21.13 •• Três cargas puntiformes estão dispostas em linha reta. A carga $q_3 = +5{,}0$ nC está na origem. A carga $q_2 = -3{,}0$ nC está em $x = +4{,}00$ cm. A carga q_1 está em $x = +2{,}00$ cm. Determine q_1 (módulo e sinal), quando a força resultante sobre q_3 for igual a zero.

21.14 •• No Exemplo 21.4, suponha que a carga puntiforme sobre o eixo y na posição $y = -0{,}30$ m possua uma carga negativa igual a $-2{,}0$ μC, mantendo a outra carga inalterada. Determine o módulo, a direção e o sentido da força resultante sobre a carga Q. Quais são as diferenças entre sua resposta e a resposta encontrada no Exemplo 21.4? Explique as diferenças.

21.15 •• No Exemplo 21.3, calcule a força resultante sobre a carga q_1.

21.16 •• No Exemplo 21.4, determine a força resultante (módulo, direção e sentido) sobre a carga q_1 exercida pelas outras duas cargas.

21.17 •• Três cargas puntiformes estão dispostas ao longo do eixo x. A carga $q_1 = +3{,}00\ \mu C$ está na origem e a carga $q_2 = -5{,}00\ \mu C$ está em $x = 0{,}200$ m. A carga $q_3 = -8{,}00\ \mu C$. Onde q_3 estará localizada quando a força resultante sobre q_1 for 7,0 N no sentido $-x$?

21.18 •• Repita o Exercício 21.17 para $q_3 = +8{,}00\ \mu C$.

21.19 •• Duas cargas puntiformes estão localizadas sobre o eixo y do seguinte modo: carga $q_1 = -1{,}50$ nC no ponto $y = -0{,}600$ m; e carga $q_2 = +3{,}20$ nC na origem ($y = 0$). Qual é a força resultante (módulo, direção e sentido) que essas duas cargas exercem sobre uma terceira carga $q_3 = +5{,}00$ nC, localizada no ponto $y = -0{,}400$ m?

21.20 •• Duas cargas puntiformes são colocadas sobre o eixo x do seguinte modo: carga $q_1 = +4{,}00$ nC está localizada no ponto $x = 0{,}200$ m e carga $q_2 = +5{,}00$ nC, no ponto $x = -0{,}300$ m. Qual é o módulo, a direção e o sentido da força resultante que essas duas cargas exercem sobre uma terceira carga puntiforme negativa $q_3 = -6{,}00$ nC, localizada na origem?

21.21 •• BIO **Pareamento de bases no DNA, I.** Os dois lados da dupla hélice de DNA são ligados por pares de bases (adenina, timina, citosina e guanina). Em razão da forma geométrica dessas moléculas, a adenina se liga à timina e a citosina se liga à guanina. A **Figura E21.21** mostra a ligação de timina e adenina. Cada carga na figura é $\pm e$, e a distância H—N é de 0,110 nm. (a) Calcule a força *resultante* que a timina exerce sobre a adenina. É uma força de atração ou repulsão? Para manter os cálculos simples, porém razoáveis, considere apenas as forças decorrentes das combinações de O—H—N e N—H—N, supondo que estas duas combinações sejam paralelas entre si. Lembre-se, no entanto, de que, no conjunto O—H—N, O^- exerce uma força tanto sobre H^+ quanto N^-, e de forma análoga o mesmo acontece no conjunto N—H—N. (b) Calcule a força sobre o elétron no átomo de hidrogênio, que fica a 0,0529 nm de distância do próton. Em seguida, compare a intensidade da força de ligação do elétron no hidrogênio com a força de ligação das moléculas de adenina-timina.

Figura E21.21

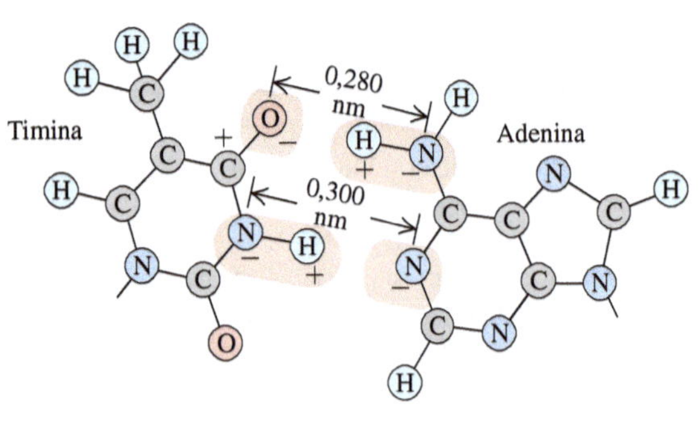

21.22 •• BIO **Pareamento de bases no DNA, II.** Consulte o Exercício 21.21. A **Figura E21.22** mostra a ligação de citosina e guanina. As distâncias O—H e N—H são de 0,110 nm cada. Neste caso, suponha que a ligação resulte apenas das forças ao longo das combinações O—H—O, N—H—N e O—H—N, e suponha também que essas três combinações sejam paralelas entre si. Calcule a força *resultante* que a citosina exerce sobre a guanina em virtude dessas três combinações. É uma força de atração ou repulsão?

Figura E21.22

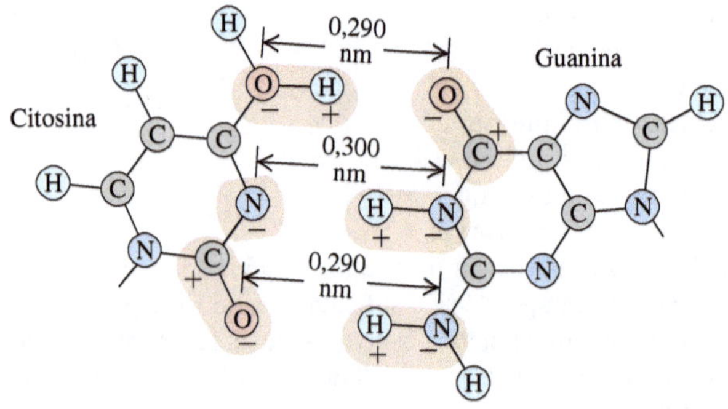

Seção 21.4 Campo elétrico e forças elétricas

21.23 • PC Um próton é colocado em um campo elétrico uniforme de $2{,}75 \times 10^3$ N/C. Calcule: (a) o módulo da força elétrica sofrida pelo próton; (b) a aceleração do próton; (c) o módulo da velocidade do próton após 1,00 μs no campo, supondo que ele parta do repouso.

21.24 • Uma partícula possui carga igual a $-5{,}00$ nC. (a) Determine o módulo, a direção e o sentido do campo elétrico produzido por essa partícula em um ponto situado a 0,250 m diretamente acima dela. (b) A que distância dessa partícula o campo elétrico possui módulo igual a 12,0 N/C?

21.25 • PC Um próton se desloca horizontalmente da esquerda para a direita a $4{,}50 \times 10^6$ m/s. (a) Determine o módulo, a direção e o sentido do campo elétrico mais fraco capaz de trazer o próton uniformemente para o repouso, ao longo de uma distância de 3,20 cm. (b) Quanto tempo o próton leva para parar após entrar no campo? (c) Qual é o campo mínimo (módulo, direção e sentido) necessário para parar um elétron sob as condições descritas no item (a)?

21.26 • PC Um elétron é liberado do repouso em um campo elétrico uniforme. O elétron acelera verticalmente de baixo para cima, percorrendo 4,50 m nos primeiros 3,00 μs após ser liberado. (a) Determine o módulo, a direção e o sentido do campo elétrico. (b) Existe justificativa para desprezar os efeitos da gravidade? Justifique sua resposta em termos quantitativos.

21.27 •• (a) Qual deve ser a carga (sinal e módulo) de uma partícula com 1,45 g para que ela permaneça em repouso quando colocada em um campo elétrico orientado de cima para baixo cujo módulo é igual a 650 N/C? (b) Qual deve ser o módulo de um campo elétrico para que a força elétrica exercida sobre um próton seja igual ao módulo de seu peso?

21.28 •• **Campo elétrico da Terra.** A Terra possui uma carga elétrica líquida que produz um campo elétrico orientado para o centro da Terra com módulo de 150 N/C em pontos próximos a sua superfície. (a) Quais devem ser o módulo e o sinal da carga líquida adquirida por uma pessoa de 60 kg para que seu peso seja igual e contrário à força produzida pelo campo elétrico da Terra? (b) Qual seria a força de repulsão entre duas pessoas que tivessem a carga calculada no item (a) quando a distância entre elas fosse igual a 100 m? O uso do campo elétrico da Terra poderia fornecer algum método factível para voar? Por quê?

21.29 •• PC Um elétron é projetado com velocidade inicial $v_0 = 1{,}60 \times 10^6$ m/s para dentro do campo elétrico uniforme entre as placas paralelas (**Figura E21.29**). Suponha que o campo seja uniforme e orientado verticalmente para baixo e considere o campo elétrico fora das placas igual a zero. O elétron entra no campo em um ponto intermediário entre as placas. (a) Sabendo que o elétron tangencia a placa superior quando ele sai do campo, calcule o módulo do campo elétrico. (b) Suponha que, na Figura E21.29, o elétron seja substituído por um próton com a mesma velocidade inicial v_0. O próton colide com uma das placas? Se o próton não colide com nenhuma placa, qual deve ser o módulo, a direção e o sentido de seu deslocamento vertical quando ele sai da região entre as placas? (c) Compare as trajetórias seguidas pelo elétron e pelo próton e explique as diferenças. (d) Analise se é razoável desprezar os efeitos da gravidade para cada partícula.

Figura E21.29

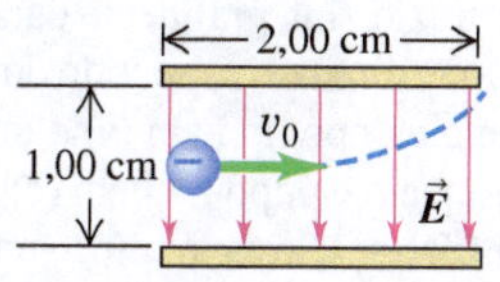

21.30 • (a) Determine o módulo, a direção e o sentido (em relação ao eixo $+x$) do campo elétrico do Exemplo 21.6. (b) Uma carga puntiforme de $-2{,}5$ nC é colocada no ponto P da Figura 21.19. Determine o módulo, a direção e o sentido (i) da força que uma carga de $-8{,}0$ nC situada na origem exerce sobre essa carga e (ii) da força que essa carga exerce sobre a carga de $-8{,}0$ nC situada na origem.

21.31 •• **PC** No Exercício 21.29, qual é o módulo da velocidade do elétron quando ele emerge do campo?

21.32 •• **PC** Há um campo elétrico uniforme na região entre duas placas planas paralelas com cargas de sinais opostos. Um próton é liberado do repouso na superfície da placa com carga positiva e colide com a superfície da placa oposta, que está a uma distância de 1,60 cm da primeira, depois de um intervalo igual a $3{,}2 \times 10^{-6}$ s. (a) Determine o módulo do campo elétrico. (b) Calcule o módulo da velocidade do próton quando ele atinge a placa com carga negativa.

21.33 • Uma carga puntiforme está na origem. Considerando essa carga uma fonte puntiforme, qual é o vetor unitário $\hat{r}$ para um ponto do campo situado em (a) $x = 0$, $y = -1{,}35$ m; (b) $x = 12{,}0$ cm, $y = 12{,}0$ cm; (c) $x = -1{,}10$ m, $y = 2{,}6$ m? Expresse seus resultados em termos dos vetores unitários $\hat{\imath}$ e $\hat{\jmath}$.

21.34 •• Uma carga puntiforme $+8{,}75\ \mu$C está colada em uma mesa horizontal com atrito desprezível. Ela está atada a uma carga puntiforme de $-6{,}50\ \mu$C por um fio leve, não condutor, de 2,50 cm. Um campo elétrico uniforme de módulo $1{,}85 \times 10^8$ N/C está direcionado paralelamente ao fio, como indica a **Figura E21.34**. (a) Determine a tensão no fio. (b) Qual seria a tensão se ambas as cargas fossem negativas?

Figura E21.34

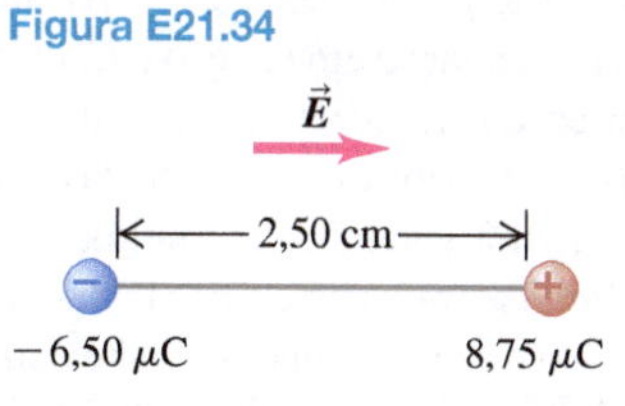

21.35 •• (a) Um elétron se desloca no sentido leste em um campo elétrico uniforme de 1,50 N/C, que aponta do leste para o oeste. No ponto A, a velocidade do elétron é $4{,}50 \times 10^5$ m/s no sentido leste. Qual é o módulo da velocidade do elétron quando ele atinge o ponto B, que está a 0,375 m a leste do ponto A? (b) Um próton se desloca no campo elétrico uniforme do item (a). No ponto A, a velocidade do próton é $1{,}90 \times 10^4$ m/s, para o leste. Qual é o módulo da velocidade do próton no ponto B?

Seção 21.5 Determinação do campo elétrico

21.36 • A **Figura E21.36** apresenta duas cargas puntiformes Q e $+q$ (onde q é positiva), que produzem o campo elétrico resultante exibido no ponto P. A direção do campo é paralela à linha reta que liga as duas cargas. (a) O que se pode concluir sobre o sinal e o módulo de Q? Explique seu raciocínio. (b) Se a carga q fosse negativa, o campo elétrico poderia ter a direção e o sentido mostrados na figura? Explique seu raciocínio.

Figura E21.36

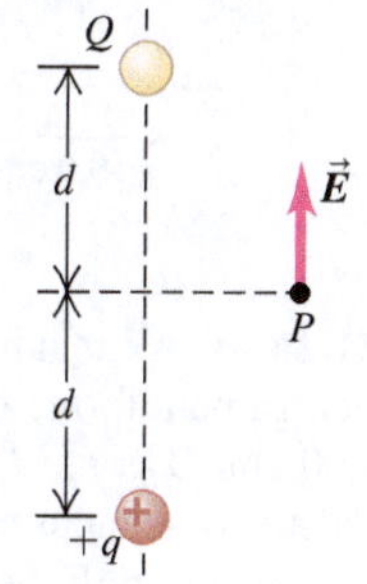

21.37 •• Duas cargas puntiformes q são colocadas sobre o eixo x, uma no ponto $x = a$ e outra no ponto $x = -a$. (a) Determine o módulo, a direção e o sentido do campo elétrico no ponto $x = 0$. (b) Deduza uma expressão para o campo elétrico em qualquer ponto sobre o eixo x. Use seu resultado para fazer um gráfico do campo elétrico em função de x para valores de x compreendidos entre $-4a$ e $+4a$.

21.38 • As duas cargas q_1 e q_2, representadas na **Figura E21.38**, possuem módulos iguais. Determine a direção e o sentido do campo elétrico resultante em função dessas duas cargas nos pontos A, B e C se (a) ambas as cargas forem negativas, (b) ambas as cargas forem positivas e (c) q_1 for positiva e q_2 for negativa.

Figura E21.38

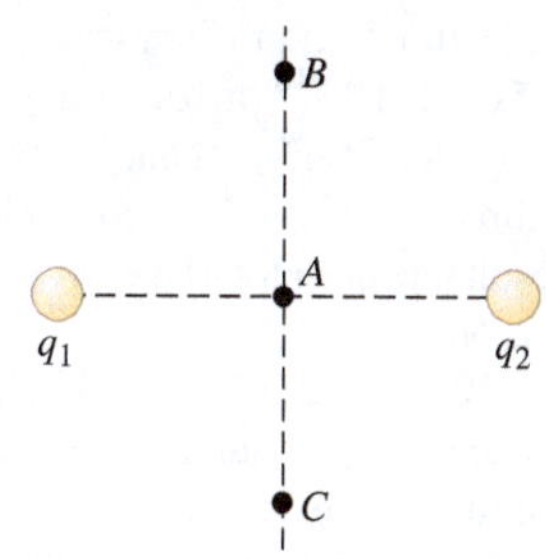

21.39 • Uma carga puntiforme igual a $+2{,}00$ nC está na origem e uma segunda carga puntiforme igual a $-5{,}00$ nC encontra-se sobre o eixo x, no ponto $x = 0{,}800$ m. (a) Determine o módulo, a direção e o sentido do campo elétrico nos seguintes pontos sobre o eixo x: (i) $x = 0{,}200$ m; (ii) $x = 1{,}20$ m; (iii) $x = -0{,}200$ m. (b) Calcule a força elétrica resultante que essas duas cargas exerceriam sobre um elétron situado em cada um dos pontos mencionados no item (a).

21.40 • Repita o Exercício 21.39, porém considere a carga na origem igual a $-4{,}0$ nC.

21.41 • Três cargas puntiformes negativas estão posicionadas ao longo de uma linha, como indica a **Figura E21.41**. Determine o módulo, a direção e o sentido do campo elétrico que esse conjunto de cargas produz no ponto P, que está a 6,00 cm da carga $-2{,}00\ \mu$C, medida perpendicularmente à linha que conecta as três cargas.

Figura E21.41

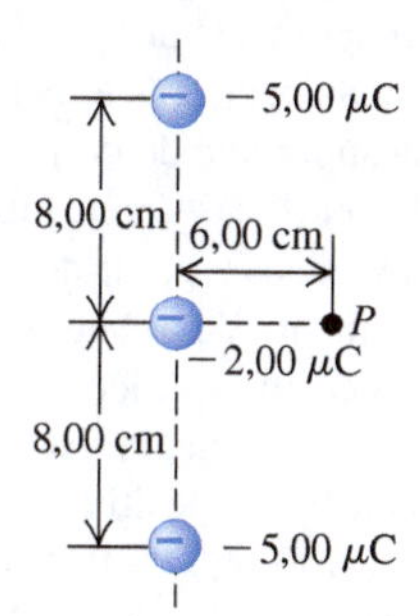

21.42 •• Uma carga puntiforme é colocada em cada vértice de um quadrado de lado a. Todas as cargas possuem módulo q. Duas cargas são positivas e duas são negativas (**Figura E21.42**). Determine a direção e o sentido do campo elétrico resultante no centro do quadrado em função das quatro cargas, bem como o módulo do campo em função de q e a.

Figura E21.42

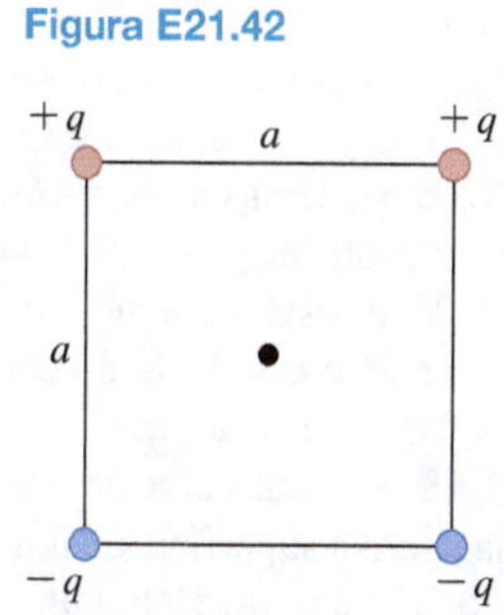

21.43 • Duas cargas puntiformes estão separadas por 25,0 cm (**Figura E21.43**). Calcule o campo elétrico resultante que essas cargas produzem (a) no ponto A e (b) no ponto B. Qual seria o módulo, a direção e o sentido da força elétrica que esse conjunto de cargas produziria em um próton no ponto A?

Figura E21.43

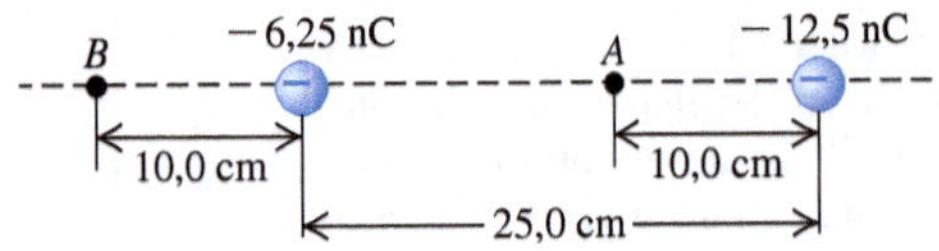

21.44 •• A carga puntiforme $q_1 = -5{,}00$ nC está na origem e a carga puntiforme $q_2 = +3{,}00$ nC está sobre o eixo x em x = 3,00 cm. O ponto P está sobre o eixo y em y = 4,00 cm. (a) Calcule os campos elétricos $\vec{E}_1$ e $\vec{E}_2$ no ponto P em função das cargas q_1 e q_2. Expresse seus resultados em função de vetores unitários (Exemplo 21.6). (b) Use os resultados da parte (a) para obter o campo elétrico resultante no ponto P, também em função de vetores unitários.

21.45 •• Se dois elétrons estão cada um a uma distância igual a $1{,}50 \times 10^{-10}$ m de um próton (**Figura E21.45**), encontre o módulo, a direção e o sentido da força elétrica resultante que eles irão exercer sobre o próton.

Figura E21.45

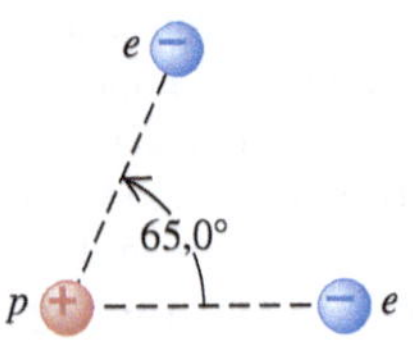

21.46 •• BIO **Campo elétrico de axônios.** Um sinal nervoso é transmitido através de um neurônio quando um excesso de íons de Na^+ subitamente entra no axônio, uma parte longa e cilíndrica do neurônio. Axônios possuem um diâmetro aproximadamente igual a 10,0 μm, e as medições mostram que cerca de $5{,}6 \times 10^{11}$ íons de Na^+ por metro (cada um de carga $+e$) entram no axônio durante esse processo. Embora o axônio seja um cilindro longo, a carga não entra em todos em todos os lugares ao mesmo tempo. Um modelo plausível seria uma série de cargas puntiformes que se deslocam ao longo do axônio. Considere um comprimento de 0,10 mm do axônio e modele-o como uma carga puntiforme. (a) Se a carga que entra cada metro do axônio é distribuída uniformemente ao longo dela, quantos coulombs de carga entram em um comprimento de 0,10 mm do axônio? (b) Qual é o campo elétrico (módulo, direção e sentido) que a entrada súbita de cargas produz na superfície do corpo, se o axônio se encontra 5,00 cm abaixo da pele? (c) Alguns tubarões podem responder a campos elétricos fracos a partir de 1,0 μN/C. A que distância máxima desse segmento do axônio um tubarão poderia estar e ainda detectar seu campo elétrico?

21.47 • Em um sistema de coordenadas ortogonais, uma carga puntiforme positiva $q = 6{,}0 \times 10^{-9}$ C é colocada no ponto x = + 0,150 m, y = 0, e outra carga idêntica é colocada no ponto x = −0,150 m, y = 0. Estabeleça os componentes x e y, bem como o módulo, a direção e o sentido do campo elétrico nos seguintes pontos: (a) a origem; (b) x = 0,300 m, y = 0; (c) x = 0,150 m, y = −0,400 m; (d) x = 0, y = 0,200 m.

21.48 •• Uma carga puntiforme $q_1 = -4{,}00$ nC está no ponto x = 0,600 m, y = 0,800 m, e outra carga puntiforme q_2 = +6,00 nC está no ponto x = 0,600 m, y = 0. Calcule o módulo, a direção e o sentido do campo elétrico na origem produzido por essas duas cargas.

21.49 •• Uma carga de −6,50 nC está uniformemente distribuída sobre a superfície de uma face de um disco não condutor de raio 1,25 cm. (a) Determine o módulo, a direção e o sentido do campo elétrico que esse disco produz em um ponto P sobre o eixo do disco a uma distância de 2,0 cm de seu centro. (b) Suponha que a carga seja integralmente afastada do centro e uniformemente distribuída sobre a periferia do disco. Ache o módulo, a direção e o sentido do campo elétrico no ponto P. (c) Se a carga for trazida integralmente para o centro do disco, encontre o módulo, a direção e o sentido do campo elétrico no ponto P. (d) Por que o campo no item (a) é mais forte que o campo no item (b)? Por que o campo no item (c) é o mais forte dos três campos?

21.50 •• Um fio retilíneo muito longo possui carga por unidade de comprimento igual a $3{,}20 \times 10^{-10}$ C/m. A que distância do fio o módulo do campo elétrico é igual a 2,50 N/C?

21.51 • Um condutor em forma de anel com raio a = 2,50 cm possui uma carga positiva resultante Q = +0,125 nC uniformemente distribuída ao longo do anel (Figura 21.23). O centro do anel está na origem O do sistema de coordenadas. (a) Qual é o campo elétrico (módulo, direção e sentido) no ponto P situado em x = 40,0 cm? (b) Uma carga puntiforme $q = -2{,}50$ μC é colocada no ponto P. Determine o módulo, a direção e o sentido da força exercida pela carga q sobre o anel.

21.52 •• Um fio plástico retilíneo e não condutor de 8,50 cm de comprimento carrega uma densidade de carga de +175 nC/m distribuída uniformemente ao longo do comprimento. Ele se encontra sobre a superfície horizontal de uma mesa. (a) Determine o módulo, a direção e o sentido do campo elétrico que esse fio produz em um ponto 6,00 cm diretamente acima de seu ponto médio. (b) Se o fio for dobrado em círculo sobre a mesa, encontre o módulo, a direção e o sentido do campo elétrico que ele produz em um ponto 6,00 cm diretamente acima de seu centro.

Seção 21.7 Dipolos elétricos

21.53 • A distância entre duas cargas puntiformes $q_1 = -4{,}5$ nC e $q_2 = +4{,}5$ nC é igual a 3,1 mm, formando um dipolo elétrico. (a) Calcule o momento de dipolo elétrico (módulo, direção e sentido). (b) As cargas estão no interior de um campo elétrico cuja direção forma um ângulo de 36,9° com o eixo que liga as cargas. Qual é o módulo desse campo elétrico, sabendo que o módulo do torque exercido sobre o dipolo elétrico é igual a $7{,}2 \times 10^{-9}$ N · m?

21.54 • A molécula de amônia (NH_3) possui um momento de dipolo elétrico igual a $5{,}0 \times 10^{-30}$ C · m. Moléculas de amônia na fase gasosa são colocadas em um campo elétrico uniforme $\vec{E}$ cujo módulo é igual a $1{,}6 \times 10^6$ N/C. (a) Qual é alteração sofrida pela energia potencial elétrica quando o momento de dipolo muda sua orientação em relação a $\vec{E}$, de uma direção paralela para uma direção perpendicular? (b) Qual é a temperatura absoluta T para a qual a energia cinética média da translação $3/2kT$ das moléculas é igual à variação da energia potencial calculada no item (a)? (*Observação*: acima dessa temperatura, a agitação térmica impede que o dipolo elétrico se alinhe com o campo elétrico.)

21.55 • **Torque sobre um dipolo.** Um dipolo elétrico com momento de dipolo $\vec{p}$ está em um campo elétrico uniforme $\vec{E}$. (a) Determine as orientações do dipolo para as quais o torque sobre o dipolo é igual a zero. (b) Qual das orientações do item (a) é estável e qual é instável? (*Dica*: considere uma pequena rotação para fora da posição de equilíbrio e verifique o que acontece.) (c) Mostre que, para a orientação estável do item (b), o próprio campo elétrico do dipolo tende a se opor ao campo externo.

21.56 • O momento de dipolo da molécula de água (H_2O) é $6{,}17 \times 10^{-30}$ C · m. Suponha que a molécula de água esteja na origem com o momento de dipolo elétrico $\vec{p}$ apontando no sentido $+x$. Um íon de cloro (Cl^-), com carga igual a $-1{,}60 \times 10^{-19}$ C, está localizado no ponto $x = 3{,}00 \times 10^{-9}$ m. Determine o módulo, a direção e o sentido da força que a molécula de água exerce sobre o íon de cloro. A força é de atração ou de repulsão? Suponha que x seja muito maior que a distância d entre as cargas do dipolo elétrico, de modo que você possa usar a expressão aproximada para o campo elétrico ao longo do eixo do dipolo elétrico encontrada no Exemplo 21.14.

21.57 • Três cargas se situam nos vértices de um triângulo isósceles, como indica a **Figura E21.57**. As cargas de $\pm 5{,}00\ \mu C$ formam um dipolo. (a) Determine a força (módulo, direção e sentido) que a carga $-10{,}00\ \mu C$ exerce sobre o dipolo. (b) Para um eixo perpendicular à linha que liga as cargas de $\pm 5{,}0\ \mu C$ no meio dessa linha, encontre o torque (módulo, direção e sentido) exercido sobre o dipolo pela carga $-10{,}0\ \mu C$.

Figura E21.57

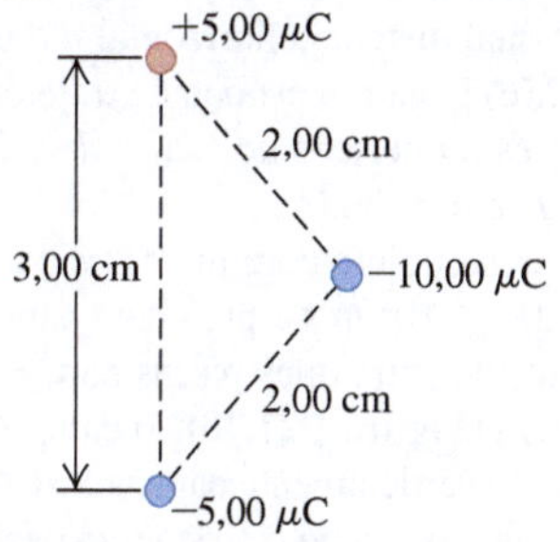

21.58 •• Considere o dipolo elétrico do Exemplo 21.14. (a) Deduza uma expressão para o módulo do campo elétrico produzido pelo dipolo em um ponto sobre o eixo x na Figura 21.33. Qual é a direção e o sentido desse campo elétrico? (b) Como o campo elétrico nos pontos sobre o eixo x depende de x quando este é muito grande?

PROBLEMAS

21.59 ••• Quatro cargas idênticas Q são colocadas nos vértices de um quadrado de lado igual a L. (a) Faça um diagrama do corpo livre mostrando todas as forças que atuam sobre uma das cargas. (b) Determine o módulo, a direção e o sentido da força resultante exercida pelas outras três cargas sobre a carga considerada.

21.60 ••• Duas cargas são colocadas no eixo x, uma de $2{,}50\ \mu C$ na origem e outra de $-3{,}50\ \mu C$ em $x = 0{,}600$ m (**Figura P21.60**). Determine a posição sobre o eixo x em que a força resultante sobre uma pequena carga $+q$ será igual a zero.

Figura P21.60

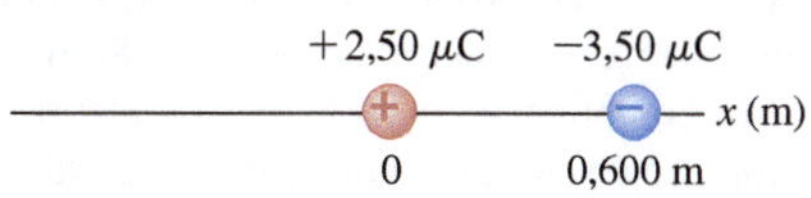

21.61 •• Uma carga $q_1 = +5{,}00$ nC é colocada na origem de um sistema de coordenadas e uma carga $q_2 = -2{,}00$ nC é colocada no lado positivo do eixo x, no ponto $x = 4{,}00$ cm. (a) Se uma terceira carga $q_3 = +6{,}00$ nC é colocada no ponto $x = 4{,}0$ cm, $y = 3{,}0$ cm, quais são os componentes x e y da força resultante que atua sobre essa carga exercida pelas outras cargas? (b) Determine o módulo, a direção e o sentido dessa força.

Figura P21.62

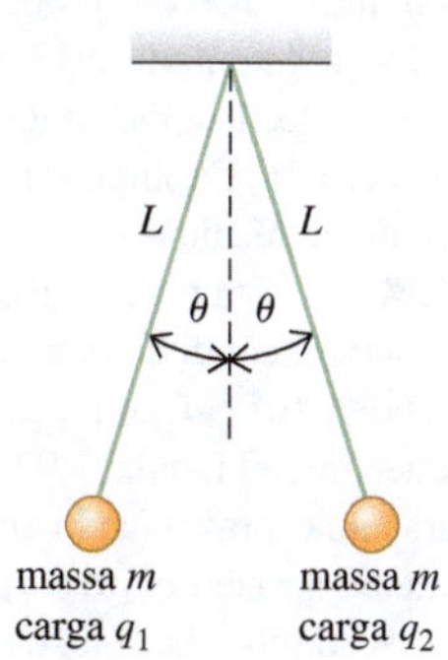

21.62 •• **PC** Duas esferas idênticas de massa m estão suspensas em fios de seda de comprimento L (**Figura P21.62**). Cada esfera possui a mesma carga; logo, $q_1 = q_2 = q$. O raio de cada esfera é muito pequeno em comparação à distância entre as esferas, de modo que elas podem ser consideradas cargas puntiformes. Mostre que, se o ângulo θ for pequeno, a distância d no equilíbrio entre as esferas será dada por $d = (q^2L/2\pi\epsilon_0 mg)^{1/3}$. (*Dica*: quando θ for pequeno, então $\tan\theta \cong \text{sen}\theta$.)

21.63 ••• **PC** Duas pequenas esferas idênticas, de massa $m = 15{,}0$ g, estão suspensas por fios de seda de comprimento $L = 1{,}20$ m e presos em um ponto comum (Figura P21.62). Cada esfera possui a mesma carga; logo, $q_1 = q_2 = q$. Cada fio possui inclinação $\theta = 25{,}0°$ com a vertical. (a) Faça um desenho mostrando as forças que atuam sobre cada esfera. Considere as esferas como cargas puntiformes. (b) Calcule o módulo de q. (c) Os dois fios agora se encurtam para um comprimento $L = 0{,}600$ m, enquanto as cargas q_1 e q_2 ficam inalteradas. Qual será o novo ângulo que cada fio formará com a vertical? (*Dica*: esta parte do problema pode ser resolvida numericamente pelo método das tentativas; escolha um valor inicial para θ e ajuste os valores de θ até obter um valor autoconsistente.)

21.64 •• **PC** Duas esferas idênticas estão suspensas por fios de seda de comprimento $L = 0{,}500$ m, presos em um ponto comum (Figura P21.62). Cada esfera possui massa $m = 8{,}00$ g. O raio de cada esfera é muito pequeno em comparação à distância entre as esferas, de modo que elas podem ser consideradas cargas puntiformes. Uma esfera possui uma carga q_1 e a outra possui uma carga diferente q_2; as esferas se afastam e, quando elas atingem o equilíbrio, cada fio forma um ângulo $\theta = 20{,}0°$ com a vertical. (a) Faça um diagrama do corpo livre para cada esfera na posição de equilíbrio, identificando com símbolos todas as forças que atuam em cada esfera. (b) Determine o módulo da força eletrostática que atua sobre cada esfera e calcule a tensão em cada fio. (c) Com base nos dados do problema, o que você pode concluir sobre os módulos e os sinais das cargas q_1 e q_2? Explique. (d) Agora um pequeno fio condutor é conectado entre as duas esferas, permitindo que ocorra uma transferência de cargas de uma para outra até que as duas esferas fiquem com cargas iguais; a seguir, o fio condutor é removido. Então, cada fio de seda passa a formar um ângulo de 30,0° com a vertical. Calcule os valores das cargas originais q_1 e q_2. (*Dica*: a carga total das duas esferas permanece constante.)

21.65 •• **PC** Uma pequena esfera de plástico de 12,3 g é amarrada a um fio muito leve de 28,6 cm de comprimento, que é fixado à parede vertical de um quarto (**Figura P21.65**). Um campo elétrico horizontal uniforme existe neste quarto. Ao receber uma carga em excesso igual a $-1{,}11\ \mu C$, nota-se que a esfera se mantém suspensa no ar, com a corda formando um ângulo de 17,4° com a parede. Encontre o módulo, a direção e o sentido do campo elétrico no quarto.

Figura P21.65

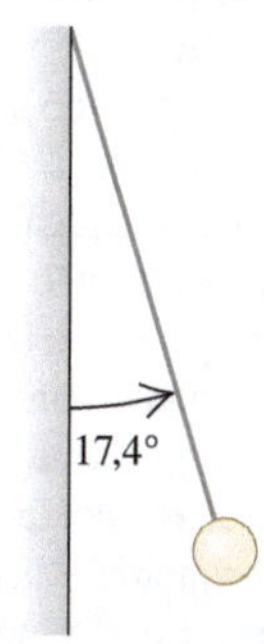

21.66 •• A carga puntiforme $q_1 = -6{,}00 \times 10^{-6}$ C está sobre o eixo x no ponto $x = -0{,}200$ m. A carga puntiforme q_2 está sobre o eixo x no ponto $x = +0{,}400$ m. A carga puntiforme $q_3 = +3{,}00 \times 10^{-6}$ C está na origem. Determine q_2 (módulo e sinal) (a) caso a força resultante sobre q_3 for 6,00 N no sentido $+x$; (b) caso a força resultante sobre q_3 for 6,00 N no sentido $-x$.

21.67 •• Duas partículas cujas cargas são $q_1 = 0{,}500$ nC e $q_2 = 8{,}0$ nC estão separadas por uma distância de 1,2 m. Em que ponto entre as cargas o campo elétrico resultante das duas cargas é igual a zero?

21.68 •• Uma carga puntiforme igual a $-3,00$ nC está sobre o eixo x no ponto $x = 1,20$ m. Uma segunda carga puntiforme Q está sobre o eixo x no ponto $x = -0,600$ m. Determine o módulo e o sinal de Q de modo que o campo elétrico resultante na origem seja igual (a) 45,0 N/C no sentido $+x$, (b) 45,0 N/C no sentido $-x$?

21.69 ••• Uma carga $+Q$ se encontra na origem, separada por uma distância d de uma carga $+4Q$, que se encontra sobre o eixo x. Onde deve ser colocada uma terceira carga q, e com que módulo e sinal, de modo que as três cargas estarão em equilíbrio?

21.70 •• Uma carga igual a $-3,00$ nC está na origem de um sistema de coordenadas xy, e uma carga igual a 2,00 nC é colocada sobre o eixo y em $y = 4,0$ cm. (a) Se uma terceira carga igual a 5,00 nC é colocada no ponto $x = 3,00$ cm, $y = 4,00$ cm, encontre os componentes x e y da força resultante exercida sobre essa carga pelas outras duas cargas. (b) Calcule o módulo, a direção e o sentido dessa força.

21.71 • Três cargas puntiformes idênticas q são colocadas nos vértices de um quadrado de lado L. Calcule o módulo, a direção e o sentido da força resultante sobre uma carga puntiforme $-3q$ colocada (a) no centro do quadrado; (b) no vértice vazio do quadrado. Em cada caso, faça um diagrama do corpo livre mostrando as forças que atuam sobre a carga $-3q$ exercidas pelas outras três cargas.

21.72 ••• Duas cargas puntiformes q_1 e q_2 são mantidas fixas a uma distância de 4,50 cm. Outra carga puntiforme $Q = -1,75$ μC, de massa igual a 5,00 g, está inicialmente localizada a 3,00 cm de cada uma dessas cargas (**Figura P21.72**) e é liberada do repouso. Você verifica que a aceleração inicial de Q é 324 m/s^2 de baixo para cima, paralela à linha que liga as duas cargas puntiformes. Encontre q_1 e q_2.

Figura P21.72

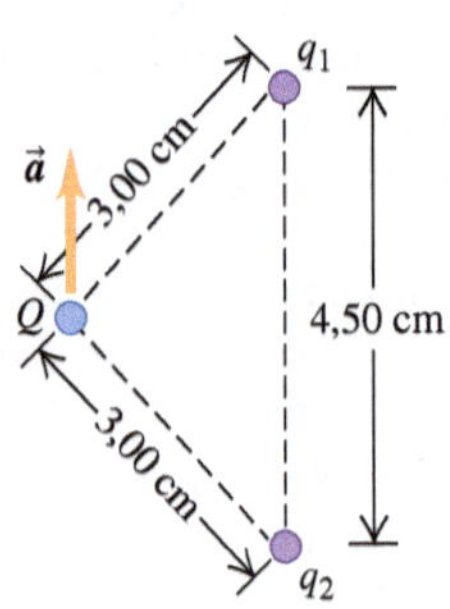

21.73 •• PC **Intensidade da força elétrica.** Imagine duas sacolas de 1,0 g com prótons, uma no polo norte e outra no polo sul. (a) Quantos prótons há em cada sacola? (b) Calcule a atração gravitacional e a repulsão elétrica que cada sacola exerce sobre a outra. (c) As forças no item (b) são suficientes para que você sinta que está segurando uma das sacolas?

21.74 ••• PC Duas esferas minúsculas, de massa 6,80 mg, possuem cargas com módulos iguais, 72,0 nC, porém sinais opostos. Elas estão atadas ao mesmo gancho de teto por fios leves, de comprimento igual a 0,530 m. Quando um campo elétrico uniforme horizontal E direcionado da direita para a esquerda é ativado, as esferas ficam suspensas a um ângulo θ entre os fios igual a 58,0° (**Figura P21.74**). (a) Qual esfera (a da esquerda ou a da direita) é positiva? (b) Qual é o módulo E do campo elétrico?

Figura P21.74

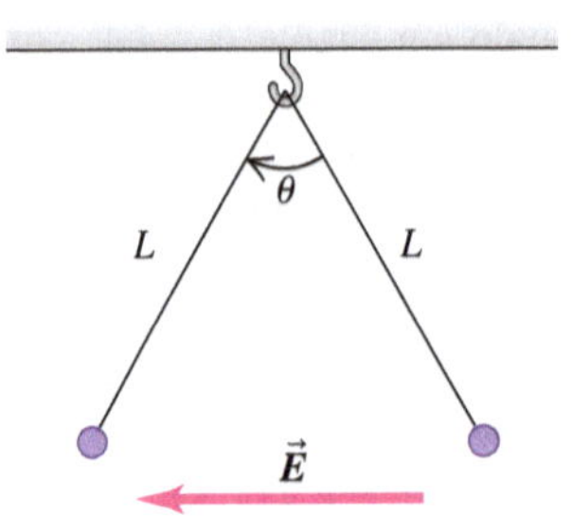

21.75 •• PC Considere um modelo de um átomo de hidrogênio em que um elétron possui uma órbita circular de raio $r = 5,29 \times 10^{-11}$ m em torno de um próton fixo. Qual é o módulo da velocidade escalar desse elétron em sua órbita?

21.76 •• A Terra possui um campo elétrico orientado para seu centro com módulo aproximadamente igual a 150 N/C em pontos próximos de sua superfície. Se uma gota de chuva de diâmetro igual a 0,020 mm está suspensa, imóvel, nesse campo, quantos elétrons em excesso ela deve possuir?

21.77 •• PC Um próton é projetado para o interior de um campo elétrico uniforme que aponta verticalmente para cima e possui módulo E. A velocidade inicial do próton possui módulo v_0 e sua direção forma um ângulo α abaixo da horizontal. (a) Calcule a distância máxima $h_{máx}$ que o próton desce verticalmente abaixo de sua altura inicial. Despreze as forças gravitacionais. (b) Depois de qual distância horizontal d o próton retorna à sua altura inicial? (c) Faça um esboço da trajetória do próton. (d) Calcule os valores numéricos de $h_{máx}$ e d se $E = 500$ N/C, $v_0 = 4,00 \times 10^5$ m/s e $\alpha = 30,0°$.

21.78 ••• Um pequeno objeto com massa m, carga q e velocidade inicial $v_0 = 5,00 \times 10^3$ m/s é projetado para dentro de um campo elétrico uniforme entre duas placas paralelas de comprimento igual a 26,0 cm (**Figura P21.78**). O campo elétrico entre as placas está orientado verticalmente para baixo e possui módulo $E = 800$ N/C. Considere o campo elétrico fora das placas igual a zero. O espaço entre as placas é suficientemente grande para que o objeto passe entre as placas sem colidir com a placa inferior. Após passar pelo campo elétrico, o objeto é defletido para baixo a uma distância vertical $d = 1,25$ cm a partir da direção original do movimento e atinge uma placa coletora que está a 56,0 cm de distância da borda das placas paralelas. Despreze a gravidade e a resistência do ar. Calcule a razão entre carga e massa, q/m, do objeto.

Figura P21.78

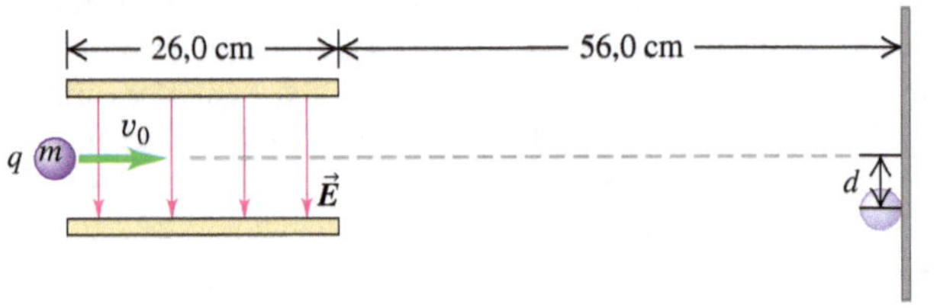

21.79 •• CALC Uma carga positiva Q é distribuída uniformemente sobre o eixo x de $x = 0$ até $x = a$. Uma carga puntiforme positiva q está sobre a parte positiva do eixo x, no ponto $x = a + r$, a uma distância r à direita da extremidade de Q (**Figura P21.79**). (a) Determine os componentes x e y do campo elétrico produzidos pela distribuição de cargas Q nos pontos da parte positiva do eixo x para $x > a$. (b) Calcule a força (módulo, direção e sentido) que a distribuição de cargas Q exerce sobre a carga q. (c) Mostre que, para os pontos $r >> a$, o módulo da força calculada no item (b) é aproximadamente igual a $Qq/4\pi\epsilon_0 r^2$. Explique o motivo desse resultado.

Figura P21.79

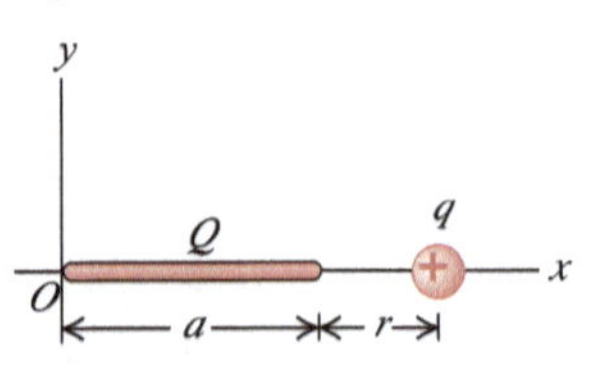

21.80 •• Em uma região em que existe um campo elétrico uniforme vertical direcionado de baixo para cima com módulo igual a $3,60 \times 10^4$ N/C, um pequeno objeto é projetado com uma velocidade inicial igual a 1,92 m/s. O objeto se desloca verticalmente para cima, atravessando uma distância igual a 6,98 cm em 0,200 s. Calcule a razão entre carga e massa, q/m, do objeto. Considere $g = 9,80$ m/s^2. Despreze e a resistência do ar.

21.81 • Uma carga puntiforme negativa $q_1 = -4{,}00$ nC está sobre o eixo x no ponto $x = 0{,}60$ m. Uma segunda carga puntiforme q_2 está sobre o eixo x no ponto $x = -1{,}20$ m. Determine o módulo e o sinal de q_2 para que o campo elétrico resultante na origem seja (a) 50,0 N/C no sentido $+x$; e (b) 50,0 N/C no sentido $-x$.

21.82 •• **CALC** Uma carga positiva Q é distribuída uniformemente sobre a parte positiva do eixo y desde $y = 0$ até $y = a$. Uma carga puntiforme negativa $-q$ está sobre a parte positiva do eixo x, a uma distância x da origem (**Figura P21.82**). (a) Determine os componentes x e y do campo elétrico produzido pela distribuição de cargas Q nos pontos da parte positiva do eixo x. (b) Encontre os componentes x e y da força que a distribuição de cargas Q exerce sobre a carga q. (c) Mostre que, para os pontos $x >> a$, $F_x \cong -Qq/4\pi\epsilon_0 x^2$ e $F_y \cong Qqa/8\pi\epsilon_0 x^3$. Explique o motivo desse resultado.

Figura P21.82

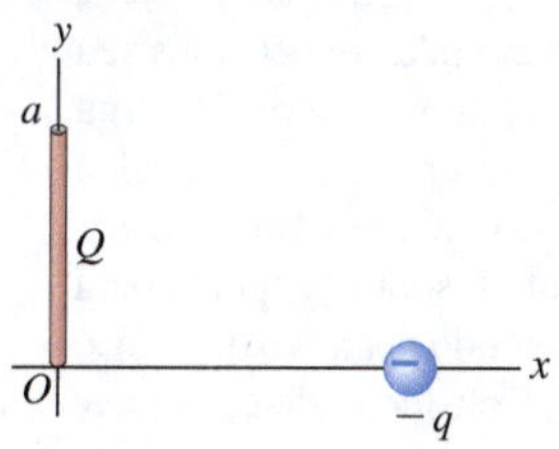

21.83 ••• Um disco uniformemente carregado, como o indicado na Figura 21.25, possui raio de 2,50 cm e carga igual a $7{,}0 \times 10^{-12}$ C. (a) Encontre o campo elétrico (módulo, direção e sentido) sobre o eixo x para $x = 20{,}0$ cm. (b) Mostre que, para $x >> R$, a Equação 21.11 se transforma em $E = Q/4\pi\epsilon_0 x^2$, onde Q é a carga total sobre o disco. (c) Verifique se o módulo do campo elétrico que você encontrou no item (a) é maior ou menor que o do campo elétrico a 20,0 cm de distância de uma carga puntiforme que possui a mesma carga que a carga total existente no disco. Com base na aproximação usada na parte (b) para deduzir $E = Q/4\pi\epsilon_0 x^2$ para uma carga puntiforme a partir da Equação 21.11, explique a razão desse comportamento. (d) Calcule a diferença percentual entre o campo elétrico produzido pelo disco e o campo elétrico produzido por uma carga puntiforme com a mesma carga para $x = 20{,}0$ cm e para $x = 10{,}0$ cm.

21.84 •• **PC** Uma pequena esfera de massa m, com uma carga positiva q, é ligada à extremidade de um fio de seda de comprimento L. A outra extremidade do fio está presa a uma grande placa isolante vertical, que possui uma densidade superficial de carga σ. Mostre que, quando a esfera está em equilíbrio, o ângulo formado entre a vertical e o fio é dado por arc tan $(q\sigma/2mg\epsilon_0)$.

21.85 •• **CALC** Uma carga negativa $-Q$ é distribuída uniformemente ao longo da quarta parte de uma circunferência de raio a, que está sobre o primeiro quadrante, com centro de curvatura na origem. Encontre os componentes x e y do campo elétrico na origem.

21.86 •• **CALC** Um semicírculo de raio a se encontra no primeiro e no segundo quadrantes, com seu centro de curvatura na origem. A carga positiva Q está distribuída uniformemente ao longo da metade do lado esquerdo do semicírculo, e a carga negativa $-Q$ está distribuída uniformemente ao longo da metade do lado direito do semicírculo (**Figura P21.86**). Determine o módulo, a direção e o sentido do campo elétrico resultante na origem produzido por essa distribuição de cargas.

Figura P21.86

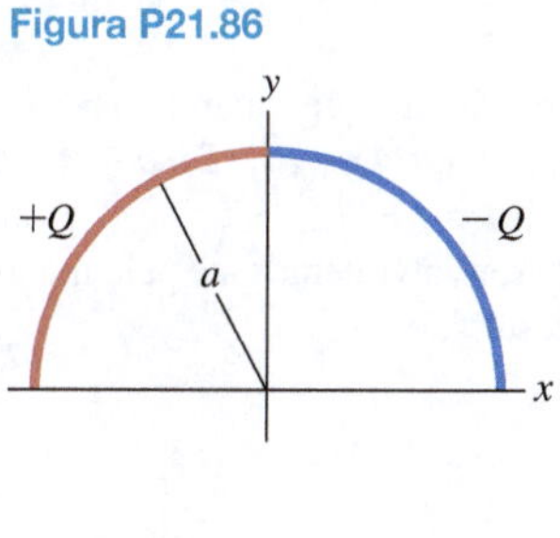

21.87 •• Duas hastes não condutoras de 1,20 m de comprimento se encontram em um ângulo reto. Uma haste possui $+2{,}50$ μC de carga uniformemente distribuída ao longo do comprimento, e a outra possui $-2{,}50$ μC de carga uniformemente distribuída ao longo do comprimento (**Figura P21.87**). (a) Determine o módulo, a direção e o sentido do campo elétrico produzido por esses fios no ponto P, que se situa a 60,0 cm de cada haste. (b) Se um elétron for liberado de P, quais são o módulo, a direção e o sentido da força resultante que essas hastes exercem sobre ele?

Figura P21.87

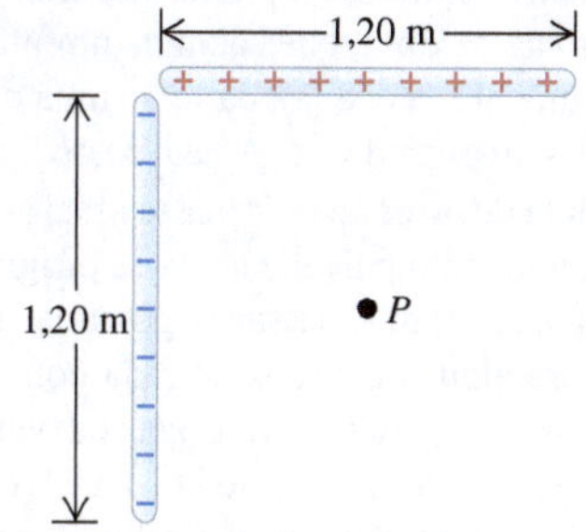

21.88 • Duas placas paralelas muito grandes estão separadas por uma distância igual a 5,00 cm. A placa A possui uma densidade superficial de carga uniforme igual a $-8{,}80$ μC/m^2, e a placa B, que está à direita da A, possui uma densidade superficial de carga uniforme igual a $-11{,}6$ μC/m^2. Suponha que as placas sejam suficientemente grandes para que possamos considerá-las infinitas. Calcule o módulo, a direção e o sentido do campo elétrico resultante que essas placas produzem em um ponto (a) 4,00 cm à direita da placa A; (b) 4,00 cm à esquerda da placa A; (c) 4,00 cm à direita da placa B.

21.89 • Repita o Problema 21.88 considerando a carga da placa B positiva.

21.90 • Duas placas horizontais muito grandes estão a uma distância de 4,25 cm uma da outra e possuem densidade de cargas iguais, porém opostas, de módulo σ. Você quer usar essas placas para manter fixa, na área entre elas, uma gota de óleo de massa 486 μg, que carrega 5 elétrons em excesso. Supondo que a gota esteja em um vácuo, (a) para que lado deve apontar o campo elétrico entre as placas e (b) qual deve ser o valor de σ?

21.91 •• **PC** Denomina-se *coroa anular* um disco fino de raio externo R_2 com um buraco circular concêntrico de raio interno R_1 (**Figura P21.91**). Uma coroa anular possui uma densidade superficial de carga σ sobre sua superfície. (a) Determine a carga elétrica resultante sobre a coroa anular. (b) A coroa anular está sobre o plano yz, com seu centro na origem. Para um ponto arbitrário sobre o eixo x (o eixo de simetria da coroa anular), determine o módulo, a direção e o sentido do campo elétrico $\vec{E}$. Considere pontos acima e abaixo do plano da coroa anular. (c) Mostre que, para os pontos sobre o eixo x suficientemente próximos da origem, o módulo do campo elétrico é aproximadamente proporcional à distância entre o centro da coroa anular e o ponto considerado. Qual é a distância que pode ser considerada "suficientemente próxima"? (d) Uma partícula puntiforme com massa m e carga negativa $-q$ pode se mover livremente sobre o eixo x (mas não pode sair desse eixo). A partícula é inicialmente colocada em repouso sobre o ponto $x = 0{,}01\,R_1$ e, a seguir, liberada. Determine a frequência das

Figura P21.91

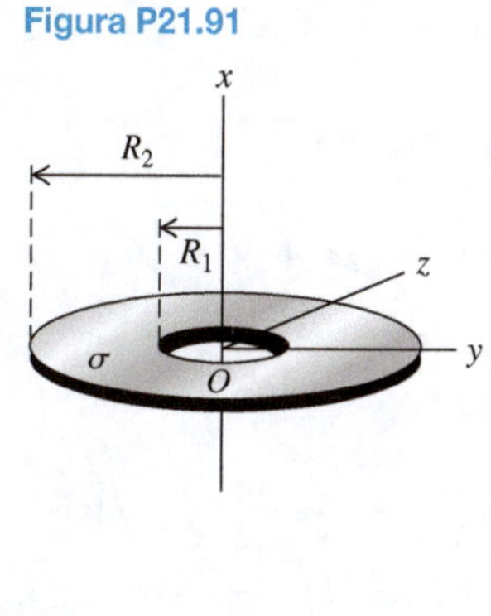

oscilações da partícula. (*Dica*: revise a Seção 13.2. A coroa anular permanece em repouso.)

21.92 ••• **DADOS PC Projeto de uma impressora a jato de tinta.** Impressoras a jato de tinta podem ser descritas como contínuas ou como gotas sob demanda. Em uma impressora contínua, as letras são reproduzidas em uma folha de papel injetando-se gotas de tinta, que saem de um pulverizador que se move rapidamente. Você faz parte de uma equipe de engenharia que está desenvolvendo um projeto desse tipo de impressora. Cada gota de tinta deve ter possuir massa igual a $1{,}4 \times 10^{-8}$ g. As gotas devem passar pelo pulverizador e se dirigir para o papel com velocidade igual a 50 m/s, passando por uma unidade eletrostática que arrancará alguns elétrons de cada gota, produzindo nelas uma carga positiva q. A seguir, as gotas devem passar entre placas defletoras, com comprimento igual a 2,0 cm, no interior das quais existe um campo elétrico vertical uniforme com módulo igual a $8{,}0 \times 10^4$ N/C. Sua equipe está trabalhando na unidade eletrostática que carrega as gotas. (a) Sabendo que a gota deve sofrer um desvio de 0,30 mm ao atingir o final da placa defletora, qual deve ser o módulo da carga produzida em cada gota? Quantos elétrons devem ser removidos da gota para produzir essa carga? (b) Caso a unidade produtora do fluxo de gotas fosse modificada para funcionar com velocidade igual a 25 m/s, qual valor de q é necessário para atingir a mesma deflexão de 0,30 mm?

21.93 •• **DADOS** Duas pequenas esferas, cada uma com carga líquida positiva, estão separadas por 0,400 m. Pediram-lhe para realizar medições que lhe permitirão determinar a carga em cada esfera. Você configura um sistema de coordenadas com uma esfera (carga q_1) na origem e a outra esfera (carga q_2) em $x = +0{,}400$ m. Uma terceira esfera com carga líquida $q_3 = 4{,}00 \times 10^{-6}$ C está disponível para você, além de um aparelho que pode medir com precisão a localização dessa esfera e a força resultante sobre ela. Primeiro você coloca a terceira esfera no eixo x em $x = 0{,}200$ m; você mede a força resultante sobre ela e encontra o valor de 4,50 N no sentido $+x$. Em seguida, você posiciona a terceira esfera em $x = +0{,}600$ m e mede a força resultante sobre ela, encontrando o valor de 3,50 N no sentido $+x$. (a) Calcule q_1 e q_2. (b) Qual é a força resultante (módulo, direção e sentido) sobre q_3 se essa carga for colocada no eixo x em $x = -0{,}200$ m? (c) Em que o valor de x (diferente de $x = \pm\infty$) q_3 poderia ser colocado de modo que a força resultante sobre ela seria igual a zero?

21.94 ••• **DADOS** A carga positiva Q está distribuída uniformemente em torno de um anel condutor muito estreito de raio a, como na Figura 21.23. Você mede o campo elétrico E em pontos sobre o eixo do anel, a uma distância x de seu centro, por meio de uma vasta gama de valores de x. (a) Seus resultados para os valores maiores de x são representados na **Figura P21.94a** como Ex^2 *versus* x. Explique por que a quantidade Ex^2 se aproxima de um valor constante à medida que x aumenta. Use a Figura P21.94a para calcular a carga líquida Q sobre o anel. (b) Seus resultados para os valores de x menores são representados na Figura P21.94b como E/x *versus* x. Explique por que E/x se aproxima de um valor constante quando x se aproxima de zero. Use a Figura P21.94b para calcular a.

Figura P21.94

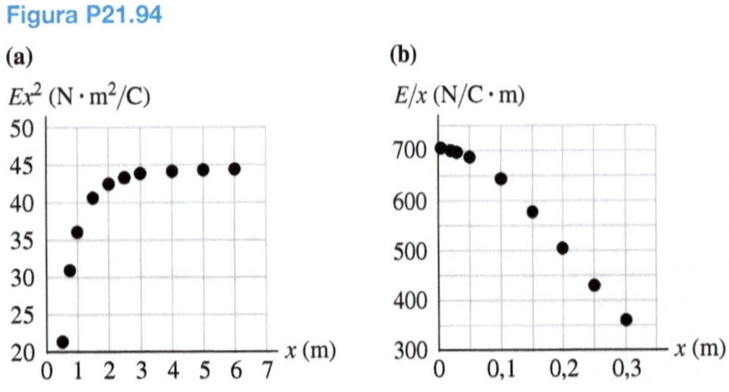

PROBLEMAS DESAFIADORES

21.95 ••• Três cargas são colocadas como indica a **Figura P21.95**. O módulo de q_1 é igual a 2,0 μC, porém não conhecemos seu sinal nem o valor da carga q_2. A carga q_3 é igual a $+4{,}0$ μC, e a força resultante $\vec{F}$ sobre q_3 aponta para o sentido negativo do eixo x.

Figura P21.95

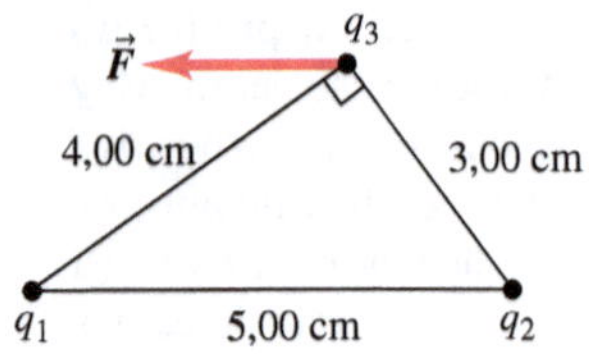

(a) Considerando os possíveis sinais diferentes para as cargas q_1, existem quatro diagramas de forças possíveis para representar as forças $\vec{F}_1$ e $\vec{F}_2$ exercidas por q_1 e q_2 sobre q_3. Faça desenhos mostrando esses quatro diagramas possíveis. (b) Usando os desenhos da parte (a) e a direção e o sentido de $\vec{F}$, determine os sinais das cargas q_1 e q_2. (c) Calcule o módulo de q_2. (d) Calcule o módulo da força resultante F que atua sobre q_3.

21.96 ••• Duas cargas são colocadas como indica a **Figura P21.96**. O módulo de q_1 é igual a 3,00 μC, porém não conhecemos seu sinal nem o valor da carga q_2. O campo elétrico resultante $\vec{E}$ no ponto P aponta para o sentido negativo do eixo y. (a) Considerando os possíveis sinais diferentes para as cargas q_1 e q_2, existem quatro possíveis diagramas para representar os campos elétricos $\vec{E}_1$ e $\vec{E}_2$ produzidos por q_1 e q_2. Faça desenhos mostrando esses quatro diagramas possíveis. (b) Usando os desenhos da parte (a) e a direção e o sentido de $\vec{E}$, determine os sinais das cargas q_1 e q_2. (c) Calcule o módulo do campo elétrico $\vec{E}$.

Figura P21.96

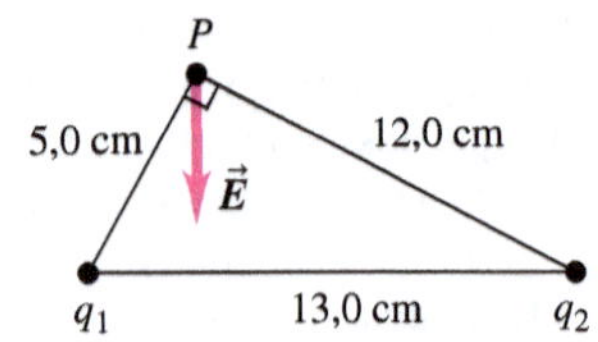

21.97 ••• **CALC** Duas hastes estreitas de comprimento L estão sobre o eixo x, uma delas entre os pontos $x = \frac{1}{2}a$ e $x = \frac{1}{2}a + L$ e a outra entre os pontos $x = -\frac{1}{2}a$ e $x = -\frac{1}{2}a - L$. Cada haste possui uma carga Q distribuída uniformemente ao longo de seu comprimento. (a) Calcule o campo elétrico produzido pela segunda haste nos pontos situados ao longo da parte positiva do eixo x. (b) Mostre que o módulo da força que uma haste exerce sobre a outra é dado por

$$F = \frac{Q^2}{4\pi\epsilon_0 L^2} \ln\left[\frac{(a+L)^2}{a(a+2L)}\right]$$

(c) Mostre que, quando $a >> L$, o módulo dessa força se reduz a $F = Q^2/4\pi\epsilon_0 a^2$. (*Dica*: use o desenvolvimento em série $\ln(1 + z) = z - \frac{1}{2}z^2 + \frac{1}{3}z^3 - \ldots$, válido para $|z| << 1$. Faça *todos* os desenvolvimentos até pelo menos o termo L^2/a^2.) Interprete esse resultado.

Problemas com contexto

BIO **Abelhas elétricas.** Insetos voadores, como as abelhas, podem acumular uma pequena carga elétrica positiva enquanto voam. Em um experimento, a carga elétrica média de 50 abelhas foi medida como sendo de $+(30 \pm 5)$ pC por abelha. Os pesquisadores também observaram as propriedades elétricas de uma planta que consiste em uma flor no topo de um caule longo. A carga no caule foi medida enquanto uma abelha com carga positiva se aproximou, pousou e voou para longe. As plantas em geral são eletricamente neutras, por isso a carga elétrica líquida medida no caule era zero quando a abelha estava muito longe. À medida que a abelha se aproximava da flor, uma carga líquida positiva pequena passou a ser detectada no caule, mesmo antes de a abelha pousar. Uma vez que a abelha pousou, toda a planta ficou carregada positivamente, e essa carga positiva permaneceu na planta após a abelha voar para longe. Por meio da criação de flores artificiais com diversos valores de carga, os experimentadores descobriram que as abelhas são capazes de distinguir entre flores carregadas e não carregadas e podem usar a carga elétrica positiva deixada por uma abelha anterior como um indício de que a planta já foi visitada (e, neste caso, restará pouco pólen na flor).

21.98 Considere uma abelha com a carga elétrica média encontrada no experimento. Esta carga representa aproximadamente quantos elétrons perdidos? (a) $1{,}9 \times 10^8$; (b) $3{,}0 \times 10^8$; (c) $1{,}9 \times 10^{18}$; (d) $3{,}0 \times 10^{18}$.

21.99 Qual é a melhor explicação para a observação de que a carga elétrica no caule tornou-se positiva enquanto a abelha se aproximava (antes de pousar)? (a) Como o ar é um bom condutor, a carga positiva sobre a superfície da abelha fluiu através do ar a partir da abelha para a planta. (b) Como a terra é um reservatório de grandes quantidades de carga, íons positivos foram puxados do solo pelo caule em direção à abelha carregada. (c) A planta tornou-se eletricamente polarizada enquanto a abelha carregada se aproximava. (d) As abelhas que visitaram a planta anteriormente depositaram uma carga positiva sobre o caule.

21.100 Uma abelha voou para longe após deixar uma flor com uma carga positiva e, em seguida, outra abelha com a mesma quantidade de carga positiva voou perto da planta. Qual diagrama da **Figura P21.100** melhor representa as linhas do campo elétrico entre a abelha e a flor?

Figura P21.100

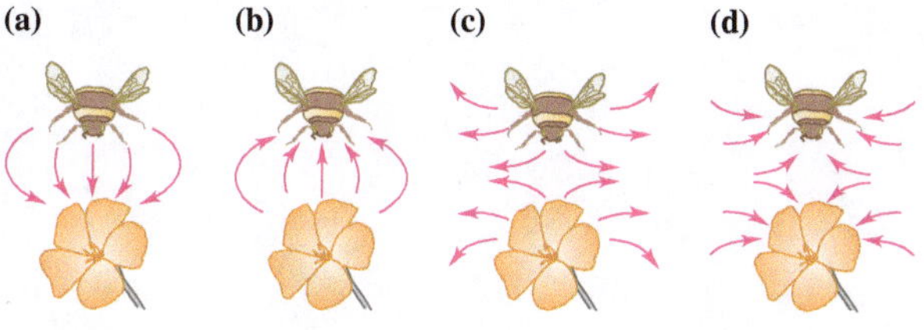

21.101 Em um experimento complementar, uma carga de $+40$ pC foi colocada no centro de uma flor artificial na extremidade de um caule de 30 cm de comprimento. De acordo com as observações, as abelhas se aproximavam até uma distância mínima de 15 cm do centro dessa flor, e então voavam para longe. Esta observação sugere que o menor campo elétrico externo a que as abelhas possam ser sensíveis está mais próximo de qual destes valores? (a) 2,4 N/C; (b) 16 N/C; (c) $2{,}7 \times 10^{-10}$ N/C; (d) $4{,}8 \times 10^{-10}$ N/C.

RESPOSTAS

Resposta à pergunta inicial do capítulo

Resposta: (**ii**) As moléculas de água possuem um momento de dipolo elétrico permanente: uma das extremidades da molécula possui carga positiva e a outra possui carga negativa. Essas extremidades atraem íons positivos e negativos, respectivamente, mantendo-os isolados em solução. A água é menos eficaz como solvente para materiais cujas moléculas não se ionizam (chamadas substâncias *não iônicas*), como os óleos.

Respostas às perguntas dos testes de compreensão

21.1 Resposta: (**iv**) Dois objetos carregados se repelem quando suas cargas possuem o mesmo sinal (ambos positivos ou ambos negativos).

21.2 Resposta: (**a**) (**i**), (**b**) (**ii**) Antes das duas esferas se tocarem, aquela com carga negativa exerce uma força repulsiva sobre os elétrons na outra esfera, produzindo zonas com cargas induzidas positivas e zonas com cargas induzidas negativas na outra esfera (Figura 21.7b). A zona positiva está mais próxima da esfera com carga negativa e, por isso, há uma força resultante de atração que une as esferas, como o pente e o isolante na Figura 21.8b. Quando as duas esferas metálicas se tocam, parte do excesso de elétrons na esfera com carga negativa passará para a outra esfera (porque os metais são condutores). Logo, ambas as esferas terão carga negativa e irão se repelir.

21.3 Resposta: (**iv**) A força exercida por q_1 sobre Q continua sendo a mesma do Exemplo 21.4. O módulo da força exercida por q_2 sobre Q continua sendo igual a $F_{1 \text{ em } Q}$, mas o sentido da força passa a ser de q_1 para q_2, formando um ângulo α abaixo do eixo x. Portanto, os componentes x de ambas as forças se cancelam, enquanto os componentes y (negativos) se somam, e a força elétrica total aponta no sentido negativo do eixo y.

21.4 Resposta: (**a**) (**ii**), (**b**) (**i**) O campo elétrico $\vec{E}$ produzido por uma carga puntiforme positiva aponta diretamente para fora da carga (como na Figura 21.18a) e possui um módulo que depende da distância r da carga até o ponto do campo. Logo, uma segunda carga puntiforme negativa $q < 0$ sofrerá uma força $\vec{F} = q\vec{E}$, que aponta diretamente para dentro da carga positiva e possui um módulo que depende da distância r entre as duas cargas. Se a carga negativa se move diretamente para dentro da carga positiva, o sentido da força permanece o mesmo, mas o módulo aumenta à medida que a distância r diminui. Quando a carga negativa se move em círculo em torno da carga positiva, o módulo da força permanece inalterado (pois a distância r é constante), mas a direção da força varia.

21.5 Resposta: (**iv**) Imagine um par de segmentos de comprimento dy, um na coordenada $y > 0$ e outro na coordenada $-y < 0$. O segmento superior possui carga positiva e produz um campo elétrico $d\vec{E}$ no ponto P, que aponta para fora do segmento; logo, $d\vec{E}$ possui componente positivo de x e negativo de y, como o vetor $d\vec{E}$ da Figura 21.24. O segmento inferior possui o mesmo valor de carga negativa. Ele produz um $d\vec{E}$ com o mesmo módulo, mas que aponta *no sentido* do segmento inferior e, portanto, possui um componente negativo de x e um componente negativo de y. Por simetria, os dois componentes de x são iguais, porém opostos, cancelando-se. Assim, o campo elétrico total possui somente um componente negativo de y.

21.6 Resposta: sim Se as linhas de campo fossem retilíneas, $\vec{E}$ deve apontar na mesma direção retilínea em todos os pontos da região. Logo, a força $\vec{F} = q\vec{E}$ que atua sobre uma partícula de carga q está sempre nesta mesma direção. Uma partícula lançada a partir do repouso acelera em linha reta no sentido de $\vec{F}$ e, portanto, sua trajetória é uma linha reta ao longo de uma linha de campo.

21.7 Resposta: (ii) De acordo com as equações 21.17 e 21.18, a energia potencial para um dipolo em um campo elétrico é $U = -\vec{p} \cdot \vec{E} = -pE\cos\phi$, em que ϕ é o ângulo entre as direções de $\vec{p}$ e $\vec{E}$. Se $\vec{p}$ e $\vec{E}$ apontam em sentidos opostos, de modo que $\phi = 180°$, temos $\cos\phi = -1$ e $U = +pE$. Este é o valor máximo de U. Com base no estudo sobre diagramas de energia na Seção 7.5, deduz-se que essa é uma situação de equilíbrio instável.

Problema em destaque

$E = 2kQ/\pi a^2$ no sentido negativo de y.

? Esta criança adquire cargas elétricas ao tocar a esfera metálica oca carregada. Os cabelos eletricamente carregados na cabeça da criança se repelem e ficam arrepiados. O que aconteceria se a criança ficasse *dentro* de uma grande esfera metálica oca carregada? Ela deveria adquirir (i) cargas com o mesmo sinal da carga da esfera, e seus cabelos ficariam em pé; (ii) cargas com o sinal oposto da carga da esfera, e seus cabelos ficariam em pé; (iii) nenhuma carga, e seus cabelos ficariam relaxados; (iv) qualquer uma das respostas anteriores, dependendo da quantidade de carga da esfera.

22 LEI DE GAUSS

OBJETIVOS DE APRENDIZAGEM

Ao estudar este capítulo, você aprenderá:

22.1 Como determinar a quantidade de carga no interior de uma superfície fechada examinando o campo elétrico sobre a superfície.

22.2 O que significa fluxo elétrico e como calculá-lo.

22.3 Como a lei de Gauss relaciona o fluxo elétrico através de uma superfície fechada à carga englobada pela superfície.

22.4 Como usar a lei de Gauss para calcular o campo elétrico produzido por uma distribuição simétrica de carga.

22.5 Onde se localiza a carga em um condutor carregado.

Revendo conceitos de:

21.4-21.6 Campos elétricos e suas propriedades.

Na física, uma ferramenta importante para a simplificação de um problema consiste em usar as *propriedades de simetria* dos sistemas. Muitos sistemas físicos possuem simetrias. Por exemplo: se você girar um cilindro em torno de seu eixo central, o aspecto do cilindro continuará o mesmo, e uma esfera metálica carregada permanecerá exatamente a mesma se você girar a esfera em torno de qualquer eixo passando por seu centro.

Neste capítulo, aplicaremos as noções de simetria juntamente com um novo conceito, a *lei de Gauss*, a fim de simplificar a determinação de campos elétricos. Por exemplo, o campo elétrico de uma distribuição de cargas ao longo de uma linha reta ou de um plano, como o que deduzimos na Seção 21.5 usando algumas integrações trabalhosas, pode ser deduzido em poucas etapas com a lei de Gauss. Mas essa lei é mais do que apenas uma forma de facilitar a realização de alguns cálculos. De fato, trata-se de uma afirmação fundamental sobre a relação entre cargas e campos elétricos. Dentre outras coisas, a lei de Gauss também pode nos ajudar a compreender como se dá a distribuição das cargas elétricas em corpos condutores.

Aqui descrevemos o significado da lei de Gauss. Dada qualquer distribuição de cargas, desenhamos uma superfície imaginária englobando as cargas. A seguir, pesquisamos como o campo elétrico se distribui ao longo dos pontos dessa superfície imaginária. A lei de Gauss relaciona a carga total existente no interior da superfície com o campo elétrico de *todos* os pontos sobre a superfície imaginária. Pode parecer uma forma bastante indireta para resolver o problema, porém se trata de uma relação extraordinariamente útil. Nos capítulos seguintes, frequentemente usaremos os conceitos decorrentes da lei de Gauss em relação à natureza do campo elétrico.

A discussão sobre a lei de Gauss nesta seção tem como base e fonte de inspiração as ideias inovadoras de Ruth W. Chabay e Bruce A. Sherwood em *Electric and Magnetic Interactions* (John Wiley & Sons, 1994).

22.1 CARGA ELÉTRICA E FLUXO ELÉTRICO

No Capítulo 21, fizemos a pergunta: "Qual é o campo elétrico produzido por uma dada distribuição de cargas em um ponto *P*?". Vimos que a resposta pode ser

Figura 22.1 Como medir a carga no interior de uma caixa sem abri-la?

(a) Caixa com uma quantidade de carga desconhecida

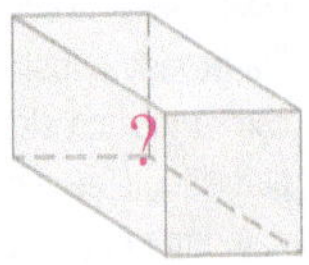

(b) A carga elétrica no interior da caixa pode ser detectada usando-se uma carga de teste fora dela para medir o campo elétrico

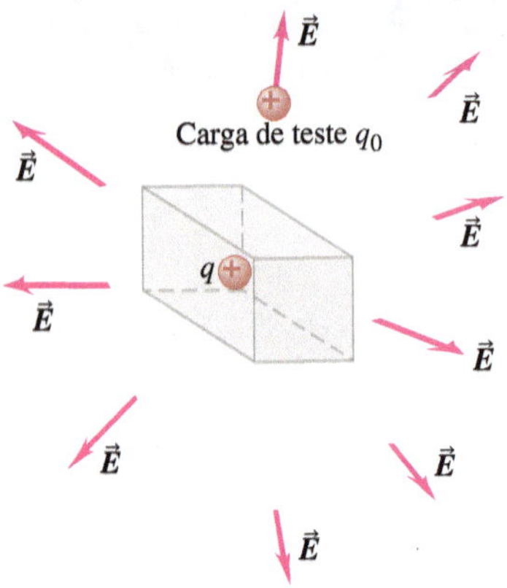

obtida considerando-se a distribuição como um conjunto de cargas puntiformes, cada uma das quais produzindo um campo elétrico $\vec{E}$ dado pela Equação 21.7. O campo elétrico resultante no ponto P é, então, dado pela soma vetorial dos campos elétricos produzidos por todas as cargas puntiformes.

No entanto, existe uma relação alternativa entre distribuição de cargas e campos elétricos. Para descobrir essa relação, vamos inverter a questão formulada no Capítulo 21: "Caso você conhecesse a configuração do campo elétrico em uma dada região, o que poderia afirmar sobre a distribuição de cargas nessa região?".

Vejamos um exemplo. Considere a caixa indicada na **Figura 22.1a**, a qual pode ou não conter cargas elétricas. Vamos supor que a caixa seja feita de um material que não produza nenhum efeito sobre qualquer campo elétrico; trata-se de uma situação idealizada, como a corda sem massa ou um plano inclinado sem atrito. Melhor ainda: suponha que a caixa seja uma superfície *imaginária* que possa ou não conter cargas elétricas. Vamos chamar essa caixa de **superfície fechada**, porque ela engloba completamente um dado volume. Como você pode determinar a quantidade (caso haja) de cargas elétricas existente no interior dessa caixa?

Sabendo que uma distribuição de cargas produz um campo elétrico e que uma carga de teste sofre a ação de uma força produzida por esse campo, você desloca uma carga de teste q_0 em torno de pontos próximos da caixa. Medindo a força $\vec{F}$ exercida sobre a carga de teste em diversas posições, você faz um mapa tridimensional do campo elétrico $\vec{E} = \vec{F}/q_0$ existente fora da caixa. Verifica-se que, para o caso indicado na Figura 22.1b, o mapa corresponde ao campo elétrico produzido por uma única carga puntiforme positiva (Figura 21.28a). Examinando os detalhes do mapa, você poderá calcular o valor exato da carga puntiforme existente no interior da caixa.

Para determinar o conteúdo da caixa, na verdade basta medir $\vec{E}$ sobre a *superfície* da caixa. Na **Figura 22.2a** existe uma única carga puntiforme *positiva* no interior da caixa e, na Figura 22.2b, existem duas cargas puntiformes positivas. Os detalhes das configurações dos campos nas superfícies das caixas são diferentes, porém, em ambos os casos o campo elétrico aponta *para fora* da caixa. As figuras 22.2c e 22.2d indicam, respectivamente, a existência de uma e duas cargas puntiformes *negativas* no interior da caixa. Novamente, os detalhes de $\vec{E}$ sobre a superfície da caixa diferem, porém, em ambos os casos, o campo aponta *para dentro* da caixa.

Figura 22.2 Campo elétrico sobre a superfície de caixas contendo (a) uma única carga puntiforme positiva, (b) duas cargas puntiformes positivas, (c) uma única carga puntiforme negativa ou (d) duas cargas puntiformes negativas.

(a) Carga positiva dentro da caixa, fluxo de dentro para fora

(b) Cargas positivas dentro da caixa, fluxo de dentro para fora

(c) Carga negativa dentro da caixa, fluxo de fora para dentro

(d) Cargas negativas dentro da caixa, fluxo de fora para dentro

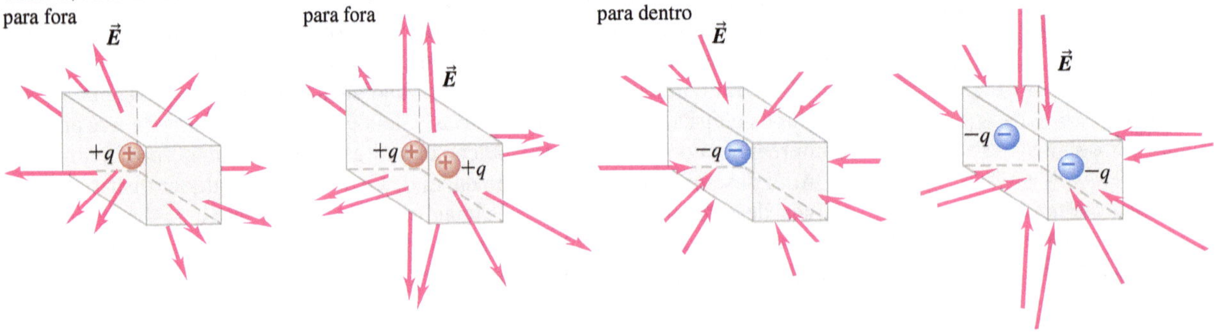

Fluxo elétrico e carga englobada

Na Seção 21.4, discutimos a analogia entre o vetor do campo elétrico e o vetor da velocidade de um fluido em movimento. Essa analogia pode ser útil, embora não exista nenhum "fluxo" real em um campo elétrico. Usando essa analogia nas figuras 22.2a e 22.2b, nas quais o campo elétrico aponta para fora da superfície, podemos dizer que existe um **fluxo elétrico** *para fora* da superfície. (A palavra "fluxo" deriva do latim e a palavra "escoamento" geralmente é usada como sinônimo de "fluxo".) Nas figuras 22.2c e 22.2d, todos os vetores $\vec{E}$ apontam para o interior da superfície e o fluxo elétrico segue *para dentro*.

A Figura 22.2 sugere uma relação simples: quando existe uma carga positiva no interior da caixa, o fluxo elétrico orienta-se para fora da superfície e, quando existe uma carga negativa no interior da caixa, o fluxo elétrico orienta-se para dentro da superfície. O que acontece quando a carga é *igual a zero* dentro da caixa? Na **Figura 22.3a**, a caixa está vazia e $\vec{E} = \mathbf{0}$ em todos os pontos; logo, não existe fluxo elétrico nem para dentro nem para fora da superfície. Na Figura 22.3b, no interior da caixa existe uma carga positiva e uma carga negativa com mesmo módulo; portanto, a carga *líquida* é igual a zero dentro da caixa. Existe um campo elétrico, porém o "fluxo para dentro" em uma das metades da caixa é igual ao "fluxo para fora" na outra metade. Logo, o fluxo elétrico *líquido* através da superfície da caixa é igual a zero.

Na Figura 22.3c, a caixa está novamente vazia. Contudo, existem cargas presentes *fora* da caixa; ela foi colocada com uma de suas extremidades paralela a um plano infinito com uma distribuição uniforme de cargas que produz um campo elétrico uniforme perpendicular ao plano (veja o Exemplo 21.11, da Seção 21.5). Em uma das extremidades da caixa, o vetor $\vec{E}$ aponta para dentro dela; na extremidade oposta, $\vec{E}$ aponta para fora da caixa; e nas faces laterais da caixa, $\vec{E}$ é paralelo à superfície externa e não aponta nem para dentro nem para fora. Analogamente ao caso indicado na Figura 22.3b, o fluxo elétrico para dentro em uma das metades da caixa compensa exatamente o fluxo elétrico para fora da outra metade. Logo, em todos os casos indicados na Figura 22.3, não existe fluxo elétrico *líquido* através da superfície da caixa, e a carga *líquida* dentro da caixa é igual a zero.

As figuras 22.2 e 22.3 demonstram a conexão entre o *sinal* (positivo, negativo ou nulo) da carga *líquida* dentro da caixa e o sentido (para dentro, para fora ou nenhum) do fluxo elétrico líquido através da superfície. Também existe uma conexão entre o *módulo* da carga dentro da superfície fechada e a *intensidade* do "fluxo" do vetor $\vec{E}$ sobre a superfície. Em ambas as figuras, **22.4a** e 22.4b, existe uma única carga puntiforme no interior da caixa, porém, na Figura 22.4b, o módulo da carga é igual ao dobro do módulo da carga na Figura 22.4a. Considerando a analogia do escoamento de um fluido, isso significa que o fluxo elétrico líquido para fora da superfície na Figura 22.4b também é igual ao dobro do fluxo elétrico líquido na Figura 22.4a. Isso sugere que o fluxo elétrico líquido através da superfície é *diretamente proporcional* ao módulo da carga líquida existente no interior da caixa.

Essa conclusão independe do tamanho da caixa. Na Figura 22.4c, a carga puntiforme $+q$ está no interior de uma caixa com o dobro das dimensões lineares da caixa da Figura 22.4a. O módulo do campo elétrico diminui com a distância entre o ponto e a carga elétrica na razão $1/r^2$, de modo que o valor médio do módulo

Figura 22.3 Três casos nos quais a carga *líquida* é igual a zero dentro da caixa e o fluxo elétrico através da superfície da caixa é igual a zero. (a) Uma caixa vazia com $\vec{E} = 0$. (b) Uma caixa com uma carga puntiforme positiva e outra negativa com mesmo módulo. (c) Uma caixa vazia imersa em um campo elétrico uniforme.

(a) Carga igual a zero dentro da caixa, fluxo igual a zero

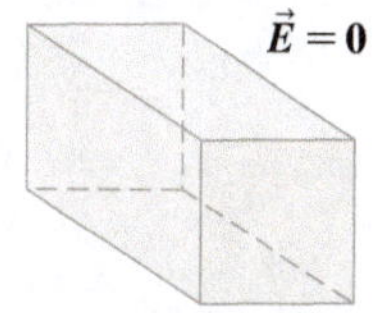

(b) Carga *líquida* igual a zero dentro da caixa; o fluxo de fora para dentro cancela o fluxo de dentro para fora

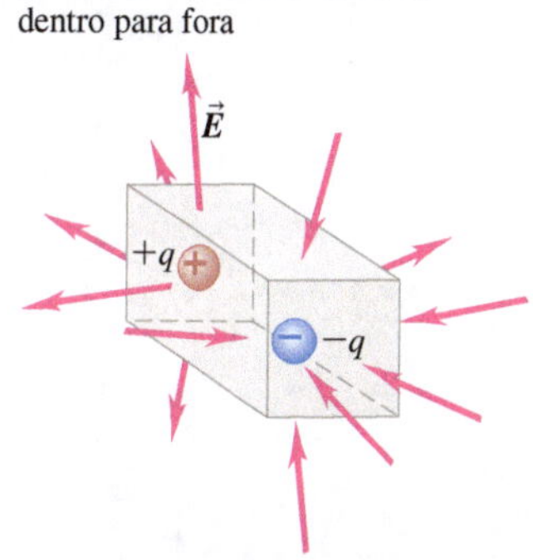

(c) Carga igual a zero dentro da caixa; o fluxo de fora para dentro cancela o fluxo de dentro para fora

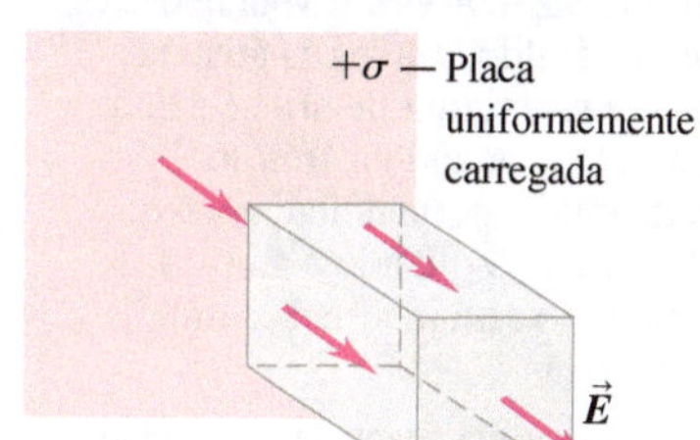

Figura 22.4 Três caixas, cada qual com uma carga positiva em seu interior.

(a) Caixa contendo uma carga positiva $+q$

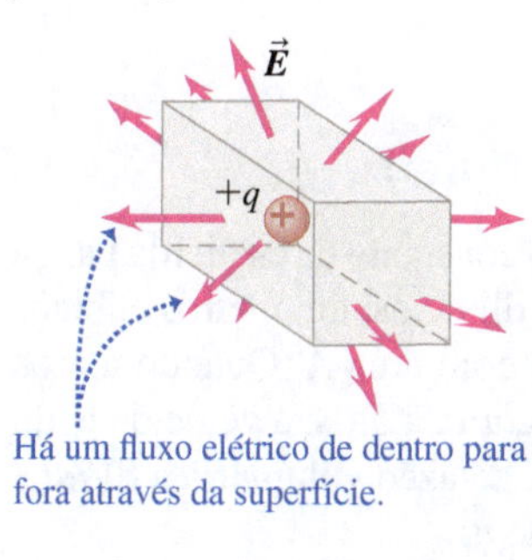

(b) A mesma caixa de (a) contendo uma carga positiva $+2q$

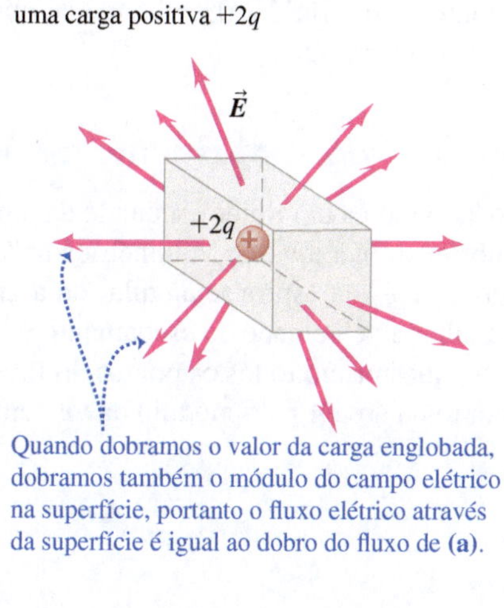

(c) A mesma carga puntiforme positiva $+q$ no interior de uma caixa com o dobro das dimensões

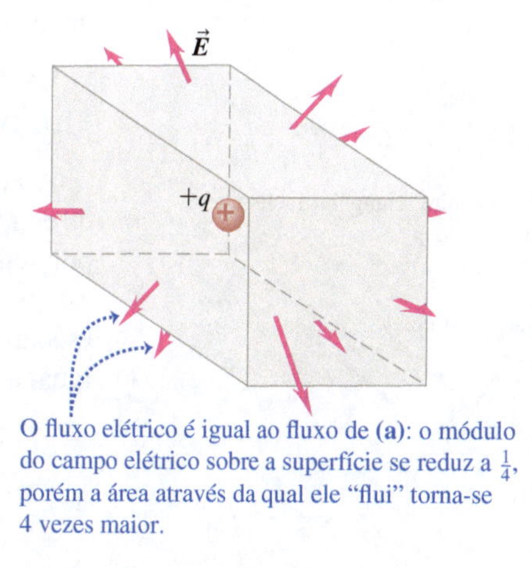

do campo elétrico $\vec{E}$ em cada face da caixa grande, indicada na Figura 22.4c, é exatamente igual a $\frac{1}{4}$ do valor médio do módulo do campo na face correspondente, indicada na Figura 22.4a. Porém, a área de cada face da caixa grande é exatamente quatro vezes maior que a respectiva área de cada face da caixa pequena. Portanto, o fluxo elétrico para fora das duas caixas é o *mesmo* se *definirmos* o fluxo elétrico do seguinte modo: para cada face da caixa, faça o produto do valor médio do componente perpendicular de $\vec{E}$ pela área da respectiva face; a seguir, some os resultados para todas as faces da caixa. Usando essa definição, o fluxo elétrico líquido produzido por uma única carga puntiforme no interior da caixa é independente de seu tamanho, dependendo somente do valor da carga existente em seu interior.

Resumindo, para os casos especiais de uma superfície fechada em forma de caixa retangular e para distribuições de cargas que envolvam cargas puntiformes ou planos infinitos com uma distribuição de cargas uniformes, verificamos o seguinte:

1. O sinal de carga existente no interior de uma superfície fechada determina se o fluxo elétrico está entrando ou saindo da superfície considerada.
2. Cargas situadas no *exterior* da superfície não fornecem fluxo elétrico líquido através da superfície fechada.
3. O fluxo elétrico líquido é diretamente proporcional à carga líquida existente no interior da superfície fechada, porém ele não depende do tamanho da superfície fechada escolhida.

Essas observações constituem uma formulação qualitativa da *lei de Gauss*.

Será que tais observações permanecem válidas para outros tipos de distribuição de carga e para superfícies fechadas com formas arbitrárias? A resposta a essas perguntas é sim. Porém, para explicar a razão desse comportamento, precisamos de uma definição matemática de fluxo elétrico. Desenvolveremos isso na próxima seção.

TESTE SUA COMPREENSÃO DA SEÇÃO 22.1 Se todas as dimensões da caixa na Figura 22.2a forem triplicadas, qual efeito essa alteração produzirá sobre o fluxo elétrico através da caixa? (i) O fluxo será $3^2 = 9$ vezes maior; (ii) o fluxo será 3 vezes maior; (iii) o fluxo permanecerá inalterado; (iv) o fluxo será $\frac{1}{3}$ do valor inicial; (v) o fluxo será $(\frac{1}{3})^2 = \frac{1}{9}$ do valor inicial; (vi) não há informação suficiente para a decisão. ❙

22.2 DETERMINAÇÃO DO FLUXO ELÉTRICO

Na seção precedente, introduzimos o conceito de *fluxo elétrico*. Usamos esse conceito para elaborar uma formulação qualitativa aproximada da lei de Gauss: o fluxo elétrico líquido através de uma superfície fechada é diretamente proporcional à carga líquida existente no interior dessa superfície. Para utilizarmos plenamente essa lei, precisamos saber como se *calcula* um fluxo elétrico. Para isso, vamos fazer novamente a analogia entre um campo elétrico $\vec{E}$ e um campo de velocidade $\vec{v}$ no escoamento de um fluido. (Lembre-se de que isso é somente uma analogia; um campo elétrico *não* escoa.)

Fluxo: analogia do escoamento de um fluido

A **Figura 22.5** indica um fluido escoando de modo constante da esquerda para a direita. Vamos examinar a vazão volumétrica dV/dt (digamos, em metros cúbicos por segundo) através da espira retangular de arame com área A. Quando a área está perpendicular à velocidade do escoamento $\vec{v}$ (Figura 22.5a) e a velocidade do escoamento é a mesma em todos os pontos do fluido, a vazão volumétrica dV/dt é igual ao produto da área A pelo módulo da velocidade v:

$$\frac{dV}{dt} = vA$$

Figura 22.5 A vazão volumétrica de um fluido através da área da espira retangular de arame é dada por (a) vA quando a área do retângulo é perpendicular a $\vec{v}$ e (b) $vA\cos\phi$ quando a área do retângulo está inclinada a um ângulo ϕ.

(a) Uma espira retangular em um fluido

(b) A espira retangular inclinada a um ângulo ϕ

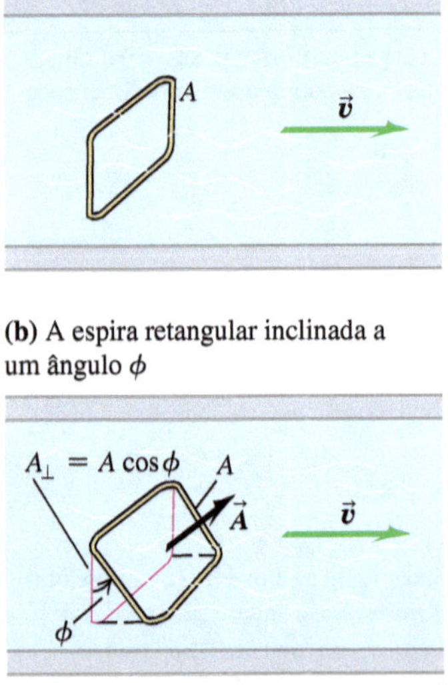

Quando o retângulo está inclinado a um ângulo ϕ (Figura 22.5b), de modo que sua face não é perpendicular a $\vec{v}$, a área que conta é o perfil da área quando observamos o retângulo na direção de $\vec{v}$. Essa área, indicada pelo símbolo $A_\perp$ na Figura 22.5b, é a *projeção* da área A sobre um plano perpendicular a $\vec{v}$. Dois lados da projeção do retângulo possuem o mesmo comprimento do retângulo original, porém os outros dois ficam diminuídos pelo fator de cos ϕ, de modo que a área projetada $A_\perp$ é dada por A cos ϕ. Então, a vazão volumétrica através de A é

$$\frac{dV}{dt} = vA\cos\phi$$

Quando $\phi = 90°$, $dV/dt = 0$; o retângulo é paralelo ao escoamento e não passa nenhum fluido através dele.

Além disso, $v \cos \phi$ é o componente do vetor $\vec{v}$ perpendicular ao plano da área A. Usando o símbolo $v_\perp$ para esse componente, podemos reescrever a vazão volumétrica na forma

$$\frac{dV}{dt} = v_\perp A$$

Podemos expressar mais resumidamente a vazão volumétrica usando o conceito de *vetor área* $\vec{A}$, uma grandeza vetorial cujo módulo fornece área A e cuja direção é perpendicular ao plano da área que estamos descrevendo. O vetor área $\vec{A}$ indica o tamanho da área e sua orientação no espaço. Com base na área $\vec{A}$, podemos escrever a vazão volumétrica do fluido através do retângulo indicado na Figura 22.5b como um produto escalar:

$$\frac{dV}{dt} = \vec{v} \cdot \vec{A}$$

Fluxo de um campo elétrico uniforme

Usando a analogia entre campo elétrico e escoamento de um fluido, agora podemos definir o fluxo elétrico com um método semelhante ao que acabamos de usar para definir a vazão volumétrica de um fluido; basta substituir a velocidade $\vec{v}$ pelo campo elétrico $\vec{E}$. Para fluxo elétrico, usamos o símbolo Φ_E (letra grega maiúscula *fi* com o índice inferior E para lembrarmos que estamos considerando fluxo *elétrico*). Inicialmente, considere uma superfície plana com área A perpendicular a um campo elétrico uniforme $\vec{E}$ (**Figura 22.6a**). Definimos o fluxo elétrico através dessa área como o produto do módulo E pela área A:

$$\Phi_E = EA$$

Figura 22.6 Uma superfície plana em um campo elétrico uniforme. O fluxo elétrico Φ_E através da superfície é igual ao produto escalar de $\vec{E}$ e do vetor da área $\vec{A}$.

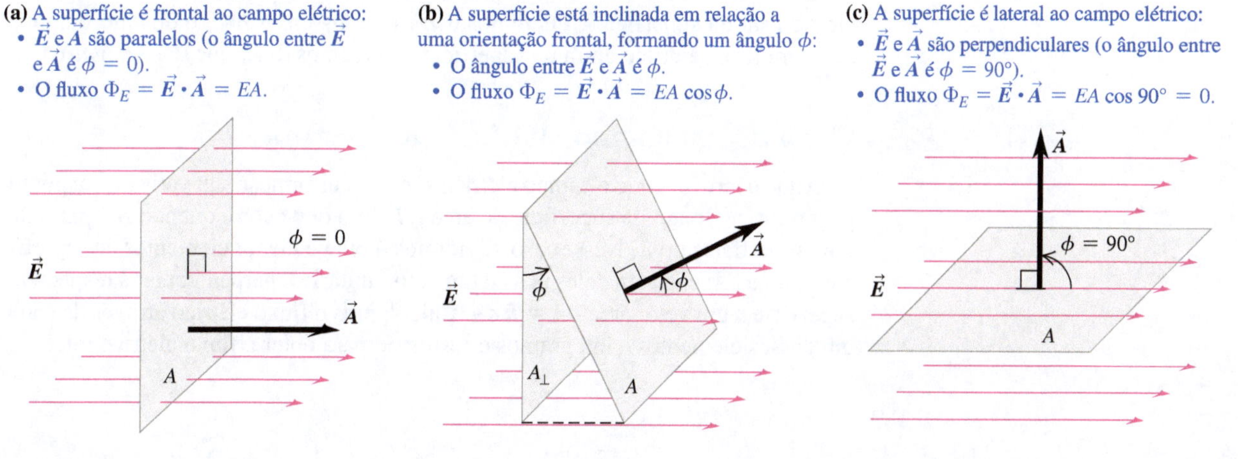

BIO Aplicação Fluxo através da boca de um tubarão-frade
Ao contrário de tubarões carnívoros agressivos, como grandes tubarões--brancos, um tubarão-frade se alimenta passivamente de plâncton na água, que passa através de suas brânquias enquanto ele nada. Sobreviver alimentando-se apenas desses minúsculos organismos requer um enorme fluxo de água através da imensa boca do tubarão-frade, que pode possuir até um metro de diâmetro. O fluxo de água — o produto da velocidade do tubarão através da água pela área de sua boca — pode ser de até 0,5 m^3/s (500 litros por segundo, ou quase 2×10^6 litros por hora). De modo análogo, o fluxo de um campo elétrico através de uma superfície depende do módulo do campo elétrico e da área da superfície (bem como a orientação relativa do campo e da superfície).

De modo aproximado, podemos descrever Φ_E em termos das linhas de campo que passam através da área A. Quando a área aumenta, um número maior de linhas de $\vec{E}$ passa através dela, fazendo aumentar o fluxo elétrico; campos elétricos mais fortes correspondem a linhas de $\vec{E}$ agrupadas mais compactamente e, portanto, mais linhas por unidade de área, de modo que, novamente, o fluxo elétrico é maior.

Quando a área A é plana, mas não perpendicular ao campo $\vec{E}$, um número menor de linhas passa através dela. Nesse caso, a área que conta é o perfil dela quando a observamos na direção de $\vec{E}$. Essa área é indicada pelo símbolo $A_\perp$ na Figura 22.6b, sendo dada por $A \cos \phi$ (compare com a Figura 22.5b). Generalizamos a definição de fluxo elétrico para um campo elétrico uniforme por meio da relação

$$\Phi_E = EA \cos \phi \qquad (22.1)$$

(fluxo elétrico para $\vec{E}$ uniforme, superfície plana)

Como $E \cos \phi$ é o componente de $\vec{E}$ perpendicular à área, podemos reescrever a Equação 22.1 na forma

$$\Phi_E = E_\perp A \qquad (22.2)$$

(fluxo elétrico para $\vec{E}$ uniforme, superfície plana)

Com base no vetor da área $\vec{A}$ perpendicular à área, podemos escrever o fluxo elétrico como o produto escalar entre os vetores $\vec{E}$ e $\vec{A}$:

$$\Phi_E = \vec{E} \cdot \vec{A} \qquad (22.3)$$

(fluxo elétrico para $\vec{E}$ uniforme, superfície plana)

As equações 22.1, 22.2 e 22.3 são formas equivalentes para calcular o fluxo elétrico para o caso de uma superfície *plana* e um campo elétrico *uniforme*. No SI, a unidade de fluxo elétrico é $1 \text{ N} \cdot \text{m}^2/\text{C}$. Note que, se a área for lateral ao campo, $\vec{E}$ e $\vec{A}$ serão perpendiculares e o fluxo será igual a zero (Figura 22.6c).

Podemos representar um vetor área $\vec{A}$ usando um *vetor unitário* $\hat{n}$ perpendicular à área; $\hat{n}$ representa a palavra "normal". Logo,

$$\vec{A} = A\hat{n} \qquad (22.4)$$

Uma superfície possui dois lados, portanto, existem dois sentidos possíveis para os vetores $\vec{A}$ e $\hat{n}$. Devemos sempre especificar qual é o sentido escolhido. Na Seção 22.1, relacionamos a carga no interior de uma superfície *fechada* com o fluxo elétrico que passa através da superfície. Quando a superfície é fechada, sempre escolhemos o sentido de $\hat{n}$ *para fora* da superfície e dizemos que o fluxo elétrico *sai* da superfície fechada. Logo, quando, na Seção 22.1, falamos que "um fluxo elétrico sai da superfície", queremos dizer que Φ_E é *positivo*, e quando falamos que "um fluxo elétrico entra na superfície", queremos dizer que Φ_E é *negativo*.

Fluxo de um campo elétrico não uniforme

O que ocorre quando o campo elétrico $\vec{E}$ não é uniforme, e sim varia de um ponto para outro ao longo da superfície de área A? Ou o que ocorre quando A é parte de uma superfície curva? Nesse caso, dividimos A em pequenos elementos de superfície de área dA; cada um deles possui um vetor unitário $\hat{n}$ perpendicular à respectiva superfície e um vetor área $d\vec{A} = \hat{n}\, dA$. Calculamos o fluxo elétrico através de cada um desses elementos e integramos o resultado para obter o fluxo elétrico total:

Fluxo elétrico através de uma superfície

$$\Phi_E = \int E\cos\phi\, dA = \int E_\perp\, dA = \int \vec{E} \cdot d\vec{A} \qquad (22.5)$$

Módulo do campo elétrico $\vec{E}$

Componente de $\vec{E}$ perpendicular à superfície

Ângulo entre $\vec{E}$ e normal à superfície

Elemento da área da superfície

Elemento vetorial da área da superfície

Essa integral é chamada **integral de superfície** do componente $E_\perp$ sobre a área considerada ou a integral de superfície de $\vec{E} \cdot d\vec{A}$. Em problemas específicos, uma forma da integral pode ser mais conveniente do que outra. O Exemplo 22.3, no final desta seção, ilustra o uso da Equação 22.5.

Na Equação 22.5, o fluxo elétrico $\int E_\perp\, dA$ é igual ao valor *médio* do componente perpendicular do campo elétrico multiplicado pela área da superfície. Essa é a mesma definição de fluxo elétrico apresentada na Seção 22.1, agora expressa sob uma forma matemática mais rigorosa. Na próxima seção, veremos a conexão entre o fluxo elétrico total por meio de *qualquer* tipo de superfície fechada, seja qual for o seu formato, e a carga no interior da superfície.

EXEMPLO 22.1 FLUXO ELÉTRICO ATRAVÉS DE UM DISCO

Um disco com raio igual a 0,10 m está orientado de modo que seu vetor unitário normal $\hat{n}$ forme um ângulo de 30° com um campo elétrico uniforme $\vec{E}$, cujo módulo é igual a $2{,}0 \times 10^3$ N/C (**Figura 22.7**). (Como essa superfície não é fechada, não podemos especificar um lado “interno” ou “externo”. Por essa razão, tivemos de escolher o sentido de $\hat{n}$ na figura.) (a) Qual é o fluxo elétrico através do disco? (b) Qual é o fluxo elétrico através do disco depois que ele gira, de modo que $\hat{n}$ se torne perpendicular a $\vec{E}$? (c) Qual é o fluxo elétrico através do disco quando $\hat{n}$ é paralelo ao vetor $\vec{E}$?

SOLUÇÃO

IDENTIFICAR E PREPARAR: este problema trata de uma superfície plana em um campo elétrico uniforme, portanto podemos aplicar os conceitos abordados nesta seção. Calculamos o fluxo elétrico usando a Equação 22.1.

EXECUTAR: (a) a área é $A = \pi\,(0{,}10\text{ m})^2 = 0{,}0314\text{ m}^2$ e o ângulo entre $\vec{E}$ e $\vec{A} = A\hat{n}$ é $\phi = 30°$, portanto, conforme a Equação 22.1,

$$\Phi_E = EA\cos\phi = (2{,}0 \times 10^3\text{ N/C})\,(0{,}0314\text{ m}^2)\,(\cos 30°) = 54\text{ N} \cdot \text{m}^2/\text{C}$$

(b) A normal ao disco é agora perpendicular a $\vec{E}$; logo, $\phi = 90°$, $\cos\phi = 0$ e $\Phi_E = 0$.

(c) A normal ao disco é paralela a $\vec{E}$, logo, $\phi = 0$, $\cos\phi = 1$:

$$\Phi_E = EA\cos\phi = (2{,}0 \times 10^3\text{ N/C})(0{,}0314\text{ m}^2)(1) = 63\text{ N} \cdot \text{m}^2/\text{C}$$

AVALIAR: nossa resposta ao item (b) é menor que a resposta ao item (a), que, por sua vez, é menor que a resposta ao item (c). É assim que deve ser?

Figura 22.7 O fluxo elétrico Φ_E através de um disco depende do ângulo entre sua normal $\hat{n}$ e o campo elétrico $\vec{E}$.

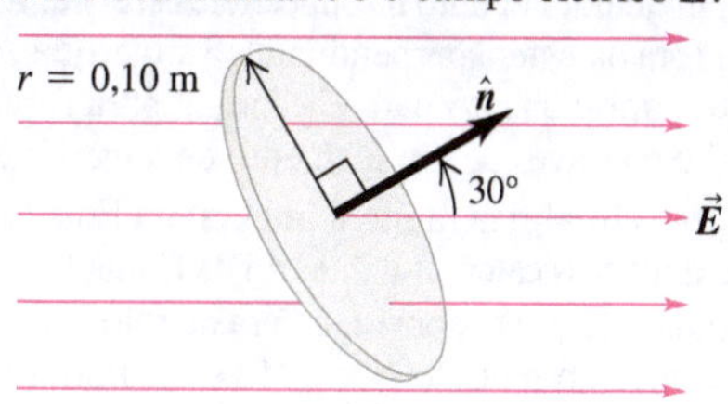

EXEMPLO 22.2 FLUXO ELÉTRICO ATRAVÉS DE UM CUBO

Uma superfície fechada imaginária em forma de cubo de lado L está em uma região onde existe um campo elétrico uniforme $\vec{E}$. Determine o fluxo elétrico através de cada face do cubo e o fluxo total através do cubo quando: (a) ele está orientado com duas de suas faces perpendiculares a $\vec{E}$ (**Figura 22.8a**) e (b) ele sofre um giro de um ângulo θ em torno de um eixo vertical (Figura 22.8b).

SOLUÇÃO

IDENTIFICAR E PREPARAR: como o campo elétrico $\vec{E}$ é uniforme e todas as seis faces do cubo são retas, podemos calcular o fluxo elétrico através de cada face do cubo usando as equações 22.3 e 22.4. O fluxo total através do cubo é a soma dos seis fluxos individuais.

EXECUTAR: (a) os vetores unitários $\hat{n}_1$ a $\hat{n}_6$ são indicados na Figura 22.8a; cada vetor unitário está orientado *para fora* da superfície do cubo. O ângulo entre $\vec{E}$ e $\hat{n}_1$ é igual a 180°, o ângulo entre $\vec{E}$ e $\hat{n}_2$ é igual a 0° e o ângulo entre $\vec{E}$ e cada um dos outros quatro vetores unitários é igual a 90°. Cada face do cubo possui uma área igual a L^2. Portanto, os fluxos através de cada face do cubo são

$$\Phi_{E1} = \vec{E} \cdot \hat{n}_1 A = EL^2 \cos 180° = -EL^2$$

$$\Phi_{E2} = \vec{E} \cdot \hat{n}_2 A = EL^2 \cos 0° = +EL^2$$

$$\Phi_{E3} = \Phi_{E4} = \Phi_{E5} = \Phi_{E6} = EL^2 \cos 90° = 0$$

(Continua)

(Continuação)

O fluxo é negativo sobre a face 1, na qual $\vec{E}$ está entrando no cubo, e positivo sobre a face 2, na qual $\vec{E}$ está saindo do cubo. O fluxo *total* através do cubo é

$$\Phi_E = \Phi_{E1} + \Phi_{E2} + \Phi_{E3} + \Phi_{E4} + \Phi_{E5} + \Phi_{E6}$$
$$= -EL^2 + EL^2 + 0 + 0 + 0 + 0 = 0$$

(b) Como o campo elétrico $\vec{E}$ sai das faces 1 e 3, os fluxos elétricos através delas são negativos; como $\vec{E}$ sai das faces 2 e 4, os fluxos através delas são positivos. Encontramos

$$\Phi_{E1} = \vec{E}\cdot\hat{n}_1 A = EL^2\cos(180° - \theta) = -EL^2\cos\theta$$
$$\Phi_{E2} = \vec{E}\cdot\hat{n}_2 A = +EL^2\cos\theta$$
$$\Phi_{E3} = \vec{E}\cdot\hat{n}_3 A = EL^2\cos(90° + \theta) = -EL^2\,\text{sen}\,\theta$$
$$\Phi_{E4} = \vec{E}\cdot\hat{n}_4 A = EL^2\cos(90° - \theta) = +EL^2\,\text{sen}\,\theta$$
$$\Phi_{E5} = \Phi_{E6} = EL^2\cos 90° = 0$$

O fluxo elétrico total $\Phi_E = \Phi_{E1} + \Phi_{E2} + \Phi_{E3} + \Phi_{E4} + \Phi_{E5} + \Phi_{E6}$ através do cubo é novamente igual a zero.

AVALIAR: obtivemos essa mesma conclusão em nossa discussão acerca da Figura 22.3c: o fluxo elétrico é igual a zero quando um campo elétrico uniforme atravessa uma superfície fechada, no interior da qual não existe nenhuma carga elétrica.

Figura 22.8 Fluxo elétrico de um campo elétrico uniforme $\vec{E}$ através de uma caixa cúbica de lado L em duas orientações.

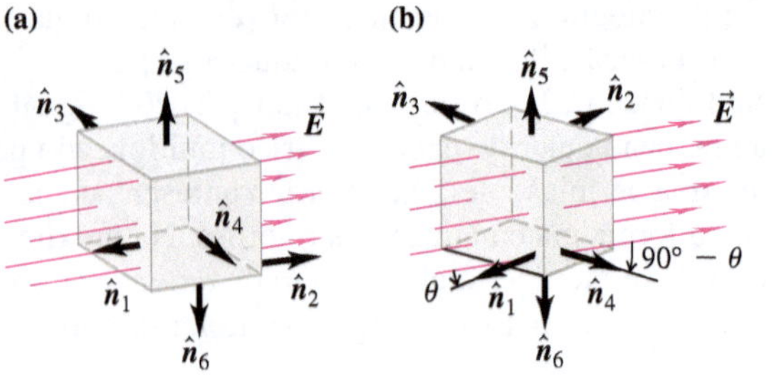

EXEMPLO 22.3 FLUXO ELÉTRICO ATRAVÉS DE UMA ESFERA

Uma carga puntiforme positiva $q = +3{,}0\ \mu\text{C}$ está circundada por uma esfera imaginária de raio igual a $r = 0{,}20$ m, centralizada sobre a carga (**Figura 22.9**). Calcule o fluxo elétrico resultante através da esfera.

SOLUÇÃO

IDENTIFICAR E PREPARAR: a superfície não é plana e o campo elétrico não é uniforme, portanto devemos usar a definição geral de fluxo elétrico (nossa variável-alvo), Equação 22.5, para calculá-lo. Como a esfera está centralizada sobre uma carga puntiforme, em qualquer ponto na superfície esférica, $\vec{E}$ está direcionado para fora da esfera perpendicular à superfície. O sentido positivo tanto para $\hat{n}$ quanto para $E_\perp$ aponta para fora, portanto $E_\perp = E$ e o fluxo através de um elemento de superfície dA é $\vec{E}\cdot d\vec{A} = E\,dA$. Isso simplifica muito a integral na Equação 22.5.

EXECUTAR: devemos calcular a integral da Equação 22.5, $\Phi_E = \int E\,dA$. Em qualquer ponto sobre a esfera de raio r, o campo elétrico possui o mesmo módulo $E = q/4\pi\epsilon_0 r^2$. Portanto, E pode ser retirado da integral e a equação passa a ser dada por $\Phi_E = E\int dA = EA$, em que A é a área da superfície esférica: $A = 4\pi r^2$. Portanto, o fluxo elétrico total que sai da esfera é

$$\Phi_E = EA = \frac{q}{4\pi\epsilon_0 r^2}4\pi r^2 = \frac{q}{\epsilon_0}$$
$$= \frac{3{,}0\times10^{-6}\,\text{C}}{8{,}85\times10^{-12}\,\text{C}^2/\text{N}\cdot\text{m}^2} = 3{,}4\times10^5\ \text{N}\cdot\text{m}^2/\text{C}$$

AVALIAR: o valor de Φ_E não depende do raio r da esfera. Obteríamos o mesmo resultado tanto para uma esfera com 2,0 m de raio quanto para uma com 200 m. Chegamos a essa mesma conclusão em nossa discussão da Figura 22.4, na Seção 22.1, na qual utilizamos superfícies fechadas retangulares com dois tamanhos diferentes, mas com a mesma carga puntiforme. Naquele caso, descobrimos que o fluxo de $\vec{E}$ não dependia do tamanho da área; o mesmo resultado se aplica a uma superfície esférica. Na verdade, o fluxo elétrico sobre *qualquer* superfície fechada que contenha uma carga puntiforme não depende nem da forma, nem do tamanho da superfície, conforme mostraremos mais adiante.

Figura 22.9 Fluxo elétrico através de uma esfera centrada sobre uma carga puntiforme.

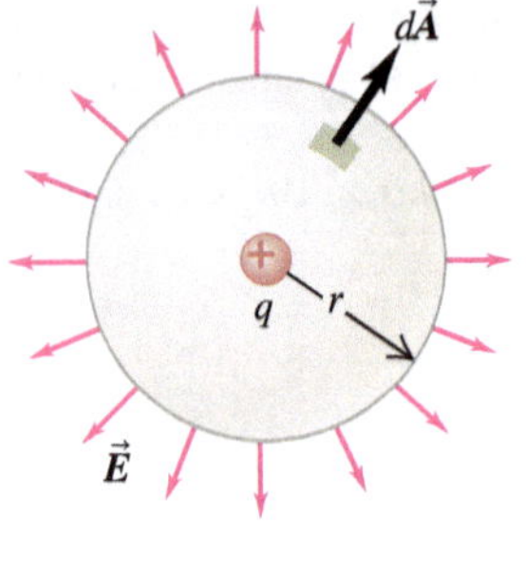

TESTE SUA COMPREENSÃO DA SEÇÃO 22.2 Classifique as seguintes superfícies seguindo a ordem do fluxo elétrico mais positivo para o mais negativo. (i) Uma superfície retangular plana com vetor de área $\vec{A} = (6{,}0\ \text{m}^2)\hat{\imath}$ em um campo elétrico uniforme $\vec{E} = (4{,}0\ \text{N/C})\hat{\jmath}$; (ii) uma superfície circular plana com vetor de área $\vec{A} = (3{,}0\ \text{m}^2)\hat{\jmath}$ em um campo elétrico uniforme $\vec{E} = (4{,}0\ \text{N/C})\hat{\imath} + (2{,}0\ \text{N/C})\hat{\jmath}$; (iii) uma superfície quadrada plana com vetor de área $\vec{A} = (3{,}0\ \text{m}^2)\hat{\imath} + (7{,}0\ \text{m}^2)\hat{\jmath}$ em um campo elétrico uniforme $\vec{E} = (4{,}0\ \text{N/C})\hat{\imath} - (2{,}0\ \text{N/C})\hat{\jmath}$; (iv) uma superfície oval plana com vetor de área $\vec{A} = (3{,}0\ \text{m}^2)\hat{\imath} - (7{,}0\ \text{m}^2)\hat{\jmath}$ em um campo elétrico uniforme $\vec{E} = (4{,}0\ \text{N/C})\hat{\imath} - (2{,}0\ \text{N/C})\hat{\jmath}$. ❙

22.3 LEI DE GAUSS

A **lei de Gauss** é uma alternativa à lei de Coulomb. Embora seja completamente equivalente à lei de Coulomb, a lei de Gauss apresenta uma forma diferente de expressar a relação entre carga elétrica e campo elétrico. Ela foi formulada por Carl Friedrich Gauss (1777-1855), um dos maiores matemáticos de todos os tempos (**Figura 22.10**).

Carga puntiforme no interior de uma superfície esférica

A lei de Gauss afirma que o fluxo elétrico total através de qualquer superfície fechada (a superfície interna de um volume definido) é proporcional à carga elétrica total (líquida) existente no interior da superfície. Na Seção 22.1, observamos isso qualitativamente; agora verificaremos isso de maneira mais rigorosa. Vamos iniciar com o campo elétrico de uma única carga puntiforme positiva q. As linhas de campo se irradiam para fora da carga igualmente em todas as direções. Colocamos essa carga no centro de uma superfície esférica imaginária de raio R. O módulo do campo elétrico E em qualquer ponto sobre a superfície é dado por

$$E = \frac{1}{4\pi\epsilon_0}\frac{q}{R^2}$$

O vetor $\vec{\boldsymbol{E}}$ é perpendicular a cada ponto da superfície e seu módulo é sempre o mesmo em todos os pontos, como no Exemplo 22.3 (Seção 22.2). O fluxo elétrico resultante é dado pelo produto do módulo do campo elétrico E pela área total $A = 4\pi R^2$ da superfície da esfera:

$$\Phi_E = EA = \frac{1}{4\pi\epsilon_0}\frac{q}{R^2}(4\pi R^2) = \frac{q}{\epsilon_0} \qquad (22.6)$$

O fluxo elétrico é independente do raio R da esfera. Ele depende apenas da carga q existente no interior da esfera.

Podemos também interpretar esse resultado com base nas linhas de campo. A **Figura 22.11** mostra duas esferas com raios R e $2R$, centralizadas sobre a carga puntiforme q. Cada linha de campo elétrico que passa pela esfera menor também passa pela maior, de modo que o fluxo elétrico é o mesmo nas duas esferas.

O que é verdade para a esfera como um todo também é verdade para qualquer porção de sua superfície. Na Figura 22.11, um elemento de área dA é assinalado sobre uma esfera de raio R e, a seguir, projetado sobre uma esfera concêntrica de raio $2R$, desenhando raios que passam pelo centro e pelos pontos limítrofes de dA. A área projetada sobre a esfera maior é claramente igual a $4\,dA$. Porém, como o campo elétrico de uma carga puntiforme é inversamente proporcional a r^2, o módulo do campo elétrico sobre a esfera de raio $2R$ é $\frac{1}{4}$ do módulo do campo elétrico sobre a esfera de raio R. Portanto, o fluxo elétrico é o mesmo para ambas as áreas e não depende do raio da esfera.

Carga puntiforme no interior de uma superfície não esférica

Essa técnica de projeção mostra como generalizar a discussão para superfícies com formas não esféricas. Em vez de uma segunda esfera, vamos circundar a esfera de raio R com uma superfície de forma irregular, como indica a **Figura 22.12a**. Considere um pequeno elemento de área dA sobre a superfície irregular; notamos que essa área é *maior* que um elemento de área correspondente sobre a superfície esférica que estivesse à mesma distância de q. Se a normal dA forma um ângulo ϕ com o raio que parte da carga q, a projeção dessa área sobre a superfície esférica mostra que dois lados se encurtam na medida de cos ϕ (Figura 22.12b). Os outros dois lados não variam. Portanto, o fluxo elétrico através do elemento da superfície

Figura 22.10 Carl Friedrich Gauss ajudou a desenvolver diversos ramos da matemática, incluindo a geometria diferencial, a análise real e a teoria dos números. A "curva do sino" da estatística é uma de suas invenções. Gauss também realizou sofisticadas investigações sobre os campos magnéticos da Terra e calculou a órbita do primeiro asteroide a ser descoberto.

Figura 22.11 Projeção de um elemento de área dA de uma esfera de raio R sobre uma esfera concêntrica de raio $2R$. A projeção multiplica cada dimensão linear por 2, de modo que o elemento de área sobre a esfera maior é igual a $4\,dA$.

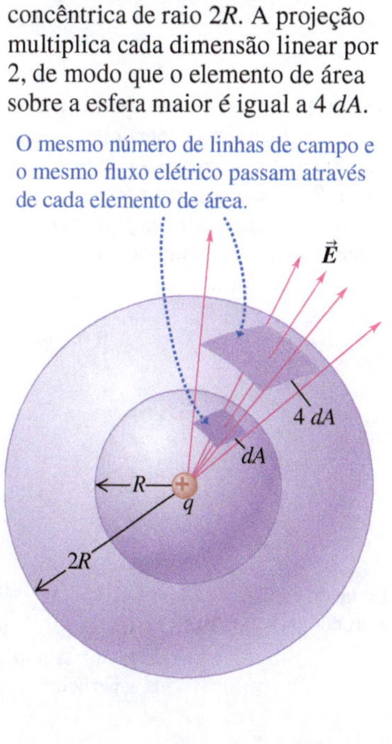

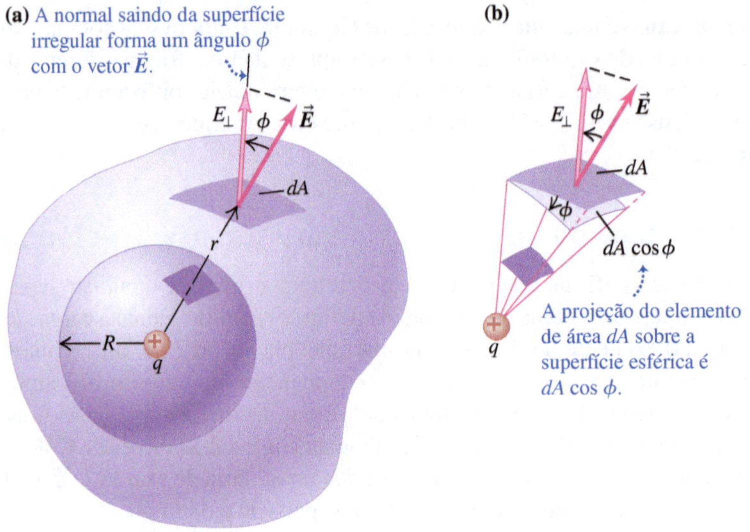

Figura 22.12 Cálculo do fluxo elétrico através de uma superfície não esférica.

esférica é igual ao fluxo elétrico $E\,dA \cos \phi$ através do elemento correspondente da superfície irregular.

Podemos dividir a superfície irregular inteira em elementos dA, calcular o fluxo elétrico $E\,dA \cos \phi$ para cada elemento e somar os resultados fazendo a integral, como procedemos para obter a Equação 22.5. Cada um dos elementos de área se projeta sobre um elemento correspondente da superfície esférica. Logo, o fluxo elétrico *total* através da superfície irregular, dado por uma das formas da Equação 22.5, deve ser igual ao fluxo elétrico total sobre a superfície esférica, o qual a Equação 22.6 mostra que é igual a q/ϵ_0. Portanto, para a superfície irregular,

$$\Phi_E = \oint \vec{E} \cdot d\vec{A} = \frac{q}{\epsilon_0} \qquad (22.7)$$

A Equação 22.7 vale para *qualquer* forma e tamanho da superfície, desde que esta seja *fechada* e contenha uma carga q em seu interior. A circunferência em torno do sinal da integral serve para lembrar que a integração sempre deve ser feita sobre uma superfície *fechada*.

Os elementos de área $d\vec{A}$ e os vetores unitários $\hat{n}$ correspondentes sempre apontam *para fora* do volume delimitado pela superfície. Logo, o fluxo elétrico é positivo nas áreas sobre as quais o campo elétrico aponta para fora da superfície e negativo quando aponta para dentro da superfície. Portanto, $E_\perp$ é positivo nos pontos em que $\vec{E}$ aponta para fora da superfície e negativo nos pontos em que $\vec{E}$ aponta para dentro da superfície.

Quando a carga puntiforme na Figura 22.12 for negativa, o campo elétrico $\vec{E}$ estará orientado radialmente *para dentro*; o ângulo ϕ será, então, maior que 90°, seu cosseno será negativo e a integral na Equação 22.7 será negativa. Porém, como q também é negativa, a Equação 22.7 continua válida.

Se no interior de uma superfície não existe *nenhuma* carga,

$$\Phi_E = \oint \vec{E} \cdot d\vec{A} = 0$$

A relação anterior é uma afirmação matemática de que, quando não existe nenhuma carga em uma região, qualquer linha de campo produzida por uma carga puntiforme, no *exterior* dessa região, que entre na superfície em um dado ponto, deve sair da superfície em outro ponto. (Obtivemos essa mesma conclusão na Seção 22.1, considerando o caso especial de uma caixa retangular em um campo elétrico uniforme.) A **Figura 22.13** ilustra essa conclusão. *Um campo elétrico só pode começar ou terminar em uma dada região quando existem cargas no interior dessa região.*

Figura 22.13 Uma carga puntiforme *no exterior* de uma superfície fechada que não engloba nenhuma carga. Se uma linha do campo elétrico da carga externa entra na superfície em um ponto, ela deve sair em outro ponto.

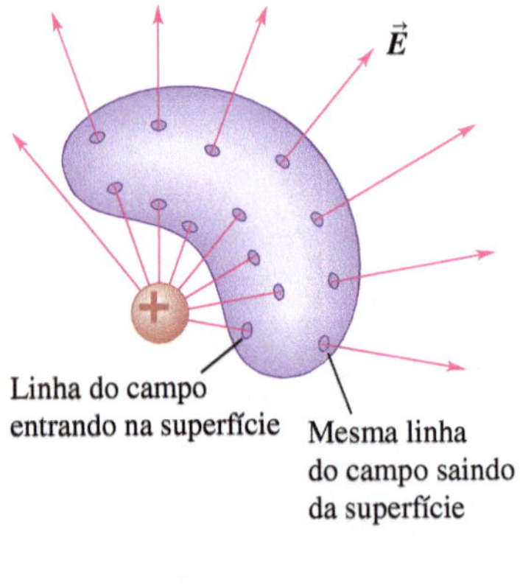

Forma geral da lei de Gauss

Agora atingimos a etapa final para obtermos a forma geral da lei de Gauss. Suponha que, no interior da superfície, exista não apenas uma carga puntiforme q, mas diversas cargas $q_1, q_2, q_3, \ldots$ O campo elétrico total (resultante) $\vec{E}$ em qualquer ponto é dado pela soma vetorial dos campos elétricos $\vec{E}$ das cargas individuais. Vamos designar por Q_{int} a carga *total* existente no interior da superfície: $Q_{int} = q_1 + q_2 + q_3 + \cdots$. Seja também $\vec{E}$ o campo elétrico *total* no ponto da superfície correspondente ao elemento de área $d\vec{A}$, e seja $E_\perp$ o componente perpendicular ao plano desse elemento (ou seja, paralelo a $d\vec{A}$). Então, podemos escrever uma equação análoga à Equação 22.7 para cada carga com seu campo elétrico correspondente e somar os resultados. Fazendo isso, obtemos o enunciado matemático geral da lei de Gauss:

Lei de Gauss:

$$\Phi_E = \oint \vec{E} \cdot d\vec{A} = \frac{Q_{int}}{\epsilon_0} \qquad (22.8)$$

Carga total no interior da superfície

Flux elétrico através de uma superfície fechada de área A = integral de superfície de $\vec{E}$

Constante elétrica

O fluxo elétrico total através de qualquer superfície fechada é igual à carga elétrica total (líquida) existente no interior da superfície dividida por ϵ_0.

Usando a definição de Q_{int} e os diversos modos de escrever a Equação 22.5, podemos escrever a lei de Gauss nas seguintes formas equivalentes:

Várias formas da lei de Gauss:

$$\Phi_E = \oint E\cos\phi \, dA = \oint E_\perp \, dA = \oint \vec{E} \cdot d\vec{A} = \frac{Q_{int}}{\epsilon_0} \qquad (22.9)$$

Módulo do campo elétrico $\vec{E}$ — Componente de $\vec{E}$ perpendicular à superfície — Carga total no interior da superfície

Fluxo elétrico através de uma superfície fechada — Ângulo entre $\vec{E}$ e a normal à superfície — Elemento da área da superfície — Elemento vetorial da área da superfície — Constante elétrica

Tal como na Equação 22.5, as diversas formas da integral expressam a mesma coisa: o fluxo elétrico total através da superfície gaussiana, usando-se termos diferentes. Às vezes, uma forma é mais conveniente que outra.

ATENÇÃO **As superfícies gaussianas são imaginárias** Lembre-se de que a superfície fechada na lei de Gauss é *imaginária*. Não é necessário nenhum objeto material na posição da superfície. Frequentemente, nos referimos à superfície fechada usada na lei de Gauss como uma **superfície gaussiana**.

A título de exemplo, a **Figura 22.14a** mostra uma superfície gaussiana esférica com raio r em torno de uma carga puntiforme positiva $+q$. O campo elétrico aponta para fora da superfície, de modo que cada ponto sobre a superfície $\vec{E}$ aponta no mesmo sentido que $d\vec{A}$, $\phi = 0$ e $E_\perp$ é igual ao módulo do campo $E = q/4\pi\epsilon_0 r^2$. Como E é o mesmo em todos os pontos sobre a superfície, podemos retirá-lo da integral na Equação 22.9. Então, o restante da integral é $\int dA = A = 4\pi r^2$, a área da esfera. Portanto, a Equação 22.9 torna-se

$$\Phi_E = \oint E_\perp \, dA = \oint \left(\frac{q}{4\pi\epsilon_0 r^2}\right) dA = \frac{q}{4\pi\epsilon_0 r^2} \oint dA = \frac{q}{4\pi\epsilon_0 r^2} 4\pi r^2 = \frac{q}{\epsilon_0}$$

A carga englobada Q_{int} é exatamente a carga $+q$, o que está de acordo com a lei de Gauss. Se a superfície gaussiana engloba uma carga puntiforme *negativa*, como

Figura 22.14 Superfícies gaussianas esféricas em torno de (a) uma carga puntiforme positiva e (b) uma carga puntiforme negativa.

(a) Superfície gaussiana em torno de uma carga puntiforme positiva: fluxo positivo (para fora)

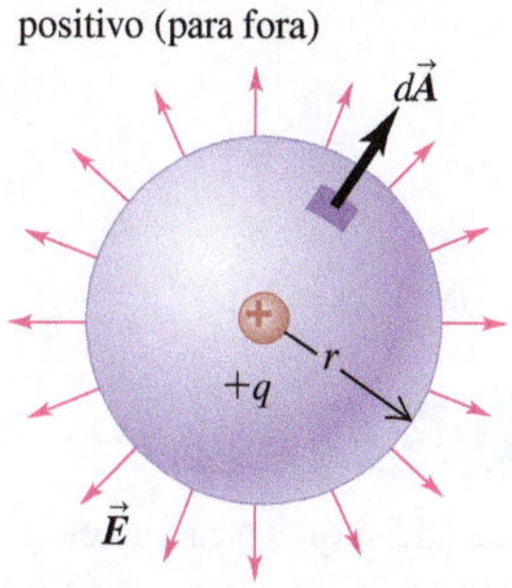

(b) Superfície gaussiana em torno de uma carga puntiforme negativa: fluxo negativo (para dentro)

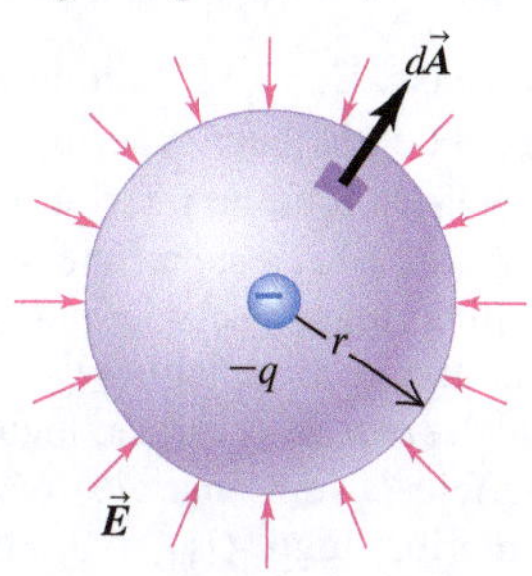

indica a Figura 22.14b, então $\vec{E}$ aponta *para o interior* da superfície em cada ponto, no sentido oposto a $d\vec{A}$. Logo, $\phi = 180°$ e $E_\perp$ é igual à negativa do módulo do campo: $E_\perp = -E = -|-q|/4\pi\epsilon_0 r^2 = -q/4\pi\epsilon_0 r^2$. Então, a Equação 22.9 torna-se

$$\Phi_E = \oint E_\perp \, dA = \oint \left(\frac{-q}{4\pi\epsilon_0 r^2}\right) dA = \frac{-q}{4\pi\epsilon_0 r^2} \oint dA = \frac{-q}{4\pi\epsilon_0 r^2} 4\pi r^2 = \frac{-q}{\epsilon_0}$$

Isso está novamente de acordo com a lei de Gauss, porque a carga englobada na Figura 22.14b é $Q_{int} = -q$.

Nas equações 22.8 e 22.9, o termo Q_{int} sempre é obtido fazendo-se a soma algébrica de todas as cargas positivas e negativas existentes no interior da superfície gaussiana, e $\vec{E}$ é o campo elétrico *total* sobre cada ponto da superfície. Observe também que, geralmente, esse campo elétrico é produzido parcialmente por cargas que estão dentro da superfície e parcialmente por cargas que estão fora dela. Porém, como mostramos na Figura 22.13, as cargas fora da superfície *não* contribuem para o fluxo elétrico total (líquido) através dela. Portanto, as equações 22.8 e 22.9 continuam válidas, mesmo quando existem cargas fora da superfície que contribuem para o campo elétrico sobre a superfície considerada. Quando $Q_{int} = 0$, o fluxo elétrico total através da superfície gaussiana deve ser igual a zero, ainda que algumas de suas partes possam ter um fluxo elétrico positivo e outras possam ter um fluxo elétrico negativo (Figura 22.3b).

A lei de Gauss fornece uma resposta definitiva para a pergunta feita na Seção 22.1: "Caso você conhecesse a configuração do campo elétrico em uma dada região, o que poderia afirmar sobre a distribuição de cargas nessa região?". Essa lei fornece uma relação entre o campo elétrico em uma superfície fechada e a distribuição de cargas existentes no interior da superfície. Porém, em alguns casos podemos usar a lei de Gauss para responder à pergunta inversa: "Caso você conhecesse a distribuição de cargas em uma dada região, como poderia determinar a configuração do campo elétrico produzido por essa distribuição de cargas?". A lei de Gauss aparentemente não seria razoável para fornecer uma resposta para essa questão, visto que o cálculo da integral na Equação 22.8 pode parecer uma tarefa impossível. Em alguns casos, realmente é. Contudo, em outros, essa tarefa torna-se surpreendentemente simples. A seguir, damos um exemplo no qual não é necessário fazer *nenhuma* integral; na próxima seção, desenvolveremos outros exemplos.

EXEMPLO 22.4 FLUXO ELÉTRICO E CARGA ENGLOBADA

A **Figura 22.15** indica o campo elétrico produzido por duas cargas puntiformes $+q$ e $-q$ (um dipolo elétrico). Determine o fluxo elétrico através de cada uma das superfícies fechadas A, B, C e D.

SOLUÇÃO

A lei de Gauss, Equação 22.8, afirma que o fluxo elétrico total através de qualquer superfície fechada é igual ao valor da carga elétrica total no interior da superfície, dividido por ϵ_0. Na Figura 22.15, a superfície A (em vermelho) engloba a carga positiva; logo, $Q_{int} = +q$; a superfície B (em azul) engloba a carga negativa; logo, $Q_{int} = -q$; a superfície C (em roxo) engloba *ambas* as cargas; logo, $Q_{int} = +q + (-q) = 0$; e a superfície D (em amarelo) não possui nenhuma carga em seu interior; logo, $Q_{int} = 0$. Portanto, não é necessário fazer nenhuma integração e concluímos que o $\Phi_{EA} = +q/\epsilon_0$, $\Phi_{EB} = -q/\epsilon_0$ e $\Phi_{EC} = \Phi_{ED} = 0$. Esses resultados dependem somente das cargas existentes no interior da superfície gaussiana, não da forma precisa de cada superfície.

Podemos obter conclusões semelhantes examinando as linhas de campo elétrico. Todas as linhas de campo que atravessam a superfície A apontam de dentro para fora, portanto, o fluxo através de A deve ser positivo. De modo análogo, a superfície B deve ser negativa, porque todas as linhas de campo que atravessam a superfície B apontam de fora para dentro. Tanto na superfície C quanto na superfície D existe o mesmo número de linhas de campo apontando para fora e para dentro da superfície; logo, o fluxo através de cada uma dessas superfícies é igual a zero.

Figura 22.15 O número total de linhas de campo que atravessam uma superfície fechada é proporcional à carga elétrica total existente no interior da superfície.

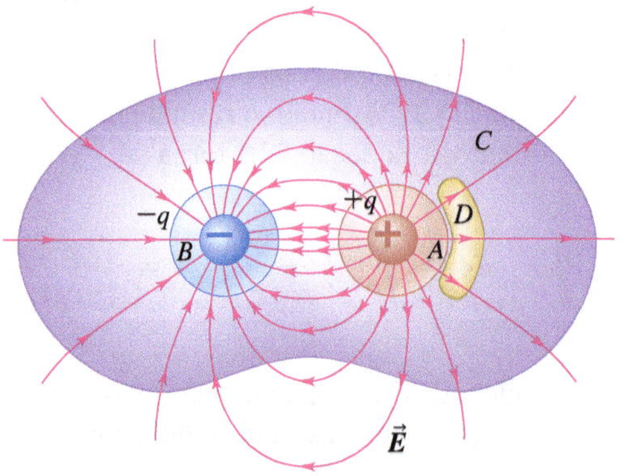

TESTE SUA COMPREENSÃO DA SEÇÃO 22.3 A **Figura 22.16** mostra seis cargas puntiformes, todas elas localizadas no mesmo plano. Cinco superfícies gaussianas — S_1, S_2, S_3, S_4 e S_5 — englobam cada qual uma parte desse plano, e a Figura 22.16 mostra a intersecção de cada superfície com o plano. Classifique essas cinco superfícies por ordem do fluxo elétrico que as atravessa, desde o mais positivo até o mais negativo. ❙

Figura 22.16 Cinco superfícies gaussianas e seis cargas puntiformes.

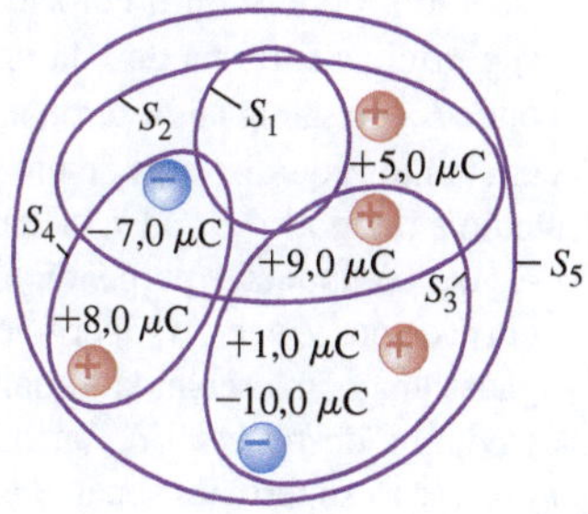

22.4 APLICAÇÕES DA LEI DE GAUSS

A lei de Gauss é válida para *qualquer* distribuição de cargas e *qualquer* superfície fechada. Ela pode ser usada de dois modos. Quando conhecemos a distribuição de cargas e a integral na lei de Gauss possui simetria suficiente, podemos determinar o campo elétrico. Ou, quando conhecemos o campo, podemos usar a lei de Gauss para definirmos a distribuição de cargas, como as cargas sobre uma superfície condutora.

Nesta seção, apresentaremos exemplos de ambos os tipos de aplicação. À medida que você os estudar, observe atentamente o papel desempenhado pelas propriedades de simetria de cada sistema. Utilizaremos a lei de Gauss para determinar o campo elétrico produzido por diversas distribuições de cargas, e os resultados serão apresentados em uma tabela no resumo do final do capítulo.

Em problemas práticos, geralmente encontramos situações nas quais precisamos saber o campo elétrico produzido por distribuições de cargas sobre um condutor. Esses cálculos são facilitados pelo seguinte fato crucial: *quando existe um excesso de carga em um condutor sólido em equilíbrio, o excesso fica inteiramente localizado sobre a superfície do condutor, e não no interior do material.* (Por *excesso* queremos dizer cargas além dos íons e dos elétrons livres que compõem o condutor neutro.) Agora vamos demonstrar esse resultado. Sabemos, pela Seção 21.4, que, quando existe equilíbrio eletrostático (no qual todas as cargas estão em repouso), o campo elétrico $\vec{E}$ é igual a zero em qualquer ponto no interior de um condutor. Caso $\vec{E}$ fosse *diferente* de zero, as cargas em excesso estariam em movimento. Suponha que você crie uma superfície gaussiana no interior do condutor, como a superfície *A* indicada na **Figura 22.17**. Como $\vec{E} = \mathbf{0}$ em todos os pontos sobre essa superfície, a lei de Gauss exige que a carga total no interior da superfície seja igual a zero. Agora imagine que você faça o volume delimitado por essa superfície tender a zero, de modo que a superfície se reduza a um ponto *P*; então, a carga nesse ponto deve ser igual a zero. Podemos repetir esse raciocínio para todos os pontos do condutor, logo, *não pode existir nenhum excesso de carga no interior de um condutor sólido em equilíbrio; qualquer excesso de carga deve ficar localizado sobre a superfície do condutor.* (Esse resultado vale para um condutor *sólido*. Na próxima seção, discutiremos o que ocorre quando existem cavidades no interior do condutor.) O resultado demonstrado será usado com frequência nos exemplos apresentados a seguir.

Figura 22.17 No equilíbrio eletrostático (as cargas não se movem), qualquer excesso de carga deve ficar localizado sobre a superfície de um condutor sólido.

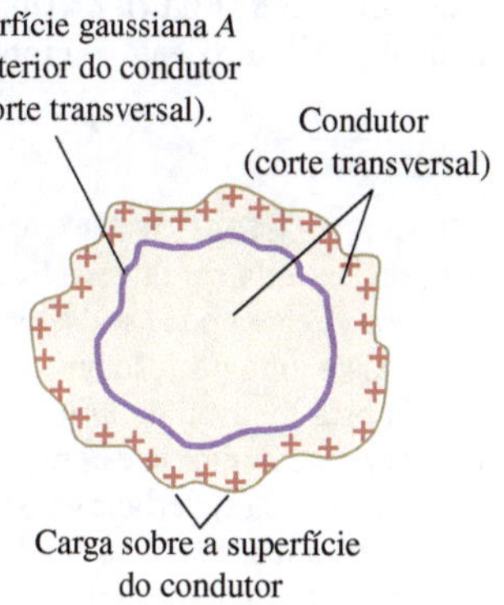

ESTRATÉGIA PARA A SOLUÇÃO DE PROBLEMAS 22.1 LEI DE GAUSS

IDENTIFICAR *os conceitos relevantes:* a lei de Gauss é mais útil nas situações em que a distribuição de carga possui simetria esférica, cilíndrica ou planar. Nessas situações, determinamos o sentido de $\vec{E}$ pela simetria da distribuição de carga. Podemos usar a lei de Gauss para determinar o módulo de $\vec{E}$ quando conhecemos a distribuição de carga e vice-versa. Em qualquer desses casos, inicie sua análise perguntando: qual é a simetria?

PREPARAR *o problema* por meio dos seguintes passos:

1. Faça uma lista das grandezas conhecidas e desconhecidas e identifique a variável-alvo.
2. Escolha a superfície gaussiana apropriada, que deve ser imaginária e fechada. Para simetria esférica, use uma superfície esférica concêntrica. Para simetria cilíndrica, use uma superfície cilíndrica coaxial com bases perpendiculares ao eixo de simetria (como uma lata de sopa). Para simetria planar, use uma superfície cilíndrica (como uma lata de atum) com bases paralelas ao plano.

EXECUTAR *a solução* da seguinte forma:

1. Determine o tamanho e a localização apropriados para a superfície gaussiana. Para avaliar um campo magnético em

(*Continua*)

(*Continuação*)

um ponto específico, a superfície deve incluir o ponto considerado. Pode ser útil colocar uma extremidade de uma superfície em forma de lata no interior de um condutor, onde $\vec{E}$ e Φ são iguais a zero, ou colocar suas extremidades em pontos equidistantes de um plano carregado.

Calcule a integral $\oint E_\perp \, dA$ na Equação 22.9. Nessa equação, $E_\perp$ é o componente perpendicular do campo elétrico *total* em cada ponto sobre a superfície gaussiana. Uma superfície gaussiana bem escolhida tornará o processo de integração trivial ou desnecessário. Quando a superfície é composta por várias superfícies separadas, como os lados e as extremidades de um cilindro, a integral $\oint E_\perp \, dA$ sobre toda a superfície fechada é a soma das integrais $\int E_\perp \, dA$ sobre as superfícies separadas. Considere os itens 3-6 enquanto você trabalha.

Quando $\vec{E}$ for *perpendicular* (normal) em todos os pontos de uma superfície com área A, se ele apontar para *fora* da superfície e seu *módulo* for constante em todos os pontos ao longo da superfície, então $E_\perp = E =$ constante, e $\int E_\perp \, dA$ sobre essa superfície será igual a EA. (Se $\vec{E}$ apontar para dentro, $E_\perp = -E$ e $\int E_\perp \, dA = -EA$.) Quando $\vec{E}$ for tangente em todos os pontos ao longo de uma superfície, então $E_\perp = 0$ e a integral sobre essa superfície é igual a zero. Isso pode ocorrer em partes de uma superfície gaussiana cilíndrica. Quando $\vec{E} = \mathbf{0}$ em todos os pontos ao longo de uma superfície, então a integral sobre essa superfície será igual a zero.

2. Mesmo quando não existe *nenhuma* carga no interior da superfície, o campo elétrico em qualquer ponto sobre a superfície gaussiana não é necessariamente igual a zero. Contudo, nesse caso o fluxo elétrico total através da superfície sempre é igual a zero.
3. A integral do fluxo $\oint E_\perp \, dA$ pode ser aproximada como a diferença entre o número de linhas de força elétrica saindo da superfície gaussiana e o número de linhas de força elétrica entrando nela. Nesse sentido, o fluxo fornece o sinal da carga englobada, mas é apenas proporcional a ela; fluxo nulo corresponde a carga englobada nula.
4. Após avaliar a integral $\oint E_\perp \, dA$, use a Equação 22.9 para explicitar a incógnita do problema.

AVALIAR *sua resposta:* caso seu resultado for uma *função* que descreve como o módulo do campo elétrico varia conforme a posição, certifique-se de que faz sentido.

EXEMPLO 22.5 CAMPO DE UMA ESFERA CONDUTORA CARREGADA

Colocamos uma carga positiva q sobre uma esfera condutora maciça de raio R (**Figura 22.18**). Determine o campo elétrico $\vec{E}$ em qualquer ponto dentro ou fora da esfera.

SOLUÇÃO

IDENTIFICAR E PREPARAR: conforme discutimos anteriormente nesta seção, toda carga deve ficar localizada sobre a superfície da esfera. A carga pode se deslocar livremente sobre o condutor, e não existe uma posição preferida sobre a superfície; portanto, a carga está distribuída *uniformemente* sobre a superfície e o sistema possui simetria esférica. Para tirar proveito da simetria, tomamos como a superfície gaussiana uma esfera imaginária com raio r, centralizada sobre o condutor. Para calcular o campo dentro ou fora do condutor, supomos $r < R$ ou $r > R$, respectivamente. Em qualquer desses casos, o ponto em que desejamos calcular $\vec{E}$ localiza-se sobre a superfície gaussiana.

EXECUTAR: a simetria esférica também mostra que o campo elétrico deve ser radial; isso acontece porque não existe uma direção preferida paralela à superfície, então $\vec{E}$ não pode possuir nenhum componente paralelo à superfície. Não existe uma orientação preferida da esfera, então o módulo E do campo elétrico depende apenas da distância r entre o ponto considerado e o centro da esfera, e deve possuir sempre o mesmo valor sobre todos os pontos na superfície gaussiana.

Para $r > R$, todo o condutor está localizado no interior da superfície gaussiana, de modo que a carga no interior da superfície seja igual a q. A área da superfície gaussiana é $4\pi r^2$, e $\vec{E}$ é uniforme e perpendicular à superfície em todos os seus pontos. O fluxo elétrico dado pela integral $\oint E_\perp \, dA$ é, portanto, $E(4\pi r^2)$, e a Equação 22.8 fornece

$$E(4\pi r^2) = \frac{q}{\epsilon_0} \quad \text{e}$$

$$E = \frac{1}{4\pi\epsilon_0}\frac{q}{r^2} \quad \text{(fora de uma esfera condutora carregada)}$$

Essa expressão é igual ao campo elétrico produzido por uma carga puntiforme; no exterior da esfera, seu campo se comporta como se toda a carga da esfera estivesse concentrada em seu centro. Imediatamente fora da superfície da esfera, para $r = R$,

$$E = \frac{1}{4\pi\epsilon_0}\frac{q}{R^2} \quad \text{(sobre a superfície de uma esfera condutora carregada)}$$

Para $r < R$, temos novamente $E(4\pi r^2) = Q_{int}/\epsilon_0$. Mas, como a superfície gaussiana escolhida (que se localiza inteiramente dentro do condutor) *não* contém carga, $Q_{int} = 0$. Portanto, o campo elétrico no interior do condutor é nulo.

ATENÇÃO O fluxo pode ser positivo ou negativo Lembre-se de que escolhemos a carga q como *positiva*. Quando a carga é negativa, o campo elétrico está orientado radialmente *para dentro* da esfera em vez de para fora, e o fluxo elétrico através da superfície gaussiana é negativo. Os módulos dos campos elétricos fora da esfera e sobre sua superfície são dados pelas mesmas expressões anteriores, lembrando que, nesse caso, q representa o *módulo* (valor absoluto) da carga.

(*Continua*)

(Continuação)

AVALIAR: já sabíamos que $\vec{E} = \mathbf{0}$ no interior de um condutor sólido (seja esférico ou não) quando as cargas estão em repouso. A Figura 22.18 mostra E em função da distância r a partir do centro da esfera. Note que, no limite $R \to 0$, a esfera se comporta como uma carga puntiforme; então só existe um "lado de fora" dessa carga puntiforme, e o campo elétrico é dado por $E = q/4\pi\epsilon_0 r^2$. Portanto, deduzimos a lei de Coulomb a partir da lei de Gauss. (Na Seção 22.3, deduzimos a lei de Gauss a partir da lei de Coulomb; as duas são equivalentes.)

Podemos usar esse método para uma *casca* esférica (uma esfera condutora com um buraco esférico concêntrico), supondo que não haja carga no interior do buraco. Usamos uma superfície gaussiana esférica com raio r menor que o raio do buraco. Se *houvesse* um campo elétrico no interior do buraco, ele seria radial e esfericamente simétrico como antes; logo, $E = Q_{int}/4\pi\epsilon_0 r^2$. Como nesse caso não estamos considerando nenhuma carga englobada, logo $Q_{int} = 0$ e $E = 0$ no interior do buraco.

Você é capaz de usar esse método para determinar o campo elétrico no espaço existente entre uma esfera carregada com outra esfera oca condutora, concêntrica, que esteja na parte de fora dessa esfera?

Figura 22.18 Cálculo do campo elétrico de uma esfera condutora com carga positiva q. Fora da esfera, o campo é o mesmo como se toda carga estivesse concentrada no centro da esfera.

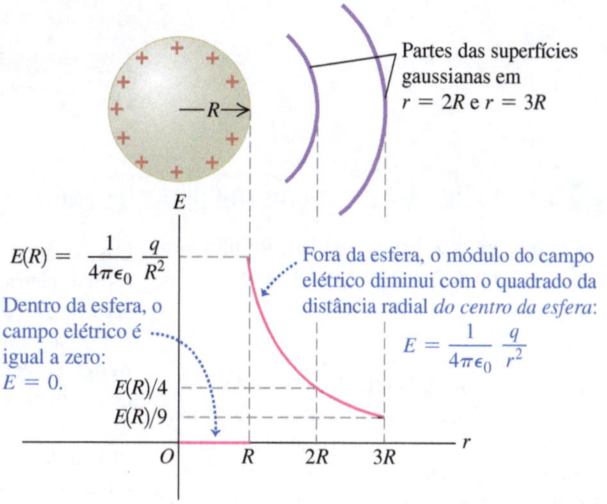

EXEMPLO 22.6 CAMPO DE UMA CARGA DISTRIBUÍDA AO LONGO DE UM FIO

Uma carga elétrica é distribuída uniformemente ao longo de um fio retilíneo infinito fino. A carga por unidade de comprimento é λ (considerado positivo). Calcule o campo elétrico usando a lei de Gauss.

SOLUÇÃO

IDENTIFICAR E PREPARAR: como vimos no Exemplo 21.10 (Seção 21.5), o campo elétrico $\vec{E}$ de um fio retilíneo infinito uniformemente carregado aponta radialmente para fora quando λ é positivo e radialmente para dentro quando λ é negativo. O módulo do campo elétrico E em um ponto depende apenas da distância radial entre o ponto e o fio. Essas propriedades de simetria sugerem o uso de uma superfície gaussiana *cilíndrica*, com um raio arbitrário r e um comprimento arbitrário l, coaxial ao fio e com suas extremidades perpendiculares ao fio (**Figura 22.19**).

EXECUTAR: o fluxo elétrico através das bases do cilindro é igual a zero porque o campo elétrico radial é paralelo aos planos dessas bases, logo, $\vec{E} \cdot \hat{n} = 0$. Para a superfície lateral do cilindro, temos $\vec{E} \cdot \hat{n} = E_\perp = E$ em todos os pontos. (Se λ fosse negativo, teríamos $\vec{E} \cdot \hat{n} = E_\perp = -E$ em todos os pontos.) A área da superfície lateral é igual a $2\pi rl$, portanto, o fluxo através dela — e, portanto, o fluxo elétrico total Φ_E através da superfície gaussiana — é $EA = 2\pi rlE$. A carga interna total é $Q_{int} = \lambda l$. Usando a lei de Gauss, Equação 22.8, obtemos

$$\Phi_E = 2\pi rlE = \frac{\lambda l}{\epsilon_0} \quad \text{e}$$

$$E = \frac{1}{2\pi\epsilon_0}\frac{\lambda}{r} \quad \text{(campo de um fio infinito carregado)}$$

Esse resultado é igual ao encontrado no Exemplo 21.10 por meio de uma técnica *muito* mais trabalhosa.

Quando λ é *negativo*, o campo elétrico $\vec{E}$ está orientado radialmente para dentro do fio e, na expressão anterior para E, devemos interpretar λ como o *módulo* (valor absoluto) da carga por unidade de comprimento do fio.

AVALIAR: vimos, no Exemplo 21.10, que, embora a carga *inteira* sobre o fio contribua para o campo elétrico em qualquer ponto, somente a parte $Q_{int} = \lambda l$ que está no interior da superfície fechada deve ser considerada quando aplicamos a lei de Gauss. Não há nada inconsistente nesse raciocínio; é preciso toda a carga para que o campo elétrico possua as propriedades que nos permitem calcular Φ_E de uma maneira tão simples, e a lei de Gauss sempre se aplica apenas para cargas englobadas. Se o fio é curto, a simetria do fio infinito não existe, e E não é uniforme ao longo da superfície gaussiana cilíndrica coaxial. Nesse caso, a lei de Gauss *não* é útil para determinar Φ; devemos resolver o problema

(Continua)

(*Continuação*)

usando a técnica mais trabalhosa de integração, empregada no Exemplo 21.10.

Podemos usar uma superfície gaussiana, semelhante à indicada na Figura 22.19, para mostrar que o campo elétrico para os pontos externos de um cilindro muito longo uniformemente carregado é igual ao campo da mesma carga se estivesse concentrada sobre uma linha ao longo de seu eixo (veja o Problema 22.41). Também podemos calcular o campo elétrico no espaço entre um cilindro carregado e um cilindro oco coaxial em seu exterior (veja o Problema 22.39).

Figura 22.19 Uma superfície gaussiana cilíndrica coaxial é usada para a determinação do campo elétrico produzido no exterior de um fio carregado, infinitamente longo.

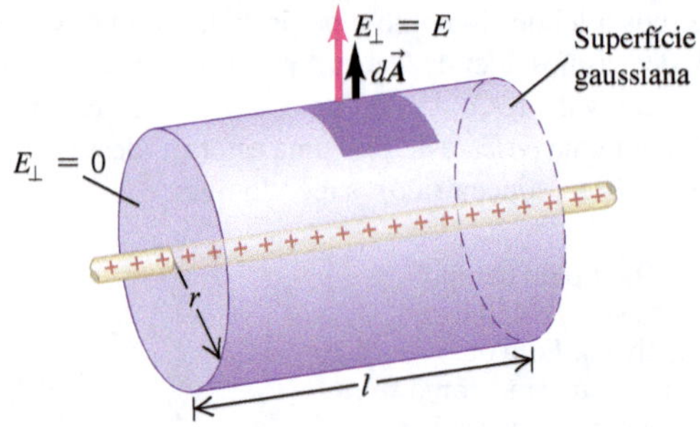

EXEMPLO 22.7 CAMPO DE UMA CARGA DISTRIBUÍDA AO LONGO DE UM PLANO INFINITO FINO

Determine o campo elétrico produzido por um plano infinito fino com uma densidade superficial de carga uniforme positiva σ.

SOLUÇÃO

IDENTIFICAR E PREPARAR: no Exemplo 21.11 (Seção 21.5), vimos que o campo elétrico $\vec{E}$ de um plano infinito uniformemente carregado é normal ao plano, e que seu módulo em um ponto não depende da distância entre o ponto e a placa. Essas propriedades de simetria sugerem o uso de uma superfície gaussiana cilíndrica, com um eixo perpendicular ao plano carregado, e cujas bases possuam área A (**Figura 22.20**).

EXECUTAR: o fluxo elétrico sobre a superfície lateral do cilindro é igual a zero, porque $\vec{E} \cdot \hat{n} = 0$. O fluxo em cada uma das bases do cilindro é igual a $+EA$, porque $\vec{E} \cdot \hat{n} = E_\perp = E$ em todos os pontos. Portanto, o fluxo elétrico total em ambas as bases — logo, o fluxo elétrico total Φ_E através da superfície gaussiana — é igual a $+2EA$. A carga líquida no interior da superfície gaussiana é $Q_{int} = \sigma A$. Usando a lei de Gauss, obtemos

$$2EA = \frac{\sigma A}{\epsilon_0} \quad \text{e}$$

$$E = \frac{\sigma}{2\epsilon_0} \quad \text{(campo de um plano carregado infinito)}$$

Caso σ fosse negativa, $\vec{E}$ estaria orientado para *dentro* do plano; o fluxo elétrico através da superfície gaussiana na Figura 22.20 seria negativo; e σ na expressão $E = \sigma / 2\epsilon_0$ designaria o módulo (valor absoluto) da densidade de carga.

AVALIAR: encontramos o mesmo resultado para o campo elétrico de um plano carregado infinito no Exemplo 21.11 (Seção 21.5). O cálculo era muito mais complexo e envolveu uma integral desafiadora. Em razão da simetria oportuna, a lei de Gauss facilita muito a resolução deste problema.

Figura 22.20 Uma superfície gaussiana cilíndrica é usada para determinar o campo elétrico produzido por um plano carregado infinito.

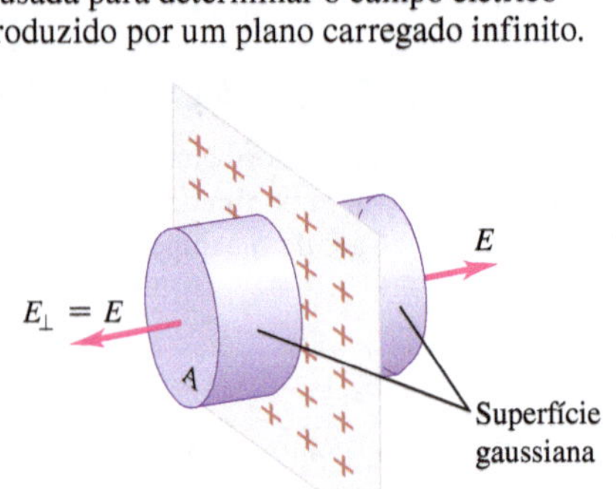

EXEMPLO 22.8 CAMPO ENTRE DUAS PLACAS PARALELAS COM CARGAS OPOSTAS

Duas placas paralelas grandes possuem cargas com módulos iguais, mas com sinais opostos; as densidades superficiais das cargas são $+\sigma$ e $-\sigma$. Determine o campo elétrico na região entre as duas placas.

SOLUÇÃO

IDENTIFICAR E PREPARAR: o campo elétrico é indicado na **Figura 22.21a**. Como cargas de sinais opostos se atraem, a maior parte delas se acumula nas superfícies opostas das placas. Algumas cargas permanecem nas superfícies *externas* das placas, de modo que existe certo espalhamento e "encurvamento" das linhas de campo nas bordas das placas. Contudo, quando as placas são muito grandes em comparação à distância entre elas, as cargas nas superfícies externas são muito pequenas, e desprezamos os efeitos de encurvamento, exceto sobre as bordas. Nesse caso, podemos supor que o campo elétrico seja uniforme na região entre as placas, como indicado na Figura 22.21b, e que as cargas se distribuam uniformemente sobre as superfícies planas opostas. Para explorar essa simetria, desenhamos as superfícies gaussianas sombreadas S_1, S_2, S_3 e S_4. Essas superfícies são cilindros que possuem bases com área A; uma base de cada cilindro está no *interior* de uma das placas condutoras.

(*Continua*)

(Continuação)

EXECUTAR: para a superfície S_1, a base da esquerda está no interior da placa positiva 1. Como o campo elétrico é igual a zero no interior da parte maciça de qualquer condutor em equilíbrio eletrostático, não existe nenhum fluxo elétrico através dessa base. O campo elétrico entre as placas é perpendicular à base da direita, portanto, nessa base, o módulo $E_\perp$ é igual a E e o fluxo elétrico é igual a EA; esse valor é positivo, visto que $\vec{E}$ está orientado para fora da superfície gaussiana. Não existe nenhum fluxo elétrico através da superfície lateral do cilindro, visto que $\vec{E}$ é paralelo a ela. Logo, a integral de fluxo elétrico total da lei de Gauss é igual a EA. A carga líquida no interior da superfície gaussiana é igual a σA. Usando a Equação 22.8, obtemos $EA = \sigma A/\epsilon_0$; portanto, temos

$$E = \frac{\sigma}{\epsilon_0} \quad \text{(campo entre placas condutoras carregadas com cargas opostas)}$$

O campo elétrico é uniforme, sua direção é perpendicular ao plano das placas e seu módulo em um ponto é independente da distância entre o ponto e qualquer uma das placas. Esse mesmo resultado pode ser obtido usando-se a superfície gaussiana S_4. As superfícies gaussianas S_2 e S_3 mostram que $E = 0$ à esquerda do plano 1 e à direita do plano 2, respectivamente. Deixamos esses cálculos para você (veja o Exercício 22.27).

AVALIAR: no Exemplo 21.12, obtivemos os mesmos resultados usando o princípio da superposição para o campo elétrico. Os campos produzidos pelos planos de cargas (um em cada placa) são $\vec{E}_1$ e $\vec{E}_2$; pelo Exemplo 22.7, ambos possuem módulo $\sigma/2\epsilon_0$. O campo elétrico resultante em qualquer ponto é dado pela soma vetorial $\vec{E} = \vec{E}_1 + \vec{E}_2$. Nos pontos a e c, indicados na Figura 22.21b, $\vec{E}_1$ e $\vec{E}_2$ possuem sentidos opostos e a resultante é igual a zero. No ponto b, $\vec{E}_1$ e $\vec{E}_2$ possuem o mesmo sentido; logo, a resultante possui módulo $E = \sigma/\epsilon_0$, exatamente como acabamos de concluir, usando a lei de Gauss.

Figura 22.21 Campo elétrico produzido por duas placas carregadas com cargas opostas.

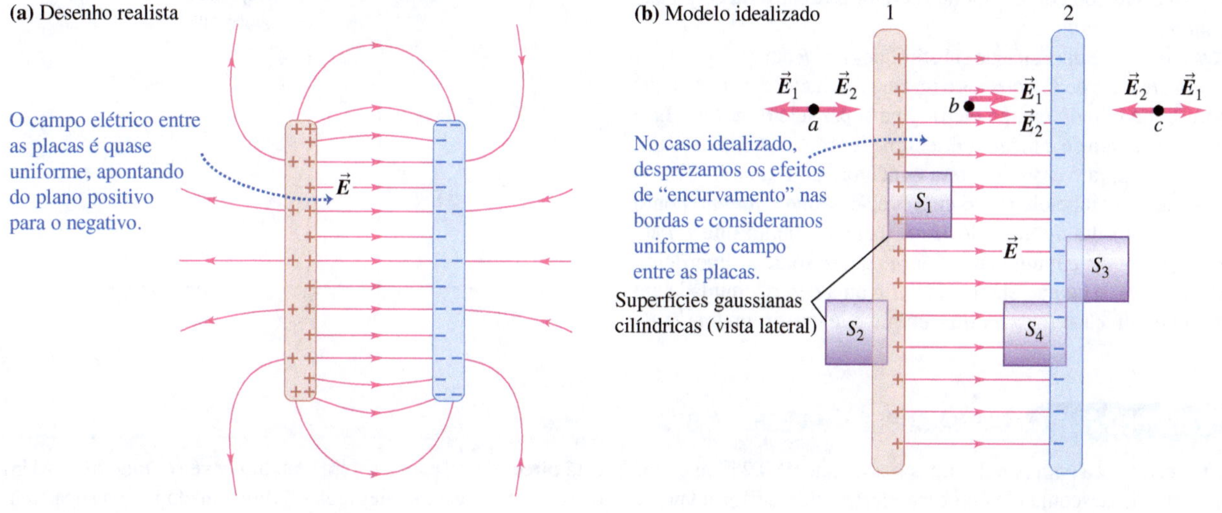

EXEMPLO 22.9 CAMPO DE UMA ESFERA UNIFORMEMENTE CARREGADA

Uma carga positiva Q é distribuída uniformemente *ao longo do volume de uma esfera isolante* de raio R. Determine o módulo do campo elétrico em um ponto P a uma distância r do centro da esfera.

SOLUÇÃO

IDENTIFICAR E PREPARAR: assim como no Exemplo 22.5, o sistema possui simetria esférica. Logo, podemos usar as conclusões desse exemplo sobre a direção, o sentido e o módulo de $\vec{E}$. Para usarmos essa simetria, escolhemos como superfície gaussiana uma esfera de raio r concêntrica à distribuição de cargas.

EXECUTAR: pela simetria, a direção do vetor $\vec{E}$ é radial em todos os pontos da superfície gaussiana, logo, $E_\perp = E$, e o módulo do campo elétrico E é o mesmo em todos os pontos sobre a superfície. Portanto, o fluxo elétrico total através da superfície gaussiana é igual ao produto de E pela área total da superfície $A = 4\pi r^2$ — ou seja, $\Phi_E = 4\pi r^2 E$.

A quantidade de cargas no interior da superfície gaussiana depende de r. Para calcular E *dentro* da esfera, escolhemos $r < R$. A densidade volumétrica de carga ρ é igual à carga Q dividida pelo volume total da esfera de raio R:

$$\rho = \frac{Q}{4\pi R^3/3}$$

O volume V_{int} englobado pela superfície gaussiana é igual a $\frac{4}{3}\pi r^3$, de modo que a carga total Q_{int} no interior dessa superfície é

$$Q_{int} = \rho V_{int} = \left(\frac{Q}{4\pi R^3/3}\right)\left(\tfrac{4}{3}\pi r^3\right) = Q\frac{r^3}{R^3}$$

Usando a lei de Gauss, Equação 22.8, obtemos

$$4\pi r^2 E = \frac{Q}{\epsilon_0}\frac{r^3}{R^3} \quad \text{ou}$$

$$E = \frac{1}{4\pi\epsilon_0}\frac{Qr}{R^3} \quad \text{(campo no interior de uma esfera uniformemente carregada)}$$

(Continua)

(*Continuação*)

O módulo do campo elétrico é proporcional à distância r entre o ponto do campo e o centro da esfera. (veja o gráfico de E em função de r na **Figura 22.22**).

Para determinarmos E *fora* da esfera, escolhemos $r > R$. Essa superfície engloba a carga total da esfera; logo, $Q_{int} = Q$, e, usando a lei de Gauss, obtemos

$$4\pi r^2 E = \frac{Q}{\epsilon_0} \quad \text{ou}$$

$$E = \frac{1}{4\pi\epsilon_0}\frac{Q}{r^2} \quad \text{(campo no exterior de uma esfera uniformemente carregada)}$$

Para *qualquer* corpo com uma distribuição de cargas com simetria esférica, o campo elétrico para pontos situados no exterior desse corpo é o mesmo que o produzido caso toda carga do corpo estivesse concentrada no centro da esfera. A Figura 22.22 mostra um gráfico dessa situação.

Quando a carga é *negativa*, $\vec{E}$ aponta radialmente *para dentro* e Q é interpretado como o módulo (valor absoluto) da carga nas expressões para E.

AVALIAR: note que, quando substituímos $r = R$ em qualquer uma das expressões de E, obtemos o mesmo resultado, $E = Q/4\pi\epsilon_0 R^2$ para o módulo do campo elétrico na superfície da esfera. Isso decorre do fato de o módulo E ser uma função *contínua* de r. Em contraste, para o caso da esfera condutora do Exemplo 22.5, o módulo do campo elétrico é uma função *descontínua* no ponto $r = R$ (ela salta de um valor $E = 0$ em um ponto interno até $E = Q/4\pi\epsilon_0 R^2$ em um ponto externo quase sobre a superfície). Geralmente, o campo elétrico $\vec{E}$ sofre uma descontinuidade em módulo, direção e/ou sentido, sempre que existir uma *película* carregada, como na superfície de uma esfera condutora carregada (Exemplo 22.5), na superfície de um plano infinito carregado (Exemplo 22.7) ou na superfície de uma placa condutora (Exemplo 22.8).

A técnica aplicada neste exemplo pode ser usada para *qualquer* corpo com uma distribuição de cargas com simetria esférica, até mesmo quando a distribuição não é uniforme. Esses tipos de distribuição ocorrem em muitos átomos e em núcleos atômicos, razão pela qual a lei de Gauss é uma ferramenta útil na física atômica e na física nuclear.

Figura 22.22 Módulo do campo elétrico produzido por uma esfera isolante uniformemente carregada. Compare esse caso com o campo elétrico de uma esfera condutora (Figura 22.18).

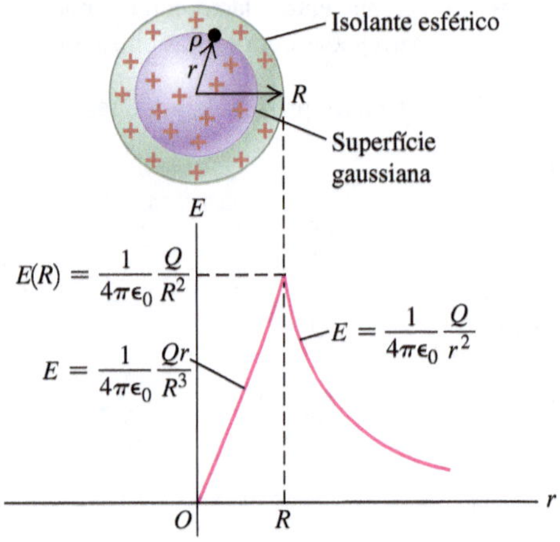

EXEMPLO 22.10 CARGA SOBRE UMA ESFERA OCA

Uma esfera oca com paredes finas possui raio de 0,250 m e uma quantidade desconhecida de carga distribuída uniformemente sobre sua superfície. A uma distância de 0,300 m do centro da esfera, o campo elétrico aponta radialmente para o centro e possui módulo $1{,}80 \times 10^2$ N/C. Quanta carga há na esfera?

SOLUÇÃO

IDENTIFICAR E PREPARAR: a distribuição de carga possui simetria esférica. Assim como nos exemplos 22.5 e 22.9, ocorre que o campo elétrico é radial em todos os pontos e seu módulo é uma função somente da distância radial r do centro da esfera. Usamos uma superfície gaussiana esférica que é concêntrica à distribuição de carga e que passa pelo ponto de interesse em $r = 0{,}300$ m. A variável-alvo do problema é $Q_{int} = q$.

EXECUTAR: a distribuição de carga é a mesma que se a carga estivesse sobre a superfície de uma esfera condutora com raio de 0,250 m. Logo, podemos tomar emprestados os resultados do Exemplo 22.5. Notamos que o campo elétrico, neste caso, está direcionado para a esfera, então q deve ser *negativa*. Além disso, como o campo elétrico está direcionado para a superfície gaussiana, $E_\perp = -E$ e $\Phi_E = \oint E_\perp \, dA = -E(4\pi r^2)$.

Pela lei de Gauss, o fluxo é igual à carga q sobre a esfera (que está toda englobada pela superfície gaussiana) dividida por ϵ_0. Explicitando q, obtemos

$$\begin{aligned} q = -E(4\pi\epsilon_0 r^2) &= -(1{,}80 \times 10^2 \text{ N/C})(4\pi) \\ &\quad \times (8{,}854 \times 10^{-12} \text{C}^2/\text{N}\cdot\text{m}^2)(0{,}300 \text{ m})^2 \\ &= -1{,}80 \times 10^{-9} \text{C} = -1{,}80 \text{ nC} \end{aligned}$$

AVALIAR: para determinar a carga, tivemos de determinar o campo elétrico em *todos* os pontos sobre a superfície gaussiana para podermos calcular a integral do fluxo. Isso foi possível neste caso porque a distribuição de carga é altamente simétrica. Quando, porém, a distribuição de carga é irregular ou carece de simetria, a lei de Gauss não é muito útil para o cálculo da distribuição de carga a partir do campo, ou vice-versa.

TESTE SUA COMPREENSÃO DA SEÇÃO 22.4 Você coloca uma determinada quantidade de carga Q no condutor de formato irregular mostrado na Figura 22.17. Conhecendo seu tamanho e formato, você pode usar a lei de Gauss para calcular o campo elétrico em uma posição arbitrária fora do condutor? ❙

BIO Aplicação Distribuição de cargas no interior de uma célula nervosa O interior de uma célula nervosa humana contém íons positivos de potássio (K^+) e moléculas de proteínas negativas (Pr^-). Os íons de potássio podem sair da célula através da membrana celular, mas as moléculas de proteínas, que são muito maiores, não. Como resultado, o interior da célula tem uma carga líquida negativa. (O fluido no exterior da célula tem uma carga positiva que equilibra essa situação.) O fluido no interior da célula é um bom condutor, de modo que as moléculas de Pr^- se distribuem sobre a superfície externa do fluido — ou seja, na superfície interna da membrana celular, que é um isolante. Isso acontece independentemente da forma da célula.

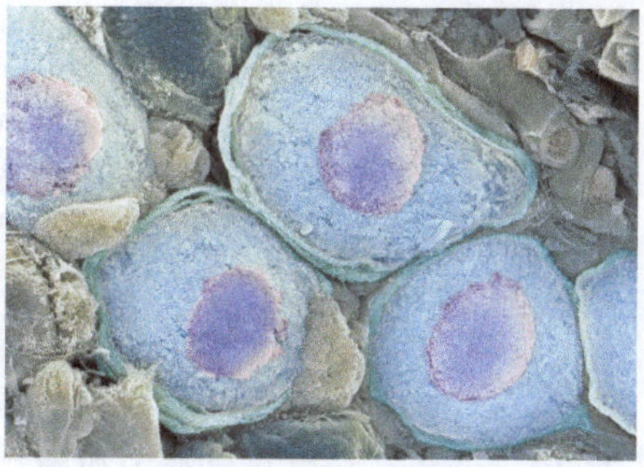

22.5 CARGAS EM CONDUTORES

Já vimos que, no equilíbrio eletrostático (ou seja, quando não existe movimento das cargas), o campo elétrico em qualquer ponto no interior do condutor é igual a zero, e qualquer excesso de carga de um condutor sólido deve ficar localizado inteiramente sobre sua superfície (**Figura 22.23a**). O que ocorre, no entanto, quando existe uma *cavidade* no interior do condutor (Figura 22.23b)? Quando não existe nenhuma carga no interior da cavidade, podemos usar uma superfície gaussiana como a superfície A (que está contida completamente na parte maciça do condutor) para mostrar que a carga total sobre a *superfície da cavidade* deve ser igual a zero, pois $\vec{E} = \mathbf{0}$ sobre todos os pontos da superfície gaussiana. De fato, podemos mostrar que não existe carga sobre *nenhum ponto* da superfície da cavidade. Deixamos para fazer uma demonstração detalhada desse resultado no Capítulo 23.

Suponha que um pequeno corpo com carga q seja colocado no interior de uma cavidade contida em um condutor (Figura 22.23c). O condutor está descarregado e isolado da carga q. Novamente, $\vec{E} = \mathbf{0}$ sobre todos os pontos da superfície A; logo, de acordo com a lei de Gauss, a carga *total* no interior da superfície deve ser igual a zero. Concluímos, portanto, que deve existir uma carga $-q$ distribuída sobre a superfície da cavidade, atraída pela carga q existente no interior dela. A

Figura 22.23 Cálculo do campo elétrico no interior de um condutor carregado.

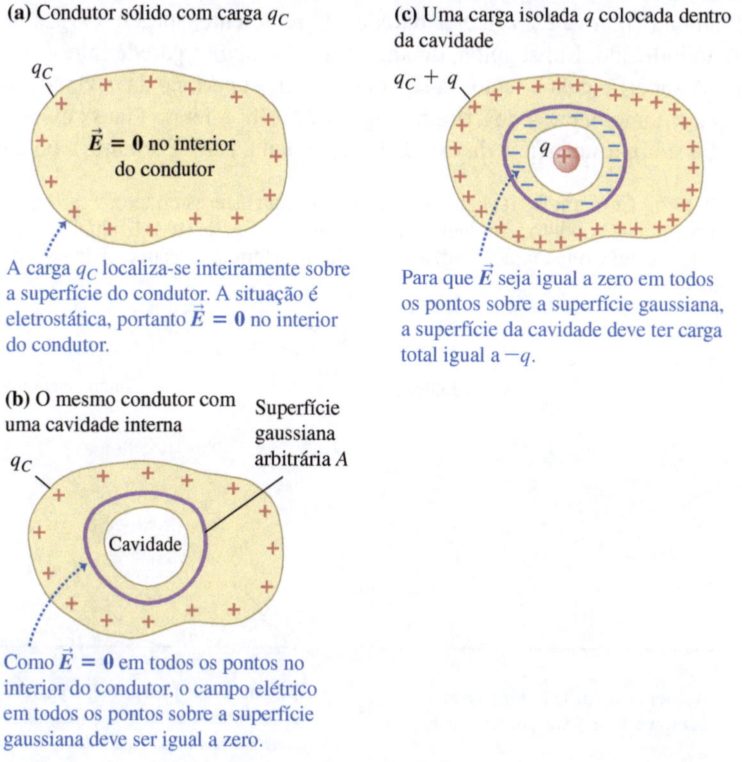

carga *total* do condutor deve continuar igual a zero, o que permite concluir que uma carga $+q$ deve aparecer na superfície externa do material ou na parte maciça do condutor. Porém, já demonstramos que, em equilíbrio eletrostático, não pode existir nenhum excesso de carga na parte maciça de um condutor. Assim, a carga $+q$ deve aparecer na superfície externa. Usando o mesmo raciocínio, se o condutor estivesse inicialmente carregado com uma carga q_C, surgiria uma carga $q_C + q$ em sua superfície externa depois que a carga q fosse colocada no interior da cavidade.

EXEMPLO CONCEITUAL 22.11 UM CONDUTOR COM CAVIDADE

Um condutor com uma cavidade possui carga total igual a +7 nC. A carga puntiforme no interior da cavidade, isolada do condutor, é igual a -5 nC. Qual deve ser a carga existente em cada superfície (interna e externa) do condutor?

SOLUÇÃO

A **Figura 22.24** mostra a situação. Como a carga no interior da cavidade é $q = -5$ nC, a carga sobre a superfície interna da cavidade é $-q = -(-5\,\text{nC}) = +5\,\text{nC}$. O condutor possui uma carga *total* igual a +7 nC, que não pode estar localizada na parte maciça do condutor. Como já existe uma carga igual a +5 nC na superfície interna da cavidade, então deve existir uma carga (+7 nC) − (+5 nC) = +2 nC sobre a superfície externa do condutor.

Figura 22.24 Nossa esquematização do problema. O campo elétrico no interior do condutor sólido é igual a zero e, portanto, o fluxo pela superfície gaussiana indicada é nulo, de modo que a carga na parede da cavidade deve ser oposta à da carga puntiforme.

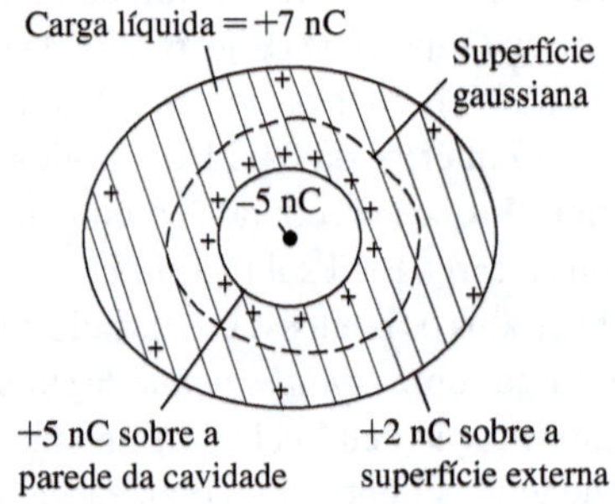

Teste experimental da lei de Gauss

Podemos agora descrever um experimento histórico, ilustrado na **Figura 22.25**. Colocamos um recipiente condutor sobre uma base isolante. O recipiente está inicialmente descarregado. A seguir, suspendemos uma bola metálica carregada usando um fio isolante (Figura 22.25a), introduzimos a bola no balde e o fechamos com a tampa (Figura 22.25b). Nas paredes do recipiente, surgem cargas induzidas, como indicado. Em seguida, deixamos a bola *tocar* a parede interna (Figura 22.25c). A superfície da bola torna-se uma parte da superfície da cavidade. Agora a situação é semelhante à descrita na Figura 22.23b; a lei de Gauss exige que a carga total sobre a superfície da cavidade seja igual a zero. Portanto, a bola perde

Figura 22.25 (a) Com um fio isolante, suspendemos uma esfera condutora carregada sobre um recipiente condutor, apoiado sobre uma base isolante. (b) Introduzimos a esfera no recipiente e o fechamos com a tampa. (c) A esfera toca a superfície interna do recipiente.

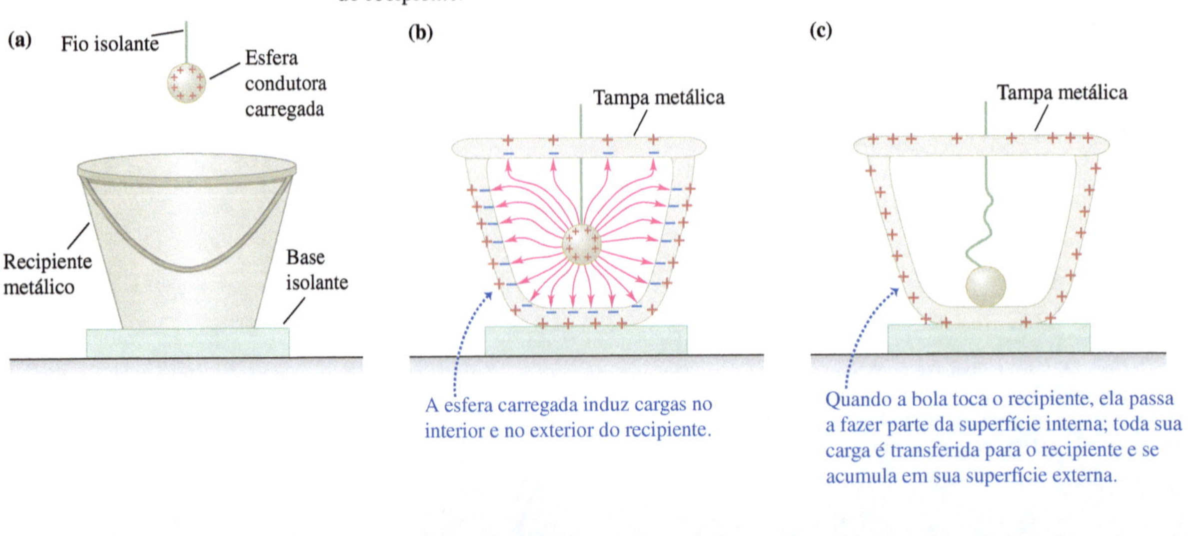

todas as suas cargas. Finalmente, retirando a bola do balde, verificamos que ela realmente perdeu totalmente suas cargas.

Esse experimento foi realizado no século XIX pelo cientista inglês Michael Faraday, que usou um balde de gelo metálico com uma tampa. Tal experimento passou a ser conhecido como **experimento do balde de gelo de Faraday**. O resultado confirma a validade da lei de Gauss e, portanto, da lei de Coulomb também. O resultado de Faraday foi bastante significativo porque o método experimental de Coulomb, usando uma balança de torção e dividindo cargas, não era muito preciso; é mais difícil verificar a dependência da força eletrostática com $1/r^2$ com grande precisão medindo-se a força diretamente. Em contraste, experimentos semelhantes ao de Faraday testam a validade da lei de Gauss, portanto, confirmando a lei de Coulomb com uma precisão muito maior. Versões modernas desse experimento mostraram que o expoente 2 da dependência com $1/r^2$ da lei de Coulomb é igual a 2 com uma precisão maior que 10^{-16}. Portanto, fica confirmado que o valor do expoente é exatamente igual a 2.

O mesmo princípio do experimento do balde de gelo de Faraday é usado em um *gerador eletrostático de Van de Graaff* (**Figura 22.26**). Uma correia transporta cargas continuamente para a superfície interna de uma esfera oca. De acordo com a lei de Gauss, não pode existir nenhuma carga no interior dessa esfera, então essas cargas são imediatamente transportadas para a superfície externa. Como resultado, a carga da esfera oca e o campo elétrico em torno dela podem atingir valores muito elevados rapidamente. O gerador de Van de Graaff pode ser usado como um acelerador de partículas carregadas e para fazer demonstrações de física.

Esse princípio também é a base para entender a *blindagem eletrostática*. Suponha que você queira proteger um instrumento eletrônico muito sensível da ação de campos elétricos ocasionais que poderiam produzir erros em sua leitura. Você deve colocar o instrumento no interior de uma caixa condutora ou então forrar as paredes, o pavimento e o teto com um material condutor, como uma folha de cobre. O campo elétrico externo produz uma redistribuição dos elétrons livres do condutor, resultando em uma carga líquida positiva sobre algumas partes da superfície externa do condutor e uma carga líquida negativa sobre outras partes (**Figura 22.27**). Essa distribuição de cargas produz um campo elétrico adicional, de modo que o campo elétrico *total* é igual a zero em todos os pontos no interior da caixa, conforme previsto pela lei de Gauss. A distribuição de cargas sobre a caixa também produz uma alteração da forma das linhas de campo em pontos próximos da caixa, como indicado na figura. Esse dispositivo geralmente é conhecido como *gaiola de Faraday*. O mesmo princípio físico ensina que o interior do automóvel é o lugar

Figura 22.26 Corte mostrando as partes essenciais de um gerador eletrostático de Van de Graaff. A fonte de elétrons os retira da parte inferior da correia, fazendo-a adquirir uma carga positiva; na parte superior, a correia retira elétrons da superfície interna da esfera oca, fazendo-a adquirir uma carga positiva.

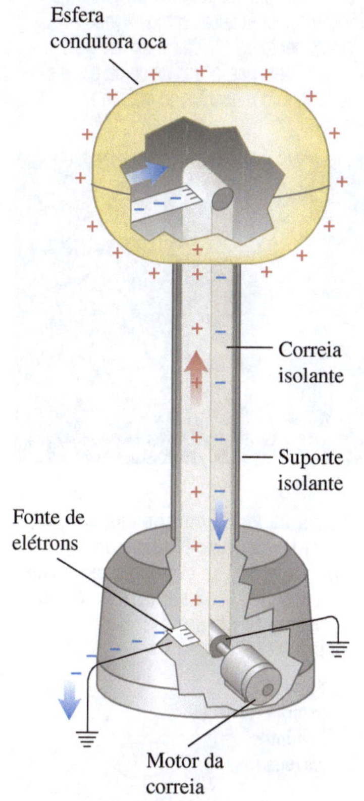

Figura 22.27 (a) Uma caixa condutora (uma gaiola de Faraday) imersa em um campo elétrico uniforme. O campo das cargas induzidas sobre a caixa junta-se ao campo uniforme para produzir um campo total nulo no interior da caixa. (b) Esta pessoa está dentro de uma gaiola de Faraday, portanto, está protegida de uma descarga elétrica poderosa.

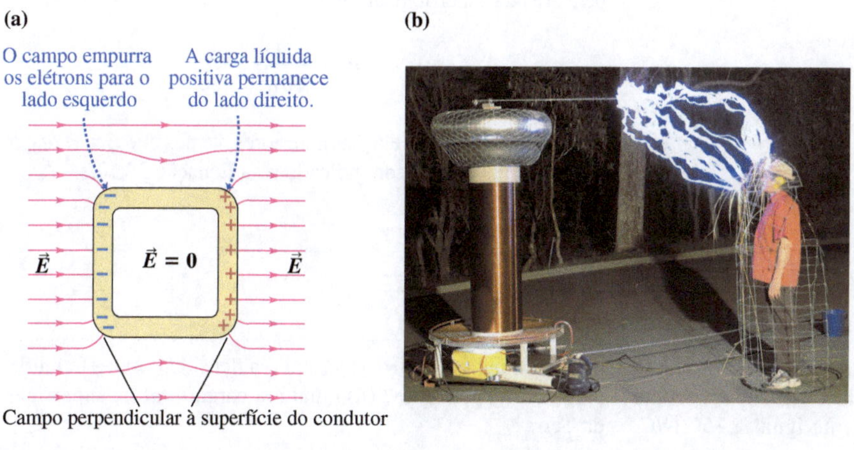

DADOS MOSTRAM

Cargas elétricas em condutores

Quando os alunos recebiam um problema sobre cargas elétricas em condutores, mais de 41% davam uma resposta incorreta. Erros comuns:

- Não entender que as cargas no exterior de um condutor não produzem nenhum efeito sobre seu interior, até mesmo quando o condutor possui uma cavidade interna.
- Não entender que as cargas no interior de uma cavidade afetam a distribuição de cargas tanto nas paredes da cavidade como na superfície externa do condutor.

Aplicação Por que os relâmpagos caem na vertical? Nosso planeta é um bom condutor, e sua superfície tem carga negativa. Em consequência, o campo elétrico na atmosfera acima da superfície aponta em geral para baixo, no sentido da carga negativa e perpendicular à superfície (veja o Exemplo 22.13). A carga negativa é equilibrada por cargas positivas na atmosfera. Em uma tempestade de raios, o campo elétrico vertical se torna grande o suficiente para causar cargas fluindo verticalmente no ar. O ar é excitado e ionizado pela passagem de carga por ele, produzindo um relâmpago em forma de parafuso.

mais seguro para ficar quando ocorre uma tempestade com raios; caso um raio atinja o automóvel, as cargas tendem a se redistribuir sobre a superfície metálica do veículo, e quase nenhum campo elétrico atinge o compartimento de passageiros.

Campo elétrico na superfície de um condutor

Finalmente, notamos que existe uma relação direta entre o campo elétrico $\vec{E}$ no exterior de um condutor, em um ponto muito próximo da superfície externa de um condutor, e a densidade superficial de carga σ no ponto considerado. Geralmente, σ varia de um ponto para outro ao longo da superfície do condutor. No Capítulo 23, mostraremos que, em qualquer ponto sobre a superfície de um condutor, o campo elétrico $\vec{E}$ é sempre *perpendicular* à superfície (você pode ver esse efeito na Figura 22.27a).

Para estabelecer uma relação entre σ em qualquer ponto ao longo da superfície do condutor e o componente perpendicular do campo elétrico nesse ponto, desenhamos uma pequena superfície gaussiana em forma de cilindro (**Figura 22.28**). Uma das bases do cilindro, de área A, se encontra no interior do condutor, e a outra base, no exterior, muito próximo de sua superfície. O campo elétrico é igual a zero em todos os pontos no interior do condutor. No exterior, o componente de $\vec{E}$, perpendicular à superfície lateral do cilindro, é igual a zero e o campo elétrico sobre a base do cilindro é igual a $E_\perp$. (Quando σ é positiva, o campo elétrico orienta-se para fora do condutor e $E_\perp$ é positivo, e quando σ é negativa, o campo elétrico orienta-se para dentro e $E_\perp$ é negativo.) Portanto, o fluxo elétrico total através da superfície é igual a $E_\perp A$. A carga líquida no interior da superfície gaussiana é igual a σA; logo, pela lei de Gauss, obtemos $E_\perp A = (\sigma A)/\epsilon_0$ e

Campo elétrico na superfície de um condutor, $\vec{E}$ perpendicular à superfície

$$E_\perp = \frac{\sigma}{\epsilon_0} \qquad (22.10)$$

σ: Densidade superficial de carga; ϵ_0: Constante elétrica

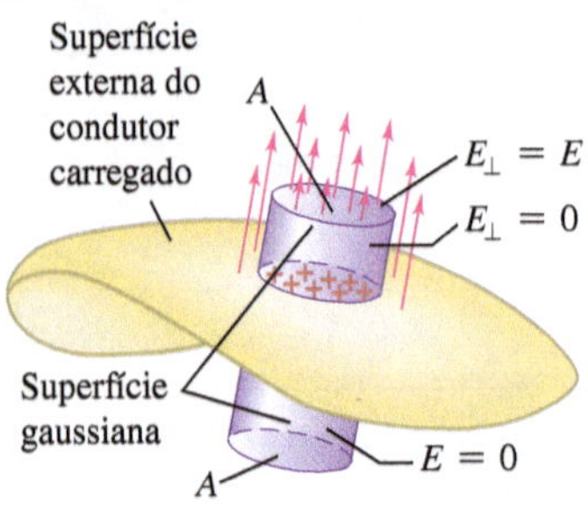

Figura 22.28 O campo elétrico próximo da parte externa da superfície de um condutor carregado é perpendicular à superfície, e seu componente perpendicular $E_\perp$ é igual a σ/ϵ_0.

Você pode conferir esse resultado comparando-o com o campo elétrico obtido na superfície de uma placa condutora carregada (Exemplo 22.8); logo verificaremos o campo na superfície de uma esfera condutora carregada.

Mostramos, no Exemplo 22.8, que o módulo do campo elétrico entre duas placas condutoras retas infinitas com cargas opostas também é igual a σ/ϵ_0. Nesse caso, o módulo do campo elétrico E é o mesmo em *todos* os pontos entre as placas; contudo, nas demais situações, E sempre diminui com o aumento da distância entre o ponto e a superfície externa do corpo.

EXEMPLO CONCEITUAL 22.12 CAMPO NA SUPERFÍCIE DE UMA ESFERA CONDUTORA

Verifique a Equação 22.10 para uma esfera condutora de raio R que possui carga total q.

SOLUÇÃO

No Exemplo 22.5 (Seção 22.4), mostramos que o campo elétrico no exterior de uma esfera é dado por

$$E = \frac{1}{4\pi\epsilon_0}\frac{q}{R^2}$$

A densidade superficial de carga é uniforme e igual a q dividido pela área da superfície da esfera:

$$\sigma = \frac{q}{4\pi R^2}$$

Comparando as duas relações anteriores, vemos que $E = \sigma/\epsilon_0$, o que confirma o resultado indicado pela Equação 22.10.

EXEMPLO 22.13 CAMPO ELÉTRICO DA TERRA

A Terra (um condutor) possui uma carga elétrica líquida. O campo elétrico resultante nas proximidades de sua superfície possui um valor médio aproximadamente igual a 150 N/C, orientado para o centro. (a) Qual é a densidade superficial de carga correspondente? (b) Qual é a carga *total* na superfície da Terra?

(Continua)

(Continuação)

SOLUÇÃO

IDENTIFICAR E PREPARAR: temos o módulo do campo elétrico na superfície do condutor Terra. Podemos calcular a densidade superficial de carga σ usando a Equação 22.10. A carga total Q sobre toda a superfície terrestre é o produto de σ e a área da superfície terrestre.

EXECUTAR: (a) pela direção do campo elétrico, sabemos que σ é negativa (correspondente ao fato de $\vec{E}$ ser direcionado *para dentro* da superfície, portanto, $E_\perp$ é negativo). Usando a Equação 22.10,

$$\sigma = \epsilon_0 E_\perp = (8{,}85 \times 10^{-12}\ \mathrm{C^2/N\cdot m^2})(-150\ \mathrm{N/C})$$
$$= -1{,}33 \times 10^{-9}\ \mathrm{C/m^2} = -1{,}33\ \mathrm{nC/m^2}$$

(b) A área da superfície é igual a $4\pi R_T^{\ 2}$, em que $R_T = 6{,}38 \times 10^6$ m é o raio da Terra (veja o Apêndice F). A carga total Q é igual ao produto $4\pi R_T^{\ 2}\sigma$, ou:

$$Q = 4\pi(6{,}38 \times 10^6\ \mathrm{m})^2(-1{,}33 \times 10^{-9}\ \mathrm{C/m^2})$$
$$= -6{,}8 \times 10^5\ \mathrm{C} = -680\ \mathrm{kC}$$

AVALIAR: podemos conferir o resultado do item (b) pelo resultado do Exemplo 22.5. Isolando a incógnita Q, obtemos

$$Q = 4\pi\epsilon_0 R^2 E_\perp$$
$$= \frac{1}{9{,}0 \times 10^9\ \mathrm{N\cdot m^2/C^2}}(6{,}38 \times 10^6\ \mathrm{m})^2(-150\ \mathrm{N/C})$$
$$= -6{,}8 \times 10^5\ \mathrm{C}$$

A carga do elétron é dada por $-1{,}60 \times 10^{-19}$ C. Portanto, a carga elétrica negativa encontrada corresponde a um número de elétrons excedentes sobre a superfície da Terra, dado por $(-6{,}8 \times 10^5\ \mathrm{C})/(-1{,}60 \times 10^{-19}\ \mathrm{C}) = 4{,}2 \times 10^{24}$, ou cerca de 7 mols de elétrons excedentes. Isso é compensado por uma igual *deficiência* de elétrons na camada superior da atmosfera terrestre; portanto, a Terra e sua atmosfera compõem um conjunto eletricamente neutro.

TESTE SUA COMPREENSÃO DA SEÇÃO 22.5 Uma esfera condutora oca não possui carga líquida. Há uma carga puntiforme positiva q no centro da cavidade esférica no interior da esfera. Você conecta um fio condutor da superfície externa da esfera ao solo. Você conseguirá medir um campo elétrico no exterior da esfera? ❙

CAPÍTULO 22 RESUMO

Fluxo elétrico: o fluxo elétrico é a medida do "escoamento" do campo elétrico através de uma superfície. Ele é dado pelo produto de um elemento de área vezes o componente perpendicular de $\vec{E}$ integrado sobre uma superfície considerada (exemplos 22.1 a 22.3).

$$\Phi_E = \int E\cos\phi\, dA = \int E_\perp\, dA = \int \vec{E}\cdot d\vec{A} \qquad (22.5)$$

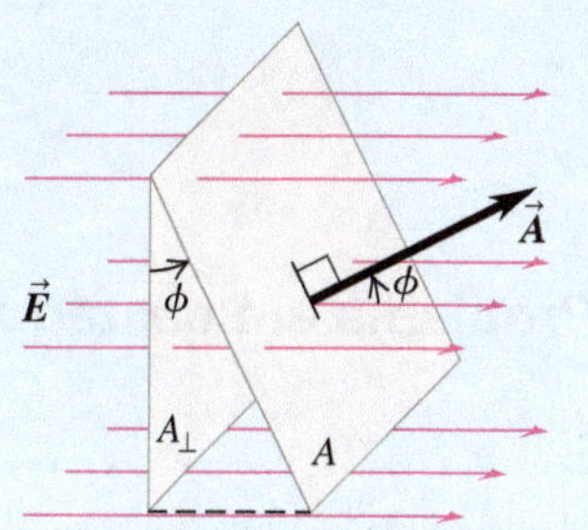

Lei de Gauss: a lei de Gauss afirma que o fluxo elétrico total através de uma superfície fechada, que pode ser escrita como uma integral de superfície do componente de $\vec{E}$ perpendicular à superfície, é igual a uma constante multiplicada pela carga total Q_{int} no interior da superfície fechada. A lei de Gauss é logicamente equivalente à lei de Coulomb, porém seu uso facilita muito a solução de problemas que possuem elevado grau de simetria (exemplos 22.4 a 22.10).

Quando um excesso de carga é colocado sobre um condutor em repouso, as cargas se distribuem inteiramente sobre a superfície e $\vec{E} = \mathbf{0}$ em todas as partes do condutor, exceto em sua superfície externa (exemplos 22.11 a 22.13).

$$\Phi_E = \oint E\cos\phi\, dA = \oint E_\perp\, dA = \oint \vec{E}\cdot d\vec{A} = \frac{Q_{int}}{\epsilon_0} \qquad (22.8), (22.9)$$

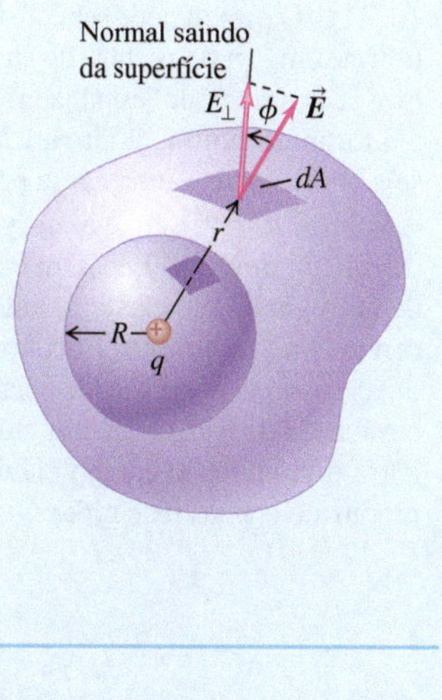

Campo elétrico de várias distribuições de cargas simétricas: a tabela a seguir indica os campos elétricos produzidos por diversas distribuições de cargas simétricas. Nessa tabela, q, Q, λ e σ representam os *módulos* das grandezas.

Distribuição de cargas	Ponto em campo elétrico	Módulo do campo elétrico
Única carga puntiforme q	Distância r de q	$E = \frac{1}{4\pi\epsilon_0}\frac{q}{r^2}$
Carga q sobre a superfície de uma esfera condutora com o raio R	Fora da esfera, $r > R$	$E = \frac{1}{4\pi\epsilon_0}\frac{q}{r^2}$
	Dentro da esfera, $r < R$	$E = 0$
Fio infinito, carga por unidade de comprimento λ	Distância r do fio	$E = \frac{1}{2\pi\epsilon_0}\frac{\lambda}{r}$
Cilindro condutor infinito com raio R, carga por unidade de comprimento λ	Fora do cilindro, $r > R$	$E = \frac{1}{2\pi\epsilon_0}\frac{\lambda}{r}$
	Dentro do cilindro, $r < R$	$E = 0$
Esfera isolante sólida com raio R, carga Q distribuída uniformemente no volume	Fora da esfera, $r > R$	$E = \frac{1}{4\pi\epsilon_0}\frac{Q}{r^2}$
	Dentro da esfera, $r < R$	$E = \frac{1}{4\pi\epsilon_0}\frac{Qr}{R^3}$
Plano infinito com distribuição superficial de carga σ uniforme	Qualquer ponto	$E = \frac{\sigma}{2\epsilon_0}$
Duas placas condutoras com cargas contrárias e densidades superficiais de carga $+\sigma$ e $-\sigma$	Qualquer ponto entre as placas	$E = \frac{\sigma}{\epsilon_0}$
Condutor carregado	Próximo da superfície externa do condutor	$E = \frac{\sigma}{\epsilon_0}$

Problema em destaque Campo elétrico no interior de um átomo de hidrogênio

Um átomo de hidrogênio é constituído por um próton de carga $+Q = 1{,}60 \times 10^{-19}$ C e um elétron de carga $-Q = -1{,}60 \times 10^{-19}$ C. O próton pode ser considerado como uma carga puntiforme em $r = 0$, o centro do átomo. O movimento do elétron leva sua carga a ser "espalhada" em uma distribuição esférica em torno do próton (**Figura 22.29**), de modo que o elétron seja equivalente a uma carga por unidade de volume $\rho(r) = -(Q/\pi a_0^3)e^{-2r/a_0}$, em que $a_0 = 5{,}29 \times 10^{-11}$ m é chamado de *raio de Bohr*. (a) Encontre o valor total da carga do átomo de hidrogênio que existe no interior de uma esfera de raio r centrada no próton. (b) Encontre o campo elétrico (módulo, direção e sentido) produzido pela carga do átomo de hidrogênio em função de r. (c) Faça um gráfico em função de r da razão entre o módulo do campo elétrico E e o módulo do campo produzido apenas pelo próton.

GUIA DA SOLUÇÃO

IDENTIFICAR E PREPARAR

1. Como a distribuição de carga neste problema possui simetria esférica, como no Exemplo 22.9, você pode resolvê-lo com a lei de Gauss.
2. A carga no interior de uma esfera de raio r inclui a carga do próton $+Q$ mais a porção da distribuição de carga do elétron que se encontra no interior da esfera. Ao contrário do Exemplo 22.9, a distribuição de carga do elétron *não* é uniforme, portanto, a carga no interior de uma esfera de raio r *não* é simplesmente a densidade de carga multiplicada pelo volume $4\pi r^3/3$ da esfera. Em vez disso, você terá de calcular uma integral.
3. Considere uma casca esférica fina centrada no próton, com raio r' e espessura infinitesimal dr'. Como a casca possui

(*Continua*)

(Continuação)

uma espessura muito fina, todos os pontos no interior do material dessa casca possuem, essencialmente, o mesmo raio r a partir do próton. Portanto, a quantidade de carga do elétron dentro dessa casca é igual à densidade de carga do elétron $\rho(r')$ nesse raio multiplicado pelo volume dV da casca. Qual é o valor de dV em função de r'?

4. A carga total do elétron dentro de um raio r é igual à integral de $\rho(r')dV$ no intervalo entre $r' = 0$ e $r' = r$. Monte essa integral (mas não resolva ainda), e use-a para escrever uma expressão para a carga total (incluindo o próton) dentro de uma esfera de raio r.

EXECUTAR

5. Integre sua expressão da etapa 4 para encontrar a carga dentro do raio r. (*Dica*: integre por substituição: alterar a variável de integração de r' para $x = 2r'/a_0$. Você pode usar a integração por partes para calcular a integral $\int x^2 e^{-x}\,dx$, ou pode procurar em uma tabela de integrais na internet.)
6. Use a lei de Gauss e os resultados obtidos na etapa 5 para encontrar o campo elétrico a uma distância r do próton.
7. Encontre a razão solicitada no item (c) e represente-a graficamente *versus* r. (Na verdade, é mais simples você representar graficamente essa função *versus* a grandeza r/a_0.)

AVALIAR

8. Como seus resultados para a carga englobada e o módulo do campo elétrico se comportam no limite $r \rightarrow 0$? No limite $r \rightarrow \infty$? Explique seus resultados.

Figura 22.29 Distribuição de carga em um átomo de hidrogênio.

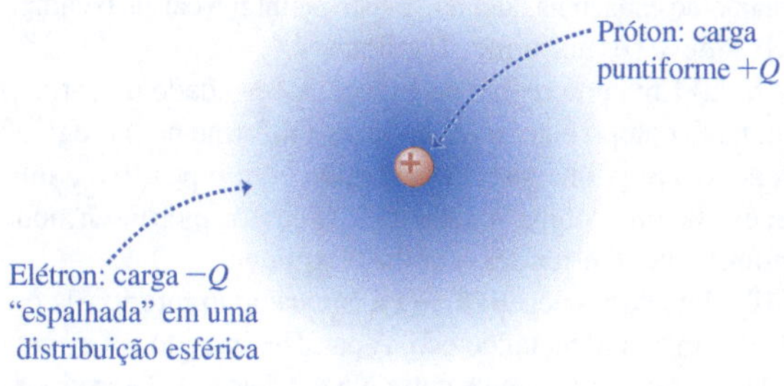

PROBLEMAS

•, ••, •••: níveis de dificuldade. **PC**: problemas cumulativos, incorporando material de outros capítulos. **CALC**: problemas exigindo cálculo. **DADOS**: problemas envolvendo dados reais, evidência científica, projeto experimental e/ou raciocínio científico. **BIO**: problemas envolvendo biociências.

QUESTÕES PARA DISCUSSÃO

Q22.1 Um balão de borracha possui uma única carga puntiforme em seu interior. O fluxo elétrico através do balão quando ele está parcialmente inflado é igual ao fluxo elétrico quando ele está completamente inflado? Explique seu raciocínio.

Q22.2 Suponha que, na Figura 22.15, ambas as cargas sejam positivas. Quais seriam os fluxos através de cada uma das quatro superfícies nesse exemplo?

Q22.3 Na Figura 22.15, suponha que uma terceira carga puntiforme fosse colocada fora da superfície gaussiana roxa C. Isso produziria alguma mudança no fluxo elétrico através das superfícies A, B, C ou D indicadas na figura? Por quê?

Q22.4 Uma certa região do espaço está limitada por uma superfície fechada imaginária que não contém nenhuma carga. O campo elétrico é sempre igual a zero em todos os pontos dessa superfície? Caso não seja, em que circunstâncias ele é igual a zero sobre a superfície?

Q22.5 Uma carga puntiforme q está no interior de uma superfície gaussiana esférica. Se a carga for removida para um ponto afastado do centro dessa superfície esférica, o campo elétrico em um ponto sobre essa superfície se modifica? O fluxo total através da superfície gaussiana sofre alteração? Explique.

Q22.6 Você encontra uma caixa lacrada na sua porta de entrada e suspeita que ela contenha várias esferas metálicas embaladas em material isolante. Como você pode determinar a carga líquida total no interior da caixa sem abri-la? Ou isso não é possível?

Q22.7 Uma esfera maciça de cobre possui carga líquida positiva. A distribuição das cargas é uniforme sobre a superfície esférica, e o campo elétrico no interior da esfera é igual a zero. A seguir, uma carga puntiforme negativa é aproximada da superfície da esfera. Toda a carga líquida sobre a esfera continua em sua superfície? Em caso afirmativo, essa carga está uniformemente distribuída? Caso não, como ela está distribuída? O campo elétrico no interior da esfera continua sendo igual a zero? Em cada caso, justifique suas respostas.

Q22.8 Caso o campo elétrico de uma carga puntiforme fosse proporcional a $1/r^3$ em vez de $1/r^2$, a lei de Gauss ainda seria válida? Explique seu raciocínio. (*Dica*: considere uma superfície gaussiana esférica centralizada sobre uma única carga puntiforme.)

Q22.9 Em um condutor, cada átomo contribui com um ou mais elétrons que podem se mover livremente ao longo do volume do condutor. Esse fato contradiz a afirmação de que qualquer excesso de carga no interior de um condutor sólido deve permanecer sobre sua superfície? Por quê?

Q22.10 Você carrega o gerador de Van de Graaff, indicado na Figura 22.26, e a seguir aproxima dele uma esfera condutora oca descarregada sem deixar que as duas esferas se toquem. Desenhe a distribuição de cargas na segunda esfera. Qual é o fluxo elétrico líquido através da segunda esfera? Qual é o campo elétrico no interior da segunda esfera?

Q22.11 Um para-raios é uma haste de cobre com uma extremidade arredondada. Ele é montado no topo de um edifício e soldado a um cabo de cobre pesado, que penetra no solo. Os para-raios são usados para proteger casas e celeiros; a corrente do raio passa pelo cobre em vez de passar pelo edifício. Por quê? Por que sua extremidade deve ser arredondada?

Q22.12 Um condutor sólido possui uma cavidade em seu interior. Uma carga puntiforme dentro da cavidade pode afetar o campo elétrico fora do condutor? Por quê? A presença de uma carga puntiforme no exterior do condutor pode afetar o campo elétrico no interior da cavidade? Por quê?

Q22.13 Explique a seguinte afirmação: "Em uma situação de equilíbrio estático, o campo elétrico resultante na superfície de um condutor não pode ter componente paralelo à superfície, porque isso violaria a condição de equilíbrio estático das cargas sobre a superfície". Essa afirmação seria válida para o campo elétrico resultante na superfície de um *isolante*? Explique seu raciocínio e diga qual é a razão de qualquer diferença encontrada entre o caso do condutor e o caso do isolante.

Q22.14 Em certa região do espaço, existe um campo elétrico $\vec{E}$ uniforme. (a) Use a lei de Gauss para provar que essa região deve ser eletricamente neutra, ou seja, a densidade de carga ρ deve ser igual a zero. (b) A recíproca é verdadeira? Ou seja, em uma região do espaço na qual não existe nenhuma carga, o campo elétrico $\vec{E}$ deve ser uniforme? Explique.

Q22.15 (a) Em certa região do espaço, a densidade de carga ρ é positiva. O campo elétrico $\vec{E}$ pode ser uniforme nessa região? Explique. (b) Suponha que, nessa região com ρ positiva e uniforme, exista uma "bolha" com $\rho = 0$. O campo elétrico $\vec{E}$ pode ser uniforme no interior dessa bolha? Explique.

Q22.16 Uma carga negativa $-Q$ é colocada no interior da cavidade de um sólido metálico oco. A parte externa do sólido está aterrada por um fio condutor entre ele e a Terra. Há algum excesso de carga induzida na superfície interna do pedaço de metal? Há algum excesso de carga induzida na superfície externa? Por quê? Alguém fora do sólido poderia medir um campo elétrico produzido pela carga $-Q$? É razoável afirmar que o condutor aterrado *blindou* a região no exterior do condutor dos efeitos da carga $-Q$? Em princípio, o mesmo poderia ser feito com a gravidade? Por quê?

EXERCÍCIOS

Seção 22.2 Determinação do fluxo elétrico

22.1 • Uma folha de papel plana, com área igual a 0,250 m^2, é orientada de modo que a normal ao plano forma um ângulo de 60° com a direção de um campo elétrico uniforme, de módulo igual a 14 N/C. (a) Calcule o módulo do fluxo elétrico através da folha. (b) A resposta do item (a) depende da forma geométrica da folha? Por quê? (c) Para qual ângulo ϕ, entre a normal ao plano e a direção do campo elétrico, o módulo do fluxo elétrico através da folha se torna (i) máximo e (ii) mínimo? Explique suas respostas.

22.2 •• Uma placa plana possui a forma de um retângulo com lados de 0,400 m e 0,600 m. A placa está imersa em um campo elétrico uniforme com módulo igual a 90,0 N/C e cuja direção forma um ângulo de 20° com o plano da placa (**Figura E22.2**). Calcule o módulo do fluxo elétrico total através da placa.

Figura E22.2

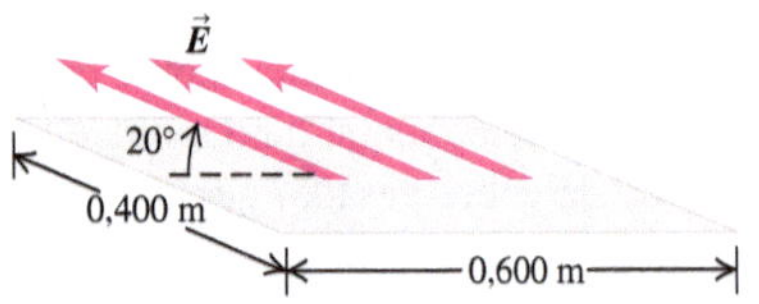

22.3 • Você mede um campo elétrico de $1{,}25 \times 10^6$ N/C a uma distância de 0,150 m a partir de uma carga puntiforme. Não há nenhuma outra fonte de campo elétrico na região. (a) Qual é o fluxo elétrico através da superfície de uma esfera que possui essa carga em seu centro e um raio de 0,150 m? (b) Qual é o módulo da carga?

22.4 • No Exemplo 21.10 (Seção 21.5), verificamos que o campo elétrico produzido por um fio retilíneo infinito carregado é perpendicular ao fio e possui módulo $E = \lambda/2\pi\epsilon_0 r$. Considere uma superfície cilíndrica imaginária de raio $r = 0{,}250$ m e comprimento $l = 0{,}400$ m, com uma carga positiva distribuída uniformemente sobre seu comprimento. A carga por unidade de comprimento sobre a linha é $\lambda = 3{,}00$ μC/m. (a) Qual é o fluxo elétrico através do cilindro produzido pelo fio infinito? (b) Qual é o fluxo elétrico através do cilindro quando seu raio aumenta para $r = 0{,}500$ m? (c) Qual é o fluxo elétrico através do cilindro quando seu comprimento aumenta para $l = 0{,}800$ m?

22.5 •• Uma superfície hemisférica com raio r, em uma região de campo elétrico uniforme $\vec{E}$, possui eixo alinhado paralelamente ao sentido do campo. Calcule o fluxo através dessa superfície.

22.6 • O cubo na **Figura E22.6** possui uma aresta $L = 10{,}0$ cm. O campo elétrico é uniforme, paralelo ao plano xy, formando um ângulo de 53,1°, medido do eixo $+x$ para o eixo $+y$, e possui módulo $E = 4{,}00 \times 10^3$ N/C. (a) Qual é o fluxo elétrico através de cada uma das seis faces do cubo S_1, S_2, S_3, S_4, S_5 e S_6? (b) Qual é o fluxo elétrico total através de todas as faces do cubo?

Figura E22.6

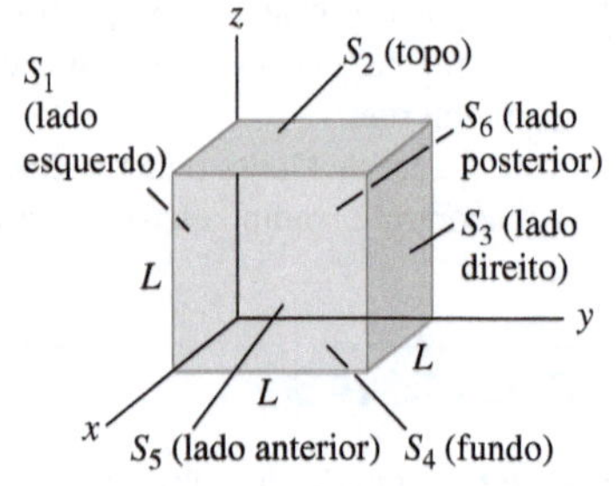

Seção 22.3 Lei de Gauss

22.7 • BIO Conforme discutimos na Seção 22.5, as células nervosas humanas possuem carga líquida negativa e o material no interior da célula é um bom condutor. Se uma célula possui carga líquida igual a $-8{,}65$ pC, determine o módulo, a direção e o sentido (para dentro ou para fora) do fluxo elétrico líquido através do limite da célula.

22.8 • As três pequenas esferas indicadas na **Figura E22.8** possuem cargas $q_1 = 4{,}00$ nC, $q_2 = -7{,}80$ nC e $q_3 = 2{,}40$ nC. Determine o fluxo elétrico total através de cada uma das superfícies fechadas cujas seções retas são indicadas na figura: (a) S_1; (b) S_2; (c) S_3; (d) S_4; (e) S_5. (f) As respostas dos itens (a) até (e) dependem de como a carga está distribuída em cada esfera pequena? Por quê?

Figura E22.8

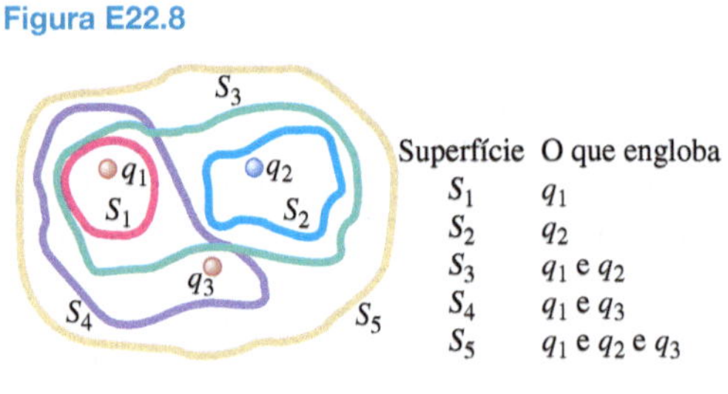

22.9 •• Uma camada fina e uniforme de tinta carregada é espalhada sobre a superfície de uma esfera plástica com diâmetro de 12,0 cm, produzindo uma carga de $-49{,}0$ μC. Determine o campo elétrico (a) dentro da camada de tinta; (b) fora da camada de tinta; (c) 5,00 cm fora da superfície da camada de tinta.

22.10 • Uma carga puntiforme $q_1 = 4{,}00$ nC está localizada sobre o eixo x, no ponto $x = 2{,}00$ m, e uma segunda carga puntiforme $q_2 = -6{,}00$ nC está localizada sobre o eixo y, no ponto

$y = 1,00$ m. Qual é o fluxo elétrico total produzido por essas cargas através de uma superfície esférica centralizada na origem e com um raio de (a) 0,500 m? (b) 1,50 m? (c) 2,50 m? Explique.

22.11 • Uma carga puntiforme igual a 6,20 μC está no centro de um cubo cuja aresta possui um comprimento de 0,500 m. (a) Qual é o fluxo elétrico através de cada uma das seis faces do cubo? (b) O que mudaria em sua resposta na parte (a) se a aresta do cubo tivesse um comprimento igual a 0,250 m? Explique.

22.12 • **Campos elétricos em um átomo.** Os núcleos de grandes átomos, como o urânio com 92 prótons, podem ser modelados como esferas simétricas carregadas. O raio do núcleo de urânio é de aproximadamente $7,4 \times 10^{-15}$ m. (a) Qual é o campo elétrico que esse núcleo produz fora de sua superfície? (b) Qual módulo do campo elétrico ele produz na distância dos elétrons, que é de aproximadamente $1,0 \times 10^{-10}$ m? (c) Os elétrons podem ser modelados para formar uma casca uniforme de carga negativa. Qual campo elétrico líquido eles produzem no local do núcleo?

Seção 22.4 Aplicações da lei de Gauss

Seção 22.5 Cargas em condutores

22.13 •• Duas linhas retas carregadas uniformemente muito longas são paralelas e estão separadas por uma distância igual a 0,300 m. Cada linha carregada possui carga por unidade de comprimento igual a +5,20 μC/m. Qual é o módulo da força que uma linha carregada exerce sobre uma seção transversal de 0,0500 m da outra linha carregada?

22.14 •• Uma esfera metálica maciça, com raio igual a 0,450 m, possui uma carga líquida de 0,250 nC. Encontre o módulo do campo elétrico (a) em um ponto situado fora da esfera, a uma distância de 0,100 m de sua superfície; (b) em um ponto interno, a uma distância de 0,100 m abaixo da superfície.

22.15 •• Qual é o excesso de elétrons que deve ser adicionado a um condutor esférico isolado, com diâmetro de 26,0 cm, para produzir um campo elétrico de 1.150 N/C em um ponto muito próximo da superfície externa da esfera?

22.16 • Alguns cientistas planetários sugeriram que Marte possui um campo elétrico semelhante ao da Terra, produzindo um fluxo elétrico resultante de $-3,63 \times 10^{16}$ N · m^2/C na superfície do planeta. Calcule: (a) a carga elétrica total sobre o planeta; (b) o campo elétrico na superfície do planeta (consulte os dados de astronomia nos apêndices); (c) a densidade de carga em Marte, supondo que toda carga esteja uniformemente distribuída pela superfície do planeta.

22.17 •• Uma linha reta muito longa, carregada uniformemente, possui carga por unidade de comprimento igual a 4,80 μC/m e está ao longo do eixo x. Uma segunda linha reta carregada longa e uniforme possui carga por unidade de comprimento igual a $-2,40$ μC/m e está paralela ao eixo x, em $y = 0,400$ m. Qual é o campo elétrico resultante (módulo, direção e sentido) nos seguintes pontos sobre o eixo y: (a) $y = 0,200$ m e (b) $y = 0,600$ m?

22.18 •• O campo elétrico a uma distância de 0,400 m de uma linha reta carregada muito longa e uniforme é igual a 840 N/C. Quanta carga está contida em uma seção de 2,00 cm dessa linha?

22.19 •• Uma esfera condutora oca, com raio externo de 0,250 m e raio interno de 0,200 m, possui uma densidade superficial de carga uniforme de $+6,37 \times 10^{-6}$ C/m^2. Uma carga de $-0,500$ μC é introduzida na cavidade no interior da esfera. (a) Qual é a nova densidade de carga na parte externa da esfera? (b) Calcule a força do campo elétrico fora da esfera. (c) Qual é o fluxo elétrico através de uma superfície esférica na superfície interior da esfera?

22.20 • (a) A uma distância de 0,200 cm do centro de uma esfera condutora carregada com raio igual a 0,100 cm, o campo elétrico é de 480 N/C. Qual é o campo elétrico a uma distância de 0,600 cm do centro da esfera? (b) A uma distância de 0,200 cm do eixo de um cilindro condutor carregado muito longo com raio igual a 0,100 cm, o campo elétrico é igual a 480 N/C. Qual é o campo elétrico a uma distância de 0,600 cm do eixo do cilindro? (c) A uma distância de 0,200 cm de um plano carregado grande e uniforme, o campo elétrico é de 480 N/C. Qual é o campo elétrico a 1,20 cm do plano?

22.21 •• O campo elétrico a uma distância de 0,145 m da superfície de uma esfera isolante maciça, com raio igual a 0,355 m, é de 1.750 N/C. (a) Supondo que a carga da esfera esteja uniformemente distribuída, qual é a densidade da carga dentro dela? (b) Calcule o campo elétrico no interior da esfera a uma distância de 0,200 m do centro.

22.22 •• Uma carga puntiforme de $-3,00$ μC está localizada no centro de uma cavidade esférica com raio igual a 6,50 cm no interior de um corpo sólido isolado. A densidade de carga no sólido é $\rho = 7,35 \times 10^{-4}$ C/m^3. Calcule o campo elétrico no interior do sólido a uma distância de 9,50 cm do centro da cavidade.

22.23 •• **PC** Um elétron é liberado a partir do repouso a uma distância de 0,300 m de uma placa isolante carregada grande, que possui densidade superficial de carga uniforme igual a $+2,90 \times 10^{-12}$ C/m^2. (a) Determine quanto trabalho é feito sobre o elétron pelo campo elétrico da placa enquanto o elétron se desloca a partir de sua posição inicial até um ponto a 0,050 m de distância da placa. (b) Qual é a velocidade escalar do elétron quando está a 0,050 m de distância da placa?

22.24 •• A carga Q está distribuída uniformemente ao longo de todo o volume de uma esfera isolante de raio $R = 4,00$ cm. A uma distância de $r = 8,00$ cm do centro da esfera, o campo elétrico produzido pela distribuição de carga possui módulo $E = 940$ N/C. Determine (a) a densidade volumétrica de carga da esfera e (b) o campo elétrico, a uma distância de 2,00 cm do centro da esfera.

22.25 • Um condutor com uma cavidade como a indicada na Figura 22.23c possui uma carga total igual a +5,00 nC. A carga existente no interior da cavidade, isolada do condutor, é igual a $-6,00$ nC. Qual é a quantidade de carga existente sobre (a) a superfície interna do condutor? (b) A superfície externa do condutor?

22.26 •• Uma placa não condutora carregada muito grande possui orientação horizontal. A placa tem carga por unidade de área uniforme $\sigma = 5,00 \times 10^{-6}$ C/m^2. (a) Uma pequena esfera de massa $m = 8,00 \times 10^{-6}$ kg e carga q é colocada 3,00 cm acima da placa carregada e, em seguida, liberada a partir do repouso. (a) Se a esfera permanecer imóvel quando for liberada, qual deve ser o valor de q? (b) Qual é o valor de q se a esfera for liberada a partir de uma distância de 1,50 cm acima da placa?

22.27 • Aplique a lei de Gauss para as superfícies gaussianas S_2, S_3 e S_4 na Figura 22.21b para calcular o campo elétrico na região entre as placas e fora delas.

22.28 • Uma folha isolante quadrada, com lado igual a 80,0 cm, é mantida em uma posição horizontal. A folha possui carga de 4,50 nC, distribuída uniformemente sobre sua superfície. (a) Calcule o campo elétrico em um ponto a uma distância de 0,100 mm acima do centro da folha. (b) Estime o campo elétrico em um ponto situado a 100 m acima do centro da folha. (c) Suas respostas para os itens (a) e (b) seriam diferentes se a folha fosse feita de um material condutor? Por quê?

22.29 • Um condutor cilíndrico infinito possui raio R e densidade superficial de carga σ. (a) Em função de σ e R, qual é a carga por unidade de comprimento λ para o cilindro? (b) Em função de σ, qual é o módulo do campo elétrico produzido pelo cilindro carregado a uma distância $r > R$ a partir de seu eixo? (c) Expresse o resultado do item (b) em função de λ e mostre que o campo elétrico para fora do cilindro se comporta como se toda a carga elétrica do cilindro estivesse concentrada em seu eixo. Compare suas respostas com o resultado obtido para um fio carregado no Exemplo 22.6 (Seção 22.4).

22.30 • Duas placas de plástico muito grandes e não condutoras, cada uma com espessura de 10,0 cm, carregam densidades de carga uniforme σ_1, σ_2, σ_3 e σ_4 sobre suas superfícies (**Figura E22.30**). Essas densidades superficiais de carga possuem os valores $\sigma_1 = -6{,}00\ \mu\text{C/m}^2$, $\sigma_2 = +5{,}00\ \mu\text{C/m}^2$, $\sigma_3 = +2{,}00\ \mu\text{C/m}^2$ e $\sigma_4 = +4{,}00\ \mu\text{C/m}^2$. Use a lei de Gauss para determinar o módulo, a direção e o sentido do campo elétrico nos seguintes pontos, afastados das bordas dessas placas: (a) ponto A, a 5,00 cm da face esquerda da placa à esquerda; (b) ponto B, a 1,25 cm da superfície interna da placa à direita; (c) ponto C, no meio da placa à direita.

Figura E22.30

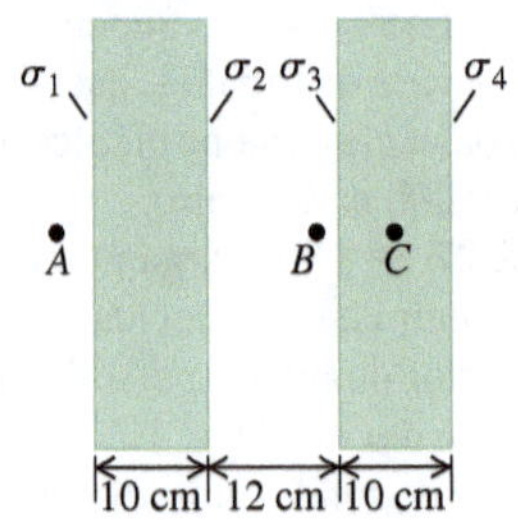

PROBLEMAS

22.31 •• **PC** No instante $t = 0$, um próton está a uma distância de 0,360 m a partir de uma placa isolante carregada muito grande e se desloca paralelamente à placa com uma velocidade de $9{,}70 \times 10^2$ m/s. A placa possui densidade superficial de carga uniforme igual a $2{,}34 \times 10^{-9}\ \text{C/m}^2$. Qual é a velocidade escalar do próton em $t = 5{,}00 \times 10^{-8}$ s?

22.32 •• **PC** Um objeto muito pequeno com massa igual a $8{,}20 \times 10^{-9}$ kg e carga positiva igual a $6{,}50 \times 10^{-9}$ C é projetada diretamente para uma placa isolante muito grande de carga positiva que possui densidade superficial de carga uniforme igual a $5{,}90 \times 10^{-8}\ \text{C/m}^2$. O objeto está, inicialmente, a uma distância de 0,400 m da placa. Qual deve ser a velocidade escalar inicial do objeto para que sua distância mais próxima da placa seja igual a 0,100 m?

22.33 •• **PC** Uma pequena esfera com massa de $4{,}00 \times 10^{-6}$ kg e carga de $5{,}00 \times 10^{-8}$ C está suspensa por um fio, próxima a uma grande placa isolante carregada (**Figura P22.33**). A densidade de carga sobre a placa é uniforme e igual a $-2{,}50 \times 10^{-9}\ \text{C/m}^2$. Determine o ângulo do fio.

Figura P22.33

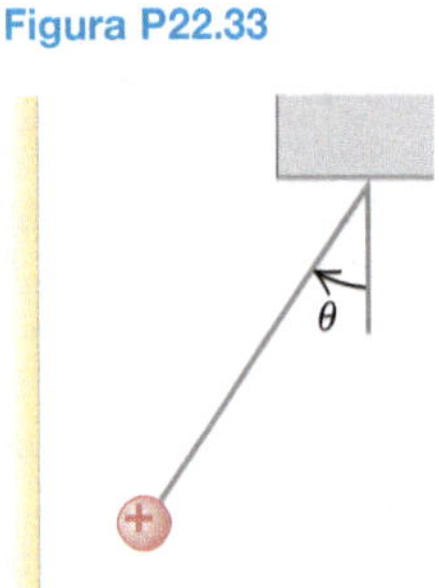

22.34 •• Um cubo possui arestas com comprimento $L = 0{,}300$ m e é colocado com um dos vértices na origem, como indica a Figura E22.6. O campo elétrico não uniforme é dado por $\vec{E} = (-5{,}00\ \text{N/C}\cdot\text{m})x\hat{\imath} + (3{,}00\ \text{N/C}\cdot\text{m})z\hat{k}$. (a) Determine o fluxo elétrico através de cada uma das seis faces do cubo S_1, S_2, S_3, S_4, S_5 e S_6. (b) Calcule o fluxo elétrico total no interior do cubo.

22.35 • O campo elétrico $\vec{E}$ na **Figura P22.35** é paralelo ao eixo x em todos os pontos da região, portanto os componentes E_y e E_z são nulos. O componente x do campo elétrico E_x depende de x, mas não depende nem de y nem de z. Sobre os pontos do plano yz (em que $x = 0$), $E_x = 125$ N/C. (a) Qual é o fluxo elétrico através da superfície I na Figura P22.35? (b) Qual é o fluxo elétrico através da superfície II? (c) O volume indicado na figura é uma pequena seção de uma viga isolante muito grande, com espessura igual a 1,0 m. Sabendo que existe uma carga igual a $-24{,}0$ nC no interior do volume indicado, determine o módulo, a direção e o sentido de $\vec{E}$ sobre a face oposta à face I. (d) O campo elétrico existente é produzido somente pelas cargas no interior da viga ou também pode ser produzido por cargas existentes no exterior da viga? Como se pode ter certeza disso?

Figura P22.35

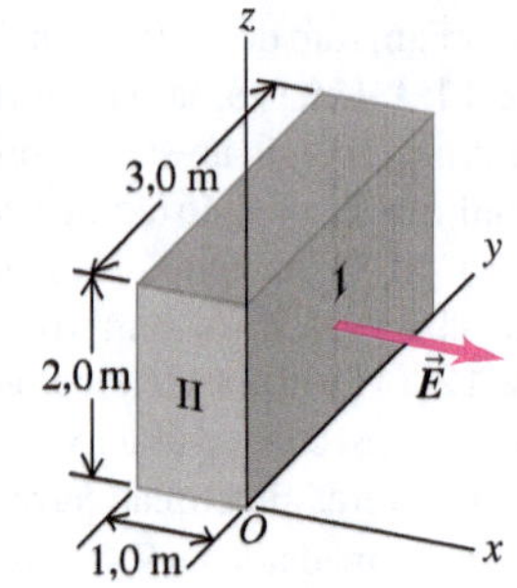

22.36 •• **CALC** Em uma região do espaço, há um campo elétrico $\vec{E}$ que está na direção de z e que possui módulo $E = [964\ \text{N/(C}\cdot\text{m)}]x$. Encontre o fluxo para esse campo através de um quadrado no plano xy em $z = 0$ e com comprimento lateral igual a 0,350 m. Um dos lados do quadrado está sobre o eixo $+x$ e outro, sobre o eixo $+y$.

22.37 •• O campo elétrico $\vec{E}_1$ em uma das faces de um paralelepípedo é uniforme em todos os pontos dessa face e aponta perpendicularmente para fora da face. Na face oposta, o campo elétrico $\vec{E}_2$ também é uniforme em todos os pontos e aponta perpendicularmente para dentro da face (**Figura P22.37**). As duas faces mencionadas possuem inclinação de 30° em relação à horizontal, enquanto $\vec{E}_1$ e $\vec{E}_2$ são ambos horizontais; o módulo de $\vec{E}_1$ é igual a $2{,}50 \times 10^4$ N/C e o módulo de $\vec{E}_2$ é igual a $7{,}00 \times 10^4$ N/C. (a) Supondo que nenhuma outra linha de campo atravesse as superfícies do paralelepípedo, determine a carga líquida contida em seu interior. (b) O campo elétrico existente é produzido somente pelas cargas no interior do paralelepípedo ou também pode ser produzido por cargas existentes fora dele? Como se pode ter certeza disso?

Figura P22.37

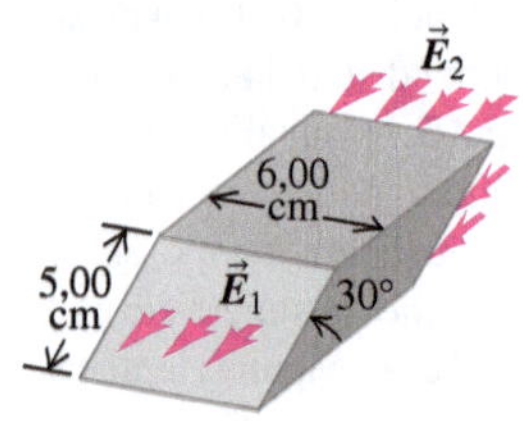

22.38 • Uma linha longa que possui densidade linear de carga uniforme $+50{,}0\ \mu\text{C/m}$ corre paralelamente à superfície de uma placa de plástico plana e grande, a 10,0 cm de distância, e que possui uma densidade superficial de carga uniforme de $-100\ \mu\text{C/m}^2$ em um dos lados. Encontre a localização de todos os pontos em que uma partícula α não sofreria nenhuma força produzida por essa combinação de objetos carregados.

22.39 • **O cabo coaxial.** Um cabo coaxial longo consiste em um cilindro interno condutor de raio a e um cilindro externo coaxial com raio interno b e raio externo c. O cilindro externo está apoiado em suportes isolantes e não possui nenhuma carga líquida. O cilindro interno possui uma carga por unidade de comprimento uniforme λ. Determine o campo elétrico (a) em qualquer ponto entre os dois cilindros, a uma distância r do eixo; (b) em qualquer ponto no exterior do cilindro, próximo de sua superfície. (c) Faça um gráfico do módulo do campo elétrico em função da distância r a partir do eixo do cabo, no intervalo entre $r = 0$ e $r = 2c$.

(d) Calcule a carga por unidade de comprimento da superfície interna e da superfície externa do cilindro externo.

22.40 • Um tubo cilíndrico condutor (cilindro oco) muito longo possui raio interno a e raio externo b. Ele possui carga por unidade de comprimento igual a $+\alpha$, em que α é uma constante positiva com unidades de C/m. Um fio carregado está sobre o eixo do tubo. O fio possui uma carga por unidade de comprimento igual a $+\alpha$. (a) Determine o campo elétrico em função de α e da distância r a partir do eixo do tubo para (i) $r < a$; (ii) $a < r < b$; (iii) $r > b$. Mostre seus resultados em um gráfico de E em função de r. (b) Qual é a carga por unidade de comprimento sobre (i) a superfície interna do tubo e (ii) a superfície externa do tubo?

22.41 • Um cilindro sólido muito longo de raio R possui distribuição uniforme de carga positiva, sendo ρ a carga por unidade de volume. (a) Deduza uma expressão para o campo elétrico no interior do volume, a uma distância r do eixo do cilindro, em função da densidade de carga ρ. (b) Qual é o campo elétrico em um ponto fora do volume, em função da carga por unidade de comprimento λ do cilindro? (c) Compare os resultados dos itens (a) e (b) para $r = R$. (d) Faça um gráfico do módulo do campo elétrico em função da distância r, de $r = 0$ até $r = 3R$.

22.42 • **Uma esfera dentro de uma esfera.** Uma esfera condutora sólida de raio a possui carga q. Ela está no interior de uma esfera condutora oca concêntrica, com raio interno b e raio externo c. A esfera condutora oca não possui nenhuma carga líquida. (a) Deduza uma expressão para o módulo do campo elétrico em função da distância r a partir do centro para as regiões $r < a$, $a < r < b$, $b < r < c$ e $r > c$. (b) Faça um gráfico do módulo do campo elétrico em função da distância r, de $r = 0$ até $r = 2c$. (c) Qual é a carga sobre a superfície interna da esfera oca? (d) E sobre sua superfície externa? (e) Represente as cargas da pequena esfera usando quatro sinais de adição. Faça um esboço das linhas de campo do sistema no interior de um volume esférico de raio igual a $2c$.

22.43 • Uma esfera condutora sólida de raio R com carga Q positiva está no interior de uma casca esférica muito fina isolante e concêntrica, com raio $2R$ e que também possui uma carga Q, que está distribuída uniformemente sobre a casca esférica isolante. (a) Determine o campo elétrico (módulo, direção e sentido) em cada uma das regiões $0 < r < R$, $R < r < 2R$ e $r > 2R$. (b) Faça um gráfico do módulo do campo elétrico em função da distância r.

22.44 • Uma esfera oca condutora com raio interno a e raio externo b possui uma carga puntiforme positiva Q, localizada em seu centro. A carga total sobre a esfera oca é igual a $-3Q$ e está isolada de suas vizinhanças (**Figura P22.44**). (a) Deduza uma expressão para o módulo do campo elétrico E em função da distância r ao centro para as regiões $r < a$, $a < r < b$ e $r > b$. (b) Qual é a densidade superficial de carga sobre a superfície interna da esfera oca condutora? (c) E sobre sua superfície externa? (d) Faça um desenho indicando as linhas de campo elétrico e a localização de todas as cargas. (e) Faça um gráfico de E em função de r.

Figura P22.44

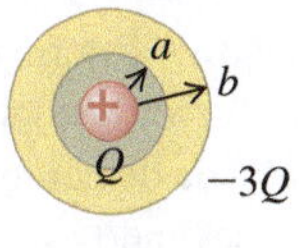

22.45 • **Esferas ocas concêntricas.** Uma pequena esfera oca condutora, com raio interno a e raio externo b, é concêntrica, com uma grande esfera oca condutora, raio interno c e raio externo d (**Figura P22.45**). A carga total sobre a esfera oca interna é igual a $+2q$ e a carga total sobre a esfera oca externa é igual a $+4q$. (a) Determine o campo elétrico $\vec{E}$ (módulo, direção e sentido) em função de q e da distância r do centro comum para as regiões (i) $r < a$; (ii) $a < r < b$; (iii) $b < r < c$; (iv) $c < r < d$; (v) $r > d$. Mostre seus resultados em um gráfico do componente radial de $\vec{E}$ em função de r. (b) Qual é a carga total sobre (i) a superfície interna da esfera oca pequena; (ii) a superfície externa da esfera oca pequena; (iii) a superfície interna da esfera oca grande; (iv) a superfície externa da esfera oca grande?

Figura P22.45

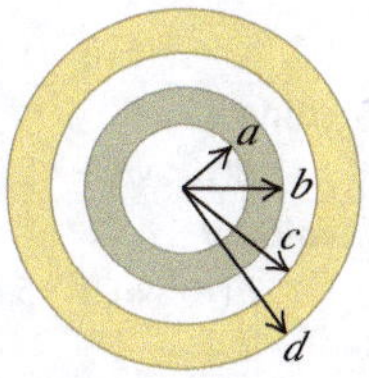

22.46 • Repita o Problema 22.45, porém supondo agora que a esfera oca grande possua uma carga igual a $-2q$. A esfera oca pequena continua com uma carga $+2q$.

22.47 • Uma carga negativa $-Q$ está distribuída uniformemente sobre uma casca esférica isolante fina, de raio R. Calcule a força (módulo, direção e sentido) que essa casca esférica exerce sobre uma carga puntiforme positiva q, localizada (a) a uma distância $r > R$ do centro da esfera (no exterior da casca); (b) a uma distância $r < R$ do centro da esfera (dentro da casca).

22.48 • Uma esfera condutora sólida de raio R possui uma carga positiva Q. A esfera está no interior de uma esfera oca isolante e concêntrica, com raio interno R e raio externo $2R$. A esfera isolante possui uma densidade de carga uniforme ρ. (a) Calcule o valor de ρ para que a carga total do sistema seja igual a zero. (b) Usando o valor de ρ encontrado na parte (a), determine o campo elétrico $\vec{E}$ (módulo, direção e sentido) em cada uma das regiões $0 < r < R$, $R < r < 2R$, e $r > 2R$. Faça um gráfico do componente radial de $\vec{E}$ em função de r. (c) Sabemos que, geralmente, o campo elétrico é descontínuo apenas onde existe uma fina camada de cargas. Explique como seu resultado da parte (b) confirma essa regra.

22.49 ••• **CALC** Uma esfera oca isolante possui raio interno a e raio externo b. No interior do material isolante, a densidade volumétrica de carga é dada por $\rho(r) = \alpha / r$, em que α é uma constante positiva. (a) Em função de a e α, qual é o módulo do campo elétrico a uma distância r do centro da esfera, em que $a < r < b$? (b) Uma carga pontual q é colocada no centro do espaço oco, em $r = 0$. Em função de a e α, qual deve ser o valor de q (sinal e módulo) para que o campo elétrico seja constante na região de $a < r < b$ e, então, qual é o valor do campo constante nessa região?

22.50 •• **PC** **Modelo de Thomson para o átomo.** No início do século XX, um dos modelos pioneiros para a estrutura do átomo foi proposto pelo físico inglês J. J. Thomson (o descobridor do elétron). Segundo o modelo de Thomson, um átomo era constituído por uma esfera carregada positivamente com elétrons negativos espalhados no interior de seu volume, como passas no interior de um bolo. Imagine um átomo constituído por um elétron de massa m e carga $-e$, que pode ser considerado uma carga puntiforme, e uma esfera de raio R uniformemente carregada com uma carga total $+e$. (a) Explique por que a posição de equilíbrio do elétron seria o centro do núcleo. (b) No modelo de Thomson, suponha que o material positivo do átomo não oferecesse resistência ao movimento do elétron. Mostre que, se o elétron se deslocar de sua posição de equilíbrio até uma distância menor que R, o movimento resultante do elétron deve ser harmônico simples, e calcule a frequência das oscilações. (*Dica*: revise a definição do movimento harmônico simples na Seção 13.2. É possível mostrar que, se a força resultante sobre o elétron possui essa forma, então o movimento resultante é harmônico simples. Reciprocamente, se a força resultante sobre o elétron não possui essa forma, então o movimento resultante não é harmônico simples.) (c) Na época de Thomson, já se sabia que átomos excitados só emitiam ondas luminosas com certas frequências. Nesse modelo, a frequência das ondas emitidas seria a mesma das oscilações do(s) elétron(s) no átomo. Qual deveria ser o raio do átomo no modelo de Thomson para que ele emitisse luz vermelha com uma frequência igual a $4{,}57 \times 10^{14}$ Hz? Compare sua resposta com o raio de um átomo real, que é da ordem de 10^{-10} m (veja o Apêndice F). (d) Se o elétron se deslocasse de sua posição de equilíbrio até uma distância maior que R, ocorreria oscilação do elétron? O movimento resultante do elétron seria harmônico simples? Explique sua resposta. (*Nota histórica*: em 1910, o núcleo do átomo foi descoberto, provando que o modelo de Thomson não estava correto. A carga positiva do átomo não se encontra espalhada em seu volume, como Thomson imaginava, mas concentrada em um núcleo minúsculo, com raio da ordem de 10^{-14} a 10^{-15} m.)

22.51 • **Modelo de Thomson para o átomo, continuação.** Usando o modelo (desatualizado) de Thomson para o átomo, descrito no Problema 22.50, considere um átomo constituído por dois elétrons, cada um com carga $-e$, espalhados no interior de uma esfera de raio R, com uma carga total $+2e$. No equilíbrio, cada elétron está a uma distância d do centro do átomo (**Figura P22.51**). Calcule a distância d em função das outras propriedades do átomo.

Figura P22.51

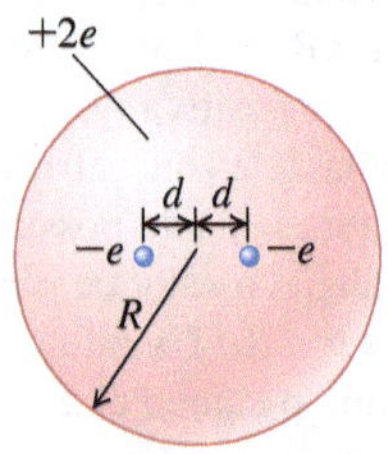

22.52 •• (a) Qual o excesso de elétrons que deve ser distribuído uniformemente dentro do volume de uma esfera plástica isolada, com 30,0 cm de diâmetro, para produzir um campo elétrico de módulo igual a 1.390 N/C na área externa da esfera, próximo de sua superfície? (b) Qual é o campo elétrico em um ponto a 10,0 cm fora da superfície da esfera?

22.53 •• CALC Uma distribuição de cargas esfericamente simétrica, porém não uniforme, possui uma densidade $\rho(r)$ dada por:

$$\rho(r) = \rho_0\left(1 - \frac{r}{R}\right) \quad \text{para} \quad r \le R$$

$$\rho(r) = 0 \quad \text{para} \quad r \ge R$$

em que $\rho_0 = 3Q/\pi R^3$ é uma constante positiva. (a) Mostre que a carga total contida na distribuição é igual a Q. (b) Demonstre que o campo elétrico na região $r \ge R$ é idêntico ao campo elétrico produzido por uma carga puntiforme Q, situada em $r = 0$. (c) Obtenha uma expressão para o campo elétrico na região $r \le R$. (d) Faça um gráfico do módulo do campo elétrico E em função de r. (e) Encontre o valor de r para o qual o campo elétrico atinge seu valor máximo e calcule o valor desse campo elétrico máximo.

22.54 • **Uma placa uniformemente carregada.** Uma placa de material isolante com espessura $2d$ é orientada de modo que suas faces fiquem paralelas ao plano yz e sejam dadas pelos planos $x = d$ e $x = -d$. As dimensões da placa nas direções y e z são muito maiores que d, de modo que podem ser consideradas infinitas. A placa possui uma densidade de carga uniforme ρ. (a) Explique por que o campo elétrico no centro da barra ($x = 0$) é igual a zero. (b) Usando a lei de Gauss, determine o módulo, a direção e o sentido do campo elétrico em todos os pontos do espaço.

22.55 • CALC **Uma placa carregada de forma não uniforme.** Repita o Problema 22.54, mas agora supondo que a densidade de carga da placa seja dada por $\rho(x) = \rho_0(x/d)^2$, onde ρ_0 é uma constante positiva.

22.56 • CALC Uma distribuição de cargas esfericamente simétricas, porém não uniformes, possui uma densidade $\rho(r)$ dada por:

$$\rho(r) = \rho_0\left(1 - \frac{4r}{3R}\right) \quad \text{para} \quad r \le R$$

$$\rho(r) = 0 \quad \text{para} \quad r \ge R$$

em que ρ_0 é uma constante positiva. (a) Calcule a carga total contida na distribuição de cargas. Obtenha uma expressão para o campo elétrico na região (b) $r \ge R$; (c) $r \le R$. (d) Faça um gráfico do módulo do campo elétrico E em função de r. (e) Encontre o valor de r para o qual o campo elétrico atinge seu valor máximo e calcule o valor desse campo elétrico máximo.

22.57 • (a) Uma esfera isolante com raio a possui uma densidade de carga uniforme ρ. A esfera não está centralizada na origem, e sim no ponto $\vec{r} = \vec{b}$. Demonstre que o campo elétrico no interior da esfera é dado por $\vec{E} = \rho(\vec{r} - \vec{b})/3\epsilon_0$. (b) Uma esfera isolante com raio R possui um buraco esférico com raio a, localizado no interior de seu volume, e centralizado em um ponto a uma distância b do centro da esfera, em que $a < b < R$ (uma seção reta da esfera é indicada na **Figura P22.57**). A parte maciça da esfera possui uma densidade volumétrica de carga ρ uniforme. Determine o módulo, a direção e o sentido do campo elétrico $\vec{E}$ no interior do buraco e mostre que $\vec{E}$ é uniforme em todos os pontos do volume do buraco. [*Dica*: use o princípio da superposição e o resultado do item (a).]

Figura P22.57

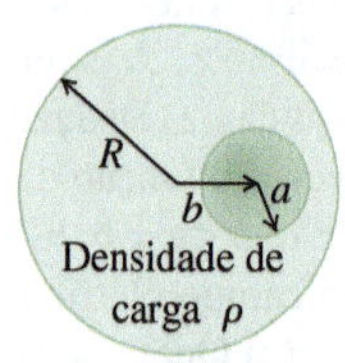

22.58 • Um cilindro isolante muito longo, de raio R, possui um buraco cilíndrico, com raio a, perfurado ao longo de toda a extensão de um eixo paralelo ao eixo do cilindro. O eixo do buraco está a uma distância b do eixo do cilindro, em que $a < b < R$ (**Figura P22.58**). A parte maciça do cilindro possui densidade volumétrica de carga ρ uniforme. Encontre o módulo, a direção e o sentido do campo elétrico $\vec{E}$ no interior do buraco e mostre que $\vec{E}$ é uniforme em todos os pontos do volume do buraco. (*Dica*: veja o Problema 22.57.)

Figura P22.58

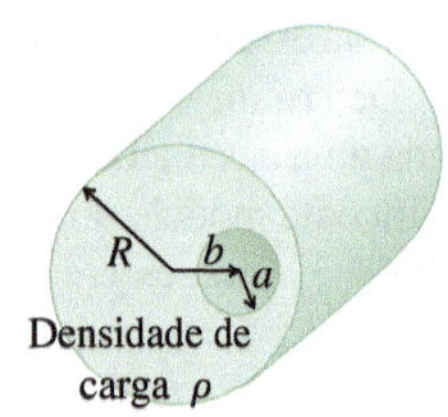

22.59 •• DADOS Em um experimento, o campo elétrico é medido em pontos a distâncias r de um fio retilíneo uniformemente carregado, que possui carga por unidade de comprimento λ e comprimento l, em que $l >> r$. Em um segundo experimento, o campo elétrico é medido em pontos a distâncias r do centro de uma esfera isolante uniformemente carregada, que possui densidade volumétrica de carga ρ e raio $R = 8{,}00$ mm, em que $r > R$. Os resultados das duas medições são listados em uma tabela, mas você não é informado qual conjunto de dados se aplica a cada experimento:

	r(cm)	1,00	1,50	2,00	2,50	3,00	3,50	4,00
Medida A								
	$E(10^5$N/C)	2,72	1,79	1,34	1,07	0,902	0,770	0,677
Medida B								
	$E(10^5$N/C)	5,45	2,42	1,34	0,861	0,605	0,443	0,335

Para cada conjunto de dados, desenhe dois gráficos: um para Er^2 em função de r e outro para Er em função de r. (a) Use esses gráficos para determinar qual conjunto de dados, A ou B, é para fio retilíneo uniformemente carregado e qual conjunto é para a esfera uniformemente carregada. Explique seu raciocínio. (b) Use os gráficos da parte (a) para calcular λ para o fio retilíneo uniformemente carregado e ρ para a esfera uniformemente carregada.

22.60 •• **DADOS** O campo elétrico é medido em pontos a distâncias r do centro de uma esfera isolante uniformemente carregada, que possui densidade volumétrica de carga ρ e raio R, em que $r < R$ (**Figura P22.60**). Calcule o valor de ρ.

Figura P22.60

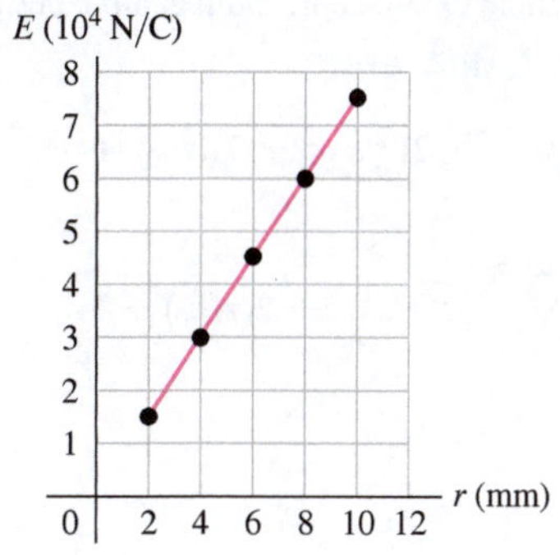

22.61 •• **DADOS** Uma distribuição de cargas, de raio R = 6,00 mm, possui densidade volumétrica de carga ρ não uniforme. A **Figura P22.61** mostra ρ em função da distância r do centro da distribuição de cargas. Calcule o campo elétrico para os seguintes valores de r: (i) 1,00 mm; (ii) 3,00 mm; (iii) 5,00 mm; (iv) 7,00 mm.

Figura P22.61

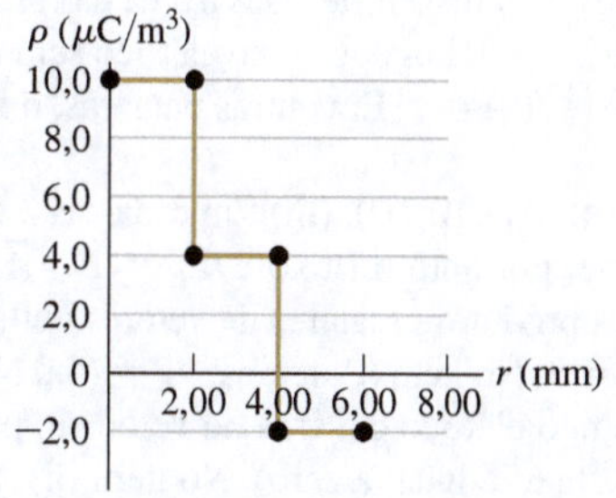

PROBLEMA DESAFIADOR

22.62 ••• **PC CALC** Uma região do espaço contém uma carga positiva resultante Q distribuída uniformemente ao longo de uma esfera de modo que a densidade volumétrica de carga $\rho(r)$ é dada por:

$$\rho(r) = 3\alpha r/2R \quad \text{para} \quad r \le R/2$$
$$\rho(r) = \alpha\left[1 - (r/R)^2\right] \quad \text{para} \quad R/2 \le r \le R$$
$$\rho(r) = 0 \quad \text{para} \quad r \ge R$$

Nessas relações, α é uma constante positiva com unidades de C/m^3. (a) Determine α em função de Q e R. (b) Aplicando a lei de Gauss, deduza uma expressão para o módulo do campo elétrico em função de r. Faça esse cálculo separadamente para cada uma das três regiões. Expresse suas respostas em função de Q. (c) Que fração da carga resultante está contida no interior da região $R/2 \le r \le R$? (d) Qual é o módulo do campo elétrico $\vec{E}$ para $r = R/2$? (e) Se um elétron com carga $q' = -e$ for liberado a partir do repouso, em qualquer ponto de qualquer uma das três regiões, o movimento resultante será oscilatório, porém não será harmônico simples. Por quê?

Problemas com contexto

PROTEÇÃO CONTRA RADIAÇÃO CÓSMICA. Um dos perigos para os seres humanos no espaço é a radiação cósmica: partículas carregadas com alta energia emitidas pelo Sol. Durante uma erupção solar, a intensidade dessa radiação pode atingir níveis letais. Um método de proteção proposto para os astronautas na superfície da Lua ou de Marte é um conjunto de grandes esferas eletricamente carregadas, colocadas acima de áreas onde as pessoas vivem e trabalham. As esferas produziriam um forte campo elétrico $\vec{E}$ para desviar as partículas carregadas que compõem a radiação cósmica. A construção das esferas seria semelhante a um balão de Mylar®, com uma fina camada condutora de eletricidade sobre a superfície externa sobre a qual uma carga líquida positiva ou negativa seria colocada. Uma esfera comum pode possuir 5 m de diâmetro.

22.63 Suponha que, para repelir os elétrons na radiação de uma explosão solar, cada esfera deve produzir um campo elétrico $\vec{E}$ de módulo 1×10^6 N/C a 25 m de distância do centro da esfera. Qual deve ser a carga líquida de cada esfera? (a) $-0{,}07$ C; (b) -8 mC; (c) -80 μC; (d) -1×10^{-20} C.

22.64 Qual é o módulo de $\vec{E}$ no exterior de uma dessas esferas, próximo de sua superfície? (a) 0; (b) 10^6 N/C; (c) 10^7 N/C; (d) 10^8 N/C.

22.65 Determine a direção e o sentido de $\vec{E}$ no exterior de cada esfera, próximo de sua superfície. (a) Tangente à superfície da esfera; (b) perpendicular à superfície, apontando para dentro da esfera; (c) perpendicular à superfície, apontando para fora da esfera; (d) não há nenhum campo elétrico no exterior da esfera, próximo de sua superfície.

22.66 Qual afirmação é verdadeira sobre $\vec{E}$ no interior de uma esfera com carga negativa, como descrito aqui? (a) $\vec{E}$ aponta do centro da esfera para a superfície e seu valor máximo é no centro. (b) $\vec{E}$ aponta da superfície para o centro da esfera e é maior e seu valor máximo é na superfície. (c) $\vec{E}$ é igual a zero. (d) $\vec{E}$ é constante, mas não igual a zero.

RESPOSTAS

Resposta à pergunta inicial do capítulo

Resposta: **(iii)** O campo elétrico dentro de uma cavidade no interior de um condutor é igual a zero, portanto não ocorreria nenhum efeito elétrico sobre a criança (veja a Seção 22.5).

Respostas às perguntas dos testes de compreensão

22.1 Resposta: **(iii)** Cada parte da superfície da caixa estará a uma distância três vezes maior da carga $+q$, portanto o campo elétrico será $\left(\frac{1}{3}\right)^2 = \frac{1}{9}$ mais forte. Mas a área da caixa aumentará por um fator de $3^2 = 9$. Logo, o fluxo elétrico será multiplicado por um fator de $\left(\frac{1}{9}\right)(9) = 1$. Em outras palavras, o fluxo permanecerá inalterado.

22.2 Resposta: **(iv)**, **(ii)**, **(i)**, **(iii)** Em cada caso, o campo elétrico é uniforme, portanto o fluxo é $\Phi_E = \vec{E} \cdot \vec{A}$. Usamos as relações para os produtos escalares de vetores unitários: $\hat{\imath} \cdot \hat{\imath} = \hat{\jmath} \cdot \hat{\jmath} = 1$, $\hat{\imath} \cdot \hat{\jmath} = 0$. No item (i), temos $\Phi_E = (4{,}0\ \text{N/C})\,(6{,}0\ \text{m}^2)\ \hat{\imath} \cdot \hat{\jmath} = 0$ (o campo elétrico e a área do vetor são perpendiculares, portanto o fluxo é igual a zero). No item (ii), temos $\Phi_E = [(4{,}0\ \text{N/C})\hat{\imath} + (2{,}0\ \text{N/C})\hat{\jmath}] \cdot (3{,}0\ \text{m}^2)\hat{\jmath} = (2{,}0\ \text{N/C}) \cdot (3{,}0\ \text{m}^2) = 6{,}0\ \text{N} \cdot \text{m}^2/\text{C}$. Analogamente, no item (iii), temos $\Phi_E = [(4{,}0\ \text{N/C})\hat{\imath} - (2{,}0\ \text{N/C})\hat{\jmath}] \cdot [(3{,}0\ \text{m}^2)\hat{\imath} + (7{,}0\ \text{m}^2)\hat{\jmath}] = (4{,}0\ \text{N/C})\,(3{,}0\ \text{m}^2) - (2{,}0\ \text{N/C})\,(7{,}0\ \text{m}^2) = -2\ \text{N} \cdot \text{m}^2/\text{C}$, e, no item (iv), temos $\Phi_E = [(4{,}0\ \text{N/C})\hat{\imath} - (2{,}0\ \text{N/C})\hat{\jmath}] \cdot [(3{,}0\ \text{m}^2)\hat{\imath} - (7{,}0\ \text{m}^2)\hat{\jmath}] = (4{,}0\ \text{N/C})\,(3{,}0\ \text{m}^2) + (2{,}0\ \text{N/C}) \cdot (7{,}0\ \text{m}^2) = 26\ \text{N} \cdot \text{m}^2/\text{C}$.

22.3 Resposta: **S_2, S_5, S_4, S_1 e S_3 (empate)** A lei de Gauss afirma que o fluxo através de uma superfície fechada é proporcional à quantidade de carga englobada no interior dessa superfície. Portanto, ordenar essas superfícies de acordo com seus fluxos é o mesmo que ordenar pela quantidade de carga englobada. A superfície S_1 não possui nenhuma carga, S_2 engloba $9{,}0\ \mu\text{C} + 5{,}0\ \mu\text{C} + (-7{,}0\ \mu\text{C}) = 7{,}0\ \mu\text{C}$, S_3 engloba $9{,}0\ \mu\text{C} + 1{,}0\ \mu\text{C} + (-10{,}0\ \mu\text{C}) = 0$, S_4 engloba $8{,}0\ \mu\text{C} + (-7{,}0\ \mu\text{C}) = 1{,}0\ \mu\text{C}$ e S_5 engloba $8{,}0\ \mu\text{C} + (-7{,}0\ \mu\text{C}) + (-10{,}0\ \mu\text{C}) + (1{,}0\ \mu\text{C}) + (9{,}0\ \mu\text{C}) + (5{,}0\ \mu\text{C}) = 6{,}0\ \mu\text{C}$.

22.4 Resposta: **não.** Você pode ficar tentado a desenhar uma superfície gaussiana que seja uma versão ampliada do condutor, com o mesmo formato e posicionado de modo que englobe completamente o condutor. Embora você conheça o fluxo que passa por essa superfície gaussiana (pela lei de Gauss, é $\Phi_E = Q/\epsilon_0$), a direção do campo elétrico não será necessariamente perpendicular à superfície e o módulo do campo não será necessariamente o mesmo em todos os pontos da superfície. Não é possível calcular a integral do fluxo $\oint E_\perp\, dA$, e não podemos calcular o campo elétrico. A lei de Gauss é útil para o cálculo do campo elétrico somente quando a distribuição de cargas é *altamente* simétrica.

22.5 Resposta: **não** Antes de conectar o fio à esfera, a presença da carga puntiforme induzirá uma carga $-q$ sobre a superfície interna da esfera oca e uma carga q sobre a superfície externa (a carga líquida sobre a esfera é igual a zero). Haverá um campo elétrico fora da esfera produzido pela carga sobre a superfície externa. Quando se dá o contato entre o fio condutor e a esfera, entretanto, os elétrons escoarão do solo para a superfície externa da esfera, de modo a neutralizar a carga ali (veja a Figura 21.7c). Consequentemente, a esfera não terá nenhuma carga sobre sua superfície externa e nenhum campo elétrico externo.

Problema em destaque

(a) $Q(r) = Qe^{-2r/a_0}\left[2(r/a_0)^2 + 2(r/a_0) + 1\right]$

(b) $E = \dfrac{kQe^{-2r/a_0}}{r^2}\left[2(r/a_0)^2 + 2(r/a_0) + 1\right]$

(c)

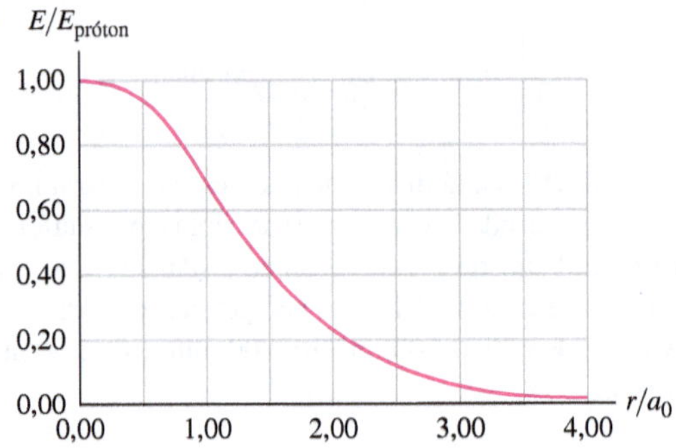

? Em um tipo de soldagem, a carga elétrica flui entre a ferramenta e as partes de metal a serem soldadas. Isso produz um arco luminoso que funde as peças por causa de sua alta temperatura. Por que a ferramenta deve ser mantida próxima às peças a serem soldadas? (i) Para maximizar a diferença de potencial entre a ferramenta e as peças; (ii) para minimizar essa diferença de potencial; (iii) para maximizar o campo elétrico entre a ferramenta e as peças; (iv) para minimizar esse campo elétrico; (v) mais de uma das alternativas.

23 POTENCIAL ELÉTRICO

OBJETIVOS DE APRENDIZAGEM

Ao estudar este capítulo, você aprenderá:

23.1 Como calcular a energia potencial elétrica de um conjunto de cargas.

23.2 O significado e a importância do potencial elétrico.

23.3 Como calcular o potencial elétrico que um conjunto de cargas produz em um ponto no espaço.

23.4 Como usar superfícies equipotenciais para visualizar como o potencial elétrico varia no espaço.

23.5 Como usar o potencial elétrico para calcular o campo elétrico.

Revendo conceitos de:

7.1-7.4 Forças conservadoras e energia potencial.

21.1-21.6 Força elétrica e campo elétrico.

22.4, 22.5 Aplicações da lei de Gauss.

Este capítulo trata da energia associada às interações elétricas. Toda vez que você liga uma lâmpada, ouve um CD ou usa um aparelho eletrodoméstico, está utilizando a energia elétrica, um ingrediente indispensável em nossa sociedade tecnológica. Nos capítulos 6 e 7, introduzimos os conceitos de *trabalho* e *energia* no contexto da mecânica; agora, vamos combinar esses conceitos com tudo aquilo que você aprendeu sobre cargas elétricas, forças elétricas e campos elétricos. Assim como o conceito de energia possibilitou a solução de alguns tipos de problemas mecânicos de forma muito simples, a aplicação das noções de energia facilita a solução de uma série de problemas relativos à eletricidade.

Quando uma partícula carregada se desloca em um campo elétrico, este exerce uma força que realiza um *trabalho* sobre a partícula. Esse trabalho realizado pode ser sempre expresso em termos da energia potencial elétrica. Assim como a energia potencial gravitacional depende da altura em que se encontra a massa sobre a superfície terrestre, a energia potencial elétrica depende da posição da partícula carregada no campo elétrico. Descreveremos a energia potencial elétrica usando um conceito novo, chamado *potencial elétrico* ou simplesmente *potencial*. Nos circuitos, a diferença de potencial entre dois pontos geralmente é chamada de *voltagem*. Os conceitos de potencial e de voltagem são cruciais para entendermos o funcionamento de um circuito elétrico e possuem aplicações igualmente importantes nos feixes de elétrons utilizados em radioterapia no tratamento do câncer, em aceleradores de partículas e em muitos outros dispositivos.

23.1 ENERGIA POTENCIAL ELÉTRICA

Os conceitos de trabalho, energia potencial e conservação da energia foram extremamente úteis em nossos estudos de mecânica. Nesta seção, mostraremos que esses conceitos são igualmente úteis para entender e analisar interações elétricas.

Vamos começar fazendo a revisão de alguns pontos essenciais dos capítulos 6 e 7. Inicialmente, quando uma força $\vec{F}$ atua sobre uma partícula que se move de um ponto a até um ponto b, o trabalho $W_{a\to b}$ realizado pela força é dado pela *integral de linha*:

$$W_{a\to b} = \int_a^b \vec{F}\cdot d\vec{l} = \int_a^b F\cos\phi\, dl \quad \text{(trabalho realizado por uma força)} \qquad (23.1)$$

em que $d\vec{l}$ é um deslocamento infinitesimal ao longo da trajetória da partícula e ϕ é o ângulo entre $\vec{F}$ e $d\vec{l}$ em cada ponto da trajetória.

Em segundo lugar, se a força $\vec{F}$ for *conservativa*, conforme definimos na Seção 7.3, o trabalho realizado por $\vec{F}$ sempre pode ser expresso em função da **energia potencial elétrica** U. Quando a partícula se move de um ponto no qual a energia potencial é U_a até um ponto no qual a energia potencial é U_b, a variação da energia potencial é $\Delta U = U_b - U_a$ e

Trabalho realizado por uma força conservativa

$$W_{a\to b} = U_a - U_b = -(U_b - U_a) = -\Delta U \qquad (23.2)$$

Energia potencial na posição inicial (U_a); Energia potencial na posição final (U_b); Variação da energia potencial com sinal oposto ($-\Delta U$)

Figura 23.1 O trabalho realizado sobre uma bola de beisebol que se desloca em um campo gravitacional uniforme.

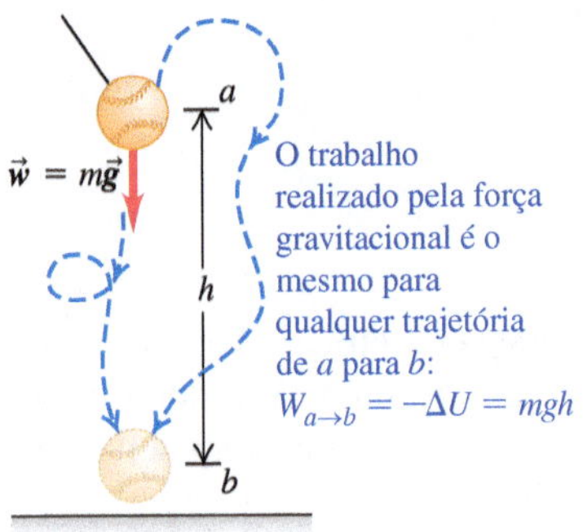

Quando $W_{a\to b}$ é positivo, U_a é maior que U_b; logo, ΔU é negativa e a energia potencial *diminui*. Isso é o que ocorre quando uma bola de beisebol cai de um ponto mais elevado (a) até um ponto mais baixo (b) sob a influência da gravidade da Terra; a força da gravidade realiza um trabalho positivo, e a energia potencial gravitacional diminui (**Figura 23.1**). Quando uma bola é atirada de baixo para cima, a força da gravidade realiza um trabalho negativo durante o intervalo em que a bola está subindo e a energia potencial aumenta.

Em terceiro lugar, o teorema do trabalho-energia afirma que a variação da energia cinética $\Delta K = K_b - K_a$ durante qualquer deslocamento é igual ao trabalho *total* realizado sobre a partícula. Quando somente forças conservativas realizam um trabalho sobre a partícula, então a Equação 23.2 fornece o trabalho total realizado e $K_b - K_a = -(U_b - U_a)$. Geralmente, escrevemos esse resultado na forma

$$K_a + U_a = K_b + U_b \qquad (23.3)$$

Isto é, a energia mecânica total (cinética mais potencial) é *conservada* sob essas circunstâncias.

Figura 23.2 O trabalho realizado sobre uma carga puntiforme que se desloca em um campo elétrico uniforme. Compare com a Figura 23.1.

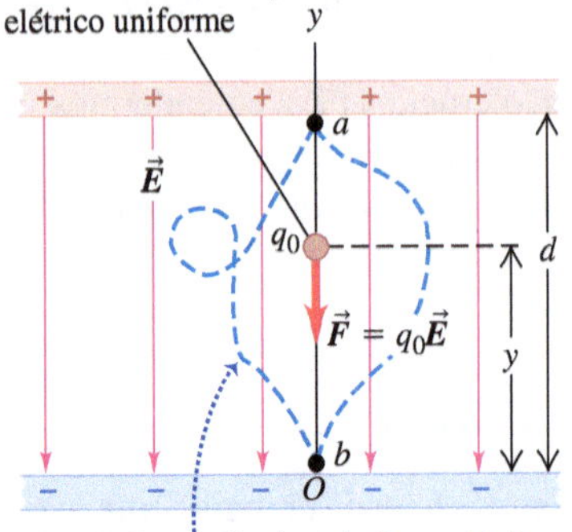

Energia potencial elétrica em um campo uniforme

Vamos examinar um exemplo elétrico desses conceitos básicos. A **Figura 23.2** indica um par de placas metálicas paralelas carregadas, produzindo um campo elétrico uniforme orientado de cima para baixo com módulo E. O campo elétrico exerce uma força de cima para baixo com módulo $F = q_0E$ sobre uma carga de teste positiva q_0. À medida que a carga se move uma distância d de um ponto a até um ponto b, a força sobre a carga de teste é constante e não depende da localização da carga. Portanto, o trabalho realizado pelo campo elétrico é igual ao produto do módulo da força pelo componente do deslocamento, na direção e no sentido (de cima para baixo) da força:

$$W_{a\to b} = Fd = q_0Ed \qquad (23.4)$$

Esse valor é positivo porque a força possui a mesma direção e o mesmo sentido do deslocamento da carga de teste.

O componente y da força elétrica, $F_y = -q_0E$, é constante e não existe nenhum componente x ou z. Isso é exatamente análogo ao caso da força gravitacional sobre um corpo de massa m próximo da superfície terrestre; para essa força, existe um componente y, $F_y = -mg$, e os componentes x e z são iguais a zero. A partir dessa analogia, concluímos que a força exercida sobre q_0 pelo campo elétrico uniforme na Figura 23.2 é *conservativa*, como no caso da força gravitacional. Isso significa que o trabalho $W_{a\to b}$ realizado pelo campo elétrico não depende da trajetória descrita pela partícula para ir de um ponto a até um ponto b. Podemos representar esse trabalho usando a função *energia potencial* U, como no caso da energia potencial gravitacional descrita na Seção 7.1. A energia potencial para a força gravitacional $F_y = -mg$ é dada por $U = mgy$; logo, a energia potencial para a força elétrica $F_y = -q_0E$ é dada por

$$U = q_0Ey \tag{23.5}$$

Quando uma carga de teste se desloca de uma altura y_a até uma altura y_b, o trabalho realizado pelo campo elétrico sobre a carga é dado por

$$\begin{aligned} W_{a\to b} &= -\Delta U = -(U_b - U_a) \\ &= -(q_0Ey_b - q_0Ey_a) = -q_0E(y_a - y_b) \end{aligned} \tag{23.6}$$

Quando y_a é maior que y_b (**Figura 23.3a**), a carga de teste positiva q_0 se move de cima para baixo, no mesmo sentido de $\vec{E}$; o deslocamento possui a mesma direção e o mesmo sentido da força $\vec{F} = q_0\vec{E}$, de modo que o campo realiza um trabalho positivo e U diminui. (Em particular, quando $y_a - y_b = d$, como na Figura 23.2, a Equação 23.6 fornece $W_{a\to b} = q_0Ed$, de acordo com a Equação 23.4.) Quando y_a é menor que y_b (Figura 23.3b), a carga de teste positiva q_0 se desloca de baixo para cima, em sentido oposto ao de $\vec{E}$; o deslocamento possui sentido oposto ao da força, de modo que o campo realiza um trabalho negativo e U aumenta.

Para uma carga de teste q_0 *negativa*, a energia potencial aumenta quando ela se move no mesmo sentido do campo e diminui quando ela se move em sentido oposto ao do campo (**Figura 23.4**).

Tanto para cargas positivas quanto para cargas negativas, as seguintes regras são válidas: *U aumenta* quando a carga de teste q_0 se move em sentido *oposto* ao da força elétrica $\vec{F} = q_0\vec{E}$ (figuras 23.3b e 23.4a); *U diminui* quando q_0 se move no *mesmo* sentido de $\vec{F} = q_0\vec{E}$ (figuras 23.3a e 23.4b). Esse comportamento é semelhante ao da energia potencial gravitacional, que aumenta quando a massa m

Figura 23.3 Uma carga positiva que se desloca (a) no sentido do campo elétrico $\vec{E}$ e (b) no sentido oposto a $\vec{E}$.

(a) Carga positiva q_0 que se desloca no sentido de $\vec{E}$:
- O campo realiza trabalho *positivo* sobre a carga.
- *U diminui.*

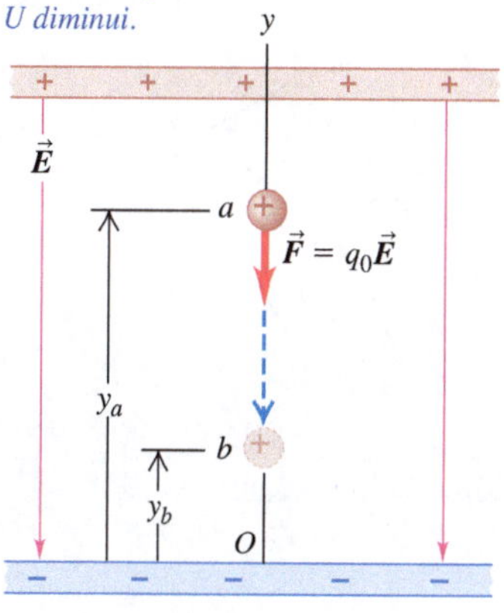

(b) Carga positiva q_0 que se desloca no sentido oposto a $\vec{E}$:
- O campo realiza trabalho *negativo* sobre a carga.
- *U aumenta.*

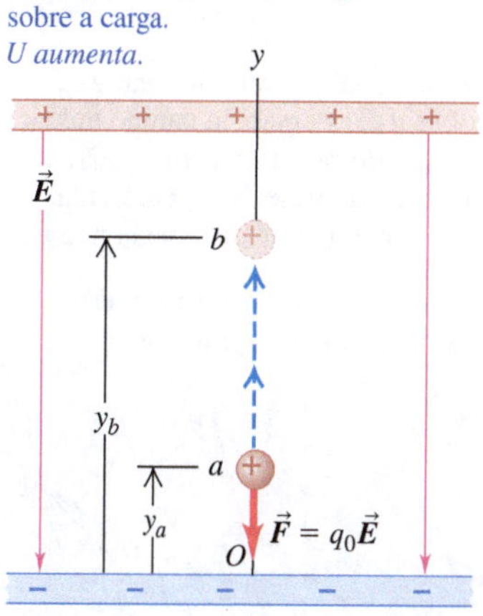

Figura 23.4 Uma carga negativa que se desloca (a) no sentido do campo elétrico $\vec{E}$ e (b) no sentido oposto a $\vec{E}$. Compare com a Figura 23.3.

(a) Carga negativa q_0 que se desloca no sentido de $\vec{E}$:
- O campo realiza trabalho *negativo* sobre a carga.
- *U aumenta.*

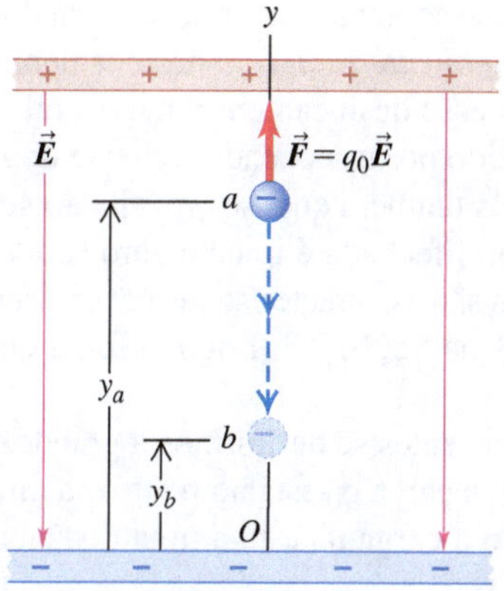

(b) Carga negativa q_0 que se desloca no sentido oposto a $\vec{E}$:
- O campo realiza trabalho *positivo* sobre a carga.
- *U diminui.*

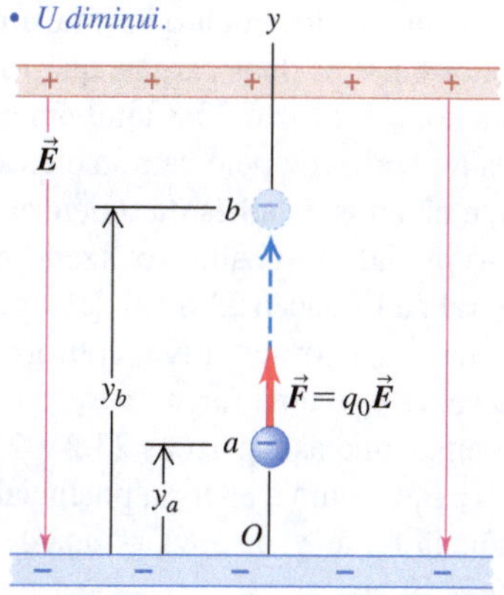

se desloca de baixo para cima (deslocamento contrário ao da força gravitacional) e diminui quando a massa m se desloca de cima para baixo (deslocamento no mesmo sentido da força gravitacional).

ATENÇÃO **Energia potencial elétrica** A relação entre a alteração na energia potencial elétrica e o movimento em um campo elétrico é importante e será usada com frequência, porém demanda esforço para ser compreendida. Revise o parágrafo anterior e estude as figuras 23.3 e 23.4 com atenção. Fazer isso agora ajudará muito posteriormente!

Energia potencial elétrica de duas cargas puntiformes

Figura 23.5 A carga de teste q_0 se desloca ao longo de uma linha reta que se estende radialmente a partir da carga q. À medida que ela se desloca de a até b, a distância varia de r_a até r_b.

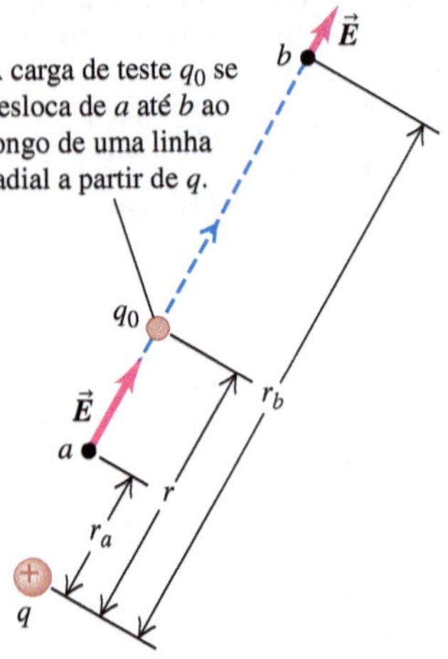

A ideia da energia potencial elétrica não se restringe apenas ao caso especial do campo elétrico uniforme. Na verdade, podemos aplicar esse conceito a uma carga puntiforme situada em *qualquer* campo elétrico produzido por uma distribuição estática de cargas. Lembre-se de que, no Capítulo 21, dissemos que podemos representar qualquer distribuição de cargas como uma coleção de cargas puntiformes. Portanto, é útil calcular o trabalho realizado sobre uma carga de teste q_0 que se move no campo elétrico produzido por uma única carga puntiforme estática q.

Inicialmente, consideraremos um deslocamento *radial,* como indicado na **Figura 23.5**. A força sobre q_0 é dada pela lei de Coulomb e seu componente radial é

$$F_r = \frac{1}{4\pi\epsilon_0}\frac{qq_0}{r^2} \tag{23.7}$$

Quando q e q_0 possuem o mesmo sinal (+ ou −), a força é repulsiva e F_r é positiva; quando as duas cargas possuem sinais opostos, a força é atrativa e F_r é negativa. A força *não* é constante durante o deslocamento; é preciso integrar para calcular o trabalho $W_{a\to b}$ realizado por essa força sobre q_0 quando ela se desloca de a até b:

$$W_{a\to b} = \int_{r_a}^{r_b} F_r\,dr = \int_{r_a}^{r_b} \frac{1}{4\pi\epsilon_0}\frac{qq_0}{r^2}dr = \frac{qq_0}{4\pi\epsilon_0}\left(\frac{1}{r_a} - \frac{1}{r_b}\right) \tag{23.8}$$

O trabalho realizado pela força elétrica para essa trajetória particular depende apenas do ponto inicial e do ponto final.

Considere um deslocamento geral (**Figura 23.6**), no qual a e b *não* estejam situados sobre a mesma reta radial. Pela Equação 23.1, o trabalho realizado sobre q_0 durante esse deslocamento é dado por

Figura 23.6 O trabalho realizado sobre a carga q_0 pelo campo elétrico produzido por uma carga q não depende da trajetória percorrida, mas somente das distâncias r_a e r_b.

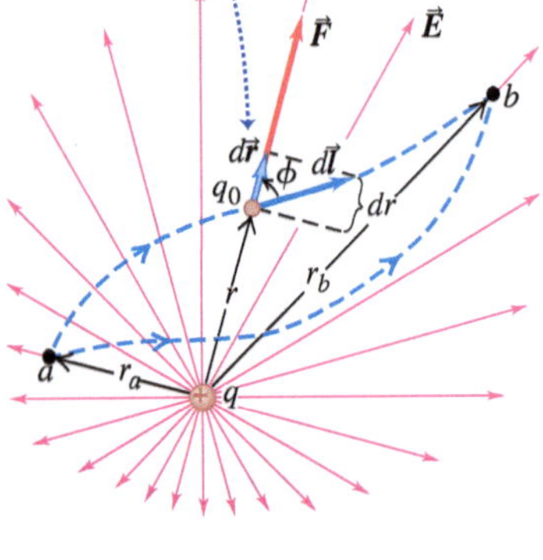

$$W_{a\to b} = \int_{r_a}^{r_b} F\cos\phi\; dl = \int_{r_a}^{r_b} \frac{1}{4\pi\epsilon_0}\frac{qq_0}{r^2}\cos\phi\; dl$$

Porém, a Figura 23.6 mostra que $\cos\phi\; dl = dr$. Ou seja, o trabalho realizado durante um deslocamento infinitesimal $d\vec{l}$ depende somente da variação dr da distância r entre as duas cargas, que fornece o *componente radial* do deslocamento. Portanto, a Equação 23.8 também é válida para esse deslocamento mais geral; o trabalho realizado pelo campo elétrico $\vec{E}$ produzido por q_0 depende somente de r_a e r_b, e não dos detalhes da trajetória. Concluímos também que, se q_0 volta ao seu ponto inicial, o trabalho realizado nessa trajetória fechada é igual a zero (pois a integral na Equação 23.8 vai de r_a para r_a). Essas são as características necessárias de uma força conservativa, conforme definimos na Seção 7.3. Logo, a força que atua sobre q_0 é uma força *conservativa.*

Vemos que as equações 23.2 e 23.8 são consistentes se definirmos a grandeza $qq_0/4\pi\epsilon_0 r_a$ como a energia potencial U_a, quando a carga q_0 está no ponto a a uma distância r_a de q, e se $U_b = qq_0/4\pi\epsilon_0 r_b$ quando a carga q_0 está a uma distância r_b de q. Logo,

$$U = \frac{1}{4\pi\epsilon_0}\frac{qq_0}{r} \quad (23.9)$$

Energia potencial elétrica de duas cargas puntiformes; Valores das duas cargas; Distância entre as cargas; Constante elétrica

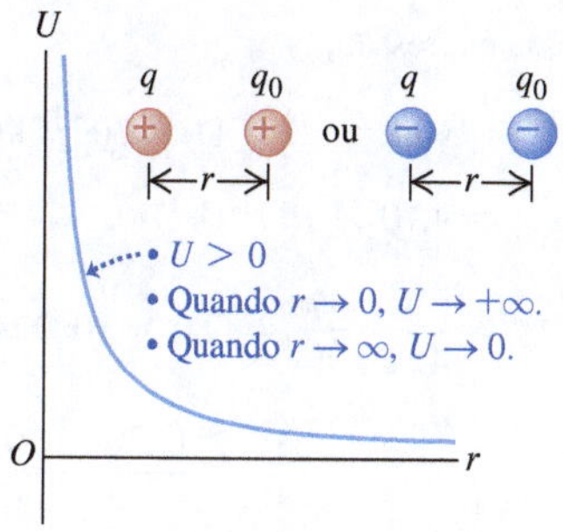

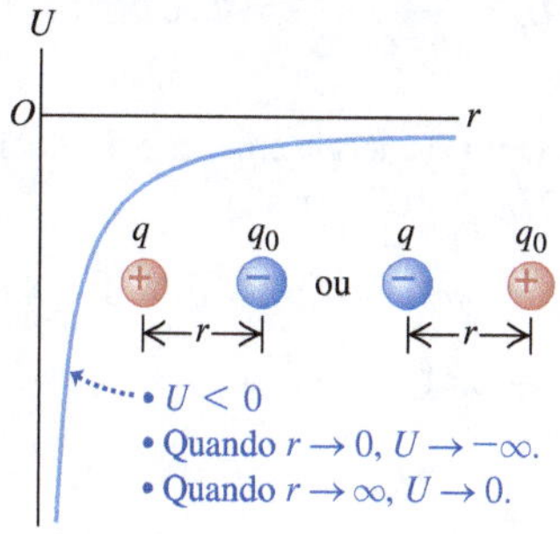

Figura 23.7 Gráficos da energia potencial U de duas cargas puntiformes q e q_0 *versus* a distância r entre elas.

(a) q e q_0 possuem sinais iguais.

(b) q e q_0 possuem sinais opostos.

A Equação 23.9 vale para qualquer combinação de sinais. A energia potencial é positiva quando q e q_0 possuem o mesmo sinal (**Figura 23.7a**) e negativa quando as cargas possuem sinais opostos (Figura 23.7b).

A energia potencial é sempre definida em relação a algum ponto no qual $U = 0$. Na Equação 23.9, U é igual a zero quando a distância entre q e q_0 é muito grande e $r = \infty$. Portanto, U é igual ao trabalho realizado pelo campo elétrico de q para deslocar q_0 de uma distância inicial r até o infinito. Quando q e q_0 possuem o mesmo sinal, a interação é repulsiva e o trabalho é positivo, de modo que U é positiva para qualquer distância finita (Figura 23.7a). Quando as cargas possuem sinais opostos, a interação é atrativa e o trabalho é negativo, de modo que U é negativa (Figura 23.7b).

Enfatizamos que a energia potencial U, dada pela Equação 23.9, é uma propriedade *comum* das duas cargas q e q_0. Quando a distância entre as duas cargas varia de r_a até r_b, a variação da energia potencial quando q é mantida fixa e q_0 se move é a mesma que ocorre quando q_0 é mantida fixa e q se move. Por essa razão, nunca usaremos a frase "a energia potencial *de* uma carga puntiforme". (Analogamente, quando um corpo de massa m está a uma altura h acima da superfície terrestre, a energia potencial gravitacional é uma propriedade comum da massa m e da Terra. Nas seções 7.1 e 12.3, enfatizamos essa observação.)

A Equação 23.9 também vale quando a carga de teste q_0 está fora de uma *distribuição* de cargas esfericamente simétrica com carga total q a uma distância r do centro da distribuição. Isso acontece porque a lei de Gauss nos ensina que o campo elétrico fora de qualquer distribuição de cargas esfericamente simétrica é o mesmo campo produzido quando a carga total da distribuição está concentrada em seu centro (ver Exemplo 22.9 na Seção 22.4).

ATENÇÃO Energia potencial elétrica *versus* força elétrica Tome cuidado para não confundir a Equação 23.9, da energia potencial de duas cargas puntiformes, com a Equação 23.7, para o componente radial da força elétrica que uma carga exerce sobre a outra. A energia potencial U é proporcional a $1/r$, enquanto o componente da força F_r é proporcional a $1/r^2$.

EXEMPLO 23.1 CONSERVAÇÃO DA ENERGIA COM FORÇAS ELÉTRICAS

O pósitron (a antipartícula do elétron) possui massa igual a $9{,}11 \times 10^{-31}$ kg e carga $q_0 = +e = +1{,}60 \times 10^{-19}$ C. Suponha que um pósitron esteja se movendo nas vizinhanças de uma partícula α (alfa), que possui carga $q = +2e = 3{,}20 \times 10^{-19}$ C e massa $6{,}64 \times 10^{-27}$ kg. A partícula α possui massa cerca de 7.000 vezes maior que a do pósitron, de modo que vamos considerar a partícula α em repouso em algum sistema de referência inercial. Quando o pósitron está a uma distância igual a $1{,}00 \times 10^{-10}$ m da partícula α, ele se afasta dessa partícula com uma velocidade igual a $3{,}00 \times 10^6$ m/s. (a) Qual é a velocidade do pósitron quando ele está a uma distância de $2{,}0 \times 10^{-10}$ m da partícula α? (b) Qual é a velocidade do pósitron quando ele está a uma distância muito grande da partícula α? (c) Qual seria a alteração da situação supondo que a partícula que se desloca fosse, em vez de um pósitron, um elétron (de mesma massa do pósitron, mas de carga $q_0 = -e$)? Descreva o movimento subsequente.

SOLUÇÃO

IDENTIFICAR E PREPARAR: a força elétrica entre um pósitron (ou um elétron) e uma partícula α é conservativa, então a energia mecânica (energia cinética mais a potencial) se conserva. A energia potencial U em qualquer distância r é dada pela Equação 23.9. A função de energia potencial para os itens (a) e (b) é semelhante à da Figura 23.7a, e a função para a parte (c) é semelhante à da Figura 23.7b. Sabemos a velocidade do pósitron $v_a = 3{,}00 \times 10^6$ m/s quando a separação entre as partículas é $r_a = 1{,}00 \times 10^{-10}$ m. Nos itens (a) e (b) usamos as equações 23.3 e 23.9 para encontrar a velocidade para $r = r_b = 2{,}00 \times 10^{-10}$ m e $r = r_c \to \infty$, respectivamente. No item (c), substituímos o pósitron por um elétron e reconsideramos o problema.

EXECUTAR: (a) como ambas as partículas possuem cargas positivas, a velocidade do pósitron aumenta à medida que ele se

(Continua)

(Continuação)

afasta da partícula α. Conforme a Equação 23.3, da conservação de energia, a energia cinética final é dada por

$$K_b = \tfrac{1}{2}mv_b^2 = K_a + U_a - U_b$$

Nessa expressão,

$$K_a = \tfrac{1}{2}mv_a^2 = \tfrac{1}{2}(9{,}11 \times 10^{-31}\text{ kg})(3{,}00 \times 10^6\text{ m/s})^2$$
$$= 4{,}10 \times 10^{-18}\text{ J}$$

$$U_a = \frac{1}{4\pi\epsilon_0}\frac{qq_0}{r_a} = (9{,}0 \times 10^9\text{ N}\cdot\text{m}^2/\text{C}^2) \times \frac{(3{,}20 \times 10^{-19}\text{ C})(1{,}60 \times 10^{-19}\text{ C})}{1{,}00 \times 10^{-10}\text{ m}}$$
$$= 4{,}61 \times 10^{-18}\text{ J}$$

$$U_b = \frac{1}{4\pi\epsilon_0}\frac{qq_0}{r_b} = 2{,}30 \times 10^{-18}\text{ J}$$

Portanto, a energia cinética e a velocidade do pósitron em $r = r_b = 2{,}00 \times 10^{-10}$ m são

$$K_b = \tfrac{1}{2}mv_b^2 = 4{,}10 \times 10^{-18}\text{ J} + 4{,}61 \times 10^{-18}\text{ J} - 2{,}30 \times 10^{-18}\text{ J}$$
$$= 6{,}41 \times 10^{-18}\text{ J}$$

$$v_b = \sqrt{\frac{2K_b}{m}} = \sqrt{\frac{2(6{,}41 \times 10^{-18}\text{ J})}{9{,}11 \times 10^{-31}\text{ kg}}} = 3{,}8 \times 10^6\text{ m/s}$$

(b) Quando o pósitron estiver muito afastado da partícula α, de modo que $r = r_c \rightarrow \infty$, a energia potencial final U_c tenderá a zero. Então, de acordo com a conservação da energia, a energia cinética final e a velocidade do pósitron serão

$$K_c = K_a + U_a - U_c = 4{,}10 \times 10^{-18}\text{ J} + 4{,}61 \times 10^{-18}\text{ J} - 0$$
$$= 8{,}71 \times 10^{-18}\text{ J}$$

$$v_c = \sqrt{\frac{2K_c}{m}} = \sqrt{\frac{2(8{,}71 \times 10^{-18}\text{ J})}{9{,}11 \times 10^{-31}\text{ kg}}} = 4{,}4 \times 10^6\text{ m/s}$$

(c) Como o elétron e a partícula α possuem cargas opostas, a força é de atração e a velocidade do elétron diminuem à medida que ele se afasta. A mudança do sinal da partícula, de $+e$ para $-e$, significa que a energia potencial inicial passa a ser $U_a = -4{,}61 \times 10^{-18}$ J, o que torna a energia mecânica total *negativa*:

$$K_a + U_a = (4{,}10 \times 10^{-18}\text{ J}) - (4{,}61 \times 10^{-18}\text{ J})$$
$$= -0{,}51 \times 10^{-18}\text{ J}$$

A energia mecânica total deveria ser positiva para o elétron se afastar infinitamente da partícula α. Assim como uma pedra atirada para cima com uma velocidade baixa a partir da superfície da Terra, o elétron alcançará uma separação máxima $r = r_d$ da partícula α antes de inverter o sentido de seu deslocamento. Nesse ponto, a velocidade e a energia cinética do elétron K_d serão iguais a zero, portanto, no ponto com separação r_d, temos

$$U_d = K_a + U_a - K_d = (-0{,}51 \times 10^{-18}\text{ J}) - 0$$

$$U_d = \frac{1}{4\pi\epsilon_0}\frac{qq_0}{r_d} = -0{,}51 \times 10^{-18}\text{ J}$$

$$r_d = \frac{1}{U_d}\frac{qq_0}{4\pi\epsilon_0}$$
$$= \frac{(9{,}0 \times 10^9\text{ N}\cdot\text{m}^2/\text{C}^2)}{-0{,}51 \times 10^{-18}\text{ J}}(3{,}20 \times 10^{-19}\text{ C})(-1{,}60 \times 10^{-19}\text{ C})$$
$$= 9{,}0 \times 10^{-10}\text{ m}$$

Para $r_b = 2{,}00 \times 10^{-10}$ m, temos $U_b = -2{,}30 \times 10^{-18}$ J, portanto, a energia cinética e a velocidade do elétron nesse ponto são

$$K_b = \tfrac{1}{2}mv_b^2$$
$$= 4{,}10 \times 10^{-18}\text{ J} + (-4{,}61 \times 10^{-18}\text{ J}) - (-2{,}30 \times 10^{-18}\text{ J})$$
$$= 1{,}79 \times 10^{-18}\text{ J}$$

$$v_b = \sqrt{\frac{2K_b}{m}} = \sqrt{\frac{2(1{,}79 \times 10^{-18}\text{ J})}{9{,}11 \times 10^{-31}\text{ kg}}} = 2{,}0 \times 10^6\text{ m/s}$$

AVALIAR: ambas as partículas se comportam como esperado à medida que se afastam da partícula α: o pósitron acelera, o elétron desacelera e, em determinado ponto, inverte o sentido de seu deslocamento. Qual deve ser a velocidade de um elétron em $r_a = 1{,}00 \times 10^{-10}$ m para se afastar infinitamente da partícula α? (*Dica*: veja o Exemplo 12.5 na Seção 12.3.)

Figura 23.8 A energia potencial associada à carga q_0 no ponto a depende das outras cargas q_1, q_2 e q_3, bem como das distâncias r_1, r_2 e r_3 entre essas cargas e o ponto a.

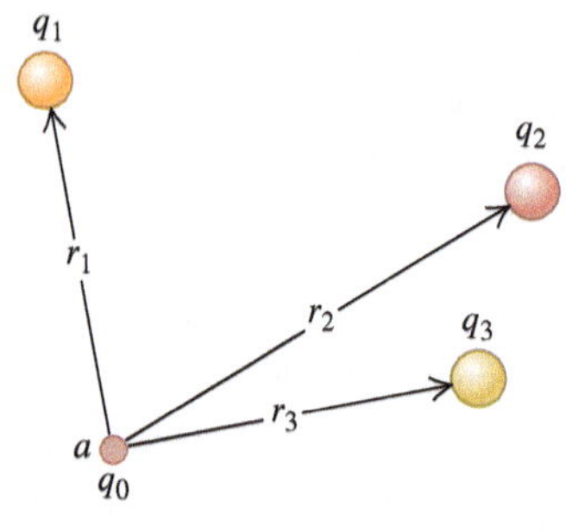

Energia potencial elétrica com diversas cargas puntiformes

Suponha que o campo elétrico $\vec{E}$, no qual uma carga q_0 se move, seja produzido por um *conjunto* de cargas puntiformes $q_1, q_2, q_3, \ldots$ separadas de q_0 pelas distâncias $r_1, r_2, r_3, \ldots$ como indica a **Figura 23.8**. Por exemplo, q_0 poderia ser um íon positivo se movendo na presença de outros íons (**Figura 23.9**). O campo elétrico total é dado pela *soma vetorial* dos campos elétricos produzidos pelas cargas individuais do conjunto, e o trabalho total realizado sobre q_0 durante qualquer deslocamento é a soma das contribuições das cargas individuais. De acordo com a Equação 23.9, concluímos que a energia potencial associada à carga de teste q_0 no ponto a, indicado na Figura 23.8, é a soma *algébrica* (e *não* a soma vetorial) dada por:

Energia potencial elétrica da carga puntiforme q_0 e o conjunto de cargas $q_1, q_2, q_3, \ldots$

$$U = \frac{q_0}{4\pi\epsilon_0}\left(\frac{q_1}{r_1} + \frac{q_2}{r_2} + \frac{q_3}{r_3} + \cdots\right) = \frac{q_0}{4\pi\epsilon_0}\sum_i \frac{q_i}{r_i} \qquad (23.10)$$

Constante elétrica — Distâncias entre q_0 e $q_1, q_2, q_3, \ldots$

Quando a carga q_0 está em outro ponto b, a energia potencial é dada pela mesma expressão, porém r_1, r_2, ... são as distâncias entre q_1, q_2, ... e o ponto b. O trabalho realizado sobre a carga q_0 quando ela se desloca de um ponto a até um ponto b, ao longo de qualquer trajetória, é igual à diferença $U_a - U_b$ de energia potencial quando q_0 está em a e em b.

Podemos representar *qualquer* distribuição de cargas como um conjunto de cargas puntiformes. Portanto, a Equação 23.10 mostra que sempre é possível encontrar uma função de energia potencial para *qualquer* campo elétrico estático. A partir disso, podemos concluir que **qualquer campo elétrico produzido por uma distribuição de cargas estáticas dá origem a uma força conservativa.**

As equações 23.9 e 23.10 definem U igual a zero quando todas as distâncias r_1, r_2, ... são infinitas, ou seja, quando a carga de teste q_0 está muito afastada de todas as cargas que produzem o campo elétrico. Sabemos que, para qualquer função de energia potencial, o ponto em que $U = 0$ é arbitrário; logo, sempre podemos somar uma constante para fazer U igual a zero em qualquer ponto escolhido. Em problemas de eletrostática, geralmente é mais simples escolher esse ponto no infinito. Quando analisarmos circuitos elétricos, nos capítulos 25 e 26, outras escolhas poderão ser mais convenientes.

A Equação 23.10 fornece a energia potencial associada à presença da carga de teste q_0 no campo elétrico $\vec{E}$, produzido por q_1, q_2, q_3, ... Porém, também existe uma energia potencial associada ao conjunto dessas outras cargas. Se, inicialmente, as cargas q_1, q_2, q_3, ... estão separadas por distâncias infinitas e, a seguir, aproximamos duas cargas q_i e q_j, de modo que a distância entre elas seja r_{ij}, a energia potencial *total* U é a soma das energias potenciais oriundas das interações de cada par de cargas. Podemos escrever o resultado na forma

$$U = \frac{1}{4\pi\epsilon_0}\sum_{i<j}\frac{q_i q_j}{r_{ij}} \qquad (23.11)$$

Essa soma deve ser estendida para todos os *pares* de cargas; não podemos fazer $i = j$ (porque isso equivaleria a introduzir um termo da interação de uma carga com ela mesma), e consideramos apenas $i < j$, para garantir que contamos apenas uma vez cada par de cargas. Portanto, para levarmos em conta a interação da carga q_3 com a carga q_4, incluímos um termo com $i = 3$ e $j = 4$, porém não um termo $i = 4$ e $j = 3$.

Interpretação da energia potencial elétrica

Como um comentário final, vamos apresentar dois pontos de vista sobre a energia potencial elétrica. Ela foi definida em termos do trabalho realizado *pelo campo elétrico* sobre uma partícula carregada que se move no campo, da mesma maneira que, no Capítulo 7, definimos a energia potencial em termos do trabalho realizado pela gravidade ou por uma mola. Quando uma partícula se desloca de um ponto a até um ponto b, o trabalho realizado sobre ela pelo campo elétrico é $W_{a\rightarrow b} = U_a - U_b$. Portanto, a diferença de energia potencial $U_a - U_b$ é igual ao *trabalho realizado pela força elétrica quando a partícula se move de a até b.* Quando U_a é maior que U_b, o campo elétrico realiza um trabalho positivo sobre uma partícula quando ela "cai" de um ponto com energia potencial mais alta (a) até um ponto com energia potencial mais baixa (b).

Figura 23.9 Este motor a íons para propulsão espacial usa forças elétricas para ejetar uma corrente de íons positivos de xenônio (Xe^+) a velocidades escalares acima de 30 km/s. A propulsão produzida é muito baixa (cerca de 0,09 newton), mas pode ser mantida continuamente durante dias, diferente de foguetes de combustível químico, que produzem uma grande propulsão durante um curto intervalo de tempo (veja a Figura 8.34). Esses motores a íons têm sido usados para manobrar naves espaciais interplanetárias.

Um ponto de vista alternativo, porém equivalente, é verificar qual é o trabalho realizado para "elevar" a partícula de um ponto b, no qual a energia potencial é U_b, até um ponto a, no qual a energia potencial possui valor mais elevado U_a (empurrando duas cargas positivas uma contra a outra, por exemplo). Para mover a partícula lentamente (a fim de não fornecer a ela nenhuma energia cinética), precisamos exercer uma força externa adicional $\vec{F}_{\text{ext}}$, igual e oposta à força elétrica, e exercer um trabalho positivo. Nesse caso, a diferença de energia potencial $U_a - U_b$ é então definida como o *trabalho que deve ser realizado por uma força externa para mover a partícula lentamente de b até a contra a força elétrica.* Como $\vec{F}_{\text{ext}}$ possui sinal oposto ao da força elétrica e o deslocamento ocorre em sentido oposto, essa definição da diferença de energia potencial $U_a - U_b$ é equivalente àquela dada anteriormente. Esse ponto de vista alternativo também é válido quando U_a é menor que U_b, o que corresponde a fazer a partícula se deslocar para "baixo"; um exemplo seria afastar uma carga positiva de outra positiva. Nesse caso, $U_a - U_b$ seria novamente igual ao trabalho realizado pela força externa, porém agora esse trabalho seria negativo.

Na próxima seção, usaremos ambos os pontos de vista para interpretar o significado do *potencial* elétrico, ou energia potencial por unidade de carga.

EXEMPLO 23.2 UM SISTEMA DE CARGAS PUNTIFORMES

Duas cargas puntiformes estão localizadas sobre o eixo x, $q_1 = -e$ no ponto $x = 0$ e $q_2 = +e$ no ponto $x = a$. (a) Calcule o trabalho realizado por uma força externa para trazer uma terceira carga puntiforme $q_3 = +e$ do infinito até o ponto $x = 2a$. (b) Calcule a energia potencial total do sistema constituído pelas três cargas.

SOLUÇÃO

IDENTIFICAR E PREPARAR: a **Figura 23.10** mostra a disposição final das três cargas puntiformes. No item (a), devemos determinar o trabalho W sobre q_3 por uma força externa $\vec{F}_{\text{ext}}$ exigido para trazer q_3 do infinito até $x = 2a$. Isso pode ser feito usando a Equação 23.10 para obter a energia potencial associada a q_3 na presença de q_1 e q_2. No item (b), usamos a Equação 23.11, a expressão para a energia potencial de uma coleção de cargas puntiformes para obter a energia potencial total do sistema.

EXECUTAR: (a) o trabalho W é igual à diferença entre (i) a energia potencial U associada a q_3 quando ela está no ponto $x = 2a$ e (ii) a energia potencial quando ela está no infinito. Este último valor é zero, de modo que o trabalho realizado é igual a U. As distâncias entre as cargas são: $r_{13} = 2a$ e $r_{23} = a$, então, de acordo com a Equação 23.10,

$$W = U = \frac{q_3}{4\pi\epsilon_0}\left(\frac{q_1}{r_{13}} + \frac{q_2}{r_{23}}\right) = \frac{+e}{4\pi\epsilon_0}\left(\frac{-e}{2a} + \frac{+e}{a}\right) = \frac{+e^2}{8\pi\epsilon_0 a}$$

O resultado é positivo, como devemos esperar. Quando trazemos q_3 do infinito ao longo do eixo $+x$, ela é atraída por q_1, porém é repelida mais fortemente por q_2. Portanto, o trabalho realizado para trazer q_3 até $x = 2a$ deve ser positivo.

(b) A energia potencial total do conjunto das três cargas é dada pela Equação 23.11:

$$U = \frac{1}{4\pi\epsilon_0}\sum_{i<j}\frac{q_i q_j}{r_{ij}} = \frac{1}{4\pi\epsilon_0}\left(\frac{q_1q_2}{r_{12}} + \frac{q_1q_3}{r_{13}} + \frac{q_2q_3}{r_{23}}\right)$$

$$= \frac{1}{4\pi\epsilon_0}\left[\frac{(-e)(e)}{a} + \frac{(-e)(e)}{2a} + \frac{(e)(e)}{a}\right] = \frac{-e^2}{8\pi\epsilon_0 a}$$

AVALIAR: como o resultado do item (b) é negativo, o sistema possui uma energia potencial mais baixa do que teria se as distâncias entre as cargas fossem infinitas. Uma força externa precisaria realizar um trabalho *negativo* para trazer as três cargas do infinito até suas posições no conjunto e realizar um trabalho *positivo* para afastá-las de volta ao infinito.

Figura 23.10 Nossa esquematização da situação após a terceira carga ter sido trazida do infinito.

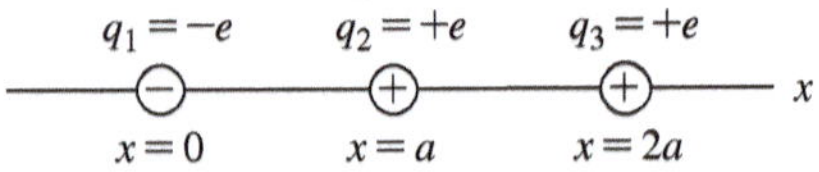

TESTE SUA COMPREENSÃO DA SEÇÃO 23.1 Considere o sistema das três cargas puntiformes no Exemplo 21.4 (Seção 21.3) e indicado na Figura 21.14. (a) Qual é o sinal da energia potencial total desse sistema? (i) Positivo; (ii) negativo; (iii) nulo. (b) Qual é o sinal da quantidade total de trabalho que você teria de realizar para separar essas cargas infinitamente umas das outras? (i) Positivo; (ii) negativo; (iii) nulo. ❙

23.2 POTENCIAL ELÉTRICO

Na seção anterior, examinamos a energia potencial U associada a uma carga de teste q_0 em um campo elétrico. Agora vamos examinar a energia potencial em uma base "por unidade de carga", análoga ao caso do campo elétrico, que é a força elétrica por unidade de carga que atua sobre uma partícula no campo. Isso conduz ao conceito de *potencial elétrico*, em geral chamado simplesmente de *potencial*. Este conceito é muito útil para o cálculo das energias envolvidas em partículas carregadas. Ele também facilita a determinação de um campo elétrico, visto que o potencial elétrico está intimamente relacionado ao campo elétrico $\vec{E}$. Para determinar um campo elétrico, em geral é mais fácil inicialmente calcular o potencial elétrico e, a seguir, obter o campo elétrico a partir do potencial elétrico.

Denomina-se **potencial elétrico** a *energia potencial por unidade de carga*. Definimos o potencial elétrico V em qualquer ponto de um campo elétrico como a energia potencial U *por unidade de carga* associada a uma carga de teste q_0 nesse ponto:

$$V = \frac{U}{q_0} \quad \text{ou} \quad U = q_0 V \tag{23.12}$$

Tanto a energia potencial quanto a carga são escalares, de modo que o potencial elétrico é uma grandeza escalar. De acordo com a Equação 23.12, suas unidades são obtidas dividindo-se as unidades de energia pelas unidades de carga. A unidade SI de potencial elétrico é chamada de **volt** (1 V), em homenagem ao cientista italiano e pesquisador experimental da eletricidade Alessandro Volta (1745-1827), sendo igual a 1 joule por coulomb:

$$1 \text{ V} = 1 \text{ volt} = 1 \text{ J/C} = 1 \text{ joule/coulomb}$$

Vamos escrever a Equação 23.2, que iguala o trabalho realizado pela força elétrica durante um deslocamento de a até b com a grandeza $-\Delta U = -(U_b - U_a)$, usando-se uma base de "trabalho por unidade de carga". Dividindo essa grandeza por q_0, obtemos

$$\frac{W_{a\to b}}{q_0} = -\frac{\Delta U}{q_0} = -\left(\frac{U_b}{q_0} - \frac{U_a}{q_0}\right) = -(V_b - V_a) = V_a - V_b \tag{23.13}$$

em que $V_a = U_a/q_0$ é a energia potencial por unidade de carga no ponto a e V_b é definido de modo análogo. Chamamos V_a de *potencial no ponto a* e V_b de *potencial no ponto b*. Logo, o trabalho realizado por unidade de carga pela força elétrica quando a carga se desloca de a até b é igual ao potencial no ponto a menos o potencial no ponto b.

A diferença $V_a - V_b$ denomina-se *potencial de a em relação a b*; algumas vezes, essa diferença será abreviada como $V_{ab} = V_a - V_b$ (observe a ordem dos índices). Geralmente chamamos isso de diferença de potencial entre a e b, porém, trata-se de algo que pode ser ambíguo, a menos que o ponto de referência seja especificado. Em circuitos elétricos, que examinaremos em capítulos posteriores, a diferença de potencial entre dois pontos será chamada de **voltagem (Figura 23.11)**. A Equação 23.13 afirma que **V_{ab}, o potencial (em V) de *a* em relação a *b*, é igual ao trabalho (em J) realizado pela força elétrica quando uma carga UNITÁRIA (1 C) se desloca de *a* até *b*.**

Outra maneira de interpretar a diferença de potencial V_{ab} na Equação 23.13 consiste em usar o ponto de vista alternativo, comentado no final da Seção 23.1, segundo o qual $U_a - U_b$ é igual ao trabalho realizado por uma força *externa*, quando a partícula com carga q_0 se move lentamente de b até a contra a força elétrica. O trabalho que deve ser realizado *por unidade de carga* pela força externa será, então, $(U_a - U_b)/q_0 = V_a - V_b = V_{ab}$. Em outras palavras: **$V_{ab}$, o potencial (em V) de *a* em relação a *b*, é igual ao trabalho (em J) realizado contra a força elétrica para deslocar lentamente uma carga UNITÁRIA (1 C) de *b* até *a*.**

O *voltímetro* é um instrumento que mede a diferença de potencial entre dois pontos. (No Capítulo 26, descreveremos o funcionamento desse instrumento.) Voltímetros capazes de medir uma diferença de potencial da ordem de 1 μV são comuns, e sensibilidades até 10^{-12} V já foram atingidas.

Figura 23.11 A voltagem desta pilha é igual à diferença de potencial $V_{ab} = V_a - V_b$ entre o terminal positivo (ponto a) e o terminal negativo (ponto b).

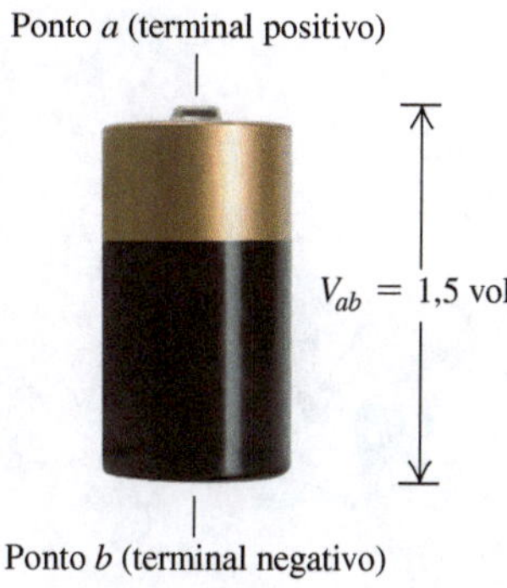

Cálculo do potencial elétrico

Para encontrarmos o potencial V de uma única carga puntiforme q, dividimos a Equação 23.9 por q_0:

Potencial elétrico de uma carga puntiforme

$$V = \frac{1}{4\pi\epsilon_0}\frac{q}{r} \tag{23.14}$$

Valor da carga puntiforme (q)
Distância entre a carga puntiforme e o ponto em que o potencial está sendo calculado (r)
Constante elétrica (ϵ_0)

Quando q é positiva, o potencial produzido por ela é positivo em todos os pontos do espaço; quando q é negativa, o potencial produzido por ela é negativo em qualquer ponto. Em ambos os casos, V é igual a zero para $r = \infty$, quando a distância entre a carga e o ponto é infinita. Observe que o potencial, do mesmo modo que o campo elétrico, não depende da carga de teste q_0 que foi usada para defini-lo.

Analogamente, dividindo-se a Equação 23.10 por q_0, encontramos o potencial produzido por um conjunto de cargas:

Potencial elétrico de um conjunto de cargas puntiformes

$$V = \frac{1}{4\pi\epsilon_0}\sum_i \frac{q_i}{r_i} \tag{23.15}$$

Valor da i-ésima carga puntiforme (q_i)
Distância entre a i-ésima carga puntiforme e o ponto em que o potencial está sendo calculado (r_i)
Constante elétrica (ϵ_0)

Assim como o campo elétrico total de um conjunto de cargas é dado pela soma *vetorial* de todos os campos elétricos produzidos pelas cargas individuais, o potencial elétrico produzido por um conjunto de cargas puntiformes é dado pela soma *escalar* dos potenciais produzidos pelas cargas individuais. No caso de uma distribuição contínua de cargas ao longo de uma linha, sobre uma superfície ou através de um volume, dividimos as cargas em elementos de carga dq, e a soma indicada na Equação 23.15 se transforma em uma integral:

Potencial elétrico de uma distribuição contínua de cargas

$$V = \frac{1}{4\pi\epsilon_0}\int \frac{dq}{r} \tag{23.16}$$

Integral sobre a distribuição de cargas
Elemento da carga (dq)
Distância entre o elemento da carga e o ponto em que o potencial está sendo calculado (r)
Constante elétrica (ϵ_0)

BIO Aplicação Eletrocardiograma Os eletrodos usados em um eletrocardiograma — ECG — medem as diferenças de potencial (geralmente não superior a 1 mV = 10^{-3} V) entre diferentes partes da pele do paciente. Estas indicam as diferenças de potencial entre as regiões do coração, e assim proporcionam um modo sensível para detectar quaisquer anormalidades na atividade elétrica que impulsiona a função cardíaca.

Resolveremos diversos exemplos desses casos. Os potenciais definidos pelas equações 23.15 e 23.16 são nulos em pontos infinitamente distantes de *qualquer* distribuição de cargas. Mais adiante, encontraremos casos nos quais a própria distribuição de cargas se estende até o infinito. Verificaremos que, para esses casos, não podemos fazer $V = 0$ no infinito e devemos tomar certos cuidados ao usar e interpretar as equações 23.15 e 23.16.

ATENÇÃO O que é um potencial elétrico? Antes de se envolver nos detalhes de como calcular o potencial elétrico, você deve parar e rever o que é o potencial. O *potencial* elétrico em um determinado ponto é a energia potencial que seria associada a uma *unidade* de carga nesse ponto. É por isso que o potencial é medido em joules por coulomb, ou em volts. Lembre-se, também, de que não deve haver uma carga em um determinado ponto para que um V potencial exista nesse ponto. (Da mesma forma, um campo elétrico pode existir em um dado ponto, mesmo que não haja nenhuma carga ali para responder a ele.)

Determinação do potencial elétrico a partir do campo elétrico

Quando conhecemos uma dada coleção de cargas, a Equação 23.15 geralmente fornece o método mais fácil para calcular o potencial V. Contudo, em alguns problemas para os quais o campo elétrico seja fornecido ou facilmente obtido, é mais fácil calcular V a partir de $\vec{E}$. A força $\vec{F}$ sobre uma carga de teste q_0 é dada por $\vec{F} = q_0\vec{E}$; logo, pela Equação 23.1, o trabalho realizado pela força elétrica quando a carga de teste se move de a até b é dado por

$$W_{a\to b} = \int_a^b \vec{F} \cdot d\vec{l} = \int_a^b q_0\vec{E} \cdot d\vec{l}$$

Dividindo essa relação por q_0 e comparando-a à Equação 23.13, encontramos

Integral ao longo da trajetória entre a e b

Diferença potencial elétrica

$$V_a - V_b = \int_a^b \vec{E} \cdot d\vec{l} = \int_a^b E \cos\phi \, dl \qquad (23.17)$$

Produto escalar entre campo elétrico e vetor de deslocamento; Módulo do campo elétrico; Deslocamento; Ângulo entre $\vec{E}$ e $d\vec{l}$

Do mesmo modo que o valor de $W_{a\to b}$ independe da trajetória, o valor de $V_a - V_b$ não depende da trajetória que liga a até b. Para interpretar a Equação 23.17, lembre-se de que $\vec{E}$ é a força elétrica por unidade de carga sobre uma carga de teste. Quando a integral de linha $\int_a^b \vec{E} \cdot d\vec{l}$ é positiva, a força elétrica realiza um trabalho positivo sobre uma carga de teste que se desloca de a até b. Nesse caso, a energia potencial elétrica diminui à medida que a carga se desloca, portanto, a energia potencial elétrica por unidade de carga também diminui; logo, V_b é menor que V_a e $V_a - V_b$ é positiva.

A **Figura 23.12a** mostra uma carga puntiforme positiva. O campo elétrico aponta para fora da carga, e $V = q/4\pi\epsilon_0 r$ é positivo para qualquer distância finita entre o ponto e a carga. Ao se afastar da carga, no mesmo sentido de $\vec{E}$, você se desloca para valores menores de V; aproximando-se da carga, no sentido oposto ao de $\vec{E}$, você se desloca para valores mais elevados de V. Para a carga negativa puntiforme indicada na Figura 23.12b, $\vec{E}$ aponta para dentro da carga e $V = q/4\pi\epsilon_0 r$ é negativa para qualquer distância finita entre o ponto e a carga. Nesse caso, quando se aproxima da carga, no mesmo sentido de $\vec{E}$, você se desloca para valores decrescentes (mais negativos) de V. Quando se afasta da carga, no sentido oposto ao de $\vec{E}$, você se desloca para valores crescentes (menos negativos) de V. A regra válida para *qualquer* campo elétrico é: ao se mover no *mesmo sentido* de $\vec{E}$, você se desloca para valores *decrescentes* de V e, movendo-se em sentido *oposto* ao de $\vec{E}$, você se desloca para valores *crescentes* de V.

Analogamente, uma carga de teste positiva q_0 sofre a ação de uma força elétrica no mesmo sentido de $\vec{E}$, para valores decrescentes de V; uma carga de teste negativa sofre a ação de uma força elétrica em sentido oposto ao de $\vec{E}$, para valores crescentes de V. Logo, uma carga positiva tende a "cair" de uma região de potencial mais elevado para uma de potencial mais baixo. Para uma carga negativa, ocorre o contrário.

Note que a Equação 23.17 pode ser reescrita do seguinte modo:

$$V_a - V_b = -\int_b^a \vec{E} \cdot d\vec{l} \qquad (23.18)$$

Essa forma possui um sinal negativo em comparação à integral na Equação 23.17 e os limites da integral estão invertidos; logo, as equações 23.17 e 23.18 são equivalentes. Porém, a Equação 23.18 possui uma interpretação ligeiramente diferente. Para mover lentamente uma carga contra uma força elétrica, devemos aplicar uma força *externa* por unidade de carga igual a $-\vec{E}$, ou seja, uma força elétrica igual e oposta à força por unidade de carga $\vec{E}$. A Equação 23.18 afirma que $V_a - V_b = V_{ab}$, o potencial de a em relação a b, igual ao trabalho realizado sobre a carga pela força

Figura 23.12 Quando você se desloca na direção e no sentido de $\vec{E}$, o potencial elétrico V diminui; quando você se desloca na direção e no sentido oposto a $\vec{E}$, V aumenta.

(a) Uma carga puntiforme positiva

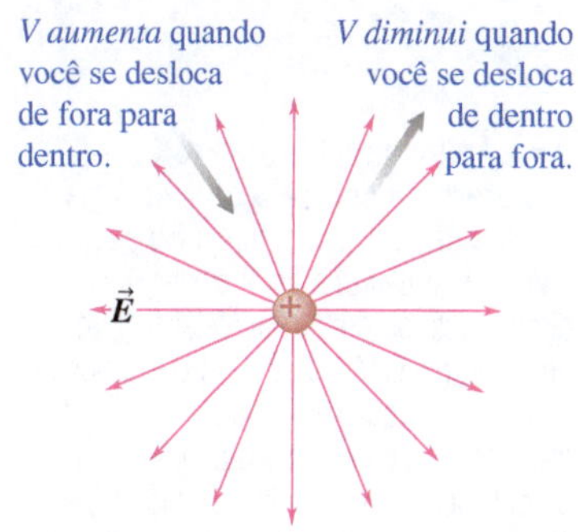

(b) Uma carga puntiforme negativa

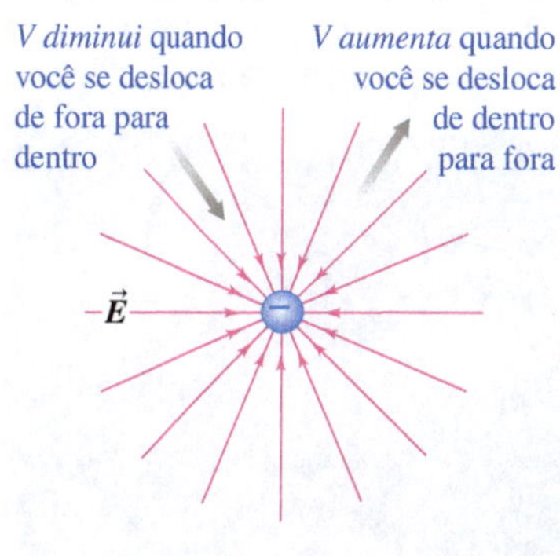

DADOS MOSTRAM

Potencial elétrico e energia potencial elétrica

Quando os alunos recebiam um problema sobre potencial elétrico e energia potencial elétrica, mais de 20% davam uma resposta incorreta. Erros comuns:

- Confundir energia potencial e potencial. Energia potencial elétrica é medida em joules; potencial elétrico é energia potencial *por unidade de carga* e é medida em volts.
- Esquecer as relações entre o potencial elétrico V, o campo elétrico $\vec{E}$ e a força elétrica. $\vec{E}$ sempre aponta de regiões de alto V para regiões de baixo V; o sentido da força elétrica sobre uma carga puntiforme q aponta na mesma direção de $\vec{E}$ quando $q > 0$, porém no sentido oposto quando $q < 0$.

externa para deslocar uma carga unitária de b até a. Essa é a mesma interpretação alternativa que fizemos depois da Equação 23.13.

As equações 23.17 e 23.18 mostram que a unidade de diferença de potencial (1 V) é igual à unidade de campo elétrico (1 N/C) multiplicada pela unidade de distância (1 m). Logo, a unidade de campo elétrico pode ser expressa como 1 *volt por metro* (1 V/m), ou então por 1 N/C:

$$1 \text{ V/m} = 1 \text{ volt/metro} = 1 \text{ N/C} = 1 \text{ newton/coulomb}$$

Na prática, usa-se mais volt por metro como unidade do módulo do campo elétrico.

Elétron-volt

O módulo e da carga do elétron pode ser empregado para a definição de uma unidade de energia muito usada em cálculos envolvendo sistemas atômicos ou nucleares. Quando uma partícula de carga q se move de um ponto no qual o potencial é V_b até um ponto no qual o potencial é V_a, a variação da energia potencial U da carga é dada por

$$U_a - U_b = q(V_a - V_b) = qV_{ab}$$

Quando a carga q possui módulo e igual ao da carga do elétron, $1{,}602 \times 10^{-19}$ C, e a diferença de potencial é $V_{ab} = 1$ V, a variação da energia é dada por

$$U_a - U_b = (1{,}602 \times 10^{-19} \text{ C})(1 \text{ V}) = 1{,}602 \times 10^{-19} \text{ J}$$

Essa quantidade de energia denomina-se 1 **elétron-volt** (1 eV):

$$1 \text{ eV} = 1{,}602 \times 10^{-19} \text{ J}$$

Os múltiplos meV, keV, MeV, GeV e TeV são geralmente usados.

BIO Aplicação Elétron-volt e radioterapia contra o câncer Uma maneira de destruir um tumor cancerígeno é direcionar elétrons de alta energia diretamente para ele. Cada elétron tem uma energia cinética de 4 a 20 milhões de elétron-volts, ou MeV (1 MeV = 10^6 eV), e transfere sua energia para o tumor através de colisões com átomos do tumor. Os elétrons nesse intervalo de energia podem penetrar apenas alguns centímetros dentro de um paciente, o que os torna úteis para o tratamento de tumores superficiais, como aqueles sobre a pele ou os lábios.

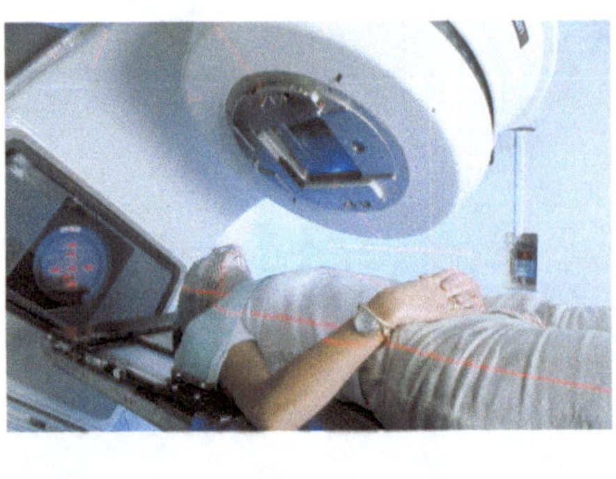

ATENÇÃO Elétron-volts *versus* volts Lembre-se de que o elétron-volt é uma unidade de energia, *não* uma unidade de potencial ou de diferença de potencial!

Quando uma partícula com carga e se move entre dois pontos que possuem uma diferença de potencial de 1 volt, a variação da *energia* potencial é igual a 1 eV. Quando a carga possui valor múltiplo de e — digamos, Ne —, a variação da energia potencial em elétron-volts é N vezes a diferença de potencial em volts. Por exemplo, quando uma partícula alfa, que possui carga igual a $2e$, se desloca entre pontos que possuem uma diferença de potencial igual a 1.000 V, a variação da energia potencial é 2(1.000 eV) = 2.000 eV. Para confirmar isso, escrevemos

$$U_a - U_b = qV_{ab} = (2e)(1.000 \text{ V}) = (2)(1{,}602 \times 10^{-19} \text{ C})(1.000 \text{ V})$$
$$= 3{,}204 \times 10^{-16} \text{ J} = 2.000 \text{ eV}$$

Embora o elétron-volt tenha sido definido em termos de uma energia *potencial*, podemos usá-lo para *qualquer* forma de energia, como a energia cinética de uma partícula que se move. Quando falamos "um próton com um milhão de elétron-volts", queremos dizer que a energia cinética do próton é igual a um milhão de elétron-volts (1 MeV), que é igual a $(10^6)(1{,}602 \times 10^{-19} \text{ J}) = 1{,}602 \times 10^{-13}$ J. O Grande Colisor de Hádrons, perto de Genebra, na Suíça, fornece a um próton uma energia cinética igual a 7 TeV (7×10^{12} eV).

EXEMPLO 23.3 FORÇA ELÉTRICA E POTENCIAL ELÉTRICO

Um próton (carga $+e = 1{,}602 \times 10^{-19}$ C) percorre uma distância $d = 0{,}50$ m ao longo de uma linha reta de um ponto a até um ponto b no interior de um acelerador linear. O campo elétrico é uniforme ao longo dessa linha e possui módulo $E = 1{,}5 \times 10^7$ V/m $= 1{,}5 \times 10^7$ N/C no sentido de a para b. Determine (a) a força sobre o próton; (b) o trabalho realizado sobre ele pelo campo elétrico; (c) a diferença de potencial $V_a - V_b$.

SOLUÇÃO

IDENTIFICAR E PREPARAR: este problema usa a relação entre o campo elétrico e a força elétrica. Além disso, usa a relação entre força, trabalho e diferença de energia potencial. Como o campo elétrico nos é dado, é simples determinar a força elétrica sobre o próton. Também é simples calcular o trabalho, porque $\vec{E}$ é uniforme, o que significa que a força sobre o próton é constante. Sendo o trabalho explicitado, determinamos $V_a - V_b$ pela Equação 23.13.

EXECUTAR: (a) a força possui a mesma direção e o mesmo sentido do campo elétrico e seu módulo é

$$F = qE = (1{,}602 \times 10^{-19}\text{ C})(1{,}5 \times 10^7\text{ N/C})$$
$$= 2{,}4 \times 10^{-12}\text{ N}$$

(b) A força é constante e possui a mesma direção e o mesmo sentido do deslocamento; logo, o trabalho realizado sobre o próton é

$$W_{a\to b} = Fd = (2{,}4 \times 10^{-12}\text{ N})(0{,}50\text{ m})$$
$$= 1{,}2 \times 10^{-12}\text{ J}$$

$$= (1{,}2 \times 10^{-12}\text{ J})\frac{1\text{ eV}}{1{,}602 \times 10^{-19}\text{ J}}$$
$$= 7{,}5 \times 10^6\text{ eV} = 7{,}5\text{ MeV}$$

(c) De acordo com a Equação 23.13, a diferença de potencial é o trabalho realizado por unidade de carga; logo,

$$V_a - V_b = \frac{W_{a\to b}}{q} = \frac{1{,}2 \times 10^{-12}\text{ J}}{1{,}602 \times 10^{-19}\text{ C}}$$
$$= 7{,}5 \times 10^6\text{ J/C} = 7{,}5 \times 10^6\text{ V} = 7{,}5\text{ MV}$$

Poderíamos obter esse mesmo resultado de modo muito mais fácil, recordando que um elétron-volt é igual a um volt multiplicado pela carga e. Uma vez que o trabalho realizado é igual a $7{,}5 \times 10^6$ eV e a carga é e, a diferença de potencial é dada por $(7{,}5 \times 10^6\text{ eV})/e = 7{,}5 \times 10^6$ V.

AVALIAR: podemos conferir o resultado do item (c) usando a Equação 23.17 ou 23.18. O ângulo ϕ entre $\vec{E}$ e o deslocamento é igual a zero, portanto a Equação 23.17 fornece

$$V_a - V_b = \int_a^b E\cos\phi\, dl = \int_a^b E\, dl = E\int_a^b dl$$

A integral de dl de a até b nada mais é do que a distância d, de modo que novamente encontramos

$$V_a - V_b = Ed = (1{,}5 \times 10^7\text{ V/m})(0{,}50\text{ m}) = 7{,}5 \times 10^6\text{ V}$$

EXEMPLO 23.4 POTENCIAL ELÉTRICO PRODUZIDO POR DUAS CARGAS PUNTIFORMES

Um dipolo elétrico é constituído por duas cargas puntiformes $q_1 = +12$ nC e $q_2 = -12$ nC, sendo a distância entre elas igual a 10 cm (**Figura 23.13**). Calcule os potenciais nos pontos a, b e c.

SOLUÇÃO

IDENTIFICAR E PREPARAR: esse arranjo de cargas é o mesmo que o do Exemplo 21.8, no qual calculamos o *campo* elétrico em cada ponto por meio de uma soma *vetorial*. Neste problema, a incógnita é o *potencial* elétrico V em três pontos, que encontramos ao calcular a soma *algébrica*, como indica a Equação 23.15.

EXECUTAR: no ponto a, temos $r_1 = 0{,}060$ m e $r_2 = 0{,}040$ m, logo, a Equação 23.15 fornece

$$V_a = \frac{1}{4\pi\epsilon_0}\sum_i \frac{q_i}{r_i} = \frac{1}{4\pi\epsilon_0}\frac{q_1}{r_1} + \frac{1}{4\pi\epsilon_0}\frac{q_2}{r_2}$$
$$= (9{,}0 \times 10^9\text{ N}\cdot\text{m}^2/\text{C}^2)\frac{12 \times 10^{-9}\text{C}}{0{,}060\text{ m}}$$
$$+ (9{,}0 \times 10^9\text{ N}\cdot\text{m}^2/\text{C}^2)\frac{(-12 \times 10^{-9}\text{ C})}{0{,}040\text{ m}}$$
$$= 1.800\text{ N}\cdot\text{m/C} + (-2.700\text{ N}\cdot\text{m/C})$$
$$= 1.800\text{ V} + (-2.700\text{ V}) = -900\text{ V}$$

Fazendo um cálculo análogo, você pode mostrar que, no ponto b (onde $r_1 = 0{,}040$ m e $r_2 = 0{,}140$ m), o potencial é $V_b = 1.930$ V e no ponto c (onde $r_1 = r_2 = 0{,}130$ m), o potencial é $V_c = 0$.

AVALIAR: vamos confirmar que estes resultados fazem sentido. Como o ponto a está mais perto da carga de -12 nC que da carga de $+12$ nC, o potencial em a é negativo. O potencial é positivo no ponto b, que está mais perto da carga de $+12$ nC que da carga de -12 nC. Finalmente, como o ponto c é equidistante das cargas de $+12$ nC e de -12 nC, o potencial nesse ponto é igual a zero. (O potencial também é igual a zero em todos os pontos infinitamente distantes de ambas as cargas.)

A comparação entre este exemplo e o Exemplo 21.8 mostra que é muito mais fácil calcular o potencial elétrico (uma grandeza escalar) que o campo elétrico (uma grandeza vetorial). Adotaremos essa simplificação sempre que possível.

Figura 23.13 Quais são os potenciais nos pontos a, b e c produzidos por este dipolo elétrico?

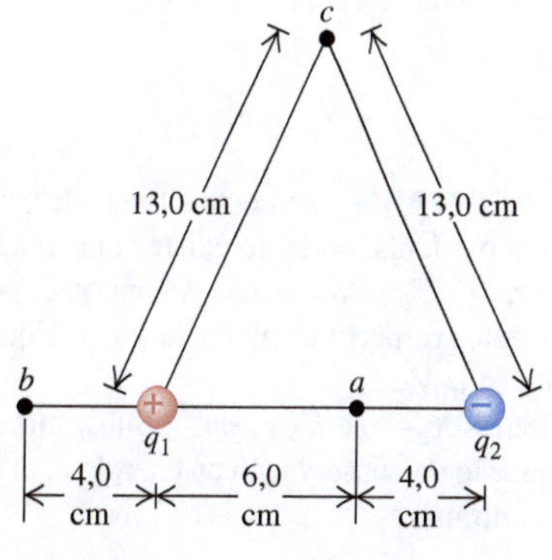

EXEMPLO 23.5 POTENCIAL E ENERGIA POTENCIAL

Calcule a energia potencial associada à carga puntiforme de +4 nC quando ela é colocada nos pontos a, b e c, indicados na Figura 23.13.

SOLUÇÃO

IDENTIFICAR E PREPARAR: para qualquer carga puntiforme q na qual o potencial elétrico é V, a energia potencial associada é $U = qV$. Usaremos os valores de V obtidos no Exemplo 23.4.

EXECUTAR: nos três pontos, encontramos

$$U_a = qV_a = (4{,}0 \times 10^{-9}\ \text{C})\,(-900\ \text{J/C}) = -3{,}6 \times 10^{-6}\ \text{J}$$

$$U_b = qV_b = (4{,}0 \times 10^{-9}\ \text{C})\,(1.930\ \text{J/C}) = 7{,}7 \times 10^{-6}\ \text{J}$$

$$U_c = qV_c = 0$$

Todos esses valores correspondem à anulação de U e V no infinito.

AVALIAR: note que *nenhum* trabalho total é realizado sobre a carga de 4,0 nC quando ela se desloca do ponto c até o infinito, *qualquer que seja a trajetória*. Em particular, tome a trajetória como a linha reta perpendicular que passa pela metade do segmento que liga as cargas q_1 e q_2 na Figura 23.13. Como indicado no Exemplo 21.8 (Seção 21.5), o vetor $\vec{E}$ possui uma direção ortogonal a uma linha reta. Portanto, a força sobre a carga de 4,0 nC é perpendicular à trajetória e o trabalho realizado é sempre igual a zero em todas as partes dessa trajetória.

EXEMPLO 23.6 DETERMINAÇÃO DO POTENCIAL POR INTEGRAÇÃO

Integrando o campo elétrico, como na Equação 23.17, determine o potencial a uma distância r da carga puntiforme q.

SOLUÇÃO

IDENTIFICAR E PREPARAR: consideramos o ponto a na Equação 23.17, situado a uma distância r, e o ponto b, a uma distância infinita da carga (**Figura 23.14**). Como de costume, escolhemos que o potencial seja igual a zero nos pontos infinitamente distantes da carga q.

EXECUTAR: para fazermos a integral, podemos escolher qualquer trajetória que ligue os pontos a e b. A trajetória mais conveniente é uma linha reta radial, como a indicada na Figura 23.14, de modo que $d\vec{l}$ é a direção radial e possui módulo dr. Escrevendo $d\vec{l} = \hat{r}dr$, a Equação 23.17 fornece

$$V - 0 = V = \int_r^{\infty} \vec{E} \cdot d\vec{l}$$

$$= \int_r^{\infty} \frac{1}{4\pi\epsilon_0} \frac{q}{r^2} \hat{r} \cdot \hat{r}dr = \int_r^{\infty} \frac{q}{4\pi\epsilon_0 r^2} dr$$

$$= -\frac{q}{4\pi\epsilon_0 r}\bigg|_r^{\infty} = 0 - \left(-\frac{q}{4\pi\epsilon_0 r}\right) = \frac{q}{4\pi\epsilon_0 r}$$

AVALIAR: nosso resultado está de acordo com a Equação 23.14 e é válido para q positivo ou negativo.

Figura 23.14 Cálculo do potencial pela integral do campo $\vec{E}$ para uma única carga puntiforme.

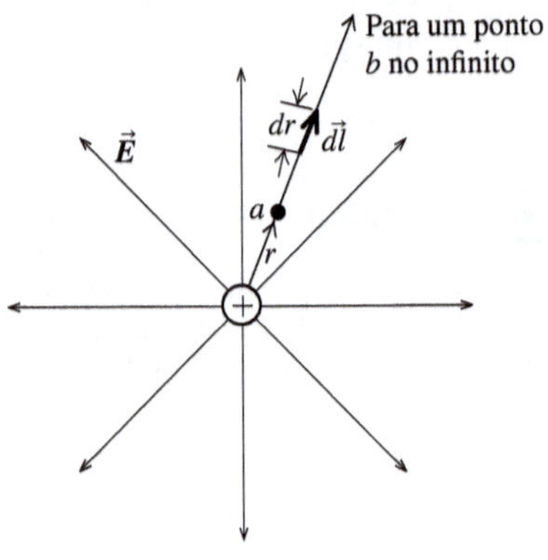

EXEMPLO 23.7 DESLOCAMENTO ATRAVÉS DE UMA DIFERENÇA DE POTENCIAL

Na **Figura 23.15**, uma partícula de poeira, com massa $m = 5{,}0 \times 10^{-9}$ kg = 5,0 μg e carga q_0 = 2,0 nC, parte do repouso no ponto a e se desloca em linha reta até o ponto b. Qual é sua velocidade escalar v no ponto b?

SOLUÇÃO

IDENTIFICAR E PREPARAR: somente a força elétrica conservativa atua sobre a partícula, portanto existe conservação da energia mecânica: $K_a + U_a = K_b + U_b$. As energias potenciais U são fornecidas pelos respectivos potenciais V da Equação 23.12: $U_a = q_0V_a$ e $U_b = q_0V_b$.

EXECUTAR: temos $K_a = 0$ e $K_b = \frac{1}{2}mv^2$. Substituímos esses resultados na equação da conservação da energia e, explicitando o valor de v, encontramos

$$0 + q_0V_a = \tfrac{1}{2}mv^2 + q_0V_b$$

$$v = \sqrt{\frac{2q_0(V_a - V_b)}{m}}$$

Calculamos os potenciais usando a Equação 23.15, $V = q/4\pi\epsilon_0 r$:

$$V_a = (9{,}0 \times 10^9\ \text{N}\cdot\text{m}^2/\text{C}^2) \times \left(\frac{3{,}0 \times 10^{-9}\ \text{C}}{0{,}010\ \text{m}} + \frac{(-3{,}0 \times 10^{-9}\ \text{C})}{0{,}020\ \text{m}}\right)$$

$$= 1.350\ \text{V}$$

(Continua)

(*Continuação*)

$$V_b = (9{,}0 \times 10^9\ \mathrm{N \cdot m^2/C^2}) \times \left(\frac{3{,}0 \times 10^{-9}\ \mathrm{C}}{0{,}020\ \mathrm{m}} + \frac{(-3{,}0 \times 10^{-9}\ \mathrm{C})}{0{,}010\ \mathrm{m}}\right)$$

$$= -1.350\ \mathrm{V}$$

$$V_a - V_b = (1.350\ \mathrm{V}) - (-1.350\ \mathrm{V}) = 2.700\ \mathrm{V}$$

Finalmente,

$$v = \sqrt{\frac{2(2{,}0 \times 10^{-9}\ \mathrm{C})(2.700\ \mathrm{V})}{5{,}0 \times 10^{-9}\ \mathrm{kg}}} = 46\ \mathrm{m/s}$$

AVALIAR: nosso resultado faz sentido; a velocidade escalar da carga de teste positiva aumenta à medida que ela se afasta da carga de +3,0 nC e se aproxima da carga de −3,0 nC. Podemos conferir a consistência das unidades notando que 1 V = 1 J/C, de modo que o numerador dentro da raiz possui unidades de J ou kg · m^2/s^2.

Figura 23.15 A partícula sai do ponto *a* e se desloca em linha reta até o ponto *b*; sua aceleração não é constante.

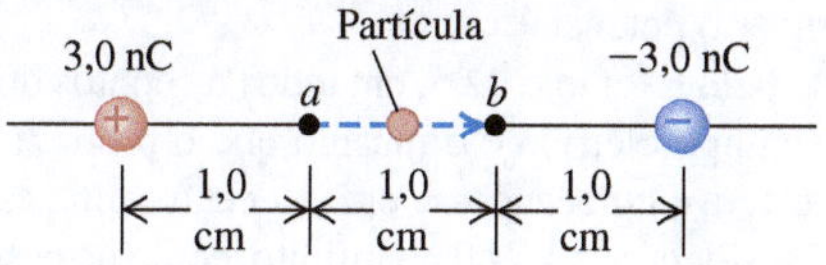

TESTE SUA COMPREENSÃO DA SEÇÃO 23.2 Se o *potencial* elétrico em um dado ponto é igual a zero, o *campo* elétrico nesse ponto tem de ser igual a zero? (*Dica:* considere o ponto *c* dos exemplos 23.4 e 21.8.) ❙

23.3 DETERMINAÇÃO DO POTENCIAL ELÉTRICO

Para calcular o potencial elétrico de uma distribuição de cargas, em geral, usa-se um dos dois procedimentos citados a seguir: quando conhecemos a distribuição de cargas, podemos usar a Equação 23.15 ou a 23.16, ou, se conhecemos como o campo elétrico depende da posição, podemos aplicar a Equação 23.17, definindo como zero o potencial em algum ponto conveniente. Para certos problemas, precisamos fazer uma combinação desses dois procedimentos.

Ao estudar esses exemplos, compare-os aos exemplos relacionados de cálculo do *campo* elétrico na Seção 21.5. Você observará que é mais fácil calcular os potenciais elétricos escalares que os campos elétricos vetoriais. A moral da história é clara: sempre que possível, solucione os problemas usando o método da energia (usando o potencial elétrico e a energia potencial elétrica) em vez do método da dinâmica (usando os campos elétricos e as forças elétricas).

ESTRATÉGIA PARA A SOLUÇÃO DE PROBLEMAS 23.1 DETERMINAÇÃO DO POTENCIAL ELÉTRICO

IDENTIFICAR *os conceitos relevantes:* lembre-se de que o potencial elétrico é a *energia potencial por unidade de carga.*

PREPARAR *o problema* por meio dos seguintes passos:

1. Faça um desenho indicando claramente a localização das cargas (que podem ser puntiformes ou uma distribuição contínua de cargas) e a escolha dos eixos de coordenadas.
2. Indique no desenho a posição do ponto em que você deseja calcular o potencial elétrico *V*. Algumas vezes essa posição será arbitrária (digamos, um ponto a uma distância *r* do centro de uma esfera carregada).

EXECUTAR *a solução* da seguinte forma:

1. Para encontrar o potencial produzido por um conjunto de cargas puntiformes, aplique a Equação 23.15. Quando o problema fornece uma distribuição contínua de cargas, descubra um modo de dividi-la em elementos infinitesimais e, a seguir, use a Equação 23.16. Faça a integral empregando os limites apropriados para incluir completamente a distribuição de cargas.
2. Se o campo elétrico for conhecido, ou se você for capaz de calculá-lo usando os métodos do Capítulo 21 ou do 22, pode ser mais fácil aplicar a Equação 23.17 ou a Equação 23.18 para calcular a diferença de potencial entre dois pontos *a* e *b*. Quando apropriado, use sua liberdade de definir como zero o potencial *V* em algum ponto conveniente e escolha esse local como o ponto *b*. (Para cargas puntiformes, geralmente esse ponto está no infinito. Para outros tipos de distribuição de cargas — principalmente aquelas que se estendem até o infinito — pode ser necessário definir V_b como zero a uma certa distância finita da distribuição de cargas.) Então, o potencial em qualquer outro ponto, digamos o ponto *a*, pode ser calculado a partir da Equação 23.17 ou a 23.18 com $V_b = 0$.
3. Embora o potencial *V* seja uma grandeza *escalar*, pode ser necessário usar os componentes dos vetores $\vec{E}$ e $d\vec{l}$ quando você aplicar a Equação 23.17 ou a 23.18 para calcular *V*.

AVALIAR *sua resposta:* confira se o resultado obtido está dentro das expectativas. Se o resultado fornecer *V* em função da posição, faça um gráfico dessa função para verificar se isso faz sentido. Se o campo elétrico for conhecido, você poderá fazer um teste qualitativo do resultado de *V*, verificando se ele diminui quando você se desloca no mesmo sentido de $\vec{E}$.

EXEMPLO 23.8 UMA ESFERA CONDUTORA CARREGADA

Uma esfera condutora maciça, sem buracos, possui raio R e carga total q. Determine o potencial em todos os pontos do exterior e do interior da esfera.

SOLUÇÃO

IDENTIFICAR E PREPARAR: usamos a lei de Gauss no Exemplo 22.5 (Seção 22.4) para determinar o *campo* elétrico em todos os pontos dessa distribuição de carga. Podemos usar esse resultado para determinar o potencial.

EXECUTAR: pelo Exemplo 22.5, em todos os pontos do *exterior* da esfera o campo elétrico é o mesmo que o produzido removendo-se a esfera e colocando-se em seu centro uma carga puntiforme q. Consideramos $V = 0$ no infinito, como no caso de uma carga puntiforme. Portanto, o potencial produzido pela esfera a uma distância r de seu centro é igual ao potencial produzido por uma carga puntiforme q situada no centro da esfera:

$$V = \frac{1}{4\pi\epsilon_0}\frac{q}{r}$$

O potencial na superfície da esfera é dado por $V_{sup} = q/4\pi\epsilon_0 R$. No *interior* da esfera, o campo elétrico $\vec{E}$ é igual a zero em todos os pontos. Portanto, se uma carga de teste se deslocasse de um ponto para outro no interior da esfera, nenhum trabalho seria realizado sobre essa carga. Isto significa que o potencial é constante em todos os pontos no interior da esfera, e seu valor é igual ao potencial na superfície da esfera, ou seja, $q/4\pi\epsilon_0 R$.

AVALIAR: a **Figura 23.16** mostra o campo elétrico e o potencial de uma carga positiva q. Nesse caso, o campo elétrico aponta radialmente para fora da esfera. À medida que você se afasta da esfera, no mesmo sentido de $\vec{E}$, V diminui (como era de se esperar).

Figura 23.16 O módulo do campo elétrico E e o potencial V para pontos no interior e no exterior de um condutor esférico com carga positiva.

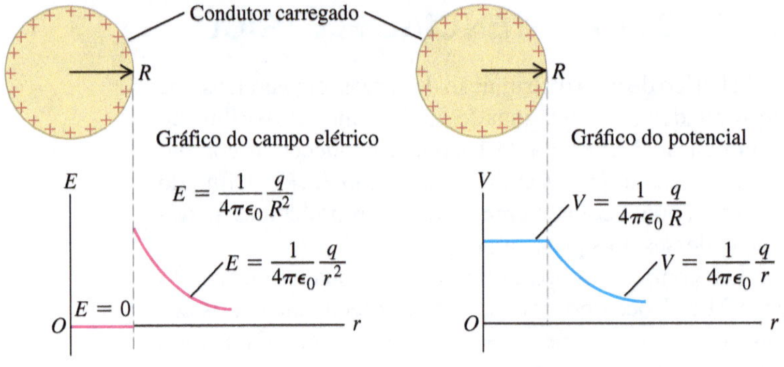

Ionização e efeito corona

Os resultados do Exemplo 23.8 acarretam várias consequências práticas. Uma delas relaciona-se ao potencial máximo atingido por um condutor no ar. Esse potencial é limitado pelo módulo do campo elétrico, aproximadamente igual a 3×10^6 V/m, porque as moléculas do ar se *ionizam* e o ar se torna condutor. Considere uma carga positiva q. Comparando as expressões obtidas no Exemplo 23.8 para o potencial V_{sup} e o módulo do campo elétrico E_{sup} sobre a superfície de uma esfera condutora, notamos que $V_{sup} = E_{sup}R$. Logo, quando $E_{máx}$ representar o módulo do campo elétrico acima do qual o ar se torna condutor (conhecido como *rigidez dielétrica* do ar), o potencial máximo $V_{máx}$ que um condutor esférico pode atingir será dado por

$$V_{máx} = RE_{máx}$$

Para um condutor esférico com raio igual a 1 cm no ar, $V_{máx} = (10^{-2}\text{ m})(3 \times 10^6\text{ V/m}) = 30.000$ V. Nenhuma esfera pode ser "carregada" para atingir um potencial superior a 30.000 V no ar; quando tentamos elevar esse potencial acrescentando mais cargas, o ar circundante torna-se ionizado e condutor, e a carga extra se escoa para o ar.

Para atingir potenciais mais elevados em máquinas de alta voltagem, é necessário que a esfera possua um raio grande, como no caso da esfera terminal de um gerador van de Graaff (veja a Figura 22.26 e a fotografia que abre o Capítulo 22). Por exemplo, se a esfera do terminal do gerador possui raio $R = 2$ m, ela terá um potencial máximo $V_{máx} = (2 \text{ m}) (3 \times 10^6 \text{ V/m}) = 6 \times 10^6 \text{ V} = 6 \text{ MV}$.

O resultado do Exemplo 23.8 também explica o efeito produzido por um condutor carregado com um raio de curvatura *pequeno*, como um ponto agudo na extremidade de um cabo condutor fino. Como o potencial máximo é proporcional ao raio, até mesmo um potencial relativamente pequeno, se aplicado em uma extremidade aguda situada no ar, gera um campo elétrico suficientemente elevado, capaz de produzir ionização nas vizinhanças do ar, tornando-o condutor. Esse fenômeno denomina-se *efeito corona*, e produz uma corrente resultante e uma luminosidade inerente (visível em uma sala escura). As impressoras a laser e as máquinas copiadoras usam o efeito corona em fios finos para carregar o tambor de imagem (veja a Figura 21.2).

Um condutor com raio maior é usado em situações em que é importante *evitar* a corona. Um exemplo é a extremidade arredondada de um para-raios (**Figura 23.17**). Caso ocorra excesso de carga na atmosfera, como durante as tempestades, uma carga substancial de sinal oposto pode se formar nessa extremidade arredondada. Consequentemente, as descargas produzidas por raios tendem a ser direcionadas para a extremidade do cabo, e não para outras estruturas vizinhas, que poderiam ser danificadas. (Um cabo condutor que liga o para-raios ao solo permite que a carga adquirida seja dissipada sem causar danos.) Um para-raios com uma extremidade pontiaguda acarretaria menor acúmulo de carga e, portanto, seria menos eficaz.

Figura 23.17 O mastro metálico no topo do Empire State Building atua como um para-raios, sendo atingido por raios mais de 500 vezes por ano.

EXEMPLO 23.9 PLACAS PARALELAS CARREGADAS COM CARGAS OPOSTAS

Determine o potencial em qualquer altura y entre as placas paralelas carregadas com cargas opostas, discutidas na Seção 23.1 (**Figura 23.18**).

SOLUÇÃO

IDENTIFICAR E PREPARAR: discutimos essa situação na Seção 23.1. Pela Equação 23.5, sabemos que a *energia potencial* elétrica U para uma carga de teste q_0 é $U = q_0Ey$. (Consideramos $y = 0$ e $U = 0$ na placa inferior.) Usamos a Equação 23.12, $U = q_0V$, para determinar o *potencial* elétrico V em função de y.

EXECUTAR: o potencial $V(y)$ na coordenada y é a energia potencial por unidade de carga:

$$V(y) = \frac{U(y)}{q_0} = \frac{q_0Ey}{q_0} = Ey$$

O potencial diminui à medida que você se desloca da placa inferior para a superior no mesmo sentido de $\vec{E}$. No ponto a, em que $y = d$ e $V(y) = V_a$, temos

$$V_a - V_b = Ed \quad \text{e} \quad E = \frac{V_a - V_b}{d} = \frac{V_{ab}}{d}$$

em que V_{ab} é o potencial da placa positiva em relação à placa negativa. Ou seja, o campo elétrico é igual à diferença de potencial entre as placas, dividida pela distância entre elas. Para uma dada diferença de potencial V_{ab}, quanto menor a distância d entre as duas placas, maior o módulo E do campo elétrico. (Essa relação entre E e V_{ab} vale *somente* para a geometria plana aqui descrita. Ela *não* vale para situações nas quais o campo elétrico não é uniforme, como para esferas ou cilindros concêntricos.)

AVALIAR: nosso resultado indica que $V = 0$ na placa inferior (em $y = 0$). Isso está de acordo com a nossa escolha de que $U = q_0V = 0$ para uma carga de teste colocada na placa inferior.

ATENÇÃO "Potencial zero" é arbitrário Você poderia pensar que, se um corpo apresenta potencial igual a zero, ele necessariamente possui carga líquida igual a zero. Mas isso não é verdade! Como exemplo, a placa na posição $y = 0$ na Figura 23.18 possui $V = 0$, mas tem uma carga por unidade de área igual a $-\sigma$. Lembre-se de que não existe nenhum local especial em que o potencial seja igual a zero; podemos *definir* o potencial igual a zero no local que desejarmos.

Figura 23.18 As placas paralelas carregadas indicadas na Figura 23.2.

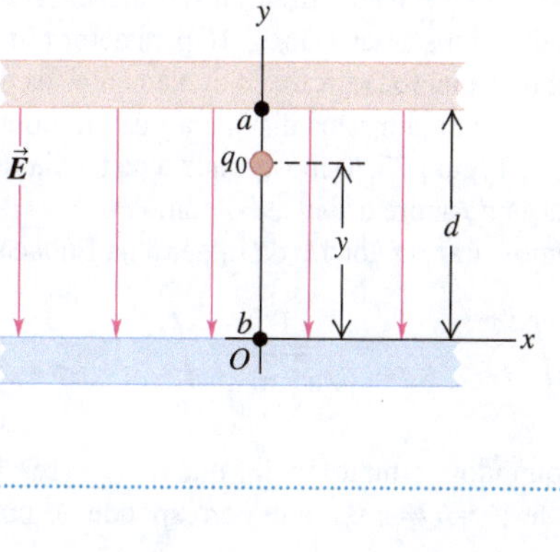

EXEMPLO 23.10 UM FIO INFINITO CARREGADO OU UM CILINDRO CONDUTOR CARREGADO

Calcule o potencial a uma distância r de um fio muito longo carregado, com uma densidade linear de carga (carga por unidade de comprimento) igual a λ.

SOLUÇÃO

IDENTIFICAR E PREPARAR: verificamos, nos exemplos 21.10 (Seção 21.5) e 22.6 (Seção 22.4), que o campo elétrico a uma distância radial r de um fio carregado muito longo (**Figura 23.19a**) possui um único componente radial dado por $E_r = \lambda/2\pi\epsilon_0 r$. A seguir, podemos integrar $\vec{E}$ conforme a Equação 23.17, para determinar o potencial.

EXECUTAR: visto que o campo elétrico possui somente um componente radial, o produto escalar $\vec{E} \cdot d\vec{l}$ é igual a $E_r dr$. Logo, a partir da Equação 23.17, o potencial em qualquer ponto a em relação a qualquer outro ponto b, situado a distâncias radiais r_a e r_b do fio, é dado por

$$V_a - V_b = \int_a^b \vec{E} \cdot d\vec{l} = \int_a^b E_r dr = \frac{\lambda}{2\pi\epsilon_0}\int_{r_a}^{r_b}\frac{dr}{r} = \frac{\lambda}{2\pi\epsilon_0}\ln\frac{r_b}{r_a}$$

Se considerarmos $V_b = 0$ em um ponto b no infinito, verificaremos que V_a se torna *infinito* para qualquer distância finita r_a do fio: $V_a = (\lambda/2\pi\epsilon_0)\ln(\infty/r_a) = \infty$. Logo, esse *não* é um modo útil para definir V para este problema! Essa dificuldade ocorre porque a própria distribuição de cargas se estende até o infinito. Em vez disso, como foi recomendado na Estratégia para a solução de problemas 23.1, vamos considerar $V_b = 0$ em um ponto b situado a uma distância radial arbitrária, porém *finita*, r_0. Então, o potencial $V = V_a$ em um ponto a a uma distância radial r é dado por $V - 0 = (\lambda/2\pi\epsilon_0)\ln(r_0/r)$, ou

$$V = \frac{\lambda}{2\pi\epsilon_0}\ln\frac{r_0}{r}$$

AVALIAR: de acordo com o resultado obtido, se λ for positivo, então V diminuirá à medida que r aumentar. Isso corresponde às expectativas: V diminui à medida que nos deslocamos no sentido de $\vec{E}$.

Pelo Exemplo 22.6, a expressão para E_r, com a qual iniciamos, também se aplica no exterior de um longo cilindro condutor, carregado com carga por unidade de comprimento igual a λ (Figura 23.19b). Logo, o resultado obtido aqui também fornece o potencial elétrico desse cilindro, porém considerando apenas valores de r (a distância a partir do eixo do cilindro) iguais ou maiores que o raio R do cilindro. Se escolhermos r_0 como o raio R do cilindro, então $V = 0$ quando $r = R$; logo, para qualquer ponto $r > R$, temos

$$V = \frac{\lambda}{2\pi\epsilon_0}\ln\frac{R}{r}$$

No interior do cilindro, $\vec{E} = \mathbf{0}$, e V possui o mesmo valor (zero) existente na superfície do cilindro.

Figura 23.19 Campo elétrico fora de (a) um fio muito longo carregado positivamente e de (b) um cilindro muito longo carregado positivamente.

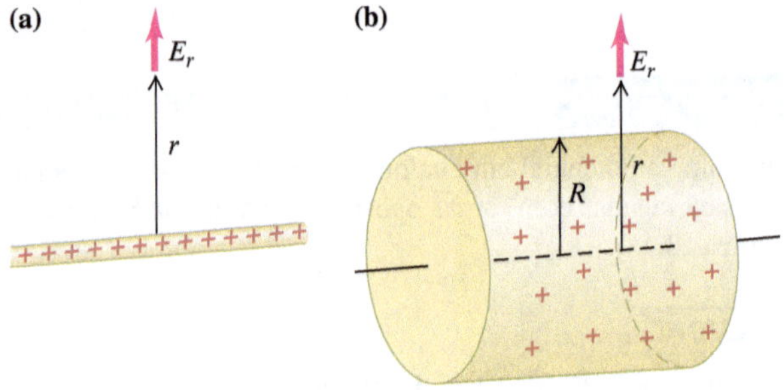

EXEMPLO 23.11 UM ANEL CARREGADO

Uma carga elétrica Q está distribuída uniformemente em torno de um fino anel de raio a (**Figura 23.20**). Calcule o potencial em um ponto P situado sobre o eixo do anel a uma distância x do centro do anel.

SOLUÇÃO

IDENTIFICAR E PREPARAR: dividimos o anel em segmentos infinitesimais e usamos a Equação 23.16 para determinar V. Todas as cargas sobre o anel (ou seja, todos os elementos da distribuição de cargas) estão a uma mesma distância r de um ponto P.

EXECUTAR: a Figura 23.20 mostra que a distância de cada elemento de carga dq sobre o anel até o ponto P é $r = \sqrt{x^2 + a^2}$. Logo, podemos tirar o fator $1/r$ da integral na Equação 23.16 e

$$V = \frac{1}{4\pi\epsilon_0}\int\frac{dq}{r} = \frac{1}{4\pi\epsilon_0}\frac{1}{\sqrt{x^2 + a^2}}\int dq = \frac{1}{4\pi\epsilon_0}\frac{Q}{\sqrt{x^2 + a^2}}$$

AVALIAR: quando x é muito maior que a, a expressão anterior de V torna-se $V = Q/4\pi\epsilon_0 x$, que corresponde ao potencial em um ponto situado a uma distância x de uma carga puntiforme Q. Quando estamos muito longe de um anel carregado, seu potencial elétrico torna-se semelhante ao de uma carga puntiforme. Obtivemos uma conclusão semelhante para o *campo* elétrico produzido por um anel no Exemplo 21.9 (Seção 21.5), portanto, também podemos determinar V ao longo desse eixo integrando $\vec{E} \cdot d\vec{l}$ como na Equação 23.17.

Figura 23.20 Todas as cargas em um anel carregado com carga Q estão a uma mesma distância r de um ponto P situado sobre o eixo do anel.

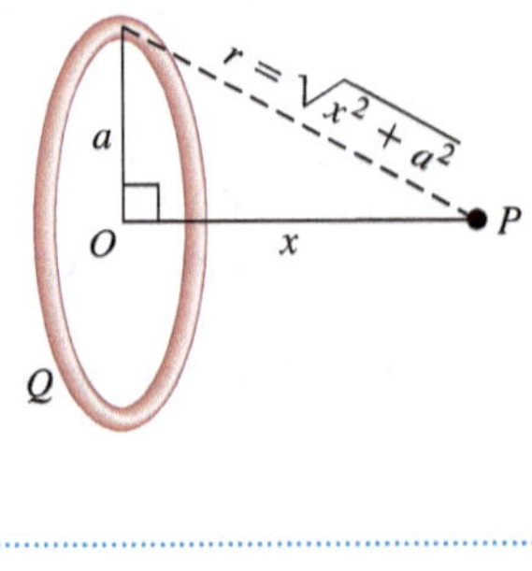

EXEMPLO 23.12 POTENCIAL DE UM FIO CARREGADO

Uma carga elétrica Q está distribuída uniformemente ao longo de um fio retilíneo de comprimento $2a$ situado sobre o eixo y entre os pontos $y = -a$ e $y = +a$ (**Figura 23.21**). Calcule o potencial em um ponto P ao longo do eixo x situado a uma distância x da origem.

SOLUÇÃO

IDENTIFICAR E PREPARAR: esta é a mesma situação descrita no Exemplo 21.10 (Seção 21.5), na qual determinamos uma expressão para o campo elétrico $\vec{E}$ em um ponto arbitrário sobre o eixo x. Poderíamos integrar sobre a distribuição de cargas usando a Equação 23.16. Diferentemente da situação no Exemplo 23.11, cada elemento de carga dQ está localizado a uma distância *diferente* do ponto P, portanto a integração será mais trabalhosa.

EXECUTAR: como no Exemplo 21.10, o elemento de carga dQ correspondente a um elemento de comprimento dy é dado por $dQ = (Q/2a)dy$. A distância entre dQ e o ponto P é igual a $\sqrt{x^2 + y^2}$, e o potencial infinitesimal dV no ponto P é dado por

$$dV = \frac{1}{4\pi\epsilon_0}\frac{Q}{2a}\frac{dy}{\sqrt{x^2 + y^2}}$$

Para obtermos o potencial no ponto P produzido pela barra inteira, integramos dV ao longo do comprimento da barra de $y = -a$ até $y = a$:

$$V = \frac{1}{4\pi\epsilon_0}\frac{Q}{2a}\int_{-a}^{a}\frac{dy}{\sqrt{x^2 + y^2}}$$

Você pode procurar essa integral em uma tabela. O resultado é

$$V = \frac{1}{4\pi\epsilon_0}\frac{Q}{2a}\ln\left(\frac{\sqrt{a^2 + x^2} + a}{\sqrt{a^2 + x^2} - a}\right)$$

AVALIAR: podemos conferir esse resultado considerando que x se aproxima do infinito. Nesse limite, o ponto P está infinitamente distante de toda a carga, portanto esperamos que V tenda a zero; convidamos você a provar esse resultado.

Pelo Exemplo 21.10, conhecemos o campo elétrico em todos os pontos ao longo do eixo x. Convidamos você a usar essa informação para encontrar V integrando $\vec{E}$, conforme a Equação 23.17.

Figura 23.21 Nossa esquematização deste problema.

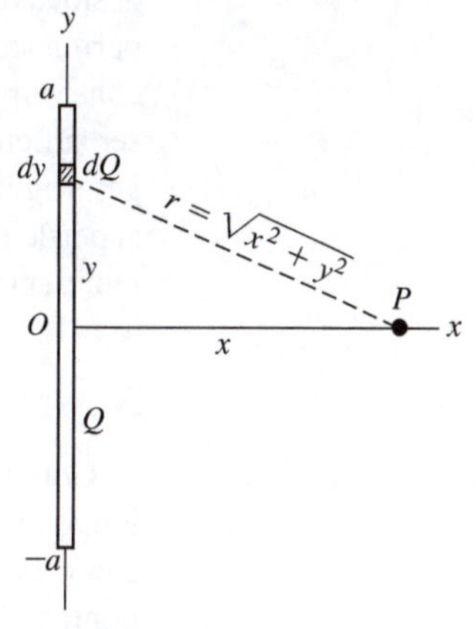

TESTE SUA COMPREENSÃO DA SEÇÃO 23.3 Se o *campo* elétrico de um dado ponto for igual a zero, o *potencial* elétrico nesse ponto também será igual a zero? (*Dica:* considere o centro do anel nos exemplos 23.11 e 21.9.) ❙

23.4 SUPERFÍCIES EQUIPOTENCIAIS

As linhas de campo (Seção 21.6) auxiliam na visualização de um campo elétrico. De modo análogo, os potenciais em diversos pontos de um campo elétrico podem ser representados graficamente por *superfícies equipotenciais.* Elas empregam a mesma ideia básica de mapas topográficos, como os usados por excursionistas e alpinistas (**Figura 23.22**). Em um mapa topográfico, as linhas de contorno ligam pontos com a mesma altura. Poderia ser desenhada qualquer quantidade dessas linhas, porém, é suficiente mostrar algumas linhas de contorno para indicar alturas igualmente espaçadas. Quando um corpo de massa m se desloca ao longo de uma linha de contorno, a energia potencial gravitacional mgy não varia, porque a altura permanece constante ao longo dessa linha. Logo, uma linha de contorno em um mapa topográfico é uma linha de energia potencial gravitacional constante. As linhas de contorno são agrupadas com distâncias menores entre elas, em regiões nas quais ocorrem variações de altura muito grandes em uma mesma distância horizontal; a distância entre essas linhas é maior quando o terreno apresenta variação de altura pequena. Quando uma bola rola montanha abaixo, ela sofre maior força gravitacional para baixo nos locais onde as linhas de contorno estão agrupadas com distâncias menores entre elas.

Por analogia às linhas de contorno em um mapa topográfico, uma **superfície equipotencial** é uma superfície em três dimensões, sobre a qual o *potencial elétrico* V permanece constante em todos os seus pontos. Quando uma carga de teste q_0 se

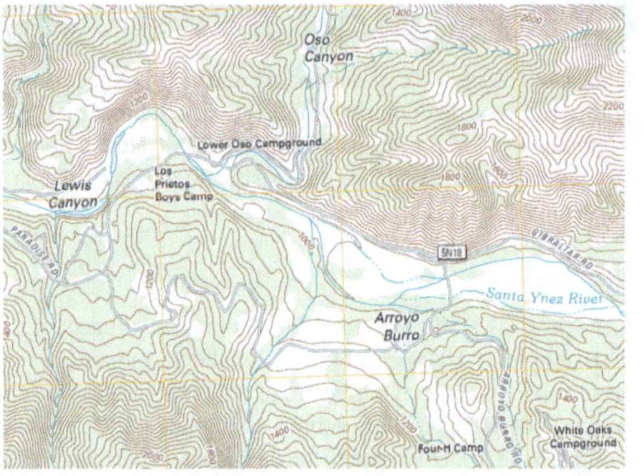

Figura 23.22 As linhas de contorno em um mapa topográfico são curvas que ligam pontos com a mesma altura e, portanto, com energia potencial gravitacional constante.

desloca de um ponto a outro sobre essa superfície, a energia potencial *elétrica* q_0V permanece constante. Em uma região onde existe um campo elétrico, podemos construir uma superfície equipotencial em qualquer local. Nos diagramas, costuma ser suficiente mostrar algumas superfícies equipotenciais mais representativas, em geral igualmente espaçadas, para indicar que a diferença de potencial entre duas superfícies adjacentes é constante. Nenhum ponto pode possuir dois potenciais diferentes, portanto as superfícies equipotenciais não podem se cruzar nem se tangenciar.

Superfícies equipotenciais e linhas de campo

Como a energia potencial não varia quando uma carga de teste se desloca ao longo de uma superfície equipotencial, o campo elétrico não pode realizar trabalho sobre essa carga. Portanto, $\vec{E}$ deve ser perpendicular à superfície em todos os seus pontos, de modo que a força elétrica $q_0\vec{E}$ seja sempre perpendicular ao deslocamento de uma carga que se move sobre a superfície. **As linhas de campo elétrico e as superfícies equipotenciais são sempre mutuamente perpendiculares.** Em geral, uma linha de campo é uma curva e uma superfície equipotencial é uma superfície curva. No caso particular de um campo elétrico *uniforme*, para o qual as linhas de campo são retas paralelas e igualmente espaçadas, as superfícies equipotenciais são *planos* perpendiculares a essas retas.

A **Figura 23.23** mostra diversos arranjos de cargas. As linhas de campo elétrico estão situadas no plano das cargas; essas linhas cortam as obtidas pela interseção das superfícies equipotenciais com o plano da página. Na realidade, as superfícies

Figura 23.23 Seções retas das superfícies equipotenciais (linhas azuis) e das linhas de campo elétrico (linhas vermelhas) para conjuntos de cargas puntiformes. A diferença de potencial entre duas superfícies adjacentes é constante. Compare estes diagramas com os da Figura 21.28, que indicavam somente as linhas do campo elétrico.

(a) Uma única carga positiva **(b)** Um dipolo elétrico **(c)** Duas cargas positivas iguais

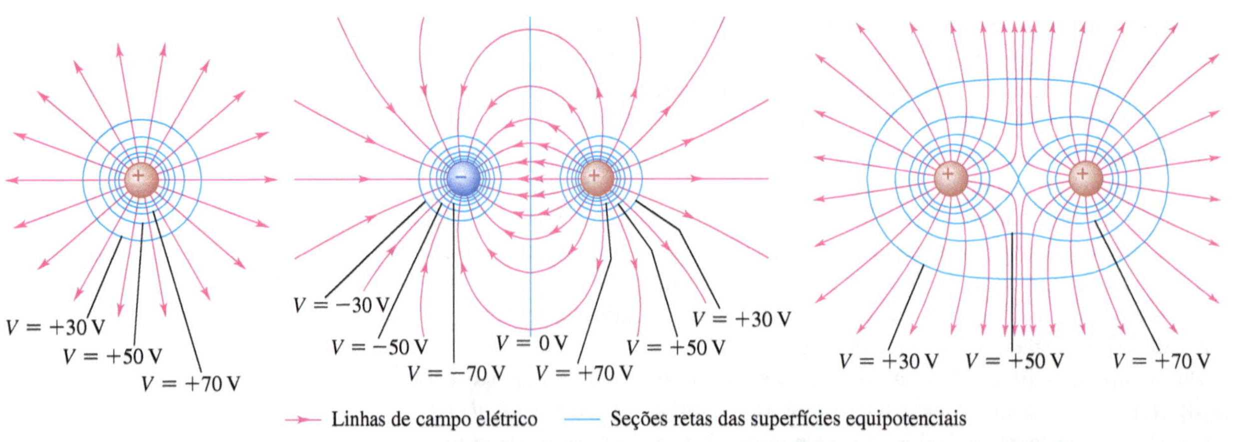

equipotenciais são tridimensionais. Em cada ponto de interseção entre uma linha de campo elétrico e uma equipotencial, as duas curvas são perpendiculares.

Na Figura 23.23, as superfícies equipotenciais foram desenhadas de modo que mantenham constante a diferença de potencial entre superfícies adjacentes. Em regiões nas quais o módulo de $\vec{E}$ é grande, as superfícies equipotenciais ficam agrupadas mais compactamente, porque o campo realiza um trabalho relativamente grande sobre um deslocamento relativamente pequeno de uma carga de teste. Esse comportamento ocorre nos pontos próximos da carga puntiforme da Figura 23.23a ou entre as duas cargas puntiformes da Figura 23.23b; observe que, nessas regiões, as linhas de campo também estão agrupadas mais compactamente. Isso é análogo ao fato de a força gravitacional ser maior nas regiões do mapa topográfico nas quais o espaçamento entre as linhas de contorno é muito pequeno. Reciprocamente, nas regiões em que o campo elétrico é fraco, o espaçamento entre as superfícies equipotenciais é maior; esse comportamento ocorre em pontos muito distantes da carga da Figura 23.23a, do lado esquerdo da carga negativa ou do lado direito da carga positiva da Figura 23.23b, ou em pontos muito afastados das duas cargas indicadas na Figura 23.23c. (Pode parecer que duas superfícies equipotenciais se cruzam no centro da Figura 23.23c, violando a regra de que isso nunca pode ocorrer. Na realidade, trata-se de uma única superfície equipotencial em forma de um algarismo 8, desenhado horizontalmente.)

ATENÇÃO ***E* não precisa ser constante sobre uma superfície equipotencial** Sobre uma dada superfície equipotencial, o potencial V possui o mesmo valor em todos os seus pontos, porém, geralmente o módulo E do campo elétrico apresenta valores *diferentes* sobre esses pontos. Por exemplo, ao longo da superfície equipotencial indicada pelo dístico "$V = -30$ V" na Figura 23.23b, o módulo E no lado esquerdo da carga negativa possui valor menor que o módulo do campo entre as duas cargas. Na superfície equipotencial que forma uma curva em forma de 8 na parte central da Figura 23.23c, $E = 0$ exatamente no ponto central do segmento que une as duas cargas; em qualquer outro ponto dessa superfície, E é diferente de zero.

Condutores e equipotenciais

Vejamos aqui um fato importante sobre superfícies equipotenciais: **quando todas as cargas estão em repouso, a superfície de um condutor é sempre uma superfície equipotencial**. Uma vez que o campo elétrico $\vec{E}$ deve ser sempre perpendicular à superfície equipotencial, para provar essa afirmação basta demonstrar que, **quando todas as cargas estão em repouso, o campo elétrico nos pontos próximos da superfície externa de um condutor deve ser sempre perpendicular em todos os pontos da superfície** (**Figura 23.24**). Sabemos que $\vec{E} = \mathbf{0}$ em todos os pontos no interior de um condutor; caso contrário, ocorreria um movimento de cargas. Em particular, em qualquer ponto interno muito próximo da superfície, o componente de $\vec{E}$ tangente a ela é igual a zero. Portanto, o componente de $\vec{E}$ tangente à superfície pelo lado *externo* também é zero. Se não fosse igual a zero, uma carga poderia se deslocar ao longo de uma trajetória retangular parcialmente dentro e parcialmente fora da superfície (**Figura 23.25**), retornando ao ponto de partida com um trabalho resultante realizado pelo campo sobre a carga. Isso contraria a natureza conservativa de um campo eletrostático, concluindo-se que o componente de $\vec{E}$ tangente à superfície em pontos externos sobre a superfície deve ser igual a zero. Logo, $\vec{E}$ é perpendicular à superfície em todos os seus pontos, o que prova nossa afirmação.

Figura 23.24 Quando todas as cargas estão em repouso, a superfície de um condutor é sempre uma superfície equipotencial. As linhas de campo elétrico penetram perpendicularmente na superfície desse condutor.

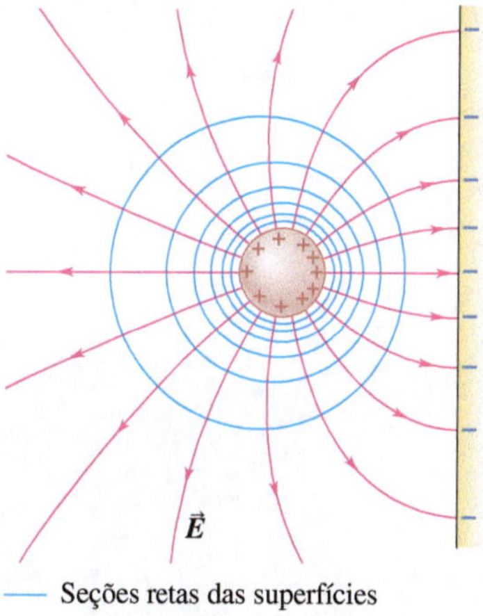

Também é fato que, **quando todas as cargas estão em repouso, todo o volume de um condutor sólido possui o mesmo potencial**. A Equação 23.17 indica que a diferença de potencial entre dois pontos a e b no interior do volume do condutor sólido, $V_a - V_b$, é igual à integral de linha $\int_a^b \vec{E} \cdot d\vec{l}$ do campo elétrico de a para b. Como $\vec{E} = \mathbf{0}$ em todos os pontos no interior do condutor, a integral certamente é igual a zero para quaisquer dois pontos a e b. Por isso, o potencial é o mesmo para

Figura 23.25 Em todos os pontos da superfície de um condutor, o campo elétrico deve ser perpendicular à superfície. Se $\vec{E}$ tivesse um componente tangencial, um trabalho resultante seria realizado sobre uma carga de teste ao deslocá-la ao longo da trajetória retangular indicada, fazendo-a retornar ao ponto de partida — o que é impossível, porque a força elétrica é conservativa.

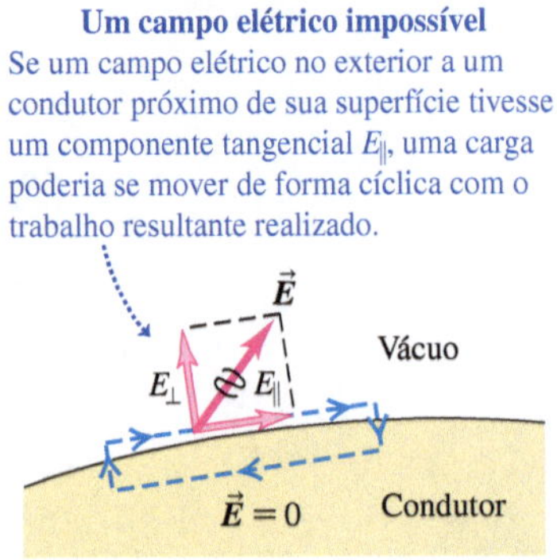

Figura 23.26 Uma cavidade em um condutor. Quando a cavidade não contém nenhuma carga, cada ponto dela possui o mesmo potencial, o campo elétrico é zero no interior da cavidade e não existe nenhuma carga em sua superfície.

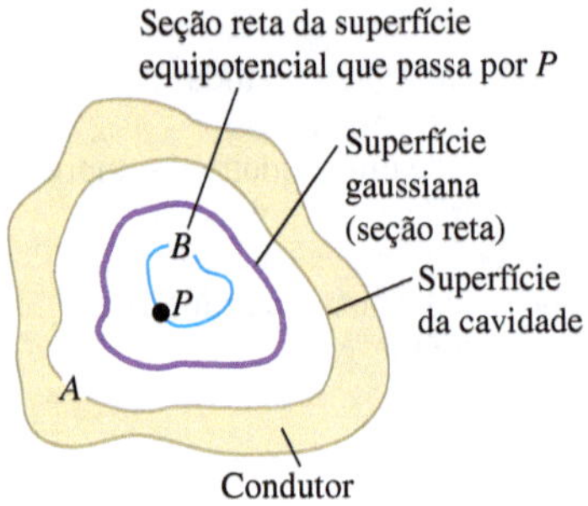

quaisquer dois pontos no interior do volume do condutor sólido. Descrevemos isto dizendo que o volume sólido do condutor é um *volume equipotencial.*

Finalmente, agora podemos demonstrar um teorema que citamos sem provar na Seção 22.5. O teorema diz: em equilíbrio eletrostático, se um condutor possui uma cavidade, e se não existe nenhuma carga em seu interior, então não pode existir carga sobre *qualquer* ponto da superfície da cavidade. Isso significa que, se você está no interior de uma caixa condutora, pode tocar com segurança qualquer ponto da parte interna das paredes da caixa sem levar choque. Para demonstrar esse teorema, inicialmente vamos provar que *todos os pontos no interior de uma cavidade possuem o mesmo potencial.* Na **Figura 23.26**, a superfície condutora *A* da cavidade é uma superfície equipotencial, como demonstramos anteriormente. Suponha que o ponto *P* no interior da cavidade possua um potencial diferente; então, podemos construir uma superfície equipotencial *B* diferente passando pelo ponto *P*.

Considere agora uma superfície gaussiana, indicada na Figura 23.26, entre as duas superfícies equipotenciais mencionadas. Em virtude da relação entre $\vec{E}$ e as equipotenciais, concluímos que o campo elétrico deve apontar de *A* para *B* ou de *B* para *A*, dependendo de qual superfície possua o maior valor do potencial. Em qualquer um desses casos, o fluxo através da superfície gaussiana certamente não é igual a zero. Então, pela lei de Gauss, concluímos que a carga no interior da superfície gaussiana não seria zero. Isso contradiz a hipótese inicial de que não existe *nenhuma* carga no interior da cavidade. Portanto, o potencial no ponto *P não pode* ser diferente do potencial na parede da cavidade.

Todos os pontos da região ocupada pela cavidade devem, portanto, possuir o mesmo potencial. Porém, para que isso seja verdade, *o campo elétrico deve ser igual a zero em todos os pontos no interior da cavidade.* Finalmente, a lei de Gauss mostra que o campo elétrico na superfície de um condutor é proporcional à densidade superficial de carga σ no ponto considerado. Portanto, concluímos que *a densidade superficial de carga sobre todos os pontos da parede da cavidade é igual a zero.* A prova feita a partir dessa cadeia de raciocínio parece ser complicada, porém merece um estudo cuidadoso.

ATENÇÃO Superfícies equipotenciais *versus* superfícies gaussianas Não confunda superfície equipotencial com a superfície gaussiana que introduzimos no Capítulo 22. Uma superfície gaussiana só é relevante quando estamos usando a lei de Gauss e podemos escolher *qualquer* superfície gaussiana que seja conveniente. Contudo, *não* temos liberdade para escolher a forma de uma superfície equipotencial, pois sua forma é determinada pela distribuição de cargas.

TESTE SUA COMPREENSÃO DA SEÇÃO 23.4 Os formatos das superfícies equipotenciais na Figura 23.23 sofreriam variação caso o sinal de cada carga fosse invertido? ❙

23.5 GRADIENTE DE POTENCIAL

O campo elétrico e o potencial são intimamente relacionados. A Equação 23.17, reescrita a seguir, expressa um aspecto dessa relação:

$$V_a - V_b = \int_a^b \vec{E} \cdot d\vec{l}$$

Quando conhecemos $\vec{E}$ em diversos pontos, podemos usar essa equação para calcular uma diferença de potencial. Nesta seção, mostramos como inverter essa operação; quando se conhece a diferença de potencial em diversos pontos, é possível aplicar essa equação para calcular $\vec{E}$. Considerando V uma função das coordenadas (x, y, z) de um ponto do espaço, mostraremos que $\vec{E}$ está relacionado diretamente com as *derivadas parciais* de V em relação a x, y e z.

Na Equação 23.17, $V_a - V_b$ é o potencial de a em relação ao ponto b — ou seja, a variação do potencial quando um ponto se desloca de b até a. Podemos escrever

$$V_a - V_b = \int_b^a dV = -\int_a^b dV$$

em que dV é uma variação infinitesimal do potencial que acompanha um elemento da trajetória $d\vec{l}$ de b até a. Comparando com a Equação 23.17, obtemos

$$-\int_a^b dV = \int_a^b \vec{E} \cdot d\vec{l}$$

Essas duas integrais devem possuir o mesmo valor para *qualquer* par de limites a e b; para que isso seja verdade, os *integrandos* devem ser iguais. Logo, para qualquer deslocamento infinitesimal $d\vec{l}$,

$$-dV = \vec{E} \cdot d\vec{l}$$

Para interpretar essa expressão, escrevemos $\vec{E}$ e $d\vec{l}$ em função de seus respectivos componentes: $\vec{E} = \hat{\imath}\, E_x + \hat{\jmath} E_y + \hat{k} E_z$ e $d\vec{l} = \hat{\imath}\, dx + \hat{\jmath} dy + \hat{k} dz$. Obtemos então

$$-dV = E_x dx + E_y dy + E_z dz$$

Suponha que o deslocamento seja paralelo ao eixo x, logo, $dy = dz = 0$. Então, $-dV = E_x dx$ ou $E_x = -(dV/dx)_{y,z \text{ constante}}$, em que os índices servem para salientar que somente x está variando na derivada; lembre-se de que V é função de x, y e z. Mas isso é exatamente a definição da *derivada parcial* $\partial V/\partial x$. Os componentes y e z de $\vec{E}$ são relacionados de modo análogo com as derivadas parciais correspondentes de V, portanto, temos

Componentes do campo elétrico em função do potencial:

Cada componente do campo elétrico...

$$E_x = -\frac{\partial V}{\partial x} \quad E_y = -\frac{\partial V}{\partial y} \quad E_z = -\frac{\partial V}{\partial z} \tag{23.19}$$

... é igual à respectiva derivada parcial da função do potencial elétrico V com sinal oposto.

Essas equações são consistentes com as unidades de V/m do campo elétrico. Podemos escrever $\vec{E}$ em termos dos vetores unitários do seguinte modo:

Vetor do campo elétrico em função do potencial:

Campo elétrico

$$\vec{E} = -\left(\hat{\imath}\frac{\partial V}{\partial x} + \hat{\jmath}\frac{\partial V}{\partial y} + \hat{k}\frac{\partial V}{\partial z}\right) \tag{23.20}$$

Derivadas parciais da função do potencial elétrico V

A seguinte operação denomina-se **gradiente** da função f:

$$\vec{\nabla} f = \left(\hat{\imath}\frac{\partial}{\partial x} + \hat{\jmath}\frac{\partial}{\partial y} + \hat{k}\frac{\partial}{\partial z}\right) f \tag{23.21}$$

O operador designado pelo símbolo $\vec{\nabla}$ denomina-se "grad" ou "del". Portanto, em notação vetorial, escrevemos

$$\vec{E} = -\vec{\nabla} V \tag{23.22}$$

A equação anterior pode ser lida como "$\vec{E}$ é o gradiente de V com sinal oposto" ou então "$\vec{E}$ é igual a menos grad de V". A grandeza $\vec{\nabla}V$ denomina-se *gradiente de potencial*.

Em cada ponto, o gradiente de potencial $\vec{\nabla}V$ aponta no sentido para o qual V *cresce* mais rapidamente com a variação da posição. Portanto, em cada ponto, a direção e o sentido de $\vec{E} = -\vec{\nabla}V$ correspondem à direção e ao sentido em que V *decresce* mais rapidamente, sendo sempre perpendicular à superfície equipotencial que passa no ponto considerado. Isso confirma a observação feita na Seção 23.2, segundo a qual, quando nos deslocamos no sentido do campo elétrico, o potencial elétrico diminui.

A Equação 23.22 não depende da escolha particular do ponto para o qual V é igual a zero. Se mudássemos o valor desse ponto zero, o efeito seria fazer V variar pelo mesmo valor constante e, assim, as derivadas de V forneceriam sempre o mesmo valor.

Quando $\vec{E}$ possui uma direção radial E_r em relação a um ponto ou a um eixo e r é a distância até o ponto ou até o eixo, a relação correspondente à Equação 23.19 é dada por

$$E_r = -\frac{\partial V}{\partial r} \quad \text{(campo elétrico radial)} \qquad (23.23)$$

De modo geral, podemos determinar o campo elétrico produzido por uma distribuição de cargas usando qualquer um dos dois métodos: diretamente, somando cada campo $\vec{E}$ gerado pelas cargas individuais puntiformes, ou primeiro determinando o potencial e depois calculando seu gradiente para achar o campo elétrico. O segundo método costuma ser mais fácil, porque o potencial é uma grandeza *escalar*, exigindo, na pior das hipóteses, a integração de uma função escalar. O campo elétrico é uma grandeza *vetorial*, exigindo a determinação de cada componente para cada elemento de carga e a integração separada para cada componente. Portanto, deixando de lado sua interpretação fundamental, o potencial fornece uma técnica de cálculo útil para as grandezas de campo. A seguir, forneceremos dois exemplos nos quais o conhecimento de V é usado para a determinação do campo elétrico.

Enfatizamos mais uma vez que, quando conhecemos $\vec{E}$ em função da posição, podemos usar a Equação 23.17 ou a 23.18 para calcular V e, quando conhecemos V em função da posição, podemos aplicar as equações 23.19, 23.20 ou 23.23 para calcular $\vec{E}$. A obtenção de V a partir de $\vec{E}$ exige integração, e a obtenção de $\vec{E}$ a partir de V exige o cálculo de derivadas.

BIO Aplicação Gradiente de potencial através da membrana celular O interior de uma célula humana possui um potencial elétrico V inferior ao exterior. (A diferença de potencial, quando a célula está inativa, é igual a cerca de −70 mV em neurônios e cerca de −95 mV em células do músculo esquelético.) Portanto, existe um gradiente de potencial $\vec{\nabla}V$ que aponta do *interior* para o *exterior* da membrana celular, e um do campo elétrico $\vec{E} = -\vec{\nabla}V$ que aponta do *exterior* para o *interior*. Este campo afeta o fluxo de íons para dentro e para fora da célula através de canais especiais na membrana.

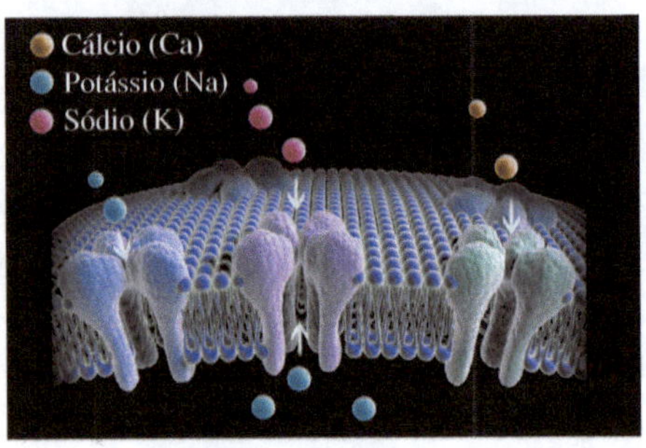

EXEMPLO 23.13 POTENCIAL E CAMPO ELÉTRICO DE UMA CARGA PUNTIFORME

Pela Equação 23.14, o potencial de uma carga puntiforme q a uma distância radial r é dado por $V = q/4\pi\epsilon_0 r$. Calcule o vetor do campo elétrico a partir dessa expressão de V.

SOLUÇÃO

IDENTIFICAR E PREPARAR: este problema usa a relação entre o potencial elétrico em função da posição e o vetor do campo elétrico. Por simetria, o campo elétrico possui somente um componente radial E_r. Logo, usamos a Equação 23.23 para determinar esse componente.

EXECUTAR: pela Equação 23.23,

$$E_r = -\frac{\partial V}{\partial r} = -\frac{\partial}{\partial r}\left(\frac{1}{4\pi\epsilon_0}\frac{q}{r}\right) = \frac{1}{4\pi\epsilon_0}\frac{q}{r^2}$$

portanto o vetor do campo elétrico é dado por

$$\vec{E} = \hat{r}E_r = \frac{1}{4\pi\epsilon_0}\frac{q}{r^2}\hat{r}$$

AVALIAR: nosso resultado está de acordo com a Equação 21.7. Uma abordagem alternativa consiste em ignorar a simetria radial, escrever a distância radial como $r = \sqrt{x^2 + y^2 + z^2}$ e calcular as derivadas de V em relação a x, y e z, como na Equação 23.20. Obtemos

$$\frac{\partial V}{\partial x} = \frac{\partial}{\partial x}\left(\frac{1}{4\pi\epsilon_0}\frac{q}{\sqrt{x^2+y^2+z^2}}\right) = -\frac{1}{4\pi\epsilon_0}\frac{qx}{(x^2+y^2+z^2)^{3/2}}$$

$$= -\frac{qx}{4\pi\epsilon_0 r^3}$$

e, analogamente,

$$\frac{\partial V}{\partial y} = -\frac{qy}{4\pi\epsilon_0 r^3} \qquad \frac{\partial V}{\partial z} = -\frac{qz}{4\pi\epsilon_0 r^3}$$

Pela Equação 23.20,

(*Continua*)

(Continuação)

$$\vec{E} = -\left[\hat{\imath}\left(-\frac{qx}{4\pi\epsilon_0 r^3}\right) + \hat{\jmath}\left(-\frac{qy}{4\pi\epsilon_0 r^3}\right) + \hat{k}\left(-\frac{qz}{4\pi\epsilon_0 r^3}\right)\right]$$

$$= \frac{1}{4\pi\epsilon_0}\frac{q}{r^2}\left(\frac{x\hat{\imath} + y\hat{\jmath} + z\hat{k}}{r}\right) = \frac{1}{4\pi\epsilon_0}\frac{q}{r^2}\hat{r}$$

Este método fornece o mesmo resultado, mas requer um pouco mais de esforço. Fica claro que, sempre que possível, é melhor explorar a simetria da distribuição de cargas.

EXEMPLO 23.14 POTENCIAL E CAMPO ELÉTRICO DE UM ANEL CARREGADO

No Exemplo 23.11 (Seção 23.3), vimos que, para um anel de raio a e carga total Q, o potencial em um ponto P ao longo do eixo do anel e situado a uma distância x do centro do anel é dado por

$$V = \frac{1}{4\pi\epsilon_0}\frac{Q}{\sqrt{x^2 + a^2}}$$

Determine o campo elétrico no ponto P.

SOLUÇÃO

IDENTIFICAR E PREPARAR: a Figura 23.20 mostra a situação. Temos V em função de x ao longo do eixo x e desejamos obter o campo elétrico em um ponto nesse eixo. Pela simetria da distribuição de carga, o campo elétrico ao longo do eixo de simetria (x) do anel pode ter somente um componente x, que pode ser determinado usando a primeira das equações 23.19.

EXECUTAR: o componente x do campo elétrico é

$$E_x = -\frac{\partial V}{\partial x} = \frac{1}{4\pi\epsilon_0}\frac{Qx}{(x^2 + a^2)^{3/2}}$$

AVALIAR: confirma-se, portanto, o resultado obtido no Exemplo 21.9.

ATENÇÃO Não use expressões quando elas não se aplicam Neste exemplo, V não é uma função de y nem de z no eixo do anel, portanto $\partial V/\partial y = \partial V/\partial z = 0$ e $E_y = E_z = 0$. Contudo, não seria certo concluir que isso é verdadeiro em *todos os pontos*. A razão é que as expressões obtidas para V e E_x valem *somente para pontos sobre o eixo do anel*. Caso soubéssemos a expressão de V válida para *todos* os pontos do espaço, poderíamos usá-la para determinar $\vec{E}$ em qualquer ponto mediante a Equação 23.19.

TESTE SUA COMPREENSÃO DA SEÇÃO 23.5 Em determinada região do espaço, o potencial é dado por $V = A + Bx + Cy^3 + Dxy$, em que A, B, C e D são constantes positivas. Qual das seguintes afirmações sobre o campo elétrico $\vec{E}$ nessa região do espaço está correta? (Pode haver mais de uma resposta correta.) (i) Aumentar o valor de A aumentará o valor de $\vec{E}$ em todos os pontos. (ii) Aumentar o valor de A diminuirá o valor de $\vec{E}$ em todos os pontos; (iii) $\vec{E}$ não possui nenhum componente z; (iv) o campo elétrico é igual a zero na origem ($x = 0, y = 0, z = 0$). ❙

CAPÍTULO 23 RESUMO

Energia potencial elétrica: a força elétrica produzida por qualquer conjunto de cargas é uma força conservativa. O trabalho W realizado pela força elétrica sobre uma partícula carregada que se desloca em um campo elétrico pode ser representado por uma função de energia potencial U.
A energia potencial para duas cargas puntiformes, q e q_0, depende da distância r que as separa. A energia potencial para uma carga q_0 no campo elétrico de um conjunto de cargas puntiformes, q_1, q_2, q_3, depende da distância de q_0 até cada uma das outras cargas (exemplos 23.1 e 23.2).

$$W_{a\to b} = U_a - U_b \quad (23.2)$$

$$U = \frac{1}{4\pi\epsilon_0}\frac{qq_0}{r} \quad (23.9)$$

(duas cargas puntiformes)

$$U = \frac{q_0}{4\pi\epsilon_0}\left(\frac{q_1}{r_1} + \frac{q_2}{r_2} + \frac{q_3}{r_3} + \cdots\right) = \frac{q_0}{4\pi\epsilon_0}\sum_i \frac{q_i}{r_i} \quad (23.10)$$

(q_0 na presença de outras cargas puntiformes)

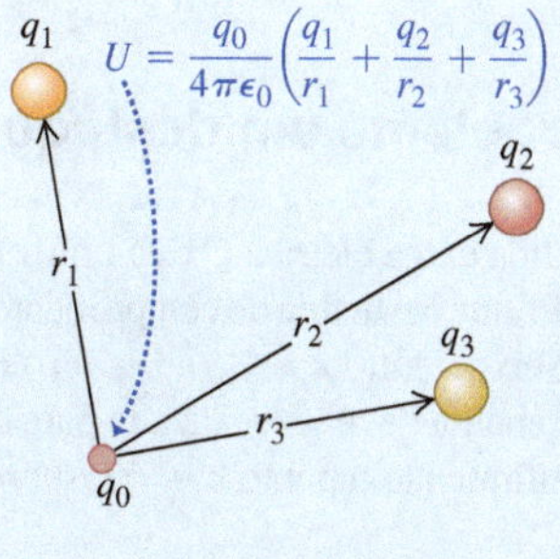

Potencial elétrico: o potencial, designado por V, é a energia potencial por unidade de carga. A diferença de potencial entre dois pontos equivale ao trabalho necessário para deslocar uma unidade positiva de carga de teste entre esses pontos. O potencial V produzido por uma quantidade de carga pode ser calculado pela soma (no caso de um conjunto de cargas puntiformes) ou pela integral (no caso de uma distribuição de cargas) (exemplos 23.3, 23.4, 23.5, 23.7, 23.11 e 23.12).
A diferença de potencial entre dois pontos a e b, também chamada de potencial de a em relação a b, é obtida pela integral de linha de $\vec{E}$. O potencial em um dado ponto pode ser determinado primeiro calculando $\vec{E}$ e depois fazendo essa integral (exemplos 23.6, 23.8, 23.9 e 23.10).

$$V = \frac{1}{4\pi\epsilon_0}\frac{q} {r} \qquad (23.14)$$

(em função de uma carga puntiforme)

$$V = \frac{1}{4\pi\epsilon_0}\sum_i \frac{q_i}{r_i} \qquad (23.15)$$

(em função de um conjunto de cargas puntiformes)

$$V = \frac{1}{4\pi\epsilon_0}\int \frac{dq}{r} \qquad (23.16)$$

(em função de uma distribuição de cargas)

$$V_a - V_b = \int_a^b \vec{E} \cdot d\vec{l} = \int_a^b E\cos\phi\, dl \qquad (23.17)$$

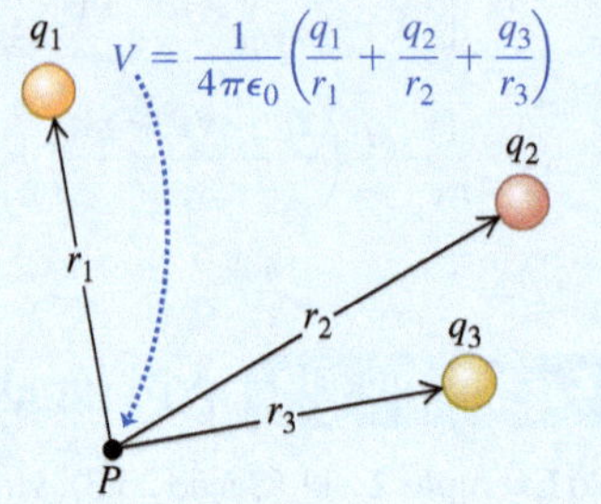

Superfícies equipotenciais: uma superfície equipotencial é uma superfície sobre a qual o potencial possui o mesmo valor em todos os seus pontos. Toda linha de campo sempre é perpendicular à superfície equipotencial nos pontos em que elas se cruzam. Quando todas as cargas estão em repouso, a superfície de um condutor é sempre equipotencial e todos os pontos no interior do material de um condutor possuem um mesmo potencial. Quando, no interior de um condutor, existe uma cavidade que não contém carga, a cavidade inteira constitui uma região equipotencial e não existe nenhuma carga sobre a superfície da cavidade.

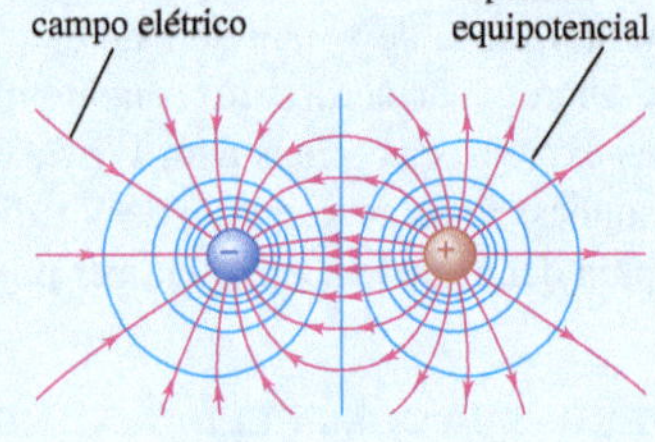

Determinação do campo elétrico a partir do potencial elétrico: quando o potencial V é uma dada função das coordenadas x, y e z, os componentes do campo elétrico $\vec{E}$ em cada ponto são dados pelas derivadas parciais de V (exemplos 23.13 e 23.14).

$$E_x = -\frac{\partial V}{\partial x} \quad E_y = -\frac{\partial V}{\partial y} \quad E_z = -\frac{\partial V}{\partial z} \qquad (23.19)$$

$$\vec{E} = -\left(\hat{\imath}\frac{\partial V}{\partial x} + \hat{\jmath}\frac{\partial V}{\partial y} + \hat{k}\frac{\partial V}{\partial z}\right) \qquad (23.20)$$

(em notação vetorial)

Problema em destaque Uma carga puntiforme e um fio carregado

Uma carga elétrica Q está uniformemente distribuída ao longo de uma haste fina de comprimento $2a$. A haste se encontra sobre o eixo x entre $x = -a$ e $x = +a$ (**Figura 23.27**). Calcule quanto trabalho deve ser realizado para trazer a carga puntiforme q do infinito até o ponto $x = +L$ sobre o eixo x, quando $L > a$.

GUIA DA SOLUÇÃO

IDENTIFICAR E PREPARAR

1. Neste problema você deve primeiro calcular o potencial V em $x = +L$ produzido pela haste carregada. Você pode, em seguida, encontrar a variação da energia potencial envolvida no ato de trazer a carga puntiforme q do infinito (onde $V = 0$) até $x = +L$.

Para encontrar V, divida a haste em segmentos infinitesimais de comprimento dx'. Qual é o valor da carga em cada segmento? Considere um desses segmentos localizado em $x = x'$, onde $-a \leq x' \leq a$. Qual é o potencial dV em $x = +L$ produzido por esse segmento?

2. O potencial total em $x = +L$ é a integral de dV, incluindo as contribuições de todos os segmentos para x' de $-a$ até $+a$. Escreva essa integral.

(Continua)

(Continuação)

EXECUTAR

3. Integre sua expressão preparada na etapa 3 para encontrar o potencial V em $x = +L$. Uma substituição simples resolverá isso; só use uma tabela de integrais como último recurso.
4. Use o resultado da etapa 4 para encontrar a energia potencial para uma carga puntiforme q colocada em $x = +L$.
5. Use o resultado da etapa 5 para encontrar o trabalho que deve ser realizado para trazer a carga puntiforme do infinito até $x = +L$.

AVALIAR

6. Qual valor seu resultado da etapa 5 assume no limite $a \to 0$? Isso faz sentido?
7. Suponha que a carga puntiforme q fosse negativa em vez de positiva. Como isso afetaria seu resultado na etapa 4? E na etapa 5?

Figura 23.27 Quanto trabalho deve ser realizado para trazer a carga puntiforme q do infinito até o ponto considerado?

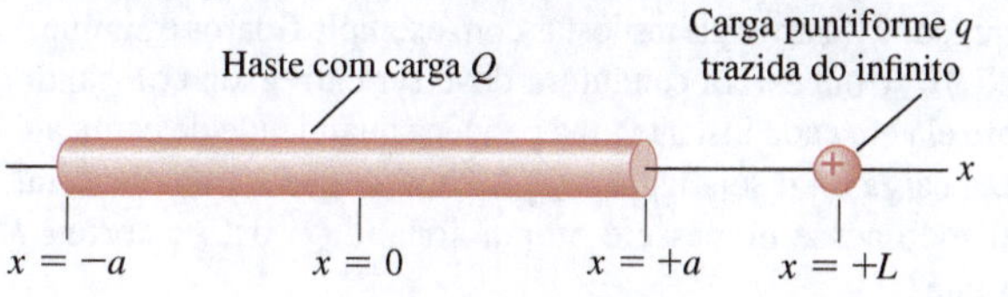

PROBLEMAS

•, ••, •••: níveis de dificuldade. **PC**: problemas cumulativos, incorporando material de outros capítulos. **CALC**: problemas exigindo cálculo. **DADOS:** problemas envolvendo dados reais, evidência científica, projeto experimental e/ou raciocínio científico. **BIO**: problemas envolvendo biociências.

QUESTÕES PARA DISCUSSÃO

Q23.1 Um aluno perguntou: "Uma vez que o potencial elétrico é sempre proporcional à energia potencial, por que então se preocupar com o conceito de potencial?". O que você responderia para esse aluno?

Q23.2 O potencial (em relação a um ponto no infinito) sobre um ponto equidistante de duas cargas iguais, mas de sinais opostos, é igual a zero. É possível trazer uma carga do infinito até esse ponto de modo que o trabalho seja igual a zero em qualquer trecho da trajetória? Caso seja possível, descreva como. Caso não seja, explique por quê.

Q23.3 É possível fazer um arranjo de duas cargas puntiformes, separadas por uma distância finita, de modo que a energia potencial elétrica seja igual à energia potencial quando a distância entre as cargas for infinita? Por quê? Qual seria sua resposta para o caso de três cargas? Explique.

Q23.4 Considerando-se que o potencial pode ter qualquer valor que você deseje, dependendo da escolha do nível de referência do potencial zero, como um voltímetro sabe qual leitura fazer, quando conectado entre dois pontos?

Q23.5 Se $\vec{E}$ é igual a zero em todos os pontos de uma trajetória que liga um ponto A a um ponto B, qual é a diferença de potencial entre esses dois pontos? Isso significa que $\vec{E}$ é sempre zero ao longo de *qualquer* trajetória que liga o ponto A ao ponto B? Explique.

Q23.6 Se $\vec{E}$ for igual a zero em todos os pontos de uma região do espaço, o potencial será necessariamente zero nessa região? Por quê? Caso sua resposta seja negativa, o que você *pode* dizer sobre o potencial?

Q23.7 Em que sentido as linhas de campo elétrico apontam: de potencial alto para baixo ou de potencial baixo para alto? Explique.

Q23.8 (a) Quando o potencial (em relação ao infinito) é igual a zero em um ponto, o campo elétrico é necessariamente igual a zero nesse ponto? (b) Quando o campo elétrico é igual a zero em um ponto, o potencial (em relação ao infinito) é necessariamente igual a zero nesse ponto? Prove suas respostas usando exemplos simples.

Q23.9 Caso você faça a integral do campo elétrico $\int \vec{E} \cdot d\vec{l}$ para uma trajetória *fechada*, como a indicada na **Figura Q23.9**, a integral será *sempre* igual a zero, independentemente da forma da trajetória e da maneira como as cargas estão distribuídas ao longo dela. Explique o motivo.

Figura Q23.9

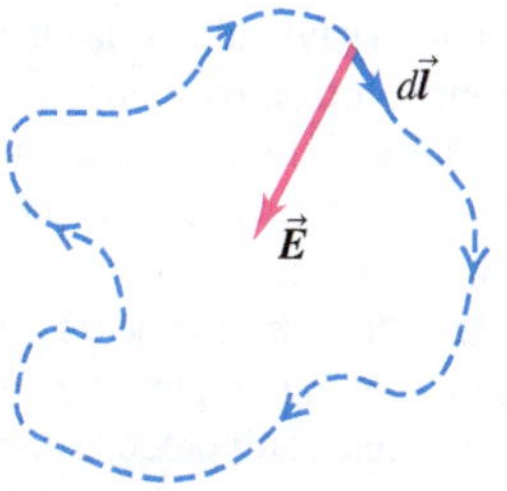

Q23.10 A diferença de potencial entre os dois terminais de uma pilha AA (usada em lanternas e em rádios portáteis) é igual a 1,5 V. Quando duas pilhas AA são ligadas em série, de modo que o terminal positivo de uma delas esteja em contato com o terminal negativo da outra, qual é a diferença de potencial entre os dois terminais livres dessa combinação? Qual seria a resposta se o terminal positivo de uma das pilhas estivesse em contato com o mesmo terminal positivo da outra? Explique seu raciocínio.

Q23.11 É fácil produzir uma diferença de potencial de alguns milhares de volts atritando os sapatos sobre um carpete de náilon. Ao tocar a maçaneta de uma porta, você recebe um choque muito pequeno. Porém, se você tocasse uma linha de transmissão com uma voltagem comparável, o choque seria fatal. Por que existe essa diferença?

Q23.12 Caso o potencial elétrico seja conhecido somente em um único ponto, o campo elétrico $\vec{E}$ desse ponto pode ser determinado? Em caso positivo, como? Em caso negativo, por quê?

Q23.13 Visto que as linhas de campo e as superfícies equipotenciais são sempre perpendiculares, duas superfícies equipotenciais não podem se cruzar; se elas pudessem, o vetor $\vec{E}$ poderia ter duas direções nos pontos de intersecção. Contudo, no centro da Figura 23.23c, existe uma aparente intersecção entre duas superfícies equipotenciais. Explique por que, neste caso particular, não existe ambiguidade na direção de $\vec{E}$.

Q23.14 Um campo elétrico uniforme está orientado do oeste para o leste. O ponto B está 2,00 m a oeste do ponto A, o ponto C está 2,00 m a leste do ponto A e o ponto D está 2,00 m ao sul de A.

Para cada ponto, *B*, *C* e *D*, determine se o potencial do ponto é maior, menor ou igual ao do ponto *A*. Justifique suas respostas.

Q23.15 Frequentemente, afirmamos que, se o ponto *A* possui uma potência mais elevada que o ponto *B*, *A* possui potência positiva e *B* possui potência negativa. Disso necessariamente decorre que um ponto com potencial positivo está positivamente carregado e que um ponto com potencial negativo está negativamente carregado? Ilustre suas respostas com exemplos claros e simples.

Q23.16 Uma esfera condutora deve ser carregada colocando sobre ela em cada instante uma pequena quantidade de carga até que a carga total seja igual a Q. Afirma-se que o trabalho total realizado nesse processo é proporcional a Q^2. Isto é correto? Por quê?

Q23.17 Em eletrônica, costumamos dizer que o potencial da Terra (imaginada como um condutor muito grande) é igual a zero. Isso é consistente com o fato de que a Terra possui uma carga líquida que não é igual a zero? (Veja o Exercício 21.28.)

Q23.18 Uma esfera condutora é colocada entre duas placas planas paralelas, carregadas como indicado na Figura 23.2. O campo elétrico no interior da esfera depende da posição exata entre as placas onde a esfera foi colocada? O que você diz sobre o potencial elétrico no interior da esfera? Suas respostas para essas questões dependem da existência de uma carga líquida sobre a esfera? Explique seu raciocínio.

Q23.19 Um condutor carregado com uma carga líquida Q possui uma cavidade vazia em seu interior. O potencial varia de um ponto para outro ao longo da parte maciça do interior do condutor? E no interior da cavidade? Como se compara o potencial no interior da cavidade ao potencial nos pontos da parte maciça do interior do condutor?

Q23.20 Um cabo de transmissão de alta voltagem cai sobre um carro, de modo que a superfície inteira do carro passa a ser uma superfície equipotencial com 10.000 V em relação ao solo. O que ocorre com um ocupante do carro quando: (a) ele está sentado no interior do carro? (b) Quando ele desce do carro? Explique seu raciocínio.

Q23.21 Quando uma tempestade está chegando, os marinheiros observam um fenômeno chamado "fogo de Santelmo", uma luz azulada que cintila no topo do mastro. O que causa isso? Por que isso ocorre no topo do mastro? Por que o efeito é mais pronunciado quando o mastro está úmido? (*Dica:* a água do mar é boa condutora de eletricidade.)

Q23.22 Uma carga puntiforme positiva é colocada próximo de uma placa condutora muito grande. Um professor de física afirma que o campo elétrico produzido por essa configuração seria o mesmo se removêssemos o plano e colocássemos uma carga puntiforme negativa de mesmo módulo na posição da imagem especular da carga em sua posição inicial em relação ao plano. Isso é correto? Por quê? (*Dica:* analise a Figura 23.23b.)

EXERCÍCIOS

Seção 23.1 Energia potencial elétrica

23.1 •• Uma carga puntiforme $q_1 = +2{,}40\ \mu C$ é mantida em repouso na origem. Uma segunda carga puntiforme $q_2 = -4{,}30\ \mu C$ se desloca do ponto $x = 0{,}150$ m, $y = 0$ até o ponto $x = 0{,}250$ m, $y = 0{,}250$ m. Qual é o trabalho realizado pela força elétrica sobre a carga q_2?

23.2 • Uma carga puntiforme q_1 é mantida em repouso na origem. Uma segunda carga puntiforme q_2 é colocada em um ponto *a* e a energia potencial elétrica desse conjunto de duas cargas é igual a $+5{,}4 \times 10^{-8}$ J. Quando a segunda carga se desloca até um ponto *b*, o trabalho realizado pela força elétrica sobre a carga é igual a $-1{,}9 \times 10^{-8}$ J. Qual é a energia potencial elétrica desse conjunto de cargas quando a segunda carga se encontra no ponto *b*?

23.3 •• **Energia do núcleo.** Qual é a energia necessária para montar um núcleo atômico contendo três prótons (como Li), se o modelarmos como um triângulo equilátero de lado $2{,}00 \times 10^{-15}$ m, com um próton em cada vértice? Suponha que os prótons tenham partido de uma distância muito grande.

23.4 •• (a) Qual é o trabalho necessário para empurrar dois prótons muito lentamente a partir de uma distância de $2{,}00 \times 10^{-10}$ m (uma distância atômica típica) até $3{,}00 \times 10^{-15}$ m (uma distância nuclear típica)? (b) Caso os prótons sejam ambos liberados do repouso na distância mais próxima obtida no item (a), qual é a velocidade com que eles se movem ao alcançar a distância original?

23.5 •• Uma pequena esfera metálica, com uma carga líquida $q_1 = -2{,}80\ \mu C$, é mantida em repouso por suportes isolantes. Uma segunda esfera metálica, com uma carga líquida $q_2 = -7{,}80\ \mu C$ e massa igual a 1,50 g, é projetada contra q_1. Quando a distância entre as duas esferas é igual a 0,800 m, q_2 se aproxima de q_1 com velocidade de 22,0 m/s (**Figura E23.5**). Suponha que as duas esferas possam ser tratadas como cargas puntiformes. Despreze a gravidade. (a) Qual é a velocidade da carga q_2 quando a distância entre as duas esferas é de 0,400 m? (b) Qual será a menor distância entre q_2 e q_1?

Figura E23.5

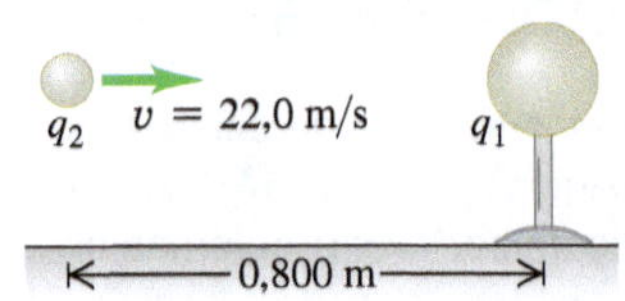

23.6 •• BIO **Energia do pareamento de bases do DNA.** (Exercício 21.21.) (a) Calcule a energia potencial elétrica da ligação adenina-timina, utilizando as mesmas combinações de moléculas (O-H-N e N-H-N) do Exercício 21.21. (b) Compare essa energia com a energia potencial do par próton-elétron no átomo de hidrogênio.

23.7 •• Dois prótons são direcionados diretamente um contra o outro, com velocidade escalar de $2{,}00 \times 10^5$ m/s, medida em relação à Terra. Determine a força elétrica máxima que esses prótons exercerão mutuamente.

23.8 •• Três cargas puntiformes, cada uma delas com carga igual a 1,20 μC, são colocadas nos vértices de um triângulo equilátero, de lado 0,400 m. Qual é a energia potencial do sistema? (Considere a energia potencial elétrica das três cargas igual a zero quando a distância entre as cargas for infinita.)

23.9 •• Dois prótons são liberados a partir do repouso quando estão separados por uma distância igual a 0,750 nm. (a) Determine a velocidade escalar máxima que os prótons atingirão. Quando essa velocidade ocorre? (b) Determine a aceleração máxima que os prótons atingirão. Quando essa aceleração ocorre?

23.10 •• Quatro elétrons estão localizados nos ângulos de um quadrado de lado 10,0 nm, com uma partícula alfa em seu ponto médio. Qual é o trabalho necessário para deslocar a partícula alfa para o ponto médio de um dos lados do quadrado?

23.11 •• Três cargas puntiformes, inicialmente muito afastadas entre si, estão sobre os vértices de um triângulo equilátero, de lado igual a *d*. Duas dessas cargas são idênticas e possuem carga *q*. Desejamos realizar um trabalho líquido igual a zero para colocar as três cargas nos vértices do triângulo; qual deve ser o valor da terceira carga?

Seção 23.2 Potencial elétrico

23.12 • Um objeto com carga $q = -6{,}00 \times 10^{-9}$ C é liberado a partir do repouso no ponto *A*, em uma região onde há um campo elétrico uniforme. Depois de se deslocar até o ponto B, 0,500 m para a direita, a carga possui energia cinética igual a $3{,}00 \times 10^{-7}$ J. (a) Se o potencial elétrico no ponto A é igual a +30,0 V, qual é o potencial elétrico no ponto B? (b) Determine o módulo, a direção e o sentido do campo elétrico.

23.13 • Uma pequena partícula possui carga $-5{,}00$ μC e massa $2{,}00 \times 10^{-4}$ kg. Ela se move do ponto A, em que a potência elétrica é $V_A = +200$ V, para o ponto B, em que a potência elétrica é $V_B = +800$ V. A força elétrica é a única força que atua sobre a partícula. A partícula possui velocidade escalar de 5,00 m/s no ponto A. Qual é a velocidade no ponto B? Ela se move mais rapidamente no ponto B ou no ponto A? Explique.

23.14 • Uma partícula com carga igual a +4,20 nC está em um campo elétrico uniforme $\vec{E}$, orientado da direita para a esquerda. Ela é liberada do repouso e se desloca para a esquerda; depois de se deslocar 6,00 cm, verifica-se que sua energia cinética é igual a $+2{,}20 \times 10^{-6}$ J. (a) Qual é o trabalho realizado pela força elétrica? (b) Qual é o potencial do ponto inicial em relação ao ponto final? (c) Qual é o módulo de $\vec{E}$?

23.15 • Uma carga igual a 28,0 nC está em um campo elétrico uniforme, orientado verticalmente de baixo para cima e que possui módulo igual a $4{,}00 \times 10^4$ V/m. Qual é o trabalho realizado pela força elétrica quando a carga se desloca (a) 0,450 m para a direita? (b) 0,670 m de baixo para cima? (c) 2,60 m formando um ângulo de 45,0° abaixo da horizontal?

23.16 • Duas cargas puntiformes em repouso, $q_1 = +3{,}00$ nC e $q_2 = +2{,}00$ nC, estão separadas por uma distância de 50,0 cm. Um elétron situado na metade da distância entre as duas cargas é liberado do repouso e se desloca ao longo da linha reta que une as duas cargas. Qual é a velocidade do elétron quando ele está a 10,0 cm da carga igual a +3,00 nC?

23.17 •• As cargas puntiformes $q_1 = +2{,}00$ μC e $q_2 = -2{,}00$ μC são colocadas em ângulos adjacentes de um quadrado cujo lado possui comprimento igual a 3,00 cm. O ponto a está no centro do quadrado e o ponto b está no ângulo vazio mais próximo de q_2. Considere o potencial elétrico igual a zero a uma distância longe das duas cargas. (a) Qual é o potencial elétrico no ponto a produzido por q_1 e q_2? (b) Qual é o potencial elétrico no ponto b? (c) Uma carga $q_3 = -5{,}00$ μC se desloca do ponto a ao ponto b. Determine o trabalho realizado sobre q_3 pelas forças elétricas exercidas por q_1 e q_2. Esse trabalho é positivo ou negativo?

23.18 • Duas cargas puntiformes, com módulo igual Q, são mantidas separadas por uma distância d. Considere somente os pontos sobre a linha que passa por ambas as cargas. (a) Caso as duas cargas possuam o mesmo sinal, determine a localização de todos os pontos (se houver algum) em que (i) o potencial (em relação ao infinito) é igual a zero (o campo elétrico é igual a zero nesses pontos?) e (ii) o campo elétrico é igual a zero (o potencial é igual a zero nesses pontos?). (b) Repita o item (a) para as duas cargas com sinais opostos.

23.19 • Duas cargas puntiformes, $q_1 = +2{,}40$ nC e $q_2 = -6{,}50$ nC, estão separadas por uma distância igual a 0,100 m. O ponto A está localizado na metade da distância entre as duas cargas; o ponto B está a 0,080 m da carga q_1 e a 0,060 m da carga q_2 (**Figura E23.19**). Considere como zero o potencial a uma distância infinita das cargas. Calcule: (a) o potencial no ponto A; (b) o potencial no ponto B; (c) o trabalho realizado pelo campo elétrico para deslocar uma carga de 2,50 nC do ponto B até o ponto A.

Figura E23.19

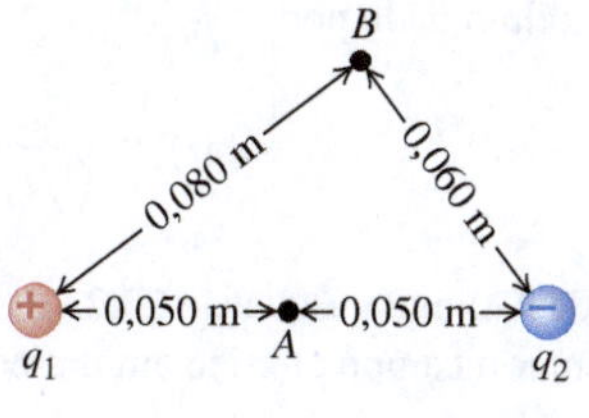

23.20 •• (a) Um elétron deve ser acelerado de $3{,}00 \times 10^6$ m/s para $8{,}00 \times 10^6$ m/s. Por qual diferença de potencial o elétron deve passar para realizar isso? (b) Por qual diferença de potencial o elétron deve passar, caso ele seja desacelerado de $8{,}00 \times 10^6$ m/s até parar?

23.21 •• Uma carga positiva q está fixa no ponto $x = 0$ e $y = 0$ e uma carga negativa $-2q$ está fixa no ponto $x = a$ e $y = 0$. (a) Faça um diagrama para mostrar as posições das cargas. (b) Deduza uma relação para o potencial V em qualquer ponto sobre o eixo x em função da coordenada x. Considere V igual a zero a uma distância infinita das cargas. (c) Para quais pontos sobre o eixo x o potencial $V = 0$? (d) Faça um gráfico de V em pontos sobre o eixo x em função de x no intervalo entre $x = -2a$ e $x = +2a$. (e) Qual seria a resposta do item (b) quando $x >> a$? Explique como esse resultado é obtido.

23.22 • A certa distância de uma carga puntiforme, o potencial e o módulo do campo elétrico são dados, respectivamente, por 4,98 V e 16,2 V/m. (Considere $V = 0$ no infinito.) (a) Qual é o valor dessa distância? (b) Qual é o módulo da carga? (c) O campo elétrico está orientado para dentro ou para fora da carga?

23.23 • Um campo elétrico uniforme, com módulo E, está orientado no sentido negativo do eixo x. A diferença de potencial entre um ponto a (em $x = 0{,}60$ m) e um ponto b (em $x = 0{,}90$ m) é igual a 240 V. (a) Qual dos dois pontos, a ou b, possui o potencial mais elevado? (b) Calcule o valor de E. (c) Uma carga puntiforme negativa $q = -0{,}200$ μC se desloca de b até a. Calcule o trabalho realizado pelo campo elétrico sobre essa carga puntiforme.

23.24 • Para cada um dos seguintes arranjos de duas cargas puntiformes, determine todos os pontos ao longo da linha que passa por ambas as cargas para os quais o potencial elétrico seja igual a zero (suponha $V = 0$ a uma distância infinita das cargas) e para os quais o campo elétrico E seja igual a zero: (a) cargas $+Q$ e $+2Q$, separadas por uma distância d, e (b) cargas $-Q$ e $+2Q$, separadas por uma distância d. (c) V e E são iguais a zero nos mesmos pontos? Explique.

Seção 23.3 Determinação do potencial elétrico

23.25 •• Uma casca esférica fina de raio $R_1 = 3{,}00$ cm é concêntrica com uma casca esférica fina maior de raio $R_2 = 5{,}00$ cm. Ambas as cascas são feitas de um material isolante. A casca menor possui carga $q_1 = +6{,}00$ nC, distribuída uniformemente sobre sua superfície, e a casca maior possui carga $q_2 = -9{,}00$ nC distribuída uniformemente sobre sua superfície. Considere o potencial elétrico igual a zero a uma distância infinita de ambas as cascas. (a) Qual é o potencial elétrico produzido pelas duas cascas nos pontos separados pelas seguintes distâncias de seu centro comum: (i) $r = 0$; (ii) $r = 4{,}00$ cm; (iii) $r = 6{,}00$ cm? (b) Qual é o módulo da diferença de potencial entre as superfícies das duas cascas? Qual casca possui o maior potencial: a interna ou a externa?

23.26 • Uma carga elétrica total igual a 3,50 nC está distribuída uniformemente sobre a superfície de uma esfera metálica, com raio igual a 24,0 cm. Considerando como zero o potencial a uma distância infinita da esfera, calcule o valor do potencial para as seguintes distâncias a partir do centro da esfera: (a) 48,0 cm; (b) 24,0 cm; (c) 12,0 cm.

23.27 •• Um anel fino uniformemente carregado possui raio de 15,0 cm e carga total igual a +24,0 nC. Um elétron é colocado no eixo do anel a uma distância de 30,0 cm de seu centro, sendo obrigado a permanecer vinculado a esse eixo. A seguir, o elétron é liberado a partir do repouso. (a) Descreva o movimento subsequente do elétron. (b) Calcule a velocidade escalar do elétron quando ele atinge o centro do anel.

23.28 • Uma esfera condutora maciça possui carga líquida positiva e raio $R = 0{,}400$ m. Em um ponto de 1,20 m do centro da esfera, o potencial elétrico produzido pela carga da esfera é igual a 24,0 V. Suponha que $V = 0$ a uma distância infinita da esfera. Qual é o potencial elétrico no centro da esfera?

23.29 • A carga $Q = 5{,}00\ \mu$C está distribuída uniformemente sobre o volume de uma esfera isolante de raio $R = 12{,}0$ cm. Uma pequena esfera, com carga $q = 3{,}00\ \mu$C e massa igual a $6{,}00 \times 10^{-5}$ kg, é projetada em direção ao centro da grande esfera a partir de uma distância inicial grande. A esfera maior é mantida em uma posição fixa e a esfera menor pode ser tratada como uma carga puntiforme. Qual deve ser a velocidade escalar mínima da esfera menor para atingir uma distância máxima de 8,00 cm da superfície da grande esfera?

23.30 •• Um fio retilíneo infinito possui uma densidade linear de carga igual a $5{,}00 \times 10^{-12}$ C/m. Um próton (massa $1{,}67 \times 10^{-27}$ kg, carga $+1{,}60 \times 10^{-19}$ C) está a uma distância de 18,0 cm do fio e se desloca radialmente no sentido do fio, com velocidade igual a $3{,}50 \times 10^{3}$ m/s. (a) Calcule a energia cinética inicial do próton. Até que distância mínima do fio o próton pode se aproximar?

23.31 • Um cabo muito longo carrega uma densidade linear de carga λ. Usando um voltímetro para medir a diferença de potencial, você observa que, quando uma sonda do aparelho é colocada a 2,50 cm do cabo e a outra sonda está a uma distância de 1,00 cm do cabo, a leitura do aparelho indica 575 V. (a) Qual é o valor de λ? (b) Se você colocar uma sonda a 3,50 cm do cabo e a outra a 1,00 cm de distância, a leitura do voltímetro será 575 V? Caso isso não aconteça, a leitura será maior ou menor que 575 V? Por quê? (c) Se você colocar ambas as sondas a 3,50 cm do cabo, mas a 17,0 cm de distância uma da outra, qual será a leitura do voltímetro?

23.32 •• Um cilindro isolante muito longo carregado possui raio de 2,50 cm e carrega uma densidade linear uniforme de 15,0 nC/m. Se você colocar uma sonda do voltímetro na superfície, a que distância da superfície a outra sonda deve ser colocada para que a leitura do voltímetro seja 175 V?

23.33 •• Uma casca cilíndrica isolante muito longa possui raio de 6,0 cm e carrega densidade linear de carga de 8,50 μC/m, uniformemente espalhada pela sua superfície externa. Qual seria a leitura de um voltímetro, se ele estivesse conectado (a) entre a superfície do cilindro e um ponto 4,00 cm acima da superfície e (b) entre a superfície e um ponto a 1,00 cm do eixo central do cilindro?

23.34 • Um anel com diâmetro de 8,00 cm está fixo em um ponto e carrega uma carga de $+5{,}00\ \mu$C, uniformemente espalhada sobre sua circunferência. (a) Qual é o trabalho necessário para deslocar uma minúscula esfera com carga $+3{,}00\ \mu$C e massa de 1,50 g a partir de um ponto muito distante do centro do anel? (b) É necessário fazer uma trajetória ao longo do eixo do anel? Por quê? (c) Se a esfera for ligeiramente deslocada do centro do anel, o que ela fará e qual velocidade máxima ela atingirá?

23.35 •• Uma esfera muito pequena com carga positiva $q = +8{,}00\ \mu$C é liberada a partir do repouso em um ponto a uma distância de 1,50 cm de um fio retilíneo muito longo carregado uniformemente, de densidade linear de carga $\lambda = 3{,}00\ \mu$C/m. Qual é a energia cinética da esfera quando ela está a 4,50 cm de distância do fio carregado quando a única força sobre ela é a exercida pelo fio carregado?

23.36 • **PC** Duas placas condutoras paralelas grandes, que possuem cargas opostas e módulos iguais, estão separadas por uma distância igual a 2,20 cm. (a) Sabendo que a densidade superficial de carga sobre cada placa possui módulo igual a 47,0 nC/m^2, qual é o módulo do campo elétrico $\vec{E}$ na região entre as placas? (b) Qual é a diferença de potencial entre as placas? (c) O que ocorreria com o módulo do campo elétrico e com a diferença de potencial se a distância entre as placas dobrasse, mas a densidade superficial de carga permanecesse constante, com o mesmo valor indicado no item (a)?

23.37 • Duas placas metálicas paralelas grandes possuem cargas opostas e de mesmo módulo. A distância entre as placas é igual a 45,0 mm e a diferença de potencial entre elas é de 360 V. (a) Qual é o módulo do campo elétrico (supostamente constante) existente na região entre as placas? (b) Qual é o módulo da força que esse campo exerce sobre uma partícula com carga igual a +2,40 nC? (c) Use o resultado da parte (b) para calcular o trabalho realizado pelo campo sobre a partícula quando ela se desloca da placa com potencial mais elevado para a placa com potencial mais baixo. (d) Compare o resultado da parte (c) com a variação da energia potencial da mesma carga, calculando-a a partir do potencial.

23.38 • BIO **Sensibilidade elétrica dos tubarões.** Alguns tubarões podem detectar campos elétricos fracos a partir de 1,0 μV/m. Para compreender o quão fraco esse campo é, determine qual deve ser a distância entre duas placas metálicas paralelas, ligadas por uma pilha comum AA de 1,5 V, para produzir esse campo elétrico entre elas.

23.39 • O campo elétrico na superfície de uma esfera carregada e maciça de cobre, com raio igual a 0,200 m, é 3.800 N/C, orientado para o centro da esfera. Qual é o potencial no centro da esfera, caso se considere como zero o potencial infinitamente distante da esfera?

23.40 •• (a) Qual é o excesso de carga a ser colocado em uma esfera de cobre com 25,0 cm de diâmetro, para que o potencial de seu centro, em relação ao infinito, seja 3,75 kV? (b) Qual é o potencial da superfície da esfera em relação ao infinito?

Seção 23.4 Superfícies equipotenciais

Seção 23.5 Gradiente de potencial

23.41 •• **CALC** Uma esfera metálica com raio r_a está apoiada sobre uma base isolada no centro de uma casca esférica metálica com raio externo r_b. Existe uma carga $+q$ na esfera interna e uma carga $-q$ na esfera externa. (a) Determine o potencial $V(r)$ para as regiões (i) $r < r_a$; (ii) $r_a < r < r_b$; (iii) $r > r_b$. (*Dica:* o potencial total é dado pela soma dos potenciais de cada esfera.) Considere V igual a zero para r infinito. (b) Mostre que o potencial da esfera interna em relação à esfera externa é dado por

$$V_{ab} = \frac{q}{4\pi\epsilon_0}\left(\frac{1}{r_a} - \frac{1}{r_b}\right)$$

(c) Use a Equação 23.23 e o resultado do item (a) para mostrar que o campo elétrico em qualquer ponto entre as esferas possui módulo dado por

$$E(r) = \frac{V_{ab}}{(1/r_a - 1/r_b)}\frac{1}{r^2}$$

(d) Aplique a Equação 23.23 e o resultado do item (a) para calcular o campo elétrico em um ponto fora da esfera maior a uma distância r do centro, sendo $r > r_b$. (e) Suponha que a carga na esfera externa não seja $-q$, mas uma carga negativa de módulo diferente, digamos, $-Q$. Mostre que as respostas dos itens (b) e (c) não se alteram, porém a resposta do item (d) torna-se diferente.

23.42 • Uma placa plástica muito grande carrega uma densidade de carga uniforme de $-6{,}00\ \text{nC/m}^2$ em uma face. (a) À medida que você se afasta da placa ao longo de uma linha perpendicular a ela, o potencial aumenta ou diminui? Como você pode saber isso, sem fazer nenhum cálculo? Sua resposta depende de sua escolha do ponto de referência para o potencial? (b) Encontre o espaço entre as superfícies equipotenciais que diferem entre si em 1,00 V. Que tipos de superfície são esses?

23.43 • **CALC** Em certa região do espaço, o potencial elétrico é dado pela relação $V(x, y, z) = Axy - Bx^2 + Cy$, em que A, B e C são constantes positivas. (a) Calcule os componentes x, y e z do campo elétrico. (b) Em que pontos o campo elétrico é igual a zero?

23.44 • **CALC** Em certa região do espaço, o potencial elétrico é dado pela relação $V = +Ax^2y - Bxy^2$, em que $A = 5{,}00\ \text{V/m}^3$ e $B = 8{,}00\ \text{V/m}^3$. Calcule o módulo, a direção e o sentido do campo elétrico no ponto, nessa região, de coordenadas $x = 2{,}00$ m, $y = 4{,}00$ m e $z = 0$.

23.45 • Uma esfera metálica com raio $r_a = 1{,}20$ cm está apoiada sobre uma base isolante no centro de uma casca esférica metálica com raio externo $r_b = 9{,}60$ cm. Uma carga $+q$ é colocada na esfera interna e uma carga $-q$, na esfera externa. O módulo de q é escolhido para produzir uma diferença de potencial entre as esferas igual a 500 V, mantendo a esfera interna com um potencial mais elevado. (a) Use o resultado do Exercício 23.41(b) para calcular o valor de q. (b) Com base no resultado do Exercício 23.41(a), faça um desenho indicando as superfícies equipotenciais que correspondem a 500, 400, 300, 200, 100 e 0 V. (c) Em seu desenho, mostre as linhas de campo elétrico. As linhas de campo elétrico e as superfícies equipotenciais são mutuamente perpendiculares? As superfícies equipotenciais ficam mais próximas entre si quando o módulo de $\vec{E}$ é mais elevado?

PROBLEMAS

23.46 • **PC** Uma carga puntiforme $q_1 = +5{,}00\ \mu\text{C}$ está fixa no espaço. A partir de uma distância horizontal de 6,00 cm, uma pequena esfera com massa igual a $4{,}00 \times 10^{-3}$ kg e carga $q_2 = +2{,}00\ \mu\text{C}$ é lançada em direção à carga fixa com uma velocidade inicial de 40,0 m/s. A gravidade pode ser desprezada. Qual é a aceleração da esfera no instante em que sua velocidade é igual a 25,0 m/s?

23.47 ••• Uma carga puntiforme $q_1 = 4{,}00$ nC é colocada na origem, e uma segunda carga puntiforme $q_2 = -3{,}00$ nC é colocada sobre o eixo x no ponto $x = +20{,}0$ cm. Uma terceira carga puntiforme $q_3 = 2{,}00$ nC deve ser colocada sobre o eixo x entre q_1 e q_2. (Considere a energia potencial das três cargas igual a zero quando elas estão infinitamente distantes.) (a) Qual é a energia potencial do sistema das três cargas quando q_3 é colocada em $x = +10{,}0$ cm? (b) Onde q_3 deve ser colocada para que a energia potencial do sistema seja igual a zero?

23.48 •• Uma carga puntiforme positiva $q_1 = +5{,}00 \times 10^{-4}$ C é mantida em uma posição fixa. Um pequeno objeto com massa igual a $4{,}00 \times 10^{-3}$ kg e carga $q_2 = -3{,}00 \times 10^{-4}$ C é projetada diretamente na direção de q_1. Despreze a gravidade. Quando q_2 está a 0,400 m de distância de q_1, sua velocidade escalar é de 800 m/s. Qual é a sua velocidade quando ela está 0,200 m de q_1?

23.49 •• Um núcleo de ouro possui um raio de $7{,}3\ \text{m} \times 10^{-15}$ m e uma carga igual a $+79e$. Determine a tensão mínima através da qual uma partícula alfa, com carga $+2e$, deve ser acelerada, de modo que tenha energia suficiente para alcançar uma distância de $2{,}0 \times 10^{-14}$ m a partir da superfície de um núcleo de ouro. (Suponha que o núcleo de ouro permaneça fixo e possa ser tratado como uma carga puntiforme.)

23.50 ••• Uma pequena esfera com massa igual a $5{,}00 \times 10^{-7}$ kg e carga igual a $+7{,}00\ \mu\text{C}$ é liberada a partir do repouso a uma distância de 0,400 m acima de uma grande placa isolante horizontal uniformemente carregada que possui uma densidade superficial de carga $\sigma = +8{,}00\ \text{pC/m}^2$. Usando métodos de energia, calcule a velocidade escalar da esfera quando ela está 0,100 m acima da placa.

23.51 •• **Determinação do tamanho do núcleo.** Quando o rádio-226 decai radioativamente, ele emite uma partícula alfa (o núcleo de hélio), e o produto final é o radônio-222. Podemos modelar essa decadência pensando no rádio-226 como consistindo em uma partícula alfa emitida a partir da superfície do núcleo de radônio-222 esfericamente simétrico, e podemos tratar a partícula alfa como uma carga puntiforme. A energia da partícula alfa foi medida em laboratório e foi encontrado o valor de 4,79 MeV, quando a partícula alfa está infinitamente distante do núcleo. Como o radônio é muito mais pesado que a partícula alfa, podemos supor que não há recuo aparente do radônio após o decaimento. O núcleo de radônio contém 86 prótons, enquanto a partícula alfa contém 2 prótons e o núcleo de rádio tem 88 prótons. (a) Qual é a energia potencial elétrica da combinação alfa-radônio pouco antes do decaimento, em MeV e em joules? (b) Use o resultado do item (a) para calcular o raio do núcleo de radônio.

23.52 •• **PC** Um próton e uma partícula alfa são liberados a partir do repouso quando estão separados por 0,225 nm de distância. A partícula alfa (um núcleo de hélio) tem, essencialmente, quatro vezes a massa e o dobro da carga de um próton. Encontre a *velocidade escalar* máxima e a *aceleração* máxima de cada uma dessas partículas. Quando ocorrem esses valores máximos: imediatamente após o lançamento das partículas ou depois de muito tempo?

23.53 • Uma partícula com carga $+7{,}60$ nC está em um campo elétrico uniforme, orientado da direita para a esquerda. Outra força além da elétrica atua sobre a partícula, de modo que ela se desloca para a direita quando é liberada do repouso. Depois que ela se deslocou 8,00 cm, a força adicional realizou um trabalho igual a $6{,}50 \times 10^{-5}$ J e a partícula possui energia cinética igual a $4{,}35 \times 10^{-5}$ J. (a) Qual foi o trabalho realizado pela força elétrica? (b) Qual é o potencial do ponto inicial em relação ao ponto final? (c) Qual é o módulo do campo elétrico?

23.54 •• Cargas puntiformes idênticas, $q = +5{,}00\ \mu\text{C}$, são colocadas em ângulos opostos de um quadrado, cujo lado possui comprimento igual a 8,00 cm. O ponto A está em um dos ângulos vazios e o ponto B está no centro do quadrado. Uma carga puntiforme $q_0 = -3{,}0\ \mu\text{C}$ é colocada no ponto A e se desloca ao longo da diagonal do quadrado até o ponto B. (a) Qual é o módulo da força elétrica resultante sobre q_0 quando ela está no ponto A? Faça um desenho com as localizações das cargas e a direção e o sentido da força resultante. (b) Qual é o módulo da força elétrica resultante sobre q_0 quando ela está no ponto B? (c) Qual é o trabalho realizado pela força elétrica sobre q_0 durante seu deslocamento de A até B? Esse trabalho é positivo ou negativo? Quando q_0 se desloca de A até B, ela se aproxima de um potencial mais alto ou mais baixo?

23.55 •• **CALC** Um diodo de tubo de vácuo consiste em eletrodos cilíndricos concêntricos, o cátodo negativo e o ânodo positivo. Em decorrência do acúmulo de carga perto do cátodo, o potencial elétrico entre os elétrodos é dado por

$$V(x) = Cx^{4/3}$$

em que x é a distância até o cátodo e C é uma constante, característica de um diodo e condições de funcionamento particulares. Suponha que a distância entre o cátodo e o ânodo seja igual a 13,0 mm e a diferença de potencial entre os elétrodos seja 240 V. (a) Determine o valor de C. (b) Encontre uma fórmula para o campo elétrico entre os elétrodos em função de x. (c) Determine a força sobre um elétron quando ele está no ponto médio da linha reta que liga os eletrodos.

23.56 •• Duas esferas isolantes, idênticas e com cargas contrárias, cada qual medindo 50,0 cm de diâmetro e carregando uma carga uniforme de módulo 250 μC, são colocadas a uma distância de 1,00 m de um centro a outro (**Figura P23.56**). (a) Se um voltímetro é conectado entre os pontos mais próximos (a e b) sobre suas superfícies, qual será sua leitura? (b) Qual ponto, a ou b, possui o potencial mais elevado? Como saber isso sem fazer qualquer cálculo?

Figura P23.56

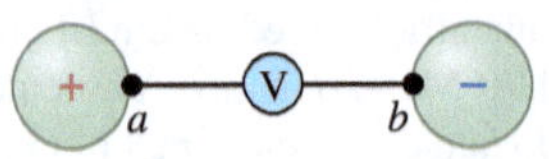

23.57 •• **Um cristal iônico.** A **Figura P23.57** mostra oito cargas puntiformes distribuídas nos vértices de um cubo cuja aresta é igual a d. Os valores das cargas são $+q$ e $-q$, como indicado. Trata-se do modelo da célula unitária de um cristal iônico cúbico. Por exemplo, no cloreto de sódio (NaCl), as cargas positivas são os íons Na^+; as negativas são os íons Cl^-.
(a) Calcule a energia potencial U desse arranjo. (Considere zero o potencial quando a distância entre as oito cargas for infinita.) (b) No resultado da parte (a), provavelmente você encontrou $U < 0$. Explique a relação entre esse resultado e a observação da existência desses cristais na natureza.

Figura P23.57

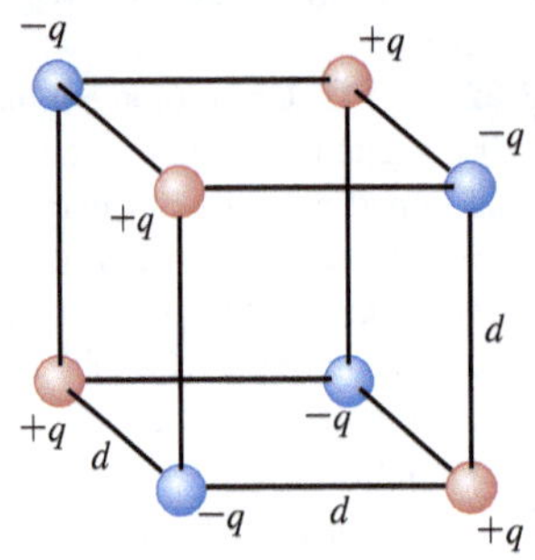

23.58 • (a) Calcule a energia potencial de um sistema composto por duas pequenas esferas, uma com carga de 2,00 μC e a outra com carga de $-3{,}50$ μC, com seus centros separados por uma distância de 0,180 m. Considere $U = 0$ quando as cargas estão separadas por uma distância infinita. (b) Suponha que uma das esferas seja mantida fixa e a outra, com massa igual a 1,50 g, seja lançada para longe da primeira. Qual é a velocidade escalar inicial que a esfera em movimento necessita para escapar por completo da atração da esfera fixa? (Para escapar, a esfera móvel teria de atingir uma velocidade igual a zero quando estivesse infinitamente distante da fixa.)

23.59 •• **PC** Uma pequena esfera, com massa igual a 1,50 g, está pendurada por um fio isolante entre duas placas paralelas verticais muito grandes, separadas por uma distância igual a 5,0 cm (**Figura P23.59**). As placas são isolantes e possuem densidades superficiais de carga uniformes $+\sigma$ e $-\sigma$. A carga da esfera é $q = 8{,}90 \times 10^{-6}$ C. Calcule a diferença de potencial entre as placas para que o fio fique inclinado a um ângulo de 30,0° em relação à vertical.

Figura P23.59

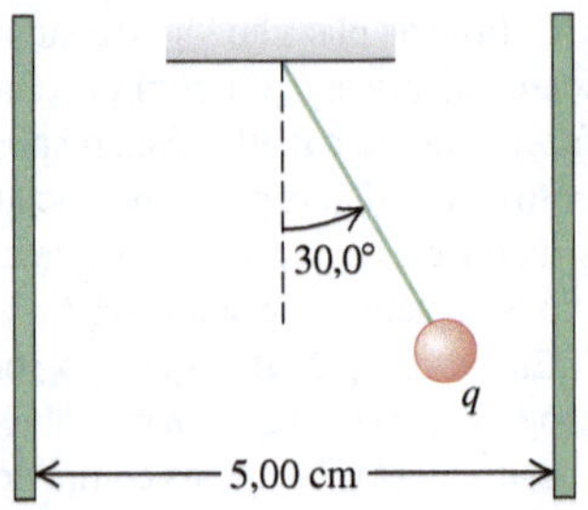

23.60 •• Duas cascas esféricas possuem um centro comum. A casca interna possui raio $R_1 = 5{,}00$ cm e carga $q_1 = +3{,}00 \times 10^{-6}$ C; a casca exterior possui raio $R_2 = 15{,}0$ cm e carga $q_2 = -5{,}00 \times 10^{-6}$ C. Ambas as cargas estão distribuídas uniformemente sobre a superfície da casca. Determine o potencial elétrico produzido pelas duas cascas para as seguintes distâncias a partir de seu centro comum: (a) $r = 2{,}50$ cm; (b) $r = 10{,}0$ cm; (c) $r = 20{,}0$ cm. Considere $V = 0$ a distâncias muito grandes das cascas.

23.61 • **CALC** **Cilindros coaxiais.** Um longo cilindro metálico, de raio a, está apoiado sobre um suporte isolante ao longo do eixo de um longo tubo cilíndrico metálico, de raio b. A carga positiva por unidade de comprimento no cilindro interno é λ e existe uma igual quantidade de carga negativa por unidade de comprimento no cilindro externo. (a) Determine o potencial $V(r)$ para as regiões (i) $r < a$; (ii) $a < r < b$; (iii) $r > b$. (*Dica:* o potencial total é dado pela soma dos potenciais de cada condutor.) Considere $V = 0$ para $r = b$. (b) Mostre que o potencial do cilindro interno em relação ao cilindro externo é dado por

$$V_{ab} = \frac{\lambda}{2\pi\epsilon_0}\ln\frac{b}{a}$$

(c) Use a Equação 23.23 e o resultado do item (a) para mostrar que o módulo do campo elétrico em qualquer ponto entre os dois cilindros é dado por

$$E(r) = \frac{V_{ab}}{\ln(b/a)}\frac{1}{r}$$

(d) Qual seria a diferença de potencial entre os dois cilindros se o cilindro externo não tivesse nenhuma carga líquida?

23.62 •• Um *contador Geiger* detecta radiações como partículas alfa, usando o fato de que uma radiação ioniza o ar ao longo de sua trajetória. Ao longo do eixo de um cilindro metálico oco existe um fio fino, isolado do cilindro (**Figura P23.62**). Uma grande diferença de potencial é aplicada entre o fio e o cilindro externo, mantendo-se o fio em um potencial mais elevado; isso produz um forte campo elétrico orientado radialmente para fora do fio. Quando uma radiação ionizante entra no dispositivo, ocorre ionização de algumas moléculas de ar. Os elétrons livres produzidos são acelerados no sentido do fio pelo campo elétrico e, quando eles se aproximam do fio, ionizam muitas outras moléculas de ar. Logo, um pulso de corrente elétrica é gerado e pode ser detectado por um circuito eletrônico apropriado e convertido em um "clique" audível. Suponha que o raio do fio central seja igual a 145 μm e o raio do cilindro oco seja de 1,80 cm. Qual deve ser a diferença de potencial entre o fio e o cilindro para que se produza um campo elétrico igual a $2{,}00 \times 10^4$ V/m a uma distância de 1,20 cm do eixo do fio? (O fio e o cilindro são ambos muito compridos em comparação a seus respectivos raios, de modo que os resultados do Problema 23.61 podem ser usados.)

Figura P23.62

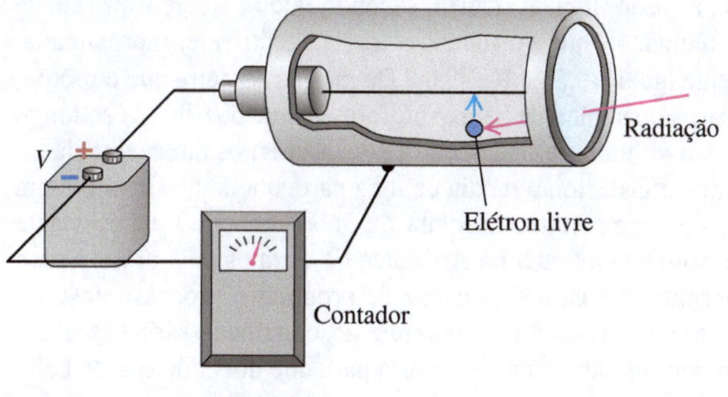

23.63 • **PC** **Deflexão em um CRT.** Os tubos de raios catódicos (CRT, do inglês *cathode-ray tubes*) são geralmente encontrados em osciloscópios e monitores de computador. Na **Figura P23.63**, um elétron com velocidade escalar inicial de $6{,}50 \times 10^6$ m/s é projetado ao longo do eixo até o meio da trajetória entre as placas de deflexão de um tubo de raios catódicos. A diferença de potencial entre as placas é 22,0 V e a placa inferior é aquela de maior potencial. (a) Qual é a força (módulo, direção e sentido) que atua sobre o elétron quando ele está entre as placas? (b) Qual é a aceleração do elétron (módulo, direção e sentido) quando ele sofre a ação da força obtida no item (a)? (c) Qual é a distância abaixo do eixo percorrida pelo elétron, quando ele atinge o final das placas? (d) Qual é o ângulo dele em relação ao eixo quando se move para deixar as placas? (e) A que distância abaixo do eixo ele atingirá a tela fluorescente S?

Figura P23.63

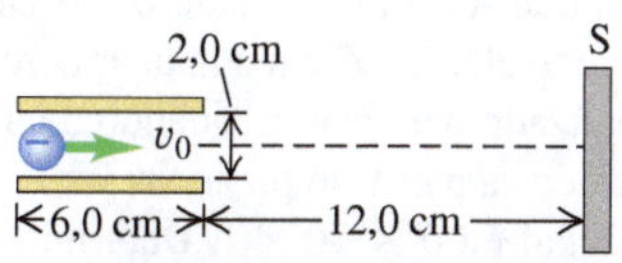

23.64 •• **PC** **Placas defletoras de um osciloscópio.** As placas defletoras verticais de um osciloscópio comum, usado em salas de aula, consistem em um par de placas metálicas quadradas paralelas que carregam cargas iguais, porém opostas. As dimensões típicas são de, aproximadamente, 3,0 cm de lado, com uma separação de cerca de 5,0 mm. A diferença de potencial entre as placas é igual a 25,0 V. As placas estão próximas o suficiente para que possamos desprezar interferências nas extremidades. Sob essas condições: (a) qual é a carga sobre cada placa e (b) qual é a força do campo elétrico entre as placas? (c) Se um elétron em repouso for lançado das placas negativas, qual será sua velocidade ao atingir a placa positiva?

23.65 •• Um *precipitador eletrostático* usa forças elétricas para remover partículas poluentes originárias de fumaça, em particular fumaça expelida por usinas que queimam carvão. Um tipo de precipitador é constituído por um cilindro metálico oco vertical com um fio fino ao longo de seu eixo, que está isolado do cilindro (**Figura P23.65**). Uma grande diferença de potencial é aplicada entre o fio e o cilindro externo, mantendo-se o fio em um potencial mais baixo. Isso produz um forte campo elétrico orientado radialmente para o interior do cilindro. O campo elétrico produz uma região com ar ionizado nas vizinhanças do fio. A fumaça entra pela base do precipitador, as cinzas e a poeira absorvem elétrons e os poluentes carregados são acelerados para a parede externa do cilindro pelo campo elétrico. Suponha que o raio do fio central seja igual a 90,0 μm, o raio do cilindro oco seja igual a 14,0 cm e uma diferença de potencial de 50,0 kV seja estabelecida entre o fio e o cilindro. Suponha também que o cilindro e o fio possuam comprimentos muito maiores que o raio do cilindro, de modo que os resultados do Problema 23.61 possam ser usados. (a) Qual é o módulo do campo elétrico nos pontos situados na metade da distância entre o fio e a parede do cilindro? (b) Qual deve ser o módulo da carga sobre uma partícula de cinza com 30,0 μg para que o campo elétrico obtido no item (a) possa exercer sobre a partícula uma força dez vezes maior que seu peso?

Figura P23.65

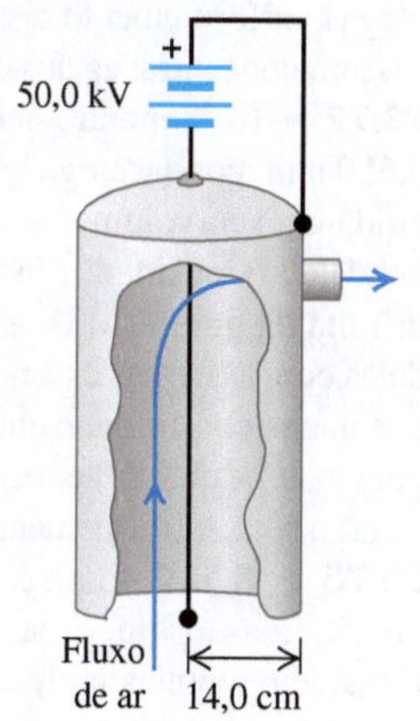

23.66 •• **CALC** Um disco de raio R possui densidade superficial de carga uniforme igual a σ. (a) Imaginando o disco como um conjunto de anéis finos concêntricos, calcule o potencial elétrico V sobre os pontos do eixo do anel a uma distância x do centro do disco. Considere o potencial igual a zero no infinito. (*Dica:* use o resultado do Exemplo 23.11 na Seção 23.3.) (b) Calcule $-\partial V/\partial x$. Mostre que o resultado obtido concorda com o valor de E_x encontrado no Exemplo 21.11 (Seção 21.5).

23.67 ••• **CALC** **Energia própria de uma esfera de carga.** Uma esfera maciça, de raio R, contém uma carga total Q distribuída uniformemente por todo o seu volume. Encontre a energia necessária para juntar essa carga, trazendo cargas infinitesimais de pontos distantes. Essa energia é chamada de "energia própria" da distribuição de carga. (*Dica:* após juntar uma carga q em uma esfera de raio r, quanta energia será necessária para acrescentar uma casca esférica de espessura dr possuindo carga dq? Depois, integre para obter a energia total.)

23.68 • **CALC** Uma haste isolante fina é encurvada, formando um arco semicircular de raio a, e uma carga elétrica total Q é distribuída uniformemente ao longo da haste. Considerando o potencial igual a zero a uma distância infinita, calcule o potencial no centro de curvatura do arco.

23.69 •• A carga $Q = +4{,}00$ μC é distribuída uniformemente sobre o volume de uma esfera isolante de raio $R = 5{,}00$ cm. Qual é a diferença de potencial entre o centro e a superfície da esfera?

23.70 • Uma casca esférica isolante, com raio interno de 25,0 cm e raio externo de 60,0 cm, possui uma carga de $+150{,}0$ μC uniformemente destruída pela sua superfície externa. O ponto a está no centro da casca, o ponto b está na superfície interna e o ponto c está na superfície externa. (a) Qual será a leitura de um voltímetro conectado entre os seguintes pontos: (i) a e b; (ii) b e c; (iii) c e infinito; (iv) a e c? (b) Qual está no potencial mais elevado? (i) a ou b; (ii) b ou c; (iii) a ou c? Qual das respostas, se existir alguma, teria o sinal invertido, caso as cargas fossem -150 μC?

23.71 •• **PC** Duas esferas plásticas, cada qual com carga uniformemente distribuída em seu interior, inicialmente são colocadas em contato e depois liberadas. Uma esfera tem 60,0 cm de diâmetro, possui massa de 50,0 g e contém $-10{,}0$ μC de carga. A outra esfera tem 40,0 cm de diâmetro, possui massa de 150,0 g e contém $-30{,}0$ μC de carga. Encontre a aceleração máxima e a velocidade escalar máxima atingidas por cada esfera (em relação ao ponto fixo de sua localização inicial no espaço), considerando que nenhuma outra força atue sobre elas. (*Dica:* as cargas uniformemente distribuídas se comportam como se estivessem concentradas nos centros das duas esferas.)

23.72 • (a) Supondo que uma gota de chuva, de raio igual a 0,650 mm, possua carga igual a $-3{,}60$ pC uniformemente distribuída em seu volume, qual é o potencial elétrico sobre sua superfície? (Considere o potencial igual a zero a uma distância infinita da gota.) (b) Duas gotas de chuva idênticas, cada uma delas com as cargas e os raios especificados no item (a), colidem e se unem, constituindo uma única gota maior. Qual é o raio dessa gota maior e qual é o potencial sobre sua superfície, supondo que a carga seja uniformemente distribuída em seu volume?

23.73 • **CALC** Uma carga elétrica total Q é uniformemente distribuída ao longo de uma haste fina, de comprimento a. Considere o potencial igual a zero no infinito. Calcule o potencial nos seguintes pontos (**Figura P23.73**): (a) no ponto P, a uma distância x à direita da haste; (b) no ponto R, a uma distância y acima da extremidade direita da haste. (c) Como se reduzem os resultados da parte (a) e da parte (b) quando x ou y se tornam muito maiores que a?

Figura P23.73

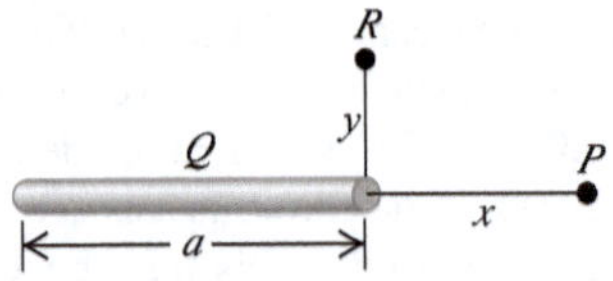

23.74 • Uma partícula alfa, com energia cinética igual a 9,50 MeV (quando está muito longe), colide frontalmente com um núcleo de chumbo em repouso. Qual é a menor distância entre as duas partículas? (Suponha que o núcleo de chumbo seja uma partícula puntiforme e que permaneça em repouso. O número atômico do chumbo é 82. A partícula alfa é um núcleo de hélio e possui número atômico igual a 2.)

23.75 •• Duas esferas metálicas carregadas, com tamanhos diferentes, possuem potenciais elétricos iguais sobre suas superfícies. A esfera A possui um raio três vezes maior que o raio da esfera B. Sejam Q_A e Q_B as cargas sobre as esferas e E_A e E_B, os módulos do campo elétrico sobre a superfície de cada esfera. Determine (a) a razão Q_A/Q_B; (b) a razão E_A/E_B.

23.76 • Uma esfera metálica de raio R_1 possui carga Q_1. Considere o potencial igual a zero a uma distância infinita da esfera. (a) Determine o potencial elétrico e o campo elétrico na superfície da esfera. A esfera é, a seguir, conectada por um fio condutor fino e longo a outra esfera, de raio R_2, que está a muitos metros de distância da primeira esfera. Antes de ser conectada, a segunda esfera está descarregada. Depois que o equilíbrio eletrostático for atingido, qual será (b) a carga total sobre cada esfera? (c) O potencial elétrico sobre a superfície de cada esfera? (d) O campo elétrico sobre a superfície de cada esfera? Suponha que a carga do fio seja muito menor que a carga de cada esfera.

23.77 •• **PC** **Fusão nuclear no Sol.** A fonte da energia do Sol é uma sequência de reações nucleares que ocorrem em seu núcleo. A primeira dessas reações envolve uma colisão entre dois prótons que se fundem, formando um núcleo mais pesado que libera energia. Para que esse processo, chamado *fusão nuclear*, possa ocorrer, os prótons devem se aproximar até que suas superfícies fiquem, essencialmente, em contato. (a) Suponha que os dois prótons se desloquem com a mesma velocidade e que a colisão seja frontal. Sabendo que o raio do próton é igual a $1{,}2 \times 10^{-15}$ m, qual deve ser a velocidade mínima para que ocorra a fusão nuclear? A distribuição de cargas no interior de um próton é esfericamente simétrica, de modo que o potencial e o campo elétrico no exterior do próton são idênticos aos produzidos por uma carga puntiforme. A massa do próton é $1{,}67 \times 10^{-27}$ kg. (b) Outra reação nuclear de fusão que ocorre no núcleo do Sol envolve a colisão entre dois núcleos de hélio, cada um deles com carga $+2e$, raio $1{,}7 \times 10^{-15}$ m e massa 2,99 vezes maior que a massa do próton. Supondo a mesma geometria da colisão indicada na parte (a), qual deve ser a velocidade mínima para que a fusão nuclear ocorra, sabendo que os núcleos devem se aproximar até que a distância entre seus centros seja aproximadamente igual a $3{,}5 \times 10^{-15}$ m? Da mesma maneira que o próton, a carga do núcleo de hélio é uniformemente distribuída ao longo de seu volume. (c) Na Seção 18.3, mostramos que a energia cinética translacional média de uma partícula de massa m em um gás com temperatura absoluta T é $3/2kT$, em que k é a constante de Boltzmann (dada no Apêndice F). Para os dois prótons com energia cinética média capaz de produzir o processo descrito no item (a), qual é a temperatura absoluta necessária? Qual é a temperatura absoluta necessária para que dois núcleos de hélio produzam o processo descrito na parte (b)? (Para essas temperaturas, os átomos ficam completamente ionizados, de modo que os elétrons e os prótons se movem separadamente.) (d) A temperatura no núcleo do Sol é aproximadamente igual a $1{,}5 \times 10^7$ K. Como se compara esse resultado com as temperaturas calculadas no item (c)? Como é possível que as reações descritas em (a) e (b) ocorram no interior do Sol? (*Dica:* veja a discussão sobre a distribuição das velocidades moleculares na Seção 18.5.)

23.78 • **CALC** O potencial elétrico V de uma região de espaço é dado por

$$V(x, y, z) = A(x^2 - 3y^2 + z^2)$$

em que A é uma constante. (a) Deduza uma expressão para o campo elétrico $\vec{E}$ em qualquer ponto nessa região. (b) O trabalho realizado pelo campo quando uma carga de teste de 1,50 μC se desloca a partir do ponto $(x, y, z) = (0, 0, 0{,}250 \text{ m})$ até a origem é igual $6{,}00 \times 10^{-5}$ J. Determine A. (c) Determinar o campo elétrico no ponto (0, 0, 0,250 m). (d) Demonstre que, em todos os planos paralelos ao plano xz, os contornos equipotenciais são círculos. (e) Qual é o raio do contorno equipotencial correspondente a $V = 1.280$ V e $y = 2{,}00$ m?

23.79 •• **DADOS** O potencial elétrico em uma região que está dentro de 2,00 m de origem de um sistema de coordenadas retangulares é dado por $V = Ax^l + By^m + Cz^n + D$, em que A, B, C, D, l, m e n são constantes. As unidades de A, B, C e D são tais que, se x, y e z estão em metros, então V está em volts. Você mede V e cada componente do campo elétrico em quatro pontos e obtém os seguintes resultados:

Ponto	(x, y, z) (m)	V(V)	E_x(V/m)	E_y(V/m)	E_z(V/m)
1	(0, 0, 0)	10,0	0	0	0
2	(1,00, 0, 0)	4,0	12,0	0	0
3	(0, 1,00, 0)	6,0	0	12,0	0
4	(0, 0, 1,00)	8,0	0	0	12,0

(a) Use os dados na tabela para calcular A, B, C, D, l, m e n. (b) Determine V e o módulo de E nos pontos (0, 0, 0), (0,50 m, 0,50 m, 0,50 m) e (1,00 m, 1,00 m, 1,00 m).

23.80 •• **DADOS** Uma pequena esfera imóvel carrega uma carga líquida Q. Você realiza o seguinte experimento para medir Q: lança uma pequena partícula de massa $m = 4{,}00 \times 10^{-4}$ kg e carga $q = 5{,}00 \times 10^{-8}$ C a partir de uma grande distância diretamente na direção do centro da esfera. O aparelho que você está utilizando mede a velocidade v da partícula em função da distância x da esfera. Como a massa da esfera é muito maior que a massa da partícula projetada, você supõe que a esfera se mantém em repouso. Como todos os valores medidos de x são muito maiores que o raio dos dois objetos, você trata ambos os objetos como partículas puntiformes. Você faz um gráfico de v^2 *versus* $(1/x)$ com seus dados (**Figura P23.80**). A linha reta $v^2 = 400\ \text{m}^2/\text{s}^2 - [(15{,}75\ \text{m}^3/\text{s}^2)/x]$ fornece um bom ajuste para os pontos dos dados. (a) Explique por que o gráfico é uma linha reta. (b) Qual é a velocidade inicial v_0 da partícula quando ela está muito longe da esfera? (c) Determine Q. (d) Qual é a distância mínima da esfera que a partícula alcança? Suponha que essa distância seja muito maior que os raios da partícula e da esfera, portanto continue tratando-as como partículas puntiformes e supondo que a esfera permanece em repouso.

Figura P23.80

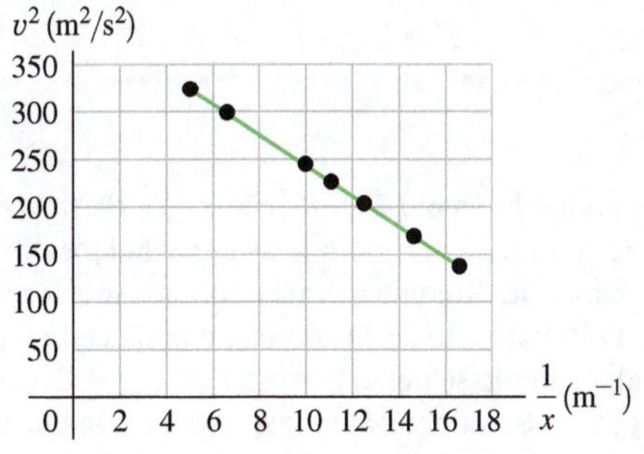

23.81 ••• **DADOS Experimento da gota de óleo de Millikan.** A carga do elétron foi determinada pelo físico norte-americano Robert Millikan, entre 1909 e 1913. Em seu experimento, o óleo era pulverizado e formavam-se minúsculas gotas dele (com diâmetros da ordem de 10^{-4} mm) no espaço entre duas placas paralelas horizontais, separadas por uma distância d. Uma diferença de potencial V_{AB} é mantida entre as placas, criando entre elas um campo elétrico orientado de cima para baixo. Pelo atrito ou pela ionização do ar por raios X ou radioatividade, algumas gotas adquirem cargas negativas. As gotas são observadas com um microscópio. (a) Mostre que uma gota de óleo de raio r em repouso entre as placas deverá permanecer em repouso quando o módulo de sua carga for dado por

$$q = \frac{4\pi}{3}\frac{\rho r^3 gd}{V_{AB}}$$

em que ρ é a densidade do óleo. (Despreze a força de empuxo do ar.) Ajustando o valor de V_{AB} a fim de manter a gota em repouso, podemos calcular a carga da gota, desde que seu raio r seja conhecido. (b) As gotas do experimento de Millikan eram muito pequenas e seus raios não podiam ser medidos diretamente. Em vez disso, Millikan determinou r desligando o campo elétrico e medindo a *velocidade terminal* v_t das gotas à medida que elas caíam. (Discutimos o conceito de velocidade terminal na Seção 5.3.) A força viscosa F sobre uma esfera de raio r que se desloca com velocidade v em um fluido com viscosidade η é dada pela lei de Stokes, $F = 6\pi\eta rv$. Quando a gota atinge velocidade v_t, a força viscosa deve ser igual ao peso $w = mg$ da gota. Mostre que o módulo da carga da gota é dado por

$$q = 18\pi\frac{d}{V_{AB}}\sqrt{\frac{\eta^3 v_t^3}{2\rho g}}$$

(c) Você repete o experimento da gota de óleo de Millikan. Quatro de suas medições de V_{AB} e de v_t estão listadas na tabela:

Gota	1	2	3	4
V_{AB}(V)	9,16	4,57	12,32	6,28
$v_t(10^{-5}$ m/s)	2,54	0,767	4,39	1,52

Em seu aparelho, a separação d entre as placas horizontais é de 1,00 mm. A densidade do óleo que você usa é 824 kg/m³. Para a viscosidade η do ar, use o valor $1{,}81 \times 10^{-5}$ N · s/m². Suponha que $g = 9{,}80$ m/s². Calcule a carga q de cada gota. (d) Como a carga elétrica é *quantizada* (ou seja, existe em múltiplos do módulo de um elétron), então a carga em cada gota é igual a $-ne$, onde n é o número de elétrons em excesso em cada gota. (Todas as quatro gotas em sua tabela possuem carga negativa.) A gota 2 possui a carga de menor módulo observada na experiência, para todas as 300 gotas sobre as quais foram realizadas as medições, portanto suponha que sua carga é devida à carga em excesso de um elétron. Determine o número de elétrons em excesso n para cada uma das outras três gotas. (e) Use $q = -ne$ para calcular e a partir dos dados relativos a cada uma das quatro gotas, e calcule a média desses quatro valores para obter seu melhor valor experimental de e.

PROBLEMAS DESAFIADORES

23.82 ••• **CALC** Uma casca cilíndrica isolante fina, com raio R e comprimento L (como o tubo de papelão de um rolo de papel higiênico), possui uma carga Q uniformemente distribuída sobre sua superfície. (a) Calcule o potencial elétrico em todos os pontos ao longo do eixo do cilindro. Faça a origem do sistema de coordenadas coincidir com o centro do tubo cilíndrico e considere o potencial no infinito igual a zero. (b) Mostre que, quando $L << R$, o potencial do item (a) se reduz ao potencial de um anel carregado com raio R (veja o Exemplo 23.11 na Seção 23.3). (c) Use o resultado do item (a) para determinar o campo elétrico em todos os pontos ao longo do eixo do cilindro.

23.83 ••• **PC** Nos experimentos de colisões com núcleos atômicos, podem ocorrer colisões frontais como as mencionadas no Problema 23.74, contudo "quase colisões" são mais comuns. Suponha que a partícula alfa do Problema 23.74 não tenha sido "apontada" exatamente para o centro do núcleo de chumbo, porém possua um momento angular inicial diferente de zero (em relação ao núcleo de chumbo em repouso), com módulo $L = p_0 b$, em que p_0 é o módulo do momento linear inicial da partícula alfa e $b = 1{,}00 \times 10^{-12}$ m. Qual é a menor distância da aproximação do núcleo? Repita os cálculos para $b = 1{,}00 \times 10^{-13}$ m e $b = 1{,}0 \times 10^{-14}$ m.

Problemas com contexto

ANÁLISE DE MATERIAIS COM ÍONS. A *espectrometria de retrodispersão de Rutherford* (RBS, do inglês *Rutherford backscattering spectrometry*) é uma técnica utilizada para determinar a estrutura e a composição dos materiais. Um feixe de íons (geralmente íons de hélio) é acelerado a uma alta energia e apontado para uma amostra. Ao analisar a distribuição e a energia dos íons que estão dispersos em relação aos (ou seja, foram desviados por colisões com os) átomos presentes na amostra, os pesquisadores podem determinar a composição da amostra. Para acelerar os íons de alta energia, um *acelerador eletrostático tandem* pode ser usado. Nesse dispositivo, os íons negativos (He^-) inicialmente possuem um potencial $V = 0$ e são acelerados por uma alta tensão positiva, no ponto médio do acelerador. A alta tensão produz um campo elétrico constante no tubo de aceleração, através do qual os íons se deslocam. Quando os íons acelerados atingem o ponto médio, os elétrons são removidos, transformando os íons negativos em íons duplamente carregados positivamente (He^{++}). Estes íons positivos são, então, repelidos do ponto médio pela alta tensão positiva nesse ponto e continuam acelerando até o final do acelerador, onde novamente $V = 0$.

23.84 Para um certo experimento, íons de hélio receberão uma energia cinética igual a 3,0 MeV. Qual deve ser a tensão no centro do acelerador, supondo que os íons estão inicialmente em repouso? (a) −3,0 MV; (b) +3,0 MV; (c) +1,5 MV; (d) +1,0 MV.

23.85 Um íon de hélio (He^{++}) que passa a uma distância aproximadamente igual a 10 fm do centro do núcleo de um átomo da amostra pode induzir uma reação nuclear em vez de simplesmente se dispersar. Imagine um íon de hélio com uma energia cinética igual a 3,0 MeV se deslocando diretamente em direção a um átomo em repouso na amostra. Suponha que o átomo permaneça fixo. Determine a carga mínima possível do núcleo do átomo para que o íon de hélio não fique mais próximo que 10 fm do centro do núcleo atômico. (1 fm = 1×10^{-15} m, e e é o módulo da carga de um elétron ou um próton.) (a) $2e$; (b) $11e$; (c) $20e$; (d) $22e$.

23.86 A tensão máxima no centro de um acelerador eletrostático tandem típico é de 6,0 MV. Se a distância de uma extremidade do tubo de aceleração até o ponto médio é de 12 m, qual é o módulo do campo elétrico médio no interior do tubo sob estas condições? (a) 41.000 V/m; (b) 250.000 V/m; (c) 500.000 V/m; (d) 6.000.000 V/m.

RESPOSTAS

Resposta à pergunta inicial do capítulo

Resposta: (iii) Uma grande e constante diferença de potencial V_{ab} é mantida entre a ferramenta de solda (a) e as peças metálicas a serem soldadas (b). Para uma dada diferença de potencial entre dois condutores a e b, quanto menor for a distância d entre dois condutores, maior será o campo elétrico entre eles. Logo, a distância d deve ser pequena para que o módulo do campo elétrico E seja suficientemente elevado para ionizar o gás entre os condutores (Seção 23.3) e produzir um arco através desse gás.

Respostas às perguntas dos testes de compreensão

23.1 Resposta: (a) (i), (b) (ii) As três cargas q_1, q_2 e q_3 são positivas, portanto os três termos na soma da Equação 23.11 — q_1q_2/r_{12}, q_1q_3/r_{13} e q_2q_3/r_{23} — são positivos. Logo, a energia potencial elétrica total U é positiva. Isso significa que é necessário um trabalho positivo para trazer as três cargas do infinito até as posições indicadas na Figura 21.14 e, consequentemente, trabalho *negativo* para deslocar as três cargas dessas posições de volta ao infinito.

23.2 Resposta: não Se $V = 0$ em um dado ponto, $\vec{E}$ *não* é necessariamente igual a zero nesse ponto. Exemplo disso é o ponto c nas figuras 21.23 e 23.13, para o qual há um campo elétrico no sentido $+x$ (veja o Exemplo 21.9, na Seção 21.5), embora $V = 0$ (veja o Exemplo 23.4). Não é um resultado surpreendente porque V e $\vec{E}$ são grandezas bem diferentes: V é o trabalho resultante necessário para trazer uma unidade de carga do infinito até o ponto em questão, enquanto $\vec{E}$ é a força elétrica que atua sobre uma unidade de carga quando ela chega nesse ponto.

23.3 Resposta: não Se $\vec{E} = \mathbf{0}$ em um dado ponto, V *não* é necessariamente igual a zero nesse ponto. Exemplo disso é o ponto O no centro do anel carregado das figuras 21.23 e 23.21. De acordo com o Exemplo 21.9 (Seção 21.5), o campo elétrico é igual a zero no ponto O, porque as contribuições do campo elétrico a partir de diferentes partes do anel se cancelam por completo. Pelo Exemplo 23.11, porém, o potencial no ponto O *não* é igual a zero. Esse ponto corresponde a $x = 0$, então $V = (1/4\pi\epsilon_0)(Q/a)$. Esse valor de V corresponde ao trabalho necessário para deslocar uma unidade positiva de carga de teste ao longo de uma trajetória desde o infinito até o ponto O; é diferente de zero porque o anel carregado repele a carga de teste, tornando, portanto, necessário um trabalho positivo para deslocar a carga de teste em direção ao anel.

23.4 Resposta: não Se as cargas positivas da Figura 23.23 fossem substituídas por cargas negativas e vice-versa, as superfícies equipotenciais seriam as mesmas, porém o sinal do potencial seria invertido. Por exemplo, as superfícies na Figura 23.23b com potencial $V = +30$ V e $V = -50$ V teriam potencial $V = -30$ V e $V = +50$ V, respectivamente.

23.5 Resposta: (iii) Pela Equação 23.19, os componentes do campo elétrico são $E_x = -\partial V/\partial x = -(B + Dy)$, $E_y = -\partial V/\partial y = -(3Cy^2 + Dx)$ e $E_z = -\partial V/\partial z = 0$. O valor de A não exerce nenhum efeito, o que significa que podemos adicionar uma constante ao potencial elétrico em todos os pontos, sem causar variação em $\vec{E}$ ou na diferença de potencial entre dois pontos. O potencial não depende de z, portanto o componente z de $\vec{E}$ é nulo. Observe que, na origem, o campo elétrico é diferente de zero porque possui um componente x diferente de zero: $E_x = -B$, $E_y = 0$, $E_z = 0$.

Problema em destaque

$$\frac{qQ}{8\pi\epsilon_0 a}\ln\left(\frac{L+a}{L-a}\right)$$

? A energia utilizada pela unidade de flash de uma máquina fotográfica é armazenada em um capacitor que consiste em dois condutores separados por uma pequena distância e que possuem cargas opostas. Caso a quantidade de carga nos condutores seja duplicada, qual será o fator de aumento da energia armazenada? (i) $\sqrt{2}$; (ii) 2; (iii) $2\sqrt{2}$; (iv) 4; (v) 8.

24 CAPACITÂNCIA E DIELÉTRICOS

OBJETIVOS DE APRENDIZAGEM

Ao estudar este capítulo, você aprenderá:

24.1 A natureza dos capacitores e como calcular a grandeza que mede sua capacidade de armazenar energia.

24.2 Como analisar capacitores conectados em uma rede.

24.3 Como calcular a quantidade de energia armazenada em um capacitor.

24.4 O que são dielétricos e como eles aumentam a eficácia dos capacitores.

24.5 Como um dielétrico no interior de um capacitor carregado se torna polarizado.

24.6 Como usar a lei de Gauss quando dielétricos estão presentes.

Revendo conceitos de:

21.2-21.5-21.7 Polarização; campo de condutores carregados; dipolo elétrico.

22.3-22.5 Lei de Gauss.

23.3-23.4 Potencial de um condutor carregado; potencial produzido por uma distribuição de carga cilíndrica.

Quando você estica o elástico de um estilingue ou puxa uma flecha para trás, encurvando um arco, está armazenando energia mecânica sob a forma de energia potencial. Um capacitor é um dispositivo que armazena energia potencial *elétrica* e carga elétrica. Para fazer um capacitor, basta colocar um isolante entre dois condutores. Para armazenar energia nesse dispositivo, transfira carga de um condutor para outro, de modo que um deles fique com uma carga negativa e o outro com carga igual, mas sinal positivo. É necessário realizar um trabalho para deslocar essas cargas até que se estabeleça uma diferença de potencial resultante entre os condutores, e o trabalho realizado é armazenado sob a forma de energia potencial elétrica.

Os capacitores possuem inúmeras aplicações práticas, como em unidades de *flash* das máquinas fotográficas, em um laser pulsante, nos sensores de *airbags* automotivos ou em receptores de rádio e televisão. Encontraremos muitas dessas aplicações nos próximos capítulos (principalmente no Capítulo 31, no qual veremos o papel crucial desempenhado pelos capacitores nos circuitos de corrente alternada, que permeiam nossa sociedade tecnológica). Neste capítulo, porém, a ênfase recairá sobre as propriedades fundamentais dos capacitores. Para um capacitor em particular, a razão entre a carga acumulada em cada condutor e a diferença de potencial entre os condutores é uma constante, chamada *capacitância*. A capacitância depende das dimensões, das formas dos condutores e do material (caso haja) existente entre eles. Em comparação ao caso no qual existe somente vácuo entre os condutores, a capacitância torna-se maior quando há um material isolante (ou *dielétrico*) entre eles. Isso resulta de uma redistribuição das cargas, chamada *polarização*, que ocorre no interior do material. O estudo da polarização nos fornecerá maior compreensão das propriedades elétricas da matéria.

O estudo dos capacitores também nos fornece uma nova maneira de pensar sobre a energia potencial elétrica. A energia armazenada em um capacitor carregado está

Figura 24.1 Um capacitor é constituído por qualquer par de condutores a e b isolados.

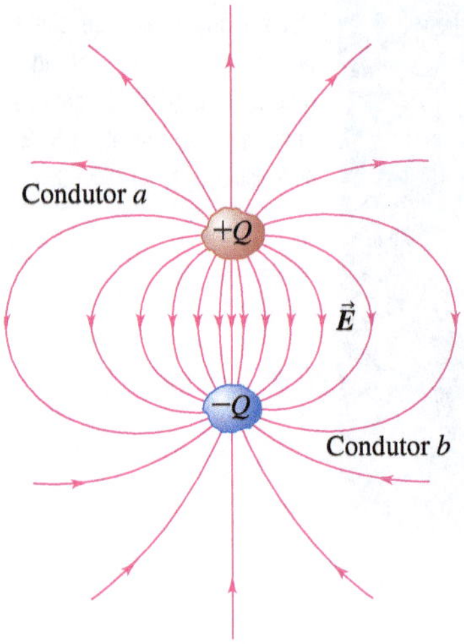

relacionada ao campo elétrico existente no espaço entre os condutores. Veremos que a energia potencial elétrica pode ser considerada como armazenada *no próprio campo*. A ideia de que o próprio campo elétrico é o local onde a energia é armazenada está na base da teoria das ondas eletromagnéticas e do estudo da natureza da luz, conforme discutiremos no Capítulo 32.

24.1 CAPACITÂNCIA E CAPACITORES

Um **capacitor** (**Figura 24.1**) é um sistema constituído por dois condutores separados por um isolante (ou imersos no vácuo). Em quase todas as aplicações práticas, cada condutor inicialmente possui carga líquida igual a zero e há transferência de elétrons de um condutor para o outro; dizemos, nesse caso, que o capacitor está sendo *carregado*. No equilíbrio, os dois condutores possuem cargas de mesmo módulo, mas de sinais opostos, e a carga *líquida* no capacitor como um todo permanece igual a zero. Supomos, neste capítulo, que esse caso sempre seja válido. Quando afirmamos que um capacitor possui uma carga Q, ou que existe uma carga Q *armazenada* em um capacitor, queremos dizer que o condutor que está a um potencial mais elevado possui carga $+Q$ e o condutor com o potencial mais baixo possui carga $-Q$ (supondo que Q seja positiva). Tenha isso em mente nas discussões e nos exemplos deste capítulo.

Em diagramas de circuitos, um capacitor pode ser representado por qualquer um dos seguintes símbolos:

Nesses símbolos, as linhas verticais (retas ou curvas) representam os condutores e as linhas horizontais, fios conectados aos condutores. Um método comum de carregar um capacitor consiste em conectar esses dois fios aos terminais opostos de uma bateria. Quando as cargas $+Q$ e $-Q$ são estabelecidas sobre os condutores, os fios são desconectados da bateria. Isso fornece uma *diferença de potencial* fixa V_{ab} entre os condutores (ou seja, o potencial do condutor com carga positiva a em relação ao condutor com carga negativa b), que é precisamente igual à voltagem da bateria.

O campo elétrico em qualquer ponto na região entre os condutores é proporcional ao módulo Q da carga em cada condutor. A partir disso, podemos concluir que a diferença de potencial V_{ab} entre os condutores também é proporcional a Q. Quando dobramos o módulo da carga de cada condutor, dobramos também a densidade de carga em cada ponto, o campo elétrico em cada ponto e a diferença de potencial entre os condutores; contudo, a *razão* entre a carga e a diferença de potencial não varia. Essa razão é chamada de **capacitância** $\boldsymbol{C}$ do capacitor:

Capacitância de um capacitor

$$C = \frac{Q}{V_{ab}} \qquad (24.1)$$

- Q: Módulo da carga de cada condutor
- V_{ab}: Diferença de potencial entre os condutores (a possui carga $+Q$, b possui carga $-Q$)

A unidade SI de capacitância é um **farad** (1 F), em homenagem a Michael Faraday, físico inglês do século XIX. Pela Equação 24.1, um farad é igual a um *coulomb por volt* (1 C/V):

$$1 \text{ F} = 1 \text{ farad} = 1 \text{ C/V} = 1 \text{ coulomb/volt}$$

Quanto maior for a capacitância C de um capacitor, maior será o módulo Q da carga em cada condutor para uma dada diferença de potencial V_{ab} e, portanto, maior a energia armazenada. (Lembre-se de que o potencial é a energia potencial por unidade de carga.) Portanto, *a capacitância é a medida da capacidade de armazenar energia de um dado capacitor*. Veremos que o valor da capacitância depende somente da forma e do tamanho de cada condutor e da natureza do material isolante que existe entre os condutores. (A observação anterior, que afirmava a independência da capacitância de Q e de V_{ab}, não se aplica para certos tipos especiais de materiais isolantes. Entretanto, não discutiremos esses materiais neste livro.)

ATENÇÃO **Capacitância *versus* coulombs** Não confunda o símbolo C usado para capacitância (o qual será sempre indicado em itálico) com a abreviação C para coulombs (que nunca será indicada em itálico).

Figura 24.2 Um capacitor de placas paralelas carregado.

(a) Disposição das placas do capacitor

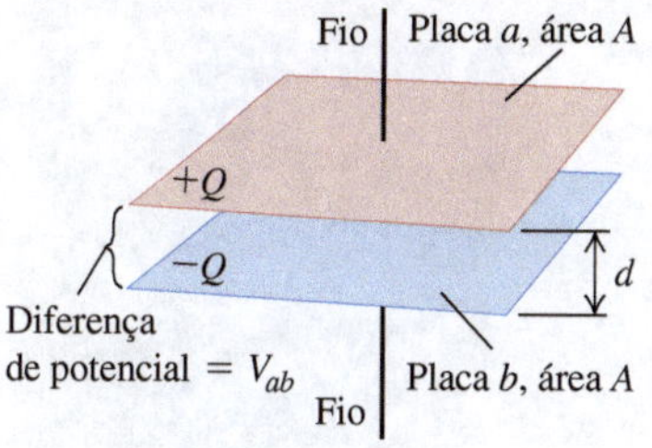

(b) Vista lateral do campo elétrico $\vec{E}$

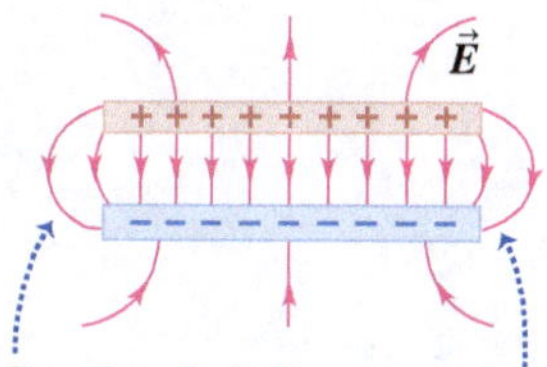

Quando a distância entre as placas é menor que as dimensões das placas, a distorção do campo elétrico nas bordas do capacitor é desprezível.

Cálculo da capacitância: capacitores no vácuo

Podemos calcular a capacitância C de um dado capacitor determinando a diferença de potencial V_{ab} entre os condutores para um dado módulo da carga Q e, a seguir, usando a Equação 24.1. No momento, vamos considerar apenas *capacitores no vácuo*, ou seja, vamos supor que exista apenas o espaço vazio entre os dois condutores que constituem o capacitor.

O capacitor mais simples consiste em duas placas condutoras paralelas, cada uma delas com área A, separadas por uma distância d pequena em comparação às suas dimensões (**Figura 24.2a**). Quando as placas são carregadas, o campo elétrico é quase completamente localizado na região existente entre as placas (Figura 24.2b). Conforme discutimos no Exemplo 22.8 (Seção 22.4), o campo entre essas duas placas é essencialmente *uniforme* e as cargas sobre as placas são distribuídas uniformemente sobre suas superfícies opostas. Esse arranjo é chamado de **capacitor com placas paralelas**.

Determinamos o módulo E do campo elétrico desse arranjo no Exemplo 21.12 (Seção 21.5) usando o princípio da superposição dos campos elétricos, e também no Exemplo 22.8 (Seção 22.4) usando a lei de Gauss. É útil fazer uma revisão desses exemplos. Verificamos que $E = \sigma/\epsilon_0$, em que σ é o módulo (valor absoluto) da densidade de carga superficial sobre cada placa. Essa densidade é igual ao módulo da carga Q dividido pela área A da placa, ou $\sigma = Q/A$; logo, o módulo E do campo elétrico pode ser escrito do seguinte modo:

$$E = \frac{\sigma}{\epsilon_0} = \frac{Q}{\epsilon_0 A}$$

O campo é uniforme e a distância entre as placas é d; logo, a diferença de potencial (voltagem) entre as duas placas é dada por

$$V_{ab} = Ed = \frac{1}{\epsilon_0}\frac{Qd}{A}$$

Logo,

Capacitância de um capacitor com placas paralelas no vácuo

$$C = \frac{Q}{V_{ab}} = \epsilon_0 \frac{A}{d} \qquad (24.2)$$

- C: Capacitância de um capacitor com placas paralelas no vácuo
- Q: Módulo da carga de cada condutor
- V_{ab}: Diferença de potencial entre as placas
- A: Área de cada placa
- d: Distância entre as placas
- ϵ_0: Constante elétrica

A capacitância depende apenas da geometria do capacitor; ela é diretamente proporcional à área A de cada placa e inversamente proporcional à distância d entre as placas. As grandezas A e d são constantes para um dado capacitor e ϵ_0 é uma constante universal. Logo, no vácuo, a capacitância C é uma constante independente da carga do capacitor e da diferença de potencial entre as placas. Se uma das placas do capacitor for flexível, a capacitância C varia se a distância d entre as placas variar. Esse é o princípio operacional de um microfone condensador (**Figura 24.3**).

Figura 24.3 No interior de um microfone condensador, há um capacitor com uma placa rígida e outra flexível. As duas placas são mantidas a uma diferença de potencial constante V_{ab}. Ondas sonoras fazem a placa flexível se movimentar para a frente e para trás, provocando variação na capacitância C e escoamento da carga de e para o capacitor, conforme a relação $C = Q/V_{ab}$. Dessa forma, uma onda sonora é convertida em um fluxo de carga que pode ser amplificado e gravado digitalmente.

Figura 24.4 Um capacitor comercial é identificado com o valor de sua capacitância. Para esses capacitores, $C = 2.200\ \mu F$, $1.000\ \mu F$ e $470\ \mu F$.

Quando existe um material entre as placas, suas propriedades influenciam a capacitância. Vamos voltar a esse tópico na Seção 24.4. No entanto, observamos que, se entre as placas do capacitor há ar sob pressão atmosférica em vez de vácuo, a capacitância difere menos que 0,06% do valor previsto pela Equação 24.2.

Na Equação 24.2, quando *A* é dado em metros quadrados e *d* em metros, *C* é dado em farads. As unidades da constante elétrica ϵ_0 são $C^2/N \cdot m^2$, portanto

$$1\ F = 1\ C^2/N \cdot m = 1\ C^2/J$$

Como 1 V = 1 J/C (energia por unidade de carga), isso é coerente com nossa definição 1 F = 1 C/V. Finalmente, as unidades de ϵ_0 podem ser expressas como $1\ C^2/N \cdot m^2 = 1\ F/m$; logo,

$$\epsilon_0 = 8{,}85 \times 10^{-12}\ F/m$$

Essa relação é útil em cálculos de capacitância e também nos auxilia a verificar que a Equação 24.2 é dimensionalmente consistente.

Um farad é uma capacitância muito grande, conforme indicado no Exemplo 24.1. Em muitas aplicações, unidades mais convenientes de capacitância são o *microfarad* ($1\ \mu F = 10^{-6}\ F$) e o *picofarad* ($1\ pF = 10^{-12}\ F$). Por exemplo, o *flash* de uma máquina fotográfica utiliza um capacitor de algumas centenas de microfarads (**Figura 24.4**), ao passo que as capacitâncias de um circuito de corrente alternada de um rádio são da ordem de 10 a 100 picofarads.

Para *qualquer* capacitor no vácuo, a capacitância *C* depende somente das formas, das dimensões e da distância entre os condutores que constituem o capacitor. Quando as formas dos condutores são mais complexas que as placas planas de um capacitor com placas paralelas, as expressões das capacitâncias são mais complexas que a indicada na Equação 24.2. Nos exemplos seguintes, mostraremos como calcular *C* para duas outras geometrias dos condutores.

EXEMPLO 24.1 TAMANHO DE UM CAPACITOR DE 1 F

A distância entre as placas paralelas de um capacitor de 1,0 F é igual a 1,0 mm. Qual é a área de cada placa?

SOLUÇÃO

IDENTIFICAR E PREPARAR: este problema aborda a relação entre a capacitância *C*, a distância entre as placas *d* e a área da placa *A* (a variável-alvo) para um capacitor com placas paralelas. Usamos a Equação 24.2 e solucionamos a incógnita *A*.

EXECUTAR: pela Equação 24.2,

$$A = \frac{Cd}{\epsilon_0} = \frac{(1{,}0\ F)(1{,}0 \times 10^{-3}\ m)}{8{,}85 \times 10^{-12}\ F/m} = 1{,}1 \times 10^8\ m^2$$

AVALIAR: essa área corresponde a um quadrado com lado aproximadamente igual a 10 km! O volume de um capacitor com essas dimensões seria, pelo menos, $Ad = 1{,}1 \times 10^5\ m^3$, equivalente à área de um cubo com lado aproximadamente igual a 50 m. Na realidade, é possível desenvolver capacitores de 1 F com apenas alguns *centímetros* de lado. O truque é ter a substância adequada entre as placas, em vez do vácuo, de modo que (entre outras coisas) a separação das placas *d* possa ser significativamente reduzida. Exploraremos mais essa questão na Seção 24.4.

EXEMPLO 24.2 PROPRIEDADES DE UM CAPACITOR COM PLACAS PARALELAS

A distância entre as placas de um capacitor com placas paralelas é igual a 5,00 mm e a área da placa é de 2,00 m². Uma diferença de potencial de 10,0 kV é mantida através do capacitor. Calcule: (a) a capacitância; (b) a carga de cada placa; e (c) o módulo do campo elétrico no espaço entre as placas.

SOLUÇÃO

IDENTIFICAR E PREPARAR: são fornecidas a área da placa *A*, a distância entre as placas *d* e a diferença de potencial $V_{ab} = 1{,}00 \times 10^4$ V para esse capacitor com placas paralelas. As variáveis-alvo do problema são a capacitância *C*, a carga *Q* em cada placa e o módulo do campo elétrico *E*. Usamos a Equação 24.2 para calcular *C* e, a seguir, obtemos a carga *Q* usando a Equação 24.1 e V_{ab}. Determinamos *E* usando a relação $E = Q/\epsilon_0 A$.

EXECUTAR: (a) pela Equação 24.2,

$$C = \epsilon_0 \frac{A}{d} = (8{,}85 \times 10^{-12}\ F/m) \frac{(2{,}00\ m^2)}{5{,}00 \times 10^{-3}\ m}$$
$$= 3{,}54 \times 10^{-9}\ F = 0{,}00354\ \mu F$$

(Continua)

(Continuação)

(b) A carga no capacitor é

$$Q = CV_{ab} = (3{,}54 \times 10^{-9}\ \text{C/V})\,(1{,}00 \times 10^{4}\ \text{V})$$
$$= 3{,}54 \times 10^{-5}\ \text{C} = 35{,}4\ \mu\text{C}$$

A placa com o potencial mais elevado possui carga $+35{,}4\ \mu$C e a outra placa possui carga $-35{,}4\ \mu$C.

(c) O módulo do campo elétrico é

$$E = \frac{\sigma}{\epsilon_0} = \frac{Q}{\epsilon_0 A} = \frac{3{,}54 \times 10^{-5}\ \text{C}}{(8{,}85 \times 10^{-12}\ \text{C}^2/\text{N}\cdot\text{m}^2)(2{,}00\ \text{m}^2)}$$
$$= 2{,}00 \times 10^{6}\ \text{N/C}$$

AVALIAR: também podemos encontrar E lembrando que o campo elétrico é igual ao módulo do gradiente de potencial (Equação 23.22). Visto que o campo entre as placas é uniforme,

$$E = \frac{V_{ab}}{d} = \frac{1{,}00 \times 10^{4}\ \text{V}}{5{,}00 \times 10^{-3}\ \text{m}} = 2{,}00 \times 10^{6}\ \text{V/m}$$

(Lembre-se de que 1 N/C = 1 V/m.)

EXEMPLO 24.3 UM CAPACITOR ESFÉRICO

Duas cascas esféricas condutoras concêntricas estão separadas pelo vácuo (**Figura 24.5**). A casca esférica interna possui carga total $+Q$ e raio externo r_a, e a casca esférica externa possui carga $-Q$ e raio interno r_b. Calcule a capacitância desse capacitor esférico.

SOLUÇÃO

IDENTIFICAR E PREPARAR: por definição, a capacitância é igual ao módulo Q da carga sobre qualquer uma das esferas dividido pela diferença de potencial V_{ab} entre as esferas. Primeiro, determinamos V_{ab} e, a seguir, usamos a Equação 24.1 para determinar a capacitância $C = Q/V_{ab}$.

EXECUTAR: usando uma superfície gaussiana como indicado na Figura 24.5, no Exemplo 22.5 (Seção 22.4) verificamos que a carga sobre uma esfera condutora produz campo elétrico igual a zero no *interior* da esfera, portanto a esfera externa não contribui para o campo elétrico entre as esferas. Logo, o campo elétrico *e* o potencial elétrico entre as esferas são os mesmos do exterior de uma esfera condutora carregada com carga $+Q$. Consideramos esse problema no Exemplo 23.8 (Seção 23.3), então o mesmo resultado se aplica nesta situação: o potencial é dado por $V = Q/4\pi\epsilon_0 r$ em todos os pontos entre as esferas. Portanto, o potencial do condutor interno (positivo) para $r = r_a$ em relação ao condutor externo (negativo) para $r = r_b$ é

$$V_{ab} = V_a - V_b = \frac{Q}{4\pi\epsilon_0 r_a} - \frac{Q}{4\pi\epsilon_0 r_b}$$
$$= \frac{Q}{4\pi\epsilon_0}\left(\frac{1}{r_a} - \frac{1}{r_b}\right) = \frac{Q}{4\pi\epsilon_0}\frac{r_b - r_a}{r_a r_b}$$

Finalmente, a capacitância é

$$C = \frac{Q}{V_{ab}} = 4\pi\epsilon_0 \frac{r_a r_b}{r_b - r_a}$$

Como exemplo, se $r_a = 9{,}5$ cm e $r_b = 10{,}5$ cm,

$$C = 4\pi(8{,}85 \times 10^{-12}\ \text{F/m})\frac{(0{,}095\ \text{m})\,(0{,}105\ \text{m})}{0{,}010\ \text{m}}$$
$$= 1{,}1 \times 10^{-10}\text{F} = 110\ \text{pF}$$

AVALIAR: podemos relacionar esse resultado para C à capacitância de um capacitor com placas paralelas. A quantidade $4\pi r_a r_b$ é intermediária entre as áreas $4\pi r_a{}^2$ e $4\pi r_b{}^2$ das duas esferas; na verdade, ela é a *média geométrica* dessas duas áreas, que podemos designar por A_{geo}. A distância entre as esferas é $d = r_b - r_a$; logo, podemos reescrever o resultado como $C = 4\pi\epsilon_0 r_a r_b/(r_b - r_a) = \epsilon_0 A_{geo}/d$. Essa é a mesma forma da capacitância do capacitor com placas paralelas: $C = \epsilon_0 A/d$. Se a distância entre as esferas é muito menor que seus raios, a capacitância é igual à capacitância de um capacitor com placas paralelas com a mesma distância entre as placas e com a mesma área.

Figura 24.5 Um capacitor esférico.

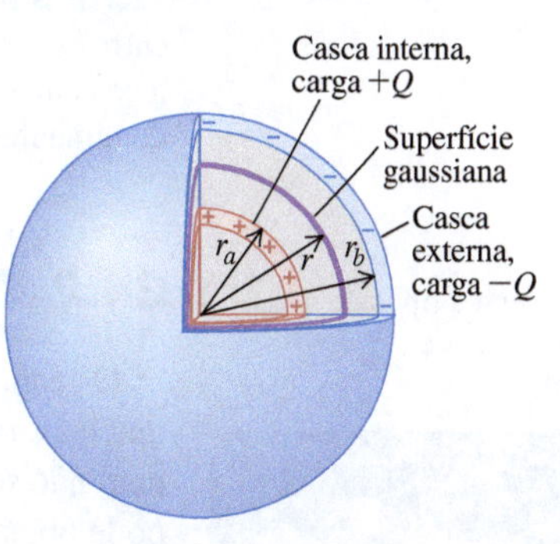

EXEMPLO 24.4 UM CAPACITOR CILÍNDRICO

Dois longos cilindros coaxiais estão separados pelo vácuo (**Figura 24.6**). O cilindro interno possui um raio r_a e densidade linear de carga $+\lambda$. O cilindro externo possui raio interno r_b e densidade linear de carga $-\lambda$. Calcule a capacitância por unidade de comprimento desse capacitor.

SOLUÇÃO

IDENTIFICAR E PREPARAR: como no Exemplo 24.3, usaremos a definição fundamental de capacitância, $C = Q/V_{ab}$. Usamos o resultado do Exemplo 23.10 (Seção 23.3) para encontrar a diferença de potencial V_{ab} entre os cilindros, e encontramos a carga Q em um comprimento L dos cilindros a partir da densidade linear de carga. A seguir, determinamos a capacitância C usando a Equação 24.1. Nossa variável-alvo é essa capacitância dividida por L.

EXECUTAR: como no Exemplo 24.3, a presença do cilindro externo carregado não contribui para o potencial V entre os cilindros. Portanto, o resultado obtido no Exemplo 23.10 para o potencial em um ponto situado no exterior de um cilindro condutor carregado também é válido para este exemplo de potencial no espaço entre os cilindros:

$$V = \frac{\lambda}{2\pi\epsilon_0} \ln \frac{r_0}{r}$$

Aqui, r_0 é arbitrário, com raio *finito* no qual $V = 0$. Temos $r_0 = r_b$, o raio da superfície interna do cilindro externo. Então o potencial da superfície externa do cilindro interno (no qual $r = r_a$) é apenas o potencial V_{ab} do cilindro interno (positivo) *a* em relação ao cilindro externo (negativo) *b*:

$$V_{ab} = \frac{\lambda}{2\pi\epsilon_0} \ln \frac{r_b}{r_a}$$

Se λ for positiva, como na Figura 24.6, V_{ab} também é positivo: o cilindro interno possui um potencial elétrico superior ao do cilindro externo.

A carga total Q existente no comprimento L é dada por $Q = \lambda L$, de modo que, pela Equação 24.1, a capacitância C de um comprimento L é dada por

$$C = \frac{Q}{V_{ab}} = \frac{\lambda L}{\dfrac{\lambda}{2\pi\epsilon_0} \ln \dfrac{r_b}{r_a}} = \frac{2\pi\epsilon_0 L}{\ln(r_b/r_a)}$$

A capacitância por unidade de comprimento é

$$\frac{C}{L} = \frac{2\pi\epsilon_0}{\ln(r_b/r_a)}$$

Substituindo $\epsilon_0 = 8{,}85 \times 10^{-12}$ F/m $= 8{,}85$ pF/m, obtemos

$$\frac{C}{L} = \frac{55{,}6 \text{ pF/m}}{\ln(r_b/r_a)}$$

AVALIAR: a capacitância de cilindros coaxiais é determinada inteiramente pelas suas dimensões, como no caso do capacitor com placas paralelas. Um cabo coaxial geralmente é feito de modo semelhante, porém, em vez do vácuo, existe um material isolante entre os cilindros condutores. Um cabo coaxial típico para uma antena de TV possui, em geral, uma capacitância por unidade de comprimento da ordem de 69 pF/m.

Figura 24.6 Um capacitor cilíndrico longo. A densidade linear de carga λ é considerada positiva nesta figura. O módulo da carga em um comprimento L de ambos os cilindros é igual a λL.

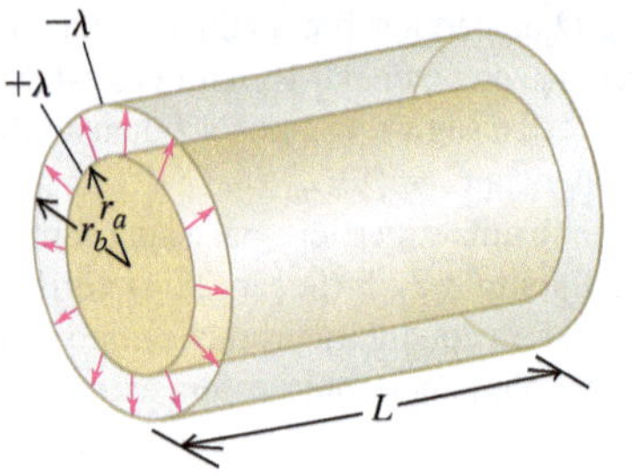

TESTE SUA COMPREENSÃO DA SEÇÃO 24.1 Um capacitor possui vácuo no espaço entre os condutores. Caso você dobre a quantidade de carga em cada condutor, o que acontece com a capacitância? (i) Aumenta; (ii) diminui; (iii) não varia; (iv) a resposta depende do tamanho ou do formato dos condutores. ❙

24.2 CAPACITORES EM SÉRIE E EM PARALELO

Figura 24.7 Diversos tipos de capacitores disponíveis comercialmente.

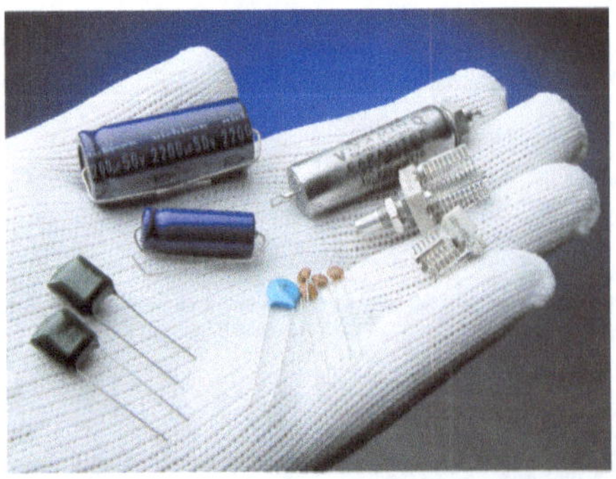

Os capacitores são fabricados com certos valores padronizados para as capacitâncias e para as voltagens de operação (**Figura 24.7**). Contudo, esses valores podem não ser os que você realmente precisa para uma determinada aplicação. Você pode obter os valores desejados combinando capacitores; muitas combinações são possíveis, e as ligações em série e em paralelo são as mais simples.

Capacitores em série

A **Figura 24.8a** é um diagrama esquemático de uma **ligação em série**. Dois capacitores são conectados em série (um depois do outro) por meio de fios condutores entre os pontos *a* e *b*. Inicialmente, os dois capacitores não estão carregados. Quando uma diferença de potencial constante V_{ab} é aplicada entre os pontos *a* e *b*, os capacitores ficam carregados; a figura mostra que as cargas acumuladas em *todas* as placas condutoras possuem o mesmo módulo. Para entender esse comportamento, observe, inicialmente, que a placa superior de C_1 acumula carga positiva Q. O campo elétrico dessa carga positiva atrai cargas negativas para cima da placa inferior de C_1 até que todas as linhas de força que começam na placa superior terminem na placa inferior. Isso só é possível quando a placa inferior possui carga $-Q$. Essas cargas negativas são provenientes da placa superior de C_2, que se torna carregada positivamente com carga $+Q$. A seguir, essa carga positiva puxa uma carga negativa $-Q$ da conexão no ponto b até que ela fique acumulada na placa inferior de C_2. A carga total na placa inferior de C_1 e na placa superior de C_2 devem, juntas, ser sempre igual a zero, pois essas placas estão ligadas somente entre si e não existe nenhuma fonte entre elas. Portanto, *em uma ligação em série, o módulo de cada carga em todas as placas é sempre o mesmo.*

Figura 24.8 Uma ligação em série de dois capacitores.

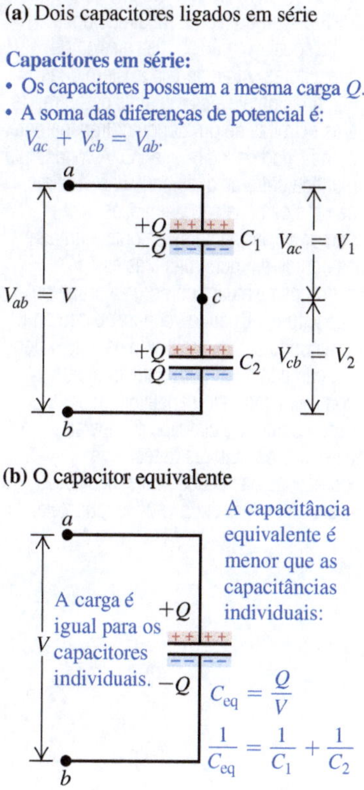

Observando novamente a Figura 24.8a, podemos escrever as seguintes diferenças de potencial entre os pontos a e c, c e b e a e b como

$$V_{ac} = V_1 = \frac{Q}{C_1}, \qquad V_{cb} = V_2 = \frac{Q}{C_2}, \qquad V_{ab} = V = V_1 + V_2 = Q\left(\frac{1}{C_1} + \frac{1}{C_2}\right)$$

e, portanto,

$$\frac{V}{Q} = \frac{1}{C_1} + \frac{1}{C_2} \tag{24.3}$$

Seguindo uma convenção comum, usamos os símbolos V_1, V_2 e V para designar, respectivamente, as seguintes *diferenças* de potencial V_{ac} (através do primeiro capacitor), V_{cb} (através do segundo capacitor) e V_{ab} (através da combinação inteira dos capacitores).

A **capacitância equivalente** C_{eq} dessa combinação em série é definida como a capacitância de um *único* capacitor para o qual a carga Q será a mesma que a da combinação quando a diferença de potencial V for a mesma. Em outras palavras, a combinação dos capacitores pode ser substituída por um único *capacitor equivalente*, cuja capacitância é C_{eq}. Para tal capacitor, indicado na Figura 24.8b, temos

$$C_{eq} = \frac{Q}{V} \quad \text{ou} \quad \frac{1}{C_{eq}} = \frac{V}{Q} \tag{24.4}$$

Combinando as equações 24.3 e 24.4, encontramos

$$\frac{1}{C_{eq}} = \frac{1}{C_1} + \frac{1}{C_2}$$

Podemos estender essa análise para um número qualquer de capacitores conectados em série. Encontramos o seguinte resultado para o *inverso* da capacitância equivalente:

Capacitores em série:

$$\frac{1}{C_{eq}} = \frac{1}{C_1} + \frac{1}{C_2} + \frac{1}{C_3} + \cdots \tag{24.5}$$

Capacitância equivalente da combinação em série · Capacitâncias dos capacitores individuais

O inverso da capacitância equivalente de uma associação de capacitores conectados em série é igual à soma dos inversos das capacitâncias individuais. Em uma ligação de capacitores em série, a capacitância equivalente é sempre *menor* que qualquer uma das capacitâncias individuais.

Aplicação *Touch screen* e capacitância A tela sensível ao toque (*touch screen*), em um telefone celular, um MP3 player, ou (como mostrado aqui) um dispositivo médico, usa a física de capacitores. Atrás da tela existem duas camadas paralelas, uma atrás da outra, de tiras estreitas de um condutor transparente, como óxido de índio-estanho. A voltagem é mantida entre as duas camadas. As tiras de uma camada são orientadas perpendicularmente às da outra camada; os pontos em que duas tiras estão sobrepostas atuam como uma grade de capacitores. Quando você traz o seu dedo (um condutor) até um ponto na tela, o dedo e a camada condutora anterior atuam como um segundo capacitor em série nesse ponto. Os circuitos ligados às camadas condutoras detectam a localização da variação da capacitância, e assim detectam onde você tocou a tela.

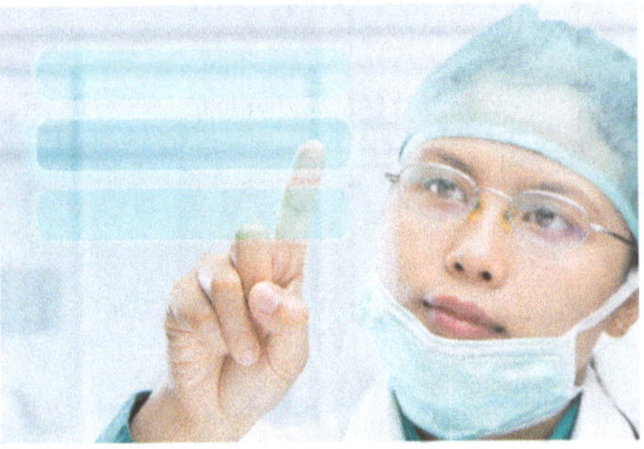

ATENÇÃO Capacitores em série O módulo da carga é o mesmo em todas as placas de todos os capacitores ligados em série; contudo, as diferenças de potencial dos capacitores individuais *não* são as mesmas, a não ser quando as capacitâncias individuais são as mesmas. A soma das diferenças de potencial através dos capacitores individuais fornece a diferença de potencial total através do conjunto da associação em série: $V_{total} = V_1 + V_2 + V_3 + ...$

Capacitores em paralelo

O arranjo indicado na **Figura 24.9a** denomina-se **ligação em paralelo**. Dois capacitores são conectados em paralelo entre os pontos a e b. Nesse caso, as placas superiores dos dois capacitores são conectadas por um fio condutor, constituindo uma superfície equipotencial, e as placas inferiores formam outra superfície equipotencial. Portanto, *em uma ligação em paralelo, a diferença de potencial é a mesma através de todos os capacitores*, sendo dada por $V_{ab} = V$. No entanto, as cargas Q_1 e Q_2 não são necessariamente iguais, visto que as cargas podem atingir as placas dos capacitores de forma independente a partir da fonte (por exemplo, uma bateria), cuja voltagem é V_{ab}. As cargas são dadas por

$$Q_1 = C_1V \quad \text{e} \quad Q_2 = C_2V$$

A carga *total* Q da combinação e, portanto, a carga total no capacitor equivalente, é dada por

$$Q = Q_1 + Q_2 = (C_1 + C_2)V$$

Logo,

$$\frac{Q}{V} = C_1 + C_2 \tag{24.6}$$

Figura 24.9 Uma ligação em paralelo de dois capacitores.

(a) Dois capacitores ligados em paralelo

Capacitores em paralelo:
- Os capacitores possuem o mesmo potencial V.
- A carga de cada capacitor depende de sua capacitância: $Q_1 = C_1V$, $Q_2 = C_2V$.

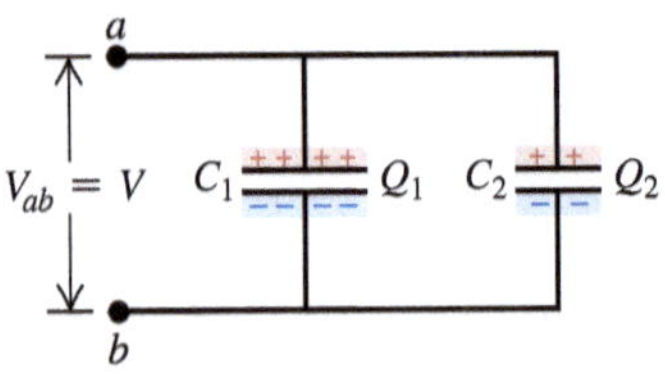

(b) O capacitor equivalente

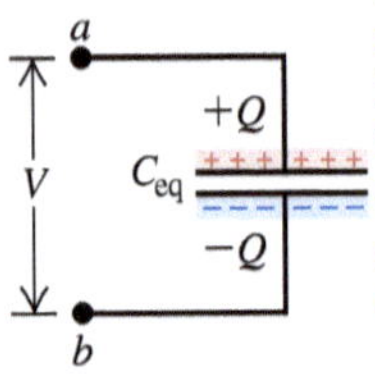

A combinação em paralelo é equivalente a um único capacitor com a mesma carga total $Q = Q_1 + Q_2$ e com a mesma diferença de potencial V da associação (Figura 24.9b). A capacitância equivalente da combinação, C_{eq}, é dada pela razão Q/V desse capacitor único. Portanto, pela Equação 24.6,

$$C_{eq} = C_1 + C_2$$

De modo análogo, podemos mostrar que, para um número qualquer de capacitores em paralelo,

Capacitores em paralelo: $$C_{eq} = C_1 + C_2 + C_3 + \cdots \tag{24.7}$$

C_{eq}: Capacitância equivalente da combinação em paralelo; C_1, C_2, C_3: Capacitâncias dos capacitores individuais

A capacitância equivalente de uma combinação de capacitores ligados em paralelo é igual à *soma* das capacitâncias individuais. Em uma ligação em paralelo, a capacitância equivalente é sempre *maior* que qualquer capacitância individual.

ATENÇÃO Capacitores em paralelo As diferenças de potencial são as mesmas para todos os capacitores conectados em paralelo; contudo, as cargas acumuladas em cada capacitor individual *não* são as mesmas, exceto quando as capacitâncias individuais são iguais. As cargas de cada capacitor se somam, fornecendo a carga total do conjunto de capacitores ligados em paralelo: $Q_{total} = Q_1 + Q_2 + Q_3 + ...$ (Compare essas afirmações às que fizemos no quadro "Atenção" anterior.)

ESTRATÉGIA PARA A SOLUÇÃO DE PROBLEMAS 24.1 CAPACITÂNCIA EQUIVALENTE

IDENTIFICAR *os conceitos relevantes:* o conceito de capacitância equivalente é útil sempre que há ligação de dois ou mais capacitores.

PREPARAR *o problema* por meio das seguintes etapas:

1. Faça um desenho da disposição do capacitor.
2. Identifique todos os agrupamentos de capacitores conectados em série ou em paralelo.
3. Lembre-se de que, quando dizemos que um capacitor "possui uma carga Q", estamos afirmando que a placa com potencial mais elevado possui carga $+Q$ e a outra placa possui carga $-Q$.

EXECUTAR *a solução* conforme segue:

1. Quando capacitores são alinhados em série, como na Figura 24.8, use a Equação 24.5 para encontrar a capacitância equivalente. Esses capacitores sempre possuem a *mesma carga*, supondo que não apresentem nenhuma carga antes de serem carregados; essa carga é igual à do capacitor equivalente. A diferença de potencial através da combinação é igual à soma das diferenças de potencial individuais.
2. Quando capacitores são ligados em paralelo, como na Figura 24.9, use a Equação 24.7 para encontrar a capacitância equivalente. Esses capacitores sempre possuem a *mesma diferença de potencial*; esta diferença é igual à diferença de potencial através do capacitor equivalente. A carga total da combinação é igual à soma das cargas individuais dos capacitores.
3. Depois de substituir todos os agrupamentos em série ou em paralelo inicialmente identificados, outros agrupamentos podem ser revelados. Substitua esses agrupamentos usando o mesmo procedimento, até não existir mais nenhuma substituição possível. A seguir, se precisar determinar a carga ou a diferença de potencial para um capacitor individual, você poderá retomar as etapas realizadas.

AVALIAR *sua resposta:* verifique se sua resposta faz sentido. Se os capacitores estão ligados em série, a capacitância equivalente C_{eq} deve ser *menor* do que quaisquer capacitâncias individuais. Por outro lado, se os capacitores estão ligados em paralelo, C_{eq} deve ser *maior* do que quaisquer capacitâncias individuais.

EXEMPLO 24.5 CAPACITORES EM SÉRIE E EM PARALELO

Considere, nas figuras 24.8 e 24.9, $C_1 = 6{,}0\ \mu F$, $C_2 = 3{,}0\ \mu F$ e $V_{ab} = 18$ V. Encontre a capacitância equivalente e calcule a carga e a diferença de potencial para cada capacitor quando os capacitores são conectados (a) em série (Figura 24.8) e (b) em paralelo (Figura 24.9).

SOLUÇÃO

IDENTIFICAR E PREPARAR: em ambos os itens deste exemplo, uma das incógnitas é a capacitância equivalente C_{eq}, a qual, para a combinação em série no item (a), é dada pela Equação 24.5; para a combinação paralela no item (b), ela é dada pela Equação 24.7. Em ambos os casos, determinamos a carga e a diferença de potencial usando a definição de capacitância, Equação 24.1, e as regras descritas na Estratégia para a solução de problemas 24.1.

EXECUTAR: (a) usando a Equação 24.5 para uma combinação em série, temos

$$\frac{1}{C_{eq}} = \frac{1}{C_1} + \frac{1}{C_2} = \frac{1}{6{,}0\ \mu F} + \frac{1}{3{,}0\ \mu F} \qquad C_{eq} = 2{,}0\ \mu F$$

A carga Q em cada capacitor em série é a mesma que a carga no capacitor equivalente:

$$Q = C_{eq}V = (2{,}0\ \mu F)\ (18\ V) = 36\ \mu C$$

A diferença de potencial através de cada capacitor é inversamente proporcional à sua capacitância:

$$V_{ac} = V_1 = \frac{Q}{C_1} = \frac{36\ \mu C}{6{,}0\ \mu F} = 6{,}0\ V$$

$$V_{cb} = V_2 = \frac{Q}{C_2} = \frac{36\ \mu C}{3{,}0\ \mu F} = 12{,}0\ V$$

(b) Usando a Equação 24.7 para uma combinação em paralelo, temos

$$C_{eq} = C_1 + C_2 = 6{,}0\ \mu F + 3{,}0\ \mu F = 9{,}0\ \mu F$$

A diferença de potencial através de cada um dos dois capacitores ligados em paralelo é a mesma através do capacitor equivalente, 18 V. A carga de cada capacitor é diretamente proporcional à sua capacitância:

$$Q_1 = C_1V = (6{,}0\ \mu F)(18\ V) = 108\ \mu C$$

$$Q_2 = C_2V = (3{,}0\ \mu F)(18\ V) = 54\ \mu C$$

AVALIAR: note que a capacitância equivalente C_{eq} para a combinação em série do item (a) é realmente menor que C_1 ou C_2, ao passo que, para a combinação paralela no item (b), a capacitância equivalente é de fato maior que C_1 ou C_2. Para dois capacitores em série, como no item (a), a carga é a mesma em ambos os capacitores e a *maior* diferença de potencial surge através do capacitor que possui a *menor* capacitância. Além disso, a soma das diferenças de potencial através dos capacitores individuais em série é igual à diferença de potencial através do capacitor equivalente: $V_{ac} + V_{cb} = V_{ab} = 18$ V. Por outro lado, para dois capacitores em paralelo, como no item (b), ambos os capacitores possuem a mesma diferença de potencial e a *maior* carga é armazenada no capacitor que possui a *maior* capacitância. Você consegue demonstrar que a carga total $Q_1 + Q_2$ na associação em paralelo é igual à carga $Q = C_{eq}V$ do capacitor equivalente?

EXEMPLO 24.6 UM CIRCUITO COM CAPACITORES

Calcule a capacitância equivalente da combinação de capacitores da **Figura 24.10a**.

SOLUÇÃO

IDENTIFICAR E PREPARAR: esses capacitores não estão todos em série nem todos em paralelo. Podemos, contudo, identificar partes do arranjo que *estão* ou em série, ou em paralelo. Agrupamos essas partes, como descrito na Estratégia para a solução de problemas 24.1, para determinar a capacitância equivalente resultante, usando a Equação 24.5 para as ligações em série e a Equação 24.7 para as ligações em paralelo.

EXECUTAR: a legenda da Figura 24.10 descreve nosso procedimento. Primeiro, usamos a Equação 24.5 para substituir a combinação em série dos capacitores de 12 μF e 6 μF pela sua capacitância equivalente C':

$$\frac{1}{C'} = \frac{1}{12\,\mu\text{F}} + \frac{1}{6\,\mu\text{F}} \qquad C' = 4\,\mu\text{F}$$

Esse resultado fornece a combinação equivalente mostrada na Figura 24.10b. A seguir, encontramos a capacitância equivalente dos três capacitores em paralelo e usamos a Equação 24.7 para substituí-los por sua capacitância equivalente C'', temos

$$C'' = 3\,\mu\text{F} + 11\,\mu\text{F} + 4\,\mu\text{F} = 18\,\mu\text{F}$$

Esse resultado fornece a combinação equivalente indicada na Figura 24.10c, que possui dois capacitores em série. Usamos a Equação 24.5 para substituí-los por sua capacitância equivalente C', a variável-alvo do problema (Figura 24.10d):

$$\frac{1}{C_{eq}} = \frac{1}{18\,\mu\text{F}} + \frac{1}{9\,\mu\text{F}} \qquad C_{eq} = 6\,\mu\text{F}$$

AVALIAR: se a diferença de potencial através de todo o circuito na Figura 24.10a é V_{ab} = 9,0 V, a carga líquida no circuito $Q = C_{eq}V_{ab}$ = (6 μF) (9,0 V) = 54 μC. Você consegue encontrar a carga sobre cada um dos cinco capacitores individuais, bem como a voltagem através de cada um?

Figura 24.10 (a) Um conjunto de capacitores conectados entre os pontos *a* e *b*. (b) Os capacitores de 12 μF e 6 μF, que estavam ligados em série em (a), foram substituídos por um capacitor equivalente de 4 μF. (c) Os capacitores de 3 μF, 11 μF e 4 μF, que estavam ligados em paralelo em (b), foram substituídos por um capacitor equivalente de 18 μF. (d) Finalmente, os capacitores de 18 μF e 9 μF, que estavam ligados em série em (c), foram substituídos pelo capacitor equivalente de 6 μF.

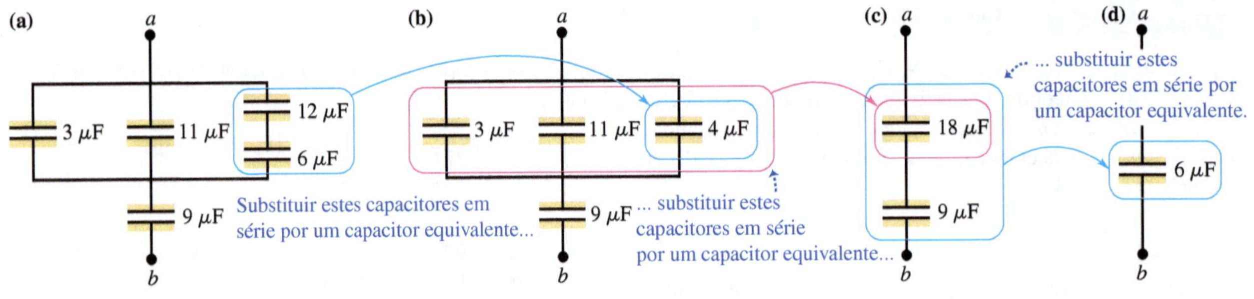

TESTE SUA COMPREENSÃO DA SEÇÃO 24.2 Você deseja conectar um capacitor de 4 μF a outro de 8 μF. (a) Com qual tipo de ligação o capacitor de 4 μF terá uma diferença de potencial maior através dele que o capacitor de 8 μF? (i) Em série; (ii) em paralelo; (iii) ou em série, ou em paralelo; (iv) nem em série nem em paralelo. (b) Com qual tipo de ligação o capacitor de 4 μF terá uma carga maior através dele que o capacitor de 8 μF? (i) Em série; (ii) em paralelo; (iii) ou em série, ou em paralelo; (iv) nem em série nem em paralelo. ❙

24.3 ARMAZENAMENTO DE ENERGIA EM CAPACITORES E ENERGIA DO CAMPO ELÉTRICO

Muitas das aplicações mais importantes dos capacitores dependem de sua capacidade de armazenar energia. A energia potencial elétrica armazenada em um capacitor carregado é exatamente igual ao trabalho realizado para carregá-lo, ou seja, o trabalho necessário para separar cargas opostas e depositá-las em diferentes condutores. Quando o capacitor é descarregado, essa energia é recuperada como trabalho realizado pelas forças elétricas.

Podemos determinar a energia potencial U de um capacitor carregado calculando o trabalho W necessário para carregá-lo. Suponha que, depois do processo, a carga final seja Q e a diferença de potencial final seja V. De acordo com a Equação 24.1, essas grandezas são relacionadas por

$$V = \frac{Q}{C}$$

Sejam q e v, respectivamente, a carga e a diferença de potencial em uma dada etapa intermediária durante o processo de armazenamento de carga; então, $v = q/C$. Nessa etapa, o trabalho dW necessário para transferir um elemento de carga adicional dq é dado por

$$dW = v\,dq = \frac{q\,dq}{C}$$

O trabalho total W necessário para aumentar a carga q de zero até um valor final Q é

$$W = \int_0^W dW = \frac{1}{C}\int_0^Q q\,dq = \frac{Q^2}{2C} \quad \text{(trabalho para carregar um capacitor)} \qquad (24.8)$$

Esse também é igual ao trabalho total realizado pelo campo elétrico sobre a carga quando o capacitor é descarregado. Então, q *diminui* de um valor inicial Q até zero à medida que cada elemento de carga dq "se escoa" por meio de diferenças de potencial v que variam desde V até zero.

Definindo como zero a energia potencial de um capacitor *descarregado*, então W na Equação 24.8 é igual à energia potencial U do capacitor carregado. A carga final acumulada é dada por $Q = CV$, de modo que podemos expressar U (que é igual a W) do seguinte modo:

Energia potencial acumulada em um capacitor $$U = \frac{Q^2}{2C} = \tfrac{1}{2}CV^2 = \tfrac{1}{2}QV \qquad (24.9)$$

Módulo da carga em cada placa (Q); Capacitância (C); Diferença de potencial entre as placas (V)

Quando Q é dado em coulombs, C em farads (coulombs por volt) e V em volts (joules por coulomb), U é dado em joules.

A última forma da Equação 24.9, $U = \frac{1}{2}QV$, mostra que o trabalho total W necessário para carregar o capacitor é igual à carga total Q multiplicada pela diferença de potencial *média* $\frac{1}{2}V$ durante o processo de carga.

A expressão $U = \frac{1}{2}(Q^2/C)$, na Equação 24.9, mostra que um capacitor carregado é o análogo elétrico de uma mola comprimida ou esticada, com energia potencial elástica $U = \frac{1}{2}kx^2$. A carga Q é semelhante à deformação da mola x, e o *inverso* da capacitância, $1/C$, desempenha papel semelhante ao da constante da mola k. A energia fornecida para carregar um capacitor é análoga ao trabalho que realizamos para produzir uma deformação na mola.

As equações 24.8 e 24.9 mostram que a capacitância mede a capacidade do capacitor de armazenar, simultaneamente, carga e energia. Quando um capacitor é carregado por meio de uma conexão a uma bateria ou por fonte que fornece uma diferença de potencial fixa V, se aumentamos o valor de C, obtemos uma carga maior $Q = CV$ e uma quantidade maior de energia acumulada $U = \frac{1}{2}CV^2$. Quando o objetivo é transferir uma dada quantidade de carga Q de um condutor para outro, a Equação 24.8 mostra que o trabalho W necessário é inversamente proporcional a C; quanto maior for a capacitância, mais fácil será fornecer ao capacitor uma quantidade fixa de carga.

Aplicações de capacitores: armazenamento de energia

A maioria das aplicações práticas de capacitores tira proveito de sua capacidade de armazenar e liberar energia. Nas unidades de *flash* eletrônico utilizadas por

Figura 24.11 A máquina Z usa um grande número de capacitores em paralelo para produzir uma enorme capacitância equivalente C (veja a Seção 24.2). Logo, uma grande quantidade de energia $U = \frac{1}{2}CV^2$ pode ser armazenada, mesmo com uma modesta diferença de potencial V. Os arcos aqui demonstrados são produzidos quando os capacitores descarregam energia em um alvo, que não é maior que um carretel de linha. Com isso, o alvo é aquecido a uma temperatura superior a 2×10^9 K.

fotógrafos, a energia armazenada em um capacitor (veja a Figura 24.4) é liberada acionando-se o botão do obturador da câmera. Isso cria uma corrente que flui de uma placa à outra do capacitor, através do tubo que emite o *flash*. Durante essa descarga, a energia armazenada é rapidamente convertida em um breve, porém intenso, clarão de luz. Um exemplo extremo do mesmo princípio é a máquina Z, do Sandia National Laboratories, no Novo México, que é usada em experiências com fusão nuclear controlada (**Figura 24.11**). Um banco de capacitores carregados libera mais de um milhão de joules de energia em alguns bilionésimos de segundo. Nesse breve instante, a geração de energia da máquina Z é de $2{,}9 \times 10^{14}$ W, ou cerca de 80 vezes a geração da energia elétrica de todas as usinas da Terra juntas!

Em outras aplicações, a energia é liberada de forma mais lenta. As molas de suspensão em um automóvel ajudam a amortecer a viagem ao absorver a energia dos súbitos solavancos, liberando essa energia gradualmente; de modo análogo, um capacitor em um circuito eletrônico pode amenizar variações indesejáveis de voltagem, decorrentes de picos de energia. Discutiremos esses circuitos em detalhes no Capítulo 26.

Energia do campo elétrico

Podemos carregar um capacitor transferindo elétrons diretamente de uma placa para outra. Para isso, é necessário realizar um trabalho contra o campo elétrico entre as placas. Portanto, podemos imaginar que a energia esteja armazenada *no campo* na região entre as placas. Para desenvolvermos essa relação, vamos calcular a energia *por unidade de volume* no espaço existente entre as placas de um capacitor com placas paralelas de área A e separadas por uma distância d. Essa grandeza denomina-se **densidade de energia**, designada pela letra u. Pela Equação 24.9, a energia potencial total armazenada é igual a $\frac{1}{2}CV^2$ e o volume entre as placas é Ad; portanto, a densidade de energia é

$$u = \text{Densidade de energia} = \frac{\frac{1}{2}CV^2}{Ad} \tag{24.10}$$

Pela Equação 24.2, a capacitância C é dada por $C = \epsilon_0 A/d$. A diferença de potencial V é relacionada ao módulo do campo elétrico E por $V = Ed$. Usando essas relações na Equação 24.10, os fatores geométricos A e d se cancelam e encontramos

Densidade de energia elétrica no vácuo $$u = \frac{1}{2}\epsilon_0 E^2 \tag{24.11}$$
(E: Módulo do campo elétrico; ϵ_0: Constante elétrica)

Embora essa relação tenha sido deduzida somente para um capacitor com placas paralelas, verifica-se que ela é válida para qualquer capacitor no vácuo e, na verdade, para *qualquer configuração do campo elétrico no vácuo*. Esse resultado possui uma consequência importante. Imaginamos que o vácuo seja um espaço no qual não existe matéria; contudo, no vácuo pode existir um campo elétrico e, portanto, ele pode possuir energia. Logo, o espaço "vazio", afinal de contas, não precisa ser verdadeiramente vazio. Voltaremos a discutir essa ideia e usaremos a Equação 24.11 no Capítulo 32, relacionada à energia transportada por ondas eletromagnéticas.

ATENÇÃO **Energia do campo elétrico é energia potencial elétrica** É um erro conceitual comum supor que a energia do campo elétrico seja uma nova forma de energia, diferente da energia potencial elétrica descrita anteriormente. Isso *não* é verdade; trata-se simplesmente de outro modo de interpretar a energia potencial elétrica. Podemos considerar a energia de um dado sistema de cargas como uma propriedade dividida por todas as cargas, ou podemos considerar a energia como uma propriedade do campo elétrico criado pelas cargas. Qualquer uma das duas interpretações conduz ao mesmo valor da energia potencial.

EXEMPLO 24.7 TRANSFERÊNCIA DE CARGA E DE ENERGIA ENTRE CAPACITORES

Carregamos um capacitor de carga $C_1 = 8{,}0\ \mu$F, conectando-o a uma fonte de alimentação, a uma diferença de potencial $V_0 = 120$ V, e, a seguir, a fonte de alimentação é desconectada (**Figura 24.12**). A chave S está aberta. (a) Qual é a carga Q_0 sobre C_1? (b) Qual é a energia armazenada em C_1? (c) O capacitor $C_2 = 4{,}0\ \mu$F está inicialmente descarregado. Fechamos a chave S. Quando não há mais fluxo de carga, qual é a diferença de potencial através de cada capacitor e qual é a carga de cada capacitor? (d) Qual é a energia final do sistema?

SOLUÇÃO

IDENTIFICAR E PREPARAR: nos itens (a) e (b), obtemos a carga Q_0 e a energia armazenada U_{inicial} para o capacitor carregado C_1 usando as equações 24.1 e 24.9, respectivamente. Quando a chave S é fechada, um fio conecta as placas superiores dos dois capacitores e outro fio conecta as placas inferiores; ou seja, os capacitores são ligados em paralelo. No item (c), usamos a propriedade da ligação em paralelo para determinar como a carga Q_0 é compartilhada entre os dois capacitores. No item (d), novamente usamos a Equação 24.9 para determinar a energia armazenada nos capacitores C_1 e C_2; a energia total é a soma desses valores.

EXECUTAR: (a) a carga inicial Q_0 em C_1 é

$$Q_0 = C_1 V_0 = (8{,}0\ \mu\text{F})(120\ \text{V}) = 960\ \mu\text{C}$$

(b) A energia armazenada inicialmente em C_1 é dada por

$$U_{\text{inicial}} = \tfrac{1}{2} Q_0 V_0 = \tfrac{1}{2}(960 \times 10^{-6}\ \text{C})(120\ \text{V}) = 0{,}058\ \text{J}$$

(c) Quando a chave é fechada, a carga positiva Q_0 fica distribuída sobre as placas superiores dos dois capacitores e a carga negativa $-Q_0$ fica distribuída sobre as placas inferiores. Sejam Q_1 e Q_2 os módulos das cargas finais dos dois capacitores. De acordo com a conservação da carga, $Q_1 + Q_2 = Q_0$. A diferença de potencial V entre as placas é a mesma para ambos os capacitores porque trata-se de uma ligação em paralelo, logo as cargas são $Q_1 = C_1 V$ e $Q_2 = C_2 V$. Temos, portanto, três expressões independentes relacionando as três incógnitas Q_1, Q_2 e V. Solucionando-as, temos

$$V = \frac{Q_0}{C_1 + C_2} = \frac{960\ \mu\text{C}}{8{,}0\ \mu\text{F} + 4{,}0\ \mu\text{F}} = 80\ \text{V}$$

$$Q_1 = 640\ \mu\text{C} \qquad Q_2 = 320\ \mu\text{C}$$

(d) A energia final do sistema é

$$U_{\text{final}} = \tfrac{1}{2} Q_1 V + \tfrac{1}{2} Q_2 V = \tfrac{1}{2} Q_0 V$$
$$= \tfrac{1}{2}(960 \times 10^{-6}\ \text{C})(80\ \text{V}) = 0{,}038\ \text{J}$$

AVALIAR: a energia final é menor que a energia inicial; a diferença foi convertida em outra forma de energia. Os condutores tornam-se ligeiramente mais quentes por causa da resistência, e outra parte da energia foi irradiada sob a forma de ondas eletromagnéticas. Estudaremos o comportamento de circuitos com capacitores com mais detalhes nos capítulos 26 e 31.

Figura 24.12 Quando a chave S está fechada, o capacitor carregado C_1 fica conectado ao capacitor descarregado C_2. A parte central da chave possui uma alça isolante; as cargas só podem ser transferidas entre os dois terminais superiores e entre os dois terminais inferiores dos capacitores.

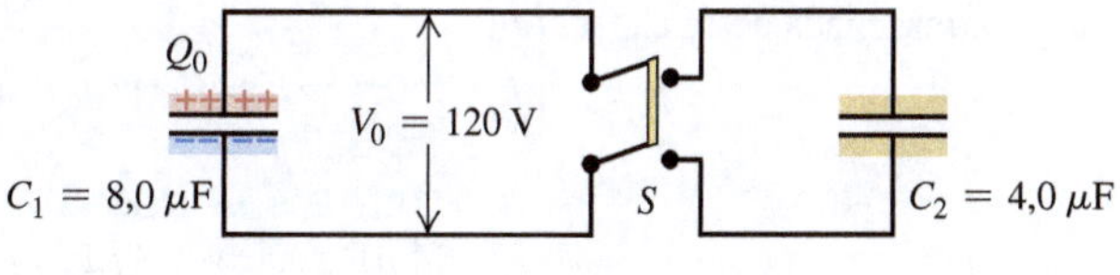

EXEMPLO 24.8 ENERGIA DO CAMPO ELÉTRICO

(a) Qual é o módulo do campo elétrico necessário para armazenar 1,00 J de energia potencial elétrica em um volume de 1,0 m^3 no vácuo? (b) Caso o módulo do campo elétrico fosse 10 vezes maior, qual seria a quantidade de energia armazenada por metro cúbico?

SOLUÇÃO

IDENTIFICAR E PREPARAR: usamos a relação entre o módulo do campo elétrico E e a densidade de energia u. No item (a), usamos a informação fornecida para encontrar u; a seguir, aplicamos a Equação 24.11 para obter o valor requerido de E. No item (b), essa mesma equação nos fornece a relação entre as variações em E e as variações correspondentes em u.

EXECUTAR: (a) a densidade de energia desejada é $u = 1{,}00$ J/m^3. Pela Equação 24.11, obtemos:

$$E = \sqrt{\frac{2u}{\epsilon_0}} = \sqrt{\frac{2(1{,}00\ \text{J/m}^3)}{8{,}85 \times 10^{-12}\ \text{C}^2/\text{N}\cdot\text{m}^2}}$$
$$= 4{,}75 \times 10^5\ \text{N/C} = 4{,}75 \times 10^5\ \text{V/m}$$

(b) A Equação 24.11 mostra que u é proporcional a E^2. Quando E aumenta por um fator 10, u aumenta por um fator $10^2 = 100$ e a densidade de energia passa a ser $u = 100$ J/m^3.

AVALIAR: o ar seco pode sustentar um campo elétrico de cerca de 3×10^6 V/m sem sofrer *ruptura dielétrica*. Discutiremos isso na Seção 24.4, na qual veremos que o módulo de um campo elétrico em isolantes na prática pode ser ainda maior que isso.

EXEMPLO 24.9 DOIS MÉTODOS PARA CALCULAR A ENERGIA ARMAZENADA EM UM CAPACITOR

O capacitor esférico descrito no Exemplo 24.3 (Seção 24.1) possui cargas $+Q$ e $-Q$ sobre os condutores do interior e do exterior da esfera. Calcule a energia potencial elétrica armazenada no capacitor (a) usando a capacitância C encontrada no Exemplo 24.3; (b) integrando a densidade de energia do campo elétrico u.

SOLUÇÃO

IDENTIFICAR E PREPARAR: podemos determinar a energia U armazenada em um capacitor de duas formas diferentes: em termos do trabalho realizado para colocar cargas nos dois condutores, e em termos da energia existente no campo elétrico entre os dois condutores. Ambas as descrições se equivalem, portanto ambas devem fornecer o mesmo resultado para U. No Exemplo 24.3, encontramos a capacitância C e o módulo do campo E entre os condutores (O campo elétrico é igual a zero no interior da esfera interna e no exterior da superfície interna da esfera externa, porque uma superfície gaussiana de raio $r < r_a$ ou $r > r_b$ encerra carga líquida zero. Portanto, a densidade de energia só é diferente de zero no espaço entre as esferas, $r_a < r < r_b$.) No item (a), usamos a Equação 24.9 para encontrar U. No item (b), usamos a Equação 24.11 para encontrar u, que integramos sobre o volume entre as esferas para encontrar U.

EXECUTAR: (a) pelo Exemplo 24.3, verificamos que um capacitor esférico possui capacitância

$$C = 4\pi\epsilon_0 \frac{r_a r_b}{r_b - r_a}$$

em que r_a e r_b são, respectivamente, o raio do condutor interno e o raio do condutor externo. De acordo com a Equação 24.9, a energia armazenada nesse capacitor é

$$U = \frac{Q^2}{2C} = \frac{Q^2}{8\pi\epsilon_0} \frac{r_b - r_a}{r_a r_b}$$

(b) O campo elétrico na região $r_a < r < r_b$ entre os dois condutores esféricos possui módulo $E = Q/4\pi\epsilon_0 r^2$. A densidade de energia nessa região é

$$u = \tfrac{1}{2}\epsilon_0 E^2 = \tfrac{1}{2}\epsilon_0 \left(\frac{Q}{4\pi\epsilon_0 r^2}\right)^2 = \frac{Q^2}{32\pi^2\epsilon_0 r^4}$$

A densidade de energia *não* é uniforme: ela diminui rapidamente à medida que a distância em relação ao centro do capacitor aumenta. Para calcularmos a energia elétrica total armazenada no campo elétrico, integramos u (a energia por unidade de volume) sobre a região $r_a < r < r_b$. Dividimos esse volume em camadas esféricas de raio r, área superficial $4\pi r^2$, espessura dr e volume $dV = 4\pi r^2 dr$ e obtemos

$$\begin{aligned} U &= \int u\, dV = \int_{r_a}^{r_b} \left(\frac{Q^2}{32\pi^2\epsilon_0 r^4}\right) 4\pi r^2\, dr \\ &= \frac{Q^2}{8\pi\epsilon_0}\int_{r_a}^{r_b}\frac{dr}{r^2} = \frac{Q^2}{8\pi\epsilon_0}\left(-\frac{1}{r_b} + \frac{1}{r_a}\right) \\ &= \frac{Q^2}{8\pi\epsilon_0}\frac{r_b - r_a}{r_a r_b} \end{aligned}$$

AVALIAR: a energia potencial elétrica pode ser associada às *cargas*, como no item (a), ou ao *campo*, como no item (b); a quantidade de energia armazenada é a mesma em ambos os casos.

TESTE SUA COMPREENSÃO DA SEÇÃO 24.3 Queremos conectar um capacitor de 4 μF a outro de 8 μF. (a) Com qual tipo de ligação o capacitor de 4 μF terá uma quantidade maior de *energia armazenada* que o capacitor de 8 μF? (i) Em série; (ii) em paralelo; (iii) ou em série, ou em paralelo; (iv) nem em série nem em paralelo. ❙

24.4 DIELÉTRICOS

Quase todos os capacitores possuem entre suas placas condutoras um material isolante, ou **dielétrico**. Um tipo comum de capacitor usa como placas longas tiras metálicas, enroladas e separadas por tiras de um plástico, como o Mylar®. Um "sanduíche" feito com esses materiais é enrolado, formando uma unidade que pode fornecer uma capacitância de diversos microfarads em uma embalagem compacta (**Figura 24.13**).

Figura 24.13 Um tipo comum de capacitor utiliza placas dielétricas para separar os condutores.

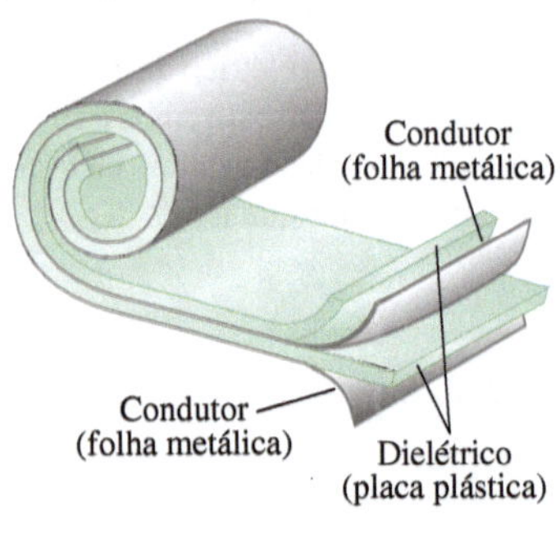

Colocar um dielétrico sólido entre as placas de um capacitor possui três objetivos. Em primeiro lugar, resolve o problema mecânico de manter duas grandes placas metálicas separadas por uma distância muito pequena, sem que ocorra contato entre elas.

Em segundo lugar, usando um dielétrico torna-se possível aumentar a diferença de potencial máxima entre as placas. Conforme dissemos na Seção 23.3, qualquer material isolante, quando submetido a um campo elétrico suficientemente elevado, sofre uma **ruptura dielétrica**, uma ionização parcial que permite a condução através dele. Muitos materiais dielétricos conseguem suportar campos elétricos mais elevados que o do ar, sem que ocorra ruptura do isolamento. Portanto, o uso de um dielétrico permite a sustentação de uma diferença de potencial mais elevada V e, assim, o capacitor pode acumular maiores quantidades de carga e de energia.

Em terceiro lugar, a capacitância de um capacitor com dimensões fixas, quando existe um dielétrico entre as placas, é *maior* que a capacitância do mesmo capacitor quando há vácuo entre as placas. Podemos verificar esse efeito usando um *eletrômetro* sensível, um dispositivo que permite a medida da diferença de potencial entre dois condutores, sem que haja fluxo de carga apreciável de um condutor para o outro. A **Figura 24.14a** mostra um eletrômetro conectado às placas de um capacitor carregado, sendo Q o módulo da carga de cada placa e V_0 a diferença de potencial. Quando inserimos entre as placas um dielétrico descarregado, como vidro, parafina ou poliestireno, o experimento mostra que a diferença de potencial *diminui* para um valor menor V (Figura 24.14b). Quando removemos o dielétrico, a diferença de potencial retorna a seu valor original V_0, o que mostra que as cargas originais do capacitor não se alteram.

A capacitância original C_0 é dada por $C_0 = Q/V_0$, e a capacitância quando o dielétrico está presente é dada por $C = Q/V$. A carga Q é a mesma nos dois casos e, como V é menor que V_0, concluímos que a capacitância C com o dielétrico é *maior* que C_0. Quando o espaço entre as placas se encontra completamente preenchido com o dielétrico, a razão C sobre C_0 (que é igual à razão entre V_0 e V) denomina-se **constante dielétrica** K do material:

$$K = \frac{C}{C_0} \quad \text{(definição de constante dielétrica)} \qquad (24.12)$$

Quando a carga é constante, $Q = C_0V_0 = CV$ e $C/C_0 = V_0/V$. Nesse caso,

$$V = \frac{V_0}{K} \quad \text{(quando } Q \text{ é constante)} \qquad (24.13)$$

Quando o dielétrico está presente, a diferença de potencial para uma carga fixa Q é *reduzida* por um fator igual a K.

A constante dielétrica K é um número puro. Como C é sempre maior que C_0, K é sempre maior que 1. Alguns valores de K são fornecidos na **Tabela 24.1**. Para o vácuo, $K = 1$, por definição. Para o ar em temperatura e pressão comuns, K é aproximadamente igual a 1,0006; esse valor é tão próximo de 1 que, para aplicações práticas, um capacitor no ar é equivalente a um capacitor no vácuo. Note que, embora a água possua um valor de K elevado, ela não é um dielétrico prático para ser usado em capacitores. A razão é que, embora a água pura seja um condutor pobre, ela também é um excelente solvente iônico. Qualquer íon dissolvido na água produz um fluxo de cargas entre as placas, de modo que o capacitor se descarrega.

Figura 24.14 Efeito de um dielétrico colocado entre as placas de um capacitor com placas paralelas. (a) Para uma dada carga, a diferença de potencial é V_0. (b) Para a mesma carga, porém com um dielétrico colocado entre as placas, a diferença de potencial V é menor que V_0.

(a)

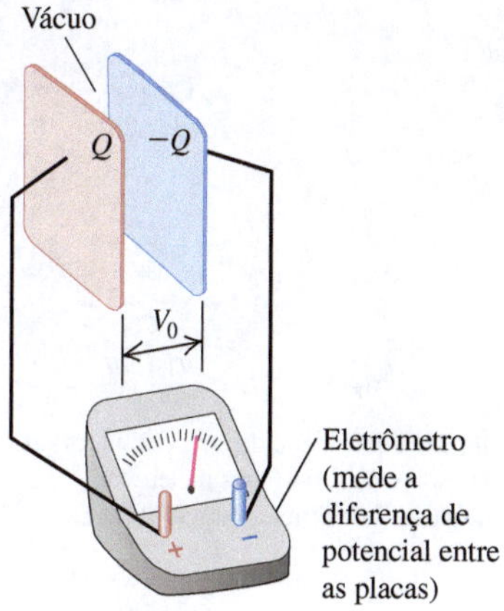

(b)

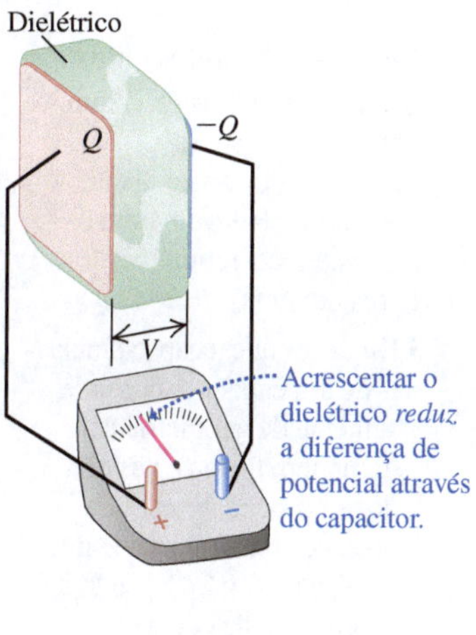

TABELA 24.1 Valores da constante dielétrica K a 20 °C.

Material	K	Material	K
Vácuo	1	Cloreto de polivinila	3,18
Ar (1 atm)	1,00059	Plexiglas®	3,40
Ar (100 atm)	1,0548	Vidro	5–10
Teflon®	2,1	Neoprene	6,70
Polietileno	2,25	Germânio	16
Benzeno	2,28	Glicerina	42,5
Mica	3–6	Água	80,4
Mylar®	3,1	Titanato de estrôncio	310

Figura 24.15 Linhas do campo elétrico com (a) vácuo entre as placas e (b) dielétrico entre as placas.

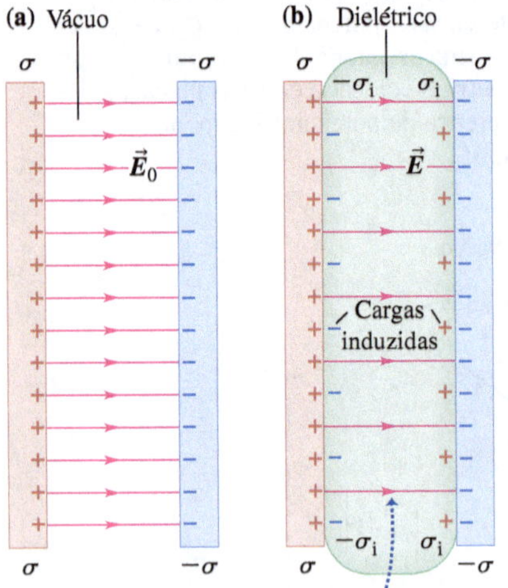

Para uma dada densidade de carga σ, as cargas induzidas sobre as superfícies dielétricas reduzem o campo elétrico entre as placas.

ATENÇÃO Constante dielétrica *versus* constante elétrica Não confunda a constante *dielétrica* K com a constante elétrica ϵ_0. O valor de K é um número puro sem unidades e é diferente para materiais diferentes (veja a Tabela 24.1). De modo contrário, ϵ_0 é uma constante universal e possui as unidades $C^2/N \cdot m^2$ ou F/m.

Nenhum dielétrico real é um isolante perfeito. Portanto, há sempre uma *corrente de fuga* entre as placas carregadas de um capacitor com um dielétrico. Na Seção 24.2, ignoramos tacitamente esse efeito quando deduzimos as expressões para a capacitância equivalente de capacitores em série, Equação 24.5, e de capacitores em paralelo, Equação 24.7. Mas, caso exista uma corrente de fuga fluindo durante um período muito longo, capaz de alterar os valores das cargas que usamos para deduzir as equações 24.5 e 24.7, essas equações talvez já não sejam tão precisas.

Carga induzida e polarização

Quando um material dielétrico é inserido entre as placas enquanto a carga é mantida constante, a diferença de potencial entre as placas diminui por um fator K. Portanto, o campo elétrico entre as placas deve diminuir pelo mesmo fator. Sendo E_0 o valor no vácuo, quando o dielétrico está presente o valor é igual a E, então

$$E = \frac{E_0}{K} \qquad \text{(quando } Q \text{ é constante)} \qquad (24.14)$$

Visto que o módulo do campo elétrico é menor quando o dielétrico está presente, a densidade de cargas superficial (que produz o campo) também deve ser menor. A carga superficial sobre as placas condutoras não varia, porém surge uma carga *induzida* com um sinal oposto ao da carga da placa em cada superfície do material dielétrico (**Figura 24.15**). O dielétrico estava inicialmente neutro e deve permanecer eletricamente neutro; as cargas induzidas na superfície surgem em consequência de uma *redistribuição* das cargas positivas e negativas no interior do material dielétrico, um fenômeno denominado **polarização**. Na Seção 21.2, abordamos a polarização; sugerimos que você leia novamente a discussão da Figura 21.8. Vamos supor que a carga superficial induzida seja *diretamente proporcional* ao módulo E do campo elétrico no material; isso é o que efetivamente ocorre com muitos dielétricos comuns. (Essa proporcionalidade direta é análoga à lei de Hooke para uma mola.) Nessas circunstâncias, K é constante para qualquer material particular. Quando o campo elétrico é muito forte ou quando o dielétrico é feito com certos materiais cristalinos, a relação entre a carga induzida e o campo elétrico pode ser mais complexa; esses casos não serão considerados aqui.

Podemos deduzir uma relação entre essa carga superficial induzida e a carga sobre as placas. Vamos designar o módulo da carga induzida por unidade de área da superfície do dielétrico (a densidade superficial de carga induzida) pelo símbolo σ_i. O módulo da densidade superficial de carga sobre as placas do capacitor é designado por σ, como de costume. Então a densidade superficial de carga *total* em cada lado do capacitor é igual a $(\sigma - \sigma_i)$, conforme indica a Figura 24.15b. Como vimos nos exemplos 21.12 (Seção 21.5) e 22.8 (Seção 22.4), o campo entre as placas está relacionado à densidade superficial de carga líquida por $E = \sigma_{tot}/\epsilon_0$. Com e sem o dielétrico, respectivamente, temos

$$E_0 = \frac{\sigma}{\epsilon_0} \qquad E = \frac{\sigma - \sigma_i}{\epsilon_0} \qquad (24.15)$$

Usando essas expressões na Equação 24.14 e reagrupando o resultado, encontramos

$$\sigma_i = \sigma\left(1 - \frac{1}{K}\right) \qquad \text{(densidade superficial de carga induzida)} \qquad (24.16)$$

DADOS MOSTRAM

Capacitores e capacitância

Quando os alunos recebiam um problema sobre capacitores e capacitância, mais de 25% davam uma resposta incorreta.
Erros comuns:

- Esquecer que a capacitância C de um capacitor depende somente da geometria dele (tamanho, forma e posição dos seus condutores) e da presença ou ausência de um dielétrico. C não depende da quantidade de carga Q colocada sobre os condutores.
- Não entender o que acontece quando a capacitância sofre alguma alteração (por exemplo, inserir ou remover um dielétrico). Se o capacitor está isolado, Q permanece constante, porém a diferença de potencial V_{ab} se altera quando C se altera. Se V_{ab} é mantida constante, Q se altera quando C se altera.

Essa equação mostra que, quando K é muito grande, σ_i é aproximadamente igual a σ. Nesse caso, σ_i praticamente cancela σ, e o campo e a diferença de potencial são muito menores que seus respectivos valores no vácuo.

O produto $K\epsilon_0$ denomina-se **permissividade** do dielétrico, designado por ϵ:

$$\epsilon = K\epsilon_0 \quad \text{(definição de permissividade)} \tag{24.17}$$

Em função de ϵ, podemos expressar o campo elétrico dentro do dielétrico por meio da relação

$$E = \frac{\sigma}{\epsilon} \tag{24.18}$$

Logo,

Capacitância de um capacitor com placas paralelas, dielétrico entre as placas

$$C = KC_0 = K\epsilon_0\frac{A}{d} = \epsilon\frac{A}{d} \tag{24.19}$$

Constante dielétrica; Área de cada placa; Permissividade $= K\epsilon_0$; Capacitância sem dielétrico; Constante elétrica; Distância entre as placas

Podemos repetir a dedução da Equação 24.11 para a densidade de energia u em um campo elétrico para o caso no qual exista um dielétrico entre as placas. O resultado é

Densidade de energia elétrica em um dielétrico

$$u = \tfrac{1}{2}K\epsilon_0 E^2 = \tfrac{1}{2}\epsilon E^2 \tag{24.20}$$

Constante dielétrica; Permissividade $= K\epsilon_0$; Constante elétrica; Módulo do campo elétrico

No espaço vazio, temos $K = 1$, $\epsilon = \epsilon_0$, e as equações 24.19 e 24.20 se reduzem às equações 24.2 e 24.11, respectivamente, para um capacitor com placas paralelas no vácuo. Por essa razão, ϵ_0 algumas vezes é chamado de "permissividade do vácuo" ou "permissividade do espaço vazio". Como K é um número puro, ϵ e ϵ_0 possuem as mesmas unidades, dadas por F/m ou $C^2/N \cdot m^2$.

A Equação 24.19 indica que capacitâncias extremamente altas podem ser obtidas com placas que possuem uma grande área de superfície A, e estão separadas por uma pequena distância d por um dielétrico com um grande valor de K. Em um *capacitor eletrolítico de duas camadas*, minúsculos grânulos de carbono aderem a cada placa: o valor de A é a área de superfície combinada dos grânulos, que pode ser enorme. As placas com aderência de grânulos são separadas por uma placa dielétrica muito fina. Um capacitor desse tipo pode ter uma capacitância de 5.000 F e ainda caber na palma da mão (compare com o Exemplo 24.1 na Seção 24.1).

Aplicação Capacitores na caixa de ferramentas Vários dispositivos práticos fazem uso da forma com a qual um capacitor responde a uma variação em uma constante dielétrica. Um exemplo disso é um detector elétrico de metal, usado para localizar objetos metálicos atrás de uma parede. Trata-se de uma placa de metal com circuito associado. A placa atua como a metade de um capacitor, enquanto a parede atua como a outra metade. Se o detector passa sobre um objeto de metal, a constante dielétrica efetiva para o capacitor varia, alterando a capacitância e acionando um sinal.

ESTRATÉGIA PARA A SOLUÇÃO DE PROBLEMAS 24.2 DIELÉTRICOS

IDENTIFICAR *os conceitos relevantes:* as relações apresentadas nesta seção serão úteis sempre que houver um campo elétrico em um dielétrico, como um dielétrico entre as placas carregadas de um capacitor. Geralmente, você será solicitado a relacionar a diferença de potencial V_{ab} entre as placas, o módulo do campo elétrico E no capacitor, a densidade de carga σ nas placas do capacitor e a densidade de carga induzida σ_i nas superfícies do capacitor.

PREPARAR *o problema* por meio das seguintes etapas:

1. Faça um desenho da situação.
2. Identifique as variáveis-alvo e escolha quais das principais equações desta seção serão úteis na determinação dessas variáveis.

EXECUTAR *a solução* conforme segue:

1. Em problemas do tipo ilustrado no próximo exemplo, é fácil você se perder em um labirinto de fórmulas. A cada etapa,

(*Continua*)

(Continuação)

pergunte-se qual é o significado de cada símbolo. Por exemplo, faça uma clara distinção entre carga e densidade de carga, e entre campo elétrico e diferença de potencial.

2. Confira a consistência das unidades. As distâncias sempre devem estar em metros. Lembre-se de que um microfarad é igual a 10^{-6} farad e assim por diante. Não confunda o valor numérico de ϵ_0 com o valor de $1/4\pi\epsilon_0$. O módulo do campo elétrico pode ser expresso tanto em N/C como em V/m. As unidades de ϵ_0 são $C^2/N \cdot m^2$ ou F/m.

AVALIAR *sua resposta:* na presença de um dielétrico, (a) a capacitância é sempre maior que a capacitância sem o dielétrico; (b) para uma dada quantidade de carga no capacitor, o campo elétrico e a diferença de potencial são menores que os respectivos valores sem o dielétrico; e (c) o módulo da densidade superficial de carga induzida σ_i sobre o dielétrico possui um módulo sempre menor que o módulo da densidade superficial de carga σ sobre as placas do capacitor.

EXEMPLO 24.10 CAPACITOR COM E SEM DIELÉTRICO

Suponha que cada uma das placas paralelas na Figura 24.15 possua área igual a 2.000 cm^2 ($2{,}00 \times 10^{-1}$ m^2) e que a distância entre as placas seja igual a 1,00 cm ($1{,}00 \times 10^{-2}$ m). O capacitor está conectado a uma fonte de alimentação e é carregado até que a diferença de potencial atinja um valor $V_0 = 3{,}00$ kV. A seguir, ele é desconectado da fonte de alimentação e uma camada de material plástico isolante é inserida entre as placas do capacitor, preenchendo completamente o espaço entre elas. Verificamos que a diferença de potencial diminui para 1,00 kV, enquanto a carga de cada capacitor permanece constante. Calcule (a) a capacitância original C_0; (b) o módulo da carga Q de cada placa; (c) a capacitância C depois que o dielétrico é inserido; (d) a constante dielétrica K do dielétrico; (e) a permissividade ϵ do dielétrico; (f) o módulo da carga induzida Q_i em cada face do dielétrico; (g) o campo elétrico original E_0 entre as placas; e (h) o campo elétrico E depois que o dielétrico é inserido.

SOLUÇÃO

IDENTIFICAR E PREPARAR: este problema utiliza a maioria das relações apresentadas para capacitores e dielétricos. (As relações de energia são tratadas no Exemplo 24.11.) Muitas dessas grandezas podem ser obtidas de diversas maneiras. Aqui apresentamos uma solução mais usual; tente outros raciocínios para obter a solução e compare seus resultados.

EXECUTAR: (a) na existência de vácuo entre as placas, usamos a Equação 24.19 com $K = 1$:

$$C_0 = \epsilon_0 \frac{A}{d} = (8{,}85 \times 10^{-12}\ \text{F/m}) \frac{2{,}00 \times 10^{-1}\ \text{m}^2}{1{,}00 \times 10^{-2}\ \text{m}}$$
$$= 1{,}77 \times 10^{-10}\ \text{F} = 177\ \text{pF}$$

(b) Usando a definição de capacitância, dada pela Equação 24.1,

$$Q = C_0 V_0 = (1{,}77 \times 10^{-10}\ \text{F})(3{,}00 \times 10^3\ \text{V})$$
$$= 5{,}31 \times 10^{-7}\ \text{C} = 0{,}531\ \mu\text{C}$$

(c) Quando os dielétricos são inseridos, Q permanece a mesma, mas o potencial diminui para $V = 1{,}00$ kV. Logo, de acordo com a Equação 24.1, a nova capacitância é

$$C = \frac{Q}{V} = \frac{5{,}31 \times 10^{-7}\ \text{C}}{1{,}00 \times 10^3\ \text{V}} = 5{,}31 \times 10^{-10}\ \text{F}$$
$$= 531\ \text{pF}$$

(d) Pela Equação 24.12, a constante dielétrica é

$$K = \frac{C}{C_0} = \frac{5{,}31 \times 10^{-10}\ \text{F}}{1{,}77 \times 10^{-10}\ \text{F}} = \frac{531\ \text{pF}}{177\ \text{pF}}$$
$$= 3{,}00$$

Alternativamente, pela Equação 24.13,

$$K = \frac{V_0}{V} = \frac{3.000\ \text{V}}{1.000\ \text{V}} = 3{,}00$$

(e) Usando o resultado obtido para K do item (d) na Equação 24.17, a permissividade é

$$\epsilon = K\epsilon_0 = (3{,}00)\,(8{,}85 \times 10^{-12}\ \text{C}^2/\text{N} \cdot \text{m}^2)$$
$$= 2{,}66 \times 10^{-11}\ \text{C}^2/\text{N} \cdot \text{m}^2$$

(f) Multiplicando ambos os lados da Equação 24.16 pela área A de cada placa, obtemos a carga induzida $Q_i = \sigma_i A$ em termos da carga $Q = \sigma A$ sobre cada placa:

$$Q_i = Q\left(1 - \frac{1}{K}\right) = (5{,}31 \times 10^{-7}\ \text{C})\left(1 - \frac{1}{3{,}00}\right)$$
$$= 3{,}54 \times 10^{-7}\ \text{C}$$

(g) Como o campo elétrico entre as placas é uniforme, seu módulo é a diferença de potencial dividida pela separação entre as placas:

$$E_0 = \frac{V_0}{d} = \frac{3.000\ \text{V}}{1{,}00 \times 10^{-2}\ \text{m}} = 3{,}00 \times 10^5\ \text{V/m}$$

(h) Depois que o dielétrico é inserido,

$$E = \frac{V}{d} = \frac{1.000\ \text{V}}{1{,}00 \times 10^{-2}\ \text{m}} = 1{,}00 \times 10^5\ \text{V/m}$$

ou, pela Equação 24.18,

$$E = \frac{\sigma}{\epsilon} = \frac{Q}{\epsilon A} = \frac{5{,}31 \times 10^{-7}\ \text{C}}{(2{,}66 \times 10^{-11}\ \text{C}^2/\text{N} \cdot \text{m}^2)(2{,}00 \times 10^{-1}\ \text{m}^2)}$$
$$= 1{,}00 \times 10^5\ \text{V/m}$$

(Continua)

(Continuação)

ou, pela Equação 24.15,

$$E = \frac{\sigma - \sigma_i}{\epsilon_0} = \frac{Q - Q_i}{\epsilon_0 A}$$

$$= \frac{(5{,}31 - 3{,}54) \times 10^{-7}\ \text{C}}{(8{,}85 \times 10^{-12}\ \text{C}^2/\text{N}\cdot\text{m}^2)(2{,}00 \times 10^{-1}\ \text{m}^2)}$$

$$= 1{,}00 \times 10^5\ \text{V/m}$$

ou, pela Equação 24.14,

$$E = \frac{E_0}{K} = \frac{3{,}00 \times 10^5\ \text{V/m}}{3{,}00} = 1{,}00 \times 10^5\ \text{V/m}$$

AVALIAR: a inserção do dielétrico aumentou a capacitância por um fator de $K = 3{,}00$ e reduziu o campo elétrico entre as placas por um fator de $1/K = 1/3{,}00$. Isso ocorreu em decorrência do desenvolvimento de cargas induzidas nas faces do dielétrico de módulo $Q(1 - 1/K) = Q(1 - 1/3{,}00) = 0{,}667Q$.

EXEMPLO 24.11 ARMAZENAMENTO DE ENERGIA COM E SEM DIELÉTRICO

Calcule a energia total acumulada no campo elétrico do capacitor no Exemplo 24.10 e a densidade de energia antes e depois da inserção do dielétrico.

SOLUÇÃO

IDENTIFICAR E PREPARAR: consideramos os conceitos de energia armazenada em um capacitor e de densidade de energia do campo elétrico. Usamos a Equação 24.9 para determinar a energia armazenada e a Equação 24.20 para obter a densidade de energia.

EXECUTAR: pela Equação 24.9, as energias armazenadas U_0 e U, com e sem o dielétrico, são

$$U_0 = \tfrac{1}{2}C_0V_0^2 = \tfrac{1}{2}(1{,}77 \times 10^{-10}\ \text{F})(3.000\ \text{V})^2 = 7{,}97 \times 10^{-4}\ \text{J}$$

$$U = \tfrac{1}{2}CV^2 = \tfrac{1}{2}(5{,}31 \times 10^{-10}\ \text{F})(1.000\ \text{V})^2 = 2{,}66 \times 10^{-4}\ \text{J}$$

A energia final é igual a um terço da energia inicial.

A densidade de energia com e sem o dielétrico é dada pela Equação 24.20:

$$u_0 = \tfrac{1}{2}\epsilon_0 E_0^2 = \tfrac{1}{2}(8{,}85 \times 10^{-12}\ \text{C}^2/\text{N}\cdot\text{m}^2)\,(3{,}00 \times 10^5\ \text{N/C})^2$$

$$= 0{,}398\ \text{J/m}^3$$

$$u = \tfrac{1}{2}\epsilon E^2 = \tfrac{1}{2}(2{,}66 \times 10^{-11}\ \text{C}^2/\text{N}\cdot\text{m}^2)\,(1{,}00 \times 10^5\ \text{N/C})^2$$

$$= 0{,}133\ \text{J/m}^3$$

A densidade de energia com o dielétrico é igual a um terço da densidade de energia original.

AVALIAR: podemos conferir o resultado obtido para u_0 observando que o volume entre as placas é $V = (0{,}200\ \text{m}^2)(0{,}0100\ \text{m}) = 0{,}00200\ \text{m}^3$. Como o campo elétrico é uniforme entre as placas, u_0 é uniforme também e a densidade de energia é simplesmente a energia armazenada dividida pelo volume:

$$u_0 = \frac{U_0}{V} = \frac{7{,}97 \times 10^{-4}\ \text{J}}{0{,}00200\ \text{m}^3} = 0{,}398\ \text{J/m}^3$$

Isso está de acordo com a resposta obtida anteriormente. Você pode usar o mesmo método para verificar o valor obtido para u. Podemos generalizar os resultados deste exemplo. Quando um dielétrico é inserido entre as placas de um capacitor enquanto a carga de cada placa permanece constante, a permissividade ϵ aumenta por um fator de K (a constante dielétrica), e o campo elétrico E e a densidade de energia $u = \tfrac{1}{2}\epsilon E^2$ diminuem por um fator de $1/K$. Para onde foi a energia? A resposta está no campo nas bordas de um capacitor real com placas paralelas. Como mostra a **Figura 24.16**, o campo tende a puxar o dielétrico para o interior das placas do capacitor e realiza trabalho sobre o dielétrico ao fazer isso. Poderíamos prender uma mola na parte inferior do dielétrico da Figura 24.16 e usar essa força para deformar a mola. Como o trabalho é realizado pelo campo, a densidade de energia do campo diminui.

Figura 24.16 A deformação do campo elétrico nas bordas do capacitor produz forças $\vec{F}_{-i}$ e $\vec{F}_{+i}$ sobre as cargas induzidas negativa e positiva na superfície de um dielétrico, atraindo o dielétrico para o capacitor.

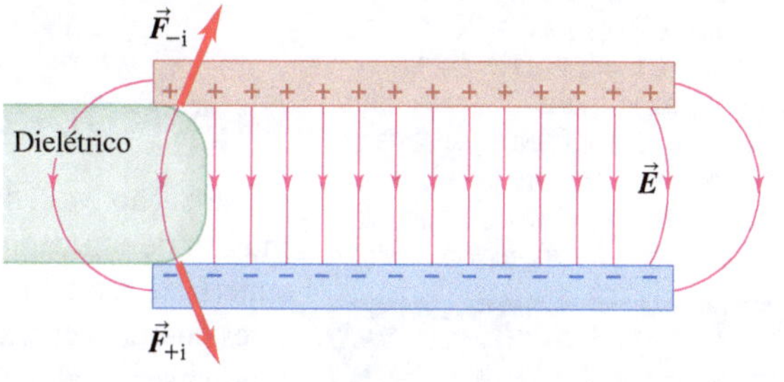

Ruptura dielétrica

Afirmamos anteriormente que, quando um dielétrico é submetido a um campo elétrico suficientemente forte, ocorre uma *ruptura dielétrica* e o dielétrico se transforma em um condutor. Isso acontece quando o campo elétrico é tão forte que desloca elétrons fracamente ligados às moléculas, que colidem com outras moléculas, liberando ainda mais elétrons. Essa avalanche de cargas móveis forma uma faísca ou descarga, que geralmente se inicia repentinamente. Um relâmpago é um exemplo dramático de uma ruptura dielétrica no ar.

Em virtude da ruptura dielétrica, os capacitores sempre possuem um valor de voltagem máxima impresso sobre o capacitor. Quando um capacitor é submetido a uma voltagem mais elevada que esse valor máximo, pode ocorrer um arco voltaico através das camadas do capacitor, queimando ou fundindo localmente e formando um buraco no seio do material. Esse arco cria um caminho condutor (um curto-circuito) entre os condutores. Caso permaneça um caminho condutor depois de o arco se extinguir, o dispositivo não poderá ser mais usado como um capacitor.

O módulo do campo elétrico máximo que um material pode suportar sem que ocorra ruptura dielétrica denomina-se **rigidez dielétrica**. Essa grandeza é significativamente influenciada pela temperatura, por traços de impureza, por pequenas irregularidades nos eletrodos metálicos e por outros fatores difíceis de controlar. Por essa razão, podemos fornecer apenas valores aproximados para a rigidez dielétrica. A rigidez dielétrica do ar seco é aproximadamente igual a 3×10^6 V/m. Alguns valores para a rigidez dielétrica de certos materiais isolantes mais comuns são indicados na **Tabela 24.2**. Note que todos esses valores são substancialmente maiores que o valor do ar. Por exemplo, uma camada de policarbonato com espessura igual a 0,01 mm (a menor espessura aproximada possível em aplicações práticas) é dez vezes maior que a rigidez dielétrica do ar e pode suportar uma voltagem máxima aproximadamente igual a $(3 \times 10^7 \text{ V/m})(1 \times 10^{-5} \text{ m}) = 300$ V.

BIO Aplicação Membrana celular dielétrica A membrana de uma célula viva se comporta como um dielétrico entre as placas de um capacitor. A membrana é feita de duas placas de moléculas de lipídios, com suas extremidades insolúveis em água no meio e suas extremidades solúveis em água (em vermelho) nas superfícies exteriores. Fluidos condutores em ambos os lados da membrana (água com íons negativos dentro da célula, água com íons positivos fora) funcionam como placas carregadas de um capacitor, e a membrana não condutora funciona como um dielétrico com K aproximadamente igual a 10. Como a diferença de potencial V através da membrana é aproximadamente igual a 0,07 V e a espessura da membrana d é aproximadamente igual a 7×10^{-9} m, o campo elétrico $E = V/d$ na membrana é aproximadamente igual a 10^7 V/m — um valor próximo da resistência dielétrica da membrana. Se a membrana fosse feita de ar, V e E seriam mais elevados por um fator de $K \approx 10$ e ocorreria uma ruptura dielétrica.

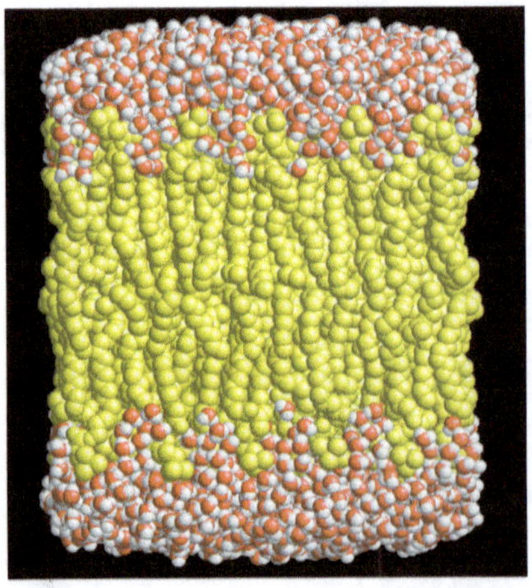

TABELA 24.2 Constante dielétrica e rigidez dielétrica de alguns materiais isolantes.

Material	Constante dielétrica, K	Rigidez dielétrica, $E_{máx}$ (V/m)
Policarbonato	2,8	3×10^7
Poliéster	3,3	6×10^7
Polipropileno	2,2	7×10^7
Poliestireno	2,6	2×10^7
Vidro Pyrex®	4,7	1×10^7

TESTE SUA COMPREENSÃO DA SEÇÃO 24.4 O espaço existente entre as placas de um capacitor isolado com placas paralelas está preenchido por um dielétrico com constante dielétrica K. As duas placas do capacitor possuem cargas Q e $-Q$. Você retira o dielétrico. Supondo que as cargas não se alterem, qual será a variação na energia do capacitor ao remover o dielétrico? (i) Aumentará; (ii) diminuirá; (iii) permanecerá constante. ❙

24.5 MODELO MOLECULAR DA CARGA INDUZIDA

Na Seção 24.4, discutimos as cargas superficiais induzidas em um dielétrico no interior de um campo elétrico. Vamos agora examinar como surgem essas cargas superficiais. Se o material fosse um *condutor*, a resposta seria simples. Os condutores possuem cargas que podem se mover livremente e, quando um campo elétrico está presente, algumas cargas se redistribuem ao longo da superfície do material, de modo que, no interior do material, o campo elétrico é igual a zero. Contudo, em um dielétrico ideal não existe *nenhuma* carga livre capaz de se mover; então, como pode surgir uma carga distribuída na superfície?

Para entendermos isso, devemos estudar novamente a redistribuição das cargas em nível *molecular*. Algumas moléculas, como H_2O e N_2O, possuem quantidades iguais de cargas positivas e negativas, porém a distribuição não apresenta simetria esférica, com um excesso de cargas positivas concentrado em um lado da molécula e um excesso de cargas negativas concentrado no outro lado. Conforme descrevemos na Seção 21.7, esse arranjo denomina-se *dipolo elétrico* e a molécula chama-se *molécula polar*. Quando não existe nenhum campo elétrico em um líquido ou gás com moléculas polares, as moléculas são orientadas ao acaso (**Figura 24.17a**). Contudo, quando colocadas em um campo elétrico, elas tendem a se orientar como na Figura 24.17b, em virtude dos torques produzidos pelas forças elétricas descritas na Seção 21.7. Em razão da agitação térmica, o alinhamento das moléculas na direção do campo elétrico $\vec{E}$ não é perfeito.

Mesmo no caso de uma molécula que *não* é polar, ela pode se *tornar* um dipolo quando submetida a um campo elétrico, pois o campo atrai as cargas positivas no sentido do campo e empurra as cargas negativas no sentido oposto. Isso produz uma redistribuição das cargas no interior da molécula (**Figura 24.18**). Esses dipolos denominam-se dipolos *induzidos*.

Tanto no caso de moléculas polares quanto no de apolares, a redistribuição das cargas produzida pelo campo dá origem a uma camada de carga sobre a superfície de cada lado do material dielétrico (**Figura 24.19**). Essas camadas são as cargas superficiais descritas na Seção 24.4; a densidade de cargas superficiais é designada por σ_i. Essas cargas *não* se movem livre e indefinidamente, como no caso de um condutor, porque cada carga está ligada a uma molécula. Elas, de fato, são chamadas de **cargas ligadas**, em oposição às **cargas livres**, que são fornecidas para as placas do capacitor ou removidas delas. Na parte maciça do material, a carga líquida por unidade de volume permanece igual a zero. Conforme vimos, essa redistribuição de cargas denomina-se *polarização* e dizemos que o material ficou *polarizado*.

As quatro partes da **Figura 24.20** mostram o comportamento de um dielétrico quando ele é inserido no campo existente entre as placas de um capacitor com cargas opostas. A Figura 24.20a mostra o campo original. A Figura 24.20b indica o momento em que o dielétrico é inserido, porém antes do reagrupamento das cargas. A Figura 24.20c ilustra, por meio de setas finas, o campo adicional criado no dielétrico por suas cargas superficiais induzidas. Esse campo é *oposto* ao campo original, mas não é suficientemente forte para cancelá-lo completamente, pois as cargas do dielétrico não se movem de forma livre e indefinida. O campo elétrico resultante no dielétrico, indicado na Figura 24.20d, possui módulo menor. Na representação com linhas de força, algumas linhas de campo que deixam as cargas da placa positiva atravessam o dielétrico, enquanto outras terminam nas cargas induzidas sobre as faces do dielétrico.

Conforme discutimos na Seção 21.2, a polarização também explica como um corpo carregado, como um bastão de plástico, pode exercer uma força sobre um corpo *descarregado*, como fragmentos de papel ou uma bolinha de cortiça. A **Figura 24.21** mostra uma esfera dielétrica descarregada *B* na presença de um campo

Figura 24.17 Moléculas polares (a) sem e (b) com um campo elétrico aplicado $\vec{E}$.

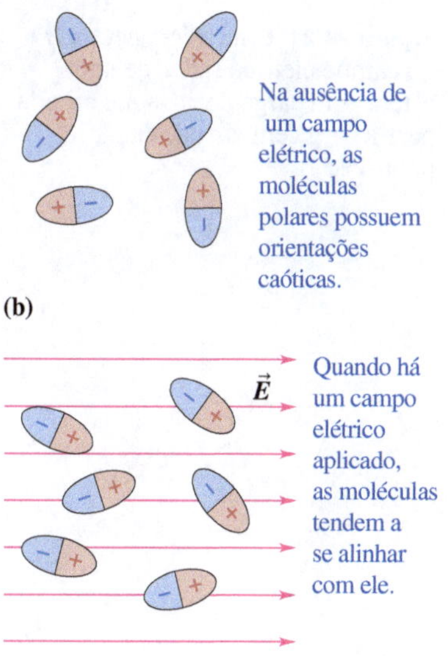

Figura 24.18 Moléculas apolares (a) sem e (b) com um campo elétrico aplicado $\vec{E}$.

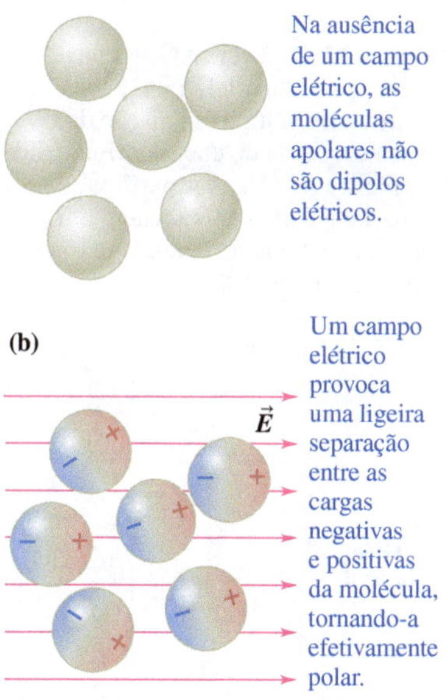

Figura 24.19 A polarização de um dielétrico em um campo elétrico $\vec{E}$ dá origem a camadas finas com cargas ligadas sobre as superfícies, criando densidades de cargas superficiais induzidas σ_i e $-\sigma_i$. As dimensões das moléculas estão exageradas para maior clareza.

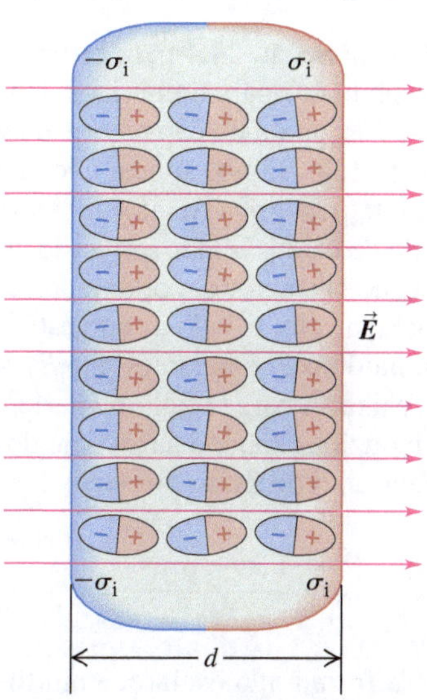

Figura 24.20 (a) Campo elétrico de módulo E_0 entre duas placas carregadas. (b) Inserção de um dielétrico com constante dielétrica K. (c) As cargas superficiais induzidas e seu campo. (d) Campo resultante de módulo E_0/K.

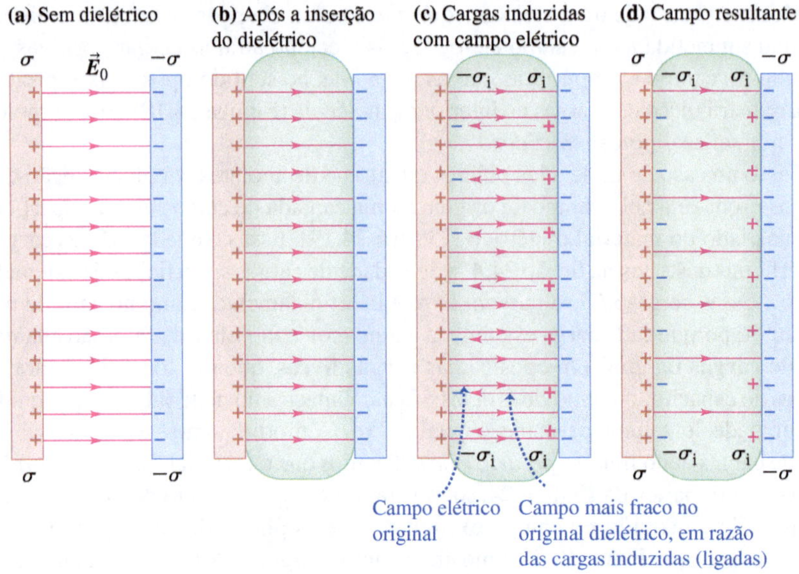

Figura 24.21 Uma esfera neutra B no campo elétrico radial de uma esfera com carga positiva A é atraída para a carga em virtude da polarização.

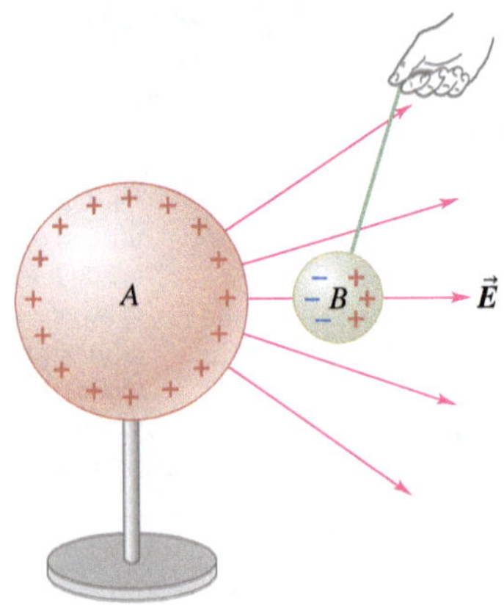

radial de um corpo A com carga positiva. As cargas induzidas sobre B sofrem uma força orientada para a direita, enquanto as forças sobre as cargas induzidas negativas estão mais próximas de A que as positivas e, portanto, estão em um campo mais forte. A força resultante para a esquerda é mais intensa que a força resultante para a direita, portanto o corpo A atrai B, embora a carga líquida seja igual a zero. Ocorrerá sempre atração tanto no caso de a carga de A ser positiva quanto no caso de ela ser negativa (veja a Figura 21.8). Além disso, esse efeito não é limitado aos dielétricos: um corpo condutor descarregado seria atraído do mesmo modo.

TESTE SUA COMPREENSÃO DA SEÇÃO 24.5 Um capacitor com placas paralelas possui cargas Q e $-Q$ sobre suas duas placas. Um dielétrico com $K = 3$ é inserido no espaço entre as placas, como indica a Figura 24.20. Classifique os seguintes módulos do campo elétrico, por ordem decrescente. (i) O campo antes da inserção do dielétrico; (ii) o campo resultante após a inserção do dielétrico; (iii) o campo em função das cargas ligadas. ❙

Figura 24.22 A lei de Gauss na presença de um dielétrico. Esta figura mostra uma ampliação da placa esquerda do capacitor indicado na Figura 24.15b. A superfície gaussiana é uma caixa retangular que fica metade no condutor e metade no dielétrico.

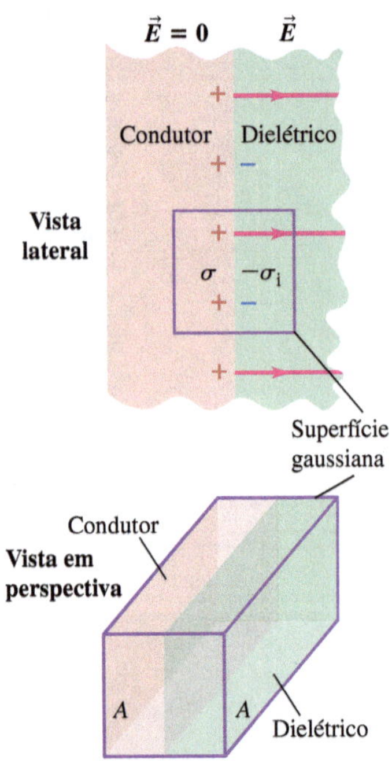

24.6 LEI DE GAUSS EM DIELÉTRICOS

Podemos estender a análise da Seção 24.4 para reformular a lei de Gauss, de modo que ela seja particularmente útil para dielétricos. No alto da **Figura 24.22**, vemos uma ampliação da placa esquerda do capacitor e da superfície esquerda do dielétrico indicado na Figura 24.15b. Vamos aplicar a lei de Gauss usando a caixa retangular indicada na seção reta pela linha roxa; A indica a área da superfície do lado direito e do lado esquerdo da caixa. O lado esquerdo está imerso no condutor que constitui a placa esquerda do capacitor e, portanto, o campo elétrico em todas as partes dessa superfície é igual a zero. O lado direito está imerso no dielétrico no qual o campo elétrico possui módulo E, e notamos que $E_\perp = 0$ em todas as partes das quatro faces restantes da caixa. A carga total no interior da caixa, incluindo as cargas da placa e as cargas induzidas sobre a superfície do dielétrico, é dada por $Q_{inte} = (\sigma - \sigma_i)$, de modo que a lei de Gauss fornece

$$EA = \frac{(\sigma - \sigma_i)A}{\epsilon_0} \tag{24.21}$$

Essa equação escrita dessa forma não esclarece muito, porque contém duas grandezas incógnitas: E no interior do dielétrico e a densidade de carga superficial induzida σ_i. Mas agora podemos usar a Equação 24.16, desenvolvida para essa mesma situação, a fim de simplificar a equação, eliminando σ_i. A Equação 24.16 fornece

$$\sigma_i = \sigma\left(1 - \frac{1}{K}\right)$$

ou

$$\sigma - \sigma_i = \frac{\sigma}{K}$$

Combinando essa relação à Equação 24.21, encontramos

$$EA = \frac{\sigma A}{K\epsilon_0}$$

ou

$$KEA = \frac{\sigma A}{\epsilon_0} \qquad (24.22)$$

A Equação 24.22 mostra que o fluxo de $K\vec{E}$, e não o fluxo de $\vec{E}$, através da superfície gaussiana, na Figura 24.22, é igual à carga *livre* σ no interior da superfície A dividida por ϵ_0. Verifica-se que, para *qualquer* superfície gaussiana, desde que a carga induzida seja proporcional ao campo elétrico no material, é possível reescrever a lei de Gauss na forma

Lei de Gauss em um dielétrico:

$$\oint K\vec{E} \cdot d\vec{A} = \frac{Q_{\text{inte-livre}}}{\epsilon_0} \qquad (24.23)$$

Constante dielétrica; Carga livre total no interior da superfície; Integral de superfície de $K\vec{E}$ sobre uma superfície fechada; Constante elétrica

em que $Q_{\text{inte-livre}}$ é a carga *livre* (ou seja, a carga não ligada) existente no interior da superfície gaussiana. A vantagem desse resultado é que o lado direito contém somente a carga *livre* sobre o condutor, e não a carga ligada (induzida). De fato, embora não tenhamos demonstrado, a Equação 24.23 permanece válida mesmo quando diferentes partes da superfície gaussiana estão imersas em dielétricos com diferentes valores de K, desde que o valor de K em cada dielétrico seja independente do campo elétrico (o que geralmente é o caso quando os campos elétricos não são muito fortes) e que adotemos o valor apropriado de K para cada ponto da superfície gaussiana.

EXEMPLO 24.12 UM CAPACITOR ESFÉRICO COM DIELÉTRICO

Use a lei de Gauss para calcular a capacitância do capacitor esférico do Exemplo 24.3 (Seção 24.1), considerando que o volume entre as cascas esféricas concêntricas é preenchido por um óleo isolante com uma constante dielétrica K.

SOLUÇÃO

IDENTIFICAR E PREPARAR: a simetria esférica do problema não se altera pela presença do dielétrico, portanto, como fizemos no Exemplo 24.3, usaremos uma superfície gaussiana esférica de raio r entre as duas esferas. Como um dielétrico está presente, aplicaremos a lei de Gauss na forma da Equação 24.23.

EXECUTAR: pela Equação 24.23,

$$\oint K\vec{E} \cdot d\vec{A} = \oint KE\,dA = KE\oint dA = (KE)\,(4\pi r^2) = \frac{Q}{\epsilon_0}$$

$$E = \frac{Q}{4\pi K\epsilon_0 r^2} = \frac{Q}{4\pi\epsilon r^2}$$

(Continua)

(Continuação)

em que $\epsilon = K\epsilon_0$. Em comparação ao caso no qual existe vácuo entre as cascas esféricas condutoras, o campo elétrico se reduz por um fator de $1/K$. A diferença de potencial V_{ab} entre as cascas esféricas se reduz pelo mesmo fator, portanto a capacitância $C = Q/V_{ab}$ *aumenta* por um fator de K, como no caso de um capacitor com placas paralelas quando inserimos um dielétrico. Usando o resultado do Exemplo 24.3, verificamos que a capacitância com o dielétrico é dada por

$$C = \frac{4\pi K\epsilon_0 r_a r_b}{r_b - r_a} = \frac{4\pi\epsilon r_a r_b}{r_b - r_a}$$

AVALIAR: quando o dielétrico preenche por completo o volume entre os dois condutores, a capacitância é apenas K vezes o valor sem a presença do dielétrico. O resultado se complica quando o dielétrico preenche esse volume apenas parcialmente.

TESTE SUA COMPREENSÃO DA SEÇÃO 24.6 Uma carga puntiforme q é embutida em um dielétrico de constante dielétrica K. Em um ponto no interior do dielétrico, a uma distância r da carga puntiforme, qual é o módulo do campo elétrico? (i) $q/4\pi\epsilon_0 r^2$; (ii) $Kq/4\pi\epsilon_0 r^2$; (iii) $q/4\pi K\epsilon_0 r^2$; (iv) nenhuma dessas alternativas. ❙

CAPÍTULO 24 RESUMO

Capacitores e capacitância: um capacitor é qualquer par de condutores separados por um material isolante. Quando o capacitor está carregado, existem cargas de mesmo módulo Q e sinais opostos sobre os dois condutores, e a diferença de potencial V_{ab} entre o condutor carregado positivamente e o condutor carregado negativamente é proporcional a Q. A capacitância C é definida como a razão de Q para V_{ab}. A unidade SI de capacitância é o farad (F): 1 F = 1 C/V.
Um capacitor com placas paralelas é feito com duas placas condutoras paralelas, cada uma com uma área A separada por uma distância d. Quando há vácuo entre as placas, a capacitância depende somente de A e d. Para outras formas geométricas, a capacitância pode ser obtida pela definição $C = Q/V_{ab}$. (Ver exemplos 24.1 a 24.4.)

$$C = \frac{Q}{V_{ab}} \quad (24.1)$$

$$C = \frac{Q}{V_{ab}} = \epsilon_0 \frac{A}{d} \quad (24.2)$$

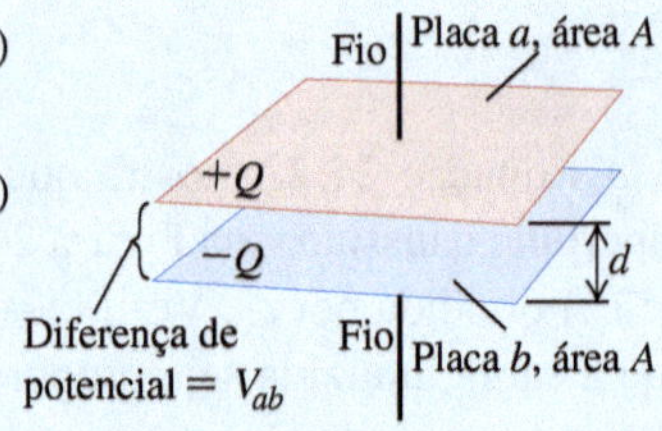

Capacitores em série e em paralelo: quando os capacitores C_1, C_2, C_3, ... são ligados em série, a capacitância equivalente C_{eq} é igual à soma das recíprocas das capacitâncias individuais. Quando os capacitores são ligados em paralelo, a capacitância equivalente C_{eq} é igual à soma das capacitâncias individuais. (Ver exemplos 24.5 e 24.6.)

$$\frac{1}{C_{eq}} = \frac{1}{C_1} + \frac{1}{C_2} + \frac{1}{C_3} + \cdots \quad (24.5)$$

(capacitores em série)

$$C_{eq} = C_1 + C_2 + C_3 + \cdots \quad (24.7)$$

(capacitores em paralelo)

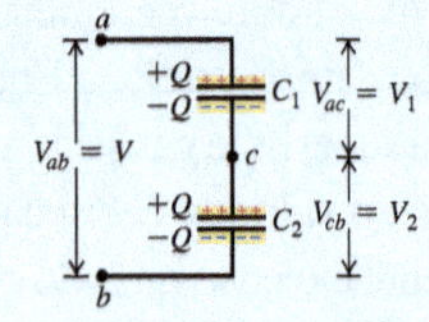

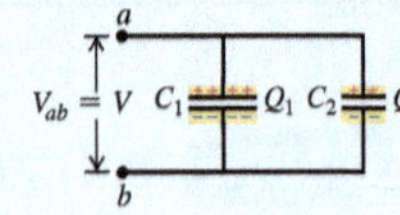

Energia em um capacitor: a energia U necessária para carregar um capacitor C até uma diferença de potencial V com carga Q é igual à energia armazenada no capacitor. Podemos dizer que essa energia está concentrada no campo elétrico entre os condutores; a densidade de energia u (energia por unidade de volume) é proporcional ao quadrado do módulo do campo elétrico. (Ver exemplos 24.7 a 24.9.)

$$U = \frac{Q^2}{2C} = \tfrac{1}{2}CV^2 = \tfrac{1}{2}QV \quad (24.9)$$

$$u = \tfrac{1}{2}\epsilon_0 E^2 \quad (24.11)$$

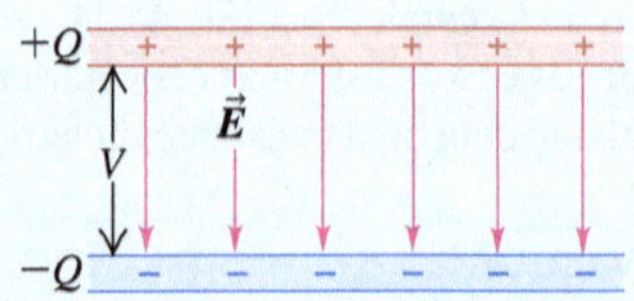

Dielétricos: quando o espaço entre os condutores está preenchido com um material dielétrico, a capacitância aumenta por um fator K, chamado de constante dielétrica do material. A grandeza $\epsilon = K\epsilon_0$ é a permissividade do dielétrico. Para uma quantidade de carga fixa sobre as placas do capacitor, as cargas induzidas sobre a superfície do dielétrico fazem diminuir o campo elétrico e a diferença de potencial entre as placas pelo mesmo fator K. A carga superficial é oriunda da polarização, um reagrupamento microscópico das cargas no dielétrico. (Ver Exemplo 24.10.)

Quando o campo elétrico é suficientemente forte, o dielétrico se transforma em um condutor; isso ocorre em virtude da ruptura do dielétrico. A rigidez dielétrica é o módulo do campo elétrico máximo que o material pode suportar sem que ocorra ruptura dielétrica.

Em um dielétrico, a expressão para a densidade de energia é a mesma que na presença de vácuo, mas com ϵ_0 substituído por $\epsilon = K\epsilon_0$. (Ver Exemplo 24.11.)

A lei de Gauss em um dielétrico possui quase a mesma forma que na presença de vácuo, com duas principais diferenças: $\vec{E}$ é substituído por $K\vec{E}$ e Q_{inte} é substituído por $Q_{\text{inte-livre}}$, que inclui somente as cargas livres (não as cargas ligadas) no interior da superfície gaussiana. (Ver Exemplo 24.12.)

$$C = KC_0 = K\epsilon_0 \frac{A}{d} = \epsilon \frac{A}{d} \qquad (24.19)$$

(capacitor com placas paralelas preenchido com um dielétrico)

$$u = \tfrac{1}{2}K\epsilon_0 E^2 = \tfrac{1}{2}\epsilon E^2 \qquad (24.20)$$

$$\oint K\vec{E} \cdot d\vec{A} = \frac{Q_{\text{inte-livre}}}{\epsilon_0} \qquad (24.23)$$

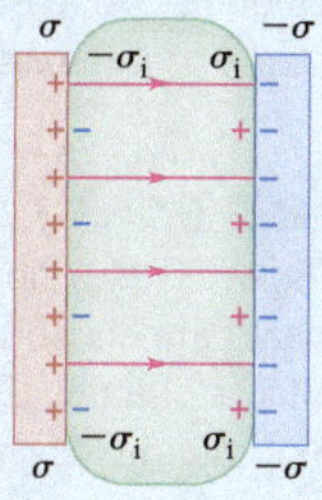

Problema em destaque Energia de campo elétrico e capacitância de uma esfera condutora

Uma esfera condutora maciça de raio R carrega uma carga Q. Calcule a densidade de energia do campo elétrico a um ponto a uma distância r a partir do centro da esfera para (a) $r < R$ e (b) $r > R$. (c) Calcule a energia total do campo elétrico associada à esfera carregada. (d) Qual é a quantidade de trabalho necessária para que a esfera adquira a carga Q? (e) Use o resultado do item (c) para determinar a capacitância da esfera. (Você pode considerar o segundo condutor como uma casca oca condutora de raio infinito.)

GUIA DA SOLUÇÃO

IDENTIFICAR E PREPARAR

1. Você conhece o campo elétrico nesta situação para todos os valores de r pelo Exemplo 22.5 (Seção 22.4). Você deve usar isso para encontrar a densidade de energia do campo elétrico u e a energia *total* do campo elétrico U. A seguir, pode calcular a capacitância a partir da relação $U = Q^2/2C$.
2. Para encontrar U, considere uma casca esférica de raio r e espessura dr que possui volume $dV = 4\pi r^2 dr$. (Será útil fazer um desenho dessa casca concêntrica com a esfera condutora.) A energia armazenada nesse volume é $u\,dV$, e a energia total é a integral de $u\,dV$ de $r = 0$ a $r \rightarrow \infty$. Configure essa integral.

EXECUTAR

3. Determine u para $r < R$ e para $r > R$. (*Dica:* qual é o valor do campo elétrico no interior de um condutor sólido?)
4. Substitua os resultados da etapa 3 na expressão da etapa 2. Em seguida, calcule a integral para encontrar a energia total do campo elétrico U.
5. Use sua compreensão da energia armazenada em uma distribuição de carga para encontrar o trabalho necessário para que a esfera adquira uma carga Q.
6. Determine a capacitância da esfera.

AVALIAR

7. Onde a densidade de energia do campo elétrico possui seu valor máximo? Onde ela possui seu valor mínimo?
8. Como os resultados seriam afetados se a esfera maciça fosse substituída por uma esfera condutora oca de mesmo raio R?
9. Você pode encontrar a diferença de potencial entre a esfera e o infinito a partir de $C = Q/V$. Isso está de acordo com o resultado do Exemplo 23.8 (Seção 23.3)?

PROBLEMAS

•, ••, •••: níveis de dificuldade. PC: problemas cumulativos, incorporando material de outros capítulos. CALC: problemas exigindo cálculo. DADOS: problemas envolvendo dados reais, evidência científica, projeto experimental e/ou raciocínio científico. BIO: problemas envolvendo biociências.

QUESTÕES PARA DISCUSSÃO

Q24.1 A Equação 24.2 mostra que a capacitância de um capacitor com placas paralelas torna-se maior à medida que a distância d entre as placas diminui. Contudo, existe um limite prático que limita o valor mínimo de d e que determina o limite máximo da capacitância C. Explique qual é o fator que limita o valor mínimo de d. (*Dica:* o que ocorre com o módulo do campo elétrico quando $d \rightarrow 0$?)

Q24.2 Suponha que vários e diferentes capacitores com placas paralelas sejam carregados por uma fonte de voltagem constante. Considerando o efetivo movimento e a posição das cargas em um nível atômico, por que é razoável pensar que as capacitâncias são proporcionais às áreas superficiais das placas? Por que é razoável pensar que as capacitâncias são *inversamente* proporcionais às distâncias entre as placas?

Q24.3 Suponha que as duas placas de um capacitor possuam áreas diferentes. Quando o capacitor é carregado por meio da conexão a uma bateria, as cargas acumuladas nas placas possuem o mesmo módulo ou podem possuir módulos diferentes? Explique seu raciocínio.

Q24.4 Para armazenar a quantidade máxima de energia em um capacitor com placas paralelas com uma bateria (fonte de voltagem), a distância entre as placas deve ser grande ou pequena?

Q24.5 No capacitor com placas paralelas da Figura 24.2, suponha que as placas sejam puxadas, fazendo a distância d entre elas ficar muito maior que a largura das placas. (a) Ainda é aceitável afirmar que o campo elétrico entre as placas é uniforme? Por quê? (b) Na situação indicada na Figura 24.2, a diferença de potencial entre as placas é dada por $V_{ab} = Qd/\epsilon_0 A$. Quando as placas forem afastadas, como descrito anteriormente, o valor de V_{ab} será maior ou menor que o indicado por essa fórmula? Explique seu raciocínio. (c) Quando as placas estão afastadas, como descrito no item anterior, o valor da capacitância é superior, inferior ou igual ao indicado pela Equação 24.2? Explique seu raciocínio.

Q24.6 Um capacitor com placas paralelas é carregado ligando-o a uma bateria e mantendo-o ligado nela. A distância entre as placas é dobrada. Como o campo elétrico varia? Como a carga sobre as placas varia? E a energia total? Explique seu raciocínio.

Q24.7 Um capacitor com placas paralelas é carregado conectando-o a uma bateria e, a seguir, as conexões são removidas. A distância entre as placas é dobrada. Como o campo elétrico varia? Como a diferença de energia potencial varia? E a energia total? Explique sua resposta.

Q24.8 Dois capacitores com placas paralelas são idênticos, exceto pelo fato de que, em um deles, a distância entre as placas é o dobro da do outro. Eles são carregados pela mesma fonte de voltagem. Qual dos dois capacitores possui um campo elétrico mais forte entre as placas? Qual deles possui maior carga? Qual deles possui maior densidade de energia? Explique seu raciocínio.

Q24.9 As placas carregadas de um capacitor se atraem mutuamente, de modo que é necessário realizar trabalho para empurrar as placas para que elas se afastem sob a ação de alguma força externa. O que ocorre com a energia adicionada por esse trabalho? Explique seu raciocínio.

Q24.10 Você deve conectar dois capacitores a uma fonte de voltagem (bateria) para armazenar a quantidade máxima de energia. Eles devem ser ligados em série ou em paralelo?

Q24.11 Como indicado na Tabela 24.1, a água possui uma constante dielétrica muito elevada: $K = 80{,}4$. Como você explica que a água não seja geralmente usada como dielétrico em um capacitor?

Q24.12 A rigidez dielétrica é o mesmo que constante dielétrica? Explique as possíveis diferenças entre essas duas grandezas. Existe alguma relação simples entre a constante dielétrica e a rigidez dielétrica? (Veja a Tabela 24.2.)

Q24.13 Um capacitor feito com tiras de alumínio, separadas por uma camada de Mylar®, foi submetido a uma voltagem excessiva e a ruptura dielétrica resultante produziu orifícios na camada de Mylar®. Depois disso, verificou-se que a capacitância continuou aproximadamente igual a seu valor anterior, porém a voltagem de ruptura tornou-se muito menor. Por quê?

Q24.14 Suponha que você aproxime um dielétrico do espaço entre as placas de um capacitor carregado, preparando-se para inseri-lo entre as placas. Qual força você sentirá? O que essa força lhe diz sobre a energia armazenada entre as placas quando o dielétrico for inserido, em comparação ao momento antes da inserção do dielétrico?

Q24.15 Para verificarmos se um peixe é fresco, podemos colocá-lo entre as placas de um capacitor e medir a capacitância. Como esse método funciona? (*Dica:* à medida que o tempo passa, o peixe desidrata. Veja a Tabela 24.1.)

Q24.16 Um capacitor *eletrolítico* usa como dielétrico uma camada de óxido isolante extremamente fina entre a placa metálica e a solução condutora. Descreva a vantagem desse capacitor sobre outro, construído com apenas um dielétrico sólido entre as placas metálicas.

Q24.17 Em função da constante dielétrica K, o que acontece com o fluxo elétrico através da superfície gaussiana mostrada na Figura 24.22, quando o dielétrico é inserido no espaço anteriormente vazio entre as placas? Explique.

Q24.18 Um capacitor com placas paralelas está conectado a uma fonte de voltagem que mantém uma diferença de potencial fixa entre as placas. (a) Quando uma folha de dielétrico é introduzida entre as placas, o que ocorre com (i) o campo elétrico entre as placas, (ii) o módulo da carga acumulada em cada placa e (iii) a energia armazenada no capacitor? (b) Suponha agora que, antes de o dielétrico ser inserido, o capacitor seja desconectado da fonte de voltagem. Nesse caso, o que ocorre com (i) o campo elétrico entre as placas, (ii) o módulo da carga de cada placa e (iii) a energia armazenada no capacitor? Explique todas as diferenças encontradas entre as duas situações.

Q24.19 Os dielétricos líquidos que possuem moléculas polares (como a água) sempre apresentam constantes dielétricas que diminuem com o aumento da temperatura. Por quê?

Q24.20 Um condutor é um caso extremo de dielétrico, visto que, quando aplicamos um campo elétrico em um condutor, as cargas se movem livremente em seu interior para produzir "cargas induzidas". Qual é a constante dielétrica de um condutor perfeito? É $K = 0$, $K \rightarrow \infty$ ou o valor de K está entre esses dois limites? Explique seu raciocínio.

Q24.21 Fornecemos cargas $\pm Q$ para as duas placas de um capacitor. A seguir, ele é desconectado da fonte de carga, de modo que as cargas sobre as placas não possam variar; o capacitor é então imerso em um tanque cheio de óleo. O campo elétrico entre as placas diminui, aumenta ou mantém o mesmo valor? Explique seu raciocínio. Como esse campo elétrico pode ser medido?

EXERCÍCIOS

Seção 24.1 Capacitância e capacitores

24.1 • Cada placa de um capacitor com placas paralelas possui carga acumulada de módulo igual a 80,0 nC e a distância entre as placas é de 2,50 mm. As placas estão no vácuo. O campo elétrico entre as placas possui módulo igual a $4{,}00 \times 10^6$ V/m. (a) Qual é a diferença de potencial entre as placas? (b) Qual é a área de cada placa? (c) Qual é o valor da capacitância?

24.2 • Cada placa de um capacitor com placas paralelas possui área igual a 9,82 cm^2 e a distância entre as placas é de 3,28 mm. A carga acumulada em cada placa possui módulo igual a $4{,}35 \times 10^{-8}$ C. As placas estão no vácuo. (a) Qual é o valor da capacitância? (b) Qual é a diferença de potencial entre as placas? (c) Qual é o módulo do campo elétrico entre as placas?

24.3 • Um capacitor com placas paralelas no ar possui capacitância igual a 245 pF e um módulo de carga de 0,148 μC em cada placa. A distância entre as placas é igual a 0,328 mm. (a) Qual é a diferença de potencial entre as placas? (b) Qual é a área de cada placa? (c) Qual é o módulo do campo elétrico entre as placas? (d) Qual é a densidade superficial de carga em cada placa?

24.4 •• Os osciloscópios possuem placas metálicas paralelas em seu interior para desviar o feixe de elétrons. Essas placas são designadas *placas defletoras*. Geralmente possuem formato quadrado, com 3,0 cm de lado, e estão separadas por uma distância de 5,0 mm, com vácuo entre elas. Qual é a capacitância dessas placas defletoras e, portanto, do osciloscópio? (*Nota:* ocasionalmente, essa capacitância pode exercer um efeito sobre o circuito que está sendo estudado e deve ser levada em consideração nos cálculos.)

24.5 • Um capacitor de 10,0 μF com placas paralelas e circulares está ligado a uma bateria de 12,0 V. (a) Qual é a carga sobre cada placa? (b) Quanta carga haveria sobre as placas, caso a distância entre elas fosse duplicada enquanto o capacitor permanecesse conectado à bateria? (c) Quanta carga haveria sobre as placas, caso o capacitor fosse conectado a uma bateria de 12,0 V, após o raio de cada placa ser duplicado, sem que a distância entre elas seja alterada?

24.6 • Um capacitor de 5,00 μF com placas paralelas está ligado a uma bateria de 12,0 V. Quando o capacitor está completamente carregado, a bateria é desconectada sem que haja qualquer perda de carga nas placas. (a) Um voltímetro é conectado entre as duas placas sem descarregá-las. Qual é a leitura? (b) Qual seria a leitura do voltímetro, caso (i) a distância entre as placas fosse duplicada; (ii) o raio de cada placa fosse duplicado, mas não houvesse variação da distância?

24.7 • Um capacitor com placas paralelas e preenchido com ar deve armazenar um carga de módulo igual a 240,0 pC em cada placa quando a diferença de potencial entre as placas é de 42,0 V. (a) Se a área de cada placa for igual a 6,80 cm^2, qual será a distância entre as placas? (b) Caso a distância entre as placas for o dobro do valor calculado no item (a), qual deve ser a diferença de potencial para que o capacitor armazene uma carga de módulo igual a 240,0 pC em cada placa?

24.8 • Um capacitor de 5,00 pF, com placas paralelas e circulares, está preenchido com ar e será usado em um circuito que será submetido a potências de até $1{,}0 \times 10^2$ V. O campo elétrico entre as placas não deve ser maior que $1{,}00 \times 10^4$ N/C. Como engenheiro elétrico do projeto para a empresa Live-Wire Electronics, sua tarefa é (a) projetar o capacitor, determinando quais devem ser as suas dimensões físicas e a distância entre as placas; (b) determinar a carga máxima a ser suportada por essas placas.

24.9 • Um capacitor é constituído de dois cilindros ocos, coaxiais, de ferro, um dentro do outro. O cilindro interno possui carga negativa e o externo, carga positiva; o módulo da carga sobre cada um é 10,0 pC. O cilindro interno possui raio de 0,50 mm, o externo, de 5,00 mm, e o comprimento de cada cilindro é de 18,0 cm. (a) Qual é a capacitância? (b) Qual é a diferença de potencial aplicado necessária para produzir essas cargas nos cilindros?

24.10 • Um capacitor cilíndrico consiste em um núcleo condutor maciço, com raio de 0,250 cm, cercado por um tubo condutor oco externo. Os dois condutores estão separados por ar, e o comprimento do cilindro é igual a 12,0 cm. A capacitância é 36,7 pF. (a) Calcule o raio interno do tubo oco. (b) Quando o capacitor é carregado com 125 V, qual é a carga por unidade de comprimento λ do capacitor?

24.11 •• Um capacitor esférico contém carga de 3,30 nC, quando está conectado a uma diferença de potencial de 220 V. Supondo que as placas estejam separadas por vácuo e o raio interno da casca externa seja igual a 4,00 cm, calcule: (a) a capacitância; (b) o raio da esfera interna; (c) o campo elétrico próximo à superfície da esfera interna.

24.12 •• Um capacitor cilíndrico possui um condutor interno com raio de 2,2 mm e um condutor externo com raio de 3,5 mm. Os dois condutores estão separados pelo vácuo e o comprimento total do capacitor é de 2,8 m. (a) Qual é a capacitância por unidade de comprimento? (b) O potencial do condutor interno está 350 mV mais elevado que o potencial do condutor externo. Calcule a carga (módulo e sinal) de cada condutor.

24.13 • Um capacitor esférico é formado por dois condutores esféricos concêntricos separados pelo vácuo. A superfície esférica interna possui raio de 15,0 cm e a capacitância é igual a 116 pF. (a) Qual é o raio da superfície esférica externa? (b) Se a diferença de potencial entre as esferas for igual a 220 V, qual será o módulo de carga de cada esfera?

Seção 24.2 Capacitores em série e em paralelo

24.14 • A **Figura E24.14** mostra um sistema de quatro capacitores em que a diferença de potencial através de *ab* é de 50,0 V. (a) Determine a capacitância equivalente desse sistema entre *a* e *b*. (b) Quanta carga é armazenada por essa combinação de capacitores? (c) Quanta carga é armazenada em cada um dos capacitores, de 10,0 μF e de 9,0 μF?

Figura E24.14

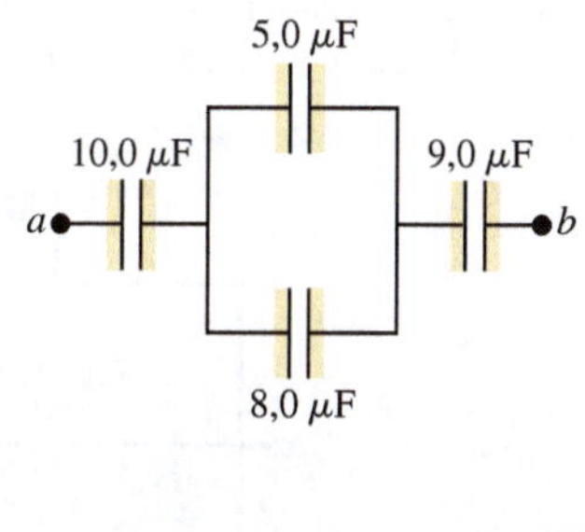

24.15 • BIO **Enguias elétricas**. Enguias e peixes elétricos geram grandes diferenças de potencial que são usadas para atordoar inimigos e presas. Esses potenciais são produzidos por células que podem gerar, cada uma, 0,10 V. Podemos plausivelmente modelar essas células como capacitores carregados. (a) Como essas células devem ser ligadas (em série ou em paralelo) para produzir um potencial total de mais de 0,10 V? (b) Usando a ligação do item (a), quantas células devem ser ligadas para produzir o impulso de 500 V de uma enguia elétrica?

24.16 • Para o sistema de capacitores mostrado na **Figura E24.16**, encontre a capacitância equivalente (a) entre b e c, e (b) entre a e c.

Figura E24.16

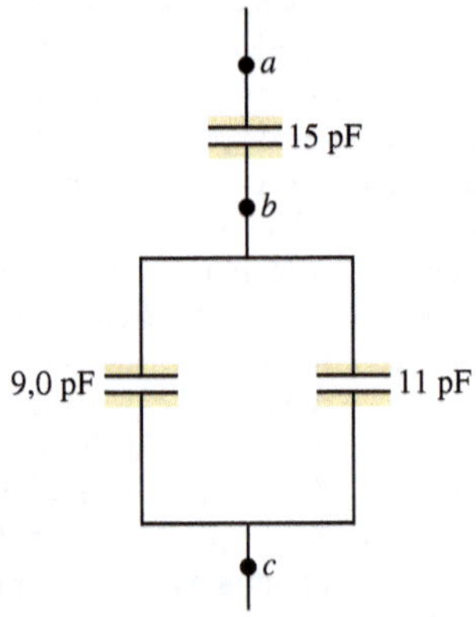

24.17 • Na **Figura E24.17**, cada capacitor possui $C = 4{,}00\ \mu F$ e $V_{ab} = +28{,}0$ V. Calcule (a) a carga de cada capacitor; (b) a diferença de potencial através de cada capacitor; (c) a diferença de potencial entre os pontos a e d.

Figura E24.17

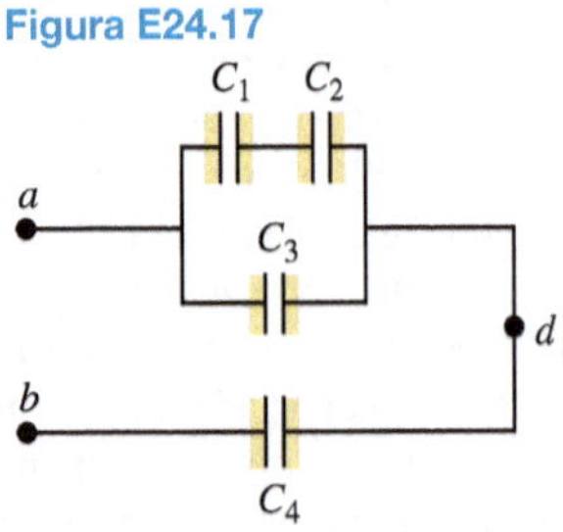

24.18 • Na Figura 24.8a, seja $C_1 = 3{,}00\ \mu F$, $C_2 = 5{,}00\ \mu F$ e $V_{ab} = +64{,}0$ V. Calcule (a) a carga em cada capacitor e (b) a diferença de potencial através de cada capacitor.

24.19 • Na Figura 24.9a, seja $C_1 = 3{,}00\ \mu F$, $C_2 = 5{,}00\ \mu F$ e $V_{ab} = +52{,}0$ V. Calcule (a) a carga em cada capacitor; (b) a diferença de potencial através de cada capacitor.

24.20 • Na **Figura E24.20**, $C_1 = 6{,}00\ \mu F$, $C_2 = 3{,}00\ \mu F$ e $C_3 = 5{,}00\ \mu F$. O circuito de capacitores está conectado a um potencial aplicado V_{ab}. Quando as cargas dos capacitores atingem seus valores finais, a carga em C_2 é igual a 30,0 μC. (a) Quais são as cargas nos capacitores C_1 e C_3? (b) Qual é a voltagem aplicada V_{ab}?

Figura E24.20

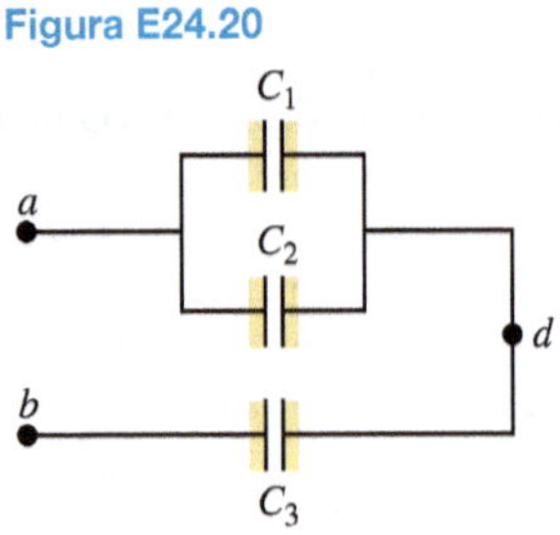

24.21 •• A **Figura E24.21** mostra um sistema de capacitores em que a diferença de potencial através de ab é de 25 V. (a) Determine a capacitância equivalente desse sistema entre a e b. (b) Quanta carga é armazenada por esse sistema? (c) Quanta carga é armazenada no capacitor de 6,5 nF? (d) Qual é a diferença de potencial através do capacitor de 7,5 nF?

Figura E24.21

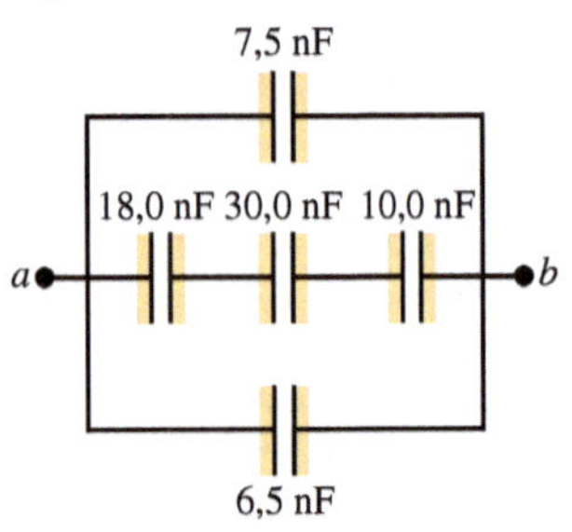

24.22 •• Suponha que o capacitor de 3 μF, na Figura 24.10a, seja removido e substituído por outro, alterando a capacitância equivalente entre os pontos a e b para 8 μF. Qual é o valor da capacitância do capacitor que substituiu o primeiro?

Seção 24.3 Armazenamento de energia em capacitores e energia do campo elétrico

24.23 • Um capacitor com placas paralelas de 5,80 μF, imerso no ar e com uma distância entre as placas igual a 5,00 mm, é submetido a uma diferença de potencial de 400 V. Calcule a densidade de energia na região entre as placas, em unidades de J/m^3.

24.24 • Um capacitor com placas paralelas possui capacitância igual a 920 pF. A carga em cada placa é de 3,90 μC. (a) Qual é a diferença de potencial entre as placas? (b) Caso a carga fosse mantida constante, qual seria a diferença de potencial entre as placas se a distância entre elas dobrasse? (c) Qual é o trabalho necessário para duplicar essa distância?

24.25 • Um capacitor no ar é constituído por duas placas paralelas largas, separadas por uma distância igual a 1,50 mm. O módulo da carga de cada placa é igual a 0,0180 μC quando a diferença de potencial é de 200 V. (a) Qual é o valor da capacitância? (b) Qual é a área de cada placa? (c) Qual é a voltagem máxima que pode ser aplicada sem que ocorra ruptura dielétrica? (A ruptura dielétrica do ar ocorre quando a intensidade do campo elétrico é igual a $3{,}0 \times 10^6$ V/m.) (d) Quando a carga é igual a 0,0180 μC, qual é a energia total acumulada?

24.26 •• Um capacitor com placas paralelas no vácuo tem uma energia acumulada igual a 8,38 J. A distância entre as placas é de 2,30 mm. Se essa distância for diminuída para 1,15 mm, qual será a energia acumulada (a) se o capacitor for desconectado da fonte de potencial de modo que a carga de cada placa seja mantida constante; (b) se o capacitor permanecer conectado na fonte de potencial de modo que a diferença de potencial entre as placas seja mantida constante?

24.27 • Considere dois capacitores idênticos e uma fonte externa de potencial. (a) Compare a energia total armazenada nos capacitores, quando estão ligados ao potencial aplicado em série e em paralelo. (b) Compare a quantidade máxima de carga armazenada em cada um desses casos. (c) O armazenamento de energia em um capacitor pode ser limitado pelo campo elétrico máximo entre as placas. Qual é a razão do campo elétrico para as combinações em série e em paralelo?

24.28 • Para o circuito de capacitores indicado na **Figura E24.28**, a diferença de potencial através de ab é igual a 48 V. Encontre (a) a carga total armazenada nesse circuito; (b) a carga em cada capacitor; (c) a energia total armazenada no circuito; (d) a energia armazenada em cada capacitor; (e) as diferenças de potencial através de cada capacitor.

Figura E24.28

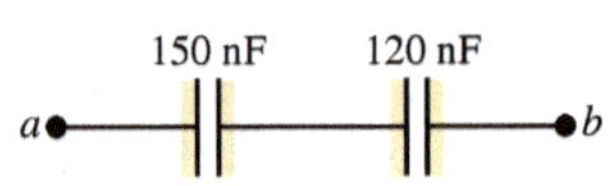

24.29 • Para o circuito de capacitores indicado na **Figura E24.29**, a diferença de potencial através de ab é igual a 220 V. Encontre (a) a carga total armazenada nesse circuito; (b) a carga em cada capacitor; (c) a energia total armazenada no circuito; (d) a energia armazenada em cada capacitor; (e) as diferenças de potencial através de cada capacitor.

Figura E24.29

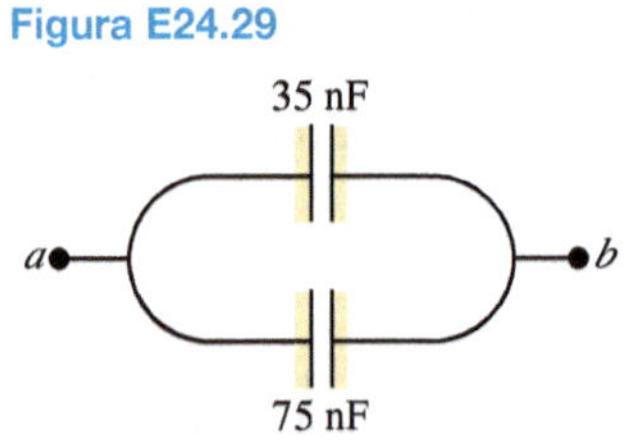

24.30 • Um capacitor cilíndrico, de 0,350 m de comprimento, consiste em um núcleo condutor maciço, com raio de 1,20 mm, e um tubo condutor oco externo, com raio interno de 2,00 mm. Os dois condutores estão separados por ar e carregados a uma diferença de potencial de 6,00 V. Calcule (a) a carga por comprimento para o capacitor; (b) a carga total do capacitor; (c) a capacitância; (d) a energia armazenada no capacitor quando completamente carregado.

24.31 • Um capacitor cilíndrico imerso no ar possui comprimento de 15,0 m e armazena energia de $3{,}20 \times 10^{-9}$ J quando a diferença de potencial entre os condutores é igual a 4,00 V. (a) Calcule o módulo da carga acumulada em cada condutor. (b) Calcule a razão entre o raio do condutor interno e o raio do condutor externo.

24.32 •• Um capacitor é constituído por duas cascas esféricas condutoras concêntricas separadas pelo vácuo. A superfície esférica interna possui raio de 12,5 cm e a distância entre as superfícies esféricas é igual a 14,8 cm. Uma diferença de potencial de 120 V é aplicada ao capacitor. (a) Qual é a densidade de energia em $r = 12{,}6$ cm, em um ponto próximo à esfera interna? (b) Qual é a densidade de energia em $r = 14{,}7$ cm, em um ponto próximo à esfera externa? (c) Para o capacitor com placas paralelas, a densidade de energia é uniforme na região entre as placas, exceto nos pontos nas vizinhanças das bordas das placas. Isso também se aplica a um capacitor esférico?

Seção 24.4 Dielétricos

24.33 • Um capacitor de 12,5 μF é conectado a uma fonte de emergia que mantém constante uma diferença de potencial de 24,0 V através das placas. Um pedaço de material com constante dielétrica de 3,75 é colocado entre as placas, preenchendo completamente o espaço entre elas. (a) Quanta energia é armazenada antes e depois da inserção do dielétrico? (b) Qual foi a variação da energia durante a inserção? Ela aumentou ou diminuiu?

24.34 • Um capacitor com placas paralelas possui capacitância $C_0 = 8{,}00$ pF, quando existe ar entre as placas. A distância entre as placas é igual a 1,50 mm. (a) Qual é o módulo máximo de carga Q que pode ser colocado em cada placa, se o campo elétrico na região entre as placas não exceder $3{,}00 \times 10^4$ V/m? (b) Um dielétrico com $K = 2{,}70$ é inserido entre as placas do capacitor, preenchendo completamente o volume entre elas. Qual passa a ser o módulo máximo de carga em cada placa, se o campo elétrico entre elas não exceder $3{,}0 \times 10^4$ V/m?

24.35 • Duas placas paralelas possuem cargas iguais e opostas. Quando existe vácuo entre as placas, o módulo do campo elétrico é $E = 3{,}20 \times 10^5$ V/m. Quando o espaço entre as placas é preenchido por um dielétrico, o campo elétrico possui módulo $E = 2{,}50 \times 10^5$ V/m. (a) Qual é a densidade de carga em cada superfície do dielétrico? (b) Qual é o valor da constante dielétrica?

24.36 • Uma iniciante em eletrônica deseja projetar um capacitor simples de 1,0 nF para sintonizar seu rádio de galena, usando duas chapas de alumínio como placas, com algumas folhas de papel entre elas desempenhando a função de um dielétrico. O papel possui uma constante dielétrica de 3,0, e a espessura de uma folha é de 0,20 mm. (a) Supondo que as folhas de papel meçam 22×28 cm e ela corte o alumínio com as mesmas dimensões, quantas folhas de papel devem ser usadas entre as placas para se obter a capacitância adequada? (b) Suponha que, por conveniência, ela opte por usar uma única folha de papel-cartão, com a mesma constante dielétrica, porém com espessura de 12,0 mm, em vez do papel. Qual área de chapa de alumínio ela necessitará para que as placas apresentem 1,0 nF de capacitância? (c) Suponha que ela recorra à alta tecnologia e encontre uma folha de Teflon® com a mesma espessura do papel-cartão para usar como um dielétrico. Ela necessitará de uma área maior ou menor de Teflon® em comparação ao papel-cartão? Explique.

24.37 • O dielétrico que deve ser usado em um capacitor com placas paralelas possui constante dielétrica igual a 3,60 e uma rigidez dielétrica de $1{,}60 \times 10^7$ V/m. O capacitor deve possuir uma capacitância igual a $1{,}25 \times 10^{-9}$ F e ser capaz de suportar uma diferença de potencial de 5.500 V. Qual é a área mínima que cada placa do capacitor deve ter?

24.38 •• BIO **Potencial em células humanas**. Algumas paredes celulares no corpo humano possuem uma camada de carga negativa na superfície interior e uma camada de carga positiva de mesmo módulo na superfície exterior. Suponha que a densidade de carga em cada superfície seja $\pm 0{,}50 \times 10^{-3}$ C/m^2, a parede celular possua espessura de 5,0 nm, e o material da parede celular seja o ar. (a) Determine o módulo de $\vec{E}$ na parede entre as duas camadas carregadas. (b) Determine a diferença de potencial entre o interior e o exterior da célula. Qual está a um potencial mais elevado? (c) Uma célula do corpo humano normalmente possui um volume de 10^{-16} m^3. Estime a energia do campo elétrico de total armazenado na parede de uma célula desse tamanho. (*Dica*: suponha que a célula seja esférica e calcule o volume da parede celular.) (d) Na realidade, a parede celular não consiste em ar, e sim em tecido orgânico, com uma constante dielétrica de 5,4. Repita as partes (a) e (b) neste caso.

24.39 • Uma diferença de potencial constante igual a 12 V é mantida entre os terminais de um capacitor com placas paralelas no ar, cuja capacitância é de 0,25 μF. (a) Uma camada de Mylar® é inserida entre as placas do capacitor, preenchendo completamente o espaço entre elas. Quando isso é feito, qual é a quantidade adicional de carga que flui para a placa positiva do capacitor (veja a Tabela 24.1)? (b) Qual é a carga total induzida em cada face da camada de Mylar®? (c) Qual é o efeito produzido pela camada de Mylar® sobre o campo elétrico entre as placas? Explique como conciliar esse resultado com o acúmulo adicional de cargas nas placas do capacitor, que contribui para *aumentar* o campo elétrico.

24.40 •• O poliestireno possui constante dielétrica de 2,6 e rigidez dielétrica de $2{,}0 \times 10^7$ V/m. Um pedaço de poliestireno é usado como dielétrico em um capacitor com placas paralelas, preenchendo o volume entre as placas. (a) Quando o campo elétrico entre as placas é de 80% da rigidez dielétrica, qual é a densidade de energia da energia armazenada? (b) Quando o capacitor está ligado a uma bateria com voltagem de 500,0 V, o campo elétrico entre as placas é de 80% da força dielétrica. Qual é a área de cada placa quando o capacitor armazena 0,200 mJ de energia sob essas condições?

24.41 • Quando um capacitor de 360 nF (1 nF = 10^{-9} F), imerso no ar, está conectado a uma fonte de tensão, a energia acumulada no capacitor é igual a $1{,}85 \times 10^{-5}$ J. Mantendo o capacitor conectado à fonte de tensão, inserimos uma camada de dielétrico que preenche completamente o espaço entre as placas. Isso produz um acréscimo de $2{,}32 \times 10^{-5}$ J na energia armazenada. (a) Qual é a diferença de potencial entre as placas? (b) Qual é a constante dielétrica do material?

24.42 • Um capacitor com placas paralelas possui capacitância $C = 12{,}5$ pF, quando o volume entre as placas é preenchido com ar. As placas são circulares e possuem raio de 3,00 cm. O capacitor é conectado a uma bateria, e uma carga de módulo 25,0 pC vai para cada placa. Com o capacitor ainda ligado à bateria, o dielétrico é inserido entre as placas, preenchendo completamente o espaço entre elas. Após a inserção do dielétrico, a carga em cada placa possui módulo de 45,0 pC. (a) Qual é a constante dielétrica K do dielétrico? (b) Qual é a diferença de potencial entre as placas antes e depois da inserção do dielétrico? (c) Qual é o campo elétrico em um ponto médio entre as placas antes e depois da inserção do dielétrico?

Seção 24.6 Lei de Gauss em dielétricos

24.43 • Um capacitor com placas paralelas possui o volume entre as placas preenchido com um plástico cuja constante dielétrica é K. O módulo da carga de cada placa é igual a Q. Cada carga possui área A e a distância entre as placas é igual a d. (a) Use a lei de Gauss dada pela Equação 24.23 para calcular o módulo do campo elétrico no dielétrico. (b) Use o campo elétrico determinado no item (a) para calcular a diferença de potencial entre as placas. (c) Aplique o resultado do item (b) para determinar a capacitância do capacitor. Compare o resultado à Equação 24.12.

24.44 • Um capacitor com placas paralelas possui placas com área de 0,0225 m^2, separadas por 1,00 mm de Teflon®. (a) Calcule a carga nas placas, quando são carregadas a uma diferença de potencial de 12,0 V. (b) Use a lei de Gauss (Equação 24.23) para calcular o campo elétrico no interior do Teflon®. (c) Use a lei de Gauss para calcular o campo elétrico, supondo que a fonte de voltagem seja desconectada e o Teflon® seja removido.

PROBLEMAS

24.45 • A unidade de *flash* de uma máquina fotográfica contém um capacitor que armazena a energia usada para produzir o *flash*. Em uma dessas unidades, um *flash* dura um tempo de $\frac{1}{675}$ s, com uma potência luminosa média igual a $2{,}70 \times 10^5$ W. (a) Se a conversão da energia elétrica em luz possui eficiência de 95% (a energia restante se transforma em energia térmica), qual é a energia que pode ser armazenada no capacitor para obter esse *flash*? (b) A diferença de potencial entre as placas de um capacitor é igual a 125 V quando a energia armazenada é igual ao valor calculado na parte (a). Qual é o valor da capacitância?

24.46 • Um capacitor com placas paralelas no ar é constituído por duas placas quadradas, com um mesmo lado de 12 cm e separadas por uma distância igual a 3,7 mm. Ele é conectado a uma bateria de 12 V. (a) Qual é a capacitância? (b) Qual é a carga de cada placa? (c) Qual é o campo elétrico entre as placas? (d) Qual é a energia armazenada no capacitor? (e) Supondo que a bateria seja desligada e, a seguir, as placas sejam puxadas até que a distância entre as placas passe para 7,4 mm, quais seriam as respostas dos itens (a), (b), (c) e (d)?

24.47 ••• Em alguns teclados de computador, cada tecla contém uma pequena placa metálica que funciona como uma das placas metálicas de um capacitor com ar. Quando pressionamos a tecla, a distância entre as placas diminui e a capacitância aumenta. Um circuito eletrônico detecta a variação da capacitância e, portanto, detecta também o movimento da tecla pressionada. Em um teclado particular, a área de cada placa metálica é igual a 42,0 mm^2 e a distância entre as placas é igual a 0,700 mm antes de a tecla ser pressionada. (a) Calcule a capacitância antes de a tecla ser pressionada. (b) Se o circuito eletrônico pode detectar uma variação de capacitância de 0,250 pF, qual é a distância mínima em que a tecla deve ser pressionada para que o circuito eletrônico possa detectar a compressão da tecla?

24.48 ••• BIO **Membranas celulares**. As membranas celulares (paredes que circundam as células) normalmente possuem cerca de 7,5 nm de espessura. Elas são parcialmente permeáveis, para permitir a passagem de material carregado, conforme a necessidade. Densidades de carga iguais, porém opostas, se formam nas faces internas e externas dessas membranas, e essas cargas impedem que cargas adicionais passem através da parede celular. É possível modelar uma membrana celular como um capacitor com placas paralelas, e a própria membrana contém proteínas embutidas em um material orgânico e podem dar a ela uma constante dielétrica de aproximadamente 10. (Veja a **Figura P24.48**.) (a) Qual é a capacitância por centímetro quadrado dessa parede celular? (b) Em seu estado normal de repouso, uma célula possui uma diferença de potencial de 85 mV através de sua membrana. Qual é o campo elétrico no interior dessa membrana?

Figura P24.48

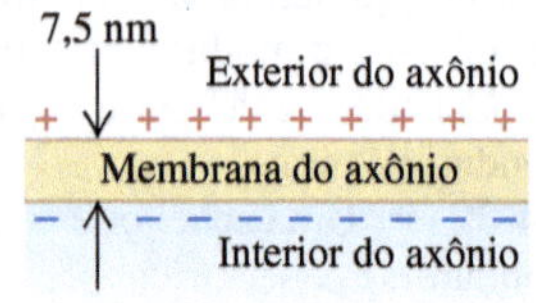

24.49 •• Um capacitor de 20,0 μF é carregado a uma diferença de potencial de 800 V. Em seguida, os terminais do capacitor carregado são ligados aos terminais de um capacitor não carregado de 10,0 μF. Calcule (a) a carga original do sistema, (b) a diferença de potencial final através de cada capacitor, (c) a energia final do sistema e (d) a diminuição da energia quando os capacitores estão ligados.

24.50 •• Na Figura 24.9a, considere $C_1 = 9{,}0\ \mu$F, $C_2 = 4{,}0\ \mu$F e $V_{ab} = 64$ V. Suponha que os capacitores carregados sejam desconectados da fonte e desconectados um do outro; a seguir, eles são novamente ligados entre si, porém através das placas com cargas *opostas*. O quanto a energia do sistema diminui?

24.51 • Para o circuito de capacitores indicado na **Figura P24.51**, a diferença de potencial através de a e b é de 12,0 V. Encontre (a) a energia total armazenada nesse circuito e (b) a energia armazenada no capacitor de 4,80 μF.

Figura P24.51

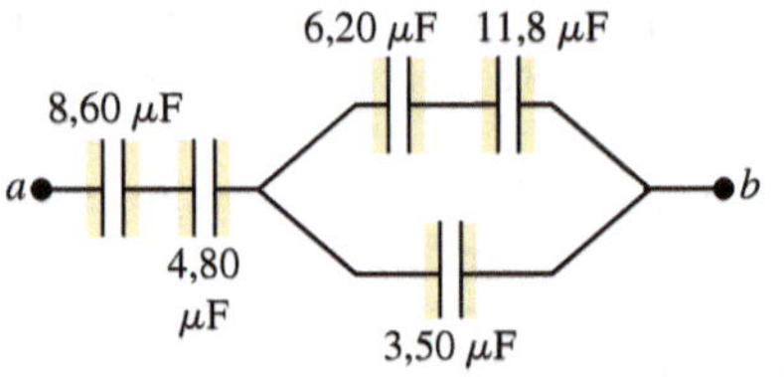

24.52 •• Na Figura E24.17, $C_1 = 6{,}00\ \mu$F, $C_2 = 3{,}00\ \mu$F, $C_3 = 4{,}00\ \mu$F e $C_4 = 8{,}00\ \mu$F. O circuito de capacitores está ligado a uma diferença de potencial aplicada V_{ab}. Quando as cargas nos capacitores possuem seus valores finais, a voltagem através de C_3 é igual a 40,0 V. Determine (a) as voltagens através de C_1 e C_2, (b) a voltagem através de C_4 e (c) a voltagem aplicada ao circuito.

24.53 • Na **Figura P24.53**, $C_1 = C_5 = 8{,}4\ \mu$F e $C_2 = C_3 = C_4 = 4{,}2\ \mu$F. A diferença de potencial aplicada é $V_{ab} = 220$ V. (a) Qual é a capacitância equivalente do circuito entre os pontos a e b? (b) Calcule a carga de cada capacitor e a diferença de potencial através de cada capacitor.

Figura P24.53

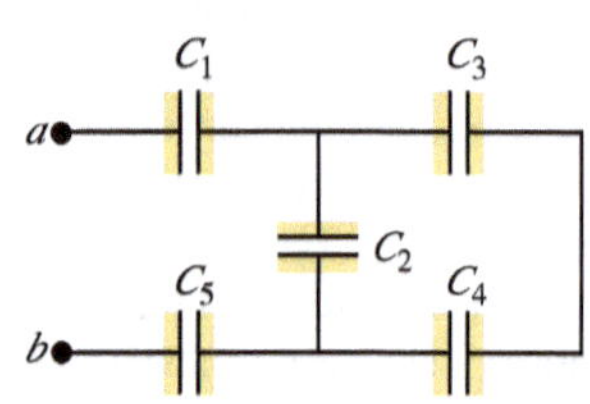

24.54 •• As tecnologias atuais da ciência de materiais permitem aos engenheiros construir capacitores com valores de C muito maiores do que era possível anteriormente. Um capacitor de $C = 3.000$ F suporta, de acordo com sua classificação, uma diferença de potencial máxima de 2,7 V. O capacitor cilíndrico possui diâmetro de 6,0 cm e comprimento de 13,5 cm. (a) Determine a energia potencial elétrica máxima que pode ser armazenada nesse capacitor. (b) Seu valor para o item (a) concorda com o valor de 3,0 Wh impresso no capacitor? (c) Qual é a densidade de energia máxima atingível nesse capacitor? (d) Compare essa densidade de energia máxima com a densidade de energia máxima possível para o poliéster (veja a Tabela 24.2).

24.55 •• Na Figura E24.20, $C_1 = 3{,}00\ \mu F$ e $V_{ab} = 150$ V. A carga do capacitor C_1 é igual a 150 μC e a carga de C_3 é igual a 450 μC. Determine o valor das capacitâncias de C_2 e de C_3.

24.56 • Os capacitores na **Figura P24.56** estão inicialmente descarregados e são conectados como indicado no diagrama com a chave S aberta. A diferença de potencial aplicada é dada por $V_{ab} = +210$ V. (a) Qual é a diferença de potencial V_{cd}? (b) Qual é a diferença de potencial através de cada capacitor depois de a chave S ser fechada? (c) Qual é a quantidade de carga que flui através da chave quando ela está fechada?

Figura P24.56

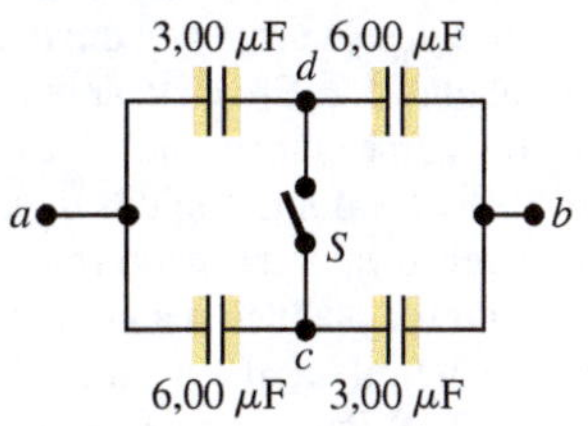

24.57 •• Três capacitores, com capacitâncias de 8,4, 8,4 e 4,2 μF, são conectados em série através de uma diferença de potencial de 36 V. (a) Qual é a carga do capacitor de 4,2 μF? (b) Qual é a energia total armazenada nos três capacitores? (c) Os capacitores são desconectados da diferença de potencial sem que eles se descarreguem. A seguir, eles são ligados em paralelo, com as placas de carga positiva ligadas entre si. Qual é a voltagem através de cada capacitor na ligação em paralelo? (d) Qual é a energia total final acumulada nos capacitores?

24.58 • **Capacitância de uma nuvem de tempestade.** O centro de carga de uma nuvem carregada, que paira a 3,0 km acima da superfície terrestre, contém 20 C de carga negativa. Supondo que o centro de carga possua raio de 1,0 km, e modelando o centro de carga e a superfície terrestre como placas paralelas, calcule: (a) a capacitância do sistema; (b) a diferença de potencial entre o centro de carga e o solo; (c) a força média do campo elétrico entre a nuvem e o solo; (d) a energia elétrica armazenada no sistema.

24.59 •• Na **Figura P24.59**, cada capacitância C_1 é igual a 6,9 μF e cada capacitância C_2 é igual a 4,6 μF. (a) Calcule a capacitância equivalente do circuito entre os pontos a e b. (b) Calcule a carga dos três capacitores mais próximos de a e de b quando $V_{ab} = 420$ V. (c) Determine V_{cd} quando a diferença de potencial é igual a 420 V entre a e b.

Figura P24.59

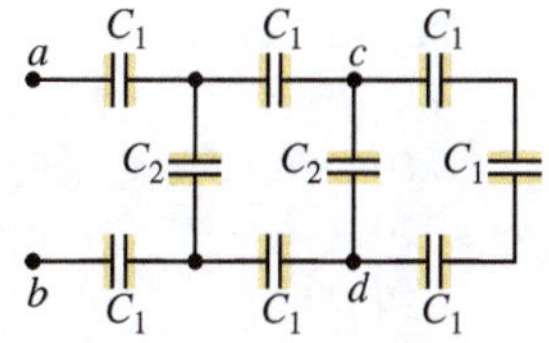

24.60 • Cada combinação de capacitores entre os pontos a e b na **Figura P24.60** é inicialmente conectada a uma bateria de 120 V, carregando a combinação em 120 V. Essas combinações são então ligadas entre si para formar o circuito indicado. Quando a chave S é acionada, uma corrente de carga para os capacitores em descarga flui, de modo a acionar o dispositivo de sinal. Qual é o fluxo de carga através do dispositivo de sinal em cada caso?

Figura P24.60

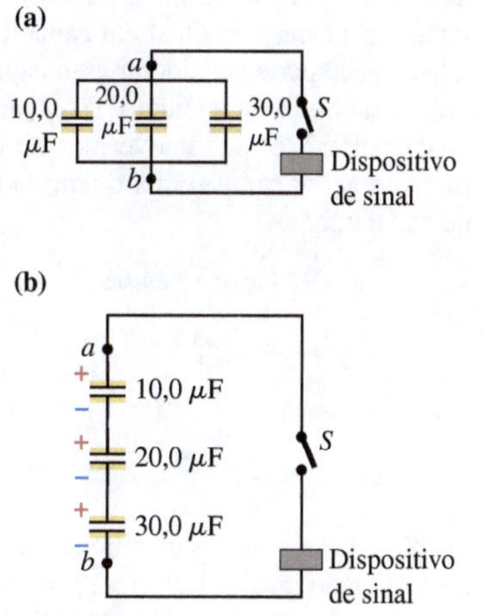

24.61 • Um capacitor com placas paralelas possui somente ar entre as placas e é carregado através da ligação a uma bateria. O capacitor é desconectado da bateria, sem que haja qualquer perda de carga das placas. (a) Um voltímetro registra 45,0 V quando colocado no capacitor. Quando um dielétrico é inserido entre as placas, preenchendo completamente o espaço entre elas, a leitura do voltímetro é de 11,5 V. Qual é a constante dielétrica desse material? (b) Qual será a leitura do voltímetro se o dielétrico for parcialmente removido, de modo a preencher somente um terço do espaço entre as placas?

24.62 •• Um capacitor no ar possui placas largas, com área A, separadas por uma distância d. A seguir, uma placa metálica com espessura a (menor que d), com as mesmas dimensões da área das placas, é inserida paralelamente entre as placas, sem tocar nenhuma delas (**Figura P24.62**). (a) Qual é a capacitância desse arranjo? (b) Expresse essa capacitância em função da capacitância C_0 existente antes da introdução da placa metálica. (c) Discuta o que ocorre com a capacitância nos limites $a \to 0$ e $a \to d$.

Figura P24.62

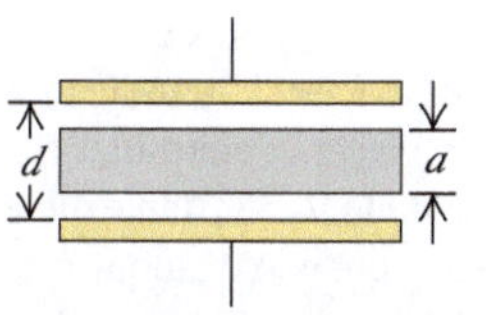

24.63 •• Uma diferença de potencial $V_{ab} = 48{,}0$ V é aplicada através do circuito de capacitores da Figura E24.17. Se $C_1 = C_2 = 4{,}00\ \mu F$ e $C_4 = 8{,}00\ \mu F$, qual deve ser o valor da capacitância C_3 para que o circuito armazene $2{,}90 \times 10^{-3}$ J de energia elétrica?

24.64 • **CALC** O cilindro interior de um longo capacitor cilíndrico possui raio r_a e densidade linear de carga $+\lambda$. Em torno dele, há uma casca condutora cilíndrica coaxial de raio interno r_b e densidade linear de carga $-\lambda$ (veja a Figura 24.6). (a) Qual é a densidade de energia na região entre os condutores a uma distância r do eixo? (b) Integre a densidade de energia calculada na parte (a) sobre o volume entre os condutores em um comprimento L do capacitor para obter a energia total do campo elétrico por unidade de comprimento. (c) Use a Equação 24.9 e a capacitância por unidade de comprimento calculada no Exemplo 24.4 (Seção 24.1) para calcular U/L. Seu resultado concorda com o obtido na parte (b)?

24.65 •• Um capacitor possui placas paralelas e quadradas, cada uma com 8,00 cm de lado, separadas por uma distância igual a 3,80 mm. O espaço entre as placas é completamente preenchido com duas placas quadradas de dielétrico, cada uma com lados de 8,00 cm e espessura de 1,90 mm. Uma placa é feita de vidro Pyrex® e a outra, de poliestireno. Se a diferença de potencial entre as placas é de 86,0 V, qual é a quantidade de energia elétrica armazenada no capacitor?

24.66 •• Um capacitor de placas paralelas consiste em duas placas de 12,0 cm de cada lado separadas por uma distância de 4,50 mm. Metade do espaço entre essas placas contém apenas ar, mas a outra metade é preenchida com Plexiglas® de constante dielétrica 3,40 (**Figura P24.66**). Uma bateria de 18,0 V está ligada às placas. (a) Qual é a capacitância dessa combinação? (*Dica*: você pode considerar esse capacitor como equivalente a dois capacitores em paralelo?) (b) Quanta energia é armazenada no capacitor? (c) Se removermos o Plexiglas® sem realizar outras alterações, qual será a quantidade de energia armazenada no capacitor?

Figura P24.66

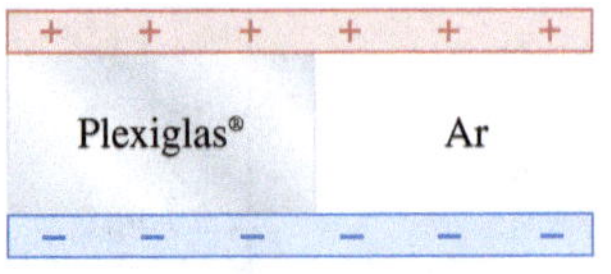

24.67 •• Três placas metálicas quadradas A, B e C, cada uma com um lado igual a 12,0 cm e espessura de 1,50 mm, são agrupadas como indica a **Figura P24.67**. As placas são separadas por folhas de papel com espessura de 0,45 mm e constante dielétrica igual a 4,2. As placas externas são conectadas por um fio e ligadas a um ponto b. A placa interna é ligada a um ponto a. (a) Faça um diagrama e mostre, usando sinais positivos e negativos, a distribuição de cargas sobre as placas quando o ponto a é mantido com um potencial positivo em relação ao ponto b. (b) Qual é o valor da capacitância entre os pontos a e b?

Figura P24.67

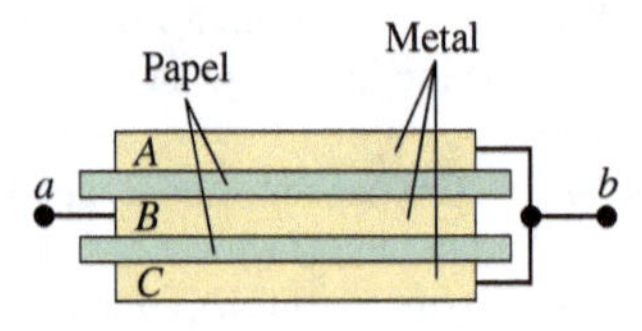

24.68 •• Um indicador de nível de combustível usa um capacitor para determinar a altura atingida pelo combustível em um tanque. A constante dielétrica efetiva K_{ef} varia de um valor igual a 1, quando o tanque está vazio, até um valor K, a constante dielétrica do combustível, quando o tanque está cheio. Um circuito eletrônico apropriado pode determinar a constante dielétrica efetiva da camada de ar combinada à camada do combustível entre as placas do capacitor. Cada uma das duas placas retangulares possui largura w e comprimento L (**Figura P24.68**). A altura do combustível entre as placas é h. Despreze qualquer efeito de borda. (a) Deduza a expressão para K_{ef} em função de h. (b) Qual é a constante dielétrica efetiva quando o tanque está cheio até $\frac{1}{4}$ de seu volume, $\frac{1}{2}$ de volume e até $\frac{3}{4}$ de volume, se o combustível for gasolina ($K = 1{,}95$)? (c) Repita a parte (b) para o metanol ($K = 33{,}0$). (d) Para qual dos dois fluidos esse indicador do nível de combustível é mais prático?

Figura P24.68

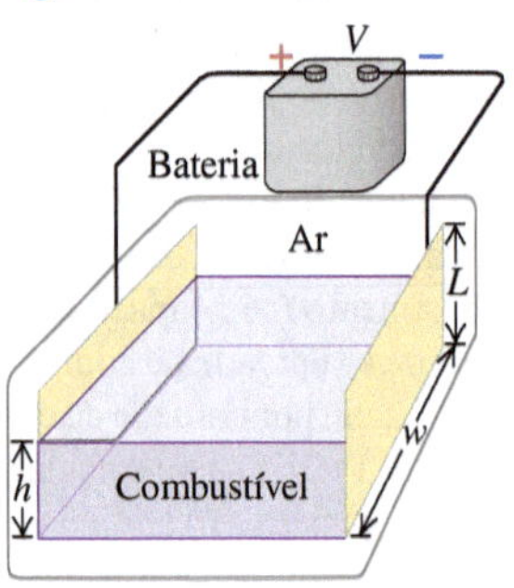

24.69 •• **DADOS** Seu fornecedor de energia elétrica possui um conjunto de capacitores com capacitância C_1 e outro conjunto de capacitores com capacitância C_2. Você terá que determinar os valores de C_1 e de C_2, porém sem poder medir individualmente o valor de C_1 nem o valor de C_2. Contudo, você dispõe de um circuito contendo esses conjuntos de capacitores com capacitâncias C_1 e C_2 interligados em uma combinação em série e um outro circuito contendo esses conjuntos de capacitores com capacitâncias C_1 e C_2 interligados em uma combinação em paralelo. Você dispõe de uma bateria de 200,0 V e pode medir com instrumentos a energia total fornecida pela bateria quando ela está conectada aos circuitos. Quando a bateria está conectada em paralelo ao conjunto de capacitores interligados em paralelo, o circuito armazena uma energia igual a 0,180 J. Quando a bateria está conectada em série aos conjuntos de capacitores interligados em série, o circuito armazena uma energia igual a 0,0400 J. Você foi informado que C_1 é maior do que C_2. (a) Calcule C_1 e C_2. (b) No caso da combinação em série, C_1 acumula mais carga do que C_2 ou as cargas acumuladas nestes capacitores são iguais? Qual dos dois capacitores acumula mais energia, ou C_1 acumula a mesma energia que C_2? (c) Repita o item (b) para o caso da combinação em paralelo.

24.70 •• **DADOS** Você está projetando capacitores para diversas aplicações. Para uma das aplicações, você deseja obter a maior energia acumulada possível. Para uma segunda aplicação, você deseja obter a carga máxima acumulada no sistema. Para uma terceira aplicação, você deseja obter a diferença de potencial máxima sem que ocorra a ruptura dielétrica do capacitor. Você começa com um capacitor plano de placas paralelas com ar entre as placas, sendo $C_0 = 6{,}0$ pF e a distância entre as placas igual a 2,50 mm. A seguir, você deseja usar cada um dos materiais dielétricos listados na Tabela 24.2. Em cada aplicação o dielétrico deve preencher todo o volume entre as placas, e o campo elétrico não pode passar de 50% do valor de rigidez dielétrica fornecida naquela tabela. (a) Calcule o valor da energia elétrica armazenada no capacitor para cada um dos cinco materiais listados naquela tabela. (b) Para cada material, qual é a carga Q acumulada em cada placa do capacitor? (c) Para cada material, qual é a tensão elétrica aplicada entre as placas do capacitor? (d) Qual dos materiais listados naquela tabela você escolheria para que a constante dielétrica se adaptasse melhor para as três experiências?

24.71 •• **DADOS** Você está realizando experiências com um capacitor plano de placas paralelas com ar entre as placas. Você conecta o capacitor a uma bateria com tensão elétrica igual a 24,0 V. Inicialmente a distância d entre as placas é igual a 0,0500 cm. Em uma das experiências, você deixa a distância entre as placas aumentar, com a bateria conectada, e mede a energia elétrica armazenada entre as placas para cada um dos valores de d. Em uma outra experiência, você desconecta a bateria antes de iniciar o aumento da distância entre as placas. Um conjunto de dados obtidos é indicado na **Figura P24.71**, na qual você plotou a energia acumulada em função de $1/d$. (a) Para qual das duas experiências esse conjunto de dados se aplica: para a primeira (com a bateria conectada) ou para a segunda (com a bateria desconectada antes das variações de d)? Explique. (b) Use os dados plotados na Figura P24.71 para calcular a área A de cada placa. (c) Para qual caso, bateria conectada ou desconectada, o capacitor armazena mais energia quando $d = 0{,}400$ cm? Explique.

Figura P24.71

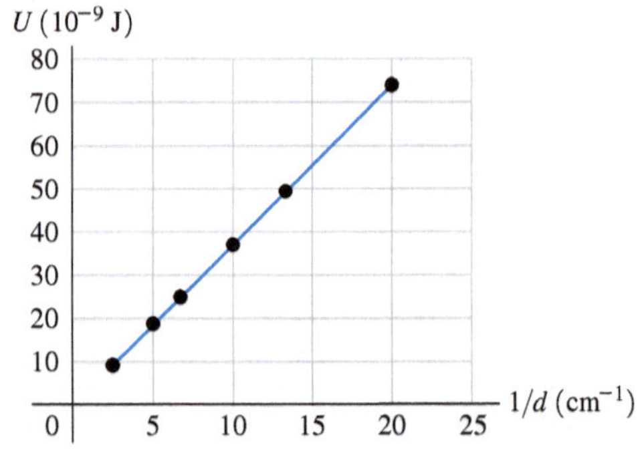

PROBLEMA DESAFIADOR

24.72 ••• Duas placas condutoras quadradas, cada qual com lado igual a L, são separadas por uma distância D. Uma placa dielétrica, com constante dielétrica K e dimensões $L \times L \times D$, é inserida até uma distância x no espaço entre as placas, como indicado na **Figura P24.72**. (a) Calcule a capacitância C do sistema. (b) Suponha que o capacitor seja conectado a uma bateria que mantém uma diferença de potencial constante V entre as placas. Se a placa dielétrica for inserida até uma distância adicional dx no espaço entre as placas, mostre que a variação de energia acumulada é dada por

$$dU = +\frac{(K-1)\epsilon_0 V^2 L}{2D}dx$$

(c) Suponha que, antes de a placa se mover uma distância dx, as placas sejam desconectadas da bateria, de modo que as cargas das placas permaneçam constantes. Determine o módulo da carga em cada placa e, a seguir, mostre que, quando a placa penetra mais uma distância dx no interior do espaço entre as placas, a energia acumulada varia de uma quantidade igual em módulo, mas de *sinal oposto* ao valor de dU, encontrado no item (b). (d) Se F for o módulo da força exercida sobre o dielétrico pelas cargas das placas, então dU deve ser igual ao trabalho realizado *contra* essa força para deslocar o dielétrico até uma distância dx. Portanto, $dU = -F\,dx$. Mostre que a aplicação desse resultado na parte (b) sugere que a força elétrica empurra o dielétrico *para fora* do capacitor, enquanto o resultado da parte (c) sugere que a força empurra o dielétrico *para dentro* do capacitor. (e) A Figura 24.16 mostra que a força empurra efetivamente o dielétrico para dentro do capacitor. Explique a razão pela qual o resultado da parte (b) fornece uma resposta incorreta para o sentido dessa força, e calcule o módulo da força. (Esse método não exige o conhecimento do campo nas bordas do capacitor.)

Figura P24.72

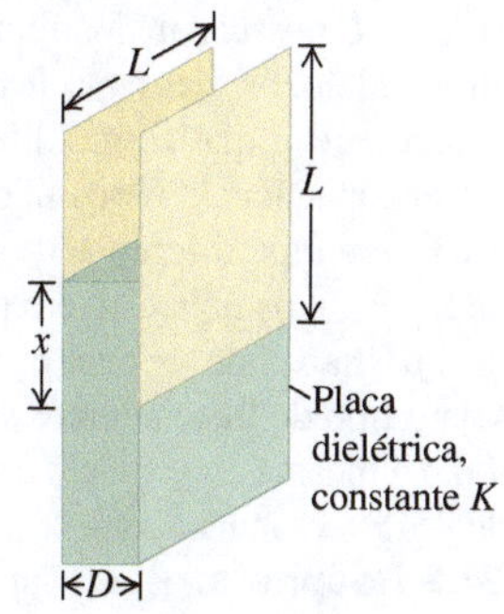

Problemas com contexto

BIO **O óvulo elétrico.** Após a fecundação, os óvulos de muitas espécies passam por uma rápida mudança na diferença de potencial através de sua membrana externa. Essa alteração afeta o desenvolvimento fisiológico dos óvulos. A diferença de potencial através da membrana é denominada *potencial de membrana*, V_m, que é o potencial dentro da membrana menos o potencial fora dela. O potencial de membrana surge quando as enzimas usam a energia disponível em ATP para expelir ativamente três íons de sódio (Na^+) e acumular dois íons de potássio (K^+) no interior da membrana — tornando o interior menos positivamente carregado que o exterior. Para um óvulo de um ouriço-do-mar, V_m é cerca de -70 mV; ou seja, o potencial no interior é 70 mV menor que no exterior. A membrana do óvulo comporta-se como um capacitor com uma capacitância aproximadamente igual a 1 μF/cm^2. A membrana do óvulo não fertilizado é *seletivamente permeável* a K^+; ou seja, K^+ pode passar facilmente através de certos canais da membrana, mas outros íons não podem. Quando um óvulo de um ouriço-do-mar é fertilizado, canais de Na^+ na membrana se abrem, Na^+ entra no óvulo e V_m aumenta rapidamente para $+30$ mV, e permanece assim durante vários minutos. A concentração de Na^+ é aproximadamente igual a 30 mmol/L no interior do óvulo, mas 450 mmol/L na água do mar em torno dele. A concentração de K^+ é aproximadamente igual a 200 mmol/L no interior e 10 mmol/L no exterior. Uma constante útil que liga as unidades elétricas e químicas é o *número de Faraday*, que tem um valor de cerca de 10^5 C/mol; ou seja, o número de Avogadro (um mol) de íons monovalentes, como Na^+ ou K^+, transporta uma carga de 10^5 C.

24.73 Quantos mols de Na^+ devem passar por unidade de área da membrana para alterar V_m de -70 mV para $+30$ mV, supondo que a membrana se comporte puramente como um capacitor? (a) 10^{-4} mol/cm^2; (b) 10^{-9} mol/cm^2; (c) 10^{-12} mol/cm^2; (d) 10^{-14} mol/cm^2.

24.74 Suponha que o óvulo possua um diâmetro de 200 μm. Qual alteração fracionária na concentração interna de Na^+ resulta da alteração induzida pela fertilização em V_m? Suponha que os íons de Na^+ sejam distribuídos por todo o volume da célula. A concentração aumenta (a) uma parte em 10^4; (b) uma parte em 10^5; (c) uma parte em 10^6; (d) uma parte em 10^7.

24.75 Suponha que a alteração em V_m tenha sido provocada pela entrada de Ca^{2+}, em vez de Na^+. Quantos íons de Ca^{2+} teriam de entrar na célula por unidade de membrana para produzir essa alteração? (a) Metade da quantidade de íons de Na^+; (b) a mesma quantidade de íons de Na^+; (c) o dobro da quantidade de íons de Na^+; (d) não é possível determinar sem conhecer as concentrações de Ca^{2+} no interior e no exterior do óvulo.

24.76 Qual é o trabalho mínimo que deve ser realizado pela célula para restabelecer o valor de V_m igual a -70 mV? (a) 3 mJ; (b) 3 μJ; (c) 3 nJ; (d) 3 pJ.

RESPOSTAS

Resposta à pergunta inicial do capítulo

Resposta: (iv) A Equação 24.9 indica que a energia armazenada em um capacitor com capacitância C e carga Q é $U = Q^2/2C$. Se a carga Q for duplicada, a energia armazenada aumenta por um fator de $2^2 = 4$. Note que, se o valor de Q for grande demais, o módulo do campo elétrico no interior do capacitor excederá a rigidez dielétrica do material entre as placas, provocando uma ruptura dielétrica (ver Seção 24.4). Isso impõe um limite prático à quantidade de energia que pode ser armazenada.

Respostas às perguntas dos testes de compreensão

24.1 Resposta: (iii) A capacitância não depende do valor da carga Q. Dobrar o valor de Q provoca a duplicação da diferença de potencial V_{ab}, portanto a capacitância $C = Q/V_{ab}$ permanece constante. Essas afirmações são verdadeiras, independentemente da forma geométrica do capacitor.

24.2 Resposta: (a) (i), (b) (iv) Em uma ligação em série, os dois capacitores possuem a mesma carga Q, mas não a mesma diferença de potencial $V_{ab} = Q/C$; o capacitor com a menor capacitância C possui a maior diferença de potencial. Em uma ligação em paralelo, os dois capacitores possuem a mesma diferença de potencial V_{ab}, mas cargas diferentes $Q = CV_{ab}$; o capacitor com maior capacitância C possui carga maior. Logo, um capacitor de 4 μF terá uma diferença de potencial maior que um capacitor de 8 μF, se os dois estiverem conectados em série. O capacitor de 4 μF não pode ter mais carga que o de 8 μF, não importa qual seja o tipo de ligação entre eles: em uma ligação em série, eles terão a mesma carga, e em uma ligação em paralelo, o capacitor de 8 μF terá mais carga.

24.3 Resposta: **(i)** Os capacitores ligados em série possuem a mesma carga Q. Para comparar a quantidade de energia armazenada, usamos a expressão $U = Q^2/2C$, da Equação 24.9; ela demonstra que o capacitor com *menor* capacitância ($C = 4\ \mu$F) possui mais energia armazenada em uma combinação em série. Por outro lado, os capacitores em paralelo possuem a mesma diferença de potencial V, de modo que, para compará-los, usamos $U = \frac{1}{2}CV^2$, da Equação 24.9. Ela demonstra que, em uma combinação paralela, o capacitor com a *maior* capacitância ($C = 8\ \mu$F) possui mais energia armazenada. (Se tivéssemos usado $U = \frac{1}{2}CV^2$ para analisar a combinação em série, teríamos de considerar as diferenças de potencial entre os dois capacitores. Da mesma forma, usar $U = Q^2/2C$ para estudar a combinação em paralelo demandaria que considerássemos as diferentes cargas dos capacitores.)

24.4 Resposta: **(i)** Neste caso, Q permanece constante, portanto usamos $U = Q^2/2C$, da Equação 24.9, para a energia armazenada. Remover o dielétrico reduz a capacitância por um fator de $1/K$; como U é inversamente proporcional a C, a energia armazenada *aumenta* por um fator de K. Retirar o dielétrico do capacitor demanda trabalho porque a deformação do campo tenta puxar o dielétrico de volta (Figura 24.16). O trabalho realizado vai para a energia armazenada no capacitor.

24.5 Resposta: **(i)**, **(iii)**, **(ii)** De acordo com a Equação 24.14, se E_0 for o módulo do campo elétrico inicial (antes da inserção do dielétrico), o módulo do campo resultante após a inserção do dielétrico será $E_0/K = E_0/3$. O módulo do campo resultante é igual à diferença entre o módulo do campo inicial e o módulo E_i do campo em função das cargas ligadas (ver Figura 24.20). Logo, $E_0 - E_i = E_0/3$ e $E_i = 2E_0/3$.

24.6 Resposta: **(iii)** A Equação 24.23 mostra que essa situação é a mesma que a de uma carga puntiforme isolada na presença de vácuo, mas com $\vec{E}$ substituído por $K\vec{E}$. Logo, KE no ponto de interesse é igual a $q/4\pi\epsilon_0 r^2$, portanto $E = q/4\pi K\epsilon_0 r^2$. Como no Exemplo 24.12, o preenchimento do espaço com um dielétrico reduz o campo elétrico por um fator de $1/K$.

Problema em destaque

(a) 0 **(b)** $Q^2/32\pi^2\epsilon_0 r^4$ **(c)** $Q^2/8\pi\epsilon_0 R$ **(d)** $Q^2/8\pi\epsilon_0 R$ **(e)** $C = 4\pi\epsilon_0 R$

?Em uma lanterna, como o fluxo de corrente para fora da lâmpada se compara ao fluxo da corrente para dentro dela? (i) A corrente para fora é menor que a corrente para dentro; (ii) a corrente para fora é maior que a corrente para dentro; (iii) a corrente para fora é igual à corrente para dentro; (iv) a resposta depende do brilho da lâmpada.

25 CORRENTE, RESISTÊNCIA E FORÇA ELETROMOTRIZ

OBJETIVOS DE APRENDIZAGEM

Ao estudar este capítulo, você aprenderá:

25.1 O significado de corrente elétrica e como as cargas se movem em um condutor.

25.2 O que significam a resistividade e a condutividade de uma substância.

25.3 Como calcular a resistência de um condutor a partir de suas dimensões e de sua resistividade.

25.4 Como uma força eletromotriz (fem) possibilita o fluxo de uma corrente em um circuito.

25.5 Como fazer cálculos que envolvam energia e potência em circuitos.

25.6 Como usar um modelo simples para compreender o fluxo de corrente em metais.

Revendo conceitos de:

17.7 Condutividade térmica.

23.2 Voltímetros, campo elétrico e potencial elétrico.

24.4 Ruptura dielétrica em isolantes.

Nos quatro capítulos anteriores, estudamos as interações de cargas elétricas *em repouso*; agora estamos preparados para estudar as cargas *em movimento*. Uma *corrente elétrica* é o movimento de cargas de uma região para outra. Quando esse movimento ocorre ao longo de uma trajetória que forma um circuito fechado, a trajetória denomina-se *circuito elétrico*.

Um circuito elétrico fornece, basicamente, um caminho para transferir *energia* de um local para outro. À medida que as partículas carregadas fluem através do circuito, a energia potencial elétrica é transferida de uma fonte (como uma bateria ou um gerador) até um dispositivo no qual essa energia é armazenada ou então convertida em outras formas de energia: em som de um sistema estéreo, em calor de uma torradeira ou em luz de uma lâmpada. Os circuitos elétricos são úteis porque permitem que a energia seja transportada sem partes móveis (além do movimento das próprias partículas carregadas). Os circuitos elétricos são essenciais em computadores, sistemas de transmissão e recepção de TV e sistemas domésticos e industriais de distribuição de energia elétrica. Seu sistema nervoso é um circuito elétrico especializado que transmite sinais vitais de uma parte do corpo para outra.

No Capítulo 26, veremos como analisar os circuitos elétricos e examinaremos algumas aplicações práticas dos circuitos. Antes disso, porém, devemos estudar as propriedades básicas dos circuitos elétricos, apresentadas neste capítulo. Para começar, descreveremos as propriedades dos condutores e como elas dependem da temperatura. Aprenderemos por que um fio de cobre curto, grosso e frio é melhor condutor que um fio de aço longo, fino e quente. Estudaremos as propriedades das baterias e como elas produzem corrente e transferência de energia em um circuito. Para essa análise, usaremos os conceitos de corrente, diferença de potencial (ou voltagem), resistência e força eletromotriz. Finalmente, faremos um estudo da corrente elétrica através de um material usando um ponto de vista microscópico.

25.1 CORRENTE

Uma **corrente** é qualquer movimento de cargas de uma região para outra. Nesta seção, discutiremos correntes em materiais condutores. A maioria das aplicações tecnológicas das cargas em movimento envolve correntes desse tipo.

Em situações nas quais ocorre equilíbrio eletrostático (estudadas nos capítulos 21 a 24), o campo elétrico é igual a zero em todos os pontos no interior de um condutor, portanto não existe *nenhuma* corrente. Contudo, isso não significa que todas as cargas no interior do condutor estejam em repouso. Em um metal comum, como no caso do cobre ou do alumínio, alguns elétrons podem se mover livremente no interior do material condutor. Esses elétrons livres se movem caoticamente em todas as direções, de modo análogo ao movimento das moléculas de um gás, porém com velocidades muito mais elevadas, da ordem de 10^6 m/s. Entretanto, os elétrons não escapam do material condutor, porque são atraídos pelos íons positivos do material. O movimento dos elétrons é caótico; logo, não existe nenhum fluxo *efetivo* de cargas em nenhuma direção fixa e, portanto, não há corrente.

Figura 25.1 Quando não existe nenhum campo elétrico no interior de um material condutor, um elétron pode se mover caoticamente do ponto P_1 até P_2 depois de um intervalo de tempo Δt. Quando um campo elétrico $\vec{E}$ está presente, a força elétrica $\vec{F} = q\vec{E}$ produz uma pequena velocidade de arraste (muito exagerada na figura), que conduz o elétron ao ponto P'_2 por uma distância $v_a \Delta t$ de P_2 no sentido da força.

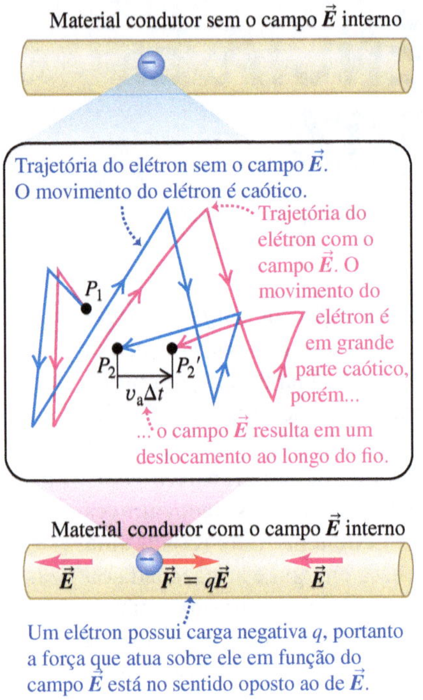

Considere agora o que ocorre quando um campo elétrico $\vec{E}$, estacionário e constante, é estabelecido no interior de um condutor. (Mais adiante mostraremos como isso pode ser feito.) Uma partícula carregada (como um elétron livre) no interior do material condutor é submetida a uma força estacionária $\vec{F} = q\vec{E}$. Se a referida carga estivesse no *vácuo*, essa força estacionária produziria uma aceleração estacionária na mesma direção da força $\vec{F}$ e, depois de um certo tempo, a carga estaria se deslocando nessa mesma direção com uma velocidade mais elevada. Contudo, quando as partículas carregadas se movem no interior de um *condutor*, elas frequentemente colidem com os íons grandes do material que permanecem praticamente estáticos. O efeito resultante do campo elétrico $\vec{E}$ é tal que, além do movimento caótico das partículas carregadas, existe também um movimento muito lento, ou movimento de *arraste*, de um grupo de partículas carregadas na direção da força elétrica $\vec{F} = q\vec{E}$ (**Figura 25.1**). Esse movimento é descrito pela **velocidade de arraste** $\vec{v}_a$ das partículas. Como resultado, existe uma corrente resultante no condutor.

Se, por um lado, o movimento caótico dos elétrons tem uma velocidade média muito elevada, da ordem de 10^6 m/s, por outro lado, a velocidade de arraste é muito lenta, geralmente da ordem de 10^{-4} m/s. Mas, se os elétrons se movem tão lentamente, por que a luz surge imediatamente quando acendemos uma lanterna? A razão disso é que o campo elétrico se forma no interior do fio com uma velocidade que se aproxima à da velocidade da luz, e os elétrons começam a se mover ao longo do fio praticamente ao mesmo tempo. O tempo que qualquer elétron leva individualmente para se mover do interruptor até a lâmpada não é realmente relevante. Uma boa analogia é um grupo de soldados em posição de atenção, quando o sargento ordena que comecem a marchar; o comando chega aos ouvidos dos soldados à velocidade do som, que é muito maior que a velocidade da marcha; portanto, todos os soldados começam a se mover, essencialmente, ao mesmo tempo.

A direção e o sentido do fluxo da corrente

O arraste das cargas que se movem através de um condutor pode ser interpretado com base no trabalho e na energia. O campo elétrico $\vec{E}$ realiza um trabalho sobre as cargas que se deslocam. A energia cinética resultante é transferida para o material do condutor por meio das colisões com os íons, que vibram em torno de suas posições de equilíbrio na rede cristalina do condutor. Essa energia transferida produz um aumento da energia de vibração média dos íons e, portanto, faz aumentar a temperatura do material. Logo, grande parte do trabalho realizado pelo campo elétrico é usada para aquecer o condutor, *não* para acelerar os elétrons. Esse calor algumas vezes possui aplicação útil, como no caso de uma torradeira elétrica, porém muitas vezes ele é um efeito indesejável, inevitavelmente associado à corrente elétrica.

Em diferentes materiais que conduzem uma corrente, as cargas das partículas que se movem podem ser positivas ou negativas. Nos metais, as cargas que se movem são sempre elétrons (negativos), enquanto em um gás ionizado (plasma) ou em uma solução iônica as partículas incluem elétrons e íons positivos. Em um material semicondutor, como o germânio ou o silício, a condução pode ocorrer pelo movimento de elétrons ou pelo movimento de *vacâncias*, mais conhecidas como *buracos*, que são locais da rede onde não existem elétrons e que funcionam como se fossem cargas positivas.

Na **Figura 25.2**, indicamos segmentos de dois materiais que transportam uma corrente. Na Figura 25.2a, as cargas que se deslocam são positivas, a força elétrica possui o mesmo sentido do campo $\vec{E}$ e a velocidade de arraste $\vec{v}_a$ apresenta sentido da esquerda para a direita. Na Figura 25.2b, as cargas são negativas, a força elétrica apresenta sentido oposto ao de $\vec{E}$ e a velocidade de arraste $\vec{v}_a$ possui sentido da direita para a esquerda. Em ambos os casos, há um fluxo resultante de carga positiva da esquerda para a direita, e as cargas positivas ficam à direita das cargas negativas. *Definimos* a corrente, designada pela letra I, como o movimento de cargas *positivas*. Portanto, descrevemos as correntes como se elas fossem um fluxo de cargas positivas, mesmo em casos nos quais sabemos que a corrente real é produzida pelos elétrons. Portanto, a corrente, tanto no caso da Figura 25.2a quanto no caso da Figura 25.2b, é considerada no sentido da esquerda para a direita. Essa escolha, ou convenção, para o fluxo das cargas, denomina-se **corrente convencional**. Embora o sentido da corrente convencional *não* seja necessariamente o mesmo do sentido real do movimento das cargas, verificaremos que o sinal das cargas que se movem é irrelevante para a análise dos circuitos elétricos.

Na **Figura 25.3**, indicamos o segmento de um condutor no qual uma corrente está fluindo. Consideramos as cargas *positivas*, de modo que elas se movem no mesmo sentido da corrente. Definimos a corrente pela área com seção reta A como igual ao *fluxo total das cargas através da área por unidade de tempo*. Logo, se uma carga líquida dQ flui através de uma área em um intervalo de tempo dt, a corrente I através da área é dada por

$$I = \frac{dQ}{dt} \quad \text{(definição de corrente)} \qquad (25.1)$$

ATENÇÃO Corrente não é um vetor Embora usemos a palavra *sentido* de uma corrente, como definido pela Equação 25.1, observamos que ela *não* é uma grandeza vetorial. Em um fio que transporta uma corrente, esta flui sempre ao longo do comprimento do fio, tanto em fios retilíneos quanto em fios curvos. Um único vetor não pode descrever a mesma grandeza ao longo de uma trajetória curva; por essa razão a corrente não é um vetor. A direção da corrente será definida em palavras (como na frase "a corrente flui no sentido horário em torno do circuito") ou será escolhida como positiva a corrente que flui em determinado sentido e negativa aquela que flui no sentido contrário.

A unidade SI de corrente denomina-se **ampère**; um ampère é definido *como um coulomb por segundo* (1 A = 1 C/s). O nome dessa unidade foi dado em homenagem ao cientista francês André Marie Ampère (1775-1836). Quando uma lanterna comum é ligada, a corrente que passa na lanterna é da ordem de 0,5 até 1 A; a corrente nos fios do motor de arranque usado para dar partida no motor de um automóvel é da ordem de 200 A. As correntes em circuitos de rádio e de televisão são geralmente expressas em *miliampères* (1 mA = 10^{-3} A) ou *microampères* (1 μA = 10^{-6} A), e as correntes em circuitos de computadores são expressas em *nanoampères* (1 nA = 10^{-9} A) ou *picoampères* (1 pA = 10^{-12} A).

Corrente, velocidade de arraste e densidade de corrente

Podemos expressar uma corrente com base na velocidade de arraste das cargas que se movem. Vamos considerar novamente a situação indicada na Figura 25.3: um condutor com seção reta de área A e um campo elétrico $\vec{E}$ orientado da esquerda

Figura 25.2 A mesma corrente pode ser produzida por (a) cargas positivas que se deslocam no mesmo sentido do campo $\vec{E}$ ou (b) por um número igual de cargas negativas se deslocando com a mesma velocidade no sentido contrário ao do campo $\vec{E}$.

(a)

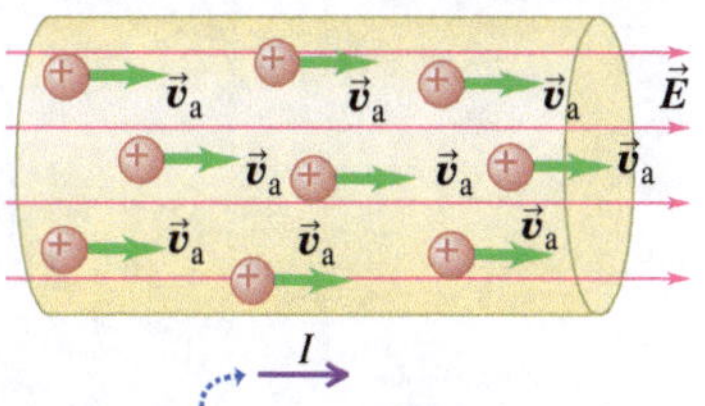

Uma **corrente convencional** é tratada como um fluxo de cargas positivas, não importando se as cargas livres no condutor são positivas, negativas ou ambas.

(b)

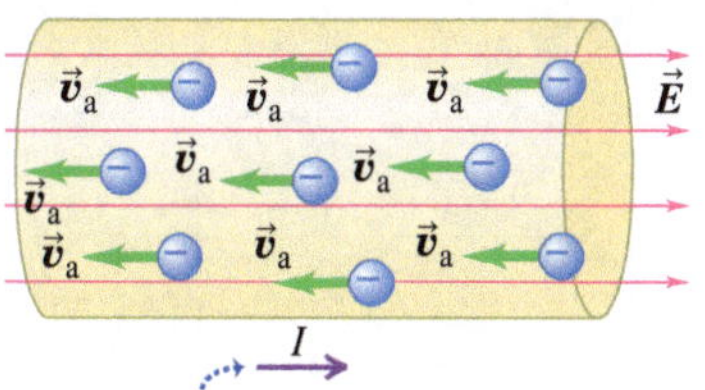

Em um condutor metálico, as cargas em movimento são elétrons — mas a *corrente* ainda aponta no sentido do movimento das cargas positivas.

Figura 25.3 A corrente I através da área com seção reta A é a taxa de variação com o tempo da carga transferida através de A. O movimento caótico de cada partícula possui velocidade média igual a zero, e a corrente resultante apresenta o mesmo sentido de $\vec{E}$, sejam as cargas em movimento positivas (como exemplificado neste caso) ou negativas (como na Figura 25.2b).

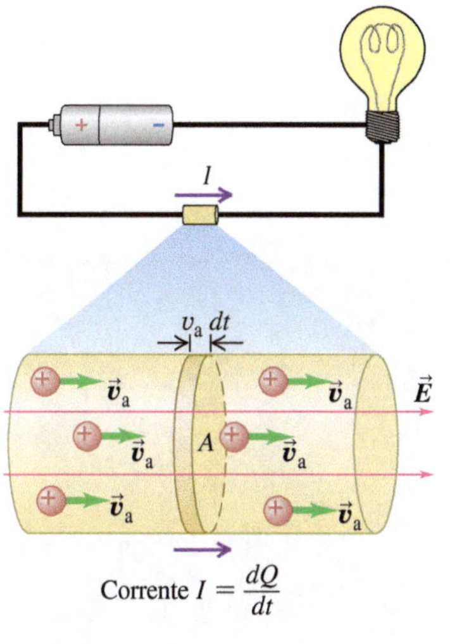

para a direita. Em princípio, suponhamos que as cargas livres do condutor sejam positivas; então, a velocidade de arraste possui o mesmo sentido do campo elétrico.

Suponha que existam n partículas carregadas em movimento por unidade de volume. A grandeza n denomina-se **concentração** de partículas; sua unidade SI é m^{-3}. Suponha que todas as partículas se movam com a mesma velocidade de arraste com módulo v_a. Em um intervalo de tempo dt, cada partícula se desloca uma distância $v_a\,dt$. As partículas que fluem para fora da extremidade direita do cilindro sombreado de comprimento $v_a\,dt$ durante o tempo dt são as partículas que estavam no interior desse cilindro no início do intervalo dt. O volume do cilindro é dado por $Av_a\,dt$, e o número de partículas em seu interior é $nAv_a\,dt$. Se cada partícula possui uma carga q, a carga dQ que flui para fora da extremidade direita do cilindro durante o tempo dt é dada por

$$dQ = q(nAv_a\,dt) = nqv_a A\,dt$$

e a corrente é

$$I = \frac{dQ}{dt} = nqv_a A$$

A **densidade de corrente** J é definida como a corrente que flui *por unidade de área da seção reta*:

$$J = \frac{I}{A} = nqv_a$$

As unidades de densidade de corrente são ampères por metro quadrado (A/m^2).

Quando as cargas que se movem forem negativas em vez de positivas, como na Figura 25.2b, a velocidade de arraste terá sentido contrário ao de $\vec{E}$. Porém, a *corrente* apresentará ainda o mesmo sentido de $\vec{E}$ em cada ponto do condutor. Portanto, a densidade de corrente J e a corrente I não dependem do sinal da carga e, portanto, nas expressões anteriores para J e para I, podemos substituir a carga q por seu valor absoluto $|q|$:

$$I = \frac{dQ}{dt} = n|q|v_a A \qquad (25.2)$$

Corrente através de uma área; Razão do fluxo de carga através da área; Módulo da velocidade de arraste; Área da seção reta; Concentração de partículas carregadas em movimento; Carga por partícula

$$J = \frac{I}{A} = n|q|v_a \quad \text{(densidade de corrente)} \qquad (25.3)$$

A corrente em um condutor é igual ao produto da concentração das cargas em movimento, vezes o módulo da carga de cada partícula, vezes o módulo da velocidade de arraste, vezes a área da seção reta do condutor.

Podemos também definir um *vetor* densidade de corrente $\vec{J}$ que inclui o sentido da velocidade de arraste:

$$\vec{J} = nq\vec{v}_a \qquad (25.4)$$

Vetor densidade de corrente; Velocidade de arraste; Concentração de partículas carregadas em movimento; Carga por partícula

Não existe *nenhum* sinal de valor absoluto na Equação 25.4. Quando q é positivo, $\vec{v}_a$ tem o mesmo sentido de $\vec{E}$, e, quando q é negativo, $\vec{v}_a$ tem sentido oposto ao de $\vec{E}$; porém, em qualquer dos dois casos, $\vec{J}$ apresenta sempre o mesmo sentido de $\vec{E}$. A Equação 25.3 fornece o *módulo* J do vetor densidade de corrente $\vec{J}$.

ATENÇÃO Densidade de corrente *versus* corrente Note que a densidade de corrente $\vec{J}$ é um vetor, mas a corrente I não. A diferença é que a densidade de corrente $\vec{J}$ descreve como as cargas fluem em determinado ponto, e o sentido do vetor descreve o sentido do fluxo nesse ponto. Por outro lado, a corrente I descreve como as cargas fluem através de um objeto estendido, como um fio. Por exemplo, I possui o mesmo valor em todos os pontos do circuito na Figura 25.3, mas $\vec{J}$ não: a densidade de corrente aponta de cima para baixo, no lado esquerdo do circuito, e de baixo para cima, no lado direito. O módulo de $\vec{J}$ também pode variar em torno de um circuito. Na Figura 25.3, o módulo da densidade de carga $J = I/A$ é menor na bateria (que possui uma área de seção reta A) que nos fios (que possuem uma área de seção reta pequena).

Em geral, um condutor pode conter diferentes tipos de cargas que se movem q_1, q_2, ..., concentrações n_1, n_2, ... e velocidades de arraste v_{a1}, v_{a2}, ... Exemplo disso é a condução em uma solução iônica (**Figura 25.4**). Em uma solução de cloreto de sódio, a corrente é transportada tanto pelos íons de sódio positivos quanto pelos íons de cloro negativos; a corrente total I é calculada somando-se as correntes produzidas pelos dois tipos de cargas, aplicando-se a Equação 25.2. Analogamente, o vetor densidade de corrente total $\vec{J}$ pode ser calculado usando-se a Equação 25.4 para cada partícula carregada e somando-se os resultados.

Figura 25.4 Uma parte do circuito elétrico que inclui esta lâmpada passa por um recipiente que contém uma solução de cloreto de sódio. A corrente na solução é a soma da corrente de cargas positivas (íons Na^+) com a corrente de cargas negativas (íons Cl^-).

Veremos, na Seção 25.4, que é possível obter uma corrente *estacionária* (ou seja, aquela que não varia com o tempo) somente quando o condutor forma um circuito fechado, chamado de *circuito completo*. Nessa situação estacionária, a carga total em cada segmento do condutor permanece constante. Portanto, a taxa do fluxo da carga *para fora* de uma das extremidades do segmento, em qualquer instante, é igual à taxa do fluxo da carga *para dentro* da outra extremidade do segmento; e a *corrente é a mesma através de qualquer seção reta do circuito*. Usaremos essa observação quando analisarmos circuitos elétricos, mais adiante neste capítulo.

Em muitos circuitos simples, como no caso de uma lanterna ou de uma furadeira elétrica, o sentido da corrente é sempre o mesmo; essa corrente denomina-se *corrente contínua*. No entanto, certos aparelhos eletrodomésticos, como uma torradeira, um refrigerador ou uma televisão, utilizam *corrente alternada*, que muda de sentido permanentemente. Neste capítulo, vamos considerar apenas a corrente contínua. Uma corrente alternada possui características especiais que merecem um estudo detalhado, o qual será feito no Capítulo 31.

EXEMPLO 25.1 DENSIDADE DE CORRENTE E VELOCIDADE DE ARRASTE EM UM FIO

Um fio de cobre com calibre 18 (geralmente usado nos fios que ligam lâmpadas) possui um diâmetro nominal igual a 1,02 mm. Esse fio está conectado a uma lâmpada de 200 W e conduz uma corrente de 1,67 A. A densidade dos elétrons livres é de $8{,}5 \times 10^{28}$ elétrons por metro cúbico. Calcule os módulos (a) da densidade de corrente e (b) da velocidade de arraste.

SOLUÇÃO

IDENTIFICAR E PREPARAR: este problema usa as relações entre corrente I, densidade de corrente J e velocidade de arraste v_a. Conhecemos a corrente e as dimensões do fio, portanto usamos a Equação 25.3 para calcular o módulo J da densidade de corrente. Então, usamos a Equação 25.3 novamente para determinar a velocidade de arraste v_a a partir de J e a concentração de elétrons n, que conhecemos.

EXECUTAR: (a) a área da seção reta é dada por

$$A = \frac{\pi d^2}{4} = \frac{\pi(1{,}02 \times 10^{-3}\ \text{m})^2}{4} = 8{,}17 \times 10^{-7}\ \text{m}^2$$

O módulo de densidade de corrente é, então,

$$J = \frac{I}{A} = \frac{1{,}67\ \text{A}}{8{,}17 \times 10^{-7}\ \text{m}^2} = 2{,}04 \times 10^6\ \text{A/m}^2$$

(b) Explicitando o módulo da velocidade de arraste v_a da Equação 25.3, obtemos

$$v_a = \frac{J}{n|q|} = \frac{2{,}04 \times 10^6\ \text{A/m}^2}{(8{,}5 \times 10^{28}\ \text{m}^{-3})|-1{,}60 \times 10^{-19}\ \text{C}|}$$

$$= 1{,}5 \times 10^{-4}\ \text{m/s} = 0{,}15\ \text{mm/s}$$

AVALIAR: com essa velocidade, um elétron levaria 6.700 s (quase 2 h) para percorrer uma distância igual a 1 m ao longo do fio. As velocidades dos movimentos caóticos dos elétrons são da ordem de 10^6 m/s, cerca de 10^{10} vezes maior que a velocidade de arraste. Imagine os elétrons vagando freneticamente com velocidades fantásticas, porém com um arraste extremamente lento!

TESTE SUA COMPREENSÃO DA SEÇÃO 25.1 Suponha que substituímos o fio do Exemplo 25.1 por outro, de cobre com calibre 12 e que possui o dobro do diâmetro do anterior, de calibre 18. Se mantivermos a mesma corrente, que efeito isso teria sobre o módulo da velocidade de arraste v_a? (i) Nenhum — v_a não varia; (ii) v_a duplica; (iii) v_a é quatro vezes maior; (iv) v_a se reduz pela metade; (v) v_a se reduz a um quarto do valor. ❙

25.2 RESISTIVIDADE

A densidade de corrente $\vec{J}$ em um condutor depende do campo elétrico $\vec{E}$ e das propriedades do material. Essa dependência, em geral, é muito complexa. Porém, para certos materiais, especialmente para os metais, em uma dada temperatura, $\vec{J}$ é quase *diretamente proporcional* a $\vec{E}$, e a razão entre os módulos E e J permanece constante. Essa relação, chamada de lei de Ohm, foi descoberta em 1826 pelo físico alemão Georg Simon Ohm (1787-1854). A palavra "lei" deveria, na verdade, estar entre aspas, porque a **lei de Ohm**, assim como a lei dos gases ideais e a lei de Hooke, fornece um *modelo idealizado* que descreve muito bem o comportamento de alguns materiais, porém não fornece uma descrição geral para *todos* os materiais. Na discussão seguinte, vamos supor que a lei de Ohm seja válida, embora existam muitas situações para as quais ela não é aplicável.

Definimos a **resistividade** ρ de um material como a razão entre o módulo do campo elétrico e o módulo da densidade de corrente:

Resistividade de um material → $$\rho = \frac{E}{J} \quad (25.5)$$
E: Módulo do campo elétrico no material
J: Módulo da densidade de corrente causada pelo campo elétrico

Quanto maior for o valor da resistividade, maior será o campo elétrico necessário para produzir uma dada densidade de corrente, ou menor será a densidade de corrente gerada por um dado campo elétrico. É possível observar, na Equação 25.5, que as unidades de ρ são (V/m)/(A/m^2) = V · m/A. Como veremos na Seção 25.3, 1 V/A denomina-se 1 *ohm* (1 Ω; usamos a letra grega maiúscula Ω, ou "ômega", para designar "ohm"). Logo, as unidades SI de ρ são Ω · m (ohm vezes metro). Alguns valores da resistividade são indicados na **Tabela 25.1**. Um condutor perfeito deveria ter resistência igual a zero e um isolante perfeito deveria ter resistência infinita. Os metais e as ligas metálicas são os materiais com menor resistividade e também os melhores condutores. A resistividade de um isolante é cerca de 10^{22} vezes mais elevada que a resistividade de um condutor.

TABELA 25.1 Valores da resistividade em temperatura ambiente (20 °C).

	Substância	ρ (Ω · m)	Substância	ρ (Ω · m)
Condutores			**Semicondutores**	
Metais	Prata	$1,47 \times 10^{-8}$	Carbono puro (grafite)	$3,5 \times 10^{-5}$
	Cobre	$1,72 \times 10^{-8}$	Germânio puro	0,60
	Ouro	$2,44 \times 10^{-8}$	Silício puro	2.300
	Alumínio	$2,75 \times 10^{-8}$	**Isolantes**	
	Tungstênio	$5,25 \times 10^{-8}$	Âmbar	5×10^{14}
	Aço	20×10^{-8}	Vidro	$10^{10} - 10^{14}$
	Chumbo	22×10^{-8}	Lucita	$> 10^{13}$
	Mercúrio	95×10^{-8}	Mica	$10^{11} - 10^{15}$
Ligas	Manganina (Cu 84%, Mn 12%, Ni 4%)	44×10^{-8}	Quartzo (fundido)	75×10^{16}
	Constantan (Cu 60%, Ni 40%)	49×10^{-8}	Enxofre	10^{15}
	Nicromo	100×10^{-8}	Teflon®	$> 10^{13}$
			Madeira	$10^{8} - 10^{11}$

O inverso da resistividade é a **condutividade**. Suas unidades SI são $(\Omega \cdot m)^{-1}$. Um bom condutor de eletricidade possui condutividade muito maior que um isolante. A condutividade elétrica é análoga à condutividade térmica. Comparando a Tabela 25.1 com a Tabela 17.5 (Condutividade térmica), notamos que um bom condutor elétrico, como um metal, geralmente é um bom condutor de calor. Um mau condutor elétrico, como plástico ou cerâmica, costuma ser um mau condutor de calor. Em um metal, os elétrons livres, que são os portadores de carga na condução elétrica, também são os principais responsáveis pela condução de calor, portanto espera-se que haja uma relação entre a condutividade elétrica e a condutividade térmica. Como existe uma enorme diferença entre a condutividade de um condutor e a de um isolante, é fácil confinar a corrente elétrica em determinados caminhos ou circuitos (**Figura 25.5**). Entretanto, como a diferença entre a condutividade *térmica* de um condutor de calor e a condutividade de um isolante é apenas um fator aproximadamente igual a 10^3, em geral é impossível confinar um fluxo de calor com a mesma facilidade da corrente elétrica.

Figura 25.5 Os "fios" de cobre, ou trilhas, nesta placa de circuito, são diretamente impressos na superfície da placa isolante de cor escura. Embora os traços estejam muito próximos uns dos outros (somente cerca de um milímetro de distância), a placa possui uma resistividade tão alta (e uma baixa condutividade) em comparação à do cobre que não há nenhum fluxo de corrente entre os traços.

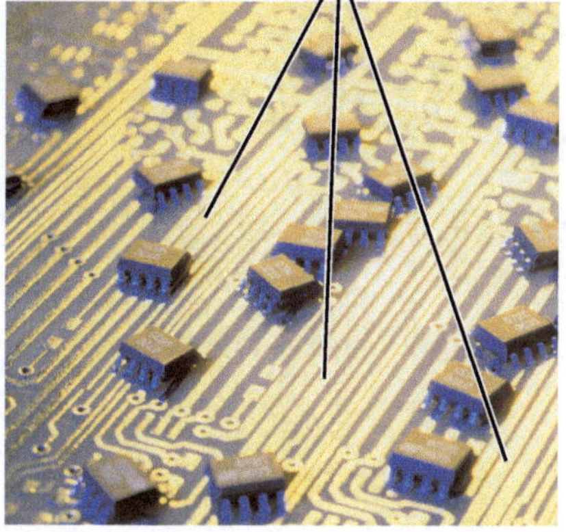

Um *semicondutor* possui resistividade intermediária entre a condutividade de um metal e a condutividade de um isolante. Esse tipo de material é importante por causa do modo como sua resistividade varia com a temperatura e com as impurezas.

Um material que obedece razoavelmente à lei de Ohm denomina-se condutor *ôhmico* ou condutor *linear*. Para esse tipo de material, a uma dada temperatura, ρ é uma *constante* que não depende do valor de E. Muitos materiais exibem um comportamento substancialmente diferente do indicado pela lei de Ohm; eles são chamados de materiais *não ôhmicos* ou *não lineares*. Para esses materiais, J depende de E de modo mais complexo.

As analogias com o escoamento de um fluido podem ser úteis para visualizar o que ocorre com correntes e circuitos. Por exemplo, para fazer vinho, o produto é filtrado para remover sedimentos. Uma bomba força o fluido que passa através do filtro sob pressão; se a vazão (análoga a J) for proporcional à diferença de pressão entre os dois lados do filtro (análogo ao E aplicado), o comportamento será semelhante ao da lei de Ohm.

Resistividade e temperatura

A resistividade de um condutor *metálico* quase sempre cresce com o aumento da temperatura, como indica a **Figura 25.6a**. À medida que a temperatura aumenta, os íons do condutor vibram com uma amplitude mais elevada, aumentando a probabilidade de colisões dos elétrons com os íons, como se vê na Figura 25.1. Isso dificulta o arraste dos elétrons através do condutor e, portanto, faz diminuir a corrente. Havendo um intervalo de temperatura pequeno (até cerca de 100 °C), a resistividade de um metal pode ser aproximadamente representada pela equação

Resistividade em função da temperatura: (Resistividade a uma temperatura T; Resistividade a uma temperatura de referência T_0; Coeficiente de temperatura da resistividade)

$$\rho(T) = \rho_0[1 + \alpha(T - T_0)] \tag{25.6}$$

A temperatura de referência T_0 geralmente é considerada como igual a 0 °C ou 20 °C; a temperatura T pode ser maior ou menor que T_0. O fator α denomina-se **coeficiente de temperatura da resistividade**. Alguns valores típicos desse coeficiente são indicados na **Tabela 25.2**. A resistividade da liga de manganina é praticamente independente da temperatura.

BIO Aplicação Resistividade e condução nervosa Esta imagem em falsa cor produzida por um microscópio eletrônico mostra uma seção reta de uma fibra nervosa com diâmetro de cerca de 1 μm (10^{-6} m). Uma substância gordurosa isolante chamada mielina forma uma camada em torno do material condutor do axônio. Como a resistividade de mielina é muito maior que a do axônio, um sinal elétrico que se desloca ao longo da fibra nervosa permanece confinado ao axônio. Isso possibilita um deslocamento muito mais rápido do sinal do que se a mielina estivesse ausente.

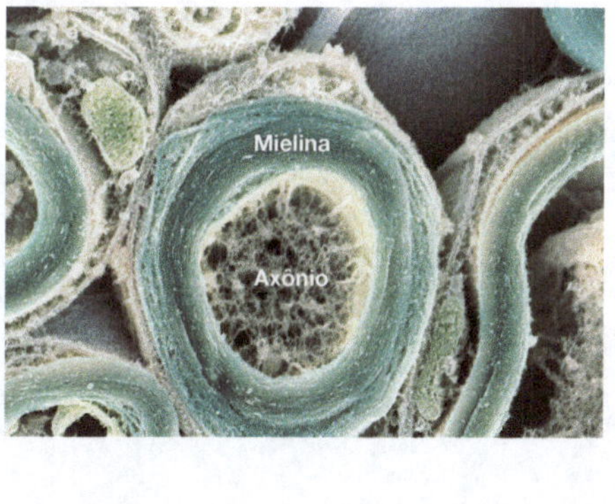

Figura 25.6 Variação da resistividade ρ em função da temperatura absoluta T para (a) um metal normal, (b) um semicondutor e (c) um supercondutor. Em (a), a aproximação linear de ρ em função de T é indicada por um segmento de linha reta verde; a aproximação concorda com o valor da função para $T = T_0$ quando $\rho = \rho_0$.

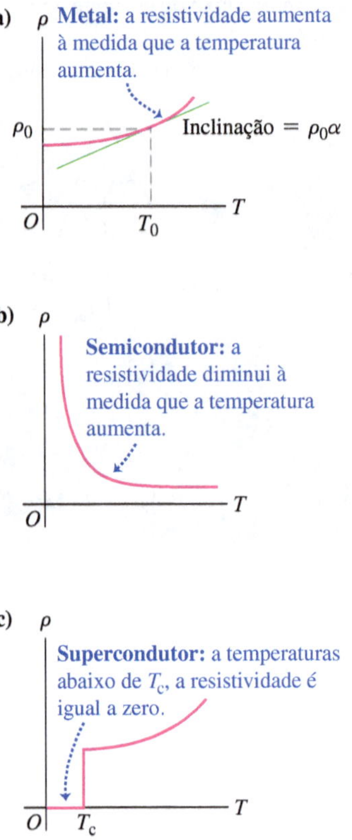

TABELA 25.2 Coeficientes de temperatura da resistividade (valores aproximados em torno da temperatura ambiente).

Material	α [(°C)$^{-1}$]	Material	α[(°C)$^{-1}$]
Alumínio	0,0039	Chumbo	0,0043
Latão	0,0020	Manganina	0,00000
Carbono (grafite)	− 0,0005	Mercúrio	0,00088
Constantan	0,00001	Nicromo	0,0004
Cobre	0,00393	Prata	0,0038
Ferro	0,0050	Tungstênio	0,0045

A resistividade do grafite (um material não metálico) *diminui* quando a temperatura aumenta, visto que, em temperaturas elevadas, muito mais elétrons "se desprendem" dos átomos e adquirem maior mobilidade; portanto, o coeficiente de temperatura da resistividade do grafite é negativo. O mesmo tipo de comportamento ocorre para os materiais semicondutores (Figura 25.6b). A medida da resistência de um pequeno cristal semicondutor pode servir, portanto, para uma sensível medida de temperatura; esse é o princípio de funcionamento de um termômetro denominado *termistor*.

Alguns materiais, incluindo metais, ligas metálicas e óxidos, apresentam um fenômeno chamado *supercondutividade*. À medida que a temperatura diminui, a resistividade cai, no início, lentamente, como em qualquer metal. Porém, para uma certa temperatura crítica T_c, ocorre uma transição de fase, e a resistividade diminui bruscamente, como indica a Figura 25.6c. Se uma corrente for estabelecida em um anel supercondutor, ela permanecerá circulando no anel indefinidamente, sem a necessidade de nenhuma fonte de alimentação.

A supercondutividade foi descoberta em 1911 pelo físico holandês Heike Kamerlingh Onnes (1853-1926). Ele observou que, para temperaturas muito baixas, menores que 4,2 K, a resistividade do mercúrio caía repentinamente para zero. Durante 75 anos após essa descoberta, o valor máximo de T_c conseguido era da ordem de 20 K. Isso significa que a supercondutividade só podia ser obtida utilizando-se o hélio líquido, que é muito caro, cuja temperatura de ebulição é 4,2 K, ou o hidrogênio líquido, que é explosivo e cuja temperatura de ebulição é 20,3 K. Porém, em 1986, Karl Müller e Johannes Bednorz descobriram um óxido de bário, lantânio e cobre com T_c da ordem de 40 K, dando início a uma corrida para desenvolver materiais supercondutores com "temperaturas críticas elevadas".

Em 1987, foi sintetizado um óxido complexo com ítrio, bário e cobre com um valor de T_c maior que 77 K, que corresponde ao ponto de ebulição do nitrogênio líquido, um gás barato e que não apresenta nenhum risco. Até 2014, o valor de T_c máximo atingido sob pressão atmosférica era da ordem de 138 K, e materiais com supercondutividade na temperatura ambiente em breve poderão se tornar uma realidade. São enormes as implicações dessas descobertas para sistemas de distribuição de energia elétrica, projetos de computadores e transportes. Enquanto isso, eletroímãs supercondutores resfriados com hélio líquido já são usados em aceleradores de partículas e trens experimentais com levitação magnética estão em operação. Os supercondutores possuem outras propriedades exóticas que necessitam de conceitos do magnetismo para descrevê-las; no Capítulo 29, discutiremos essas questões de modo mais aprofundado.

TESTE SUA COMPREENSÃO DA SEÇÃO 25.2 Você mantém um campo elétrico constante no interior de um pedaço de semicondutor enquanto baixa a temperatura dele. O que ocorre à densidade de corrente no semicondutor? (i) Aumenta; (ii) diminui; (iii) não varia. ❙

25.3 RESISTÊNCIA

Para um condutor com resistividade ρ, a densidade de corrente $\vec{J}$ em um ponto que possui um campo elétrico $\vec{E}$ é dada pela Equação 25.5, que pode ser escrita na forma

$$\vec{E} = \rho\vec{J} \tag{25.7}$$

Quando a lei de Ohm é válida, ρ permanece constante e não depende do módulo do campo elétrico; logo, $\vec{E}$ é diretamente proporcional a $\vec{J}$. Contudo, geralmente estamos mais interessados em saber o valor da corrente total I em um condutor que o valor de $\vec{J}$ e mais interessados em saber o valor da diferença de potencial V nas extremidades do condutor que o valor de $\vec{E}$. A razão disso é que as medidas de corrente e de diferença de potencial são mais fáceis de serem estabelecidas que as medidas de $\vec{J}$ e de $\vec{E}$.

Suponha que nosso condutor seja um fio de comprimento L e seção reta uniforme com área A, como indicado na **Figura 25.7**. Seja V a diferença de potencial entre a extremidade com potencial maior e a extremidade com potencial menor, de modo que V seja positivo. A corrente flui sempre no *sentido* da extremidade com potencial maior para a de potencial menor. Isso ocorre porque a corrente em um condutor flui no sentido do vetor $\vec{E}$, qualquer que seja o sinal das cargas que se movem (Figura 25.2), e porque o vetor $\vec{E}$ aponta no sentido da *diminuição* do potencial elétrico (veja a Seção 23.2). À medida que a corrente flui através da diferença de potencial, ocorre perda de energia potencial elétrica; essa energia é transferida aos íons do material do condutor durante as colisões.

Figura 25.7 Um condutor com seção reta uniforme. A densidade de corrente é uniforme em qualquer seção reta, e o campo elétrico é constante ao longo do comprimento.

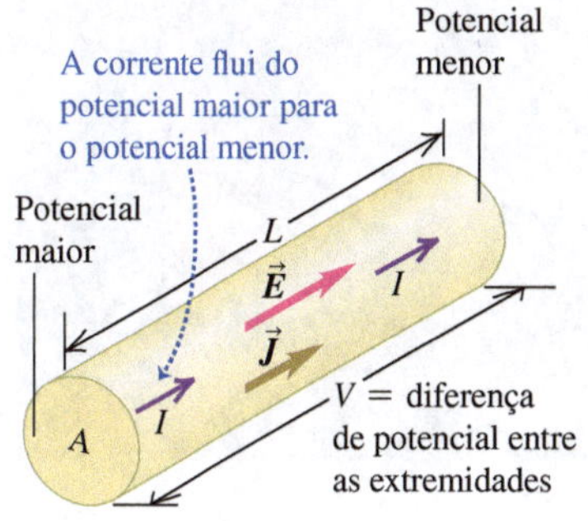

Podemos também relacionar o *valor* da corrente I à diferença de potencial nas extremidades do condutor. Supondo que os módulos da densidade de corrente $\vec{J}$ e do campo elétrico $\vec{E}$ sejam uniformes através do condutor, a corrente total I é dada por $I = JA$, e a diferença de potencial V entre as extremidades é dada por $V = EL$. Solucionando nessas equações para E e J e substituindo esses valores na Equação 25.7, obtemos

$$\frac{V}{L} = \frac{\rho I}{A} \quad \text{ou} \quad V = \frac{\rho L}{A} I \tag{25.8}$$

O resultado anterior mostra que, quando ρ é constante, a corrente total I é proporcional à diferença de potencial V.

A razão entre V e I para um dado condutor denomina-se **resistência** R:

$$R = \frac{V}{I} \tag{25.9}$$

Comparando a definição de R à Equação 25.8, vemos que

Resistência de um condutor

$$R = \frac{\rho L}{A} \tag{25.10}$$

ρ: Resistividade do material do condutor; L: Comprimento do condutor; A: Área da seção reta do condutor

Quando ρ é constante, como no caso dos materiais ôhmicos, então R também é. A seguinte equação geralmente é chamada de lei de Ohm:

Relação entre voltagem, corrente e resistência:

$$V = IR \tag{25.11}$$

V: Voltagem entre as extremidades do condutor; R: Resistência do condutor; I: Corrente no condutor

Entretanto, é importante entender que o verdadeiro significado da lei de Ohm consiste na indicação de uma proporcionalidade direta (para alguns materiais) de V com I ou de J com E. A Equação 25.9 ou 25.11 *define* a resistência R para *qualquer* condutor que obedeça ou não à lei de Ohm, porém somente no caso de R ser constante é que essa relação pode ser chamada corretamente de lei de Ohm.

Interpretação de resistência

A Equação 25.10 mostra que a resistência de um fio ou de outro condutor com seção reta uniforme é diretamente proporcional ao comprimento do fio e inversamente proporcional à área de sua seção reta. Ela também é proporcional à resistividade do material de que o condutor é feito.

A analogia com o escoamento de um fluido é novamente útil. Por associação à Equação 25.10, uma mangueira fina transportando água oferece uma resistência maior que outra grossa, e uma mangueira longa possui resistência maior que outra curta (**Figura 25.8**). Podemos fazer a resistência aumentar preenchendo o tubo com algodão ou areia — isso corresponde a um aumento de resistividade. A vazão é diretamente proporcional à diferença de pressão entre as extremidades da mangueira. A vazão do fluido é análoga à corrente elétrica, e a diferença de pressão é análoga à diferença de potencial (voltagem). Contudo, não devemos levar essa analogia longe demais; a vazão em um tubo geralmente *não* é proporcional à área de sua seção reta (veja a Seção 13.6).

Figura 25.8 Uma mangueira usada para combater incêndios oferece resistência substancial ao fluxo de água. Para fazer a água escoar rapidamente pelo tubo, a extremidade no lado oposto ao do fluxo deve estar sob pressão muito mais elevada que a extremidade de onde a água emerge. Analogamente, deve haver uma grande diferença de potencial entre as extremidades de um fio longo, a fim de provocar uma corrente elétrica substancial através do fio.

A unidade SI de resistência é o **ohm**, que é igual a um volt por ampère ($1\ \Omega = 1\ \text{V/A}$). O *quilo-ohm* ($1\ \text{k}\Omega = 10^3\ \Omega$) e o *megaohm* ($1\ \text{M}\Omega = 10^6\ \Omega$) também são unidades comumente usadas. Um fio de cobre de calibre 12 com 100 m de comprimento, um tamanho usual na fiação de uma casa, possui uma resistência igual a 0,5 Ω em temperatura ambiente. Uma lâmpada de 100 W para 120 V possui uma resistência igual a 140 Ω (na temperatura em que ela se encontra quando está acesa). Quando a mesma corrente I flui na lâmpada e no fio de cobre, a diferença de potencial $V = IR$ é muito maior através da lâmpada e bem mais energia potencial é perdida nela. Essa energia perdida é convertida pelo filamento da lâmpada em luz e calor. Como ninguém deseja que a fiação de sua casa fique incandescente, a resistência da fiação deve ser mantida pequena, usando-se um fio com resistividade pequena e área grande em sua seção reta.

Como a resistividade de um material varia com a temperatura, a resistência de um condutor específico também varia dessa forma. Para intervalos de temperatura não muito elevados, essa variação é dada aproximadamente por uma relação linear, análoga à Equação 25.6:

$$R(T) = R_0[1 + \alpha(T - T_0)] \tag{25.12}$$

Na equação anterior, $R(T)$ é a resistência a uma temperatura T, e R_0 é a resistência a uma temperatura T_0, geralmente tomada como 0 °C ou 20 °C. O *coeficiente de temperatura da resistência* α que aparece na Equação 25.6 é constante, desde que as dimensões de L e de A na Equação 25.10 não variem apreciavelmente com a temperatura; isso ocorre efetivamente para a maior parte dos materiais condutores. Dentro dos limites de validade da Equação 25.12, a *variação* da resistência resultante de uma variação de temperatura $T - T_0$ é dada por $R_0\alpha(T - T_0)$.

Um **resistor** é um elemento que possui um dado valor de resistência em suas extremidades. Resistores com resistências no intervalo de 0,01 até $10^7\ \Omega$ podem ser adquiridos em casas comerciais. Os resistores individuais usados em circuitos eletrônicos geralmente são cilindros com dimensões de alguns milímetros de diâmetro e de comprimento, e possuem fios que saem de suas extremidades. A resistência pode ser marcada sobre o resistor usando-se um código padrão de três ou quatro faixas coloridas próximo de uma das extremidades (**Figura 25.9**), seguindo a convenção indicada na **Tabela 25.3**. As duas primeiras faixas (começando com a faixa mais próxima de uma das extremidades) indicam dígitos, e a terceira faixa mostra o fator de multiplicação em potência de 10. Por exemplo, a combinação de cores verde–violeta–vermelho teria uma resistência igual a $57 \times 10^2\ \Omega$ ou 5,7 kΩ. A quarta faixa, quando existe, indica a precisão do valor; quando não há nenhuma faixa, a precisão é de ±20%; para uma faixa prateada, a precisão é de ±10% e, para uma faixa dourada, a precisão é de ±5%. Outra característica importante de um resistor é a *potência* máxima que ele pode dissipar sem se danificar. Retornaremos a esse assunto na Seção 25.5.

Figura 25.9 Este resistor possui uma resistência de 5,7 kΩ com uma precisão (tolerância) de ±10%.

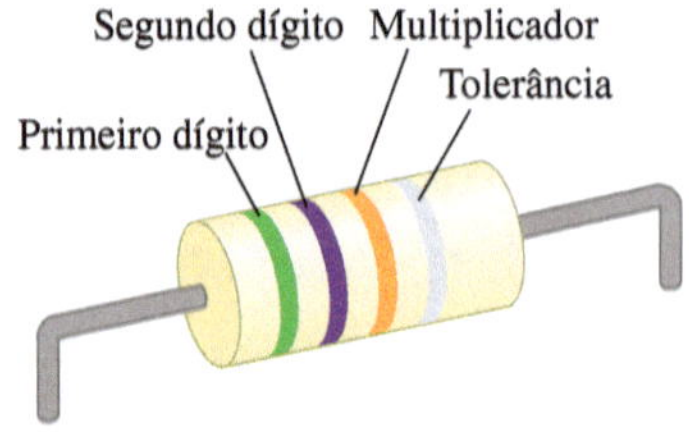

Para um resistor que obedece à lei de Ohm, um gráfico da corrente em função da diferença de potencial (voltagem) é uma linha reta (**Figura 25.10a**). A incli-

Figura 25.10 Relações corrente–voltagem para dois dispositivos. Somente para um resistor que obedece à lei de Ohm, como em (a), é que I é proporcional a V.

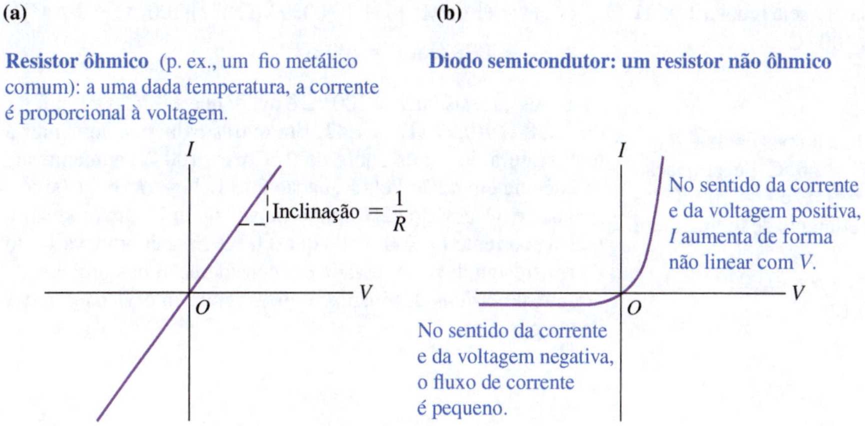

nação da reta é igual a $1/R$. Quando o sinal da diferença de potencial varia, o sinal da corrente também varia. Na Figura 25.7, isso equivale a inverter a polaridade das extremidades do condutor, de modo que o campo elétrico, a corrente e a densidade de corrente invertem os sentidos.

Nos dispositivos que não obedecem à lei de Ohm, a corrente pode não ser proporcional à voltagem e ela pode não ser invertida com a inversão da voltagem. A Figura 25.10b indica o comportamento de um *diodo* semicondutor, que é um dispositivo usado para converter uma corrente alternada em corrente contínua e para executar uma ampla gama de funções lógicas em um circuito de computador. Quando o potencial V do anodo (um dos dois terminais do diodo) é positivo em relação ao do catodo (o outro terminal), I aumenta exponencialmente em relação ao aumento de V; para potenciais negativos, a corrente é extremamente pequena. Logo, uma diferença de potencial positiva V produz uma corrente que flui no sentido positivo; porém, uma diferença de potencial negativa não produz praticamente nenhuma corrente. Portanto, um diodo funciona como se fosse uma válvula que só deixa a corrente passar em um dado sentido pelo circuito.

TABELA 25.3 Código de cores para resistores.

Cor	Valor do dígito	Valor do multiplicador
Preta	0	1
Marrom	1	10
Vermelha	2	10^2
Laranja	3	10^3
Amarela	4	10^4
Verde	5	10^5
Azul	6	10^6
Violeta	7	10^7
Cinza	8	10^8
Branca	9	10^9

EXEMPLO 25.2 CAMPO ELÉTRICO, DIFERENÇA DE POTENCIAL E RESISTÊNCIA EM UM FIO

O fio de cobre calibre 18 do Exemplo 25.1 possui seção reta com área $8{,}20 \times 10^{-7}$ m². Ele conduz uma corrente de 1,67 A. Calcule (a) o módulo do campo elétrico no fio; (b) a diferença de potencial entre dois pontos do fio separados por uma distância igual a 50,0 m; (c) a resistência de um segmento do fio de comprimento igual a 50,0 m.

SOLUÇÃO

IDENTIFICAR E PREPARAR: temos os valores da área de seção reta A e a corrente I. As incógnitas do problema são o módulo do campo elétrico E, a diferença de potencial V e a resistência R. O módulo da densidade de corrente é $J = I/A$. Encontramos E pela Equação 25.5, $E = \rho J$ (a resistividade ρ do cobre é dada na Tabela 25.1). A diferença de potencial é o produto de E e o comprimento do fio. Podemos usar a Equação 25.10 ou a 25.11 para determinar R.

EXECUTAR: (a) como indicado na Tabela 25.1, $\rho = 1{,}72 \times 10^{-8}\ \Omega \cdot \text{m}$. Logo, usando a Equação 25.5,

$$E = \rho J = \frac{\rho I}{A} = \frac{(1{,}72 \times 10^{-8}\ \Omega \cdot \text{m})(1{,}67\ \text{A})}{8{,}20 \times 10^{-7}\ \text{m}^2} = 0{,}0350\ \text{V/m}$$

(b) A diferença de potencial é dada por

$$V = EL = (0{,}0350\ \text{V/m})\,(50{,}0\ \text{m}) = 1{,}75\ \text{V}$$

(c) De acordo com a Equação 25.10, a resistência de 50,0 m do fio é

$$R = \frac{\rho L}{A} = \frac{(1{,}72 \times 10^{-8}\ \Omega \cdot \text{m})(50{,}0\ \text{m})}{8{,}20 \times 10^{-7}\ \text{m}^2} = 1{,}05\ \Omega$$

Também podemos determinar R pela Equação 25.11:

$$R = \frac{V}{I} = \frac{1{,}75\ \text{V}}{1{,}67\ \text{A}} = 1{,}05\ \Omega$$

AVALIAR: ressaltamos que a resistência do fio é *definida* como a razão da voltagem pela corrente. Se o fio for fabricado com material não ôhmico, R será diferente para diferentes valores de V, mas será sempre dado por $R = V/I$. A resistência também é sempre dada por $R = \rho L/A$; se o material for não ôhmico, ρ não será constante e dependerá de E (ou seja, de $V = EL$).

EXEMPLO 25.3 DEPENDÊNCIA DA RESISTÊNCIA EM RELAÇÃO À TEMPERATURA

Suponha que a resistência de um fio de cobre seja igual a 1,05 Ω a 20 °C. Calcule a resistência a 0 °C e a 100 °C.

SOLUÇÃO

IDENTIFICAR E PREPARAR: sabemos que a resistência é $R_0 = 1{,}05\ \Omega$ a uma temperatura de referência $T_0 = 20\ °C$. Pela Equação 25.12 determinamos as resistências a $T = 0\ °C$ e $T = 100\ °C$ (as incógnitas deste problema), usando o coeficiente de temperatura da resistividade, dado na Tabela 25.2.

EXECUTAR: de acordo com a Tabela 25.2, $\alpha = 0{,}00393\ (C°)^{-1}$ para o cobre. Portanto, pela Equação 25.12,

$$\begin{aligned} R &= R_0[1 + \alpha(T - T_0)] \\ &= (1{,}05\ \Omega)\ \{1 + [0{,}00393\ (C°)^{-1}][0\ °C - 20\ °C]\} \\ &= 0{,}97\ \Omega \text{ a } T = 0\ °C \end{aligned}$$

$$\begin{aligned} R &= (1{,}05\ \Omega)\ \{1 + [0{,}00393\ (C°)^{-1}][100\ °C - 20\ °C]\} \\ &= 1{,}38\ \Omega \text{ a } T = 100\ °C \end{aligned}$$

AVALIAR: a resistência a 100 °C é maior que a 0 °C por um fator de (1,38 Ω)/(0,97 Ω) = 1,42. Em outras palavras, aumentar a temperatura do fio de cobre de 0 °C para 100 °C aumenta sua resistência em 42%. Pela Equação 25.11, $V = IR$, o que significa que é necessário 42% a mais de voltagem V para produzir a mesma corrente I a 100 °C do que a 0 °C. Essa enorme variação da resistência deve ser levada em consideração nos projetos de circuitos elétricos destinados a operar entre intervalos grandes de temperatura.

TESTE SUA COMPREENSÃO DA SEÇÃO 25.3 Suponha que você aumente a voltagem do fio de cobre dos exemplos 25.2 e 25.3. A voltagem maior provoca um aumento no escoamento de corrente, o que eleva a temperatura do fio. (O mesmo ocorre às bobinas de um forno elétrico ou de uma torradeira, quando uma voltagem é aplicada a eles. Exploraremos essa questão em profundidade na Seção 25.5.) Se você dobrar a voltagem que atravessa o fio, a corrente nele aumentará. Por qual fator? (i) 2; (ii) maior que 2; (iii) menor que 2. ❙

Figura 25.11 Quando um campo elétrico é aplicado no interior de um condutor que *não* faz parte de um circuito completo, uma corrente começa a fluir somente por um período muito curto.

(a) Um campo elétrico $\vec{E}_1$ produzido no interior de um condutor isolado produz uma corrente.

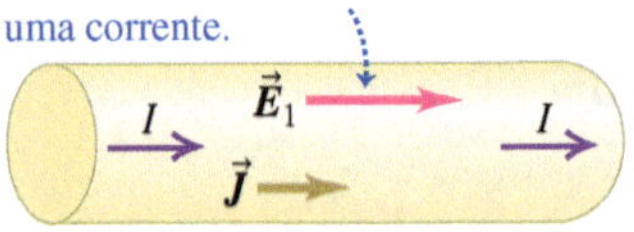

(b) Essa corrente produz um acúmulo de cargas nas extremidades do condutor.

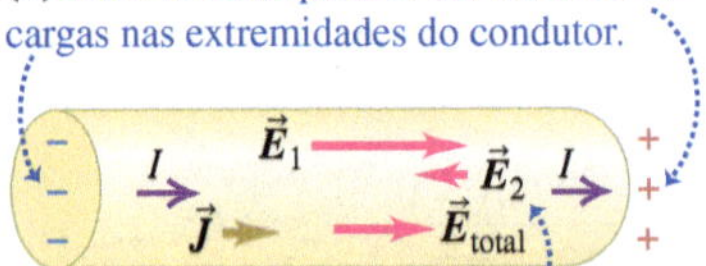

O acúmulo de cargas cria um campo elétrico $\vec{E}_2$, reduzindo a corrente.

(c) Depois de um tempo muito curto, o módulo de $\vec{E}_2$ torna-se igual ao módulo de $\vec{E}_1$; de modo que o campo resultante $\vec{E}_{total} = \mathbf{0}$ e a corrente para de fluir por completo.

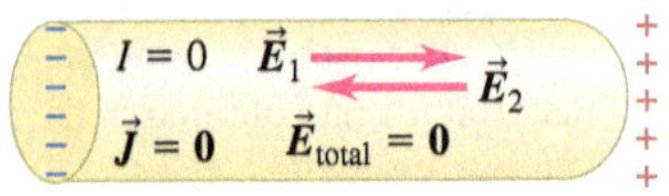

25.4 FORÇA ELETROMOTRIZ E CIRCUITOS

Para que um condutor possua uma corrente estacionária, ele deve ser parte de uma trajetória fechada ou **circuito completo**. Explicaremos a seguir a razão disso. Quando um campo elétrico $\vec{E}_1$ é aplicado no interior de um condutor isolado com resistividade ρ, que *não* seja parte de um circuito completo, uma corrente começa a fluir com uma densidade de corrente $\vec{J} = \vec{E}_1/\rho$ (**Figura 25.11a**). Em decorrência disso, uma carga positiva se acumula rapidamente em uma das extremidades e uma carga negativa se acumula na outra extremidade (Figura 25.11b). Por sua vez, essas cargas produzem um campo elétrico $\vec{E}_2$ no sentido oposto ao de $\vec{E}_1$, fazendo diminuir o campo elétrico e, portanto, a corrente. Em uma fração de segundo acumulam-se cargas nas extremidades do condutor de tal modo que o campo elétrico resultante $\vec{E} = \vec{E}_1 + \vec{E}_2 = \mathbf{0}$ no interior do condutor. Então, também $\vec{J} = \mathbf{0}$ e a corrente para de fluir (Figura 25.11c). Logo, é impossível haver uma corrente estacionária em tal circuito *incompleto*.

Para sabermos como manter uma corrente estacionária em um circuito *completo*, lembremos um fato básico sobre a diferença de potencial: quando uma carga q percorre um circuito completo e retorna ao seu ponto de partida, a energia potencial no final da trajetória é igual à energia potencial no início dela. Conforme descrito na Seção 25.3, sempre existe *diminuição* da energia potencial quando as cargas se movem através de um material condutor normal com resistência. Portanto, deve existir alguma parte do circuito na qual a energia potencial *aumenta*.

O problema é semelhante ao de uma fonte de água ornamental que recicla sua água. No topo da fonte, a água jorra através de aberturas, descendo os declives em sua trajetória (movendo-se no sentido da diminuição da energia potencial gravitacional), sendo coletada em um recipiente na base da fonte. A seguir, uma bomba eleva a água novamente para o topo da fonte (aumentando a energia potencial) para iniciar um novo ciclo. Se não houvesse a bomba, a água simplesmente fluiria para o recipiente na base, onde permaneceria em repouso.

Força eletromotriz

Em algum ponto de um circuito elétrico, deve existir um dispositivo que desempenhe um papel semelhante ao da bomba na fonte de água (**Figura 25.12**).

Nesse dispositivo, a carga se desloca "para cima", de uma energia potencial mais baixa para uma mais elevada, embora a força eletrostática tente empurrá-la de uma energia potencial mais elevada para uma mais baixa. O sentido da corrente elétrica nesse dispositivo é do potencial mais baixo para o mais elevado, sentido exatamente oposto ao que ocorre em um condutor comum.

O agente que faz a corrente fluir do potencial mais baixo para o mais elevado denomina-se **força eletromotriz** (**fem**) e um dispositivo que forneça uma fem denomina-se **fonte de fem**. O termo "força eletromotriz" não é muito adequado, pois a fem *não* é uma força, mas sim uma grandeza com dimensão de energia por unidade de carga, como o potencial. A unidade SI de fem é a mesma de potencial, o volt (1 V = 1 J/C). Uma pilha típica de uma lanterna possui fem igual a 1,5 V; isso quer dizer que a pilha realiza um trabalho de 1,5 J sobre cada coulomb de carga que passa através dela. Para designar uma fem, usaremos o símbolo $\mathcal{E}$.

Figura 25.12 Assim como uma fonte de água necessita de uma bomba, um circuito elétrico necessita de uma fonte de força eletromotriz para sustentar uma corrente estacionária.

Todo circuito completo por onde passa uma corrente estacionária deve possuir uma fonte de fem. Pilhas, baterias, geradores elétricos, células solares, termopares e células de combustível são exemplos de fontes de fem. Todos esses dispositivos convertem algum tipo de energia (mecânica, química, térmica e assim por diante) em energia potencial elétrica e transferem-na para o circuito no qual o dispositivo esteja conectado. Uma fonte *ideal* de fem mantém uma diferença de potencial constante através de seus terminais, independentemente de a corrente passar ou não através do dispositivo. Definimos quantitativamente a fem como o módulo dessa diferença de potencial. Como veremos, tal fonte ideal é um mito, como o plano sem atrito e a corda sem massa. Mais adiante, mostraremos a diferença entre uma fonte ideal de fem e uma fonte real.

A **Figura 25.13** mostra um diagrama esquemático de uma fonte ideal de fem que mantém uma diferença de potencial constante entre os condutores a e b, chamados de *terminais* da fonte. O terminal a, marcado pelo sinal +, é mantido a um potencial mais *elevado* que o potencial do terminal b, marcado pelo sinal –. Associado à diferença de potencial, existe um campo elétrico $\vec{E}$ na região em torno dos terminais, tanto no interior quanto no exterior da fonte. O campo elétrico no interior do dispositivo é orientado de a para b, como indicado. Uma carga q no interior da fonte sofre a ação de uma força elétrica $\vec{F}_e = q\vec{E}$. Porém, a fonte também fornece uma influência adicional, que vamos representar como uma força não eletrostática $\vec{F}_n$. Essa força, agindo no interior do dispositivo, arrasta cargas "para cima" no sentido oposto ao da força elétrica $\vec{F}_e$. Logo, $\vec{F}_n$ é responsável pela manutenção da diferença de potencial entre os terminais. Caso não existisse a força $\vec{F}_n$, as cargas se escoariam entre os terminais até que a diferença de potencial se tornasse igual a zero. A origem da influência adicional de $\vec{F}_n$ depende do tipo da fonte. Em um gerador elétrico, ela decorre das forças magnéticas que atuam sobre cargas que se movem. Em uma bateria ou em uma célula de combustível, ela é associada a processos de difusão e às variações de concentrações eletrolíticas produzidas por reações químicas. Em uma máquina eletrostática, como um gerador Van de Graaff (Figura 22.26), uma força mecânica efetiva é aplicada a uma roda ou correia que se move.

Figura 25.13 Diagrama esquemático de uma fonte de fem para a situação de um "circuito aberto". A força elétrica $\vec{F}_e = q\vec{E}$ e a força não eletrostática $\vec{F}_n$ são indicadas para uma carga positiva q.

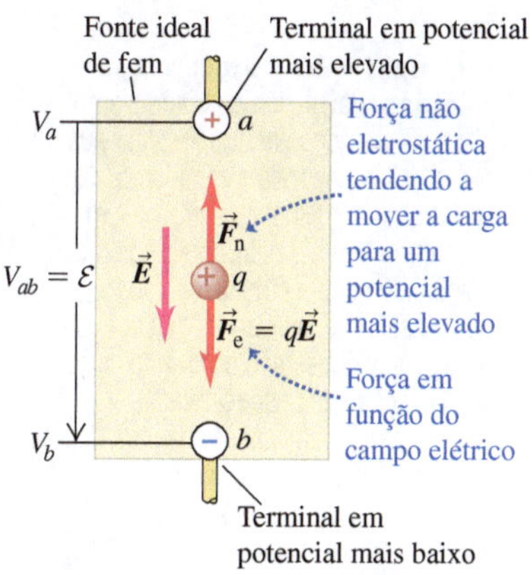

Quando a fonte fem não faz parte de um circuito fechado, $F_n = F_e$ e não há nenhum movimento resultante de carga entre os terminais.

Quando uma carga positiva q se move de b para a no interior de uma fonte, a força não eletrostática $\vec{F}_n$ realiza um trabalho positivo $W_n = q\mathcal{E}$ sobre a carga. Esse deslocamento é *oposto* ao da força eletrostática $\vec{F}_e$, de modo que a energia potencial associada à carga *cresce* em uma quantidade igual a qV_{ab}, em que $V_{ab} = V_a - V_b$ é o potencial (positivo) de a em relação ao ponto b. Para uma fonte ideal de fem que descrevemos, $\vec{F}_e$ e $\vec{F}_n$ possuem o mesmo módulo e a mesma direção, porém sentidos opostos, de modo que o trabalho realizado sobre a carga q é igual a zero; ocorre um aumento de energia potencial, porém *nenhuma* variação da energia cinética da carga. Isso é semelhante a levantar um livro com velocidade constante até o alto de uma estante. O aumento da energia potencial é exatamente igual ao trabalho não eletrostático W_n, de modo que $q\mathcal{E} = qV_{ab}$, ou seja,

$$V_{ab} = \mathcal{E} \quad \text{(fonte ideal de fem)} \qquad (25.13)$$

Figura 25.14 Diagrama esquemático de uma fonte ideal de fem em um circuito completo. A força do campo elétrico $\vec{F}_e = q\vec{E}$ e a força não eletrostática $\vec{F}_n$ são indicadas para uma carga positiva q. A corrente flui de a para b no circuito externo e de b para a no interior da fonte.

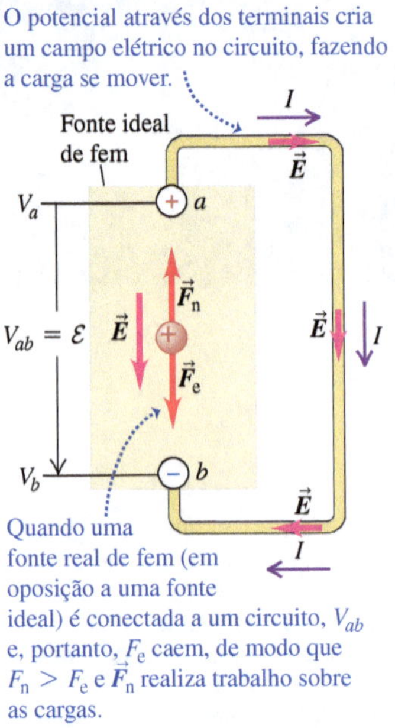

Vamos agora fazer um circuito completo, conectando um fio com resistência R aos terminais de uma fonte de tensão (**Figura 25.14**). A diferença de potencial entre os terminais a e b cria um campo elétrico no interior do fio; isso produz uma corrente que flui de a para b no circuito externo, do potencial mais elevado para o mais baixo. Note que, nos locais onde o fio se encurva, surgem cargas de sinais opostos nas partes "internas" e "externas" das curvas. Essas cargas são responsáveis pelas forças que obrigam a corrente a seguir um caminho ao longo das curvas dos fios.

De acordo com a Equação 25.11, a diferença de potencial entre as extremidades do fio indicado na Figura 25.14 é dada por $V_{ab} = IR$. Combinando com a Equação 25.13, obtemos

$$\mathcal{E} = V_{ab} = IR \quad \text{(fonte ideal de fem)} \tag{25.14}$$

Ou seja, quando uma carga positiva q flui em torno do circuito, o *aumento* de potencial $\mathcal{E}$ através da fonte ideal é igual à *queda* de potencial $V_{ab} = IR$ quando a corrente passa pelo restante do circuito. Conhecendo-se os valores de $\mathcal{E}$ e de R, pela relação anterior podemos determinar a corrente no circuito.

ATENÇÃO A corrente não é "consumida" em um circuito. É um erro conceitual comum pensar que a corrente que flui em um circuito fechado é ejetada do terminal positivo e passa a ser consumida ou "usada" à medida que atravessa o circuito até atingir o terminal negativo. Na realidade, a corrente é sempre a *mesma* em todos os pontos de um circuito simples, como indicado na Figura 25.14, mesmo que a espessura do fio seja diferente em determinadas partes do circuito. Isso ocorre porque existe conservação de cargas (ou seja, ela não pode ser criada nem destruída) e por que as cargas não podem se acumular nos dispositivos dos circuitos que descrevemos. Se a carga pudesse se acumular, a diferença de potencial seria variável com o tempo. Note a semelhança com o escoamento da água em uma fonte ornamental; a vazão total da água no alto da fonte é igual à vazão da água na base da fonte, qualquer que seja a dimensão da fonte. Nenhuma água é "consumida" ao longo da trajetória!

BIO Aplicação Perigo: raia-elétrica Raias-elétricas produzem choques elétricos para desorientar suas presas e desencorajar predadores. (Na Roma antiga, os médicos praticavam uma forma primitiva da eletroconvulsoterapia, colocando raias-elétricas em seus pacientes para curar dores de cabeça e gota.) Os choques são produzidos por células achatadas especializadas chamadas eletroplacas. Cada uma dessas células move íons através das membranas para produzir uma fem de cerca de 0,05 V. Milhares de eletroplacas são empilhadas umas em cima das outras, de modo que a fem resultante delas pode atingir um valor total de até 200 V. Essas células empilhadas constituem mais da metade da massa corporal de uma raia-elétrica. Uma raia pode usá-las para produzir uma impressionante corrente de até 30 A durante alguns milissegundos.

Resistência interna

Uma fonte real de fem em um circuito não se comporta exatamente da maneira que descrevemos; a diferença de potencial entre os terminais de uma fonte real *não* é igual à fem, como indica a Equação 25.14. A razão disso é que a carga que se move no interior do material de qualquer fonte real encontra uma *resistência* chamada **resistência interna** da fonte, designada pela letra r. Quando essa resistência segue a lei de Ohm, r deve ser constante e independente da corrente I. À medida que a corrente se desloca através de r, ela sofre uma queda de potencial igual a Ir. Logo, quando uma corrente flui através de uma fonte do terminal negativo b até o terminal positivo a, a diferença de potencial V_{ab} entre os terminais é dada por

$$V_{ab} = \mathcal{E} - Ir \tag{25.15}$$

Voltagem no terminal, fonte com resistência interna (V_{ab}); fem da fonte ($\mathcal{E}$); Corrente através da fonte (I); Resistência interna da fonte (r)

A diferença de potencial V_{ab}, chamada de **voltagem nos terminais**, é menor que a fem $\mathcal{E}$ em virtude do termo Ir, que representa a queda de potencial através da resistência interna r. Expresso de outra maneira, o aumento da energia potencial qV_{ab}, que ocorre quando a carga q se desloca de b até a no interior da fonte, é menor que o trabalho $q\mathcal{E}$ realizado pela força não eletrostática $\vec{F}_n$, visto que certa energia potencial se perde quando a carga atravessa a resistência interna.

Uma pilha de 1,5 V possui fem igual a 1,5 V, porém a voltagem V_{ab} nos terminais da pilha é igual a 1,5 V somente quando nenhuma corrente flui através dela, de modo que $I = 0$ na Equação 25.15. Quando a pilha faz parte de um circuito completo, pelo qual passa uma corrente, a voltagem nos terminais da pilha deve ser menor que 1,5 V. *A voltagem nos terminais de uma fonte real de fem possui valor igual ao da fem somente quando nenhuma corrente flui através da fonte* (**Figura 25.15**). Portanto, podemos descrever o comportamento de uma fonte com base em duas propriedades: uma fem $\mathcal{E}$, que fornece uma diferença de potencial constante independente da corrente, e uma resistência interna r, ligada em série com a fonte.

A corrente que passa no circuito externo conectado aos terminais a e b da fonte é ainda determinada pela relação $V_{ab} = IR$ que, combinada com a Equação 25.15, fornece

$$\mathcal{E} - Ir = IR \quad \text{ou} \quad I = \frac{\mathcal{E}}{R + r} \quad \text{(corrente, fonte com resistência interna)} \qquad (25.16)$$

Ou seja, a corrente é obtida dividindo-se o valor da fem da fonte pela resistência *total* do circuito $(R + r)$.

ATENÇÃO Uma bateria não é uma "fonte de corrente" Seria possível pensar que uma bateria ou qualquer fonte de fem fornece sempre a mesma corrente, qualquer que seja o circuito no qual ela esteja ligada. Porém, a Equação 25.16 mostra que isso não é verdade! Quanto maior a resistência R do circuito externo, menor a corrente produzida pela fonte.

Figura 25.15 A fem desta bateria — ou seja, a voltagem em seus terminais quando ela não está ligada a nada — é igual a 12 V. Porém, como a bateria possui resistência interna, a voltagem nos terminais da bateria é menor que 12 V quando ela está sendo usada para acender uma lâmpada.

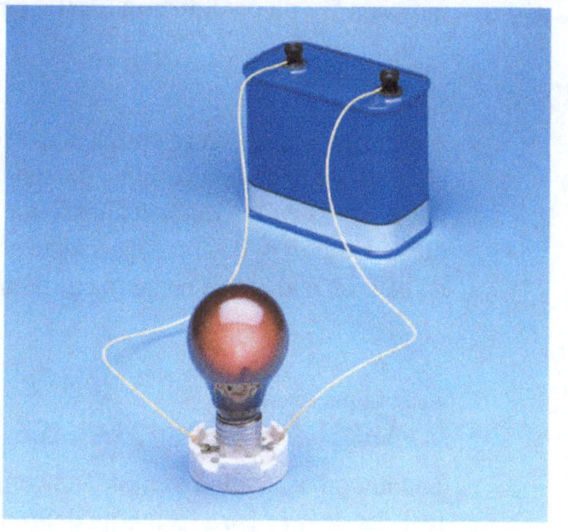

Símbolos usados nos diagramas de circuitos

Uma etapa importante na análise de qualquer circuito consiste em desenhar um *diagrama do circuito* esquemático. A **Tabela 25.4** mostra os símbolos geralmente empregados nesses diagramas. Usaremos muito esses símbolos neste capítulo e no próximo. Geralmente, supomos que os fios que conectam os elementos de um circuito possuem resistência desprezível; pela Equação 25.11, $V = IR$, concluímos que a diferença de potencial nas extremidades desses fios é igual a zero.

A Tabela 25.4 inclui dois *instrumentos de medida* usados nas medidas das propriedades dos circuitos. Um medidor ideal não perturba o circuito no qual ele está conectado. Um **voltímetro**, introduzido na Seção 23.2, mede a diferença de potencial entre os pontos nos quais seus terminais são conectados; um voltímetro ideal possui resistência interna infinita e, quando mede uma diferença de potencial, nenhuma corrente é desviada para ele. Um amperímetro mede a corrente que passa através dele; um **amperímetro** ideal possui resistência igual a zero e não apresenta nenhuma diferença de potencial entre seus terminais. Os exemplos a seguir demonstram como analisar circuitos que possuem instrumentos de medição.

TABELA 25.4 Símbolos usados nos diagramas de circuitos.

Símbolo	Descrição
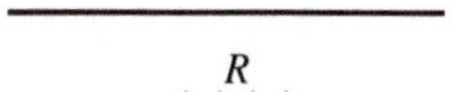	Condutor com resistência desprezível
	Resistor
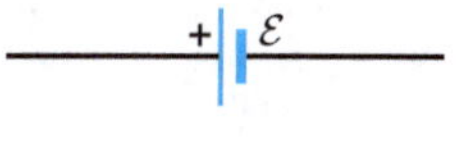	Fonte de fem (a linha vertical mais longa indica o terminal positivo, geralmente terminal com o potencial mais elevado)
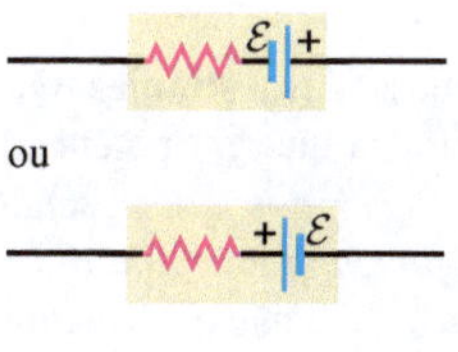	Fonte de fem com resistência interna r (a resistência interna r pode ser colocada em qualquer lado)
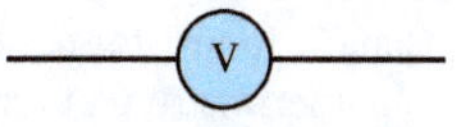	Voltímetro (mede uma diferença de potencial entre seus terminais)
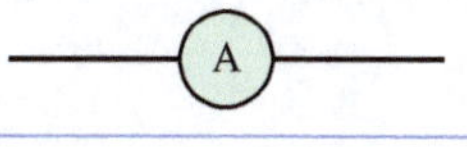	Amperímetro (mede uma corrente que passa através dele)

DADOS MOSTRAM

Circuitos, fem e corrente

Quando os alunos recebiam um problema sobre uma fonte de fem, mais de 25% davam uma resposta incorreta.
Erros comuns:

- Esquecer que a resistência interna r afeta a diferença de potencial entre os terminais V_{ab} da fonte de fem $\mathcal{E}$. Quando a corrente I no interior da fonte é no sentido do terminal negativo b para o terminal positivo a, então $V_{ab} < \mathcal{E}$ por uma quantidade igual a Ir; quando a corrente flui no sentido oposto, $V_{ab} > \mathcal{E}$ por uma quantidade igual a Ir.
- Esquecer que a resistência interna é uma parte intrínseca de uma fonte de fem. Apesar de desenharmos a fem e a resistência interna como partes adjacentes do circuito, ambas são partes da fonte e não podem ser separadas.

EXEMPLO CONCEITUAL 25.4 UMA FONTE EM UM CIRCUITO ABERTO

A **Figura 25.16** mostra uma fonte de tensão (uma bateria) com fem $\mathcal{E} = 12$ V e resistência interna $r = 2\ \Omega$. (Para comparação, uma bateria comercial de 12 V com acumuladores de chumbo possui uma resistência interna da ordem de alguns milésimos de ohm.) Os fios do lado esquerdo do ponto a e do lado direito do amperímetro A não estão conectados a nada. Qual é a leitura indicada V_{ab} pelo voltímetro ideal V e pelo amperímetro ideal A?

SOLUÇÃO

A corrente é igual a *zero* porque não existe um circuito completo. (Não existe nenhuma corrente passando no voltímetro ideal porque ele possui uma resistência infinita.) Logo, o amperímetro indica a leitura $I = 0$. Como não existe nenhuma corrente passando na bateria, não existe nenhuma diferença de potencial através de sua resistência interna. De acordo com a Equação 25.15, com $I = 0$, a diferença de potencial V_{ab} através dos terminais da bateria é igual à sua fem. Logo, o voltímetro indica uma leitura $V_{ab} = \mathcal{E} = 12$ V. A voltagem de uma fonte de tensão real é igual ao valor de sua fem *somente* quando não existe nenhuma corrente passando na fonte, como neste exemplo.

Figura 25.16 Uma fonte de fem em um circuito aberto.

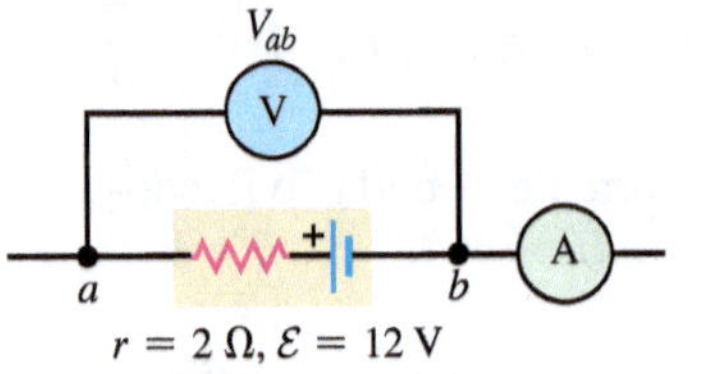

EXEMPLO 25.5 UMA FONTE EM UM CIRCUITO COMPLETO

Usando a bateria do Exemplo conceitual 25.4, adicionamos um resistor de 4 Ω para formarmos um circuito completo (**Figura 25.17**). Qual são então as leituras de V_{ab} e de I indicadas pelo voltímetro e pelo amperímetro?

SOLUÇÃO

IDENTIFICAR E PREPARAR: as incógnitas deste problema são a corrente I que passa pelo circuito $aa'b'b$ e a diferença de potencial V_{ab}. Primeiro, determinamos I pela Equação 25.16. Para determinar V_{ab}, podemos usar tanto a Equação 25.11 como a 25.15.

EXECUTAR: o amperímetro ideal possui resistência igual a zero, portanto a resistência total externa à fonte é $R = 4\ \Omega$. A corrente que passa através do circuito $aa'b'b$ é determinada pela Equação 25.16:

$$I = \frac{\mathcal{E}}{R + r} = \frac{12\text{ V}}{4\ \Omega + 2\ \Omega} = 2\text{ A}$$

Os fios condutores ideais possuem resistência nula, assim como o amperímetro ideal A. Portanto, não existe nenhuma diferença de potencial entre os pontos a e a' nem entre os pontos b e b', ou seja, $V_{ab} = V_{a'b'}$. Podemos determinar V_{ab} tomando os pontos a e b como os terminais do resistor. Pela lei de Ohm ($V = IR$), temos

$$V_{a'b'} = IR = (2\text{ A})(4\ \Omega) = 8\text{ V}$$

Também podemos considerar os pontos a e b como os terminais na fonte de tensão. Assim, pela Equação 25.15, obtemos

$$V_{ab} = \mathcal{E} - Ir = 12\text{ V} - (2\text{ A})(2\ \Omega) = 8\text{ V}$$

Em qualquer dos dois casos, concluímos que o voltímetro indica uma leitura $V_{ab} = 8$ V.

AVALIAR: quando essa corrente flui através da fonte, a voltagem nos terminais da fonte V_{ab} é menor que a fem $\mathcal{E}$. Quanto menor a resistência interna r, menor é a diferença entre V_{ab} e $\mathcal{E}$.

Figura 25.17 Uma fonte de fem em um circuito completo.

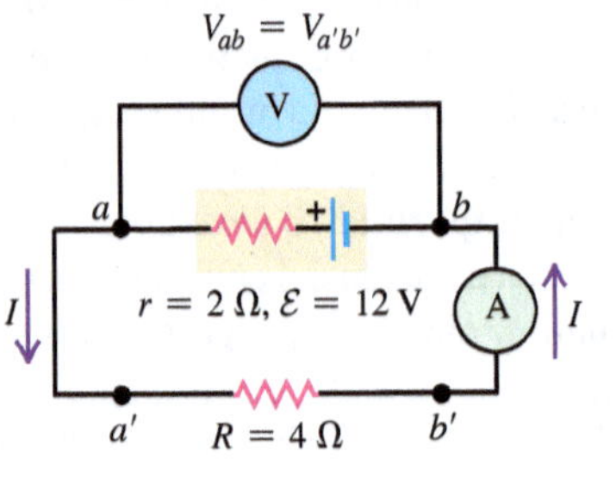

EXEMPLO CONCEITUAL 25.6 USO DE VOLTÍMETROS E DE AMPERÍMETROS

O voltímetro e o amperímetro do Exemplo 25.5 são colocados em diversas posições no circuito. Quais são as leituras indicadas pelo voltímetro e pelo amperímetro na situação mostrada (a) na **Figura 25.18a** e (b) na Figura 25.18b?

SOLUÇÃO

(a) O voltímetro agora mede a diferença de potencial entre os pontos a' e b'. Porém, conforme dito no Exemplo 25.5, $V_{ab} = V_{a'b'}$, de modo que o voltímetro indica uma leitura igual ao do Exemplo 25.5, $V_{a'b'} = 8$ V.

ATENÇÃO **Corrente em um circuito simples** Quando uma corrente percorre um resistor, a energia potencial diminui, porém a corrente *não* varia. *A corrente que passa em um circuito completo constituído por uma única malha é a mesma em todos os pontos do circuito*; ela não é "consumida" à medida que se move através de um resistor. Portanto, o amperímetro da Figura 25.17 ("a jusante" do resistor de 4 Ω) apresenta a mesma corrente que o amperímetro da Figura 25.18b ("a montante" do resistor): $I = 2$ A.

(*Continua*)

(Continuação)

(b) Não passa nenhuma corrente através do voltímetro porque ele possui uma resistência infinita. Como o voltímetro agora faz parte do circuito, não existe nenhuma corrente através do circuito e o amperímetro lê $I = 0$.

O voltímetro mede a diferença de potencial $V_{bb'}$ entre os pontos b e b'. Como $I = 0$, a diferença de potencial através do resistor é $V_{a'b'} = IR = 0$, e a diferença de potencial entre as extremidades a e a' do amperímetro ideal também é igual a zero. Portanto, $V_{bb'}$ é igual a V_{ab}, a diferença de potencial nos terminais da fonte. Como no Exemplo conceitual 25.4, não existe nenhuma corrente fluindo, de modo que a diferença de potencial nos terminais da fonte é igual à fem da fonte, e o voltímetro indica uma leitura $V_{ab} = \mathcal{E} = 12$ V.

Este exemplo mostra que um voltímetro e um amperímetro também são elementos do circuito. Trocando-se a posição do voltímetro na Figura 25.18a para a posição indicada na Figura 25.18b, ocorre modificação da corrente e das diferenças de potencial através do circuito, que, neste caso, são bem grandes. Se você desejar medir uma diferença de potencial entre dois pontos de um circuito sem perturbar o circuito, use o voltímetro conforme indicado nas figuras 25.17 ou 25.18a, e *não* como indica a Figura 25.18b.

Figura 25.18 Diversas posições de um voltímetro e de um amperímetro em um circuito completo.

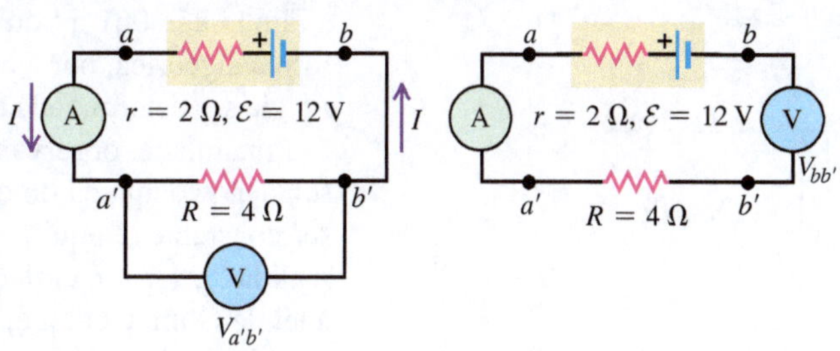

EXEMPLO 25.7 UMA FONTE EM CURTO-CIRCUITO

Usando o circuito do Exemplo 25.5, substituímos o resistor de 4 Ω por um condutor de resistência igual a zero. Quais são as leituras nesta situação?

SOLUÇÃO

IDENTIFICAR E PREPARAR: a **Figura 25.19** indica o novo circuito. As incógnitas são, novamente, I e V_{ab}. Agora, a resistência entre os pontos a e b é igual a zero, através do circuito inferior, portanto a diferença de potencial entre esses pontos deve ser igual a zero.

EXECUTAR: devemos ter $V_{ab} = IR = I(0) = 0$, qualquer que seja o valor da corrente. Portanto, podemos calcular a corrente usando a Equação 25.15:

$$V_{ab} = \mathcal{E} - Ir = 0$$

$$I = \frac{\mathcal{E}}{r} = \frac{12\text{ V}}{2\ \Omega} = 6\text{ A}$$

AVALIAR: o valor da corrente nesse circuito é diferente do encontrado no Exemplo 25.5, embora a bateria seja a mesma; a corrente depende da resistência interna r e da resistência do circuito externo.

A ligação indicada neste exemplo denomina-se *curto-circuito*. Os terminais da bateria são ligados diretamente. A corrente em curto-circuito é igual à fem $\mathcal{E}$ dividida pela resistência interna r. *Cuidado:* um curto-circuito pode representar uma situação extremamente perigosa! A resistência interna de uma bateria de automóvel ou de uma tomada em sua casa é muito pequena (muito menor que o valor indicado nestes exemplos), e um curto-circuito pode produzir uma corrente suficiente para causar a explosão de uma bateria ou de um fio pequeno.

Figura 25.19 Nosso esquema para este problema.

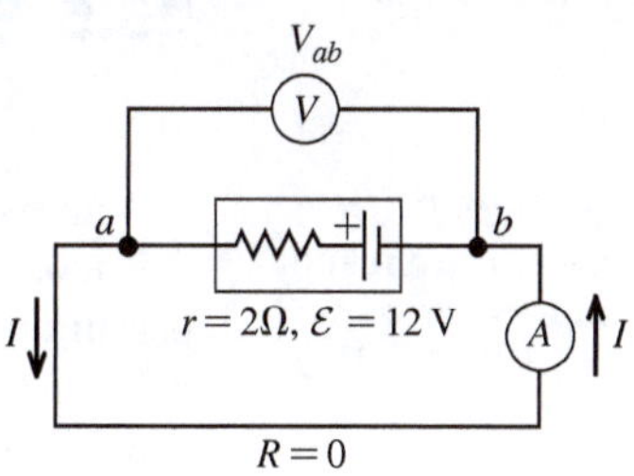

Variações de potencial em torno de um circuito

A variação total da energia potencial de uma carga q que percorre a malha de um circuito completo é igual a zero. Logo, a variação total do *potencial* na malha também é igual a zero; em outras palavras, a soma algébrica de todas as forças eletromotrizes e das diferenças de potencial ao longo de qualquer malha deve ser igual a zero. Podemos afirmar isso reescrevendo a Equação 25.16 na forma

$$\mathcal{E} - Ir - IR = 0$$

Um ganho $\mathcal{E}$ de energia potencial é associado à fem, e quedas de energia potencial Ir e IR são associadas, respectivamente, à resistência interna da fonte e à resistência do circuito externo. A **Figura 25.20** mostra um gráfico da variação do

Figura 25.20 Aumentos e quedas de potencial ao longo de um circuito.

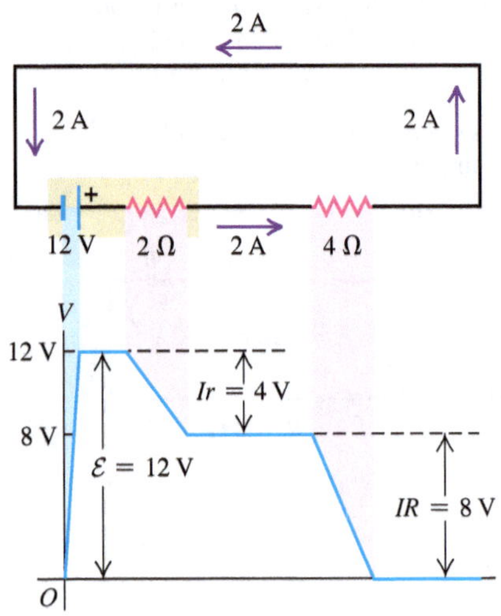

potencial quando percorremos o circuito indicado na Figura 25.17. O eixo horizontal não indica necessariamente distâncias reais, mas representa pontos ao longo da malha. Considerando o potencial do terminal negativo da bateria como igual a zero, ocorre um aumento $\mathcal{E}$ e uma queda Ir na bateria e uma queda adicional IR no resistor externo, e, quando terminamos de percorrer a malha, o potencial volta para seu valor inicial.

Nesta seção, consideramos somente as situações em que as resistências são ôhmicas. Quando o circuito inclui um dispositivo não linear, como um diodo (veja a Figura 25.10b), a Equação 25.16 continua válida, mas não pode ser resolvida de forma algébrica, porque R não é uma constante. Nesse tipo de situação, a corrente I pode ser determinada aplicando-se técnicas numéricas.

Finalmente, observamos que a Equação 25.15 nem sempre fornece uma representação adequada do comportamento de uma fonte de tensão. A fem pode não ser constante, e aquilo que descrevemos como uma resistência interna pode, na realidade, ser uma relação corrente–voltagem mais complexa que não obedece à lei de Ohm. Contudo, o conceito de resistência interna geralmente fornece uma descrição adequada para baterias, geradores e outros dispositivos que convertem uma dada forma de energia em energia elétrica. A diferença principal entre uma bateria nova e uma antiga não é a fem, a qual diminui pouco com o uso, e sim sua resistência interna, que aumenta de uma fração de ohm quando a bateria é nova, até 1.000 Ω depois do uso prolongado. Analogamente, uma bateria de automóvel pode fornecer menos corrente em uma manhã fria do que quando a bateria está quente, não por causa da fem, que varia muito pouco, mas sim em virtude de sua resistência interna, que aumenta quando a temperatura diminui.

TESTE SUA COMPREENSÃO DA SEÇÃO 25.4 Classifique os seguintes circuitos por ordem da corrente mais alta para a mais baixa: (i) um resistor de 1,4 Ω conectado a uma bateria de 1,5 V que possui uma resistência interna de 0,10 Ω; (ii) um resistor de 1,8 Ω conectado a uma bateria de 4,0 V que possui uma voltagem no terminal de 3,6 V, mas uma resistência interna desconhecida; (iii) um resistor desconhecido conectado a uma bateria de 12,0 V que possui uma resistência interna de 0,20 Ω e uma voltagem no terminal de 11,0 V. ❙

25.5 ENERGIA E POTÊNCIA EM CIRCUITOS ELÉTRICOS

Figura 25.21 A potência P fornecida ao segmento do circuito compreendido entre os pontos a e b é dada por $P = (V_a - V_b)I = V_{ab}I$.

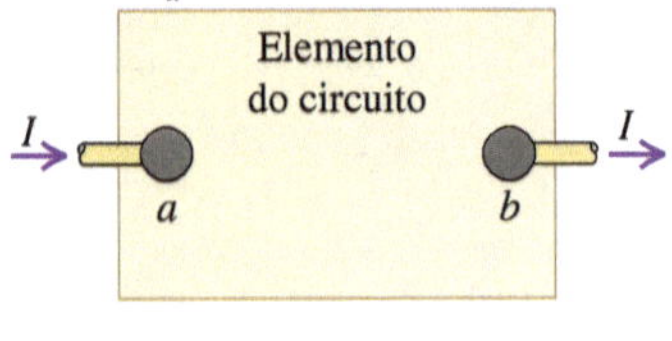

Vamos agora examinar algumas relações de potência e de energia em circuitos elétricos. A caixa na **Figura 25.21** representa um elemento de um circuito que possui uma diferença de potencial $V_a - V_b = V_{ab}$ entre seus terminais, e através dele passa uma corrente I no sentido de a para b. Esse elemento poderia ser um resistor, uma bateria ou qualquer outro dispositivo; os detalhes não importam. À medida que a carga flui através do elemento do circuito, o campo elétrico realiza um trabalho sobre a carga. Em uma fonte de fem existe um trabalho adicional realizado pela força $\vec{F}_n$, mencionada na Seção 25.4.

Quando uma quantidade de carga q passa através do elemento do circuito, há uma variação na energia potencial que equivale a qV_{ab}. Por exemplo, se $q > 0$ e $V_{ab} = V_a - V_b$ for positivo, a energia potencial diminui à medida que a carga "cai" do potencial V_a para o potencial inferior V_b. As cargas em movimento não ganham energia *cinética*, porque a corrente (a taxa de escoamento da carga) para fora do elemento do circuito deve ser igual à taxa de escoamento da carga para dentro do elemento. Em vez disso, a grandeza qV_{ab} representa a energia elétrica transferida para o elemento do circuito. Essa situação ocorre nas bobinas de uma torradeira ou de um forno elétrico, em que a energia elétrica é convertida em energia térmica.

Quando o potencial do ponto b é mais elevado que o potencial de a, V_{ab} é negativo e existe uma transferência de energia líquida *para fora* do elemento do circuito. O elemento está, assim, atuando como uma fonte que fornece energia para o circuito ao qual ela está conectada. Isso ocorre usualmente com uma bateria que converte energia química em elétrica e transfere a energia elétrica para o circuito. Portanto, qV_{ab} pode representar tanto a energia fornecida ao elemento do circuito quanto a energia extraída desse elemento.

Nos circuitos elétricos estamos principalmente interessados na *taxa* em que a energia é fornecida ou extraída de um elemento do circuito. Quando a corrente através do elemento é I, então, em um intervalo de tempo dt, uma quantidade de carga $dQ = I\,dt$ passa pelo elemento. A variação na energia potencial para essa quantidade de carga é $V_{ab}\,dQ = V_{ab}I\,dt$. Dividindo essa expressão por dt, obtemos a *taxa* em que a energia é transferida, seja para dentro, seja para fora do elemento do circuito. A taxa de tempo da transferência de energia é a *potência*, designada pela letra P, portanto escrevemos

Potência fornecida para um elemento de circuito ou extraída dele → $P = V_{ab}I$ (Voltagem através do elemento de circuito: V_{ab}; Corrente no elemento de circuito: I)

$$P = V_{ab}I \qquad (25.17)$$

A unidade de V_{ab} é o volt, ou um joule por coulomb, e a unidade de I é o ampère, ou um coulomb por segundo. Portanto, a unidade de $P = V_{ab}I$ é o watt:

$$(1\ \text{J/C})\,(1\ \text{C/s}) = 1\ \text{J/s} = 1\ \text{W}$$

Vamos considerar a seguir alguns casos especiais.

Potência dissipada por uma resistência pura

Quando o elemento do circuito indicado na Figura 25.21 for um resistor, a diferença de potencial será dada por $V_{ab} = IR$. De acordo com a Equação 25.17, a potência elétrica que o circuito fornece ao resistor é

Potência fornecida para um resistor → P (Voltagem através do resistor: V_{ab}; Corrente no resistor: I; Resistência do resistor: R)

$$P = V_{ab}I = I^2R = \frac{V_{ab}^2}{R} \qquad (25.18)$$

Para este caso, o potencial no ponto a (onde a corrente entra no resistor) é sempre maior que o potencial no ponto b (onde a corrente sai). A corrente entra através do potencial mais elevado do dispositivo, e a Equação 25.18 representa a taxa de transferência de energia potencial elétrica *para dentro* do elemento do circuito.

Qual é o destino dessa energia? As cargas que se movem colidem com os átomos do resistor e transferem parte da energia para esses átomos, fazendo aumentar a energia interna do material. Ou a temperatura do resistor aumentará ou haverá um fluxo de calor para fora dele, ou ambas as hipóteses ocorrerão. Em qualquer uma das hipóteses, dizemos que a energia foi *dissipada* no resistor com uma taxa igual a I^2R. Todo resistor possui uma *potência máxima*, especificando qual é a maior potência que ele pode consumir sem superaquecer e se danificar. Alguns dispositivos, como aquecedores elétricos, são projetados para ficarem aquecidos e transferirem calor para suas vizinhanças. Contudo, quando a potência máxima especificada for ultrapassada, até mesmo esses dispositivos poderão se fundir ou explodir.

Potência fornecida por uma fonte

O retângulo superior indicado na **Figura 25.22a** representa uma fonte com força eletromotriz $\mathcal{E}$ e resistência interna r ligada por condutores ideais (sem resistência) a um circuito externo representado pelo retângulo inferior. Esse esquema poderia representar uma bateria de automóvel ligada a um farol (Figura 25.22b). O ponto a possui um potencial maior que o ponto b; logo, $V_a > V_b$ e V_{ab} é positivo. Note

Figura 25.22 Taxa de conversão da energia em um circuito simples.

(a) Circuito diagramático

- A fonte fem converte energia não elétrica em energia elétrica a uma taxa igual a $\mathcal{E}I$.
- A taxa de *dissipação* de energia da resistência interna é igual a I^2r.
- A diferença $\mathcal{E}I - I^2r$ é a potência fornecida pela fonte para o circuito externo.

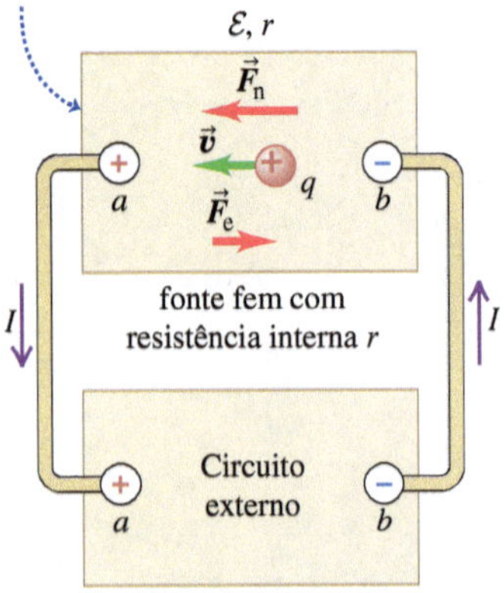

(b) Um circuito real do tipo indicado em **(a)**

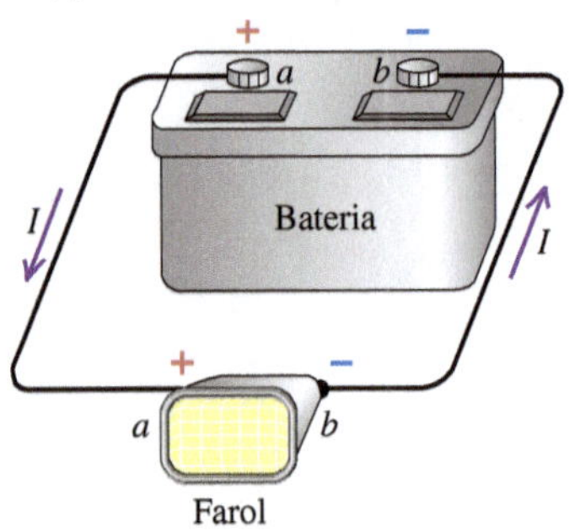

que a corrente I está *saindo* da fonte pelo potencial mais elevado (em vez de entrar). A energia está sendo fornecida para o circuito externo a uma taxa dada pela Equação 25.17:

$$P = V_{ab}I$$

Para uma fonte com fem $\mathcal{E}$ e resistência interna r, podemos usar a Equação 25.15:

$$V_{ab} = \mathcal{E} - Ir$$

Multiplicando ambos os membros por I, encontramos

$$P = V_{ab}I = \mathcal{E}I - I^2r \tag{25.19}$$

Qual é o significado dos termos $\mathcal{E}I$ e I^2r? Na Seção 25.4, definimos a fem $\mathcal{E}$ como sendo o trabalho por unidade de carga realizado sobre as cargas pelas forças não eletrostáticas que empurram as cargas "para cima", do ponto b até o ponto a na fonte. No intervalo de tempo dt, uma carga $dQ = I\,dt$ flui através da fonte; o trabalho realizado sobre ela pela força não eletrostática é dado por $\mathcal{E}\,dQ = \mathcal{E}I\,dt$. Portanto, $\mathcal{E}I$ é a *taxa* com a qual o trabalho é realizado sobre as cargas que circulam por qualquer agente que produza as forças não eletrostáticas na fonte. Esse termo representa a taxa de conversão de energia não elétrica em energia elétrica no interior da fonte. O termo I^2r é a taxa com a qual a energia elétrica está sendo *dissipada* na resistência interna da fonte. A diferença $\mathcal{E}I - I^2r$ é a potência elétrica *líquida* da fonte, ou seja, a taxa com a qual a energia elétrica é fornecida pela fonte para o circuito externo.

Potência absorvida por uma fonte

Suponha que o retângulo inferior indicado na Figura 25.22a represente outra fonte com fem *maior*, porém com sentido oposto ao da fem da fonte superior. A **Figura 25.23** mostra um exemplo prático dessa situação: uma bateria de automóvel (o elemento do circuito superior) sendo carregada pelo alternador do automóvel (o elemento do circuito inferior). A corrente I possui sentido *oposto* ao indicado na Figura 25.22; a fonte inferior está injetando cargas na fonte superior. Em razão da inversão da corrente, em vez da Equação 25.15, temos a seguinte relação para a fonte superior:

$$V_{ab} = \mathcal{E} + Ir$$

e em vez da Equação 25.19, temos

$$P = V_{ab}I = \mathcal{E}I + I^2r \tag{25.20}$$

Figura 25.23 Quando duas fontes são conectadas entre si em um único circuito, a fonte que possui fem mais elevada fornece energia para a outra.

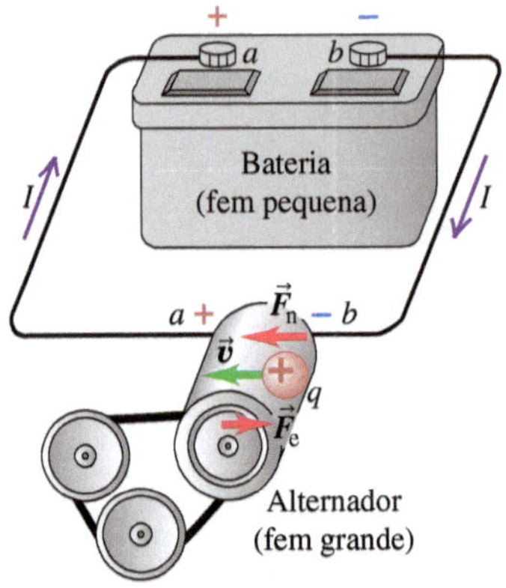

Agora, em vez de o trabalho ser realizado *pela* força não elétrica da fonte superior, ele está sendo realizado *sobre* o agente que produz a força não eletrostática da fonte. Na fonte superior, ocorre uma conversão de energia elétrica em energia não elétrica com uma taxa igual a $\mathcal{E}I$. O termo I^2r na Equação 25.20 é novamente a taxa com a qual a energia elétrica está sendo dissipada na resistência interna da fonte superior, e a soma $\mathcal{E}I + I^2r$ é a potência elétrica *absorvida* pela fonte superior. Isso é o que ocorre quando uma bateria recarregável (bateria com acumuladores) é ligada a um carregador. Este fornece energia elétrica para a bateria; parte dessa energia é convertida em energia química nos acumuladores, a ser reconvertida posteriormente, e a energia restante é dissipada (perdida) na resistência interna, aquecendo a bateria e produzindo um fluxo de calor através dela. Você já deve ter notado que, ao carregar a bateria de um notebook, ela fica quente.

ESTRATÉGIA PARA A SOLUÇÃO DE PROBLEMAS 25.1 ENERGIA E POTÊNCIA EM CIRCUITOS

IDENTIFICAR *os conceitos relevantes:* os conceitos de potência elétrica consumida e potência elétrica fornecida podem ser aplicados a qualquer circuito elétrico. Na maioria dos casos, o problema pedirá que você considere explicitamente a potência ou a energia.

PREPARAR *o problema* por meio das seguintes etapas:

1. Faça um desenho do circuito.
2. Identifique os elementos do circuito, incluindo fontes de fem e resistores. Em capítulos posteriores acrescentaremos outros tipos de elementos do circuito, incluindo capacitores (Capítulo 26) e indutores (Capítulo 30).
3. Identifique as incógnitas. Normalmente, elas serão a potência consumida ou a potência fornecida para cada elemento do circuito, ou a quantidade total de energia inserida em um elemento do circuito ou retirada dele, em um dado intervalo de tempo.

EXECUTAR *a solução* conforme segue:

1. Uma fonte de fem $\mathcal{E}$ fornece uma potência $\mathcal{E}I$ para um circuito, quando a corrente I atravessa a fonte do terminal $-$ para o terminal $+$. (Por exemplo, em uma bateria ocorre conversão de energia química em energia elétrica; no caso de um gerador, ocorre conversão de energia mecânica em energia elétrica.) Nesse caso, a fonte possui uma potência de saída *positiva* para o circuito, ou seja, há uma potência consumida *negativa* para a fonte.
2. Uma fonte de fem consome uma potência $\mathcal{E}I$ de um circuito, quando a corrente I atravessa a fonte do terminal $+$ para o terminal $-$. (Isso ocorre quando uma bateria está sendo carregada e a energia elétrica é convertida em energia química.) Nesse caso, a fonte possui uma potência de saída *negativa* para o circuito, ou seja, há uma potência consumida *positiva* para a fonte.
3. A potência consumida por um resistor é sempre *positiva*, independentemente do sentido da corrente que passa por ele. Ela remove energia do circuito com uma taxa dada por $VI = I^2R = V^2/R$, em que V é a diferença de potencial através do resistor.
4. Assim como no item 3, a potência consumida pela resistência interna r de uma fonte é sempre positiva, independentemente do sentido da corrente que passa por ela. A resistência interna de uma fonte sempre remove energia do circuito, convertendo-a em calor a uma taxa igual a I^2r.
5. Se a potência para dentro ou para fora de um elemento de circuito for constante, a energia fornecida para um elemento do circuito ou extraída dele é simplesmente o produto da potência pelo tempo decorrido. (No Capítulo 26, encontraremos situações em que a potência não é constante. Nesses casos, o cálculo da energia total requer uma integral sobre o intervalo de tempo considerado.)

AVALIAR *sua resposta:* confira os resultados, incluindo a verificação de que a energia é conservada. Essa conservação pode ser expressa em qualquer uma das duas formas seguintes: "potência total fornecida = potência total consumida" ou "a soma algébrica de todas as potências envolvidas em um circuito completo é igual a zero".

EXEMPLO 25.8 POTÊNCIA FORNECIDA E CONSUMIDA EM UM CIRCUITO COMPLETO

Considerando a mesma situação analisada no Exemplo 25.5, calcule a taxa de conversão da energia (química para elétrica) e a taxa de dissipação de energia na bateria, a taxa de dissipação de energia no resistor de 4 Ω e a potência líquida fornecida da bateria.

SOLUÇÃO

IDENTIFICAR E PREPARAR: a **Figura 25.24** mostra o circuito, indica os valores das grandezas conhecidas e demonstra como encontrar as incógnitas do problema. Usamos a Equação 25.19 para determinar a potência líquida fornecida da bateria, a taxa de conversão da energia química para a elétrica e a taxa de dissipação de energia na resistência interna da bateria. Usamos a Equação 25.18 para determinar a potência fornecida ao (e dissipado no) resistor de 4 Ω.

EXECUTAR: pelo primeiro termo da Equação 25.19, a taxa de conversão da energia na bateria é

$$\mathcal{E}I = (12\text{ V})(2\text{ A}) = 24\text{ W}$$

Pelo primeiro termo da Equação 25.19, a taxa de dissipação da energia na bateria é

$$I^2r = (2\text{ A})^2(2\ \Omega) = 8\text{ W}$$

A potência elétrica *fornecida* pela fonte é dada pela diferença entre os valores anteriores: $\mathcal{E}I - I^2r = 16$ W. Pelo primeiro termo da Equação 25.18, a potência elétrica consumida pelo resistor de 4 Ω, bem como a taxa de dissipação de energia elétrica nele, são dadas por

$$V_{a'b'}I = (8\text{ V})(2\text{ A}) = 16\text{ W} \quad \text{e} \quad I^2R = (2\text{ A})^2(4\ \Omega) = 16\text{ W}$$

AVALIAR: a taxa $V_{a'b'}I$ a qual energia é fornecida ao resistor de 4 Ω é igual à taxa I^2R a qual a energia é dissipada nele. Esse valor também é igual à potência líquida fornecida da bateria: $P = V_{ab}I = (8\text{ V})(2\text{ A}) = 16$ W. Resumindo, a taxa a qual a fonte de fem fornece energia é $\mathcal{E}I = 24$ W, dos quais I^2r 8 W são dissipados no resistor interno da bateria e $I^2R = 16$ W são dissipados no resistor externo.

Figura 25.24 Nosso esquema para este problema.

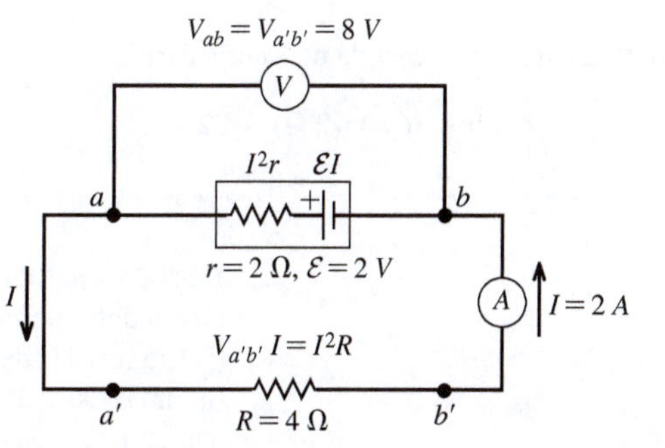

EXEMPLO 25.9 AUMENTO DA RESISTÊNCIA

Suponha que o resistor de 4 Ω na Figura 25.24 seja substituído por um resistor de 8 Ω. Como isso afeta a potência elétrica dissipada nesse resistor?

SOLUÇÃO

IDENTIFICAR E PREPARAR: a incógnita é a potência dissipada no resistor ao qual a fonte de fem está conectada. A situação é a mesma do Exemplo 25.8, porém com uma resistência externa R mais elevada.

EXECUTAR: de acordo com a Equação 25.18, a potência dissipada no resistor é dada por $P = I^2R$. Você poderia concluir que a potência dobra porque a resistência é duas vezes maior que no Exemplo 25.8, ou 2(16 W) = 32 W. Em vez disso, também poderia aplicar a fórmula $P = V_{ab}^2/R$; usando essa fórmula, seria possível concluir que a potência seria igual à metade da resistência do exemplo precedente, ou (16 W)/2 = 8 W. Qual é a resposta correta?

Na realidade, *ambas* as conclusões anteriores estão *incorretas*. A primeira está errada porque, quando a resistência R varia, a corrente no circuito também varia (lembre-se de que uma fonte de fem *não* produz a mesma corrente em todas as situações). A segunda conclusão também não é correta porque a diferença de potencial V_{ab} através do resistor varia quando a corrente varia. Para obtermos a resposta correta, inicialmente usamos a técnica do Exemplo 25.5 para determinar a corrente:

$$I = \frac{\mathcal{E}}{R + r} = \frac{12\text{ V}}{8\ \Omega + 2\ \Omega} = 1{,}2\text{ A}$$

A resistência maior faz a corrente diminuir. A diferença de potencial através do resistor é

$$V_{ab} = IR = (1{,}2\text{ A})(8\ \Omega) = 9{,}6\text{ V}$$

que é maior que a existente através do resistor de 4 Ω. A seguir, podemos calcular a potência dissipada no resistor usando qualquer uma das duas fórmulas seguintes:

$$P = I^2R = (1{,}2\text{ A})^2(8\ \Omega) = 12\text{ W} \quad \text{ou}$$

$$P = \frac{V_{ab}^2}{R} = \frac{(9{,}6\text{ V})^2}{8\ \Omega} = 12\text{ W}$$

AVALIAR: o aumento da resistência R produz uma *redução* na potência fornecida ao resistor. Na expressão $P = I^2R$, a diminuição da corrente é mais importante que o aumento da resistência; na expressão $P = V_{ab}^2/R$, o aumento da resistência é mais importante que o aumento de V_{ab}. O mesmo raciocínio pode ser usado para uma lâmpada comum: uma lâmpada de 50 W possui uma resistência maior que uma de 100 W.

Você é capaz de mostrar que, ao trocar o resistor de 4 Ω pelo de 8 Ω, ocorre uma diminuição da taxa de conversão de energia (química para elétrica) na bateria, bem como da taxa de dissipação de energia na bateria?

EXEMPLO 25.10 POTÊNCIA EM UM CURTO-CIRCUITO

Para o mesmo curto-circuito da bateria analisada no Exemplo 25.7, calcule as taxas de conversão da energia e de dissipação da energia na bateria e a potência líquida fornecida pela bateria.

SOLUÇÃO

IDENTIFICAR E PREPARAR: as incógnitas são novamente as potências consumidas e as potências fornecidas, associadas à bateria. A **Figura 25.25** mostra o circuito. Trata-se novamente da mesma situação do Exemplo 25.8, mas agora a resistência externa R é igual a zero.

EXECUTAR: no Exemplo 25.7, encontramos que a corrente nesta situação é $I = 6$ A. Pela Equação 25.19, a taxa de conversão da energia (química para elétrica) na bateria é dada por

$$\mathcal{E}I = (12\text{ V})(6\text{ A}) = 72\text{ W}$$

A taxa de dissipação da energia na bateria é dada por

$$I^2r = (6\text{ A})^2(2\ \Omega) = 72\text{ W}$$

A potência líquida fornecida pela fonte é $\mathcal{E}I - I^2r = 0$. A expressão $P = V_{ab}I$ fornece o mesmo resultado porque a voltagem nos terminais da bateria V_{ab} é igual a zero.

AVALIAR: com fios ideais e um amperímetro ideal, de modo que $R = 0$, a energia convertida é *completamente* dissipada no interior da fonte. Por isso, quando ocorre um curto-circuito, a bateria se deteriora rapidamente e pode até explodir.

Figura 25.25 Nosso esquema para este problema.

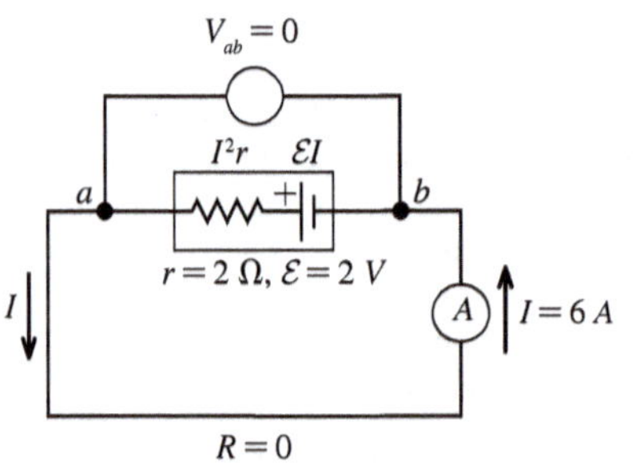

TESTE SUA COMPREENSÃO DA SEÇÃO 25.5 Classifique os seguintes circuitos por ordem dos valores mais altos para os mais baixos da potência líquida fornecida da bateria. (i) Um resistor de 1,4 Ω conectado a uma bateria de 1,5 V e resistência interna de 0,10 Ω; (ii) um resistor de 1,8 Ω conectado a uma bateria de 4,0 V e voltagem no terminal de 3,6 V, mas com resistência interna desconhecida; (iii) um resistor desconhecido conectado a uma bateria de 12,0 V que possui resistência interna de 0,20 Ω e voltagem no terminal de 11,0 V. ❙

25.6 TEORIA DA CONDUÇÃO EM METAIS

Podemos entender melhor a condução elétrica estudando os aspectos microscópicos da origem da condutividade. Vamos considerar um modelo muito simples que trata os elétrons como partículas clássicas, ignorando sua natureza quântica e seu comportamento ondulatório no interior do sólido. Usando esse modelo, vamos deduzir uma expressão para a resistividade de um metal. Embora esse modelo não seja inteiramente correto, ele ajudará você a ter uma ideia mais clara da base microscópica da condução.

No modelo mais simples da condução elétrica em um metal, cada átomo da rede cristalina fornece um ou mais elétrons de sua camada eletrônica externa. Esses elétrons podem, então, se mover livremente através do cristal, colidindo com os íons positivos estacionários em intervalos de tempo. O movimento dos elétrons livres é análogo ao movimento das moléculas que se movem através de um leito poroso ou da areia; por isso esses elétrons geralmente são chamados de "gás de elétrons".

Quando não existe nenhum campo elétrico aplicado, os elétrons descrevem trajetórias retilíneas entre as colisões; as direções de suas velocidades são caóticas e eles geralmente permanecem praticamente na mesma posição (**Figura 25.26a**). Contudo, quando um campo elétrico está presente, as trajetórias se encurvam ligeiramente, em virtude da atuação das forças elétricas. A Figura 25.26b mostra algumas trajetórias seguidas por um elétron sobre o qual atua um campo elétrico orientado da direita para a esquerda. Como afirmamos na Seção 25.1, a velocidade média do movimento caótico é da ordem de 10^6 m/s, enquanto a velocidade média de arraste é *muito* menor, da ordem de 10^{-4} m/s. O tempo médio entre duas colisões sucessivas denomina-se **tempo livre médio**, designado por τ. Na **Figura 25.27**, indicamos uma analogia mecânica para o movimento do elétron.

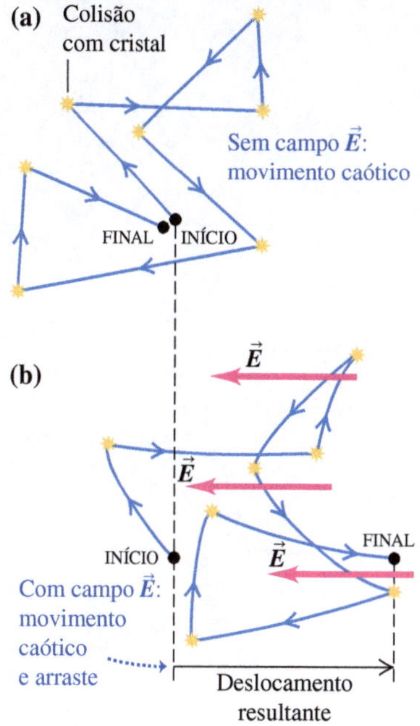

Figura 25.26 Movimento caótico de um elétron em um cristal metálico (a) com um campo elétrico nulo e (b) com um arraste produzido pelas forças elétricas. As curvaturas das trajetórias estão muito exageradas.

A partir desse modelo, torna-se possível deduzir uma expressão para a resistividade ρ, definida pela Equação 25.5:

$$\rho = \frac{E}{J} \tag{25.21}$$

em que E é o módulo do campo elétrico e J é o módulo da densidade de corrente. O vetor densidade de corrente $\vec{J}$, por sua vez, é dado pela Equação 25.4:

$$\vec{J} = nq\vec{v}_a \tag{25.22}$$

em que n é o número de elétrons livres por unidade de volume (a concentração de elétrons), $q = -e$ é a carga de cada elétron e $\vec{v}_a$ é a velocidade média de arraste.

Precisamos relacionar a velocidade de arraste $\vec{v}_a$ com o campo elétrico $\vec{E}$. O valor de $\vec{v}_a$ é determinado por uma condição estacionária, na qual, na média, a velocidade que as cargas *ganham* quando são aceleradas pela ação do campo $\vec{E}$ é exatamente igual à velocidade que elas *perdem* em decorrência de colisões. Para esclarecermos esse processo, vamos examinar os dois efeitos separadamente. Suponha que antes de $t = 0$ não exista nenhum campo elétrico. O movimento dos elétrons é completamente caótico. Um elétron típico possui velocidade $\vec{v}_0$ no instante $t = 0$, e a média dos valores de $\vec{v}_0$ é tomada considerando-se muitos elétrons (ou seja, a velocidade inicial de um elétron médio) é igual a zero, $(\vec{v}_0)_{méd} = \mathbf{0}$. A seguir, no instante $t = 0$, aplicamos um campo elétrico $\vec{E}$ constante. O campo exerce uma força $\vec{F} = q\vec{E}$ sobre cada carga, produzindo uma aceleração $\vec{a}$ na direção da força, dada por

$$\vec{a} = \frac{\vec{F}}{m} = \frac{q\vec{E}}{m}$$

em que m é a massa do elétron. *Todos* os elétrons possuem essa aceleração.

Figura 25.27 O movimento de uma bola rolando para baixo de um plano inclinado e mudando de direção em virtude das colisões com os obstáculos fornece uma analogia mecânica com o movimento dos elétrons em um condutor metálico quando existe um campo elétrico aplicado.

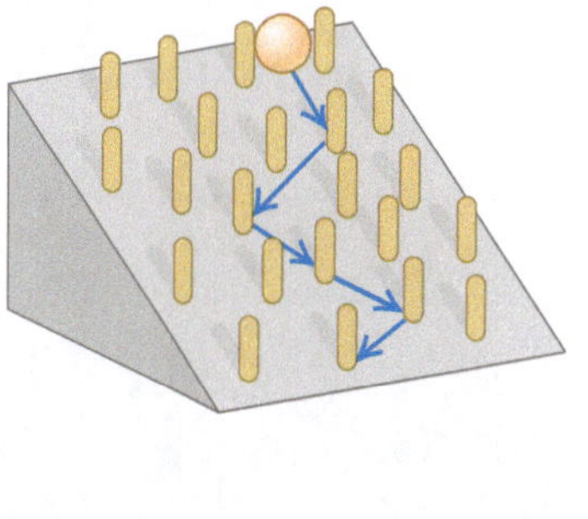

Depois de um tempo τ, o tempo médio entre duas colisões, "iniciamos" as colisões. Um elétron que possuía a velocidade $\vec{v}_0$ para $t = 0$, no instante $t = \tau$, possui uma velocidade

$$\vec{v} = \vec{v}_0 + \vec{a}\tau$$

A velocidade *média* $\vec{v}_{\text{méd}}$ do elétron nesse instante é dada pela soma das médias dos termos do membro direito da relação anterior. Como observamos, a média da velocidade do elétron é igual a zero; logo,

$$\vec{v}_{\text{méd}} = \vec{a}\tau = \frac{q\tau}{m}\vec{E} \tag{25.23}$$

Depois do instante $t = \tau$, a tendência à diminuição da velocidade média dos elétrons (provocada por colisões caóticas) torna-se exatamente igual à tendência de aumento dessa velocidade pelo campo $\vec{E}$. Portanto, a velocidade média de um elétron, dada pela Equação 25.23, se mantém constante no tempo e deve ser igual à velocidade de arraste $\vec{v}_a$:

$$\vec{v}_a = \frac{q\tau}{m}\vec{E}$$

Então, substituindo a expressão da velocidade de arraste $\vec{v}_a$ na Equação 25.22, temos:

$$\vec{J} = nq\vec{v}_a = \frac{nq^2\tau}{m}\vec{E}$$

Comparando o resultado anterior com a Equação 25.21, que pode ser escrita na forma $\vec{J} = \vec{E}/\rho$, e substituindo $q = -e$, vemos que

Resistividade de um metal

$$\rho = \frac{m}{ne^2\tau} \tag{25.24}$$

m: Massa de um elétron; τ: Tempo médio entre colisões; n: Número de elétrons livres por unidade de volume; e: Módulo da carga de um elétron

Quando n e τ não dependem de $\vec{E}$, então a resistividade não depende de $\vec{E}$ e o material condutor obedece à lei de Ohm.

Iniciar uma interação de cada vez pode parecer artificial. Porém, a dedução seria a mesma se cada elétron tivesse seu próprio relógio e o instante $t = 0$ fosse diferente para cada elétron. Sendo τ o tempo médio entre as colisões, então $\vec{v}_a$ continua sendo a velocidade média de arraste dos elétrons, embora os movimentos dos diversos elétrons não sejam realmente correlacionados da maneira como postulamos.

O que dizer sobre a variação da resistividade com a temperatura? Em um cristal perfeito sem nenhum átomo fora de sua posição de equilíbrio, uma análise correta feita pela mecânica quântica chegaria à conclusão de que os elétrons livres se deslocam na rede sem nenhuma colisão. Porém, cada átomo vibra em torno de sua posição de equilíbrio. Ocorre um aumento das amplitudes dessas vibrações à medida que a temperatura aumenta, as colisões tornam-se mais frequentes e o tempo livre médio τ diminui. Portanto, nosso modelo teórico prevê um aumento da resistividade com o aumento da temperatura. No caso de um supercondutor, *grosso modo*, não existem colisões inelásticas, τ torna-se infinito e a resistividade ρ é igual a zero.

Para um semicondutor puro, como o silício e o germânio, o número n de portadores de carga por unidade de volume não é constante e cresce rapidamente quando a temperatura se eleva. Esse aumento de n fornece uma contribuição muito maior que a diminuição do tempo livre médio, e a resistividade de um semicondutor sempre diminui rapidamente quando a temperatura aumenta. Para temperaturas baixas, n

torna-se tão pequeno e a resistividade é tão grande que o semicondutor pode ser considerado um isolante.

Os elétrons ganham energia entre as colisões por causa do trabalho realizado pelo campo elétrico sobre eles. Durante as colisões, eles transferem parte dessa energia para os átomos do material condutor. Isso provoca um aumento da energia interna do material e um consequente aumento de temperatura; por essa razão, os fios que conduzem uma corrente tornam-se quentes. Quando o campo elétrico no interior de um material é suficientemente grande, o elétron adquire energia suficiente para liberar outro elétron que estava ligado ao átomo do material. Os elétrons liberados podem liberar novos elétrons, produzindo uma avalanche de corrente. Essa é a base microscópica para explicar a ruptura dielétrica de um isolante (veja a Seção 24.4).

EXEMPLO 25.11 TEMPO LIVRE MÉDIO NO COBRE

Calcule o tempo livre médio entre as colisões no cobre para a temperatura ambiente.

SOLUÇÃO

IDENTIFICAR E PREPARAR: podemos determinar uma expressão para o tempo livre médio em função de n, ρ, e e m, reestruturando a Equação 25.24. De acordo com o Exemplo 25.1 e a Tabela 25.1, para o cobre $n = 8{,}5 \times 10^{28}\ \text{m}^{-3}$ e $\rho = 1{,}72 \times 10^{-8}\ \Omega \cdot \text{m}$. Além disso, $e = 1{,}60 \times 10^{-19}$ C e $m = 9{,}11 \times 10^{-31}$ kg para os elétrons.

EXECUTAR: pela Equação 25.24, obtemos

$$\tau = \frac{m}{ne^2\rho}$$

$$= \frac{9{,}11 \times 10^{-31}\ \text{kg}}{(8{,}5 \times 10^{28}\ \text{m}^{-3})(1{,}60 \times 10^{-19}\ \text{C})^2(1{,}72 \times 10^{-8}\ \Omega \cdot \text{m})}$$

$$= 2{,}4 \times 10^{-14}\ \text{s}$$

AVALIAR: o tempo livre médio é o tempo médio entre colisões para um elétron qualquer. Tomando o inverso desse tempo, verificamos que cada elétron realiza a média de aproximadamente $1/\tau = 4{,}2 \times 10^{13}$ colisões a cada segundo!

TESTE SUA COMPREENSÃO DA SEÇÃO 25.6 Qual dos seguintes fatores, se aumentado, dificultará a produção de certa quantidade de corrente em um condutor? (Pode haver mais de uma resposta correta.) (i) A massa das partículas carregadas em movimento no condutor; (ii) o número de partículas carregadas em movimento por metro cúbico; (iii) a quantidade de carga em cada partícula em movimento; (iv) o tempo médio entre as colisões para uma partícula típica carregada em movimento. ❙

CAPÍTULO 25 RESUMO

Corrente e densidade de corrente: a corrente elétrica é a quantidade de carga que flui através de uma área especificada por unidade de tempo. A unidade SI de corrente é o ampère, igual a um coulomb por segundo (1 A = 1 C/s). A corrente I que passa na área A depende da concentração n e da carga q dos portadores de carga, bem como do módulo de sua velocidade de arraste $\vec{v}_a$. A densidade de corrente é a corrente por unidade de área da seção reta do condutor. Costuma-se descrever a corrente por meio de um fluxo de cargas positivas, mesmo quando a corrente real é negativa ou possui cargas com ambos os sinais. (Veja o Exemplo 25.1.)

$$I = \frac{dQ}{dt} = n|q|v_a A \qquad (25.2)$$

$$\vec{J} = nq\vec{v}_a \qquad (25.4)$$

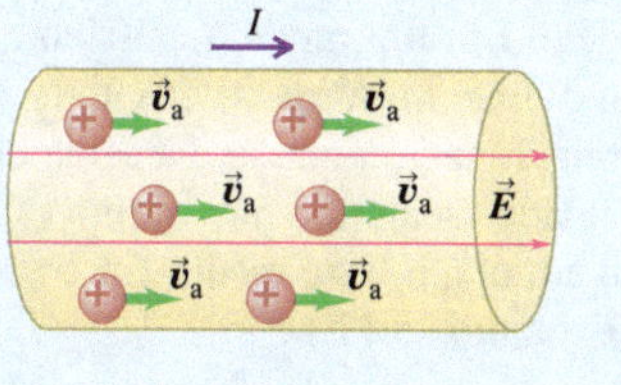

Resistividade: a resistividade ρ de um material é definida como a razão entre os módulos do campo elétrico e da densidade de corrente. Um bom condutor possui resistividade pequena; um bom isolante possui resistividade grande. A lei de Ohm, válida para muitos materiais, afirma que ρ é uma constante que não depende do valor de E. A resistividade geralmente aumenta com a temperatura; para peque-

$$\rho = \frac{E}{J} \qquad (25.5)$$

$$\rho(T) = \rho_0[1 + \alpha(T - T_0)] \qquad (25.6)$$

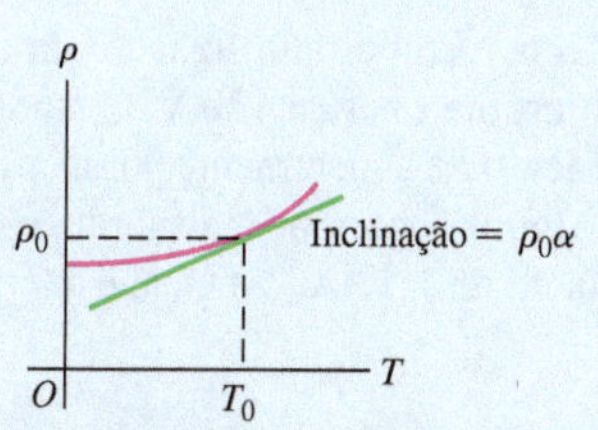

Metal: ρ aumenta à medida que T aumenta.

nas diferenças de temperatura, essa variação pode ser representada aproximadamente pela Equação 25.6, em que α é o coeficiente de temperatura da resistividade.

Resistores: para os materiais que obedecem à lei de Ohm, a diferença de potencial V através de uma amostra particular do material é proporcional à corrente I que passa pelo material. A razão $V/I = R$ é a resistência da amostra. A unidade SI de resistência é 1 ohm (1 Ω = 1 V/A). A resistência de um condutor cilíndrico está relacionada a sua resistividade ρ, comprimento L e área de seção reta A. (Veja os exemplos 25.2 a 25.3.)

$$V = IR \qquad (25.11)$$

$$R = \frac{\rho L}{A} \qquad (25.10)$$

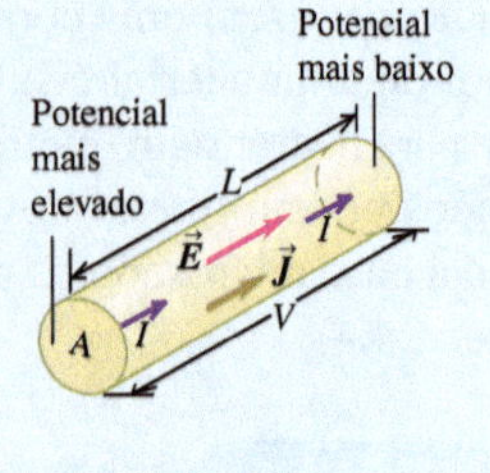

Circuitos e fem: um circuito completo contém uma ou mais malhas que fornecem um caminho contínuo para a condução da corrente elétrica. Um circuito completo com corrente constante deve conter pelo menos uma fonte de força eletromotriz (fem) $\mathcal{E}$. A unidade SI de força eletromotriz é 1 volt (V). Toda fonte real de fem possui alguma resistência interna r, portanto a diferença de potencial V_{ab} nos terminais da fonte depende da corrente. (Veja os exemplos 25.4 a 25.7.)

$$V_{ab} = \mathcal{E} - Ir \qquad (25.15)$$

(fonte com resistência interna)

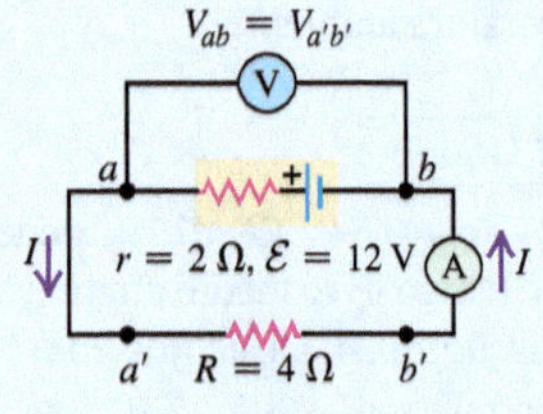

Energia e potência nos circuitos: um elemento do circuito fornece energia para um circuito quando a corrente flui do potencial mais baixo para o mais elevado e consome energia quando a corrente flui em sentido oposto. A potência P é igual ao produto da diferença de potencial $V_a - V_b = V_{ab}$ pela corrente I. Um resistor sempre consome energia elétrica do circuito. (Veja os exemplos 25.8 a 25.10.)

$$P = V_{ab}I \qquad (25.17)$$

(elemento do circuito geral)

$$P = V_{ab}I = I^2R = \frac{V_{ab}^2}{R} \qquad (25.18)$$

(potência fornecida a um resistor)

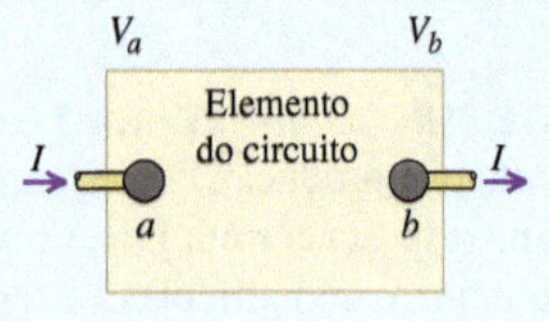

Condução em metais: a corrente em um metal é produzida pelo movimento dos elétrons. Eles se movem livremente através da rede cristalina do metal, porém colidem com os núcleos dos íons dele. Em um modelo clássico aproximado desse movimento, a resistividade do material pode ser relacionada à massa e à carga do elétron, à velocidade escalar do movimento caótico, à densidade e ao tempo livre médio entre as colisões. (Veja o Exemplo 25.11.)

$$\rho = \frac{m}{ne^2\tau} \qquad (25.24)$$

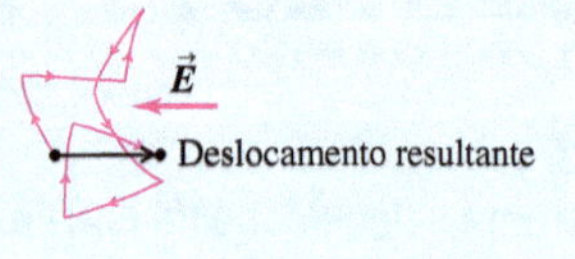

Problema em destaque Resistividade, temperatura e potência

Uma torradeira utilizando um elemento de aquecimento de nicromo opera a 120 V. Quando ela é ligada a 20 °C, o elemento de aquecimento possui uma corrente inicial de 1,35 A. Alguns segundos mais tarde, a corrente atinge o valor constante de 1,23 A. (a) Qual é a temperatura final do elemento? O valor médio do coeficiente de temperatura da resistividade para o nicromo dentro do intervalo de temperatura relevante é $4{,}5 \times 10^{-4}$ (C°)$^{-1}$. (b) Qual é a potência dissipada no elemento de aquecimento inicialmente e quando a corrente atinge 1,23 A?

(Continua)

(*Continuação*)

GUIA DA SOLUÇÃO

IDENTIFICAR E PREPARAR

1. Um elemento de aquecimento funciona como um resistor que converte energia elétrica em energia térmica. A resistividade ρ do nicromo depende da temperatura e, portanto, o mesmo acontece com a resistência $R = \rho L/A$ do elemento de aquecimento e a corrente $I = V/R$ que passa através dele.
2. Conhecemos $V = 120$ V e os valores iniciais e finais de I. Escolha uma equação que lhe permitirá encontrar os valores iniciais e finais de resistência, e uma equação que relaciona a resistência à temperatura [a incógnita do item (a)].
3. A potência P dissipada no elemento de aquecimento depende de I e V. Escolha uma equação que lhe permitirá calcular os valores iniciais e finais do P.

EXECUTAR

4. Combine as equações da etapa 2 para obter uma relação entre os valores inicial e final de I e as temperaturas inicial e final (20 °C e T_{final}).
5. Resolva a expressão da etapa 4 para T_{final}.
6. Use a equação da etapa 3 para encontrar as potências inicial e final.

AVALIAR

7. A temperatura final é superior ou inferior a 20 °C? Isso faz sentido?
8. A resistência final é superior ou inferior à resistência inicial? Mais uma vez, isso faz sentido?
9. A potência final é superior ou inferior à potência inicial? Isso é coerente com suas observações da etapa 8?

PROBLEMAS

•, ••, •••: níveis de dificuldade. PC: problemas cumulativos, incorporando material de outros capítulos. CALC: problemas exigindo cálculo. DADOS: problemas envolvendo dados reais, evidência científica, projeto experimental e/ou raciocínio científico. BIO: problemas envolvendo biociências.

QUESTÕES PARA DISCUSSÃO

Q25.1 A definição de resistividade ($\rho = E/J$) implica que existe um campo elétrico no interior de um condutor. Entretanto, vimos no Capítulo 21 que não pode haver nenhum campo elétrico no interior de um condutor. Há uma contradição aqui? Explique.

Q25.2 Uma haste cilíndrica possui resistência R. Se triplicarmos o comprimento e o diâmetro, qual será a resistência em função de R?

Q25.3 Uma haste cilíndrica possui resistividade ρ. Se triplicarmos o comprimento e o diâmetro, qual será a resistência em função de ρ?

Q25.4 Dois fios de cobre com diâmetros diferentes são ligados pelas suas extremidades. Quando uma corrente elétrica flui através dessa combinação, o que ocorre com os elétrons quando eles se deslocam do fio com diâmetro maior para o fio com diâmetro menor? A velocidade de arraste dos elétrons aumenta, diminui ou permanece constante? Se a velocidade de arraste varia, qual é a força que produz essa variação? Explique seu raciocínio.

Q25.5 Quando uma pilha AAA de 1,5 V *não* é realmente uma pilha de 1,5V? Ou seja, quando seus terminais fornecem uma diferença de potencial menor que 1,5 V?

Q25.6 A diferença de potencial nos terminais de uma bateria pode em algum caso possuir um sentido oposto ao da fem da bateria? Em caso afirmativo, forneça um exemplo. Em caso negativo, explique por quê.

Q25.7 Uma regra prática para determinar a resistência interna de uma fonte consiste em medir a diferença de potencial com o circuito aberto e dividir a voltagem pela corrente elétrica que flui em curto-circuito. Isso está correto? Por quê?

Q25.8 Uma pilha é sempre identificada pela fem especificada no rótulo; por exemplo, uma pilha AA usada em lanternas é especificada para "1,5 volt". Também seria apropriado colocar um rótulo em uma bateria para especificar a corrente que ela fornece? Por quê?

Q25.9 Vimos que um coulomb representa uma enorme quantidade de carga; é praticamente impossível colocar uma carga de 1 C em um objeto. Entretanto, uma corrente de 10 A, 10 C/s, é bastante razoável. Explique essa aparente discrepância.

Q25.10 Um elétron em um circuito elétrico passa através de um resistor. O fio de cada lado do resistor possui o mesmo diâmetro. (a) Como comparar a velocidade de arraste dos elétrons quando eles entram no resistor à velocidade de arraste dos elétrons quando eles saem? Explique seu raciocínio. (b) Como comparar a energia potencial dos elétrons quando eles entram no resistor à energia potencial dos elétrons quando eles saem? Explique.

Q25.11 Os coeficientes de temperatura da resistividade são apresentados na Tabela 25.2. (a) Se um elemento de aquecimento de cobre está ligado a uma fonte de voltagem constante, a potência elétrica consumida pelo elemento de aquecimento aumenta ou diminui à medida que sua temperatura aumenta? Explique. (b) Um resistor na forma de um cilindro de carbono está ligado à fonte de voltagem. À medida que a temperatura do cilindro aumenta, a potência elétrica que ele consome aumenta ou diminui? Explique.

Q25.12 Qual dos gráficos na **Figura Q25.12** ilustra melhor a corrente I em um resistor real em função da diferença de potencial V através dele? Explique.

Figura Q25.12

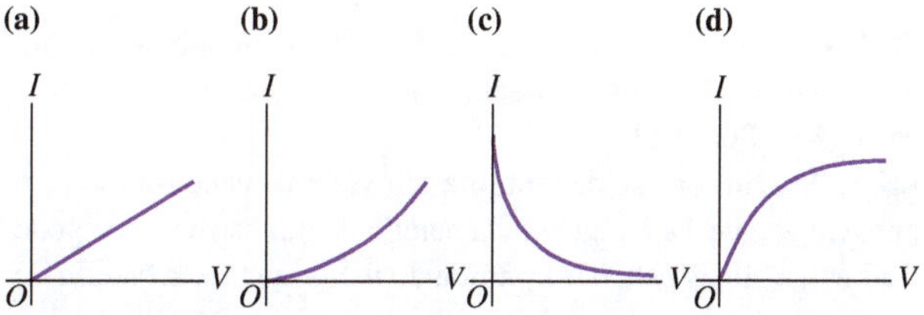

Q25.13 Por que uma lâmpada quase sempre queima assim que você acende a luz e quase nunca enquanto está acesa?

Q25.14 Uma lâmpada de filamento brilha porque possui uma resistência. O brilho da lâmpada aumenta com a potência elétrica dissipada no filamento do bulbo da lâmpada. (a) No circuito elétrico indicado na **Figura Q25.14a**, as duas lâmpadas A e B são idênticas. O brilho da lâmpada *A* é o mesmo, maior ou menor que o brilho da lâmpada *B*? (b) A lâmpada *B* é removida do circuito e, a seguir, o circuito elétrico é completado como indicado na Figura Q25.14b. Em comparação ao brilho da lâmpada *A* na Figura Q25.14a, seu brilho na Figura Q25.14b é igual, maior ou menor? Explique seu raciocínio.

Figura Q25.14

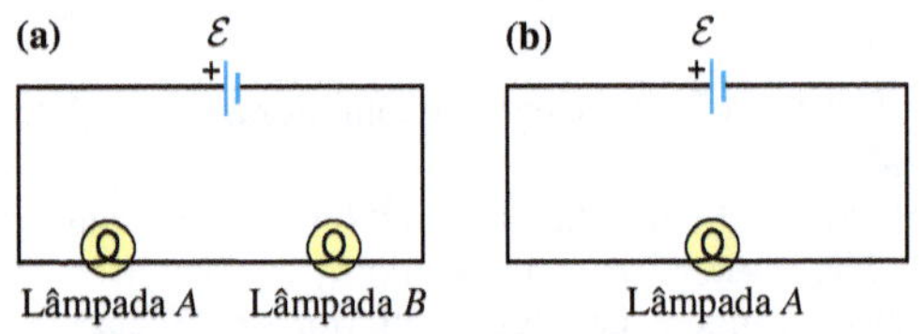

Q25.15 (Veja a Questão Q25.14.) Um amperímetro ideal A é inserido em um circuito elétrico com uma bateria e uma lâmpada, como indicado na **Figura Q25.15a**, e a leitura do amperímetro é anotada. A seguir, o circuito é reconectado, como mostra a Figura Q25.15b, invertendo-se as posições iniciais do amperímetro e da lâmpada. (a) Como a leitura do amperímetro indicada na situação descrita na Figura Q25.15a se compara à leitura indicada na situação descrita na Figura Q25.15b? Explique seu raciocínio. (b) Em qual das duas situações a lâmpada brilha com mais intensidade? Explique.

Figura Q25.15

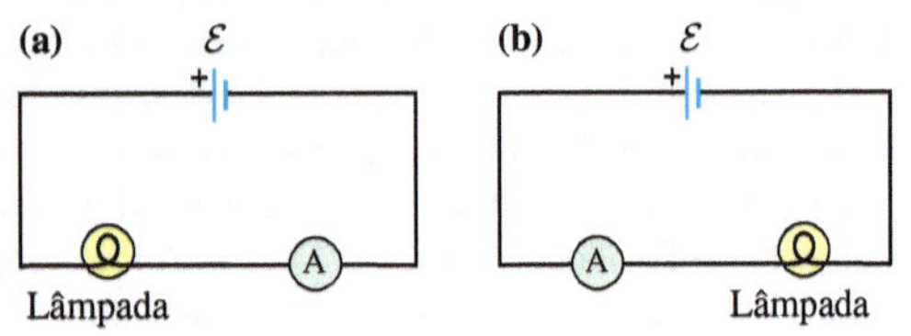

Q25.16 (Veja a Questão Q25.14.) Uma lâmpada brilha com mais intensidade quando é ligada como na **Figura Q25.16a**, na qual um amperímetro ideal A é inserido no circuito elétrico, ou quando ela é ligada como na Figura Q25.16b, na qual um voltímetro ideal V é inserido no circuito? Explique seu raciocínio.

Figura Q25.16

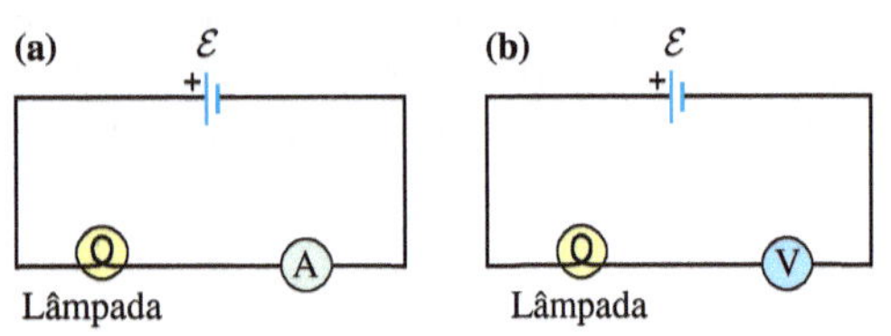

Q25.17 A energia que pode ser extraída de uma bateria com acumuladores é sempre menor que a energia fornecida para carregá-la. Por quê?

Q25.18 Oito pilhas de lanterna em série fornecem uma fem aproximada de 12 V, igual à da bateria de um carro. Você pode usar essas pilhas para dar a partida do motor quando a bateria do carro está descarregada? Por quê?

Q25.19 Pequenas aeronaves frequentemente possuem sistemas elétricos que funcionam com 24 V em vez de 12 V, como no caso de automóveis, embora o consumo de potência seja aproximadamente igual nas duas situações. A explicação dada pelos projetistas de aviões é que um sistema de 24 V pesa menos que um sistema de 12 V porque podem ser usados fios mais finos. Explique a razão disso.

Q25.20 As linhas de transmissão de energia elétrica para distâncias muito longas geralmente operam com altas tensões, algumas vezes atingindo 750 kV. Quais são as vantagens dessas tensões elevadas? Quais as desvantagens?

Q25.21 Geralmente, as tensões elétricas para uso doméstico no Brasil são da ordem de 110 V. Por que o uso dessa voltagem é mais conveniente em vez do uso de tensões consideravelmente mais elevadas ou mais baixas? Por outro lado, os automóveis costumam empregar sistemas elétricos com 12 V. Por que essa voltagem é mais conveniente?

Q25.22 Um fusível é um dispositivo destinado a interromper a corrente elétrica quando ela ultrapassa certo limite, geralmente por causa da fusão do fio. Que características deve ter o material usado nesse tipo de fusível?

Q25.23 Por motivos de segurança, uma fonte de tensão com voltagem elevada possui uma resistência interna muito grande. Por que essa fonte deve ter uma resistência interna elevada em comparação a uma fonte que forneça a mesma voltagem, porém com uma resistência interna muito pequena?

Q25.24 Você leu no texto que um bom condutor de eletricidade também é um bom condutor de calor. Então, por que os fios que conectam um ferro elétrico, uma torradeira e outros eletrodomésticos semelhantes não ficam quentes em virtude da condução de calor proveniente dos elementos aquecedores?

EXERCÍCIOS

Seção 25.1 Corrente

25.1 • **Raios.** Durante um raio de uma nuvem até o solo, podem ocorrer correntes de até 25.000 A, que duram cerca de 40 μs. Quanta carga é transferida da nuvem para a terra durante um raio?

25.2 • Um fio de prata com diâmetro igual a 2,6 mm transfere uma carga de 420 C em 80 minutos. A prata contém 5,8 × 10^{28} elétrons livres por metro cúbico. (a) Qual é a corrente elétrica no fio? (b) Qual é o módulo da velocidade de arraste dos elétrons no fio?

25.3 • Uma corrente de 5,00 A passa por um fio de cobre com calibre 12 (diâmetro 2,05 mm) e por uma lâmpada. O cobre contém 8,5 × 10^{28} elétrons livres por metro cúbico. (a) Quantos elétrons passam pela lâmpada a cada segundo? (b) Qual é a densidade de corrente no fio? (c) Qual é a velocidade escalar com que um elétron típico passa por qualquer dado ponto no fio? (d) Supondo que o fio tivesse o dobro de diâmetro, qual das respostas anteriores mudaria? Elas aumentariam ou diminuiriam?

25.4 • Um fio com calibre 18 (diâmetro de 1,02 mm) carrega uma corrente com densidade de corrente igual a 3,20 × 10^6 A/m^2. O cobre contém 8,5 × 10^{28} elétrons livres por metro cúbico. Calcule (a) a corrente no fio e (b) a velocidade de arraste dos elétrons no fio.

25.5 •• O cobre contém 8,5 × 10^{28} elétrons livres por metro cúbico. Um fio de cobre com calibre 12, que possui diâmetro de 2,05 mm e comprimento de 71,0 cm, conduz uma corrente elétrica igual a 4,85 A. (a) Qual é o tempo necessário para um elétron percorrer o comprimento do fio? (b) Repita a parte (a) para um fio de cobre com calibre 6 (diâmetro igual a 4,12 mm) com o mesmo comprimento e conduzindo a mesma corrente. (c) De modo geral, como a variação do diâmetro de um fio altera a velocidade de arraste dos elétrons no fio?

25.6 •• Você quer produzir três fios cilíndricos com diâmetro de 1,00 mm, cada um com uma resistência de 1,00 Ω à temperatura ambiente. Um fio é de ouro, um é de cobre e um é de alumínio. Consulte a Tabela 25.1 para os valores de resistividade.

(a) Qual deve ser o comprimento de cada fio? (b) O ouro tem uma densidade de $1{,}93 \times 10^4$ kg/ m^3. Qual será a massa do fio de ouro? Considerando o preço atual do ouro, esse fio será muito caro?

25.7 • **CALC** A corrente elétrica que passa em um fio varia com o tempo de acordo com a seguinte equação: $I = 55\text{ A} - (0{,}65\text{ A/s}^2)t^2$. (a) Quantos coulombs passam através da seção reta do fio no intervalo de tempo entre $t = 0$ e $t = 8$ s? (b) Qual é o valor da corrente constante que poderia transportar a mesma quantidade de carga no mesmo intervalo de tempo?

25.8 • Uma corrente elétrica passa em uma solução de cloreto de sódio. Em 1,00 s, $2{,}68 \times 10^{16}$ íons Na^+ chegam ao eletrodo negativo e $3{,}92 \times 10^{16}$ íons Cl^- chegam ao eletrodo positivo. (a) Qual é a corrente elétrica que passa entre os eletrodos? (b) Qual é o sentido da corrente?

25.9 • BIO **Transmissão de impulsos nervosos.** As células nervosas transmitem sinais elétricos através de seus longos axônios tubulares. Esses sinais se propagam em razão de uma súbita entrada de íons Na^+, cada um com carga $+e$, no axônio. As medições revelaram que geralmente cerca de $5{,}6 \times 10^{11}$ íons Na^+ entram a cada metro do axônio durante um tempo de 10 ms. Qual é a corrente durante essa entrada de cargas em um metro de axônio?

Seção 25.2 Resistividade e Seção 25.3 Resistência

25.10 • (a) Em temperatura ambiente, qual é a força do campo elétrico em um fio de cobre com calibre 12 (diâmetro de 2,05 mm) necessária para provocar um fluxo de corrente de 4,50 A? (b) Qual seria o campo necessário, caso o fio fosse feito de prata?

25.11 •• Uma haste cilíndrica, de 1,50 m e diâmetro de 0,500 cm, está conectada a uma fonte de energia que mantém uma diferença de potencial constante de 15,0 V através de suas extremidades, enquanto um amperímetro mede a corrente que passa por ela. Você observa que, na temperatura ambiente (20,0 °C), a leitura do amperímetro é de 18,5 A, enquanto a 92,0 °C, a leitura é de 17,2 A. Despreze qualquer expansão térmica da haste. Calcule (a) a resistividade e (b) o coeficiente de temperatura da resistividade a 20 °C para o material da haste.

25.12 • Um fio de cobre possui uma seção reta quadrada de lado igual a 2,3 mm. O fio possui comprimento de 4,0 m e transporta uma corrente elétrica de 3,6 A. A densidade dos elétrons livres é igual a $8{,}5 \times 10^{28}$/m^3. Calcule o módulo (a) da densidade de corrente no fio; (b) do campo elétrico no fio. (c) Qual é o tempo necessário para um elétron percorrer o comprimento do fio?

25.13 • Um fio de cobre de calibre 14 com diâmetro de 1,628 mm conduz uma corrente de 12,5 mA. (a) Qual é a diferença de potencial através de um comprimento de 2,00 m do fio? (b) Qual seria a diferença de potencial na parte (a) se o mesmo fio fosse de prata em vez de cobre?

25.14 •• Um fio de 6,50 m de comprimento e 2,05 mm de diâmetro possui uma resistência de 0,0290 Ω. De qual material é mais provável que o fio seja composto?

25.15 •• Um filamento cilíndrico de tungstênio com 15,0 cm de comprimento e diâmetro de 1,00 mm deve ser usado em uma máquina para a qual a temperatura variará entre a temperatura ambiente (20 °C) e 120 °C. A corrente é de 12,5 A sob qualquer temperatura (consulte as tabelas 25.1 e 25.2). (a) Qual será o campo elétrico máximo nesse filamento e (b) qual será sua resistência para esse campo? (c) Qual será a queda máxima de potencial por todo o comprimento do filamento?

25.16 •• Um fio de metal dúctil possui resistência R. Qual será a resistência desse fio em função de R quando ele é estendido até três vezes seu comprimento original, supondo que a densidade e a resistividade do material não se alteram quando o fio é esticado? (*Dica*: a quantidade de metal não se altera, portanto, quando o fio é esticado, sua área transversal será afetada.)

25.17 • Nas instalações elétricas de uma casa, geralmente se usa um fio de cobre com diâmetro de 2,05 mm. Calcule a resistência de um fio de cobre com comprimento igual a 24,0 m.

25.18 •• Que diâmetro deve ter um fio de cobre para que sua resistência seja a mesma que a de um fio de alumínio com mesmo comprimento e diâmetro igual a 2,14 mm?

25.19 • Determine a resistência resultante de 120 fios idênticos, cada um com resistência de 5,60 $\mu\Omega$, quando estão (a) todos lado a lado para formar um cabo com o mesmo comprimento de um único fio, e (b) ligados por suas extremidades, de modo que o resultado seja um fio com 120 vezes o comprimento de um único fio.

25.20 • Você aplica uma diferença de potencial de 4,50 V entre as extremidades de um fio com 2,50 m de comprimento e raio igual a 0,654 mm. A corrente resultante é igual a 17,6 A. Qual é a resistividade do fio?

25.21 • Um fio de ouro com diâmetro igual a 0,84 mm conduz uma corrente elétrica. O campo elétrico no fio é igual a 0,49 V/m. Qual é (a) a corrente elétrica no fio; (b) a diferença de potencial entre dois pontos separados por uma distância de 6,4 m; e (c) a resistência de um comprimento do fio igual a 6,4 m?

25.22 • Um cilindro oco de alumínio tem 2,50 m de comprimento, raio interno de 2,75 cm e raio externo de 4,60 cm. Trate cada superfície (interna, externa e as duas faces das extremidades) como uma superfície equipotencial. Em temperatura ambiente, qual será a leitura do ohmímetro, se ele estiver conectado entre (a) as faces opostas e (b) as superfícies interna e externa?

25.23 • (a) Qual é a resistência de um fio de nicromo a 0,0 °C, se sua resistência é igual a 100,00 Ω a 11,5 °C? (b) Qual é a resistência de uma haste de carbono a 25,8 °C, se sua resistência é igual a 0,0160 Ω a 0,0 °C?

25.24 • Um resistor de carbono pode ser usado como um termômetro. Em um dia de inverno, quando a temperatura é de 4,0 °C, a resistência do resistor de carbono é igual a 217,3 Ω. Qual é a temperatura de um dia de primavera quando a resistência é igual a 215,8 Ω? (Considere a temperatura de referência T_0 igual a 4,0 °C.)

Seção 25.4 Força eletromotriz e circuitos

25.25 • Um cabo de transmissão de cobre, que possui 100 km de comprimento e 10,0 cm de diâmetro, carrega uma corrente de 125 A. (a) Qual é a queda potencial através do cabo? (b) Quanta energia elétrica é dissipada como energia térmica por hora?

25.26 • Considere o circuito elétrico indicado na **Figura E25.26**. A voltagem entre os terminais da bateria de 24,0 V é igual a 21,2 V durante a passagem da corrente. Calcule (a) a resistência interna r da bateria; (b) a resistência R do resistor do circuito.

Figura E25.26

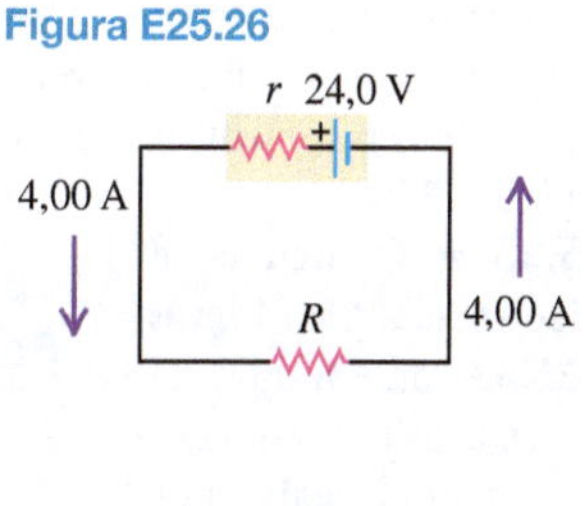

25.27 • Um voltímetro ideal V está conectado a um resistor de 2,0 Ω e a uma bateria com fem de 5,0 V e resistência interna de 0,5 Ω, como indicado na **Figura E25.27**. (a) Qual é a corrente no resistor de 2,0 Ω? (b) Qual é a voltagem entre

Figura E25.27

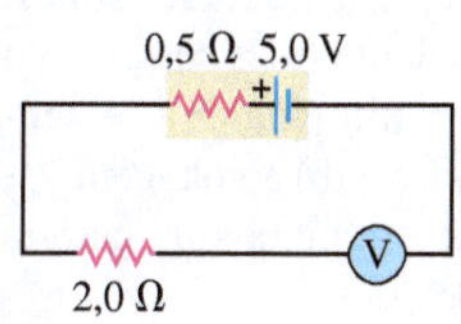

os terminais da bateria durante a passagem da corrente? (c) Qual é a leitura do voltímetro? Explique suas respostas.

25.28 • Um amperímetro ideal está conectado a uma bateria como indica a **Figura E25.28**. Encontre (a) a leitura do amperímetro, (b) a corrente que passa pelo resistor de 4,00 Ω e (c) a voltagem nos terminais da bateria.

Figura E25.28

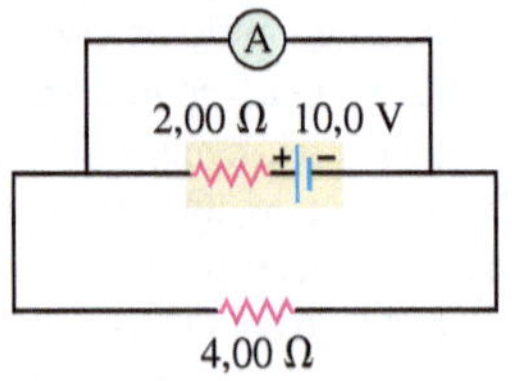

25.29 • Quando a chave *S* da **Figura E25.29** está aberta, o voltímetro V conectado na bateria indica 3,08 V. Quando a chave está fechada, o voltímetro V indica 2,97 V e o amperímetro indica 1,65 A. Calcule a fem, a resistência interna da bateria e a resistência do circuito *R*. Suponha que os dois instrumentos de medida sejam ideais, de modo que não afetem o circuito.

Figura E25.29

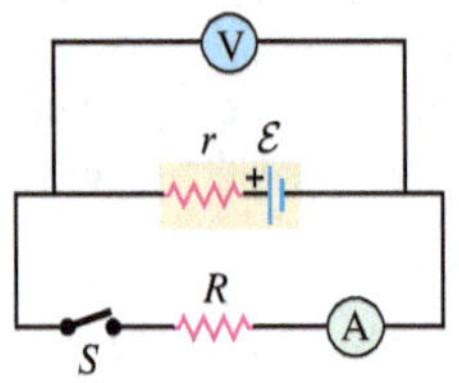

25.30 • O circuito elétrico indicado na **Figura E25.30** contém duas baterias, cada uma com uma fem e uma resistência interna, e dois resistores. Calcule: (a) a corrente no circuito (módulo *e* sentido); (b) a voltagem V_{ab} nos terminais da bateria de 16,0 V; (c) a diferença de potencial V_{ac} do ponto *a* em relação ao ponto *c*. (d) Usando a Figura 25.20 como modelo, faça um gráfico do aumento e da queda de potencial no circuito.

Figura E25.30

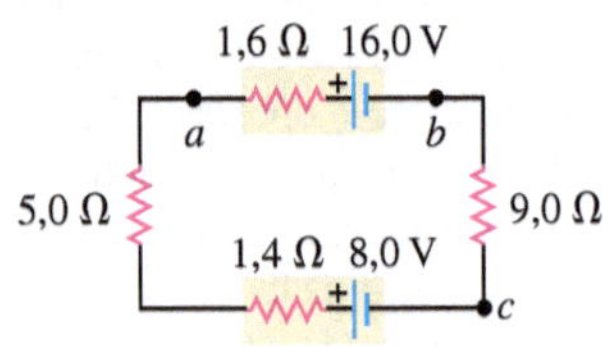

25.31 • No circuito indicado na Figura E25.30, a bateria de 16,0 V é removida e depois inserida novamente com a polaridade invertida, de modo que o terminal negativo passe a ficar próximo do ponto *a*. Calcule: (a) a corrente no circuito (módulo *e* sentido); (b) a voltagem V_{ba} nos terminais da bateria de 16,0 V; (c) a diferença de potencial V_{ac} do ponto *a* em relação ao ponto *c*. (d) Faça um gráfico do aumento e da queda de potencial no circuito (veja a Figura 25.20).

25.32 • No circuito indicado na Figura E25.30, o resistor de 5,0 Ω é removido e substituído por outro resistor, com resistência desconhecida *R*. Depois dessa substituição, a leitura de um voltímetro ideal colocado entre os pontos *b* e *c* indica 1,9 V. Calcule: (a) a corrente no circuito; (b) a resistência *R*. (c) Faça um gráfico do aumento e da queda de potencial no circuito (veja a Figura 25.20).

25.33 •• O circuito elétrico indicado na **Figura E25.33** contém duas baterias, cada uma com uma fem e uma resistência interna, e dois resistores. Calcule (a) a corrente no circuito (módulo e sentido) e (b) a voltagem V_{ab} nos terminais da bateria de 16,0 V.

Figura E25.33

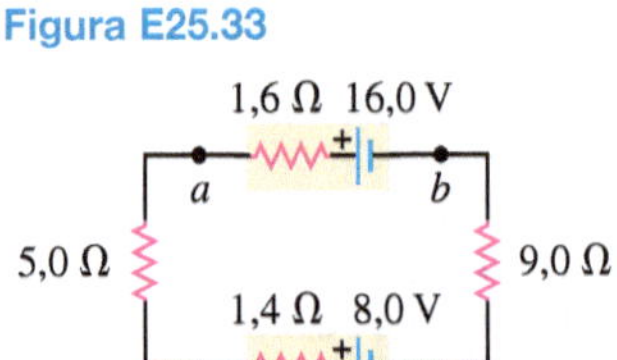

Seção 25.5 Energia e potência em circuitos elétricos

25.34 •• Quando um resistor com resistência *R* está ligado a uma bateria de lanterna de 1,50 V, o resistor consome 0,0625 W de potência elétrica. (Suponha que cada bateria sempre possua resistência interna desprezível.) (a) Qual é a potência consumida pelo resistor quando é ligado a uma bateria de carro de 12,6 V? Suponha que *R* permaneça constante quando há mudanças no consumo de potência. (b) O resistor é ligado a uma bateria e consome 5,00 W. Qual é a voltagem dessa bateria?

25.35 • **Lâmpadas.** A potência máxima de uma lâmpada (como uma de 100 W) é a potência que ela dissipa quando conectada através de uma diferença de potencial de 120 V. Qual é a resistência de (a) uma lâmpada de 100 W e (b) uma lâmpada de 60 W? (c) Quanta corrente cada lâmpada consome em condições normais de uso?

25.36 • Se uma lâmpada de "75 W" (veja o Problema 25.35) for conectada através de uma diferença de potencial de 220 V (como a usada na Europa), quanta potência será dissipada? Despreze a dependência de temperatura da resistência da lâmpada.

25.37 • **Lâmpada europeia**. Na Europa a voltagem residencial padrão é de 220 V, em vez dos 110 V geralmente usados no Brasil. Portanto, uma lâmpada de "100 W" na Europa deve ser usada com uma diferença de potencial de 220 V (veja o Problema 25.36). (a) Se você trouxer uma lâmpada europeia de "100 W" para o Brasil, qual deve ser a potência máxima brasileira? (b) Quanta corrente a lâmpada europeia de 100 W consome em condições normais de uso no Brasil?

25.38 • Um receptor do sistema de posicionamento global (GPS) opera com uma bateria de 9,0 V e consome uma corrente elétrica de 0,13 A. Qual é a energia elétrica que ele consome durante 30 minutos?

25.39 • Considere o circuito da Figura E25.30. (a) Qual é a taxa total da dissipação da energia elétrica nos resistores de 5,0 Ω e de 9,0 Ω? (b) Qual é a potência fornecida pela bateria de 16,0 V? (c) Com que taxa a energia elétrica é convertida em outras formas de energia na bateria de 8,0 V? (d) Mostre que a potência fornecida pela bateria de 16,0 V é igual à taxa de dissipação da energia elétrica no restante do circuito.

25.40 • BIO **Enguias-elétricas**. As enguias-elétricas geram pulsos elétricos ao longo de sua pele que podem ser usados para desorientar um inimigo quando estes entram em contato com ela. Testes mostraram que esses pulsos podem ser de até 500 V e produzem correntes de 80 mA (ou até mais). Um pulso geralmente possui duração de 10 ms. Determine a potência e a quantidade de energia recebidos pelo inimigo desafortunado com um único impulso, supondo que a corrente seja constante.

25.41 • BIO **Tratamento de insuficiência cardíaca.** Um desfibrilador cardíaco é usado para permitir que o coração comece a bater novamente depois de parar. Isso é feito passando uma grande corrente de 12 A através do corpo, a 25 V durante um tempo muito curto, normalmente cerca de 3,0 ms. Qual é (a) a potência que o desfibrilador fornece ao corpo, e (b) a quantidade de energia transferida?

25.42 •• A bateria para um determinado telefone celular é igual a 3,70 V. De acordo com o fabricante, ela pode produzir 3,15 × 10^4 J de energia elétrica, o suficiente para 5,25 h de uso, antes de precisar ser recarregada. Encontre a corrente média que esse telefone celular consome quando está ligado.

25.43 •• A capacidade de uma bateria com acumuladores, como a usada no sistema elétrico do automóvel, é especificada em ampères-horas (A · h). Uma bateria de 50 A · h pode fornecer uma corrente de 50 A durante 1 h, ou 25 A durante 2 h e assim por diante. (a) Qual é a energia total que pode ser fornecida por uma bateria de 12 V e 60 A · h, desprezando sua resistência interna? (b) Que volume de gasolina (em litros) possui um calor total de combustão igual à energia calculada no item (a)? (Veja a Seção 17.6; a densidade da gasolina é igual a 900 kg/m^3.) (c) Se um gerador que fornece uma potência elétrica média igual a 0,45 kW fosse conectado aos terminais da bateria, quanto tempo ele levaria para carregá-la completamente?

25.44 • Um voltímetro ideal está conectado aos terminais de uma bateria de 15,0 V, e um aparelho eletrodoméstico de 75,0 Ω também está conectado a esses terminais. Se a leitura do voltímetro for de 11,9 V, (a) quanta potência está sendo dissipada pelo aparelho e (b) qual é a resistência interna da bateria?

25.45 •• Uma lâmpada de 25,0 Ω está conectada aos terminais de uma bateria de 12,0 V com 3,50 Ω de resistência interna. Qual a porcentagem da potência da bateria que é dissipada através da resistência interna e, portanto, não está disponível para a lâmpada?

25.46 •• Uma lanterna comum possui duas pilhas, cada uma delas com uma fem igual a 1,5 V, conectadas em série com uma lâmpada com resistência igual a 17 Ω. (a) Desprezando a resistência interna da pilha, qual é a potência fornecida para a lâmpada? (b) Se a pilha se descarrega em 5,0 h, qual é a energia total fornecida para a lâmpada? (c) A resistência de uma pilha real cresce à medida que vai sendo usada. Desprezando a resistência interna inicial, qual é a resistência interna combinada das duas pilhas quando a potência cai até a metade do valor inicial? (Suponha que a resistência da lâmpada permaneça constante. Na verdade, ela varia um pouco quando a corrente no filamento varia, pois ocorre uma oscilação da temperatura do filamento e, portanto, há variação na resistividade do filamento.)

25.47 • No circuito indicado na **Figura E25.47**, calcule: (a) a taxa da conversão de energia interna (química) em energia elétrica no interior da bateria; (b) a taxa de dissipação da energia elétrica na bateria; (c) a taxa de dissipação da energia elétrica na resistência externa.

Figura E25.47

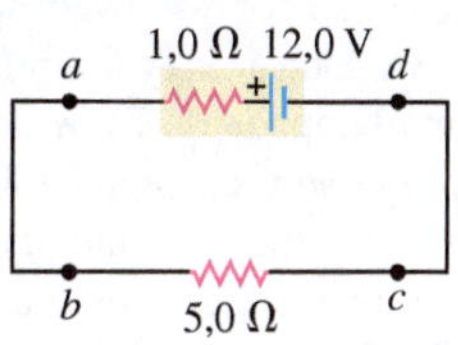

25.48 • Um aquecedor elétrico de "540 W" é projetado para operar em uma linha de 120 V. (a) Qual é sua resistência? (b) Que corrente elétrica ele consome? (c) Se a voltagem cai para 110 V, qual é a potência que o aquecedor consome? (Suponha que a resistência permaneça constante. Na verdade, ela varia um pouco, pois ocorre uma variação na temperatura.) (d) As espiras da resistência do aquecedor são metálicas, de modo que a resistência diminui quando a temperatura diminui. Caso a variação da resistência com a temperatura não seja desprezada, a potência que o aquecedor consome será maior ou menor que a que você calculou no item (c)? Explique.

Seção 25.6 Teoria da condução em metais

25.49 •• O silício puro contém aproximadamente $1,0 \times 10^{16}$ elétrons livres por metro cúbico. (a) Na temperatura ambiente, qual deve ser o tempo livre médio τ para fornecer um valor de resistividade igual ao indicado na Tabela 25.1? (b) Sua resposta na parte (a) é muito maior que o valor do tempo livre médio encontrado para o cobre no Exemplo 25.11. Por que, então, o silício puro possui uma resistividade muito maior que a do cobre?

PROBLEMAS

25.50 •• Em uma solução iônica, uma corrente consiste em íons Ca^{2+} (de carga $+2e$) e íons Cl^- (íons de carga $-e$) se deslocando em sentidos opostos. Se $5,11 \times 10^{18}$ íons Cl^- se deslocam de A para B a cada 0,50 min, enquanto $3,24 \times 10^{18}$ íons Ca^{2+} se deslocam de B para A, qual é a corrente (em mA) através dessa solução, e que sentido (de A para B ou de B para A) ela possui?

25.51 • Um condutor elétrico projetado para transportar correntes elevadas possui comprimento de 14,0 m e uma seção reta circular com diâmetro de 2,50 mm. A resistência entre suas extremidades é igual a 0,104 Ω. (a) Qual é a resistividade do material? (b) Sabendo que o módulo do campo elétrico no condutor é igual a 1,28 V/m, qual é a corrente elétrica total? (c) Sabendo que o material possui $8,5 \times 10^{28}$ elétrons livres por metro cúbico, calcule a velocidade média de arraste nas condições do item (b).

25.52 •• Uma linha de transmissão aérea de energia elétrica possui comprimento de 2.000 m e consiste em dois fios de cobre paralelos, cada um envolto em um material isolante. Um curto-circuito passou a existir em algum ponto ao longo do comprimento do cabo, onde o isolamento se deteriorou e os dois fios estão em contato. Como funcionário de uma empresa de energia elétrica, você deve localizar o curto para que equipes de reparos possam ser enviadas para esse local. Ambas as extremidades do cabo foram desligadas da rede elétrica. Em uma das extremidades do cabo (ponto A), você liga as extremidades dos dois fios a uma bateria de 9,00 V com resistência interna desprezível e mede uma corrente de 2,86 A através da bateria. Na outra extremidade do cabo (ponto B), você liga as extremidades dos dois fios à bateria e mede uma corrente de 1,65 A através da bateria. Qual é a distância entre o curto e o ponto A?

25.53 •• No seu primeiro dia de trabalho como técnico eletricista, você é solicitado a determinar a resistência por metro de um longo pedaço de fio. A empresa para a qual você trabalha é mal equipada. Você encontra uma bateria, um voltímetro e um amperímetro, mas nenhum instrumento para medir diretamente a resistência (um ohmímetro). Você conecta o voltímetro aos terminais da bateria, e o instrumento registra 12,6 V. Você corta 20,0 m de comprimento do fio e conecta esse pedaço à bateria, com um amperímetro ligado em série para medir a corrente no fio. A leitura do amperímetro é de 7,00 A. A seguir, você corta um pedaço de 40,0 m do fio e o conecta à bateria, novamente com o amperímetro ligado em série para medir a corrente. A leitura do amperímetro é de 4,20 A. Embora o equipamento disponível seja limitado, seu chefe garante que é de alta qualidade. O amperímetro possui uma resistência muito pequena e o voltímetro possui uma resistência muito alta. Qual é a resistência de 1 metro de fio?

25.54 • Um fio de comprimento igual a 2,0 m é fabricado soldando-se a extremidade de um fio de prata com 120 cm de comprimento a um fio de cobre com 80 cm de comprimento. Cada pedaço de fio possui diâmetro igual a 0,60 mm. Os fios estão em temperatura ambiente, de modo que as resistividades são fornecidas pela Tabela 25.1. Uma diferença de potencial de 9,0 V é mantida entre as extremidades do fio composto de 2,0 m de comprimento. (a) Qual é a corrente na seção de cobre? (b) Qual é a corrente na seção de prata? (c) Qual é o módulo de $\vec{E}$ no cobre? (d) Qual é o módulo de $\vec{E}$ na prata? (e) Qual é a diferença de potencial entre as extremidades da seção de prata do fio?

25.55 • Um fio de cobre de comprimento igual a 3,00 m a 20 °C possui uma seção de comprimento igual a 1,20 m, com diâmetro de 1,60 mm, e outra seção de 1,80 m, com diâmetro de 0,80 mm. Na seção com diâmetro igual a 1,60 mm passa uma corrente de 2,5 mA. (a) Qual é a corrente elétrica na seção com diâmetro de 0,80 mm? (b) Qual é o módulo de $\vec{E}$ na seção com diâmetro de 1,60 mm? (c) Qual é o módulo de $\vec{E}$ na seção com diâmetro de 0,80 mm? (d) Qual é a diferença de potencial entre as extremidades do fio de comprimento de 3,00 m?

25.56 •• Um elemento de aquecimento feito de fio de tungstênio está ligado a uma bateria grande que possui resistência interna desprezível. Quando o elemento de aquecimento atinge 80,0 °C, ele consome energia elétrica a uma taxa de 480 W. Qual é seu consumo de energia quando sua temperatura é igual a 150,0 °C? Suponha que o coeficiente de temperatura da resistividade possua o valor dado na Tabela 25.2 e que ele seja constante ao longo do intervalo de temperatura neste problema. Na Equação 25.12, considere T_0 igual a 20,0 °C.

25.57 •• PC BIO **Atingido por um raio.** Os raios podem envolver correntes de até 25.000 A que duram cerca de 40 μs. Quando uma pessoa é atingida por um raio com essas propriedades, a corrente atravessa seu corpo. Vamos supor que sua massa seja igual a 75 kg, que ela esteja molhada (afinal, está em uma tempestade) e, portanto, possua uma resistência de 1,0 kΩ, e que seu corpo seja inteiramente composto por água (que é razoável para uma aproximação grosseira, porém plausível). (a) Qual seria o aumento de temperatura em 75 kg de água, em graus Celsius, em decorrência desse raio? (b) Considerando a temperatura interna do corpo aproximadamente igual a 37 °C, a temperatura da pessoa realmente aumentaria tanto assim? Por que não? O que aconteceria antes?

25.58 •• Um resistor com resistência R está ligado a uma bateria que possui fem de 12,0 V e resistência interna r = 0,40 Ω. Para quais dois valores de R a potência dissipada no resistor será igual a 80,0 W?

25.59 • CALC Um material com resistividade ρ possui a forma de um cone truncado com altura h e raios r_1 e r_2 em suas extremidades (**Figura P25.59**). (a) Calcule a resistência do cone entre as duas faces planas. (*Dica:* divida o cone em muitos discos finos e calcule a resistência de um desses discos.) (b) Mostre que seu resultado está de acordo com a Equação 25.10 quando $r_1 = r_2$.

Figura P25.59

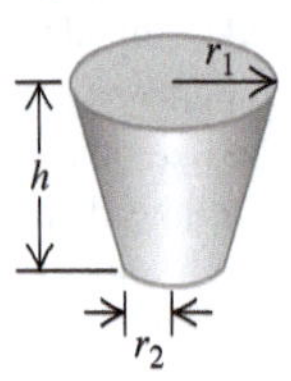

25.60 • CALC A região entre duas esferas concêntricas condutoras com raios a e b está preenchida por um material condutor com resistividade ρ. (a) Mostre que a resistência entre as esferas é dada por

$$R = \frac{\rho}{4\pi}\left(\frac{1}{a} - \frac{1}{b}\right)$$

(b) Deduza uma expressão para a densidade de corrente em função do raio em termos da diferença de potencial V_{ab} entre as esferas. (c) Mostre que o resultado da parte (a) se reduz ao resultado da Equação 25.10 quando a distância entre as esferas $L = b - a$ é pequena.

25.61 • A diferença de potencial nos terminais de uma bateria é igual a 8,40 V quando uma corrente igual a 1,50 A flui do terminal negativo da bateria para o terminal positivo. Quando a corrente é igual a 3,50 A em sentido oposto ao anterior, a diferença de potencial torna-se igual a 10,20 V. (a) Qual é a resistência interna da bateria? (b) Qual é a fem da bateria?

25.62 • (a) Qual é a diferença de potencial V_{ad} no circuito indicado na **Figura P25.62**? (b) Qual é a voltagem nos terminais da bateria de 4,00 V? (c) Uma bateria com fem igual a 10,30 V e resistência interna 0,50 Ω é inserida no circuito no ponto d, com seu terminal negativo conectado ao terminal negativo da bateria de 8,00 V. Qual é a diferença de potencial V_{bc} nos terminais da bateria de 4,00 V agora?

Figura P25.62

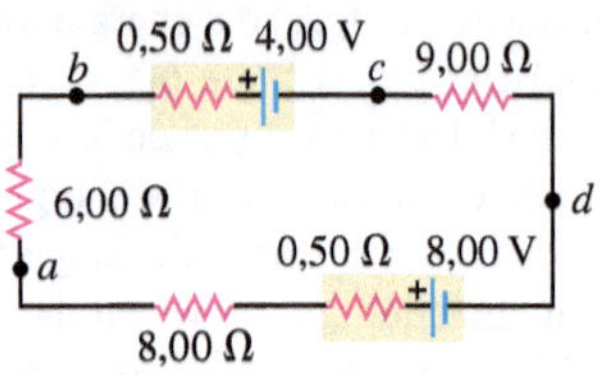

25.63 • BIO A resistividade volumétrica média do corpo humano (sem considerar a resistência da pele) é aproximadamente igual a 5,0 Ω · m. O caminho para a condução entre as mãos pode ser visto como um cilindro com 1,6 m de comprimento e diâmetro igual a 0,10 m. A resistência da pele pode tornar-se desprezível molhando-se as mãos com água salgada. (a) Qual é o valor da resistência entre as mãos desprezando-se a resistência da pele? (b) Qual é a diferença de potencial necessária para que ocorra um choque mortal com uma corrente elétrica de 100 mA? (Observe que seu resultado indica que mesmo uma diferença de potencial pequena pode produzir uma corrente elétrica perigosa quando a pele está úmida.) (c) Usando o valor da corrente calculada no item (b), qual é a potência dissipada no corpo?

25.64 •• BIO Uma pessoa cuja resistência do corpo entre as mãos é igual a 10 kΩ segura acidentalmente os terminais de uma fonte de tensão de 14 kV. (a) Sabendo que a resistência interna da fonte de tensão é igual a 2.000 Ω, qual é a corrente que passa pelo corpo dessa pessoa? (b) Qual é a potência dissipada em seu corpo? (c) Para que a fonte de tensão se torne uma fonte sem risco, seria necessário aumentar sua resistência interna; qual deveria ser a resistência interna da fonte para que a corrente elétrica que passa pelo corpo da pessoa se reduzisse para um valor menor ou igual a 1,00 mA?

25.65 • Considere um custo médio para energia elétrica de R$ 0,120 por quilowatt-hora. (a) Algumas pessoas deixam a luz da varanda acesa o tempo todo. Qual é o custo anual para manter uma lâmpada de 75 W acesa dia e noite? (b) Suponha que seu refrigerador consuma 400 W de potência quando em funcionamento, e que ele funcione 8 horas por dia. Qual é o custo anual de funcionamento de seu refrigerador?

25.66 •• No circuito indicado na **Figura P25.66**, R é um *resistor variável*, cujo valor pode variar de 0 a ∞, e a e b são os terminais de uma bateria com fem $\mathcal{E}$ = 15,0 V e uma resistência interna de 4,00 Ω. O amperímetro e o voltímetro são ambos instrumentos ideais. À medida que R varia por toda a gama de valores, quais serão as leituras máxima e mínima (a) do voltímetro e (b) do amperímetro? (c) Faça gráficos qualitativos das leituras de ambos os instrumentos em função de R.

Figura P25.66

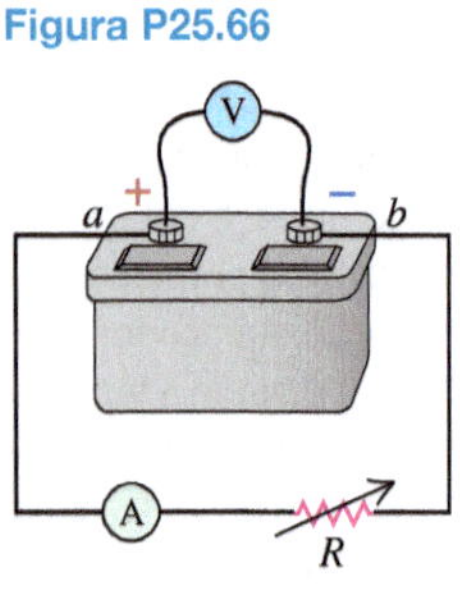

25.67 •• **Um amperímetro não ideal.** Diferentemente do amperímetro ideal descrito na Seção 25.4, qualquer amperímetro real possui uma resistência diferente de zero. (a) Um amperímetro com resistência R_A é conectado em série com um resistor R e uma bateria com fem $\mathcal{E}$ e resistência interna r. A corrente medida pelo amperímetro é I_A. Determine a corrente que passa no circuito quando o amperímetro é removido, de modo que a bateria e o resistor constituam um circuito completo. Expresse sua resposta em função de I_A, r, R_A e R. Quanto mais “ideal” for o amperímetro, menor será a diferença entre essa corrente e a corrente I_A. (b) Supondo $R = 3{,}80\ \Omega$, $\mathcal{E} = 7{,}50$ V e $r = 0{,}45\ \Omega$, calcule o valor máximo da resistência do amperímetro R_A de modo que I_A possua um valor com uma diferença máxima de 1% do valor calculado sem o amperímetro. (c) Explique por que a resistência calculada no item (b) representa um valor *máximo*.

25.68 •• Um cabo cilíndrico de cobre com 1,50 km de comprimento está conectado através de uma diferença de potencial de 220 V. (a) Qual deve ser seu diâmetro para produzir calor a uma taxa de 90,0 W? (b) Qual é o campo elétrico no interior do cabo sob essas condições?

25.69 • CALC Um cilindro de 1,50 m e raio de 1,10 cm é feito de uma mistura complexa de materiais. Sua resistividade depende da distância x da extremidade esquerda e obedece à fórmula $\rho(x) = a + bx^2$, em que a e b são constantes. Na extremidade esquerda, a resistividade é de $2{,}25 \times 10^{-8}\ \Omega \cdot$ m, e do lado direito é de $8{,}50 \times 10^{-8}\ \Omega \cdot$ m. (a) Qual é a resistência dessa haste? (b) Qual é o campo elétrico na metade de seu comprimento, se ele carregar uma corrente de 1,75 A? (c) Se cortarmos a haste em dois segmentos de 75,0 cm, qual é a resistência de cada metade?

25.70 •• **Lâmpadas fluorescentes compactas.** As lâmpadas fluorescentes compactas são muito mais eficientes na produção de luz que lâmpadas incandescentes comuns. Elas inicialmente custam muito mais, porém duram muito mais tempo e usam uma quantidade muito menor de energia elétrica. De acordo com um estudo dessas lâmpadas, uma lâmpada compacta que produz tanta luz quanto uma lâmpada incandescente de 100 W usa apenas 23 W de energia. A lâmpada compacta dura 10.000 horas, em média, e custa US$ 11,00 nos Estados Unidos, enquanto a lâmpada incandescente custa apenas US$ 0,75, mas dura apenas 750 horas. O estudo supôs que a energia elétrica custa US$ 0,080 por quilowatt-hora e que as lâmpadas estão acesas durante 4,0 h por dia. (a) Qual é o custo total (incluindo o preço das lâmpadas) para usar cada lâmpada durante 3,0 anos? (b) Quanto você economiza ao longo de 3,0 anos se usar uma lâmpada fluorescente compacta em vez de uma lâmpada incandescente? (c) Qual é a resistência de uma lâmpada fluorescente de “100 W”? (Lembre-se de que, na verdade, ela usa apenas 23 W de energia e opera em 120 V.)

25.71 • Um raio atinge uma extremidade de um para-raios de aço, produzindo um surto de corrente elétrica de 15.000 A com duração de 65 μs. A haste do para-raios possui comprimento de 2,0 m e diâmetro de 1,8 cm, e sua outra extremidade está ligada à terra por 35 m de um fio de cobre com diâmetro de 8,0 mm. (a) Encontre a diferença de potencial entre a extremidade superior da haste de aço e a extremidade inferior do fio de cobre durante o surto de corrente. (b) Determine a energia total fornecida à haste e ao fio e pelo surto de corrente.

25.72 •• PC Considere o circuito indicado na **Figura P25.72**. A bateria possui fem de 72,0 V e resistência interna desprezível. $R_2 = 2{,}00\ \Omega$, $C_1 = 3{,}00\ \mu$F e $C_2 = 6{,}00\ \mu$F. Depois que os capacitores atingiram suas cargas finais, a carga em C_1 é $Q_1 = 18{,}0\ \mu$C. Qual é (a) a carga final em C_2; (b) a resistência R_1?

Figura P25.72

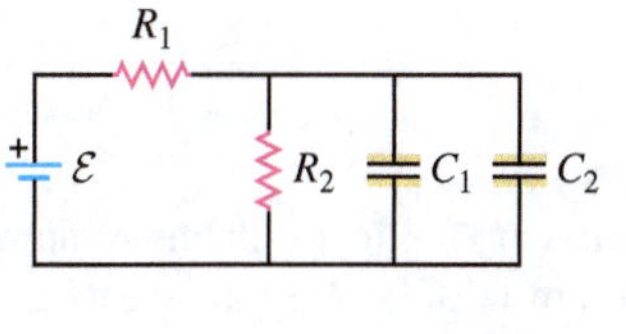

25.73 •• PC Considere o circuito indicado na **Figura P25.73**. A fonte de fem possui resistência interna desprezível. Os resistores possuem resistências $R_1 = 6{,}00\ \Omega$ e $R_2 = 4{,}00\ \Omega$. O capacitor possui capacitância $C = 9{,}00\ \mu$F. Quando o capacitor está totalmente carregado, o módulo da carga em suas placas é $Q = 36{,}0\ \mu$C. Calcule a fem $\mathcal{E}$.

Figura P25.73

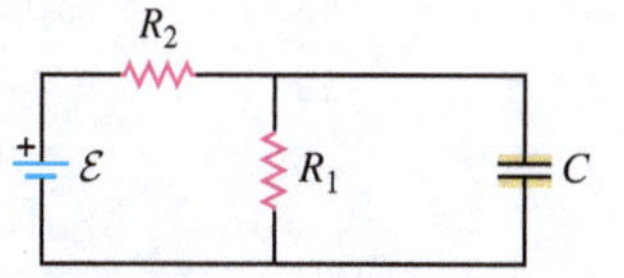

25.74 •• DADOS Um resistor externo R está ligado entre os terminais de uma bateria. O valor de R varia. Para cada valor de R, a corrente I no circuito e a voltagem nos terminais da bateria V_{ab} são medidos. Os resultados estão representados graficamente na **Figura P25.74**, um gráfico da V_{ab} *versus* I que mostra o melhor ajuste linear dos dados. (a) Use o gráfico da Figura P25.74 para calcular a fem e a resistência interna da bateria. (b) Determine o valor de R para o qual V_{ab} é igual a 80,0% da fem da bateria.

Figura P25.74

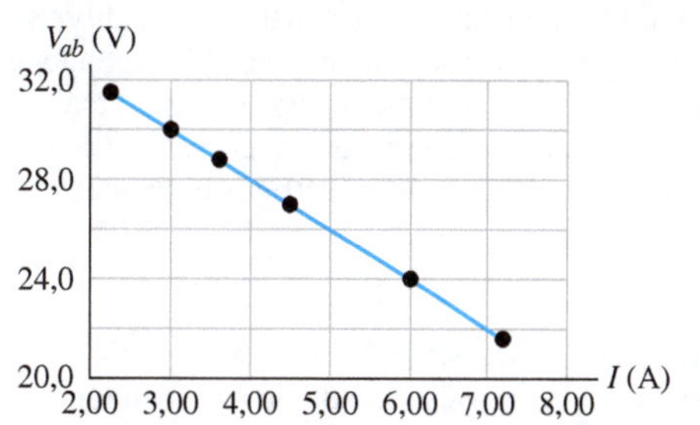

25.75 •• DADOS Mediu-se a diferença de potencial V_{ab} através de cada um dos resistores A e B em função da corrente I no resistor. Os resultados são apresentados na tabela:

Resistor A				
I (A)	0,50	1,00	2,00	4,00
V_{ab} (V)	2,55	3,11	3,77	4,58
Resistor B				
I (A)	0,50	1,00	2,00	4,00
V_{ab} (V)	1,94	3,88	7,76	15,52

(a) Para cada resistor, faça um gráfico de V_{ab} em função de I e outro de $R = V_{ab}/I$ em função de I. (b) O resistor A obedece à lei de Ohm? Explique. (c) O resistor B obedece à lei de Ohm? Explique. (d) Qual é a potência dissipada em A quando está conectado a uma bateria de 4,00 V com resistência interna desprezível? (e) Qual é a potência dissipada em B quando está conectado à mesma bateria?

25.76 •• DADOS De acordo com as normas técnicas do U.S. National Electrical Code, os fios de cobre usados nas instalações elétricas de casas, hotéis, edifícios comerciais e instalações industriais devem conduzir uma corrente máxima especificada. A tabela seguinte indica o valor da corrente máxima $I_{máx}$ para diversas dimensões de fios com um verniz isolante. O “calibre do fio” é um método padronizado para a descrição do diâmetro de um fio. Note que, quanto maior o diâmetro do fio, *menor* o calibre dele.

Calibre do fio	Diâmetro (cm)	$I_{máx}$ (A)
14	0,163	18
12	0,205	25
10	0,259	30
8	0,326	40
6	0,412	60
5	0,462	65
4	0,519	85

(a) Quais são as considerações usadas para determinar a corrente máxima da fiação elétrica de uma casa? (b) Uma potência total igual a 4.200 W deve ser fornecida para os aparelhos elétricos de uma residência. Sabendo que a diferença de potencial através do conjunto de aparelhos é igual a 120 V, calcule o valor do calibre do fio mais fino que pode ser usado. (c) Suponha que a fiação usada na casa possua o calibre calculado na parte (b) e que seu comprimento total seja igual a 42,0 m. Qual é a taxa de dissipação de energia nesse fio? (d) A casa está construída em um local onde a energia elétrica custa R$ 0,11 por quilowatt-hora. Considere um fio com um diâmetro maior, cujo calibre seja dado pelo calibre seguinte ao calculado no item (b); supondo que você faça a fiação da casa com fios com esse diâmetro maior, quanto dinheiro você poderia economizar em energia ao longo de um ano? Suponha que os aparelhos elétricos permaneçam ligados durante 12 horas por dia.

PROBLEMAS DESAFIADORES

25.77 ••• CALC A resistividade de um semicondutor pode ser alterada adicionando-se diferentes quantidades de impurezas. Uma barra de um semicondutor de comprimento L e seção reta com área A está ao longo do eixo x, entre $x = 0$ e $x = L$. O material obedece à lei de Ohm e sua resistividade varia ao longo da barra, de acordo com a relação $\rho(x) = \rho_0 \exp(-x/L)$. A extremidade da barra para $x = 0$ está a um potencial V_0 mais elevado que o potencial da extremidade $x = L$. (a) Calcule a resistência total da barra e a corrente que flui através dela. (b) Determine o módulo do campo elétrico $E(x)$ na barra em função de x. (c) Determine o potencial elétrico $V(x)$ na barra em função de x. (d) Faça um gráfico das funções $\rho(x)$, $E(x)$ e $V(x)$ para valores de x compreendidos entre $x = 0$ e $x = L$.

25.78 ••• Um resistor externo com resistência R está ligado a uma bateria com fem $\mathcal{E}$ e resistência interna r. Considere a potência elétrica fornecida da fonte igual a P. Pela conservação da energia, P é igual à potência consumida por R. Qual é o valor de P no limite quando R é: (a) muito pequeno; (b) muito grande? (c) Demonstre que a potência fornecida da bateria possui seu valor máximo quando $R = r$. Qual é esse P máximo em função de $\mathcal{E}$ e r? (d) Uma bateria possui $\mathcal{E} = 64{,}0$ V e $r = 4{,}00\ \Omega$. Qual é a potência fornecida dessa bateria quando está conectada a um resistor R, para $R = 2{,}00\ \Omega$, $R = 4{,}00\ \Omega$ e $R = 6{,}00\ \Omega$? Seus resultados estão de acordo com o resultado geral deduzido na parte (b)?

Problemas com contexto

BIO **Condutividade em teias de aranha.** Alguns tipos de aranha criam teias que consistem em fios de seda seca revestidos com uma solução de diversos compostos. Esse revestimento torna os fios, que são usados para capturar presas, *higroscópicos* — ou seja, atraem água a partir da atmosfera. Postula-se que esse revestimento aquoso torna os fios bons condutores elétricos. Para testar as propriedades elétricas do fio revestido, pesquisadores colocaram um fio com comprimento de 5 mm entre dois contatos elétricos.* Os pesquisadores estenderam o fio em incrementos de 1 mm a mais de duas vezes seu comprimento original, e depois permitiram que retornasse a seu comprimento original, novamente em incrementos de 1 mm. Algumas das medições da resistência são apresentadas na tabela:

Resistência do fio ($10^9\ \Omega$)	9	19	41	63	102	76	50	24
Comprimento do fio (mm)	5	7	9	11	13	9	7	5

*Baseado em F. Vollrath e D. Edmonds, "Consequences of electrical conductivity in an orb spider's capture web," *Naturwissenschaften* (100:12, Dezembro de 2013, p. 1163–69).

25.79 Qual é a melhor explicação para o comportamento exibido nos dados? (a) Fios mais longos podem conduzir uma corrente maior que fios mais curtos, portanto são melhores condutores elétricos. (b) O fio deixa de ser um condutor quando é estendido até 13 mm, pelas quebras que ocorrem no revestimento fino. (c) À medida que o fio é estendido, o revestimento se torna mais fino e sua resistência aumenta; à medida que o fio é solto, o revestimento quase retorna a seu estado original. (d) A resistência do fio aumenta com a distância a partir da extremidade do fio.

25.80 Se a condutividade do fio da linha se deve apenas ao revestimento aquoso, como a área da seção reta A do revestimento se compara quando o fio possui 13 mm de comprimento em relação ao comprimento inicial de 5 mm? Suponha que a resistividade do revestimento se mantenha constante e que o revestimento seja uniforme ao longo do fio. $A_{13\ mm}$ é aproximadamente igual a: (a) $\frac{1}{10}A_{5\ mm}$; (b) $\frac{1}{4}A_{5\ mm}$; (c) $\frac{2}{5}A_{5\ mm}$; (d) $A_{5\ mm}$.

25.81 Se a fonte de voltagem é uma bateria de 9 V, qual é a corrente máxima que flui no fio durante esse experimento? (a) Cerca de 1 A; (b) cerca de 0,1 A; (c) cerca de 1 μA; (d) cerca de 1 nA.

25.82 Em outro experimento, um pedaço da teia é suspenso de modo que possa mover-se livremente. Quando tanto um objeto carregado positivamente como um objeto carregado negativamente é trazido para perto da teia, observa-se que o fio se move em direção ao objeto carregado. Qual é a melhor interpretação dessa observação? A teia é um condutor (a) negativamente carregado; (b) positivamente carregado; (c) ou positivamente carregado ou negativamente carregado; (d) eletricamente neutro.

RESPOSTAS

Resposta à pergunta inicial do capítulo

Resposta: (iii) A corrente que sai é igual à corrente que entra. Em outras palavras, a carga deve penetrar a lâmpada à mesma taxa com que sai dela. Ela não é "usada" ou consumida enquanto flui pela lâmpada.

Respostas às perguntas dos testes de compreensão

25.1 Resposta: (v) Duplicar o diâmetro aumenta a área da seção reta A por um fator de 4. Logo, o módulo da densidade de corrente $J = I/A$ é reduzido a $\frac{1}{4}$ do valor obtido no Exemplo

25.1, e o módulo da velocidade de arraste $v_a = J/n|q|$ é reduzido pelo mesmo fator. O novo módulo é v_a = (0,15 mm/s)/4 = 0,038 mm/s. Esse comportamento é o mesmo de um fluido não compressível, que reduz a aceleração quando se move de um tubo estreito para outro mais largo (Seção 14.4).

25.2 Resposta: (**ii**) A Figura 25.6b indica que a resistividade ρ de um semicondutor aumenta enquanto a temperatura diminui. Pela Equação 25.5, o módulo da densidade de corrente é $J = E/\rho$, portanto a densidade de corrente diminui à medida que a temperatura cai e a resistividade aumenta.

25.3 Resposta: (**iii**) Explicitando a corrente na Equação 25.11, temos $I = V/R$. Se a resistência R do fio não variasse, duplicar a voltagem V duplicaria também a corrente I. Entretanto, vimos no Exemplo 25.3 que a resistência *não* é constante. À medida que a corrente e a temperatura aumentam, R aumenta também. Portanto, duplicar a voltagem produz uma corrente que é *menor* que o dobro da corrente original. Um condutor ôhmico é um para o qual $R = V/I$ possui o mesmo valor, independentemente da voltagem, portanto o fio é *não ôhmico*. (Em muitos problemas práticos, a variação de temperatura no fio é tão pequena que pode ser desprezada, portanto podemos considerar com segurança que o fio é ôhmico. É o que fazemos na maioria dos exemplos deste livro.)

25.4 Resposta: (**iii**), (**ii**), (**i**) Para o circuito (i), a Equação 25.16 fornece: $I = \mathcal{E}/(R + r)$ = (1,5 V)/(1,4 Ω + 0,10 Ω) = 1,0 A. Para o circuito (ii), observamos que a voltagem nos terminais v_{ab} = 3,6 V é igual à voltagem IR através do resistor de 1,8 Ω: $V_{ab} = IR$, portanto $I = V_{ab}/R$ = (3,6 V)/(1,8 Ω) = 2,0 A. Para o circuito (iii), usamos a Equação 25.15 para a voltagem nos terminais: $V_{ab} = \mathcal{E} - Ir$, logo $I = (\mathcal{E} - V_{ab})/r$ = (12,0 V − 11,0 V)/(0,20 Ω) = 5,0 A.

25.5 Resposta: (**iii**), (**ii**), (**i**) Esses circuitos são os mesmos que analisamos em Teste sua compreensão da Seção 25.4. Em cada caso, a potência fornecida líquida da bateria é $P = V_{ab}I$, em que V_{ab} é a voltagem nos terminais da bateria. Para o circuito (i), encontramos que I = 1,0 A, portanto $V_{ab} = \mathcal{E} - Ir$ = 1,5 V − (1,0 A) (0,10 Ω) = 1,4 V, portanto P = (1,4 V) (1,0 A) = 1,4 W. Para o circuito (ii), temos V_{ab} = 3,6 V e encontramos que I = 2,0 A, portanto P = (3,6 V) (2,0 A) = 7,2 W. Para o circuito (iii), temos V_{ab} = 11,0 V e encontramos que I = 5,0 A, portanto P = (11,0 V) (5,0 A) = 55 W.

25.6 Resposta: (**i**) A dificuldade de produzir uma dada quantidade de corrente aumenta à medida que a resistividade ρ aumenta. Pela Equação 25.24, $\rho = m/ne^2\tau$, portanto aumentar a massa m aumentará a resistividade. Isso ocorre porque uma partícula carregada mais maciça terá uma reação mais morosa a um campo elétrico aplicado e, portanto, um arraste mais lento. Para gerar a mesma corrente, seria necessário um campo elétrico maior. (Aumentar n, e ou τ diminuiria a resistividade e facilitaria a geração de uma dada corrente.)

Problema em destaque

(**a**) 237 °C (**b**) 162 W inicialmente, 148 W em 1,23 A

? Em um circuito complexo, como o desta placa, é possível conectar vários resistores com diferentes resistências, de modo que todos eles possuam a mesma diferença de potencial? (i) Sim, e a corrente será igual através de todos os resistores; (ii) sim, porém a corrente pode ser diferente através de resistores diferentes; (iii) não; (iv) a resposta depende do valor da diferença de potencial.

26 CIRCUITOS DE CORRENTE CONTÍNUA

OBJETIVOS DE APRENDIZAGEM

Ao estudar este capítulo, você aprenderá:

- **26.1** Como analisar circuitos com múltiplos resistores em série ou em paralelo.
- **26.2** Regras que podem ser aplicadas a qualquer circuito com mais de uma malha.
- **26.3** Como usar amperímetro, voltímetro, ohmímetro ou potenciômetro em um circuito.
- **26.4** Como analisar circuitos que possuem tanto um resistor quanto um capacitor.
- **26.5** Como a energia elétrica é distribuída em uma residência.

Revendo conceitos de:

- **24.2** Capacitores em série e em paralelo.
- **25.4** Corrente elétrica, amperímetros e voltímetros.
- **25.5** Potência em um circuito.

Se você olhar o interior de um telefone celular, um computador, ou sob o capô de seu carro, notará circuitos muito mais complexos que os circuitos simples estudados no Capítulo 25. Tanto os circuitos conectados por fios como os impressos integrados em um *chip* semicondutor, todos geralmente incluem diversas fontes, resistores e outros elementos interconectados em uma *rede*.

Neste capítulo, estudaremos métodos para analisar essas redes, incluindo como calcular correntes, voltagens e outras propriedades desconhecidas dos elementos do circuito. Vamos aprender a determinar a resistência equivalente para resistores conectados em série ou em paralelo. Para circuitos mais gerais que formam redes precisamos usar duas regras, conhecidas como *leis de Kirchhoff*. Uma delas decorre do princípio da conservação da carga aplicada a uma junção; a outra, do princípio da conservação da energia aplicada a uma carga que se desloca em torno de um circuito fechado. Discutiremos os instrumentos necessários para medir diversas grandezas elétricas. Também analisaremos circuitos com resistores e capacitores, para os quais a corrente varia com o tempo.

O principal assunto deste capítulo são os circuitos de **corrente contínua** (cc), nos quais o sentido da corrente não varia com o tempo. As lanternas e o sistema elétrico de um automóvel são exemplos de circuitos de corrente contínua. Os aparelhos eletrodomésticos são alimentados por **corrente alternada** (ca), na qual a corrente oscila, alternando seu sentido para a frente e para trás. O mesmo princípio de análise de circuitos pode ser aplicado para esses dois tipos de circuito elétrico, e concluímos o capítulo analisando o sistema elétrico de uma casa. Os circuitos com corrente alternada serão estudados em detalhes no Capítulo 31.

26.1 RESISTORES EM SÉRIE E EM PARALELO

Resistores existem em todos os tipos de circuito, desde secadores de cabelos e aquecedores espaciais até circuitos que dividem ou limitam correntes e voltagens.

Tais circuitos geralmente contêm muitos resistores, de modo que é conveniente estudar *combinações* de resistores. Um exemplo simples é fornecido pelo conjunto de lâmpadas usado como decoração natalina; cada lâmpada é um resistor e, do ponto de vista da análise de circuitos, o conjunto de lâmpadas nada mais é que uma combinação de resistores.

Considere três resistores com resistências R_1, R_2 e R_3. A **Figura 26.1** indica quatro maneiras diferentes para conectá-los entre os pontos a e b. Dizemos que existe uma **ligação em série** quando os elementos de um circuito, como resistores, baterias e motores, são ligados em sequência e há um único caminho de corrente entre os pontos, como indicado na Figura 26.1a. Estudamos ligação em série de *capacitores* na Seção 24.2; verificamos que, em virtude da conservação da carga, todos os capacitores ligados em série devem possuir a mesma carga quando estão inicialmente descarregados. No caso de circuitos, estamos mais interessados na *corrente*, que é o fluxo da carga por unidade de tempo.

A Figura 26.1b ilustra uma **ligação em paralelo** de resistores entre os pontos a e b. Cada resistor oferece um caminho alternativo para a corrente entre esses pontos. A *diferença de potencial* é a mesma nos terminais de qualquer um dos elementos ligados em paralelo. Estudamos capacitores em paralelo na Seção 24.2.

Na Figura 26.1c, os resistores R_2 e R_3 estão em paralelo, e essa combinação está em série com o resistor R_1. Na Figura 26.1d, os resistores R_2 e R_3 estão em série, e essa combinação está em paralelo com o resistor R_1.

Qualquer que seja a combinação de resistores, sempre podemos encontrar um resistor *único* capaz de substituir a combinação inteira, produzindo as mesmas corrente e diferença de potencial. Por exemplo, é possível substituir o conjunto de lâmpadas usadas como decoração natalina por uma única lâmpada, submetida à mesma diferença de potencial do conjunto e que consuma a mesma corrente do circuito original. Essa resistência única denomina-se **resistência equivalente** da combinação. Se qualquer um dos circuitos da Figura 26.1 for substituído pela resistência equivalente R_{eq}, poderemos escrever

$$V_{ab} = IR_{eq} \quad \text{ou} \quad R_{eq} = \frac{V_{ab}}{I}$$

em que V_{ab} é a diferença de potencial entre os terminais a e b do circuito e I é a corrente no ponto a ou b. Para calcularmos a resistência equivalente, supomos uma diferença de potencial V_{ab} nos terminais do circuito real, calculamos a corrente correspondente I e obtemos a razão V_{ab}/I.

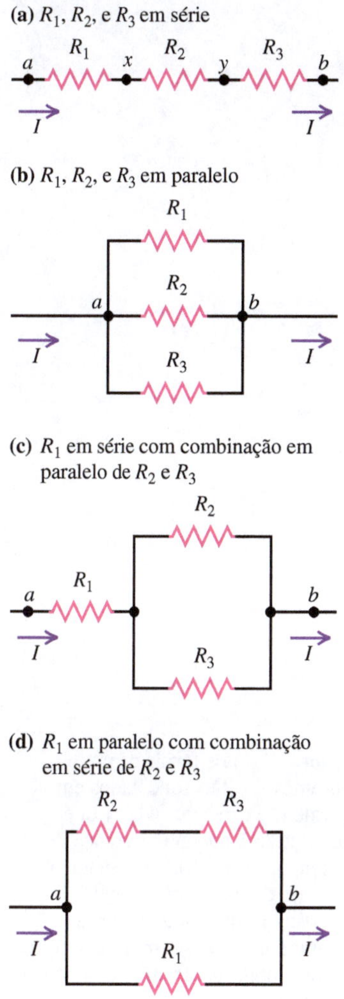

Figura 26.1 Quatro modos diferentes para a ligação entre três resistores.

Resistores em série

Podemos deduzir relações gerais para a resistência equivalente de combinações de resistores em série e em paralelo. Quando os resistores estão ligados em *série*, como indica na Figura 26.1a, a corrente I deve ser a mesma através de todos os resistores. (Como discutimos na Seção 25.4, a corrente *não* é "consumida" à medida que passa pelo circuito.) Aplicando $V = IR$ para cada resistor, obtemos

$$V_{ax} = IR_1 \quad V_{xy} = IR_2 \quad V_{yb} = IR_3$$

A diferença de potencial nos terminais dos resistores não precisa ser a mesma (exceto no caso especial em que todas as três resistências sejam iguais). A diferença de potencial V_{ab} através da combinação inteira é a soma das diferenças de potencial através de cada elemento:

$$V_{ab} = V_{ax} + V_{xy} + V_{yb} = I(R_1 + R_2 + R_3)$$

logo,

$$\frac{V_{ab}}{I} = R_1 + R_2 + R_3$$

A razão V_{ab}/I é, por definição, a resistência equivalente R_{eq}. Portanto,

$$R_{eq} = R_1 + R_2 + R_3$$

É fácil generalizar o resultado anterior para um número *qualquer* de resistores:

Resistores em série:

$$R_{eq} = R_1 + R_2 + R_3 + \cdots \quad (26.1)$$

Resistência equivalente de uma combinação em série (R_{eq}); Resistências dos resistores individuais (R_1, R_2, R_3)

A resistência equivalente de uma combinação em série é igual à soma das resistências individuais. A resistência equivalente é *maior* que qualquer uma das resistências individuais.

ATENÇÃO **Resistores *versus* capacitores em série** Não confunda *resistores* em série com *capacitores* em série. Resistores em série se somam *diretamente* (Equação 26.1) porque a voltagem através de cada um deles é diretamente proporcional à sua resistência e à corrente comum. No caso dos capacitores em série (Equação 24.5), o inverso da capacitância equivalente é dado pela soma dos inversos das capacitâncias individuais, porque a voltagem através de cada um deles é diretamente proporcional à carga comum, porém *inversamente* proporcional à capacitância individual.

Resistores em paralelo

Quando os resistores são ligados em *paralelo*, como na Figura 26.1b, a corrente em cada resistor não precisa ser a mesma. Contudo, a diferença de potencial nos terminais de cada resistor deve ser a mesma e igual a V_{ab} (**Figura 26.2**). (Lembre-se de que a diferença de potencial entre dois pontos não depende da trajetória que liga esses pontos.) Vamos designar por I_1, I_2 e I_3 as correntes que passam nos resistores. Então, usando $I = V/R$, obtemos

$$I_1 = \frac{V_{ab}}{R_1} \qquad I_2 = \frac{V_{ab}}{R_2} \qquad I_3 = \frac{V_{ab}}{R_3}$$

Figura 26.2 Os faróis de um automóvel estão conectados em paralelo. Portanto, cada farol é submetido à mesma diferença de potencial fornecida pelo sistema elétrico do carro, oferecendo máxima luminosidade. Outra vantagem é que, se um farol queima, o outro continua iluminando (veja o Exemplo 26.2).

Em geral, a corrente é diferente em cada resistor. Como a carga não pode se acumular nem ser extraída do ponto a, a corrente total I deve ser igual à soma das três correntes que passam nos resistores:

$$I = I_1 + I_2 + I_3 = V_{ab}\left(\frac{1}{R_1} + \frac{1}{R_2} + \frac{1}{R_3}\right) \text{ ou}$$

$$\frac{I}{V_{ab}} = \frac{1}{R_1} + \frac{1}{R_2} + \frac{1}{R_3}$$

Porém, de acordo com a definição de resistência equivalente R_{eq}, temos $I/V_{ab} = 1/R_{eq}$; logo,

$$\frac{1}{R_{eq}}=\frac{1}{R_1}+\frac{1}{R_2}+\frac{1}{R_3}$$

É fácil generalizar o resultado anterior para um *número qualquer* de resistores em paralelo:

Resistores em paralelo:

$$\frac{1}{R_{eq}}=\frac{1}{R_1}+\frac{1}{R_2}+\frac{1}{R_3}+\cdots \tag{26.2}$$

Resistência equivalente de uma combinação em paralelo (R_{eq}); Resistências dos resistores individuais (R_1, R_2, R_3)

O inverso da resistência equivalente de uma combinação em paralelo é igual à soma dos inversos das resistências individuais. A resistência equivalente é *menor* que qualquer uma das resistências individuais.

ATENÇÃO Resistores *versus* capacitores em paralelo Observe as diferenças entre *resistores* em paralelo e *capacitores* em paralelo. Os *inversos* das resistências de resistores em paralelo se somam (Equação 26.2) porque a corrente que passa em cada resistor é proporcional à voltagem comum através de cada um deles e *inversamente* proporcional à sua respectiva resistência. As capacitâncias de capacitores ligados em paralelo se somam *diretamente* (Equação 24.7) porque a carga de cada capacitor é diretamente proporcional à voltagem comum e *diretamente* proporcional a cada capacitância individual.

Para o caso especial de *dois* resistores em paralelo

$$\frac{1}{R_{eq}}=\frac{1}{R_1}+\frac{1}{R_2}=\frac{R_1+R_2}{R_1R_2} \quad \text{e}$$

$$R_{eq}=\frac{R_1R_2}{R_1+R_2} \quad \text{(dois resistores em paralelo)} \tag{26.3}$$

Como $V_{ab} = I_1R_1 = I_2R_2$, obtemos

$$\frac{I_1}{I_2}=\frac{R_2}{R_1} \quad \text{(dois resistores em paralelo)} \tag{26.4}$$

A partir disso, conclui-se que as correntes transportadas por dois resistores em paralelo são *inversamente proporcionais* às suas respectivas resistências. A corrente maior flui no caminho que oferece menor resistência.

ESTRATÉGIA PARA A SOLUÇÃO DE PROBLEMAS 26.1 RESISTORES EM SÉRIE E EM PARALELO

IDENTIFICAR *os conceitos relevantes*: como na Figura 26.1, muitas redes de resistores são compostas por resistores em série, em paralelo ou por uma combinação de ambos. O principal conceito é que esse tipo de rede pode ser substituído por um único resistor equivalente. A lógica é semelhante à usada na Estratégia para a solução de problemas 24.1 para redes de capacitores.

PREPARAR *o problema* por meio das seguintes etapas:

1. Faça um desenho da rede de resistores.
2. Identifique grupos de resistores em série e em paralelo.
3. Determine quais são as incógnitas. Elas podem abranger a resistência equivalente da rede, a diferença de potencial de cada resistor ou a corrente que passa por cada resistor.

EXECUTAR *a solução* conforme segue:

1. Use a Equação 26.1 ou a 26.2 para calcular a resistência equivalente para uma combinação em série ou em paralelo, respectivamente.
2. Se a rede for mais complexa, tente reduzi-la a combinações em série ou em paralelo. Por exemplo, na Figura 26.1c, inicialmente substituímos pela resistência equivalente os resistores R_2 e R_3, que estão em paralelo; a combinação resultante está em série com o resistor R_1. Na Figura 26.1d, os resistores R_2 e R_3 que estão em série formam uma combinação em paralelo com R_1.
3. Ao calcular diferenças de potencial, é útil lembrar que, quando resistores são ligados em série, a diferença de

(*Continua*)

(*Continuação*)

potencial total através da combinação é igual à soma de cada diferença de potencial individual. Quando eles são ligados em paralelo, a diferença de potencial é a mesma em cada resistor e igual à diferença de potencial aplicada na combinação em paralelo.

4. Quando resistores são ligados em série, a corrente é a mesma através de todos os resistores e igual à corrente que flui pela combinação em série. Quando resistores são ligados em paralelo, a corrente total que flui pela combinação é dada pela soma das correntes que passam através dos resistores individuais.

AVALIAR *sua resposta:* verifique se os resultados obtidos são consistentes. Quando os resistores estão conectados em série, a resistência equivalente deve ser maior que a de qualquer resistor individual; quando estão conectados em paralelo, a resistência equivalente deve ser menor que a de qualquer resistor individual.

EXEMPLO 26.1 RESISTÊNCIA EQUIVALENTE

Calcule a resistência equivalente do circuito indicado na **Figura 26.3a** e encontre a corrente que passa em cada resistor. A fonte de fem possui resistência interna desprezível.

SOLUÇÃO

IDENTIFICAR E PREPARAR: esta rede composta por três resistores é uma *combinação* de resistências ligadas em série e em paralelo, como na Figura 26.1c. Determinamos a resistência equivalente dos resistores de 6 Ω e 3 Ω ligados em paralelo e, em seguida, de sua combinação em série com o resistor de 4 Ω. O resultado é a resistência equivalente R_{eq} dessa rede como um todo. Obtido esse valor, determinamos a corrente na fem, que é a mesma que a corrente no resistor de 4 Ω. A diferença de potencial deve ser a mesma através dos dois resistores em paralelo de 6 Ω e 3 Ω; usamos isso para determinar como a corrente deve ser dividida entre eles.

EXECUTAR: as figuras 26.3b e 26.3c mostram etapas sucessivas para a redução do circuito até a obtenção de uma única resistência equivalente R_{eq}. De acordo com a Equação 26.2, os resistores de 6 Ω e 3 Ω que estão em paralelo na Figura 26.3a são equivalentes a um único resistor de 2 Ω, na Figura 26.3b:

$$\frac{1}{R_{6\,\Omega+3\,\Omega}} = \frac{1}{6\,\Omega} + \frac{1}{3\,\Omega} = \frac{1}{2\,\Omega}$$

(Você obteria o mesmo resultado se usasse a Equação 26.3.) De acordo com a Equação 26.1, a combinação em série do resistor de 2 Ω com o de 4 Ω é equivalente a um único resistor de 6 Ω, na Figura 26.3c.

Para encontrarmos a corrente em cada resistor do circuito original, invertemos as etapas usadas no cálculo da resistência equivalente. No circuito indicado na Figura 26.3d (idêntico ao da Figura 26.3c), a corrente é dada por $I = V_{ab}/R = (18\text{ V})/(6\,\Omega) = 3$ A. Logo, a corrente que passa nos resistores de 2 Ω e de 4 Ω na Figura 26.3e (idêntica à Figura 26.3b) também é igual a 3 A. A diferença de potencial V_{cb} através do resistor de 2 Ω é, portanto, $V_{cb} = IR = (3\text{ A})(2\,\Omega) = 6$V. Essa diferença de potencial também deve ser igual a 6 V, na Figura 26.3f (idêntica à Figura 26.3a). Usando $I = V_{cb}/R$, as correntes nos resistores de 6 Ω e 3 Ω, na Figura 26.3f, são, respectivamente, $(6\text{ V})/(6\,\Omega) = 1$ A e $(6\text{ V})/(3\,\Omega) = 2$ A.

AVALIAR: note que, para os dois resistores em paralelo entre os pontos *c* e *b* na Figura 26.3f, a corrente que passa no resistor de 3 Ω é igual ao dobro da corrente que passa no resistor de 6 Ω; a corrente maior flui pelo caminho que oferece menor resistência, de acordo com a Equação 26.4. Note também que a corrente total que flui através desses dois resistores é igual a 3 A, a mesma que flui através do resistor de 4 Ω entre os pontos *a* e *c*.

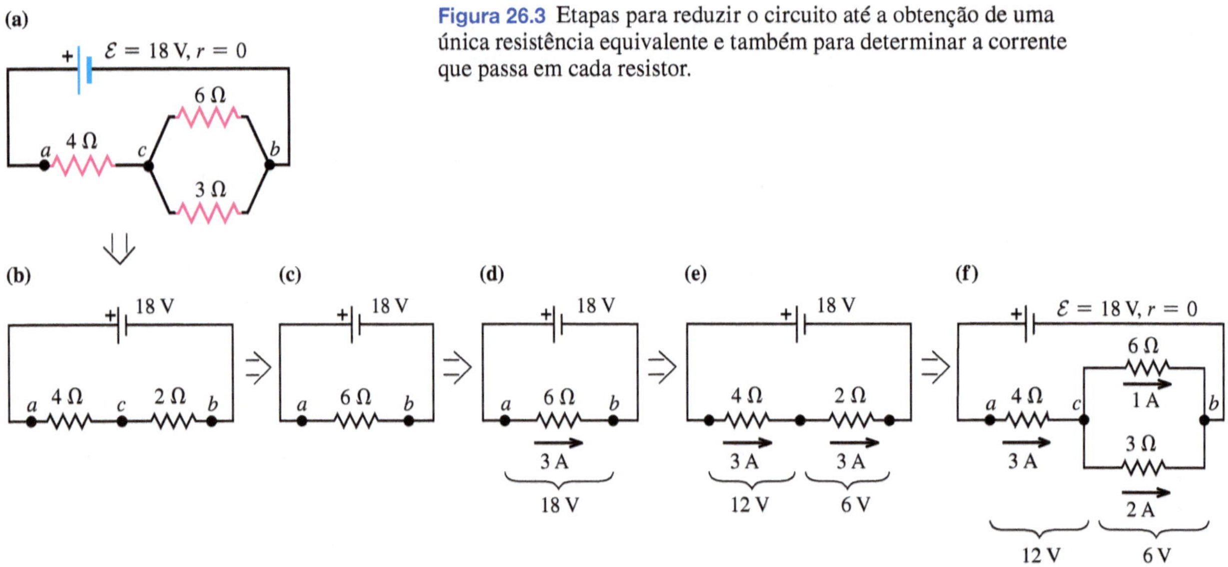

Figura 26.3 Etapas para reduzir o circuito até a obtenção de uma única resistência equivalente e também para determinar a corrente que passa em cada resistor.

EXEMPLO 26.2 LIGAÇÃO EM SÉRIE *VERSUS* LIGAÇÃO EM PARALELO

Duas lâmpadas idênticas, com resistência $R = 2\ \Omega$, são conectadas a uma fonte com $\mathcal{E} = 8$ V e resistência interna desprezível. Calcule a corrente que passa em cada lâmpada, a diferença de potencial através de cada lâmpada e a potência fornecida a cada lâmpada e ao circuito todo, supondo que as lâmpadas sejam ligadas (a) em série e (b) em paralelo. (c) Suponha que uma das lâmpadas se queime, ou seja, seu filamento fica interrompido e a corrente não pode mais fluir por ele. O que ocorre com a outra lâmpada, no caso da ligação em série? E no caso da ligação em paralelo?

SOLUÇÃO

IDENTIFICAR E PREPARAR: as lâmpadas são meros resistores em simples ligações em série e conexões em paralelo (**figuras 26.4a** e 26.4b). Quando determinamos a corrente I que passa por cada lâmpada, podemos determinar a potência fornecida a ela usando a Equação 25.18, $P = I^2R = V^2/R$.

EXECUTAR: (a) de acordo com a Equação 26.1, a resistência equivalente entre os pontos a e c, na Figura 26.4a, é $R_{eq} = 2R = 2(2\ \Omega) = 4\ \Omega$. A corrente é a mesma em qualquer uma das lâmpadas em série:

$$I = \frac{V_{ac}}{R_{eq}} = \frac{8\text{V}}{4\ \Omega} = 2\text{ A}$$

Visto que as lâmpadas possuem a mesma resistência, a diferença de potencial é a mesma através de cada lâmpada:

$$V_{ab} = V_{bc} = IR = (2\text{ A})(2\ \Omega) = 4\text{ V}$$

Pela Equação 25.18, a potência fornecida para cada lâmpada é:

$$P = I^2R = (2\text{ A})^2(2\ \Omega) = 8\text{W} \quad \text{ou}$$

$$P = \frac{V_{ab}{}^2}{R} = \frac{V_{bc}{}^2}{R} = \frac{(4\text{ V})^2}{2\ \Omega} = 8\text{ W}$$

A potência total fornecida para as duas lâmpadas é dada por $P_{total} = 2P = 16$ W.

(b) Quando as lâmpadas são ligadas em paralelo, como na Figura 26.4b, a diferença de potencial V_{de} através de cada lâmpada é a mesma e igual a 8 V, a voltagem nos terminais da fonte. Portanto, a corrente que passa em cada lâmpada é

$$I = \frac{V_{de}}{R} = \frac{8\text{ V}}{2\ \Omega} = 4\text{ A}$$

e a potência fornecida para cada lâmpada é

$$P = I^2R = (4\text{ A})^2(2\ \Omega) = 32\text{ W} \quad \text{ou}$$

$$P = \frac{V_{de}{}^2}{R} = \frac{(8\text{ V})^2}{2\ \Omega} = 32\text{ W}$$

Tanto a diferença de potencial nos terminais de cada lâmpada quanto a corrente através delas são duas vezes maiores que no caso da associação em série das lâmpadas. Portanto, a potência fornecida para cada lâmpada é *quatro* vezes maior, e a luminosidade delas será maior.

A potência total fornecida para as duas lâmpadas é dada por $P_{total} = 2P = 64$ W, quatro vezes maior que no caso da ligação em série. Esse aumento de potência não é obtido "de graça"; a energia é extraída da fonte com uma taxa quatro vezes maior na ligação em paralelo que na ligação em série. Quando a fonte for uma bateria, ela se descarregará quatro vezes mais rapidamente.

(c) No caso da ligação em série, a mesma corrente passa pelas duas lâmpadas. Se uma delas queimar, não haverá nenhuma corrente no circuito e nenhuma das lâmpadas iluminará.

No caso da ligação em paralelo, a diferença de potencial através de qualquer uma das lâmpadas permanece a mesma, mesmo que uma delas queime. Logo, a corrente e a potência fornecidas para a lâmpada em funcionamento permanecem as mesmas.

AVALIAR: nosso cálculo da resistência equivalente não é muito preciso, porque a resistência da lâmpada $R = V/I$ depende da diferença de potencial V nos terminais da lâmpada. Isso acontece porque a resistência do filamento cresce quando sua temperatura aumenta e, portanto, V aumenta. Contudo, ainda continua verdadeira a conclusão de que lâmpadas ligadas em série a uma fonte brilham com intensidade menor que no caso da ligação em paralelo à mesma fonte (**Figura 26.5**).

Figura 26.4 Nossos esboços para este problema.

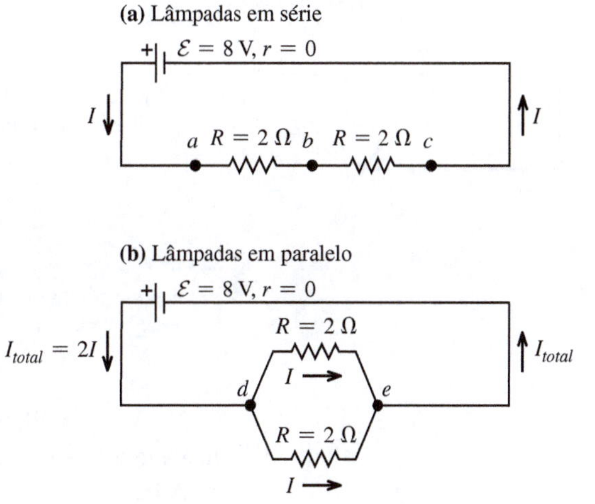

Figura 26.5 Quando ligadas à mesma fonte, duas lâmpadas conectadas em série (no alto da figura) consomem menos potência e brilham com menos intensidade que duas lâmpadas conectadas em paralelo (na parte de baixo da figura).

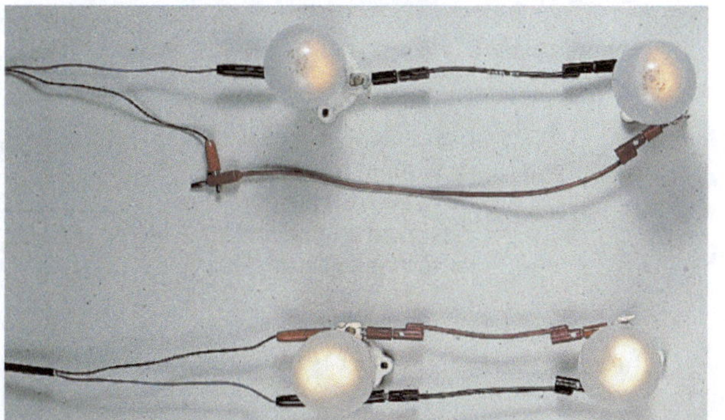

TESTE SUA COMPREENSÃO DA SEÇÃO 26.1 Suponha que os três resistores indicados na Figura 26.1 possuam a mesma resistência, portanto $R_1 = R_2 = R_3 = R$. Classifique as quatro combinações mostradas nos itens (a) a (d) da Figura 26.1, por ordem de resistência equivalente, da mais alta à mais baixa. ❙

26.2 LEIS DE KIRCHHOFF

Muitas redes envolvendo resistores não podem ser reduzidas a combinações simples de resistores em série e em paralelo. A **Figura 26.6a** mostra uma fonte de tensão cc com fem $\mathcal{E}_1$ carregando uma bateria com fem menor $\mathcal{E}_2$ e fornecendo corrente para uma lâmpada com resistência R. A Figura 26.6b mostra um circuito "ponte", usado em diversos instrumentos de medidas e sistemas de controle. (Uma aplicação importante de um circuito "ponte" é ilustrada no Problema 26.74.) Para analisar esses circuitos, usaremos as técnicas desenvolvidas pelo físico alemão Gustav Robert Kirchhoff (1824-1887).

Figura 26.6 Dois exemplos de circuitos que não podem ser reduzidos a combinações simples envolvendo apenas resistores em série e em paralelo.

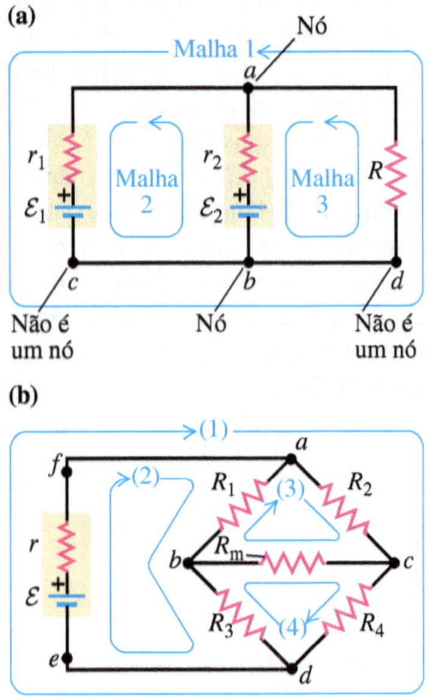

Inicialmente, vamos definir dois termos que usaremos frequentemente. Uma junção ou um **nó** é um ponto do circuito onde ocorre a união de três ou mais condutores. Um nó também é chamado de *nodo* ou *ponto de ramificação*. Denomina-se **malha** qualquer caminho condutor fechado. Na Figura 26.6a, os nós são indicados pelos pontos a e b, porém os pontos c e d não são nós. Na Figura 26.6b, os nós são indicados pelos pontos a, b, c e d, porém os pontos e e f não são. As linhas azuis nas figuras 26.6a e 26.6b indicam exemplos de malhas possíveis.

As leis de Kirchhoff são duas regras enunciadas do seguinte modo:

Lei dos nós de Kirchhoff (válida para qualquer nó): A soma algébrica de todas as correntes que entram em um nó ... ... é igual a zero.

$$\sum I = 0 \tag{26.5}$$

Lei das malhas de Kirchhoff (válida para qualquer malha): A soma algébrica de todas as diferenças de potencial através de uma malha ... ... é igual a zero.

$$\sum V = 0 \tag{26.6}$$

Note que as diferenças de potencial V na Equação 26.6 incluem aquelas associados a todos os elementos de circuito na malha, incluindo fems e resistores.

A lei dos nós é baseada na lei da *conservação da carga elétrica*. Um nó não pode acumular cargas, de modo que a carga total que entra em um nó por unidade de tempo deve ser igual à carga total que sai por unidade de tempo (**Figura 26.7a**). A carga por unidade de tempo é a corrente, de modo que, se consideramos positivas as cargas que entram e negativas as que saem do nó, a soma algébrica de todas as correntes que entram no nó ou saem dele deve ser igual a zero. Isso é semelhante ao escoamento da água em uma junção T que liga tubos de água (Figura 26.7b); se

Figura 26.7 A lei dos nós de Kirchhoff diz que o fluxo de corrente que entra em um nó é igual ao fluxo de corrente que sai dele.

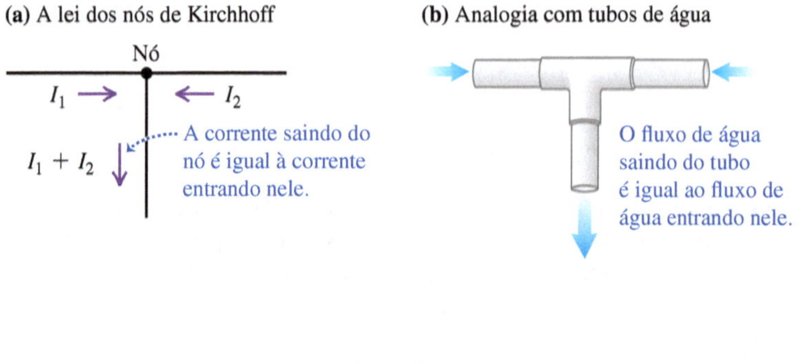

chega à junção 1 litro por minuto, não é possível três litros por minuto saírem pelos outros dois tubos. Usamos a lei dos nós (sem explicitar isso) quando derivamos a Equação 26.2 para resistores em paralelo na Seção 26.1.

A lei das malhas é baseada na natureza *conservativa* das forças eletrostáticas. Suponha que você percorra uma dada malha, medindo todas as diferenças de potencial através dos sucessivos elementos do circuito. Ao retornar ao ponto de partida, você deve verificar que a *soma algébrica* de todas as diferenças de potencial é igual a zero; caso contrário, você não poderia associar um potencial definido para o referido ponto.

> **DADOS MOSTRAM**
>
> **Circuitos multimalhas**
>
> Quando os alunos recebiam um problema sobre um circuito com duas malhas ou mais, mais de 32% davam uma resposta incorreta. Erros comuns:
>
> - Confundir os elementos do circuito em série e em paralelo. Quando dois elementos de circuito são ligados de modo que a mesma corrente passa através de ambos, eles estão em série; quando eles estão ligados de modo que a diferença de potencial é a mesma em ambos, eles estão em paralelo.
> - Confusão sobre o que acontece em um nó. A corrente não precisa ser dividida igualmente entre os diferentes caminhos; há uma corrente maior ao longo do caminho com menor resistência.

Convenções de sinais para a lei das malhas

Ao aplicar a lei das malhas, precisamos de algumas convenções de sinais. Na seção Estratégia para a solução de problemas 26.2, descreveremos com detalhes como usá-las, porém, faremos agora um resumo dessas convenções. Sempre supomos um sentido para a corrente elétrica e marcamos o sentido escolhido no diagrama do circuito. A seguir, partindo de qualquer ponto do circuito, percorremos o circuito e adicionamos os termos IR e cada fem, à medida que passamos através dos elementos. Quando atravessamos uma fonte de tensão de $-$ para $+$, a fem deve ser considerada *positiva*. Quando atravessamos uma fonte de tensão de $+$ para $-$, a fem deve ser considerada *negativa* (**Figura 26.8a**). Quando atravessamos um resistor no *mesmo* sentido que escolhemos para a corrente, o termo IR é *negativo*, porque a corrente está fluindo no sentido dos potenciais decrescentes. Quando atravessamos um resistor no sentido *oposto* ao da corrente, o termo IR é *positivo*, porque isso corresponde a um aumento de potencial (Figura 26.8b).

Usando apenas as duas leis de Kirchhoff, resolvemos um grande número de problemas de circuitos elétricos. Geralmente, alguns valores da fem das fontes, das correntes e das resistências são conhecidos; outros, não. Usando as leis de Kirchhoff, devemos sempre obter um número de equações igual ao número de incógnitas, a fim de resolver simultaneamente o sistema de equações. Em geral, a parte mais trabalhosa da solução é o uso correto dos sinais algébricos!

Figura 26.8 Use estas convenções de sinais quando aplicar a lei das malhas de Kirchhoff. Em cada parte da figura, "Percurso" é o sentido que imaginamos percorrer em torno da malha, que não é necessariamente o sentido da corrente.

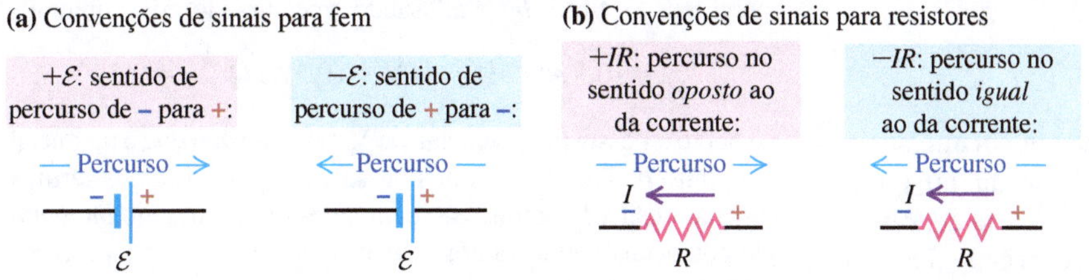

ESTRATÉGIA PARA A SOLUÇÃO DE PROBLEMAS 26.2 LEIS DE KIRCHHOFF

IDENTIFICAR *os conceitos relevantes:* as leis de Kirchhoff são ferramentas importantes para a análise de qualquer circuito elétrico.

PREPARAR *o problema* por meio das seguintes etapas:

1. Faça um desenho para o diagrama do circuito, de modo que haja espaço suficiente para anotar todas as grandezas, conhecidas e desconhecidas. Escolha e indique os sentidos para toda corrente e toda fem desconhecida. (As leis de Kirchhoff fornecerão os módulos *e os sentidos* corretos para toda corrente e toda fem desconhecida. Caso o sentido real de uma dada grandeza seja oposto ao sentido escolhido, você encontrará um sinal negativo na resposta da referida grandeza.)
2. Quando você identifica as correntes em um diagrama, em geral é mais conveniente aplicar inicialmente a lei dos nós, como na Figura 26.9, para expressar as correntes em função do menor número possível de grandezas.
3. Determine quais grandezas são as incógnitas.

EXECUTAR *a solução* conforme segue:

(*Continua*)

(*Continuação*)

1. Para aplicar a lei das malhas, escolha qualquer malha do circuito e indique um sentido (horário ou anti-horário) para percorrê-la. O sentido do percurso não precisa ser o mesmo escolhido para a corrente.
2. Percorra a malha no sentido que você escolheu, somando algebricamente as diferenças de potencial à medida que atravessa cada elemento. Use as convenções de sinais da Figura 26.8.
3. Iguale a zero a soma algébrica obtida na etapa 2, de acordo com a lei das malhas.
4. Caso seja necessário obter mais equações independentes, escolha outra malha e repita as etapas 1 a 3; continue esse procedimento até chegar a um número de equações independentes igual ao número de incógnitas, ou até cada elemento do circuito ter sido incluído em pelo menos uma das malhas escolhidas.
5. Resolva o sistema de equações simultaneamente para determinar as incógnitas.
6. Você pode usar a mesma convenção de sinais para determinar uma diferença de potencial V_{ab} de um ponto a em relação a qualquer outro ponto b. Comece no ponto b e, com a mesma convenção de sinais da etapa 2, some todas as diferenças de potencial encontradas ao percorrer o circuito de b até a. A soma algébrica dessas diferenças de potencial fornecerá $V_{ab} = V_a - V_b$.

AVALIAR *sua resposta:* confira todas as etapas das operações algébricas. Aplique as etapas 1 e 2 a uma malha diferente das usadas para solucionar os problemas; se a soma das quedas de potencial em torno dessa malha for diferente de zero, há um erro em algum ponto nos cálculos.

Figura 26.9 A aplicação da lei dos nós ao ponto a reduz o número de correntes incógnitas de três para dois.

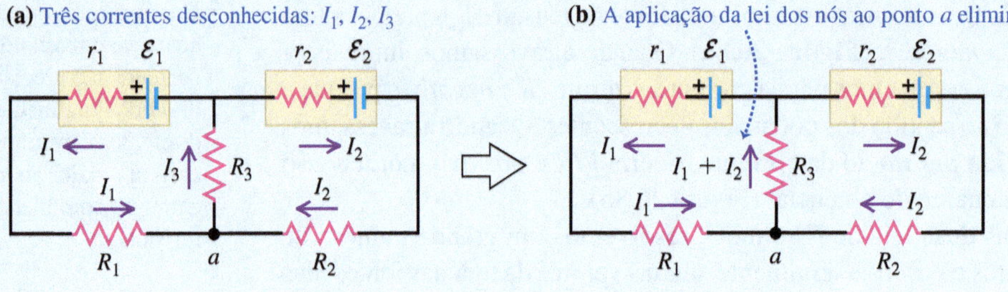

EXEMPLO 26.3 UM CIRCUITO COM UMA ÚNICA MALHA

O circuito indicado na **Figura 26.10a** contém dois resistores e duas baterias, cada uma delas com uma fem e uma resistência interna. Calcule (a) a corrente no circuito, (b) a diferença de potencial V_{ab} e (c) a potência de cada fem.

SOLUÇÃO

IDENTIFICAR E PREPARAR: trata-se de um circuito simples, com uma única malha, e que não possui nenhum nó, portanto não precisamos da lei dos nós de Kirchhoff. Para aplicarmos a lei das malhas de Kirchhoff a esse circuito com uma única malha, inicialmente escolhemos um sentido para a corrente. Vamos eleger o sentido anti-horário, conforme indicado na Figura 26.10a.

EXECUTAR: (a) partindo do ponto a, percorra a malha no sentido anti-horário, faça a soma algébrica de todas as diferenças de potencial ao longo do percurso e iguale o resultado a zero, como na Equação 26.6:

$$-I(4\ \Omega) - 4\ \text{V} - I(7\ \Omega) + 12\ \text{V} - I(2\ \Omega) - I(3\ \Omega) = 0$$

Agrupando os termos que contêm I e explicitando I, encontramos

$$8\ \text{V} = I(16\ \Omega) \quad \text{e} \quad I = 0{,}5\ \text{A}$$

O resultado obtido para I é positivo, o que mostra que o sentido escolhido para a corrente é correto.

(b) Para calcularmos V_{ab}, a diferença de potencial de a em relação a b, partimos do ponto b e fazemos a soma algébrica de todas as diferenças de potencial até chegar ao ponto a. Existem dois percursos para ir de b até a; usando o percurso inferior, obtemos

$$V_{ab} = (0{,}5\ \text{A})\ (7\ \Omega) + 4\ \text{V} + (0{,}5\ \text{A})\ (4\ \Omega) = 9{,}5\ \text{V}$$

O ponto a possui um potencial 9,5 V mais elevado que o potencial do ponto b. Todos os termos dessa soma, incluindo os termos IR, são positivos porque cada um deles representa um *aumento* no potencial quando vamos de b até a. Considerando o percurso superior, encontramos

$$V_{ab} = 12\ \text{V} - (0{,}5\ \text{A})\ (2\ \Omega) - (0{,}5\ \text{A})\ (3\ \Omega) = 9{,}5\ \text{V}$$

Na relação anterior, os termos IR são negativos porque o sentido do percurso é o mesmo da corrente, o que provoca uma diminuição de potencial ao atravessar cada resistor. O resultado obtido é o mesmo nos dois percursos, como era esperado, uma vez que a variação total da diferença de potencial ao longo do circuito completo deve ser igual a zero.

(c) As potências fornecidas pela fem das baterias de 12 V e de 4 V são

$$P_{12\ \text{V}} = \mathcal{E}I = (12\ \text{V})\ (0{,}5\ \text{A}) = 6\ \text{W}$$

$$P_{4\ \text{V}} = \mathcal{E}I = (-4\ \text{V})\ (0{,}5\ \text{A}) = -2\ \text{W}$$

(*Continua*)

(Continuação)

O sinal negativo de $\mathcal{E}$ da bateria de 4 V surge porque a corrente percorre a bateria do terminal com potencial mais elevado para o terminal com potencial mais baixo. O valor negativo de P indica que a bateria consome potência porque está *armazenando* energia e está sendo *recarregada* pela bateria de 12 V (caso seja, de fato, recarregável; caso contrário, está sendo destruída).

AVALIAR: aplicando a fórmula $P = I^2R$ a cada um dos quatro resistores da Figura 26.10a, você deve ser capaz de mostrar que a potência total nos quatro resistores é igual a 4 W. Dos 6 W fornecidos pela bateria de 12 V, 2 W são armazenados na bateria de 4 V e 4 W são dissipados nos resistores.

O circuito indicado na Figura 26.10a é semelhante ao usado no caso real quando uma bateria de automóvel de 12 V carrega a bateria de outro automóvel que estava descarregada (Figura 26.10b). Os resistores de 3 Ω e 7 Ω na Figura 26.10a representam os cabos condutores e os conectores usados para ligar as duas baterias. (Os valores das resistências no exemplo real são consideravelmente menores, e a fem de uma bateria de automóvel descarregada não é muito inferior a 12 V.)

Figura 26.10 (a) Neste exemplo, percorremos a malha do circuito no mesmo sentido que escolhemos para a corrente, de modo que todos os termos IR são negativos. O potencial diminui quando você atravessa a fem inferior do + para o –, porém aumenta quando você atravessa a fem na parte superior do – para o +. (b) Um exemplo real de um circuito do tipo analisado aqui.

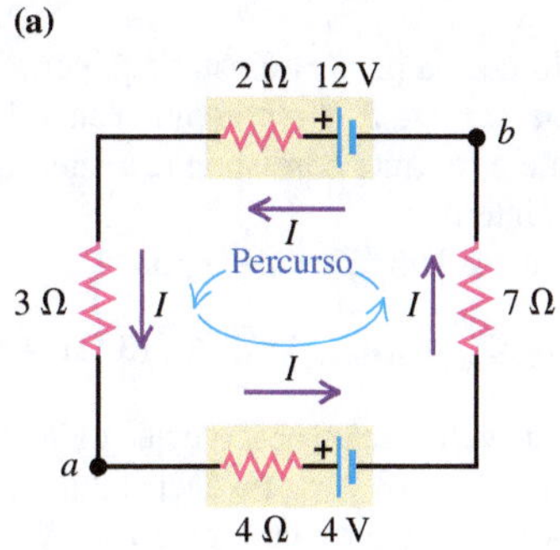

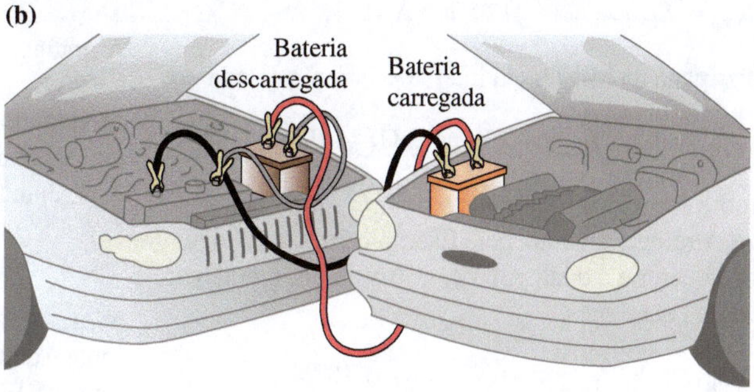

EXEMPLO 26.4 CARREGANDO UMA BATERIA

O circuito indicado na **Figura 26.11** contém uma fonte de tensão de 12 V, com resistência interna desconhecida r, conectada a uma bateria descarregada com fem $\mathcal{E}$ desconhecida e resistência interna igual a 1 Ω, e com uma lâmpada de 3 Ω de resistência que transporta uma corrente de 2 A. A corrente que passa na bateria descarregada é igual a 1 A no sentido indicado. Calcule r, a fem $\mathcal{E}$ e a corrente I através da fonte de tensão.

SOLUÇÃO

IDENTIFICAR E PREPARAR: este circuito possui mais de uma malha, portanto devemos aplicar tanto a lei dos nós quanto a das malhas. Assumimos o sentido da corrente que passa pela fonte de energia de 12 V, e a polaridade da bateria descarregada, conforme indicado na Figura 26.11. Há três incógnitas, portanto necessitamos de três equações.

EXECUTAR: aplicamos a lei dos nós, Equação 26.5, ao ponto a:

$$-I + 1\text{ A} + 2\text{ A} = 0 \quad \text{portanto} \quad I = 3\text{ A}$$

Para determinarmos r, aplicamos a lei das malhas, Equação 26.6, para a malha externa designada por (1):

$$12\text{ V} - (3\text{ A})r - (2\text{ A})(3\ \Omega) = 0 \quad \text{portanto} \quad r = 2\ \Omega$$

Para determinarmos $\mathcal{E}$, aplicamos a lei das malhas para a malha designada por (2):

$$-\mathcal{E} + (1\text{ A})(1\ \Omega) - (2\text{ A})(3\ \Omega) = 0 \quad \text{portanto} \quad \mathcal{E} = -5\text{ V}$$

O valor negativo de $\mathcal{E}$ mostra que a polaridade real dessa fem é oposta à indicada na Figura 26.11. Como indicado no Exemplo 26.3, a bateria está sendo recarregada.

AVALIAR: experimente aplicar a lei dos nós no ponto b em vez de no ponto a, e experimente aplicar a lei das malhas no sentido anti-horário em vez de no sentido horário em torno da malha (1). Você obterá os mesmos resultados para I e r. Podemos usar a malha (3) para conferir o resultado obtido para $\mathcal{E}$:

$$12\text{ V} - (3\text{ A})(2\ \Omega) - (1\text{ A})(1\ \Omega) + \mathcal{E} = 0$$

a partir do qual concluímos novamente que $\mathcal{E} = -5$ V.

Para uma verificação adicional da consistência do resultado, notamos que $V_{ba} = V_b - V_a$ é igual à voltagem através do resistor de 3 Ω, dada por (2 A) (3 Ω) = 6 V. Percorrendo o ramo da malha superior de a para b, encontramos a diferença de potencial +12 V − (3 A) (2 Ω) = +6 V e, percorrendo o ramo central, obtemos −(−5 V) + (1 A) (1 Ω) = +6 V. As três maneiras de calcular V_{ba} forneceram os mesmos resultados.

Figura 26.11 Neste circuito, uma fonte de tensão carrega uma bateria descarregada e acende uma lâmpada. Fizemos uma hipótese sobre a polaridade da fem $\mathcal{E}$ da bateria descarregada; essa hipótese está correta?

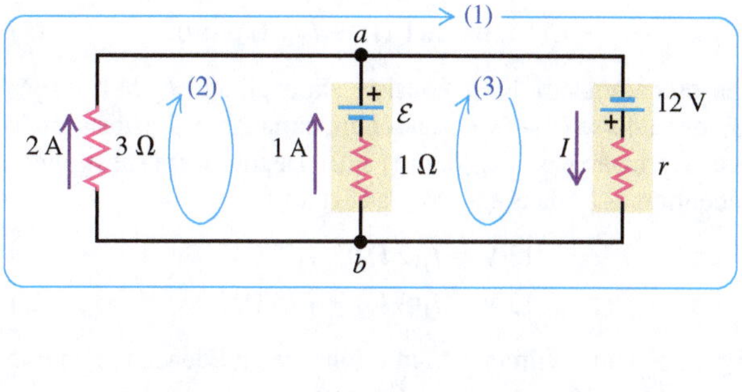

EXEMPLO 26.5 POTÊNCIA EM UM CIRCUITO PARA CARREGAR UMA BATERIA

No circuito do Exemplo 26.4 (indicado na Figura 26.11), encontre a potência fornecida pela bateria de 12 V e a da bateria que está sendo carregada, calculando a potência dissipada em cada resistor.

SOLUÇÃO

IDENTIFICAR E PREPARAR: usamos os resultados da Seção 25.5, segundo os quais a potência fornecida *por* uma fem para um circuito é $\mathcal{E}I$ e a potência fornecida *para* um resistor por um circuito é $V_{ab}I = I^2R$. Conhecemos os valores de todas as grandezas relevantes a partir do Exemplo 26.4.

EXECUTAR: a potência fornecida pela fem da fonte é

$$P_{\text{fonte}} = \mathcal{E}_{\text{fonte}} I_{\text{fonte}} = (12 \text{ V})(3 \text{ A}) = 36 \text{ W}$$

A potência dissipada na resistência interna r da fonte é dada por

$$P_{r-\text{fonte}} = I_{\text{fonte}}{}^2 r_{\text{fonte}} = (3 \text{ A})^2 (2\ \Omega) = 18 \text{ W}$$

portanto, a fonte fornece uma potência *líquida* $P_{\text{liq}} = 36 \text{ W} - 18 \text{ W} = 18 \text{ W}$. Alternativamente, pelo Exemplo 26.4, a voltagem nos terminais da bateria é dada por $V_{ba} = 6$ V; logo, a potência líquida fornecida pela fonte é

$$P_{\text{líquida}} = V_{ba} I_{\text{fonte}} = (6 \text{ V})(3 \text{ A}) = 18 \text{ W}$$

A potência da fem $\mathcal{E}$ da bateria que está sendo carregada é dada por

$$P_{\text{fem}} = \mathcal{E} I_{\text{bateria}} = (-5 \text{ V})(1 \text{ A}) = -5 \text{ W}$$

A potência é negativa porque a corrente de 1 A circula através da bateria do terminal com potencial mais elevado para o com potencial mais baixo. (Conforme dissemos no Exemplo 26.4, a polaridade atribuída para essa bateria na Figura 26.11 estava errada.) À medida que a bateria se carrega, ela acumula energia. Uma potência adicional é dissipada em sua resistência interna; essa potência é dada por

$$P_{r-\text{bateria}} = I_{\text{bateria}}{}^2 r_{\text{bateria}} = (1 \text{ A})^2 (1\ \Omega) = 1 \text{ W}$$

A potência total fornecida para essa bateria é, portanto, $1 \text{ W} + |-5 \text{ W}| = 6 \text{ W}$. Desse total, 5 W representam energia útil armazenada na bateria e o restante corresponde à energia dissipada em sua resistência interna.

A potência dissipada na lâmpada é dada por

$$P_{\text{lâmpada}} = I_{\text{lâmpada}}{}^2 R_{\text{lâmpada}} = (2 \text{ A})^2 (3\ \Omega) = 12 \text{ W}$$

AVALIAR: a título de verificação, observe que toda a potência da fonte é contabilizada. Dos 18 W da potência total fornecida pela fonte, 5 W são gastos para carregar a bateria, 1 W é dissipado em sua resistência interna e 12 W são dissipados na lâmpada.

EXEMPLO 26.6 UM CIRCUITO COMPLEXO

A **Figura 26.12** mostra um circuito "ponte" como o descrito no início desta seção (veja a Figura 26.6b). Calcule a corrente que circula em cada resistor e a resistência equivalente do circuito com os cinco resistores.

SOLUÇÃO

IDENTIFICAR E PREPARAR: esse circuito não pode ser representado como combinações de ligações em série ou em paralelo. Portanto, temos de usar as leis de Kirchhoff para obter os valores das incógnitas. Existem cinco correntes diferentes para serem determinadas, porém, aplicando-se a lei dos nós para a e b, podemos representá-las usando três correntes desconhecidas, I_1, I_2 e I_3, como indicado na Figura 26.12.

EXECUTAR: aplicamos a lei das malhas para as três malhas indicadas:

$$13 \text{ V} - I_1(1\ \Omega) - (I_1 - I_3)(1\ \Omega) = 0 \quad (1)$$

$$-I_2(1\ \Omega) - (I_2 + I_3)(2\ \Omega) + 13 \text{ V} = 0 \quad (2)$$

$$-I_1(1\ \Omega) - I_3(1\ \Omega) + I_2(1\ \Omega) = 0 \quad (3)$$

Um procedimento direto consiste em explicitar I_2 da Equação (3), obtendo-se $I_2 = I_1 + I_3$; a seguir, eliminamos I_2 substituindo essa expressão nas equações (1) e (2). Depois dessa substituição encontramos as duas equações a seguir:

$$13 \text{ V} = I_1(2\ \Omega) - I_3(1\ \Omega) \quad (1')$$

$$13 \text{ V} = I_1(3\ \Omega) + I_3(5\ \Omega) \quad (2')$$

Agora podemos eliminar I_3, multiplicando a Equação (1′) por 5 e somando as duas equações. Obtemos

$$78 \text{ V} = I_1(13\ \Omega) \qquad I_1 = 6 \text{ A}$$

Substituímos o resultado anterior na Equação (1′) para obter $I_3 = -1$ A, e, pela Equação (3), encontramos $I_2 = 5$ A. O valor negativo de I_3 mostra que seu sentido é contrário ao sentido que escolhemos.

A corrente total no circuito equivalente é igual a $I_1 + I_2 = 11$ A, e a queda de potencial através do resistor equivalente é dada pela fem da bateria, 13 V. Portanto, a resistência equivalente do circuito é dada por

$$R_{\text{eq}} = \frac{13 \text{ V}}{11 \text{ A}} = 1{,}2\ \Omega$$

AVALIAR: você pode verificar os resultados obtidos para I_1, I_2 e I_3 substituindo esses valores nas três equações (1), (2) e (3). Qual é o resultado?

Figura 26.12 Um circuito com diversos resistores.

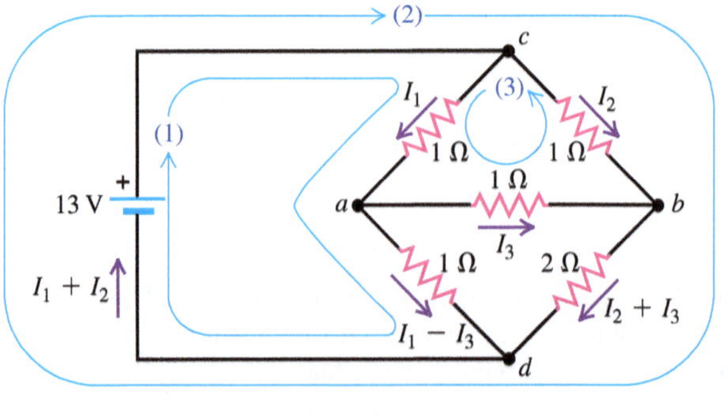

EXEMPLO 26.7 DIFERENÇA DE POTENCIAL EM UM CIRCUITO COMPLEXO

No circuito do Exemplo 26.6 (Figura 26.12), calcule a diferença de potencial V_{ab}.

SOLUÇÃO

IDENTIFICAR E PREPARAR: a incógnita é $V_{ab} = V_a - V_b$, que é o potencial no ponto *a* em relação ao ponto *b*. Para determinarmos V_{ab}, inicialmente partimos do ponto *b* e seguimos qualquer caminho até *a*, somando todas as diferenças de potencial ao longo do percurso. Podemos seguir qualquer trajetória de *b* para *a*; o valor de V_{ab} deve ser independente do caminho escolhido, o que fornece uma forma natural de conferir o resultado obtido.

EXECUTAR: o caminho mais simples é ao longo do resistor central de 1 Ω. No exemplo anterior, obtivemos $I_3 = -1$ A, o que mostra que a corrente real nesse ramo do circuito é da direita para a esquerda. Logo, quando percorremos o ramo de *b* para *a*, ocorre uma *queda* de potencial cujo módulo é $|I_3|R = (1\text{ A})(1\ \Omega) = 1$ V. Portanto, $V_{ab} = -1$ V, e o potencial do ponto *a* é 1 V menor que o potencial do ponto *b*.

AVALIAR: alternativamente, podemos seguir um percurso de *b* até *a* através dos dois resistores inferiores. As correntes que passam nesses resistores são dadas por

$$I_2 + I_3 = 5\text{ A} + (-1\text{ A}) = 4\text{ A} \quad \text{e} \quad I_1 - I_3 = 6\text{ A} - (-1\text{ A}) = 7\text{ A}$$

e, portanto,

$$V_{ab} = -(4\text{ A})(2\ \Omega) + (7\text{ A})(1\ \Omega) = -1\text{ V}$$

Sugerimos que você tente outros percursos do ponto *b* até *a* para verificar se todos eles fornecem o mesmo resultado.

TESTE SUA COMPREENSÃO DA SEÇÃO 26.2 Subtraia a Equação (1) da Equação (2) no Exemplo 26.6. A qual malha na Figura 26.12 essa equação corresponde? Essa equação teria simplificado a solução do Exemplo 26.6? ❙

26.3 INSTRUMENTOS DE MEDIDAS ELÉTRICAS

Nos dois capítulos anteriores, tratamos de diferença de potencial, corrente e resistência, porém, até o momento não dissemos nada a respeito da *medida* dessas grandezas. Muitos dispositivos comuns, incluindo instrumentos de painéis de automóveis, carregadores de baterias e instrumentos elétricos baratos, medem uma diferença de potencial, uma corrente ou uma resistência mediante o uso do **galvanômetro de d'Arsonval (Figura 26.13)**. Na discussão a seguir, vamos chamá-lo simplesmente de *galvanômetro*. Uma bobina pivotada, feita com um fio fino, é colocada no campo magnético de um ímã permanente (**Figura 26.14**). A mola acoplada à bobina é semelhante à mola helicoidal ligada ao balancim de um relógio. Na posição de equilíbrio, quando não passa nenhuma corrente na bobina, o ponteiro está sobre o zero. Quando passa uma corrente na bobina, o campo magnético exerce um torque sobre a bobina proporcional à corrente que está passando. (Discutiremos essa interação magnética em detalhes no Capítulo 27.) À medida que a bobina gira, a mola exerce um torque restaurador proporcional ao deslocamento angular.

Portanto, a deflexão angular da bobina e do ponteiro é diretamente proporcional à corrente que passa na bobina e o dispositivo pode ser calibrado para medir

Figura 26.13 Tanto o amperímetro (no topo) quanto o voltímetro (embaixo) são galvanômetros de d'Arsonval. A diferença depende das respectivas conexões internas (veja a Figura 26.15).

Figura 26.14 Um galvanômetro de d'Arsonval, mostrando a bobina pivotada acoplada a um ponteiro, um ímã permanente que fornece um campo magnético com módulo constante e a mola, que proporciona o torque restaurador, o qual se opõe ao torque do campo magnético.

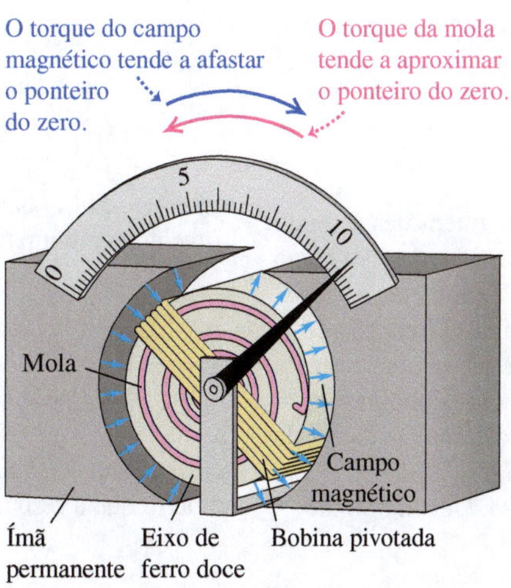

a corrente. A deflexão máxima, em geral da ordem de 90°, denomina-se *deflexão do fundo da escala* ou *deflexão completa da escala*. As características elétricas essenciais de um galvanômetro são a corrente I_{fe}, necessária para produzir a deflexão do fundo da escala (em geral da ordem de 10 μA a 10 mA), e a resistência R_b da bobina (normalmente da ordem de 10 Ω a 1.000 Ω).

A deflexão do galvanômetro é diretamente proporcional à *corrente* que passa na bobina. Caso a resistência da bobina obedeça à lei de Ohm, a corrente é proporcional à *diferença de potencial* entre os terminais da bobina, e a deflexão também é proporcional a essa diferença de potencial. Por exemplo, considere um galvanômetro com $R_b = 20{,}0\ \Omega$ e que sofre uma deflexão completa da escala quando a corrente é $I_{fe} = 1{,}00$ mA. A diferença de potencial correspondente para essa deflexão completa da escala é dada por

$$V = I_{fe}R_b = (1{,}00 \times 10^{-3}\ \text{A})\ (20{,}0\ \Omega) = 0{,}0200\ \text{V}$$

Figura 26.15 Usando o mesmo instrumento para medir (a) corrente e (b) voltagem.

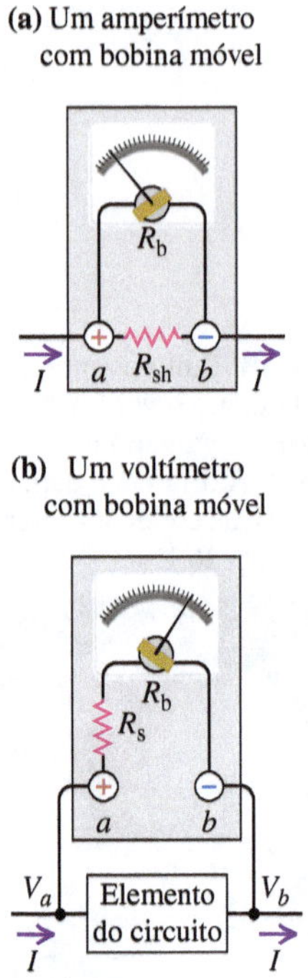

Amperímetros

Um instrumento comum de medida de corrente elétrica é o **amperímetro** (ou miliamperímetro, microamperímetro etc., dependendo do intervalo de medida). *Um amperímetro sempre mede a corrente que passa através dele.* Um amperímetro *ideal*, discutido na Seção 25.4, deveria ter resistência *zero*, de modo que, quando conectado ao ramo de um circuito, não afetaria a corrente que passa nesse ramo. Os amperímetros reais possuem uma resistência finita, contudo é sempre desejável que a resistência do amperímetro seja a menor possível.

Sempre é possível adaptar um galvanômetro para medir uma corrente maior que a que produz uma deflexão completa da escala, conectando-se um resistor em paralelo com a bobina (**Figura 26.15a**), de modo que uma parte da corrente é desviada da bobina para o resistor. O resistor ligado em paralelo denomina-se **resistor shunt**, ou simplesmente *shunt*, e é designado pelo símbolo R_{sh}.

Suponha que você queira fazer um galvanômetro com resistência R_b e corrente I_{fe} se transformar em um amperímetro com corrente I_a. Para determinar a resistência necessária do *shunt* R_{sh}, note que, para a nova deflexão completa da escala, a corrente que deve passar na combinação em paralelo é I_a, a corrente que passa na bobina do galvanômetro deve ser I_{fe} e a corrente que passa no *shunt* deve ser $I_a - I_{fe}$. A diferença de potencial V_{ab} é a mesma para os dois caminhos; logo,

$$I_{fe}R_b = (I_a - I_{fe})R_{sh} \quad \text{(para um amperímetro)} \qquad (26.7)$$

EXEMPLO 26.8 PROJETO DE UM AMPERÍMETRO

Qual é a resistência do *shunt* que devemos usar para transformar o galvanômetro de 1,00 mA e 20,0 Ω descrito anteriormente em um amperímetro com um intervalo de medida de 0 até 50,0 mA?

SOLUÇÃO

IDENTIFICAR E PREPARAR: como o instrumento está sendo usado como um amperímetro, suas conexões internas são como as indicadas na Figura 26.15a. A incógnita do problema é a resistência do *shunt*, R_{sh}, que encontraremos usando a Equação 26.7. Desejamos que o amperímetro seja capaz de medir uma corrente máxima $I_a = 50{,}0\ \text{mA} \times 10^{-3}$ A. A resistência da bobina é $R_b = 20{,}0\ \Omega$, e o galvanômetro mostra a deflexão completa da escala quando a corrente que passa pela bobina é $I_{fe} = 1{,}00 \times 10^{-3}$ A.

EXECUTAR: explicitando R_{sh} da Equação 26.7, encontramos

$$R_{sh} = \frac{I_{fs}R_c}{I_a - I_{fs}} = \frac{(1{,}00 \times 10^{-3}\ \text{A})\ (20{,}0\ \Omega)}{50{,}0 \times 10^{-3}\ \text{A} - 1{,}00 \times 10^{-3}\ \text{A}}$$
$$= 0{,}408\ \Omega$$

AVALIAR: é útil considerar a resistência equivalente R_{eq} do instrumento como um todo. Pela Equação 26.2,

$$R_{eq} = \left(\frac{1}{R_c} + \frac{1}{R_{sh}}\right)^{-1} = \left(\frac{1}{20{,}0\ \Omega} + \frac{1}{0{,}408\ \Omega}\right)^{-1}$$
$$= 0{,}400\ \Omega$$

A resistência do *shunt* é tão pequena em comparação à do galvanômetro que a resistência equivalente é aproximadamente igual

(Continua)

(Continuação)

à do *shunt*. Essa resistência do *shunt* fornece um amperímetro com uma resistência equivalente pequena e o intervalo de medida desejado de 0 até 50,0 mA. Para a deflexão completa da escala, $I = I_a = 50{,}0$ mA, a corrente no galvanômetro é de 1,00 mA, a corrente no *shunt* é igual a 49,0 mA e $V_{ab} = 0{,}0200$ V. Quando a corrente I é *menor* que 50,0 mA, a corrente na bobina e a deflexão são proporcionalmente menores.

Voltímetros

Esse mesmo galvanômetro básico pode ser usado para medir uma diferença de potencial ou *voltagem*. Um instrumento destinado a medir voltagens denomina-se **voltímetro** (ou milivoltímetro etc., dependendo do intervalo de medida). Um voltímetro sempre mede a diferença de potencial entre dois pontos, e seus terminais devem ser conectados a eles. (O Exemplo 25.6, na Seção 25.4, mostrou o que pode ocorrer quando um voltímetro é conectado de modo incorreto.) Conforme discutimos na Seção 25.4, um voltímetro ideal deveria possuir uma resistência *infinita*, de modo que, quando conectado entre dois pontos de um circuito, ele não alteraria nenhuma das correntes. Voltímetros reais sempre possuem uma resistência finita, porém um voltímetro deve ter uma resistência tão elevada que, quando conectado entre dois pontos de um circuito, não deve alterar significativamente nenhuma corrente.

BIO Aplicação Eletromiografia Uma agulha fina contendo dois eletrodos está sendo inserida em um músculo na mão do paciente. Ao utilizar um voltímetro sensível para medir a diferença de potencial entre esses eletrodos, o médico pode sondar a atividade elétrica do músculo. Esta é uma técnica importante para o diagnóstico de doenças neurológicas e neuromusculares.

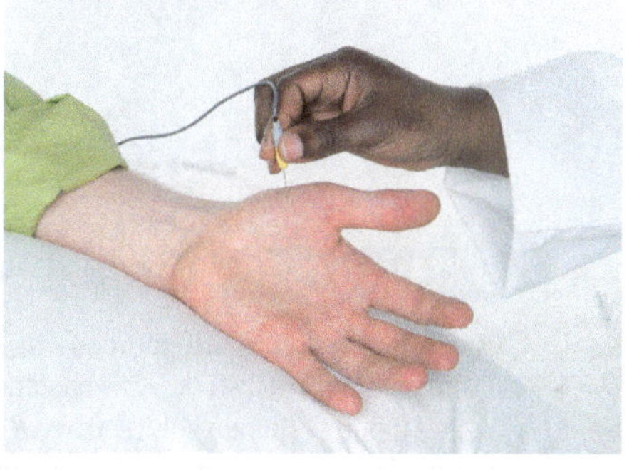

Para o galvanômetro descrito no Exemplo 26.8, a voltagem nos terminais da bobina do galvanômetro para a deflexão completa da escala era apenas $I_{fe}R_b = (1{,}00 \times 10^{-3}\text{A})\,(20{,}0\ \Omega) = 0{,}0200$ V. Podemos estender esse intervalo de medida conectando uma resistência R_s em *série* com a bobina (Figura 26.15b). Então, somente uma fração da diferença de potencial será aplicada sobre a própria bobina e a diferença de potencial restante será aplicada sobre R_s. Para um voltímetro cuja leitura para a deflexão completa da escala seja igual a V_V, precisamos usar um resistor em série com resistência R_s na Figura 26.15b, tal que

$$V_v = I_{fe}(R_b + R_s) \quad \text{(para um voltímetro)} \tag{26.8}$$

EXEMPLO 26.9 PROJETO DE UM VOLTÍMETRO

Qual é a resistência em série que devemos usar para transformar o galvanômetro de 1,00 mA e 20,0 Ω descrito anteriormente em um voltímetro com um intervalo de medida de 0 até 10,0 V?

SOLUÇÃO

IDENTIFICAR E PREPARAR: como esse instrumento está sendo usado como um voltímetro, suas conexões internas são como as indicadas na Figura 26.15b. A voltagem máxima permitida através do voltímetro é $V_V = 10{,}0$ V. Desejamos que isso ocorra quando a corrente que passa pela bobina é $I_{fe} = 1{,}00 \times 10^{-3}$ A. A incógnita do problema é a resistência em série R_s, que obtemos pela Equação 26.8.

EXECUTAR: explicitando R_s na Equação 26.8, obtemos

$$R_s = \frac{V_V}{I_{fe}} - R_b = \frac{10{,}0\ \text{V}}{0{,}00100\ \text{A}} - 20{,}0\ \Omega = 9.980\ \Omega$$

AVALIAR: para a deflexão completa da escala, $V_{ab} = 10{,}0$ V, a voltagem através do galvanômetro é de 0,0200 V, a voltagem através do resistor R_S é igual a 9,98 V, e a corrente que passa no voltímetro é de 0,00100 A. Logo, a maior parte da voltagem ocorre através do resistor em série. A resistência equivalente do instrumento é dada por $R_{eq} = 20{,}0\ \Omega + 9.980\ \Omega = 10.000\ \Omega$, que é um valor muito alto, como desejamos. Tal instrumento descreve um "galvanômetro de 1.000 ohms por volt", fazendo referência à razão entre a resistência e a voltagem da deflexão completa da escala. Em operação normal, a corrente que passa no elemento do circuito cuja diferença de potencial está sendo medida (I na Figura 26.15b) é muito maior que 0,00100 A, e a resistência entre os pontos a e b do circuito é muito menor que 10.000 Ω. Portanto, o voltímetro retira uma corrente muito pequena do circuito e perturba apenas ligeiramente o circuito que está sendo medido.

Combinação de amperímetros e voltímetros

Um amperímetro e um voltímetro podem ser usados juntos para medidas de *resistência* e de *potência*. A resistência R de um resistor é igual à diferença de potencial V_{ab} entre seus terminais dividida pela corrente I, ou seja, $R = V_{ab}/I$. A potência P fornecida a qualquer elemento do circuito é o produto da diferença de potencial entre seus terminais e a corrente que o atravessa: $P = V_{ab}I$. Em princípio, a maneira mais direta para obter R ou P consiste em medir simultaneamente V_{ab} e I.

Porém, com voltímetros e amperímetros práticos, isso não é tão simples como parece. Na **Figura 26.16a**, o amperímetro A lê a corrente I no resistor R. Porém, o voltímetro V lê a *soma* da diferença de potencial V_{ab} entre os terminais do resistor e a diferença de potencial V_{bc} através do amperímetro. Substituindo o terminal do voltímetro de c para b, como indicado na Figura 26.16b, o voltímetro mede corretamente a diferença de potencial V_{ab}, porém o amperímetro passa a ler a *soma* da corrente I que passa no resistor com a corrente I_V que passa no amperímetro. Em qualquer dos dois casos, seria necessário corrigir a leitura de um instrumento ou do outro, a menos que as correções sejam tão pequenas a ponto de serem desprezadas.

Figura 26.16 Uso simultâneo do amperímetro e do voltímetro para medida da resistência.

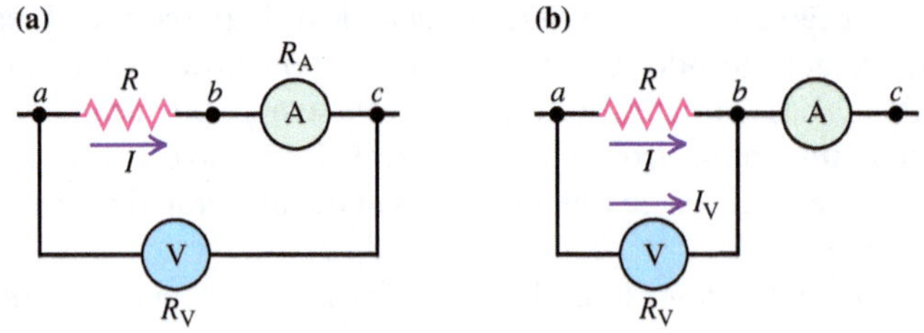

EXEMPLO 26.10 MEDIDA DE RESISTÊNCIA I

O voltímetro do circuito indicado na Figura 26.16a lê 12,0 V e o amperímetro, 0,100 A. As resistências dos instrumentos são $R_V = 10.000\ \Omega$ (para o voltímetro) e $R_A = 2{,}00\ \Omega$ (para o amperímetro). Qual é o valor de R e que potência é dissipada no resistor?

SOLUÇÃO

IDENTIFICAR E PREPARAR: o amperímetro lê a corrente $I = 0{,}100$ A através do resistor, e o voltímetro lê a diferença de potencial entre a e c. Caso o amperímetro fosse *ideal* (ou seja, $R_A = 0$), a diferença de potencial entre b e c seria igual a zero, a leitura do voltímetro $V = 12{,}0$ V seria igual à diferença de potencial V_{ab} através do resistor e a resistência seria dada por $R = V/I = (12{,}0\ \text{V})/(0{,}100\ \text{A}) = 120\ \Omega$. O amperímetro, porém, *não* é ideal (sua resistência é $R_A = 2{,}0\ \Omega$), portanto a leitura do voltímetro V é, na verdade, a soma das diferenças de potencial V_{bc} (através do amperímetro) e V_{ab} (através do resistor). Usamos a lei de Ohm para obter a voltagem V_{bc} através do amperímetro a partir da corrente e da resistência que são conhecidas. A seguir, explicitamos V_{ab} e R. Obtidos esses valores, seremos capazes de calcular a potência P no resistor.

EXECUTAR: pela lei de Ohm, obtemos $V_{bc} = IR_A = (0{,}100\ \text{A})(2{,}00\ \Omega) = 0{,}200$ V e $V_{ab} = IR$. A soma é $V = 12{,}0$ V, portanto a diferença de potencial no resistor é $V_{ab} = V - V_{bc} = (12{,}0\ \text{V}) - (0{,}200\ \text{V}) = 11{,}8$ V, então a resistência é

$$R = \frac{V_{ab}}{I} = \frac{11{,}8\ \text{V}}{0{,}100\ \text{A}} = 118\ \Omega$$

A potência dissipada no resistor é dada por

$$P = V_{ab}I = (11{,}8\ \text{V})\,(0{,}100\ \text{A}) = 1{,}18\ \text{W}$$

AVALIAR: você pode conferir esse resultado para a potência usando a fórmula alternativa $P = I^2R$. A resposta é a mesma?

EXEMPLO 26.11 MEDIDA DE RESISTÊNCIA II

Suponha que os instrumentos do Exemplo 26.10 sejam conectados a outra resistência, desconhecida, usando o circuito indicado na Figura 26.16b e que as leituras obtidas sejam iguais às do Exemplo 26.10. Qual é o valor da nova resistência R e que potência é dissipada no resistor?

SOLUÇÃO

IDENTIFICAR E PREPARAR: no Exemplo 26.10, o amperímetro registrou a corrente real que passava pelo resistor, mas a leitura do voltímetro não era a mesma que a diferença de potencial através do resistor. Neste caso, a situação se inverte: a leitura do voltímetro $V = 12{,}0$ V indica a diferença de potencial V_{ab} através do resistor, mas a leitura do amperímetro $I_A = 0{,}100$ A é *diferente* da corrente I que passa no resistor. Aplicando a lei dos nós no ponto b da Figura 26.16b, temos que $I_A = I + I_V$, onde I_V é a corrente que passa pelo voltímetro. Determinamos I_V a partir dos valores dados de V e da resistência do voltímetro R_V e usamos esse valor para determinar a corrente do resistor I. A seguir, obtemos a resistência R de I e a leitura do voltímetro, e calculamos a potência como no Exemplo 26.10.

EXECUTAR: obtemos $I_V = V/R_V = (12\ \text{V})/(10.000\ \Omega) = 1{,}20$ mA. Logo, a corrente I que passa no resistor é dada por $I = I_A - I_V = 0{,}100\ \text{A} - 0{,}0012\ \text{A} = 0{,}0988$ A, e a resistência é dada por

(*Continua*)

(Continuação)

$$R = \frac{V_{ab}}{I} = \frac{12{,}0 \text{ V}}{0{,}0988 \text{ A}} = 121 \ \Omega$$

A potência dissipada no resistor é dada por

$$P = V_{ab} I = (12{,}0 \text{ V})\ (0{,}0988 \text{ A}) = 1{,}19 \text{ W}$$

AVALIAR: caso os instrumentos de medição fossem ideais, nossos resultados teriam sido $R = 12{,}0$ V/0,100 A $= 120\ \Omega$ e $P = VI = (12{,}0 \text{ V}) \times (0{,}100 \text{ A}) = 1{,}2$ W tanto neste exemplo quanto no Exemplo 26.10. Os resultados verdadeiros (corretos) não são muito diferentes em ambos os casos. Isso ocorre porque o amperímetro e o voltímetro são praticamente ideais: em comparação com a resistência R em teste, a resistência do amperímetro R_A é muito pequena e a resistência do voltímetro R_V é muito grande. Nessas condições, tratar os instrumentos de medição como se fossem ideais conduz a resultados muito bons; trabalho preciso requer cálculos como nesses dois exemplos.

Ohmímetros

Um método alternativo para medir uma resistência consiste em usar um galvanômetro de d'Arsonval mediante um arranjo chamado **ohmímetro**. Trata-se de um galvanômetro conectado em série com um resistor e com uma fonte de tensão (geralmente uma pilha), como indicado na **Figura 26.17**. A resistência R que desejamos medir é conectada entre os pontos x e y.

A resistência em série R_s é variável; ela é ajustada de modo que o ponto x forme um curto-circuito com o ponto y (ou seja, quando $R = 0$), então o galvanômetro sofre uma deflexão completa em sua escala. Quando não existe nada conectando os pontos x e y, ou seja, quando o circuito entre x e y está *aberto* (isto é, quando $R \rightarrow \infty$), não existe nenhuma corrente e, portanto, nenhuma deflexão. Para qualquer valor de R entre esses limites, a deflexão depende do valor de R e a escala do galvanômetro pode ser calibrada para medir R diretamente. Correntes mais elevadas correspondem a menores resistências, portanto a leitura da escala é feita de trás para a frente em comparação à escala que mostra as correntes.

Nos casos em que se requer maior precisão, os instrumentos que empregam galvanômetros de d'Arsonval foram superados pelos instrumentos eletrônicos com mostradores digitais. Tais instrumentos são mais precisos, estáveis e mecanicamente mais resistentes que os instrumentos que usam galvanômetros de d'Arsonval. Um voltímetro digital pode ser fabricado com uma resistência interna extremamente elevada, da ordem de 100 Ω. A **Figura 26.18** mostra um *multímetro* digital, um instrumento capaz de medir voltagem, corrente ou resistência em uma ampla gama.

Figura 26.17 Circuito de um ohmímetro. O resistor R_s possui resistência variável, conforme indicado pela seta que corta o símbolo do resistor. Para usar o ohmímetro, inicialmente conecte x a y e ajuste R_s até que a leitura do instrumento seja zero. A seguir, conecte os terminais do resistor R nos pontos x e y e leia o valor da resistência na escala.

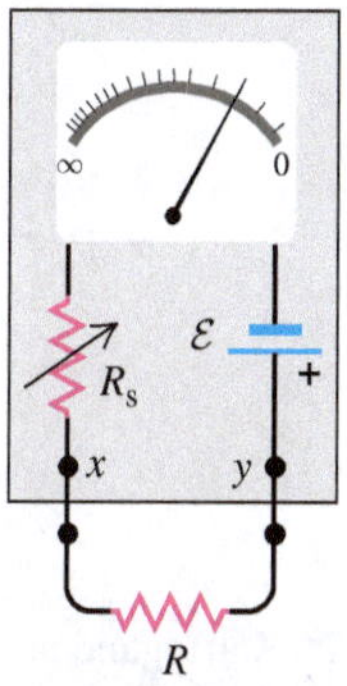

Potenciômetro

O *potenciômetro* é um instrumento que serve para medir a fem de uma fonte sem consumir nenhuma corrente dela; ele também possui outras aplicações importantes. Essencialmente, ele compara uma diferença de potencial desconhecida a uma diferença de potencial ajustável e mensurável.

O princípio de funcionamento de um potenciômetro é esquematizado na **Figura 26.19a**. Os terminais a e b de um reostato de resistência total R_{ab} estão conectados permanentemente a uma fonte de fem conhecida $\mathcal{E}_1$. Um contato deslizante c é conectado por meio de um galvanômetro G a uma fonte cuja fem $\mathcal{E}_2$ desejamos determinar. À medida que o contato deslizante c se desloca ao longo do reostato, a resistência R_{cb} entre os pontos c e b varia; se for um reostato uniforme, a resistência R_{cb} é proporcional à distância entre os pontos c e b. Para determinar o valor de $\mathcal{E}_2$, o contato c deve ser deslocado até um ponto no qual o ponteiro do galvanômetro não sofra nenhuma deflexão; isso corresponde a uma corrente nula no ramo do circuito onde se encontra $\mathcal{E}_2$. Fazendo $I_2 = 0$, a lei das malhas de Kirchhoff fornece

$$\mathcal{E}_2 = IR_{cb}$$

Quando $I_2 = 0$, a corrente I produzida pela fonte de fem $\mathcal{E}_1$ possui o mesmo valor, qualquer que seja o valor da fem $\mathcal{E}_2$. Recalibramos o dispositivo substituindo $\mathcal{E}_2$ por uma fonte de fem conhecida; a seguir, qualquer fem $\mathcal{E}_2$ pode ser encontrada

Figura 26.18 Este multímetro digital pode ser usado como um voltímetro (segmento vermelho), amperímetro (segmento amarelo) ou ohmímetro (segmento verde).

Figura 26.19 Um potenciômetro.

(a) Circuito de um potenciômetro

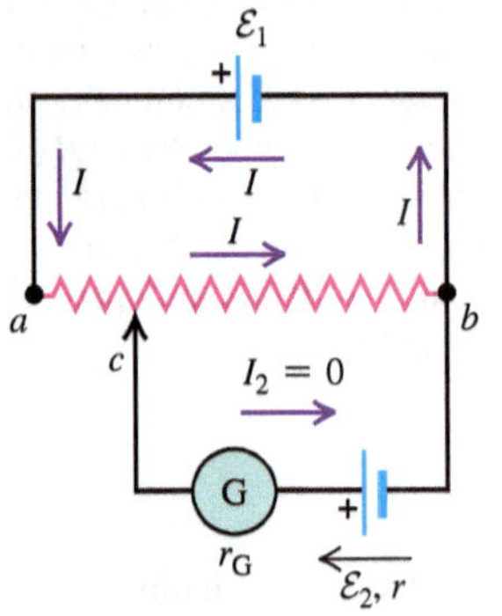

(b) Símbolo de um potenciômetro (resistor variável)

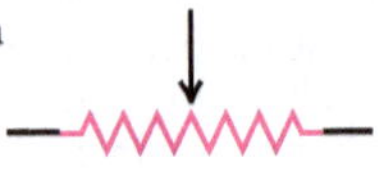

medindo-se o valor do comprimento cb para o qual $I_2 = 0$. Note que, para que isso funcione, V_{ab} deve ser maior que a fem $\mathcal{E}_2$.

O termo *potenciômetro* também é usado para qualquer resistor variável, geralmente tendo um elemento de resistência circular e um contato deslizante controlado por um eixo acoplado a um botão. O símbolo de um potenciômetro em circuitos elétricos é indicado na Figura 26.19b.

TESTE SUA COMPREENSÃO DA SEÇÃO 26.3 Você deseja medir a corrente que passa pelo resistor de 2 Ω, indicado na Figura 26.12 (Exemplo 26.6, Seção 26.2), assim como a diferença de potencial através dele. (a) Como um amperímetro e um voltímetro devem ser conectados a esse resistor? (i) Amperímetro e voltímetro ligados em série com o resistor; (ii) amperímetro em série com o resistor de 2 Ω e voltímetro conectado entre os pontos b e d; (iii) amperímetro conectado entre os pontos b e d e voltímetro em série com o resistor; (iv) amperímetro e voltímetro conectados entre os pontos b e d. (b) Quais resistências esses instrumentos devem ter? (i) As resistências do amperímetro e do voltímetro devem ser maiores que 2 Ω; (ii) a resistência do amperímetro deve ser maior que 2 Ω e a do voltímetro, menor que 2 Ω; (iii) a resistência do amperímetro deve ser menor que 2 Ω e a do voltímetro, maior que 2 Ω; (iv) as resistências do amperímetro e do voltímetro devem ser menores que 2 Ω. ▌

26.4 CIRCUITOS *R-C*

Nos circuitos analisados até o momento, tomamos qualquer fem e todas as resistências como *constantes* (independentes do tempo); portanto, os potenciais, as correntes e as potências também são independentes do tempo. Porém, no simples processo de carregar e descarregar um capacitor, verificamos uma situação na qual *ocorrem* variações com o tempo das correntes, das voltagens e das potências.

Muitos dispositivos incorporam circuitos em que um capacitor é carregado e descarregado alternadamente. Dentre eles estão semáforos, pisca-alertas automotivos e unidades de *flash* eletrônico. Portanto, é importante compreender o que ocorre nesses circuitos.

Figura 26.20 Carregando um capacitor. (a) Antes do fechamento da chave, a carga q é igual a zero. (b) Quando a chave é fechada (no instante $t = 0$), a corrente salta de zero para $\mathcal{E}/R$. Com o passar do tempo, q se aproxima de Q_f e a corrente i tende a zero.

(a) Capacitor inicialmente descarregado

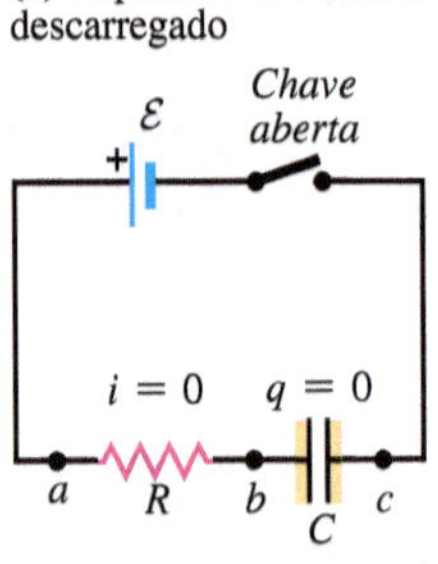

(b) Capacitor carregando

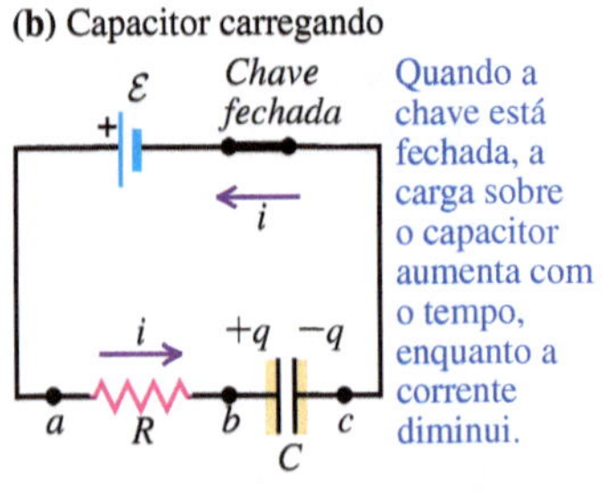

Carregando um capacitor

A **Figura 26.20** mostra como um circuito simples pode ser usado para carregar um capacitor. Denomina-se **circuito *R-C*** um circuito que possui um resistor em série com um capacitor, como ilustrado na figura. Idealizamos a bateria (ou fonte de potência) com uma fem $\mathcal{E}$ constante e resistência interna nula ($r = 0$) e desprezamos as resistências de todos os condutores usados nas conexões.

Começamos com o capacitor inicialmente descarregado (Figura 26.20a); a seguir, em um dado instante $t = 0$, fechamos a chave, completando o circuito e permitindo que a bateria seja carregada pela corrente (Figura 26.20b). Do ponto de vista prático, a corrente começa no mesmo instante em todas as partes do circuito, e a cada instante a corrente é a mesma em todas as partes.

ATENÇÃO Letras minúsculas indicam variação no tempo Até este ponto, tomamos as diferenças de potencial (voltagens), as correntes e as cargas como constantes e usamos as *letras maiúsculas* V, I e Q, respectivamente, para designar essas grandezas. Para distinguir uma grandeza constante da que varia com o tempo, usaremos *letras minúsculas* v, i e q para designar, respectivamente, as voltagens, as correntes e as cargas variáveis com o tempo. Sugerimos que você adote essa convenção em seus estudos.

Como o capacitor da Figura 26.20 está inicialmente descarregado, a diferença de potencial v_{bc} através dele é igual a zero em $t = 0$. Para esse instante, pela lei das malhas de Kirchhoff, a voltagem v_{ab} através do resistor R é igual à fem da bateria $\mathcal{E}$. A corrente inicial através do resistor, que chamaremos de I_0, é dada pela lei de Ohm: $I_0 = v_{ab}/R = \mathcal{E}/R$.

À medida que o capacitor se carrega, sua voltagem v_{bc} aumenta e a diferença de potencial v_{ab} através do resistor diminui, o que corresponde à diminuição da corrente. A soma dessas duas voltagens é constante e igual a $\mathcal{E}$. Depois de um longo tempo, o capacitor fica completamente carregado, a corrente torna-se igual a zero e a diferença de potencial v_{ab} através do resistor se anula. Então, a fem total $\mathcal{E}$ surge nos terminais do capacitor e $v_{bc} = \mathcal{E}$.

Seja q a carga do capacitor e i a corrente no circuito após um tempo t depois de a chave ser fechada. Escolhemos como sentido positivo da corrente aquele que corresponde ao fluxo de carga positiva que entra na placa esquerda do capacitor, como indicado na Figura 26.20b. As voltagens instantâneas v_{ab} e v_{bc} são dadas por

$$v_{ab} = iR \qquad v_{bc} = \frac{q}{C}$$

Aplicando a lei das malhas de Kirchhoff, obtemos

$$\mathcal{E} - iR - \frac{q}{C} = 0 \tag{26.9}$$

Ocorre uma queda de potencial igual a iR quando nos deslocamos de a para b e igual a q/C quando nos deslocamos de b para c. Explicitando i na Equação 26.9, encontramos

$$i = \frac{\mathcal{E}}{R} - \frac{q}{RC} \tag{26.10}$$

No instante $t = 0$, quando a chave está inicialmente fechada, o capacitor está descarregado e, portanto, $q = 0$. Substituindo $q = 0$ na Equação 26.10, verificamos que a corrente *inicial* I_0 é dada por $I_0 = \mathcal{E}/R$, como já havíamos observado. Se o capacitor não estivesse conectado no circuito, o último termo da Equação 26.10 não existiria; então, a corrente seria *constante* e igual a $\mathcal{E}/R$.

À medida que a carga q aumenta, o termo q/RC torna-se maior e a carga do capacitor tende a seu valor final, o qual será designado por Q_f. A corrente diminui e por fim se anula. Quando $i = 0$, a Equação 26.10 fornece

$$\frac{\mathcal{E}}{R} = \frac{Q_f}{RC} \qquad Q_f = C\mathcal{E} \tag{26.11}$$

Note que a carga final Q_f não depende de R.

A corrente e a carga do capacitor em função do tempo são indicadas na **Figura 26.21**. No instante em que a chave é fechada ($t = 0$), a corrente dá um salto para seu valor inicial $I_0 = \mathcal{E}/R$; depois disso, ela gradualmente tende a zero. A carga do capacitor começa igual a zero e tende a seu valor final dado pela Equação 26.11, $Q_f = C\mathcal{E}$.

Figura 26.21 Corrente i e carga q do capacitor em função do tempo para o circuito indicado na Figura 26.20. A corrente inicial é I_0 e a carga inicial do capacitor é igual a zero. A corrente tende a zero assintoticamente e a carga do capacitor tende assintoticamente a seu valor final Q_f.

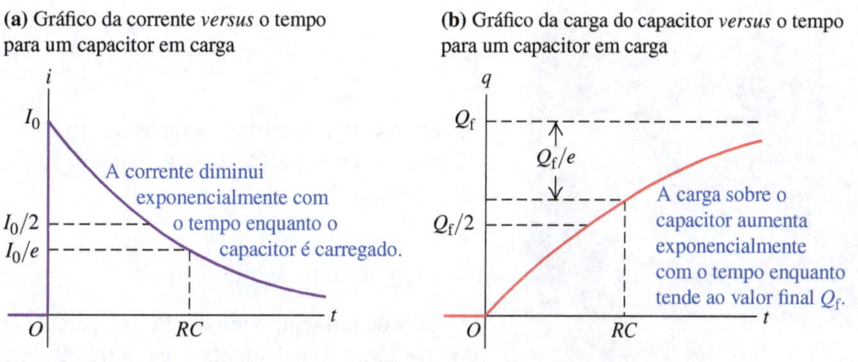

Podemos deduzir expressões gerais para a corrente i e para a carga q em função do tempo. Considerando nossa escolha do sentido positivo da corrente (Figura 26.20b), i é a taxa com a qual a carga positiva chega à placa esquerda (positiva) do capacitor; logo, $i = dq/dt$. Fazendo essa substituição na Equação 26.10, obtemos

$$\frac{dq}{dt} = \frac{\mathcal{E}}{R} - \frac{q}{RC} = -\frac{1}{RC}(q - C\mathcal{E})$$

Podemos reagrupar a expressão na forma

$$\frac{dq}{q - C\mathcal{E}} = -\frac{dt}{RC}$$

e, a seguir, integrando ambos os membros da equação, encontramos q'e t', portanto podemos usar q e t para os limites superiores. Os limites inferiores são $q' = 0$ e $t' = 0$:

$$\int_0^q \frac{dq'}{q' - C\mathcal{E}} = -\int_0^t \frac{dt'}{RC}$$

Quando fazemos a integração, obtemos

$$\ln\left(\frac{q - C\mathcal{E}}{-C\mathcal{E}}\right) = -\frac{t}{RC}$$

Tomando a função exponencial de ambos os membros da equação (ou seja, tomando a função inversa do logaritmo neperiano) e explicitando q, encontramos

$$\frac{q - C\mathcal{E}}{-C\mathcal{E}} = e^{-t/RC}$$

BIO Aplicação Marca-passos e capacitores Esta imagem de raio X mostra um marca-passo cirurgicamente implantado em um paciente com um nó sinoatrial defeituoso; essa parte do coração é a que gera o sinal elétrico que estimula as batidas do coração. O circuito do marca-passo contém uma bateria, um capacitor e uma chave controlada por um computador. Para manter os batimentos regulares, a chave descarrega o capacitor e envia um impulso elétrico pelo eletrodo ao coração uma vez por segundo, a fim de manter as batidas regulares. A posição da chave é, então, invertida para que o capacitor possa recarregar para o próximo impulso.

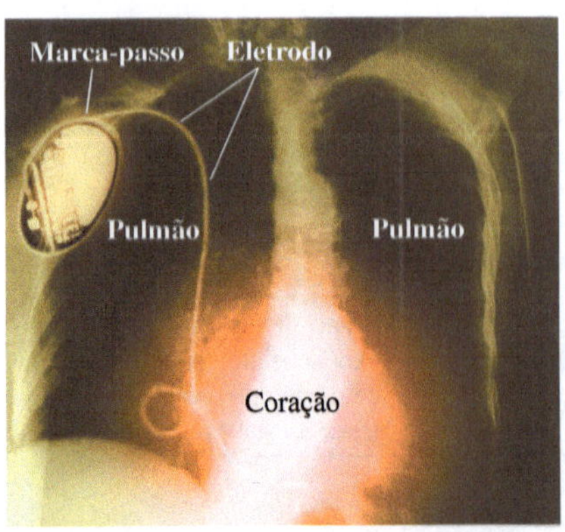

Circuito *R-C*, capacitor em carga:

$$q = C\mathcal{E}(1 - e^{-t/RC}) = Q_f(1 - e^{-t/RC}) \qquad (26.12)$$

Carga do capacitor; Capacitância; Carga final do capacitor $= C\mathcal{E}$; fem da bateria; Tempo após fechamento da chave; Resistência

A corrente instantânea i nada mais é que a derivada da Equação 26.12 em relação ao tempo:

Circuito *R-C*, capacitor em carga:

$$i = \frac{dq}{dt} = \frac{\mathcal{E}}{R}e^{-t/RC} = I_0 e^{-t/RC} \qquad (26.13)$$

Corrente; fem da bateria; Tempo após fechamento da chave; Corrente inicial $= \mathcal{E}/R$; Taxa de variação da carga do capacitor; Resistência; Capacitância

Tanto a carga quanto a corrente são funções *exponenciais* do tempo. A Figura 26.21a mostra um gráfico da Equação 26.13, e a Figura 26.21b explicita um gráfico da Equação 26.12.

Constante de tempo

Depois de um tempo igual a RC, a corrente em um circuito R-C diminui por um valor $1/e$ (aproximadamente igual a 0,368) em relação a seu valor inicial. Nesse instante, a carga do capacitor atingiu $(1 - 1/e) = 0{,}632$ de seu valor final $Q_f = C\mathcal{E}$. O produto RC fornece a medida da velocidade durante o processo de carga do capacitor. O produto RC denomina-se **constante de tempo** ou **tempo de relaxação** do circuito, sendo designado pela letra τ:

$$\tau = RC \tag{26.14}$$

(constante de tempo para o circuito R-C)

Quando o valor de τ é pequeno, o capacitor se carrega rapidamente; quando é grande, o tempo para carregá-lo é mais longo. Se a resistência é pequena, a corrente flui com mais facilidade e o capacitor se carrega mais rapidamente. Quando R é dado em ohms e C, em farads, τ é dado em segundos.

Na Figura 26.21a, o eixo horizontal representa uma *assíntota* da curva. Falando estritamente, a corrente i nunca atinge exatamente o zero. Porém, quanto mais tempo esperamos, mais próxima do zero ela se torna. Depois de um tempo igual a $10RC$, a corrente passa a ser igual a 0,000045 de seu valor inicial. Analogamente, a curva indicada na Figura 26.21b tende assintoticamente à linha horizontal tracejada, assinalada com a ordenada Q_f. A carga q nunca atinge esse valor exato, porém, depois de um tempo igual a $10RC$, a carga torna-se igual a 0,000045 do valor final Q_f. Convidamos você a verificar que o produto RC possui dimensão de tempo.

Descarregando um capacitor

Suponha agora que o capacitor da Figura 26.21b já esteja carregado com uma carga Q_0; a seguir, removemos a bateria do circuito R-C e conectamos os pontos a e c a uma chave aberta (**Figura 26.22a**). Depois fechamos a chave e damos partida ao cronômetro em $t = 0$; nesse instante, $q = Q_0$. Então, o capacitor se *descarrega* através do resistor e sua carga diminui até zero.

Novamente, designamos por q a carga do capacitor em função do tempo e por i a corrente variável com o tempo, depois que a chave é fechada. Na Figura 26.22b, fizemos a mesma escolha da Figura 26.20b para o sentido positivo da corrente. Assim, a lei das malhas de Kirchhoff fornece a Equação 26.10, porém com $\mathcal{E} = 0$; ou seja,

$$i = \frac{dq}{dt} = -\frac{q}{RC} \tag{26.15}$$

A corrente i agora é negativa; isso ocorre porque uma carga positiva q está deixando a placa esquerda do capacitor na Figura 26.22b, de modo que a corrente possui o sentido oposto ao indicado na figura. No instante $t = 0$, quando $q = Q_0$, a corrente inicial é dada por $I_0 = -Q_0/RC$.

Para determinarmos q em função do tempo, reagrupamos a Equação 26.15, novamente mudando os nomes da variáveis para q' e t' e integramos. Agora, os limites para q' são de Q_0 até q. Obtemos

$$\int_{Q_0}^{q} \frac{dq'}{q'} = -\frac{1}{RC}\int_0^t dt'$$

$$\ln\frac{q}{Q_0} = -\frac{t}{RC}$$

Circuito R-C, capacitor em descarga:

$$q = Q_0 e^{-t/RC} \tag{26.16}$$

Carga do capacitor (q); Carga inicial do capacitor (Q_0); Capacitância (C); Tempo após fechamento da chave (t); Resistência (R)

Figura 26.22 Descarregando um capacitor. (a) Antes de a chave ser fechada no instante $t = 0$, a carga do capacitor é Q_0 e a corrente é zero. (b) No instante t depois de a chave ser fechada, a carga do capacitor é q e a corrente é i. O sentido real da corrente é oposto ao indicado; a corrente i é negativa. Depois de um longo tempo, tanto a carga q quanto a corrente i tendem a zero.

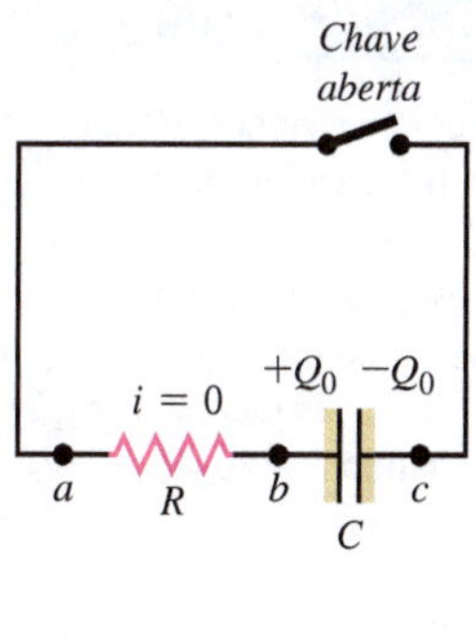

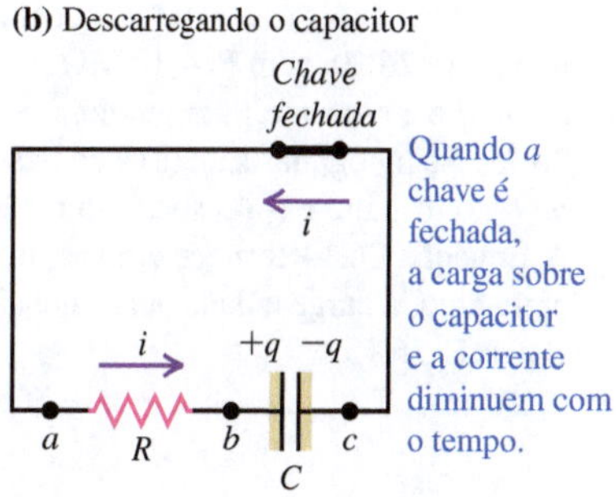

A corrente instantânea i é a derivada da equação anterior em relação ao tempo:

Circuito *R-C*, capacitor em descarga:

$$i = \frac{dq}{dt} = -\frac{Q_0}{RC}e^{-t>RC} = I_0 e^{-t>RC} \qquad (26.17)$$

Corrente; Carga inicial do capacitor; Capacitância; Tempo após o fechamento da chave; Taxa de variação da carga do capacitor; Resistência; Corrente inicial $= -Q_0>RC$

Figura 26.23 A corrente i e a carga q do capacitor em função do tempo para o circuito indicado na Figura 26.22. A corrente inicial é I_0 e a carga inicial do capacitor é Q_0; tanto i quanto q tendem a zero assintoticamente.

(a) Gráfico da corrente *versus* o tempo para um capacitor em descarga

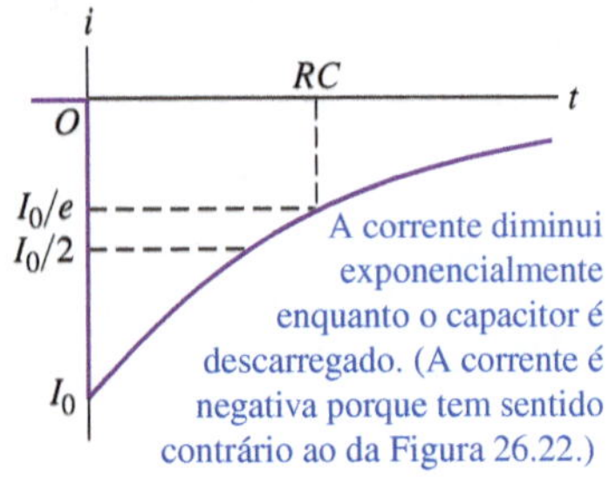

(b) Gráfico da carga no capacitor *versus* o tempo para um capacitor em descarga

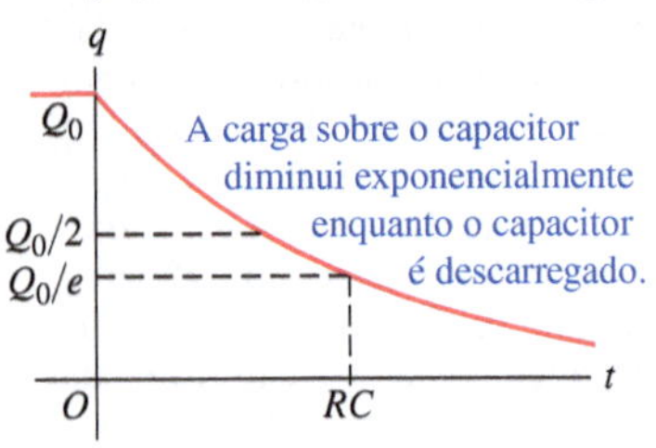

Os gráficos da corrente e da carga são indicados na **Figura 26.23**; ambas as grandezas tendem exponencialmente a zero com o tempo. Comparando esses resultados com as equações 26.12 e 26.13, vemos que as expressões das correntes são idênticas, exceto o sentido de I_0. A carga do capacitor tende a zero assintoticamente na Equação 26.16, enquanto a *diferença* entre q e Q tende a zero assintoticamente na Equação 26.12.

Considerações de energia permitem obter uma compreensão melhor do comportamento de um circuito *R-C*. Enquanto o capacitor está sendo carregado, a bateria fornece energia ao circuito com uma taxa instantânea $P = \mathcal{E}i$. A taxa instantânea de dissipação de energia no resistor é i^2R e a taxa instantânea de armazenamento de energia no capacitor é $iv_{bc} = iq/C$. Multiplicando a Equação 26.9 por i, obtemos

$$\mathcal{E}i = i^2R + \frac{iq}{C} \qquad (26.18)$$

A partir desse resultado, conclui-se que uma parte da potência $\mathcal{E}i$ fornecida pela bateria é dissipada no resistor (i^2R) e a outra parte é armazenada no capacitor (iq/C).

A energia *total* fornecida pela bateria enquanto o capacitor está sendo carregado é igual à fem $\mathcal{E}$ multiplicada pela carga total Q_f, ou seja, $\mathcal{E}Q_f$. A energia total armazenada no capacitor, de acordo com a Equação 24.9, é $Q_f\mathcal{E}/2$. Portanto, *exatamente a metade* da energia total fornecida pela bateria é armazenada no capacitor, e a outra metade é dissipada no resistor. É surpreendente que essa divisão da energia meio a meio não dependa de C, nem de R, nem de $\mathcal{E}$. Esse resultado também pode ser obtido detalhadamente, fazendo-se a integral sobre o tempo total para cada uma das grandezas que indicam potência na Equação 26.18.

EXEMPLO 26.12 CARREGANDO UM CAPACITOR

Um resistor com resistência 10 MΩ é conectado em série com um capacitor com 1,0 μF de capacitância e com uma bateria de fem igual a 12,0 V. Antes de a chave ser fechada no instante $t = 0$, o capacitor está descarregado. (a) Qual é a constante de tempo? (b) Qual é a fração da carga final Q_f que está sobre o capacitor quando $t = 46$ s? (c) Qual é a fração da corrente inicial I_0 que permanece quando $t = 46$ s?

SOLUÇÃO

IDENTIFICAR E PREPARAR: esta situação é a mesma indicada na Figura 26.20, com $R = 10$ MΩ, $C = 1{,}0$ μF e $\mathcal{E} = 12{,}0$ V. A carga q e a corrente i variam com o tempo, conforme a Figura 26.21. As incógnitas são: (a) a constante de tempo τ; (b) a razão q/Q_f no instante $t = 46$ s; e (c) a razão i/I_0 no instante $t = 46$ s. A Equação 26.14 fornece τ. Para um capacitor que está sendo carregado, a carga é dada pela Equação 26.12 e a corrente, pela Equação 26.13.

EXECUTAR: (a) de acordo com a Equação 26.14,

$$\tau = RC = (10 \times 10^6\ \Omega)(1{,}0 \times 10^{-6}\ \text{F}) = 10\ \text{s}$$

(b) De acordo com a Equação 26.12,

$$\frac{q}{Q_f} = 1 - e^{-t/RC} = 1 - e^{-(46\ \text{s})/(10\ \text{s})} = 0{,}99$$

(c) De acordo com a Equação 26.13,

$$\frac{i}{I_0} = e^{-t/RC} = e^{-(46\ \text{s})/(10\ \text{s})} = 0{,}010$$

AVALIAR: depois de um tempo igual a 4,6 constantes de tempo, o capacitor está 99% carregado e a corrente diminuiu para 1,0% de seu valor inicial. O circuito se carregará mais rapidamente reduzindo uma constante de tempo com uma resistência menor.

EXEMPLO 26.13 DESCARREGANDO UM CAPACITOR

O resistor e o capacitor do Exemplo 26.12 são conectados novamente, como indica a Figura 26.22. O capacitor possui carga igual a 5,0 μC e começa a se descarregar quando a chave é fechada no instante $t = 0$. (a) Em que instante a carga do capacitor é igual a 0,50 μC? (b) Qual é a corrente nesse instante?

SOLUÇÃO

IDENTIFICAR E PREPARAR: neste caso, o capacitor está sendo descarregado, portanto a carga q e a corrente i variam com o tempo, conforme indica a Figura 26.23, com $Q_0 = 5{,}0 \times 10^{-6}$ C. Novamente, temos $RC = \tau = 10$ s. As incógnitas são (a) o valor de t para o qual $q = 0{,}50\ \mu$C e (b) o valor de i nesse instante. Primeiro, usamos a Equação 26.16 para encontrar t, e então usamos a Equação 26.17 para encontrar i.

EXECUTAR: (a) de acordo com a Equação 26.16, o tempo t é dado por

$$t = -RC \ln\frac{q}{Q_0} = -(10\text{ s}) \ln\frac{0{,}50\ \mu\text{C}}{5{,}0\ \mu\text{C}} = 23\text{ s} = 2{,}3\tau$$

(b) De acordo com a Equação 26.17, para $Q_0 = 5{,}0\ \mu\text{C} = 5{,}0 \times 10^{-6}$ C,

$$i = -\frac{Q_0}{RC}e^{-t/RC} = -\frac{5{,}0 \times 10^{-6}\text{ C}}{10\text{ s}}e^{-2{,}3} = -5{,}0 \times 10^{-8}\text{ A}$$

AVALIAR: a corrente na parte (b) é negativa porque, quando o capacitor está descarregando, i possui sinal oposto ao que possui quando está carregando. Poderíamos economizar o esforço para calcular $e^{-t/RC}$ notando que, no referido instante, $q = 0{,}10Q_0$; de acordo com a Equação 26.16, isso significa que $e^{-t/RC} = 0{,}10$.

TESTE SUA COMPREENSÃO DA SEÇÃO 26.4 A energia armazenada em um capacitor é igual a $q^2/2C$. Quando um capacitor é descarregado, que fração da energia inicial permanece, após um tempo decorrido equivalente a uma constante de tempo? (i) $1/e$; (ii) $1/e^2$; (iii) $1 - 1/e$; (iv) $(1 - 1/e)^2$; (v) a resposta depende da quantidade de energia armazenada inicialmente. ❙

26.5 SISTEMAS DE DISTRIBUIÇÃO DE POTÊNCIA

Concluímos este capítulo com uma breve discussão sobre aplicações práticas de sistemas de distribuição de potência em residências e automóveis. Os automóveis usam sistemas elétricos com corrente contínua (cc), enquanto a distribuição da energia elétrica para uso comercial, industrial e doméstico é feita por meio da corrente alternada (ca), em virtude da facilidade de aumentar ou diminuir a diferença de potencial mediante o uso de transformadores. Os conceitos básicos sobre a fiação e as conexões podem ser aplicados para os dois tipos de corrente. Discutiremos os circuitos de corrente alternada com detalhes no Capítulo 31.

Lâmpadas, motores e demais aparelhos elétricos sempre devem ser conectados em *paralelo* com a fonte de tensão (pelos fios fornecidos pela companhia de distribuição de energia elétrica ou provenientes da bateria e do alternador de um automóvel). Se os aparelhos elétricos fossem conectados em série, caso um aparelho queimasse, todos os demais deixariam de funcionar (veja o Exemplo 26.2 na Seção 26.1). O esquema básico do sistema de fiação de uma casa é indicado na **Figura 26.24**. Um dos fios da "linha", como chamamos o par de fios conduto-

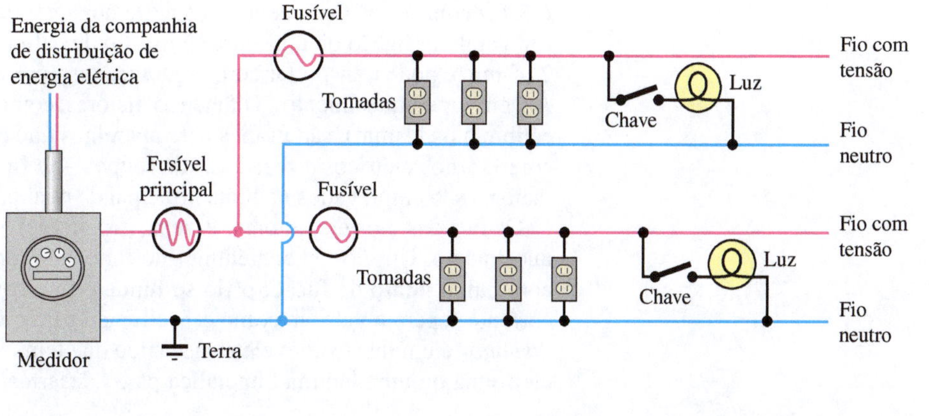

Figura 26.24 Diagrama esquemático ilustrando uma parte da rede de fios de uma casa. Somente dois circuitos da rede são indicados; as redes reais podem possuir de quatro até trinta circuitos. As lâmpadas e os eletrodomésticos podem ser conectados às tomadas. Os fios usados para a conexão com a terra, que geralmente não conduzem nenhuma corrente, não são mostrados.

res, denomina-se fio *neutro*; ele é sempre conectado à "terra" existente no painel de entrada. Para uma casa, o *terra* é, na realidade, um eletrodo inserido no solo (geralmente um bom condutor) ou, algumas vezes, conectado aos canos de água metálicos. Os eletricistas costumam chamar um dos fios da linha de "neutro" — que possui o mesmo potencial da terra — e o outro fio de "ligado" ou "com tensão", o qual possui um dado potencial em relação à terra. Muitos sistemas de distribuição para uso doméstico apresentam *duas* linhas de tensão com polaridades opostas em relação ao fio neutro. Voltaremos a falar desses detalhes mais adiante.

No Brasil, a voltagem nominal para uso residencial é da ordem de 110 V a 120 V, porém em algumas cidades é possível contratar 240 V para uso residencial. (Para corrente alternada, que varia senoidalmente com o tempo, esses números representam o *valor quadrático médio* da voltagem, o qual equivale a $1/\sqrt{2}$ do valor de pico da voltagem. Na Seção 31.1, discutiremos essa questão em detalhes.) A corrente I que flui em um dispositivo depende da potência P dada pela Equação 25.17: $P = VI$. Logo, $I = P/V$. Por exemplo, a corrente que passa em uma lâmpada de 100 W é dada por

$$I = \frac{P}{V} = \frac{100\text{ W}}{120\text{ V}} = 0{,}83\text{ A}$$

A potência fornecida para a lâmpada na realidade depende de sua resistência R. Usando a Equação 25.18, a qual afirma que $P = VI = I^2R = V^2/R$ para um resistor, concluímos que a resistência da lâmpada anterior em sua temperatura de operação é dada por:

$$R = \frac{V}{I} = \frac{120\text{ V}}{0{,}83\text{ A}} = 144\ \Omega \qquad \text{ou} \qquad R = \frac{V^2}{P} = \frac{(120\text{ V})^2}{100\text{ W}} = 144\ \Omega$$

De modo análogo, uma máquina de *waffles* de 1.500 W consome uma corrente de (1.500 W)/(120 V) = 12,5 A e possui resistência em sua temperatura de operação igual a 9,6 Ω. Como a resistividade varia com a temperatura, a resistência desses dispositivos é consideravelmente menor quando eles estão frios. Se você medir a resistência de uma lâmpada de 100 W com um ohmímetro (cuja corrente fornecida é muito pequena e produz um aumento de temperatura desprezível), provavelmente encontrará um valor aproximadamente igual a 10 Ω. Quando você liga o interruptor, essa pequena resistência produz uma corrente muito elevada que faz aquecer o filamento da lâmpada. É por isso que, quando a lâmpada já foi usada por muito tempo e está na iminência de se queimar, em geral ela se queima quando você liga o interruptor.

Sobrecargas do circuito e curtos-circuitos

A corrente máxima disponível para um circuito individual é limitada pela resistência dos fios. Como discutimos na Seção 25.5, a perda de potência dada por I^2R faz aquecer os fios e, em casos extremos, produz incêndio ou fusão dos fios. Em geral, na fiação de uma casa se usa fio de calibre 12. Ele possui diâmetro de 2,05 mm e pode transportar com segurança uma corrente máxima da ordem de 20 A (sem superaquecimento). Diâmetros maiores, como o de calibre 8 (3,26 mm) ou calibre 6 (4,11 mm), são usados para aparelhos que consomem muita corrente — como fornos elétricos e secadoras de roupa —, e fios de calibre 2 (6,54 mm) ou maiores são empregados na linha principal da qual provém a fiação para as casas.

Os fusíveis e os disjuntores servem para proteção contra sobrecarga e superaquecimento. Um *fusível* contém um fio feito com uma liga de estanho e chumbo com baixo ponto de fusão; o fio se funde e interrompe o circuito quando uma corrente supera o valor máximo especificado para o fusível (**Figura 26.25a**). Um *disjuntor* é um dispositivo eletromecânico que tem o mesmo objetivo, usando um eletroímã ou uma lâmina bimetálica para "desarmá-lo" e interromper o circuito quando a corrente máxima superar o valor especificado (Figura 26.25b). O disjuntor tem a vantagem de poder ser armado depois que tiver sido desarmado, voltando posteriormente a funcionar, ao passo que um fusível, depois de queimado, deve ser substituído.

ATENÇÃO Fusíveis Quando seu sistema possui um fusível e você usa muitos aparelhos elétricos na mesma tomada, o fusível se queima. Não substitua o fusível por outro com especificação de corrente mais elevada; se fizer isso, corre-se o risco de incêndio por superaquecimento. A única solução mais segura consiste em distribuir os aparelhos elétricos em diversos circuitos. As cozinhas modernas geralmente possuem três ou quatro circuitos separados de 20 A.

Figura 26.25 (a) O excesso de corrente fundirá o fio delgado de liga de chumbo e estanho que percorre a extensão do fusível, dentro da cápsula transparente. (b) A mudança neste disjuntor do circuito ocorrerá se a corrente máxima permitida for excedente.

(a)

(b)

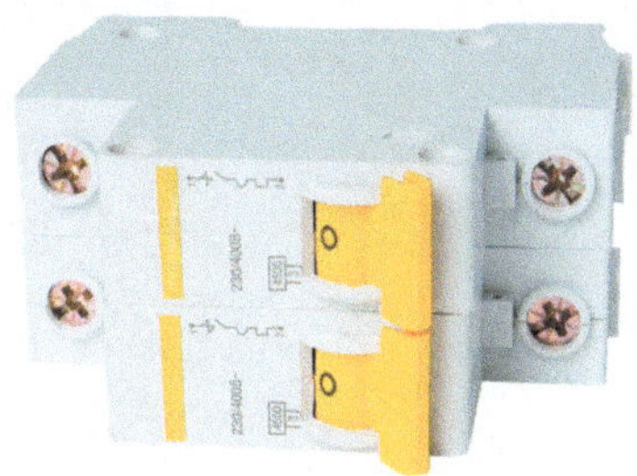

O contato entre um fio neutro e outro com tensão produz um *curto-circuito*. Esta situação, que pode ser provocada pela perda de isolamento ou por uma série de falhas mecânicas, permite um caminho com resistência baixa, gerando uma corrente muito elevada que produz incêndio ou fusão dos fios quando o sistema não é protegido por um fusível ou disjuntor (veja o Exemplo 25.10 na Seção 25.5). Uma situação igualmente perigosa ocorre quando um fio se parte, formando um *circuito aberto*. Isso é perigoso por causa das centelhas que podem surgir no ponto de contato exposto.

Na prática aprovada, um fusível ou disjuntor é colocado *somente* no fio que possui tensão, nunca no fio neutro. Se um fusível fosse instalado no fio neutro e surgisse uma corrente elevada, produzida por perda de isolamento ou qualquer outro motivo, ele se fundiria. O fio com tensão continuaria ativo no circuito e você poderia levar um choque ao tocar no fio ou em uma torneira. Por um motivo semelhante, o interruptor de parede de uma lâmpada sempre deve ser instalado no fio com tensão e nunca no fio neutro.

Uma proteção adicional contra os perigos de choque é proporcionada pelo *fio terra* incluído nas instalações modernas. Esse condutor geralmente é ligado ao terminal redondo ou em forma de U das tomadas de parede com três orifícios e dos plugues com três pinos de diversos aparelhos. Ele é conectado ao fio neutro da linha no painel de entrada. O fio terra geralmente não conduz nenhuma corrente, porém ele conecta a caixa metálica, o invólucro ou o gabinete do aparelho à terra. Quando o fio que possui tensão entra em contato acidentalmente com a caixa ou com o invólucro, o fio terra permite a passagem da corrente e o fusível se queima. Sem a presença do fio terra, a caixa ou o invólucro poderiam ficar com um potencial de 120 V acima da terra. Então, se você tocasse ao mesmo tempo no aparelho e em uma torneira (ou até mesmo em um piso condutor), poderia receber um choque perigoso (**Figura 26.26**). Em algumas situações, especialmente no caso de tomadas

Figura 26.26 (a) Quando uma furadeira elétrica com algum defeito de isolamento é conectada a uma tomada comum de parede por meio de um plugue com dois pinos, uma pessoa pode receber um choque. (b) Quando a mesma furadeira elétrica com defeito é conectada por meio de um plugue com três pinos, em uma tomada com três fios, não há choque, porque a carga elétrica, em vez de fluir pelo seu corpo, flui para a terra pelo terceiro fio. Quando a corrente que flui para a terra é elevada, o fusível se queima.

(a) Plugue com dois pinos **(b)** Plugue com três pinos

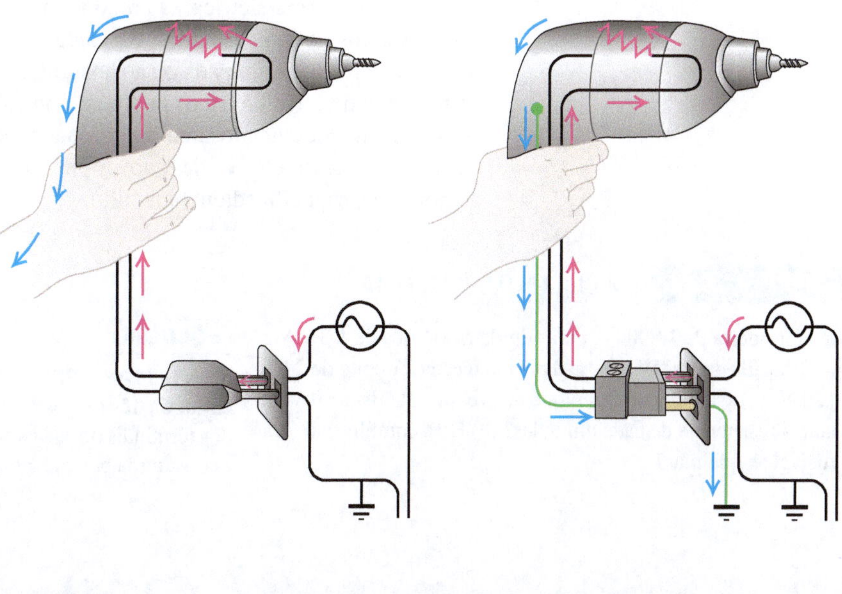

situadas fora da casa ou próximas a tubos metálicos, costuma-se usar um tipo especial de disjuntor, chamado de *interruptor de falha da terra* (GFI ou GFCI). Tal dispositivo sente a diferença de corrente entre o fio que possui tensão e o fio terra (que normalmente não transporta corrente) e se desarma quando a corrente supera um valor muito pequeno, em geral da ordem de 5 mA.

Fiação doméstica e automotiva

Na realidade, muitos sistemas modernos de fiação de uma casa usam uma estrutura mais elaborada que a descrita anteriormente. A companhia de distribuição de energia elétrica fornece *três* fios condutores. Um é o fio neutro e os outros dois são fios de 120 V em relação ao fio neutro, porém com defasagens opostas, de modo que a voltagem entre esses dois fios é igual a 240 V. A companhia de distribuição de energia chama esses fios de *linha com três fios*, em contraste à linha com dois fios de 120 V (mais o fio terra) descrita anteriormente. Com uma linha de três fios, as lâmpadas de 120 V e os aparelhos eletrodomésticos podem ser conectados entre o fio neutro e qualquer um dos outros dois fios, também chamados de fases, e os aparelhos que necessitam de potência mais elevada, que usam 240 V, como fornos elétricos e secadoras de roupa, são conectados entre as duas fases.

Todas as observações anteriores podem ser aplicadas para o sistema de fiação de um automóvel. A voltagem é da ordem de 13 V (corrente contínua); a potência é fornecida pela bateria e pelo alternador, que carrega a bateria quando o motor está funcionando. O fio neutro é ligado à carroceria do automóvel. Como a tensão é baixa, não é necessário usar um condutor ligado à terra por segurança. Os fusíveis e disjuntores funcionam com princípios semelhantes aos aplicados na fiação de uma casa. Como a voltagem é menor (menos energia por carga), é necessária uma corrente mais elevada (maior quantidade de carga por segundo) para a mesma potência; por exemplo, uma lâmpada de 100 W necessita de uma corrente de (100 W)/(13 V) = 8 A.

Embora tenhamos usado a *potência* nas discussões precedentes, é a *energia* que compramos da empresa distribuidora. A potência é a energia por unidade de tempo, de modo que a energia é a potência média multiplicada pelo tempo. A unidade de energia geralmente vendida pela empresa distribuidora é o quilowatt-hora (1 kW · h):

$$1\ \text{kW}\cdot\text{h} = (10^3\ \text{W})\,(3.600\ \text{s}) = 3{,}6\times10^6\ \text{W}\cdot\text{s} = 3{,}6\times10^6\ \text{J}$$

Por exemplo, quando você usa um ferro elétrico de 1.500 W continuamente durante uma hora, seu gasto de energia é de 1,5 kW · h. Suponha que um quilowatt-hora de energia custe 40 centavos; nesse caso, você pagaria 60 centavos pelo consumo de energia elétrica. O preço a ser pago pelo uso das lâmpadas e dos eletrodomésticos de sua casa pode ser calculado de modo análogo, se você souber a potência marcada na lâmpada ou no aparelho. Contudo, alguns aparelhos (incluindo certos tipos de ferro elétrico) possuem controle de temperatura, que os desligam automaticamente quando uma determinada temperatura é atingida; nesse caso, o cálculo da energia efetiva deve levar em conta uma potência média que pode ser menor que a especificada no aparelho.

EXEMPLO 26.14 UM CIRCUITO DE COZINHA

Uma torradeira de 1.800 W, uma frigideira elétrica de 1,3 kW e uma lâmpada de 100 W são ligadas a um mesmo circuito de 20 A e 120 V. (a) Qual é a corrente que atravessa cada dispositivo e qual é a resistência de cada um deles? (b) Essa combinação fará o fusível se queimar?

SOLUÇÃO

IDENTIFICAR E PREPARAR: quando conectados ao mesmo circuito, os três dispositivos são ligados em paralelo e a voltagem nos terminais de cada um deles é $V = 120$ V. Obtemos a corrente I consumida por cada aparelho usando a relação $P = VI$, em que

(Continua)

(Continuação)

P é a potência consumida pelo aparelho. Para achar a resistência R de cada aparelho, usamos a relação $P = V^2R$.

EXECUTAR: (a) para simplificar o cálculo da corrente e da resistência, observamos que $I = P/V$ e $R = V^2/P$. Encontramos

$$I_{\text{torradeira}} = \frac{1.800\ \text{W}}{120\ \text{V}} = 15\ \text{A} \quad R_{\text{torradeira}} = \frac{(120\ \text{V})^2}{1.800\ \text{W}} = 8\ \Omega$$

$$I_{\text{frigideira}} = \frac{1.300\ \text{W}}{120\ \text{V}} = 11\ \text{A} \quad R_{\text{frigideira}} = \frac{(120\ \text{V})^2}{1.300\ \text{W}} = 11\ \Omega$$

$$I_{\text{lâmpada}} = \frac{100\ \text{W}}{120\ \text{V}} = 0{,}83\ \text{A} \quad R_{\text{lâmpada}} = \frac{(120\ \text{V})^2}{100\ \text{W}} = 144\ \Omega$$

Para uma voltagem constante, o dispositivo que possui a *menor* resistência (nesse caso, a torradeira) é aquele no qual flui a maior corrente e o que recebe a maior potência.

(b) A corrente total ao longo da linha é a soma das correntes que fluem nos três dispositivos:

$$I = I_{\text{torradeira}} + I_{\text{frigideira}} + I_{\text{lâmpada}}$$
$$= 15\ \text{A} + 11\ \text{A} + 0{,}83\ \text{A} = 27\ \text{A}$$

A corrente total supera o valor máximo de 20 A estipulado para a linha; portanto, o fusível se queimará.

AVALIAR: também poderíamos calcular a corrente total usando $I = P/V$, e a potência total P fornecida aos três aparelhos:

$$I = \frac{P_{\text{torradeira}} + P_{\text{frigideira}} + P_{\text{lâmpada}}}{V}$$
$$= \frac{1.800\ \text{W} + 1.300\ \text{W} + 100\ \text{W}}{120\ \text{V}} = 27\ \text{A}$$

Um terceiro método para calcular I consiste em usar $I = V/R_{\text{eq}}$, em que R_{eq} é a resistência equivalente dos três aparelhos em paralelo:

$$I = \frac{V}{R_{\text{eq}}} = (120\ \text{V})\left(\frac{1}{8\ \Omega} + \frac{1}{11\ \Omega} + \frac{1}{144\ \Omega}\right) = 27\ \text{A}$$

Na vida cotidiana, encontramos correntes dessa ordem de grandeza com facilidade, e essa é a razão pela qual uma cozinha moderna dispõe de mais de um circuito de 20 A. Na prática, a torradeira e a frigideira elétrica devem ser colocadas em circuitos diferentes e, assim, a corrente em cada circuito será menor que a corrente máxima de 20 A.

TESTE SUA COMPREENSÃO DA SEÇÃO 26.5 Para impedir que o fusível no Exemplo 26.14 queime, um eletricista substitui o fusível por outro de 40 A. É recomendável fazer isso?

CAPÍTULO 26 RESUMO

Resistores em série e em paralelo: quando diversos resistores $R_1, R_2, R_3, \ldots$ são conectados em série, a resistência equivalente é igual à soma das resistências individuais. Em uma conexão de resistores em série, a *corrente* que passa através de todos os resistores é a mesma. Quando diversos resistores são conectados em paralelo, o inverso da resistência equivalente R_{eq} é a soma dos inversos das resistências individuais. A *diferença de potencial* nas extremidades de todos os resistores ligados em paralelo é a mesma. (Ver exemplos 26.1 e 26.2.)

$$R_{\text{eq}} = R_1 + R_2 + R_3 + \ldots \quad (26.1)$$
(resistores em série)

$$\frac{1}{R_{\text{eq}}} = \frac{1}{R_1} + \frac{1}{R_2} + \frac{1}{R_3} + \cdots \quad (26.2)$$
(resistores em paralelo)

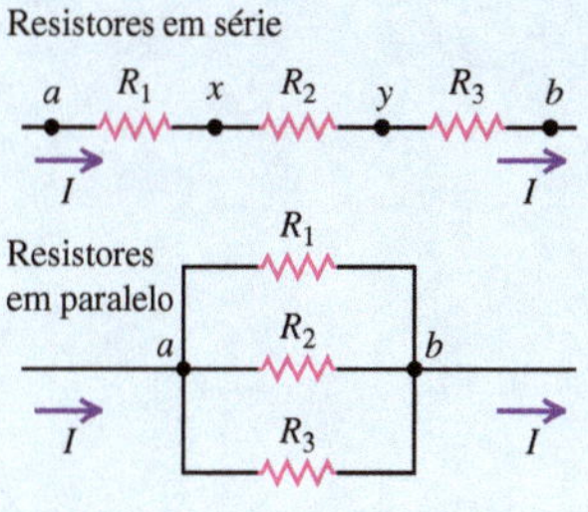

Leis de Kirchhoff: a lei dos nós de Kirchhoff é baseada na lei da conservação da carga. Ela afirma que, em um nó, a soma algébrica de todas as correntes que chegam e saem é igual a zero. A lei das malhas de Kirchhoff é baseada na lei da conservação da energia e na natureza conservativa dos campos eletrostáticos. Ela afirma que a soma algébrica de todas as diferenças de potencial ao longo de um percurso fechado de qualquer malha deve ser igual a zero. Para aplicar as leis de Kirchhoff, você deve usar consistentemente as regras de sinais. (Ver exemplos 26.3 a 26.7.)

$$\sum I = 0 \quad (26.5)$$
(lei dos nós)

$$\sum V = 0 \quad (26.6)$$
(lei das malhas)

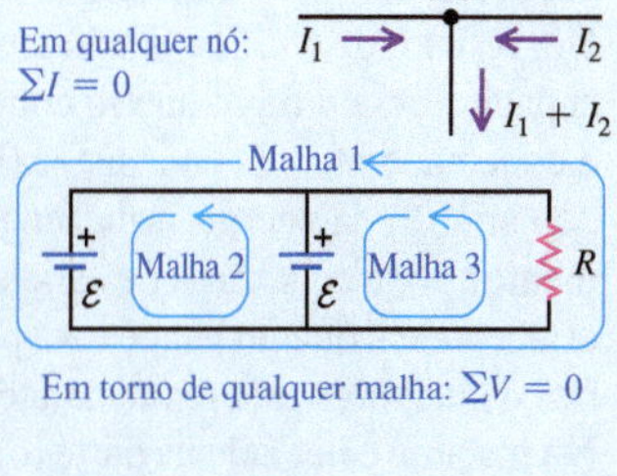

Instrumentos de medição elétrica: no galvanômetro de d'Arsonval, a deflexão é proporcional à corrente que passa na bobina. Para um grande intervalo de correntes, adicionamos um resistor em paralelo denominado *shunt*, de modo que uma parte da corrente é desviada da bobina para o resistor. Tal instrumento denomina-se amperímetro. Quando adicionamos um resistor em série, o instrumento pode ser calibrado para a leitura de uma diferença de potencial ou voltagem. Então, o instrumento passa a ser um voltímetro. Um bom amperímetro possui resistência interna muito pequena; um bom voltímetro possui resistência interna muito grande. (Ver exemplos 26.8 a 26.11.)

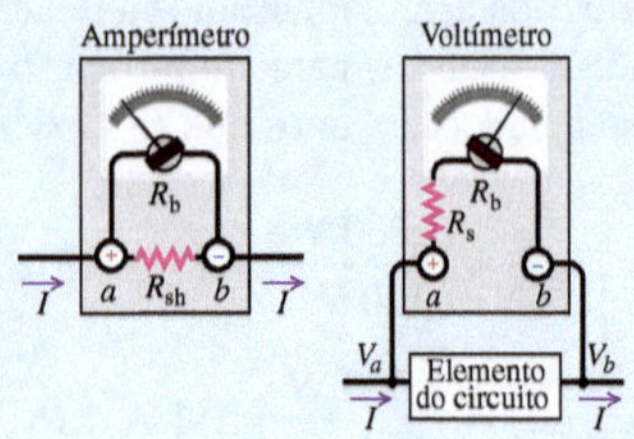

Circuitos *R-C*: quando um capacitor é carregado por uma bateria em série com um resistor, a corrente e a carga no capacitor não são constantes. A carga tende assintoticamente a seu valor final e a corrente tende assintoticamente a zero. A carga no capacitor e a corrente no circuito são dadas pelas equações 26.12 e 26.13. Depois de um tempo $\tau = RC$, a carga tende a um valor igual a $1/e$ de seu valor final. Esse intervalo de tempo denomina-se constante de tempo ou tempo de relaxação do circuito. Quando um capacitor é descarregado, a corrente e a carga são dadas em função do tempo pelas equações 26.16 e 26.17. A constante de tempo é a mesma para o carregamento e o descarregamento. (Ver exemplos 26.12 e 26.13.)

Capacitor em carga:

$$q = C\mathcal{E}\left(1 - e^{-t/RC}\right) = Q_f\left(1 - e^{-t/RC}\right) \tag{26.12}$$

$$i = \frac{dq}{dt} = \frac{\mathcal{E}}{R}e^{-t/RC} = I_0 e^{-t/RC} \tag{26.13}$$

Capacitor em descarga:

$$q = Q_0 e^{-t/RC} \tag{26.16}$$

$$i = \frac{dq}{dt} = -\frac{Q_0}{RC}e^{-t/RC} = I_0 e^{-t/RC} \tag{26.17}$$

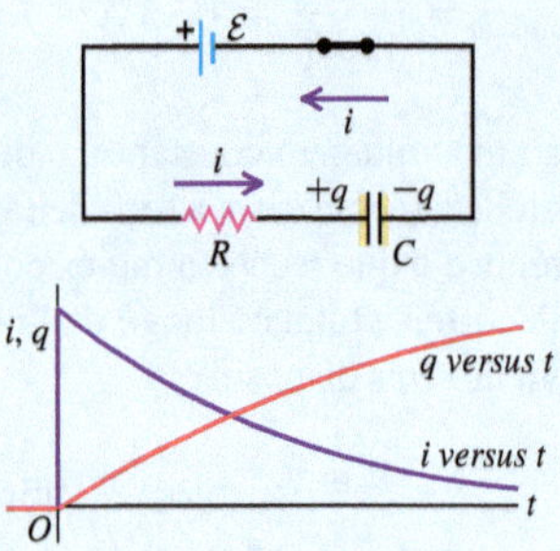

Fiação doméstica: no sistema de fios usados em residências, os diversos dispositivos são ligados em paralelo à linha de distribuição elétrica, a qual possui um par de condutores, um "com tensão" e o outro "neutro". Existe um fio "terra" adicional para maior segurança. A corrente máxima permitida em um circuito é determinada pelas dimensões dos fios e pela temperatura máxima que ele pode suportar. A proteção contra correntes excessivas e o risco de incêndio resultante é feita mediante o uso de fusíveis ou disjuntores. (Ver Exemplo 26.14.)

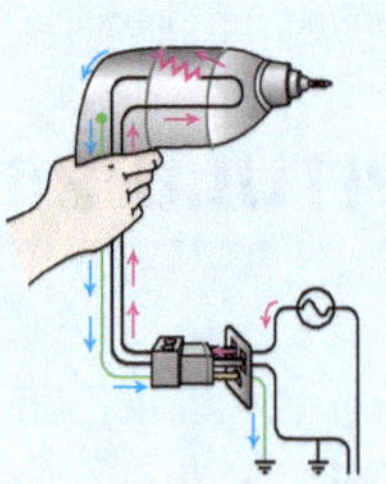

Problema em destaque Dois capacitores e dois resistores

Um capacitor de 2,40 μF e outro de 3,60 μF são ligados em série. (a) Uma carga de 5,20 mC é colocada sobre cada capacitor. Determine a energia armazenada nos capacitores. (b) Um resistor de 655 Ω é ligado aos terminais da combinação de capacitores, e um voltímetro com resistência de $4{,}58 \times 10^4$ Ω é conectado através do resistor (**Figura 26.27**). Qual é a taxa de variação da energia armazenada nos capacitores imediatamente após a conexão ser estabelecida? (c) Após a conexão ser estabelecida, quanto tempo leva para que a energia armazenada nos capacitores seja reduzida até $1/e$ de seu valor inicial? (d) No instante calculado na parte (c), qual é a taxa de variação da energia armazenada nos capacitores?

GUIA DA SOLUÇÃO

IDENTIFICAR E PREPARAR

1. Os dois capacitores funcionam como um único capacitor equivalente (veja a Seção 24.2), e o resistor e o voltímetro funcionam como um resistor equivalente. Selecione as equações que permitirão que você calcule os valores desses elementos do circuito.
2. Na parte (a), você deve usar a Equação 24.9, que fornece a energia armazenada em um capacitor.
3. Nas partes (b), (c) e (d), você deve usar a Equação 24.9, bem como as equações 26.16 e 26.17, que fornecem a carga do capacitor e a corrente, ambos em função do tempo.

(*Continua*)

(Continuação)

(*Dica*: a taxa com que a energia é fornecida pelos capacitores é igual à taxa com que a energia é dissipada nas resistências.)

EXECUTAR

4. Encontre a energia armazenada quando $t = 0$.
5. Encontre a taxa de variação da energia armazenada quando $t = 0$.
6. Encontre o valor de t em que a energia armazenada possui $1/e$ do valor que você encontrou na etapa 4.
7. Encontre a taxa de variação da energia armazenada no instante que você encontrou na etapa 6.

AVALIAR

8. Verifique os resultados das etapas 5 e 7 calculando a taxa de variação de outra maneira. (*Dica*: a taxa de variação da energia armazenada U é dU/dt.)

Figura 26.27 Quando a conexão é estabelecida, os capacitores carregados se descarregam.

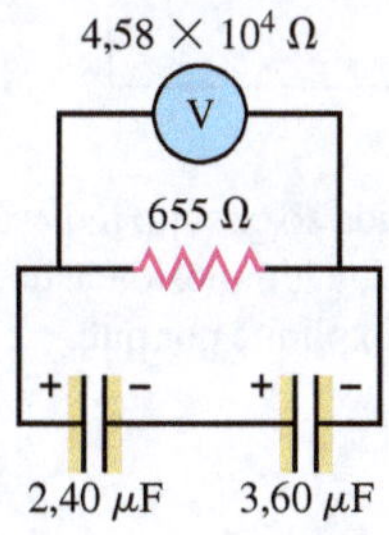

PROBLEMAS

•, ••, •••: níveis de dificuldade. **PC**: problemas cumulativos, incorporando material de outros capítulos. **CALC**: problemas exigindo cálculo. **DADOS:** problemas envolvendo dados reais, evidência científica, projeto experimental e/ou raciocínio científico. **BIO**: problemas envolvendo biociências.

QUESTÕES PARA DISCUSSÃO

Q26.1 Duas lâmpadas incandescentes de 120 V apresentam potências de 60 W e 120 W; qual dos dois filamentos possui maior resistência? Se essas lâmpadas forem conectadas em série com uma fonte de tensão de 120 V, na extremidade de qual lâmpada ocorrerá a maior queda de potencial? E no caso de uma ligação em paralelo? Explique seu raciocínio.

Q26.2 Duas lâmpadas de 120 V, com potências de 25 W e 200 W, foram conectadas em série com uma fonte de tensão de 240 V. Parecia ser uma boa ideia, porém uma das lâmpadas se queimou quase imediatamente após a ligação. Qual das duas lâmpadas se queimou e por quê?

Q26.3 Você liga diversas lâmpadas idênticas a uma pilha de lanterna. (a) O que ocorre com a luminosidade das lâmpadas à medida que o número delas aumenta quando a ligação é (i) em série? (ii) Em paralelo? (b) A bateria dura mais quando a ligação é em série ou quando é em paralelo? Explique seu raciocínio.

Q26.4 No circuito indicado na **Figura Q26.4**, três lâmpadas idênticas são ligadas a uma pilha de lanterna. Compare os diversos índices de luminosidade das lâmpadas. Em qual das lâmpadas passa a maior corrente? Qual das lâmpadas possui a maior diferença de potencial em seus terminais? O que ocorrerá quando a lâmpada A for retirada do circuito? E quando a lâmpada B for retirada? E a lâmpada C? Explique seu raciocínio.

Figura Q26.4

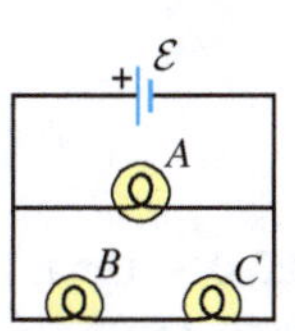

Q26.5 Quando dois resistores R_1 e R_2 ($R_2 > R_1$) são conectados em série, como indica a **Figura Q26.5**, qual das seguintes afirmações é verdadeira? Justifique sua resposta caso a caso. (a) $I_1 = I_2 = I_3$. (b) A corrente é maior em R_1 que em R_2. (c) O consumo de energia elétrica é o mesmo para ambos os resistores. (d) O consumo de energia elétrica é maior em R_2 que em R_1. (e) A queda de potencial é a mesma para ambos os resistores. (f) O potencial no ponto a é igual ao do ponto c. (g) O potencial no ponto b é inferior ao do ponto c. (h) O potencial no ponto c é inferior ao do ponto b.

Figura Q26.5

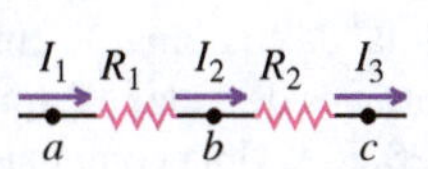

Q26.6 Quando dois resistores R_1 e R_2 ($R_2 > R_1$) são conectados em paralelo, como indica a **Figura Q26.6**, qual das seguintes afirmações é verdadeira? Justifique sua resposta caso a caso. (a) $I_1 = I_2$. (b) $I_3 = I_4$. (c) A corrente é maior em R_1 que em R_2. (d) O consumo de energia elétrica é o mesmo para ambos os resistores. (e) O consumo de energia elétrica é maior em R_2 que em R_1. (f) $V_{cd} = V_{ef} = V_{ab}$. (g) O potencial no ponto c é superior ao do ponto d. (h) O potencial no ponto f é superior ao do ponto e. (i) O potencial no ponto c é superior ao do ponto e.

Figura Q26.6

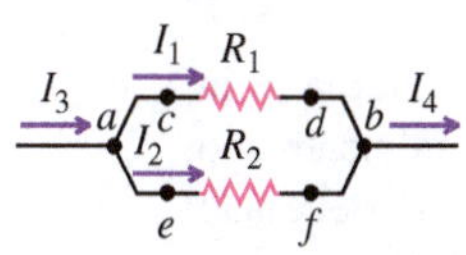

Q26.7 Uma bateria real, com resistência interna desprezível, é conectada a uma lâmpada, como indica a **Figura Q26.7**. Quando a chave S é fechada, a luminosidade das lâmpadas B_1 e B_2 se altera? De que modo? Explique.

Figura Q26.7

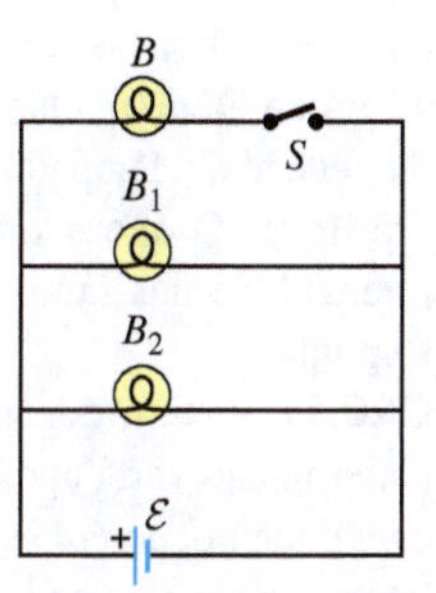

Q26.8 Um resistor consiste em três tiras metálicas idênticas conectadas, como indica a **Figura Q26.8**. Se uma das tiras for retirada, a leitura do amperímetro aumenta, diminui ou não varia? Por quê?

Figura Q26.8

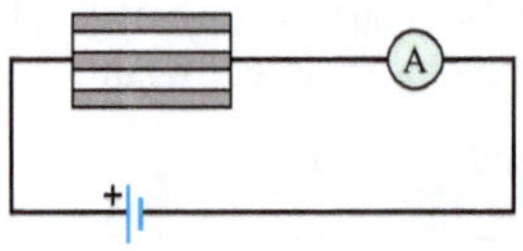

Q26.9 Uma lâmpada é conectada ao circuito indicado na **Figura Q26.9**. Ao fecharmos a chave S, a luminosidade da lâmpada aumenta, diminui ou não varia? Explique por quê.

Figura Q26.9

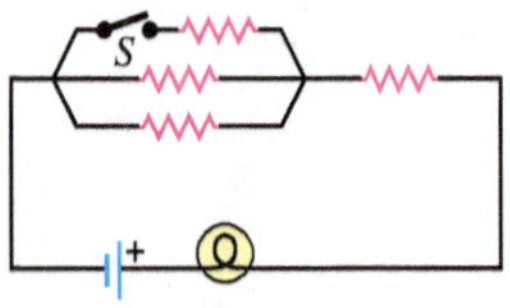

Q26.10 Uma bateria real, com resistência interna desprezível, é conectada a uma lâmpada, como indica a **Figura Q26.10**. Quando a chave S é fechada, o que acontece com a intensidade da luz? Por quê?

Figura Q26.10

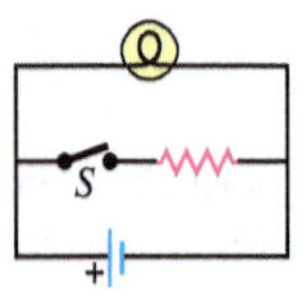

Q26.11 Se a bateria na Questão Q26.10 fosse ideal e não possuísse resistência interna, o que aconteceria com a luminosidade quando a chave S fosse fechada? Por quê?

Q26.12 No circuito indicado na **Figura Q26.12**, o que acontece com a luminosidade das lâmpadas, quando a chave S é fechada, caso a bateria (a) não tenha resistência interna e (b) não possua resistência interna desprezível? Explique.

Figura Q26.12

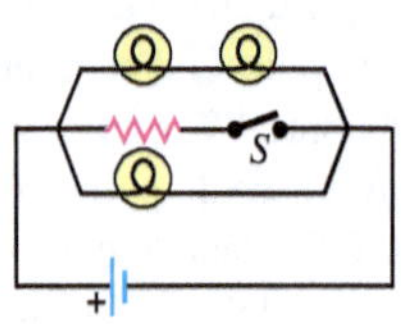

Q26.13 É possível conectar resistores de modo que eles não possam ser reduzidos a uma combinação em série ou em paralelo? Em caso afirmativo, dê exemplos. Em caso negativo, explique por quê.

Q26.14 A bateria no circuito indicado na **Figura Q26.14** possui resistência interna igual a zero. Quando a chave S é fechada, a intensidade da lâmpada B_1 aumenta, diminui ou não varia?

Figura Q26.14

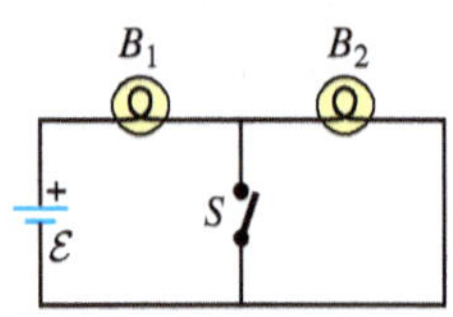

Q26.15 Em uma lanterna com duas pilhas, elas geralmente são conectadas em série. Por que não ligá-las em paralelo? Qual seria uma possível vantagem na conexão de pilhas idênticas em paralelo?

Q26.16 As lâmpadas idênticas A, B e C estão ligadas conforme indica a **Figura Q26.16**. Quando a chave S é fechada, a lâmpada C se apaga. Explique. O que acontece com a intensidade das lâmpadas A e B? Explique.

Figura Q26.16

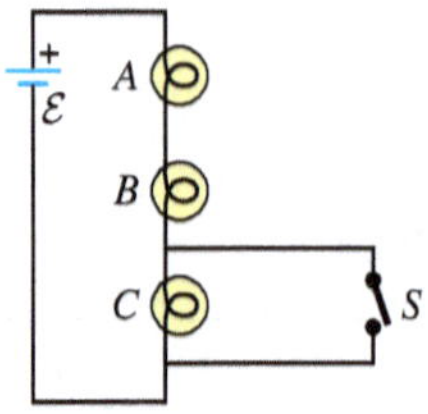

Q26.17 A fem de uma pilha de lanterna não varia apreciavelmente com o tempo, porém sua resistência interna muda com a idade e com o uso. Qual é o instrumento que você usaria para aferir a idade de uma bateria?

Q26.18 Os capacitores indicados na **Figura Q26.18** variam com a mesma taxa quando a chave S é fechada? Em caso negativo, em qual circuito os capacitores serão carregados mais rapidamente? Explique.

Figura Q26.18

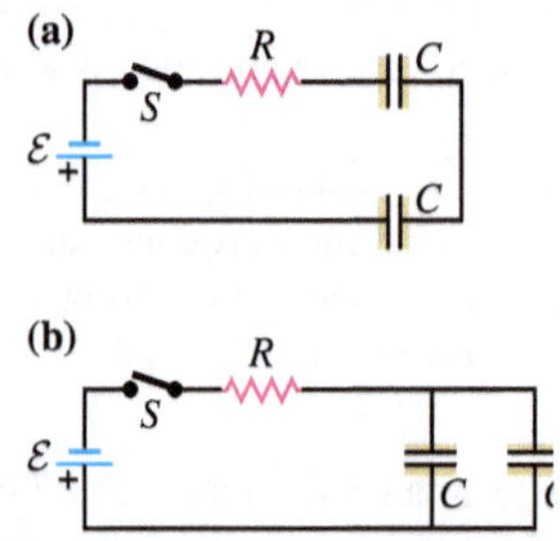

Q26.19 Verifique se a constante de tempo RC possui unidades de tempo.

Q26.20 Para uma resistência muito grande, é fácil construir um circuito R-C com uma constante de tempo da ordem de alguns segundos ou minutos. Como esse fato poderia servir para a determinação de uma resistência tão grande que não pudesse ser medida pelos instrumentos comuns?

Q26.21 Quando um resistor, uma bateria e um capacitor são ligados em série, o resistor influencia a carga máxima que pode ser armazenada no capacitor? Por quê? Para que serve o resistor?

EXERCÍCIOS

Seção 26.1 Resistores em série e em paralelo

26.1 •• Um fio uniforme de resistência R é cortado em três partes iguais. Uma das partes forma um círculo e é conectada entre as outras duas partes (**Figura E26.1**). Qual é a resistência entre as extremidades opostas a e b?

Figura E26.1

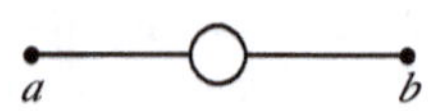

26.2 •• Um equipamento possui um resistor X que se projeta de uma abertura lateral. Esse resistor é conectado a outros três resistores, como indica a **Figura E26.2**. Um ohmímetro conectado através de a e b registra 2,00 Ω. Qual é a resistência de X?

Figura E26.2

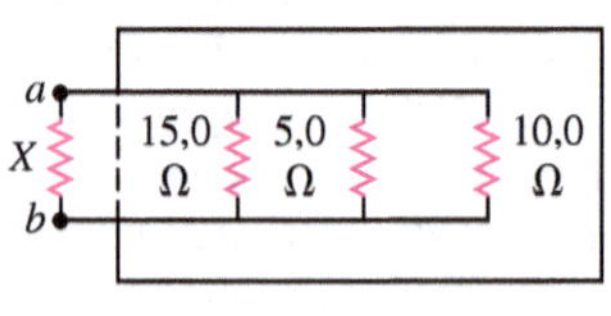

26.3 • Um resistor com $R_1 = 25{,}0\ \Omega$ está ligado a uma bateria com resistência interna desprezível e a energia elétrica é dissipada por R_1 a uma taxa de 36,0 W. Se um segundo resistor com $R_2 = 15{,}0\ \Omega$ está ligado em série com R_1, qual é a taxa global em que a energia elétrica é dissipada pelos dois resistores?

26.4 • Um resistor de 42 Ω é ligado em paralelo a outro de 20 Ω e o conjunto é conectado a uma fonte de tensão cc de 240 V. (a) Qual é a resistência da ligação em paralelo? (b) Qual é a corrente total da combinação em paralelo? (c) Qual é a corrente que passa através de cada resistor?

26.5 • Uma combinação triangular de resistores é indicada na **Figura E26.5.** Qual é a corrente que essa combinação consumirá de uma bateria de 35,0 V, com resistência interna desprezível, quando ela é conectada através de: (a) *ab*; (b) *bc*; (c) *ac*? (d) Caso a bateria tenha uma resistência de 3,00 Ω, qual é a corrente que essa combinação consumirá, se a bateria for conectada através de *bc*?

Figura E26.5

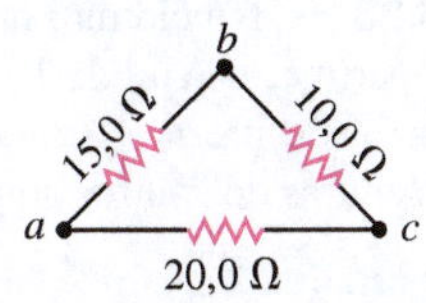

26.6 •• Para o circuito indicado na **Figura E26.6**, ambos os instrumentos são ideais, a bateria possui resistência interna desprezível e a leitura do amperímetro é igual a 1,25 A. (a) Qual é a leitura do voltímetro? (b) Qual é a fem $\mathcal{E}$ da bateria?

Figura E26.6

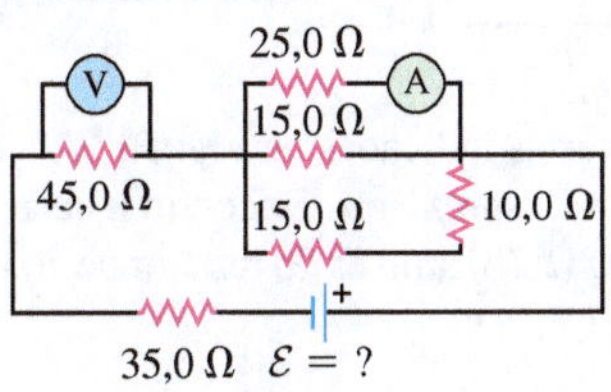

26.7 •• Para o circuito indicado na **Figura E26.7**, determine a leitura do amperímetro ideal, caso a bateria tivesse uma resistência interna de 3,26 Ω.

Figura E26.7

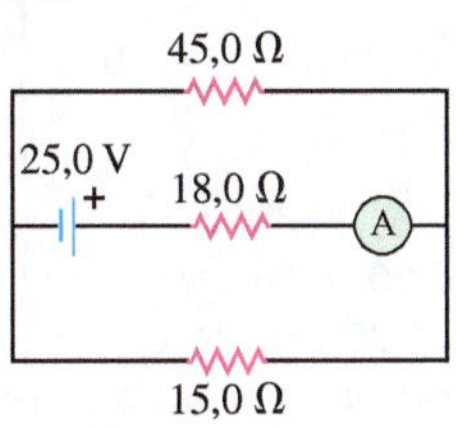

26.8 • Três resistores, com resistências de 1,60 Ω, 2,40 Ω e 4,80 Ω, são ligados em paralelo a uma bateria de 28,0 V, que possui resistência interna desprezível. Calcule: (a) a resistência equivalente da combinação; (b) a corrente através de cada resistor; (c) a corrente total através da bateria; (d) a voltagem através de cada resistor; (e) a energia dissipada em cada resistor. (f) Qual dos dois resistores dissipa mais energia: aquele que possui a maior resistência ou o de menor resistência? Explique por quê.

26.9 • Agora os três resistores do Exercício 26.8 estão ligados em série na mesma bateria. Responda as mesmas perguntas para esta situação.

26.10 •• **Potência máxima de um resistor.** A *potência máxima* especificada sobre o resistor é a maior potência que pode ser dissipada no resistor, sem que ele atinja uma temperatura demasiadamente elevada. (a) Se a potência máxima que um resistor de 15 kΩ pode suportar é de a 5,0 W, qual é a diferença de potencial máxima permitida nos terminais do resistor? (b) Um resistor de 9,0 kΩ deve ser conectado a uma fonte de tensão de 120 V. Qual é a potência máxima necessária? (c) Um resistor de 100,0 Ω e outro de 150,0 Ω, ambos com potência máxima de 2,00 W, são conectados em série através de uma diferença de potencial variável. Qual deve ser a maior diferença de potencial, sem que ocorra superaquecimento em qualquer dos resistores, e qual é a taxa de calor gerada em cada resistor sob essas condições?

26.11 • Na **Figura E26.11**, $R_1 = 3{,}00\ \Omega$, $R_2 = 6{,}00\ \Omega$ e $R_3 = 5{,}00\ \Omega$. A bateria possui resistência interna desprezível. A corrente I_2 através de R_2 é de 4,00 A. (a) Determine as correntes I_1 e I_3. (b) Qual é a fem da bateria?

Figura E26.11

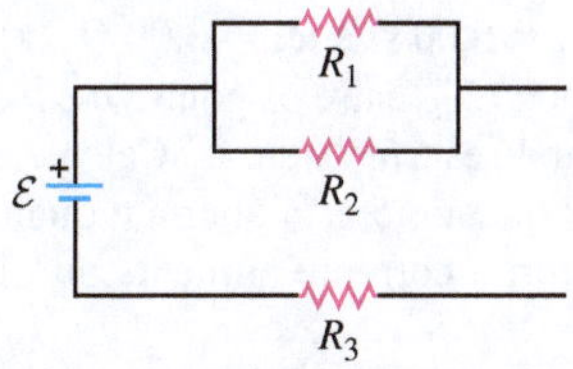

26.12 •• Na Figura E26.11, a bateria possui fem igual a 35,0 V e resistência interna desprezível. $R_1 = 5{,}00\ \Omega$. A corrente através de R_1 é de 1,50 A, e a corrente através de R_3 é de 4,50 A. Determine as correntes R_2 e R_3.

26.13 • Calcule a resistência equivalente do circuito indicado na **Figura E26.13** e a corrente que passa em cada resistor. A bateria possui resistência interna desprezível.

Figura E26.13

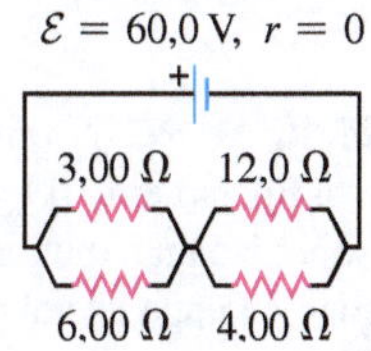

26.14 • Calcule a resistência equivalente do circuito indicado na **Figura E26.14** e a corrente que passa em cada resistor. A bateria possui resistência interna desprezível.

Figura E26.14

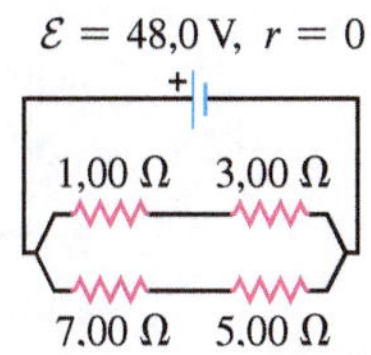

26.15 • No circuito indicado na **Figura E26.15**, cada resistor representa uma lâmpada. Considere $\mathcal{E} = 9{,}00$ V e $R_1 = R_2 = R_3 = R_4 = 4{,}50\ \Omega$. (a) Determine a corrente em cada lâmpada. (b) Calcule a potência dissipada em cada lâmpada. Quais são as lâmpadas que brilham com mais intensidade? (c) A lâmpada com resistência R_4 é removida do circuito, deixando o fio interrompido. Agora, qual é a corrente que passa a circular nas resistências restantes R_1, R_2 e R_3? (d) Depois que R_4 é removida, qual é a potência consumida em cada uma das lâmpadas restantes? (e) Depois que R_4 é removida, qual é a lâmpada que brilha com mais intensidade? Indique a(s) lâmpada(s) que deve(m) possuir brilho menos intenso. Explique por que existem efeitos diferentes para as diversas lâmpadas.

Figura E26.15

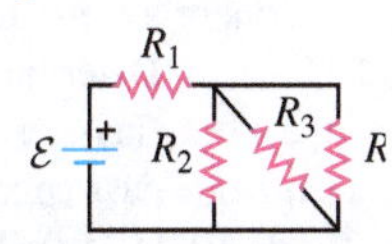

26.16 • Considere o circuito indicado na **Figura E26.16**. A corrente que passa pelo resistor de 6,00 Ω é igual a 4,00 A, no sentido indicado. Quais são as correntes que passam pelos resistores de 25,0 Ω e 20,0 Ω?

Figura E26.16

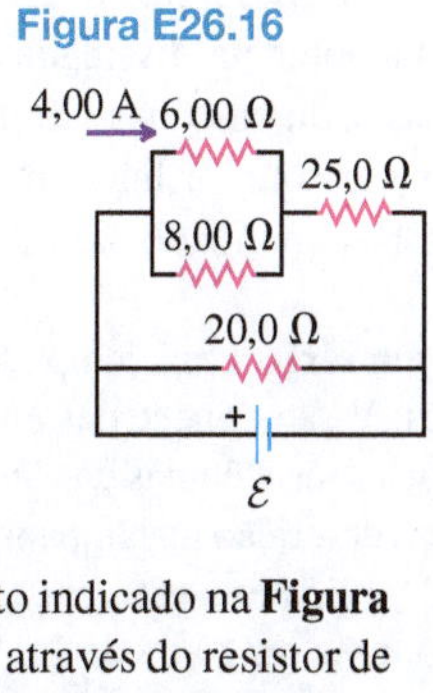

26.17 • No circuito indicado na **Figura E26.17**, a voltagem através do resistor de 2,00 Ω é de 12,0 V. Indique a fem da bateria e a corrente que passa pelo resistor de 6,00 Ω.

Figura E26.17

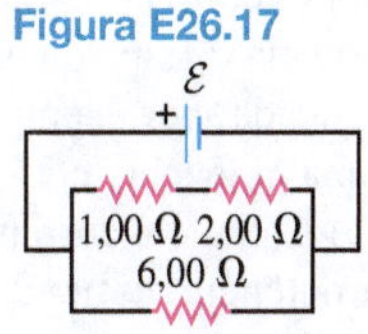

26.18 •• No circuito indicado na **Figura E26.18**, $\mathcal{E} = 36{,}0$ V, $R_1 = 4{,}00\ \Omega$, $R_2 = 6{,}00\ \Omega$ e $R_3 = 3{,}00\ \Omega$. (a) Determine a diferença de potencial V_{ab} entre os pontos a e b quando a chave S está aberta e quando está fechada. (b) Calcule a corrente através de cada resistor quando S está aberta e quando está fechada. Para cada resistor, a corrente aumenta ou diminui quando S está fechada?

Figura E26.18

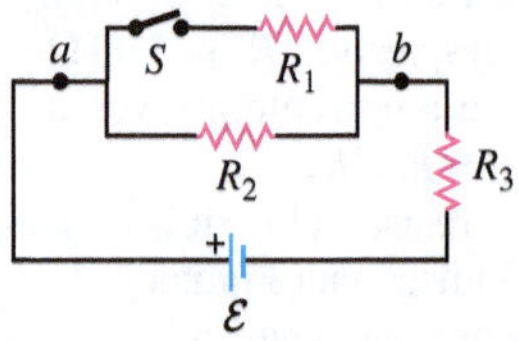

26.19 •• PC No circuito da **Figura E26.19**, um resistor de 20 Ω está imerso em 100 g de água pura, contida em um recipiente de isopor isolante. Supondo que a água esteja inicialmente a 10,0 °C, quanto tempo levará para ela atingir a temperatura de 58,0 °C?

Figura E26.19

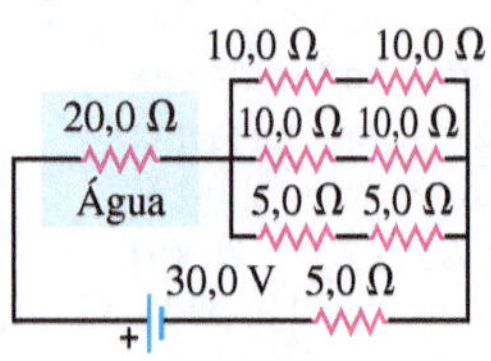

26.20 • No circuito indicado na **Figura E26.20**, a taxa de dissipação da energia elétrica de R_1 é igual a 15,0 W. (a) Determine R_1 e R_2. (b) Qual é a fem da bateria? (c) Ache a corrente que passa por R_2 e pelo resistor de 10,0 Ω. (d) Calcule o consumo total de energia elétrica em todos os resistores e a energia elétrica fornecida pela bateria. Mostre que seus resultados estão de acordo com a conservação da energia.

Figura E26.20

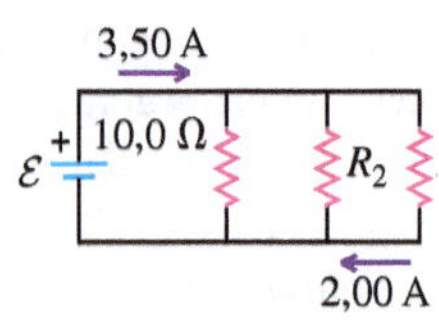

26.21 • **Lâmpadas em série e em paralelo.** Duas lâmpadas possuem resistências de 400 Ω e 800 Ω. Supondo que as duas lâmpadas sejam conectadas em série a uma fonte de 120 V, calcule: (a) a corrente que passa em cada lâmpada; (b) a potência dissipada em cada lâmpada; e (c) a potência total dissipada nas duas lâmpadas. Agora as duas lâmpadas são conectadas em paralelo à fonte de 120 V. Calcule: (d) a corrente que passa em cada lâmpada; (e) a potência dissipada em cada lâmpada; (f) a potência total dissipada nas duas lâmpadas. (g) Em cada situação, qual é a lâmpada que brilha com mais intensidade? (h) Em qual caso o brilho combinado das duas lâmpadas possui mais intensidade?

26.22 • **Lâmpadas em série.** Uma lâmpada de 60 W e 120 V e outra de 200 W e 120 V são conectadas em série a uma fonte de 240 V. Sabemos que as resistências das lâmpadas não variam com a corrente. (*Nota:* a descrição da lâmpada fornece a potência que ela dissipa quando é ligada à diferença de potencial especificada; por exemplo, uma lâmpada de 25 W e 120 V dissipa uma potência de 25 W quando ligada a uma tensão de 120 V.) (a) Calcule a corrente que passa nas lâmpadas. (b) Determine a potência dissipada em cada lâmpada. Uma das lâmpadas se queimará rapidamente. Qual delas? Por quê?

Seção 26.2 Leis de Kirchhoff

26.23 •• No circuito indicado na **Figura E26.23**, a leitura do amperímetro A_1 é de 10,0 A e as baterias possuem resistência interna desprezível. (a) Qual é a resistência de R? (b) Determine as leituras dos outros amperímetros.

Figura E26.23

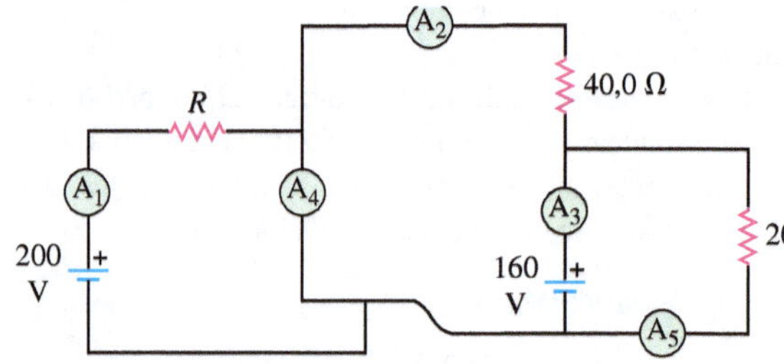

26.24 •• As baterias indicadas na **Figura E26.24** possuem resistências internas desprezíveis. Encontre a corrente (a) através do resistor de 30,0 Ω; (b) através do resistor de 20,0 Ω; (c) através da bateria de 10,0 V.

Figura E26.24

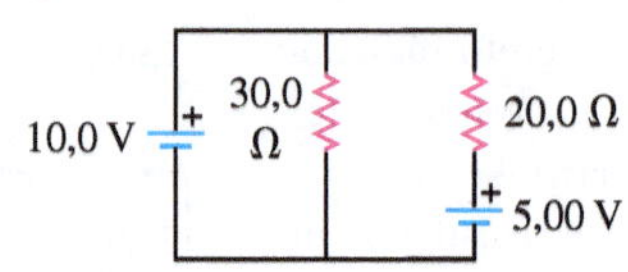

26.25 • No circuito indicado na **Figura E26.25**, calcule: (a) a corrente no resistor R; (b) a resistência R; (c) a fem desconhecida $\mathcal{E}$. (d) Se o circuito fosse cortado no ponto x, qual seria a nova corrente no resistor R?

Figura E26.25

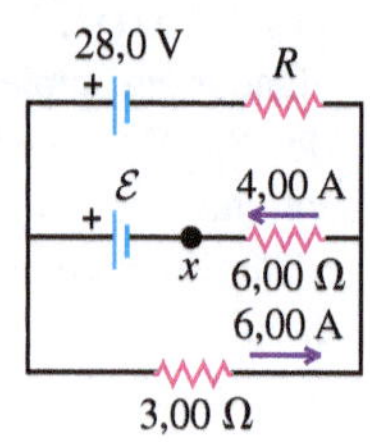

26.26 • Calcule a fem $\mathcal{E}_1$ e a fem $\mathcal{E}_2$ no circuito da **Figura E26.26** e a diferença de potencial do ponto b em relação ao ponto a.

Figura E26.26

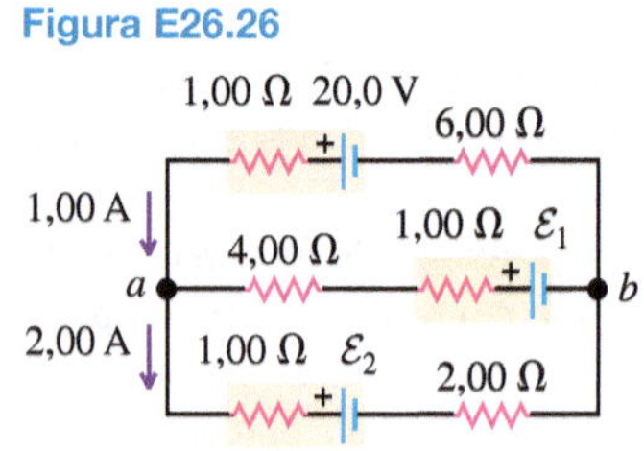

26.27 • No circuito indicado na **Figura E26.27**, calcule: (a) a corrente no resistor de 3,00 Ω; (b) a fem $\mathcal{E}_1$ e a fem $\mathcal{E}_2$; (c) a resistência R. Observe que foram fornecidas três correntes.

Figura E26.27

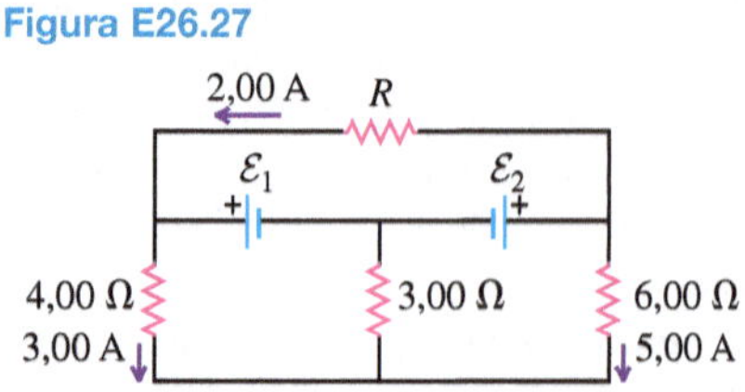

26.28 •• No circuito indicado na **Figura E26.28**, determine: (a) a corrente em cada ramo; (b) a diferença de potencial V_{ab} do ponto a em relação ao ponto b.

Figura E26.28

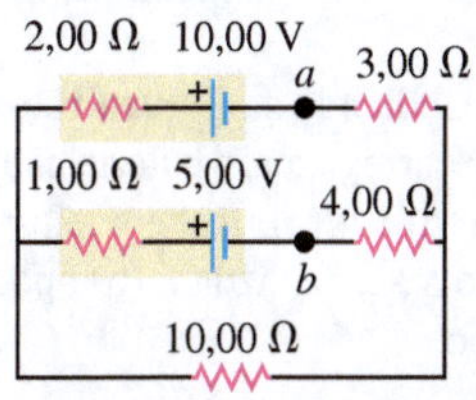

26.29 • A bateria de 10,00 V indicada na Figura E26.28 é removida do circuito e reconectada com sua polaridade invertida, de modo que o terminal positivo fique perto do ponto *a*. O restante do circuito permanece como indicado na figura. Calcule: (a) a corrente em cada ramo; (b) a diferença de potencial V_{ab} do ponto *a* em relação ao ponto *b*.

26.30 • A bateria de 5,00 V indicada na Figura E26.28 é removida do circuito e substituída por uma bateria de 15,00 V, com seu terminal negativo perto do ponto *b*. O restante do circuito permanece como indicado na figura. Calcule: (a) a corrente em cada ramo; (b) a diferença de potencial V_{ab} do ponto *a* em relação ao ponto *b*.

26.31 •• No circuito indicado na **Figura E26.31**, as baterias possuem resistência interna desprezível e ambos os instrumentos são ideais. Com a chave *S* aberta, o voltímetro registra 15,0 V. (a) Determine a fem $\mathcal{E}$ da bateria. (b) Qual será a leitura do amperímetro quando a chave for fechada?

Figura E26.31

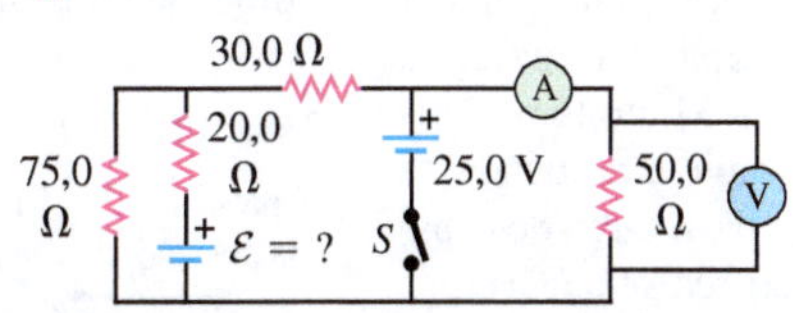

26.32 •• No circuito indicado na **Figura E26.32**, ambas as baterias possuem resistência interna desprezível e o amperímetro ideal registra 1,50 A. Ache a fem $\mathcal{E}$ da bateria. A polaridade indicada está correta?

Figura E26.32

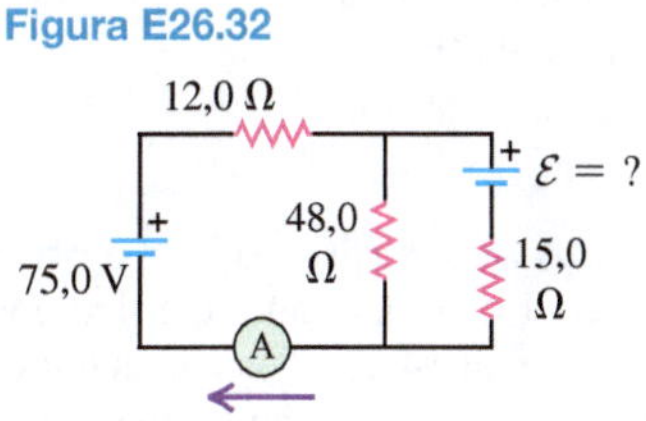

26.33 • No circuito indicado na **Figura E26.33**, todos os instrumentos são ideais e a resistência interna das baterias é desprezível. (a) Calcule a leitura do voltímetro com a chave *S* aberta. Que ponto tem potencial mais elevado: *a* ou *b*? (b) Com *S* fechada, determine a leitura do voltímetro e do amperímetro. Em qual sentido (para cima ou para baixo) a corrente passa pela chave?

Figura E26.33

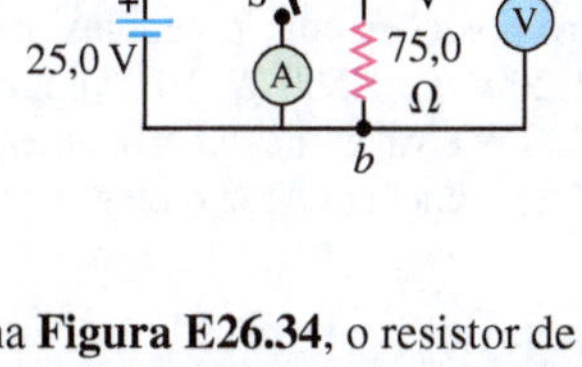

26.34 •• No circuito indicado na **Figura E26.34**, o resistor de 6,0 Ω consome energia a 24 J/s quando a corrente passa por ele como indicado. (a) Encontre a corrente através do amperímetro A. (b) Determine a polaridade e a fem $\mathcal{E}$ da bateria desconhecida, supondo que ela possua resistência interna desprezível.

Figura E26.34

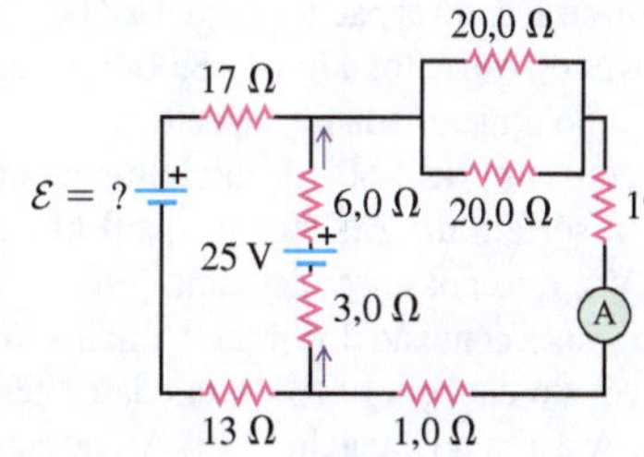

Seção 26.3 Instrumentos de medidas elétricas

26.35 • A resistência da bobina de um galvanômetro é igual a 25,0 Ω e a corrente necessária para atingir uma deflexão até o fundo da escala é de 500 μA. (a) Mostre em um diagrama como converter o galvanômetro em um amperímetro capaz de fornecer uma leitura até o fundo da escala igual a 20,0 mA e calcule a resistência de *shunt*. (b) Mostre como converter o galvanômetro em um voltímetro capaz de fornecer uma leitura até o fundo da escala igual a 500 mV e calcule a resistência em série.

26.36 • A resistência da bobina de um galvanômetro é igual a 9,36 Ω e uma corrente de 0,0224 A produz nele uma deflexão até o fundo da escala. Queremos converter esse galvanômetro em um amperímetro com leitura igual a 20,0 A no fundo da escala. O único *shunt* disponível possui resistência de 0,0250 Ω. Qual é o valor da resistência *R* que deve ser conectada em série com a bobina (**Figura E26.36**)?

Figura E26.36

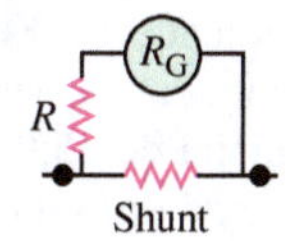

26.37 • Um circuito é composto por uma combinação em série de resistores de 6,00 kΩ e 5,00 kΩ, conectados através de uma bateria de 50,0 V, com resistência interna desprezível. Você deseja medir a real diferença de potencial (ou seja, a diferença de potencial sem a presença do instrumento) através do resistor de 5,00 kΩ, usando um voltímetro com resistência interna igual a 10,0 kΩ. (a) Qual é a diferença de potencial medida pelo voltímetro através do resistor de 5,00 kΩ? (b) Qual é a *real* diferença de potencial através desse resistor, quando o instrumento não está presente? (c) Qual é a porcentagem de erro de leitura do voltímetro em relação à real diferença de potencial?

26.38 • Um galvanômetro com resistência de 25,0 Ω possui uma resistência *shunt* de 1,00 Ω instalada, para convertê-lo em um amperímetro. O instrumento é então usado para medir a corrente em um circuito que consiste em um resistor de 15,0 Ω conectado através dos terminais de uma bateria de 25,0 V, com resistência interna desprezível. (a) Qual é a corrente medida pelo amperímetro? (b) Qual deve ser a *real* corrente no circuito (ou seja, a corrente sem a presença do amperímetro)? (c) Qual é a porcentagem de erro da leitura do amperímetro em relação à *real* diferença de potencial?

Seção 26.4 Circuitos *R-C*

26.39 • Um capacitor é carregado até um potencial de 12,0 V e a seguir é conectado a um voltímetro com resistência interna igual a 3,40 MΩ. Depois de 4,00 s, a leitura do voltímetro indica 3,0 V. Quais são: (a) o valor da capacitância; e (b) a constante de tempo do circuito?

26.40 •• Você liga uma bateria, um resistor e um capacitor conforme indicado na Figura 26.20a, em que $\mathcal{E}$ = 36,0 V, *C* = 5,00 μF e *R* = 120 Ω. A chave *S* está fechada em *t* = 0. (a) Quando a voltagem através do capacitor é igual a 8,00 V, qual é o módulo da corrente no circuito? (b) Em que instante t após o fechamento da chave a voltagem através do capacitor é igual a 8,00 V? (c) Quando a voltagem através do capacitor é igual a 8,00 V, a que velocidade a energia está sendo armazenada no capacitor?

26.41 • Um capacitor de 4,60 μF inicialmente descarregado é conectado em série a um resistor de 7,50 kΩ e a fonte de fem $\mathcal{E}$ = 245 V e que possui resistência interna desprezível. Imediatamente após a conexão do circuito, quais são: (a) a queda de tensão através do capacitor? (b) A queda de tensão através do resistor? (c) A carga do capacitor? (d) A corrente através do resistor? (e) Depois de muito tempo após a ligação do circuito (depois de várias constantes de tempo), quais são os valores das quatro grandezas precedentes?

26.42 •• Você liga uma bateria, um resistor e um capacitor conforme indicado na Figura 26.20a, em que R = 12,0 Ω e C = 5,00 $\times$ 10^{-6} F. A chave S está fechada em t = 0. Quando a corrente no circuito possui módulo igual a 3,00 A, a carga do capacitor é 40,0 $\times$ 10^{-6} C. (a) Qual é a fem da bateria? (b) Em que instante t após o fechamento da chave a carga do capacitor é igual a 40,0 $\times$ 10^{-6} C? (c) Quando a corrente possui módulo igual a 3,00 A, a que velocidade a energia está sendo: (i) armazenada no capacitor; (ii) fornecida pela bateria?

26.43 •• **PC** No circuito indicado na **Figura E26.43**, ambos os capacitores têm carga inicial de 45,0 V. (a) Quanto tempo após a chave S ser fechada o potencial através de cada capacitor será reduzido a 10,0 V e (b) qual será a corrente nesse instante?

Figura E26.43

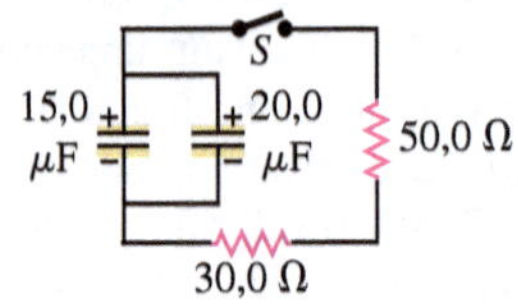

26.44 • Um capacitor de 12,4 μF é conectado através de um resistor de 0,895 MΩ a uma diferença de potencial constante de 60,0 V. (a) Calcule a carga do capacitor nos seguintes instantes depois que a conexão é feita: 0; 5,0 s; 10,0 s; 20,0 s e 100,0 s. (b) Calcule as correntes de carga do capacitor nos mesmos instantes. (c) Faça um gráfico para os itens (a) e (b) para t entre 0 e 20 s.

26.45 • Uma fonte fem com $\mathcal{E}$ = 120 V, um resistor com R = 80,0 Ω e um capacitor com C = 4,00 μF são conectados em série. À medida que o capacitor é carregado, quando a corrente no resistor for igual a 0,900 A, qual será o módulo da carga em cada placa do capacitor?

26.46 • Um resistor e um capacitor são conectados em série a uma fonte fem. A constante de tempo para o circuito é de 0,780 s. (a) Um segundo capacitor, idêntico ao primeiro, é acrescentado em série. Qual é a constante de tempo para esse novo circuito? (b) No circuito original, um segundo capacitor, idêntico ao primeiro, é conectado em paralelo ao primeiro. Qual é a constante de tempo para esse novo circuito?

26.47 •• **PC** No circuito indicado na **Figura E26.47**, cada capacitor possui carga inicial de módulo igual a 3,50 nC em suas placas. Após a chave S ser fechada, qual será a corrente no circuito no instante em que os capacitores tiverem perdido 80,0% da energia inicial armazenada?

Figura E26.47

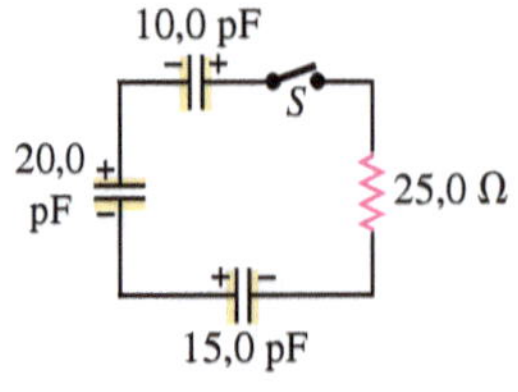

26.48 • Um capacitor de 1,50 μF está sendo carregado através de um resistor de 12,0 Ω ligado a uma bateria de 10,0 V. Qual será a corrente quando o capacitor adquirir $\frac{1}{4}$ de sua carga máxima? Será equivalente a $\frac{1}{4}$ da corrente máxima?

26.49 • No circuito indicado na **Figura E26.49**, os capacitores estão inicialmente descarregados, a bateria não possui resistência interna e o amperímetro é ideal. Ache a leitura do amperímetro (a) logo após a chave S ser fechada e (b) após a chave estar fechada há muito tempo.

Figura E26.49

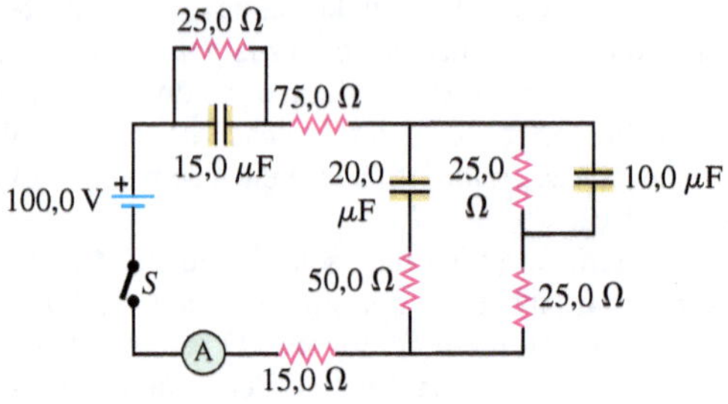

26.50 • Um capacitor de 12,0 μF é carregado a um potencial de 50,0 V e depois descarregado através de um resistor de 225 Ω. Quanto tempo leva para o capacitor perder (a) metade da carga e (b) metade da energia armazenada?

26.51 • No circuito indicado na **Figura E26.51**, C = 5,90 μF, $\mathcal{E}$ = 28,0 V e a fonte da fem possui resistência interna desprezível. Inicialmente, o capacitor está descarregado e a chave S está na posição 1. A seguir, a chave S é colocada na posição 2, de modo que o capacitor começa a se carregar. (a) Muito tempo depois que a chave é colocada na posição 2, qual é a carga do capacitor? (b) Verifica-se que a carga do capacitor é igual a 110 μC cerca de 3,00 ms após a chave ser colocada na posição 2. Qual é o valor da resistência R? (c) Quanto tempo depois que a chave é colocada na posição 2 a carga do capacitor é igual a 99,0% do valor final da carga encontrado no item (a)?

Figura E26.51

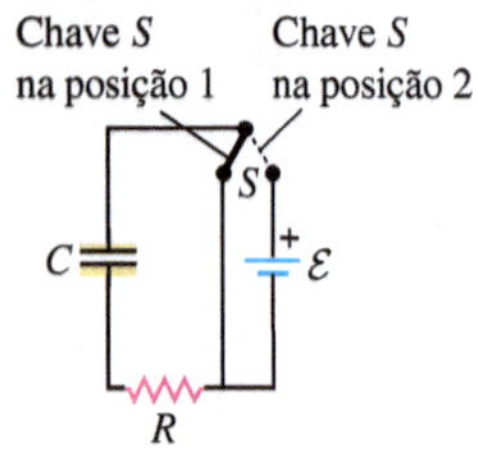

Seção 26.5 Sistemas de distribuição de potência

26.52 • O aquecedor de um secador elétrico possui potência máxima especificada igual a 4,1 kW para uma fonte de 240 V. (a) Qual é a corrente que passa no elemento aquecedor? Um fio com calibre 12 possui diâmetro suficiente para fornecer essa corrente? (b) Qual é a resistência do aquecedor em sua temperatura de operação? (c) Supondo que cada kWh custe 11 centavos, quantos reais são necessários para operar o secador durante uma hora?

26.53 • Um aquecedor elétrico de 1.500 W é ligado a uma tomada de 120 V e o circuito possui um disjuntor de 20 A. Você conecta um secador de cabelo na mesma tomada. Ele possui quatro posições com potências máximas iguais a 600 W, 900 W, 1.200 W e 1.500 W. Você começa com o secador na posição de 600 W e vai aumentando a potência até que o disjuntor salta. Qual é a potência que faz o disjuntor saltar?

PROBLEMAS

26.54 •• Na **Figura P26.54**, a bateria possui resistência interna desprezível e $\mathcal{E}$ = 48,0 V. R_1 = R_2 = 4,00 Ω e R_4 = 3,00 Ω. Qual deve ser a resistência R_3 para que a rede de resistores dissipe energia elétrica a uma taxa de 295 W?

Figura P26.54

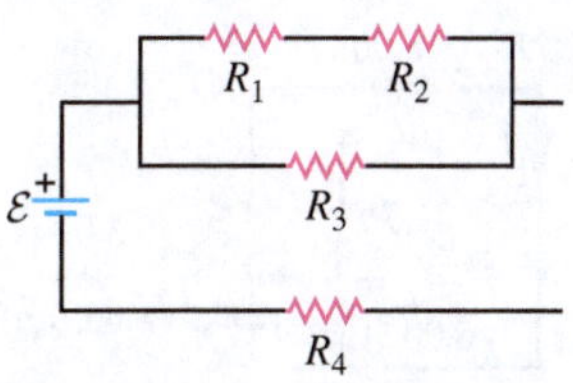

26.55 • As duas lâmpadas mencionadas no Exemplo 26.2 (Seção 26.1) são ligadas em paralelo a outra fonte, de resistência interna igual a 0,8 Ω e cuja fem é dada por $\mathcal{E}$ = 8,0 V. Cada lâmpada possui resistência R = 2,0 Ω (supostamente independente da corrente que passa pela lâmpada). (a) Calcule a corrente que passa em cada lâmpada, a diferença de potencial nos terminais de cada uma delas e a potência fornecida para cada uma. (b) Suponha que uma das lâmpadas se queime, de modo que o filamento seja interrompido e não passe mais corrente através dele. Determine a potência fornecida para a lâmpada restante. O brilho da lâmpada restante aumenta ou diminui em relação a seu brilho existente antes de a outra lâmpada se queimar?

26.56 •• Cada um dos três resistores indicados na **Figura P26.56** possui uma resistência de 2,4 Ω e pode consumir uma potência máxima de 48 W sem se tornar excessivamente quente. Qual é a potência máxima que o circuito pode dissipar?

Figura P26.56

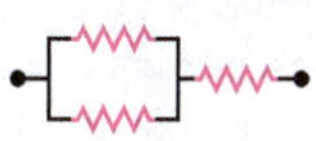

26.57 •• (a) Calcule o potencial do ponto a em relação ao ponto b na **Figura P26.57**. (b) Sabendo que os pontos a e b são conectados por um fio com resistência desprezível, calcule a corrente que passa na bateria de 12,0 V.

Figura P26.57

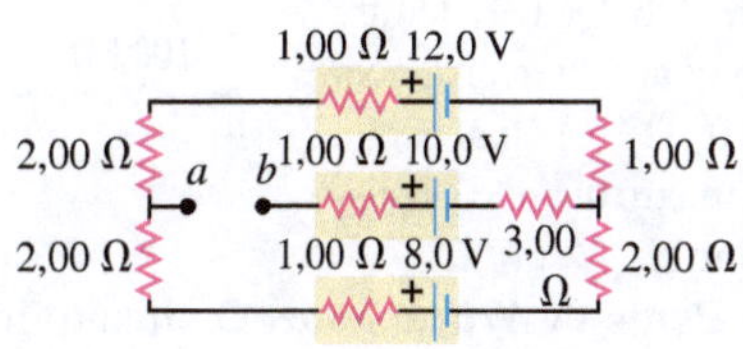

26.58 •• **PC** No circuito indicado na **Figura P26.58**, um resistor de 20,0 Ω está inserido em um grande bloco de gelo a 0,00 °C, e a bateria possui resistência interna desprezível. Qual é a taxa (em g/s) a que esse circuito derreterá o gelo? (O calor latente de fusão para o gelo é 3,34 × 10^5J/kg.)

Figura P26.58

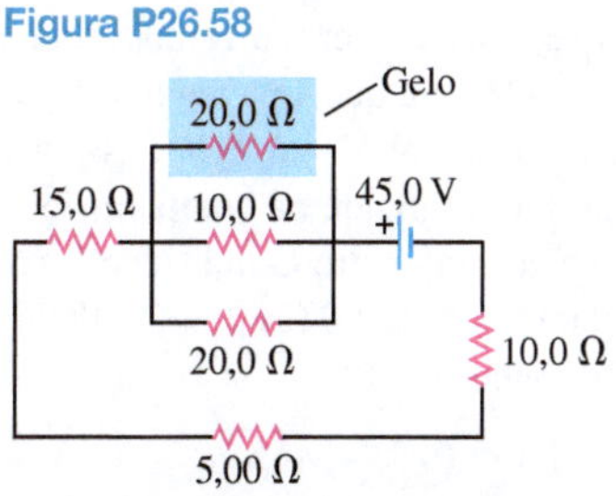

26.59 • Calcule as correntes I_1, I_2 e I_3 indicadas na **Figura P26.59**.

Figura P26.59

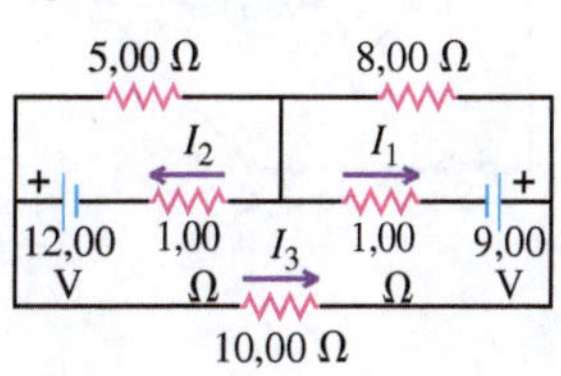

26.60 ••• Qual deve ser o valor da fem $\mathcal{E}$ indicada na **Figura P26.60** para que a corrente que passa no resistor de 7,00 Ω seja igual a 1,80 A? Cada fonte de fem possui resistência interna desprezível.

Figura P26.60

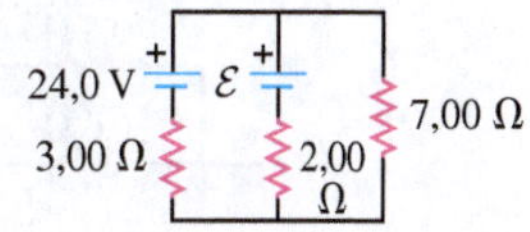

26.61 • Calcule a corrente que passa em cada um dos três resistores indicados na **Figura P26.61**. Cada fonte de fem possui resistência interna desprezível.

Figura P26.61

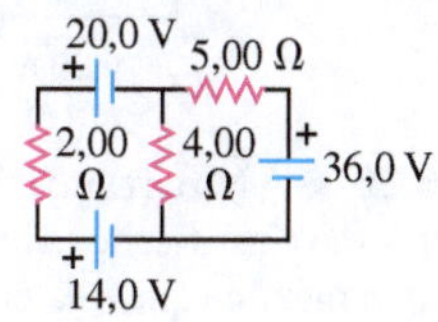

26.62 • (a) Calcule a corrente que passa em cada resistor e na bateria do circuito indicado na **Figura P26.62**. (b) Qual é a resistência equivalente do circuito?

Figura P26.62

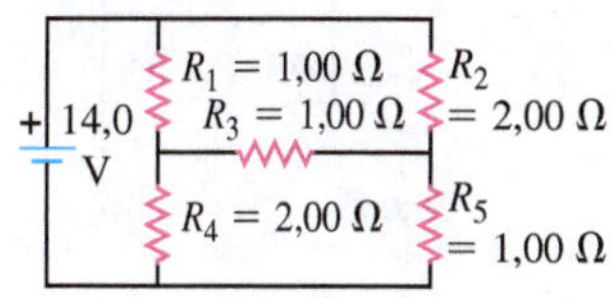

26.63 •• Considere o circuito indicado na **Figura P26.63**: (a) qual deve ser a fem $\mathcal{E}$ da bateria para que uma corrente de 2,00 A passe pela bateria de 5,00 V, conforme indicado? A polaridade da bateria está correta conforme indicado? (b) Quanto tempo leva para 60,0 J de energia térmica serem produzidos no resistor de 10,0 Ω?

Figura P26.63

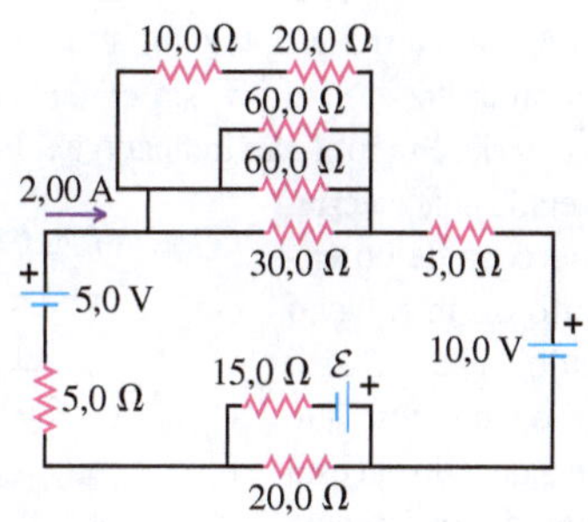

26.64 •• No circuito indicado na **Figura P26.64**, $\mathcal{E}$ = 24,0 V, R_1 = 6,00 Ω, R_3 = 12,0 Ω e R_2 pode variar entre 3,00 Ω e 24,0 Ω. Para qual valor de R_2 a potência dissipada pelo elemento de aquecimento R_1 possui seu valor máximo? Calcule o módulo da potência máxima.

Figura P26.64

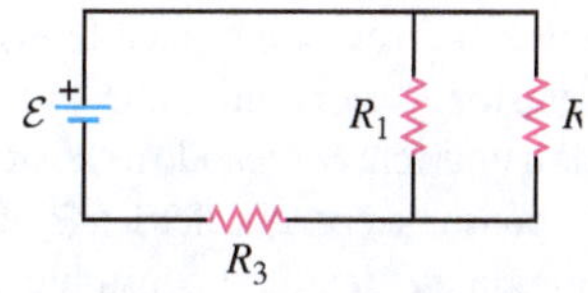

26.65 • No circuito indicado na **Figura P26.65**, a corrente na bateria de 20,0 V é igual a 5,00 A no sentido indicado, e a voltagem através do resistor de 8,00 Ω é de 16,0 V, com a extremidade inferior do resistor a uma potência mais elevada. Ache: (a) a fem (incluindo sua polaridade) da bateria X; (b) a corrente I que passa pela bateria de 200,0 V (incluindo seu sentido); (c) a resistência R.

Figura P26.65

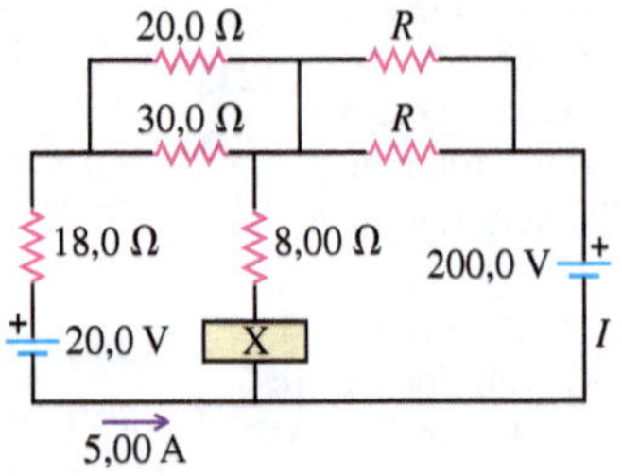

Figura P26.70

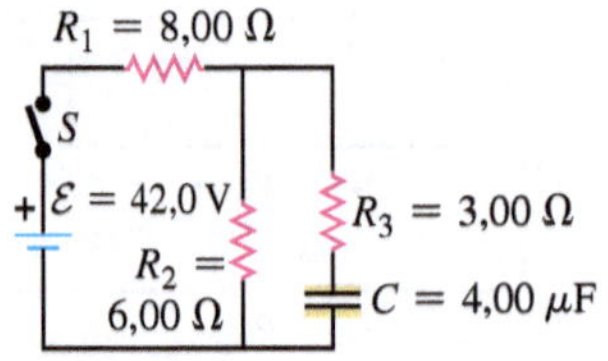

26.66 ••• No circuito indicado na **Figura P26.66**, todos os resistores são classificados a uma potência máxima de 2,00 W. Qual é a fem $\mathcal{E}$ máxima que a bateria pode ter sem queimar algum resistor?

Figura P26.66

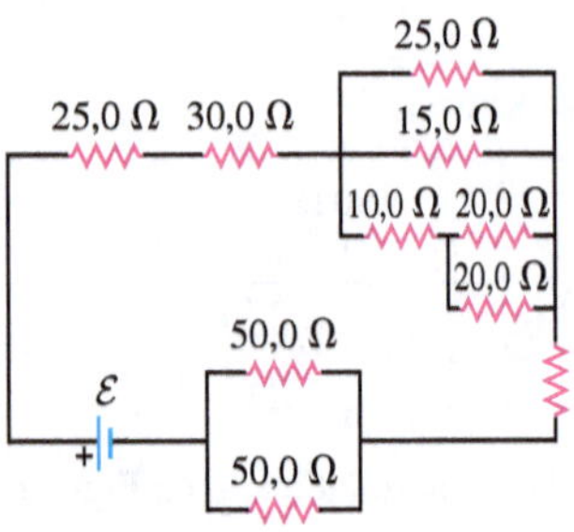

26.67 • A **Figura P26.67** mostra uma convenção geralmente usada nos diagramas de circuitos. A bateria (ou outra fonte de tensão) não é mostrada explicitamente. Fica implícito que o ponto no topo do diagrama, indicado com o dístico "36,0 V", está conectado ao terminal positivo de uma bateria de 36,0 V, que possui resistência interna desprezível, e o ponto indicado na parte inferior simboliza a *terra* e está conectado ao terminal negativo da bateria. Embora não indicado explicitamente, o circuito é completado pela bateria.
(a) Qual é a diferença de potencial V_{ab} do ponto a em relação ao ponto b quando a chave S está aberta? (b) Qual é a corrente que passa pela chave S quando ela está fechada? (c) Qual é a resistência equivalente do circuito quando a chave S está fechada?

Figura P26.67

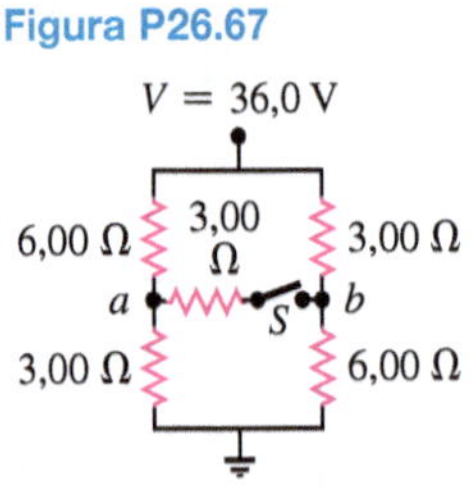

26.68 •• Três resistores idênticos são conectados em série. Quando uma certa diferença de potencial é aplicada através da combinação, a potência total dissipada é igual a 45,0 W. Qual seria a potência total dissipada se os três resistores fossem conectados em paralelo através da mesma diferença de potencial?

26.69 • Um resistor R_1 consome uma energia elétrica P_1, quando conectada a uma fem $\mathcal{E}$. Quando o resistor R_2 é conectado à mesma fem, ela consome energia elétrica P_2. Em termos de P_1 e P_2, qual é a energia elétrica total consumida, quando ambos estão conectados a essa fonte fem (a) em paralelo e (b) em série?

26.70 • O capacitor indicado na **Figura P26.70** está inicialmente descarregado. A chave S está fechada no instante $t = 0$. (a) Imediatamente após a chave ser fechada, qual é a corrente que passa através de cada resistor? (b) Qual é a carga final sobre o capacitor?

26.71 •• Um capacitor de 2,00 μF, inicialmente descarregado, é conectado em série a um resistor de 6,00 kΩ e a uma fonte de fem $\mathcal{E} = 90,0$ V, com resistência interna desprezível. O circuito é conectado no instante $t = 0$. (a) Imediatamente após a conexão do circuito, qual é a taxa com a qual a energia elétrica está sendo dissipada no resistor? (b) Em qual valor de t a taxa com a qual a energia elétrica está sendo dissipada no resistor é igual à taxa com a qual a energia elétrica está sendo armazenada no capacitor? (c) No instante calculado na parte (b), qual é a taxa com a qual a energia elétrica está sendo dissipada no resistor?

26.72 •• Um capacitor de 6,00 μF, inicialmente descarregado, é conectado em série a um resistor de 5,00 Ω e a uma fonte de fem $\mathcal{E} = 50,0$ V, que possui resistência interna desprezível. No instante em que o resistor está dissipando energia elétrica com uma taxa de 300 W, quanta energia está acumulada no capacitor?

26.73 • O ponto a na **Figura P26.73** é mantido a um potencial constante de 400 V acima do potencial da terra. (Veja o Problema 26.67.) (a) Qual é a leitura do voltímetro com a escala apropriada quando uma resistência igual a $5,00 \times 10^4$ Ω está ligada entre o ponto b e a terra? (b) Qual é a leitura do voltímetro quando a resistência é de $5,00 \times 10^6$ Ω? (c) Qual será a leitura do voltímetro quando a resistência for infinita?

Figura P26.73

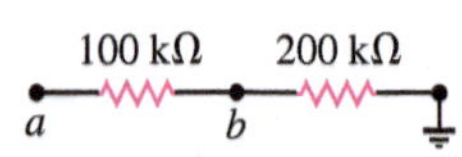

26.74 •• **A Ponte de Wheatstone.** O circuito indicado na **Figura P26.74** denomina-se *ponte de Wheatstone* e é usado para determinar uma resistência desconhecida X por comparação com três resistores M, N e P, cujas resistências podem variar. Para cada conjunto, a resistência de cada um desses resistores pode ser conhecida com precisão. Com as chaves S_1 e S_2 fechadas, fazemos variar essas resistências até que a corrente indicada no galvanômetro G seja igual a zero; dizemos, então, que a ponte está *equilibrada*. (a) Mostre que, quando isso ocorre, a resistência desconhecida é dada por $X = MP/N$. (Essa técnica possibilita uma precisão muito grande na comparação de resistores.) (b) Sabendo que o galvanômetro G indica deflexão igual a zero quando $M = 850,0$ Ω, $N = 15,00$ Ω e $P = 33,48$ Ω, qual é o valor da resistência desconhecida X?

Figura P26.74

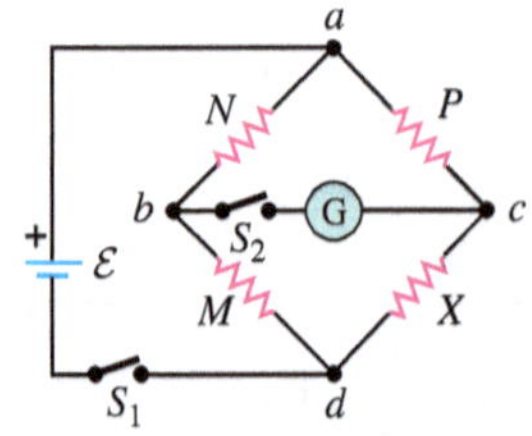

26.75 • (Veja o Problema 26.67.) (a) Qual é o potencial do ponto a em relação ao ponto b na **Figura P26.75** quando a chave S está aberta? (b) Qual dos pontos, a ou b, possui o potencial mais elevado? (c) Qual é o potencial final do ponto b em relação à terra quando a chave S está fechada? (d) Como a carga de cada capacitor varia quando a chave S é fechada?

Figura P26.75

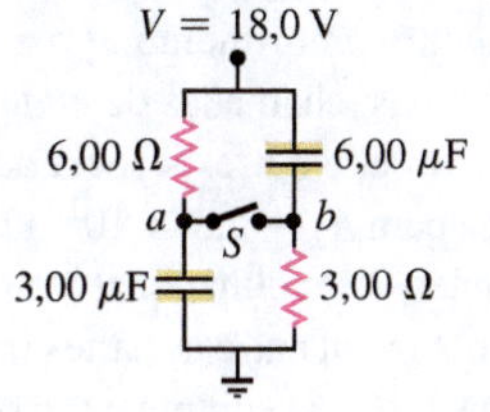

26.76 • Um capacitor de 2,36 μF, inicialmente descarregado, é conectado em série a um resistor de 5,86 Ω e a uma fonte de fem $\mathcal{E} = 120$ V, que possui resistência interna desprezível. (a) Imediatamente após a conexão do circuito, qual é (i) a taxa com a qual a energia elétrica está sendo dissipada no resistor? (ii) A taxa com a qual a energia elétrica armazenada no capacitor está aumentando? (iii) A potência elétrica líquida fornecida pela fonte? Como se comparam as respostas dos itens (i), (ii) e (iii)? (b) Responda todas as perguntas do item (a) para um tempo muito longo depois que o circuito é conectado. (c) Responda todas as perguntas do item (a) no instante para o qual a carga do capacitor é a metade de seu valor final.

26.77 • Um resistor de 224 Ω e outro de 589 Ω são ligados em série a uma fonte de 90,0 V. (a) Qual é a voltagem nos terminais de cada resistor? (b) Um voltímetro conectado nos terminais do resistor de 224 Ω indica uma leitura de 23,8 V. Calcule a resistência do voltímetro. (c) Determine a leitura do mesmo voltímetro quando ele é conectado aos terminais do resistor de 589 Ω. (d) As leituras indicadas pelo voltímetro são menores que as voltagens "verdadeiras" (ou seja, aquelas que existem quando o voltímetro não está presente). Seria possível projetar um voltímetro capaz de fornecer uma leitura *maior* que a voltagem "verdadeira"? Explique.

26.78 • Um resistor de $R = 850$ Ω é conectado às placas de um capacitor carregado de capacitância $C = 4{,}62$ μF. Imediatamente antes de a conexão ser feita, a carga sobre o capacitor é igual a 6,90 mC. (a) Qual é o valor da energia inicialmente armazenada no capacitor? (b) Qual é o valor da potência elétrica dissipado no resistor imediatamente após a conexão ser feita? (c) Qual é o valor da potência elétrica dissipado no resistor no instante em que o valor da energia armazenada no capacitor é metade do calculado na parte (a)?

26.79 • Um capacitor, inicialmente descarregado, é conectado em série a um resistor e a uma fonte de fem $\mathcal{E} = 110$ V, que possui resistência interna desprezível. Imediatamente após a conexão do circuito, a corrente através do resistor é de $6{,}5 \times 10^{-5}$ A. A constante de tempo para o circuito é 5,2 s. Determine a resistência do resistor e a capacitância do capacitor.

26.80 •• **DADOS** Você configura o circuito indicado na Figura 26.22a, em que $R = 196$ Ω. Você fecha a chave no instante $t = 0$ e mede o módulo da corrente i no resistor R em função do tempo t após o fechamento da chave. Seus resultados são mostrados na **Figura P26.80**, em que você fez um gráfico de i em função do tempo t. (a) Explique por que os pontos de seu gráfico se aproximam de uma linha reta. (b) Use o gráfico da Figura P26.80 para calcular a capacitância C e a carga inicial Q_0 sobre o capacitor. (c) Quando $i = 0{,}0500$ A, qual é a carga do capacitor? (d) Quando $q = 0{,}500 \times 10^{-4}$ C, qual é a corrente no resistor?

Figura P26.80

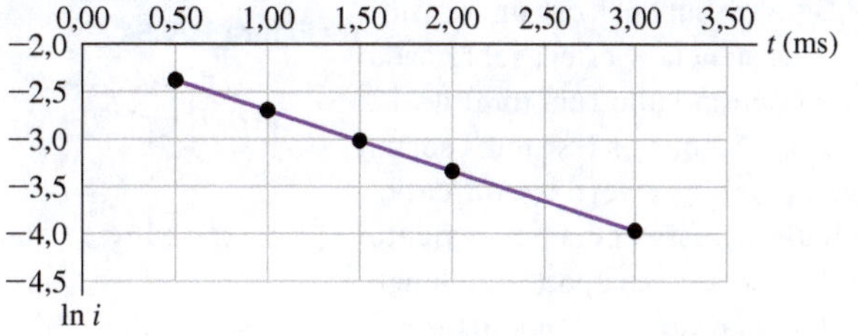

26.81 •• **DADOS** Você configura o circuito indicado na Figura 26.20, em que $C = 5{,}00 \times 10^{-6}$ F. No instante $t = 0$, você fecha a chave e mede a carga q sobre o capacitor em função da corrente i no resistor. Seus resultados são dados na tabela:

i (mA)	56,0	48,0	40,0	32,0	24,0
q (μC)	10,1	19,8	30,2	40,0	49,9

(a) Faça um gráfico de q em função de i. Explique por que os pontos dos dados, quando estão nesse gráfico, se aproximam de uma linha reta. Encontre a inclinação e o valor de x quando $y = 0$ para essa linha reta que melhor se aproxime dos dados. (b) Use seus resultados da parte (a) para calcular a resistência R do resistor e a fem $\mathcal{E}$ da bateria. (c) Em que instante t após o fechamento da chave a voltagem através do capacitor é igual a 10,0 V? (d) Quando a voltagem através do capacitor é igual a 4,00 V, qual é a voltagem através do resistor?

26.82 •• **DADOS** A empresa de fornecimento de produtos eletrônicos onde você trabalha possui dois resistores diferentes, R_1 e R_2, em seu inventário, e você deve medir os valores de suas resistências. Infelizmente, o estoque está baixo, e você possui apenas R_1 e R_2 em paralelo e em série, e não pode separar essas duas combinações de resistores. Você liga separadamente cada rede de resistores a uma bateria com fem de 48,0 V e resistência interna desprezível e mede a potência P fornecida pela bateria em ambos os casos. Para a combinação em série, $P = 48{,}0$ W; para a combinação em paralelo, $P = 256$ W. Você é informado que $R_1 > R_2$. (a) Calcule R_1 e R_2. (b) Para a combinação em série, qual resistor consome mais potência, ou eles consomem a mesma potência? Explique. (c) Para a combinação em paralelo, qual resistor consome mais potência, ou eles consomem a mesma potência?

PROBLEMAS DESAFIADORES

26.83 ••• **Malha infinita.** A rede com os resistores R_1 e R_2 indicados na **Figura P26.83** se estende até o infinito pelo lado direito. Prove que a resistência total R_T dessa rede infinita é dada por

$$R_T = R_1 + \sqrt{R_1^2 + 2R_1R_2}$$

(*Dica*: uma vez que a rede se estende até o infinito, a resistência da rede situada à direita dos pontos c e d também é igual a R_T.)

Figura P26.83

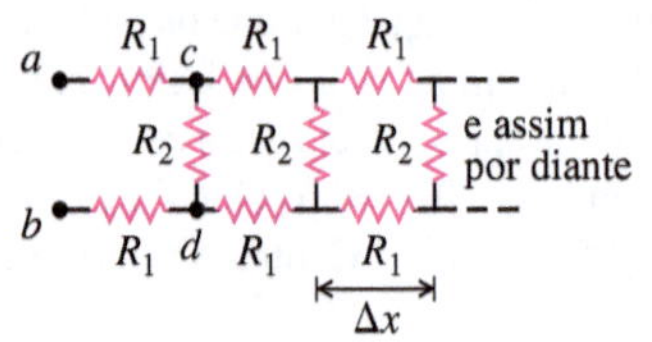

26.84 ••• Suponha que um resistor com resistência R esteja sobre cada aresta de um cubo (um total de 12 resistores) e que os resistores sejam conectados nos vértices do cubo. Calcule a resistência equivalente entre dois vértices opostos ao longo da diagonal do cubo (pontos a e b indicados na **Figura P26.84**).

Figura P26.84

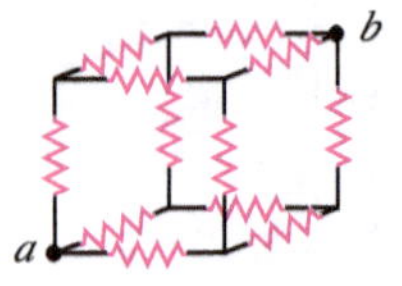

26.85 ••• BIO **Axônios e cadeia atenuadora.** A rede que se estende até o infinito na Figura P26.83 denomina-se *cadeia atenuadora*, uma vez que, nessa cadeia de resistores, a diferença de potencial entre o fio superior e o inferior diminui, ou se atenua, ao longo do comprimento da cadeia. (a) Mostre que, se a diferença de potencial entre os pontos a e b indicados na Figura P26.83 é V_{ab}, então a diferença de potencial entre os pontos c e d é dada por $V_{cd} = V_{ab}/(1 + \beta)$, em que $\beta = 2R_1(R_T + R_2)/R_TR_2$ e R_T, a resistência total da rede, foi obtida no Problema desafiador 26.83. (Veja a dica dada naquele problema.) (b) Se a diferença de potencial entre os terminais a e b da extremidade esquerda da rede infinita for V_0, mostre que a diferença de potencial entre os pontos dos fios superior e inferior, situados a uma distância igual a n segmentos da rede contados a partir da extremidade esquerda, é dada por $V_n = V_0/(1 + \beta)^n$. Considerando $R_1 = R_2$, quantos segmentos serão necessários para produzir uma redução na diferença de potencial V_n até um valor menor que 1,0% do valor de V_0? (c) Uma cadeia atenuadora infinita fornece um modelo para a propagação de um pulso de voltagem ao longo de uma fibra nervosa, conhecida como axônio. Cada segmento da rede na Figura P26.83 representa um pequeno segmento do axônio de comprimento Δx. A resistência R_1 representa a resistência do fluido dentro e fora da parede da membrana do axônio. A resistência da membrana para uma corrente que flui através da parede é representada por R_2. Para um segmento de axônio com um comprimento $\Delta x = 1{,}0\ \mu$m, $R_1 = 6{,}4 \times 10^3\ \Omega$ e $R_2 = 8{,}0 \times 10^8\ \Omega$ (a parede da membrana é um bom isolante). Calcule R_T e β para um axônio infinitamente comprido. (Essa aproximação é boa, visto que o comprimento do axônio é muito maior que sua largura; o maior axônio no sistema nervoso humano possui cerca de 1 m de comprimento, porém seu raio é aproximadamente igual a 10^{-7} m.) (d) Qual é a fração da diminuição da diferença de potencial entre as partes interna e externa do axônio depois de uma distância igual a 2,0 mm? (e) A atenuação da diferença de potencial calculada no item (d) mostra que o axônio não pode ser simplesmente um cabo passivo conduzindo a corrente elétrica; a diferença de potencial deve ser periodicamente reforçada ao longo do comprimento do axônio. Esse mecanismo do potencial de ação é lento, de modo que o sinal se propaga ao longo do axônio com uma velocidade aproximada de 30 m/s. Quando uma resposta mais rápida torna-se necessária, o axônio é revestido com uma camada de material gorduroso, denominado mielina. Os segmentos possuem comprimento aproximado de 2 mm e são separados por lacunas, chamadas de ***nódulos de Ranvier***. A mielina produz um aumento da resistência de um segmento de 1,0 μm da membrana para $R_2 = 3{,}3 \times 10^{12}\ \Omega$. Para esse axônio revestido com a camada de mielina, qual é a fração da diminuição da diferença de potencial entre as partes interna e externa do axônio depois de uma distância compreendida entre dois nódulos de Ranvier consecutivos? Essa atenuação menor permite que a velocidade de propagação aumente.

Problemas com contexto

BIO **Células nervosas e circuitos *R-C*.** A parte que conduz sinais da célula nervosa é chamada *axônio*. Muitas das propriedades elétricas dos axônios são regidas por canais iônicos, que são moléculas de proteínas que se estendem ao longo da membrana celular do axônio. Quando aberto, cada canal de íons possui um poro que é preenchido com um fluido de baixa resistividade e liga o interior da célula eletricamente ao meio externo dela. Em contraste, a membrana celular rica em lipídios, em que os canais iônicos se encontram, possui resistividade muito alta.

26.86 Suponha que um canal iônico aberto típico que atravessa a membrana de um axônio possua uma resistência de $1 \times 10^{11}\ \Omega$. Podemos modelar esse canal iônico, com seu poro, como um cilindro com 12 nm de comprimento de raio 0,3 nm. Qual é a resistividade do fluido no poro? (a) $10\ \Omega \cdot$ m; (b) $6\ \Omega \cdot$ m; (c) $2\ \Omega \cdot$ m; (d) $1\ \Omega \cdot$ m.

26.87 Em um modelo simples de um axônio conduzindo um sinal nervoso, os íons se movem através da membrana celular por canais iônicos abertos, que funcionam como elementos puramente resistivos. Se uma densidade de corrente típica (corrente por unidade de área da seção reta) na membrana da célula é de 5 mA/cm^2 quando a voltagem através da membrana (o *potencial de ação*) é de 50 mV, qual é a densidade numérica de canais iônicos abertos na membrana? (a) 1/cm^2; (b) 10/cm^2; (c) 10/mm^2; (d) 100/μm^2.

26.88 As membranas celulares de uma ampla variedade de organismos possuem uma capacitância por unidade de área de 1 μF/cm^2. Para que o sinal elétrico em um nervo se propague ao longo do axônio, a carga sobre a membrana "capacitor" deve mudar. Qual deve ser a constante de tempo quando os canais iônicos estão abertos? (a) 1 μs; (b) 10 μs; (c) 100 μs; (d) 1 ms.

RESPOSTAS

Resposta à pergunta inicial do capítulo

Resposta: (ii) A diferença de potencial V é a mesma através dos resistores conectados em paralelo. Entretanto, uma corrente I diferente passará através de cada resistor se as resistências R forem diferentes: $I = V/R$.

Respostas às perguntas dos testes de compreensão

26.1 Resposta: (a), (c), (d), (b) Justificativa: os três resistores na Figura 26.1a estão ligados em série, portanto $R_{eq} = R + R + R = 3R$. Na Figura 26.1b, os três resistores estão ligados em paralelo, portanto $1/R_{eq} = 1/R + 1/R + 1/R = 3/R$ e $R_{eq} = R/3$. Na Figura 26.1c, o segundo e o terceiro resistores estão ligados em paralelo, portanto a resistência equivalente R_{23} é dada por $1/R_{23} = 1/R + 1/R = 2/R$; portanto $R_{23} = R/2$. Essa combinação está em série com o primeiro resistor, portanto os três resistores juntos possuem resistência equivalente $R_{eq} = R + R/2 = 3R/2$. Na Figura 26.1d, o segundo e o terceiro resistores estão em série, portanto a resistência equivalente é $R_{23} = R + R = 2R$. Essa combinação está em paralelo com o primeiro resistor, portanto a resistência equivalente da combinação de três resistores é dada por $1/R_{eq} = 1/R + 1/2R = 3/2R$. Portanto, $R_{eq} = 2R/3$.

26.2 Resposta: malha *cbdac*, não A Equação (2) menos a Equação (1) resulta em $-I_2(1\ \Omega) - (I_2 + I_3)(2\ \Omega) + (I_1 - I_3)(1\ \Omega) + I_1(1\ \Omega) = 0$. Podemos obter essa equação aplicando a lei das malhas em torno do caminho de *c* para *b* para *d* para *a* para *c* na Figura 26.12. Não se trata de uma nova equação, portanto ela não teria ajudado a resolver o Exemplo 26.6.

26.3 Resposta: (**a**) (**ii**), (**b**) (**iii**) Um amperímetro sempre deve ser conectado em série com o elemento do circuito em questão, e um voltímetro sempre deve ser conectado em paralelo. O amperímetro ideal teria resistência igual a zero, e o voltímetro ideal teria resistência infinita, de modo que suas presenças não surtiriam nenhum efeito sobre a corrente ou a voltagem do resistor. Nenhuma dessas idealizações é possível, mas a resistência do amperímetro deve ser bem menor que 2 Ω e a resistência do voltímetro, bem maior que 2 Ω.

26.4 Resposta: (**ii**) Após o intervalo de uma constante de tempo, $t = RC$ e a carga inicial Q_0 diminui para $Q_0e^{-t/RC} = Q_0e^{-RC/RC} = Q_0e^{-1} = Q_0/e$. Logo, a energia armazenada diminui de $Q_0^2/2C$ para $(Q_0/e)^2/2C = Q_0^2/2Ce^2$, uma fração $1/e^2 = 0{,}135$ de seu valor inicial. Esse resultado não depende do valor inicial da energia.

26.5 Resposta: não Trata-se de algo muito perigoso para ser feito. O fusível aceitará correntes de até 40 A, o dobro do valor máximo da fiação. A quantidade de potência $P = I^2R$ dissipada em uma seção do fio pode, portanto, ser até quatro vezes maior que o valor máximo, portanto os fios podem sofrer aquecimento e iniciar um incêndio. (Isso pressupõe que a resistência *R* permaneça inalterada. Na verdade, *R* aumenta com a temperatura, de modo que a potência dissipada pode ser ainda maior, e mais perigosa, que a estimada.)

Problema em destaque

(**a**) 9,39 J
(**b**) $2{,}02 \times 10^4$ W
(**c**) $4{,}65 \times 10^{-4}$ s
(**d**) $7{,}43 \times 10^3$ W

? A agulha de uma bússola magnética aponta para o norte. Esse alinhamento deve-se a: (i) uma força magnética na agulha; (ii) um torque magnético na agulha; (iii) o campo magnético que a própria agulha produz; (iv) as opções (i) e (ii) estão corretas; (v) as opções (i), (ii) e (iii) estão corretas.

27 CAMPO MAGNÉTICO E FORÇAS MAGNÉTICAS

OBJETIVOS DE APRENDIZAGEM

Ao estudar este capítulo, você aprenderá:

27.1 As propriedades dos ímãs e como eles interagem entre si.

27.2 A natureza da força que um campo magnético exerce sobre uma partícula carregada em movimento.

27.3 O quão diferentes são as linhas do campo magnético e as linhas do campo elétrico.

27.4 Como analisar o movimento de uma partícula carregada em um campo magnético.

27.5 Algumas aplicações práticas de campos magnéticos em química e física.

27.6 Como analisar as forças magnéticas que atuam sobre condutores que conduzem correntes.

27.7 Como os circuitos de corrente se comportam quando colocados em um campo magnético.

27.8 Como funcionam os motores de corrente contínua.

27.9 Como as forças magnéticas fazem surgir o efeito Hall.

Revendo conceitos de:

1.10 Produto vetorial de dois vetores.

3.4, 5.4 Movimento circular uniforme.

10.1 Torque.

21.6, 21.7 Linhas de campo elétrico e momento de dipolo elétrico.

22.2, 22.3 Fluxo elétrico e lei de Gauss.

25.1 Corrente elétrica.

26.3 Galvanômetros.

Todas as pessoas utilizam uma força magnética. Ela está presente em motores elétricos, em fornos de micro-ondas, em alto-falantes, nas impressoras de computadores e nas unidades de disco usadas em computadores. Um dos aspectos mais familiares do magnetismo é o associado ao ímã permanente, que atrai objetos de ferro não imantados e também atrai ou repele outro ímã. A agulha de uma bússola alinhada ao campo magnético da Terra fornece um exemplo da interação magnética. Contudo, a natureza *fundamental* do magnetismo é a interação produzida por cargas elétricas que se movem. Diferentemente da força elétrica, que atua sempre sobre uma carga, quer ela esteja em movimento, quer esteja em repouso, as forças magnéticas só atuam sobre cargas em *movimento*.

No Capítulo 21, estudamos que a força elétrica surge em duas etapas: (1) uma carga produz um campo elétrico no espaço em sua vizinhança; e (2) uma segunda carga reage a esse campo. As forças magnéticas também surgem em duas etapas. Em primeiro lugar, uma carga *em movimento* ou um conjunto de cargas em movimento (ou seja, uma corrente elétrica) produz um campo *magnético*. A seguir, uma segunda corrente ou carga em movimento reage a esse campo magnético e sofre a ação de uma força magnética.

Neste capítulo, estudaremos a segunda etapa da interação magnética — ou seja, como as cargas em movimento *reagem* aos campos magnéticos. Estudaremos principalmente como calcular as forças magnéticas e os torques, e descobriremos por que os ímãs conseguem atrair objetos metálicos, como clipes de papel. No Capítulo 28, completaremos a abordagem à interação magnética, examinando como as cargas em movimento e as correntes *produzem* os campos magnéticos.

27.1 MAGNETISMO

Os fenômenos magnéticos foram observados pela primeira vez há pelo menos cerca de 2.500 anos, em fragmentos de minério de ferro imantados nas proximidades da antiga cidade de Magnésia (agora chamada de Manisa, no oeste da Turquia). Esses fragmentos hoje são conhecidos como **ímãs permanentes**; você provavelmente possui diversos ímãs permanentes presos na porta da geladeira de sua casa. Verificou-se que um ímã permanente exerce uma força sobre outro ímã ou sobre um pedaço de ferro não imantado. Descobriu-se que, deixando uma haste de ferro em contato com um ímã natural, ela se torna imantada. Quando essa haste imantada "flutua" sobre a água ou é suspensa por um fio preso em seu centro, ela tende a se alinhar com a direção norte-sul. A agulha de uma bússola comum nada mais é que um fragmento de ferro imantado como esse.

Antes de compreender a relação da interação magnética em termos de cargas em movimento, as interações de ímãs permanentes e de agulhas de bússolas eram explicadas com base em *polos magnéticos*. Quando um ímã permanente possui *forma de barra*, podendo girar livremente, uma de suas extremidades aponta para o norte. Essa extremidade denomina-se *polo norte* ou *polo N*; a outra extremidade é o *polo sul* ou *polo S*. Os polos opostos se atraem e os polos iguais se repelem (**Figura 27.1**). Um objeto que contém ferro, porém não imantado (ou seja, quando não possui nenhuma tendência a apontar para o norte ou para o sul), é atraído por *qualquer* um dos polos de um ímã permanente (**Figura 27.2**). Essa é a atração que ocorre entre um ímã e a porta de aço de uma geladeira. Por analogia à interação elétrica, podemos descrever as interações mostradas nas figuras 27.1 e 27.2 afirmando que o ímã cria um *campo magnético* no espaço em torno dele e um segundo corpo sofre a ação desse campo. A agulha de uma bússola tende a se alinhar ao campo magnético do local onde ela está.

A própria Terra é um ímã. Seu Polo Norte geográfico está próximo do polo *sul* magnético, razão pela qual o polo norte da agulha de uma bússola aponta para o norte. O eixo de simetria do campo magnético da Terra não é paralelo ao eixo geográfico (ou eixo de rotação), de modo que a direção indicada pela agulha da bússola é ligeiramente desviada da direção geográfica norte-sul. Esse desvio, que varia de um local para outro, denomina-se *declinação magnética* ou *variação magnética*. Além disso, o campo magnético não é horizontal na maior parte dos pontos da superfície terrestre; o ângulo para cima ou para baixo indica a *inclinação magnética*. Sobre os polos magnéticos, o campo magnético é vertical.

A **Figura 27.3** mostra um esboço do campo magnético da Terra. As curvas chamadas de *linhas do campo magnético* mostram a direção e o sentido indicados pelas agulhas das bússolas em cada ponto; essas linhas serão discutidas com detalhes na Seção 27.3. A direção do campo em cada ponto é definida pela força que o campo exerceria sobre um polo norte magnético situado no respectivo ponto. Na Seção 27.2, descreveremos um modo mais fundamental para a definição do módulo, da direção e do sentido de um campo magnético.

Polos magnéticos *versus* carga elétrica

O conceito de polo magnético pode parecer semelhante ao de carga elétrica; o polo norte e o polo sul podem parecer análogos a uma carga positiva e uma negativa. Porém, essa analogia pode causar confusão. Embora existam cargas negativas e positivas isoladas, não existe *nenhuma* evidência experimental da existência de um polo magnético isolado; os polos magnéticos sempre existem formando pares. Quando uma barra imantada é partida ao meio, cada extremidade de cada pedaço constitui um polo (**Figura 27.4**). A existência de um polo magnético isolado, ou **monopolo magnético**, teria consequências importantes para a física teórica. Pesquisas intensas com o propósito de detectar monopolos magnéticos têm sido realizadas, porém até o momento nenhuma obteve êxito.

Figura 27.1 (a) Quando os polos opostos (N e S, ou S e N) de um ímã estão muito próximos, ocorre atração entre os ímãs. (b) Quando os polos iguais (N e N, ou S e S) de um ímã estão muito próximos, ocorre repulsão entre os ímãs.

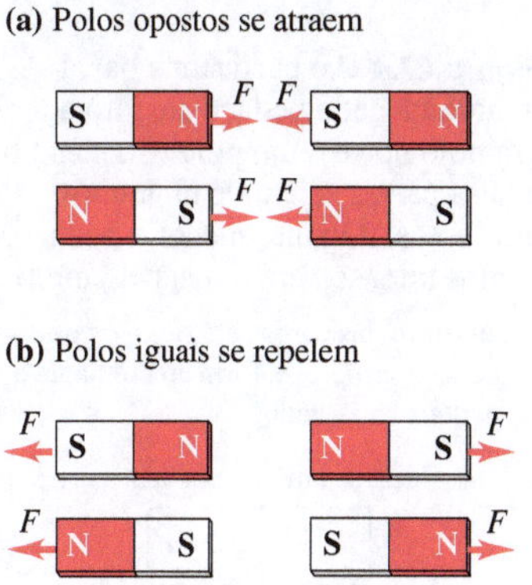

Figura 27.2 (a) Qualquer polo de um ímã atrai um objeto não imantado que contenha ferro, como um prego. (b) Um exemplo real desse efeito.

(a)

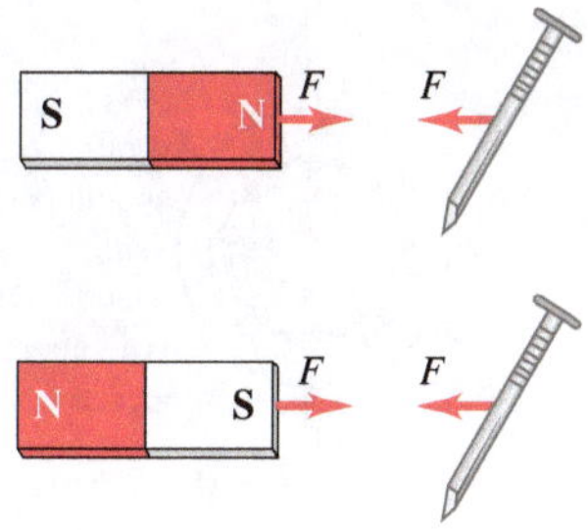

(b)

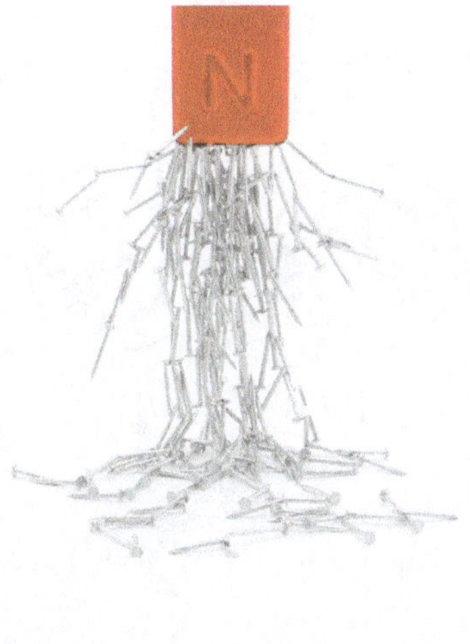

Figura 27.3 Esboço do campo magnético da Terra. O campo, cuja origem imaginamos que seja a existência de correntes no núcleo líquido da Terra, varia com o tempo; os indícios geológicos mostram que esse campo inverte seu sentido em períodos irregulares da ordem de 10^4 a 10^6 anos.

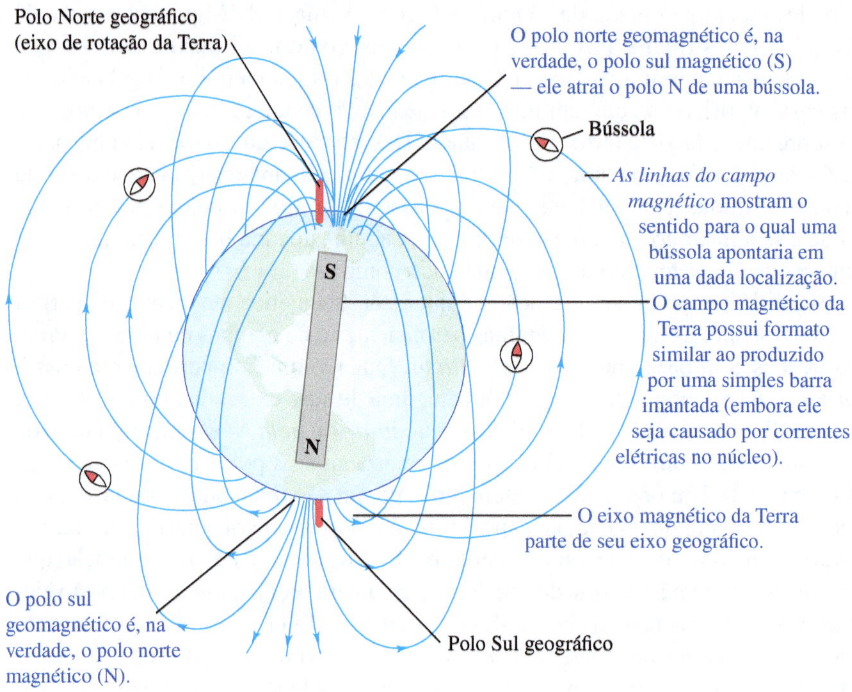

Figura 27.4 Ao partir uma barra imantada, cada pedaço passará a ter um polo norte e um polo sul, mesmo que as partes sejam de tamanhos diferentes. (Quanto menor o pedaço, menos intenso será o magnetismo.)

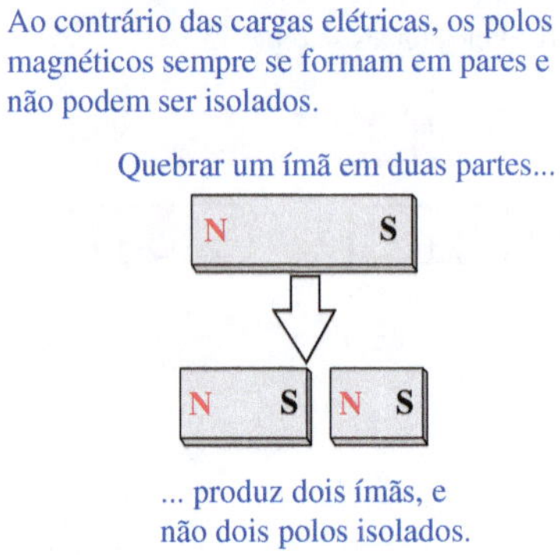

Figura 27.5 Na experiência de Oersted, uma bússola é colocada diretamente sobre um fio horizontal (aqui visto de cima).

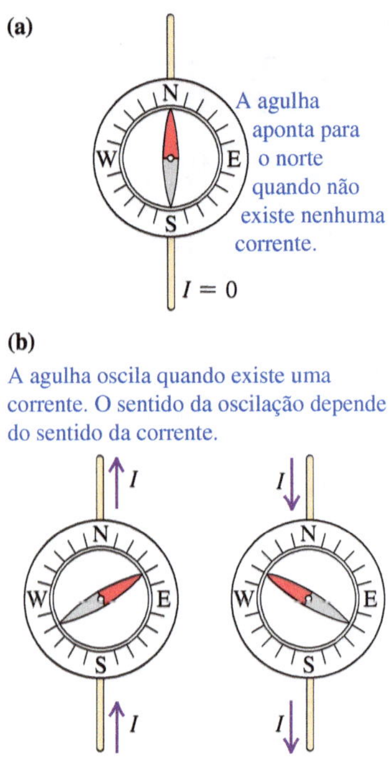

A primeira evidência da relação entre o magnetismo e o movimento de cargas foi descoberta em 1820 pelo cientista dinamarquês Hans Christian Oersted. Ele verificou que a agulha de uma bússola era desviada por um fio conduzindo uma corrente elétrica, conforme indica a **Figura 27.5**. Pesquisas semelhantes foram realizadas na França por André Ampère. Alguns anos depois, Michael Faraday, na Inglaterra, e Joseph Henry, nos Estados Unidos, descobriram que o movimento de um ímã nas vizinhanças de uma espira condutora pode produzir corrente elétrica na espira. Agora sabemos que as forças magnéticas entre os dois corpos indicados nas figuras 27.1 e 27.2 são produzidas fundamentalmente pelo efeito magnético dos elétrons dos átomos no interior dos corpos. (Também há interações *elétricas* entre os dois corpos, mas elas são muito mais fracas que as interações magnéticas, porque os dois corpos são eletricamente neutros.) No interior de um corpo imantado, como um ímã permanente, existe um movimento *coordenado* de alguns elétrons dos átomos; em um corpo não imantado, esses movimentos não são coordenados. (Na Seção 27.7, descrevemos esses movimentos mais detalhadamente e mostraremos a origem das interações indicadas nas figuras 27.1 e 27.2.)

Verifica-se que as interações elétricas e magnéticas estão relacionadas. Nos capítulos seguintes, desenvolveremos os princípios unificadores do eletromagnetismo, culminando com a formulação desses princípios nas *equações de Maxwell*. Essas equações representam a síntese do eletromagnetismo, do mesmo modo que as leis do movimento de Newton constituem a síntese da mecânica, e, assim como as leis de Newton, essas equações representam uma imensa conquista intelectual da humanidade.

TESTE SUA COMPREENSÃO DA SEÇÃO 27.1 Suponha que você corte a parte inferior da agulha da bússola indicada na Figura 27.5a. Você descarta essa parte, faz um furo na parte superior que restou e coloca essa parte no pino localizado no centro da bússola. Essa parte que sobrou da agulha ainda oscilará para leste e para oeste quando uma corrente for aplicada, como na Figura 27.5b? ❙

27.2 CAMPO MAGNÉTICO

Para introduzirmos apropriadamente o conceito de campo magnético, vamos fazer uma revisão da formulação da interação *elétrica* apresentada no Capítulo 21, onde apresentamos o conceito de campo *elétrico*. Descrevemos as interações elétricas em duas etapas:

1. Uma distribuição de cargas elétricas em repouso cria um campo elétrico $\vec{E}$ no espaço em torno da distribuição.
2. O campo elétrico exerce uma força $\vec{F} = q\vec{E}$ sobre qualquer carga q que esteja presente no campo.

Podemos descrever as interações magnéticas de modo análogo:

1. Uma carga móvel ou uma corrente elétrica cria um **campo magnético** em suas vizinhanças (além de seu campo *elétrico*).
2. O campo magnético exerce uma força $\vec{F}$ sobre qualquer outra corrente ou carga que se mova no interior do campo.

Neste capítulo, vamos nos concentrar no *segundo* aspecto da interação: considerando um certo campo magnético, qual é a força que ele exerce sobre uma corrente ou sobre uma carga em movimento? No Capítulo 28, voltaremos ao problema da determinação de campos magnéticos *criados* por correntes e cargas em movimento.

Tal como no caso do campo elétrico, o campo magnético é um *campo vetorial*, ou seja, trata-se de uma grandeza vetorial associada a cada ponto do espaço. Vamos usar o símbolo $\vec{B}$ para designar um campo magnético. Em cada ponto do espaço, a direção de $\vec{B}$ é dada pela direção da agulha de uma bússola e o sentido aponta para o norte da agulha. As setas indicadas na Figura 27.3 sugerem a direção e o sentido do campo magnético da Terra; para qualquer ímã, o vetor $\vec{B}$ sai do polo norte e entra no polo sul.

BIO Aplicação A lagosta-espinhosa e bússolas magnéticas Embora a lagosta-espinhosa (*Panulirus argus*) tenha um sistema nervoso relativamente simples, ela é incrivelmente sensível aos campos magnéticos. Ela possui uma "bússola" magnética interna que lhe permite distinguir norte, sul, leste e oeste. Essa lagosta também pode sentir pequenas diferenças no campo magnético da Terra de um local para outro, e pode usar essas diferenças para ajudá-la a se orientar.

Forças magnéticas sobre cargas em movimento

São quatro as principais características da força magnética que atua sobre uma carga em movimento. Em primeiro lugar, seu módulo é proporcional ao módulo da carga. Se uma carga de 1 μC se move com a mesma velocidade de uma carga de 2 μC no interior de um campo magnético, a força magnética sobre a carga de 2 μC é duas vezes maior que a força magnética que atua sobre a carga de 1 μC. Em segundo lugar, o módulo da força também é proporcional ao módulo, ou "intensidade", do campo; se dobrarmos o valor do módulo do campo (por exemplo, usando dois ímãs idênticos em vez de um), sem alterar o valor da carga ou de sua velocidade, a força dobra.

A terceira característica é que a força magnética depende da velocidade da partícula. Esse comportamento é bastante diferente da força do campo elétrico, que é sempre a mesma, independentemente de a carga estar em repouso ou em movimento. Uma partícula carregada em repouso *não* sofre a ação de forças magnéticas. A quarta é que a força magnética $\vec{F}$ *não possui* a mesma direção do campo magnético $\vec{B}$, mas, em vez disso, atua sempre em uma direção simultaneamente *perpendicular* à direção de $\vec{B}$ e à direção da velocidade $\vec{v}$. Verifica-se que o módulo F da força é proporcional ao componente da velocidade $\vec{v}$ perpendicular ao campo; quando esse componente for nulo (ou seja, quando $\vec{v}$ e $\vec{B}$ forem paralelos ou antiparalelos), a força magnética será igual a zero.

A **Figura 27.6** mostra essas relações. A direção de $\vec{F}$ é sempre perpendicular ao plano contendo $\vec{v}$ e $\vec{B}$. O módulo da força é dado por

$$F = |q|\, v_{\perp}B = |q|\, vB \operatorname{sen} \phi \qquad (27.1)$$

em que $|q|$ é o módulo da carga e ϕ é o ângulo medido no sentido da rotação do vetor $\vec{v}$ para o $\vec{B}$, como indicado na figura.

Figura 27.6 A força magnética $\vec{F}$ que atua sobre uma carga positiva q que se move com velocidade $\vec{v}$ é simultaneamente perpendicular a $\vec{v}$ e ao campo magnético $\vec{B}$. Para dados valores do módulo da velocidade v e da intensidade do campo magnético B, a maior força ocorre quando $\vec{v}$ e $\vec{B}$ são perpendiculares.

(a)

A **força magnética** será igual a **zero** quando o movimento de uma carga for **paralelo** ao campo magnético.

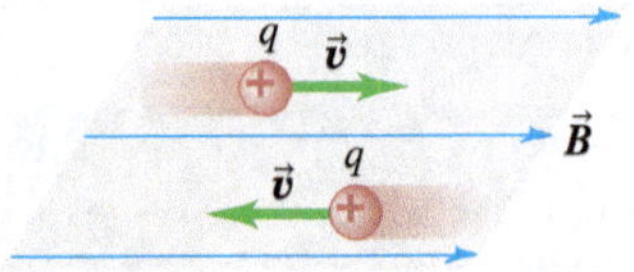

(b)

Quando o movimento de uma carga forma um ângulo ϕ com o campo magnético, a carga sofre uma força magnética com módulo $F = |q|v_{\perp}B = |q|vB \text{ sen } \phi$.

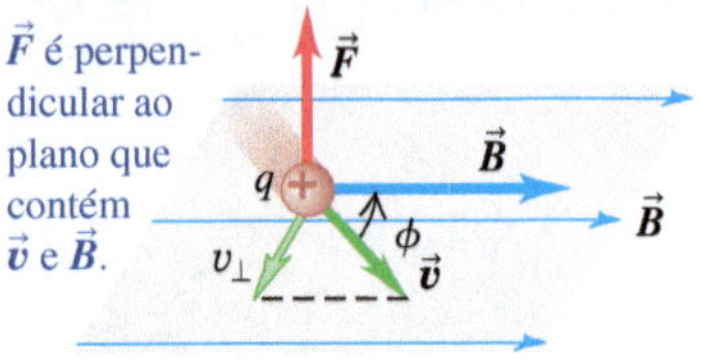

(c)

Quando o movimento da carga for **perpendicular** ao campo magnético, a carga sofrerá uma força magnética máxima com módulo $F_{máx} = qvB$.

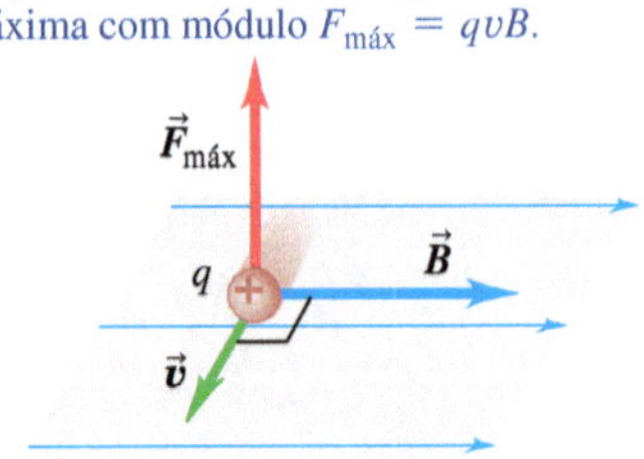

Essa descrição não especifica completamente o sentido de $\vec{F}$; existem sempre dois sentidos opostos na direção perpendicular ao plano de $\vec{v}$ com $\vec{B}$. Para completarmos a descrição, precisamos da regra da mão direita usada para definir o produto vetorial na Seção 1.10. (Antes de prosseguir, seria conveniente você fazer uma revisão daquela seção.) Desenhe os vetores $\vec{v}$ e $\vec{B}$ com suas origens no mesmo ponto, como na **Figura 27.7a**. Imagine uma rotação do vetor $\vec{v}$ até que ele fique na mesma direção do vetor $\vec{B}$ (fazendo uma rotação do menor ângulo entre os dois vetores). Feche os dedos de sua mão direita em torno da linha perpendicular ao plano de $\vec{v}$ e $\vec{B}$, de modo que a rotação dos dedos indique um sentido da rotação de $\vec{v}$ para $\vec{B}$. Então, seu polegar aponta no sentido da força $\vec{F}$ que atua sobre uma carga *positiva*.

Essa discussão mostra que a força sobre uma carga q que se desloca com velocidade $\vec{v}$ em um campo magnético $\vec{B}$ possui módulo, direção e sentido dados por

Força magnética sobre uma partícula carregada em movimento ⋯ Carga da partícula; Velocidade da partícula; Campo magnético

$$\vec{F} = q\vec{v} \times \vec{B} \qquad (27.2)$$

Esse é o primeiro de uma série de produtos vetoriais que encontraremos ao estudar as relações que envolvem campos magnéticos. É importante notar que a Equação 27.2 *não* foi deduzida teoricamente, mas obtida com base em observações *experimentais*.

A Equação 27.2 é válida para cargas tanto positivas quanto negativas. Quando q é negativa, o sentido da força $\vec{F}$ é contrário ao sentido do produto vetorial $\vec{v} \times \vec{B}$ (Figura 27.7b). Quando duas cargas de mesmo módulo e sinais opostos se deslocam no mesmo campo $\vec{B}$, com a mesma velocidade (**Figura 27.8**), as forças possuem o mesmo módulo, porém com sentidos opostos. As figuras 27.6, 27.7 e 27.8 mostram diversos exemplos de relações entre as direções e os sentidos de $\vec{F}$, $\vec{v}$ e $\vec{B}$ para cargas positivas e negativas. Verifique se você entendeu as relações indicadas nessas figuras.

A Equação 27.1 fornece o módulo da força magnética $\vec{F}$ na Equação 27.2. Visto que ϕ é o ângulo entre os vetores $\vec{v}$ e $\vec{B}$, podemos interpretar B sen ϕ como o componente de $\vec{B}$ perpendicular a $\vec{v}$ — ou seja, $B_{\perp}$. Com essa notação, o módulo da força é dado por

$$F = |q|vB_{\perp} \qquad (27.3)$$

Figura 27.7 Como encontrar a direção e o sentido da força magnética que atua sobre uma partícula carregada em movimento.

(a)

Regra da mão direita para determinar a direção e o sentido da força magnética que atua sobre uma carga **positiva** que se move em um campo magnético:

① Coloque as origens de $\vec{v}$ e $\vec{B}$ no mesmo ponto.

② Imagine a rotação de $\vec{v}$ para $\vec{B}$ no plano $\vec{v}$-$\vec{B}$ (através do ângulo menor).

③ A força atua ao longo de uma linha perpendicular ao plano $\vec{v}$-$\vec{B}$. Feche os dedos da sua *mão direita* em torno dessa linha, na mesma direção e sentido da rotação de $\vec{v}$. Seu polegar apontará na direção e no sentido em que a força atua.

(b)

Se a carga for negativa, a direção e o sentido da força serão ***opostos*** aos dados pela regra da mão direita.

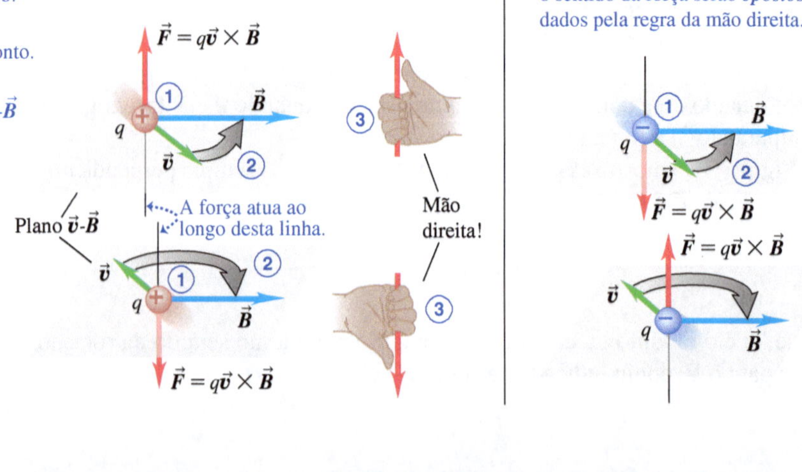

Algumas vezes essa forma é mais conveniente, sobretudo em problemas que envolvem *correntes* em vez do movimento de partículas individuais. Discutiremos as forças que atuam sobre correntes mais adiante neste capítulo.

Pela Equação 27.1, vemos que as *unidades* de B devem ser as mesmas de F/qv. Portanto, as unidades SI de B são equivalentes a 1 N · s/C · m, ou, como um ampère é igual a um coulomb por segundo (1 A = 1 C/s), obtemos as unidades 1 N/A · m. Essa unidade denomina-se **tesla** (abreviado por T), em homenagem a Nikola Tesla (1856-1943), eminente cientista e inventor sérvio-americano. Então,

$$1 \text{ tesla} = 1 \text{ T} = 1 \text{ N/A} \cdot \text{m}$$

A unidade de B do sistema cgs é o **gauss** (1 G = 10^{-4} T), que também é muito usada.

O campo magnético da Terra é da ordem de 10^{-4} T ou 1 G. Campos magnéticos da ordem de 10 T ocorrem no interior dos átomos e são importantes na análise de espectros atômicos. O maior campo magnético estacionário produzido em laboratório até o momento é da ordem de 45 T. Alguns eletroímãs pulsantes podem produzir campos magnéticos de 120 T durante intervalos de tempo de um milissegundo.

Figura 27.8 Duas cargas de mesmo módulo, porém com sinais opostos, se deslocando com a mesma velocidade no mesmo campo magnético. As forças magnéticas que atuam sobre as cargas possuem o mesmo módulo e a mesma direção, porém sentidos contrários.

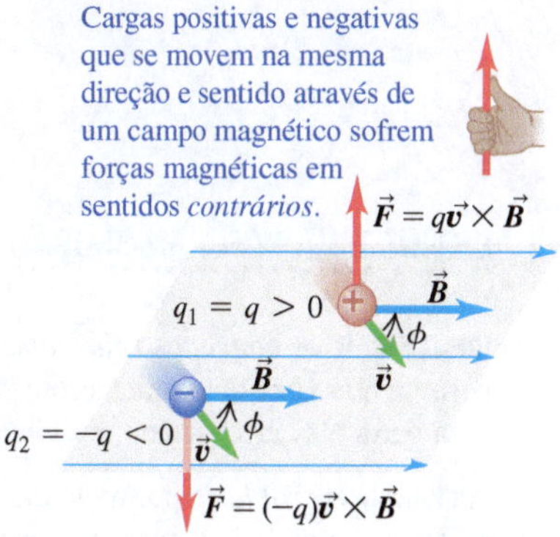

Medição de campos magnéticos com cargas de teste

Para pesquisarmos um campo magnético desconhecido, podemos medir o módulo, a direção e o sentido da força que atua sobre uma carga de teste que está se *movendo* no campo; a seguir, usamos a Equação 27.2 para determinar $\vec{B}$. O feixe de elétrons em um tubo de imagem, como o dos televisores antigos (não de uma TV de tela plana), é um dispositivo apropriado para fazer tais medições. O canhão de elétrons dispara um feixe estreito de elétrons com uma velocidade conhecida. Quando não existe nenhuma força capaz de desviar o feixe, ele colide com o centro da tela.

Quando um campo magnético está presente, em geral o feixe de elétrons se desvia. Porém, quando a velocidade do feixe é paralela ou antiparalela ao campo, então $\phi = 0$ ou π na Equação 27.1 e $F = 0$; não existe nenhuma força e, portanto, nenhum desvio. Se o feixe de elétrons não se desvia quando sua direção é paralela a um certo eixo, como na **Figura 27.9a**, o vetor $\vec{B}$ deve apontar para cima ou para baixo ao longo desse eixo.

Se, a seguir, girarmos o tubo de 90° (Figura 27.9b), $\phi = \pi/2$ na Equação 27.1, e a força magnética atingir seu valor máximo, o feixe é desviado ao longo de uma direção perpendicular ao plano de $\vec{B}$ e de $\vec{v}$. O módulo e o sentido do desvio determinam o módulo e o sentido do vetor $\vec{B}$. Podemos realizar outras experiências para

BIO Aplicação Campos magnéticos do corpo Todas as células vivas são eletricamente ativas, e as minúsculas correntes elétricas dentro de seu corpo produzem campos magnéticos fracos, porém mensuráveis. Os campos produzidos por músculos estruturais possuem módulos menores que 10^{-10} T, cerca de um milionésimo da força do campo magnético da Terra. O cérebro humano produz campos magnéticos bem mais fracos, de apenas cerca de 10^{-12} T.

Figura 27.9 Determinando a direção e o sentido de um campo magnético usando um tubo de raios catódicos. Como os elétrons possuem uma carga negativa, a força magnética $\vec{F} = q\vec{v} \times \vec{B}$ no item (b) aponta no sentido contrário ao dado pela regra da mão direita (veja a Figura 27.7b).

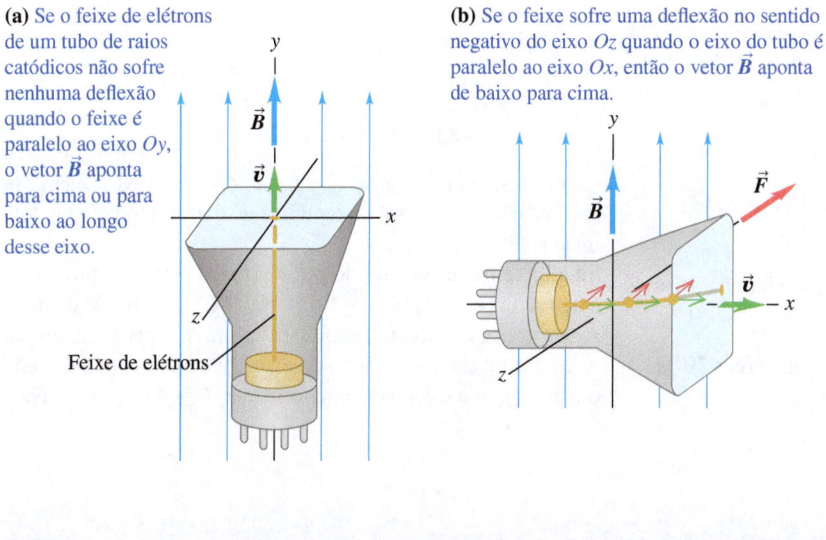

as quais o ângulo entre $\vec{B}$ e $\vec{v}$ esteja compreendido entre 0 e 90° para confirmar a Equação 27.1. Observe que o elétron possui carga negativa; a força indicada na Figura 27.9b apresenta sentido contrário à força que atua sobre uma carga positiva.

Quando uma partícula carregada se move em uma região do espaço onde existem, *simultaneamente*, um campo elétrico e um campo magnético, ambos os campos exercem forças sobre a partícula. A força resultante $\vec{F}$ é a soma vetorial da força elétrica e da força magnética:

$$\vec{F} = q(\vec{E} + \vec{v} \times \vec{B}) \qquad (27.4)$$

ESTRATÉGIA PARA A SOLUÇÃO DE PROBLEMAS 27.1 FORÇAS MAGNÉTICAS

IDENTIFICAR *os conceitos relevantes:* a equação $\vec{F} = q\vec{v} \times \vec{B}$ permite que você determine a força magnética que atua sobre uma partícula carregada em movimento.

PREPARAR *o problema* por meio das seguintes etapas:

1. Desenhe os dois vetores $\vec{v}$ e campo magnético $\vec{B}$ com as respectivas origens em um mesmo ponto, de modo que você possa visualizar e desenhar o plano formado por esses dois vetores.
2. Identifique o ângulo ϕ entre $\vec{v}$ e $\vec{B}$.
3. Identifique as variáveis-alvo.

EXECUTAR *a solução* conforme segue:

1. Expresse a força magnética usando a Equação 27.2, $\vec{F} = q\vec{v} \times \vec{B}$. O módulo da força é dado pela Equação 27.1, $F = qvB \operatorname{sen} \phi$.
2. Lembre-se de que $\vec{F}$ é sempre perpendicular ao plano dos vetores $\vec{v}$ e $\vec{B}$. A regra da mão direita (ver Figura 27.7) indica a direção de $\vec{v} \times \vec{B}$. Quando q for uma carga negativa, a força será *oposta* ao produto vetorial $\vec{v} \times \vec{B}$.

AVALIAR *sua resposta:* sempre que possível, resolva o problema usando dois métodos. Aplique diretamente a definição geométrica do produto vetorial. A seguir, determine os componentes dos vetores em algum sistema com eixos convenientes e calcule o produto vetorial algebricamente, a partir dos componentes. Verifique se os dois resultados estão de acordo.

EXEMPLO 27.1 FORÇA MAGNÉTICA SOBRE UM PRÓTON

Um feixe de prótons ($q = 1{,}6 \times 10^{-19}$ C) se move a $3{,}0 \times 10^5$ m/s em um campo magnético uniforme, com módulo igual a 2,0 T, orientado ao longo do eixo positivo Oz, como mostra a **Figura 27.10**. A velocidade de cada próton está contida no plano xz, formando um ângulo de 30° com o eixo $+Oz$. Determine a força que atua sobre o próton.

Figura 27.10 Direção e sentido de $\vec{v}$ e $\vec{B}$ para um feixe de prótons em um campo magnético.

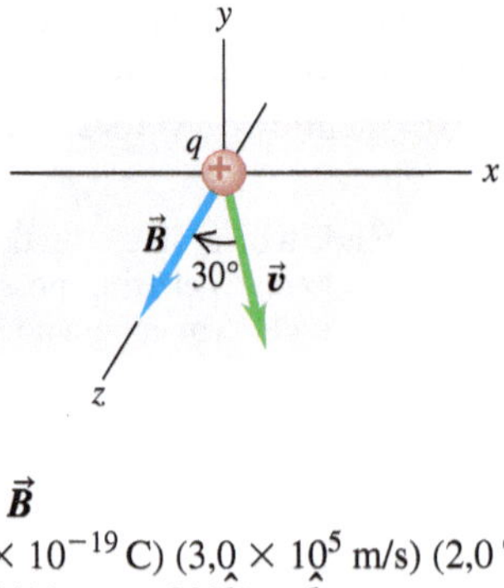

SOLUÇÃO

IDENTIFICAR E PREPARAR: este problema usa a expressão $\vec{F} = q\vec{v} \times \vec{B}$ para o campo magnético $\vec{F}$ que atua sobre uma partícula carregada em movimento. A variável-alvo é $\vec{F}$.

EXECUTAR: a carga é positiva, portanto a força está no mesmo sentido que o produto vetorial $\vec{v} \times \vec{B}$. A regra da mão direita mostra que a força está orientada para a parte negativa do eixo Oy. Pela Equação 27.1, o módulo dessa força é

$$\begin{aligned} F &= qvB \operatorname{sen} \phi \\ &= (1{,}6 \times 10^{-19}\ \text{C})\ (3{,}0 \times 10^5\ \text{m/s})\ (2{,}0\ \text{T})\ (\operatorname{sen} 30°) \\ &= 4{,}8 \times 10^{-14}\ \text{N} \end{aligned}$$

AVALIAR: para verificar nosso resultado, avaliamos a força usando a notação vetorial e a Equação 27.2. Obtemos

$$\vec{v} = (3{,}0 \times 10^5\ \text{m/s})\ (\operatorname{sen} 30°)\hat{\imath} + (3{,}0 \times 10^5\ \text{m/s})\ (\cos 30°)\hat{k}$$
$$\vec{B} = (2{,}0\ \text{T})\hat{k}$$

$$\begin{aligned} \vec{F} &= q\vec{v} \times \vec{B} \\ &= (1{,}6 \times 10^{-19}\ \text{C})\ (3{,}0 \times 10^5\ \text{m/s})\ (2{,}0\ \text{T}) \\ &\quad \times (\operatorname{sen} 30°\hat{\imath} + \cos 30°\hat{k}) \times \hat{k} \\ &= (-4{,}8 \times 10^{-14}\ \text{N})\hat{\jmath} \end{aligned}$$

(Lembre-se de que $\hat{\imath} \times \hat{k} = -\hat{\jmath}$ e $\hat{k} \times \hat{k} = \mathbf{0}$.) Novamente se verifica que a força está no sentido negativo de Oy, com módulo igual a $4{,}8 \times 10^{-14}$ N.

Se o feixe fosse constituído por *elétrons* em vez de prótons, a carga seria negativa ($q = -1{,}6 \times 10^{-19}$ C), e o sentido da força se mostraria oposto ao sentido anterior. A força seria, então, orientada no sentido *positivo* do eixo Oy, porém o módulo seria o mesmo que o calculado anteriormente, $F = 4{,}8 \times 10^{-14}$ N.

TESTE SUA COMPREENSÃO DA SEÇÃO 27.2 A figura ao lado indica um campo magnético $\vec{B}$ orientado para o plano do papel (preenchido por símbolos ×). Uma partícula com carga negativa se move nesse plano. Qual dos três caminhos — 1, 2 ou 3 — a partícula seguirá? ▮

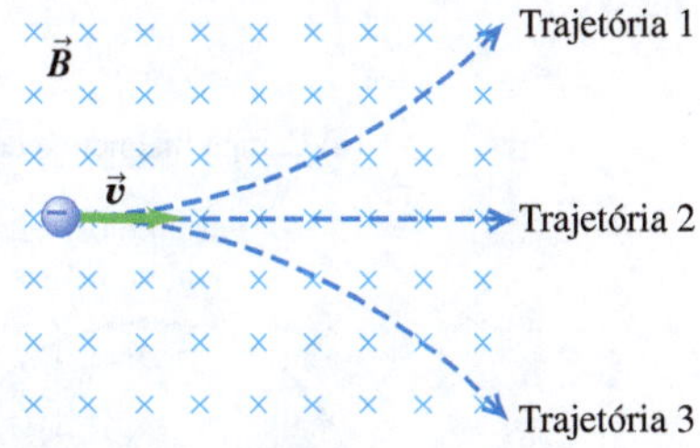

27.3 LINHAS DO CAMPO MAGNÉTICO E FLUXO MAGNÉTICO

Podemos representar qualquer campo magnético pelas **linhas do campo magnético**, do mesmo modo que fizemos para o campo magnético da Terra, na Figura 27.3. A ideia é idêntica à que empregamos para as linhas de campo elétrico, introduzidas na Seção 21.6. Desenhamos as linhas de tal modo que a linha que passa em cada ponto seja tangente ao vetor campo magnético $\vec{B}$ no ponto considerado (**Figura 27.11**). Assim como no caso das linhas de campo elétrico, desenhamos apenas algumas linhas representativas; de outra forma, essas linhas deveriam preencher todo o espaço. Nos locais onde as linhas de campo são agrupadas mais compactamente, o módulo do campo magnético é elevado; quando a distância entre as linhas for grande, o módulo do campo magnético será pequeno. Além disso, como $\vec{B}$ só pode ter uma direção e um sentido em cada ponto, concluímos que duas linhas de campo não podem se interceptar.

Figura 27.11 Linhas do campo magnético de um ímã permanente. Note que as linhas de campo passam pelo interior do ímã.

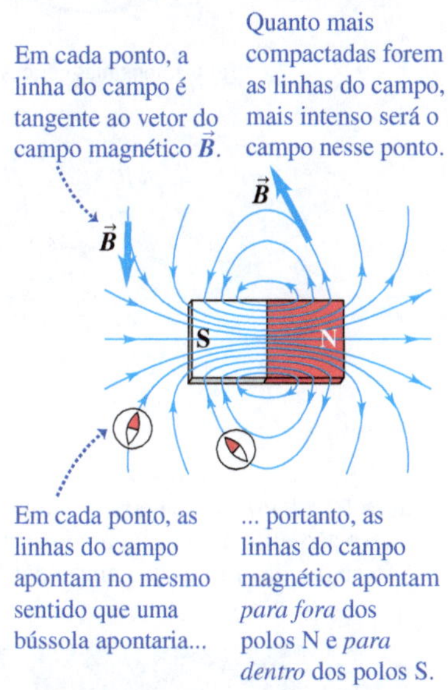

ATENÇÃO Linhas do campo magnético não são "linhas de força" Diferentemente do caso das linhas do campo elétrico, as linhas do campo magnético *não* apontam na mesma direção da força que atua sobre a carga (**Figura 27.12**). A Equação 27.2 mostra que a força que atua sobre uma partícula que se move é sempre perpendicular ao campo magnético e, portanto, é ortogonal à linha de campo magnético que passa pelo ponto onde a partícula está. A direção da força depende da velocidade da partícula e do sinal da carga, de modo que apenas observar a direção de uma linha de campo magnético não é suficiente para a determinação da direção da força que atua sobre uma partícula carregada arbitrária que se move. As linhas de campo magnético *possuem* a mesma direção da agulha magnética de uma bússola colocada em cada ponto do campo; isso pode ajudar a visualizar essas linhas.

As linhas do campo magnético produzidas por diversas fontes comuns de campos magnéticos são indicadas nas figuras 27.11 e 27.13. No espaço vazio entre os polos do eletroímã mostrado na **Figura 27.13a**, as linhas do campo são quase retas, paralelas e igualmente espaçadas, o que mostra que o campo magnético nessa região é praticamente *uniforme* (ou seja, constante em módulo, direção e sentido).

Como os padrões do campo magnético são tridimensionais, geralmente é necessário desenhar linhas do campo magnético que apontam para dentro ou para fora do plano de um desenho. Para isso, usamos um ponto (·) para representar um vetor orientado para fora do plano e uma cruz (×) para representar um vetor orientado para dentro do plano (Figura 27.13b). Esta é uma boa forma de lembrar essas convenções: pense em um ponto como a ponta de uma flecha que vem diretamente em sua direção e pense na cruz como as penas de uma flecha se afastando de você.

As limalhas de ferro, assim como as agulhas de uma bússola, se orientam conforme as linhas do campo magnético. Logo, elas oferecem uma técnica familiar usada para a visualização das linhas do campo magnético (**Figura 27.14**).

Figura 27.12 Linhas do campo magnético *não* são "linhas de força".

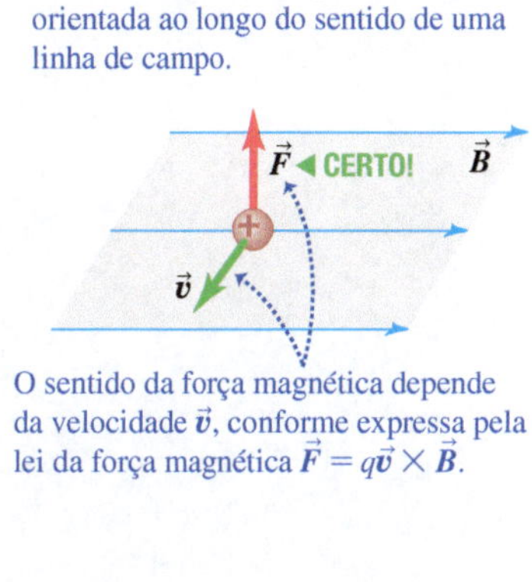

Fluxo magnético e leis de Gauss para o magnetismo

Definimos o **fluxo magnético** Φ_B através de uma superfície de modo análogo à descrição do fluxo elétrico relacionado com a lei de Gauss, na Seção 22.2. Podemos dividir qualquer superfície em elementos de área dA (**Figura 27.15**). Para cada elemento, determinamos $B_\perp$, o componente de $\vec{B}$ normal à superfície do elemento, conforme indicado. De acordo com a figura, temos $B_\perp = B \cos \phi$, em que ϕ é o

Figura 27.13 Linhas de campo magnético produzidas por várias fontes comuns de campo magnético.

(a) Campo magnético de um ímã em formato de "C"

Entre polos magnéticos planos e paralelos, o campo magnético é praticamente uniforme.

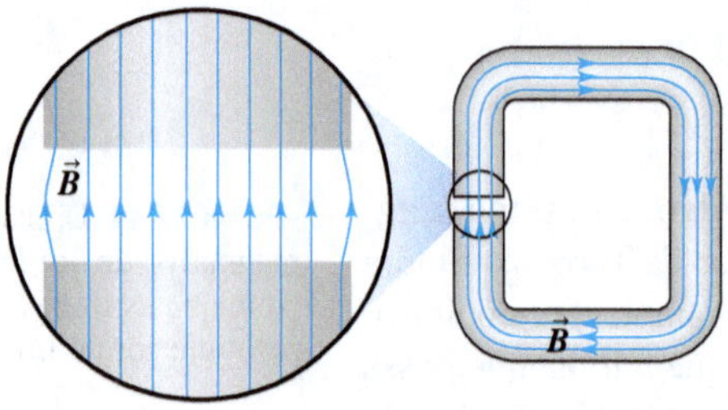

(b) Campo magnético de um fio retilíneo longo que conduz uma corrente

Para representar um campo que está orientado para fora do plano do papel ou para dentro desse plano, usamos pontos e cruzes, respectivamente.

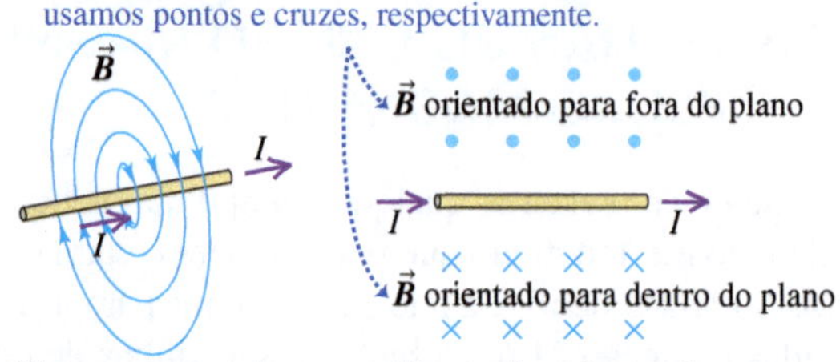

Vista em perspectiva *Fio no plano do papel*

(c) Campos magnéticos de uma espira circular e uma bobina cilíndrica (solenoide) que conduzem uma corrente

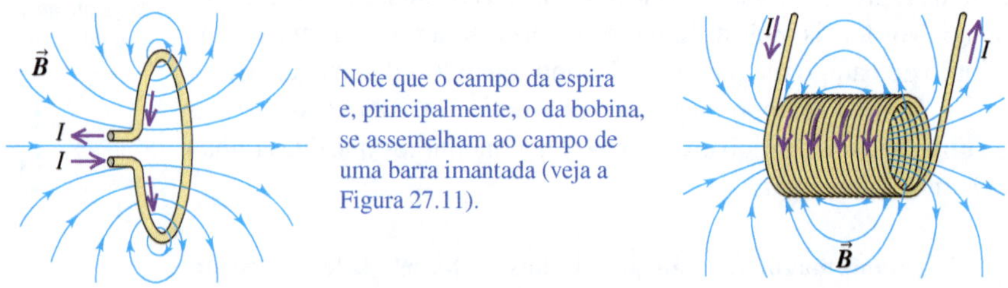

Figura 27.14 (a) Como pequenas agulhas de uma bússola, limalhas de ferro são alinhadas tangente às linhas do campo magnético. (b) Desenho das linhas de campo para a situação mostrada em (a).

(a)

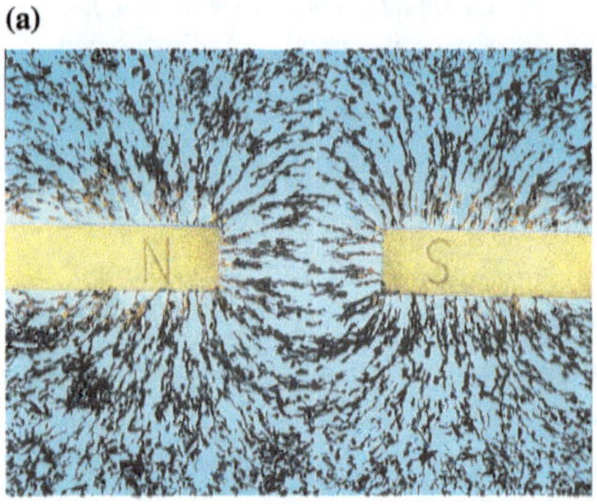

(b)

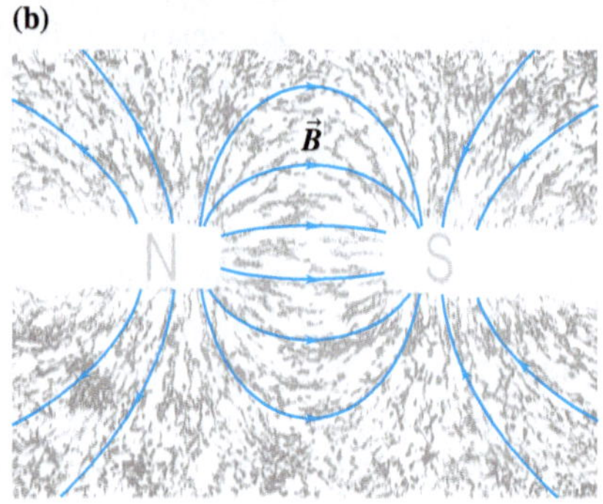

Figura 27.15 O fluxo do campo magnético através de um elemento de área dA é definido pela relação $d\Phi_B = B_\perp dA$.

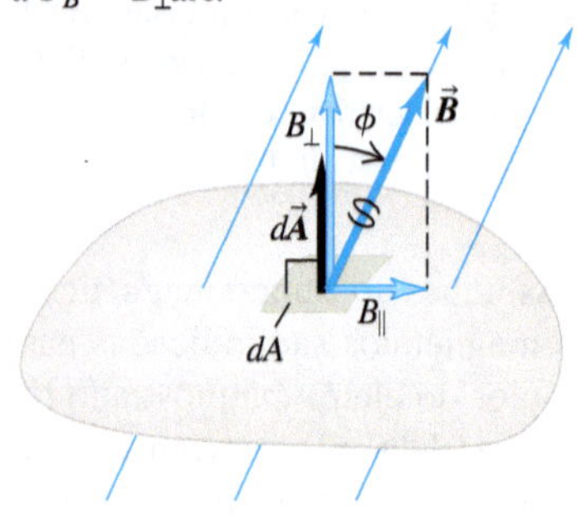

ângulo entre a direção de $\vec{B}$ e a reta perpendicular à superfície. (Cuidado para não confundir o ângulo ϕ com Φ_B.) Em geral, esse componente varia de ponto a ponto sobre a superfície. Definimos o fluxo magnético $d\Phi_B$ através da superfície como

$$d\Phi_B = B_\perp dA = B\cos\phi\, dA = \vec{B}\cdot d\vec{A} \tag{27.5}$$

O fluxo magnético *total* através da superfície é a soma das contribuições dos elementos de área individuais:

$$\Phi_B = \int B\cos\phi\, dA = \int B_\perp\, dA = \int \vec{B}\cdot d\vec{A} \tag{27.6}$$

Fluxo magnético através de uma superfície (Φ_B); Módulo do campo magnético $\vec{B}$ (B); Ângulo entre $\vec{B}$ e normal à superfície (ϕ); Elemento de área da superfície (dA); Componente de $\vec{B}$ perpendicular à superfície ($B_\perp$); Elemento de vetor da área da superfície ($d\vec{A}$)

(Reveja os conceitos do vetor da área e de integral de superfície introduzidos na Seção 22.2.)

O fluxo magnético é uma grandeza *escalar*. No caso especial para o qual $\vec{B}$ é uniforme sobre uma superfície plana com área total A, $B_{\perp}$ e ϕ são os mesmos em todos os pontos sobre a superfície e, portanto,

$$\Phi_B = B_{\perp}A = BA\cos\phi \qquad (27.7)$$

Se $\vec{B}$ também é perpendicular à superfície (paralelo ao vetor da área), então $\cos\phi = 1$ e a Equação 27.7 se reduz a $\Phi_B = BA$. Usaremos muito o conceito de fluxo magnético quando estudarmos a indução eletromagnética no Capítulo 29.

A unidade SI de fluxo magnético é dada pela unidade de campo magnético (1 T) multiplicada pela unidade de área (1 m^2). Essa unidade é chamada de **weber** (1 Wb), em homenagem ao físico alemão Wilhelm Weber (1804-1891):

$$1\ \text{Wb} = 1\ \text{T}\cdot\text{m}^2$$

Também 1 T = 1 N/A · m, portanto

$$1\ \text{Wb} = 1\ \text{T}\cdot\text{m}^2 = 1\ \text{N}\cdot\text{m/A}$$

Na lei de Gauss, o fluxo *elétrico* total através de uma superfície fechada é proporcional à carga elétrica total existente no interior da superfície. Por exemplo, quando a superfície fechada engloba um dipolo elétrico, o fluxo total é zero porque a carga total é igual a zero. (Convém fazer uma revisão da Seção 22.3 sobre a lei de Gauss.) Por analogia, se existisse algo do tipo carga magnética única (monopolo magnético), o fluxo *magnético* total através de uma superfície fechada seria proporcional à carga magnética no interior da superfície fechada. Porém, conforme dissemos, apesar das intensas pesquisas, nenhum monopolo magnético livre jamais foi observado. Isso nos leva à **lei de Gauss para o magnetismo**:

Lei de Gauss para o magnetismo:

O fluxo magnético total através de uma **superfície fechada** ...

$$\oint \vec{B}\cdot d\vec{A} = 0 \qquad (27.8)$$

... é sempre igual a zero.

Você pode verificar a lei de Gauss para o magnetismo examinando as figuras 27.11 e 27.13; desenhando-se uma superfície fechada em qualquer um dos mapas dos campos magnéticos indicados na figura, você notará que cada linha do campo que entra na superfície também sai da mesma superfície; o fluxo total através da superfície considerada é igual a zero. Da Equação 27.8, decorre que as linhas do campo magnético sempre devem ser fechadas.

ATENÇÃO Linhas do campo magnético não têm extremos Diferentemente do caso de uma linha do campo elétrico, que sempre começa e termina em cargas elétricas, as linhas do campo magnético *nunca* possuem pontos extremos; tais pontos indicariam a existência de um monopolo. Você pode ficar tentado a desenhar linhas do campo magnético que começam no polo norte de um ímã e terminam no polo sul. Mas, como indica a Figura 27.11, na verdade, as linhas de campo de um ímã continuam pelo interior do ímã. Como todas as demais linhas do campo magnético, elas formam circuitos fechados.

Para a lei de Gauss, que sempre se aplica a uma superfície *fechada*, o vetor de área $d\vec{A}$ na Equação 27.6 aponta, invariavelmente, *para fora* da superfície. Contudo, algumas aplicações de fluxo *magnético* envolvem uma superfície *aberta* com uma linha de contorno; nesse caso, existe uma ambiguidade de sinal na

DADOS MOSTRAM

Forças magnéticas e linhas do campo magnético

Quando os alunos recebiam um problema sobre forças magnéticas e linhas do campo magnético, mais de 16% davam uma resposta incorreta. Erros comuns:

- Esquecer que somente o componente do campo magnético perpendicular à velocidade de uma partícula carregada causa uma força sobre a partícula. Se não houver componente perpendicular, não haverá força magnética.
- Esquecer que a força magnética sobre uma partícula carregada em movimento não é direcionada ao longo de uma linha de campo magnético. Essa força é perpendicular ao campo magnético, bem como à velocidade da partícula.

Equação 27.6, pois há dois sentidos possíveis para o vetor $d\vec{A}$. Nesses casos, devemos escolher um dos dois sentidos como "positivo" e usar consistentemente o sentido escolhido.

Quando o elemento de área dA na Equação 27.5 forma um ângulo reto com a linha do campo, então $B_\perp = B$; chamando de $dA_\perp$ o elemento de área, obtemos

$$B = \frac{d\Phi_B}{dA_\perp} \qquad (27.9)$$

Ou seja, o módulo do campo magnético é igual ao *fluxo por unidade de área* ao longo de uma área ortogonal ao campo magnético. Por essa razão, o campo magnético $\vec{B}$ algumas vezes é chamado de **densidade de fluxo magnético**.

EXEMPLO 27.2 CÁLCULOS DE FLUXO MAGNÉTICO

A **Figura 27.16a** mostra a vista de perfil de um plano com área de 3,0 cm^2 em um campo magnético uniforme $\vec{B}$. Sabendo que o fluxo magnético através da área é igual a +0,90 mWb, calcule o módulo do campo magnético e determine a direção e o sentido do vetor da área $\vec{A}$.

Figura 27.16 (a) Uma área plana A em um campo magnético uniforme $\vec{B}$. (b) O vetor da área $\vec{A}$ forma um ângulo igual a 60° com $\vec{B}$. (Se você considerasse $\vec{A}$ apontando no sentido oposto, ϕ seria igual a 120° e o fluxo magnético Φ_B seria negativo.)

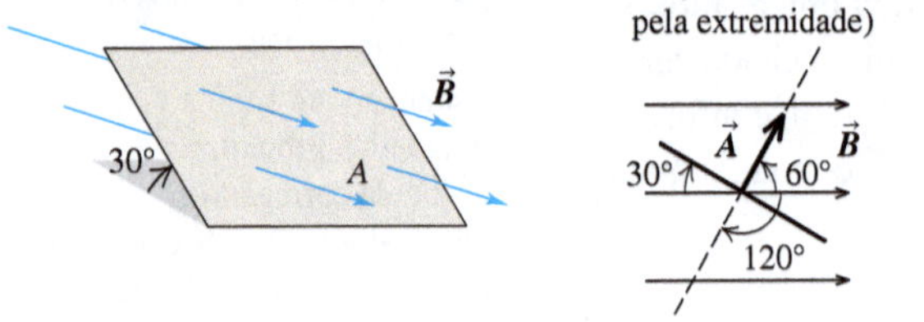

SOLUÇÃO

IDENTIFICAR E PREPARAR: nossas variáveis-alvo são o módulo do campo B e a direção e o sentido do vetor da área. Como o campo $\vec{B}$ é uniforme, B e ϕ permanecem constantes em todos os pontos sobre a superfície. Logo, podemos usar a Equação 27.7: $\Phi_B = BA \cos \phi$.

EXECUTAR: a área A é igual a $3,0 \times 10^{-4}$ m^2; a direção de $\vec{A}$ é perpendicular à superfície, de modo que ϕ pode ser 60° ou 120°. Porém, Φ_B, B e A possuem todos valores positivos, logo, cos ϕ também deve ser positivo. Esse fato elimina a solução 120°, de modo que $\phi = 60°$ (Figura 27.16b), e obtemos

$$B = \frac{\Phi_B}{A \cos\phi} = \frac{0{,}90 \times 10^{-3}\ \text{Wb}}{(3{,}0 \times 10^{-4}\ \text{m}^2)(\cos 60°)} = 6{,}0\ \text{T}$$

AVALIAR: em muitos problemas, devemos calcular o fluxo de determinado campo magnético através de determinada área. Este exemplo é um pouco diferente: ele testa seu conhecimento da definição do fluxo magnético.

TESTE SUA COMPREENSÃO DA SEÇÃO 27.3 Imagine que você se mova ao longo do eixo do circuito pelo qual passa corrente da Figura 27.13c, partindo de um ponto bem à esquerda do circuito e terminando em um ponto bem à direita dele. (a) Como a intensidade do campo magnético varia à medida que você se move ao longo dessa trajetória? (i) Ela permanece a mesma em todos os pontos ao longo da trajetória; (ii) ela aumenta e a seguir diminui; (iii) ela diminui e em seguida aumenta. (b) A direção do campo magnético varia à medida que você se move ao longo da trajetória? ▌

27.4 MOVIMENTO DE PARTÍCULAS CARREGADAS EM UM CAMPO MAGNÉTICO

Quando uma partícula carregada se move no interior de um campo magnético, atua sobre ela uma força magnética dada pela Equação 27.2, e seu movimento pode ser determinado pelas leis de Newton. A **Figura 27.17a** mostra um exemplo simples. Uma partícula com carga positiva q está em um ponto O e se move com velocidade $\vec{v}$ em um campo magnético uniforme $\vec{B}$, penetrando no plano da figura. Os vetores $\vec{v}$ e $\vec{B}$ são perpendiculares, de modo que a força magnética $\vec{F} = q\vec{v} \times \vec{B}$ possui módulo $F = qvB$ e sua direção é indicada na figura. A força é *sempre* perpendicular a $\vec{v}$, de modo que ela não pode alterar o *módulo* da velocidade, apenas sua direção. Explicando de outro modo, a força magnética nunca possui componente paralelo ao movimento da partícula, portanto uma força magnética nunca pode realizar *trabalho* sobre a partícula. Isso permanece válido mesmo se o campo magnético não é uniforme.

Quando uma partícula carregada se move em uma região onde só existe campo magnético, o módulo de sua velocidade permanece sempre constante.

Usando o referido princípio, vemos que, para a situação indicada na Figura 27.17a, os módulos dos vetores $\vec{F}$ e $\vec{v}$ permanecem constantes. À medida que uma partícula de massa m move-se de O para P e S, as direções da força e da velocidade variam conforme o indicado, porém os módulos de todos os vetores permanecem constantes. A partícula, portanto, se move sob a ação de uma força de módulo constante, cuja direção sempre forma um ângulo reto com a direção da velocidade da partícula. Comparando essa situação com a discussão sobre o movimento circular uniforme feita nas seções 3.4 e 5.4, vemos que a trajetória da partícula é *circular*, sendo descrita com velocidade de módulo constante v. A aceleração centrípeta é igual a v^2/R e, como a única força que atua sobre a partícula é a força magnética, de acordo com a segunda lei de Newton, temos

$$F = |q|vB = m\frac{v^2}{R} \tag{27.10}$$

Resolvemos a Equação 27.10 para obter a expressão para R:

Raio de uma órbita circular em um campo magnético

$$R = \frac{mv}{|q|B} \tag{27.11}$$

Massa da partícula; Velocidade da partícula; Módulo do campo magnético; Carga da partícula

Quando a carga q é negativa, a partícula se move em *sentido horário* ao redor da órbita, como na Figura 27.17a.

A velocidade angular ω da partícula pode ser encontrada pela Equação 9.13, $v = R\omega$. Combinando-a à Equação 27.11, obtemos

$$\omega = \frac{v}{R} = v\frac{|q|B}{mv} = \frac{|q|B}{m} \tag{27.12}$$

O número de rotações por unidade de tempo é dado por $f = \omega/2\pi$. Essa frequência f é independente do raio R da trajetória. Ela é chamada de **frequência ciclotrônica**; em um acelerador de partículas chamado *cíclotron*, as partículas se movem em órbitas quase circulares e recebem aceleração duas vezes em cada ciclo, fazendo aumentar a energia e o raio da órbita, porém sem alterar sua frequência ou a velocidade angular. Analogamente, um *magnetron* — uma fonte comumente usada para gerar micro-ondas para um forno de micro-ondas e para sistemas de radar — emite uma radiação com frequência igual à de um movimento circular de elétrons em uma câmara a vácuo entre os polos de um ímã.

Quando a direção da velocidade inicial *não* é perpendicular, o *componente* da velocidade paralelo ao campo permanece constante, porque não existe nenhuma força nessa direção. Portanto, a partícula descreve uma hélice (**Figura 27.18**). O raio da hélice é dado pela Equação 27.11, em que v agora é o componente da velocidade perpendicular ao campo magnético $\vec{B}$.

O movimento de uma partícula carregada em um campo magnético não uniforme é mais complexo. A **Figura 27.19** mostra um campo produzido por duas bobinas circulares separadas por uma certa distância. Uma partícula próxima a qualquer uma das bobinas sofre a ação de uma força magnética que a atrai para o centro da

Figura 27.17 Uma partícula carregada se move em um plano perpendicular a um campo magnético uniforme $\vec{B}$.

(a) A órbita de uma partícula carregada em um campo magnético uniforme

Uma carga que forma ângulos retos em relação a um campo uniforme $\vec{B}$ se move com uma velocidade constante, porque $\vec{F}$ e $\vec{v}$ são sempre perpendiculares entre si.

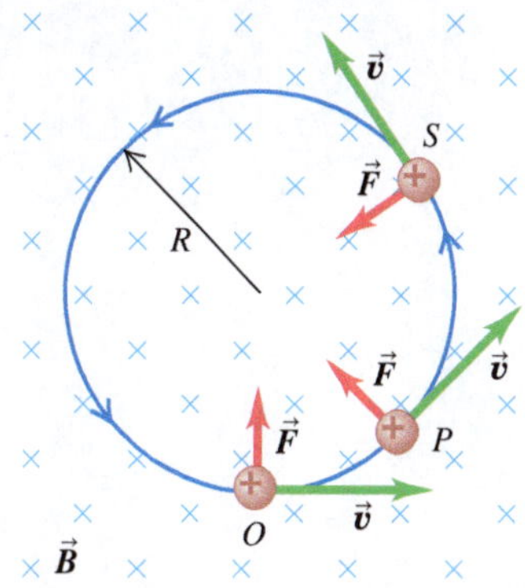

(b) Um feixe de elétrons (indicado por um arco luminoso) se curva em um campo magnético

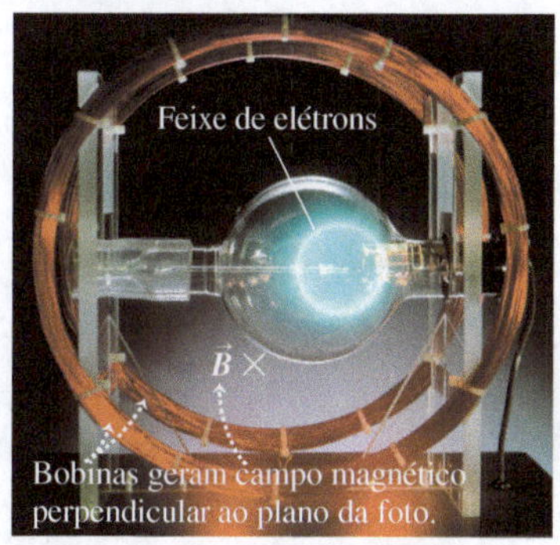

Figura 27.18 O caso genérico de uma partícula carregada que se move em um campo magnético uniforme $\vec{B}$. O campo magnético não realiza trabalho sobre a partícula, portanto sua velocidade e energia cinética permanecem constantes.

Quando a velocidade de uma partícula carregada possui um componente paralelo ($v_\parallel$) e um componente perpendicular ($v_\perp$) à direção de um campo magnético uniforme, a partícula descreve uma trajetória helicoidal.

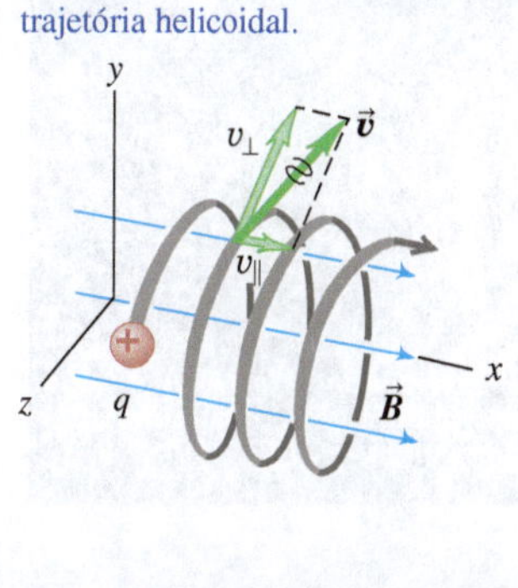

Figura 27.19 Uma garrafa magnética. Partículas situadas próximo à extremidade da região sofrem a ação de uma força magnética orientada para o centro da região. Isso fornece um método para confinar um gás ideal com temperatura da ordem de 10^6 K, que poderia fundir qualquer material de um recipiente.

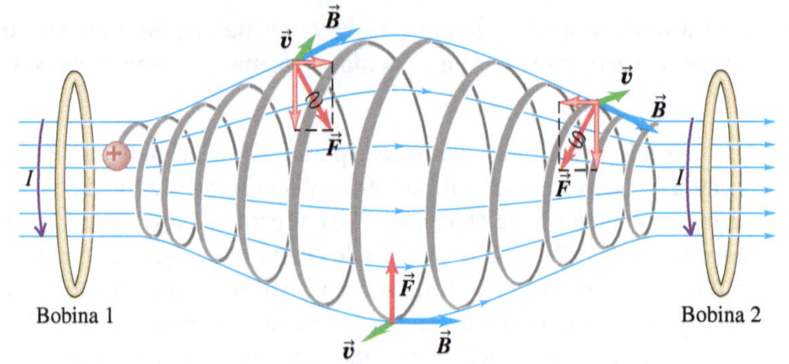

região; partículas com velocidade suficientemente elevada descrevem uma espiral de uma extremidade para outra e depois retornam para a extremidade inicial, seguindo a mesma trajetória em sentido inverso. Como as partículas carregadas podem ficar confinadas nesse tipo de campo magnético, ele é chamado de *garrafa magnética*. Essa técnica serve para confinar plasmas muito quentes, com temperaturas da ordem de 10^6 K. De modo semelhante, o campo magnético da Terra, que não é uniforme, confina partículas carregadas provenientes do Sol no interior de regiões em forma de rosquinha ao redor da Terra, como indicado na **Figura 27.20**. Essas regiões, chamadas de *cinturões de radiação de Van Allen*, foram descobertas em 1958 a partir dos dados obtidos pelos instrumentos a bordo do satélite Explorer I.

As forças magnéticas que atuam sobre partículas carregadas desempenham um papel importante nos estudos sobre partículas elementares. A **Figura 27.21** mostra uma câmara cheia de hidrogênio líquido e com um campo magnético perpendicular ao plano da foto. Um raio gama de energia elevada expele um elétron de um átomo de hidrogênio, deslocando-o em alta velocidade e criando um traço visível no hidrogênio líquido. O traço mostra um elétron se curvando de cima para baixo em razão da força magnética. A energia da colisão também produz outro elétron e um *pósitron* (um elétron com carga positiva). Em virtude de suas cargas contrárias, as trajetórias do elétron e do pósitron se curvam em sentidos opostos. À medida que essas partículas se deslocam no interior do hidrogênio líquido, elas colidem com outras partículas carregadas, perdendo energia e velocidade. Em consequência disso, o raio de curvatura diminui, conforme sugere a Equação 27.11. (A velocidade

Figura 27.21 Esta imagem, obtida em uma câmara de bolhas, é de um raio gama com energia elevada (o qual não deixa nenhum traço) que entra na câmara e colide com um elétron de um átomo de hidrogênio. Esse elétron dispara em alta velocidade no sentido da direita. Parte da energia da colisão é transferida para outro elétron e para um pósitron (um elétron com carga positiva). Um campo magnético é orientado para o plano da imagem, fazendo com que as partículas positiva e negativa se curvem em sentidos diferentes.

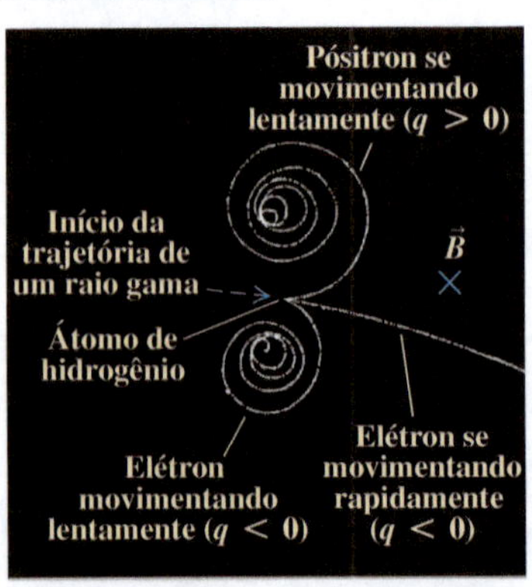

Figura 27.20 (a) Cinturões de radiação de Van Allen em torno da Terra. Nas proximidades dos polos, partículas carregadas podem escapar desses cinturões e ingressar na atmosfera, produzindo a aurora boreal ("luzes do Hemisfério Norte") e a aurora austral ("luzes do Hemisfério Sul"). (b) Foto de uma aurora boreal.

(a) (b)

do elétron é comparável à velocidade da luz, de modo que a Equação 27.11 não pode ser diretamente aplicada neste caso.) Experiências semelhantes permitem que físicos determinem a massa e a carga de partículas recém-descobertas.

ESTRATÉGIA PARA A SOLUÇÃO DE PROBLEMAS 27.2 MOVIMENTO EM CAMPOS MAGNÉTICOS

IDENTIFICAR *os conceitos relevantes:* ao analisar o movimento de uma partícula carregada em campos elétricos e em campos magnéticos, você deve aplicar a segunda lei do movimento de Newton, $\sum\vec{F} = m\vec{a}$, em que a força resultante é dada por $\sum\vec{F} = q(\vec{E} + \vec{v} \times \vec{B})$. Em geral, as outras forças, como as gravitacionais, podem ser desprezadas. Muitos problemas são semelhantes aos do movimento circular discutidos nas seções 3.3, 3.4 e 5.4; seria conveniente fazer uma revisão dessas seções.

PREPARAR *o problema* por meio das seguintes etapas:

1. Determinar a(s) variável(is)-alvo.
2. Geralmente, o uso de componentes fornece o método mais eficiente. Escolha um sistema de coordenadas e, a seguir, decomponha todas as grandezas vetoriais em termos de seus respectivos componentes nesse sistema.

EXECUTAR *a solução* conforme segue:

1. Se as partículas se movem perpendicularmente a um campo magnético uniforme, a trajetória é circular, na qual o raio e a velocidade angular são dados pelas equações 27.11 e 27.12, respectivamente.
2. Se os seus cálculos envolvem uma trajetória mais complexa, a fórmula $\sum\vec{F} = m\vec{a}$ pode ser usada sob a forma de componentes $\sum F_x = ma_x$ e assim por diante. Esse método é particularmente útil quando existem simultaneamente um campo elétrico e um campo magnético.

AVALIAR *sua resposta:* verifique se os resultados obtidos são razoáveis.

EXEMPLO 27.3 MOVIMENTO DE ELÉTRONS EM UM MAGNETRON

Uma válvula magnetron de um forno de micro-ondas emite ondas eletromagnéticas com frequência f = 2.450 MHz. Qual é o módulo do campo magnético necessário para que os elétrons se movam em órbitas circulares com essa frequência?

SOLUÇÃO

IDENTIFICAR E PREPARAR: o problema se refere a um movimento circular como o indicado na Figura 27.17a. Usamos a Equação 27.12 para determinar o módulo do campo magnético B.

EXECUTAR: a velocidade angular que corresponde à frequência f é $\omega = 2\pi f = (2\pi)(2.450 \times 10^6\ \text{s}^{-1}) = 1{,}54 \times 10^{10}\ \text{s}^{-1}$. Pela Equação 27.12, obtemos

$$B = \frac{m\omega}{|q|} = \frac{(9{,}11 \times 10^{-31}\ \text{kg})(1{,}54 \times 10^{10}\ \text{s}^{-1})}{1{,}60 \times 10^{-19}\ \text{C}} = 0{,}0877\ \text{T}$$

AVALIAR: esta é uma intensidade de campo moderada, e pode ser facilmente obtida em laboratório com um ímã permanente. A propósito, as ondas eletromagnéticas de 2.450 MHz são particularmente úteis para aquecer e cozinhar alimentos, pois são fortemente absorvidas pelas moléculas de água.

EXEMPLO 27.4 MOVIMENTO HELICOIDAL DE UMA PARTÍCULA EM UM CAMPO MAGNÉTICO

Em uma situação semelhante à indicada na Figura 27.18, suponha que a partícula carregada seja um próton ($q = 1{,}60 \times 10^{-19}$ C, $m = 1{,}67 \times 10^{-27}$ kg) e que o campo magnético uniforme de 0,500 T seja paralelo ao eixo Ox. No instante $t = 0$, o próton possui componentes da velocidade dados por $v_x = 1{,}50 \times 10^5$ m/s, $v_y = 0$ e $v_z = 2{,}0 \times 10^5$ m/s. Só existe a força magnética atuando sobre o próton. (a) Para $t = 0$, calcule a força que atua sobre o próton e sua aceleração. (b) Determine o raio da trajetória helicoidal resultante, a velocidade angular do próton e o *passo* da hélice (a distância percorrida ao longo do eixo da hélice durante uma rotação).

SOLUÇÃO

IDENTIFICAR E PREPARAR: a força magnética é dada por $\vec{F} = q\vec{v} \times \vec{B}$; a aceleração resultante é dada pela segunda lei de Newton. Como $\vec{F}$ é perpendicular à $\vec{v}$, o módulo da velocidade do próton não varia. Logo, o raio da trajetória helicoidal é exatamente igual ao raio fornecido pela Equação 27.11 para o movimento circular, mas com v substituído pelo componente da velocidade perpendicular a $\vec{B}$. A velocidade angular ω é dada pela Equação 27.12, que resulta na temperatura T para uma rotação (o *período*). Dado o componente da velocidade paralelo ao campo magnético, podemos determinar o passo da hélice.

EXECUTAR: (a) com $\vec{B} = B\hat{\imath}$ e $\vec{v} = v_x\hat{\imath} + v_z\hat{k}$, a Equação 27.2 resulta em

$$\begin{aligned}\vec{F} &= q\vec{v} \times \vec{B} = q(v_x\hat{\imath} + v_z\hat{k}) \times B\hat{\imath} = qv_zB\hat{\jmath} \\ &= (1{,}60 \times 10^{-19}\ \text{C})(2{,}00 \times 10^5\ \text{m/s})(0{,}500\ \text{T})\hat{\jmath} \\ &= (1{,}60 \times 10^{-14}\ \text{N})\hat{\jmath}\end{aligned}$$

(Lembre-se: $\hat{\imath} \times \hat{\imath} = \mathbf{0}$ e $\hat{k} \times \hat{\imath} = \hat{\jmath}$.) A aceleração resultante é

$$\vec{a} = \frac{\vec{F}}{m} = \frac{1{,}60 \times 10^{-14}\ \text{N}}{1{,}67 \times 10^{-27}\ \text{kg}}\hat{\jmath} = (9{,}58 \times 10^{12}\ \text{m/s}^2)\hat{\jmath}$$

(Continua)

(Continuação)

(b) Como $v_y = 0$, o componente da velocidade perpendicular a $\vec{B}$ é v_z; então, pela Equação 27.11,

$$R = \frac{mv_z}{|q|B} = \frac{(1{,}67 \times 10^{-27}\,\text{kg})(2{,}00 \times 10^5\,\text{m/s})}{(1{,}60 \times 10^{-19}\,\text{C})(0{,}500\,\text{T})}$$
$$= 4{,}18 \times 10^{-3}\,\text{m} = 4{,}18\,\text{mm}$$

Pela Equação 27.12, a velocidade angular é

$$\omega = \frac{|q|B}{m} = \frac{(1{,}60 \times 10^{-19}\,\text{C})(0{,}500\,\text{T})}{1{,}67 \times 10^{-27}\,\text{kg}} = 4{,}79 \times 10^7\,\text{rad/s}$$

O período é $T = 2\pi/\omega = 2\pi/(4{,}79 \times 10^7\,\text{s}^{-1}) = 1{,}31 \times 10^{-7}\,\text{s}$. O passo é a distância atravessada ao longo do eixo Ox nesse tempo, ou

$$v_xT = (1{,}50 \times 10^5\,\text{m/s})(1{,}31 \times 10^{-7}\,\text{s})$$
$$= 0{,}0197\,\text{m} = 19{,}7\,\text{mm}$$

AVALIAR: embora a força magnética tenha um módulo muito pequeno, ela produz uma imensa aceleração, pois a massa do próton é muito pequena. Observe que o passo da hélice é quase cinco vezes maior que seu raio R, de modo que a hélice é muito mais "esticada" ao longo do eixo que a trajetória indicada na Figura 27.18.

TESTE SUA COMPREENSÃO DA SEÇÃO 27.4 (a) Se você duplicar o módulo da velocidade da partícula carregada na Figura 27.17a, enquanto mantém o campo magnético constante (assim como a carga e a massa), como isso afetará o raio da trajetória? (i) O raio não varia; (ii) o raio dobra; (iii) o raio é quatro vezes maior; (iv) o raio se reduz à metade; (v) o raio se reduz em $\frac{1}{4}$. (b) Como isso afeta o tempo necessário para completar uma órbita circular? (i) O tempo não varia; (ii) o tempo dobra; (iii) o tempo é quatro vezes maior; (iv) o tempo se reduz pela metade; (v) o tempo se reduz em $\frac{1}{4}$. ▌

27.5 APLICAÇÕES DO MOVIMENTO DE PARTÍCULAS CARREGADAS

Esta seção descreve diversas aplicações dos princípios introduzidos neste capítulo. Estude-as cuidadosamente, levando em conta as recomendações feitas na Estratégia para a solução de problemas 27.2 (Seção 27.4).

Seletor de velocidades

Em um feixe de partículas carregadas gerado por um catodo aquecido ou por um material radioativo, nem todas as partículas se movem com a mesma velocidade. Muitas aplicações, porém, requerem um feixe em que a velocidade de todas as partículas seja igual. Podemos selecionar partículas com velocidades específicas mediante um *seletor de velocidades*, que usa campos elétricos e campos magnéticos. Na **Figura 27.22a**, uma partícula carregada com massa m, carga q e velocidade v entra em uma região do espaço onde existe um campo magnético e um campo elétrico, ambos perpendiculares à velocidade da partícula e ortogonais entre si. O campo elétrico $\vec{E}$ está orientado da direita para a esquerda e o campo magnético $\vec{B}$ está entrando no plano da figura. Quando q é positivo, a força elétrica com módulo qE é orientada da direita para a esquerda e a força magnética com módulo qvB é orientada da esquerda para a direita. Para dados valores dos módulos E e B, para um valor particular v a força elétrica possui módulo igual ao da força magnética: a força resultante é igual a zero e a partícula se desloca em linha reta com velocidade constante. Isso acontecerá se $qE = qvB$ (Figura 27.22b), de modo que a velocidade v para a qual não existe nenhum desvio é

$$v = \frac{E}{B} \tag{27.13}$$

Somente partículas com velocidades iguais a E/B podem passar através do campo sem sofrer nenhum desvio. Ajustando os valores de E e B de modo apropriado, podemos selecionar partículas com determinadas velocidades para serem usadas em outras experiências. Como q foi eliminada e não aparece na Equação 27.13, um seletor de velocidades funciona do mesmo modo tanto para cargas positivas quanto para elétrons e outras cargas negativas.

Figura 27.22 (a) Um seletor de velocidades para partículas carregadas usa campos perpendiculares $\vec{E}$ e $\vec{B}$. Somente quando a velocidade da partícula é dada por $v = E/B$, ela pode se deslocar sem deflexão. (b) As forças elétrica e magnética que atuam sobre uma carga positiva. Os sentidos dessas forças se inverterão quando a carga for negativa.

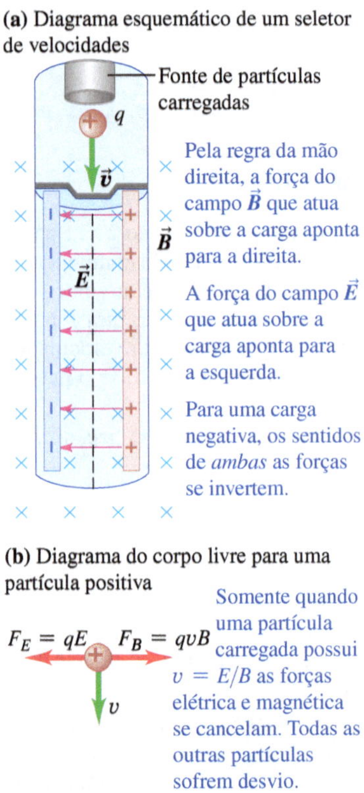

Experiência de Thomson para determinar a razão *e/m*

J. J. Thomson (1856-1940), realizando uma das experiências que marcaram o final do século XIX, aplicou a ideia descrita anteriormente para medir a razão entre a carga e a massa do elétron. Para essa experiência, realizada em 1897 no Cavendish Laboratory, em Cambridge, Inglaterra, Thomson usou o dispositivo indicado na **Figura 27.23**. Em um recipiente de vidro sob vácuo elevado, os elétrons provenientes de um catodo quente são acelerados e agrupados em um feixe por uma diferença de potencial V entre dois anodos, A e A'. A velocidade v dos elétrons é determinada pelo potencial V que os acelera. A energia cinética ganha $\frac{1}{2}mv^2$ é igual à diferença da energia potencial eV, em que e é o módulo da carga do elétron:

$$\tfrac{1}{2}mv^2 = eV \quad \text{ou} \quad v = \sqrt{\frac{2eV}{m}} \tag{27.14}$$

Os elétrons passam entre as placas P e P' e colidem com a tela no final do tubo, que é recoberto com um material que se torna fluorescente (cintila) no ponto onde ocorre a colisão. Os elétrons passam pelo tubo ao longo de uma trajetória retilínea quando a Equação 27.13 é satisfeita; ao ser combinada à Equação 27.14, teremos

$$\frac{E}{B} = \sqrt{\frac{2eV}{m}} \quad \text{logo} \quad \frac{e}{m} = \frac{E^2}{2VB^2} \tag{27.15}$$

Todas as grandezas do membro direito podem ser medidas, portanto a razão e/m entre a carga e a massa do elétron pode ser determinada. Usando esse método, é *impossível* medir e ou m separadamente; somente a razão entre essas grandezas pode ser verificada.

O aspecto mais relevante das medidas de Thomson de e/m é que ele encontrou um *único valor* para essa grandeza. Ela não dependia do material do catodo, do gás residual do tubo, nem de nenhum outro parâmetro da experiência. Essa independência mostrou que as partículas do feixe, agora chamadas de elétrons, constituem um componente comum de toda matéria. Portanto, atribuímos a Thomson a descoberta da primeira partícula subatômica, o elétron.

Até a data da edição deste livro, o valor de e/m mais preciso conhecido é

$$e/m = 1{,}758820088(39) \times 10^{11}\ \text{C/kg}$$

Na expressão anterior, o termo (39) indica a incerteza dos dois últimos algarismos, 88.

Figura 27.23 Dispositivo de Thomson para determinar a razão e/m de um elétron.

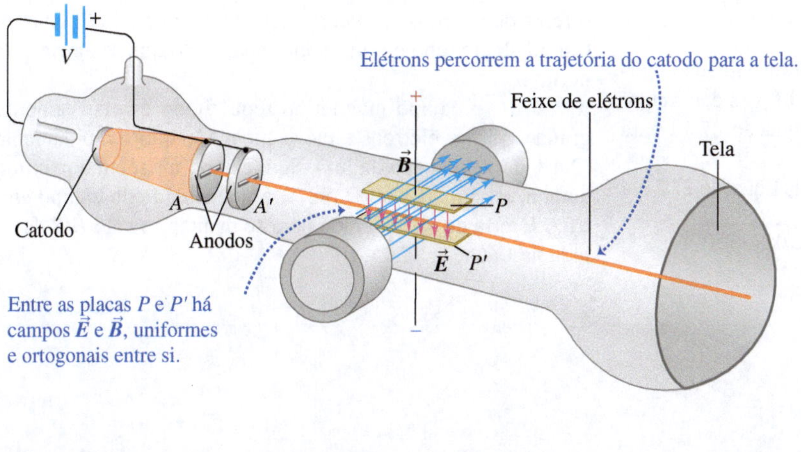

Figura 27.24 O espectrômetro de massa Bainbridge utiliza um seletor de velocidades para produzir partículas com velocidade constante v. Na região que possui um campo magnético B', as partículas com massas mais elevadas ($m_2 > m_1$) descrevem trajetórias com um raio R maior ($R_2 > R_1$).

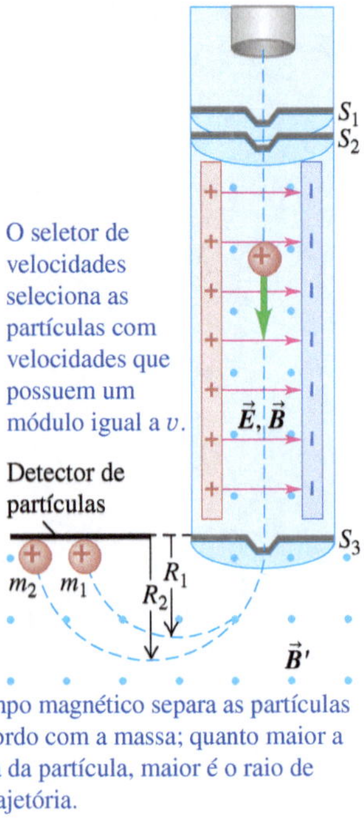

Quinze anos após as experiências de Thomson, o físico norte-americano Robert Millikan mediu com precisão a carga do elétron (veja o Problema desafiador 23.81). Esse valor, com o valor de e/m, pode ser usado para a determinação da *massa* do elétron. O valor mais preciso conhecido até o momento é dado por

$$m = 9{,}10938291(40) \times 10^{-31} \text{ kg}$$

Espectrômetro de massa

Técnicas semelhantes às usadas na experiência de Thomson de e/m podem ser empregadas para medir massas de íons e, portanto, massas atômicas e moleculares. Em 1919, Francis Aston (1877-1945), um aluno de Thomson, construiu a primeira versão de um instrumento atualmente conhecido como **espectrômetro de massa**. Uma variante construída por Bainbridge é mostrada na **Figura 27.24**. Íons positivos provenientes de uma fonte passam através das fendas S_1 e S_2, formando um feixe estreito. A seguir, o feixe passa por um seletor de velocidades com campos $\vec{E}$ e $\vec{B}$ ortogonais entre si, como já descrito, a fim de bloquear todos os íons, exceto aqueles com velocidades v dadas pela razão E/B. Finalmente, os íons passam em uma região onde existe um campo magnético $\vec{B}'$ perpendicular ao plano da figura, onde eles se movem ao longo de arcos circulares com raio R determinado pela Equação 27.11: $R = mv/qB'$. Íons com massas diferentes colidem com a placa fotográfica em diferentes pontos, e assim os valores de R podem ser medidos. Supomos que cada átomo tenha perdido um elétron, de modo que o íon possua carga precisamente igual a $+e$. Conhecendo os valores de todas as grandezas nessa equação, exceto m, podemos calcular a massa m do íon.

Um dos primeiros resultados desse trabalho foi a descoberta de que o neônio possui duas espécies de átomos, cujas massas atômicas são 20 e 22 g/mol. Essas espécies agora são chamadas de **isótopos** do elemento. Experiências posteriores mostraram que muitos elementos possuem diversos isótopos — átomos com propriedades químicas idênticas, porém com massas diferentes por causa dos diferentes números de nêutrons existentes em seus núcleos. Esta é uma das muitas aplicações dos espectrômetros de massa em química e física.

EXEMPLO 27.5 UMA EXPERIÊNCIA PARA DEMONSTRAR *e/m*

Você monta um dispositivo para reproduzir a experiência de e/m de Thomson com um potencial acelerador igual a 150 V e um campo elétrico com módulo igual a $6{,}0 \times 10^6$ N/C. (a) Com que velocidade os elétrons se movimentam? (b) Qual é o módulo do campo magnético necessário para gerar uma deflexão zero do feixe de elétrons? (c) Com esse campo magnético, o que ocorreria com o feixe de elétrons se você aumentasse o potencial acelerador para um valor superior a 150 V?

SOLUÇÃO

IDENTIFICAR E PREPARAR: trata-se da mesma situação indicada na Figura 27.23. Usamos a Equação 27.14 para determinar o módulo da velocidade dos elétrons e a Equação 27.13 para determinar o campo magnético B.

EXECUTAR: (a) a velocidade v do elétron, pela Equação 27.14, é

$$v = \sqrt{2(e/m)V} = \sqrt{2(1{,}76 \times 10^{11} \text{ C/kg})(150 \text{ V})}$$
$$= 7{,}27 \times 10^6 \text{ m/s} = 0{,}024c$$

(b) Pela Equação 27.13, o campo magnético requisitado é

$$B = \frac{E}{v} = \frac{6{,}0 \times 10^6 \text{ N/C}}{7{,}27 \times 10^6 \text{ m/s}} = 0{,}83 \text{ T}$$

(c) O aumento do potencial acelerador V produz um aumento na velocidade do elétron v. Na Figura 27.23, isso não produz aumento da força elétrica de baixo para cima eE, porém faz aumentar a força magnética de cima para baixo evB. Portanto, o feixe de elétrons se encurvará *para baixo* e colidirá na extremidade do tubo em um ponto abaixo do que atingiria sem deflexão.

AVALIAR: o campo magnético requisitado é relativamente grande, pois os elétrons estão se movendo muito rapidamente (2,4% da velocidade da luz). Se o campo magnético máximo disponível é menor que 0,83 T, a intensidade do campo elétrico E teria de ser reduzida para se manter a razão E/B desejada na Equação 27.15.

EXEMPLO 27.6 DETECTANDO VAZAMENTOS EM UM SISTEMA A VÁCUO

Não existe quase nenhum hélio no ar atmosférico ambiente, de modo que, se o hélio for borrifado na parte externa de um pequeno orifício de um sistema a vácuo, sua presença será detectada na saída da bomba conectada a esse sistema. Imagine que você queira projetar um detector de vazamentos de um sistema a vácuo que usa um espectrômetro de massa para detectar íons He^+ (carga $+e = +1{,}60 \times 10^{-19}$ C, massa igual a $6{,}65 \times 10^{-27}$ kg). Os íons emergem do seletor de velocidades com velocidade igual a $1{,}00 \times 10^5$ m/s. Eles se encurvam descrevendo uma trajetória semicircular pela ação de um campo magnético B' e são detectados a uma distância de 10,16 cm da fenda S_3 indicada na Figura 27.24. Calcule o módulo do campo magnético B'.

SOLUÇÃO

IDENTIFICAR E PREPARAR: o movimento do íon após ele passar pela fenda S_3 na Figura 27.24 é exatamente o movimento em trajetória circular descrito na Seção 27.4 (Figura 27.17). Usamos a Equação 27.11 para B'.

EXECUTAR: a distância dada é o *diâmetro* da trajetória semicircular indicada na Figura 27.24, portanto o raio é $R = \frac{1}{2}(10{,}16 \times 10^{-2}\text{ m})$. Pela Equação 27.11, $R = mv/qB'$, obtemos o seguinte resultado:

$$B' = \frac{mv}{qR} = \frac{(6{,}65 \times 10^{-27}\text{ kg})\,(1{,}00 \times 10^5\text{ m/s})}{(1{,}60 \times 10^{-19}\text{ C})\,(5{,}08 \times 10^{-2}\text{ m})}$$
$$= 0{,}0818\text{ T}$$

AVALIAR: os detectores de vazamento de hélio são dispositivos reais, bastante utilizados no diagnóstico de problemas com sistemas de alto vácuo. Nosso resultado indica que somente um pequeno campo magnético é necessário, o que torna possível construir detectores relativamente compactos.

TESTE SUA COMPREENSÃO DA SEÇÃO 27.5 No Exemplo 27.6, íons He^+ com carga $+e$ se movem a $1{,}00 \times 10^5$ m/s em trajetória retilínea, através de um seletor de velocidades. Suponha que os íons He^+ sejam substituídos por íons He^{2+}, no qual ambos os elétrons foram removidos do átomo do hélio e a carga do íon é igual a $+2e$. Qual é a velocidade em que os íons He^{2+} devem atravessar o mesmo seletor de velocidades para que o movimento seja retilíneo? (i) $4{,}00 \times 10^5$ m/s; (ii) $2{,}00 \times 10^5$ m/s; (iii) $1{,}00 \times 10^5$ m/s; (iv) $0{,}50 \times 10^5$ m/s; (v) $0{,}25 \times 10^5$ m/s. ❙

27.6 FORÇA MAGNÉTICA SOBRE UM CONDUTOR CONDUZINDO UMA CORRENTE

Como funciona um motor elétrico? Dentro do motor existem condutores que conduzem corrente (ou seja, cujas cargas estão em movimento), além de ímãs que exercem forças sobre as cargas em movimento. Logo, existe uma força magnética que atua sobre cada condutor que conduz uma corrente, e essas forças fazem o motor girar. O galvanômetro de d'Arsonval, descrito na Seção 26.3, também usa as forças magnéticas que atuam sobre condutores.

Podemos calcular a força atuante sobre um condutor que conduz uma corrente, começando com a força magnética $\vec{F} = q\vec{v} \times \vec{B}$, que age sobre uma única carga em movimento. A **Figura 27.25** mostra o segmento de um fio condutor retilíneo, com seção reta A e comprimento l; a corrente escoa de baixo para cima. O fio está no interior de um campo magnético uniforme $\vec{B}$, perpendicular ao plano da figura e orientado *para dentro* do plano. Vamos supor, inicialmente, que as cargas em movimento sejam positivas. Mais adiante, mostraremos o que ocorre quando as cargas são negativas.

Figura 27.25 Forças sobre uma carga positiva se movendo em um condutor que conduz uma corrente.

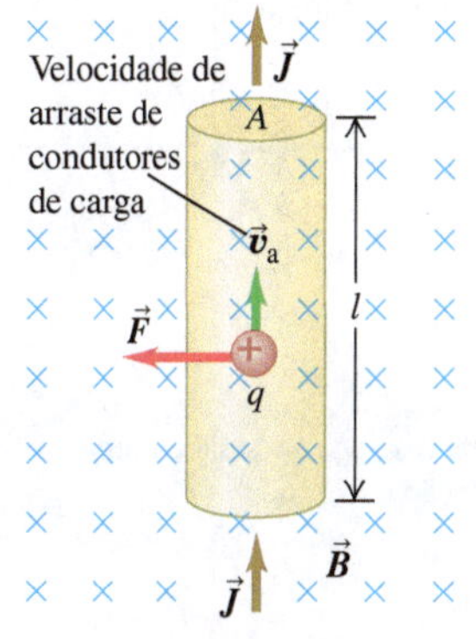

A velocidade de arraste $\vec{v}_a$ está orientada de baixo para cima, perpendicularmente ao vetor $\vec{B}$. A força média sobre cada carga é $\vec{F} = q\vec{v}_a \times \vec{B}$, orientada da direita para a esquerda, como indica a figura; uma vez que $\vec{v}_a$ e $\vec{B}$ são perpendiculares, o módulo da força é dado por $F = qv_aB$.

Para deduzirmos uma expressão para a força *total* sobre todas as cargas que se movem ao longo de um comprimento l do condutor com área da seção reta A, podemos usar a mesma linguagem adotada nas equações 25.2 e 25.3 da Seção 25.1. O número de cargas por unidade de volume, ou concentração de carga, é n; um segmento do condutor de comprimento l possui volume Al e contém um número de cargas igual a nAl. A força total $\vec{F}$ sobre *todas* as cargas que se movem nesse segmento possui módulo

$$F = (nAl)(qv_a B) = (nqv_a A)(lB) \tag{27.16}$$

Pela Equação 25.3, a densidade de corrente é dada por $J = nqv_a$. O produto JA fornece a corrente total I, de modo que a Equação 27.16 pode ser reescrita na forma

$$F = IlB \tag{27.17}$$

Quando o campo $\vec{B}$ não é perpendicular ao fio e forma um ângulo ϕ com ele, como na **Figura 27.26**, podemos tratar a situação com o mesmo método adotado na Seção 27.2 para uma única carga. Somente o componente de $\vec{B}$ perpendicular ao fio (e à velocidade de arraste das cargas) pode exercer força; esse componente é dado por $B_\perp = B \text{ sen } \phi$. O módulo da força magnética sobre o segmento é, então,

$$F = IlB_\perp = IlB \text{ sen } \phi \tag{27.18}$$

Figura 27.26 Um segmento de fio retilíneo de comprimento $\vec{l}$ conduz uma corrente I na direção e no sentido de $\vec{l}$. A força magnética sobre esse segmento é simultaneamente perpendicular a $\vec{l}$ e ao campo magnético $\vec{B}$.

Força $\vec{F}$ sobre um fio retilíneo conduzindo uma corrente positiva e orientada, formando um ângulo ϕ com um campo magnético $\vec{B}$:

- O módulo é $F = IlB_\perp = IlB \text{sen}\,\phi$.
- A direção e o sentido de $\vec{F}$ são dados pela regra da mão direita.

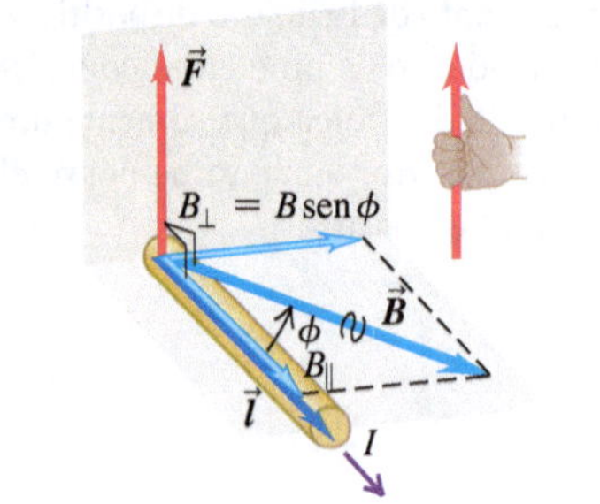

A força é sempre perpendicular, tanto ao condutor quanto ao campo, e a mesma regra da mão direita que usamos para uma carga positiva que se move pode ser aplicada para determinar a direção e o sentido da força (Figura 27.26). Logo, a força pode ser expressa como um produto vetorial, como no caso da força sobre uma única carga em movimento. Representando o segmento do fio pelo vetor $\vec{l}$ ao longo do fio e com sentido idêntico ao da corrente, então a força $\vec{F}$ que atua sobre o segmento é dada por

Força magnética sobre um segmento de fio retilíneo

$$\vec{F} = I\vec{l} \times \vec{B} \tag{27.19}$$

Corrente (I); Campo magnético ($\vec{B}$); Vetor comprimento do segmento (aponta no sentido da corrente) ($\vec{l}$)

A **Figura 27.27** ilustra as direções e os sentidos dos vetores $\vec{B}$, $\vec{l}$ e $\vec{F}$ em diferentes casos.

Quando o condutor não é retilíneo, podemos dividi-lo em segmentos infinitesimais $d\vec{l}$. A força $d\vec{F}$ sobre cada segmento é

Força magnética sobre um segmento de fio infinitesimal

$$d\vec{F} = I\,d\vec{l} \times \vec{B} \tag{27.20}$$

Corrente (I); Campo magnético ($\vec{B}$); Vetor comprimento do segmento (aponta no sentido da corrente) ($d\vec{l}$)

A seguir, podemos integrar a expressão anterior ao longo do fio para calcularmos a força total sobre um condutor com qualquer forma. A integral resultante é uma *integral de linha*, a mesma operação matemática utilizada quando definimos o trabalho (Seção 6.3) e o potencial elétrico (Seção 23.2).

ATENÇÃO Corrente não é um vetor Como discutimos na Seção 25.1, a corrente I não é um vetor. O sentido do fluxo das cargas é indicado pelo vetor $d\vec{l}$, e não por I. Se o condutor for curvo, a corrente I será a mesma em todos os pontos ao longo de seu comprimento, mas $d\vec{l}$ mudará de direção e sentido, de modo que seja sempre tangente ao condutor.

Finalmente, o que ocorreria se as cargas que se movem fossem negativas, como elétrons em um metal? Na Figura 27.25, uma corrente de baixo para cima corresponde a uma velocidade de arraste de cima para baixo. Porém, como agora a carga q é negativa, a direção e o sentido da força $\vec{F}$ são os mesmos que no caso anterior. Portanto, as equações desde a 27.17 até a 27.20 são válidas *qualquer* que seja o sinal da carga, mesmo quando *ambos* os sinais estão presentes; isso ocorre em alguns materiais semicondutores e em soluções iônicas.

Figura 27.27 Os vetores campo magnético $\vec{B}$, comprimento $\vec{l}$ e força $\vec{F}$ para um fio retilíneo que conduz uma corrente I.

(a)

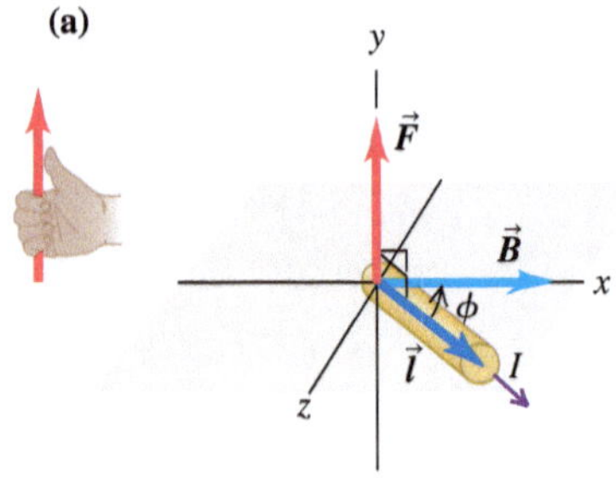

(b)

Se o sentido de $\vec{B}$ se inverte, o mesmo ocorre com o sentido da força.

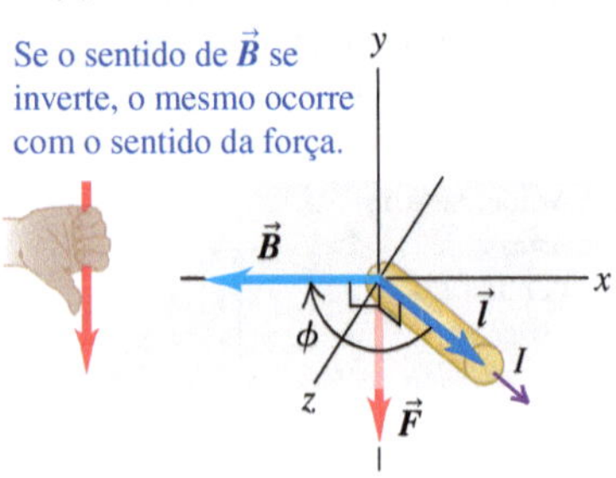

(c)

Invertendo-se o sentido da corrente [em relação a (b)], o da força se inverte.

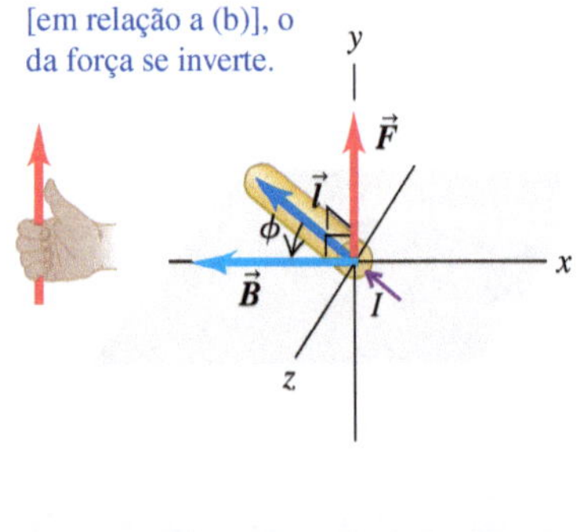

Uma aplicação comum das forças magnéticas exercidas sobre um fio que conduz uma corrente pode ser observada em um alto-falante (**Figura 27.28**). O campo magnético radial criado pelo ímã permanente exerce uma força sobre a bobina do alto-falante, que é proporcional à corrente que passa na bobina; o sentido da força pode ser para a direita ou para a esquerda, dependendo do sentido da corrente. O sinal proveniente do amplificador produz oscilação no módulo e no sentido da corrente. O cone do alto-falante que está ligado à bobina responde com uma oscilação cuja amplitude é proporcional à amplitude da corrente que percorre a bobina. Quando giramos o botão para aumentar o volume do som, ocorre um aumento da corrente do amplificador e, portanto, cresce a amplitude da oscilação do cone e aumenta a intensidade do som produzido pelo cone em movimento.

Figura 27.28 (a) Componentes de um alto-falante. (b) O ímã permanente cria um campo magnético que exerce uma força sobre a bobina do alto-falante; para uma corrente *I* no sentido indicado, a força é orientada para a direita. Quando uma corrente elétrica oscilante percorre a bobina do alto-falante, o cone ligado à bobina oscila com a mesma frequência.

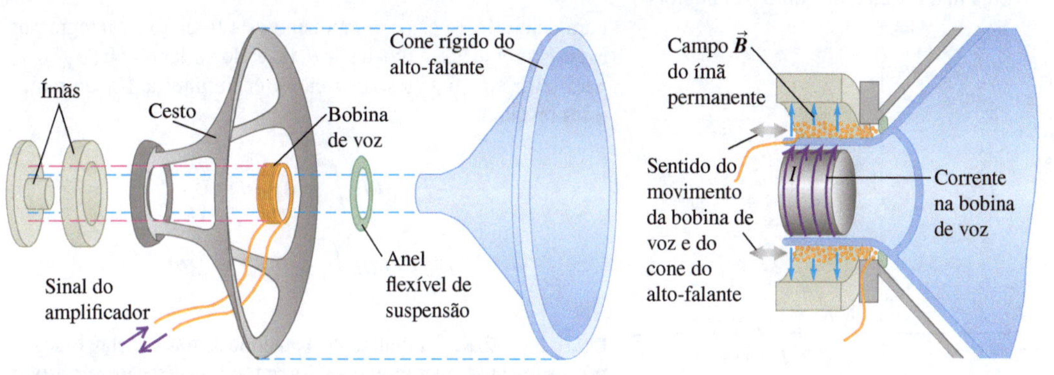

EXEMPLO 27.7 FORÇA MAGNÉTICA SOBRE UM CONDUTOR RETILÍNEO

Uma barra de cobre retilínea conduz uma corrente de 50,0 A de oeste para leste em uma região entre os polos de um grande eletroímã. Nessa região, existe um campo magnético no plano horizontal orientado para o nordeste (ou seja, considerando uma rotação de 45° a nordeste), com módulo igual a 1,20 T. (a) Determine o módulo, a direção e o sentido da força magnética que atua sobre uma seção de 1,00 m da barra. (b) Mantendo-se a barra no plano horizontal, como ela deve ser orientada para que o módulo da força seja máximo? Qual é o módulo da força nesse caso?

Figura 27.29 Nosso esquema da barra de cobre visto de cima.

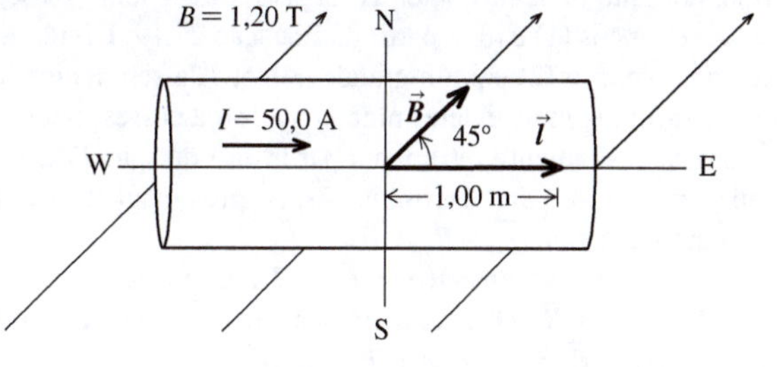

SOLUÇÃO

IDENTIFICAR E PREPARAR: a **Figura 27.29** indica a situação. Trata-se de um segmento de fio retilíneo em um campo magnético uniforme, que é a mesma situação indicada na Figura 27.26. As variáveis-alvo deste problema são a força $\vec{F}$ que atua sobre o segmento de barra e o ângulo ϕ para o qual o módulo da força é máximo. Podemos determinar o módulo da força magnética usando a Equação 27.18, e a direção e o sentido pela regra da mão direita.

EXECUTAR: (a) o ângulo ϕ entre a direção da corrente e o campo é igual a 45°. Pela Equação 27.18, obtemos

$$F = IlB \text{ sen } \phi = (50{,}0 \text{ A})\,(1{,}0 \text{ m})\,(1{,}20 \text{ T})\,(\text{sen } 45°) = 42{,}4 \text{ N}$$

A direção da força é perpendicular ao plano formado pela corrente e pelo campo, ambos contidos no plano horizontal. Logo, a força deve ser vertical; a regra da mão direita mostra que o sentido da força é de *baixo para cima* (saindo do plano da figura).

(b) Como $F = IlB$ sen ϕ, F é máximo quando $\phi = 90°$; logo, $\vec{l}$ é perpendicular a $\vec{B}$. Para obtermos a força $\vec{F} = I\vec{l} \times \vec{B}$ de baixo para cima, giramos a barra no *sentido horário* de 45°, a partir da orientação indicada na Figura 27.29, de modo que a corrente passa a ser orientada a sudeste. Portanto, $F = IlB = (50{,}0 \text{ A})\,(1{,}0 \text{ m})\,(1{,}20 \text{ T}) = 60{,}0$ N.

AVALIAR: verificamos o resultado do item (a) usando a Equação 27.19 para calcular o vetor força. Se usarmos um sistema de coordenadas com o eixo x apontando para o leste, o eixo y para o norte e o eixo z para cima, teremos $\vec{l} = (1{,}00 \text{ m})\hat{\imath}$, $\vec{B} = (1{,}20 \text{ T})[(\cos 45°)\hat{\imath} + (\text{sen } 45°)\hat{\jmath}]$, e

$$\begin{aligned}\vec{F} &= I\vec{l} \times \vec{B} \\ &= (50{,}0 \text{ A})\,(1{,}0 \text{ m})\hat{\imath} \times (1{,}20 \text{ T})\,[(\cos 45°)\hat{\imath} + (\text{sen } 45°)\hat{\jmath}] \\ &= (42{,}4 \text{ N})\hat{k}\end{aligned}$$

(Continua)

(Continuação)

Observe que a força máxima de baixo para cima de 60,0 N pode sustentar o condutor no ar contra a força da gravidade — ou seja, *levitar magneticamente* o condutor — se seu peso for 60,0 N e sua massa for $m = p/g = (60{,}0\text{ N})/(9{,}8\text{ m/s}^2) = 6{,}12$ kg. A levitação magnética é usada em alguns trens especiais de alta velocidade, para suspendê-los acima dos trilhos. A eliminação do atrito das rodas com os trilhos permite que o trem atinja velocidades superiores a 400 km/h.

EXEMPLO 27.8 FORÇA MAGNÉTICA SOBRE UM CONDUTOR CURVO

Na **Figura 27.30**, o campo magnético $\vec{B}$ é uniforme e perpendicular ao plano da figura, apontando para fora da página. O condutor, conduzindo uma corrente I para a esquerda, possui três segmentos: (1) um segmento retilíneo de comprimento L perpendicular ao plano da figura; (2) uma semicircunferência de raio R e (3) outro segmento retilíneo de comprimento L, paralelo ao eixo x. Calcule a força magnética total sobre esse condutor.

Figura 27.30 Qual é a força magnética total sobre o condutor?

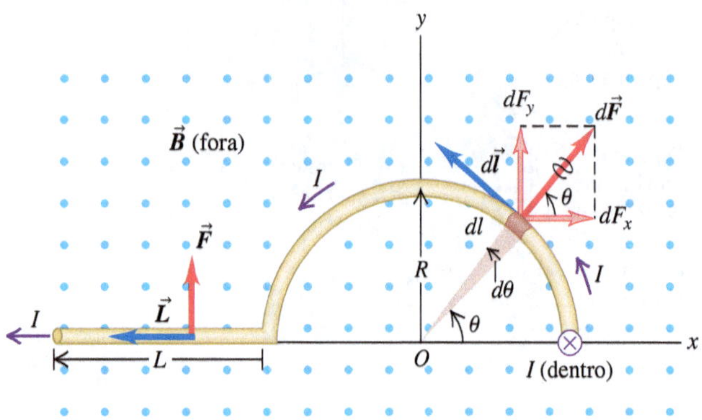

SOLUÇÃO

IDENTIFICAR E PREPARAR: o campo magnético $\vec{B} = B\hat{k}$ é uniforme, portanto podemos obter as forças $\vec{F}_1$ e $\vec{F}_3$ sobre os segmentos retilíneos (1) e (3) a partir da Equação 27.19. Dividimos o segmento curvo (2) em um grande número de segmentos retilíneos infinitesimais e determinamos a força correspondente $d\vec{F}_2$ em cada segmento retilíneo a partir da Equação 27.20. A seguir, integramos para determinar $\vec{F}_2$. A força magnética total no condutor é, então, $\vec{F} = \vec{F}_1 + \vec{F}_2 + \vec{F}_3$.

EXECUTAR: para o segmento (1), $\vec{L} = -L\hat{k}$. Logo, pela Equação 27.19, $\vec{F}_1 = I\vec{L} \times \vec{B} = \mathbf{0}$. Para o segmento (3), $\vec{L} = -L\hat{\imath}$, de modo que $\vec{F}_3 = I\vec{L} \times \vec{B} = I(-L\hat{\imath}) \times (B\hat{k}) = ILB\hat{\jmath}$.

Para o segmento curvo (2), a Figura 27.30 mostra um segmento $d\vec{l}$ cujo comprimento é $dl = R\,d\theta$ para um ângulo θ. A regra da mão direita mostra que a direção do produto $d\vec{l} \times \vec{B}$ é radial e o sentido aponta para fora do centro; veja se você é capaz de verificar isso. Como $d\vec{l}$ e $\vec{B}$ são perpendiculares, o módulo dF_2 da força sobre o segmento $d\vec{l}$ é dado por $dF_2 = I\,dl\,B = I(R\,d\theta\,B.$ Os componentes da força sobre esse segmento são

$$dF_{2x} = IR\,d\theta\,B\cos\theta \qquad dF_{2y} = IR\,d\theta\,B\text{sen}\,\theta$$

Para determinarmos os componentes da força total, integramos essas expressões em função de θ, fazendo variar $\theta = 0$ até $\theta = \pi$ para levar em conta a semicircunferência inteira. Encontramos estes resultados:

$$F_{2x} = IRB\int_0^{\pi}\cos\theta\,d\theta = 0$$

$$F_{2y} = IRB\int_0^{\pi}\text{sen}\theta\,d\theta = 2IRB$$

Logo, $\vec{F}_2 = 2IRB\hat{\jmath}$. Finalmente, somando as forças sobre todos os três segmentos, encontramos a força total na direção y positiva:

$$\vec{F} = \vec{F}_1 + \vec{F}_2 + \vec{F}_3 = 0 + 2IRB\hat{\jmath} + ILB\hat{\jmath} = IB(2R + L)\hat{\jmath}$$

AVALIAR: por simetria, poderíamos prever que o componente x de $\vec{F}_2$ deveria ser igual a zero. Na metade direita da semicircunferência, o componente x da força é positivo (orientado para a direita) e na metade esquerda é negativo (orientado para a esquerda); portanto, as contribuições positivas e negativas da integral se anulam. O resultado é que $\vec{F}_2$ é igual à força que seria exercida caso a semicircunferência fosse substituída por um segmento *retilíneo* de comprimento $2R$ ao longo do eixo Ox. Você pode explicar por quê?

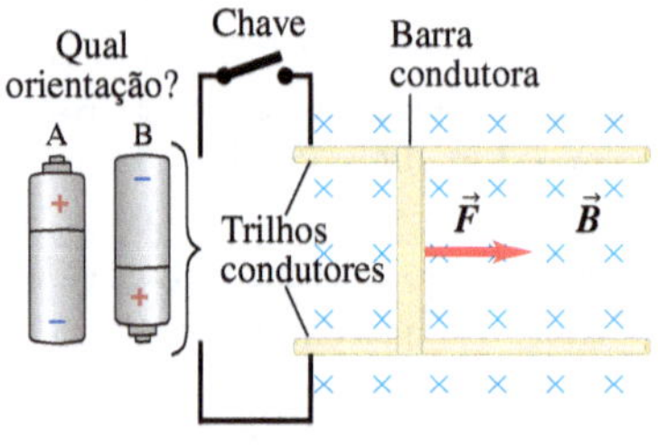

TESTE SUA COMPREENSÃO DA SEÇÃO 27.6 A figura ao lado mostra uma vista aérea de dois trilhos condutores sobre os quais uma barra condutora pode deslizar. Um campo magnético uniforme está orientado perpendicularmente ao plano da figura, conforme indicado. Uma pilha deve ser conectada aos dois trilhos de modo que, quando a chave for fechada, a corrente fluirá através da barra e provocará uma força magnética capaz de empurrar a barra para a direita. Em qual sentido, A ou B, a pilha deve ser colocada no circuito? ❙

27.7 FORÇA E TORQUE SOBRE UMA ESPIRA DE CORRENTE

Condutores que conduzem corrente em geral são fechados e formam espiras, de modo que é necessário usar os resultados da Seção 27.6 para encontrar a força magnética *total* e o torque *total* sobre um condutor em forma de espira.

Muitos dispositivos práticos utilizam a força magnética ou o torque sobre uma espira condutora, incluindo alto-falantes (Figura 27.28) e galvanômetros (Seção 26.3). Portanto, os resultados desta seção são de suma importância prática. Esses resultados também nos auxiliam a entender o comportamento do ímã em forma de barra descrito na Seção 27.1.

Como exemplo, vamos examinar uma espira de corrente retangular em um campo magnético uniforme. Podemos representar a espira como uma série de segmentos retilíneos. Verificaremos que a *força* total sobre a espira é igual a zero, porém pode existir um *torque* resultante atuando sobre a espira, com algumas propriedades interessantes.

A **Figura 27.31a** mostra uma espira retangular com lados de comprimentos a e b. Uma linha perpendicular ao plano da espira (isto é, *normal* ao plano) forma um ângulo ϕ com a direção do campo magnético $\vec{B}$, e a espira conduz uma corrente I. Os fios que conduzem a corrente para dentro e para fora da espira e a fonte da fem foram omitidos para que o diagrama ficasse simples.

A força $\vec{F}$ sobre o lado direito da espira (comprimento a) é orientada para a direita, no sentido $+Ox$, conforme indicado. Sobre esse lado, $\vec{B}$ é perpendicular à direção da corrente e a força sobre esse lado possui módulo

$$F = IaB \qquad (27.21)$$

Uma força $-\vec{F}$ com mesmo módulo, porém com sentido contrário, atua sobre o lado oposto da espira, como indica a figura.

Os lados de comprimento b formam um ângulo $(90° - \phi)$ com a direção de $\vec{B}$. As forças sobre esses lados são os vetores $\vec{F}'$ e $-\vec{F}'$; os módulos F' desses vetores são dados por

$$F' = IbB \operatorname{sen}(90° - \phi) = IbB \cos \phi$$

As linhas de ação de ambas as forças estão sobre o eixo Oy.

Figura 27.31 Torque sobre uma espira conduzindo corrente em um campo magnético uniforme.

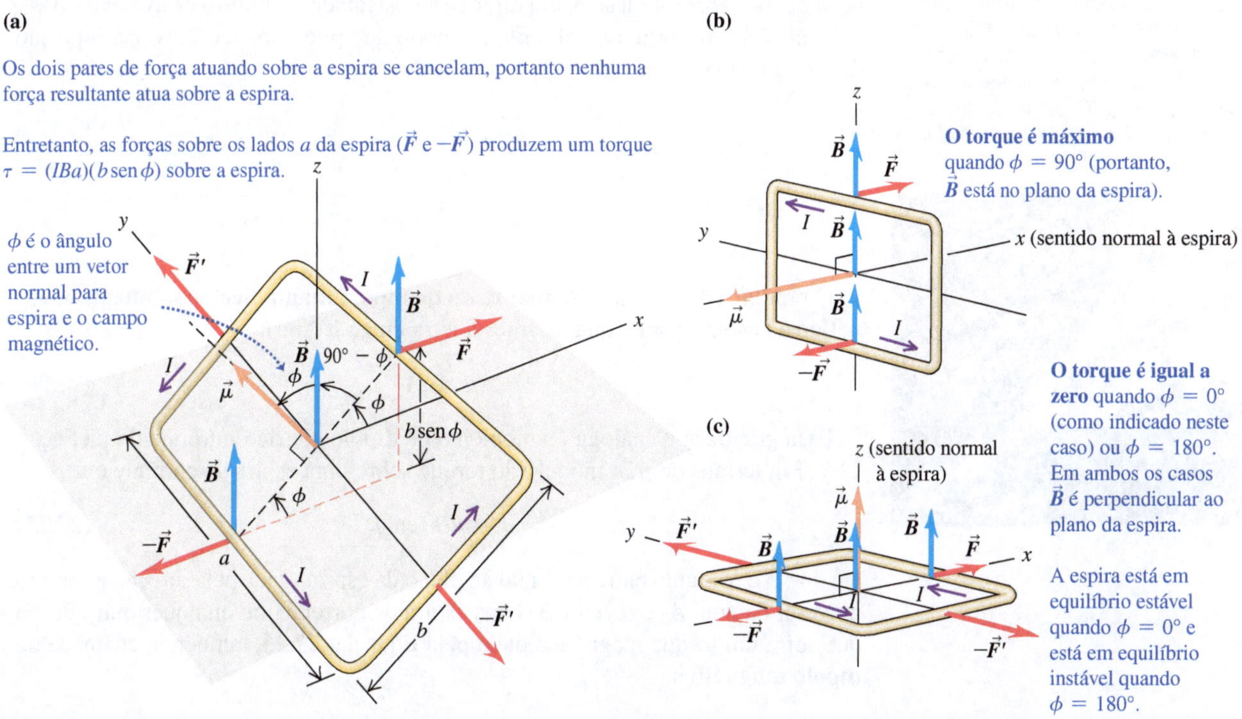

A força *total* sobre a espira é igual a zero porque as forças sobre os lados opostos se cancelam em pares.

A força resultante sobre uma espira de corrente em um campo magnético uniforme é igual a zero. Contudo, o torque resultante geralmente é diferente de zero.

(Talvez você queira fazer uma revisão da discussão sobre torque feita na Seção 10.1.) As duas forças $\vec{F}'$ e $-\vec{F}'$ na Figura 27.31a estão ao longo da mesma linha e, portanto, fornecem um torque resultante igual a zero em relação a qualquer ponto. Tanto a força $\vec{F}$ como a $-\vec{F}$ estão ao longo de duas linhas diferentes e cada uma delas fornece um torque em torno do eixo Oy. De acordo com a regra da mão direita, para determinar a direção e o sentido do torque, verificamos que os vetores dos torques produzidos por $\vec{F}$ e $-\vec{F}$ atuam no sentido $+Oy$ e, portanto, o vetor do torque resultante $\vec{\tau}$ também. O braço do momento para cada uma dessas forças (dado pela distância perpendicular entre a linha de ação da força e o eixo de rotação) é igual a $(b/2)$ sen ϕ, de modo que o torque de cada uma dessas forças possui módulo $F(b/2)$ sen ϕ. Usando a Equação 27.21 para F, o módulo do torque resultante é dado por

$$\tau = 2F(b/2) \text{ sen } \phi = (IBa)\,(b \text{ sen } \phi) \qquad (27.22)$$

BIO Aplicação Imagens por ressonância magnética Nas imagens por ressonância magnética (RM), um paciente é colocado em um campo magnético forte. O núcleo de cada átomo de hidrogênio no paciente atua como uma espira de corrente em miniatura com um momento de dipolo magnético que o alinha ao campo aplicado. As ondas de radiofrequência exatamente na frequência correta tiram esses momentos magnéticos do alinhamento. A absorção dessas ondas de radiofrequência pelo tecido é proporcional à quantidade de hidrogênio presente. Isso possibilita gerar imagens dos detalhes no tecido macio, rico em hidrogênio, que não são visíveis em imagens de raios X. (Os raios X são superiores à RM para o exame dos ossos, que possuem pouco hidrogênio.)

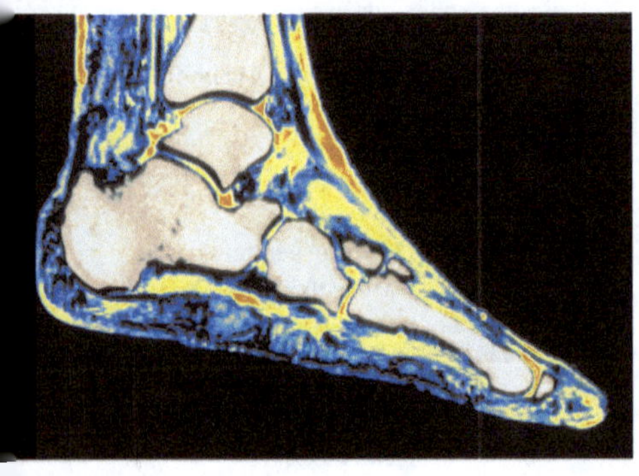

O torque atinge seu valor máximo quando $\phi = 90°$, $\vec{B}$ está no plano da espira e a normal a esse plano é perpendicular a $\vec{B}$ (Figura 27.31b). O torque é igual a zero quando ϕ é igual a 0° ou 180° e a normal à espira é paralela ou antiparalela ao campo (Figura 27.31c). O valor $\phi = 0°$ é uma posição de equilíbrio estável, porque o torque é igual a zero nesse ponto e, quando a espira gira ligeiramente a partir dele, o torque resultante tenderá a fazê-la girar de volta para $\phi = 0°$. A posição $\phi = 180°$ corresponde a um equilíbrio *instável*; se ela for deslocada ligeiramente a partir dessa posição, a espira tenderá a se afastar ainda mais da posição $\phi = 180°$. A Figura 27.31 mostra uma rotação em torno do eixo Oy, porém, como a força resultante sobre a espira é igual a zero, a Equação 27.22 do torque permanece válida para *qualquer* escolha dos eixos. O torque sempre tende a girar a espira na direção de ϕ *decrescente* — ou seja, em direção à posição de equilíbrio estável $\phi = 0°$.

A área A da espira é igual a ab, de modo que podemos reescrever a Equação 27.22 na forma

Módulo do torque sobre uma espira de corrente → $\tau = IBA \text{ sen } \phi$ (27.23)

Corrente: I; Módulo do campo magnético: B; Área da espira: A; Ângulo entre a normal ao plano da espira e a direção do campo: ϕ

O produto IA denomina-se **momento de dipolo magnético** ou **momento magnético** da espira, para o qual usamos a letra grega μ (mu):

$$\mu = IA \qquad (27.24)$$

Essa grandeza é análoga ao momento de dipolo elétrico introduzido na Seção 21.7. Em termos de μ, o módulo do torque sobre uma espira de corrente é

$$\tau = \mu B \text{ sen } \phi \qquad (27.25)$$

em que ϕ é o ângulo entre a normal ao plano da espira (dada pela direção e sentido do vetor da área $\vec{A}$) e o vetor $\vec{B}$. Uma espira de corrente, ou qualquer outro corpo que sofra um torque magnético dado pela Equação 27.25, também é chamada de **dipolo magnético**.

Torque magnético: forma vetorial

Também podemos definir um vetor do momento magnético $\vec{\mu}$ com módulo igual a IA; isso é indicado na Figura 27.31. A direção de $\vec{\mu}$ é definida como a perpendicular ao plano da espira, com sentido determinado pela regra da mão direita, conforme indicado na **Figura 27.32**. Enrole os dedos da sua mão direita em torno da periferia da espira no sentido da rotação da corrente. A seguir, estenda seu polegar de modo que ele fique perpendicular ao plano da espira; sua direção e seu sentido coincidem com o vetor $\vec{\mu}$ (e com o vetor da área $\vec{A}$ da espira). O torque atinge seu valor máximo quando $\vec{\mu}$ é perpendicular a $\vec{B}$ e é zero quando esses vetores são paralelos ou antiparalelos. Na posição de equilíbrio estável, $\vec{\mu}$ e $\vec{B}$ são paralelos.

Finalmente, podemos descrever essa interação em termos de torque $\vec{\tau}$ de modo análogo ao que usamos para descrever as interações de um dipolo *elétrico*, na Seção 21.7. Pela Equação 27.25, o módulo de $\vec{\tau}$ é igual ao módulo de $\vec{\mu} \times \vec{B}$, e pela Figura 27.31, vemos que as direções também obedecem a esse mesmo produto vetorial. Logo,

Figura 27.32 A regra da mão direita determina a direção e o sentido do momento magnético de uma espira que conduz uma corrente. Essa é a mesma direção e o mesmo sentido do vetor área da espira $\vec{A}$; $\vec{\mu} = I\vec{A}$ é uma equação vetorial.

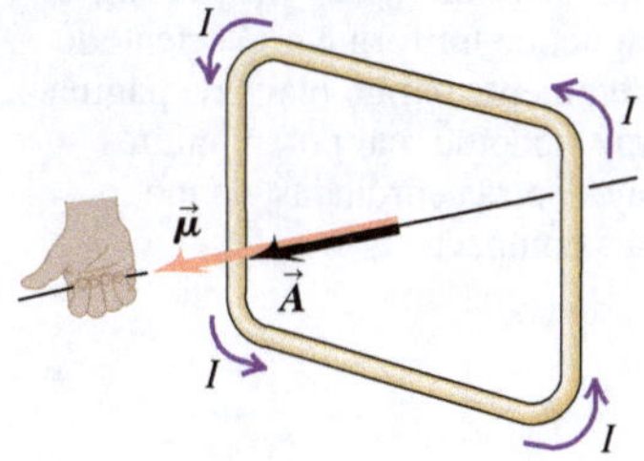

Vetor do torque sobre uma espira de corrente → $\vec{\tau} = \vec{\mu} \times \vec{B}$ ← Momento de dipolo magnético ($\vec{\mu}$); Campo magnético ($\vec{B}$) (27.26)

$$\vec{\tau} = \vec{\mu} \times \vec{B} \quad (27.26)$$

O resultado anterior é diretamente análogo ao que encontramos na Seção 21.7 para o torque exercido por um campo *elétrico* $\vec{E}$ sobre um dipolo *elétrico* com momento de dipolo $\vec{p}$.

Energia potencial para um dipolo magnético

Quando um dipolo magnético muda de orientação em um campo magnético, o campo realiza um trabalho sobre ele. Para um deslocamento angular infinitesimal $d\phi$, o trabalho dW é dado por $\tau d\phi$ e ocorre uma variação correspondente da energia potencial. Como sugere a discussão anterior, a energia potencial U é mínima quando $\vec{\mu}$ e $\vec{B}$ são paralelos e máxima quando esses vetores são antiparalelos. Para determinarmos uma expressão para a energia potencial U em função da orientação, note que o torque sobre um dipolo *elétrico* em um campo *elétrico* é dado por $\vec{\tau} = \vec{p} \times \vec{E}$; verificamos, na Seção 21.7, que a energia potencial correspondente é $U = -\vec{p} \cdot \vec{E}$. O torque sobre um dipolo *magnético* em um campo *magnético* é dado por $\vec{\tau} = \vec{\mu} \times \vec{B}$; logo, concluímos imediatamente que

Energia potencial para um dipolo magnético em um campo magnético → $U = -\vec{\mu} \cdot \vec{B} = -\mu B \cos\phi$ (Momento de dipolo magnético: $\vec{\mu}$; Campo magnético: $\vec{B}$; Ângulo entre $\vec{\mu}$ e $\vec{B}$: ϕ)

$$U = -\vec{\mu} \cdot \vec{B} = -\mu B \cos\phi \quad (27.27)$$

Com essa definição, U é igual a zero quando o momento de dipolo magnético é perpendicular ao campo magnético ($\phi = 90°$); então, $U = -\vec{\mu} \cdot \vec{B} = -\mu B \cos 90° = 0$.

Torque magnético: espiras e bobinas

Embora tenhamos deduzido todas as equações desde a 27.21 até a 27.27 para uma espira retangular, todas essas relações continuam válidas para uma espira plana com qualquer forma. Qualquer espira plana pode ser aproximada com o grau de precisão que desejamos por um número muito grande de espiras retangulares, conforme indicado na **Figura 27.33**. Se todas essas espiras conduzem a mesma corrente em sentido horário, então as forças e os torques sobre os lados de espiras adjacentes se cancelam e somente os torques e as forças que não se cancelam são produzidos pelas correntes em torno do limite externo. Logo, todas as relações anteriores

Figura 27.33 O conjunto de retângulos se superpõe à espira plana irregular em seu limite quando o número de retângulos tende ao infinito e a largura de cada retângulo tende a zero.

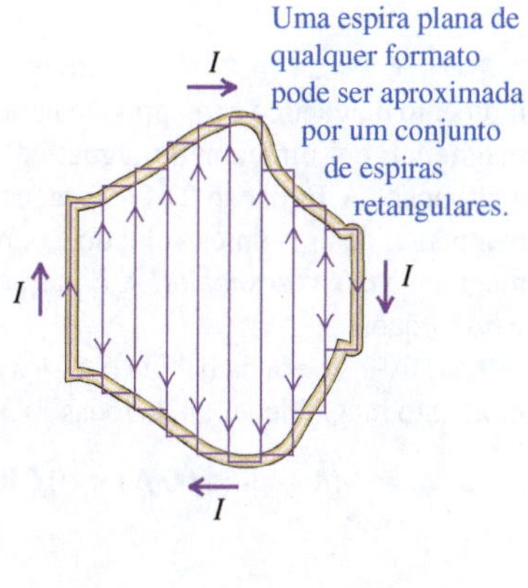

permanecem válidas para uma espira de corrente plana de qualquer forma, com um momento magnético dado por $\vec{\mu} = I\vec{A}$.

Também podemos generalizar toda essa discussão para uma bobina formada por um conjunto de N espiras planas agrupadas de modo compacto; para isso, é suficiente multiplicar cada força, o momento magnético, o torque e a energia potencial correspondentes a cada espira por um fator N.

Figura 27.34 O torque $\vec{\tau} = \vec{\mu} \times \vec{B}$ sobre este solenoide em um campo magnético uniforme está orientado diretamente para o plano da página. Um solenoide real possui muito mais espiras enroladas, de modo mais compacto.

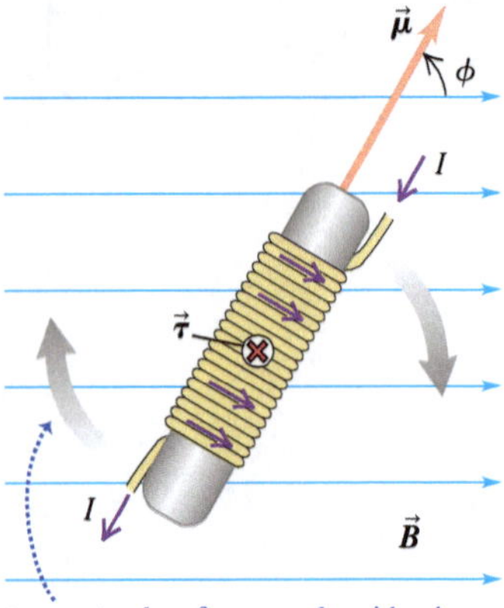

O torque tende a fazer o solenoide girar em sentido horário no plano da página, alinhando o momento magnético $\vec{\mu}$ com o campo $\vec{B}$.

Um arranjo de interesse particular é o **solenoide**, um enrolamento helicoidal de um fio, como um fio bobinado sobre um cilindro circular (**Figura 27.34**). Quando o enrolamento é compacto, o solenoide pode ser aproximado por muitas espiras circulares situadas em planos perpendiculares ao eixo longitudinal do cilindro. O torque total sobre um solenoide em um campo magnético simplesmente é dado pela soma dos torques sobre cada espira individual. Para um solenoide com N espiras em um campo magnético B, o momento magnético é dado por $\mu = NIA$ e

$$\tau = NIAB \text{ sen } \phi \quad (27.28)$$

em que ϕ é o ângulo entre o eixo do solenoide e a direção do campo. O vetor do momento magnético $\vec{\mu}$ está ao longo do eixo do solenoide. O torque é máximo quando o eixo do solenoide é perpendicular ao campo magnético e zero quando eles são paralelos. O efeito desse torque tende a fazer o solenoide girar até que seu eixo fique paralelo ao campo. Os solenoides também são úteis como *fontes* de campos magnéticos, como discutiremos no Capítulo 28.

O galvanômetro de d'Arsonval, descrito na Seção 26.3, usa o torque magnético sobre uma bobina que conduz uma corrente. Como indica a Figura 26.14, o campo magnético não é uniforme, porém *radial*, de modo que as forças laterais sobre a bobina são sempre perpendiculares ao seu plano. Portanto, o ângulo ϕ na Equação 27.28 é sempre igual a 90°, e o torque magnético é diretamente proporcional à corrente, independentemente da orientação da bobina. Um torque restaurador proporcional ao deslocamento angular da bobina é fornecido por duas molas capilares, que também servem como contatos elétricos à bobina. Quando uma corrente é fornecida para a bobina, ela gira com seu ponteiro até que o torque restaurador seja exatamente igual ao torque magnético. Logo, o desvio do ponteiro do galvanômetro é proporcional à corrente.

EXEMPLO 27.9 TORQUE MAGNÉTICO SOBRE UMA BOBINA CIRCULAR

Uma bobina circular com raio de 0,0500 m possui 30 espiras e está situada sobre um plano horizontal. Ela conduz uma corrente de 5,00 A no sentido anti-horário, quando observada de cima para baixo. A bobina está em um campo magnético uniforme orientado da esquerda para a direita, com módulo igual a 1,20 T. Calcule o módulo do momento magnético e o módulo do torque sobre a bobina.

SOLUÇÃO

IDENTIFICAR E PREPARAR: este problema usa a definição de momento magnético e a expressão para o torque sobre um dipolo magnético em um campo magnético. A **Figura 27.35** mostra a situação. A Equação 27.24 fornece o módulo do momento magnético de uma única volta do fio; para N voltas, o momento magnético é N vezes maior. A Equação 27.25 fornece o módulo τ do torque.

Figura 27.35 Nosso esquema para este problema.

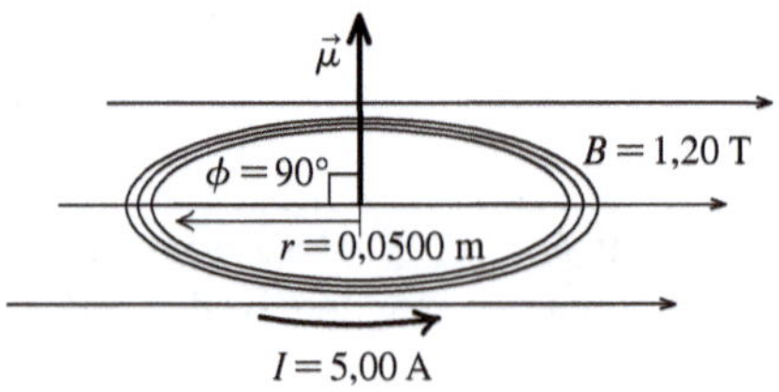

EXECUTAR: a área da bobina é $A = \pi r^2$. Pela Equação 27.24, o momento magnético total de todas as 30 voltas é

$$\mu_{total} = NIA = 30(5,00 \text{ A}) \, \pi \, (0,0500 \text{ m})^2 = 1,18 \text{ A} \cdot \text{m}^2$$

O ângulo ϕ entre a direção de $\vec{B}$ e a direção de $\vec{\mu}$ (que está ao longo da normal ao plano da bobina) é igual a 90°. Pela Equação 27.25, o torque sobre a bobina é

$$\tau = \mu_{total} B \text{ sen } \phi = (1,18 \text{ A} \cdot \text{m}^2)(1,20 \text{ T})(\text{sen } 90°) = 1,41 \text{ N} \cdot \text{m}$$

AVALIAR: o torque tende a fazer o lado direito da bobina girar para baixo e o lado esquerdo girar para cima, até que ela atinja uma posição na qual a normal a seu plano seja paralela a $\vec{B}$.

EXEMPLO 27.10 ENERGIA POTENCIAL DE UMA BOBINA EM UM CAMPO MAGNÉTICO

Se a bobina do Exemplo 27.9 gira a partir de sua orientação inicial até uma posição na qual seu momento magnético $\vec{\mu}$ seja paralelo a $\vec{B}$, qual é a variação de sua energia potencial?

SOLUÇÃO

IDENTIFICAR E PREPARAR: a Equação 27.27 fornece a energia potencial para cada orientação. A posição inicial é a indicada na Figura 27.35, com $\phi_1 = 90°$. Na posição final, a bobina é girada a 90° no sentido horário, de modo que $\vec{\mu}$ e $\vec{B}$ sejam paralelos, para que o ângulo entre esses vetores seja $\phi_2 = 0$.

EXECUTAR: pela Equação 27.27, a energia potencial inicial é

$$\begin{aligned}\Delta U = U_2 - U_1 &= -\mu B \cos \phi_2 - (-\mu B \cos \phi_1)\\ &= -\mu B(\cos \phi_2 - \cos \phi_1)\\ &= -(1{,}18 \text{ A} \cdot \text{m}^2)(1{,}20 \text{ T})(\cos 0° - \cos 90°) = -1{,}41 \text{ J}\end{aligned}$$

AVALIAR: a variação de energia potencial diminui porque a rotação ocorre no mesmo sentido do torque magnético que encontramos no Exemplo 27.9.

Dipolo magnético em um campo magnético não uniforme

Vimos que a força resultante sobre uma espira de corrente (ou seja, um dipolo magnético) é igual a zero quando ela está em um campo magnético uniforme. A **Figura 27.36** mostra duas espiras de corrente em um campo magnético *não uniforme* $\vec{B}$ produzido por uma barra imantada; em ambos os casos, a força resultante sobre cada espira *não é igual* a zero. Na Figura 27.36a, o momento magnético $\vec{\mu}$ possui sentido oposto ao do campo, e a força $d\vec{F} = I\, d\vec{l} \times \vec{B}$ sobre um segmento da espira possui tanto um componente radial quanto um componente orientado para a direita. Quando essas forças são somadas para determinar a força resultante $\vec{F}$ sobre a espira, os componentes radiais se cancelam, de modo que a força resultante é orientada para a direita, afastando a espira do ímã. Note que, nesse caso, a força é direcionada no sentido da região na qual as linhas de campo estão mais afastadas e o campo magnético B é menor. A polaridade do ímã está invertida na Figura 27.36b, de modo que, nesse caso, $\vec{\mu}$ e $\vec{B}$ são paralelos; agora a força resultante sobre a espira é orientada para a esquerda, no sentido da região onde o campo magnético é mais forte nas vizinhanças do polo do ímã. Mais adiante nesta seção, retomaremos essas observações para explicar por que um ímã pode atrair pequenos objetos de ferro não magnetizados.

Figura 27.36 Forças nas espiras de corrente em um campo $\vec{B}$ não uniforme. Em cada caso, o eixo da barra imantada é perpendicular ao plano da espira e passa por seu centro.

(a) A força resultante sobre esta bobina sempre se afasta do polo norte do ímã

(b) A força resultante sobre a mesma bobina sempre se aproxima do polo sul do ímã

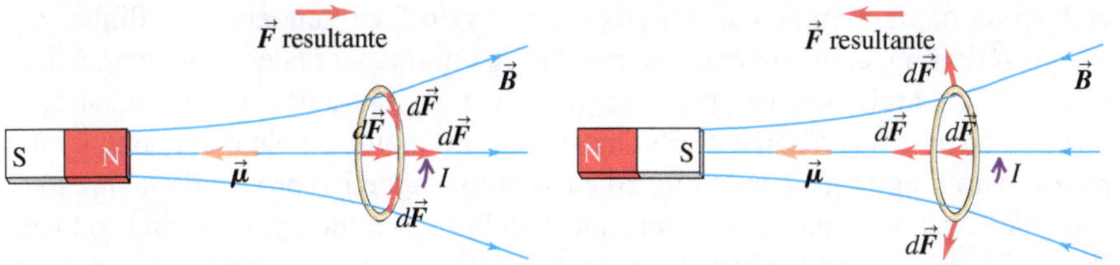

Dipolos magnéticos e como os ímãs funcionam

O comportamento de um solenoide em um campo magnético (Figura 27.34) assemelha-se ao de um ímã em forma de barra ou à agulha de uma bússola; caso eles possam girar livremente, o solenoide e o ímã se orientam de modo que fiquem com os respectivos eixos paralelos ao campo $\vec{B}$. Em ambos os casos, isso decorre da interação entre um campo magnético e as cargas elétricas em movimento; a diferença é que, no caso de um ímã em forma de barra, o movimento da carga ocorre na escala microscópica do átomo.

Imagine um elétron como uma bola carregada girando. Nessa analogia, a circulação da carga em torno do eixo de rotação é semelhante a uma espira de corrente e o elétron adquire um momento magnético resultante. (Essa analogia, embora

Figura 27.37 (a) Uma barra de ferro não imantada. (Somente alguns momentos magnéticos atômicos representativos são indicados.) (b) Uma barra de ferro imantada (ímã em forma de barra). O momento magnético resultante do ímã aponta do polo sul para seu polo norte. (c) Uma barra de ferro imantada em um campo magnético.

(a) Ferro não imantado: os momentos magnéticos se orientam ao acaso.

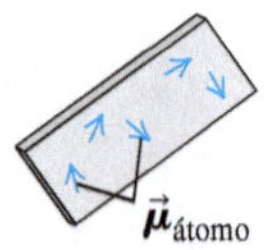

(b) Em uma barra de ferro imantada, os momentos magnéticos se alinham.

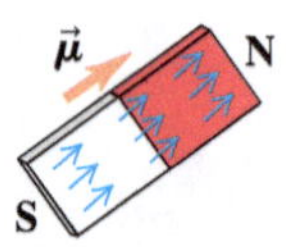

(c) Um campo magnético cria um torque sobre a barra de ferro imantada que tende a alinhar seu momento dipolo ao campo $\vec{B}$.

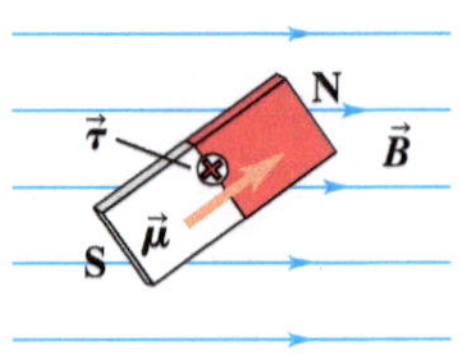

Figura 27.38 Um ímã em forma de barra atrai objetos de ferro não imantados em duas etapas. Inicialmente, o campo $\vec{B}$ produz um momento magnético resultante no prego; depois, como o campo magnético do ímã não é uniforme, o dipolo magnético resultante é atraído pelo ímã. A atração é a mesma no caso de o prego estar próximo (a) do polo norte ou (b) do polo sul do ímã.

(a)

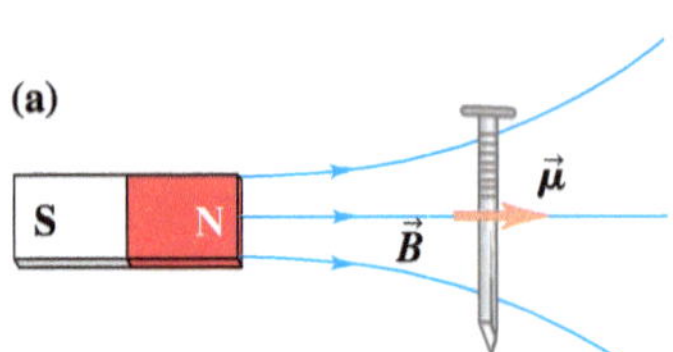

(b)

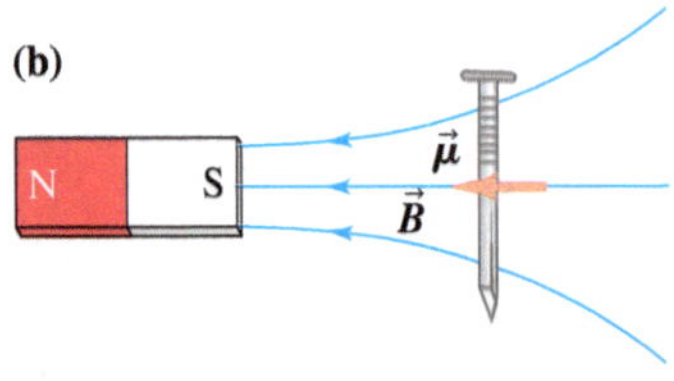

útil, não é exata; um elétron não é, na realidade, uma esfera girando. Uma explicação completa da origem do momento magnético do elétron envolve a mecânica quântica, que foge aos objetivos deste capítulo.) Em um átomo de ferro, alguns momentos magnéticos dos elétrons alinham-se entre si e o átomo possui um momento magnético resultante. (Em contraste, os átomos de quase todos os elementos possuem momento magnético pequeno ou igual a zero.) Em um fragmento de ferro não magnetizado, não existe nenhum alinhamento global dos momentos magnéticos dos átomos; a soma vetorial desses momentos magnéticos é igual a zero e o momento magnético resultante também é zero (**Figura 27.37a**). Porém, em uma barra imantada, os momentos magnéticos de muitos átomos são paralelos e existe um momento magnético $\vec{\mu}$ resultante apreciável (Figura 27.37b). Quando o ímã fica paralelo a um campo magnético $\vec{B}$, o campo exerce um torque dado pela Equação 27.26, que tende a alinhar $\vec{\mu}$ a $\vec{B}$ (Figura 27.37c). Uma barra imantada tende a alinhar seu eixo ao campo $\vec{B}$ de tal modo que uma reta que liga o polo sul ao polo norte do ímã possua a mesma direção e o mesmo sentido de $\vec{B}$; portanto, o significado real do polo norte e do polo sul de um ímã é que eles representam, respectivamente, a parte dianteira e a traseira do momento de dipolo magnético $\vec{\mu}$.

O torque que atua sobre uma espira de corrente em um campo magnético também explica como um objeto de ferro semelhante ao indicado na Figura 27.37a torna-se imantado. Quando um clipe de papel é colocado próximo a um ímã poderoso, os momentos magnéticos dos átomos do clipe tendem a se alinhar ao campo magnético $\vec{B}$ do ímã. Quando o clipe é removido, seus dipolos atômicos tendem a permanecer alinhados e o clipe adquire um momento magnético resultante. O clipe pode perder sua magnetização se for aquecido; a energia interna acrescentada pelo aquecimento faz seus dipolos ficarem orientados ao acaso, e o momento resultante se anula.

A descrição do dipolo magnético de um ímã em forma de barra explica as forças de atração e repulsão entre os ímãs indicados na Figura 27.1. O momento magnético $\vec{\mu}$ de um ímã em forma de barra aponta de seu polo sul para o polo norte, portanto as espiras de corrente nas figuras 27.36a e 27.36b são equivalentes a um ímã em forma de barra com seu polo norte no lado esquerdo. Logo, a situação descrita na Figura 27.36a é equivalente a dois ímãs em forma de barra com seus respectivos polos norte próximos um do outro; a força resultante é repulsiva, como na Figura 27.1b. Na Figura 27.36b, novamente temos a equivalência entre dois ímãs em forma de barra, porém agora com o polo sul do ímã da esquerda em frente ao polo norte do ímã da direita. A força resultante é de atração, como na Figura 27.1a.

Finalmente, podemos explicar como um ímã consegue atrair um objeto de ferro não magnetizado (Figura 27.2). Trata-se de um processo com duas etapas. Inicialmente, os momentos magnéticos atômicos do ferro tendem a se alinhar ao campo $\vec{B}$ do ímã, de modo que o ferro adquire um momento de dipolo magnético resultante $\vec{\mu}$ paralelo ao campo. A seguir, o campo não uniforme do ímã atrai o dipolo magnético. A **Figura 27.38a** mostra um exemplo. O polo norte do ímã está próximo do prego (que contém ferro) e o dipolo magnético produzido no prego é equivalente a uma espira de corrente que circula em sentido oposto ao indicado na Figura 27.36a. Portanto, a força magnética resultante sobre o prego é oposta à força sobre a espira indicada na Figura 27.36a e o prego é atraído pelo ímã. Trocando-se a polaridade do ímã, como indicado na Figura 27.38b, ocorre inversão de ambos os sentidos dos vetores $\vec{B}$ e $\vec{\mu}$. A situação agora é equivalente à indicada na Figura 27.36b; analogamente ao caso da espira naquela figura, o prego é atraído pelo ímã. Portanto, um objeto não magnetizado contendo ferro sempre é atraído por *qualquer um* dos polos de um ímã. Em contraste, objetos de cobre, alumínio ou madeira não são atraídos por ímãs; os momentos de dipolos magnéticos desses materiais, caso não sejam nulos, possuem uma tendência muito pequena a se alinharem ao campo magnético externo.

Nossa discussão sobre a interação entre ímãs e objetos de ferro foi apenas uma abordagem superficial de um assunto conhecido como *propriedades magnéticas dos materiais*. Essas propriedades serão analisadas com maior profundidade na Seção 28.8.

TESTE SUA COMPREENSÃO DA SEÇÃO 27.7 A Figura 27.13c mostra as linhas do campo magnético em função de uma espira circular que conduz corrente. (a) Quais são a direção e o sentido do momento magnético dessa espira? (b) Qual lado da espira é equivalente ao polo norte de um ímã e qual lado é equivalente ao polo sul? ❙

27.8 O MOTOR DE CORRENTE CONTÍNUA

Os motores elétricos desempenham um papel importante na sociedade contemporânea. Em um motor, o torque magnético atua sobre um condutor que conduz corrente e a energia é convertida em energia mecânica. Como exemplo, vamos examinar um tipo simples de motor de corrente contínua (cc), mostrado na **Figura 27.39**.

A parte móvel do motor é o *rotor*, uma extensão de fio formada por uma espira aberta e livre para girar em torno de um eixo. As extremidades dos fios do rotor são ligadas a dois segmentos condutores, que formam um *comutador*. Na Figura 27.39a, cada um dos dois segmentos dos comutadores entra em contato com um dos terminais, ou *escovas*, ligadas a um circuito externo que inclui uma fonte de fem. Isso produz uma corrente que entra no rotor pelo lado esquerdo (em vermelho) e sai pelo direito (em azul). Portanto, o rotor é uma espira de corrente com momento magnético $\vec{\mu}$. O rotor está situado entre os polos opostos de um ímã permanente, de modo que existe um campo magnético $\vec{B}$ que exerce um torque $\vec{\tau} = \vec{\mu} \times \vec{B}$ sobre o rotor. Para a orientação do rotor indicada na Figura 27.39a, o torque faz o rotor girar em sentido anti-horário, o que alinhará $\vec{\mu}$ com $\vec{B}$.

Na Figura 27.39b, o rotor girou 90° a partir de sua orientação na Figura 27.39a. Se a corrente através do rotor fosse constante, o rotor estaria agora em sua posição de equilíbrio; ele simplesmente oscilaria em torno dessa orientação. Porém, aqui o comutador entra em ação; nesse instante, as duas escovas estão em contato com *ambas* as partes isolantes dos segmentos dos comutadores. Não há diferença de potencial entre os segmentos do comutador, nenhuma corrente flui através do rotor e o momento magnético é igual a zero. Em virtude da inércia, o rotor continua a girar no sentido anti-horário e a corrente flui novamente através do rotor, como indica a Figura 27.39c. Porém, agora a corrente entra pelo lado do comutador, oposto ao indicado na Figura 27.39a. Embora a corrente esteja circulando em sentido contrário

Figura 27.39 Diagrama esquemático de um motor cc simples. O rotor é uma espira de fio que pode girar livremente ao redor de um eixo; as extremidades do rotor são ligadas a dois condutores curvos que formam o comutador. (Para maior clareza, as duas metades do comutador são realçadas com as cores vermelha e azul). Entre os dois segmentos do comutador existe um material isolante.

(a) As escovas são alinhadas com os segmentos do comutador

(b) O rotor girou 90°.

(c) O rotor girou 180°.

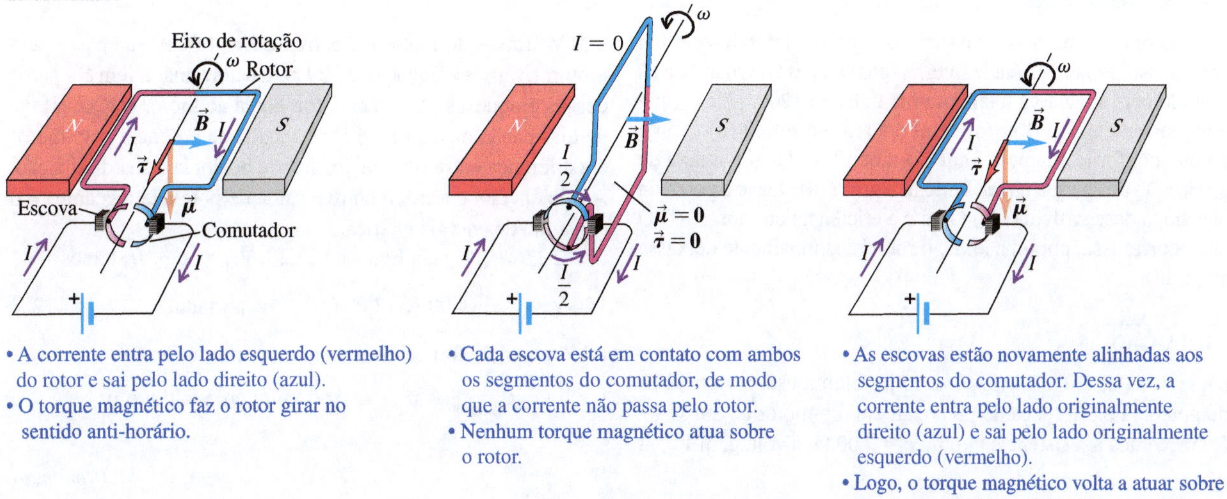

- A corrente entra pelo lado esquerdo (vermelho) do rotor e sai pelo lado direito (azul).
- O torque magnético faz o rotor girar no sentido anti-horário.

- Cada escova está em contato com ambos os segmentos do comutador, de modo que a corrente não passa pelo rotor.
- Nenhum torque magnético atua sobre o rotor.

- As escovas estão novamente alinhadas aos segmentos do comutador. Dessa vez, a corrente entra pelo lado originalmente direito (azul) e sai pelo lado originalmente esquerdo (vermelho).
- Logo, o torque magnético volta a atuar sobre o rotor no sentido anti-horário.

Figura 27.40 Este motor de um drive de disco magnético usado em um computador possui 12 bobinas que conduzem corrente. Elas interagem com ímãs permanentes sobre uma plataforma giratória (não mostrada) para fazê-la girar. (Este projeto é o inverso do indicado na Figura 27.39, em que os ímãs permanentes são estacionários e a bobina gira.) Como há múltiplas bobinas, o torque magnético é quase constante e a plataforma gira a uma taxa que também é muito constante.

em relação aos comutadores, o próprio rotor girou 180° e o momento magnético $\vec{\mu}$ possui a mesma direção e o mesmo sentido do campo magnético. Portanto, o torque magnético $\vec{\tau}$ na Figura 27.39c possui a mesma direção e o mesmo sentido que o da Figura 27.39a. Graças ao comutador, a corrente se inverte a cada giro de 180°, de modo que o torque sempre faz o rotor girar no sentido anti-horário. Quando o motor "ganha velocidade", o torque magnético médio é equilibrado por um torque oposto produzido pela resistência do ar, pelo atrito nos mancais do motor e entre as escovas e os segmentos do comutador.

O motor simples indicado na Figura 27.39 possui uma única espira em seu rotor. Em motores práticos, o rotor apresenta muitas espiras; isso produz um aumento no momento magnético e no torque, de modo que o motor pode girar com cargas maiores. O torque também pode aumentar utilizando-se um campo magnético mais forte; por isso, muitos motores são projetados com eletroímãs em vez de ímãs. Outra dificuldade do modelo simples indicado na Figura 27.39 é que o módulo do torque aumenta e diminui à medida que o rotor gira. Isso pode ser remediado empregando no rotor bobinas independentes, orientadas com ângulos diferentes (**Figura 27.40**).

Potência para motores elétricos

Como o motor converte energia elétrica em energia mecânica ou trabalho, ele necessita de um suprimento de energia elétrica. Se a diferença de potencial entre os terminais for igual a V_{ab} e a corrente for igual a I, então a potência fornecida será $P = V_{ab}I$. Mesmo quando as bobinas do motor possuem resistência desprezível, deve existir uma diferença de potencial entre os terminais para que P seja diferente de zero. Essa diferença de potencial é produzida, principalmente, pelas forças magnéticas exercidas sobre as correntes nos condutores do rotor à medida que ele gira no campo magnético. A fem associada $\mathcal{E}$ denomina-se fem *induzida*, também chamada de fem de *realimentação*, porque seu sentido é oposto ao da corrente. No Capítulo 29, estudaremos uma fem induzida que surge em virtude do movimento de condutores em um campo magnético.

Para um motor em *série*, o rotor é conectado em série ao eletroímã que produz um campo magnético; em um motor com ligação em *paralelo* (ou *shunt*), eles são conectados em paralelo. Para um motor em série com resistência interna r, V_{ab} é maior que $\mathcal{E}$ e a diferença é aquela de potencial Ir através da resistência interna. Ou seja,

$$V_{ab} = \mathcal{E} + Ir \qquad (27.29)$$

Como a força magnética é proporcional à velocidade, $\mathcal{E}$ *não* é constante, mas sim proporcional à velocidade de rotação do rotor.

EXEMPLO 27.11 UM MOTOR CC EM SÉRIE

Um motor cc com seu rotor e suas bobinas de campo ligadas em série possui uma resistência interna igual a 2,00 Ω. Quando está girando com sua carga total em uma linha de 120 V, ele recebe uma corrente de 4,00 A. (a) Qual é a fem no rotor? (b) Qual é a potência fornecida pela fonte ao motor? (c) Qual é a taxa de dissipação de energia na resistência interna? (d) Qual é a potência mecânica desenvolvida? (e) Qual é a eficiência do motor? (f) O que ocorreria se, por uma falha, o rotor repentinamente deixasse de girar?

SOLUÇÃO

IDENTIFICAR E PREPARAR: este problema usa os conceitos de potência e diferença de potencial em um motor cc em série. Conhecemos a resistência interna $r = 2{,}00\ \Omega$, a voltagem $V_{ab} =$ 120 V através do motor e a corrente $I = 4{,}00$ A que passa pelo motor. Usamos a Equação 27.29 para determinar a fem $\mathcal{E}$ a partir dessas grandezas. A potência fornecida ao motor é $V_{ab}I$, a taxa de dissipação da energia é I^2r e a saída de potência pelo motor é a diferença entre o fornecimento de potência e sua dissipação. A eficiência e é a razão entre a saída de potência mecânica e o consumo de energia elétrica.

EXECUTAR: (a) pela Equação 27.29, $V_{ab} = \mathcal{E} + Ir$, temos

$$120\ \text{V} = \mathcal{E} + (4{,}00\ \text{A})(2{,}00\ \Omega) \quad \text{e, portanto,} \quad \mathcal{E} = 112\ \text{V}$$

(b) A potência fornecida ao motor a partir da fonte é

$$P_{\text{entrada}} = V_{ab}I = (120\ \text{V})(4{,}00\ \text{A}) = 480\ \text{W}$$

(Continua)

(Continuação)

(c) A potência dissipada na resistência r é

$$P_{\text{dissipada}} = I^2 r = (4{,}00\ \text{A})^2\ (2{,}00\ \text{V}) = 32\ \text{W}$$

(d) A potência mecânica desenvolvida é a potência elétrica que entra no motor menos a potência dissipada na resistência do motor (supondo que não ocorra nenhuma outra perda de potência):

$$P_{\text{saída}} = P_{\text{entrada}} - P_{\text{dissipada}} = 480\ \text{W} - 32\ \text{W} = 448\ \text{W}$$

(e) A eficiência e do motor é a razão entre a potência líquida na saída do motor e a potência que entra no motor:

$$e = \frac{P_{\text{saída}}}{P_{\text{entrada}}} = \frac{448\ \text{W}}{480\ \text{W}} = 0{,}93 = 93\%$$

(f) Quando o rotor deixa de girar repentinamente, a fem $\mathcal{E}$ de realimentação (que é proporcional à velocidade do rotor) cai para zero. De acordo com a Equação 27.29, a corrente passa para

$$I = \frac{V_{ab}}{r} = \frac{120\ \text{V}}{2{,}00\ \Omega} = 60\ \text{A}$$

e a potência dissipada na resistência r torna-se

$$P_{\text{dissipada}} = I^2 r = (60\ \text{A})^2\ (2{,}00\ \Omega) = 7.200\ \text{W}$$

AVALIAR: caso essa sobrecarga excessiva não queime um fusível ou desligue um disjuntor, as bobinas rapidamente se fundem. Quando o motor é ligado, surge uma corrente mais elevada até que o motor adquira velocidade. Esse surto inicial produz uma voltagem maior que a normal ($V = IR$) na fonte de alimentação que supre a corrente. Um efeito semelhante ocorre quando as luzes de uma casa brilham com pouca intensidade no momento em que o motor do ar-condicionado ou da máquina de lavar roupas começa a funcionar.

TESTE SUA COMPREENSÃO DA SEÇÃO 27.8 Ao circuito indicado na Figura 27.39, você acrescenta uma chave conectada em série à fonte de fem, de modo que a corrente possa ser ligada e desligada. Quando você fecha a chave, permitindo que a corrente flua, o rotor passará a girar, independentemente de sua orientação original? ❙

27.9 O EFEITO HALL

A realidade das forças que atuam sobre as cargas que se movem no interior de um condutor em um campo magnético é demonstrada de maneira espetacular pelo *efeito Hall*, análogo ao desvio transversal de um feixe de elétrons em um campo magnético no vácuo. (Esse efeito foi descoberto pelo físico norte-americano Edwin Hall, em 1879, enquanto ele ainda era um aluno de graduação.) Para descrevermos esse efeito, vamos considerar um condutor em forma de uma tira larga, como na **Figura 27.41**. A corrente está no sentido $+x$ e existe um campo magnético uniforme $\vec{B}$ perpendicular ao plano da tira, no sentido $+y$. A velocidade de arraste da carga móvel (com módulo $|q|$) possui módulo v_a. A Figura 27.41a mostra o caso de uma carga negativa, como o caso dos elétrons de um metal, e a Figura 27.41b mostra uma carga positiva. Em ambos os casos, a força magnética é orientada de baixo para cima, assim como a força magnética sobre um condutor depende do sentido da corrente e não do fato de a carga ser positiva ou negativa. Em ambos os casos, uma carga móvel se move para a extremidade *superior* da tira sob a ação da força magnética $F_z = |q|\ v_a B$.

Figura 27.41 Forças sobre portadores de carga de um condutor em um campo magnético.

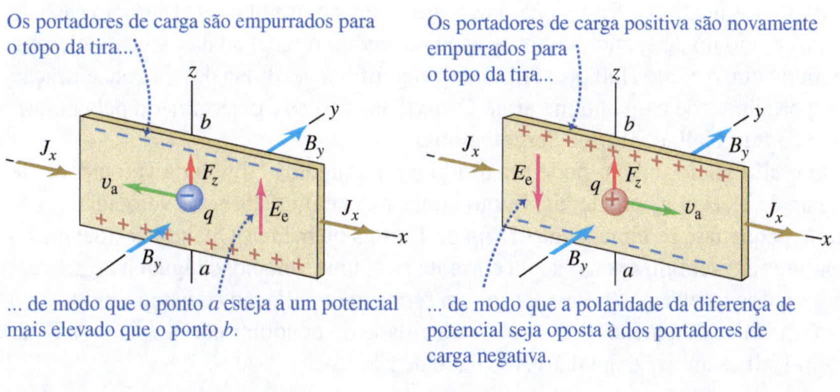

Se os portadores de carga são elétrons, como na Figura 27.41a, cargas negativas em excesso se acumulam na extremidade superior da tira, deixando cargas positivas em excesso em sua extremidade inferior. Esse acúmulo de cargas continua até que o campo eletrostático transversal $\vec{E}_e$ torne-se suficientemente grande para produzir uma força elétrica (módulo $|q|E_e$) igual e oposta à força magnética (módulo $|q|v_a B$). Depois disso, as cargas que se movem não sofrem mais nenhum desvio produzido por nenhuma força transversal para desviar as cargas em movimento. Esse campo elétrico produz uma diferença de potencial transversal entre as extremidades opostas da tira, denominada *voltagem Hall* ou *fem Hall*. A polaridade depende do sinal da carga que se move. A experiência mostra que, para uma tira metálica, a extremidade superior da tira na Figura 27.41a *torna-se* negativamente carregada, o que mostra que os portadores da carga em um metal são, na verdade, elétrons negativos.

Contudo, quando o portador de carga é *positivo*, como na Figura 27.41b, então as cargas *positivas* se acumulam na extremidade superior, e a diferença de potencial é *oposta* à situação indicada no caso de cargas negativas. Logo após a descoberta feita por Hall em 1879, verificou-se que alguns materiais, em particular alguns *semicondutores*, exibem uma fem Hall oposta à existente nos metais, como se os portadores de carga fossem positivos. Hoje, sabemos que nesses materiais ocorre a chamada *condução por buracos*. No interior de tais materiais há lugares, chamados *buracos*, que deveriam ser ocupados por elétrons, mas que na realidade estão vazios. A ausência de carga elétrica negativa equivale a uma carga elétrica positiva. Quando um elétron se move para preencher um buraco, ele deixa outro no local onde se encontrava. Portanto, o buraco se move em sentido contrário ao do elétron.

Em termos dos eixos coordenados, na Figura 27.41b, o campo eletrostático $\vec{E}_e$ para o caso da carga q positiva está no sentido $-z$; seu componente E_z é negativo. O campo magnético está no sentido $+y$, e podemos escrever esse campo como B_y. A força magnética (no sentido $+z$) é dada por $qv_a B_y$. A densidade de corrente J_x está no sentido $+x$. No caso estacionário, quando as forças qE_z e $qv_a B_y$ somam zero,

$$qE_z + qv_a B_y = 0 \quad \text{ou} \quad E_z = -v_a B_y$$

Isso confirma que, quando q é positiva, E_z é negativo. Pela Equação 25.4, a densidade de corrente J_x é dada por

$$J_x = nqv_a$$

Eliminando v_a entre as equações anteriores, obtemos

Efeito Hall: Concentração de portadores de carga em movimento; Carga por portador; Densidade de corrente; Campo magnético; Campo eletrostático no condutor

$$nq = \frac{-J_x B_y}{E_z} \qquad (27.30)$$

Note que o resultado anterior (assim como toda a dedução) é verdadeiro tanto no caso de q positiva como negativa. Quando q é negativa, E_z é positivo e vice-versa.

Podemos medir J_x, B_y e E_z para determinarmos o produto nq. Tanto no caso de metais como no de semicondutores, q possui módulo igual ao da carga do elétron, de modo que o efeito Hall possibilita uma determinação direta de n, a concentração dos portadores de carga no material. O *sinal* das cargas é determinado pela polaridade da fem Hall, conforme descrevemos.

O efeito Hall também pode ser usado para a medição direta da velocidade de arraste do elétron v_a em metais. Como vimos no Capítulo 25, essas velocidades são muito pequenas, geralmente da ordem de 1 mm/s ou menos. Quando deslocamos o condutor em sentido oposto ao da corrente com uma velocidade igual à de arraste, então todos os elétrons permanecem em repouso em relação ao campo magnético e a fem Hall desaparece. Portanto, a velocidade do condutor necessária para fazer a fem Hall se anular é igual à velocidade de arraste.

EXEMPLO 27.12 MEDIÇÃO DO EFEITO HALL

Uma placa de cobre com 2,00 mm de espessura e 1,50 cm de comprimento é colocada em um campo magnético uniforme de 0,40 T, como indicado na Figura 27.41a. Quando você faz passar uma corrente de 75 A no sentido $+x$, verifica, por meio de uma medida cuidadosa, que o potencial na parte inferior da placa é 0,81 μV mais elevado que no topo. A partir dessa medida, determine a concentração dos elétrons no cobre.

SOLUÇÃO

IDENTIFICAR E PREPARAR: este problema descreve uma experiência com o efeito Hall. Usaremos a Equação 27.30 para obtermos a concentração n de elétrons móveis.

EXECUTAR: inicialmente, encontramos a densidade de corrente J_x e o campo elétrico E_z:

$$J_x = \frac{I}{A} = \frac{75\text{ A}}{(2{,}0 \times 10^{-3}\text{ m})\,(1{,}50 \times 10^{-2}\text{ m})} = 2{,}5 \times 10^{6}\text{ A/m}^2$$

$$E_z = \frac{V}{d} = \frac{0{,}81 \times 10^{-6}\text{ V}}{1{,}5 \times 10^{-2}\text{ m}} = 5{,}4 \times 10^{-5}\text{ V/m}$$

Então, pela Equação 27.30,

$$n = \frac{-J_x B_y}{qE_z} = \frac{-(2{,}5 \times 10^{6}\text{ A/m}^2)\,(0{,}40\text{ T})}{(-1{,}60 \times 10^{-19}\text{ C})\,(5{,}4 \times 10^{-5}\text{ V/m})}$$

$$= 11{,}6 \times 10^{28}\text{ m}^{-3}$$

AVALIAR: o valor real de n para o cobre é igual a $8{,}5 \times 10^{28}\text{ m}^{-3}$, o que mostra que o modelo simples do efeito Hall usado nesta seção, o qual despreza os efeitos das interações quânticas dos elétrons e dos íons, deve ser usado com cuidado. Este exemplo também mostra que, para um bom condutor, a fem Hall é muito pequena, mesmo quando a densidade de corrente é elevada. Os dispositivos que usam o efeito Hall para medidas de campo magnético utilizam materiais semicondutores, para os quais até mesmo densidades de corrente moderadas fornecem uma fem Hall muito maior.

TESTE SUA COMPREENSÃO DA SEÇÃO 27.9 Um fio de cobre de seção reta quadrada está orientado verticalmente. Os quatro lados do fio estão voltados para o norte, o sul, o leste e o oeste. Há um campo magnético uniforme orientado do leste para o oeste, e o fio carrega a corrente de cima para baixo. Qual lado do fio possui potencial elétrico mais elevado? (i) Lado norte; (ii) lado sul; (iii) lado leste; (iv) lado oeste. ❙

CAPÍTULO 27 RESUMO

Forças magnéticas: as interações magnéticas são fundamentalmente interações entre partículas carregadas em movimento. Essas interações são descritas pelo vetor do campo magnético, designado pelo símbolo $\vec{B}$. Uma partícula com carga q que se desloca com velocidade $\vec{v}$ em um campo magnético $\vec{B}$ sofre a ação de uma força $\vec{F}$ que é perpendicular a ambos, $\vec{v}$ e $\vec{B}$. A unidade SI de campo magnético é o tesla (1 T = N/A · m). (Veja o Exemplo 27.1.)

$$\vec{F} = q\vec{v} \times \vec{B} \qquad (27.2)$$

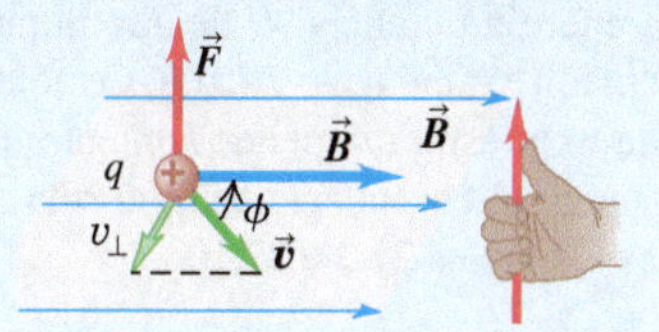

Campo magnético e fluxo magnético: um campo magnético pode ser representado graficamente pelas linhas do campo magnético. Em cada um de seus pontos, a linha do campo magnético é tangente à direção de $\vec{B}$ no ponto considerado. O campo magnético é mais forte nas regiões onde as linhas do campo magnético estão distribuídas de modo mais compacto. O fluxo magnético Φ_B através de uma superfície é definido de forma análoga à definição do fluxo elétrico. A unidade SI de fluxo magnético é o weber (1 Wb = 1 T · m²). O fluxo magnético total através de qualquer superfície fechada é igual a zero (lei de Gauss do magnetismo). Consequentemente, as linhas de campo magnético sempre formam trajetórias fechadas. (Veja o Exemplo 27.2.)

$$\Phi_B = \int B\cos\phi\, dA = \int B_\perp\, dA = \int \vec{B} \cdot d\vec{A} \qquad (27.6)$$

$$\oint \vec{B} \cdot d\vec{A} = 0 \qquad (27.8)$$

(superfície fechada)

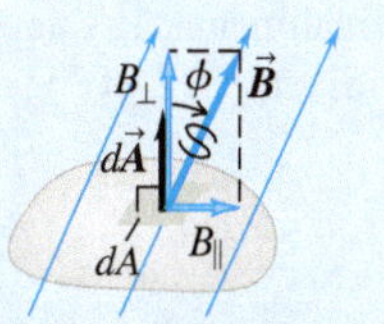

Movimento em um campo magnético: a força magnética é sempre perpendicular a $\vec{v}$; quando somente forças magnéticas atuam sobre uma partícula, o módulo de sua velocidade permanece constante. Em um campo uniforme, uma partícula com velocidade inicial perpendicular a um campo magnético move-se ao longo de uma circunferência com raio R que depende da força do campo magnético B e da massa da partícula m, do módulo da velocidade v e da carga q (exemplos 27.3 e 27.4).
Campos elétricos e magnéticos perpendiculares podem ser usados como um seletor de velocidade. As forças elétricas e magnéticas se cancelam exatamente quando $v = E/B$. (Veja os exemplos 27.5 e 27.6.)

$$R = \frac{mv}{|q|B} \quad (27.11)$$

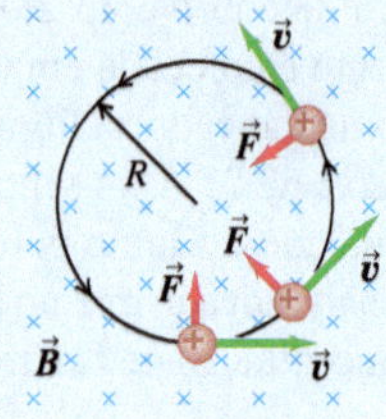

Força magnética sobre um condutor: um segmento retilíneo de um condutor conduzindo a corrente I em um campo magnético uniforme $\vec{B}$ experimenta uma força $\vec{F}$ que é perpendicular tanto a $\vec{B}$ quanto ao vetor $\vec{l}$, que aponta na direção da corrente e possui módulo igual ao comprimento do segmento. A mesma relação fornece a força $d\vec{F}$ sobre um segmento infinitesimal $d\vec{l}$. (Veja os exemplos 27.7 e 27.8.)

$$\vec{F} = I\vec{l} \times \vec{B} \quad (27.19)$$

$$d\vec{F} = I\,d\vec{l} \times \vec{B} \quad (27.20)$$

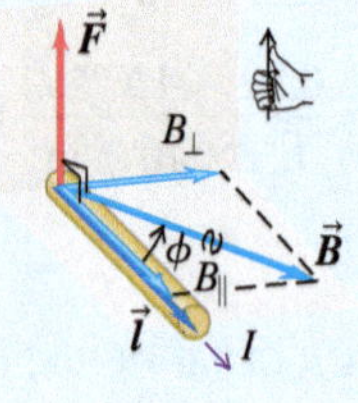

Torque magnético: a força resultante sobre uma espira de corrente com área A e corrente I em um campo magnético uniforme $\vec{B}$ é igual a zero, porém o torque que atua sobre a espira possui um módulo τ. O vetor torque $\vec{\tau}$ pode ser expresso com base no momento de dipolo magnético $\vec{\mu} = I\vec{A}$ da espira, assim como a energia potencial U de um momento magnético em um campo magnético $\vec{B}$. O momento magnético de uma espira depende somente da corrente e de sua área; ele independe da forma da espira. (Veja os exemplos 27.9 e 27.10.)

$$\tau = IBA \operatorname{sen} \phi \quad (27.23)$$

$$\vec{\tau} = \vec{\mu} \times \vec{B} \quad (27.26)$$

$$U = -\vec{\mu} \cdot \boldsymbol{B} = -\mu B \cos \phi \quad (27.27)$$

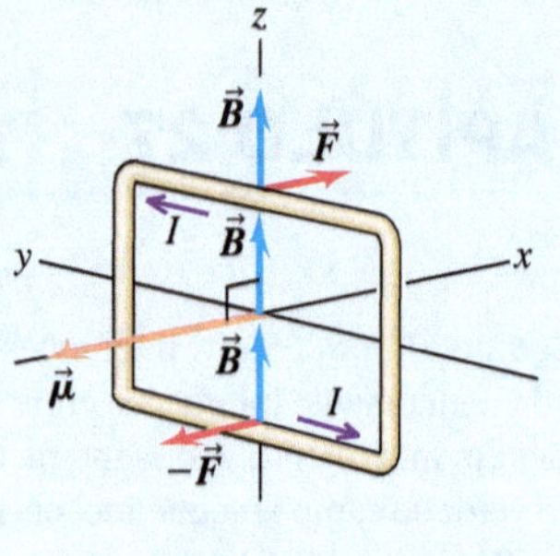

Motores elétricos: em um motor cc, um campo magnético exerce torque sobre uma corrente que passa no rotor. O movimento do rotor através do campo magnético produz uma fem induzida, chamada fem de realimentação. Para um motor em série, no qual a bobina do rotor está em série com as bobinas que produzem o campo magnético, a voltagem em seus terminais é dada pela fem de realimentação somada ao valor Ir da diferença de potencial através da resistência interna. (Veja o Exemplo 27.11.)

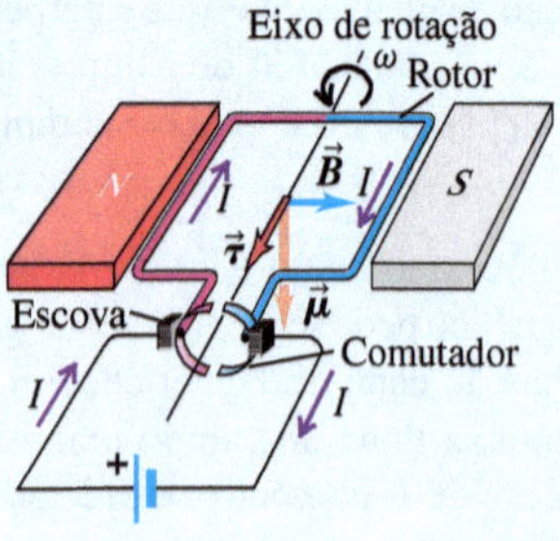

Efeito Hall: o efeito Hall é a diferença de potencial medida perpendicularmente à direção da corrente que passa em um condutor colocado em um campo magnético. A voltagem Hall é determinada pela condição de que a força elétrica associada seja exatamente igual à força magnética que atua sobre a carga que se move. As medidas de efeito Hall podem ser usadas para determinar o sinal dos portadores de carga e sua concentração n. (Veja o Exemplo 27.12.)

$$nq = \frac{-J_x B_y}{E_z} \quad (27.30)$$

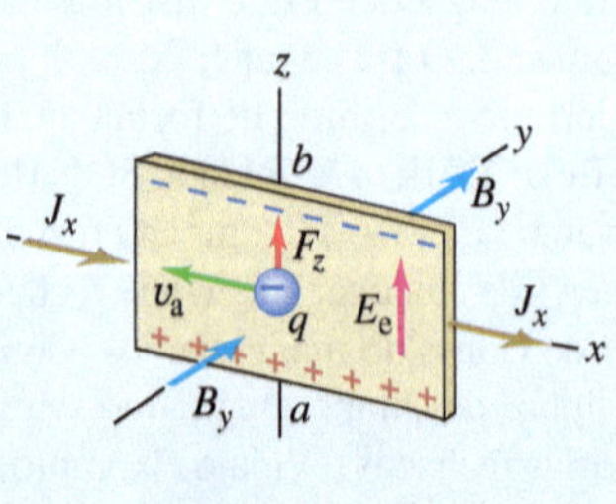

Problema em destaque Torque magnético em um anel conduzindo corrente

Um anel circular com área de 4,45 cm^2 conduz uma corrente de 12,5 A. O anel, inicialmente em repouso, é imerso em uma região com campo magnético uniforme dado por $\vec{B} = (1{,}15 \times 10^{-2}\ \text{T})(12\hat{\imath} + 3\hat{\jmath} - 4\hat{k})$. O anel é posicionado inicialmente de modo que seu momento magnético seja dado por $\vec{\mu}_i = \mu(-0{,}800\hat{\imath} + 0{,}600\hat{\jmath})$, em que μ é o módulo (positivo) do momento magnético. (a) Ache o torque magnético inicial no anel. (b) O anel (que está livre para girar em torno de um diâmetro) é liberado e gira por um ângulo de 90,0°, quando seu momento magnético é dado por $\vec{\mu}_f = -\mu\hat{k}$. Determine a diminuição na energia potencial. (c) Se o momento de inércia do anel em torno de um diâmetro é $8{,}50 \times 10^{-7}\ \text{kg} \cdot \text{m}^2$, determine a velocidade angular do anel quando ele passa pela segunda posição.

GUIA DA SOLUÇÃO

IDENTIFICAR E PREPARAR

1. O anel conduzindo corrente atua como um dipolo magnético, de modo que você pode usar as equações para um dipolo magnético em um campo magnético uniforme.
2. Não existem forças não conservadoras atuando sobre o anel enquanto ele gira, de modo que a soma de sua energia cinética de rotação (discutida na Seção 9.4) e a energia potencial são conservadas.

EXECUTAR

3. Use a expressão vetorial para o torque em um dipolo magnético para encontrar a resposta do item (a). (*Sugestão*: revise a Seção 1.10.)
4. Determine a variação de energia potencial desde a primeira orientação do anel até a segunda.
5. Use o resultado do item 4 para encontrar a energia cinética de rotação do anel quando ele estiver na segunda orientação.
6. Use o resultado do item 5 para encontrar a velocidade angular do anel quando ele estiver na segunda orientação.

AVALIAR

7. Se o anel estivesse livre para girar em torno de *qualquer* diâmetro, em que direção o momento magnético apontaria quando o anel estivesse em um estado de equilíbrio estável?

PROBLEMAS

•, ••, •••: níveis de dificuldade. **PC**: problemas cumulativos, incorporando material de outros capítulos. **CALC**: problemas exigindo cálculo. **DADOS**: problemas envolvendo dados reais, evidência científica, projeto experimental e/ou raciocínio científico. **BIO**: problemas envolvendo biociências.

QUESTÕES PARA DISCUSSÃO

Q27.1 Uma partícula carregada pode se mover em um campo magnético sem sofrer a ação de nenhuma força? Se pode, como? Se não, por quê?

Q27.2 Em qualquer ponto do espaço, o campo elétrico $\vec{E}$, por definição, possui a mesma direção e o sentido da força elétrica que atua sobre uma carga positiva situada nesse ponto. Por que não definimos o campo magnético $\vec{B}$ de modo análogo, como se possuísse a mesma direção e o mesmo sentido da força magnética que atua sobre uma carga positiva em movimento?

Q27.3 A Seção 27.2 descreve um procedimento para determinar o sentido da força magnética usando a mão direita. Se você fizer o mesmo procedimento, mas usando a mão esquerda, terá o sentido correto da força? Explique.

Q27.4 A força magnética sobre uma partícula carregada em movimento é sempre perpendicular ao campo magnético $\vec{B}$. Será que a trajetória da partícula é sempre perpendicular às linhas de campo magnético? Explique sua resposta.

Q27.5 Uma partícula carregada entra em uma região cúbica do espaço onde existe um campo magnético uniforme. Fora dessa região, não há nenhum campo magnético. É possível que a partícula fique confinada no interior da região cúbica? Por quê?

Q27.6 Se a força magnética não realiza nenhum trabalho sobre uma partícula carregada, como ela pode produzir algum efeito sobre o movimento da partícula? Existem outros exemplos de forças que não realizam trabalho, mas que produzem um efeito significativo sobre o movimento da partícula?

Q27.7 Uma partícula carregada se move através de uma região do espaço com velocidade constante (módulo, direção e sentido). Se o campo magnético externo for igual a zero, você pode concluir que o campo elétrico externo na região também será igual a zero? Explique. (Por "externo" nos referimos aos campos que não são os produzidos pela partícula carregada.) Se o campo elétrico externo for igual a zero na região, você pode concluir que o campo magnético externo na região também é igual a zero?

Q27.8 Como uma espira de corrente poderia ser usada como bússola? Essa bússola conseguiria distinguir a diferença entre norte e sul? Por quê?

Q27.9 Como você poderia determinar a direção de um campo magnético fazendo apenas observações *qualitativas* da força magnética sobre um fio retilíneo que conduz uma corrente?

Q27.10 Uma espira de fio frouxa e capaz de se mover conduz uma corrente I. A espira é colocada sobre uma mesa horizontal em um campo magnético $\vec{B}$ perpendicular ao plano da mesa. Isso faz com que a espira se dilate, adquirindo uma forma circular enquanto permanece sobre a mesa. Faça um diagrama mostrando todas as orientações possíveis da corrente I e do campo magnético $\vec{B}$ que possibilitam esse evento. Explique seu raciocínio.

Q27.11 Várias cargas entram em um campo magnético uniforme apontado para dentro da página. (a) Qual trajetória uma carga positiva q, que se move com uma velocidade de módulo v, seguiria através do campo? (b) Qual trajetória uma carga positiva q, que se move com uma velocidade de módulo $2v$, seguiria através do campo? (c) Qual trajetória uma carga negativa $-q$, que se move com uma velocidade de módulo v, seguiria através do campo? (d) Qual trajetória uma partícula neutra seguiria através do campo?

Q27.12 Cada uma das pontas assinaladas com letras nos vértices do cubo na **Figura Q27.12** representa uma carga positiva q se movendo com uma velocidade de módulo v no sentido indicado.

A região na figura está em um campo magnético uniforme $\vec{B}$, paralelo ao eixo Ox e orientado da esquerda para a direita. Quais cargas sofrem ação de uma força em função de $\vec{B}$? Qual é o sentido da força sobre cada carga?

Figura Q27.12

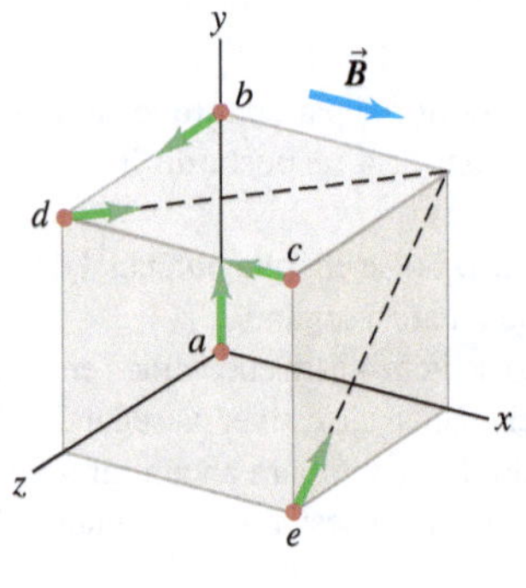

Q27.13 Um aluno afirma que, se um raio atingisse um poste de metal, a força exercida sobre o poste pelo campo magnético da Terra seria suficientemente grande para entortá-lo. As correntes típicas de um raio são da ordem de 10^4 a 10^5 A. A opinião do estudante pode ser justificada? Explique seu raciocínio.

Q27.14 Seria possível construir um acelerador no qual as forças sobre as partículas, destinadas a aumentar a velocidade e a produzir mudanças na direção da velocidade, fossem *todas* magnéticas? Por quê?

Q27.15 Uma força magnética que atua sobre uma partícula carregada nunca pode realizar trabalho, pois a cada instante a força é perpendicular à velocidade. O torque exercido por um campo magnético pode realizar trabalho sobre uma corrente quando a espira roda. Explique como essa aparente contradição pode ser conciliada.

Q27.16 Quando a polaridade de uma voltagem aplicada a um motor cc é invertida, o sentido do movimento *não* se inverte. Por que não? Como o sentido do movimento *poderia* ser invertido?

Q27.17 Em uma experiência do efeito Hall, existe a possibilidade de *nenhuma* diferença de potencial transversal ser estabelecida? Em que circunstâncias isso poderia ocorrer?

Q27.18 As voltagens no efeito Hall são muito maiores no caso de maus condutores (como o germânio) do que no caso de bons condutores (como o cobre), considerando correntes, campos e dimensões iguais. Por quê?

EXERCÍCIOS

Seção 27.2 Campo magnético

27.1 • Uma partícula com carga igual a $-1{,}24 \times 10^{-8}$ C se move com velocidade instantânea $\vec{v} = (4{,}19 \times 10^4 \text{ m/s})\hat{\imath} + (-3{,}85 \times 10^4 \text{ m/s})\hat{\jmath}$. Qual é a força exercida sobre essa partícula por um campo magnético (a) $\vec{B} = (1{,}40 \text{ T})\hat{\imath}$ e (b) $\vec{B} = (1{,}40 \text{ T})\hat{k}$?

27.2 • Uma partícula de massa igual a 0,195 g possui carga $-2{,}50 \times 10^{-8}$ C e se desloca com velocidade inicial horizontal do sul para o norte com módulo igual a $4{,}00 \times 10^4$ m/s. Determine o módulo, a direção e o sentido do campo magnético mínimo capaz de manter a partícula se movendo na mesma direção e sentido horizontal para o norte, no campo gravitacional da Terra.

27.3 • Em um campo magnético de 1,25 T orientado verticalmente de baixo para cima, uma partícula com uma carga de módulo 8,50 μC e que, inicialmente, se move para o norte a 4,75 km/s, é desviada para leste. (a) Qual é o sinal da carga dessa partícula? Faça um desenho para ilustrar como você obteve sua resposta. (b) Determine a força magnética que atua sobre a partícula.

27.4 • Uma partícula com massa igual a $1{,}81 \times 10^{-3}$ kg e carga $1{,}22 \times 10^{-8}$ C possui, em um dado instante, uma velocidade $\vec{v} = (3{,}00 \times 10^4 \text{ m/s})\hat{\jmath}$. Quais são o módulo, a direção e o sentido da aceleração da partícula produzida por um campo magnético uniforme $\vec{B} = (1{,}63 \text{ T})\hat{\imath} + (0{,}980 \text{ T})\hat{\jmath}$?

27.5 • Um elétron sofre a ação de uma força magnética de módulo igual a $4{,}60 \times 10^{-15}$ N quando se move com um ângulo de 60,0° em relação a um campo magnético com módulo igual a $3{,}50 \times 10^{-3}$ T.Calcule a velocidade do elétron.

27.6 • Um elétron se move com velocidade igual a $1{,}40 \times 10^6$ m/s em uma região onde existe um campo magnético com uma direção não especificada e com módulo igual a $7{,}40 \times 10^{-2}$ T. (a) Quais devem ser o maior e o menor módulo da aceleração de um elétron provocada por esse campo magnético? (b) Se a aceleração real do elétron for igual a um quarto do maior módulo encontrado no item (a), qual será o ângulo entre a velocidade do elétron e o campo magnético?

27.7 •• **PC** Uma partícula com carga de 7,80 μC está se movendo com velocidade $\vec{v} = -(3{,}80 \times 10^3 \text{ m/s})\hat{\jmath}$. A força magnética que atua sobre a partícula é medida como $\vec{F} = +(7{,}60 \times 10^{-3} \text{ N})\hat{\imath} - (5{,}20 \times 10^{-3} \text{ N})\hat{k}$. (a) Calcule todos os componentes do campo magnético que puder, a partir dessa informação. (b) Há componentes do campo magnético que não são determinados pela medição da força? Explique. (c) Calcule o produto escalar $\vec{B} \cdot \vec{F}$. Qual é o ângulo entre $\vec{B}$ e $\vec{F}$?

27.8 •• **PC** Uma partícula com carga de $-5{,}60$ nC está se movendo em um campo magnético uniforme $\vec{B} = -(1{,}25 \text{ T})\hat{k}$. A força magnética que atua sobre a partícula é medida como $\vec{F} = -(3{,}40 \times 10^{-7} \text{ N})\hat{\imath} + (7{,}40 \times 10^{-7} \text{ N})\hat{\jmath}$. (a) Calcule todos os componentes da velocidade da partícula que puder, a partir dessa informação. (b) Há componentes da velocidade que não são determinados pela medição da força? Explique. (c) Calcule o produto escalar $\vec{v} \cdot \vec{F}$. Qual é o ângulo entre $\vec{v}$ e $\vec{F}$?

27.9 •• Um conjunto de partículas percorre um campo magnético de módulo, direção e sentido desconhecidos. Você observa que um próton se movendo a 1,50 km/s no sentido $+Ox$ sofre uma força igual a $2{,}25 \times 10^{-16}$ N na direção $+Oy$, e um elétron que se move a 4,75 km/s na direção $-Oz$ sofre uma força de $8{,}50 \times 10^{-16}$ N. (a) Quais são o módulo, a direção e o sentido do campo magnético? (b) Quais são o módulo, a direção e o sentido da força magnética sobre um elétron que se move no sentido $-Oy$ a 3,20 km/s?

Seção 27.3 Linhas do campo magnético e fluxo magnético

27.10 • Uma superfície plana, quadrada, com 3,40 cm de lado, está no plano xy em $z = 0$. Calcule o módulo do fluxo através dessa superfície produzido por um campo magnético $\vec{B} = (0{,}200 \text{ T})\hat{\imath} + (0{,}300 \text{ T})\hat{\jmath} - (0{,}500 \text{ T})\hat{k}$.

27.11 • Uma área circular, com raio igual a 6,50 cm, está sobre o plano xy. Qual é o módulo do fluxo magnético através do círculo produzido por um campo magnético uniforme $B = 0{,}230$ T: (a) no sentido $+z$? (b) Formando um ângulo de 53,1° com rotação a partir do sentido $+z$? (c) No sentido $+y$?

27.12 • Uma superfície retangular horizontal possui dimensões de 2,80 cm por 3,20 cm e está em um campo magnético uniforme direcionado em um ângulo de 30,0° acima da horizontal. Qual deverá ser o módulo do campo magnético para produzir um fluxo de $3{,}10 \times 10^{-4}$ Wb através da superfície?

27.13 •• Uma garrafa plástica de refrigerante, cuja boca tem diâmetro de 2,5 cm, é colocada sobre uma mesa. Um campo magnético uniforme de 1,75 T orientado de baixo para cima forma um ângulo de 25° a partir da vertical que engloba a garrafa. Qual é o fluxo magnético total que passa pelo plástico da garrafa?

27.14 •• O campo magnético $\vec{B}$ em uma certa região é de 0,128 T e seu sentido é o do eixo $+Oz$ na **Figura E27.14**. (a) Qual é o fluxo magnético através da superfície *abcd* indicada na figura? (b) Qual é o fluxo magnético através da superfície *befc*? (c) Qual é o fluxo magnético através da superfície *aefd*? (d) Qual é o fluxo magnético através das cinco superfícies externas do volume sombreado?

Figura E27.14

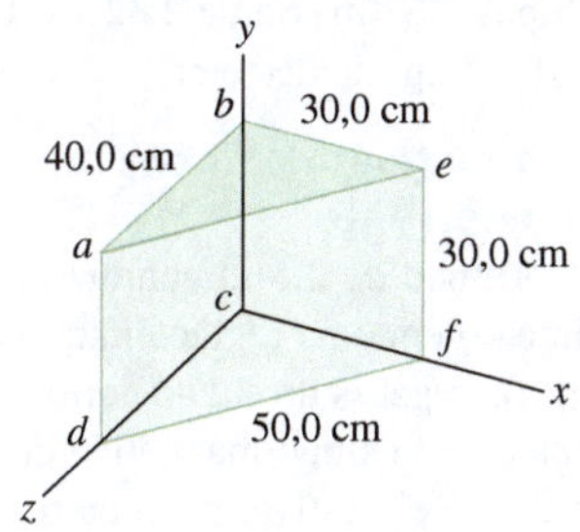

Seção 27.4 Movimento de partículas carregadas em um campo magnético

27.15 •• Um elétron no ponto *A* da **Figura E27.15** possui velocidade v_0 igual a $1{,}41 \times 10^6$ m/s. Determine: (a) o módulo, a direção e o sentido do campo magnético que obriga o elétron a descrever uma órbita semicircular de *A* até *B*; (b) o tempo necessário para que o elétron se desloque de *A* até *B*.

Figura E27.15

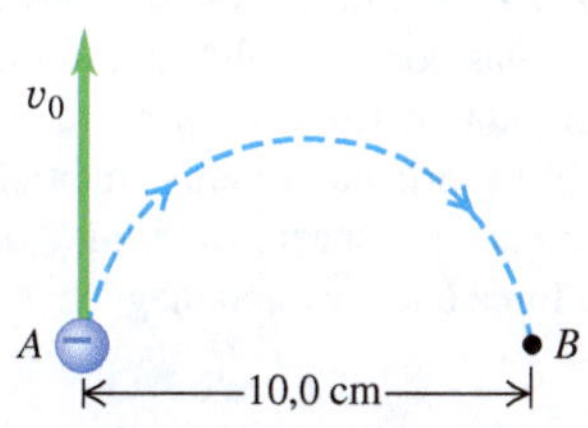

27.16 •• Repita o Exercício 27.15 para o caso em que a partícula é um próton em vez de um elétron.

27.17 • **PC** Uma bola de 150 g contendo $4{,}00 \times 10^8$ elétrons em excesso é enfiada em uma haste vertical de 125 m. No fundo da haste, a bola repentinamente entra em um campo magnético horizontal uniforme, que possui módulo igual a 0,250 T e sentido de leste para oeste. Considerando a resistência do ar desprezível, ache o módulo e o sentido da força que esse campo magnético exerce sobre a bola assim que ela penetra no campo.

27.18 • Uma partícula alfa (um núcleo He contendo dois prótons e dois nêutrons e com massa igual a $6{,}64 \times 10^{-27}$ kg) se move horizontalmente a 35,6 km/s quando penetra um campo magnético vertical uniforme de 1,80 T. (a) Qual é o diâmetro da trajetória percorrida por essa partícula alfa? (b) Qual é o efeito do campo magnético sobre a velocidade da partícula? (c) Quais são o módulo, a direção e o sentido da aceleração da partícula alfa enquanto ela está no campo magnético? (d) Explique por que a velocidade da partícula não se altera, mesmo que uma força externa não equilibrada atue sobre ela.

27.19 • Em uma experiência com raios cósmicos, um feixe vertical de partículas com carga de módulo $3e$ e massa 12 vezes maior que a massa do próton penetra um campo magnético horizontal uniforme de 0,250 T e está encurvado em um semicírculo com diâmetro igual a 95,0 cm, como indica a **Figura E27.19**. (a) Calcule o módulo da velocidade das partículas e o sinal de sua carga. (b) É razoável ignorar a força da gravidade sobre essas partículas? (c) Como a velocidade das partículas quando elas entram no campo se compara com suas respectivas velocidades ao saírem do campo?

Figura E27.19

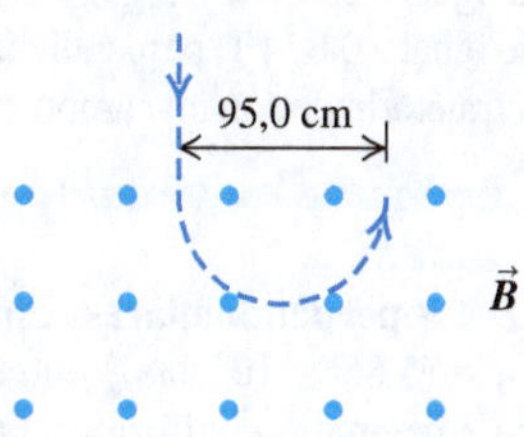

27.20 • **BIO** Cíclotrons são muito usados na medicina nuclear para produzir isótopos radioativos de vida curta. Esses cíclotrons normalmente aceleram o H^- (o íon de hidrogênio, que possui um próton e dois elétrons) a uma energia de 5 MeV a 20 MeV. Esse íon tem uma massa muito próxima da de um próton, pois a massa do elétron é desprezível — cerca de $^1/_{2000}$ da massa do próton. Um campo magnético típico nesses cíclotrons é de 1,9 T. (a) Qual é a velocidade de um H^- de 5,0 MeV? (b) Se o H^- tem energia de 5,0 MeV e $B = 1{,}9$ T, qual é o raio da órbita circular desse íon?

27.21 • Um dêuteron (o núcleo de um isótopo do hidrogênio) possui massa igual a $3{,}34 \times 10^{-27}$ kg e carga $+e$. O dêuteron descreve uma trajetória circular com raio igual a 6,96 mm em um campo magnético com módulo 2,50 T. (a) Calcule a velocidade do dêuteron. (b) Determine o tempo necessário para ele fazer meia rotação. (c) Por meio de qual diferença de potencial o dêuteron deve ser acelerado para que adquira essa velocidade?

27.22 •• Em um cíclotron, o raio orbital dos prótons com energia de 300 keV é de 16,0 cm. Você está reprojetando o cíclotron para ser usado, em vez disso, para partículas alfa com energia de 300 keV. Uma partícula alfa possui carga $q = +2e$ e massa $m = 6{,}64 \times 10^{-27}$ kg. Se o campo magnético não for alterado, qual será o raio orbital das partículas alfa?

27.23 • Um elétron do feixe de um cinescópio de TV é acelerado por uma diferença de potencial igual a 2,00 kV. A seguir, ele passa em uma região onde existe um campo magnético transversal descrevendo um círculo com raio igual a 0,180 m. Qual é o módulo do campo?

27.24 •• Um feixe de prótons que se move a 1,20 km/s penetra um campo magnético uniforme, deslocando-se perpendicularmente ao campo. O feixe sai do campo, deixando-o em um sentido perpendicular ao seu sentido original (**Figura E27.24**). O feixe percorre uma distância de 1,18 cm *enquanto está no campo*. Qual é o módulo do campo magnético?

Figura E27.24

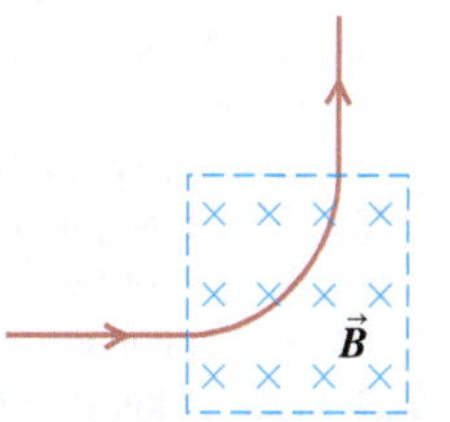

27.25 •• Um próton ($q = 1{,}60 \times 10^{-19}$ C, $m = 1{,}67 \times 10^{-27}$ kg) se desloca em um campo magnético uniforme $\vec{B} = (0{,}500\ T)\hat{\imath}$. Em $t = 0$, o próton possui componentes de velocidade $v_x = 1{,}50 \times 10^5$ m/s, $v_y = 0$ e $v_z = 2{,}00 \times 10^5$ m/s (ver Exemplo 27.4). (a) Quais são o módulo, a direção e o sentido da força que atua sobre o próton? Além do campo magnético, existe um campo elétrico no sentido $+x$, dado por $\vec{E} = (+2{,}00 \times 10^4\ \text{V/m})\hat{\imath}$. (b) O próton terá um componente de aceleração no sentido do campo elétrico? (c) Descreva a trajetória do próton. O campo elétrico altera o raio da hélice? Explique. (d) Para $t = T/2$, em que T é o período do movimento circular do próton, qual é o componente x do deslocamento do próton a partir de sua posição inicial $t = 0$?

27.26 • Um íon de ^{7}Li com carga única (um isótopo de lítio) possui massa igual a $1{,}16 \times 10^{-26}$ kg. Ele é acelerado por uma diferença de potencial igual a 220 V e, a seguir, entra em um campo magnético de módulo igual a 0,874 T, perpendicular à trajetória do íon. Qual é o raio da trajetória do íon no campo magnético?

Seção 27.5 Aplicações do movimento de partículas carregadas

27.27 • **Campos $\vec{E}$ e $\vec{B}$ perpendiculares.** Uma partícula com velocidade inicial $\vec{v}_0 = (5{,}85 \times 10^3 \text{ m/s})\hat{\jmath}$ entra em uma região com campos elétrico e magnético uniformes. O campo magnético na região é $\vec{B} = -(1{,}35 \text{ T})\hat{k}$. Calcule o módulo, a direção e o sentido do campo elétrico na região, considerando que não haja desvio, para uma partícula de carga (a) + 0,640 nC e (b) −0,320 nC. Despreze o peso da partícula.

27.28 • (a) Calcule a velocidade de um feixe de elétrons que sofre, simultaneamente, a ação de um campo elétrico de $1{,}56 \times 10^4$ V/m e de um campo magnético igual a $4{,}62 \times 10^{-3}$ T, com ambos os campos ortogonais ao feixe e perpendiculares entre si e sabendo que o feixe não sofre nenhum desvio. (b) Faça um diagrama para mostrar as orientações relativas dos vetores $\vec{v}$, $\vec{E}$ e $\vec{B}$. (c) Quando o campo elétrico é removido, qual é o raio da órbita do elétron? Qual é o período dessa órbita?

27.29 •• Uma bateria de 150 V é conectada a duas placas metálicas paralelas, com área de 28,5 cm^2, e distantes 8,20 mm entre si. Um feixe de partículas alfa (carga $+2e$, massa $6{,}64 \times 10^{-27}$ kg) é acelerado a partir do repouso através de uma diferença de potencial de 1,75 kV e penetra a região entre as placas no sentido perpendicular ao campo elétrico, como mostra a **Figura E27.29**. Quais são o módulo, a direção e o sentido do campo magnético necessários para que as partículas alfa saiam sem desvio da região entre as placas?

Figura E27.29

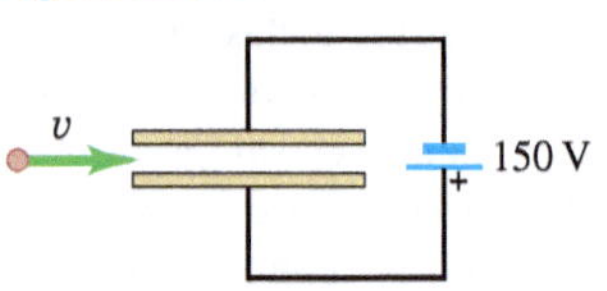

27.30 • Um átomo ^{40}K de único íon (um elétron removido) passa por um seletor de velocidade consistindo em campos elétricos e magnéticos uniformes perpendiculares. O seletor é ajustado para permitir que os íons tenham uma velocidade de 4,50 km/s para passarem sem desvio quando o campo magnético for de 0,0250 T. Em seguida, os íons entram em um segundo campo magnético uniforme (B'), orientado em ângulos retos à sua velocidade. O ^{40}K contém 19 prótons e 21 nêutrons e possui massa de $6{,}64 \times 10^{-26}$ kg. (a) Qual é o módulo do campo elétrico no seletor de velocidade? (b) Qual deverá ser o módulo de B' de modo que os íons se encurvem em um semicírculo com raio de 12,5 cm?

27.31 • Átomos de único íon (um elétron removido) são acelerados e depois passam por um seletor de velocidade consistindo em campos elétricos e magnéticos perpendiculares. O campo elétrico é de 155 V/m e o campo magnético é de 0,0315 T. Em seguida, os íons entram em um campo magnético uniforme de módulo 0,0175 T, orientado perpendicularmente à sua velocidade. (a) Com que velocidade os íons se movem quando saem do seletor de velocidade? (b) Se o raio da trajetória dos íons no segundo campo magnético é de 17,5 cm, qual é sua massa?

27.32 • No espectrômetro de massa Bainbridge (Figura 27.24), o módulo do campo magnético no seletor de velocidade é igual a 0,510 T e os íons com velocidade igual a $1{,}82 \times 10^6$ m/s não sofrem nenhum desvio. (a) Qual é o módulo do campo elétrico do seletor de velocidades? (b) Sabendo que a distância entre as placas é igual a 5,20 mm, qual é a diferença de potencial entre as placas?

27.33 •• BIO **Carne consumida pelos ancestrais.** A quantidade de carne nas dietas pré-históricas pode ser determinada medindo-se a razão dos isótopos ^{15}N e ^{14}N nos ossos de restos humanos. Os carnívoros concentram ^{15}N, de modo que essa razão informa aos arqueólogos quanta carne foi consumida. Para um espectrômetro de massa que possui um raio de trajetória de 12,5 cm para íons ^{12}C (massa de $1{,}99 \times 10^{-26}$ kg), determine a separação dos isótopos ^{14}N (massa de $2{,}32 \times 10^{-26}$ kg) e ^{15}N (massa de $2{,}49 \times 10^{-26}$ kg) no detector.

Seção 27.6 Força magnética sobre um condutor conduzindo uma corrente

27.34 • Um fio retilíneo de 2,5 m conduz uma corrente de 1,5 A (em uma direção) em uma região em que o campo magnético da Terra é de 0,55 gauss do sul ao norte. Ache o módulo e a direção da força que o campo magnético do nosso planeta exerce sobre esse fio se ele estiver orientado de modo que a corrente esteja fluindo (a) de oeste para leste, (b) verticalmente de baixo para cima, (c) de norte para sul. (d) A força magnética pode ser grande o suficiente para causar efeitos significativos sob condições domésticas normais?

27.35 •• Um fio longo que conduz uma corrente de 4,50 A faz duas dobras de 90°, como indica a **Figura E27.35**. A parte dobrada do fio atravessa um campo magnético uniforme de 0,240 T, orientado como indica a figura e confinado a uma região limitada no espaço. Determine o módulo, a direção e o sentido da força que o campo magnético exerce sobre o fio.

Figura E27.35

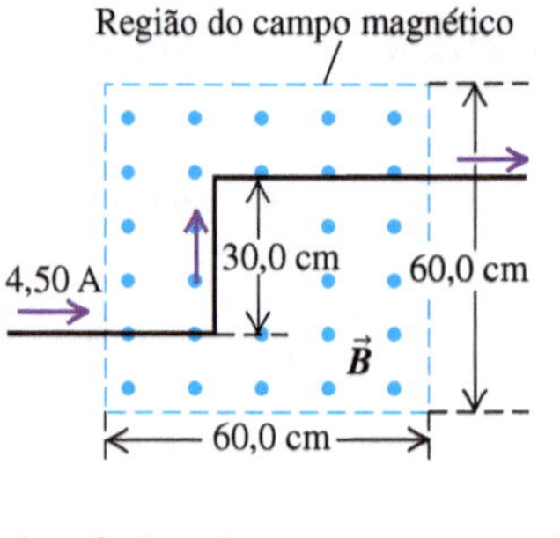

27.36 •• Um eletroímã produz um campo magnético de 0,550 T em uma região cilíndrica entre seus polos com raio igual a 2,50 cm. Um fio retilíneo passa no centro dessa região conduzindo uma corrente igual a 10,8 A e possui uma direção perpendicular ao eixo do cilindro e ao campo magnético. Qual é o módulo da força que atua sobre o fio?

27.37 • Uma barra metálica delgada, com 50,0 cm de comprimento e massa de 750 g, repousa sobre dois suportes metálicos (mas não está conectada a eles), em um campo magnético uniforme de 0,450 T, como indica a **Figura E27.37**. Uma bateria e um resistor de 25,0 Ω em série estão conectados aos suportes. (a) Qual voltagem máxima a bateria pode ter sem romper o circuito nos suportes? (b) A voltagem da bateria possui o valor máximo calculado no item (a). Supondo que o resistor repentinamente sofra um curto-circuito parcial, diminuindo sua resistência para 2,0 Ω, ache a aceleração inicial da barra.

Figura E27.37

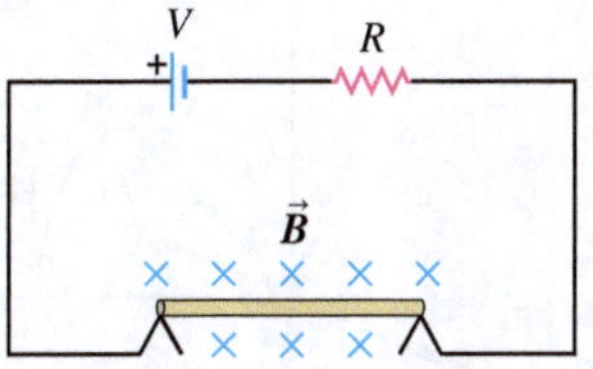

27.38 • Um fio retilíneo vertical conduz uma corrente de 2,60 A de cima para baixo em uma região entre os polos de um grande eletroímã supercondutor; o módulo do campo magnético é dado por $B = 0{,}588$ T e possui direção horizontal. Determine o módulo, a direção e o sentido da força magnética que atua sobre uma seção de 1,00 cm do fio que está nesse campo magnético uniforme, sabendo que o sentido do campo magnético é orientado (a) de oeste para leste; (b) do norte para o sul; (c) formando um ângulo de 30° a sudoeste.

27.39 • **Balança magnética.** O circuito indicado na **Figura E27.39** é usado para produzir uma balança magnética para pesar objetos. A massa m a ser medida está suspensa a partir do centro da barra, que se situa em um campo magnético uniforme de 1,50 T, orientado para dentro do plano da figura. A voltagem da bateria pode ser ajustada de modo a variar a corrente no circuito. A barra horizontal tem 60,0 cm de comprimento e é feita de um material extremamente leve. Está conectada à bateria por fios verticais finos que não podem suportar nenhuma tensão considerável; todo o peso da massa suspensa m é sustentado pela força magnética na barra. Um resistor com $R = 5{,}0\ \Omega$ está ligado em série com a barra; a resistência do restante do circuito é muito menor que isso. (a) Qual ponto, a ou b, deve ser o terminal positivo da bateria? (b) Se a voltagem máxima do terminal da bateria é igual a 175 V, qual é a maior massa m que esse instrumento pode medir?

Figura E27.39

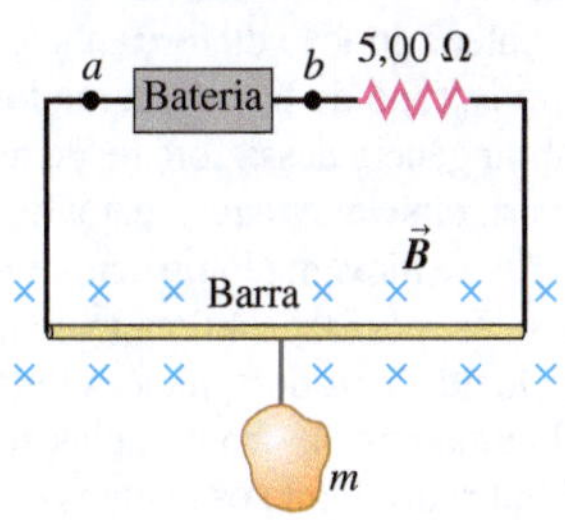

Seção 27.7 Força e torque sobre uma espira de corrente

27.40 •• Uma espira retangular de 5,0 cm × 8,0 cm possui plano paralelo a um campo magnético de 0,19 T. A espira conduz uma corrente igual a 6,2 A. (a) Qual é o torque que atua sobre a espira? (b) Qual é o módulo do momento magnético da espira? (c) Qual é o torque máximo que pode ser obtido sobre um fio com o mesmo comprimento total da espira e conduzindo a mesma corrente nesse campo magnético?

27.41 • O circuito retangular de 20,0 cm × 35,0 cm mostrado na **Figura E27.41** está articulado ao lado ab. Ele conduz uma corrente de 5,00 A em sentido horário e está localizado em um campo magnético uniforme de 1,2 T, perpendicular a dois de seus lados, conforme mostrado. (a) Desenhe um diagrama claro mostrando a direção da força que o campo magnético exerce sobre cada segmento do circuito (ab, bc etc.). (b) Das quatro forças que você desenhou no item (a), decida quais exercem um torque em torno do eixo ab. Depois calcule apenas as forças que exercem esse torque. (c) Use os resultados do item (b) para calcular o torque que o campo magnético exerce sobre o circuito em torno do eixo ab.

Figura E27.41

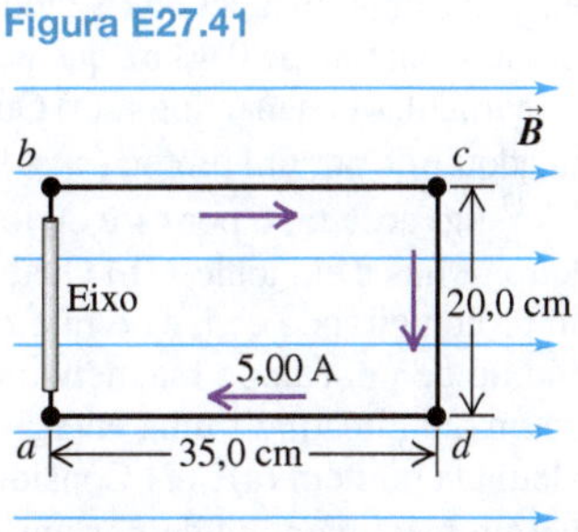

27.42 • Uma bobina retangular de fio, com dimensões de 22,0 cm por 35,0 cm e que conduz uma corrente de 1,95 A, está orientada de modo que o plano de sua espira seja perpendicular a um campo magnético uniforme de 1,50 T, como indica a **Figura E27.42**. (a) Calcule a força resultante e o torque que o campo magnético exerce sobre a bobina. (b) A bobina é girada formando um ângulo de 30,0° em relação ao eixo indicado, com o lado esquerdo saindo do plano da figura e o lado direito entrando no plano. Calcule a força resultante e o torque que o campo magnético exerce agora sobre a bobina. (*Dica*: para ajudar a visualizar esse problema tridimensional, faça um desenho cuidadoso da bobina ao longo do eixo de rotação.)

Figura E27.42

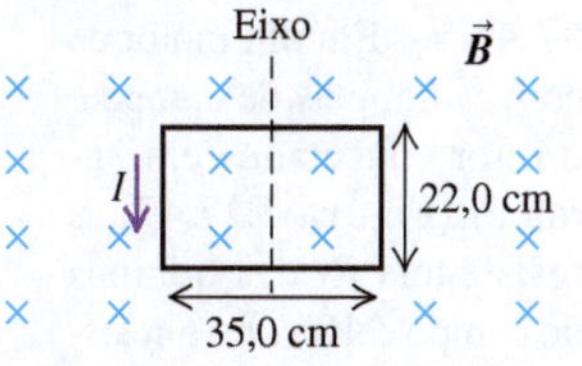

27.43 • PC Uma bobina retangular uniforme com massa total igual a 212 g e dimensões de 0,500 m × 1,00 m está orientada no sentido perpendicular a um campo magnético uniforme de 3,00 T (**Figura E27.43**). Uma corrente de 2,0 A é repentinamente acionada na bobina. (a) Em torno de qual eixo (A_1 ou A_2) a bobina começará a girar? Por quê? (b) Determine a aceleração angular inicial da bobina logo após a corrente ser acionada.

Figura E27.43

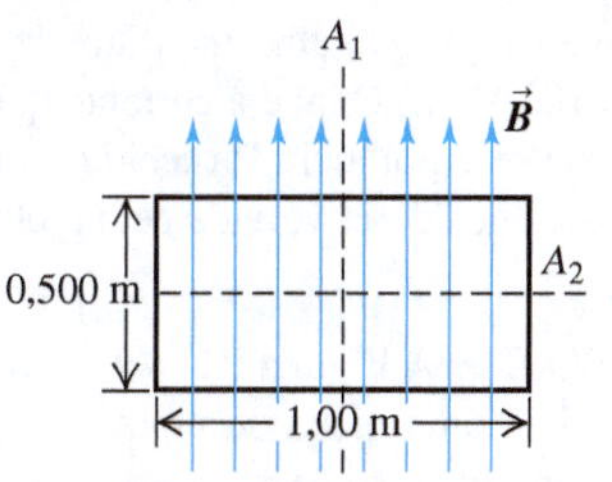

27.44 • Duas bobinas circulares A e B (**Figura E27.44**) possuem área A e N voltas. Elas estão livres para girar em torno de um diâmetro que coincide com o eixo x. A corrente I circula em cada bobina na direção indicada. Existe um campo magnético uniforme $\vec{B}$ na direção $+z$. (a) Qual é a direção do momento magnético $\vec{\mu}$ para cada bobina? (b) Explique por que o torque nas duas bobinas em consequência do campo magnético é zero, de modo que a bobina se encontra em equilíbrio de rotação. (c) Use a Equação 27.27 para calcular a energia potencial para cada bobina. (d) Para cada bobina, o equilíbrio é estável ou instável? Explique.

Figura E27.44

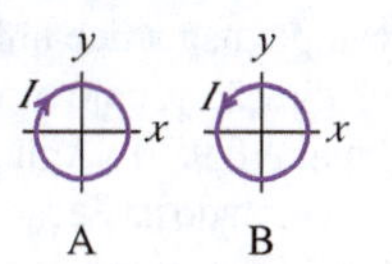

27.45 • Uma bobina circular de área A possui N espiras e pode girar em torno de um diâmetro que coincide com o eixo Ox. Uma corrente I está circulando na bobina. Existe um campo magnético $\vec{B}$ no sentido positivo do eixo Oy. Determine o módulo, a direção e o sentido do torque $\vec{\tau}$ e o valor de energia potencial U, como indicado na Equação 27.27, quando a bobina estiver orientada nas posições indicadas de (a) até (d), na **Figura E27.45**.

Figura E27.45

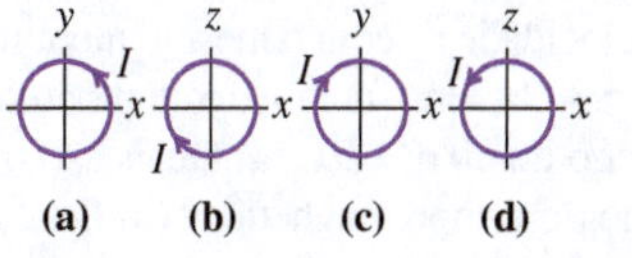

27.46 •• Uma bobina com momento magnético 1,45 A · m^2 está inicialmente orientada com seu momento magnético antiparalelo a um campo magnético com módulo igual a 0,835 T. Qual é a variação da energia potencial da bobina quando ela gira 180°, de modo que seu momento magnético fique paralelo ao campo?

Seção 27.8 O motor de corrente contínua

27.47 •• Em um motor cc com as bobinas de campo e o rotor conectados em paralelo (**Figura E27.47**), a resistência R_f das bobinas de campo é 106 Ω e a resistência R_r do rotor é 5,9 Ω. Quando uma diferença de potencial de 120 V é aplicada às escovas e o motor está rodando em plena velocidade, fornecendo potência mecânica, a corrente fornecida a ele é 4,82 A. (a) Qual é a corrente nas bobinas de campo? (b) Qual é a corrente no rotor? (c) Qual é a fem induzida, desenvolvida pelo motor? (d) Quanta potência mecânica é desenvolvida por esse motor?

Figura E27.47

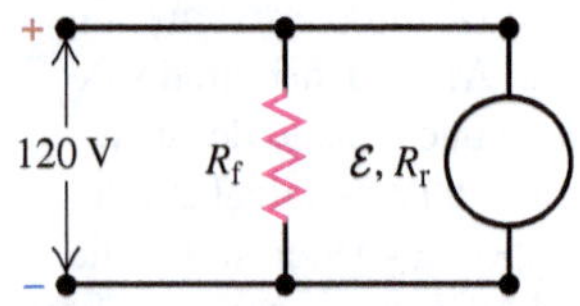

27.48 • Um motor cc possui um rotor e bobinas de campo ligados em série a uma resistência de 3,2 Ω. Quando ele gira com sua carga total em uma linha de 120 V, a fem do rotor é igual a 105 V. (a) Qual é a corrente que o motor recebe da linha? (b) Qual é a potência fornecida ao motor? (c) Qual é a potência mecânica desenvolvida pelo motor?

Seção 27.9 O efeito Hall

27.49 • A **Figura E27.49** indica uma placa de prata com dimensões z_1 = 11,8 mm e y_1 = 0,23 mm, que conduz uma corrente igual a 120 A no sentido $+x$. A placa está em um campo magnético uniforme na direção y, cujo módulo é igual a 0,95 T. Aplique o modelo simplificado do efeito Hall, apresentado na Seção 27.9. Sabendo que existem 5,85 × 10^{28} elétrons livres por metro cúbico, determine: (a) o módulo da velocidade de arraste dos elétrons na direção do eixo Ox; (b) o módulo, a direção e o sentido do campo elétrico no eixo Oz produzido pelo efeito Hall; (c) a fem Hall.

Figura E27.49

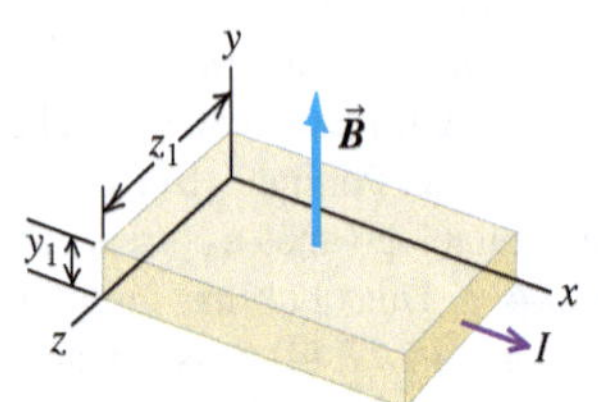

27.50 • A Figura E27.49 representa a placa de um metal desconhecido com as mesmas dimensões da placa de prata do Exercício 27.49. Quando o campo magnético tem 2,29 T e a corrente é igual a 78,0 A, a fem Hall é de 131 μV. Usando o modelo simplificado do efeito Hall apresentado na Seção 27.9, calcule a densidade dos elétrons livres do metal desconhecido.

PROBLEMAS

27.51 • Quando uma partícula com carga $q > 0$ se move com velocidade $\vec{v}_1$ formando um ângulo de 45° com o eixo $+Ox$ no plano xy, um campo magnético uniforme exerce uma força $\vec{F}_1$ ao longo do eixo $-Oz$ (**Figura P27.51**). Quando a mesma partícula se move com velocidade $\vec{v}_2$ com o mesmo módulo de $\vec{v}_1$, porém ao longo do eixo $+Oz$, uma força $\vec{F}_2$ com módulo F_2 é exercida sobre ela ao longo do eixo $+Ox$. (a) Quais são o módulo, a direção e o sentido do campo magnético? (b) Qual é o módulo de $\vec{F}_1$ em termos de F_2?

Figura P27.51

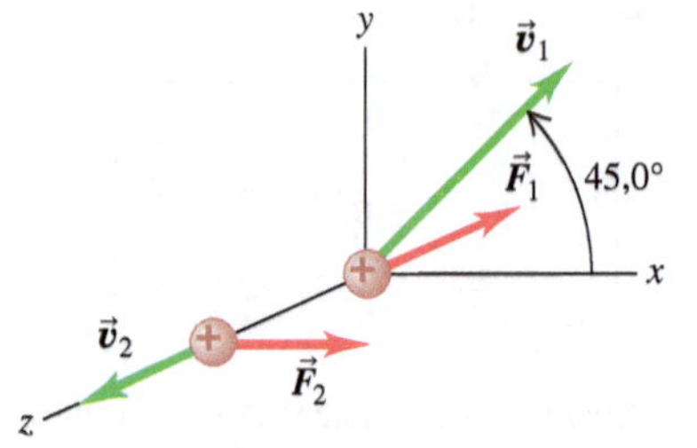

27.52 • Uma partícula com carga 7,26 × 10^{-8} C se move em uma região onde existe um campo magnético uniforme igual a 0,650 T no sentido do eixo $+Ox$. Em um dado instante, a velocidade da partícula possui componentes $v_x = -1{,}68 \times 10^4$ m/s, $v_y = -3{,}11 \times 10^4$ m/s e $v_z = 5{,}85 \times 10^4$ m/s. Quais são os componentes da força nesse instante?

27.53 ••• PC **Reator nuclear.** Quando dois núcleos de dêuteron (carga $+e$, massa 3,34 × 10^{-27} kg) se aproximam o suficiente, a atração da força nuclear intensa vai fundi-los e produzir um isótopo de hélio, liberando grande quantidade de energia. A abrangência dessa força é de aproximadamente 10^{-15} m. Esse é o princípio que rege o reator de fusão nuclear. Os núcleos de dêuteron se movem rápido demais para serem confinados por paredes físicas, por isso são magneticamente confinados. (a) Com qual velocidade os dois núcleos teriam de se mover para que, no caso de uma colisão frontal, eles se aproximem o suficiente para se fundirem? (Trate os núcleos como cargas puntiformes e suponha que uma distância de 1,0 × 10^{-15} é necessária para a fusão.) (b) Qual intensidade do campo magnético é necessária para fazer os núcleos de dêuteron com essa velocidade percorrerem um círculo de 2,50 m de diâmetro?

27.54 •• **Momento magnético do átomo de hidrogênio.** No modelo de Bohr do átomo de hidrogênio (ver Seção 39.3), em seu estado mais inferior de energia, o elétron orbita o próton com uma velocidade de 2,2 × 10^6 m/s em uma órbita circular com raio igual a 5,3 × 10^{-11} m. (a) Qual é o período orbital do elétron? (b) Se considerarmos o elétron em órbita como uma espira de corrente, qual será a corrente I? (c) Qual é o momento magnético do átomo em função do movimento do elétron?

27.55 •• Você deseja atingir um alvo que está a alguns metros de distância com uma moeda que possui massa de 4,25 g e carga de +2.500 μC. A moeda é lançada a uma velocidade inicial de 12,8 m/s, e existe um campo elétrico uniforme de cima para baixo com força de campo igual a 27,5 N/C por toda a região. Se você mirar diretamente o alvo e lançar a moeda horizontalmente, quais são o módulo, a direção e o sentido do campo magnético uniforme necessários na região para a moeda atingir o alvo?

27.56 • Os polos magnéticos de um pequeno cíclotron produzem um campo magnético de módulo igual a 0,85 T. Os polos possuem um raio de 0,40 m, que é o raio máximo que as órbitas das partículas podem atingir. (a) Qual é o valor máximo da energia adquirida por um próton (q = 1,60 × 10^{-19} C, m = 1,67 × 10^{-27} kg) acelerado por esse cíclotron? Forneça a resposta em elétron-volts e em joules. (b) Qual é o tempo de revolução para um próton girando com esse raio máximo? (c) Qual deve ser o módulo de um campo magnético necessário para acelerar um próton até ele atingir uma energia máxima igual ao dobro da calculada no item (a)? (d) Considerando B = 0,85 T, qual é a energia máxima atingida por uma partícula alfa (q = 3,20 × 10^{-19} C, m = 6,64 × 10^{-27} kg) acelerada nesse cíclotron? Como o resultado obtido se compara à energia máxima para os prótons?

27.57 •• Uma partícula com carga q negativa e massa $m = 2{,}58 \times 10^{-15}$ kg se move através de uma região com um campo magnético uniforme $\vec{B} = -(0{,}120\text{ T})\hat{k}$. Em um certo instante, a velocidade da partícula é dada por $\vec{v} = (1{,}05 \times 10^6\text{ m/s})(-3\hat{\imath} + 4\hat{\jmath} + 12\hat{k})$ e a força $\vec{F}$ sobre a partícula possui módulo igual a 2,45 N. (a) Determine a carga q. (b) Calcule a aceleração $\vec{a}$ da partícula. (c) Explique por que a trajetória da partícula é uma hélice e calcule o raio de curvatura R do componente circular da trajetória helicoidal. (d) Determine a frequência ciclotrônica da partícula. (e) Embora um movimento helicoidal não seja periódico, no sentido exato da palavra, as coordenadas x e y variam de modo periódico. Se as coordenadas da partícula para $t = 0$ forem $(x, y, z) = (R, 0, 0)$, quais serão as coordenadas para o instante $t = 2T$, em que T é o período do movimento no plano xy?

27.58 •• Uma partícula com carga $q > 0$ se move com velocidade v no sentido $+Oz$ através de uma região onde existe um campo magnético $\vec{B}$. A força magnética sobre a partícula é dada por $\vec{F} = F_0(3\hat{\imath} + 4\hat{\jmath})$, em que F_0 é uma constante positiva. (a) Determine os componentes B_x, B_y e B_z ou pelo menos a maior quantidade dos três componentes que for possível encontrar com base nas informações fornecidas. (b) Se, além das informações dadas, soubermos que o campo magnético possui módulo igual a $6F_0/qv$, determine tudo o que você puder sobre os componentes de $\vec{F}$ restantes.

27.59 •• Suponha que o campo elétrico entre as placas na Figura 27.24 seja igual a $1{,}88 \times 10^4$ V/m e que o campo magnético em ambas as regiões seja igual a 0,682 T. Se a fonte contém os três isótopos do criptônio (^{82}Kr, ^{84}Kr e ^{86}Kr) e os íons possuem uma carga única, determine a distância entre as linhas formadas pelos três isótopos sobre o detector de partículas. Suponha que as massas atômicas dos isótopos (em unidades de massa atômica) sejam dadas pelos respectivos números atômicos, 82, 84 e 86. (Uma unidade de massa atômica = 1 u = $1{,}66 \times 10^{-27}$ kg.)

27.60 •• **Espectrômetro de massa.** Um espectrômetro de massa é usado para medir as massas dos íons ou para separar íons de massas diferentes (Seção 27.5). Em um projeto para tal instrumento, os íons com massa m e carga q são acelerados através de uma diferença de potencial V. A seguir, eles entram em um campo magnético uniforme perpendicular à sua velocidade e são desviados para uma trajetória semicircular de raio R. Um detector mede onde os íons completam o semicírculo e, a partir disso, é fácil calcular R. (a) Deduza a equação para calcular a massa do íon a partir das medidas de B, V, R e q. (b) Qual é a diferença de potencial V necessária para que os átomos de ^{12}C com íon único tenham $R = 50{,}0$ cm em um campo magnético de 0,150 T? (c) Suponha que o feixe consista de uma combinação de íons ^{12}C e ^{14}C. Se v e B tiverem os mesmos valores que no item (b), calcule a separação desses dois isótopos no detector. Você acha que essa separação do feixe é suficiente para distinguir entre os dois íons? (Considere a suposição descrita no Problema 27.59 para as massas dos íons.)

27.61 •• Um fio retilíneo condutor de massa M e comprimento L é colocado sobre um plano inclinado sem atrito, formando um ângulo θ com a horizontal (**Figura P27.61**). Existe um campo magnético vertical uniforme $\vec{B}$ ao longo de todos os pontos (produzido por um conjunto de eletroímãs não indicados na figura). Para impedir que o fio escorregue para baixo do plano, uma fonte de tensão é aplicada nas extremidades do fio. Quando uma corrente com um valor preciso circula no fio, ele permanece em repouso. Determine o módulo e o sentido da corrente que circula para fazer o fio ficar em repouso. Copie a figura e desenhe o sentido da corrente em seu desenho. Além disso, faça um diagrama de corpo livre mostrando todas as forças que atuam sobre o fio.

Figura P27.61

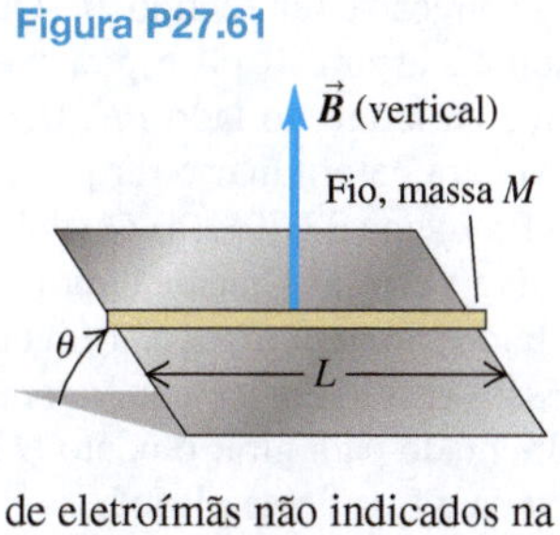

27.62 •• **PC** Uma barra metálica de 2,60 N, com 0,850 m de comprimento e resistência de 10,0 Ω, repousa horizontalmente sobre os fios condutores do circuito indicado na **Figura P27.62**. A barra está em um campo magnético horizontal uniforme de 1,60 T e não está conectada aos fios do circuito. Qual é a aceleração da barra, logo após a chave S ser fechada?

Figura P27.62

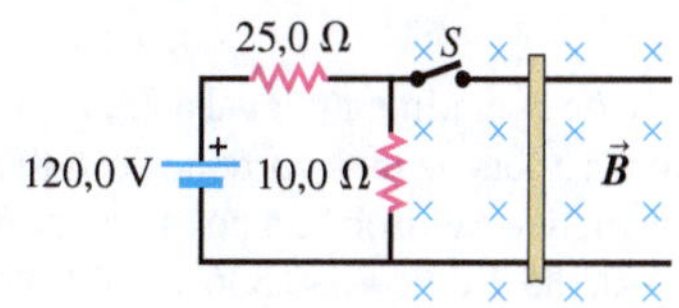

27.63 •• BIO **Determinação da dieta.** Um método para determinar a quantidade de milho consumida na dieta dos aborígenes americanos primitivos é a técnica da *análise de isótopos estáveis*. Ao fazer fotossíntese, o milho concentra o isótopo do carbono 13, ao passo que a maioria das outras plantas concentra o carbono 12. Assim, a alta dependência do consumo de milho pode ser relacionada a certas doenças, porque o milho carece do aminoácido essencial lisina. Os arqueólogos usam um espectrômetro de massa para separar os isótopos ^{12}C e ^{13}C em amostras de fósseis humanos. Suponha que você use um seletor de velocidades para obter átomos de íon único (em que falta um elétron) com velocidade de 8,50 km/s, e você deseja encurvá-los no interior de um campo magnético em um semicírculo com diâmetro de 25,0 cm para o ^{12}C. As medidas das massas desses isótopos são $1{,}99 \times 10^{-26}$ kg (^{12}C) e $2{,}16 \times 10^{-26}$ kg (^{13}C). (a) Qual é a força do campo magnético necessária? (b) Qual é o diâmetro do semicírculo do ^{13}C? (c) Qual é a separação dos íons de ^{12}C e ^{13}C no detector, ao final do semicírculo? A distância é suficiente para ser facilmente observada?

27.64 •• **PC** Uma espira plástica circular de raio R e carga positiva q está uniformemente distribuída em torno da circunferência da espira. A seguir, a espira é girada em torno de seu eixo central, perpendicular ao plano da espira, com velocidade angular ω. Supondo que a espira esteja em uma região onde há um campo magnético uniforme $\vec{B}$, orientado paralelamente ao plano da espira, calcule o módulo do torque magnético sobre a espira.

27.65 •• **PC** **Propulsão eletromagnética em um trilho.** Uma barra condutora de massa m e comprimento L desliza sobre trilhos horizontais conectados a uma fonte de voltagem. Esta mantém uma corrente constante I nos trilhos e na barra, e um campo magnético vertical uniforme $\vec{B}$ preenche o espaço entre os trilhos (**Figura P27.65**). (a) Determine o módulo, a direção e o sentido da força resultante sobre a barra. Despreze o atrito, a resistência do ar e a resistência elétrica. (b) Se a barra possui massa m, calcule a distância d que ela deve percorrer ao longo dos trilhos, partindo do repouso até atingir uma velocidade v. (c) Existem teorias sobre a possibilidade de que a propulsão baseada nesse princípio possa ser usada para acelerar massas e colocá-las em órbita ao redor da Terra ou além dela. Calcule a distância que a barra deve percorrer para atingir a velocidade de escape da Terra (11,2 km/s). Considere $B = 0{,}80$ T, $I = 2{,}0 \times 10^3$A, $m = 25$ kg e $L = 50$ cm. Para simplificar, suponha que a força resultante que atua sobre o objeto seja igual à força magnética, como nos itens (a) e (b), embora a gravidade desempenhe um papel importante em um lançamento espacial real.

Figura P27.65

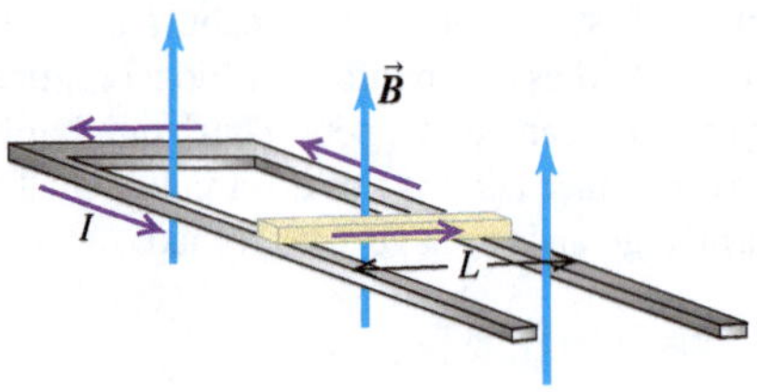

27.66 •• Um fio de comprimento igual a 25,0 cm está apoiado ao longo do eixo Oz e conduz uma corrente de 7,40 A no sentido $+z$. O campo magnético é uniforme e possui componentes $B_x = -0{,}242$ T, $B_y = -0{,}985$ T e $B_z = -0{,}336$ T. (a) Calcule os componentes da força magnética sobre o fio. (b) Qual é o módulo da força magnética resultante que atua sobre o fio?

27.67 •• Um fio longo que conduz uma corrente de 6,50 A tem duas dobras, como indica a **Figura P27.67**. A parte do fio onde ocorre a dobra está em um campo magnético uniforme de 0,280 T, direcionado conforme mostra a figura e confinado a uma região limitada. Determine o módulo, a direção e o sentido da força resultante que o campo magnético exerce sobre o fio.

Figura P27.67

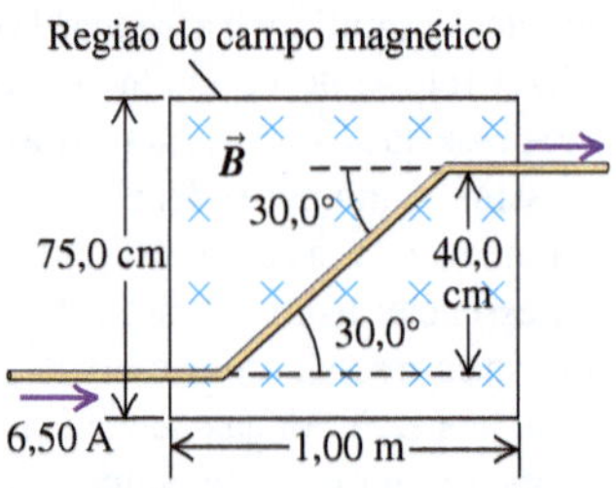

27.68 •• A espira retangular indicada na **Figura P27.68** possui articulação em torno do eixo Oy e conduz uma corrente igual a 15,0 A, no sentido indicado. (a) Se a espira está em um campo magnético uniforme com módulo de 0,48 T no sentido $+Ox$, calcule o módulo, a direção e o sentido do torque necessário para sustentar a espira na posição indicada. (b) Repita o item (a) para o caso no qual o campo aponta no sentido $-z$. (c) Para cada um dos campos magnéticos mencionados, qual seria o torque necessário se a espira estivesse articulada em um eixo de rotação que passasse em seu centro, paralelamente ao eixo Oy?

Figura P27.68

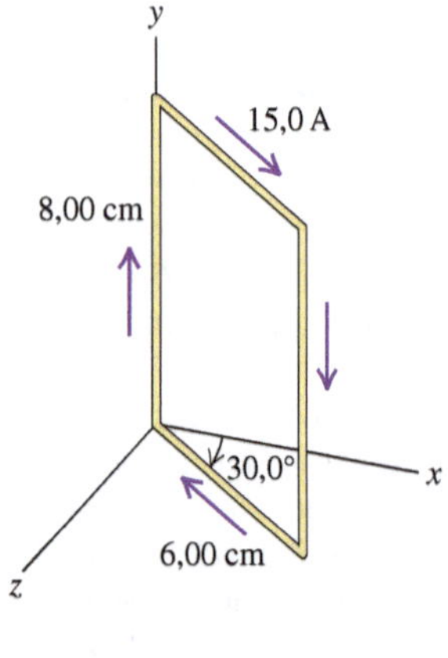

27.69 •• **PC** A espira retangular indicada na **Figura P27.69** possui massa igual a 0,15 g por centímetro de comprimento e está articulada em torno do lado ab por meio de um eixo sem atrito. A corrente que circula no fio é igual a 8,2 A, no sentido indicado. Determine o módulo, a direção e o sentido do campo magnético paralelo ao eixo Oy que produzirá uma oscilação para cima na espira até que seu plano forme um ângulo de 30,0° com o plano yz.

Figura P27.69

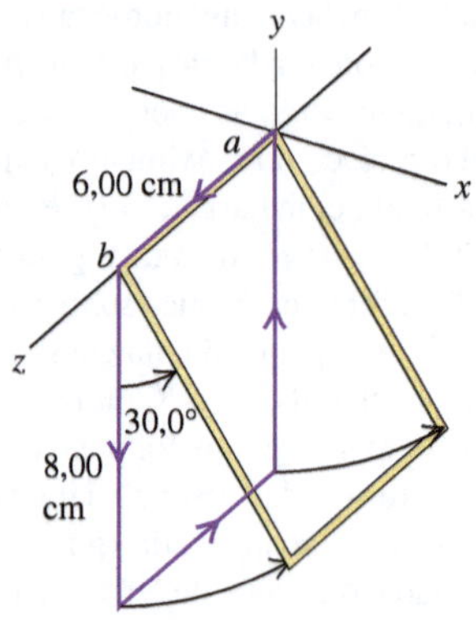

27.70 •• **CALC** Uma barra uniforme, de comprimento L, conduz uma corrente I na direção do ponto a ao ponto b (**Figura P27.70**). A barra está em um campo magnético uniforme, no sentido de fora para dentro da página. Considere o torque em torno de um eixo perpendicular à barra no ponto a, que se deve à força que o campo magnético exerce sobre a barra. (a) Suponha que uma seção infinitesimal da barra tenha comprimento dx e esteja localizada a uma distância x do ponto a. Calcule o torque $d\tau$ em torno do ponto a decorrente da força magnética nessa seção infinitesimal. (b) Use $\tau = \int_a^b d\tau$ para calcular o torque total τ sobre a barra. (c) Mostre que τ é o mesmo como se toda a força magnética atuasse no ponto intermediário da barra.

Figura P27.70

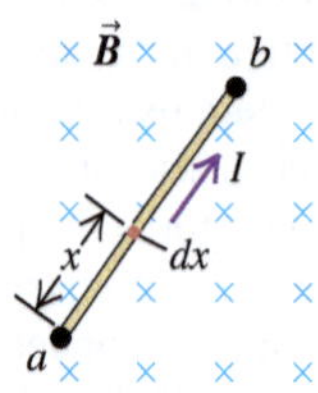

27.71 •• A espira triangular de fio indicada na **Figura P27.71** conduz uma corrente $I = 5{,}00$ A no sentido indicado. A espira está em um campo magnético uniforme com módulo $B = 3{,}00$ T e o mesmo sentido da corrente que passa pelo lado PQ da espira. (a) Determine a força exercida pelo campo magnético em cada lado do triângulo. Se a força for diferente de zero, especifique sua direção e seu sentido. (b) Qual é a força resultante que atua sobre a espira? (c) A espira revolve em torno de um eixo que fica ao longo do lado PR. Use as forças calculadas no item (a) para determinar o torque sobre cada lado da espira (veja o Problema 27.70). (d) Qual é o módulo do torque resultante sobre a espira? Calcule o torque resultante a partir dos torques obtidos no item (c) e também de acordo com a Equação 27.28. Esses resultados se equivalem? (e) O torque resultante está orientado para girar o ponto Q para dentro do plano da figura ou para fora desse plano?

Figura P27.71

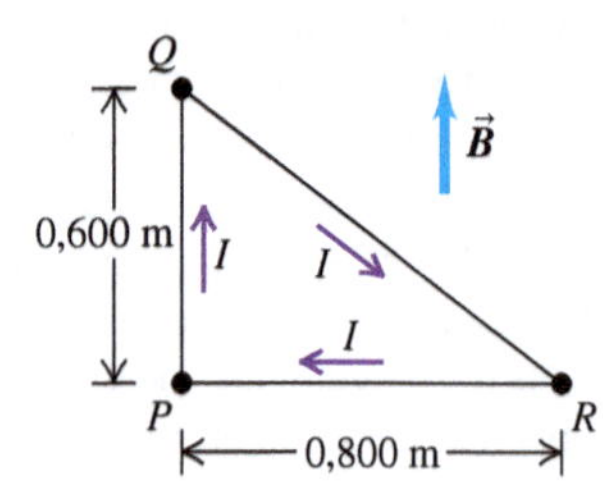

27.72 •• **PC** Uma barra uniforme tem massa 0,0120 kg e possui 30,0 cm de extensão. Ela gira sem atrito em torno de um eixo perpendicular à barra no ponto *a* (**Figura P27.72**). A força gravitacional sobre a barra atua na direção $-Oy$. A barra está em um campo magnético uniforme direcionado para dentro da página e possui módulo $B = 0{,}150$ T. (a) Qual deverá ser a corrente *I* na barra para que ela esteja em equilíbrio rotacional quando estiver em um ângulo $\theta = 30{,}0°$ acima da horizontal? Use o resultado do Problema 27.70. (b) Para a barra estar em equilíbrio de rotação, *I* deve estar na direção de *a* para *b* ou de *b* para *a*?

Figura P27.72

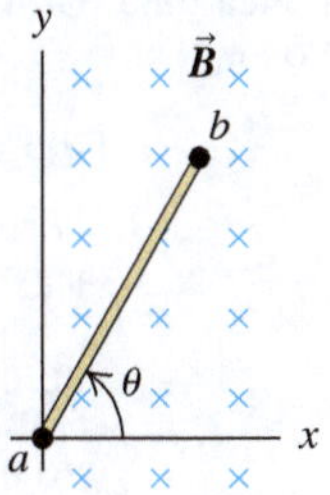

27.73 •• **CALC** **Uma bobina de alto-falante.** Na Seção 27.7, mostramos que a força resultante sobre uma espira de corrente em um campo magnético *uniforme* era igual a zero. A força magnética sobre uma bobina destinada a produzir o som de um alto-falante (Figura 27.28) não é igual a zero porque o campo magnético da bobina não é uniforme. Uma bobina de som de um alto-falante possui 50 espiras com diâmetro de 1,56 cm, e a corrente que flui no fio é igual a 0,950 A. Suponha que o campo magnético em cada ponto da espira possua um módulo constante de 0,220 T e esteja dirigido a um ângulo de 60° com a normal externa do plano da bobina (**Figura P27.73**). Suponha que o eixo da bobina seja o eixo Oy. A corrente que flui na bobina possui o sentido indicado (sentido anti-horário observado de um ponto acima da bobina sobre o eixo Oy). Calcule o módulo, a direção e o sentido da força magnética resultante sobre a bobina.

Figura P27.73

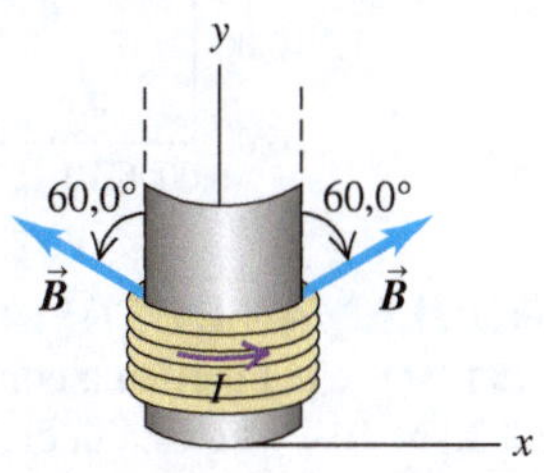

27.74 •• **PC** A extremidade inferior de uma barra uniforme delgada na **Figura P27.74** está presa ao piso por uma dobradiça sem atrito no ponto *P*. A barra possui massa de 0,0840 kg e comprimento igual a 18,0 cm, estando em um campo magnético uniforme $B = 0{,}120$ T, voltado para dentro da página. A barra é mantida em um ângulo $\theta = 53{,}0°$ acima da horizontal por um fio horizontal que conecta o topo da barra à parede. A barra conduz uma corrente $I = 12{,}0$ A no sentido voltado para *P*. Calcule a tensão no fio. Use seu resultado do Problema 27.70 para calcular o torque decorrente da força do campo magnético.

Figura P27.74

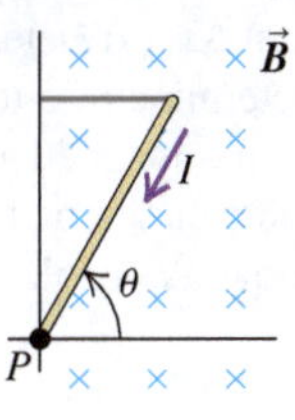

27.75 •• **CALC** **Força sobre uma espira de corrente em um campo magnético não uniforme.** Na Seção 27.7, mostramos que a força resultante sobre uma espira de corrente em um campo magnético *uniforme* é nula. Porém, o que ocorre quando $\vec{B}$ *não* é uniforme? A **Figura P27.75** mostra uma espira quadrada contida no plano *xy*. A espira possui vértices nos pontos (0, 0), (0, *L*), (*L*, 0) e (*L*, *L*), e conduz uma corrente *I* no sentido horário. O campo magnético não possui componente *x*, mas possui componentes em ambas as direções *y* e *z*: $\vec{B} = (B_0 z/L)\hat{\jmath} + (B_0 y/L)\hat{k}$, em que B_0 é uma constante positiva. (a) Faça um desenho das linhas do campo magnético no plano *yz*. (b) Calcule o módulo, a direção e o sentido da força magnética exercida sobre cada um dos lados da espira, integrando a Equação 27.20. (c) Determine o módulo, a direção e o sentido da força magnética resultante sobre a espira.

Figura P27.75

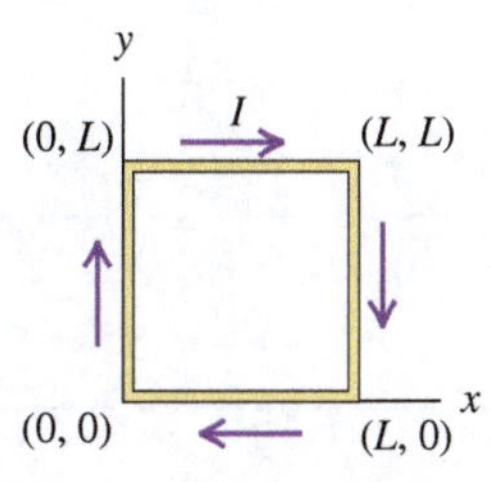

27.76 •• **Modelo de quark para o nêutron.** O nêutron é uma partícula com carga elétrica igual a zero. Contudo, ele possui um momento magnético diferente de zero, cujo componente *z* é igual a $9{,}66 \times 10^{-27}$ A · m². Esse momento pode ser explicado pela estrutura interna do nêutron. Diversas evidências indicam que o nêutron é composto de três partículas fundamentais, chamadas *quarks*: um quark "*up*" (*u*), com carga $+2e/3$, e dois quarks "*down*" (*d*), cada um com uma carga $-e/3$. A combinação dessas três cargas produz uma carga total $\frac{2}{3}e - \frac{1}{3}e - \frac{1}{3}e = 0$. Caso os quarks estejam em movimento, eles produzem um movimento magnético diferente de zero. Com um modelo muito simples, suponha que o quark *u* se mova em uma órbita circular em sentido anti-horário e que os dois quarks *d* se movam no sentido horário, todos os quarks se movendo com o mesmo módulo da velocidade *v* ao longo das circunferências de mesmo raio *r* (**Figura P27.76**). (a) Obtenha a corrente elétrica produzida pela circulação do quark *u*. (b) Determine o módulo do momento magnético oriundo da circulação do quark *u*. (c) Determine o módulo do momento magnético do sistema constituído pelos três quarks. (Tome cuidado e use os sentidos corretos para os momentos magnéticos.) (d) Com que velocidade *v* os quarks devem se mover para reproduzir o valor do momento magnético do nêutron? Use o valor $r = 1{,}20 \times 10^{-15}$ m (o raio do nêutron) para o raio das órbitas.

Figura P27.76

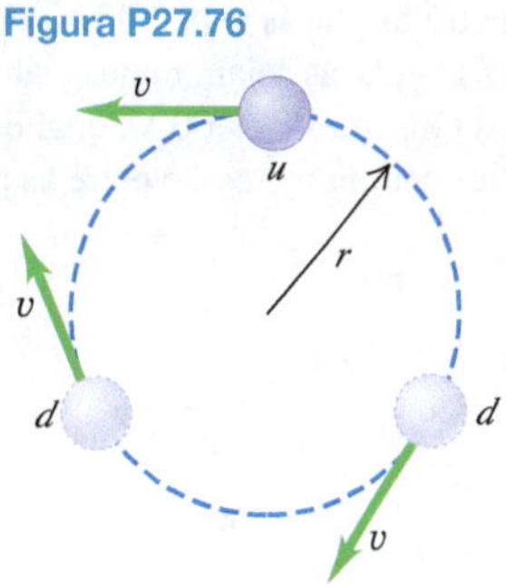

27.77 •• Uma espira circular de área *A* está contida no plano *xy*. Vista ao longo do eixo Oz, olhando para a origem no sentido $-z$, uma corrente *I* circula no sentido horário em torno da espira. O torque produzido por um campo magnético externo $\vec{B}$ é dado por $\vec{\tau} = D(4\hat{\imath} - 3\hat{\jmath})$, em que *D* é uma constante positiva e, para essa orientação da espira, a energia potencial magnética $U = -\vec{\mu} \cdot \vec{B}$ é negativa. O módulo do campo magnético é $B_0 = 13D/IA$. (a) Determine o vetor momento magnético da espira. (b) Determine os componentes B_x, B_y e B_z do vetor $\vec{B}$.

27.78 •• **DADOS** Você está usando um tipo de espectrômetro de massa para medir as relações entre carga e massa dos íons atômicos. No dispositivo, os átomos são ionizados com um feixe de elétrons para produzir íons positivos, que são então acelerados através de uma diferença de potencial *V*. (A velocidade final dos íons é grande o suficiente para que você possa ignorar sua velocidade inicial.) Os íons, então, entram em uma região na qual um campo magnético uniforme $\vec{B}$ é perpendicular à velocidade dos íons e possui módulo $B = 0{,}250$ T. Nessa região $\vec{B}$, os íons se movem em uma trajetória semicircular de raio R. Você mede R em função da voltagem de aceleração V para um íon atômico em particular:

V (kV)	10,0	12,0	14,0	16,0	18,0
R (cm)	19,9	21,8	23,6	25,2	26,8

(a) Como você poderia representar os pontos de dados em um gráfico de modo que fiquem próximos de uma linha reta? Explique. (b) Construa o gráfico descrito no item (a). Use a inclinação da linha reta com melhor ajuste para calcular a relação entre carga e massa (q/m) para o íon. (c) Para $V = 20{,}0$ kV, qual é a velocidade dos íons quando entram na região $\vec{B}$? (d) Se os íons que possuem $R = 21{,}2$ cm para $V = 12{,}0$ kV são ionizados uma única vez, qual é o valor de R quando $V = 12{,}0$ kV para os íons duplamente ionizados?

27.79 •• **DADOS** Você é um cientista pesquisador trabalhando em um acelerador de partículas de alta energia. Usando uma versão moderna do dispositivo de Thomson para determinar e/m, você deseja medir a massa de um múon (uma partícula fundamental que possui a mesma carga de um elétron, mas com massa maior). O campo magnético entre as duas placas carregadas é 0,340 T. Você mede o campo elétrico para um desvio zero da partícula em função do potencial de aceleração V. Esse potencial é grande o suficiente para que você possa assumir uma velocidade inicial zero para os múons. A **Figura P27.79** é um gráfico de E^2 *versus* V de seus dados. (a) Explique por que os pontos de dados ficam próximos de uma linha reta. (b) Use o gráfico da Figura P27.79 para calcular a massa m de um múon. (c) Se as duas placas carregadas estiverem separadas por 6,00 mm, qual deverá ser a voltagem entre as placas a fim de que o campo elétrico entre as placas seja $2{,}00 \times 10^5$ V/m? Suponha que as dimensões das placas sejam muito maiores que a separação entre elas. (d) Quando $V = 400$ V, qual é a velocidade dos múons quando eles entram na região entre as placas?

Figura P27.79

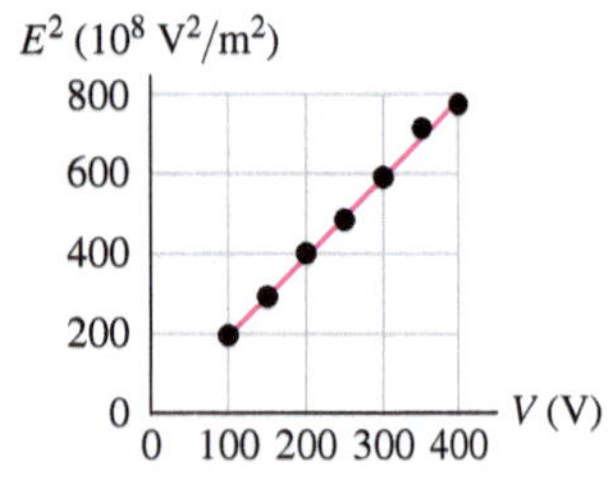

27.80 •• **DADOS** Você é um técnico que está testando a operação de um cíclotron. Uma partícula alfa no dispositivo se move em uma trajetória circular em um campo magnético $\vec{B}$ que é direcionado perpendicularmente à trajetória da partícula alfa. Você mede o número de rotações por segundo (a frequência f) da partícula alfa em função da intensidade B do campo magnético. A **Figura P27.80** mostra seus resultados e o melhor ajuste da linha reta aos seus dados. (a) Use o gráfico na Figura P27.80 para calcular a razão entre carga e massa da partícula alfa, que possui uma carga de $+2e$. Com base em seus dados, qual é a massa de uma partícula alfa? (b) Com $B = 0{,}300$ T, quais são as frequências do cíclotron f de um próton e de um elétron? Como esses valores de f se comparam com a frequência de uma partícula alfa? (c) Com $B = 0{,}300$ T, que velocidade e energia cinética uma partícula alfa terá se o raio de sua trajetória for 12,0 cm?

Figura P27.80

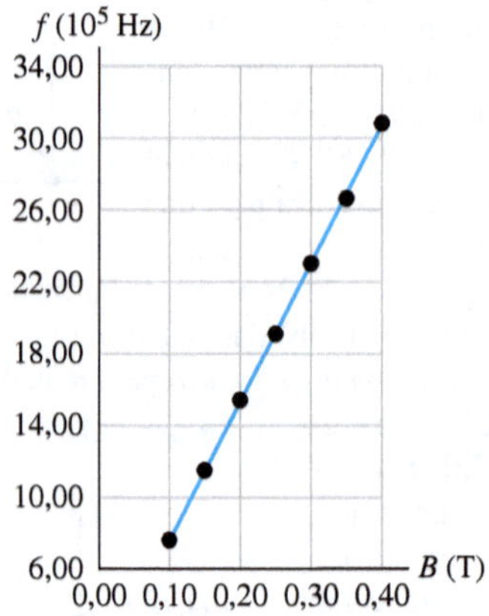

PROBLEMAS DESAFIADORES

27.81 ••• Uma partícula com carga igual a 2,15 μC e massa de $3{,}20 \times 10^{-11}$ kg está inicialmente se deslocando no sentido $+y$, com velocidade igual a $v_0 = 1{,}45 \times 10^5$ m/s. A seguir, ela entra em uma região onde existe um campo magnético uniforme que entra perpendicularmente no plano da página, como indicado na **Figura P27.81**. O módulo do campo é igual a 0,420 T. A região se estende até uma distância igual a 25,0 cm ao longo da direção inicial do deslocamento; a 75,0 cm do ponto onde ela entrou no campo, existe uma parede. O comprimento da região onde não existe campo é, portanto, igual a 50,0 cm. Quando a partícula carregada entra no campo magnético, ela segue uma trajetória curva com raio de curvatura R. A seguir, ela deixa o campo magnético depois de um tempo t_1, tendo sido desviada de uma distância Δx_1. A partícula então se desloca na região sem campo e atinge a parede depois de ser desviada de uma distância total Δx. (a) Determine o raio R da parte curva da trajetória. (b) Determine t_1, o tempo durante o qual a partícula permanece no campo magnético. (c) Determine Δx_1, o desvio horizontal no ponto onde a partícula sai do campo. (d) Determine Δx, o desvio horizontal total.

Figura P27.81

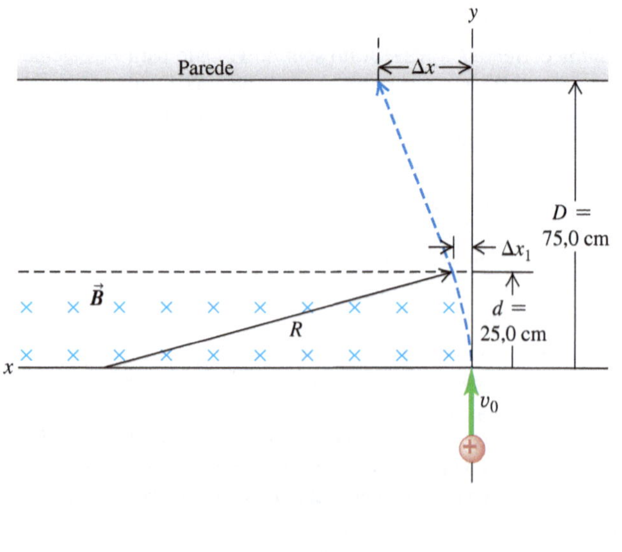

27.82 ••• **PC** **Uma trajetória cicloidal.** Uma partícula de massa m e carga positiva q parte do repouso na origem mostrada na **Figura P27.82**. Existe um campo elétrico uniforme $\vec{E}$ no sentido $+y$ e um campo magnético uniforme $\vec{B}$ saindo da página. Demonstra-se, em livros mais avançados, que a trajetória descrita é uma *cicloide*, cujo raio de curvatura nos pontos do topo da curva é igual ao dobro da coordenada y desses pontos. (a) Explique a razão desse tipo de trajetória e o motivo da repetição do movimento. (b) Prove que a velocidade em qualquer ponto é dada por $\sqrt{2qEy/m}$. (*Dica*: use a conservação da energia.) (c) Aplicando a segunda lei de Newton no ponto do topo da trajetória e levando em conta a informação de que nesse ponto o raio de curvatura é igual a $2y$, prove que a velocidade nesse ponto é igual a $2E/B$.

Figura P27.82

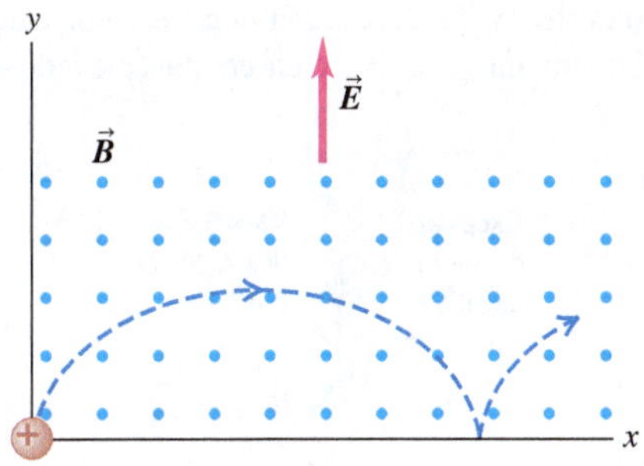

Problemas com contexto

BIO **Campos magnéticos e RM.** *Imagem por ressonância magnética* (RM) é um método poderoso que, diferente das imagens de raios X, permite que imagens nítidas de tecido macio sejam feitas sem expor o paciente à radiação potencialmente perigosa. Um conhecimento rudimentar desse método pode ser alcançado pela aplicação relativamente simples da física clássica (ou seja, não quântica) do magnetismo. O ponto de partida para a RM é a *ressonância nuclear magnética* (RNM), uma técnica que depende do fato de os prótons no núcleo atômico possuírem um campo magnético $\vec{B}$. A origem do campo magnético do próton é seu spin. Estando carregado, o próton girando constitui uma corrente elétrica semelhante a uma espira de fio através da qual circula uma corrente. Como a espira de fio, o próton possui um momento magnético $\vec{\mu}$; assim, ele terá um torque quando estiver sujeito a um campo magnético externo $\vec{B}_0$. O módulo de $\vec{\mu}$ é algo em torno de $1{,}4 \times 10^{-26}$ J/T. O próton pode ser imaginado como estando em um dentre dois estados, com $\vec{\mu}$ orientado paralelo ou antiparalelo ao campo magnético aplicado, com um trabalho sendo realizado para inverter o próton do estado de baixa energia para o de alta energia, como mostra a figura a seguir.

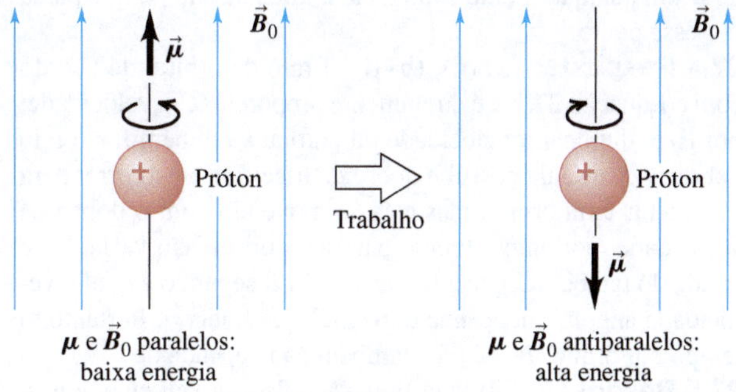

Uma consideração importante é que o campo magnético resultante de qualquer núcleo, exceto para o do hidrogênio (que possui apenas um próton) consiste em contribuições de prótons e nêutrons. Se um núcleo possui um número par de prótons e nêutrons, eles se emparelharão de tal modo que metade dos prótons terá *spins* em uma orientação, e metade na outra. Assim, o momento magnético resultante do núcleo é zero. Somente núcleos com um momento magnético resultante são candidatos para a RM. O hidrogênio é o átomo mais utilizado para imagens de RM.

27.83 Se um próton for exposto a um campo magnético externo de 2 T que possui uma direção perpendicular ao eixo do *spin* do próton, qual será o torque no próton? (a) 0; (b) $1{,}4 \times 10^{-26}$ N · m; (c) $2{,}8 \times 10^{-26}$ N · m; (d) $0{,}7 \times 10^{-26}$ N · m.

27.84 Qual dos seguintes elementos é um candidato para a RM? (a) ${}^{12}C_6$; (b) ${}^{16}O_8$; (c) ${}^{40}Ca_{20}$; (d) ${}^{31}P_{15}$.

27.85 Os grandes campos magnéticos usados na RM podem produzir forças sobre as correntes elétricas dentro do corpo humano. Esse efeito foi proposto como um possível método para captar imagens de "biocorrentes" fluindo no corpo, como a corrente conduzida por nervos individuais. Para uma intensidade de campo magnético de 2 T, estime o módulo da força máxima sobre um segmento de 1 mm de extensão de um único nervo cilíndrico que possui diâmetro de 1,5 mm. Suponha que o nervo inteiro conduza uma corrente decorrente de uma voltagem aplicada de 100 mV (aquela de um potencial de ação típico). A resistividade do nervo é 0,6 Ω · m. (a) 6×10^{-7} N; (b) 1×10^{-6} N; (c) 3×10^{-4} N; (d) 0,3 N.

RESPOSTAS

Resposta à pergunta inicial do capítulo

Resposta: (ii) Uma agulha de bússola imantada possui um momento de dipolo magnético ao longo de sua extensão, e o campo magnético da Terra (que geralmente aponta para o norte) exerce um torque que tende a alinhar esse momento de dipolo com o campo. Veja detalhes na Seção 27.7.

Respostas às perguntas dos testes de compreensão

27.1 Resposta: sim. Quando um ímã é cortado, cada parte passa a ter um polo norte e um polo sul (veja a Figura 27.4). Logo, a pequena parte restante se comporta como a agulha original da bússola, com tamanho total.

27.1 Resposta: caminho 3. Ao aplicar a regra da mão direita aos vetores $\vec{v}$ (que aponta para a direita) e $\vec{B}$ (que aponta para dentro do plano da figura), dizemos que a força $\vec{F} = q\vec{v} \times \vec{B}$ sobre uma carga *positiva* apontaria *de baixo para cima*. Como a carga é *negativa*, a força aponta *de cima para baixo*, e a partícula segue uma trajetória que se curva para baixo.

27.3 Resposta: (a) (ii), (b) não O módulo de $\vec{B}$ aumentaria à medida que você se movesse para a direita, atingindo o valor máximo quando você passasse através do plano do circuito. Se você se movesse para além do plano do circuito, o módulo do campo diminuiria. Pode-se verificar isso pelo espaçamento entre as linhas de campo: quanto mais próximas as linhas de campo, maior a intensidade dele. O sentido do campo seria orientado para a direita em todos os pontos ao longo da trajetória, uma vez que a trajetória está ao longo de uma linha de campo e o sentido de $\vec{B}$ em qualquer ponto é tangente à linha de campo que passa por esse ponto.

27.4 Resposta: (a) (ii), (b) (i) O raio da órbita, de acordo com a Equação 27.11, é diretamente proporcional à velocidade; por isso, duplicar a velocidade da partícula também faz o raio dobrar. A partícula possui o dobro da trajetória a percorrer para completar uma órbita, mas está se movendo com o dobro da velocidade, portanto o tempo para uma órbita não varia. Esse resultado também segue a Equação 27.12, segundo a qual a velocidade angular independe da velocidade linear v. Portanto, o tempo por órbita, $T = 2\pi/\omega$, também não depende de v.

27.5 Resposta: (iii) Pela Equação 27.13, a velocidade $v = E/B$ com a qual as partículas se movem diretamente através do seletor de velocidades não depende do módulo ou do sinal da carga ou da massa da partícula. O único requisito é que as partículas (neste caso, íons) possuam carga diferente de zero.

27.6 Resposta: A. Essa orientação fará a corrente fluir no sentido horário em torno do circuito e, portanto, através da barra condutora, no sentido de cima para baixo da figura. Pela regra da mão direita, a força magnética $\vec{F} = I\vec{l} \times \vec{B}$ que atua sobre a barra apontará para a direita.

27.7 Respostas: (a) para a direita; (b) polo norte à direita, polo sul à esquerda. Se você fechar os dedos da sua mão direita em torno da bobina e no sentido da corrente, seu polegar direito apontará para a direita (perpendicularmente ao plano da bobina). Esse é o sentido do momento magnético $\vec{\mu}$. O momento magnético aponta do polo sul para o polo norte, de modo que o lado direito da espira é equivalente ao polo norte e o lado esquerdo, ao polo sul.

27.8 Resposta: não. O rotor não passará a girar quando a chave for fechada, caso ele esteja inicialmente orientado como indica a Figura 27.39b. Nesse caso, nenhuma corrente passa pelo rotor e, portanto, não há torque magnético. Essa situação pode ser remediada usando-se múltiplas bobinas de rotor orientadas, de modo a formar ângulos diferentes em torno do eixo de rotação. Com essa combinação, sempre haverá um torque magnético, seja qual for a orientação.

27.9 Resposta: (ii) Os portadores de carga móveis em cobre são elétrons com carga negativa, que se movem de baixo para cima pelo fio para fornecer uma corrente de cima para baixo. Pela regra da mão direita, a força que atua sobre uma carga positiva que se move de baixo para cima em um campo magnético que aponta do leste para oeste estaria orientada para o sul; logo, a força sobre uma partícula carregada com carga negativa é orientada para o norte. O resultado é um excesso de carga negativa sobre o lado norte do fio, deixando um excesso de carga positiva — e, portanto, um potencial elétrico mais elevado — sobre o lado sul.

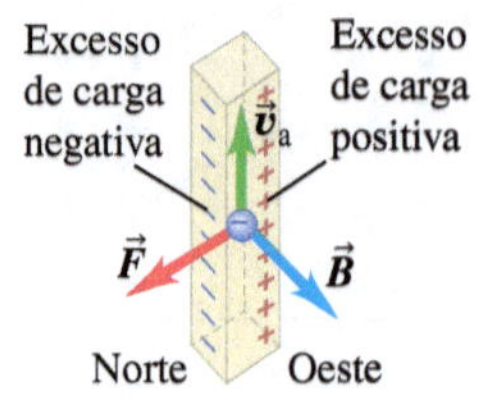

Problema em destaque

(a) $\tau_x = -1{,}54 \times 10^{-4}$ N · m,
$\tau_y = -2{,}05 \times 10^{-4}$ N · m,
$\tau_z = -6{,}14 \times 10^{-4}$ N · m

(b) $-7{,}55 \times 10^{-4}$ J (c) 42,1 rad/s

? O imenso cilindro nesta fotografia é uma bobina condutora de carga, ou solenoide, que gera um campo magnético uniforme em seu interior e faz parte de uma experiência do CERN, o centro europeu de pesquisas nucleares. Se dois desses solenoides fossem unidos pelas extremidades, o campo magnético ao longo de seu eixo comum: (i) se tornaria quatro vezes mais forte; (ii) dobraria de intensidade; (iii) se tornaria $\sqrt{2}$ vezes mais forte; (iv) não mudaria; (v) seria enfraquecido.

28 FONTES DE CAMPO MAGNÉTICO

OBJETIVOS DE APRENDIZAGEM

Ao estudar este capítulo, você aprenderá:

28.1 A natureza do campo magnético produzido por uma única partícula carregada em movimento.

28.2 Como descrever o campo magnético produzido por um elemento de um condutor com corrente.

28.3 Como calcular o campo magnético produzido por um fio longo e retilíneo que conduz uma corrente.

28.4 Por que fios que conduzem correntes na mesma direção e sentido se atraem, ao passo que fios que conduzem correntes contrárias se repelem.

28.5 Como calcular o campo magnético produzido por um fio que conduz corrente e é curvado em forma de círculo.

28.6 O que é a lei de Ampère e o que ela revela sobre campos magnéticos.

28.7 Como usar a lei de Ampère para calcular o campo magnético de distribuições simétricas de corrente.

28.8 Como as correntes microscópicas dentro dos materiais são responsáveis por suas propriedades magnéticas.

Revendo conceitos de:

10.5 Momento angular de uma partícula.

21.3-21.5 Lei de Coulomb e cálculos do campo elétrico.

22.4 Resolução de problemas com a lei de Gauss.

27.2-27.9 Campo magnético e força magnética.

No Capítulo 27, estudamos as forças sobre cargas que se movem e sobre fios condutores de corrente em um campo magnético. Não havíamos questionado como esses campos magnéticos eram produzidos; simplesmente consideramos esses campos como sendo fatos conhecidos. Mas como um campo magnético é *criado*? Sabemos que ele pode ser produzido tanto por um ímã permanente quanto por uma corrente elétrica em um eletroímã. Neste capítulo, estudaremos essas fontes de campo magnético com mais detalhes.

Aprendemos que uma carga cria um campo elétrico e que este exerce força sobre uma carga. Porém, um campo *magnético* somente exerce força sobre uma carga quando ela está em *movimento*. De modo semelhante, veremos que somente cargas *em movimento criam* campos magnéticos. Nossa análise começará com o campo magnético gerado por uma única carga puntiforme que está em movimento. Poderemos usar essa análise para estudar o campo magnético criado por um pequeno segmento de um condutor com corrente. Depois de fazer isso, seremos capazes de encontrar o campo magnético produzido por um condutor que possua *qualquer* forma.

A seguir, introduziremos a lei de Ampère, análoga à lei de Gauss da eletrostática. A lei de Ampère nos permitirá relacionar as propriedades de simetria do campo magnético às da fonte do campo.

As cargas que se movem no interior de um átomo respondem a campos magnéticos e também podem agir como fontes de campos magnéticos. Essas ideias ajudarão a entender como alguns materiais magnéticos podem ser usados para intensificar campos magnéticos, assim como compreender por que certos materiais, como o ferro, podem ser transformados em ímãs permanentes.

28.1 CAMPO MAGNÉTICO DE UMA CARGA EM MOVIMENTO

Figura 28.1 (a) Vetor do campo magnético produzido por uma carga puntiforme q em movimento. Em cada ponto, o vetor $\vec{B}$ é perpendicular ao plano formado por $\vec{r}$ e $\vec{v}$, e seu módulo é proporcional ao seno do ângulo formado entre esses vetores. (b) Linhas do campo magnético em um plano que contém uma carga positiva.

(a) Vista em perspectiva

Regra da mão direita para o campo magnético em função de uma carga positiva que se move a uma velocidade constante: aponte o polegar da mão direita na direção da velocidade. Seus dedos estarão dobrados em torno da carga no sentido das linhas do campo magnético. (Se a carga for negativa, as linhas de campo estarão no sentido contrário.)

Para estes pontos do campo, $\vec{r}$ e $\vec{v}$ estão no plano indicado, e $\vec{B}$ é perpendicular a esse plano.

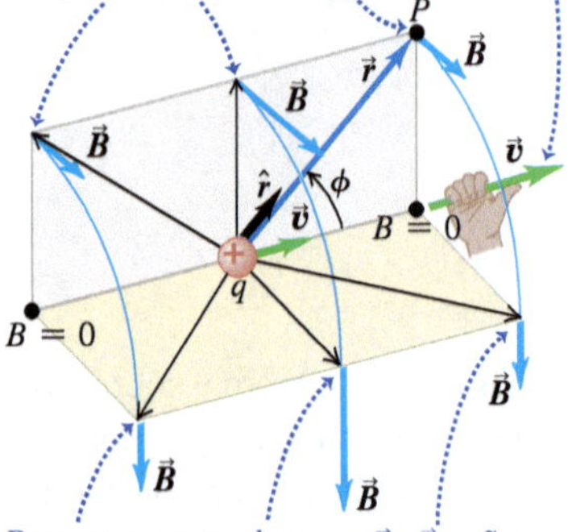

Para estes pontos de carga, $\vec{r}$ e $\vec{v}$ estão no plano inferior, e $\vec{B}$ é perpendicular a esse plano.

(b) Vista posterior da carga

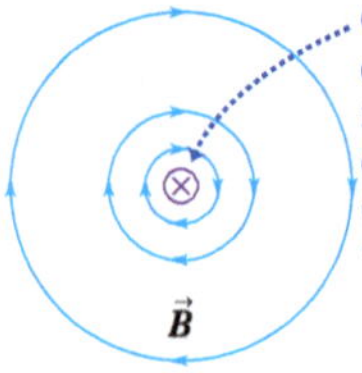

O símbolo × indica que a carga está se movendo para dentro do plano da página (e se afastando de você).

Vamos começar com um conceito básico: o campo magnético criado por uma única carga puntiforme q se deslocando com uma velocidade constante $\vec{v}$. Em aplicações práticas, como o solenoide mostrado na fotografia que abre este capítulo, os campos magnéticos são produzidos por um número extraordinário de partículas carregadas que se movem juntas em uma corrente. Mas, quando entendemos como calcular o campo magnético em função de uma carga puntiforme única, falta pouco para calcular o campo em função de um fio que conduz uma corrente ou um conjunto de fios.

Assim como fizemos para o campo elétrico, chamamos o local onde se encontra a carga em movimento de **ponto da fonte**, e o ponto P onde desejamos determinar o campo, de **ponto do campo**. Na Seção 21.4, vimos que, para um ponto do campo situado a uma distância r de uma carga puntiforme q, o campo *elétrico* $\vec{E}$ causado pela carga é proporcional ao módulo da carga $|q|$ e a $1/r^2$, e que a direção de $\vec{E}$ (para uma carga positiva q) é dada pela reta que une o ponto da fonte ao ponto do campo. A relação correspondente para o caso de um campo *magnético* $\vec{B}$, produzido por uma carga puntiforme q que se desloca com velocidade constante, possui algumas semelhanças e diferenças interessantes.

A experiência mostra que o módulo do campo magnético $\vec{B}$ também é proporcional a $|q|$ e a $1/r^2$. Porém, a *direção* de $\vec{B}$ *não* é dada pela direção da reta que une o ponto da fonte ao ponto do campo. Ao contrário, a direção de $\vec{B}$ é perpendicular ao plano que contém essa reta e ao vetor velocidade $\vec{v}$ da partícula, como indicado na **Figura 28.1**. Além disso, o *módulo* B também é proporcional ao módulo da velocidade da partícula e ao seno do ângulo ϕ. Portanto, o módulo do campo magnético no ponto P é dado por

$$B = \frac{\mu_0}{4\pi} \frac{|q| v \operatorname{sen} \phi}{r^2} \tag{28.1}$$

A quantidade μ_0 (pronuncia-se "mu-sub-zero") é chamada de **constante magnética**. O motivo para a inclusão do fator de 4π ficará mais claro posteriormente. Fizemos algo semelhante com a constante da lei de Coulomb, descrita na Seção 21.3.

Carga em movimento: vetor do campo magnético

Podemos incorporar o módulo, a direção e o sentido de $\vec{B}$ em uma única equação vetorial usando a definição de produto vetorial. Para evitar a repetição da frase "a direção da reta que une a carga q ao ponto do campo P", introduzimos o vetor *unitário* $\hat{r}$, que aponta do ponto da carga até o ponto do campo. (Já usamos $\hat{r}$ com o mesmo objetivo na Seção 21.4.) Esse vetor unitário é igual ao vetor $\vec{r}$, que liga a carga ao ponto do campo dividido pelo módulo desse vetor: $\hat{r} = \vec{r}/r$. Portanto,

Campo magnético de uma carga puntiforme com velocidade constante

$$\vec{B} = \frac{\mu_0}{4\pi} \frac{q\vec{v} \times \hat{r}}{r^2} \tag{28.2}$$

Constante magnética (μ_0); Carga (q); Velocidade ($\vec{v}$); Vetor unitário da carga puntiforme em direção a onde o campo é medido ($\hat{r}$); Distância da carga puntiforme até onde o campo é medido (r)

A Figura 28.1 indica como $\hat{r}$ aponta para P e mostra também o campo magnético $\vec{B}$ em diversos pontos nas vizinhanças da carga. Em todos os pontos ao longo de uma linha que passa pela carga paralela ao vetor velocidade $\vec{v}$, o campo magnético é igual a zero porque sen $\phi = 0$ em todos esses pontos. Para qualquer distância r da carga q, $\vec{B}$ possui seu módulo máximo em pontos situados sobre um plano perpendicular a $\vec{v}$, porque, nesses pontos, $\phi = 90°$ e sen $\phi = 1$. Quando a carga q é negativa, $\vec{B}$ possui um sentido contrário ao indicado na Figura 28.1.

Carga em movimento: linhas do campo magnético

Uma carga puntiforme em movimento também produz um campo *elétrico*, cujas linhas de campo emanam radialmente para fora de uma carga positiva. As linhas do campo *magnético* são completamente diferentes. A discussão precedente mostra que, para uma carga puntiforme que se move com velocidade $\vec{v}$, as linhas do campo magnético são *circunferências* centralizadas na linha que contém $\vec{v}$ e contidas em planos perpendiculares a essa linha. O sentido do campo magnético para uma carga positiva é dado pela seguinte *regra da mão direita* — um exemplo das muitas regras que você encontrará neste capítulo: "Segure" o vetor velocidade $\vec{v}$ com sua mão direita, de modo que o polegar direito aponte no sentido de $\vec{v}$; assim, seus dedos fazem uma rotação em torno de $\vec{v}$ no mesmo sentido da rotação das linhas de campo magnético (supondo uma carga q positiva). A Figura 28.1a mostra partes de algumas linhas do campo magnético; a Figura 28.1b mostra algumas linhas do campo magnético em um plano perpendicular a $\vec{v}$, passando por q. Se a carga puntiforme for negativa, as direções e os sentidos do campo e das linhas do campo serão contrários aos indicados na Figura 28.1.

As equações 28.1 e 28.2 descrevem o campo magnético $\vec{B}$ de uma carga puntiforme com velocidade *constante*. Quando a carga está *acelerada*, o campo geralmente é muito mais complicado. Para os nossos objetivos, não precisamos desses resultados mais complexos. (O movimento das partículas carregadas que constituem uma corrente em um fio sofre uma aceleração nos pontos onde o fio se curva e a direção de $\vec{v}$ varia. Porém, como o módulo da velocidade v_a de arraste do elétron em um condutor é, em geral, muito pequeno, a aceleração v_a^2/r também é muito pequena e os efeitos da aceleração podem ser desprezados.)

Como discutimos na Seção 27.2, a unidade de B é um tesla (1 T):

$$1\,\text{T} = 1\,\text{N}\cdot\text{s/C}\cdot\text{m} = 1\,\text{N/A}\cdot\text{m}$$

Usando a relação anterior na Equação 28.1 ou na 28.2, verificamos que as unidades da constante μ_0 são

$$1\,\text{N}\cdot\text{s}^2/\text{C}^2 = 1\,\text{N/A}^2 = 1\,\text{Wb/A}\cdot\text{m} = 1\,\text{T}\cdot\text{m/A}$$

Em unidades SI, o valor numérico de μ_0 é exatamente igual a $4\pi \times 10^{-7}$. Portanto,

$$\begin{aligned}\mu_0 &= 4\pi \times 10^{-7}\,\text{N}\cdot\text{s}^2/\text{C}^2 = 4\pi \times 10^{-7}\,\text{Wb/A}\cdot\text{m}\\ &= 4\pi \times 10^{-7}\,\text{T}\cdot\text{m/A}\end{aligned} \tag{28.3}$$

Parece inacreditável que μ_0 tenha *exatamente* esse valor numérico! De fato, esse número é um valor *definido* que decorre da definição de ampère, conforme veremos na Seção 28.4.

Dissemos na Seção 21.3 que a constante $1/4\pi\epsilon_0$ na lei de Coulomb está relacionada do seguinte modo à velocidade da luz c:

$$k = \frac{1}{4\pi\epsilon_0} = (10^{-7}\,\text{N}\cdot\text{s}^2/\text{C}^2)c^2$$

Quando estudarmos as ondas eletromagnéticas, no Capítulo 32, verificaremos que a velocidade de propagação dessas ondas no vácuo, que é igual à velocidade da luz c, é dada por

$$c^2 = \frac{1}{\epsilon_0\mu_0} \tag{28.4}$$

Explicitando ϵ_0 da expressão $k = 1/4\pi\epsilon_0$, substituindo o resultado na Equação 28.4 e explicitando μ_0, encontraremos efetivamente o valor de μ_0 escrito anteriormente. Essa discussão é um pouco prematura, porém dá uma ideia de que os campos elétrico e magnético estão profundamente relacionados à natureza da luz.

EXEMPLO 28.1 FORÇAS ENTRE DOIS PRÓTONS EM MOVIMENTO

Dois prótons se deslocam paralelamente ao eixo Ox em sentidos opostos (**Figura 28.2**), com a mesma velocidade v (pequena em comparação à velocidade da luz c). No instante indicado, determine a força elétrica e a força magnética sobre o próton da parte superior e calcule a razão entre os módulos dessas forças.

SOLUÇÃO

IDENTIFICAR E PREPARAR: a força elétrica F_E sobre o próton superior é dada pela lei de Coulomb (Equação 21.2). A lei da força magnética, Equação 27.2, nos fornece a força magnética resultante que atua sobre o próton superior; para usá-la (Equação 28.2), inicialmente devemos determinar o campo magnético que o próton inferior produz na posição do próton superior. O vetor unitário do próton inferior (a fonte) até a posição do próton superior é $\hat{r} = \hat{\jmath}$.

EXECUTAR: pela lei de Coulomb, o módulo da força elétrica sobre o próton superior é

$$F_E = \frac{1}{4\pi\epsilon_0}\frac{q^2}{r^2}$$

As forças são repulsivas, de modo que a força sobre o próton superior é orientada verticalmente para cima (no sentido $+y$). A velocidade do próton inferior é $\vec{v} = v\hat{\imath}$. Usando a regra da mão direita para o produto vetorial $\vec{v} \times \hat{r}$ na Equação 28.2, o campo $\vec{B}$ em razão do próton inferior na posição do próton superior está no sentido $+z$ (Figura 28.2). Pela Equação 28.2, o campo é

$$\vec{B} = \frac{\mu_0}{4\pi}\frac{q(v\hat{\imath}) \times \hat{\jmath}}{r^2} = \frac{\mu_0}{4\pi}\frac{qv}{r^2}\hat{k}$$

A velocidade do próton superior é $-\vec{v} = -v\hat{\imath}$, e a força magnética sobre ele é dada por

$$\vec{F}_B = q(-\vec{v}) \times \vec{B} = q(-v\hat{\imath}) \times \frac{\mu_0}{4\pi}\frac{qv}{r^2}\hat{k} = \frac{\mu_0}{4\pi}\frac{q^2v^2}{r^2}\hat{\jmath}$$

A interação magnética para esse caso também é repulsiva. A razão entre o módulo da força magnética e o módulo da força elétrica é dada por

$$\frac{F_B}{F_E} = \frac{\mu_0 q^2v^2/4\pi r^2}{q^2/4\pi\epsilon_0 r^2} = \frac{\mu_0 v^2}{1/\epsilon_0} = \epsilon_0\mu_0 v^2$$

Com a relação $\epsilon_0\mu_0 = 1/c^2$, a Equação 28.4, podemos escrever a equação de modo muito simples:

$$\frac{F_B}{F_E} = \frac{v^2}{c^2}$$

Quando a velocidade v for pequena em comparação à velocidade da luz, a força magnética será muito menor que a força elétrica.

AVALIAR: descrevemos as velocidades, os campos e as forças em relação a um observador estacionário no sistema de coordenadas da Figura 28.2. Para um sistema de coordenadas que se move com uma das cargas, uma das velocidades seria zero; logo, não existiria *nenhuma* força magnética. A explicação desse paradoxo aparente forneceu um caminho para a elaboração da teoria especial da relatividade.

Figura 28.2 Forças elétricas e magnéticas entre dois prótons em movimento.

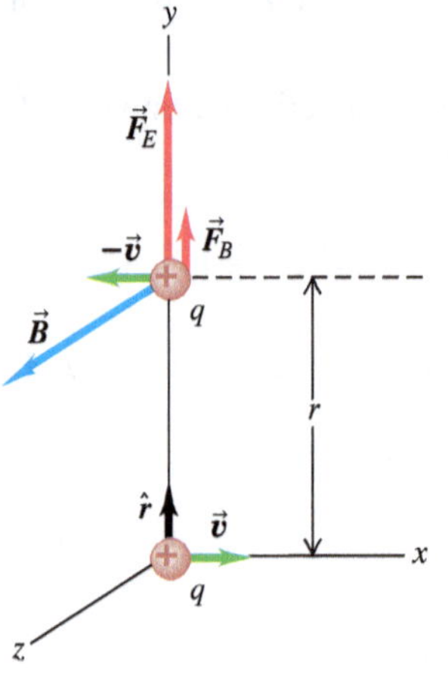

TESTE SUA COMPREENSÃO DA SEÇÃO 28.1 (a) Se dois prótons estão se deslocando paralelamente um ao outro e na *mesma* direção, sentido e velocidade, a força magnética entre eles é de (i) atração ou (ii) repulsão? (b) A força resultante entre eles é de (i) atração, (ii) repulsão ou (iii) nula? (Assuma que a velocidade dos prótons é muito menor que a velocidade da luz.) ❙

28.2 CAMPO MAGNÉTICO DE UM ELEMENTO DE CORRENTE

Tal como no caso do campo elétrico, existe um **princípio de superposição dos campos magnéticos**:

O campo magnético total produzido por diversas cargas que se movem é a soma vetorial dos campos produzidos pelas cargas individuais.

Podemos usar esse princípio com os resultados da Seção 28.1 para determinar o campo magnético produzido por uma corrente que flui em um condutor.

Começamos calculando o campo magnético produzido por um pequeno segmento $d\vec{l}$ de um condutor com corrente, como indicado na **Figura 28.3a**. O volume do segmento é $A\,dl$, em que A é a área da seção reta do condutor. Se existirem n partículas carregadas que se movem por unidade de volume, cada uma com carga q, a carga total dQ que se move no segmento será

$$dQ = nqA\,dl$$

As cargas que se movem nesse segmento são equivalentes a uma única carga dQ, que se desloca com a velocidade de *arraste* $\vec{v}_a$. (Os campos magnéticos produzidos pelos movimentos *aleatórios* das cargas geralmente serão cancelados em todos os pontos.) De acordo com a Equação 28.1, o módulo do campo magnético resultante $d\vec{B}$ para qualquer ponto do campo P é dado por

$$dB = \frac{\mu_0}{4\pi}\frac{|dQ|v_a \operatorname{sen}\phi}{r^2} = \frac{\mu_0}{4\pi}\frac{n|q|v_a A\,dl \operatorname{sen}\phi}{r^2}$$

Porém, pela Equação 25.2, $n|q|v_a A$ é igual à corrente I que flui no elemento. Logo,

$$dB = \frac{\mu_0}{4\pi}\frac{I\,dl \operatorname{sen}\phi}{r^2} \tag{28.5}$$

Elemento de corrente: vetor do campo magnético

Sob forma vetorial, usando o vetor unitário $\hat{r}$, como na Seção 28.1, obtemos

$$d\vec{B} = \frac{\mu_0}{4\pi}\frac{I\,d\vec{l} \times \hat{r}}{r^2} \tag{28.6}$$

Campo magnético de um elemento de corrente infinitesimal; Constante magnética; Corrente; Vetor de comprimento do elemento (aponta na direção da corrente); Vetor unitário do elemento para onde o campo é medido; Distância do elemento até onde o campo é medido

em que $d\vec{l}$ é um vetor de comprimento dl que possui o mesmo sentido da corrente que flui no condutor.

As equações 28.5 e 28.6 são formas equivalentes da **lei de Biot e Savart**. Podemos usar essa lei para determinar o campo magnético $\vec{B}$ produzido em qualquer ponto do espaço por uma corrente que flui em um circuito completo. Para isso, é suficiente integrar a Equação 28.6 em todos os segmentos $d\vec{l}$ que conduzem a corrente; simbolicamente,

$$\vec{B} = \frac{\mu_0}{4\pi}\int \frac{I\,d\vec{l} \times \hat{r}}{r^2} \tag{28.7}$$

Nas seções seguintes, realizaremos essa integração vetorial em diversos exemplos.

Figura 28.3 (a) Alguns vetores do campo magnético produzido por um elemento de corrente $d\vec{l}$. (b) Linhas do campo magnético em um plano que contém o elemento de corrente $d\vec{l}$. Compare esta figura à Figura 28.1 para o campo de uma carga puntiforme em movimento.

(a) Vista em perspectiva

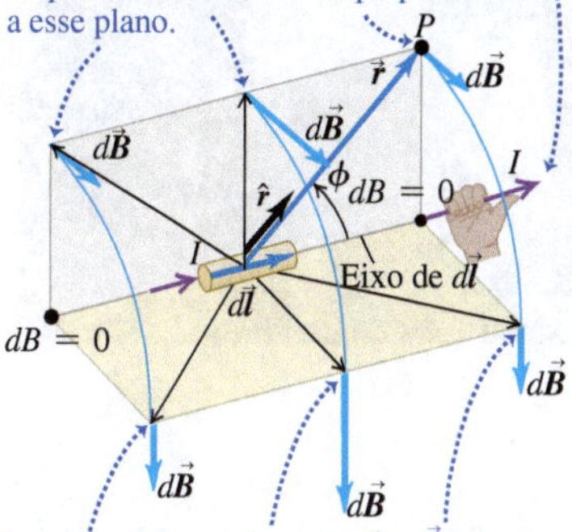

(b) Vista ao longo do eixo do elemento de corrente

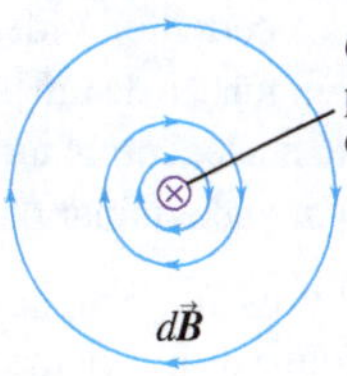

Aplicação **Correntes e magnetismo planetário** O campo magnético da Terra é causado por correntes que circulam dentro de seu interior derretido, condutor. Essas correntes são agitadas pelo *spin* relativamente rápido do nosso planeta (uma rotação a cada 24 horas). As correntes internas da Lua são muito mais fracas; ela é muito menor que a Terra, possui um interior predominantemente sólido e gira lentamente (uma rotação a cada 27,3 dias). Logo, o campo magnético da Lua tem apenas cerca de 10^{-4} da intensidade do campo da Terra.

Elemento de corrente: linhas do campo magnético

Como indicado na Figura 28.3, os vetores $d\vec{B}$ e as linhas do campo magnético de um elemento de corrente são exatamente iguais aos vetores produzidos por uma carga positiva dQ que se desloca no sentido da velocidade de arraste $\vec{v}_a$. As linhas do campo magnético são circunferências situadas em planos perpendiculares a $d\vec{l}$ e centralizadas na linha de $d\vec{l}$. As direções e os sentidos desses vetores obedecem à mesma regra da mão direita que aplicamos para cargas puntiformes na Seção 28.1.

Não há como verificar a Equação 28.5 ou a 28.6 diretamente, porque nunca poderemos fazer uma experiência com um segmento de fio isolado. O que medimos, experimentalmente, é o campo magnético *total* $\vec{B}$ produzido por uma corrente que flui em um circuito completo. Contudo, podemos verificar essas equações indiretamente, calculando $\vec{B}$ para diversas configurações, usando a Equação 28.7 e comparando os resultados com medidas experimentais.

Caso exista algum material no espaço que circunde um fio que conduz uma corrente, o campo magnético em um ponto P em suas vizinhanças terá uma contribuição adicional resultante da *magnetização* do material. Voltaremos a esse assunto na Seção 28.8. Contudo, exceto no caso de o material ser ferro ou qualquer outro material ferromagnético, esse campo magnético adicional é muito pequeno e geralmente desprezível. Uma complicação adicional surge quando existem campos magnéticos e elétricos que variam com o tempo ou quando o material é supercondutor. Discutiremos esses tópicos mais tarde.

ESTRATÉGIA PARA A SOLUÇÃO DE PROBLEMAS 28.1 CÁLCULOS ENVOLVENDO CAMPOS MAGNÉTICOS

IDENTIFICAR *os conceitos relevantes:* a lei de Biot e Savart (equações 28.5 e 28.6) permite calcular o campo magnético em um ponto do campo P em função de um fio de qualquer formato que conduz corrente. A ideia é calcular o elemento de campo $d\vec{B}$ em P em função de um elemento de corrente representativo no fio e, então, combinar as contribuições de todos esses elementos para determinar o campo $\vec{B}$ em P.

PREPARAR *o problema* por meio das seguintes etapas:

1. Faça um diagrama de um elemento de corrente representativo e do ponto do campo P.
2. Desenhe o elemento de corrente $d\vec{l}$, percebendo que ele sempre aponta no mesmo sentido da corrente.
3. Desenhe o vetor unitário $\hat{r}$ sempre apontando no sentido *do* elemento de corrente (o ponto da fonte) para o ponto P.
4. Identifique a variável-alvo (normalmente, $\vec{B}$).

EXECUTAR *a solução conforme* segue:

1. Use a Equação 28.5 ou a 28.6 para expressar o campo magnético $d\vec{B}$ no ponto P do elemento de corrente representativo.
2. Some todos os $d\vec{B}$ para calcular o campo total no ponto P. Em algumas situações, cada elemento $d\vec{B}$ para diversos elementos de corrente pode ter a mesma direção para todos os elementos de corrente; então, o módulo do campo $\vec{B}$ total é a soma dos módulos dos $d\vec{B}$. Contudo, em geral cada elemento $d\vec{B}$ possui uma direção diferente para cada elemento de corrente. Então, você deve escolher um sistema de coordenadas e decompor $d\vec{B}$ com base em seus componentes. A integral para o campo magnético resultante $\vec{B}$ é, então, expressa em termos de uma integral para cada componente.
3. Em alguns casos, você pode concluir por simetria que um dado componente de $\vec{B}$ se anula. Considere sempre a possibilidade do uso da simetria para simplificar problemas.
4. Procure meios para usar o princípio de superposição dos campos magnéticos. Mais adiante neste capítulo, determinaremos os campos produzidos por condutores que possuem uma forma simples. Quando encontrar um condutor de forma complexa que possa ser decomposto em uma combinação desses condutores com forma simples, você poderá usar o princípio de superposição para calcular o campo desse condutor de forma complexa. Como exemplos, citamos uma espira retangular ou uma combinação com dois segmentos retilíneos ligados nas extremidades de um condutor formando uma semicircunferência.

AVALIAR *sua resposta:* frequentemente sua resposta será uma expressão matemática para $\vec{B}$ em função da posição do ponto do campo. Confira a resposta examinando seu comportamento no máximo de limites disponível.

EXEMPLO 28.2 CAMPO MAGNÉTICO DE UM SEGMENTO DE CORRENTE

Um fio de cobre conduz uma corrente constante de 125 A para um tanque de eletrodeposição (**Figura 28.4**). Determine o campo magnético produzido por um segmento de fio de 1,0 cm de comprimento em um ponto situado a uma distância de 1,2 m do fio, considerando que o ponto seja: (a) um ponto P_1 situado sobre a perpendicular superior do fio; (b) um ponto P_2 situado no plano xy e sobre uma linha que forma um ângulo de 30° com o segmento de fio.

SOLUÇÃO

IDENTIFICAR E PREPARAR: embora as equações 28.5 e 28.6 só possam ser usadas para um segmento de fio infinitesimal, é possível aplicá-las nesse caso, porque o tamanho do segmento é muito menor que a distância até o ponto do campo. O elemento de corrente está indicado na Figura 28.4 e aponta no sentido negativo de Ox (o sentido da corrente), de modo que $d\vec{l} = dl(-\hat{\imath})$. O vetor unitário $\hat{r}$ para cada ponto do campo está orientado do elemento de corrente para esse ponto: $\hat{r}$ está no sentido positivo de Oy para o ponto P_1 e forma um ângulo de 30° acima do sentido negativo de Ox para o ponto P_2.

EXECUTAR: (a) no ponto P_1, $\hat{r} = \hat{\jmath}$, de modo que

$$\vec{B} = \frac{\mu_0}{4\pi}\frac{I\,d\vec{l} \times \hat{r}}{r^2} = \frac{\mu_0}{4\pi}\frac{I\,dl\,(-\hat{\imath}) \times \hat{\jmath}}{r^2} = -\frac{\mu_0}{4\pi}\frac{I\,dl}{r^2}\hat{k}$$

$$= -(10^{-7}\ \text{T}\cdot\text{m/A})\frac{(125\ \text{A})\,(1{,}0 \times 10^{-2}\ \text{m})}{(1{,}2\ \text{m})^2}\hat{k}$$

$$= -(8{,}7 \times 10^{-8}\ \text{T})\,\hat{k}$$

O sentido de $\vec{B}$ em P_1 está entrando no plano xy da Figura 28.4.

(b) No ponto P_2, o vetor unitário é $\hat{r} = (-\cos 30°)\hat{\imath} + (\text{sen } 30°)\,\hat{\jmath}$. Pela Equação 28.6,

$$\vec{B} = \frac{\mu_0}{4\pi}\frac{I\,d\vec{l} \times \hat{r}}{r^2} = \frac{\mu_0}{4\pi}\frac{I\,dl(-\hat{\imath}) \times (-\cos 30°\hat{\imath} + \text{sen } 30°\hat{\jmath})}{r^2}$$

$$= -\frac{\mu_0 I}{4\pi}\frac{dl\,\text{sen } 30°}{r^2}\hat{k}$$

$$= -(10^{-7}\ \text{T}\cdot\text{m/A})\frac{(125\ \text{A})\,(1{,}0 \times 10^{-2}\ \text{m})(\text{sen}30°)}{(1{,}2\ \text{m})^2}\hat{k}$$

$$= -(4{,}3 \times 10^{-8}\ \text{T})\,\hat{k}$$

O sentido de $\vec{B}$ em P_2 também está entrando no plano xy da Figura 28.4.

AVALIAR: podemos conferir os resultados obtidos para o sentido de $\vec{B}$ comparando-os à Figura 28.3. O plano xy na Figura 28.4 corresponde ao plano escurecido na Figura 28.3. Entretanto, neste exemplo, o sentido da corrente, e, portanto de $d\vec{l}$, é o inverso do sentido indicado na Figura 28.3. Desse modo, o sentido do campo magnético também é invertido. Logo, o campo nos pontos no plano xy na Figura 28.4 deve apontar *para dentro*, não para fora desse plano. É exatamente isso que concluímos anteriormente.

Figura 28.4 Cálculo do campo magnético produzido em dois pontos por um segmento de fio de 1,0 cm de comprimento, no qual passa uma corrente (não indicado em escala).

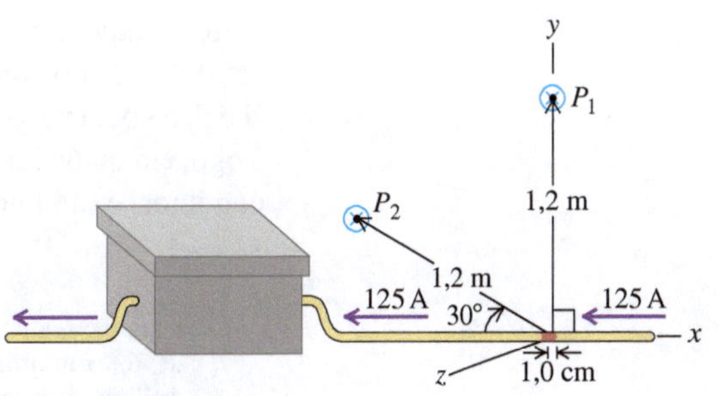

TESTE SUA COMPREENSÃO DA SEÇÃO 28.2 Um elemento de corrente infinitesimal localizado na origem ($x = y = z = 0$) conduz uma corrente I no sentido positivo de Oy. Classifique as seguintes localizações por ordem de intensidade do campo magnético que o elemento de corrente produz em cada ponto, do maior para o menor valor. (i) $x = L$, $y = 0$, $z = 0$; (ii) $x = 0$, $y = L$, $z = 0$; (iii) $x = 0$, $y = 0$, $z = L$; (iv) $x = L/\sqrt{2}$, $y = L/\sqrt{2}$, $z = 0$. ❙

28.3 CAMPO MAGNÉTICO DE UM CONDUTOR RETILÍNEO CONDUZINDO UMA CORRENTE

Uma aplicação importante da lei de Biot e Savart consiste em determinar o campo magnético de um condutor retilíneo que conduz uma corrente. Trata-se de um resultado importante porque, em quase todos os dispositivos elétricos e eletrônicos, existem fios retilíneos conduzindo correntes. A **Figura 28.5** mostra um comprimento $2a$ de um fio retilíneo que conduz uma corrente I. Vamos calcular $\vec{B}$ em um ponto sobre a reta perpendicular que divide o condutor em duas metades, situado a uma distância x de seu centro.

Inicialmente, usamos a lei de Biot e Savart, Equação 28.5, para calcular o campo $d\vec{B}$ produzido pelo elemento do condutor de comprimento $dl = dy$ indicado na Figura 28.5. De acordo com a figura, notamos que $r = \sqrt{x^2 + y^2}$ e

Figura 28.5 Campo magnético produzido por um fio retilíneo de comprimento $2a$ que conduz uma corrente.

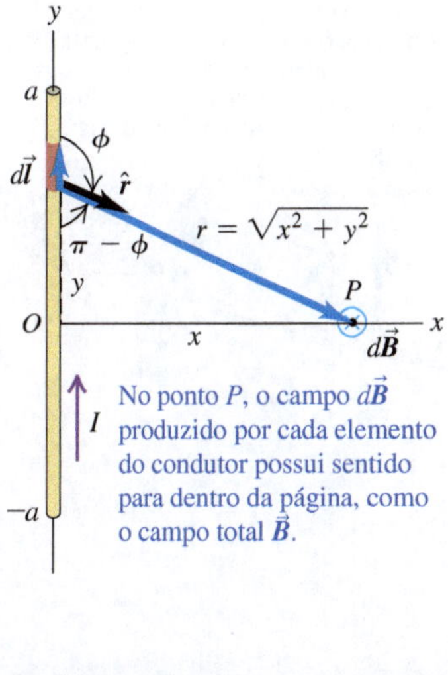

sen ϕ = sen $(\pi - \phi) = x/\sqrt{x^2 + y^2}$. A regra da mão direita para o produto vetorial $d\vec{l} \times \hat{r}$ mostra que $d\vec{B}$ possui *direção* perpendicular ao plano da figura e *sentido* para dentro da página; além disso, todos os vetores $d\vec{B}$ produzidos por *todos* os elementos do condutor são idênticos. Logo, ao integrarmos a Equação 28.7, podemos simplesmente somar os *módulos* de cada vetor $d\vec{B}$, uma significativa simplificação.

Substituindo os valores naquela integral, vemos que o módulo do campo total $\vec{B}$ é

$$B = \frac{\mu_0 I}{4\pi} \int_{-a}^{a} \frac{x\,dy}{(x^2 + y^2)^{3/2}}$$

Podemos fazer a integral usando uma substituição trigonométrica ou consultando uma tabela de integrais:

$$B = \frac{\mu_0 I}{4\pi} \frac{2a}{x\sqrt{x^2 + a^2}} \tag{28.8}$$

Quando o comprimento $2a$ do condutor é muito maior que a distância x entre o ponto P e o condutor, podemos dizer que o condutor possui um comprimento infinito. Quando a é muito maior que a distância x, $\sqrt{x^2 + a^2}$ é aproximadamente igual a a; logo, no limite $a \rightarrow \infty$, a Equação 28.8 se reduz a

$$B = \frac{\mu_0 I}{2\pi x}$$

A presente situação física apresenta simetria axial em torno do eixo Oy. Portanto, $\vec{B}$ deve ter o mesmo *módulo* em todos os pontos sobre uma circunferência centralizada no condutor e situada em um plano perpendicular a ele, e a *direção* de $\vec{B}$ é dada pela tangente em cada um dos pontos dessa circunferência (**Figura 28.6**). Logo, em qualquer ponto ao longo de uma circunferência de raio r, centralizada no condutor, o módulo B é dado por

Campo magnético próximo de um condutor longo e retilíneo que conduz corrente → $B = \dfrac{\mu_0 I}{2\pi r}$ (28.9)

(Constante magnética: μ_0; Corrente: I; Distância do condutor: r)

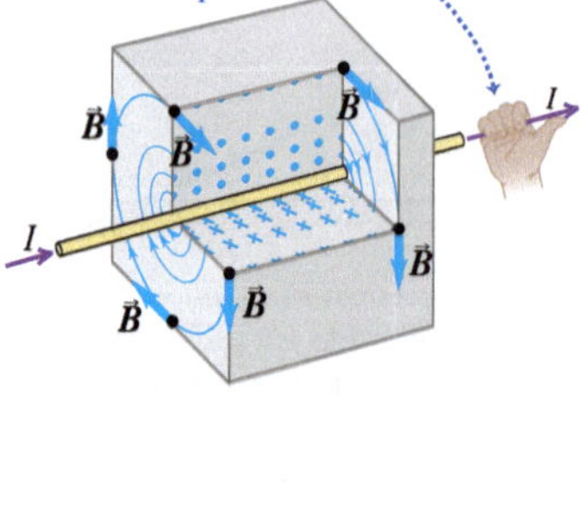

Figura 28.6 Campo magnético produzido por um fio retilíneo longo que conduz corrente. As linhas de campo magnético são circunferências e o sentido do campo é indicado pela regra da mão direita.

Regra da mão direita para o campo magnético em torno de um fio que conduz corrente: aponte o polegar da mão direita na direção da corrente. Seus dedos estarão dobrados em torno do elemento de corrente no sentido das linhas de campo.

A geometria do problema que estamos discutindo é semelhante à encontrada no Exemplo 21.10 (Seção 21.5), no qual resolvemos o problema de um campo *elétrico* produzido por um fio retilíneo infinito uniformemente carregado. A mesma integral aparece nos dois problemas, e os módulos dos campos são proporcionais a $1/r$. Porém, as linhas de $\vec{B}$ para o problema magnético possuem formas completamente diferentes das linhas de $\vec{E}$ do problema elétrico análogo. As linhas do campo elétrico emanam radialmente para fora de um fio com uma distribuição de cargas positivas (e são orientadas para dentro do fio quando são negativas). Em contraste, as linhas do campo magnético são *circunferências* centralizadas sobre as correntes que constituem a fonte do campo. As linhas do campo elétrico começam e terminam nas cargas que produzem os campos, porém as linhas do campo magnético sempre formam curvas fechadas e *nunca* possuem pontos finais, qualquer que seja a forma do condutor com corrente geradora do campo magnético. Conforme discutimos na Seção 27.3, isso decorre da lei de Gauss para o magnetismo, segundo a qual o fluxo magnético total através de *qualquer* superfície fechada é sempre igual a zero:

$$\oint \vec{B} \cdot d\vec{A} = 0 \tag{28.10}$$

(fluxo magnético através de qualquer superfície fechada)

Qualquer linha de campo magnético que penetra em uma superfície fechada deve emergir da mesma superfície.

EXEMPLO 28.3 CAMPO MAGNÉTICO DE UM FIO ÚNICO

Um condutor retilíneo longo conduz uma corrente de 1,0 A. Para qual distância, a partir do eixo do condutor, o módulo do campo magnético produzido pela corrente é igual ao módulo $B = 0{,}5 \times 10^{-4}$ T (aproximadamente igual ao campo magnético da Terra em Pittsburgh)?

SOLUÇÃO

IDENTIFICAR E PREPARAR: o comprimento de um condutor "longo" é muito maior que a distância do condutor ao ponto do campo. Logo, podemos aplicar os conceitos desta seção. A geometria é a mesma que a indicada na Figura 28.6, portanto usamos a Equação 28.9. Todas as grandezas nessa equação são conhecidas, exceto a variável-alvo, que é a distância r.

EXECUTAR: podemos usar a Equação 28.9 para explicitar r:

$$r = \frac{\mu_0 I}{2\pi B} = \frac{(4\pi \times 10^{-7}\ \text{T}\cdot\text{m/A})\,(1{,}0\ \text{A})}{(2\pi)\,(0{,}5 \times 10^{-4}\ \text{T})}$$

$$= 4 \times 10^{-3}\ \text{m} = 4\ \text{mm}$$

AVALIAR: como vimos no Exemplo 26.14, as correntes de aproximadamente um ampère são as normais na fiação de eletrodomésticos. Este exemplo mostra que os campos magnéticos produzidos por esses aparelhos são muito fracos, mesmo nos pontos muito próximos ao fio; os campos são proporcionais a $1/r$, de modo que se tornam ainda mais fracos em distâncias maiores.

EXEMPLO 28.4 CAMPO MAGNÉTICO DE DOIS FIOS

A **Figura 28.7a** mostra um plano xy que corta perpendicularmente dois fios longos paralelos, cada um deles conduzindo uma corrente I, porém em sentidos contrários. (a) Determine $\vec{B}$ nos pontos P_1, P_2 e P_3. (b) Determine uma expressão para $\vec{B}$ em algum ponto no eixo Ox à direita do fio 2.

Figura 28.7 (a) Dois fios longos paralelos conduzindo correntes de mesmo módulo, porém em sentidos contrários. A seção reta dos condutores é indicada. (b) Mapa das linhas do campo magnético produzidas pelos dois condutores. As linhas do campo estão agrupadas de modo mais compacto entre os condutores, onde o campo magnético é mais intenso.

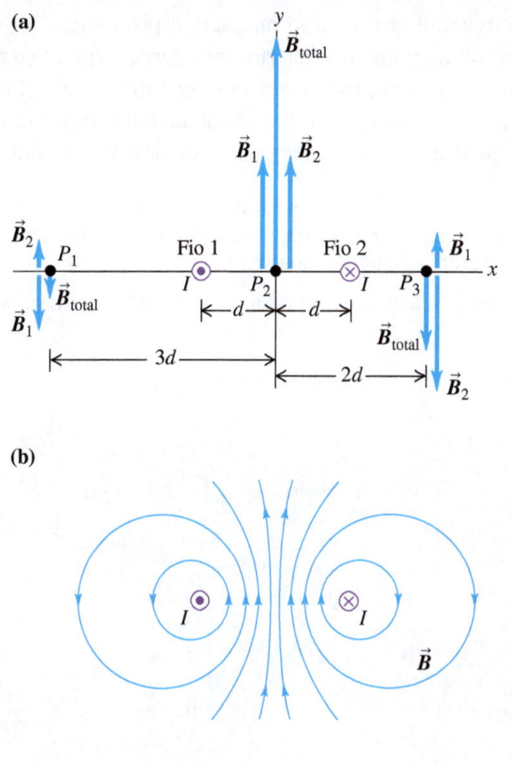

SOLUÇÃO

IDENTIFICAR E PREPARAR: podemos determinar os campos magnéticos $\vec{B}_1$ e $\vec{B}_2$ em função de cada fio usando os conceitos desta seção. De acordo com o princípio da superposição de campos magnéticos, o campo magnético em cada ponto é, então, $\vec{B} = \vec{B}_1 + \vec{B}_2$. Usamos a Equação 28.9 para determinar os módulos B_1 e B_2 e a regra da mão direita para os sentidos correspondentes. A Figura 28.7a mostra $\vec{B}_1$, $\vec{B}_2$ e $\vec{B} = \vec{B}_{total}$ em cada ponto; você deverá confirmar que os sentidos e os módulos relativos apresentados estão corretos. A Figura 28.7b mostra algumas das linhas de campo magnético ocasionadas por esse sistema de dois fios.

EXECUTAR: (a) como o ponto P_1 está mais próximo do fio 1 (distância $2d$) que do fio 2 (distância $4d$), de modo que $B_1 = \mu_0 I/2\pi(2d) = \mu_0 I/4\pi d$ e $B_2 = \mu_0 I/2\pi(4d) = \mu_0 I/8\pi d$. A regra da mão direita mostra que o campo $\vec{B}_1$ está no sentido negativo do eixo Oy e $\vec{B}_2$ está no sentido positivo do eixo Oy, portanto

$$\vec{B}_{total} = \vec{B}_1 + \vec{B}_2 = -\frac{\mu_0 I}{4\pi d}\hat{\jmath} + \frac{\mu_0 I}{8\pi d}\hat{\jmath} = -\frac{\mu_0 I}{8\pi d}\hat{\jmath} \qquad (\text{ponto } P_1)$$

No ponto P_2, situado à mesma distância d de ambos os fios, $\vec{B}_1$ e $\vec{B}_2$ estão no sentido positivo do eixo Oy e ambos possuem o mesmo módulo $B_1 = B_2 = \mu_0 I/2\pi d$. Portanto,

$$\vec{B}_{total} = \vec{B}_1 + \vec{B}_2 = \frac{\mu_0 I}{2\pi d}\hat{\jmath} + \frac{\mu_0 I}{2\pi d}\hat{\jmath} = \frac{\mu_0 I}{\pi d}\hat{\jmath} \qquad (\text{ponto } P_2)$$

Finalmente, no ponto P_3, a regra da mão direita mostra que $\vec{B}_1$ está no sentido positivo do eixo Oy e $\vec{B}_2$ está no sentido negativo do eixo Oy. Como ele está mais afastado do fio 1 (distância $3d$) que do fio 2 (distância d), concluímos que $B_1 = \mu_0 I/2\pi(3d) = \mu_0 I/6\pi d$ e $B_2 = \mu_0 I/2\pi d$. O campo total em P_3 é

$$\vec{B}_{total} = \vec{B}_1 + \vec{B}_2 = \frac{\mu_0 I}{6\pi d}\hat{\jmath} - \frac{\mu_0 I}{2\pi d}\hat{\jmath} = -\frac{\mu_0 I}{3\pi d}\hat{\jmath} \qquad (\text{ponto } P_3)$$

Você pode usar a mesma técnica para encontrar $\vec{B}_{total}$ em qualquer ponto; para os pontos situados fora do eixo Ox, você deve

(Continua)

(*Continuação*)

prestar atenção na soma vetorial, uma vez que agora $\vec{B}_1$ e $\vec{B}_2$ não são simplesmente paralelos ou antiparalelos.

(b) Para qualquer ponto no eixo Ox à direita do fio 2 (ou seja, para $x > d$), $\vec{B}_1$ e $\vec{B}_2$ possuem as mesmas direções e os mesmos sentidos do ponto P_3. Tal ponto está a uma distância $x + d$ do fio 1 e a uma distância $x - d$ do fio 2, de modo que o campo total é dado por

$$\vec{B}_{total} = \vec{B}_1 + \vec{B}_2 = \frac{\mu_0 I}{2\pi(x+d)}\hat{\jmath} - \frac{\mu_0 I}{2\pi(x-d)}\hat{\jmath}$$

$$= -\frac{\mu_0 I d}{\pi(x^2 - d^2)}\hat{\jmath}$$

em que combinamos os dois termos usando um denominador comum.

AVALIAR: considere nosso resultado do item (b) em um ponto muito distante dos fios, de modo que x é muito maior que d. Então, o termo d^2 no denominador da relação anterior pode ser desprezado, e o módulo do campo total é aproximadamente $B_{total} = \mu_0 I d/\pi x^2$. Para um único fio, a Equação 28.9 mostra que o módulo do campo magnético diminui com a distância, proporcionalmente a $1/x$; para dois fios conduzindo correntes em sentidos opostos, $\vec{B}_1$ cancela parcialmente $\vec{B}_2$, de modo que o módulo de B_{total} diminui mais rápido, proporcionalmente a $1/x^2$. Esse resultado é usado em sistemas de comunicação como telefone ou redes de computadores. A fiação é distribuída de modo que, para todo fio que conduz uma corrente em um sentido, existe outro que conduz a corrente de volta ao sentido contrário, como indica a Figura 28.7a, ou os fios são torcidos um com o outro (**Figura 28.8**). Como resultado, o campo magnético produzido *fora* dos fios é fortemente reduzido e torna-se menos provável a ação indesejável desse campo, que poderia produzir forças ou interferências sobre outras correntes que conduzem informações.

Figura 28.8 Cabos de computador ou cabos de equipamentos de áudio e vídeo produzem pouco ou nenhum campo magnético. Isso ocorre porque, no interior de cada cabo, fios agrupados de forma compacta conduzem corrente em ambos os sentidos ao longo do comprimento do cabo. Os campos magnéticos dessas correntes contrárias se anulam.

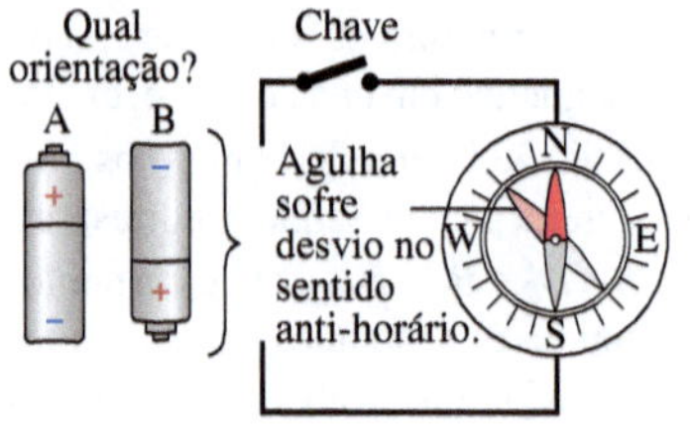

TESTE SUA COMPREENSÃO DA SEÇÃO 28.3 A figura ao lado mostra um circuito que repousa sobre uma mesa horizontal. Uma bússola é colocada no topo do circuito, conforme indicado. Uma pilha é conectada ao circuito de modo que, quando a chave é fechada, a agulha da bússola sofre desvio no sentido anti-horário. Qual é a orientação, A ou B, em que a pilha deve ser colocada no circuito? ❙

28.4 FORÇA ENTRE CONDUTORES PARALELOS

Agora que já sabemos como calcular o campo magnético produzido por um condutor longo, conduzindo corrente, podemos determinar a *força magnética* que um condutor desse tipo exerce sobre outro. Essa força desempenha um papel fundamental em muitas situações práticas, nas quais fios que conduzem correntes estão muito próximos entre si. A **Figura 28.9** mostra segmentos de dois fios retilíneos,

Figura 28.9 Existe uma força de atração entre dois fios paralelos que conduzem correntes de mesmo sentido. Os diagramas mostram como o campo magnético $\vec{B}$, oriundo da corrente do fio inferior, exerce uma força $\vec{F}$ sobre o fio superior.

O campo magnético do fio inferior exerce uma força de atração sobre o superior. Como consequência, o fio superior atrai o inferior.

Se os fios tivessem correntes em sentidos *contrários*, eles deveriam se *repelir*.

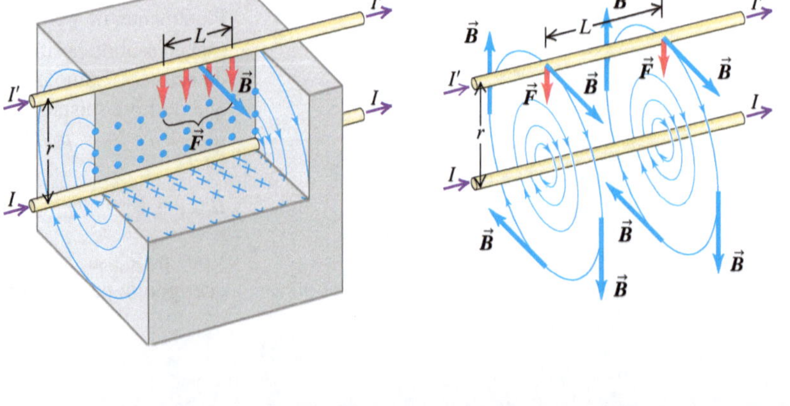

paralelos e longos, separados por uma distância r e que conduzem correntes I e I' no mesmo sentido. Cada condutor está sob a influência do campo magnético do outro e, portanto, sofre a ação de uma força. O diagrama mostra algumas linhas de campo produzidas pela corrente no fio inferior.

De acordo com a Equação 28.9, o fio inferior produz um campo magnético $\vec{B}$ que, no local onde se encontra o fio superior, possui módulo dado por

$$B = \frac{\mu_0 I}{2\pi r}$$

De acordo com a Equação 27.19, a força exercida sobre um comprimento L do fio superior é $\vec{F} = I'\vec{L} \times \vec{B}$, em que o vetor $\vec{L}$ possui o mesmo sentido da corrente I' e módulo L. Como $\vec{B}$ é perpendicular ao comprimento do condutor e, portanto, a $\vec{L}$, o módulo dessa força é

$$F = I'LB = \frac{\mu_0 II'L}{2\pi r}$$

e a força por *unidade de comprimento* F/L é

Força magnética por comprimento unitário entre dois fios longos e paralelos que conduzem corrente

$$\frac{F}{L} = \frac{\mu_0 II'}{2\pi r} \quad (28.11)$$

Constante magnética (μ_0); Corrente no primeiro condutor (I); Corrente no segundo condutor (I'); Distância entre os condutores (r)

Aplicando a regra da mão direita para o produto vetorial $\vec{F} = I'\vec{L} \times \vec{B}$, vemos que a força sobre o fio superior é orientada *de cima para baixo.*

A corrente que passa no fio *superior* também produz um campo magnético $\vec{B}$ no local onde está o fio *inferior*. Fazendo duas aplicações sucessivas da regra da mão direita para o produto vetorial (uma para determinar o sentido do campo $\vec{B}$ produzido pelo fio superior, como na Seção 28.2, e outra para calcular o sentido da força que esse campo exerce sobre o fio inferior, como na Seção 27.6), podemos mostrar que a força sobre o fio inferior é orientada *de baixo para cima*. Portanto, conclui-se que *existe uma força de atração entre dois fios paralelos que conduzem correntes com o mesmo sentido.* Se o sentido de qualquer uma das duas correntes é invertido, o sentido de cada força também se inverte. *Existe uma força de repulsão entre dois fios paralelos que conduzem correntes com sentidos contrários.*

Forças magnéticas e a definição de ampère

A atração ou a repulsão entre dois fios retilíneos paralelos que conduzem correntes é a base para a definição oficial do **ampère** do sistema SI:

***Um ampère* é a corrente invariável que, quando percorre dois fios retilíneos infinitos paralelos separados no vácuo por uma distância de um metro, produz sobre cada metro do condutor uma força exatamente igual a 2×10^{-7} newtons por metro de comprimento.**

De acordo com a Equação 28.11, é possível verificar que essa definição de ampère conduz ao valor $4\pi \times 10^{-7}$ T · m/A utilizado para μ_0. Ela também é a base para a definição do coulomb no sistema SI, que é a carga transferida em um segundo por uma corrente de um ampère.

Trata-se de uma *definição operacional*; ela fornece um procedimento experimental efetivo para medir a corrente e definir uma unidade de corrente. Para uma padronização mais precisa do ampère, utilizam-se bobinas em vez de fios retilíneos e a distância entre as bobinas é de apenas alguns centímetros. Medições até mais precisas do ampère padrão são possíveis usando-se uma versão do efeito Hall (veja a Seção 27.9).

Forças de atração mútuas podem existir não só entre *fios* que conduzem correntes com o mesmo sentido, mas também entre elementos de um único condutor de corrente. Quando o condutor é um líquido ou um gás ionizado (um plasma), essas forças produzem uma constrição no condutor, chamada *efeito de compressão* (ou *pinch effect*). O efeito de compressão sobre um plasma tem sido usado em uma técnica para ocasionar fusão nuclear.

EXEMPLO 28.5 FORÇAS ENTRE FIOS PARALELOS

Dois fios supercondutores retilíneos e paralelos, separados por uma distância de 4,5 mm, conduzem correntes iguais, porém em sentidos contrários, com módulo igual a 15.000 A. Que força, por unidade de comprimento, cada fio exerce sobre o outro?

SOLUÇÃO

IDENTIFICAR E PREPARAR: a **Figura 28.10** indica a situação. Encontramos F/L, a força magnética por unidade de comprimento do fio, a partir da Equação 28.11.

Figura 28.10 Nosso esquema para este problema.

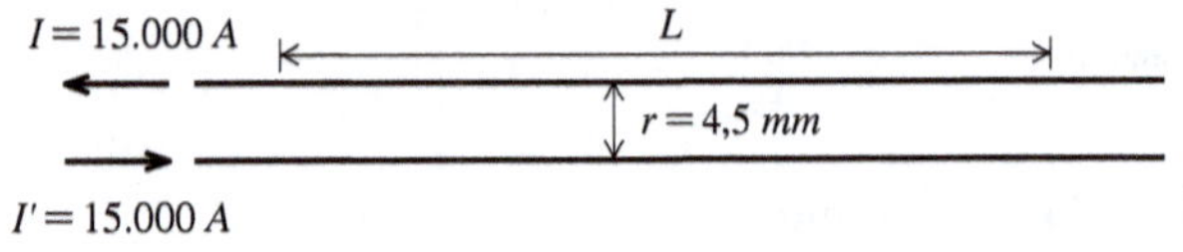

EXECUTAR: como as correntes estão em sentidos contrários, os dois fios se *repelem*. De acordo com a Equação 28.11, a força por unidade de comprimento é

$$\frac{F}{L} = \frac{\mu_0 I I'}{2\pi r} = \frac{(4\pi \times 10^{-7}\ \text{T} \cdot \text{m/A})(15.000\ \text{A})^2}{(2\pi)(4{,}5 \times 10^{-3}\ \text{m})}$$

$$= 1{,}0 \times 10^4\ \text{N/m}$$

AVALIAR: trata-se de uma força extremamente elevada, aproximadamente equivalente ao peso de uma tonelada por metro. Correntes e distâncias dessa ordem de grandeza ocorrem em eletroímãs supercondutores, usados em aceleradores de partículas, e a análise das tensões mecânicas é uma parte importante no projeto desses equipamentos.

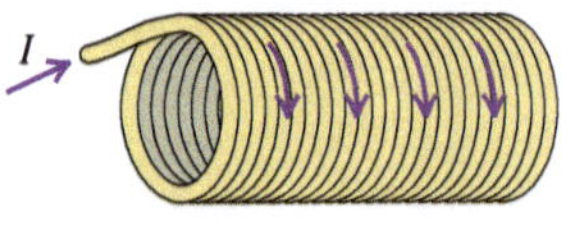

TESTE SUA COMPREENSÃO DA SEÇÃO 28.4 Um solenoide é um fio enrolado em uma bobina helicoidal. A figura ao lado mostra um solenoide que conduz uma corrente I. (a) A força *magnética* que uma espira da bobina exerce sobre uma espira na vizinhança é (i) de atração, (ii) de repulsão ou (iii) nula? (b) A força *elétrica* que uma espira da bobina exerce sobre uma espira na vizinhança é (i) de atração, (ii) de repulsão ou (iii) nula? (c) A força *magnética* entre lados opostos da mesma espira da bobina é (i) de atração, (ii) de repulsão ou (iii) nula? (d) A força *elétrica* entre lados opostos da mesma espira da bobina é (i) de atração, (ii) de repulsão ou (iii) nula? ∎

28.5 CAMPO MAGNÉTICO DE UMA ESPIRA CIRCULAR

Figura 28.11 Este eletroímã contém uma bobina que conduz corrente e que consiste em várias voltas de fio. O campo magnético resultante pode coletar grande quantidade de barras de aço e outros itens ferrosos.

Se você olhar o interior de uma campainha, de um transformador, de um motor elétrico ou de um eletroímã (**Figura 28.11**), observará diversas bobinas com um grande número de espiras agrupadas de modo tão compacto que cada volta do fio pode ser considerada uma espira circular plana. A corrente que passa na bobina é usada para gerar um campo magnético. Na Seção 27.7, discutimos a força e o torque sobre uma espira que conduz uma corrente na presença de um campo magnético produzido por outras correntes; agora mostraremos como determinar o campo magnético produzido por uma espira desse tipo ou por uma coleção de espiras próximas, formando uma bobina.

A **Figura 28.12** mostra uma espira circular com raio a conduzindo uma corrente I. Na espira, a corrente entra e sai através de dois fios retilíneos longos, colocados um ao lado do outro; as correntes percorrem esses fios em sentidos contrários, de modo que o campo magnético resultante é aproximadamente igual a zero (veja o Exemplo 28.4 na Seção 28.3).

Podemos usar a lei de Biot e Savart, Equação 28.5 ou 28.6, para encontrar o campo magnético em um ponto P sobre o eixo da espira situado a uma distância x de seu centro. Como a figura mostra, $d\vec{l}$ e $\hat{r}$ são perpendiculares e a direção do campo $d\vec{B}$ produzido por esse elemento $d\vec{l}$ particular está sobre o plano xy. Como $r^2 = x^2 + a^2$, o módulo do campo magnético produzido pelo elemento $d\vec{l}$ é

$$dB = \frac{\mu_0 I}{4\pi} \frac{dl}{(x^2 + a^2)} \tag{28.12}$$

Os componentes do vetor $d\vec{B}$ são dados por

$$dB_x = dB\cos\theta = \frac{\mu_0 I}{4\pi} \frac{dl}{(x^2 + a^2)} \frac{a}{(x^2 + a^2)^{1/2}} \tag{28.13}$$

$$dB_y = dB\,\text{sen}\,\theta = \frac{\mu_0 I}{4\pi} \frac{dl}{(x^2 + a^2)} \frac{x}{(x^2 + a^2)^{1/2}} \tag{28.14}$$

O campo $\vec{B}$ *total* em P tem apenas um componente x (ele é perpendicular ao plano da espira). Veja por quê: para cada elemento $d\vec{l}$, existe um elemento correspondente do lado oposto da espira, com sentido oposto. Esses dois elementos opostos fornecem contribuições iguais para o componente x de $d\vec{B}$, fornecido pela Equação 28.13, porém os componentes perpendiculares ao eixo Ox possuem sentidos *opostos*. Portanto, todos os componentes perpendiculares se anulam e somente os componentes x sobrevivem.

Para obtermos o componente x do campo magnético total $\vec{B}$, integramos a Equação 28.13, incluindo todos os elementos $d\vec{l}$ em torno da espira. Exceto dl, todas as grandezas nessa expressão são constantes e podem ser colocadas para fora da integral, portanto obtemos

$$B_x = \int \frac{\mu_0 I}{4\pi} \frac{a\,dl}{(x^2 + a^2)^{3/2}} = \frac{\mu_0 I a}{4\pi(x^2 + a^2)^{3/2}} \int dl$$

A integral de dl é dada pelo comprimento da circunferência, $\int dl = 2\pi a$, e finalmente obtemos

Campo magnético sobre o eixo de uma espira circular conduzindo corrente

$$B_x = \frac{\mu_0 I a^2}{2(x^2 + a^2)^{3/2}} \tag{28.15}$$

Constante magnética (μ_0); Corrente (I); Raio da espira (a); Distância ao longo do eixo do centro da espira ao ponto do campo (x)

O *sentido* desse campo magnético é dado pela regra da mão direita. Se você fechar os dedos da sua mão direita em torno da espira e no sentido da corrente, seu polegar direito apontará no sentido do campo (**Figura 28.13**).

Figura 28.12 Campo magnético no eixo de uma espira circular. A corrente no segmento $d\vec{l}$ produz um campo magnético $d\vec{B}$ situado no plano xy. A corrente de outro segmento $d\vec{l}$ produz um vetor $d\vec{B}$ cujos componentes perpendiculares ao eixo Ox possuem sentido contrário ao primeiro; tais componentes são iguais a zero. No eixo Ox, o campo $\vec{B}$ resultante no ponto P é dado pela soma de cada componente x de $d\vec{B}$.

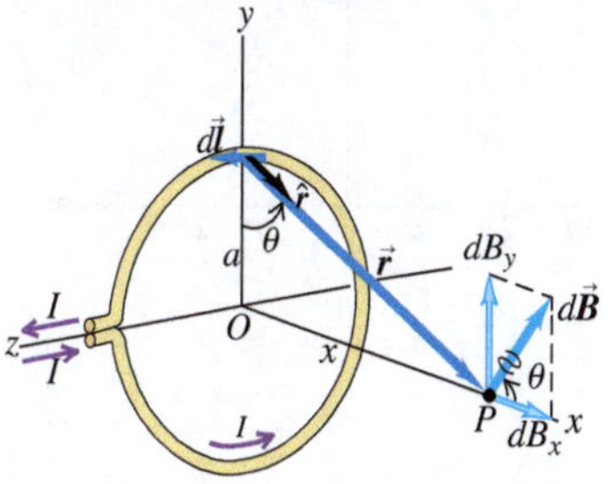

Figura 28.13 A regra da mão direita para o sentido do campo magnético produzido sobre o eixo de uma bobina que conduz corrente.

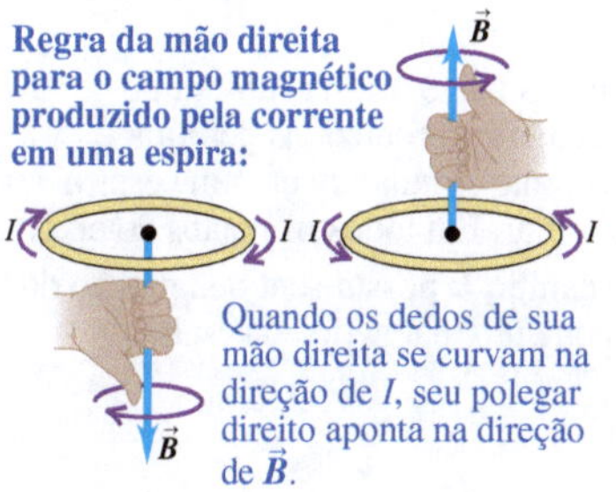

BIO Aplicação Campos magnéticos para ressonância magnética
As imagens por ressonância magnética (ver Seção 27.7) exigem um campo magnético de aproximadamente 1,5 T. Em um dispositivo de RM típico, o paciente entra em uma bobina que produz o campo intenso. As correntes exigidas são muito altas, de modo que as bobinas são banhadas em hélio líquido a uma temperatura de 4,2 K para evitar o superaquecimento dos fios.

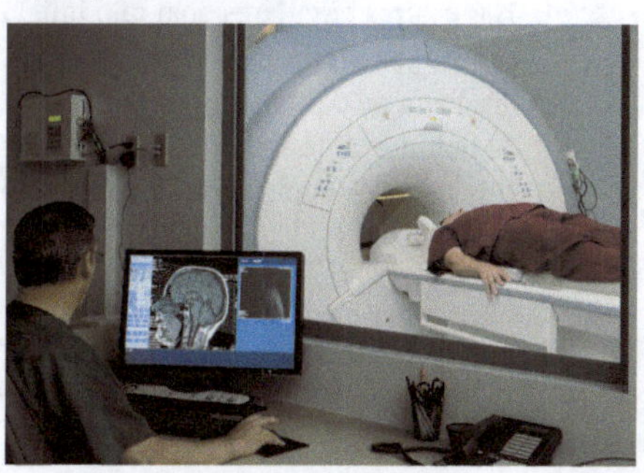

Campo magnético sobre o eixo de uma bobina

Suponha agora que, em vez de uma única espira na Figura 28.12, exista uma bobina com N espiras, todas com o mesmo raio. As espiras são enroladas de modo tão compacto que a distância ao centro da bobina é aproximadamente igual à distância x entre o ponto do campo P e o plano da espira. Então, o campo total é N vezes o campo de uma única espira:

$$B_x = \frac{\mu_0 N I a^2}{2(x^2 + a^2)^{3/2}} \quad \text{(sobre o eixo de } N \text{ espiras circulares)} \tag{28.16}$$

Figura 28.14 Gráfico do campo magnético ao longo do eixo de uma bobina com N espiras circulares. Quando x é muito maior que a, o módulo do campo magnético diminui aproximadamente a $1/x^3$.

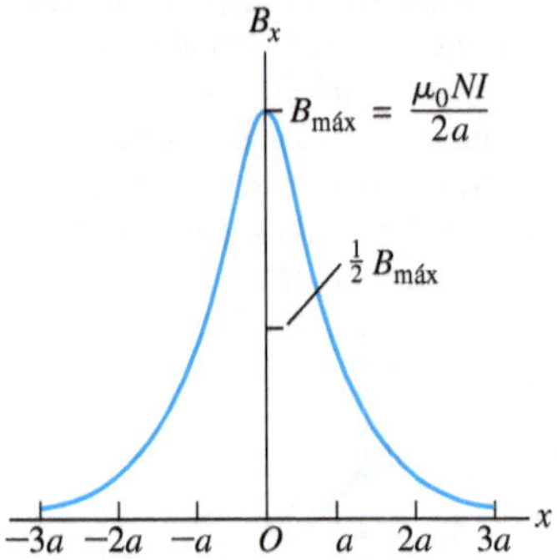

O fator N na Equação 28.16 é a razão pela qual se usa uma bobina, em vez de uma única espira, para obter um campo magnético forte; para uma intensidade de campo desejada, o uso de uma única espira exigiria uma corrente I tão elevada que superaria a corrente máxima especificada para o fio da espira.

A **Figura 28.14** indica um gráfico de B_x em função de x. O valor máximo do campo para $x = 0$, o centro da espira ou da bobina, é dado por:

Campo magnético no centro de N espiras circulares conduzindo corrente (Constante magnética: μ_0; Número de espiras: N; Corrente: I; Raio da espira: a)

$$B_x = \frac{\mu_0 NI}{2a} \tag{28.17}$$

Na Seção 27.7, definimos o *momento de dipolo magnético* μ (ou *momento magnético*) de uma espira de corrente igual a IA, em que A é a área da seção reta da espira. Quando existem N espiras, o momento magnético total é NIA. A espira circular na Figura 28.12 possui área $A = \pi a^2$, logo, o momento magnético de uma única espira é $\mu = I\pi a^2$ e, para N espiras, $\mu = NI\pi a^2$. Substituindo esses resultados nas equações 28.15 e 28.16, vemos que essas equações podem ser escritas na forma

$$B_x = \frac{\mu_0 \mu}{2\pi (x^2 + a^2)^{3/2}} \tag{28.18}$$

(sobre o eixo de qualquer número de espiras circulares)

Descrevemos um dipolo magnético na Seção 27.7 em termos de sua resposta a um campo magnético produzido por correntes fora do dipolo. Porém, um dipolo magnético também é uma *fonte* de campo magnético; a Equação 28.18 descreve o campo magnético *produzido* por um dipolo magnético para pontos ao longo do eixo do dipolo. Esse campo é diretamente proporcional ao momento de dipolo magnético μ. Note que o campo magnético em todos os pontos ao longo do eixo Ox possui o mesmo sentido do vetor do momento magnético $\vec{\boldsymbol{\mu}}$.

Figura 28.15 Linhas do campo magnético produzidas por uma corrente circulando em uma espira circular. Em todos os pontos do eixo, o campo $\vec{\boldsymbol{B}}$ possui sentido igual ao do momento magnético da espira.

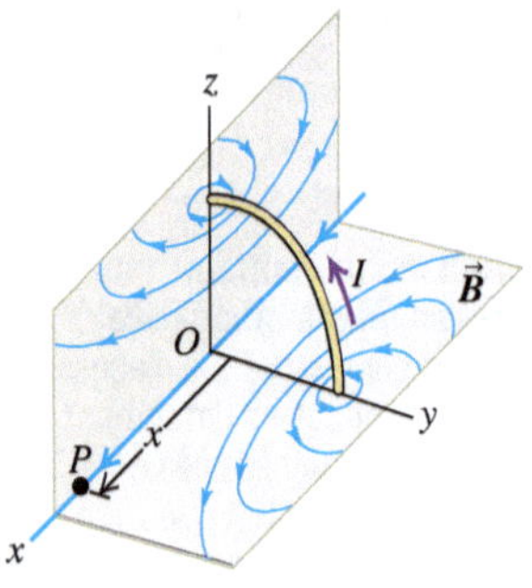

ATENÇÃO Campo magnético de uma bobina As equações 28.15, 28.16 e 28.18 valem somente para pontos sobre o *eixo* da espira ou da bobina. Não tente aplicar essas equações a outros pontos!

Na **Figura 28.15**, mostramos algumas linhas do campo magnético em torno de uma espira circular (dipolo magnético) sobre dois planos perpendiculares ao eixo. Os sentidos das linhas do campo magnético são dados aplicando-se a mesma regra da mão direita usada no caso de um fio retilíneo longo. Segure o fio com a sua mão direita, colocando o dedo polegar no sentido da corrente; seus dedos se dobram no mesmo sentido da rotação das linhas do campo magnético. As linhas de campo de uma espira circular são curvas fechadas que circundam a espira, porém *não* são circunferências.

EXEMPLO 28.6 CAMPO MAGNÉTICO DE UMA BOBINA

Uma bobina conduzindo uma corrente de 5,0 A é constituída por 100 espiras circulares com raio igual a 0,60 m. (a) Determine o campo magnético ao longo do eixo da bobina, situado a uma distância de 0,80 m de seu centro. (b) A que distância do centro da bobina, ao longo de seu eixo, o campo magnético se reduz a $\frac{1}{8}$ do valor do campo no centro da bobina?

SOLUÇÃO

IDENTIFICAR E PREPARAR: este problema pergunta sobre o campo magnético B ao longo do eixo de uma bobina que conduz corrente; por isso, podemos usar a Equação 28.16. Temos que $N = 100$, $I = 5{,}0$ A e $a = 0{,}60$ m. No item (a), a variável-alvo é o campo magnético a um dado valor de x. No item (b), a variável-alvo é o valor de x no qual o campo possui $\frac{1}{8}$ do módulo que possui na origem ($x = 0$).

EXECUTAR: (a) usando $x = 0{,}80$ m, pela Equação 28.16, temos

$$B_x = \frac{(4\pi \times 10^{-7}\ \text{T}\cdot\text{m/A})\,(100)\,(5{,}0\ \text{A})\,(0{,}60\ \text{m})^2}{2[(0{,}80\ \text{m})^2 + (0{,}60\ \text{m})^2]^{3/2}}$$

$$= 1{,}1 \times 10^{-4}\ \text{T}$$

(Continua)

(Continuação)

(b) De acordo com a Equação 28.16, desejamos determinar um valor de x tal que

$$\frac{1}{(x^2 + a^2)^{3/2}} = \frac{1}{8}\frac{1}{(0^2 + a^2)^{3/2}}$$

Para resolver a equação e explicitar o valor de x, inverta ambos os membros e, a seguir, eleve ambos os membros a uma potência 2/3; você obterá o resultado

$$x = \pm\sqrt{3}a = \pm 1{,}04 \text{ m}$$

AVALIAR: verificamos nossa resposta do item (a) determinando o momento magnético da bobina e substituindo o resultado na Equação 28.18:

$$\mu = NI\pi a^2 = (100)(5{,}0 \text{ A})\pi(0{,}60 \text{ m})^2 = 5{,}7 \times 10^2 \text{ A}\cdot\text{m}^2$$

$$B_x = \frac{(4\pi \times 10^{-7} \text{ T}\cdot\text{m/A})(5{,}7 \times 10^2 \text{ A}\cdot\text{m}^2)}{2\pi[(0{,}80 \text{ m})^2 + (0{,}60 \text{ m})^2]^{3/2}} = 1{,}1 \times 10^{-4} \text{ T}$$

O momento magnético μ é relativamente grande, embora o campo magnético seja bastante pequeno, comparável ao módulo do campo magnético da Terra. O resultado deste exemplo dá a ideia da dificuldade de produzir um campo magnético maior ou igual a 1 T.

TESTE SUA COMPREENSÃO DA SEÇÃO 28.5 A Figura 28.12 mostra o campo magnético $d\vec{B}$ produzido no ponto P por um segmento $d\vec{l}$ que repousa sobre o eixo positivo Oy (no topo da espira). Esse campo possui componentes $dB_x > 0$, $dB_y > 0$, $dB_z = 0$. (a) Quais são os sinais dos componentes do campo $d\vec{B}$ produzido no ponto P por um segmento $d\vec{l}$ sobre o eixo negativo Oy (na parte inferior da espira)? (i) $dB_x > 0$, $dB_y > 0$, $dB_z = 0$; (ii) $dB_x > 0$, $dB_y < 0$, $dB_z = 0$; (iii) $dB_x < 0$, $dB_y > 0$, $dB_z = 0$; (iv) $dB_x < 0$, $dB_y < 0$, $dB_z = 0$; (v) nenhuma das alternativas anteriores. (b) Quais são os sinais dos componentes do campo $d\vec{B}$ produzido no ponto P por um segmento $d\vec{l}$ sobre o eixo negativo Oz (no lado direito da espira)? (i) $dB_x > 0$, $dB_y > 0$, $dB_z = 0$; (ii) $dB_x > 0$, $dB_y < 0$, $dB_z = 0$; (iii) $dB_x < 0$, $dB_y > 0$, $dB_z = 0$; (iv) $dB_x < 0$, $dB_y < 0$, $dB_z = 0$; (v) nenhuma das alternativas anteriores. ❙

28.6 LEI DE AMPÈRE

Até o momento, nossos cálculos do campo magnético produzido por uma corrente envolveram a determinação do campo infinitesimal $d\vec{B}$, produzido por um elemento de corrente; a seguir, somando-se todos os vetores $d\vec{B}$, obtínhamos o campo magnético total. Esse procedimento é diretamente análogo ao cálculo do campo *elétrico* estudado no Capítulo 21.

Para o problema da determinação do campo elétrico, verificamos que, em situações com elevada simetria na distribuição de carga, era mais fácil o uso da lei de Gauss para encontrar $\vec{E}$. Analogamente, existe um modo mais prático para determinar um campo *magnético* produzido por uma distribuição de *correntes* com simetria elevada. Porém, a lei que nos permite fazer isso, chamada *lei de Ampère*, possui um caráter bastante diferente da lei de Gauss.

A lei de Gauss para campos elétricos (Capítulo 22) envolve o fluxo de $\vec{E}$ através de uma superfície fechada; ela afirma que o fluxo é igual à carga total no interior da superfície, dividida pela constante ϵ_0. Portanto, essa lei relaciona campos elétricos com distribuições de cargas. Em contraste, a lei de Gauss para campos *magnéticos*, Equação 28.10, *não* é uma relação entre campos magnéticos e distribuições de correntes; ela afirma que o fluxo de $\vec{B}$ através de *qualquer* superfície fechada sempre é igual a zero, existindo ou não correntes no interior da superfície. Portanto, a lei de Gauss para $\vec{B}$ não pode ser usada para determinar o campo magnético produzido por uma distribuição de correntes em particular.

A lei de Ampère não é formulada em termos de um fluxo magnético, mas definida com base em uma *integral de linha* de $\vec{B}$ em torno de uma trajetória fechada, designada por

$$\oint \vec{B}\cdot d\vec{l}$$

Figura 28.16 Três percursos de integração para a integral de linha de $\vec{B}$ ao redor de um condutor retilíneo longo que conduz uma corrente I *para fora* do plano da página (indicada por um círculo com um ponto). A figura mostra um corte perpendicular do condutor.

(a) Percurso de integração ao longo de uma circunferência centralizada no condutor; a integração é feita ao longo do percurso no sentido anti-horário.

Resultado: $\oint \vec{B} \cdot d\vec{l} = \mu_0 I$

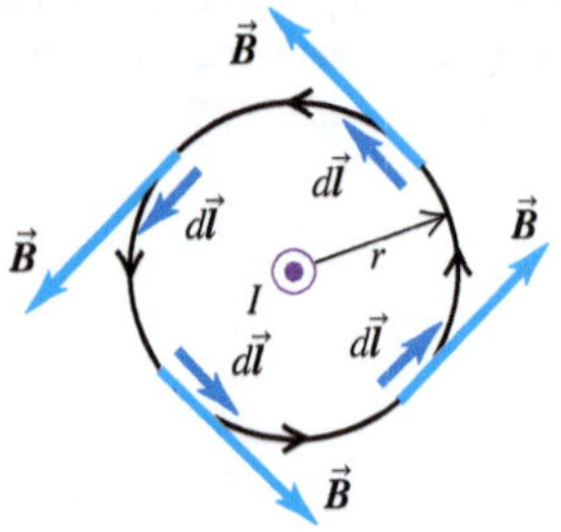

(b) Mesmo percurso de integração da parte (a), porém agora o sentido do percurso em torno da circunferência é horário.

Resultado: $\oint \vec{B} \cdot d\vec{l} = -\mu_0 I$

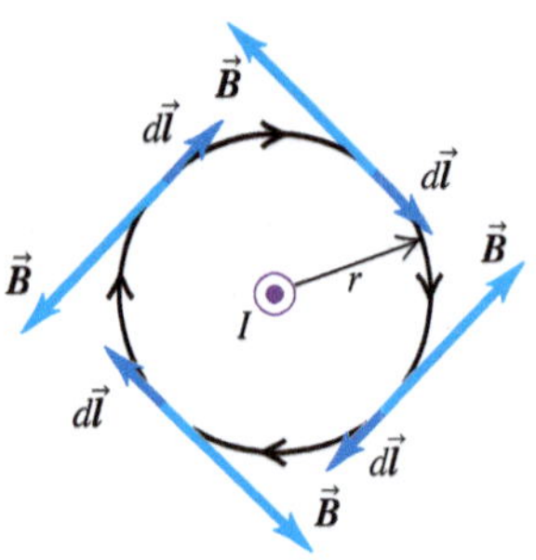

(c) Um percurso de integração que não tem o condutor em seu interior.

Resultado: $\oint \vec{B} \cdot d\vec{l} = 0$

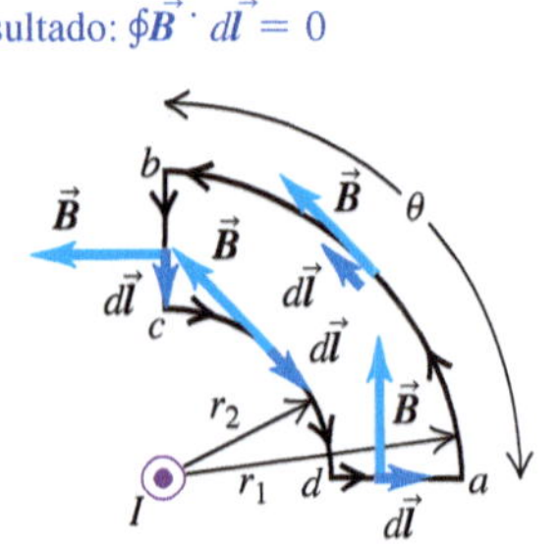

Já usamos integrais de linha na definição de trabalho, no Capítulo 6, e no cálculo do potencial elétrico, no Capítulo 23. Para calcularmos essa integral, dividimos a trajetória em segmentos infinitesimais $d\vec{l}$, calculamos o produto escalar $\vec{B} \cdot d\vec{l}$ para cada segmento e, a seguir, somamos esses produtos. Geralmente, $\vec{B}$ varia de um ponto para outro e devemos usar o valor de $\vec{B}$ no local onde está cada $d\vec{l}$. Uma notação alternativa é $\oint B_{\parallel}\, dl$, em que $B_{\parallel}$ é o componente de $\vec{B}$ paralelo a $d\vec{l}$ em cada ponto. A circunferência na integral indica que ela deve ser sempre calculada em uma curva *fechada*, aquela para a qual o ponto final coincide com o inicial.

Lei de Ampère para um condutor longo e retilíneo

Para introduzirmos a ideia básica da lei de Ampère, vamos considerar novamente o campo magnético produzido por um condutor retilíneo longo que conduz uma corrente I. Verificamos na Seção 28.3 que o campo a uma distância r do condutor possui módulo dado por

$$B = \frac{\mu_0 I}{2\pi r}$$

As linhas de campo magnético são circunferências centralizadas sobre o condutor. Vamos calcular a integral de linha de $\vec{B}$ em torno de uma dessas circunferências com raio r, como indicado na **Figura 28.16a**. Em cada ponto sobre a circunferência, $\vec{B}$ e $d\vec{l}$ são paralelos, logo, $\boldsymbol{B} \cdot d\boldsymbol{l} = B\, dl$; como r é constante ao longo da circunferência, B também é constante. Alternativamente, podemos dizer que $B_{\parallel}$ é constante e igual a B em todos os pontos ao longo da circunferência. Portanto, podemos passar B para fora da integral. A integral restante nada mais é que o comprimento da circunferência. Logo,

$$\oint \vec{B} \cdot d\vec{l} = \oint B_{\parallel}\, dl = B \oint dl = \frac{\mu_0 I}{2\pi r}(2\pi r) = \mu_0 I$$

Assim, a integral de linha não depende do raio da circunferência, sendo igual ao produto de μ_0 pela corrente que passa na área no interior do círculo.

Na Figura 28.16b, a situação é a mesma, porém o percurso de integração agora é feito no sentido contrário. Agora $\vec{B}$ e $d\vec{l}$ são antiparalelos, logo $\vec{B} \cdot d\vec{l} = -B\, dl$ e a integral de linha é igual a $-\mu_0 I$. Obtivemos o mesmo resultado quando o percurso da integração era o mesmo da Figura 28.16a, porém com a corrente em sentido contrário. Portanto, $\oint \vec{B} \cdot d\vec{l}$ é igual a μ_0 multiplicado pela corrente que passa pela área limitada pelo percurso de integração, com um sinal positivo ou negativo que depende do sentido da corrente em relação ao sentido do percurso de integração.

Existe uma regra simples para o sinal da corrente; não é novidade saber que essa regra usa sua mão direita. Dobre os dedos da sua mão direita em torno do sentido do percurso da integração (ou seja, o sentido que você usou para calcular $\oint \vec{B} \cdot d\vec{l}$). Desse modo, seu polegar indica o sentido positivo da corrente. As correntes que atravessam a área nesse sentido são positivas; as que atravessam a área no sentido oposto são negativas. Usando essa regra, você é capaz de observar que a corrente é positiva na Figura 28.16a e negativa na Figura 28.16b. Vejamos aqui outro modo de dizer a mesma coisa: olhando para a área delimitada pelo percurso da integração, integre no sentido anti-horário em torno do percurso, como na Figura 28.16a. As correntes que se aproximam de você através da superfície são positivas, e as que se afastam são negativas.

Um percurso de integração que *não* circunda o condutor é indicado na Figura 28.16c. Ao longo do arco ab, de raio r_1, $\vec{B}$ e $d\vec{l}$ são paralelos e $B_{\parallel} = B_1 = \mu_0 I/2\pi r_1$; ao longo do arco cd, de raio r_2, $\vec{B}$ e $d\vec{l}$ são antiparalelos e $B_{\parallel} = -B_2 = -\mu_0 I/2\pi r_2$. O campo $\vec{B}$ é perpendicular a $d\vec{l}$ ao longo dos segmentos retilíneos bc e da, logo,

$B_{\|} = 0$ e esses segmentos não contribuem para a integral de linha. Então, a integral de linha ao longo do percurso fechado total é dada por

$$\oint \vec{B} \cdot d\vec{l} = \oint B_{\|}\, dl = B_1 \int_a^b dl + (0) \int_b^c dl + (-B_2) \int_c^d dl + (0) \int_d^a dl$$

$$= \frac{\mu_0 I}{2\pi r_1}(r_1\theta) + 0 - \frac{\mu_0 I}{2\pi r_2}(r_2\theta) + 0 = 0$$

O módulo de $\vec{B}$ sobre o arco *cd* é maior que sobre o arco *ab*, porém o comprimento do arco é menor, de modo que as contribuições desses dois arcos se anulam. Embora exista um campo magnético em todos os pontos do percurso de integração, a integral de linha $\oint \vec{B} \cdot d\vec{l}$ é sempre zero quando não existe nenhuma corrente passando na área delimitada pelo percurso de integração.

Também podemos deduzir esses resultados para percursos de integração mais gerais, como o indicado na **Figura 28.17a**. Na posição do elemento de linha $d\vec{l}$ o ângulo entre $d\vec{l}$ e $\vec{B}$ é ϕ, e

$$\vec{B} \cdot d\vec{l} = B\, dl \cos\phi$$

De acordo com a figura, $dl \cos\phi = r\, d\theta$, em que $d\theta$ é o ângulo subtendido por $d\vec{l}$ em relação ao fio e r é a distância entre $d\vec{l}$ e o fio. Logo,

$$\oint \vec{B} \cdot d\vec{l} = \oint \frac{\mu_0 I}{2\pi r}(r\, d\theta) = \frac{\mu_0 I}{2\pi} \oint d\theta$$

Porém, $\oint d\theta$ é igual a 2π, o ângulo total varrido pela linha que liga o fio com $d\vec{l}$ durante uma volta completa através do percurso de integração. Portanto, obtemos

$$\oint \vec{B} \cdot d\vec{l} = \mu_0 I \qquad (28.19)$$

O resultado obtido não depende da forma do percurso ou da posição do fio no interior do percurso escolhido. Quando a corrente no fio apresenta sentido contrário ao indicado, a integral possui sinal contrário. Contudo, quando o percurso escolhido não engloba o fio (Figura 28.17b), a variação total do ângulo θ durante uma volta completa pelo percurso de integração é zero; $\oint d\theta$ é igual a zero em vez de 2π, e a integral de linha é zero.

Figura 28.17 (a) Um percurso de integração mais geral que engloba o fio para a integral do campo $\vec{B}$ produzido por um fio retilíneo longo conduzindo uma corrente *I saindo* do plano da página. Mostramos a seção reta do fio. (b) Um percurso de integração mais geral que não engloba o fio.

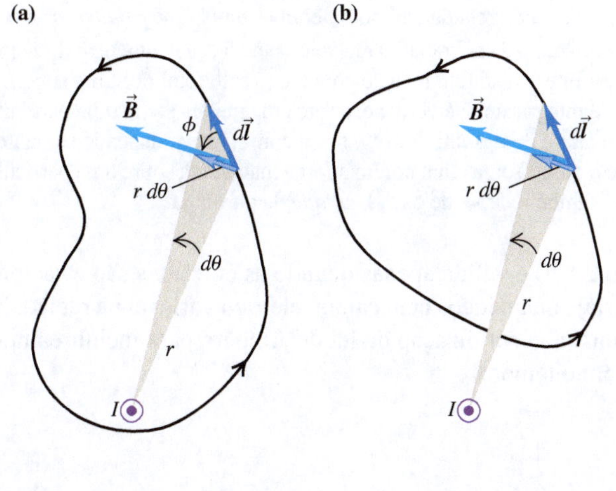

Figura 28.18 Lei de Ampère.

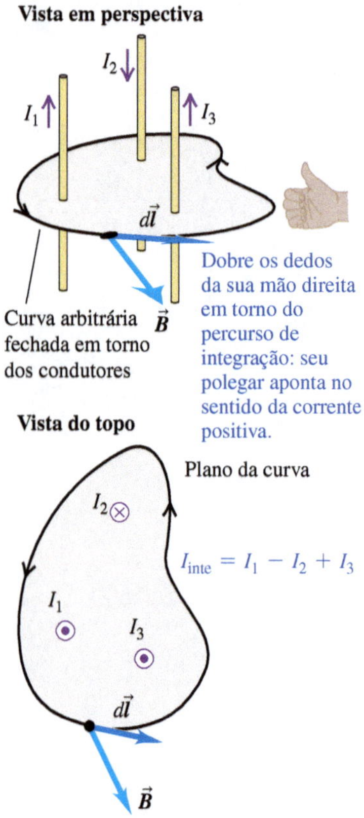

Lei de Ampère: quando calculamos a integral de linha do campo magnético em torno de uma curva fechada, o resultado equivale a μ_0 vezes o total da corrente confinada: $\oint \vec{B} \cdot d\vec{l} = \mu_0 I_{inte}$.

Lei de Ampère: formulação geral

Podemos generalizar ainda mais a lei de Ampère. Considere *diversos* fios retilíneos longos que passam na área delimitada pelo percurso de integração. O campo magnético total $\vec{B}$ em qualquer ponto do percurso é dado pela soma vetorial dos campos individuais dos fios. Portanto, a integral de linha do campo magnético total $\vec{B}$ é igual a μ_0 vezes a *soma algébrica* das correntes. Para o cálculo dessa soma, usamos a regra de sinais descrita anteriormente. Quando o percurso de integração não inclui um fio particular, a integral de linha do campo $\vec{B}$ é igual a zero para o fio considerado, pois o ângulo θ para esse fio durante uma volta completa é igual a zero, em vez de 2π durante a integração. Quaisquer fios que não estejam dentro da área englobada pelo percurso de integração continuam contribuindo para o valor de $\vec{B}$ em todos os pontos, porém as *integrais de linha* de seus campos em torno do percurso são iguais a zero.

Portanto, podemos substituir I na Equação 28.19 por I_{inte}, a corrente total dada pela soma algébrica das correntes no *interior* ou *englobadas* pelo percurso de integração, com a soma avaliada pela regra sobre sinais descrita anteriormente (**Figura 28.18**). O enunciado geral da **lei de Ampère** é

Integral de linha em torno de um percurso fechado · Constante magnética · Corrente resultante do interior do percurso

Lei de Ampère: $$\oint \vec{B} \cdot d\vec{l} = \mu_0 I_{inte} \quad (28.20)$$

Produto escalar do campo magnético e segmento vetorial do percurso

Embora a lei de Ampère tenha sido deduzida para o caso especial do campo de vários fios retilíneos longos e paralelos, a Equação 28.20 vale para percursos e condutores de *qualquer* formato. A dedução geral aplica os mesmos princípios que apresentamos, contudo, a geometria é mais complicada.

Quando $\oint \vec{B} \cdot d\vec{l} = 0$, isso *não* significa necessariamente que $\vec{B} = \mathbf{0}$ em todos os pontos do percurso, mas apenas que a soma algébrica das correntes no interior do percurso de integração é igual a zero. Nas figuras 28.16c e 28.17b, não existe nenhuma corrente no interior do percurso de integração. Como indica a **Figura 28.19**, existem correntes positivas e negativas de mesmo módulo no interior do percurso. Em ambos os casos, $I_{inte} = 0$ e a integral de linha é igual a zero.

Figura 28.19 Dois fios retilíneos longos e paralelos conduzindo correntes de mesmo módulo, mas em sentidos opostos. Mostramos a seção reta de cada fio, e o percurso de integração é feito no sentido anti-horário. A integral de linha $\oint \vec{B} \cdot d\vec{l}$ obtém contribuição nula dos segmentos superior e inferior, uma contribuição positiva do segmento esquerdo e uma combinação negativa do segmento direito; portanto, a integral total é igual a zero.

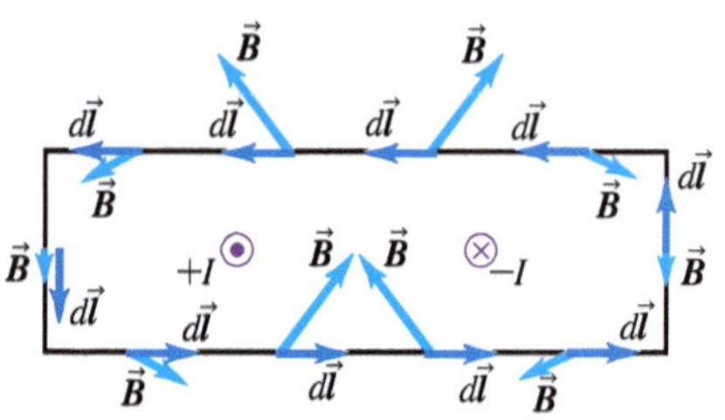

ATENÇÃO Integrais de linha de campos elétricos e magnéticos No Capítulo 23, vimos que a integral do campo eletrostático $\vec{E}$ em torno de um percurso de integração fechado é igual a zero; isso significa dizer que a força eletrostática sobre uma carga puntiforme positiva $\vec{F} = q\vec{E}$ sobre uma carga puntiforme q é conservativa, portanto essa força realiza um trabalho igual a zero sobre a carga em um percurso fechado quando ela volta para a posição inicial. O valor da integral de linha $\oint \vec{B} \cdot d\vec{l}$ não está relacionado de modo semelhante ao fato de a força *magnética* ser conservativa. Lembre-se de que a força magnética $\vec{F} = q\vec{v} \times \vec{B}$ em uma partícula carregada em movimento é sempre *perpendicular* a $\vec{B}$, portanto $\oint \vec{B} \cdot d\vec{l}$ *não* está relacionada ao trabalho realizado pela força magnética; de acordo com a lei de Ampère, essa integral só tem relação com a corrente total por uma superfície limitada pelo percurso de integração. Na verdade, a força magnética sobre uma partícula carregada em movimento *não* é conservativa. Uma força conservativa depende somente da posição do corpo sobre o qual a força atua, porém a força magnética sobre uma partícula carregada em movimento também depende da *velocidade* da partícula.

A Equação 28.20 é válida apenas quando as correntes são estacionárias e não existem materiais magnéticos nem campo elétrico variável na região. No Capítulo 29, mostraremos a generalização da lei de Ampère para incluir campos elétricos que variam com o tempo.

TESTE SUA COMPREENSÃO DA SEÇÃO 28.6 A figura ao lado indica linhas de campo magnético que passam pelo centro de um ímã permanente. O ímã não está conectado a nenhuma fonte de fem. Uma das linhas de campo possui cor vermelha. O que se pode afirmar sobre as correntes no interior do ímã permanente, na região confinada por essa linha de campo? (i) Não há corrente no interior do ímã; (ii) há correntes orientadas para fora do plano da página; (iii) há correntes orientadas para dentro do plano da página; (iv) não há informação suficiente para decidir. ❙

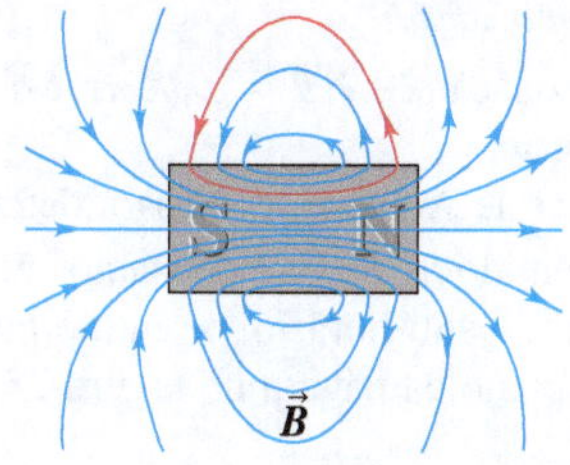

28.7 APLICAÇÕES DA LEI DE AMPÈRE

A lei de Ampère é útil quando envolve situações com simetria que permitem o cálculo da integral de $\vec{B}$. A seguir, forneceremos diversos exemplos. A Estratégia para a solução de problemas 28.2 é semelhante ao que se recomenda na Estratégia para a solução de problemas 22.1 (Seção 22.4) relacionada com as aplicações da lei de Gauss; sugerimos que você leia novamente aquela seção e compare os dois métodos.

ESTRATÉGIA PARA A SOLUÇÃO DE PROBLEMAS 28.2 LEI DE AMPÈRE

IDENTIFICAR *os conceitos relevantes:* como a lei de Gauss, a lei de Ampère é mais útil nas situações em que o padrão do campo magnético é altamente simétrico. Na forma $\oint \vec{B} \cdot d\vec{l} = \mu_0 I_{\text{inte}}$, ela pode resultar no módulo de $\vec{B}$ em função da posição se tivermos o módulo, a direção e o sentido da corrente elétrica que produz o campo.

PREPARAR *o problema* por meio das seguintes etapas:

1. Determine a(s) variável(is)-alvo. Geralmente uma delas será o módulo do campo $\vec{B}$ em função da posição.
2. Selecione o percurso de integração para aplicar a lei de Ampère. Se você deseja determinar o campo magnético em um dado ponto, então o percurso deve passar pelo ponto considerado. O percurso de integração não precisa ser nenhum contorno físico real. Geralmente, ele é uma curva puramente geométrica; ele pode estar no espaço vazio, no interior de um corpo sólido ou parcialmente em ambos os casos. O percurso de integração deve possuir *simetria* suficiente para possibilitar a integração. O ideal é que o percurso seja tangente a $\vec{B}$ nas regiões de interesse; em outras partes, o percurso deverá ser perpendicular a $\vec{B}$ ou percorrer regiões em que $\vec{B} = 0$.

EXECUTAR *a solução* conforme segue:

1. Execute a integral $\oint \vec{B} \cdot d\vec{l}$ ao longo do percurso de integração escolhido. Quando $\vec{B}$ é tangente a todos ou a alguns pontos ao longo do percurso de integração e possui o mesmo módulo B em todos esses pontos, então a integral de linha é igual ao produto de B pelo comprimento do trecho do percurso considerado. Quando $\vec{B}$ é perpendicular a todos ou a alguns pontos ao longo do percurso de integração, ou se $\vec{B} = \mathbf{0}$, a integral é igual a zero nesses trechos.
2. Na integral $\oint \vec{B} \cdot d\vec{l}$, o vetor $\vec{B}$ é sempre o campo magnético *total* em cada ponto do percurso de integração; ele pode ser parcialmente produzido por correntes fora e dentro da curva delimitada pelo percurso. Quando a corrente total dentro da curva delimitada pelo percurso é igual a *zero*, o campo magnético nos pontos da trajetória não precisa ser nulo, contudo a integral $\oint \vec{B} \cdot d\vec{l}$ é sempre igual a zero.
3. Determine a corrente I_{inte} confinada no percurso de integração. O sinal da corrente no interior de um percurso de integração é dado pela regra da mão direita. Dobre os dedos da sua mão direita em torno do sentido do percurso de integração. Então, seu polegar indica o sentido positivo da corrente. Quando $\vec{B}$ é tangente à integração em todos os pontos ao longo do percurso e o sentido de I_{inte} é positivo, então $\vec{B}$ possui o mesmo sentido que você escolheu para o percurso de integração; se, ao contrário, I_{inte} for negativo, então $\vec{B}$ terá sentido contrário ao que você escolheu para o percurso de integração.
4. Use a lei de Ampère $\oint \vec{B} \cdot d\vec{l} = \mu_0 I$ para explicitar a variável-alvo.

AVALIAR *sua resposta:* se o resultado obtido for uma expressão para o módulo do campo em função da posição, você poderá conferi-lo examinando como a equação se comporta dentro de diferentes limites.

EXEMPLO 28.7 CAMPO DE UM FIO RETILÍNEO CONDUZINDO UMA CORRENTE

Na Seção 28.6, deduzimos a lei de Ampère usando a Equação 28.9 para o campo magnético $\vec{B}$ de um fio retilíneo longo conduzindo uma corrente. Inverta o processo e aplique a lei de Ampère para determinar $\vec{B}$ para esta situação.

SOLUÇÃO

IDENTIFICAR E PREPARAR: esta situação possui simetria cilíndrica; portanto, na lei de Ampère tomamos nosso percurso de integração como uma circunferência de raio r centralizada no condutor e contida em um plano perpendicular a ela, como na Figura 28.16a. O campo $\vec{B}$ é tangente à circunferência e possui o mesmo módulo B em todos os pontos do círculo.

EXECUTAR: pela escolha do percurso de integração, a lei de Ampère, Equação 28.20, fornece

$$\oint \vec{B} \cdot d\vec{l} = \oint B_{\|}\, dl = B(2\pi r) = \mu_0 I$$

(Continua)

(*Continuação*)

A Equação 28.9, $B = \mu_0 I/2\pi r$, é obtida imediatamente da relação anterior.

A lei de Ampère serve para determinar o módulo, a direção e o sentido de $\vec{B}$. Como estamos percorrendo a curva fechada no sentido anti-horário, o sentido positivo da corrente é para fora do plano da página na Figura 28.16a; esse sentido é o mesmo sentido real da corrente na figura, de modo que I é positivo e a integral $\oint \vec{B} \cdot d\vec{l}$ também é positiva. Visto que cada elemento $d\vec{l}$ está no sentido anti-horário, o sentido de $\vec{B}$ também deve ser anti-horário, como indica a Figura 28.16a.

AVALIAR: os resultados obtidos são consistentes com os da Seção 28.6.

EXEMPLO 28.8 CAMPO NO INTERIOR DE UM CILINDRO CONDUTOR LONGO

Um condutor cilíndrico longo, de raio R, conduz uma corrente I (**Figura 28.20**). A corrente está uniformemente distribuída na área da seção reta do condutor. Calcule o campo magnético em função da distância r a partir do eixo do condutor para os pontos dentro ($r < R$) e fora do condutor ($r > R$).

Figura 28.20 Para determinarmos o campo magnético no raio $r < R$, aplicamos a lei de Ampère na periferia do círculo sombreado no interior do condutor. A corrente que flui através da área sombreada é $(r^2/R^2)I$. Para encontrar o campo magnético para os pontos $r > R$, aplicamos a lei de Ampère na circunferência indicada no exterior do condutor.

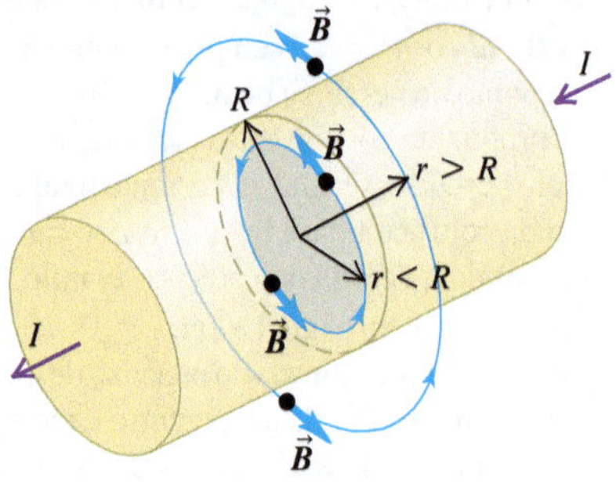

SOLUÇÃO

IDENTIFICAR E PREPARAR: como no Exemplo 28.7, a distribuição de corrente tem simetria cilíndrica, e as linhas do campo magnético devem ser círculos concêntricos com o eixo do condutor. Para determinarmos o campo magnético dentro e fora do condutor, escolhemos os percursos de integração com raios $r < R$ e $r >$ R, respectivamente (ver Figura 28.20).

EXECUTAR: nos dois casos, o campo $\vec{B}$ possui o mesmo módulo em todos os pontos do percurso de integração circular e é tangente à circunferência. Logo, o módulo da integral de linha é simplesmente $B(2\pi r)$. Para achar a corrente I_{inte} delimitada por um percurso de integração circular dentro do condutor ($r < R$), observe que a densidade de corrente (corrente por unidade de área) é $J = I/\pi R^2$, de modo que $I_{\text{inte}} = J(\pi r^2) = Ir^2/R^2$. Logo, a lei de Ampère fornece $B(2\pi r) = \mu_0 I r^2/R^2$, ou

$$B = \frac{\mu_0 I}{2\pi} \frac{r}{R^2} \qquad (28.21)$$

(dentro do condutor, $r < R$)

Um percurso de integração circular fora do condutor delimita a corrente total no condutor, de modo que $I_{\text{inte}} = I$. Usando a lei de Ampère, encontramos para B o mesmo resultado obtido no Exemplo 28.7:

$$B = \frac{\mu_0 I}{2\pi r} \qquad (28.22)$$

(fora do condutor, $r > R$)

Fora do condutor, o campo magnético é o mesmo que o produzido por um fio retilíneo longo conduzindo uma corrente I, independentemente do raio R ao longo do qual a corrente é distribuída. Na verdade, o campo magnético fora de *qualquer* distribuição de corrente com simetria cilíndrica é o mesmo que o produzido por um fio longo situado no eixo da distribuição e que conduz a mesma corrente total da distribuição. Esse resultado é análogo aos resultados obtidos nos exemplos 22.5 e 22.9 (Seção 22.4), nos quais verificamos que o campo *elétrico* no exterior de um corpo com simetria esférica de *cargas* é o mesmo que o gerado quando toda a distribuição é substituída por uma única carga concentrada no centro e igual à carga total da distribuição.

AVALIAR: na superfície do condutor ($r = R$), as equações 28.21 e 28.22 se confirmam (como deveriam). A **Figura 28.21** mostra um gráfico de B em função de r.

Figura 28.21 Módulo do campo magnético no interior e no exterior de um condutor cilíndrico longo de raio R que conduz uma corrente I.

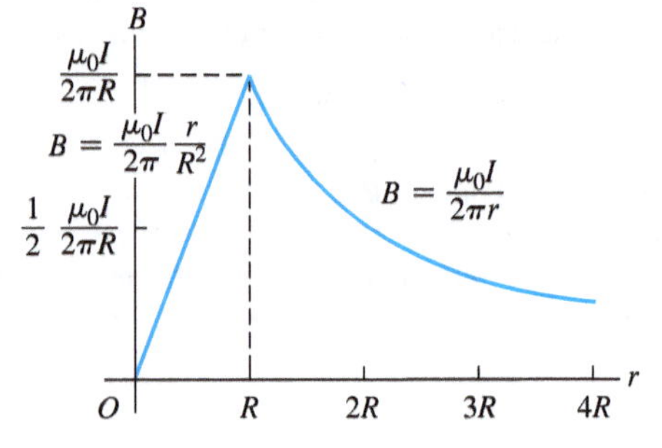

EXEMPLO 28.9 CAMPO DE UM SOLENOIDE

Um solenoide é constituído por um enrolamento helicoidal de fio sobre um núcleo, em geral com seção reta circular. É possível haver milhares de espiras enroladas de forma compacta (geralmente em várias camadas), de modo que cada uma delas pode ser considerada uma espira circular. Podem existir diversas camadas de enrolamento. Para simplificar, a **Figura 28.22** mostra um solenoide com apenas algumas espiras. Todas elas conduzem a mesma corrente I, e o campo magnético total $\vec{B}$ em cada ponto é a soma vetorial dos campos produzidos pelas espiras individuais. A figura mostra linhas do campo nos planos xy e xz. Desenhamos um conjunto de linhas do campo magnético uniformemente espaçadas no centro do solenoide. Cálculos precisos indicam que, para um solenoide longo e compacto, metade dessas linhas do campo emerge da extremidade e a outra metade "escapa" através dos enrolamentos entre o centro e a extremidade, como a figura sugere.

Quando o solenoide possui comprimento muito maior que o diâmetro de sua seção reta e as espiras são enroladas de forma compacta, o campo interno nas vizinhanças do centro do solenoide é paralelo ao seu eixo e quase uniforme, e o campo magnético *externo* é muito pequeno próximo ao ponto do centro.

Use a lei de Ampère para determinar o campo magnético no centro ou nas proximidades do centro desse solenoide se ele possui n espiras por unidade de comprimento e conduz uma corrente I.

SOLUÇÃO

IDENTIFICAR E PREPARAR: consideramos que $\vec{B}$ seja um campo uniforme no interior do solenoide e um campo nulo fora dele. A **Figura 28.23** mostra a situação e nosso percurso de integração escolhido, o retângulo $abcd$. O lado ab, de comprimento L, é paralelo ao eixo do solenoide. Suponhamos que os lados bc e da sejam muito longos, de modo que o lado cd esteja tão afastado do solenoide que o campo magnético sobre ele seja desprezível.

EXECUTAR: o campo $\vec{B}$ ao longo do lado ab, é constante e paralelo a esse lado. Usando a lei de Ampère, fazemos o percurso ao longo do lado ab no mesmo sentido de $\vec{B}$. Logo, $B_{\parallel} = +B$ e então

$$\int_a^b \vec{B} \cdot d\vec{l} = BL$$

Ao longo dos lados bc e da, $\vec{B}$ é perpendicular ao percurso, e, portanto, $B_{\parallel} = 0$; ao longo do lado cd, $\vec{B} = \mathbf{0}$, e, portanto, $B_{\parallel} = 0$. Ao longo do percurso fechado inteiro, então, temos $\oint \vec{B} \cdot d\vec{l} = BL$.

Figura 28.22 Linhas de campo magnético produzidas pela corrente de um solenoide. Para maior clareza, somente algumas linhas são indicadas.

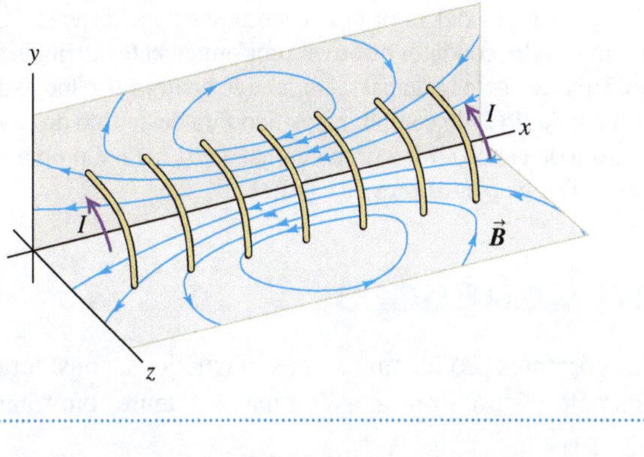

Figura 28.23 Nosso esquema para este problema.

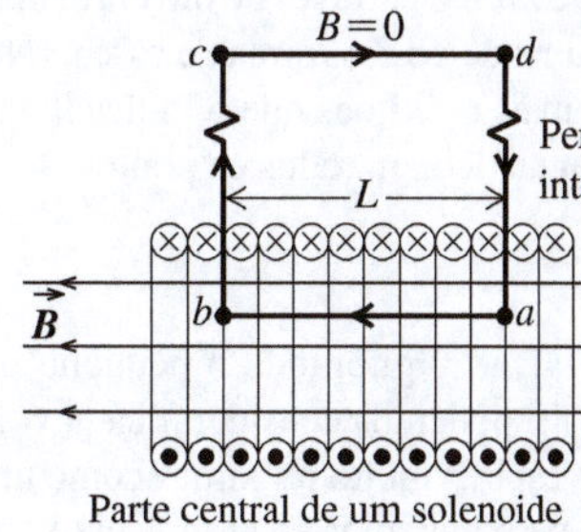

O número de espiras para um dado comprimento L é igual a nL, e cada uma dessas espiras passa uma vez através do retângulo $abcd$ e conduz uma corrente I. Então, a corrente total no interior do retângulo é $I_{inte} = nLI$. De acordo com a lei de Ampère, como a integral $\oint \vec{B} \cdot d\vec{l}$ é positiva, I_{inte} também deve ser positiva. Isso significa que a corrente que passa através da área delimitada pelo percurso de integração deve possuir o sentido indicado na Figura 28.23. Usando a lei de Ampère, encontramos $BL = \mu_0 nLI$, ou:

$$B = \mu_0 nI \quad \text{(solenoide)} \tag{28.23}$$

O lado ab não precisa estar localizado sobre o eixo do solenoide e, portanto, o método anterior também serve para provar que o campo magnético é uniforme ao longo da seção reta inteira nas proximidades do centro do solenoide.

AVALIAR: note que o sentido de $\vec{B}$ dentro do solenoide é o mesmo do vetor momento magnético $\vec{\mu}$, conforme encontramos na Seção 28.5 para uma única espira circular que conduz uma corrente. Para os pontos ao longo do eixo, o campo é mais forte nas vizinhanças do centro e diminui à medida que o ponto se aproxima das extremidades. Para um solenoide muito longo em comparação a seu diâmetro, o campo em cada extremidade é exatamente igual à metade do campo magnético em seu centro. Isso é aproximadamente o que acontece mesmo no caso de um solenoide curto, como mostra a **Figura 28.24**.

Figura 28.24 Módulo do campo magnético ao longo do eixo de um solenoide de comprimento $4a$, igual a quatro vezes seu raio a. O campo magnético em cada extremidade do solenoide é aproximadamente a metade do módulo em seu centro. (Compare com a Figura 28.14 para o caso de N espiras circulares.)

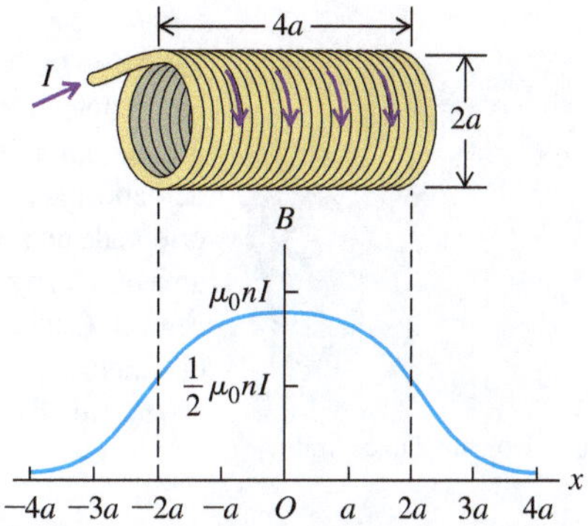

EXEMPLO 28.10 CAMPO DE UM SOLENOIDE TOROIDAL

A **Figura 28.25a** mostra o chamado **solenoide toroidal** ou *toroide*, que conduz uma corrente I através de um enrolamento com N espiras em torno de um núcleo em forma de rosca. (Na prática, as espiras estão muito mais próximas que o indicado na figura.) Determine o campo magnético em todos os pontos.

SOLUÇÃO

IDENTIFICAR E PREPARAR: ignorando o pequeno passo dos enrolamentos helicoidais, podemos considerar cada volta de um solenoide toroidal com espiras muito próximas como uma espira disposta em um plano perpendicular ao grande eixo circular do toroide. A simetria da situação, então, nos diz que as linhas do campo magnético devem ser círculos concêntricos ao eixo do toroide. Portanto, escolhemos os percursos de integração circulares (dos quais a Figura 28.25b mostra três) para a aplicação da lei de Ampère, de modo que o campo $\vec{B}$ (se houver) seja tangente à circunferência em cada um dos pontos ao longo do percurso.

EXECUTAR: ao longo de cada percurso, $\oint \vec{B} \cdot d\vec{l}$ é igual ao produto de B pelo comprimento da circunferência $l = 2\pi r$. A corrente total que passa pelo percurso 1 é igual a zero; logo, de acordo com a lei de Ampère, o campo $\vec{B} = \mathbf{0}$ em todos os pontos ao longo do percurso.

Cada espira do enrolamento passa *duas vezes* através da área delimitada pelo percurso 3, conduzindo correntes iguais em sentidos contrários. Portanto, a corrente *total* que passa no interior da área delimitada por essa circunferência é igual a zero e, portanto, $\vec{B} = \mathbf{0}$ em todos os pontos ao longo do percurso. Concluímos que *o campo magnético de um toroide está inteiramente confinado ao espaço no interior das espiras*. Podemos imaginar um solenoide toroidal como um extenso solenoide que foi encurvado ao longo de uma circunferência.

Finalmente, consideramos o percurso 2, onde temos $\oint \vec{B} \cdot d\vec{l} = 2\pi rB$. Cada espira do enrolamento passa *uma vez* através da área delimitada pelo percurso 2, de modo que $I_{inte} = NI$. Observe que a corrente I_{inte} é positiva para o percurso de integração no sentido horário mostrado na Figura 28.25b, portanto $\vec{B}$ possui o sentido indicado. Então, de acordo com a lei de Ampère, vemos que $2\pi rB = \mu_0 NI$, de modo que

$$B = \frac{\mu_0 NI}{2\pi r} \quad \text{(solenoide toroidal)} \qquad (28.24)$$

AVALIAR: a Equação 28.24 indica que B *não* é uniforme ao longo da seção reta do núcleo, porque o raio r do lado externo da seção é maior que o raio do lado interno. Contudo, quando a espessura do núcleo é pequena em comparação com r, a variação é muito pequena. Nesse caso, como $2\pi r$ é o comprimento da circunferência do toroide e $N/2\pi r$ é o número de espiras n por unidade de comprimento, podemos escrever o campo na forma $B = \mu_0 nI$, como é no centro de um solenoide *reto* longo.

Em um toroide real, as espiras não são exatamente espiras circulares, mas segmentos de uma hélice curvada. Portanto, o campo externo não é estritamente igual a zero. Para estimar seu módulo, podemos imaginar que a Figura 28.25a seja equivalente de modo muito aproximado a uma espira circular de *única volta* com raio r. No centro dessa espira, a Equação 28.17 oferece $B = \mu_0 I/2r$; isso é menor que o campo magnético no *centro* do solenoide por um fator de N/π.

As equações que deduzimos para o campo magnético de um solenoide reto ou de um solenoide toroidal são estritamente verdadeiras somente para o caso de solenoides no *vácuo*. Contudo, em muitas aplicações práticas, essas fórmulas também podem ser usadas para solenoides no ar ou quando o núcleo for feito de um material que não seja magnético nem supercondutor. Na próxima seção, mostraremos como essas fórmulas se modificam quando o núcleo é composto por um material magnético.

Figura 28.25 (a) Um solenoide toroidal. Para maior clareza, somente algumas espiras são indicadas. (b) Percursos de integração (circunferências) usados para determinar o campo magnético $\vec{B}$ produzido pela corrente (indicado por pontos e cruzes).

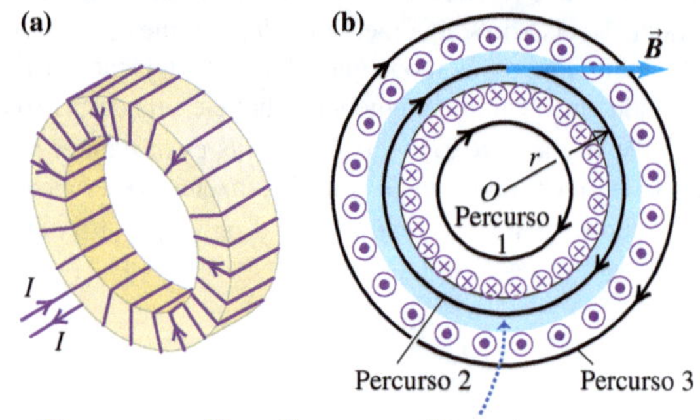

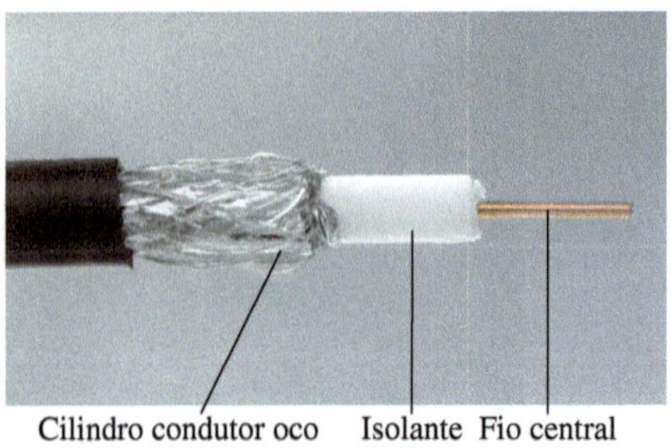

TESTE SUA COMPREENSÃO DA SEÇÃO 28.7 Considere um fio condutor que passa ao longo do eixo central de um cilindro condutor oco. Esse arranjo, chamado de *cabo coaxial*, possui muitas aplicações em telecomunicações. (O cabo que conecta uma TV a um provedor de cabo local é um exemplo de cabo coaxial.) Por esse cabo passa uma corrente I que é orientada no sentido ao longo do cilindro condutor oco e está uniformemente distribuída pela área de seção reta do cilindro. Uma corrente igual passa no sentido contrário ao longo do fio central. Qual é a relação entre o módulo B do campo magnético fora desse tipo de cabo e a distância r a partir do eixo central do cabo? (i) B é proporcional a $1/r$; (ii) B é proporcional a $1/r^2$; (iii) B é igual a zero em todos os pontos fora do cabo. ❙

28.8 MATERIAIS MAGNÉTICOS

Ao discutirmos como as correntes produzem campos magnéticos, consideramos os condutores circundados pelo vácuo. Porém, as bobinas existentes em transformadores, motores, geradores e eletroímãs quase sempre usam núcleos de ferro para aumentar o campo magnético e confiná-lo em determinadas regiões. Os ímãs permanentes, as fitas de gravação magnética e os discos dos computadores dependem diretamente das propriedades magnéticas dos materiais; quando você armazena informações no disco de um computador, na verdade está criando uma rede de ímãs microscópicos no interior do disco. Logo, é importante examinar alguns aspectos das propriedades magnéticas dos materiais. Depois de descrever a origem atômica das propriedades magnéticas dos materiais, discutiremos como o *paramagnetismo*, o *diamagnetismo* e o *ferromagnetismo* são usados para classificar um material com base em seu comportamento magnético.

O magneton de Bohr

Conforme discutimos brevemente na Seção 27.7, os átomos que constituem todos os materiais possuem elétrons em movimento, e esses elétrons formam espiras de correntes microscópicas que se movem e produzem individualmente campos magnéticos. Em muitos materiais, essas correntes estão distribuídas aleatoriamente e não produzem nenhum campo magnético resultante. Contudo, em alguns materiais, um campo magnético externo (um campo produzido por correntes fora do material) pode fazer essas espiras se orientarem paralelamente ao campo e se *somarem* com o campo magnético externo. Dizemos então que esse material ficou *magnetizado*.

Vamos examinar como surgem essas correntes microscópicas. A **Figura 28.26** mostra um modelo primitivo de um elétron em um átomo. Imaginamos o elétron (massa m e carga $-e$) se movendo com velocidade v em uma órbita circular de raio r. A carga que se move é equivalente a uma espira circular. Na Seção 27.7, vimos que uma espira de área A que conduz uma corrente I possui um momento de dipolo magnético μ, dado por $\mu = IA$. Para o elétron na órbita, a área da espira é $A = \pi r^2$. Para encontrarmos a corrente associada ao movimento do elétron, notamos que o período orbital T (o tempo que o elétron gasta para completar uma órbita) é igual ao comprimento da circunferência dividido pela velocidade do elétron: $T = 2\pi r/v$. A corrente equivalente I é a carga total que passa em qualquer ponto da órbita por unidade de tempo, que é precisamente a carga e do elétron dividida pelo período orbital T:

$$I = \frac{e}{T} = \frac{ev}{2\pi r}$$

O momento magnético $\mu = IA$ é, então:

$$\mu = \frac{ev}{2\pi r}(\pi r^2) = \frac{evr}{2} \tag{28.25}$$

É útil expressar μ a partir do *momento angular* L do elétron. Para uma partícula que se move ao longo de uma circunferência, o módulo do momento angular é igual ao módulo do momento linear mv multiplicado pelo raio r, ou seja, $L = mvr$ (Seção 10.5). Comparando esse resultado com a Equação 28.25, podemos escrever

$$\mu = \frac{e}{2m}L \tag{28.26}$$

A Equação 28.26 é útil para nossa discussão porque o momento angular atômico é *quantizado*; seu componente em uma dada direção é sempre um múltiplo inteiro de $h/2\pi$, em que h é uma constante física fundamental conhecida como *constante de Planck*. O valor numérico de h é dado por

$$h = 6{,}626 \times 10^{-34}\ \text{J} \cdot \text{s}$$

Figura 28.26 Um elétron se movendo com velocidade v em uma órbita circular de raio r possui um momento angular $\vec{L}$ e um momento de dipolo magnético orbital $\vec{\mu}$, orientado em sentido contrário. Ele também possui um momento angular de *spin* e um momento de dipolo magnético de *spin* orientado em sentido contrário.

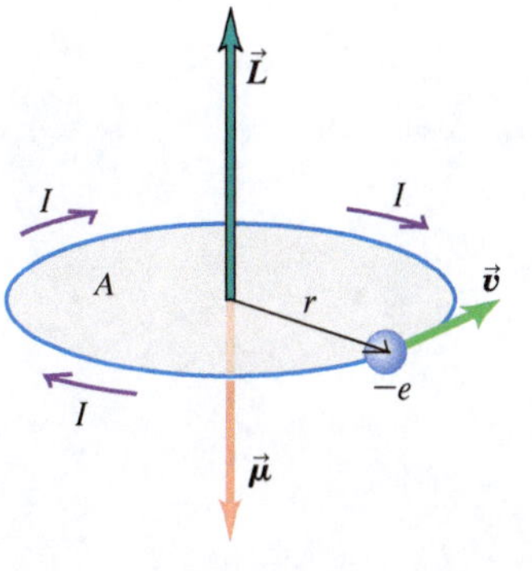

DADOS MOSTRAM

Campos magnéticos e suas origens

Quando os alunos recebiam um problema envolvendo correntes e forças magnéticas produzidas por elas, mais de 19% davam uma resposta incorreta. Erros comuns:

- Esquecer que os campos magnéticos se somam de acordo com as leis da adição de vetor. Quando duas correntes ou elementos de corrente produzem um campo $\vec{B}$ em um certo ponto, o campo $\vec{B}$ resultante nesse ponto é o *vetor* soma dos campos individuais.
- Errar ao aplicar a lei de Ampère. Você pode usar essa lei para determinar o módulo do campo magnético *somente* se houver uma espira fechada sobre a qual $\vec{B}$ tem um módulo constante e está direcionado de forma tangente à circunferência da espira.

Portanto, a grandeza $h/2\pi$ representa uma unidade fundamental de momento angular em sistemas atômicos, assim como e representa uma unidade fundamental de carga. Associada à quantização de $\vec{L}$ existe uma incerteza fundamental na *direção* de $\vec{L}$ e, portanto, na direção de $\vec{\mu}$. Na discussão que faremos a seguir, ao falarmos do módulo de um momento magnético, seria mais preciso dizer "componente máximo em uma dada direção". Portanto, dizer que o momento magnético $\vec{\mu}$ está alinhado ao campo magnético $\vec{B}$ é o mesmo que dizer que $\vec{\mu}$ possui seu componente máximo possível na direção de $\vec{B}$; todos os componentes sempre são quantizados.

A Equação 28.26 mostra que, associada à unidade fundamental do momento angular, existe uma unidade fundamental correspondente ao momento magnético. Quando $L = h/2\pi$, então

$$\mu = \frac{e}{2m}\left(\frac{h}{2\pi}\right) = \frac{eh}{4\pi m} \qquad (28.27)$$

Essa grandeza denomina-se **magneton de Bohr**, designado por μ_B, cujo valor numérico é

$$\mu_B = 9{,}274 \times 10^{-24}\ \text{A} \cdot \text{m}^2 = 9{,}274 \times 10^{-24}\ \text{J/T}$$

Convidamos você a verificar que os dois conjuntos de unidades anteriores são consistentes. O segundo conjunto é útil quando calculamos a energia potencial $U = -\vec{\mu} \cdot \vec{B}$ para o momento magnético de um dipolo em um campo magnético.

Os elétrons também possuem um momento angular intrínseco, conhecido como *spin*, que não é relacionado ao movimento orbital, mas que pode ser descrito classicamente como oriundo da rotação do elétron em torno de seu próprio eixo. Esse momento angular também tem um momento magnético associado e verifica-se que seu módulo é quase exatamente igual a um magneton de Bohr. (Efeitos relacionados à quantização do campo eletromagnético fazem com que o momento magnético de *spin* seja aproximadamente igual a 1,001 μ_B.)

Paramagnetismo

Em um átomo, muitos momentos magnéticos orbitais e de *spin* se somam, produzindo uma resultante igual a zero. Contudo, em alguns materiais, o átomo possui um momento magnético resultante da ordem de μ_B. Quando esse tipo de material é colocado em um campo magnético, o campo exerce um torque sobre cada momento magnético, dado pela Equação 27.26: $\vec{\tau} = \vec{\mu} \times \vec{B}$. Esses torques tendem a alinhar os momentos magnéticos ao campo, que é a posição correspondente a uma energia potencial mínima, conforme discutimos na Seção 27.7. Nessa posição, o sentido de cada espira de corrente é tal que ela fornece um campo que se *soma* ao campo magnético externo.

Vimos na Seção 28.5 que o campo magnético $\vec{B}$ produzido por uma espira é diretamente proporcional ao momento de dipolo magnético da espira. Analogamente, o campo $\vec{B}$ adicional produzido pelas espiras microscópicas dos elétrons é diretamente proporcional ao momento magnético total $\vec{\mu}_{total}$ por unidade de volume V no material. Chamamos essa grandeza vetorial de **magnetização** do material, designada por $\vec{M}$:

$$\vec{M} = \frac{\vec{\mu}_{total}}{V} \qquad (28.28)$$

Verifica-se que o campo magnético adicional, produzido pela magnetização do material, é simplesmente igual a $\mu_0\vec{M}$, em que μ_0 é a mesma constante que aparece na lei de Biot e Savart e na lei de Ampère. Quando tal material preenche por completo todas as vizinhanças de um condutor com corrente, o campo magnético total $\vec{B}$ no seio do material é dado por

$$\vec{B} = \vec{B}_0 + \mu_0\vec{M} \quad (28.29)$$

em que $\vec{B}_0$ é o campo magnético produzido pela corrente que flui no condutor.

Para conferir a consistência das unidades na Equação 28.29, note que a magnetização $\vec{M}$ é o momento magnético por unidade de volume. As unidades do momento magnético são a corrente vezes a área ($A \cdot m^2$), portanto as unidades de magnetização são $(A \cdot m^2)/m^3 = A/m$. Pela Seção 28.1, as unidades da constante μ_0 são $T \cdot m/A$. Então, as unidades de $\mu_0\vec{M}$ são as mesmas de $\vec{B}$: $(T \cdot m/A)\,(A/m) = T$.

Dizemos que é **paramagnético** todo material que possui um comportamento análogo ao que acabamos de descrever. O resultado é que o campo magnético no interior do material fica ampliado em relação ao valor que existiria se ele fosse substituído pelo vácuo, por um fator adimensional designado por K_m, conhecido como **permeabilidade relativa** do material. Os valores de K_m variam de um material para outro; para líquidos e sólidos paramagnéticos comuns em temperatura ambiente, os valores de K_m variam em geral de 1,00001 até 1,003.

Todas as equações deste capítulo que relacionam campos magnéticos com suas fontes podem ser adaptadas para situações envolvendo condutores no seio de materiais paramagnéticos. Basta substituir μ_0 por $K_m\mu_0$ nessas relações. Esse produto normalmente é indicado por μ e denomina-se **permeabilidade** do material:

$$\mu = K_m\mu_0 \quad (28.30)$$

ATENÇÃO **Dois significados do símbolo μ** A Equação 28.30 envolve uma notação realmente perigosa, porque anteriormente usamos μ para designar o momento de dipolo magnético, bem como a permeabilidade, como é de costume. Porém, tome cuidado: daqui em diante, toda vez que encontrar μ, verifique se indica uma permeabilidade ou um momento magnético. Em geral, o contexto resolve a dúvida.

A diferença entre o valor da permeabilidade relativa e a unidade chama-se **suscetibilidade magnética**, designada por χ_m:

$$\chi_m = K_m - 1 \quad (28.31)$$

Tanto K_m quanto χ_m são grandezas adimensionais. Na **Tabela 28.1**, indicamos valores da suscetibilidade magnética de diversos materiais. Por exemplo, para o alumínio, $\chi_m = 2{,}2 \times 10^{-5}$ e $K_m = 1{,}000022$. O primeiro grupo da tabela indica materiais paramagnéticos; o segundo indica materiais *diamagnéticos*, que serão estudados logo a seguir.

A tendência dos momentos magnéticos atômicos se alinharem paralelamente ao campo magnético (posição com energia potencial mínima) é dificultada pelo movimento caótico oriundo da agitação térmica, que tende a desalinhar esses momentos magnéticos. Por essa razão, a suscetibilidade paramagnética sempre diminui quando a temperatura aumenta. Em muitos casos, ela é inversamente proporcional à temperatura absoluta T, e a magnetização M pode ser expressa pela fórmula

$$M = C\frac{B}{T} \quad (28.32)$$

A relação anterior é conhecida como *lei de Curie*, em homenagem a seu descobridor, Pierre Curie (1859-1906). A quantidade C denomina-se *constante de Curie* e possui valores diferentes para materiais diferentes.

TABELA 28.1 Suscetibilidades magnéticas de materiais paramagnéticos e diamagnéticos para $T = 20$ °C.

Material	$\chi_m = K_m - 1(\times 10^{-5})$
Paramagnético	
Alúmen de ferro e amônio	66
Urânio	40
Platina	26
Alumínio	2,2
Sódio	0,72
Gás oxigênio	0,19
Diamagnético	
Bismuto	−16,6
Mercúrio	−2,9
Prata	−2,6
Carbono (diamante)	−2,1
Chumbo	−1,8
Cloreto de sódio	−1,4
Cobre	−1,0

Conforme descrevemos na Seção 27.7, um corpo que possui momentos de dipolo magnéticos atômicos é atraído aos polos de um ímã. Na maior parte dos materiais paramagnéticos, essa atração é pequena em virtude do efeito térmico de um movimento caótico desses momentos magnéticos atômicos. Porém, quando a temperatura é suficientemente baixa, os efeitos térmicos são reduzidos, a magnetização aumenta em virtude da lei de Curie e a força de atração torna-se mais elevada.

EXEMPLO 28.11 DIPOLOS MAGNÉTICOS EM UM MATERIAL PARAMAGNÉTICO

O óxido nítrico (NO) é um composto paramagnético. Cada molécula desse composto possui um momento magnético cujo componente máximo em qualquer direção é aproximadamente igual a um magneton de Bohr. Na presença de um campo magnético com módulo igual a 1,5 T, compare a energia de interação entre o campo e esse momento magnético à energia cinética média de translação dessas moléculas para uma temperatura de 300 K.

SOLUÇÃO

IDENTIFICAR E PREPARAR: este problema envolve tanto a energia de um momento magnético em um campo magnético quanto a energia cinética média de translação em função da temperatura. Temos as equações 27.27, $U = -\vec{\mu} \cdot \vec{B}$, para a energia de interação de um momento magnético $\vec{\mu}$ com um campo $\vec{B}$, e 18.16, $K = \frac{3}{2}kT$, a energia cinética média de translação de uma molécula a uma temperatura T.

EXECUTAR: podemos escrever a energia de interação como $U = -\mu_{\|}B$, em que $\mu_{\|}$ é o componente do momento magnético $\vec{\mu}$ no sentido do campo $\vec{B}$. Em nosso caso, o valor de $\mu_{\|}$ é aproximadamente igual a μ_B; logo,

$$|U|_{\text{máx}} \approx \mu_B B = (9{,}27 \times 10^{-24}\ \text{J/T})\ (1{,}5\ \text{T})$$
$$= 1{,}4 \times 10^{-23}\ \text{J} = 8{,}7 \times 10^{-5}\ \text{eV}$$

A energia cinética média de translação K é dada por:

$$K = \tfrac{3}{2}kT = \tfrac{3}{2}(1{,}38 \times 10^{-23}\ \text{J/K})\ (300\ \text{K})$$
$$= 6{,}2 \times 10^{-21}\ \text{J} = 0{,}039\ \text{eV}$$

AVALIAR: para uma temperatura de 300 K, a energia da interação magnética é apenas cerca de 0,2% da energia cinética térmica, portanto espera-se apenas um ligeiro alinhamento com o campo. Essa é a razão pela qual a suscetibilidade magnética de uma substância na temperatura ambiente é, em geral, muito pequena.

Figura 28.27 Neste desenho, adaptado de uma fotografia ampliada, as setas indicam os sentidos da magnetização nos domínios de um monocristal de níquel. Os domínios magnetizados no sentido do campo magnético aplicado aumentam de tamanho.

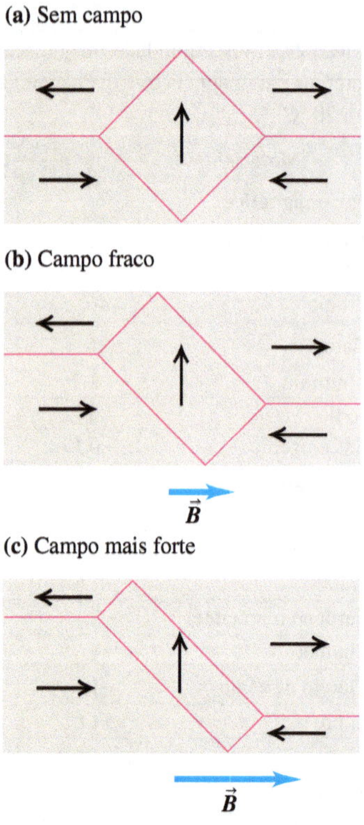

Diamagnetismo

Em alguns materiais, o momento magnético total de todas as espiras atômicas de corrente é igual a zero quando nenhum campo magnético é aplicado. Contudo, mesmo esses materiais possuem efeitos magnéticos, pois um campo magnético externo altera o movimento dos elétrons dos átomos, produzindo espiras de corrente adicionais e dipolos magnéticos induzidos comparáveis aos dipolos *elétricos* induzidos que estudamos na Seção 28.5. Nesse caso, o campo adicional produzido pelas espiras de corrente sempre possui sentido *oposto* ao do campo externo. (Esse comportamento é explicado pela lei da indução de Faraday, que estudaremos no Capítulo 29. Uma corrente induzida sempre tende a criar um campo contrário ao campo que a produz.)

Esse tipo de material denomina-se **diamagnético**. Ele sempre apresenta suscetibilidade magnética negativa, como indicado na Tabela 28.1, e permeabilidade relativa K_m ligeiramente *menor* que um, em geral da ordem de 0,99990 até 0,99999 para sólidos e líquidos. As suscetibilidades diamagnéticas desses materiais são quase independentes da temperatura.

Ferromagnetismo

Uma terceira classe de materiais inclui o ferro, o níquel, o cobalto e muitas ligas que contêm esses elementos; esse tipo de material denomina-se **ferromagnético**. Nesses materiais, fortes interações entre os momentos magnéticos atômicos produzem um alinhamento interno em certas regiões, chamadas **domínios magnéticos**, que existem mesmo na ausência de um campo magnético externo. A **Figura 28.27** mostra um exemplo da estrutura do domínio magnético. No interior de cada domínio magnético, quase todos os momentos magnéticos atômicos são paralelos.

Quando não existe nenhum campo magnético aplicado externamente, as magnetizações dos domínios são orientadas ao acaso. Porém, na presença de um campo magnético $\vec{B}_0$ (produzido por correntes externas), os domínios tendem a se orientar paralelamente ao campo. As fronteiras dos domínios também se deslocam; os domínios magnetizados no sentido do campo magnético aplicado aumentam de tamanho, e os magnetizados em outras direções se encolhem. Como o momento magnético total no interior de um domínio pode ser da ordem de alguns milhares de magnetons de Bohr, os torques que tendem a alinhar os domínios ao campo magnético externo são muito maiores que os existentes no caso de um material paramagnético. A permeabilidade relativa K_m é *muito* maior que 1, em geral da ordem de 1.000 até 100.000. Por conseguinte, um objeto composto por um material ferromagnético, como ferro, é fortemente magnetizado pelo campo de um ímã permanente e atraído pelo ímã (veja a Figura 27.38). Um material paramagnético como o alumínio também é atraído por um ímã permanente, mas o valor de K_m para materiais paramagnéticos é muito menor que para materiais ferromagnéticos, o que torna a atração muito mais fraca. Portanto, um ímã pode coletar pregos de ferro, mas não latas de alumínio.

À medida que o campo magnético externo aumenta, atinge-se um ponto para o qual quase *todos* os momentos magnéticos do material ferromagnético estão alinhados ao campo magnético externo. Essa condição é chamada de *magnetização de saturação*; depois de atingido esse ponto, um aumento posterior do campo magnético externo não produz mais nenhum aumento da magnetização.

A **Figura 28.28** mostra uma "curva de magnetização", um gráfico da magnetização M em função do campo magnético externo B_0, para o ferro doce. Uma descrição alternativa do comportamento ilustrado consiste em afirmar que K_m não é constante, porém diminui à medida que B_0 aumenta. (Um material paramagnético também exibe saturação para campos suficientemente fortes. Porém, os campos magnéticos necessários são tão elevados que o desvio de uma relação linear entre M e B_0 nesses materiais só pode ser observado em temperaturas muito baixas, da ordem de 1 K.)

Para muitos materiais ferromagnéticos, a relação entre a magnetização e o campo magnético externo quando o campo magnético aumenta é diferente da relação obtida quando ele diminui. A **Figura 28.29a** mostra esse tipo de comportamento para esse tipo de material. Quando o material é magnetizado até atingir a saturação e, a seguir, o campo magnético é reduzido até zero, alguma magnetização persiste. Esse comportamento é característico de um ímã, que mantém a maior parte de sua magnetização de saturação quando o campo magnético é removido. Para reduzir a magnetização até zero, é necessário aplicar um campo magnético em sentido contrário.

Figura 28.28 Uma curva de magnetização para um material ferromagnético. A magnetização M tende à saturação M_{sat} à medida que o campo magnético B_0 (produzido por correntes externas) se torna mais elevado.

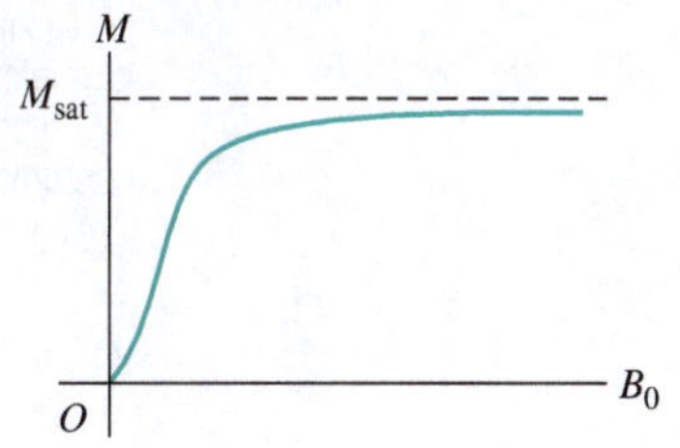

Figura 28.29 Ciclos de histerese. Os materiais (a) e (b) permanecem fortemente magnetizados quando B_0 se reduz a zero. Visto que o material (a) dificilmente se desmagnetiza, ele seria bom para a fabricação de ímãs permanentes. Como o material (b) se magnetiza e se desmagnetiza com mais facilidade, ele seria indicado como material para a memória de um computador. O material do tipo (c) seria útil no núcleo de transformadores e outros dispositivos que usam corrente alternada, para os quais uma histerese zero seria ideal.

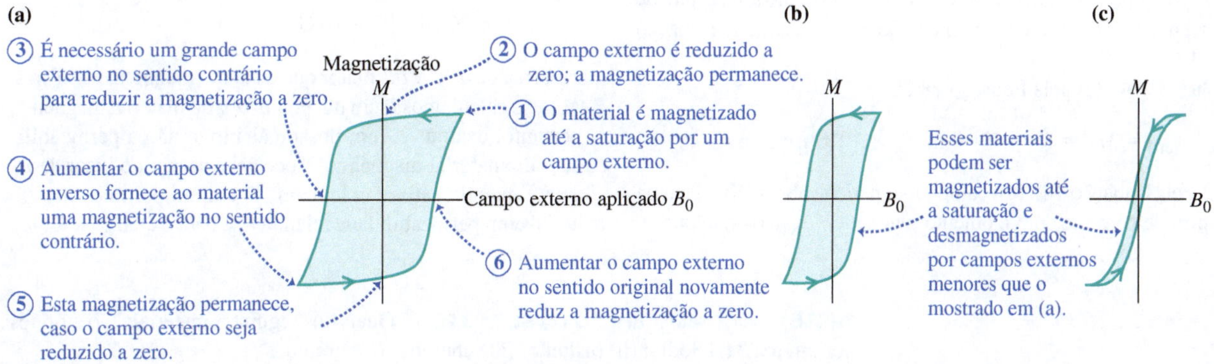

BIO Aplicação Nanopartículas magnéticas para terapia de câncer As bolhas mais claras e em maior quantidade nesta imagem microscópica são células cancerígenas que foram partidas de um tumor e ameaçam se espalhar pelo corpo de um paciente. Uma técnica experimental para combater essas células utiliza partículas de material magnético (mostradas em tons mais escuros) injetadas no corpo. Essas partículas são revestidas de um produto químico que se une preferencialmente às células cancerígenas. Um ímã fora do paciente, então, "conduz" as partículas para fora do corpo, levando as células cancerígenas com elas. (Foto: cortesia do pesquisador Dr. Kenneth Scarberry.)

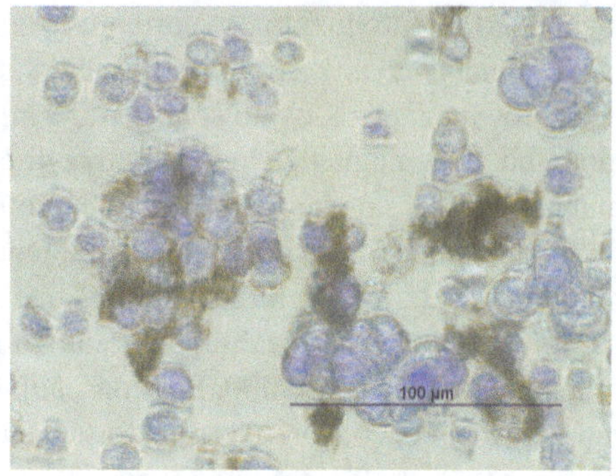

Esse tipo de comportamento denomina-se **histerese**, e as curvas indicadas na Figura 28.29 são chamadas *ciclos de histerese*. A magnetização e a desmagnetização de um material que possui histerese produzem dissipação de energia e a temperatura do material aumenta durante esse processo.

Os materiais ferromagnéticos são largamente empregados em eletroímãs, núcleos de transformador, motores e geradores, nos quais é desejável a obtenção do mais elevado campo magnético possível para uma dada corrente. Como a histerese dissipa energia, os materiais usados nessas aplicações devem possuir um ciclo de histerese o mais estreito possível. Geralmente se utiliza o ferro doce; ele possui elevada permeabilidade com uma pequena histerese. Para ímãs permanentes, é desejável um ciclo de histerese amplo, com um alto valor de magnetização na ausência de campo externo e um campo inverso elevado para produzir sua desmagnetização. Vários tipos de aço e muitas ligas, como a Alnico, em geral são usadas para a fabricação de ímãs permanentes. O campo remanescente nesses materiais, depois de magnetizados até um ponto próximo da saturação, normalmente é da ordem de 1 T, o que corresponde a uma magnetização remanescente $M = B/\mu_0$ de aproximadamente 800.000 A/m.

EXEMPLO 28.12 UM MATERIAL FERROMAGNÉTICO

Um ímã permanente com a forma de cubo é feito de um material ferromagnético com magnetização M aproximadamente igual a 8×10^5 A/m. A aresta possui um comprimento de 2 cm. (a) Determine o momento de dipolo magnético do ímã. (b) Estime o campo magnético produzido pelo ímã em um ponto sobre seu eixo situado a uma distância de 10 cm do ímã.

SOLUÇÃO

IDENTIFICAR E PREPARAR: este problema usa a relação entre a magnetização M e o momento de dipolo magnético μ_{total}, bem como o conceito de que um dipolo magnético produz um campo magnético. Determinamos μ_{total} pela Equação 28.28. Para estimar o campo magnético, aproximamos o ímã como uma espira de corrente com o mesmo momento magnético e usamos a Equação 28.18.

EXECUTAR: (a) pela Equação 28.28,

$$\mu_{total} = MV = (8 \times 10^5 \text{ A/m})\,(2 \times 10^{-2} \text{ m})^3 = 6 \text{ A} \cdot \text{m}^2$$

(b) Pela Equação 28.18, o campo magnético sobre o eixo de uma espira de corrente com momento magnético μ_{total} é dado por

$$B = \frac{\mu_0 \mu_{total}}{2\pi(x^2 + a^2)^{3/2}}$$

em que x é a distância do centro da espira e a é seu raio. Podemos usar essa mesma expressão aqui, exceto pelo fato de que a se refere ao tamanho do ímã. Estritamente falando, existe uma complicação, porque o ímã não possui a mesma geometria de uma espira circular. Contudo, como $x = 10$ cm é uma distância muito maior que a aresta de 2 cm do ímã, o termo a^2 é insignificante em comparação com x^2 e pode ser desprezado. Portanto,

$$B \approx \frac{\mu_0 \mu_{total}}{2\pi x^3} = \frac{(4\pi \times 10^{-7} \text{ T} \cdot \text{m/A})\,(6 \text{ A} \cdot \text{m}^2)}{2\pi\,(0{,}1 \text{ m})^3}$$

$$= 1 \times 10^{-3} \text{ T} = 10 \text{ G}$$

que é cerca de dez vezes maior que o campo magnético da Terra.

AVALIAR: calculamos B em um ponto *fora* do material magnético e, portanto, usamos μ_0 em nosso cálculo, e não a permeabilidade μ do material magnético. Você deve usar μ no lugar de μ_0 somente quando estiver calculando B em um ponto *dentro* do material com permeabilidade relativa K_m, para o qual $\mu = K_m \mu_0$.

TESTE SUA COMPREENSÃO DA SEÇÃO 28.8 Quais dos seguintes materiais são atraídos por um ímã? (i) Sódio; (ii) bismuto; (iii) chumbo; (iv) urânio. ❙

CAPÍTULO 28 RESUMO

Campo magnético de uma carga em movimento: o campo magnético $\vec{B}$, produzido por uma carga q que se desloca com velocidade $\vec{v}$, depende da distância r da fonte puntiforme (local onde está a carga q) até o ponto do campo P (onde $\vec{B}$ é medido). O campo $\vec{B}$ é perpendicular a $\vec{v}$ e a $\hat{r}$, que é um vetor unitário dessa direção. O princípio da superposição dos campos magnéticos afirma que o campo magnético total $\vec{B}$, produzido por cargas em movimento, é a soma vetorial dos campos gerados pelas cargas individuais. (Veja o Exemplo 28.1.)

$$\vec{B} = \frac{\mu_0}{4\pi}\frac{q\vec{v} \times \hat{r}}{r^2} \qquad (28.2)$$

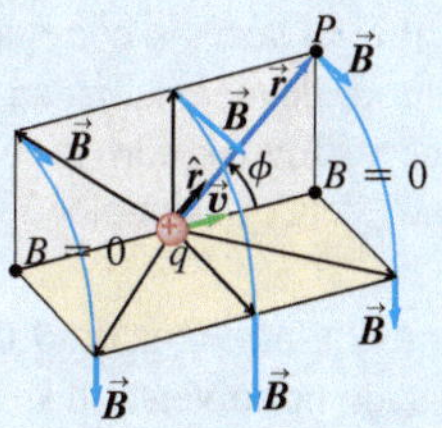

Campo magnético de um condutor com corrente: a lei de Biot e Savart fornece o campo magnético $d\vec{B}$, criado por um elemento $d\vec{l}$ de um condutor com uma corrente I. O campo $d\vec{B}$ é perpendicular tanto a $d\vec{l}$ quanto a $\hat{r}$, a unidade vetorial do elemento para o ponto de campo. O campo $\vec{B}$ criado por um condutor finito que conduz uma corrente é dado pela integral de $d\vec{B}$ ao longo do comprimento do condutor. (Veja o Exemplo 28.2.)

$$d\vec{B} = \frac{\mu_0}{4\pi}\frac{I\,d\vec{l} \times \hat{r}}{r^2} \qquad (28.6)$$

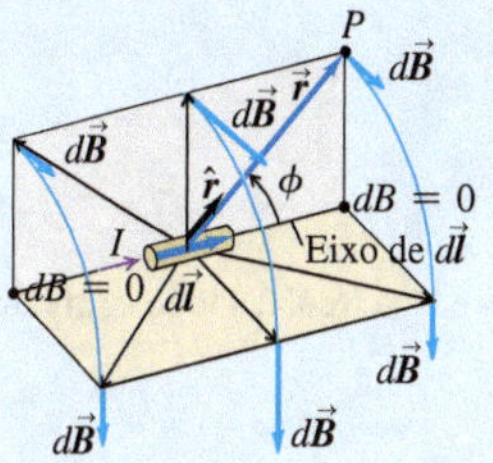

Campo magnético de um condutor longo e retilíneo com corrente: o campo magnético $\vec{B}$, a uma distância r de um condutor cilíndrico longo com uma corrente I, possui módulo inversamente proporcional a r. As linhas do campo magnético são circunferências coaxiais com o fio, e o sentido é dado pela regra da mão direita. (Veja os exemplos 28.3 e 28.4.)

$$B = \frac{\mu_0 I}{2\pi r} \qquad (28.9)$$

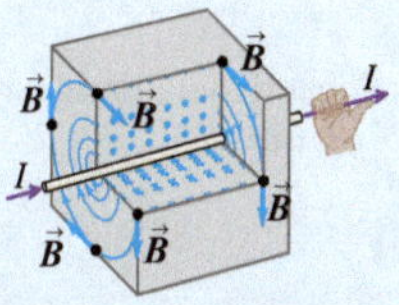

Força magnética entre condutores com corrente: dois condutores cilíndricos longos e paralelos que conduzem correntes se atraem, quando as correntes estão orientadas no mesmo sentido, e se repelem, quando as correntes estão orientadas em sentido contrário. A força magnética por unidade de comprimento entre os condutores depende das correntes I e I' e da distância r que as separa. A definição do ampère é baseada nessa relação. (Veja o Exemplo 28.5.)

$$\frac{F}{L} = \frac{\mu_0 II'}{2\pi r} \qquad (28.11)$$

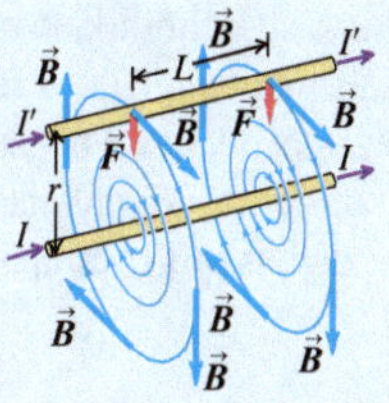

Campo magnético de uma espira de corrente: a lei de Biot e Savart nos permite calcular o campo magnético produzido por uma espira circular de raio a, que conduz uma corrente I. O campo depende da distância x ao longo de seu eixo a partir do centro da espira até o ponto do campo. Para N espiras, multiplicamos o campo por N. No centro da espira, $x = 0$. (Veja o Exemplo 28.6.)

$$B_x = \frac{\mu_0 I a^2}{2(x^2 + a^2)^{3/2}} \qquad (28.15)$$

(espira circular)

$$B_x = \frac{\mu_0 NI}{2a} \qquad (28.17)$$

(centro de N espiras circulares)

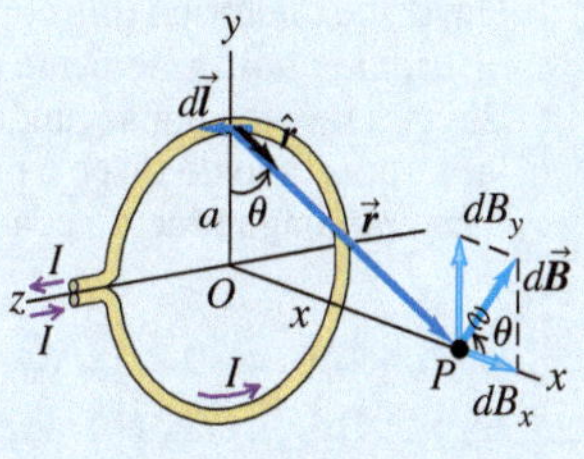

Lei de Ampère: a lei de Ampère afirma que a integral de linha de $\vec{B}$ em torno de qualquer percurso fechado é igual a μ_0 vezes a corrente total que flui através do interior da área delimitada pela curva fechada. O sentido positivo da corrente é dado pela regra da mão direita. (Veja os exemplos 28.7 a 28.10.)

$$\oint \vec{B} \cdot d\vec{l} = \mu_0 I_{\text{inte}} \quad (28.20)$$

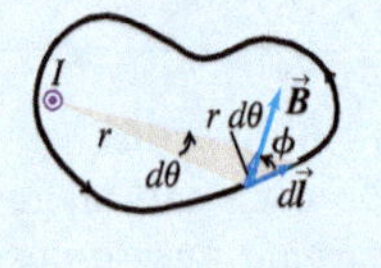

Campos magnéticos produzidos por distribuições de correntes: na tabela a seguir, apresentamos o módulo do campo magnético produzido por diversas distribuições de correntes. Em cada caso, o condutor conduz uma corrente I.

Distribuição de corrente	Ponto do campo magnético	Módulo de campo magnético
Condutor retilíneo longo	A uma distância r do condutor	$B = \dfrac{\mu_0 I}{2\pi r}$
Espira circular com raio a	Sobre o eixo da espira	$B = \dfrac{\mu_0 I a^2}{2(x^2 + a^2)^{3/2}}$
	No centro da espira	$B = \dfrac{\mu_0 I}{2a}$ (para n espiras, multiplique essas expressões por N)
Cilindro circular longo com raio R	No interior do condutor, $r < R$	$B = \dfrac{\mu_0 I}{2\pi}\dfrac{r}{R^2}$
	No exterior do condutor, $r > R$	$B = \dfrac{\mu_0 I}{2\pi r}$
Solenoide longo e compacto, com n espiras por unidade de comprimento, perto de seu centro	No interior do solenoide, perto do centro	$B = \mu_0 n I$
	No exterior do solenoide	$B \approx 0$
Solenoide toroidal (toroide) bastante compacto com N espiras	No interior do espaço limitado pelos enrolamentos, a uma distância r ao longo de seu eixo de simetria	$B = \dfrac{\mu_0 N I}{2\pi r}$
	No exterior do espaço limitado pelos enrolamentos	$B \approx 0$

Materiais magnéticos: na presença de materiais magnéticos, a magnetização do material produz uma contribuição adicional para $\vec{B}$. Para materiais diamagnéticos e paramagnéticos, substitua μ_0 nas expressões do campo magnético por $\mu = K_m\mu_0$, em que μ é a permeabilidade do material e K_m é sua permeabilidade relativa. A suscetibilidade magnética χ_m é definida por $\chi_m = K_m - 1$. As suscetibilidades magnéticas de materiais paramagnéticos são grandezas pequenas e positivas; para os materiais diamagnéticos, elas são grandezas pequenas e negativas. Para os materiais ferromagnéticos, K_m possui um valor muito grande e não é constante. Alguns materiais ferromagnéticos fornecem ímãs permanentes, retendo a magnetização mesmo depois que o campo magnético externo é removido. (Veja os exemplos 28.11 e 28.12.)

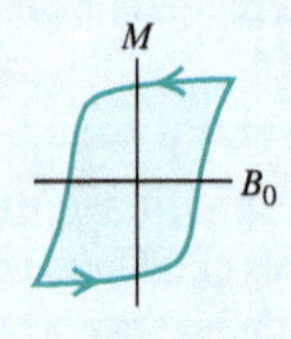

Problema em destaque — Campo magnético de um disco dielétrico rotativo e com carga

Um disco dielétrico fino com raio a possui uma carga total $+Q$ distribuída uniformemente por sua superfície (**Figura 28.30**). Ele gira n vezes por segundo em torno de um eixo perpendicular à superfície do disco e passando por seu centro. Determine o campo magnético no centro do disco.

GUIA DA SOLUÇÃO

IDENTIFICAR E PREPARAR

1. Pense no disco rotativo como uma série de anéis concêntricos rotativos. Cada anel atua como uma espira circular de corrente que produz um campo magnético no centro do disco.
2. Use os resultados da Seção 28.5 para determinar o campo magnético resultante de um único anel. Depois, integre por todos os anéis para determinar o campo total.

EXECUTAR

3. Determine a carga em um anel com raio interno r e raio externo $r + dr$ (Figura 28.30).

(Continua)

(Continuação)

4. Quanto tempo é necessário para que a carga no item 3 faça uma volta completa em torno do anel rotativo? Use isso para descobrir a corrente do anel rotativo.
5. Use o resultado da Seção 28.5 para determinar o campo magnético que esse anel produz no centro do disco.
6. Integre o resultado do item 5 para determinar o campo magnético total de todos os anéis com raios de $r = 0$ até $r = a$.

AVALIAR

7. Sua resposta contém as unidades corretas?
8. Suponha que toda a carga fosse concentrada na borda do disco (em $r = a$). Isso aumentaria ou diminuiria o campo no centro do disco?

Figura 28.30 Determinando o campo $\vec{B}$ no centro de um disco rotativo, uniformemente carregado.

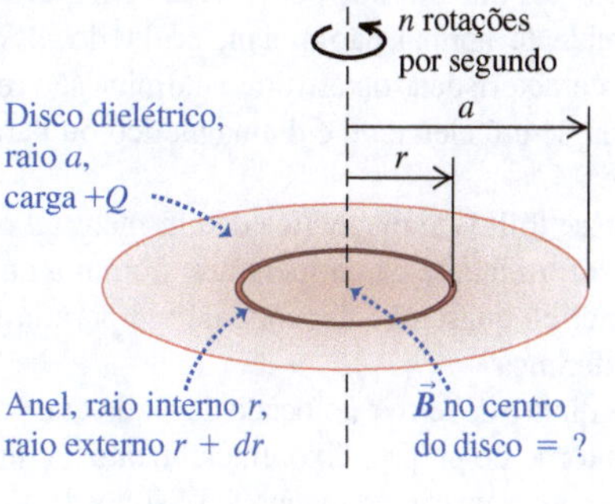

PROBLEMAS

•, ••, •••: níveis de dificuldade. **PC**: problemas cumulativos, incorporando material de outros capítulos. **CALC**: problemas exigindo cálculo. **DADOS**: problemas envolvendo dados reais, evidência científica, projeto experimental e/ou raciocínio científico. **BIO**: problemas envolvendo biociências.

QUESTÕES PARA DISCUSSÃO

Q28.1 Um tópico de interesse nas pesquisas de física é a busca (por enquanto sem êxito) de um polo magnético isolado, chamado de *monopolo* magnético. Se tal entidade fosse descoberta, como poderia ser reconhecida? Quais seriam suas propriedades?

Q28.2 Um feixe de partículas carregadas emitidas pelo Sol durante período de atividades solar cria uma perturbação no campo magnético da Terra. Como isso ocorre?

Q28.3 No texto, discutimos o campo magnético produzido por um fio retilíneo infinito com uma corrente. Naturalmente, *nenhum* objeto pode ter comprimento infinito. Como saber se um dado fio tem comprimento suficiente para que possa ser considerado infinito?

Q28.4 Dois condutores paralelos com corrente no mesmo sentido se atraem mutuamente. Caso eles possam se aproximar um do outro, as forças de atração realizam trabalho. De onde provém a energia? No Capítulo 27, afirmamos que forças magnéticas sobre cargas em movimento não realizam trabalho; isto contraria essa afirmação? Explique.

Q28.5 Os pares de fios que conduzem correntes para dentro ou para fora dos componentes da fonte de tensão de equipamentos eletrônicos algumas vezes são torcidos um com o outro para ajudar a reduzir o efeito do campo magnético. Por quê?

Q28.6 Suponha que você possua três fios paralelos longos, dispostos de modo que cada seção reta ocupe os vértices de um triângulo equilátero. É possível distribuir as correntes de modo que os três fios se atraiam mutuamente? Eles podem se repelir mutuamente? Explique.

Q28.7 Ao deduzir a força que atua sobre um dos fios longos que conduzem correntes na Seção 28.4, por que usamos o campo magnético produzido por apenas um dos fios? Ou seja, por que não usamos o campo magnético *total* produzido por *ambos* os fios?

Q28.8 Duas espiras circulares coplanares concêntricas, com diâmetros diferentes, conduzem correntes no mesmo sentido. Descreva a natureza das forças sobre a espira interna e sobre a espira externa.

Q28.9 Produzimos uma corrente através das espiras helicoidais de uma mola. As espiras se aproximam como se a mola fosse comprimida. Por quê?

Q28.10 Quais são as vantagens e desvantagens relativas das leis de Ampère e de Biot e Savart para os cálculos práticos de campos magnéticos?

Q28.11 As linhas de campo magnético nunca possuem um início nem um ponto final. Use essa observação para explicar por que é razoável aceitar que o campo magnético de um solenoide toroidal fica confinado em seu interior, enquanto o campo magnético de um solenoide retilíneo *deve* possuir algum campo magnético em seu exterior.

Q28.12 Dois fios muito longos e paralelos carregam correntes iguais em sentidos contrários. (a) Há algum lugar onde seus campos magnéticos se cancelam por completo? Se houver, onde? Se não, por quê? (b) Em que a resposta no item (a) mudaria se as correntes tivessem o mesmo sentido?

Q28.13 No circuito indicado na **Figura Q28.13**, quando a chave S é subitamente fechada, o fio L é puxado em direção ao fio inferior que conduz corrente I. Qual (a ou b) é o terminal positivo da pilha? Como você sabe?

Figura Q28.13

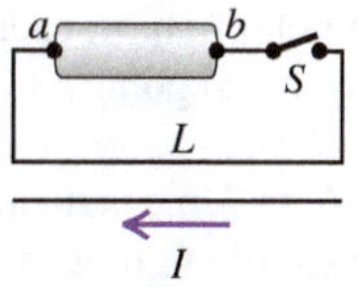

Q28.14 Um anel metálico carrega uma corrente que produz um campo magnético B_0 no centro do anel e um campo B no ponto P, situado a uma distância x do centro, ao longo do eixo do anel. Para o caso em que o raio do anel seja duplicado, determine o campo magnético no centro. O campo no ponto P mudará pelo mesmo fator? Por quê?

Q28.15 Mostre que as unidades $A \cdot m^2$ e J/T para o magneton de Bohr são equivalentes.

Q28.16 Por que a permeabilidade magnética de um material paramagnético deve diminuir quando sua temperatura aumenta?

Q28.17 Quando um ímã fica suspenso sobre um recipiente com ar líquido, algumas gotas são atraídas a seus polos. As gotas contêm somente oxigênio líquido; embora o nitrogênio seja o principal constituinte do ar, ele não é atraído para os polos. Explique o que isso pode informar sobre as suscetibilidades magnéticas do oxigênio e do nitrogênio, e por que um dos polos de um ímã, com o ar na temperatura ambiente, normal, não atrai moléculas do *gás* oxigênio.

Q28.18 Que características da estrutura atômica são relevantes para determinar se um elemento é diamagnético ou paramagnético? Explique.

Q28.19 A suscetibilidade magnética de um material paramagnético depende fortemente da temperatura, porém a de um material diamagnético quase não depende da temperatura. Qual a causa dessa diferença?

Q28.20 Um cilindro de ferro é colocado de modo que possa girar livremente em torno do próprio eixo. Inicialmente o cilindro está em repouso; a seguir, um campo magnético é aplicado ao cilindro, de modo que ele adquire uma magnetização paralela a seu eixo. Se o sentido do campo magnético *externo* for invertido, o sentido da magnetização também se inverterá, e o cilindro começará a girar em torno de seu eixo. (Esse fenômeno denomina-se *efeito Einstein-de Haas*.) Explique por que o cilindro começa a girar.

EXERCÍCIOS

Seção 28.1 Campo magnético de uma carga em movimento

28.1 •• Uma carga puntiforme de $+6{,}00\ \mu$C se move com velocidade constante igual a $8{,}0 \times 10^6$ m/s ao longo do eixo $+Oy$ de um sistema de referência. No momento em que ela está na origem do sistema de referência, qual é o campo magnético $\vec{B}$ que ela produz nos seguintes pontos: (a) $x = 0{,}500$ m, $y = 0$, $z = 0$; (b) $x = 0$, $y = -0{,}500$ m, $z = 0$; (c) $x = 0$, $y = 0$, $z = +0{,}500$ m; (d) $x = 0$, $y = -0{,}500$ m, $z = +0{,}500$ m?

28.2 • **Campos no interior do átomo.** No modelo de Bohr do átomo de hidrogênio, o elétron se move em uma órbita circular de raio $5{,}3 \times 10^{-11}$ com uma velocidade cujo módulo é igual a $2{,}2 \times 10^{6}$ m/s. Supondo que observamos o átomo de um ponto de vista tal que a órbita do elétron se situe no plano do papel e o elétron se mova no sentido horário, determine o módulo, a direção e o sentido dos campos elétrico e magnético que o elétron produz no local do núcleo (tratado como um ponto).

28.3 • Um elétron se move a $0{,}100c$, como indica a **Figura E28.3**. Determine o módulo, a direção e o sentido do campo magnético que esse elétron produz nos seguintes pontos, cada qual a 2,00 μm do elétron: (a) pontos *A* e *B*; (b) ponto *C*; (c) ponto *D*.

Figura E28.3

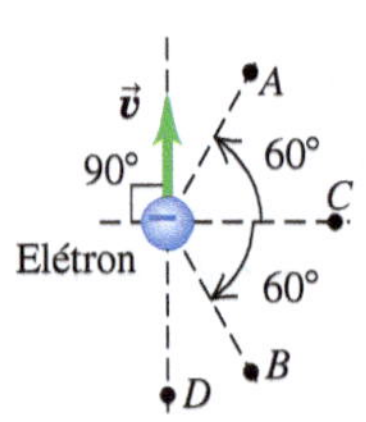

28.4 •• Uma partícula alfa (carga $+2e$) e um elétron se movem em sentidos contrários a partir de um mesmo ponto, cada qual com velocidade igual a $2{,}50 \times 10^5$ m/s (**Figura E28.4**). Determine o módulo, a direção e o sentido do campo magnético total que essas cargas produzem no ponto *P*, que está a 8,65 nm de cada carga.

Figura E28.4

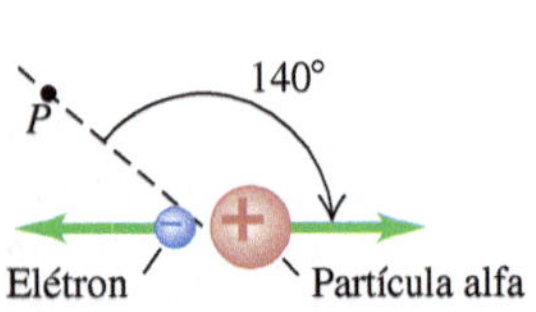

28.5 • Uma carga $-4{,}80\ \mu$C está se deslocando com velocidade constante, de $6{,}80 \times 10^5$ m/s, no sentido positivo de Ox em relação a um sistema de referência. No instante em que a carga puntiforme está na origem, qual é o vetor do campo magnético que ela produz nos seguintes pontos: (a) $x = 0{,}500$ m, $y = 0$, $z = 0$; (b) $x = 0$, $y = 0{,}500$ m, $z = 0$; (c) $x = 0{,}500$ m, $y = 0{,}500$ m, $z = 0$; (d) $x = 0$, $y = 0$, $z = 0{,}500$ m?

28.6 • Duas cargas puntiformes positivas, $q = +8{,}00\ \mu$C e $q' = +3{,}00\ \mu$C, se movem em relação a um observador situado no ponto *P*, como indica a **Figura E28.6**. A distância *d* é igual a 0,120 m, $v = 4{,}50 \times 10^6$ m/s e $v' = 9{,}00 \times 10^6$ m/s. (a) Quando as cargas estão nos pontos indicados na figura, quais são o módulo, a direção e o sentido do campo magnético resultante que elas produzem no ponto *P*? (b) Quais são o módulo, a direção e o sentido das forças elétricas e magnéticas que cada carga exerce sobre a outra, e qual é a razão entre o módulo da força elétrica e o módulo da força magnética? (c) Se o sentido de $\vec{v}'$ for invertido, de modo que ambas as cargas se desloquem no mesmo sentido, quais são o módulo, a direção e o sentido das forças magnéticas que as duas cargas exercem entre si?

Figura E28.6

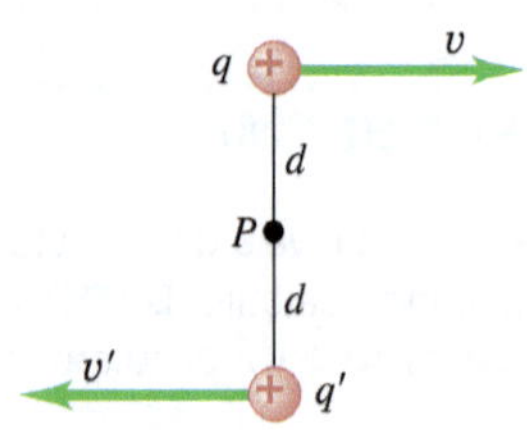

28.7 • Uma carga negativa $q = -3{,}60 \times 10^{-6}$ C está localizada na origem e possui velocidade $\vec{v} = (7{,}50 \times 10^4\ \text{m/s})\hat{\imath} + (-4{,}90 \times 10^4\ \text{m/s})\hat{\jmath}$. Nesse instante, quais são o módulo, a direção e o sentido do campo magnético produzido por essa carga no ponto $x = 0{,}200$ m, $y = -0{,}300$ m, $z = 0$?

28.8 •• Um elétron e um próton se movem a 735 km/s cada um, em trajetórias perpendiculares, como indica a **Figura E28.8**. No instante em que eles estão nas posições indicadas na figura, determine o módulo, a direção e o sentido: (a) do campo magnético total que eles produzem na origem; (b) o campo magnético que o elétron produz no local do próton; (c) a força elétrica total e a força magnética total que o elétron exerce sobre o próton.

Figura E28.8

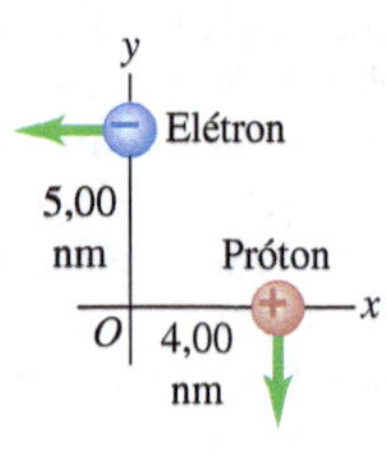

Seção 28.2 Campo magnético de um elemento de corrente

28.9 • Um fio retilíneo conduz uma corrente de 10,0 A (**Figura E28.9**). *ABCD* é um retângulo com um ponto *D* no meio de um segmento de 1,10 mm do fio e um ponto *C* no fio. Determine o módulo, a direção e o sentido do campo magnético produzido por esse segmento (a) no ponto *A*; (b) no ponto *B*; (c) no ponto *C*.

Figura E28.9

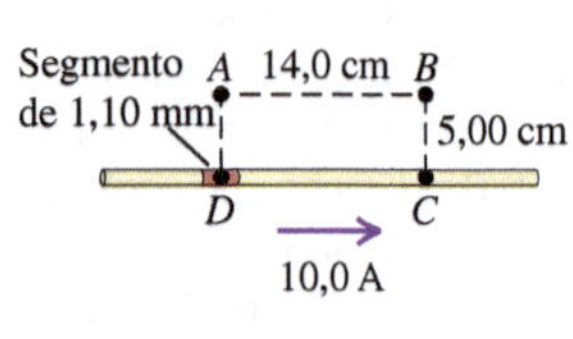

28.10 • Um elemento de corrente curto $d\vec{l} = (0{,}500\ \text{mm})\hat{\jmath}$ conduz uma corrente de 5,40 A no mesmo sentido de $d\vec{l}$. O ponto *P* está localizado a $\vec{r} = (-0{,}730\ \text{m})\hat{\imath} + (0{,}390\ \text{m})\hat{k}$. Use vetores unitários para expressar o campo magnético em *P* produzido por esse elemento de corrente.

28.11 •• Um fio retilíneo longo está sobre o eixo Oz e conduz uma corrente de 4,00 A no sentido $+z$. Determine o módulo, a direção e o sentido do campo magnético produzido por um segmento do fio de 0,500 mm, centralizado na origem nos seguintes pontos: (a) $x = 2{,}00$ m, $y = 0$, $z = 0$; (b) $x = 0$, $y = 2{,}00$ m, $z = 0$; (c) $x = 2{,}00$ m, $y = 2{,}00$ m, $z = 0$; (d) $x = 0$, $y = 0$, $z = 2{,}00$ m.

Figura E28.12

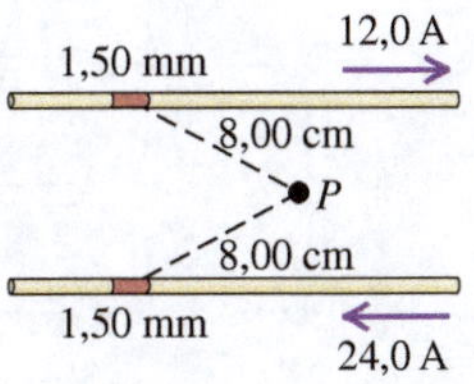

28.12 •• Dois fios paralelos estão separados por uma distância de 5,00 cm e conduzem correntes em sentidos contrários, como indica a **Figura E28.12**. Determine o módulo, a direção e o sentido do campo magnético no ponto P produzido por dois segmentos de 1,50 mm do fio que se opõem entre si e estão a 8,00 cm do ponto P.

28.13 • Um fio que conduz uma corrente de 28,0 A é dobrado até formar um ângulo reto. Considere dois segmentos de 2,00 mm de fio, cada qual a 3,00 cm da dobra (**Figura E28.13**). Determine o módulo, a direção e o sentido do campo magnético que esses dois segmentos produzem no ponto P, equidistante de ambos.

Figura E28.13

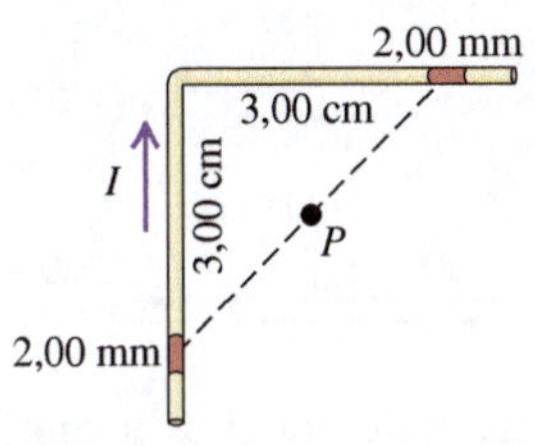

28.14 •• Uma espira de fio quadrada com 10,0 cm em cada lado conduz uma corrente de 8,00 A no sentido horário. Determine o módulo, a direção e o sentido do campo magnético em seu centro em função dos quatro segmentos de 1,20 mm de fio no meio de cada lado.

Seção 28.3 Campo magnético de um condutor retilíneo conduzindo uma corrente

28.15 • **O campo magnético de um relâmpago.** Os relâmpagos podem conduzir correntes de até 20 kA, aproximadamente. Podemos modelar tal corrente como o equivalente de um fio muito longo e retilíneo. (a) Se você tiver o azar de estar a 5,0 m de distância de um relâmpago, a que tamanho de campo magnético você ficaria exposto? (b) Como esse campo se compara a outro, em que você se expõe estando a 5,0 cm de distância de uma corrente doméstica longa e retilínea de 10 A?

28.16 • Um fio muito longo, retilíneo e horizontal conduz uma corrente em que $8{,}20 \times 10^{18}$ elétrons por segundo passam por um dado ponto ao se deslocarem de oeste para leste. Quais são o módulo, a direção e o sentido do campo magnético que esse fio produz em um ponto situado 4,00 cm diretamente acima dele?

28.17 • BIO **Correntes no coração.** O corpo humano contém muitas correntes pequenas, causadas pelo movimento de íons em órgãos e células. As medições do campo magnético em torno do peito em razão das correntes no coração geram valores em torno de 10 μG. Embora as correntes reais sejam um tanto complicadas, podemos ter uma ideia bruta de seu módulo se as modelarmos como um fio longo e retilíneo. Se a superfície do peito estiver a 5,0 cm dessa corrente, qual é a corrente conduzida no coração?

28.18 • BIO **Navegação das bactérias.** Certas bactérias (como a *Aquaspirillum magnetotacticum*) tendem a nadar em direção ao polo norte geográfico da Terra, pois elas contêm minúsculas partículas, chamadas magnetossomos, que são sensíveis a um campo magnético. Se uma linha de transmissão conduzindo 100 A for esticada sob a água, em que faixa de distâncias o campo magnético dessa linha seria grande o suficiente para interferir na migração dessas bactérias? (Suponha que um campo menor que 5% do campo da Terra tenha pouco efeito sobre as bactérias. Tome o campo da Terra como sendo $5{,}0 \times 10^{-5}$ T e ignore os efeitos da água do mar.)

28.19 • (a) Quanta corrente um fio longo e retilíneo teria de conduzir para que o campo magnético situado a 2,0 cm do fio seja igual a 1,00 G (comparável ao campo magnético da Terra, orientado para o norte)? (b) Considerando que o fio é horizontal, com a corrente se deslocando de leste para oeste, em que locais o campo magnético do fio aponta no mesmo sentido do componente horizontal do campo magnético da Terra? (c) Repita o item (b) considerando o fio vertical, com a corrente se deslocando de baixo para cima.

28.20 • Dois fios retilíneos longos, um situado acima do outro, estão em uma direção paralela ao eixo Ox e separados a uma distância igual a $2a$. Considere um eixo $+Oy$ situado no plano dos fios e orientado do fio inferior para o superior. Cada fio conduz uma corrente I no sentido $+Ox$. Determine o módulo, a direção e o sentido do campo magnético resultante produzido pelos fios nos seguintes pontos sobre o plano dos fios: (a) na metade da distância entre os fios; (b) a uma distância a acima do fio superior; (c) a uma distância a abaixo do fio inferior.

28.21 •• Um fio retilíneo longo está situado sobre o eixo Oy e conduz uma corrente $I = 8{,}00$ A no sentido $-Oy$ (**Figura E28.21**). Além do campo magnético produzido pelo fio, existe um campo magnético uniforme $\vec{B}_0$ com módulo igual a $1{,}50 \times 10^{-6}$ T apontando no sentido $+Ox$. Calcule o módulo, a direção e o sentido do campo magnético total nos seguintes pontos sobre o plano xz: (a) $x = 0$, $z = 1{,}00$ m; (b) $x = 1{,}00$ m, $z = 0$; (c) $x = 0$, $z = -0{,}25$ m?

Figura E28.21

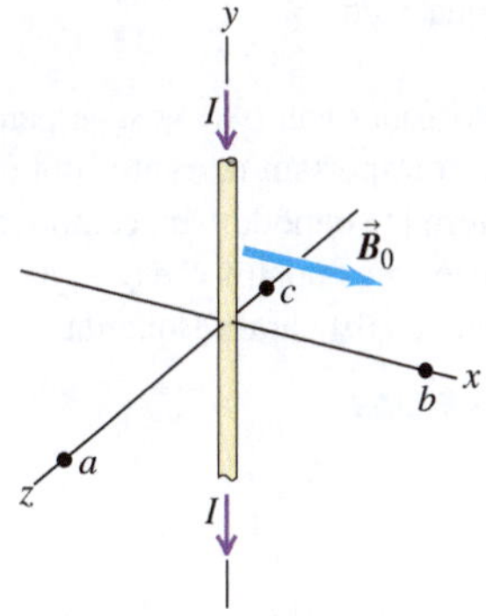

28.22 •• BIO **Linhas de transmissão e a saúde.** As correntes nas linhas de transmissão podem ser de 100 A ou mais. Algumas pessoas se preocupam com os campos eletromagnéticos dessas linhas perto de suas casas, achando que podem colocar a saúde em risco. Para uma linha com corrente de 150 A e altura de 8,0 m acima do solo, que campo magnético ela produz no nível no solo? Expresse sua resposta em teslas e como uma porcentagem do campo magnético da Terra, que é 0,50 G. Esse valor é motivo de preocupação?

28.23 • Dois fios longos, retilíneos e paralelos estão separados por uma distância de 10,0 cm e conduzem correntes iguais de 4,00 A no mesmo sentido, como indica a **Figura E28.23**. Determine o módulo, a direção e o sentido do campo magnético (a) no ponto P_1, que é o ponto médio entre os fios; (b) no ponto P_2, 25,0 cm à direita de P_1; (c) no ponto P_3, 20,0 cm diretamente acima de P_1.

Figura E28.23

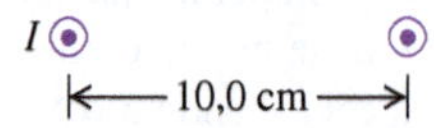

28.24 •• Uma espira retangular com dimensões de 4,20 cm por 9,50 cm conduz uma corrente I. A corrente na espira produz um campo magnético no centro da espira com módulo $5{,}50 \times 10^{-5}$ T e direção para longe de você ao ver o plano da espira. Quais são o módulo, a direção e o sentido (horário ou anti-horário) da corrente na espira?

28.25 • Quatro linhas de força longas e paralelas conduzem correntes de 100 A. Um diagrama de seção reta dessas linhas é um quadrado com 20,0 cm de cada lado. Para cada um dos três casos indicados na **Figura E28.25**, calcule o campo magnético no centro do quadrado.

Figura E28.25

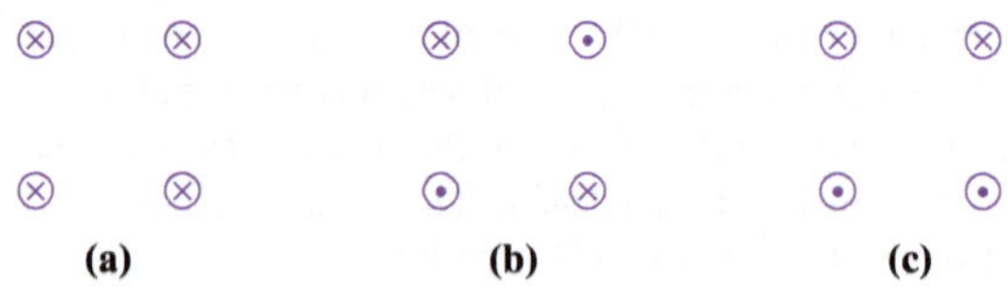

28.26 • Quatro fios longos, que conduzem corrente no mesmo plano, se cruzam para formar um quadrado com 40,0 cm de cada lado, como indica a **Figura E28.26**. Determine o módulo, a direção e o sentido da corrente I, de modo que o campo magnético no centro do quadrado seja igual a zero.

Figura E28.26

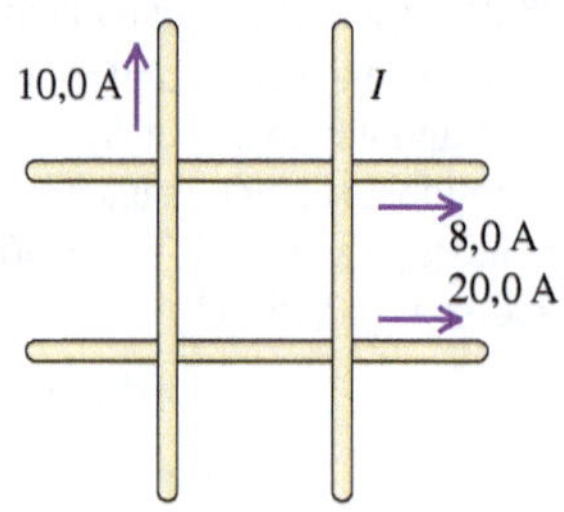

28.27 •• Dois fios isolados muito longos, perpendiculares entre si no mesmo plano, transportam correntes conforme mostra a **Figura E28.27**. Determine o módulo do campo magnético *total* que esses fios produzem nos pontos P e Q se a corrente de 10,0 A for (a) para a direita ou (b) para a esquerda.

Figura E28.27

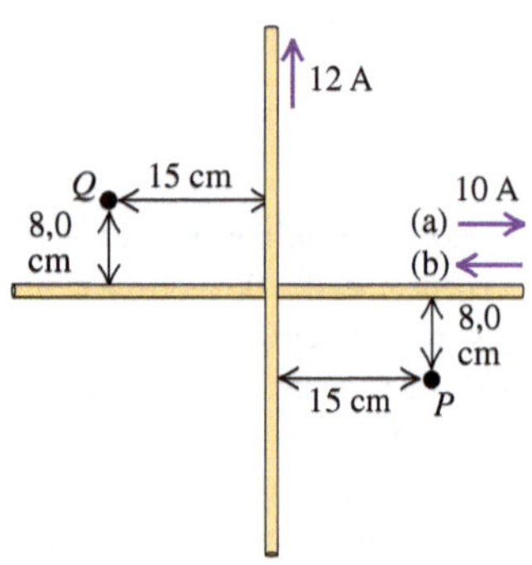

Sção 28.4 Força entre condutores paralelos

28.28 • Três fios paralelos muito longos conduzem correntes de módulo igual a I, com os sentidos indicados na **Figura E28.28**. Sabendo que a distância entre dois fios adjacentes é igual a d, calcule o módulo, a direção e o sentido da força magnética resultante por unidade de comprimento sobre cada fio.

Figura E28.28

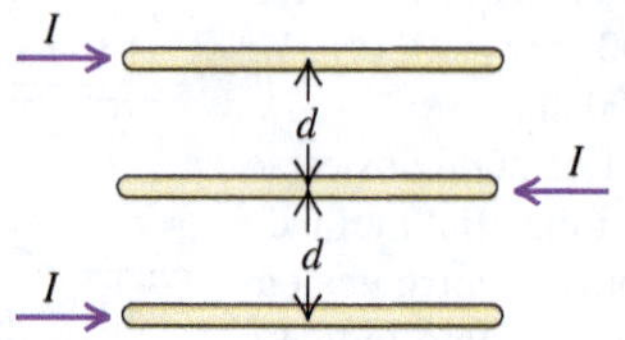

28.29 • A distância entre dois fios longos paralelos é igual a 0,400 m (**Figura E28.29**). As correntes I_1 e I_2 possuem os sentidos indicados. (a) Calcule o módulo da força total que cada fio exerce sobre 1,20 m de comprimento do outro. A força é de atração ou de repulsão? (b) As correntes dobram, de modo que I_1 torna-se igual a 10,0 A e I_2 torna-se igual a 4,00 A. Qual é agora o módulo da força total que cada fio exerce sobre 1,20 m de comprimento do outro?

Figura E28.29

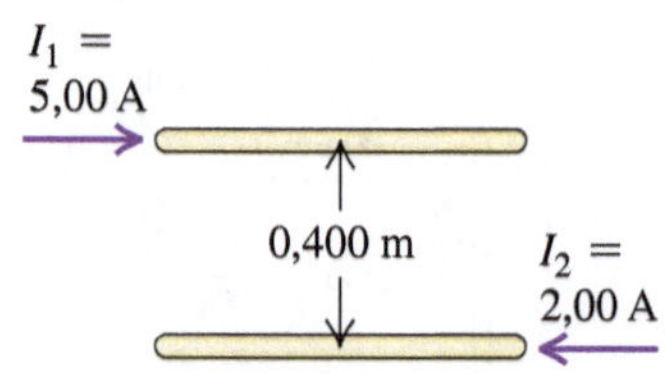

28.30 • A distância entre dois fios longos paralelos é de 2,50 cm. A força por unidade de comprimento que cada fio exerce sobre o outro é igual a $4{,}00 \times 10^{-5}$ N/m, e os fios se repelem mutuamente. A corrente em um dos fios é de 0,600 A. (a) Qual é a corrente no segundo fio? (b) As correntes têm o mesmo sentido ou sentidos contrários?

28.31 • **Cabos para uma lâmpada.** Os fios que compõem o cabo elétrico de uma lâmpada doméstica geralmente ficam a uma distância de 3,0 mm de um centro a outro e conduzem correntes iguais em sentidos contrários. Se o cabo conduz corrente para uma lâmpada de 100 W, conectada através de uma diferença de potencial de 120 V, qual força por metro cada fio no interior do cabo exerce sobre o outro? A força é de atração ou repulsão? Essa força é grande o suficiente para que deva ser considerada no projeto de cabos para uma lâmpada? (Modele o fio da lâmpada como se fosse um fio longo e retilíneo.)

28.32 • Um fio horizontal longo AB encontra-se apoiado sobre uma mesa e conduz uma corrente I. Um fio horizontal longo CD está verticalmente sobre o fio AB e pode deslizar para cima ou para baixo ao longo de duas guias metálicas verticais C e D (**Figura E28.32**). O fio CD está conectado por meio de contatos deslizantes a outro fio que também conduz uma corrente I, porém de sentido contrário à corrente do fio AB. A massa por unidade de comprimento do fio CD é igual a λ. Na posição de equilíbrio, qual é a altura h do fio CD, supondo que a força magnética sobre esse fio seja inteiramente produzida pela corrente do fio AB?

Figura E28.32

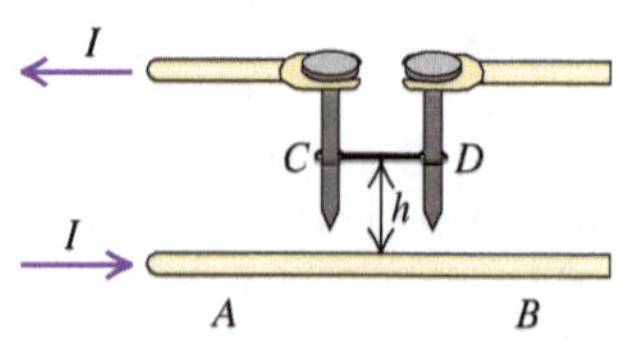

Seção 28.5 Campo magnético de uma espira circular

28.33 • BIO **Correntes no cérebro.** O campo magnético em torno da cabeça foi medido como sendo de aproximadamente

$3{,}0 \times 10^{-8}$ G. Embora as correntes que produzem esse campo sejam bastante complicadas, podemos ter uma estimativa bruta de seu tamanho modelando-as como uma única espira de corrente circular com 16 cm de diâmetro (a largura típica de uma cabeça). Qual é a corrente necessária para produzir esse campo no centro da espira?

28.34 • Determine o módulo, a direção e o sentido do campo magnético resultante produzido no ponto *P* pela corrente que passa na seção semicircular do fio indicado na **Figura E28.34**. (*Dica*: a corrente que passa na seção retilínea do fio produz algum campo magnético no ponto *P*?)

Figura E28.34

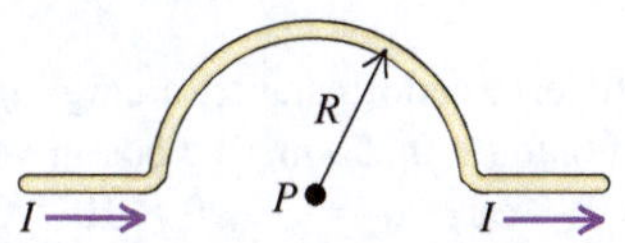

28.35 •• Calcule o módulo do campo magnético resultante produzido no ponto *P* da **Figura E28.35** em função de *R*, I_1 e I_2. O que sua expressão fornece quando $I_1 = I_2$?

Figura E28.35

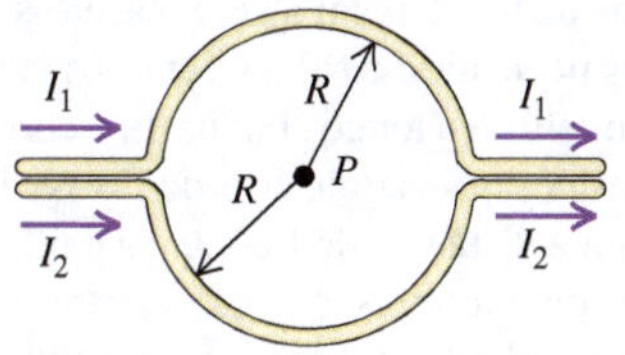

28.36 •• Uma bobina circular com 800 espiras enroladas de modo compacto possui raio de 2,40 cm. (a) Qual deve ser a corrente que passa pela bobina, supondo que o campo magnético no centro da bobina seja igual a 0,0770 T? (b) A que distância *x* do centro da bobina, sobre o eixo da bobina, o campo magnético é igual à metade de seu valor no centro?

28.37 •• Uma única espira circular possui 10,0 cm de diâmetro e conduz uma corrente de 2,00 A. (a) Qual é o campo magnético no centro dessa espira? (b) Suponha que agora conectemos 1.000 dessas espiras em série por um comprimento de 500 cm para criar um solenoide de 500 cm de extensão. Qual é o campo magnético no centro desse solenoide? Ele é 1.000 vezes o campo no centro da espira do item (a)? Por quê?

28.38 •• Uma bobina circular com espiras enroladas de modo compacto possui raio igual a 6,00 cm e conduz uma corrente de 2,50 A. Quantas voltas ela deve ter para que o módulo do campo magnético seja de $6{,}39 \times 10^{-4}$ T em um ponto sobre o eixo da bobina afastado 6,00 cm de seu centro?

28.39 •• Duas espiras de fio circulares concêntricas encontram-se sobre uma mesa, uma dentro da outra. O fio interno possui um diâmetro de 20,0 cm e conduz uma corrente de 12,0 A em sentido horário, conforme visto de cima, e o fio externo possui um diâmetro de 30,0 cm. Quais deverão ser o módulo e o sentido (visto de cima) da corrente no fio externo para que o campo magnético produzido nessa combinação de fios seja zero no centro comum dos fios?

Seção 28.6 Lei de Ampère

28.40 • A **Figura E28.40** mostra a seção reta de diversos condutores que conduzem correntes que atravessam o plano da figura. Os módulos das correntes são $I_1 = 4{,}0$ A, $I_2 = 6{,}0$ A e $I_3 = 2{,}0$ A, e os sentidos das correntes são indicados na figura. Quatro trajetórias indicadas pelas letras de *a* até *d* são mostradas na figura. Qual é o valor da integral de linha $\oint \vec{B} \cdot d\vec{l}$ para cada trajetória? Cada integral envolve seguir o percurso no sentido anti-horário. Explique suas respostas.

Figura E28.40

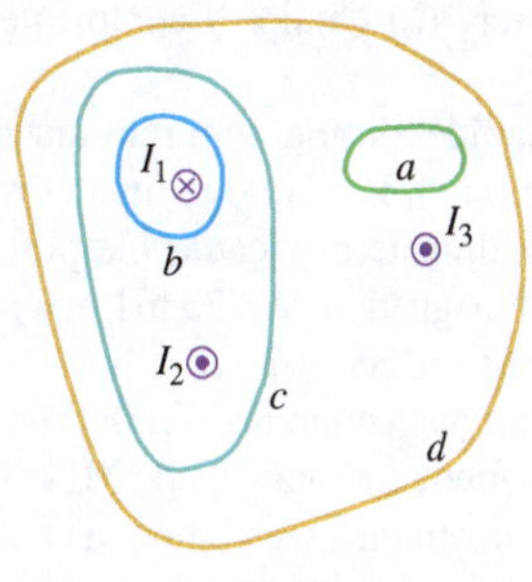

28.41 • No interior de uma curva fechada existem diversos condutores. A integral de linha $\oint \vec{B} \cdot d\vec{l}$ em torno da curva é igual a $3{,}83 \times 10^{-4}$ T · m. (a) Qual é a corrente total que passa nos condutores? (b) Se você fizesse a integral percorrendo a curva em sentido contrário, qual seria o valor da integral? Explique.

Seção 28.7 Aplicações da lei de Ampère

28.42 •• Como um técnico em eletricidade, você está projetando um grande solenoide para produzir um campo magnético uniforme de 0,150 T próximo ao centro do solenoide. Você possui fio suficiente para 4.000 espiras. Esse solenoide deve ter 55,0 cm de comprimento e 2,8 cm de diâmetro. Qual é a corrente necessária para produzir o campo exigido?

28.43 • **Cabo coaxial.** Um condutor sólido com raio *a* é suportado por discos isolantes no centro de um tubo condutor com raio interno *b* e raio externo *c* (**Figura E28.43**). O condutor central e o tubo conduzem correntes com o mesmo módulo *I*, mas com sentidos contrários. As correntes são distribuídas uniformemente ao longo da seção reta de cada condutor. Deduza uma expressão para o módulo do campo magnético (a) nos pontos no exterior do condutor sólido central, porém no interior do tubo ($a < r < b$); (b) nos pontos no exterior do tubo ($r > c$).

Figura E28.43

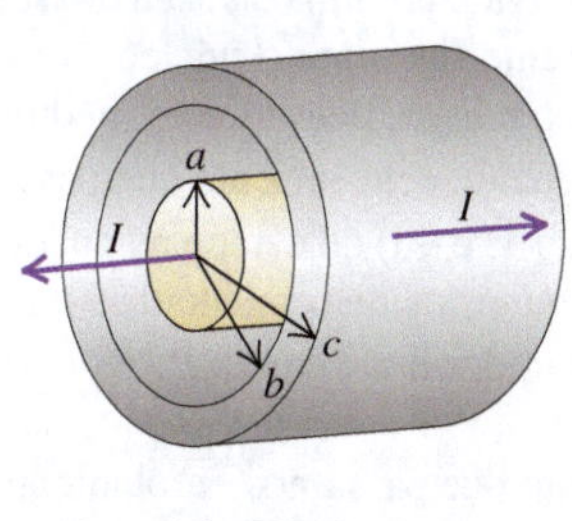

28.44 • Repita o Exercício 28.43 para o caso no qual a corrente no condutor sólido central é I_1, a corrente no tubo é I_2 e as correntes possuem o mesmo sentido em vez de sentidos contrários.

28.45 •• Um solenoide com 35 cm de comprimento contendo 450 bobinas circulares com 2,0 cm de diâmetro conduz uma corrente de 1,75 A. (a) Qual é o campo magnético no centro do solenoide, a 1,0 cm das bobinas? (b) Suponha que agora estiquemos as bobinas para formar um fio muito longo, conduzindo a mesma corrente de antes. Qual é o campo magnético a 1,0 cm do centro do fio? É o mesmo que o do item (a)? Por quê?

28.46 •• Um solenoide de 15,0 cm de comprimento e 0,750 cm de raio possui 600 espiras enroladas de modo compacto. A corrente que passa nas espiras é igual a 8,0 A. Determine o campo magnético em um ponto situado nas proximidades do centro do solenoide.

28.47 •• Um solenoide é projetado para produzir um campo magnético igual a 0,0270 T em seu centro. Ele possui raio de 1,40 cm, comprimento de 40,0 cm e o fio conduz uma corrente máxima de 12,0 A. (a) Qual é o número mínimo de espiras que o solenoide deve ter? (b) Qual é o comprimento total do fio necessário?

28.48 • Um solenoide toroidal tem raio interno de 12,0 cm e raio externo de 15,0 cm. Ele conduz uma corrente de 1,50 A. Quantas voltas igualmente espaçadas ele precisa ter para que produza um campo magnético de 3,75 mT nos pontos dentro das bobinas a 14,0 cm de seu centro?

28.49 • Um campo magnético de 37,2 T foi obtido no Francis Bitter National Magnetic Laboratory, do MIT. Determine a corrente necessária para atingir esse campo (a) a 2,0 cm de um fio longo e retilíneo; (b) no centro de uma bobina circular de raio igual a 42,0 cm com 100 espiras; (c) próximo do centro de um solenoide com 2,40 cm de raio, 32,0 cm de comprimento e 40.000 espiras.

28.50 • Um solenoide toroidal (veja o Exemplo 28.10) possui raio interno $r_1 = 15{,}0$ cm e raio externo $r_2 = 18{,}0$ cm. O solenoide possui 250 espiras e conduz uma corrente de 8,50 A. Qual é o módulo do campo magnético em um ponto cuja distância ao centro do toroide é: (a) 12,0 cm? (b) 16,0 cm? (c) 20,0 cm?

28.51 •• Um anel de madeira com diâmetro médio igual a 14,0 cm é enrolado de modo compacto com 600 espiras, formando um enrolamento toroidal. Determine o campo magnético em um ponto situado no centro da seção reta das espiras quando a corrente que passa no enrolamento é de 0,650 A.

Seção 28.8 Materiais magnéticos

28.52 •• Um solenoide toroidal com 400 espiras possui raio médio igual a 6,0 cm e conduz uma corrente de 0,25 A. A permeabilidade relativa do núcleo é igual a 80. (a) Qual é o campo magnético no núcleo? (b) Que parte do campo magnético resultante é produzida pelas correntes atômicas?

28.53 • Um solenoide longo, com 60 espiras por centímetro, conduz uma corrente igual a 0,15 A. O fio das espiras é enrolado em torno de um núcleo de aço com silício ($K_m = 5.200$). (O fio do solenoide é envolvido por uma camada de isolante, de modo que nenhuma corrente flua para o núcleo.) (a) Para um dado ponto no interior do núcleo, determine o módulo (i) do campo magnético $\vec{B}_0$ produzido pela corrente que passa no solenoide, (ii) da magnetização $\vec{M}$ e (iii) do campo magnético resultante $\vec{B}$. (b) Faça um esboço mostrando o solenoide e o núcleo e indique as direções e os sentidos dos vetores $\vec{B}$, $\vec{B}_0$ e $\vec{M}$ no interior do núcleo do solenoide.

28.54 • A corrente que passa nos enrolamentos de um solenoide toroidal é de 2,400 A. Existem 500 espiras e seu raio médio é igual a 25,00 cm. O toroide está preenchido com um material magnético. Verifica-se que o campo magnético no interior das espiras é igual a 1,940 T. Calcule: (a) a permeabilidade relativa; (b) a suscetibilidade magnética do material que preenche o toroide.

PROBLEMAS

28.55 •• Duas cargas puntiformes, $q = +8{,}00\ \mu$C e $q' = -5{,}00\ \mu$C, se movem como indicado na **Figura P28.55** com velocidades $v = 9{,}00 \times 10^4$ m/s e $v' = 6{,}50 \times 10^4$ m/s. Quando as cargas puntiformes estão nos locais indicados na figura, quais são (a) o campo magnético produzido na origem e (b) a força magnética (módulo, direção e sentido) que a carga q' exerce sobre q?

Figura P28.55

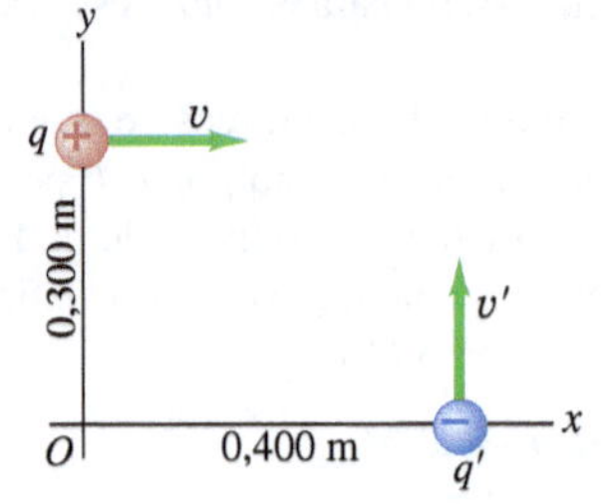

28.56 •• Em determinado instante, a carga $q_1 = +4{,}80 \times 10^{-6}$ C está no ponto (0, 0,250 m, 0) e possui velocidade $\vec{v}_1 = (9{,}20 \times 10^5 \text{ m/s})\hat{\imath}$. A carga $q_2 = -2{,}90 \times 10^{-6}$ C está no ponto (0,150 m, 0, 0) e possui velocidade $\vec{v}_2 = (-5{,}30 \times 10^5 \text{ m/s})\hat{\jmath}$. Nesse instante, quais são o módulo, a direção e o sentido da força magnética que q_1 exerce sobre q_2?

28.57 ••• Duas linhas de transmissão longas e paralelas, separadas por uma distância de 40,0 cm, carregam correntes de 25,0 A e 75,0 A. Determine todos os locais em que o campo magnético líquido de ambos os fios é igual a zero, caso essas correntes estejam (a) no mesmo sentido e (b) em sentidos contrários.

28.58 • Um fio retilíneo longo conduz uma corrente de 8,60 A. Um elétron se desloca nas vizinhanças do fio. No instante em que o elétron está a uma distância do fio igual a 4,50 cm e se desloca com velocidade igual a $6{,}0 \times 10^4$ m/s diretamente em direção ao fio, quais são o módulo, a direção e o sentido (em relação ao sentido da corrente) da força magnética que o campo magnético da corrente exerce sobre o elétron?

28.59 • PC Um fio longo e retilíneo conduz uma corrente de 13,0 A. Um elétron é disparado paralelamente a esse fio com uma velocidade de 250 km/s, no mesmo sentido da corrente, a 2,00 cm do fio. (a) Determine o módulo, a direção e o sentido da aceleração inicial do elétron. (b) Quais devem ser o módulo, a direção e o sentido de um campo elétrico uniforme que permitirá ao elétron continuar a se deslocar paralelamente ao fio? (c) É necessário incluir os efeitos da gravidade? Justifique sua resposta.

28.60 •• Um elétron está se movendo nas vizinhanças de um fio longo e retilíneo disposto ao longo do eixo x. O fio possui uma corrente constante de 9,00 A no sentido $-x$. Em um instante em que o elétron está no ponto (0, 0,200 m, 0) e a velocidade do elétron é $\vec{v} = (5{,}00 \times 10^4 \text{ m/s})\hat{\imath} - (3{,}00 \times 10^4 \text{ m/s})\hat{\jmath}$, qual é a força que o fio exerce sobre o elétron? Expresse a força em termos de vetores unitários e calcule seu módulo.

28.61 •• Um ônibus elétrico opera pela alimentação de corrente contínua de dois cabos paralelos suspensos, a uma diferença de potencial de 600 V, espaçados 55 cm um do outro. Quando a entrada de alimentação no motor do ônibus está em sua potência máxima de 65 hp, (a) que corrente é retirada e (b) qual é a força de atração por comprimento unitário entre os cabos?

28.62 •• A **Figura P28.62** representa o plano xy que corta perpendicularmente dois fios longos e paralelos que conduzem uma corrente I, de mesmo módulo, porém sentidos contrários. (a) Copie o diagrama e desenhe vetores para mostrar o campo $\vec{B}$ de cada fio e o campo resultante $\vec{B}$ no ponto P. (b) Deduza a expressão para o módulo de $\vec{B}$ em qualquer ponto do eixo Ox em termos da coordenada x do ponto. Quais são a direção e o sentido de $\vec{B}$? (c) Faça um gráfico do módulo de $\vec{B}$ em função de x.

(d) Para qual valor de x o módulo de $\vec{B}$ atinge seu valor máximo? (e) Qual é o módulo de $\vec{B}$ quando $x >> a$?

Figura P28.62

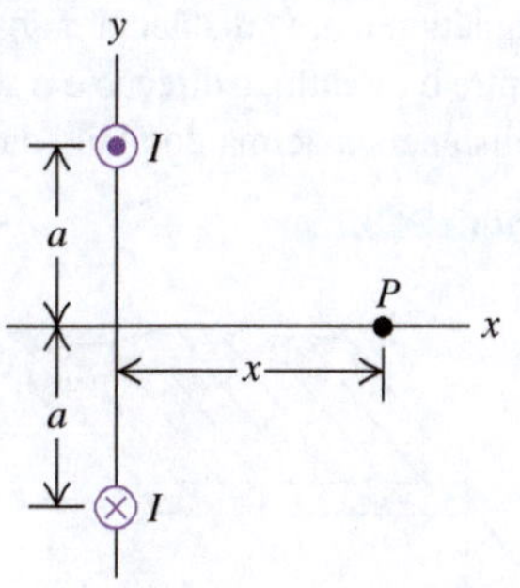

28.63 • Dois fios longos paralelos estão separados por uma distância de 1,00 m (**Figura P28.63**). O fio da esquerda conduz uma corrente I_1 de 6,00 A entrando no plano da página. (a) Quais devem ser o sentido e o módulo da corrente I_2 para que o campo magnético no ponto P seja igual a zero? (b) Quais devem ser, então, o módulo, a direção e o sentido do campo resultante no ponto Q? (c) Quais devem ser o módulo, a direção e o sentido do campo resultante no ponto S?

Figura P28.63

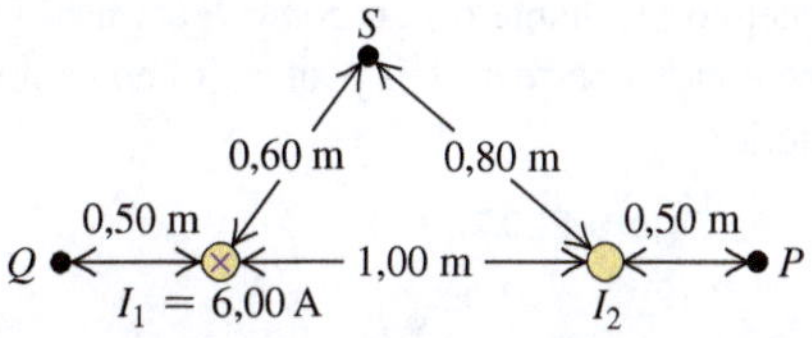

28.64 • O fio retilíneo longo AB, indicado na **Figura P28.64**, conduz uma corrente de 14,0 A. A espira retangular cuja aresta mais longa é paralela ao fio conduz uma corrente de 5,00 A. Determine o módulo, a direção e o sentido da força magnética resultante produzida pelo campo do fio e exercida sobre a espira.

Figura P28.64

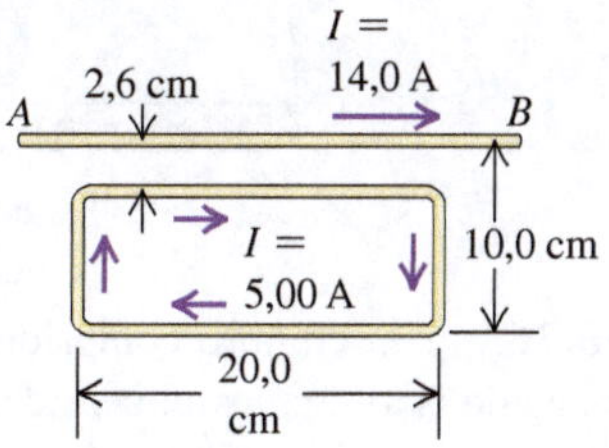

28.65 ••• **PC** Dois fios longos e paralelos estão suspensos por meio de cordas de 4,0 cm de comprimento, presas a um eixo comum (**Figura P28.65**). Os fios possuem massa por unidade de comprimento igual a 0,0125 kg/m e conduzem correntes de mesmo módulo, porém sentidos contrários. Qual é a corrente em cada fio, sabendo que as cordas de sustentação formam um ângulo de 6,00° com a vertical?

Figura P28.65

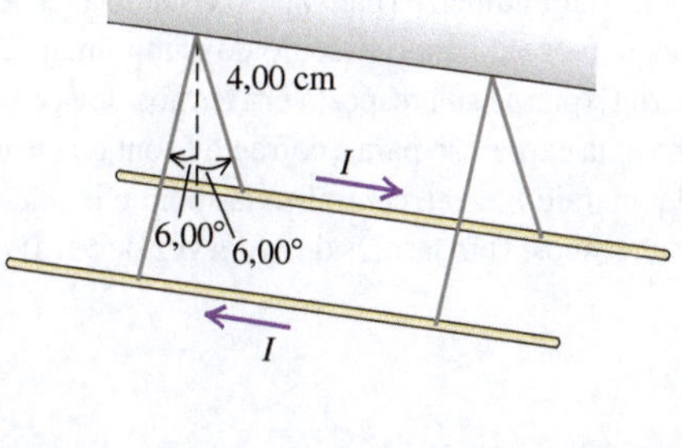

28.66 • Os fios que formam as semicircunferências indicadas na **Figura P28.66** possuem raios a e b. Determine o módulo, a direção e o sentido do campo magnético resultante produzido pelas correntes dos fios no ponto P.

Figura P28.66

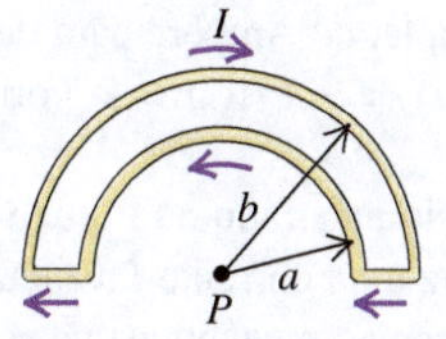

28.67 • **CALC** **Bobinas de Helmholtz.** A **Figura P28.67** mostra a seção reta de duas bobinas circulares de raio a, cada uma delas com N espiras que conduzem uma corrente I no mesmo sentido nas duas bobinas. A distância entre as bobinas é igual ao raio a delas. As bobinas dessa configuração denominam-se bobinas de Helmholtz e produzem um campo magnético bastante uniforme na região entre elas. (a) Deduza uma expressão para o módulo do campo magnético B em um ponto situado a uma distância x à direita do ponto P, que está no meio do caminho entre as bobinas. (b) Faça um gráfico de B contra x desde $x = 0$ até $x = a/2$. Compare o gráfico obtido com o campo magnético produzido apenas pela bobina da direita. (c) Usando a expressão obtida no item (a), obtenha o módulo do campo magnético no ponto P. (d) Calcule o valor do módulo do campo magnético no ponto P, considerando $N = 300$ espiras, $I = 6{,}00$ A e $a = 8{,}00$ cm. (e) Calcule dB/dx e d^2B/dx^2 no ponto $P(x = 0)$. Discuta como seus resultados podem mostrar que o campo é bem uniforme nas vizinhanças do ponto P.

Figura P28.67

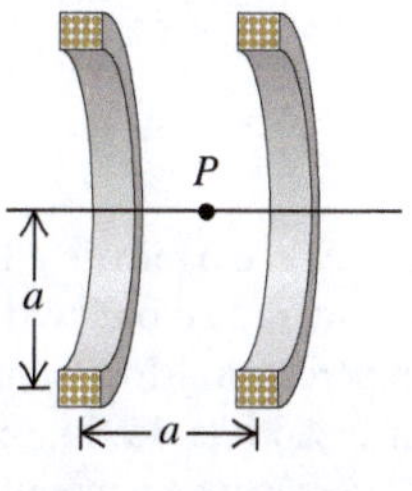

28.68 •• Calcule o campo magnético (módulo, direção e sentido) em um ponto P produzido por uma corrente $I = 12{,}0$ A no fio mostrado na **Figura P28.68**. O segmento BC é um arco de uma circunferência com raio de 30,0 cm e o ponto P está no centro da curvatura do arco. O segmento DA é um arco de um círculo com raio de 20,0 cm, e o ponto P está em seu centro de curvatura. Os segmentos CD e AB são linhas retas com 10,0 cm de comprimento cada.

Figura P28.68

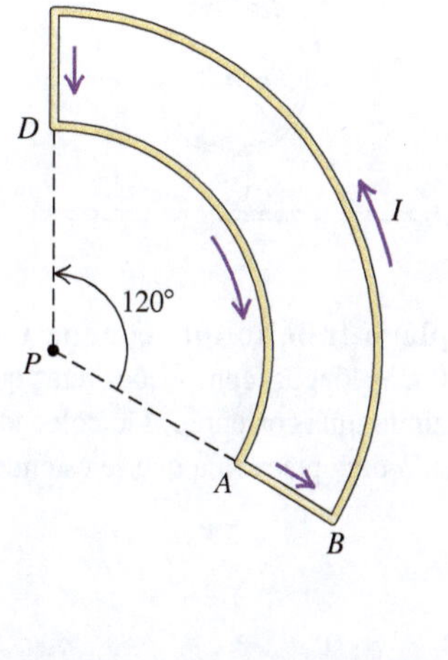

28.69 • **CALC** Um fio retilíneo longo com seção reta circular de raio R conduz uma corrente I. Suponha que a densidade de corrente não seja constante ao longo da seção reta do fio, porém varie de acordo com a relação $J = \alpha r$, em que α é uma constante. (a) Sabendo que a integral de J ao longo da seção reta do fio fornece a corrente total I, determine a constante α em termos de I e de R. (b) Use a lei de Ampère para determinar o campo magnético $B(r)$ para (i) $r \leq R$ e (ii) $r \geq R$. Forneça suas respostas em função de I.

28.70 • **CALC** O fio mostrado na **Figura P28.70** é infinitamente longo e conduz uma corrente I. Calcule o módulo, a direção e o sentido do campo magnético que essa corrente produz no ponto P.

Figura P28.70

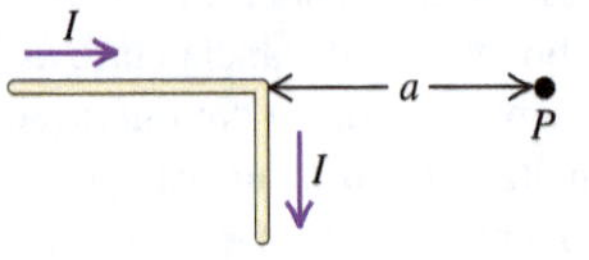

28.71 • **CALC** Um cilindro comprido, com seu eixo orientado na direção Oz, possui uma densidade de corrente $\vec{J}$. A densidade de corrente, embora seja simétrica em relação ao eixo do cilindro, não é constante e varia de acordo com a relação

$$\vec{J} = \frac{2I_0}{\pi a^2}\left[1 - \left(\frac{r}{a}\right)^2\right]\hat{k} \quad \text{para } r \leq a$$
$$= \mathbf{0} \quad \text{para } r \geq a$$

em que a é o raio de cilindro, r é a distância radial entre o ponto considerado e o eixo do cilindro e I_0 é uma constante dada em ampères. (a) Mostre que I_0 é a corrente total que passa através da seção reta do fio. (b) Usando a lei de Ampère, deduza uma expressão para o módulo do campo magnético $\vec{B}$ na região $r \geq a$. (c) Obtenha uma expressão para a corrente I contida em uma seção reta circular de raio $r \leq a$ e centralizada sobre o eixo do cilindro. (d) Aplicando a lei de Ampère, deduza uma expressão para o módulo do campo magnético $\vec{B}$ na região $r \leq a$. Como se comparam os resultados dos itens (b) e (d) para $r = a$?

28.72 • Uma espira circular possui raio R e conduz uma corrente I_2 no sentido horário (**Figura P28.72**). O centro da espira está a uma distância D acima de um fio longo, retilíneo. Quais são o módulo, a direção e o sentido da corrente I_1 no fio quando o campo magnético no centro da espira é nulo?

Figura P28.72

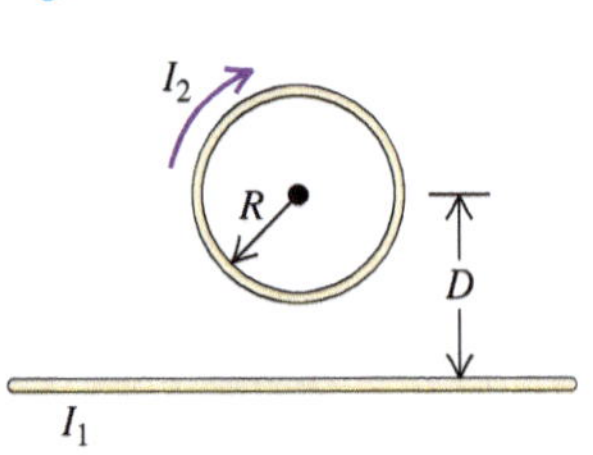

28.73 • **Um plano infinito que conduz uma corrente.** Condutores retilíneos longos, com seções retas quadradas, cada um deles conduzindo uma corrente I, são colocados um ao lado do outro, formando uma placa fina que se estende até o infinito (**Figura P28.73**). Os condutores se distribuem sobre o plano xy paralelamente ao eixo Oy e conduzem uma corrente no sentido $+Oy$. Existem n condutores por unidade de comprimento ao longo do eixo Ox. (a) Determine o módulo, a direção e o sentido do campo magnético a uma distância a abaixo do plano da corrente. (b) Encontre o módulo, a direção e o sentido do campo magnético a uma distância a acima do plano da corrente.

Figura P28.73

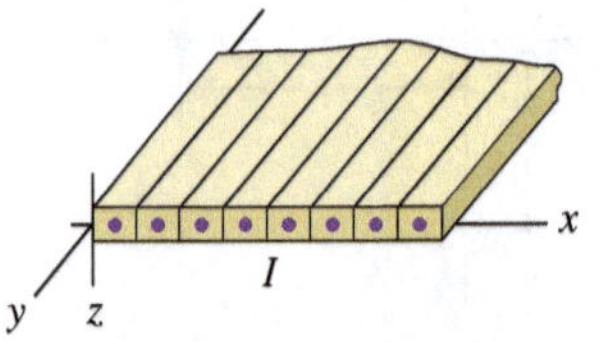

28.74 • Condutores retilíneos longos, com seções retas quadradas, cada um deles conduzindo uma corrente I, são colocados um ao lado do outro, formando uma placa fina que se estende até o infinito, com o sentido da corrente para fora do plano da página (**Figura P28.74**). Um segundo plano infinito está a uma distância d abaixo do primeiro e é paralelo a ele. O segundo plano conduz correntes entrando no plano da página. Cada plano possui n condutores por unidade de comprimento. (Use como referência o Problema 28.73.) Calcule o módulo, a direção e o sentido do campo magnético resultante (a) no ponto P acima do plano superior; (b) no ponto R entre os dois planos; (c) no ponto S abaixo do plano inferior.

Figura P28.74

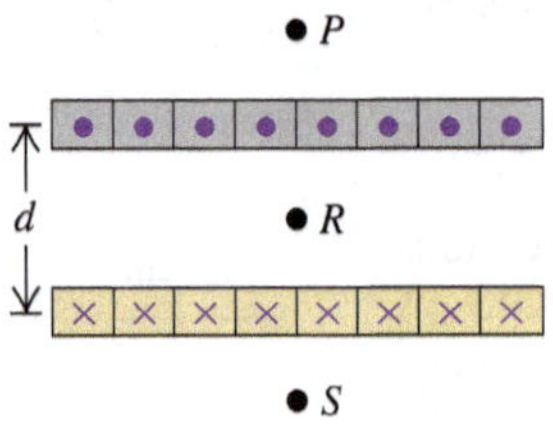

28.75 • Um cilindro comprido, com seu eixo orientado ao longo do eixo Oz, possui densidade de corrente $\vec{J}$. A densidade de corrente, embora seja simétrica em relação ao eixo do cilindro, não é constante e varia de acordo com a relação

$$\vec{J} = \left(\frac{b}{r}\right)e^{(r-a)/\delta}\,\hat{k} \quad \text{para } r \leq a$$
$$= \mathbf{0} \quad \text{para } r \geq a$$

em que o raio de cilindro é $a = 5{,}00$ cm, r é a distância radial entre o ponto considerado e o eixo do cilindro, b é uma constante igual a 600 A/m e δ é uma constante igual a 2,50 cm. (a) Suponha que I_0 seja a corrente total que passa através da seção reta do fio. Obtenha uma expressão para I_0 em termos de b, δ e a. Avalie sua expressão para obter um valor numérico para I_0. (b) Usando a lei de Ampère, deduza uma expressão para o módulo do campo magnético $\vec{B}$ na região $r \geq a$. Expresse sua resposta em termos de I_0 em vez de b. (c) Obtenha uma expressão para a corrente I contida em uma seção reta circular de raio $r \leq a$ e centralizada sobre o eixo do cilindro. Expresse sua resposta em termos de I_0 em vez de b. (d) Aplicando a lei de Ampère, deduza uma expressão para o módulo do campo magnético $\vec{B}$ na região $r \leq a$. (e) Avalie o módulo do campo magnético em $r = \delta$; $r = a$ e $r = 2a$.

28.76 •• **DADOS** Como estagiário em um laboratório de pesquisa, você recebe um solenoide longo que possui dois enrolamentos separados e próximos, no mesmo sentido, sobre a mesma forma cilíndrica oca. Você precisa determinar o número de voltas em cada enrolamento. O solenoide possui comprimento $L = 40{,}0$ cm e diâmetro 2,80 cm. Você permite que uma corrente de 2,00 mA flua no enrolamento 1 e varia a corrente I no enrolamento 2; as duas correntes fluem no mesmo sentido. Então você mede o módulo B do campo magnético no centro do solenoide em função de I. Você representa seus resultados em um gráfico como BL/μ_0 em função de I. O gráfico na **Figura P28.76** mostra a linha reta pelo melhor ajuste a seus dados. (a) Explique por que os dados desenhados dessa forma devem se encontrar próximos de uma linha reta. (b) Use a Figura P28.76 para calcular N_1 e N_2, o número de voltas nos enrolamentos 1 e 2. (c) Se a corrente no enrolamento 1 permanecer em 2,00 mA em sua direção original e o enrolamento 2 tiver $I = 5{,}00$ mA na direção oposta, qual é o valor de B no centro do solenoide?

Figura P28.76

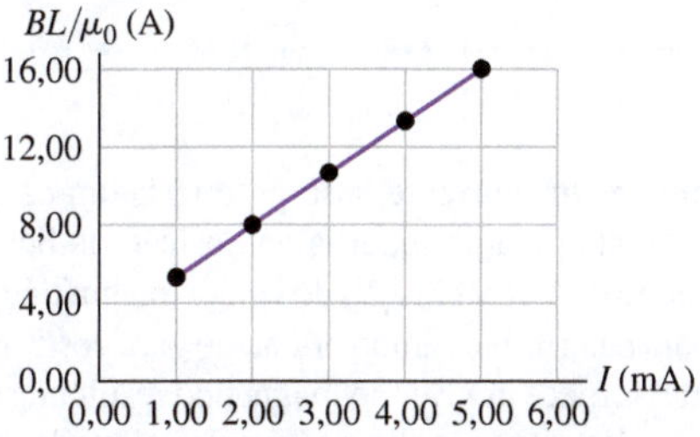

28.77 •• **DADOS** Você utiliza um teslômetro (um dispositivo de efeito Hall) para medir o módulo do campo magnético em diversas distâncias a partir de um cabo de cobre cilíndrico, longo, retilíneo e grosso, conduzindo uma corrente grande e constante. Para excluir o campo magnético da Terra da medição, primeiro você zera o medidor. Depois, mede o campo magnético B nas distâncias x a partir da superfície do cabo e obtém estes dados:

x (cm)	2,0	4,0	6,0	8,0	10,0
B (mT)	0,406	0,250	0,181	0,141	0,116

(a) Você acredita, pelo que aprendeu no curso de física, que o campo magnético de um fio é inversamente proporcional à distância do fio. Portanto, espera que a quantidade Bx de seus dados seja constante. Calcule Bx para cada ponto de dados na tabela. Bx é constante para esse conjunto de medições? Explique. (b) represente os dados como x em função de $1/B$. Explique por que esse gráfico fica próximo de uma linha reta. (c) Use o gráfico do item (b) para calcular a corrente I no cabo e o raio R do cabo.

28.78 ••• **DADOS** Um par de barras metálicas longas e rígidas, cada qual medindo 0,50 m de comprimento, repousa paralelamente entre si sobre uma mesa sem atrito. Suas extremidades são conectadas a molas condutoras idênticas e muito leves, com comprimento não estendido l_0 e constante de força k (**Figura P28.78**). Quando uma corrente I é executada através do circuito constituído por barras e molas, as molas se esticam. Você mede a distância x, cada mola se estica por determinados valores de I. Quando $I = 8{,}05$ A, você mede que $x = 0{,}40$ cm. Quando $I = 13{,}1$ A, você encontra $x = 0{,}80$ cm. Nos dois casos, as barras são muito maiores que as molas esticadas, de modo que é correto usar a Equação 28.11 para dois condutores paralelos e infinitamente longos. (a) A partir dessas duas medições, calcule l_0 e k. (b) Se $I = 12{,}0$ A, em que distância x cada mola se esticará? (c) Que corrente é necessária para que cada mola se estique em 1,00 cm?

Figura P28.78

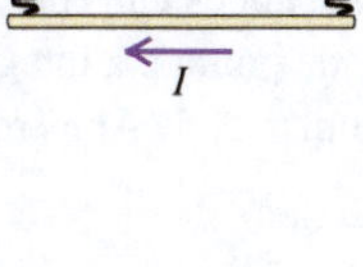

PROBLEMAS DESAFIADORES

28.79 ••• **PC** Dois longos fios retilíneos condutores com massa específica linear λ estão suspensos por meio de cordas, de modo que eles ficam dispostos paralelamente sobre um plano horizontal e a distância entre eles é igual a d. As extremidades da direita dos fios são conectadas entre si por meio de um fio frouxo, de resistência desprezível. Um capacitor carregado (capacitância C) é ligado ao sistema; a placa positiva do capacitor (carga inicial $+Q_0$) está conectada à extremidade da esquerda de um dos fios e a placa negativa do capacitor (carga inicial $-Q_0$) está conectada à extremidade da esquerda do outro fio (**Figura P28.79**). Ambas as conexões são feitas por fios frouxos com resistências desprezíveis. Quando a conexão é estabelecida, os fios são repelidos lateralmente pela ação das forças magnéticas repulsivas das correntes de sentidos contrários, e cada fio adquire uma velocidade horizontal inicial v_0. Suponha que o tempo de descarga do capacitor seja desprezível em relação ao tempo do deslocamento dos fios. (a) Mostre que a velocidade inicial dos fios é dada por

$$v_0 = \frac{\mu_0 Q_0^2}{4\pi\lambda RCd}$$

em que R é a resistência total do circuito. (b) Que altura h cada fio atingirá depois que a conexão for estabelecida?

Figura P28.79

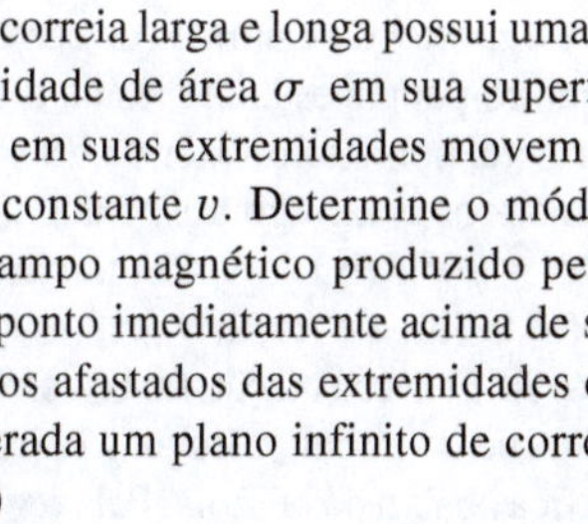

28.80 ••• Uma correia larga e longa possui uma carga positiva uniforme por unidade de área σ em sua superfície superior. Rolos instalados em suas extremidades movem a correia com uma velocidade constante v. Determine o módulo, a direção e o sentido do campo magnético produzido pela correia que se move em um ponto imediatamente acima de sua superfície. (*Dica:* para pontos afastados das extremidades da correia, ela pode ser considerada um plano infinito de corrente, como no Problema 28.73.)

Problemas com contexto

BIO **Estudando bactérias magnéticas.** Alguns tipos de bactérias contêm cadeias de partículas ferromagnéticas paralelas a seu eixo longitudinal. As cadeias atuam como pequenos ímãs em barras que alinham essas bactérias *magnetoestáticas* com o campo magnético da Terra. Em uma experiência para estudar a resposta a tais bactérias aos campos magnéticos, um solenoide foi construído com fio de cobre de 1,0 mm de diâmetro, enrolado por igual em uma única camada para formar uma bobina helicoidal com comprimento de 40 cm e diâmetro de 12 cm. O fio possui uma camada muito fina de isolamento esmaltado, e a bobina é enrolada de modo que as voltas adjacentes se toquem umas nas outras. O solenoide, que gera um campo magnético, está em um recipiente que o isola de outros campos magnéticos. Uma amostra das bactérias magnetoestáticas é colocada dentro do solenoide. O torque sobre uma bactéria individual no campo magnético do solenoide é proporcional ao módulo do campo magnético e ao seno do ângulo entre o eixo longo da bactéria e a direção do campo magnético.

28.81 Que corrente é necessária no fio para que o campo magnético experimentado pela bactéria tenha um módulo de 150 μT? (a) 0,095 A; (b) 0,12 A; (c) 0,30 A; (d) 14 A.

28.82 Para usar uma amostra maior, os experimentadores constroem um solenoide com o mesmo comprimento, tipo de fio e espaçamento de espiras, mas com o dobro do diâmetro do original. Qual é a relação entre o torque magnético máximo possível sobre uma bactéria nesse novo solenoide e o do solenoide original? Suponha que as correntes nos solenoides sejam as mesmas. O torque máximo no novo solenoide é: (a) o dobro do original; (b) metade do original; (c) igual ao original; (d) um quarto do original.

28.83 O solenoide é removido do recipiente e depois usado em um novo local, onde o campo magnético da Terra é de 50 μT e aponta horizontalmente. Uma amostra das bactérias é colocada no centro do solenoide, e a mesma corrente que produziu um campo magnético de 150 μT no laboratório é aplicada novamente. Descreva o campo experimentado pela bactéria: o campo (a) ainda é de 150 μT; (b) agora é de 200 μT; (c) está entre 100 e 200 μT, dependendo de como o solenoide está orientado; (d) está entre 50 e 150 μT, dependendo de como o solenoide está orientado.

RESPOSTAS

Resposta à pergunta inicial do capítulo

Resposta: (**iv**) *Não* haverá variação no campo magnético. De acordo com o Exemplo 28.9 (Seção 28.7), o campo no interior de um solenoide possui módulo $B = \mu_0 nI$, em que n é o número de espiras do fio por unidade de comprimento. Unir os dois solenoides pelas extremidades duplica tanto o número de espiras quanto o comprimento, portanto o número de espiras por unidade de comprimento não varia.

Respostas às perguntas dos testes de compreensão

28.1 Resposta: (**a**) (**i**), (**b**) (**ii**) A situação é a mesma que a indicada na Figura 28.2, exceto que o próton superior possui velocidade $\vec{v}$ em vez de $-\vec{v}$. O campo magnético em função do próton inferior é o mesmo que o indicado na Figura 28.2, mas o sentido da força magnética $\vec{F} = q\vec{v} \times \vec{B}$ sobre o próton superior é contrário. Logo, a força magnética é de atração. Como o módulo da velocidade v é pequeno em comparação a c, a força magnética é muito menor em módulo que a força elétrica de repulsão e a força resultante continua sendo de repulsão.

28.2 Resposta: (**i**) e (**iii**) (**empate**), (**iv**), (**ii**) De acordo com a Equação 28.5, o módulo do campo dB em função de um elemento de corrente de comprimento dl que conduz uma corrente I é $dB = (\mu_0/4\pi)\,(I\,dl \operatorname{sen}\phi/r^2)$. Nessa expressão, r é a distância do elemento para o ponto de campo, e ϕ é o ângulo entre o sentido da corrente e um vetor do elemento de corrente para o ponto de campo. Os quatro pontos estão à mesma distância $r = L$ do elemento de corrente, portanto o valor de dB é proporcional ao valor de sen ϕ. Para os quatro pontos, o ângulo é (i) $\phi = 90°$, (ii) $\phi = 0$, (iii) $\phi = 90°$ e (iv) $\phi = 45°$, portanto, os valores de sen ϕ são (i) 1, (ii) 0, (iii) 1 e (iv) $1/\sqrt{2}$.

28.3 Resposta: A Esta orientação fará a corrente fluir no sentido horário em torno do circuito. Logo, a corrente fluirá para o sul pelo fio que fica abaixo da bússola. Pela regra da mão direita para o campo magnético produzido por um condutor longo e retilíneo que conduz corrente, isso produzirá um campo magnético que aponta para a esquerda na posição da bússola (que fica acima do fio). A combinação do campo magnético da Terra, orientado para o norte, e o campo orientado para oeste, produzido pela corrente, fornece um campo magnético resultante orientado para noroeste. Portanto, a agulha da bússola vai oscilar no sentido anti-horário para se alinhar a esse campo.

28.4 Respostas: (**a**) (**i**), (**b**) (**iii**), (**c**) (**ii**), (**d**) (**iii**) A corrente flui no mesmo sentido em espiras adjacentes da bobina, portanto, as forças magnéticas entre essas espiras são de atração. A corrente flui em sentidos contrários sobre lados opostos da mesma espira, portanto, as forças magnéticas entre esses lados são de repulsão. Assim, as forças magnéticas sobre as espiras do solenoide exercem compressão sobre elas no sentido ao longo de seu eixo, mas as afastam radialmente. As forças *elétricas* são nulas porque o fio é eletricamente neutro, com carga tanto positiva quanto negativa.

28.5 Respostas: (**a**) (**ii**), (**b**) (**v**) O vetor $d\vec{B}$ está no sentido de $d\vec{l} \times \vec{r}$. Para um segmento no eixo negativo Oy, $d\vec{l} = -\hat{k}\,dl$ aponta no sentido negativo de Oz e $\vec{r} = x\hat{\imath} + a\hat{\jmath}$. Portanto, $d\vec{l} \times \vec{r} = (a\,dl)\hat{\imath} - (x\,dl)\hat{\jmath}$, que possui um componente positivo de x, um componente negativo de y e um componente nulo de z. Para um segmento no eixo negativo Oz, $d\vec{l} = \hat{\jmath}\,dl$ aponta no sentido positivo de Oy e $\vec{r} = x\hat{\imath} + a\hat{k}$. Portanto, $d\vec{l} \times \vec{r} = 1(a\,dl)\hat{\imath} - 1(x\,dl)\hat{k}$, que possui um componente positivo de x, um componente nulo de y e um componente negativo de z.

28.6 Resposta: (**ii**) Imagine executar a integral $\oint \vec{B} \cdot d\vec{l}$ ao longo de um percurso de integração que segue no sentido horário, em torno da linha de campo magnético vermelha. Em cada ponto do percurso, o campo magnético $\vec{B}$ e o segmento infinitesimal $d\vec{l}$ são ambos tangentes ao percurso, portanto $\vec{B} \cdot d\vec{l}$ é positivo em cada ponto e a integral $\oint \vec{B} \cdot d\vec{l}$ também é positiva. De acordo com a lei de Ampère $\oint \vec{B} \cdot d\vec{l} = \mu_0 I_{\text{inte}}$ e a regra da mão direita, o percurso de integração confina uma corrente orientada para fora do plano da página. Não há nenhuma corrente no espaço vazio fora do ímã, portanto, deve haver correntes dentro do ímã (veja a Seção 28.8).

28.7 Resposta: (**iii**) Por simetria, qualquer campo $\vec{B}$ fora do cabo deve circular em torno do cabo, com linhas de campo circulares, como as que circundam o condutor cilíndrico maciço da Figura 28.20. Escolha um percurso de integração, como o indicado na Figura 28.20, com raio $r > R$, de modo que o percurso envolva completamente o cabo. Como no Exemplo 28.8, a integral $\oint \vec{B} \cdot d\vec{l}$ para esse percurso possui módulo $B(2\pi r)$. Pela lei de Ampère, isso é igual a $\mu_0 I_{inte}$. A corrente resultante confinada I_{inte} é igual a zero porque inclui duas correntes de mesmo módulo, mas com sentidos contrários: uma no fio central e outra no cilindro oco. Assim, $B(2\pi\, r) = 0$ e, portanto, $B = 0$ para qualquer valor de r fora do cabo. (O campo é diferente de zero *dentro* do cabo; veja o Exercício 28.43.)

28.8 Resposta: (**i**), (**iv**) Sódio e urânio são materiais paramagnéticos e, portanto, são atraídos por um ímã, ao passo que bismuto e chumbo são materiais diamagnéticos, que são repelidos por um ímã. (Veja a Tabela 28.1.)

Problema em destaque

$$B = \frac{\mu_0 n Q}{a}$$

?A leitora de cartões de um caixa eletrônico lê as informações contidas em uma configuração magnética codificada na tarja magnética existente em cartões sem *chip*. Por que, nesse tipo de leitora, você precisa passar o cartão rapidamente em vez de segurá-lo estaticamente na fenda do dispositivo de leitura? (i) Para maximizar a força magnética no cartão; (ii) para maximizar a força magnética nas cargas móveis na leitora de cartões; (iii) para gerar uma força elétrica no cartão; (iv) para gerar uma força elétrica nas cargas móveis na leitora de cartões.

29 INDUÇÃO ELETROMAGNÉTICA

OBJETIVOS DE APRENDIZAGEM

Ao estudar este capítulo, você aprenderá:

29.1 A evidência empírica de que a variação de um campo magnético induz uma fem.

29.2 Como a lei de Faraday relaciona a fem induzida em uma espira à variação no fluxo magnético através da espira.

29.3 Como determinar o sentido de uma fem induzida.

29.4 Como calcular a fem induzida em um condutor que se move através de um campo magnético.

29.5 Como uma variação no fluxo magnético gera um campo elétrico circulante.

29.6 Como surgem as correntes de Foucault em um metal que se move em um campo magnético.

29.7 As quatro equações fundamentais que descrevem integralmente a eletricidade e o magnetismo.

29.8 As notáveis propriedades elétricas e magnéticas dos supercondutores.

Revendo conceitos de:

23.1 Campos elétricos conservativos.

25.4 Força eletromotriz (fem).

27.3, 27.8, 27.9 Fluxo magnético; motores de corrente contínua; efeito Hall.

28.5-28.7 Campo magnético de uma espira de corrente e solenoide; lei de Ampère.

Quase todos os aparelhos e dispositivos modernos, desde computadores até máquinas de lavar e furadeiras elétricas, possuem circuitos elétricos em suas partes internas. Aprendemos no Capítulo 25 que uma força eletromotriz (fem) é necessária para produzir uma corrente em um circuito; nos capítulos 25 e 26, quase sempre tomamos uma bateria como a fonte de fem. Contudo, para a maior parte dos dispositivos elétricos que você liga a uma tomada de parede, a fonte de fem *não* é uma bateria, mas uma usina geradora de energia elétrica. A usina produz energia elétrica mediante a conversão de outras formas de energia: energia potencial gravitacional em uma usina hidrelétrica, energia química em uma usina termelétrica que queima carvão ou óleo e energia nuclear em uma usina nuclear. Mas como ocorre essa conversão de energia?

A resposta é um fenômeno chamado *indução eletromagnética*: quando o fluxo magnético varia através de um circuito, ocorre indução de uma fem e de uma corrente no circuito. Em uma usina geradora de energia elétrica, o movimento de um ímã em relação a uma bobina produz um fluxo magnético que varia através das bobinas e, portanto, surge uma fem.

O princípio central da indução eletromagnética é a *lei de Faraday*. Essa lei relaciona a fem ao fluxo magnético variável em qualquer tipo de espira, incluindo um circuito fechado. Discutiremos também a lei de Lenz, que ajuda a prever o sentido de uma corrente e de uma fem induzidas. Esses princípios nos permitirão entender qualquer dispositivo em que ocorram conversões de energia elétrica, como motores, geradores e transformadores.

Segundo a indução eletromagnética, um campo magnético que varia em função do tempo pode atuar como uma fonte de campo elétrico. Também veremos como um campo *elétrico* que varia em função do tempo pode atuar como uma fonte de campo *magnético*. Esses notáveis resultados fazem parte de um conjunto de fórmulas, chamadas de *equações de Maxwell*, que descrevem o comportamento de um campo magnético e de um campo elétrico para qualquer situação. Essas equações de Maxwell abrirão o caminho para o estudo das ondas eletromagnéticas no Capítulo 32.

29.1 EXPERIÊNCIAS DE INDUÇÃO

Durante a década de 1830, diversas experiências pioneiras sobre uma fem induzida magneticamente foram feitas por Michael Faraday, na Inglaterra, e por Joseph Henry (1797-1878), nos Estados Unidos. A **Figura 29.1** mostra diversos exemplos dessas experiências. Na Figura 29.1a, uma bobina está conectada a um galvanômetro. Quando o ímã está em repouso, o galvanômetro não acusa nenhuma corrente. Esse resultado é previsível, pois nada está variando e não existe nenhuma fonte de fem conectada ao circuito. Porém, quando o ímã se *move* para cima ou para baixo, o galvanômetro acusa uma corrente no circuito, mas *somente* enquanto o ímã está se movendo (Figura 29.1b). Mantendo o ímã em repouso, porém movendo a bobina, detectamos novamente a corrente durante o movimento. Esta é chamada de **corrente induzida**, e a fem correspondente que seria necessária para produzir essa corrente denomina-se **fem induzida**.

Na Figura 29.1c, substituímos o ímã por uma segunda bobina ligada a uma bateria. Quando essa segunda bobina permanece em repouso, não existe nenhuma corrente na primeira. Contudo, quando a segunda bobina se aproxima ou se afasta da primeira, ou quando a primeira se aproxima ou se afasta da segunda, surge uma corrente induzida na primeira bobina, porém isso ocorre *somente* quando existe movimento de uma bobina em relação à outra.

Finalmente, usando o arranjo das duas bobinas indicado na Figura 29.1d, mantemos as duas bobinas em repouso e variamos a corrente na segunda bobina, abrindo e fechando a chave. Quando abrimos ou fechamos a chave, ocorre um pulso instantâneo de corrente no primeiro circuito. A corrente induzida na primeira bobina só estará presente enquanto a corrente estiver variando na segunda.

Para aprofundarmos a explicação dos elementos comuns das observações anteriores, vamos considerar com mais detalhes uma série de experiências (**Figura 29.2**). Conectamos uma bobina a um galvanômetro e, a seguir, colocamos a bobina entre os polos de um eletroímã, cujo campo magnético pode variar. Observamos os seguintes fenômenos:

1. Quando não existe corrente no eletroímã, de modo que $\vec{B} = \mathbf{0}$, o galvanômetro não indica nenhuma corrente.
2. Quando ligamos o eletroímã, momentaneamente surge uma corrente induzida indicada no galvanômetro, à medida que $\vec{B}$ aumenta.

BIO Aplicação Explorando o cérebro com fems induzidas
A estimulação magnética transcraniana (TMS) é uma técnica para estudar a função das diversas partes do cérebro. Uma bobina mantida na cabeça do indivíduo conduz uma corrente elétrica variável, e assim produz um campo magnético variável. Esse campo causa uma fem induzida, e isso dispara a atividade elétrica na região do cérebro abaixo da bobina. Observando como o alvo da TMS responde (por exemplo, com movimento de músculos como resultado do estímulo de uma certa parte do cérebro), o médico pode testar diversas condições neurológicas.

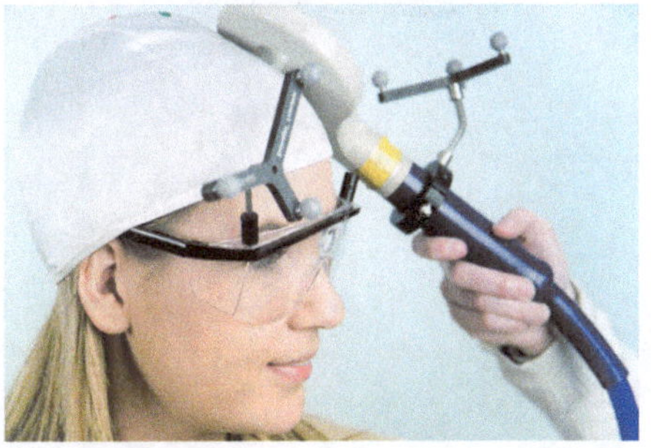

Figura 29.1 Demonstração do fenômeno da corrente induzida.

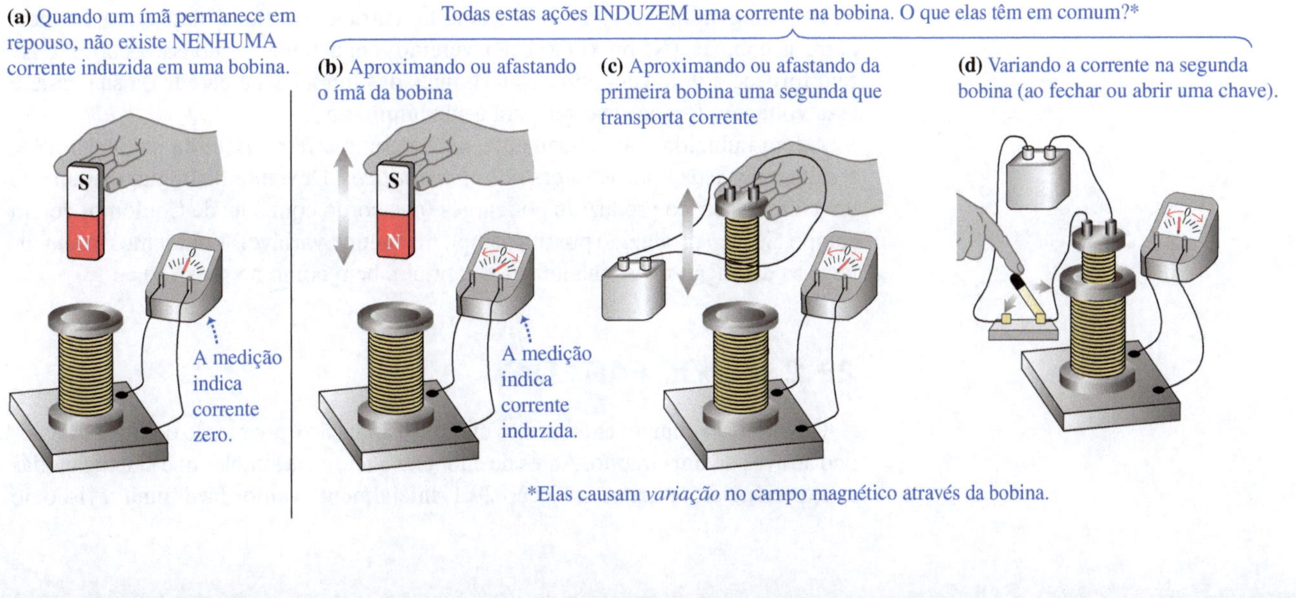

Figura 29.2 Uma bobina em um campo magnético. Quando o campo magnético $\vec{B}$ é constante, não existe nenhuma corrente induzida e a forma, a orientação e a posição da bobina permanecem constantes. Quando alteramos qualquer um desses três fatores, surge uma corrente induzida.

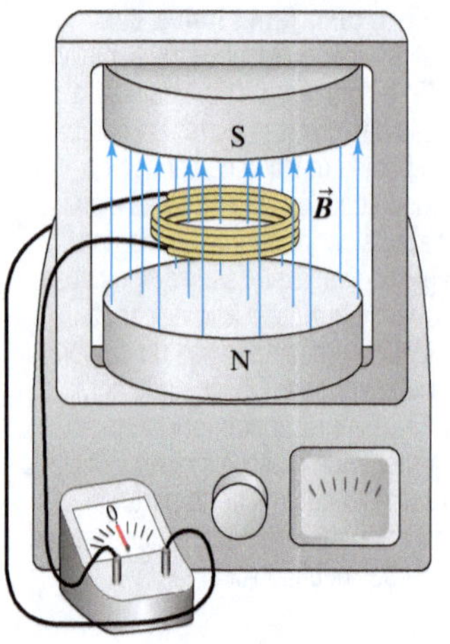

3. Quando $\vec{B}$ se mantém fixo em um dado nível, a corrente cai para zero.
4. Mantendo a bobina em um plano horizontal, comprimimos as espiras para diminuir a área da seção reta da bobina. O galvanômetro indica uma corrente somente *durante* a deformação, e não antes ou depois dela. Quando fazemos a área voltar ao tamanho original, surge uma corrente induzida em sentido contrário ao anterior, porém somente enquanto a área da bobina estiver variando.
5. Quando giramos a bobina alguns graus em torno de um eixo horizontal, o galvanômetro indica uma corrente durante a rotação, no mesmo sentido da corrente indicada durante a diminuição da área. Quando giramos a bobina de volta para a posição original, surge uma corrente induzida em sentido contrário ao da rotação anterior.
6. Quando retiramos subitamente a bobina de dentro do campo magnético, surge uma corrente induzida no mesmo sentido da corrente indicada durante a diminuição da área.
7. Quando diminuímos o número de espiras da bobina, desenrolando uma ou mais espiras, surge uma corrente induzida no mesmo sentido da corrente indicada durante a diminuição da área. Quando enrolamos mais espiras na bobina, surge uma corrente induzida em sentido contrário ao da corrente obtida durante a diminuição do número de espiras.
8. Se desligarmos o eletroímã, momentaneamente surge uma corrente induzida em sentido contrário ao da corrente obtida quando ligamos o eletroímã.
9. Quanto mais rápido fazemos qualquer uma das ações descritas nos itens anteriores, maior é o módulo da corrente induzida.
10. Se repetirmos todas as experiências descritas nos itens anteriores com outra bobina, de outro material, com a mesma forma, porém com outra resistência, verificaremos que a corrente em cada caso será inversamente proporcional à resistência total do circuito. Isso mostra que a fem induzida não depende do material da bobina, mas apenas de sua forma e da variação do fluxo magnético.

O fenômeno comum a todas essas experiências descritas anteriormente é a variação do *fluxo magnético* Φ_B através da bobina conectada ao galvanômetro. Em cada um dos casos analisados, o fluxo magnético varia, porque existe um campo magnético variável em função do tempo ou porque a bobina se move através de um campo magnético não uniforme. Mais do que isso, em todas as situações anteriores a fem induzida é proporcional à *taxa de variação* do fluxo magnético Φ_B através da bobina. O *sentido* da fem induzida depende do aumento ou da diminuição do fluxo magnético. Se o fluxo for constante, não existe fem induzida.

As fems induzidas possuem um grande número de aplicações práticas. Se você estiver lendo estas palavras em um ambiente fechado, provavelmente estará usando as fems induzidas neste exato momento! Na estação de força que abastece seu bairro, um gerador elétrico produz uma fem através do fluxo magnético que percorre as bobinas. (Na próxima seção, veremos em detalhes como isso ocorre.) Essa fem fornece a voltagem entre os terminais das tomadas na parede da sua casa, e essa voltagem fornece energia para a sua luminária.

A fem induzida magneticamente, assim como a fem discutida na Seção 25.4, resulta sempre da ação de forças *não eletrostáticas*. Devemos distinguir claramente um campo elétrico produzido por cargas (de acordo com a lei de Coulomb) de um campo elétrico produzido por um campo magnético variável. Voltaremos a comentar essa distinção mais adiante neste capítulo, bem como no próximo.

29.2 LEI DE FARADAY

O fenômeno comum em todos os efeitos de indução é a variação do fluxo magnético através de um circuito. Antes de enunciar a lei física simples que sintetiza todas as experiências descritas na Seção 29.1, inicialmente vamos fazer uma revisão do conceito de fluxo magnético Φ_B (introduzido na Seção 27.3). Para um elemento de área infinitesimal $d\vec{A}$ em um campo magnético $\vec{B}$ (**Figura 29.3**), o fluxo magnético $d\Phi_B$ através da área é dado por

$$d\Phi_B = \vec{B} \cdot d\vec{A} = B_\perp \, dA = B \, dA \cos \phi$$

em que $B_\perp$ é o componente de $\vec{B}$ perpendicular à superfície do elemento de área e ϕ é o ângulo entre $\vec{B}$ e $d\vec{A}$. (Como no Capítulo 27, tome cuidado para distinguir as duas grandezas que usam a letra grega "fi", ϕ e Φ_B). O fluxo magnético total Φ_B através de uma área finita é a integral da expressão anterior sobre a área considerada:

$$\Phi_B = \int \vec{B} \cdot d\vec{A} = \int B \, dA \cos \phi \qquad (29.1)$$

Quando $\vec{B}$ for uniforme ao longo de uma área plana $\vec{A}$, então

$$\Phi_B = \vec{B} \cdot \vec{A} = BA \cos \phi \qquad (29.2)$$

A **Figura 29.4** revisa as regras para uso da Equação 29.2.

ATENÇÃO Escolha do sentido de $d\vec{A}$ ou $\vec{A}$ Nas equações 29.1 e 29.2, devemos tomar cuidado para definir os sentidos dos vetores $d\vec{A}$ e $\vec{A}$ de modo inequívoco. Existem sempre dois sentidos para a direção perpendicular de uma superfície, e o sinal do fluxo magnético dependerá do sentido positivo escolhido. Por exemplo, na Figura 29.3, escolhemos $d\vec{A}$ apontando no sentido de baixo para cima, de modo que ϕ é menor que 90º e $\vec{B} \cdot d\vec{A}$ é positivo. Também poderíamos ter escolhido para $d\vec{A}$ o sentido de cima para baixo; nesse caso, ϕ seria maior que 90º e $\vec{B} \cdot d\vec{A}$ seria negativo. Ambas as escolhas são igualmente boas, mas, feita a escolha, devemos nos ater a ela.

Figura 29.3 Cálculo do fluxo magnético através de um elemento de área.

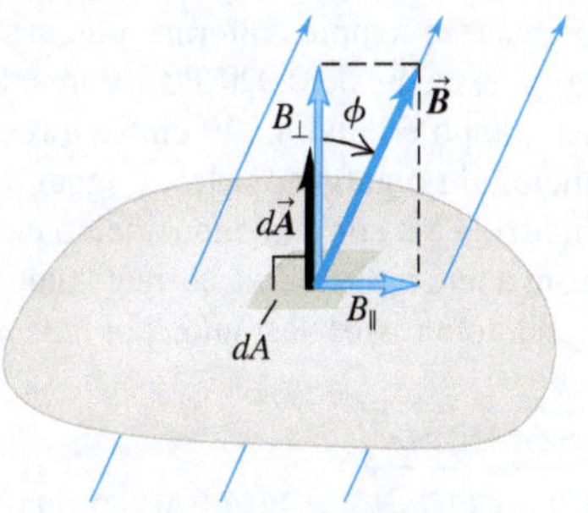

Enunciado da **lei da indução de Faraday**:

Lei de Faraday: a fem induzida em uma espira fechada ... ... é dada pela taxa de variação do fluxo magnético, com o sinal negativo, através da área delimitada pela espira.

$$\mathcal{E} = -\frac{d\Phi_B}{dt} \qquad (29.3)$$

Para entendermos o sinal negativo, precisamos introduzir uma convenção de sinais para a fem $\mathcal{E}$. Porém, primeiro vamos fornecer um exemplo para mostrar como essa lei se aplica.

Figura 29.4 Cálculo do fluxo de um campo magnético uniforme através de uma área plana. (Compare com a Figura 22.6, que indica as regras para o cálculo do fluxo de um campo *elétrico* uniforme.)

Superfície diretamente frontal ao campo magnético:
- $\vec{B}$ e $\vec{A}$ são paralelos (o ângulo entre $\vec{B}$ e $\vec{A}$ é $\phi = 0$).
- O fluxo magnético $\Phi_B = \vec{B} \cdot \vec{A} = BA$.

Superfície inclinada a partir de uma orientação diretamente frontal por um ângulo ϕ:
- O ângulo entre $\vec{B}$ e $\vec{A}$ é ϕ.
- O fluxo magnético $\Phi_B = \vec{B} \cdot \vec{A} = BA \cos\phi$.

Superfície perpendicular ao campo magnético:
- $\vec{B}$ e $\vec{A}$ são perpendiculares (o ângulo entre $\vec{B}$ e $\vec{A}$ é $\phi = 90°$).
- O fluxo magnético $\Phi_B = \vec{B} \cdot \vec{A} = BA \cos 90° = 0$.

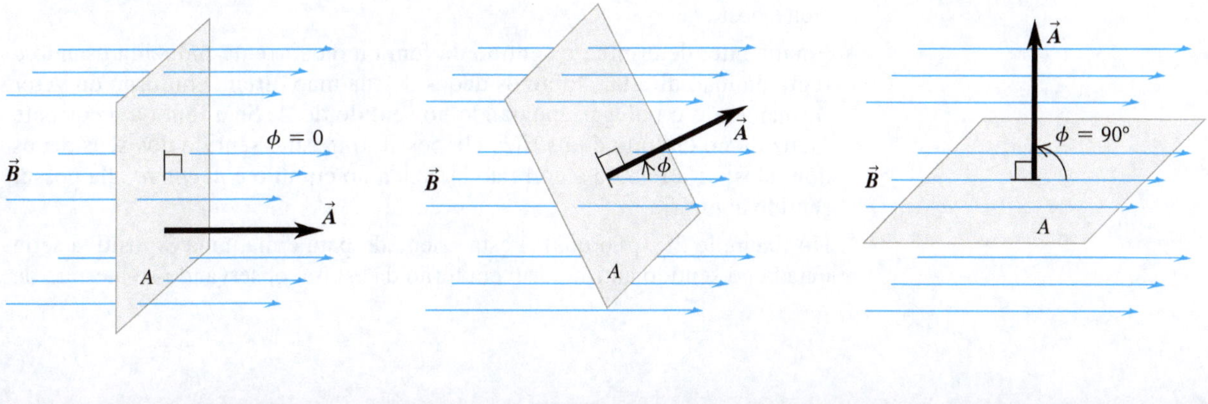

EXEMPLO 29.1 CORRENTE INDUZIDA E FEM INDUZIDA EM UMA ESPIRA

Na **Figura 29.5**, o campo magnético entre os polos do eletroímã permanece sempre uniforme, porém seu módulo aumenta a uma taxa crescente de 0,020 T/s. A área da espira condutora imersa no campo é igual a 120 cm^2 e a resistência total do circuito, incluindo o galvanômetro, é igual a 5,0 Ω. (a) Calcule a fem induzida e a corrente induzida no circuito. (b) O que ocorreria com a fem induzida e a corrente induzida no circuito se a espira condutora fosse substituída por uma espira isolante?

SOLUÇÃO

IDENTIFICAR E PREPARAR: o fluxo magnético Φ_B que passa pela espira varia em função da variação no campo magnético. Portanto, haverá uma fem induzida $\mathcal{E}$ e uma corrente induzida I na espira. Calculamos Φ_B usando a Equação 29.2 e, a seguir, a lei de Faraday nos permite determinar $\mathcal{E}$. Então calculamos I por meio de $\mathcal{E} = IR$, em que R é a resistência total do circuito que inclui a espira.

EXECUTAR: (a) o vetor da área $\vec{A}$ da espira é perpendicular ao plano da espira; o sentido escolhido para $\vec{A}$ é vertical, de baixo para cima. Os vetores $\vec{A}$ e $\vec{B}$ são paralelos e $\vec{B}$ é uniforme; logo, o fluxo magnético através da espira é $\Phi_B = \vec{B} \cdot \vec{A} = BA \cos 0 = BA$. A área $A = 0{,}012$ m^2 é constante, portanto a taxa de variação do fluxo magnético é

$$\frac{d\Phi_B}{dt} = \frac{d(BA)}{dt} = \frac{dB}{dt}A = (0{,}020 \text{ T/s})(0{,}012 \text{ m}^2)$$
$$= 2{,}4 \times 10^{-4} \text{ V} = 0{,}24 \text{ mV}$$

Esse resultado, desconsiderando um sinal que ainda não discutimos, é o valor da fem $\mathcal{E}$ induzida. A corrente induzida correspondente é:

$$I = \frac{\mathcal{E}}{R} = \frac{2{,}4 \times 10^{-4} \text{ V}}{5{,}0 \ \Omega} = 4{,}8 \times 10^{-5} \text{A} = 0{,}048 \text{ mA}$$

(b) Passando para uma espira isolante, tornamos a resistência da espira muito alta. A lei de Faraday, Equação 29.3, não envolve de maneira alguma a resistência do circuito, de modo que a *fem* não se altera. Porém, a *corrente* diminuirá, visto que $I = \mathcal{E}/R$. Supondo que a espira seja feita com um isolante perfeito de resistência infinita, a corrente induzida será igual a zero. Essa situação é semelhante a uma bateria isolada que não está ligada a nada: existe uma fem presente, porém nenhuma corrente flui.

AVALIAR: podemos verificar a consistência das unidades nos cálculos realizados observando que a relação da força magnética $\vec{F} = q\vec{v} \times \vec{B}$ implica que as unidades de $\vec{B}$ são unidades de força divididas pelas unidades de (carga vezes velocidade): 1 T = (1 N)/(1 C · m/s). As unidades de fluxo magnético são então (1 T) (1 m^2) = 1 N · s · m/C e a taxa de variação do fluxo magnético possui unidades 1 N · m/C = 1 J/C = 1 V. Portanto, a unidade de $d\Phi_B/dt$ é o volt, como exigido pela Equação 29.3. Lembre-se também de que a unidade de fluxo magnético é o weber (Wb): 1 T · m^2 = 1 Wb, portanto 1 V = 1 Wb/s.

Figura 29.5 Uma espira condutora em repouso em um campo magnético crescente.

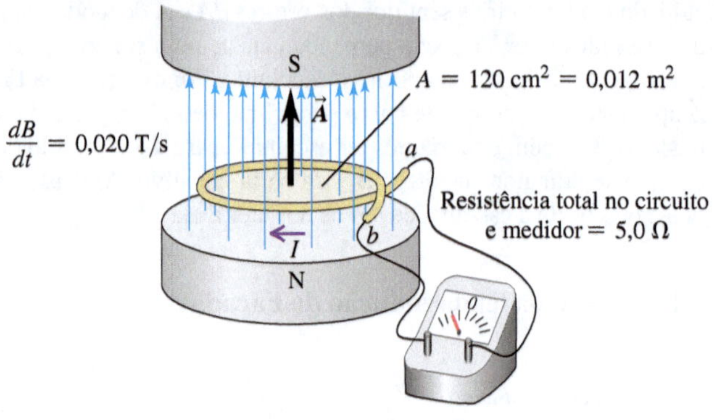

Sentido da fem induzida

Podemos determinar o sentido de uma fem induzida ou uma corrente induzida aplicando a Equação 29.3 e algumas regras simples. Vejamos aqui o procedimento:

1. Defina um sentido positivo para o vetor área $\vec{A}$.
2. A partir das direções de $\vec{A}$ e do campo magnético $\vec{B}$, determine o sinal do fluxo magnético de Φ_B e sua taxa de variação $d\Phi_B/dt$. A **Figura 29.6** mostra diversos exemplos.
3. Determine o sinal da fem induzida ou da corrente induzida. Quando o fluxo está aumentando, $d\Phi_B/dt$ é positivo, então a fem ou a corrente induzida é negativa; quando o fluxo está diminuindo, $d\Phi_B/dt$ é negativo e a fem ou a corrente induzida é positiva.
4. Finalmente, determine o sentido da fem ou da corrente induzida usando a regra da mão direita. Dobre os dedos de sua mão direita em torno do vetor $\vec{A}$, mantendo o polegar apontando no sentido de $\vec{A}$. Se a fem ou a corrente induzida no circuito é *positiva*, ela possui o mesmo sentido dos seus dedos dobrados; se a fem ou a corrente induzida no circuito é *negativa*, ela possui sentido contrário.

No Exemplo 29.1, no qual $\vec{A}$ está orientado para cima, uma $\mathcal{E}$ positiva seria orientada no sentido anti-horário em torno da espira, observando-se a espira de

Figura 29.6 O fluxo magnético está se tornando (a) mais positivo, (b) menos positivo, (c) mais negativo e (d) menos negativo. Logo, Φ_B está crescendo em (a) e em (d) e está diminuindo em (b) e em (c). Em (a) e em (d), a fem é negativa (ela é oposta ao sentido dos dedos dobrados da sua mão direita quando seu polegar aponta ao longo de $\vec{A}$), e em (b) e (c), a fem é positiva (no mesmo sentido dos dedos dobrados).

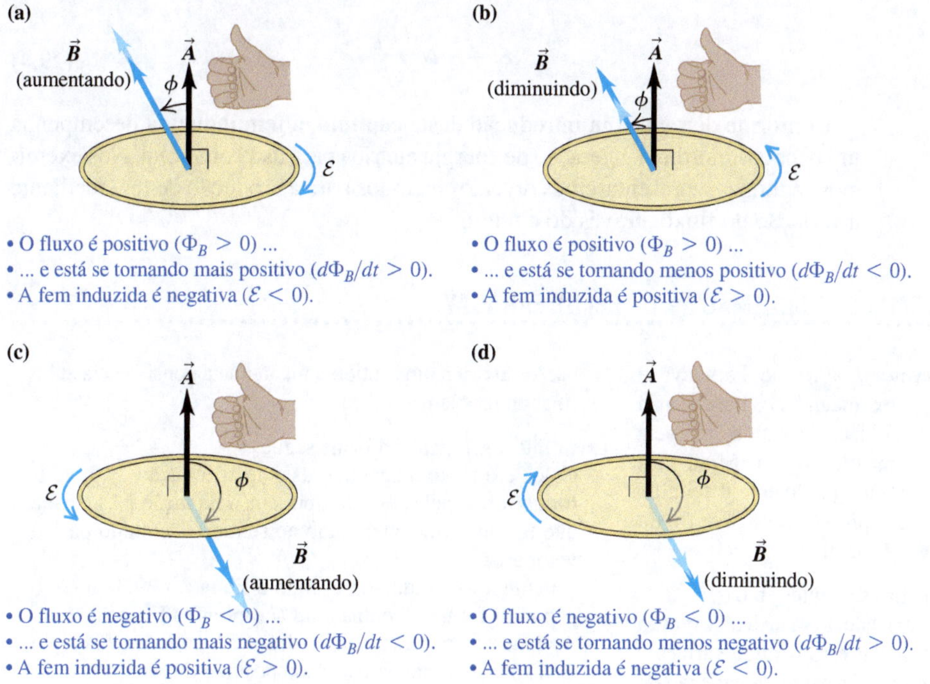

cima para baixo. Os vetores $\vec{A}$ e $\vec{B}$ estão orientados de baixo para cima neste exemplo, de modo que Φ_B é positivo; o módulo de B está aumentando, logo, $d\Phi_B/dt$ é positivo. Assim, pela Equação 29.3, $\mathcal{E}$ no Exemplo 29.1 possui sinal *negativo*. Seu sentido real é, portanto, *horário* em torno da espira, observada de cima para baixo.

Se a espira indicada na Figura 29.5 é condutora, essa fem produz uma corrente induzida em sentido horário. Essa corrente induzida gera um campo magnético adicional através da espira, e a regra da mão direita descrita na Seção 28.5 mostra que o campo possui sentido *oposto* ao do campo magnético crescente externo produzido pelo eletroímã. Trata-se de um exemplo da *lei de Lenz*, segundo a qual todo efeito de indução possui sentido oposto à causa que o produziu; neste caso, a causa é o aumento do fluxo produzido pelo eletroímã através da espira. (Estudaremos essa lei detalhadamente na próxima seção.)

Convidamos você a conferir os sinais de cada fem e corrente induzida para a lista de experiências mencionadas no final da Seção 29.1. Por exemplo, em um campo magnético constante, quando inclinamos ou comprimimos a bobina indicada na Figura 29.2, fazendo o fluxo magnético *diminuir* através dela, a fem e a corrente induzida possuem sentidos anti-horários, observando-se a bobina de cima para baixo.

DADOS MOSTRAM

Indução magnética

Quando os alunos recebiam um problema envolvendo fem induzida e correntes induzidas, mais de 68% davam uma resposta incorreta. Erros comuns:

- Esquecer que *qualquer* variação no fluxo magnético que atravessa uma espira induz uma fem na espira. Isso pode incluir girá-la em um campo magnético ou alterar a forma dela.
- Descuidar do sinal do fluxo magnético. Quando você escolhe o sentido do vetor área $\vec{A}$ para uma espira, deve usá-lo de modo consistente nos cálculos de fluxo.

ATENÇÃO As fems induzidas são provocadas por variações no fluxo Visto que o fluxo magnético desempenha um papel crucial na lei de Faraday, você pode pensar que é o *fluxo* a causa da fem induzida e que é possível surgir uma fem toda vez que um campo magnético estiver no interior de um circuito. Contudo, a Equação 29.3 mostra que somente a *variação* do fluxo através do circuito, e não o próprio fluxo, pode induzir uma fem no circuito. Quando o fluxo magnético através de um circuito for constante, com valor positivo, negativo ou nulo, não haverá nenhuma fem induzida

No caso de uma bobina com N espiras idênticas, supondo que o fluxo magnético varie com a mesma taxa através de todas as espiras, a taxa de variação *total* através de todas as espiras é N vezes maior que a taxa através de uma única espira. Se Φ_B é o fluxo magnético através de cada espira, a fem total em uma bobina com N espiras é dada por

$$\mathcal{E} = -N\frac{d\Phi_B}{dt} \tag{29.4}$$

Conforme dissemos na introdução deste capítulo, a fem induzida desempenha um papel primordial na geração de energia elétrica para uso comercial. Nos exercícios seguintes, apresentaremos diversos métodos para a produção de fem mediante a variação do fluxo através do circuito.

ESTRATÉGIA PARA A SOLUÇÃO DE PROBLEMAS 29.1 LEI DE FARADAY

IDENTIFICAR *os conceitos relevantes:* a lei de Faraday se aplica quando há variação no fluxo magnético. Para usar a lei, certifique-se de que é possível identificar uma área pela qual passa um fluxo de campo magnético. Em geral, essa área é a confinada a uma espira que geralmente é feita de material condutor [embora nem sempre — veja o item (b) do Exemplo 29.1]. Identifique as variáveis-alvo.

PREPARAR *o problema* por meio das seguintes etapas:

1. A lei de Faraday relaciona a fem induzida à taxa de variação do fluxo magnético. Para calcular essa taxa de variação, primeiro você deve entender qual é a causa da variação do fluxo. O condutor está se movendo ou mudando de orientação? O campo magnético está variando?
2. A direção do vetor área $\vec{A}$ (ou $d\vec{A}$) sempre deve ser perpendicular ao plano da área. Note que sempre há duas opções de sentido. Por exemplo, se o plano da área é horizontal, $\vec{A}$ pode apontar diretamente para cima ou diretamente para baixo. Escolha um sentido e mantenha a consistência até o final do problema.

EXECUTAR *a solução* conforme segue:

1. Calcule o fluxo magnético usando a Equação 29.2, se $\vec{B}$ for uniforme pela área da espira, ou a Equação 29.1, se ele não for uniforme, atentando ao sentido escolhido para o vetor área.
2. Calcule a fem induzida usando a Equação 29.3 ou (se o condutor for uma bobina com N espiras) a Equação 29.4. Aplique a regra para os sinais (descrita logo após o Exemplo 29.1) para determinar o sentido positivo da fem.
3. Se a resistência do circuito é conhecida, você pode calcular o módulo da corrente induzida I usando $\mathcal{E} = IR$.

AVALIAR *sua resposta:* verifique os resultados obtidos em relação à adequação das unidades e confira de novo se você aplicou corretamente a regra dos sinais ao calcular o fluxo magnético e a fem induzida.

EXEMPLO 29.2 MÓDULO E SENTIDO DE UMA FEM INDUZIDA

Uma bobina com 500 espiras circulares de raio igual a 4,00 cm é colocada entre os polos de um grande eletroímã, onde o campo magnético é uniforme e forma um ângulo de 60° com o plano da bobina. O campo magnético diminui com uma taxa igual a 0,200 T/s. Quais são o módulo e o sentido da fem induzida?

SOLUÇÃO

IDENTIFICAR E PREPARAR: a variável-alvo do problema é a fem induzida pela variação do fluxo magnético através da bobina. O fluxo varia porque o campo magnético diminui em amplitude. Escolhemos o sentido do vetor $\vec{A}$ como indicado na **Figura 29.7**. Essa opção fornece uma geometria muito similar à da Figura 29.6b. Essa figura ajudará a determinar o sentido da fem induzida.

EXECUTAR: o campo magnético é uniforme pela espira, por isso podemos calcular o fluxo usando a Equação 29.2: $\Phi_B = BA\cos\phi$, em que $\phi = 30°$. Nessa expressão, a única grandeza que varia em função do tempo é o módulo B do campo, de modo que $d\Phi_B/dt = (dB/dt)A\cos\phi$.

ATENÇÃO Lembre-se de como ϕ é definido Você pode ficar tentado a afirmar que $\phi = 60°$ neste problema. Neste caso, lembre-se que ϕ é o ângulo entre $\vec{A}$ e $\vec{B}$, *não* o ângulo entre $\vec{B}$ e o plano da espira.

De acordo com a Equação 29.4, a fem induzida na bobina de $N = 500$ espiras é

$$\begin{aligned}\mathcal{E} &= -N\frac{d\Phi_B}{dt} = -N\frac{dB}{dt}A\cos\phi \\ &= -500(-0{,}200\ \text{T/s})\pi\,(0{,}0400\ \text{m})^2(\cos 30°) \\ &= 0{,}435\ \text{V}\end{aligned}$$

Note que a resposta é positiva. Isso significa que, quando apontamos o polegar da mão direita no sentido do vetor área $\vec{A}$ (30° abaixo do campo $\vec{B}$ na Figura 29.7), o valor positivo de $\mathcal{E}$ está no sentido dos dedos dobrados da sua mão direita. Se você visualizar a bobina pelo lado esquerdo na Figura 29.7 e olhar no sentido de $\vec{A}$, a fem terá sentido horário.

(*Continua*)

(Continuação)

AVALIAR: se as extremidades do fio estiverem conectadas juntas, o sentido da corrente na bobina terá o mesmo sentido da fem — ou seja, sentido horário, olhando-se pelo lado esquerdo da bobina. Uma corrente induzida no sentido horário aumenta o fluxo magnético através da bobina e, portanto, tende a se opor à diminuição do fluxo total. Este é um exemplo da lei de Lenz, que discutiremos na Seção 29.3.

Figura 29.7 Nosso esquema para este problema.

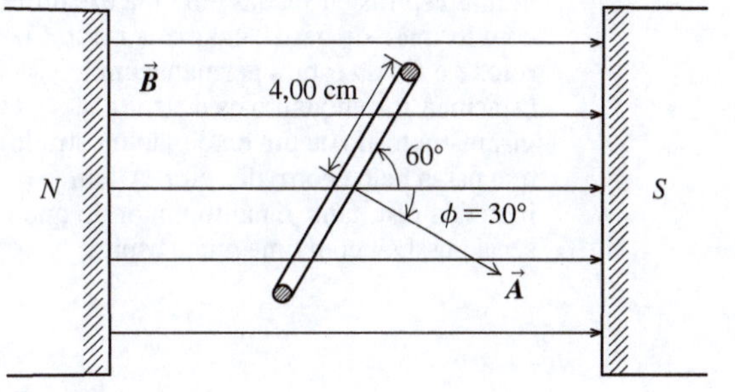

EXEMPLO 29.3 GERADOR I: UM ALTERNADOR SIMPLES

A **Figura 29.8a** indica uma versão simples de um *alternador*, um dispositivo que gera uma fem. Fazemos uma espira retangular girar com velocidade angular ω em torno do eixo indicado. O campo magnético $\vec{B}$ é uniforme e constante. No instante $t = 0$, $\phi = 0$. Determine a fem induzida.

SOLUÇÃO

IDENTIFICAR E PREPARAR: o campo magnético $\vec{B}$ e a área A da espira são constantes, mas o fluxo através da espira varia porque ela gira e, portanto, o ângulo ϕ entre $\vec{B}$ e o vetor área $\vec{A}$ varia (Figura 29.8a). Como a velocidade angular é constante e $\phi = 0$ em $t = 0$, o ângulo em função do tempo é $\phi = \omega t$.

EXECUTAR: o campo magnético é uniforme pela espira, portanto o fluxo magnético é $\Phi_B = BA \cos \phi = BA \cos \omega t$. Logo, pela lei de Faraday (Equação 29.3), a fem induzida é

$$\mathcal{E} = -\frac{d\Phi_B}{dt} = -\frac{d}{dt}(BA\cos\omega t) = \omega BA \operatorname{sen} \omega t$$

AVALIAR: a fem induzida $\mathcal{E}$ varia senoidalmente com o tempo (Figura 29.8b). Quando o plano da espira é perpendicular a $\vec{B}$ ($\phi = 0$ ou $180°$), Φ_B atinge seus valores máximo e mínimo. Para esses instantes, a taxa de variação instantânea do fluxo é igual a zero, assim como $\mathcal{E}$. Reciprocamente, $\mathcal{E}$ possui seus valores máximo e mínimo quando a espira está paralela a $\vec{B}$ ($\phi = 90°$ ou $270°$) e Φ_B está variando mais rapidamente. Verificamos que a fem induzida não depende da *forma* da espira, mas apenas de sua área.

Podemos aproveitar o alternador como uma fonte de fem para um circuito externo usando dois *anéis deslizantes*, que giram acoplados às extremidades da bobina, como indica a Figura 29.8a. Os anéis deslizam sobre dois contatos fixos, chamados de *escovas*, que estão conectados aos terminais de saída a e b. Como a fem induzida varia senoidalmente, a corrente no circuito é uma corrente *alternada* que também varia senoidalmente em módulo, direção e sentido. A amplitude da fem pode ser aumentada elevando-se a velocidade da rotação, o módulo do campo magnético, a área da espira ou o número N de espiras, como indica a Equação 29.4.

Os alternadores são usados em automóveis para gerar correntes necessárias na ignição, nas lâmpadas e nos sistemas de entretenimento. O dispositivo é ligeiramente diferente do descrito neste exemplo; em vez de fazer uma espira girar no interior de um campo magnético, a espira permanece fixa e um eletroímã gira. (A rotação é produzida por uma correia que liga o alternador ao eixo do motor.) Contudo, o resultado é o mesmo; o fluxo magnético através da espira varia senoidalmente, produzindo uma fem que também varia senoidalmente. Alternadores maiores desse mesmo tipo são usados em usinas geradoras de energia elétrica (**Figura 29.9**).

Figura 29.8 (a) Diagrama esquemático de um alternador. Uma espira condutora gira em um campo magnético, produzindo uma fem. As conexões das extremidades da espira com o circuito externo são feitas por meio de dois anéis deslizantes, colocados nessas extremidades. O sistema é indicado no instante para o qual o ângulo $\phi = \omega t = 90°$. (b) Gráfico do fluxo magnético através da espira e da fem resultante nos terminais a e b, indicando também as posições correspondentes da espira durante uma rotação completa.

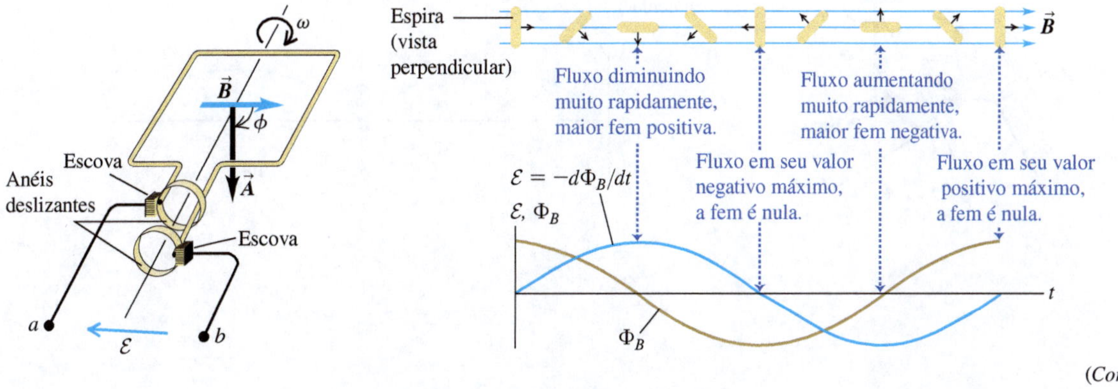

(Continua)

(Continuação)

Figura 29.9 Um alternador comercial usa muitas espiras enroladas em uma estrutura com formato de barril, chamada rotor. O rotor e o fio da espira permanecem estacionários enquanto os eletroímãs giram em torno de um eixo (não mostrado) que passa pelo centro do rotor. A fem induzida resultante é muito maior do que seria possível com uma única espira.

EXEMPLO 29.4 GERADOR II: UM GERADOR DE CORRENTE CONTÍNUA E FEM INDUZIDA EM UM MOTOR

O alternador do Exemplo 29.3 produz uma fem que varia senoidalmente e, portanto, a corrente induzida é alternada. A **Figura 29.10a** mostra um *gerador de corrente contínua* (cc) que produz uma fem que sempre possui o mesmo sinal. O arranjo com um anel dividido em duas metades denomina-se *comutador*; ele inverte as conexões do circuito externo quando a fem se inverte. A fem resultante é indicada na Figura 29.10b. Um gerador cc comercial possui um número grande de bobinas e de segmentos no comutador; esse dispositivo achata as pontas na fem, de modo que a voltagem nos terminais do gerador, além de não mudar de sinal, é praticamente constante. O dispositivo do tipo escova-comutador é semelhante ao do motor de corrente contínua discutido na Seção 27.8. A *fem induzida* no motor é exatamente a mesma induzida pelo fluxo magnético através da bobina que gira. Considere um motor com uma bobina quadrada com 10,0 cm de lado e 500 espiras. Se o campo magnético possui módulo de 0,200 T, qual deve ser a velocidade de rotação para que a fem induzida *média* do motor seja igual a 112 V?

SOLUÇÃO

IDENTIFICAR E PREPARAR: no que se refere à espira giratória, esta situação é a mesma que a do Exemplo 29.3, exceto por agora termos N espiras. Sem o comutador, a fem teria sinais alternados, positivo e negativo, e um valor médio igual a zero (Figura 29.8b). Mas, com o comutador, a fem nunca é negativa e seu valor médio é positivo (Figura 29.10b). Usando o resultado do Exemplo 29.3, determinaremos uma expressão para esse valor médio e explicitaremos essa expressão para a velocidade angular ω.

EXECUTAR: comparando as figuras 29.8b e 29.10b, verificamos que a fem induzida no motor é precisamente N vezes o valor absoluto da fem encontrada para um alternador no Exemplo 29.3, como na Equação 29.4: $|\mathcal{E}| = N\omega BA|\text{sen}\,\omega t|$. Para encontrarmos a fem induzida *média*, substituímos $|\text{sen}\,\omega t|$ pelo seu valor médio. O valor médio da função seno pode ser obtido integrando-se $|\text{sen}\,\omega t|$ na metade do ciclo, desde $t = 0$ até $t = T/2 = \pi/\omega$, e, a seguir, dividindo pelo intervalo de tempo π/ω. Na primeira metade do ciclo, a função seno é positiva, logo, $|\text{sen}\,\omega t| = \text{sen}\,\omega t$, portanto encontramos

$$(|\text{sen}\,\omega t|)_{\text{méd}} = \frac{\int_0^{\pi/\omega} \text{sen}\,\omega t\,dt}{\pi/\omega} = \frac{2}{\pi}$$

Figura 29.10 (a) Diagrama esquemático de um gerador cc usando um comutador feito com um anel dividido. As duas metades do anel estão presas nas extremidades da espira e giram com ela. (b) Gráfico da fem resultante nos terminais a e b. Compare com a Figura 29.8b.

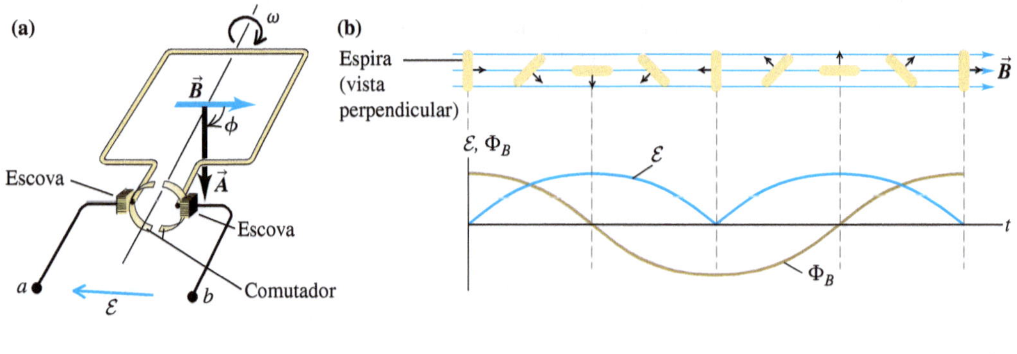

(Continua)

(Continuação)

A fem induzida média é, portanto,

$$\mathcal{E}_{\text{méd}} = \frac{2N\omega BA}{\pi}$$

Explicitando ω, obtemos

$$\omega = \frac{\pi\mathcal{E}_{\text{méd}}}{2NBA}$$

$$= \frac{\pi(112 \text{ V})}{2(500)\,(0{,}200 \text{ T})\,(0{,}100 \text{ m})^2} = 176 \text{ rad/s}$$

(Pelo Exemplo 29.1, vemos que 1 V = 1 Wb/s = 1 T · m²/s.)

AVALIAR: a fem induzida média é diretamente proporcional a ω. Logo, quanto menor for a velocidade angular, menor será o valor da fem induzida e maior a probabilidade de o motor queimar, conforme vimos no Exemplo 27.11 (Seção 27.8).

EXEMPLO 29.5 GERADOR III: UM GERADOR COM HASTE DESLIZANTE

Na **Figura 29.11**, indicamos um condutor em forma de U em um campo magnético $\vec{B}$ uniforme e perpendicular ao plano da figura, direcionado *para dentro* da página. Colocamos uma haste metálica (deslizante) de comprimento L entre os dois braços do condutor, formando um circuito; a seguir, fazemos a haste se deslocar para a direita com velocidade constante $\vec{v}$. Isso faz surgir uma fem e uma corrente induzida, razão pela qual esse dispositivo é chamado de *gerador com haste deslizante*. Determine o módulo, a direção e o sentido da fem induzida resultante.

SOLUÇÃO

IDENTIFICAR E PREPARAR: o fluxo magnético através do circuito está variando porque a área da espira — delimitada à direita pela haste em movimento — está aumentando. A variável-alvo do problema é a fem induzida $\mathcal{E}$ nessa espira em expansão. O campo magnético é uniforme sobre a área da espira, por isso podemos calcular o fluxo magnético usando $\Phi_B = BA \cos \phi$. Escolha o vetor área $\vec{A}$ entrando no plano da página, paralelamente ao vetor $\vec{B}$. Com isso, uma fem positiva será aquela orientada no sentido horário em torno da espira. (É possível verificar isso com a regra da mão direita. Usando a mão direita, aponte o polegar para dentro da página e dobre os dedos como na Figura 29.6.)

EXECUTAR: como $\vec{B}$ e $\vec{A}$ apontam no mesmo sentido, o ângulo $\phi = 0$ e $\Phi_B = BA$. O módulo do campo magnético B é constante, portanto a fem induzida é dada por

$$\mathcal{E} = -\frac{d\Phi_B}{dt} = -B\frac{dA}{dt}$$

Para calcular dA/dt, note que, em um intervalo de tempo dt, a haste deslizante se desloca por uma distância $v\,dt$ (Figura 29.11) e a área da espira aumenta em $dA = Lv\,dt$. Logo, a fem induzida é

$$\mathcal{E} = -B\frac{Lv\,dt}{dt} = -BLv$$

O sinal de menos significa que o sentido da fem é *anti-horário* em torno da espira. A corrente induzida também é anti-horária, como indica a figura.

AVALIAR: note que a fem de um gerador com haste deslizante permanece constante enquanto a velocidade $\vec{v}$ é constante. Nessas circunstâncias, o gerador com haste deslizante funciona como um gerador de *corrente contínua*. Não é um dispositivo muito prático porque a haste eventualmente se move para além do condutor em forma de U e perde contato, fazendo com que a corrente pare de fluir.

Figura 29.11 Um gerador com haste deslizante. O campo magnético $\vec{B}$ e o vetor área $\vec{A}$ estão entrando no plano da página. O aumento do fluxo magnético (decorrente do aumento da área) induz uma fem e uma corrente.

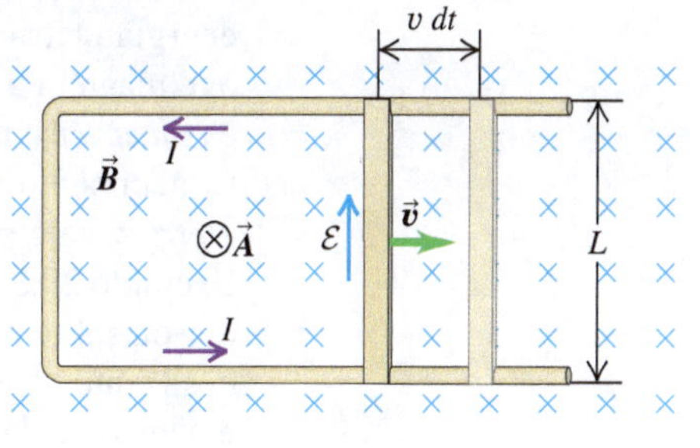

EXEMPLO 29.6 TRABALHO E POTÊNCIA NO GERADOR COM HASTE DESLIZANTE

No gerador com haste deslizante do Exemplo 29.5, ocorre uma dissipação de energia no circuito por causa de sua resistência. Seja R a resistência do circuito (formado pelo condutor em forma de U conectado às extremidades da haste deslizante) para uma dada posição no movimento da haste. Determine a taxa de energia dissipada no circuito e a taxa do trabalho realizado para deslocar a haste através do campo magnético.

SOLUÇÃO

IDENTIFICAR E PREPARAR: as variáveis-alvo deste problema são as *taxas* de dissipação da energia e do trabalho realizado. A energia se dissipa no circuito a uma taxa $P_{\text{dissipada}} = I^2R$. A corrente I no circuito é igual a $|\mathcal{E}|/R$; encontramos uma expressão para a fem induzida $\mathcal{E}$ nesse circuito no Exemplo 29.5. Existe uma força magnética atuando sobre a haste, dada por $\vec{F} = I\vec{L} \times \vec{B}$;

(Continua)

(*Continuação*)

o vetor $\vec{L}$ aponta ao longo da haste no sentido da corrente. A **Figura 29.12** indica que essa força possui sentido contrário ao da velocidade $\vec{v}$; para que o movimento seja mantido, o que estiver empurrando a haste precisa aplicar uma força de mesmo módulo no sentido de $\vec{v}$. Essa força realiza trabalho a uma taxa $P_{aplicada} = Fv$.

EXECUTAR: inicialmente, calcularemos $P_{dissipada}$. Pelo Exemplo 29.5, $\mathcal{E} = -BLv$. Logo, a corrente na haste é $I = |\mathcal{E}|/R = Blv/R$. Portanto,

$$P_{dissipada} = I^2R = \left(\frac{BLv}{R}\right)^2 R = \frac{B^2L^2v^2}{R}$$

Para calcular $P_{aplicada}$, primeiro calculamos o módulo de $\vec{F} = I\vec{L} \times \vec{B}$. Como $\vec{L}$ e $\vec{B}$ são perpendiculares, esse módulo é dado por

$$F = ILB = \frac{BLv}{R}LB = \frac{B^2L^2v}{R}$$

A força aplicada tem o mesmo módulo e a taxa de trabalho realizado é

$$P_{aplicada} = Fv = \frac{B^2L^2v}{R}$$

AVALIAR: a taxa com que o trabalho é realizado é exatamente *igual* à taxa de dissipação de energia na resistência.

ATENÇÃO **Não se pode violar a conservação de energia** Você poderia pensar que, invertendo o sentido de $\vec{B}$ ou de $\vec{v}$, seria possível obter uma força magnética $\vec{F} = I\vec{L} \times \vec{B}$ no *mesmo* sentido de $\vec{v}$. Isso seria um belo truque. Quando a haste começa a se mover, o fluxo magnético variável induz uma fem e uma corrente, e, se a força magnética tivesse o mesmo sentido da velocidade, ela produziria uma aceleração da haste, aumentando ainda mais a fem e a corrente até que a velocidade da haste fosse tão elevada que produzisse energia elétrica a uma taxa prodigiosamente alta. Isso parece ser bom demais para ser verdade: isso violaria a lei da conservação da energia. Quando o sentido de $\vec{B}$ se inverte, os sinais da fem e da corrente induzida se invertem e, portanto, o sentido de $\vec{L}$, de modo que a força magnética ainda se opõe ao movimento da haste; um raciocínio semelhante continua válido se invertermos o sentido de $\vec{v}$.

Figura 29.12 A força magnética $\vec{F} = I\vec{L} \times \vec{B}$ que atua sobre a haste em função da corrente induzida é orientada para a esquerda, ou seja, contrária ao vetor $\vec{v}$.

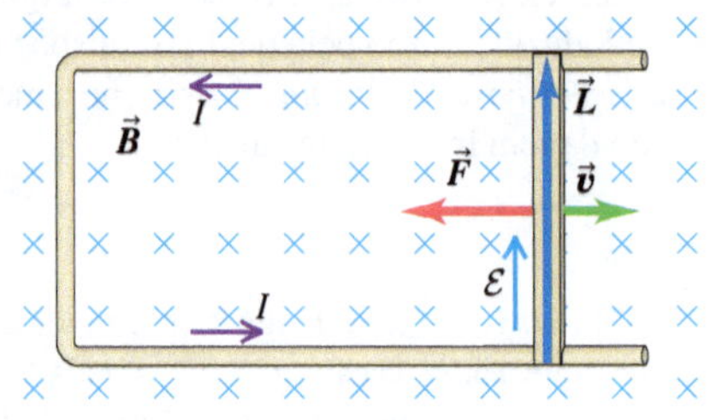

Geradores como conversores de energia

O Exemplo 29.6 mostra que o gerador com haste deslizante não pode produzir energia elétrica espontaneamente; a energia é fornecida por uma força externa que mantém a haste se movendo com velocidade constante. O que o gerador faz é *converter* uma forma de energia em outra diferente. A igualdade entre a taxa de fornecimento de energia *mecânica* ao gerador e a taxa de dissipação da energia *elétrica* vale para todos os tipos de gerador, incluindo o alternador descrito no Exemplo 29.3. (Estamos desprezando os efeitos do atrito nos mancais do alternador ou sobre os trilhos do condutor em forma de U no caso do gerador com haste deslizante. A energia dissipada pelo atrito não está disponível para ser convertida em energia elétrica, de modo que, nos geradores reais, o projeto é feito de modo a minimizar as perdas pelo atrito.)

No Capítulo 27, afirmamos que a força magnética sobre uma carga que se move nunca pode realizar trabalho. Contudo, é possível pensar que a força magnética $\vec{F} = I\vec{L} \times \vec{B}$ do Exemplo 29.6 *está* realizando um trabalho (negativo) sobre a corrente que circula na haste quando ela se desloca, em contradição à nossa afirmação anterior. Contudo, o trabalho realizado pela força magnética é, de fato, igual a zero. As cargas que dão origem à corrente na barra da Figura 29.12 possuem um componente vertical da velocidade que produz um componente horizontal da força sobre essas cargas. Portanto, existe um deslocamento horizontal das cargas no interior da haste, visto que o lado esquerdo fica positivamente carregado e o lado direito, negativamente carregado. O resultado é um componente horizontal do campo elétrico, perpendicular ao comprimento da haste (análogo ao efeito Hall descrito na Seção 27.9). É esse campo, no mesmo sentido do movimento da haste, que produz o trabalho realizado sobre as cargas móveis da haste e indiretamente sobre os átomos que a constituem.

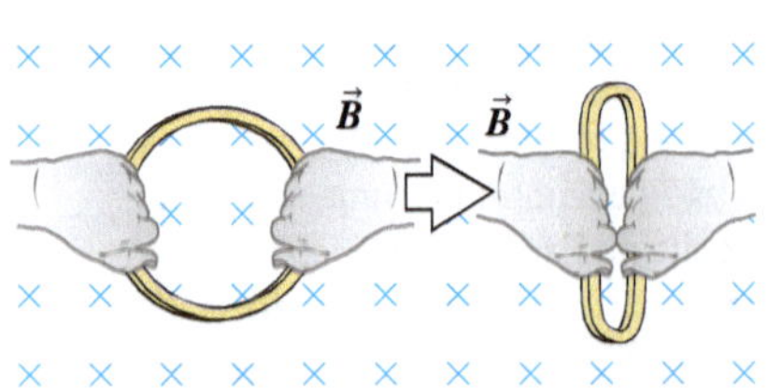

TESTE SUA COMPREENSÃO DA SEÇÃO 29.2 A figura ao lado mostra uma bobina sendo comprimida em um campo magnético uniforme. (a) Enquanto a bobina é comprimida, a fem induzida na bobina tem sentido (i) horário, (ii) anti-horário ou (iii) nulo? (b) Quando a bobina atinge o máximo de compressão, a fem induzida na bobina tem sentido (i) horário, (ii) anti-horário ou (iii) nulo?

29.3 LEI DE LENZ

A lei de Lenz é um método alternativo para determinar o sentido da fem ou da corrente induzida. A lei de Lenz, cujo nome deve-se ao físico russo H. F. E. Lenz (1804-1865), não constitui um princípio independente, pois pode ser deduzida a partir da lei de Faraday. Ela sempre leva ao mesmo resultado obtido quando usamos as regras de sinais introduzidas com a lei de Faraday, contudo, ela é mais fácil de aplicar. A lei de Lenz também nos ajuda a adquirir conhecimentos intuitivos dos diversos efeitos de indução e do papel desempenhado pela conservação da energia. A **lei de Lenz** afirma que:

O sentido de qualquer efeito de indução magnética é tal que ele se opõe à causa que produz esse efeito.

A "causa" pode ser um fluxo que varia através de um circuito em repouso produzido pela variação de um campo magnético, um fluxo magnético variável gerado pelo movimento relativo de condutores que compõem o circuito ou qualquer outra combinação. Quando o fluxo magnético varia através de um circuito em repouso, como nos exemplos 29.1 e 29.2, a própria corrente induzida produz um campo magnético. No interior da área delimitada pelo circuito, esse campo é *oposto* ao campo original quando o original está *crescendo*, porém possui o *mesmo* sentido do original quando ele está *diminuindo*. Ou seja, a corrente induzida se opõe à *variação do fluxo* magnético através do circuito (e *não* ao próprio fluxo).

Quando a variação do fluxo magnético é produzida pelo movimento do condutor, como indicam os exemplos 29.3 a 29.6, o sentido da corrente induzida no condutor que se move é tal que o sentido da força magnética que atua sobre o condutor é sempre oposto ao sentido de sua velocidade. Portanto, a força se opõe ao movimento do condutor, que causou a corrente induzida. Vimos isso explicitamente no Exemplo 29.6 para o gerador com haste deslizante. Em todos esses casos, a corrente induzida tende a manter o *status quo*, opondo-se ao movimento ou contrariando a variação do fluxo magnético.

A lei de Lenz também está relacionada diretamente à conservação da energia. Caso a corrente induzida no Exemplo 29.6 fosse no sentido oposto ao indicado pela lei de Lenz, a força magnética produziria uma aceleração da haste, aumentando indefinidamente sua velocidade sem nenhuma fonte de energia externa, embora haja dissipação de energia elétrica no circuito. Isso seria uma clara violação da conservação da energia e não ocorre na natureza.

EXEMPLO CONCEITUAL 29.7 LEI DE LENZ E O GERADOR COM HASTE DESLIZANTE

Na Figura 29.11, a corrente induzida na espira produz um campo magnético adicional na área limitada pela espira. O sentido da corrente induzida é anti-horário. Portanto, de acordo com a discussão feita na Seção 28.5, o sentido do campo magnético adicional é *para fora* do plano da figura. Tal sentido é oposto ao do campo magnético original, de modo que ele tende a cancelar o efeito desse campo. Essa conclusão é consistente com o que diz a lei de Lenz.

EXEMPLO CONCEITUAL 29.8 LEI DE LENZ E O SENTIDO DA CORRENTE INDUZIDA

Na **Figura 29.13**, existe um campo magnético uniforme $\vec{B}$ através da espira. O módulo do campo está aumentando, de modo que existe uma fem induzida. Use a lei de Lenz para determinar o sentido da corrente induzida resultante.

SOLUÇÃO

Essa situação é análoga à do Exemplo 29.1 (Seção 29.2). De acordo com a lei de Lenz, a corrente induzida deve produzir um campo magnético $\vec{B}_{\text{induzido}}$ no interior da espira, orientado

(Continua)

(Continuação)

de cima para baixo, opondo-se à variação do fluxo. Usando a regra da mão direita descrita na Seção 28.5 para o sentido do campo magnético gerado por uma espira circular, $\vec{B}_{induzido}$ terá o sentido desejado se a corrente induzida tiver o sentido indicado na Figura 29.13.

A **Figura 29.14** mostra diversas aplicações da lei de Lenz para o caso semelhante de um ímã se movendo próximo de uma espira condutora circular. Em cada um dos quatro casos indicados, a corrente induzida produz um campo magnético adicional que se opõe à variação do fluxo através da espira produzida pelo movimento do ímã.

Figura 29.13 A corrente induzida produzida pela variação de $\vec{B}$ possui sentido horário, se observada de cima para baixo. O campo adicional $\vec{B}_{induzido}$ criado por ela é orientado de cima para baixo, opondo-se à variação do campo B de baixo para cima.

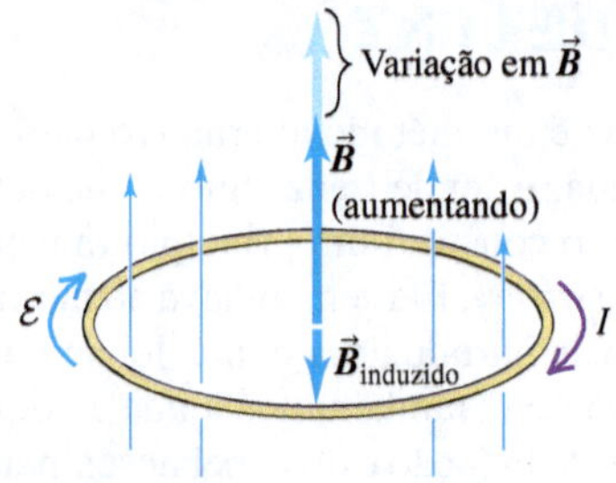

Figura 29.14 Sentidos das correntes induzidas quando um ímã se desloca ao longo do eixo de uma espira condutora. Quando o ímã está em repouso, não existe nenhuma corrente induzida.

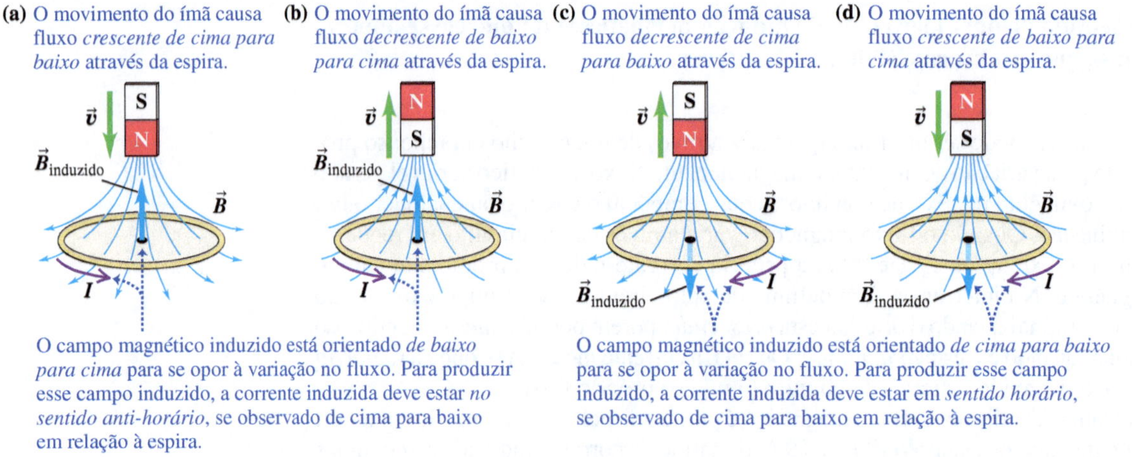

Lei de Lenz e resposta a variações do fluxo magnético

Uma vez que uma corrente induzida sempre se opõe a qualquer variação de fluxo magnético através de um circuito, como pode ocorrer alguma variação do fluxo? A resposta é que a lei de Lenz fornece apenas o *sentido* da corrente induzida; o *módulo* depende da resistência do circuito. Quanto maior a resistência do circuito, menor é a corrente induzida que se opõe a qualquer variação de fluxo e mais facilmente a variação do fluxo magnético pode ocorrer. Se a espira da Figura 29.14 fosse de madeira (um isolante), não existiria quase nenhuma corrente induzida em resposta à variação do fluxo através da espira.

Reciprocamente, quanto menor a resistência do circuito, maior é a corrente induzida e mais difícil se torna a variação do fluxo magnético através do circuito. Supondo que a espira da Figura 29.14 seja feita com um bom condutor, surge uma corrente induzida toda vez que ocorre um movimento relativo entre o ímã e a espira. Quando o movimento relativo termina, a corrente induzida diminui rapidamente até zero, pois a resistência da espira não é nula.

Um caso extremo ocorre quando a resistência do circuito é igual a *zero*. Então, a corrente induzida na Figura 29.14 continuará a circular até mesmo depois que já não há mais fem induzida — ou seja, mesmo depois de cessado o movimento relativo. Graças a essa *corrente persistente*, verifica-se que o fluxo magnético através da espira é igual ao fluxo que existia antes do movimento relativo, o que nos permite concluir que o fluxo magnético através de uma espira com resistência nula *nunca* varia. Um material exótico chamado de *supercondutor* possui resistência igual a zero; discutiremos as propriedades desse tipo de material na Seção 29.8.

TESTE SUA COMPREENSÃO DA SEÇÃO 29.3 (a) Suponha que o ímã na Figura 29.14a estivesse em repouso, e a espira se movesse de baixo para cima. A corrente induzida na espira (i) estaria no mesmo sentido indicado na Figura 29.14a, (ii) estaria no sentido oposto ao indicado na Figura 29.14a ou (iii) seria nula? (b) Suponha que o ímã e a espira na Figura 29.14a se movessem de cima para baixo, com a mesma velocidade. A corrente induzida na espira (i) estaria no mesmo sentido indicado na Figura 29.14a, (ii) estaria no sentido oposto ao indicado na Figura 29.14a ou (iii) seria nula? ❙

29.4 FORÇA ELETROMOTRIZ PRODUZIDA PELO MOVIMENTO

Vimos várias situações em que ocorre o movimento de um condutor em um campo magnético, como nos casos dos geradores discutidos nos exemplos 29.3 a 29.6. Podemos compreender melhor a origem da fem induzida nessas situações, examinando as forças magnéticas que atuam sobre as cargas do condutor. A **Figura 29.15a** mostra a mesma haste deslizante do Exemplo 29.5, destacada agora do condutor em forma de U. O campo magnético $\vec{B}$ é uniforme e está dirigido para dentro da página, e deslocamos a haste para a direita com uma velocidade constante $\vec{v}$. Uma partícula com carga q no interior da haste sofre a ação de uma força magnética dada por $\vec{F} = q\vec{v} \times \vec{B}$, cujo módulo é $F = |q|vB$. Na discussão que faremos a seguir, vamos supor q positivo; nesse caso, o sentido da força é de baixo para cima, ou seja, de b para a.

Figura 29.15 Uma haste condutora se movendo em um campo magnético uniforme. (a) A haste, a velocidade e o campo são mutuamente perpendiculares. (b) Sentido da corrente induzida no circuito.

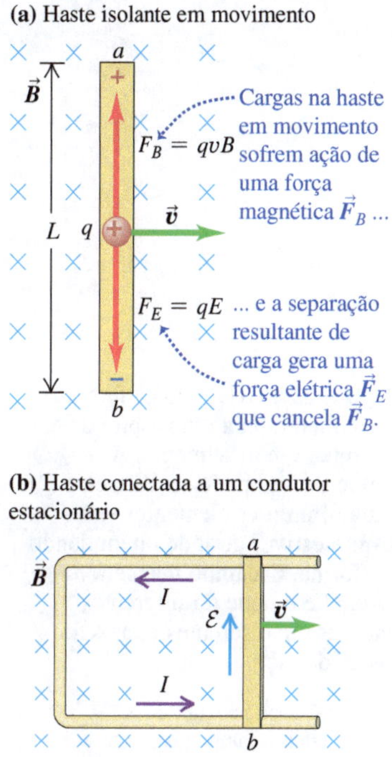

A fem do movimento $\mathcal{E}$ na haste em movimento gera um campo elétrico no condutor estacionário.

Essas forças magnéticas produzem movimento das cargas na haste, criando um excesso de cargas positivas na extremidade superior a e de cargas negativas na extremidade inferior b. Isso faz surgir um campo elétrico $\vec{E}$ no interior da haste no sentido de a para b (contrário ao da força magnética). As cargas continuam a se acumular nas extremidades da haste até que a força elétrica orientada de cima para baixo (de módulo qE) seja exatamente igual à força magnética orientada de *baixo para cima* (de módulo qvB). Então, $qE = qvB$ e as cargas permanecem em equilíbrio.

O módulo da diferença de potencial $V_{ab} = V_a - V_b$ é igual ao módulo do campo elétrico E multiplicado pelo comprimento L da haste. De acordo com a discussão precedente, $E = vB$, portanto

$$V_{ab} = EL = vBL \tag{29.5}$$

em que o ponto a possui um potencial maior que o do ponto b.

Suponha agora que a haste esteja deslizando sobre um condutor em repouso em forma de U, formando um circuito completo (Figura 29.15b). Sobre as cargas nos condutores em repouso em forma de U não existe nenhuma força *magnética*, porém as cargas nas vizinhanças de a e de b se redistribuem ao longo dos condutores em repouso, criando um campo *elétrico* no interior deles. Esse campo produz uma corrente no sentido indicado. A haste deslizante torna-se uma fonte de força eletromotriz; no interior dela, as cargas se movem do potencial mais baixo para o mais elevado, e no restante do circuito as cargas se deslocam do potencial mais elevado para o mais baixo. Essa fem produzida pelo movimento será designada por $\mathcal{E}$ e chamada de **força eletromotriz do movimento**. De acordo com a discussão precedente, o módulo dessa fem é dado por

Fem do movimento; comprimento e velocidade do condutor perpendiculares a $\vec{B}$ uniforme

$$\mathcal{E} = vBL \tag{29.6}$$

v: Velocidade do condutor; L: Comprimento do condutor; B: Módulo do campo magnético uniforme

Isso corresponde a uma força por unidade de carga de módulo vB que atua sobre uma distância L ao longo da haste deslizante. Chamando de R a resistência total dos condutores em forma de U com a haste, a corrente I induzida no circuito é dada por $vBL = IR$. Esse resultado é igual ao obtido na Seção 29.2 a partir da aplicação da lei de Faraday e, na realidade, a fem do movimento é um caso particular da lei de Faraday. Note que, se expressarmos v em metros por segundo, B em teslas e L em metros, concluímos que $\mathcal{E}$ é dado em volts. (Lembre-se de que $1 \text{ V} = 1 \text{ J/C} = 1 \text{ T} \cdot \text{m}^2/\text{s}$.)

A fem associada à haste deslizante na Figura 29.15b é análoga à fem de uma bateria que tivesse seu terminal positivo no ponto a e seu terminal negativo no ponto b, embora a origem de cada fem seja bastante diferente. Em cada caso, uma força não eletrostática atua no circuito, no sentido de b para a, e a fem é o trabalho realizado por essa força por carga unitária quando as cargas se deslocam de b para a no interior do dispositivo. Quando o dispositivo é conectado a um circuito externo, o sentido da corrente é de b para a no interior do dispositivo e de a para b no circuito externo. Observe que uma fem do movimento também está presente na haste que se move na Figura 29.15a, do mesmo modo que uma bateria possui uma fem mesmo quando ela não faz parte de nenhum circuito.

O sentido da fem induzida na Figura 29.15b pode ser obtido pela lei de Lenz, mesmo quando (como na Figura 29.15a) o condutor não forma um circuito completo. Nesse caso, podemos imaginar um circuito fechado entre as extremidades do condutor e aplicar a lei de Lenz para determinar o sentido da corrente. A partir daí, é possível deduzir a polaridade das extremidades do condutor no circuito aberto. O sentido do polo – ao polo + é determinado pela corrente que fluiria no circuito, caso ele estivesse fechado.

Fem do movimento: forma generalizada

Figura 29.16 Cálculo da fem do movimento para uma espira de corrente em movimento. A velocidade $\vec{v}$ pode ser diferente para diferentes elementos se a espira estiver girando ou mudando de forma. O campo magnético $\vec{B}$ também pode ter diferentes valores em diferentes pontos ao redor do laço.

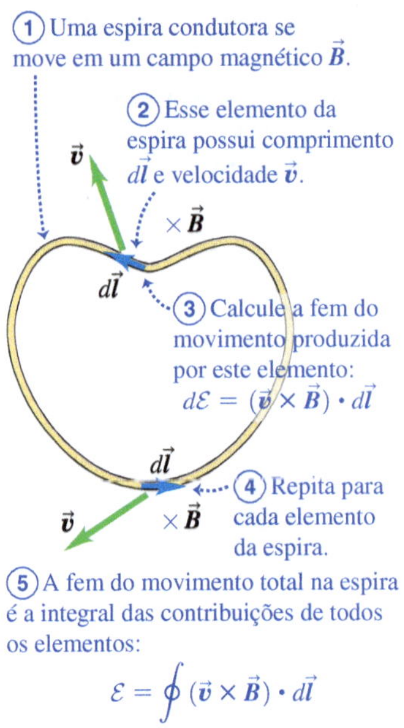

Podemos generalizar o conceito de fem do movimento para um condutor que possui *qualquer* forma e que se desloca em qualquer campo magnético, uniforme ou não, supondo que o campo magnético em cada ponto não varie com o tempo (**Figura 29.16**). Para um elemento $d\vec{l}$ do condutor, a contribuição $d\mathcal{E}$ à fem é dada pelo módulo dl multiplicado pelo componente de $\vec{v} \times \vec{B}$ (a força magnética por unidade de carga) paralela a $d\vec{l}$; ou seja,

$$d\mathcal{E} = (\vec{v} \times \vec{B}) \cdot d\vec{l}$$

Para qualquer espira condutora fechada, a fem é dada por

Integral de linha por todos os elementos da **espira condutora fechada**

Fem do movimento, caso geral

$$\mathcal{E} = \oint (\vec{v} \times \vec{B}) \cdot d\vec{l} \qquad (29.7)$$

$\vec{v}$: Velocidade do elemento condutor; $\vec{B}$: Campo magnético na posição do elemento; $d\vec{l}$: Vetor comprimento do elemento condutor

A expressão anterior parece muito diferente da expressão original da lei de Faraday, dada pela Equação 29.3, $\mathcal{E} = -d\Phi_B/dt$. Contudo, na realidade essas duas expressões são equivalentes. É possível demonstrar que a taxa de variação do fluxo magnético através de uma espira que se move é sempre dada pela expressão, com sinal negativo, indicada na Equação 29.7. Portanto, essa expressão fornece uma forma alternativa para a lei de Faraday, que geralmente é mais conveniente que a original em problemas que envolvem condutores em *movimento*. Contudo, no caso de condutores em *repouso* no interior de um campo magnético variável, a Equação 29.7 *não pode* ser aplicada; nesse caso, $\mathcal{E} = -d\Phi_B/dt$ é a única forma correta para expressar a lei de Faraday.

EXEMPLO 29.9 FEM DO MOVIMENTO NO GERADOR COM HASTE DESLIZANTE

Considere o comprimento L da haste deslizante na Figura 29.15b igual a 0,10 m, a velocidade v igual a 2,5 m/s, a resistência total da espira igual a 0,030 Ω e B igual a 0,60 T. Calcule a fem do movimento, a corrente induzida e a força que atua sobre a haste.

SOLUÇÃO

IDENTIFICAR E PREPARAR: determinaremos a fem $\mathcal{E}$ do movimento pela Equação 29.6 e a corrente a partir dos valores de $\mathcal{E}$ e da resistência R. A força que atua sobre a haste é uma força *magnética*, exercida por $\vec{B}$ sobre a corrente na haste; essa força será obtida por meio da fórmula $\vec{F} = I\vec{L} \times \vec{B}$.

EXECUTAR: de acordo com a Equação 29.6, a fem é dada por

$$\mathcal{E} = vBL = (2{,}5\ \text{m/s})\ (0{,}60\ \text{T})\ (0{,}10\ \text{m}) = 0{,}15\ \text{V}$$

A corrente induzida resultante na espira é dada por

$$I = \frac{\mathcal{E}}{R} = \frac{0{,}15\ \text{V}}{0{,}030\ \Omega} = 5{,}0\ \text{A}$$

Na expressão para a força magnética $\vec{F} = I\vec{L} \times \vec{B}$, o vetor $\vec{L}$ aponta no mesmo sentido da corrente induzida na haste (de b para a na Figura 29.15). A regra da mão direita para produtos vetoriais mostra que essa força está em sentido *oposto* ao movimento da haste. Como $\vec{L}$ e $\vec{B}$ são perpendiculares, o módulo da força é dado por

$$F = ILB = (5{,}0\ \text{A})\ (0{,}10\ \text{m})\ (0{,}60\ \text{T}) = 0{,}30\ \text{N}$$

AVALIAR: podemos conferir o resultado obtido para o sentido de $\vec{F}$ usando a lei de Lenz. Se tomarmos o vetor área $\vec{A}$ apontando para dentro do plano da espira, o fluxo magnético será positivo e crescente enquanto a haste se move para a direita e aumenta a área da espira. A lei de Lenz afirma que uma força surgirá para se opor a esse aumento no fluxo. Logo, a força que atua sobre a haste está orientada para a esquerda, no sentido contrário ao seu movimento.

EXEMPLO 29.10 UM DÍNAMO BASEADO NO DISCO DE FARADAY

A **Figura 29.17** mostra um disco condutor de raio R contido no plano xy e girando com velocidade angular constante ω em torno do eixo Oz. O disco está em um campo magnético uniforme $\vec{B}$ paralelo ao eixo Oz. Determine a fem induzida entre o centro e a periferia do disco.

SOLUÇÃO

IDENTIFICAR E PREPARAR: uma fem do movimento está presente porque o disco condutor se move em relação ao campo $\vec{B}$. A complicação é que diferentes partes do disco se movem com diferentes velocidades v, dependendo de sua distância do eixo de rotação. Vamos tratar essa questão considerando pequenos segmentos do disco e integrando suas contribuições para determinar a variável-alvo, que é a fem entre o centro e a periferia do disco. Considere o pequeno segmento de disco designado pelo seu vetor velocidade $\vec{v}$. A força magnética por unidade de carga nesse segmento é dada por $\vec{v} \times \vec{B}$, que aponta radialmente para fora do centro do disco. Logo, a fem induzida tende a fazer uma corrente fluir radialmente para fora, o que nos diz que o percurso da parte do condutor que se move a considerar aqui é uma linha reta, que vai do centro para a periferia. Podemos determinar a fem de cada pequeno segmento de disco ao longo dessa linha usando a expressão $d\mathcal{E} = (\vec{v} \times \vec{B}) \cdot d\vec{l}$ e, a seguir, integrar para encontrar a fem total.

EXECUTAR: o vetor de comprimento $d\vec{l}$ (com comprimento dr) aponta radialmente para fora, no mesmo sentido de $\vec{v} \times \vec{B}$. Os vetores $\vec{v}$ e $\vec{B}$ são perpendiculares, e o módulo de $\vec{v}$ é $v = \omega r$. A fem total entre o centro e a periferia do disco é, então, $d\mathcal{E} = \omega Br dr$. A fem total é dada pela integral de $d\mathcal{E}$ a partir do centro ($r = 0$) até a periferia ($r = R$):

$$\mathcal{E} = \int_0^R \omega Br\,dr = \tfrac{1}{2}\omega BR^2$$

AVALIAR: podemos usar esse dispositivo como uma fonte de fem em um circuito, completando-o com um circuito externo por meio de escovas estáticas (indicadas pela letra b na figura), que estabelecem um contato entre o disco e seu eixo condutor, como mostrado. Esse disco é conhecido como *dínamo com o disco de Faraday* ou *gerador homopolar*. Diferentemente do alternador discutido no Exemplo 29.3, o dínamo obtido com o disco de Faraday é um gerador de corrente contínua; ele produz uma fem constante no tempo. Você é capaz de usar a lei de Lenz para mostrar que, considerando o sentido da rotação na Figura 29.17, o sentido da corrente deve ser de fato dado pelo sentido indicado?

Figura 29.17 Um disco condutor de raio R girando com uma velocidade angular ω em um campo magnético $\vec{B}$. A fem é induzida em uma direção radial do disco e produz uma corrente no circuito externo através de contatos deslizantes designados pela letra b.

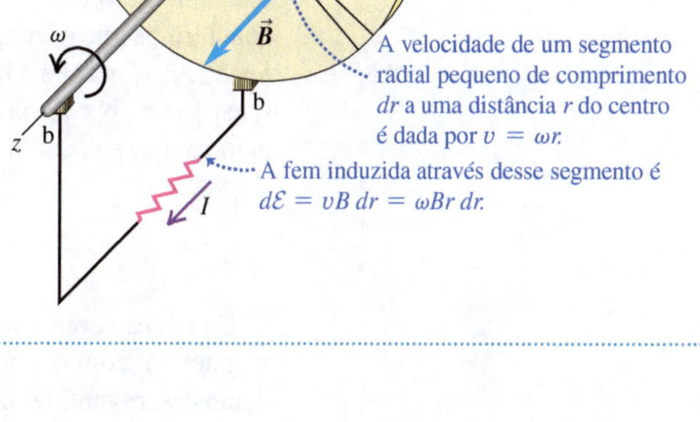

TESTE SUA COMPREENSÃO DA SEÇÃO 29.4 O campo magnético da Terra aponta para o norte (magnético). Para simplificar, assumimos que o campo não possui componente vertical (como ocorre próximo ao Equador). (a) Se você segurar uma haste metálica e caminhar no sentido leste, como você deve orientar a haste para obter o valor máximo da fem do movimento entre suas extremidades? (i) De leste para oeste; (ii) de norte para sul; (iii) de cima para baixo; (iv) obtém-se a mesma fem do movimento seja qual for a orientação. (b) Como você deve segurar a haste para obter fem igual a *zero* enquanto caminha no sentido leste? (i) De leste para oeste; (ii) de norte para sul; (iii) de cima para baixo; (iv) nenhuma dessas alternativas. (c) Em qual sentido você deve seguir para que a fem do movimento através da haste seja igual a zero, seja qual for a orientação dada a ela? (i) Oeste; (ii) norte; (iii) sul; (iv) em linha reta para cima; (v) em linha reta para baixo. ▌

29.5 CAMPOS ELÉTRICOS INDUZIDOS

Quando um condutor se move em um campo magnético, podemos entender a fem induzida com base nas forças magnéticas que atuam sobre o condutor, conforme descrito na Seção 29.4. Contudo, também existe uma fem quando ocorre um fluxo magnético variável através de um condutor em repouso. Qual é a força que atua sobre as cargas ao longo do circuito nesse tipo de situação?

Figura 29.18 (a) As espiras de um solenoide longo que conduz uma corrente I que cresce a uma taxa dI/dt. O fluxo magnético no solenoide cresce a uma taxa $d\Phi_B/dt$, e esse fluxo variável passa através da espira. Uma fem $\mathcal{E} = -d\Phi_B/dt$ é induzida na espira produzindo uma corrente induzida I' medida pelo galvanômetro G. (b) Vista mostrando a seção reta.

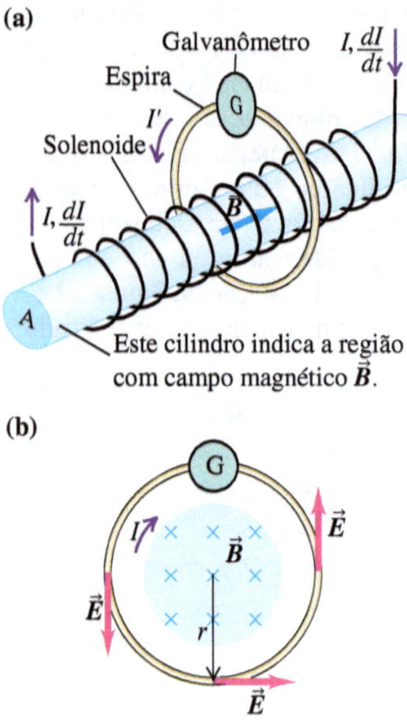

Como exemplo, considere a situação ilustrada na **Figura 29.18**. Um solenoide longo e fino com seção reta de área A com n espiras por unidade de comprimento é circundado em seu centro por uma espira condutora circular. O galvanômetro G mede a corrente na espira. A corrente I no enrolamento do solenoide produz um campo magnético $\vec{B}$ ao longo do eixo do solenoide, cujo módulo B foi calculado no Exemplo 28.9 (Seção 28.7): $B = \mu_0 nI$, em que n é o número de espiras por unidade de comprimento. Desprezando o pequeno campo magnético fora do solenoide e tomando o vetor área $\vec{A}$ no mesmo sentido de $\vec{B}$, o fluxo magnético Φ_B através da espira é dado por

$$\Phi_B = BA = \mu_0 nIA$$

Quando a corrente I do solenoide varia com o tempo, o fluxo magnético Φ_B também varia e, de acordo com a lei de Faraday, a fem induzida na espira é dada por

$$\mathcal{E} = -\frac{d\Phi_B}{dt} = -\mu_0 nA\frac{dI}{dt} \tag{29.8}$$

Designando por R a resistência total da espira e por I' a corrente induzida na espira, temos $I' = \mathcal{E}/R$.

Porém, qual é a *força* que atua sobre as cargas, obrigando-as a se mover ao longo do circuito? Não pode ser uma força magnética porque a espira não está em movimento, nem mesmo está *dentro* de um campo magnético. Somos forçados a concluir que se trata de um **campo elétrico induzido** no condutor *produzido pela variação do fluxo magnético*. Os campos elétricos induzidos são *muito* diferentes dos campos elétricos causados por cargas, que discutimos no Capítulo 23. Para ver isso, note que, quando uma carga q completa uma volta em torno da espira, o trabalho total realizado pelo campo elétrico é igual ao produto da carga q pela fem $\mathcal{E}$. Ou seja, concluímos que o campo elétrico *não é conservativo*, conforme a discussão feita na Seção 23.1, porque a integral de linha de $\vec{E}$ ao longo de um percurso fechado não é igual a zero. Na verdade, essa integral de linha, que representa o trabalho realizado pelo campo elétrico induzido $\vec{E}$ por unidade de carga, fornece a fem $\mathcal{E}$ induzida:

$$\oint \vec{E} \cdot d\vec{l} = \mathcal{E} \tag{29.9}$$

De acordo com a lei de Faraday, a fem $\mathcal{E}$ é dada pela taxa de variação do fluxo magnético, com o sinal negativo, através de uma espira. Logo, para esse caso podemos escrever a lei de Faraday na seguinte forma:

Lei de Faraday para uma curva de integração estática:

$$\oint \vec{E} \cdot d\vec{l} = -\frac{d\Phi_B}{dt} \qquad (29.10)$$

Integral de linha do campo elétrico ao longo da curva

Negativo da taxa de variação em função do tempo do fluxo magnético através do percurso

Note que a lei de Faraday é *sempre* verdadeira na forma $\mathcal{E} = -d\Phi_B/dt$; a forma indicada na Equação 29.10 vale *somente* quando o percurso usado na integração permanecer *estático*.

Vamos aplicar a Equação 29.10 à espira circular estática indicada na Figura 29.18b, que possui raio r. Como existe simetria cilíndrica, o campo elétrico $\vec{E}$ possui o mesmo módulo em todos os pontos do círculo e direção tangente à circunferência em cada ponto. (A simetria também permitiria imaginar um campo *radial*, mas a lei de Gauss exigiria a presença de uma carga no interior do círculo, porém não existe nenhuma.) A integral de linha na Equação 29.10 é simplesmente igual ao módulo E multiplicado pelo comprimento da circunferência $2\pi r$, $\oint \vec{E} \cdot d\vec{l} = 2\pi r E$, e a Equação 29.10 fornece

$$E = \frac{1}{2\pi r}\left|\frac{d\Phi_B}{dt}\right| \qquad (29.11)$$

Na Figura 29.18b, mostramos a direção e o sentido de $\vec{E}$ em diversos pontos da espira. Sabemos que $\vec{E}$ deve ter o sentido indicado quando o campo $\vec{B}$ no solenoide está crescendo, porque $\oint \vec{E} \cdot d\vec{l}$ tem de ser negativo quando $d\Phi_B/dt$ é positivo. O mesmo raciocínio pode ser usado para determinar o campo elétrico induzido no *interior* do solenoide quando o campo magnético $\vec{B}$ está variando; deixamos os detalhes para você (veja o Exercício 29.37).

Campos elétricos não eletrostáticos

Aprendemos que a lei de Faraday, Equação 29.3, é válida em duas situações bastante diferentes. Em uma delas, uma fem é induzida por forças magnéticas que atuam sobre cargas quando um condutor está em movimento através de um campo magnético. Na outra, um campo magnético variável com o tempo induz um campo elétrico em um condutor que está em repouso e induz uma fem; o campo $\vec{E}$ é induzido mesmo quando não existe nenhum condutor na região. Esse campo elétrico $\vec{E}$ difere de um campo *eletrostático* em um aspecto importante: ele *não é conservativo*, ou seja, a integral de linha $\oint \vec{E} \cdot d\vec{l}$ ao longo de um percurso fechado não é igual a zero; portanto, quando uma carga se desloca ao longo de um percurso fechado, o campo realiza um trabalho diferente de zero sobre a carga. A partir disso, conclui-se que o conceito de *potencial* desse campo não faz sentido. Tal campo é chamado de **campo não eletrostático**. Em contraste, um campo *eletrostático* é *sempre* conservativo, conforme discutimos na Seção 23.1, e sempre possui uma função potencial associada. Apesar dessa diferença, o efeito fundamental de *qualquer* campo elétrico é a força elétrica $\vec{F} = q\vec{E}$ que atua sobre qualquer carga q. Essa relação vale tanto para um campo conservativo oriundo de uma distribuição de cargas quanto para um campo não conservativo oriundo de um fluxo magnético variável.

Portanto, um campo magnético variável age como uma fonte que produz um tipo de campo elétrico que *não podemos* gerar com uma distribuição de cargas estáticas. Além disso, veremos na Seção 29.7 que um campo *elétrico* variável age como fonte geradora de um campo *magnético*. Vamos explorar com mais detalhes essa simetria entre os dois campos nos estudos das ondas eletromagnéticas, no Capítulo 32.

Caso você ainda tenha dúvida sobre a realidade de um campo elétrico induzido magneticamente, considere algumas das muitas aplicações práticas existentes (**Figura 29.19**). Os captadores de som em guitarras elétricas usam correntes induzidas por bobinas captadoras estáticas mediante a vibração de componentes ferromagnéticos em sua vizinhança. Os alternadores de muitos automóveis empregam ímãs ou

Figura 29.19 Aplicações de campos elétricos induzidos. (a) Este automóvel híbrido possui tanto um motor a gasolina quanto um motor elétrico. Quando o carro para, as rodas fazem o motor se mover para trás, de modo a atuar como um gerador. A corrente induzida resultante é usada para recarregar as baterias do carro. (b) O virabrequim giratório de um avião monomotor faz girar um ímã, que induz uma fem em uma bobina adjacente, gerando a faísca que ativa o combustível nos cilindros do motor. Isso mantém o motor em funcionamento, mesmo em caso de falha no sistema elétrico do avião.

(a)

(b)

eletroímãs girando para induzir correntes em bobinas estáticas. Quer você observe, quer não, os campos elétricos induzidos magneticamente desempenham um importante papel em nossa vida cotidiana.

EXEMPLO 29.11 CAMPOS ELÉTRICOS INDUZIDOS

Suponha que o longo solenoide da Figura 29.18a seja enrolado com 500 espiras por metro e a área da seção reta seja de 4,0 cm^2. A corrente em seu enrolamento está crescendo a uma taxa igual a 100 A/s. (a) Determine o módulo da fem induzida na espira fora do solenoide. (b) Calcule o módulo do campo elétrico induzido na espira, sabendo que seu raio é igual a 2,0 cm.

SOLUÇÃO

IDENTIFICAR E PREPARAR: como na Figura 29.18b, o campo magnético crescente no interior do solenoide provoca uma variação no fluxo magnético que passa pela espira e, portanto, induz um campo elétrico $\vec{E}$ em torno da espira. As variáveis-alvo são a fem induzida $\mathcal{E}$ e o módulo do campo elétrico, E. Usamos a Equação 29.8 para determinar a fem. A espira e o solenoide compartilham o mesmo eixo central. Portanto, por simetria, o campo elétrico é tangente à espira e possui o mesmo módulo E por toda a sua circunferência. Portanto, podemos usar a Equação 29.9 para determinar E.

EXECUTAR: (a) pela Equação 29.8, a fem induzida é

$$\mathcal{E} = -\frac{d\Phi_B}{dt} = -\mu_0 n A \frac{dI}{dt}$$

$$= -(4\pi \times 10^{-7}\ \text{Wb/A} \cdot \text{m})\ (500\ \text{espiras/m})$$
$$\times\ (4{,}0 \times 10^{-4}\ \text{m}^2)\ (100\ \text{A/s})$$
$$= -25 \times 10^{-6}\ \text{Wb/s} = -25 \times 10^{-6}\ \text{V} = -25\ \mu\text{V}$$

(b) Por simetria, a integral de linha $\oint \vec{E} \cdot d\vec{l}$ possui valor absoluto igual a $2\pi rE$, qualquer que seja o sentido da integração em torno da espira. Igualamos esse resultado com o valor absoluto da fem; logo,

$$E = \frac{|\mathcal{E}|}{2\pi r} = \frac{25 \times 10^{-6}\ \text{V}}{2\pi(2{,}0 \times 10^{-2}\ \text{m})} = 2{,}0 \times 10^{-4}\ \text{V/m}$$

AVALIAR: na Figura 29.18b, o fluxo magnético que *entra* no plano da figura está crescendo. De acordo com a regra da mão direita para a fem induzida (Figura 29.6), uma fem positiva possui sentido horário em torno da espira; o sinal negativo de $\mathcal{E}$ mostra que a fem possui sentido anti-horário. Você conseguiria demonstrar isso usando a lei de Lenz?

TESTE SUA COMPREENSÃO DA SEÇÃO 29.5 Ao sacudir um ímã para a frente e para trás com a mão, você gerará um campo elétrico? Em caso afirmativo, esse campo elétrico será conservativo? ❙

29.6 CORRENTES DE FOUCAULT

Nos exemplos dos efeitos da indução que estudamos, as correntes induzidas estavam confinadas em percursos bem definidos em condutores e outros componentes que formam um circuito. Contudo, diversas partes de equipamentos elétricos possuem massas metálicas que se deslocam no interior de campos magnéticos ou estão localizadas em campos magnéticos variáveis. Nessas circunstâncias, podem surgir correntes induzidas que circulam ao longo do volume do material. Como essas correntes volumétricas são semelhantes aos redemoinhos das águas de um rio, elas são chamadas de *correntes de redemoinho*, *correntes parasitas* ou **correntes de Foucault**.

Para exemplificar, considere um disco metálico girando em um campo magnético perpendicular ao plano do disco, porém confinado apenas a uma fração da área do disco, como indica a **Figura 29.20a**. O setor *Ob* se desloca através do campo magnético e possui uma fem induzida através dele. Os setores *Oa* e *Oc* não estão no campo magnético, mas permitem um caminho de retorno para que as cargas que se deslocaram no sentido de *Ob* possam retornar de *b* para *O*. O resultado é o surgimento de correntes de Foucault no disco, como esquematizado na Figura 29.20b.

Podemos usar a lei de Lenz para definir o sentido da corrente induzida nas vizinhanças do setor *Ob*. Essa corrente deve sofrer a ação da força magnética $\vec{F} = I\vec{L} \times \vec{B}$, que se *opõe* à rotação do disco, portanto essa força deve ser orientada da esquerda para a direita na Figura 29.20b. Como $\vec{B}$ está orientado para dentro do plano do disco, a corrente e, portanto, $\vec{L}$, devem possuir um componente de cima para baixo. As correntes de retorno voltam-se para fora do campo, portanto elas não sofrem a ação de forças magnéticas. A interação entre as correntes de

Foucault e o campo produz uma ação que tende a frear o disco. Esse efeito pode ser usado para fazer uma serra elétrica parar de girar rapidamente quando a energia elétrica é cortada. Freios que funcionam com correntes de Foucault são projetados para veículos com alimentação elétrica que se deslocam em alta velocidade. Eletroímãs fixos nos vagões induzem correntes de Foucault nos trilhos; os campos magnéticos resultantes criam forças de frenagem sobre os eletroímãs e, assim, freiam o trem.

As correntes de Foucault apresentam muitas outras aplicações práticas. Em fornos de indução, elas são usadas para aquecer materiais no interior de recipientes completamente fechados, para processos nos quais é preciso evitar qualquer risco de contaminação dos materiais a serem aquecidos. Os detectores de metal nos pontos de segurança de embarque e desembarque de aeroportos (**Figura 29.21a**) funcionam porque as bobinas receptoras detectam as correntes de Foucault induzidas em objetos metálicos. Dispositivos semelhantes (Figura 29.21b) são usados para detectar tesouros enterrados em caixas metálicas ou moedas perdidas.

As correntes de Foucault também acarretam efeitos não desejáveis. Em um transformador de corrente alternada, os enrolamentos feitos sobre um núcleo de ferro conduzem uma corrente que varia senoidalmente. As correntes de Foucault produzidas no núcleo de ferro dissipam energia térmica com uma taxa I^2R e também induzem uma fem não desejada contrária à das bobinas. Para minimizar esses efeitos, o núcleo é projetado para que os percursos das correntes de Foucault sejam os menores possíveis. Descreveremos como isso é feito quando estudarmos com detalhes os transformadores, na Seção 31.6.

Figura 29.20 Correntes de Foucault induzidas em um disco metálico giratório.

(a) Um disco metálico girando em um campo magnético

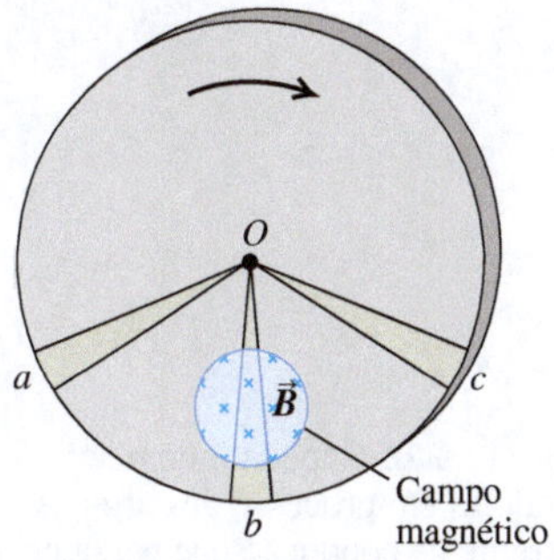

(b) Correntes de Foucault resultantes e força de frenagem

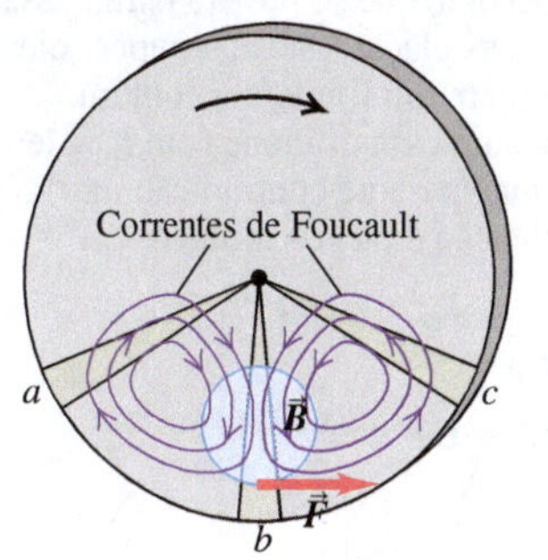

TESTE SUA COMPREENSÃO DA SEÇÃO 29.6 Suponha que o campo magnético na Figura 29.20 esteja direcionado para fora do plano da figura e que o disco gire no sentido anti-horário. Comparadas às direções da força $\vec{F}$ e às correntes de Foucault mostradas na Figura 29.20b, quais seriam as novas direções? (i) A força $\vec{F}$ e as correntes de Foucault estariam ambas na mesma direção; (ii) a força $\vec{F}$ estaria na mesma direção, mas as correntes de Foucault estariam na direção oposta; (iii) a força $\vec{F}$ estaria na direção oposta, mas as correntes de Foucault estariam na mesma direção; (iv) a força $\vec{F}$ e as correntes de Foucault estariam em direções opostas. ▌

Figura 29.21 (a) Um detector de metais usado em aeroportos gera um campo magnético alternado $\vec{B}_0$. O campo induz correntes de Foucault no objeto condutor que passa através do detector. As correntes induzidas produzem um campo magnético alternado $\vec{B}'$, que induz uma corrente na bobina receptora do detector. (b) Um detector de metais portátil funciona com o mesmo princípio.

(a)

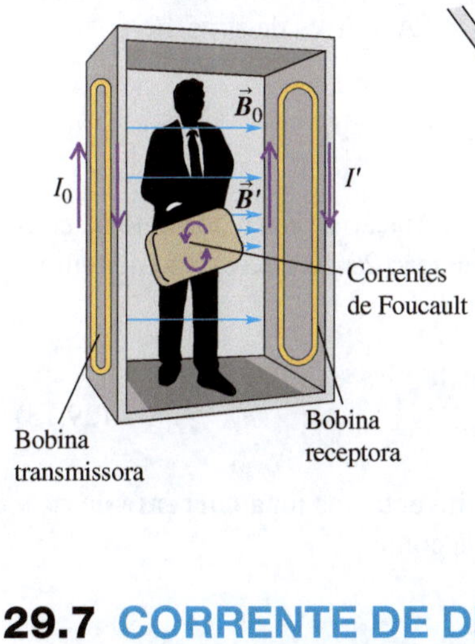

(b)

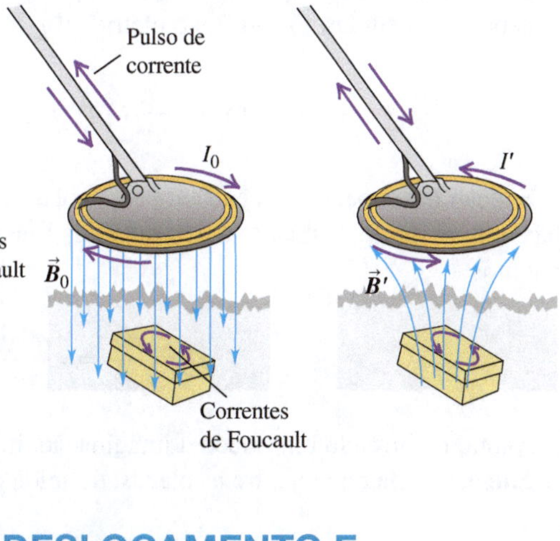

Aplicação Correntes de Foucault ajudam os vulcões de Io A lua Io de Júpiter é ligeiramente maior que a Lua da Terra. Ela se move a mais de 60.000 km/h através do intenso campo magnético de Júpiter (cerca de dez vezes mais forte que o campo da Terra), e isso provoca fortes correntes de Foucault no interior de Io, dissipando energia a uma taxa de 10^{12} W. Essa energia dissipada ajuda a manter o interior de Io aquecido e, assim, ajuda a provocar erupções vulcânicas em sua superfície, como as indicadas na imagem inferior, a seguir. (Efeitos da gravidade de Júpiter aumentam ainda mais o aquecimento.)

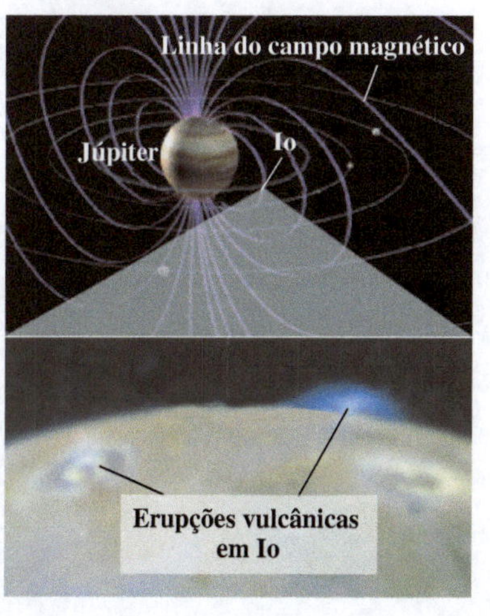

29.7 CORRENTE DE DESLOCAMENTO E EQUAÇÕES DE MAXWELL

Vimos que a variação em um campo magnético produz um campo elétrico induzido. Em um dos mais notáveis exemplos da simetria da natureza, um campo *elétrico* variante gera um campo *magnético*. Esse efeito é de tremenda importância, porque explica a existência de ondas de rádio, raios gama e luz visível, bem como outras formas de ondas eletromagnéticas.

Generalização da lei de Ampère

Para estudar a origem da relação entre campos elétricos variantes e campos magnéticos, vamos retomar a lei de Ampère, conforme formulada na Seção 28.6, Equação 28.20:

$$\oint \vec{B} \cdot d\vec{l} = \mu_0 I_{\text{inte}}$$

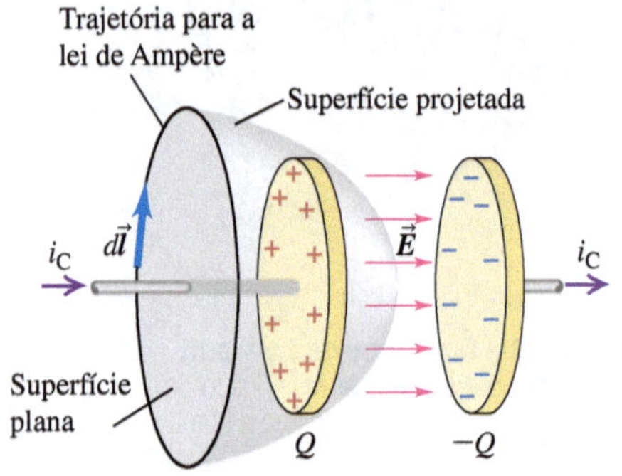

Figura 29.22 Capacitor de placas paralelas em processo de carga. A corrente de condução que passa pela superfície da placa é i_C, mas não há corrente de condução através da superfície que se projeta para passar entre as placas. As duas superfícies possuem um limite em comum, portanto essa diferença em I_{inte} leva a uma aparente contradição na aplicação da lei de Ampère.

O problema com essa formulação da lei de Ampère é que está *incompleta*. Para entendermos por que, vamos considerar o processo de carga de um capacitor (**Figura 29.22**). Fios condutores transportam corrente i_C de uma placa para outra; a carga Q aumenta e o campo elétrico $\vec{E}$ entre as placas aumenta. A notação i_C indica a corrente de *condução* em distinção a outro tipo de corrente que estamos prestes a discutir, designada corrente de *deslocamento* i_D. Usamos as letras minúsculas i e v para denotar valores instantâneos de correntes e diferenças de potencial, respectivamente, que podem variar com o tempo.

Vamos aplicar a lei de Ampère à trajetória circular indicada. A integral $\oint \vec{B} \cdot d\vec{l}$ em torno dessa trajetória é igual a $\mu_0 I_{\text{inte}}$. Para a área circular plana delimitada pelo círculo, I_{inte} é a corrente i_C no condutor esquerdo. Mas a superfície que se projeta para a direita é delimitada pelo mesmo círculo, e a corrente que atravessa essa superfície é igual a zero. Portanto, $\oint \vec{B} \cdot d\vec{l}$ é igual a $\mu_0 i_C$ e, ao mesmo tempo, é igual a zero! Trata-se de uma evidente contradição.

Mas existe algo mais acontecendo na superfície projetada. À medida que o capacitor recebe carga, o campo elétrico $\vec{E}$ e o *fluxo* elétrico Φ_E que passa pela superfície aumentam. Podemos determinar suas taxas de variação em termos da carga e da corrente. A carga instantânea é $q = Cv$, em que C é a capacitância e v é a diferença de potencial instantânea. Para um capacitor com placas paralelas, $C = \epsilon_0 A/d$, em que A é a área da placa e d é o espaçamento. A diferença de potencial v entre as placas é $v = Ed$, em que E é o módulo do campo elétrico entre as placas. (Desprezamos a borda e assumimos que $\vec{E}$ é uniforme na região entre as placas.) Se essa região estiver preenchida por material com permissividade ϵ, substituímos ϵ_0 por ϵ em toda parte; usaremos ϵ na discussão a seguir.

Substituindo essas expressões de C e v por $q = Cv$, podemos expressar a carga do capacitor q em termos do fluxo elétrico $\Phi_E = EA$ através da superfície:

$$q = Cv = \frac{\epsilon A}{d}(Ed) = \epsilon EA = \epsilon \Phi_E \tag{29.12}$$

Enquanto o capacitor recebe carga, a taxa de variação de q é a corrente de condução, $i_C = dq/dt$. Tomando a derivativa da Equação 29.12 em relação ao tempo, obtemos

$$i_C = \frac{dq}{dt} = \epsilon \frac{d\Phi_E}{dt} \tag{29.13}$$

Agora, recorrendo um pouco à imaginação, inventamos uma **corrente de deslocamento** i_D na região entre as placas, definida como

$$i_D = \epsilon \frac{d\Phi_E}{dt} \tag{29.14}$$

Corrente de deslocamento por uma área → i_D

Taxa de variação no tempo do fluxo elétrico por uma área → $\frac{d\Phi_E}{dt}$

Permissividade do material na área → ϵ

Ou seja, imaginamos que o fluxo variante através da superfície curvada na Figura 29.22 é, de certa forma, equivalente, na lei de Ampère, a uma corrente de condução através dessa superfície. Incluímos essa corrente fictícia, junto à corrente de condução real i_C, na lei de Ampère:

$$\oint \vec{B} \cdot d\vec{l} = \mu_0(i_C + i_D)_{inte} \text{ (lei de Ampère generalizada)} \quad (29.15)$$

A lei de Ampère nessa forma é aplicada seja qual for a superfície usada na Figura 29.22. Para a superfície plana, i_D é igual a zero; para a superfície curva, i_C é igual a zero; e i_C para a superfície plana equivale a i_D para a superfície curva. A Equação 29.15 permanece válida para um material magnético, contanto que a magnetização seja proporcional ao campo externo e μ_0 seja substituído por μ.

A corrente de deslocamento fictícia i_D foi inventada em 1865, pelo físico escocês James Clerk Maxwell. Existe uma *densidade de corrente de deslocamento* correspondente $j_D = i_D/A$; usando $\Phi_E = EA$ e dividindo a Equação 29.14 por A, encontramos

$$j_D = \epsilon \frac{dE}{dt} \quad (29.16)$$

Aplicamos o conceito a partir do nada, como fez Maxwell, mas vemos que ele permite preservar a lei de Ampère em situações como a da Figura 29.22.

Outro benefício da corrente de deslocamento é que ela permite generalizar a lei dos nós de Kirchhoff, discutida na Seção 26.2. Considerando a placa esquerda do capacitor, temos corrente de condução que entra, mas não que sai. Entretanto, quando incluímos a corrente de deslocamento, existe corrente de condução que entra por um lado e uma corrente de deslocamento equivalente que sai pelo outro lado. Com esse significado generalizado do termo "corrente", podemos dizer que a corrente passa *através* do capacitor.

A realidade da corrente de deslocamento

Você pode muito bem estar se perguntando se a corrente de deslocamento possui algum significado físico real ou se é somente um artifício para dar consistência à lei de Ampère e à lei dos nós de Kirchhoff. Apresentamos uma experiência fundamental que ajuda a responder essa pergunta. Tomemos uma área circular plana entre as placas do capacitor (**Figura 29.23**). Se a corrente de deslocamento realmente desempenha a função na lei de Ampère que afirmamos, então deve haver um campo magnético na região entre as placas enquanto o capacitor é carregado. Podemos usar a lei de Ampère generalizada, incluindo a corrente de deslocamento, para prever qual deve ser esse campo.

Para sermos específicos, vamos considerar placas de capacitor com raio R. Para determinar o campo magnético em um ponto na região entre as placas, a uma distância r do eixo, aplicamos a lei de Ampère a um círculo com raio r que passa através desse ponto, com $r < R$. Esse círculo passa pelos pontos a e b na Figura 29.23. A corrente total no interior do círculo é j_D vezes sua área, ou $(i_D/\pi R^2)(\pi r^2)$. A integral $\oint \vec{B} \cdot d\vec{l}$ na lei de Ampère é apenas B vezes a circunferência $2\pi r$ do círculo, e, como $i_D = i_C$ para o capacitor em carga, a lei de Ampère torna-se

$$\oint \vec{B} \cdot d\vec{l} = 2\pi r B = \mu_0 \frac{r^2}{R^2} i_C \quad \text{ou}$$

$$B = \frac{\mu_0}{2\pi} \frac{r}{R^2} i_C \quad (29.17)$$

Esse resultado prevê que, na região entre as placas, $\vec{B}$ é igual a zero no eixo e aumenta linearmente à medida que se distancia dele. Um cálculo similar indica que,

Figura 29.23 Um capacitor sendo carregado por uma corrente i_C possui uma corrente de deslocamento igual a i_C entre as placas, com densidade de corrente de deslocamento $j_D = \epsilon dE/dt$. Isso pode ser considerado como a fonte do campo magnético entre as placas.

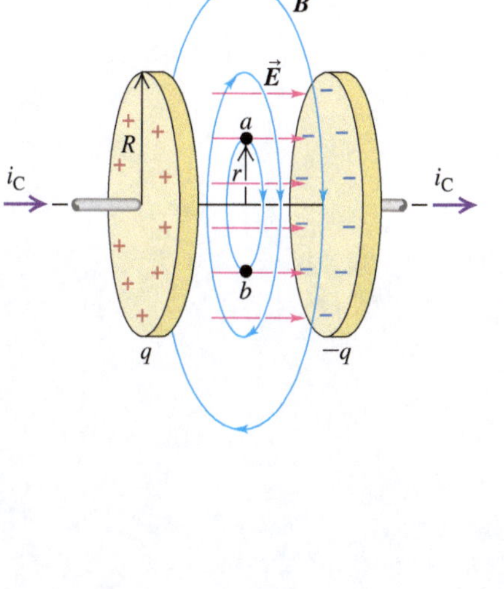

fora da região entre as placas (ou seja, para $r > R$), $\vec{B}$ é o mesmo caso o fio fosse contínuo e as placas não existissem.

Quando *medimos* o campo magnético nessa região, identificamos que ele realmente existe e que se comporta como prevê a Equação 29.17. Isso confirma o papel da corrente de deslocamento como fonte de campo magnético. Sem dúvida, fica estabelecido então que a corrente de deslocamento de Maxwell, longe de ser apenas um artifício, constitui-se em um fato fundamental da natureza.

Equações de Maxwell para o eletromagnetismo

Agora estamos em condições de enunciar, de modo unificado, um conjunto completo, que reúne *todas* as equações estudadas anteriormente e que envolve todas as relações entre campos elétricos e campos magnéticos e suas respectivas fontes. Esse conjunto é constituído por quatro equações, conhecidas como **equações de Maxwell**. Maxwell não descobriu todas essas quatro equações (embora tenha desenvolvido o conceito da corrente de deslocamento), porém, ele as reuniu e explicou o significado delas, particularmente ao prever a existência de ondas eletromagnéticas.

Por enquanto, formularemos as equações de Maxwell na forma mais simples, considerando cargas e correntes no vácuo. No Capítulo 32, discutiremos as modificações dessas equações quando um dielétrico ou um material magnético estiver presente.

Duas das equações de Maxwell envolvem integrais de $\vec{E}$ e de $\vec{B}$ sobre uma superfície fechada. A primeira é simplesmente a lei de Gauss para o campo elétrico, Equação 22.8:

Fluxo do campo elétrico através de uma superfície fechada

Lei de Gauss para $\vec{E}$:

$$\oint \vec{E} \cdot d\vec{A} = \frac{Q_{\text{inte}}}{\epsilon_0} \qquad (29.18)$$

Q_{inte}: Carga delimitada pela superfície; ϵ_0: Constante elétrica

A segunda é a relação análoga para o campo *magnético*, Equação 27.8:

O fluxo do campo magnético através de uma superfície fechada...

Lei de Gauss para $\vec{B}$:

$$\oint \vec{B} \cdot d\vec{A} = 0 \qquad (29.19)$$

... é igual a zero.

O enunciado anterior equivale a dizer, entre outras coisas, que não existem monopolos magnéticos (cargas magnéticas isoladas) que funcionem como fontes de campos magnéticos.

A terceira e a quarta equações envolvem uma integral de linha de $\vec{E}$ ou $\vec{B}$ em torno de um percurso fechado. A lei de Faraday declara que um fluxo magnético variável atua como uma fonte de campo elétrico:

Integral de linha do campo elétrico ao longo da curva

Lei de Faraday para uma curva de integração estática:

$$\oint \vec{E} \cdot d\vec{l} = -\frac{d\Phi_B}{dt} \qquad (29.20)$$

$-\frac{d\Phi_B}{dt}$: Negativo da taxa de variação em função do tempo do fluxo magnético através da curva

Se houver um campo magnético variável, a integral de linha na Equação 29.20 — que deve ser executada sobre uma curva fechada *estática* — não é igual a zero. Assim, o campo $\vec{E}$ produzido por um campo $\vec{B}$ variável não é conservativo.

A quarta e última equação é a lei de Ampère, incluindo corrente de deslocamento. Ela afirma que tanto uma corrente de condução quanto um fluxo magnético variável induzem um campo elétrico:

Lei de Ampère para uma curva de integração estática:

$$\oint \vec{B} \cdot d\vec{l} = \mu_0 \left(i_C + \epsilon_0 \frac{d\Phi_E}{dt} \right)_{\text{inte}} \tag{29.21}$$

Integral de linha do campo magnético ao longo da curva; Constante elétrica; Taxa de variação de fluxo elétrico em função do tempo ao longo da curva; Constante magnética; Corrente de condução ao longo da curva; Corrente de deslocamento ao longo da curva

É importante examinar com mais cuidado o campo elétrico $\vec{E}$ e o papel que ele desempenha nas equações de Maxwell. Geralmente, o campo total $\vec{E}$ em um ponto do espaço pode ser produzido pela superposição de um campo eletrostático $\vec{E}_c$, produzido por uma distribuição de cargas em repouso, com um campo elétrico induzido magneticamente, não eletrostático, $\vec{E}_n$. Ou seja,

$$\vec{E} = \vec{E}_c + \vec{E}_n$$

A parte eletrostática $\vec{E}_c$ *sempre* é conservativa, de modo que $\oint \vec{E}_c \cdot d\vec{l} = 0$. Essa parte conservativa do campo não contribui para a integral na lei de Faraday, de modo que $\vec{E}$ na Equação 29.20 pode ser considerado o campo elétrico *total* $\vec{E}$, incluindo o termo $\vec{E}_c$, produzido por uma distribuição de cargas, e o campo elétrico induzido magneticamente $\vec{E}_n$. Analogamente, o termo não conservativo $\vec{E}_n$ do campo $\vec{E}$ não contribui na integral da lei de Gauss, porque esse termo não é produzido por cargas estáticas. Logo, $\oint \vec{E}_n \cdot d\vec{A}$ é sempre igual a zero. Assim, concluímos que, em todas as equações de Maxwell, $\vec{E}$ é o campo elétrico total, ou seja, essas equações não distinguem entre um campo conservativo e um campo não conservativo.

Simetria nas equações de Maxwell

Existe uma simetria marcante nas quatro equações de Maxwell. No espaço vazio, onde não há nenhuma carga, as duas primeiras equações, 29.18 e 29.19, possuem formas idênticas, uma com $\vec{E}$ e a outra com $\vec{B}$ (**Figura 29.24**). Comparando as duas últimas equações, vemos que a Equação 29.20 afirma que um fluxo magnético variável cria um campo elétrico, e a Equação 29.21 mostra que um fluxo elétrico variável cria um campo magnético. No espaço vazio, como não existe nenhuma corrente de condução, $i_C = 0$ e as duas últimas equações possuem a mesma forma, exceto por um sinal negativo e pelos valores das constantes, com os papéis desempenhados por $\vec{E}$ e $\vec{B}$ trocados nas duas equações.

Figura 29.24 As equações de Maxwell no espaço vazio são altamente simétricas.

No espaço vazio não existem cargas, logo os fluxos de $\vec{E}$ e $\vec{B}$ através de qualquer superfície fechada são iguais a zero.

$$\oint \vec{E} \cdot d\vec{A} = 0$$

$$\oint \vec{B} \cdot d\vec{A} = 0$$

$$\oint \vec{E} \cdot d\vec{l} = -\frac{d\Phi_B}{dt}$$

$$\oint \vec{B} \cdot d\vec{l} = \mu_0 \epsilon_0 \frac{d\Phi_E}{dt}$$

No espaço vazio não existem correntes de condução, de modo que as integrais de linha de $\vec{E}$ e $\vec{B}$ em torno de qualquer percurso fechado estão relacionadas à taxa de variação de fluxo do outro campo.

Podemos reescrever as equações 29.20 e 29.21 sob formas diferentes, porém equivalentes, introduzindo as definições de fluxo magnético, $\Phi_B = \int \vec{B} \cdot d\vec{A}$, e de fluxo elétrico, $\Phi_E = \int \vec{E} \cdot d\vec{A}$, respectivamente. No espaço vazio, onde não existem cargas ou corrente de condução, $i_C = 0$ e $Q_{\text{delim}} = 0$, obtemos

$$\oint \vec{E} \cdot d\vec{l} = -\frac{d}{dt} \int \vec{B} \cdot d\vec{A} \tag{29.22}$$

$$\oint \vec{B} \cdot d\vec{l} = \mu_0 \epsilon_0 \frac{d}{dt} \int \vec{E} \cdot d\vec{A} \tag{29.23}$$

Vemos novamente a simetria entre $\vec{E}$ e $\vec{B}$ nessas expressões.

A característica mais marcante dessas equações é que a variação de *qualquer* um desses campos induz o outro campo no espaço das suas vizinhanças. Maxwell percebeu que essas relações podem servir para prever a existência de perturbações eletromagnéticas ocasionadas pela variação no tempo de campos magnéticos e elétricos que se *propagam* de uma região do espaço para outra, mesmo quando não há nenhuma matéria presente entre as duas regiões. Tais perturbações, chamadas de *ondas eletromagnéticas*, constituem a base física para entender a luz, as ondas de rádio e de televisão, as ondas infravermelhas, as ondas ultravioletas e os raios X. Retornaremos a esse tópico essencialmente importante no Capítulo 32.

Embora possa não parecer óbvio, *todas* as relações entre os campos e suas fontes estão contidas nas equações de Maxwell. Podemos deduzir a lei de Coulomb a partir da lei de Gauss, deduzir a lei de Biot e Savart a partir da lei de Ampère e assim por diante. Quando somamos a equação que define os campos $\vec{E}$ e $\vec{B}$ com base nas forças exercidas sobre uma carga q, ou seja,

$$\vec{F} = q(\vec{E} + \vec{v} \times \vec{B}) \tag{29.24}$$

completamos *todas* as relações fundamentais do eletromagnetismo!

As equações de Maxwell teriam um grau de simetria entre $\vec{E}$ e $\vec{B}$ ainda maior se existissem cargas magnéticas isoladas na natureza (monopolos magnéticos). O membro direito da Equação 29.19 seria proporcional à carga *magnética* total no interior da superfície fechada, e o membro direito da Equação 29.20 incluiria um termo proporcional à corrente de monopolos magnéticos. No entanto, ainda não foram encontrados monopolos magnéticos.

Considerando a síntese e a generalidade, as equações de Maxwell podem ser colocadas no mesmo plano das leis da mecânica de Newton e das leis da termodinâmica. Na verdade, um dos objetivos da ciência consiste em expressar relações fundamentais de maneira simples e concisa. A síntese do eletromagnetismo feita por Maxwell é uma conquista intelectual admirável, comparável à síntese da mecânica feita por Newton e descrita na Seção 12.5, e ao desenvolvimento da relatividade e da mecânica quântica no século XX.

TESTE SUA COMPREENSÃO DA SEÇÃO 29.7 (a) Qual das equações de Maxwell explica como funciona o dispositivo de leitura de um cartão de crédito? (b) Qual das equações descreve como um fio que carrega uma corrente estável gera um campo magnético? ❙

29.8 SUPERCONDUTIVIDADE

A propriedade mais familiar de um supercondutor é o súbito desaparecimento de toda a resistência elétrica quando ele é resfriado abaixo de uma temperatura chamada de *temperatura crítica*, designada por T_c. Já discutimos esse comportamento e as circunstâncias de sua descoberta na Seção 25.2. Contudo, a supercondutividade é um fenômeno muito mais profundo que a mera ausência de uma resistência mensurável. Como veremos nesta seção, os supercondutores também possuem propriedades *magnéticas* extraordinárias.

Figura 29.25 Diagrama de fase para o mercúrio puro, mostrando o campo magnético crítico B_c e sua dependência em relação à temperatura. A supercondutividade é impossível acima da temperatura crítica T_c. As curvas para outros materiais supercondutores são semelhantes, porém os valores numéricos são diferentes.

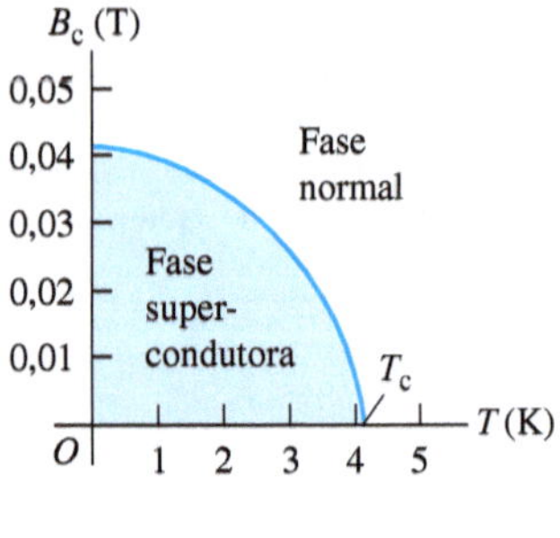

O primeiro indício de propriedades magnéticas incomuns foi a descoberta de que, para qualquer material supercondutor, a temperatura crítica T_c varia quando o material é colocado em um campo magnético externo $\vec{B}_0$. A **Figura 29.25** ilustra essa dependência para o caso do mercúrio, o primeiro elemento no qual foi observado o fenômeno da supercondutividade. À medida que o módulo B_0 do campo magnético externo aumenta, a transição para a fase supercondutora passa a ocorrer em temperaturas cada vez menores. Quando B_0 é maior que 0,0412 T, não se observa mais *nenhuma* supercondutividade. O campo magnético mínimo necessário para destruir a supercondutividade a uma temperatura menor que T_c denomina-se *campo magnético crítico*, designado por B_c.

O efeito Meissner

Vejamos agora outro aspecto do comportamento magnético de um supercondutor. Colocamos uma esfera homogênea de um material supercondutor em um campo magnético externo $\vec{B}_0$, a uma temperatura T superior a T_c. Ou seja, o material está em sua fase condutora normal, e não na fase supercondutora (**Figura 29.26a**). Agora, diminuímos a temperatura até que ocorra a transição para a fase supercondutora. (Estamos supondo que $\vec{B}_0$ não seja grande o suficiente para impedir a transição de fase.) O que ocorre com o campo?

Medidas do campo magnético fora da esfera mostram que as linhas de campo tornam-se distorcidas, como ilustra a Figura 29.26b. Não existe mais nenhum campo no interior do material, exceto em uma fina película na superfície do material com espessura da ordem de cem átomos. Se enrolarmos um fio condutor em torno da esfera, a fem induzida na bobina mostrará que o fluxo magnético diminui de seu valor inicial até zero durante a transição para a fase supercondutora; isso é consistente com a ausência do campo dentro do material. Finalmente, quando o campo magnético externo é removido, mantendo o material na fase supercondutora, nenhuma fem é induzida na bobina e as medidas mostram que não existe nenhum campo fora da esfera (Figura 29.26c).

Concluímos que, durante a transição para a fase supercondutora na presença de $\vec{B}_0$, todo fluxo magnético é expelido do volume da esfera supercondutora, e o fluxo magnético Φ_B através da bobina é igual a zero. Essa expulsão do fluxo magnético denomina-se *efeito Meissner*. Conforme indica a Figura 29.26b, essa expulsão faz com que as linhas de campo fiquem mais próximas entre si em volta da esfera, aumentando o campo $\vec{B}$ nessa região.

Figura 29.26 Um material supercondutor (a) acima da temperatura crítica e (b) e (c) abaixo da temperatura crítica.

(a) Um material supercondutor em um campo magnético externo $\vec{B}_0$ a $T > T_c$

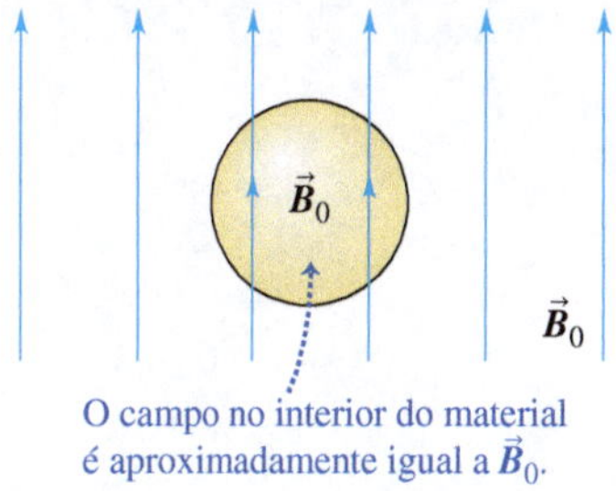

(b) Quando diminuímos a temperatura até um valor $T < T_c$, o material se torna supercondutor.

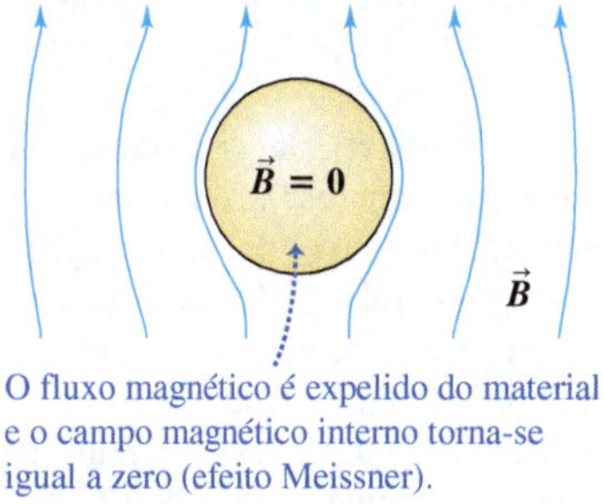

(c) Quando o campo magnético externo é removido, $T < T_c$, o campo magnético é igual a zero em todos os pontos.

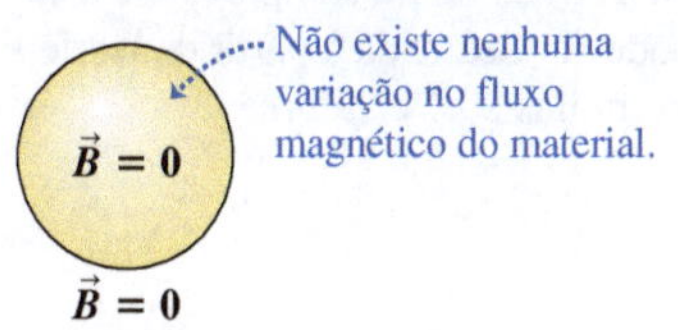

Levitação supercondutora e outras aplicações

A natureza diamagnética de um supercondutor possui algumas consequências *mecânicas* interessantes. Um material paramagnético ou ferromagnético é atraído por um ímã porque os dipolos magnéticos do material se alinham ao campo magnético não uniforme do ímã (esse efeito foi discutido na Seção 27.7). Para um material diamagnético, a magnetização ocorre em sentido oposto, e o material é *repelido* pelo ímã. De acordo com a terceira lei de Newton, o ímã também é repelido pelo material diamagnético. A **Figura 29.27** ilustra a repulsão entre um ímã e um bloco de supercondutor com temperatura crítica elevada; o ímã é sustentado no ar ("levita") pela força magnética repulsiva.

O comportamento que descrevemos anteriormente é característico dos materiais chamados *supercondutores do tipo I*. Existe outra classe desses materiais, os *supercondutores do tipo II*. Quando esse tipo de material é colocado em um campo magnético, o volume do material permanece supercondutor; contudo, alguns filamentos finos do material, distribuídos paralelamente ao campo externo, podem voltar para a fase normal. Há correntes circulando na periferia desses filamentos, o que indica que *existe* um fluxo magnético no interior desses filamentos. Os supercondutores do tipo II são usados em eletroímãs por geralmente possuírem valores de B_c muito maiores que os referentes a materiais do tipo I, possibilitando a produção de campos magnéticos muito elevados sem destruir o estado supercondutor. Um supercondutor do tipo II possui *dois* campos magnéticos críticos. O primeiro, B_{c1}, é o campo para o qual o fluxo magnético começa a penetrar no supercondutor, passando a formar os filamentos mencionados; o segundo, B_{c2}, é o campo para o qual o material passa para a fase normal.

Figura 29.27 Um supercondutor exerce uma força magnética repulsiva sobre uma ímã, sustentando-o em equilíbrio no ar.

Os eletroímãs com supercondutores já são empregados não só no cotidiano de laboratórios de pesquisa, mas também nos dispositivos de ressonância magnética (RM) médica. Conforme descrevemos na Seção 27.7, a varredura de um paciente por meio de RM exige um campo magnético forte para alinhar os dipolos magnéticos dos núcleos atômicos do paciente. É necessário um campo constante de

1,5 T ou mais, o que é muito difícil de produzir com um eletroímã convencional, pois isso exigiria correntes muito altas e, portanto, grandes perdas de energia pela resistência nas bobinas do eletroímã. Porém, com um eletroímã supercondutor, não existe perda de energia resistiva, e campos magnéticos de até 10 T podem ser alcançados rotineiramente.

Medidas extremamente sensíveis de campos magnéticos podem ser feitas com o uso de dispositivos supercondutores com interferência quântica (*superconducting quantum interference devices* — SQUIDs), que são capazes de detectar campos magnéticos da ordem de 10^{-14} Wb; esses dispositivos têm aplicações na medicina, na geologia e em outras áreas. O número das potenciais aplicações dos supercondutores aumentou com a descoberta, feita em 1987, dos supercondutores com temperaturas críticas elevadas. Esses materiais possuem temperaturas críticas superiores à temperatura do nitrogênio líquido (cerca de 77 K) e, portanto, são relativamente fáceis de manter. O desenvolvimento das aplicações práticas da ciência dos supercondutores promete ser um capítulo interessante para as inovações tecnológicas contemporâneas.

CAPÍTULO 29 RESUMO

Lei de Faraday: a lei de Faraday afirma que a fem induzida em uma espira é dada pela taxa de variação, com sinal negativo, do fluxo magnético através da espira. Essa relação é válida quando a variação de fluxo é produzida por uma variação de campo magnético, pelo movimento de uma espira no campo ou quando as duas coisas ocorrem simultaneamente. (Veja os exemplos 29.1 a 29.6.)

$$\mathcal{E} = -\frac{d\Phi_B}{dt} \quad (29.3)$$

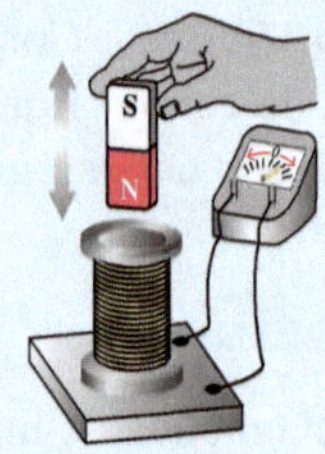

O movimento do ímã provoca uma *variação* no campo magnético através da bobina, induzindo uma corrente nela.

Lei de Lenz: a lei de Lenz afirma que a corrente induzida ou a fem induzida possui sentido tal que seu efeito sempre tende a se opor ou cancelar a variação que a produziu. A lei de Lenz pode ser deduzida a partir da lei de Faraday e geralmente é mais fácil de ser aplicada. (Veja os exemplos 29.7 e 29.8.)

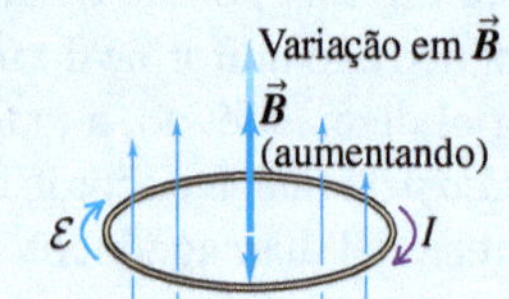

Fem do movimento: quando um condutor se move em um campo magnético, uma fem do movimento é induzida. (Veja os exemplos 29.9 e 29.10.)

$$\mathcal{E} = vBL \quad (29.6)$$

(um condutor com comprimento L se move no campo $\vec{B}$ uniforme, $\vec{L}$ e $\vec{v}$ são ambos perpendiculares a $\vec{B}$ e entre si)

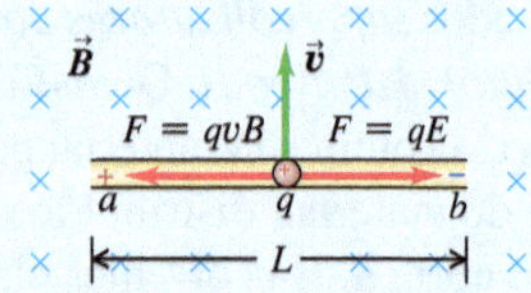

$$\mathcal{E} = \oint (\vec{v} \times \vec{B}) \cdot d\vec{l} \quad (29.7)$$

(a totalidade ou parte de uma espira fechada se move em um campo $\vec{B}$)

Campos elétricos induzidos: quando uma fem é induzida por um fluxo magnético que varia através de um condutor estático, surge um campo elétrico induzido $\vec{E}$ de origem não eletrostática. O campo induzido não é conservativo e não pode ser associado a um potencial. (Veja o Exemplo 29.11.)

$$\oint \vec{E} \cdot d\vec{l} = -\frac{d\Phi_B}{dt} \quad (29.10)$$

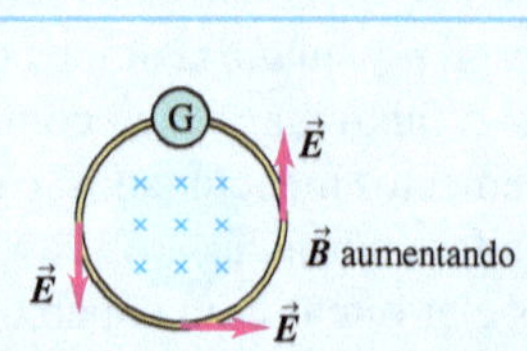

Corrente de deslocamento e as equações de Maxwell: um campo elétrico que varia com o tempo gera uma corrente de deslocamento i_D, que atua como uma fonte de campo magnético exatamente

$$i_D = \epsilon \frac{d\Phi_E}{dt} \quad (29.14)$$

(corrente de deslocamento)

da mesma forma que uma corrente de condução. As relações entre campos magnéticos e elétricos e suas fontes podem ser descritas de modo conciso a partir de quatro equações, conhecidas como equações de Maxwell. Esse conjunto forma uma base completa para relacionar os campos $\vec{E}$ e $\vec{B}$ às fontes desses campos.

$$\oint \vec{E} \cdot d\vec{A} = \frac{Q_{\text{inte}}}{\epsilon_0} \quad (29.18)$$

(lei de Gauss para os campos $\vec{E}$)

$$\oint \vec{B} \cdot d\vec{A} = 0 \quad (29.19)$$

(lei de Gauss para os campos $\vec{B}$)

$$\oint \vec{E} \cdot d\vec{l} = -\frac{d\Phi_B}{dt} \quad (29.20)$$

(lei de Faraday)

$$\oint \vec{B} \cdot d\vec{l} = \mu_0\left(i_C + \epsilon_0 \frac{d\Phi_E}{dt}\right)_{\text{inte}} \quad (29.21)$$

(lei de Ampère incluindo a corrente de deslocamento)

Problema em destaque Uma espira quadrada caindo

Uma espira quadrada de fio de cobre cai do repouso em uma região em que o campo $\vec{B}$ é horizontal, uniforme e perpendicular ao plano da espira, para uma região onde não há campo (**Figura 29.28**). O comprimento do lado da espira é s e o diâmetro do fio é d. A resistividade do cobre é ρ_R e a densidade é ρ_m. Se a espira atinge sua velocidade terminal enquanto seu segmento superior ainda está na região do campo magnético, determine uma expressão para a velocidade terminal.

GUIA DA SOLUÇÃO

IDENTIFICAR E PREPARAR

1. O movimento da espira através do campo magnético induz uma fem e uma corrente na espira. O campo, então, faz surgir uma força magnética nessa corrente que se opõe à força da gravidade de cima para baixo. A espira atinge a velocidade terminal (não acelera mais) quando a força magnética de baixo para cima balanceia a força da gravidade de cima para baixo.
2. Considere o caso em que a espira inteira está na região do campo magnético. Existe uma fem induzida nesse caso? Se houver, qual é seu sentido?
3. Considere o caso em que apenas o segmento superior da espira está na região do campo magnético. Existe uma fem induzida nesse caso? Se houver, qual é sua direção?
4. Para o caso em que existe uma fem induzida e, portanto, uma corrente induzida, qual é o sentido da força magnética em cada um dos quatro lados da espira? Qual é o sentido da força magnética *total* na espira?

EXECUTAR

5. Para o caso em que a espira está caindo na velocidade v e existe uma fem induzida, determine (i) a fem, (ii) a corrente induzida e (iii) a força magnética na espira em termos de sua resistência R.
6. Determine R e a massa da espira em termos da informação dada sobre ela.
7. Use os resultados das etapas 5 e 6 para achar uma expressão para a velocidade terminal.

AVALIAR

8. Como a velocidade terminal depende do módulo B do campo magnético? Explique por que isso faz sentido.

Figura 29.28 Uma espira de fio caindo em um campo magnético horizontal $\vec{B}$. O plano da espira é perpendicular a $\vec{B}$.

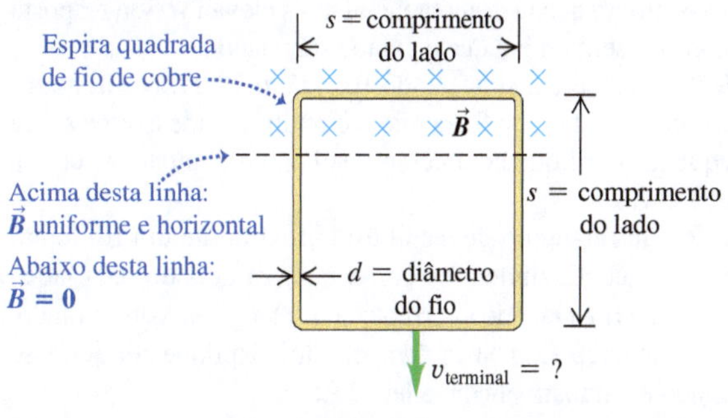

PROBLEMAS

•, ••, •••: níveis de dificuldade. PC: problemas cumulativos, incorporando material de outros capítulos. CALC: problemas exigindo cálculo. DADOS: problemas envolvendo dados reais, evidência científica, projeto experimental e/ou raciocínio científico. BIO: problemas envolvendo biociências.

QUESTÕES PARA DISCUSSÃO

Q29.1 Uma lâmina de cobre é colocada entre os polos de um eletroímã com o campo magnético perpendicular ao plano da lâmina. Quando a lâmina é retirada, é necessário realizar uma força considerável, e ela aumenta com a velocidade. Explique. Também é preciso realizar uma força quando a lâmina é inserida entre os polos? Explique.

Q29.2 Na Figura 29.8, quando a velocidade angular ω da espira dobra, então a frequência com a qual a corrente induzida muda de sentido dobra e a fem máxima também dobra. Por quê? O torque necessário para fazer a espira girar muda? Explique.

Q29.3 Duas espiras circulares estão lado a lado, apoiadas sobre um mesmo plano. Uma delas está ligada a uma fonte que fornece uma corrente crescente; a outra é um anel simples. O sentido da corrente induzida no anel possui o mesmo sentido ou o oposto ao da corrente da espira ligada com a fonte? E se a corrente na primeira espira estivesse diminuindo? Explique.

Q29.4 Para a Equação 29.6, mostre que, se v estiver em metros por segundo, B em teslas e L em metros, então as unidades do membro direito da equação são joules por coulomb ou volts (as unidades SI corretas para $\mathcal{E}$).

Q29.5 Um fio retilíneo longo passa através do centro de um anel metálico, perpendicularmente ao plano do anel. Sabendo que a corrente do condutor está aumentando, surge uma corrente induzida nesse anel? Explique.

Q29.6 Um estudante afirma que, se um ímã cai ao longo do eixo de um tubo de cobre vertical, ele acaba atingindo uma velocidade terminal mesmo quando não existe resistência do ar. Por que isso ocorreria? Ou não ocorreria?

Q29.7 Um avião realiza um sobrevoo nivelado sobre a Antártida, onde o campo magnético da Terra está principalmente orientado de baixo para cima, afastando-se do solo. Do ponto de vista de um passageiro que olha para a frente do avião, é a asa esquerda ou a asa direita que possui potencial mais elevado? Sua resposta depende do sentido em que o avião está voando?

Q29.8 Considere a situação do Exercício 29.21. No item (a), determine o sentido da força que o circuito grande exerce sobre o pequeno. Explique como esse resultado é compatível com a lei de Lenz.

Q29.9 Um retângulo de metal está próximo de um fio longo e retilíneo, conduzindo uma corrente, com dois de seus lados paralelos ao fio. Quando a corrente no fio longo está diminuindo, o retângulo é repelido ou atraído pelo fio? Explique por que esse resultado é compatível com a lei de Lenz.

Q29.10 Uma espira condutora quadrada está em uma região de campo magnético uniforme e constante. A espira pode ser girada em torno de um eixo de um lado e nenhuma fem ser induzida nela? Discuta, em termos da orientação do eixo de rotação em relação ao sentido do campo magnético.

Q29.11 O Exemplo 29.6 discute a força externa que deve ser aplicada ao cabo deslizante para movê-lo a uma velocidade escalar constante. Caso haja uma ruptura na extremidade esquerda do condutor em forma de U, quanta força seria necessária para mover o fio deslizante a uma velocidade escalar constante? Como no exemplo, despreze o atrito.

Q29.12 Considere a situação indicada na Figura 29.18; seria apropriado perguntar qual é a quantidade de *energia* que o elétron ganha durante o percurso completo em torno da espira com corrente induzida I'? Faria sentido perguntar qual é a *diferença de potencial* através da qual o elétron se move nesse percurso completo? Explique suas respostas.

Q29.13 Um anel metálico está com o plano de sua área orientada perpendicularmente a um campo magnético espacialmente uniforme, que aumenta a uma taxa constante. Se o raio do anel for duplicado, por qual fator variarão (a) a fem induzida no anel e (b) o campo elétrico induzido no anel?

Q29.14 Pequenos motores a gasolina com um cilindro às vezes utilizam um dispositivo chamado *magneto* para fornecer corrente à vela de ignição. Um ímã permanente é preso a um disco, e uma bobina estacionária é montada adjacente a ele. Explique como esse dispositivo é capaz de gerar corrente. O que acontece quando o ímã passa pela bobina?

Q29.15 A lei de Lenz afirma que a corrente induzida em uma espira de metal sempre flui para se opor ao fluxo magnético através dessa espira? Explique.

Q29.16 A lei de Faraday afirma que um fluxo magnético grande induz uma fem grande em uma bobina? Explique.

Q29.17 Pode haver uma corrente de deslocamento, assim como uma corrente de condução no interior de um condutor? Explique.

Q29.18 Seu colega de estudos de física pede que você considere um capacitor com placas paralelas, que possui um dielétrico que preenche por completo o volume entre as placas. A seguir, ele afirma que as equações 29.13 e 29.14 indicam que a corrente de condução no dielétrico é igual à corrente de deslocamento. Você concorda? Explique.

Q29.19 Relacione os enunciados matemáticos das equações de Maxwell fornecidas na Seção 29.7 a estas afirmações verbais. (a) Linhas de campo elétrico fechado são claramente produzidas apenas por uma variação no fluxo magnético. (b) Linhas de campo magnético fechado são produzidas tanto pelo movimento da carga elétrica quanto pela variação no fluxo elétrico. (c) As linhas de campo elétrico podem se iniciar nas cargas positivas e terminar nas cargas negativas. (d) Evidentemente não há monopolos magnéticos sobre os quais iniciar e terminar as linhas do campo magnético.

Q29.20 Caso existissem monopolos magnéticos, o membro direito da Equação 29.20 deveria incluir um termo proporcional à corrente dos monopolos magnéticos. Suponha que uma corrente constante de monopolos magnéticos esteja percorrendo um longo fio retilíneo. Faça um esboço das linhas de campo *elétrico* que tal corrente produziria.

Q29.21 Um supercondutor tipo II em um campo externo entre B_{c1} e B_{c2} possui regiões que contêm fluxo magnético e resistência, e também regiões supercondutoras. Qual é a resistência de um cilindro longo e fino de um material assim?

EXERCÍCIOS

Seção 29.2 Lei de Faraday

29.1 • Uma espira de fio isolada, com área de 0,0900 m^2, está em um campo magnético uniforme com valor inicial de 3,80 T, é perpendicular ao plano da espira e está diminuindo a uma taxa constante de 0,190 T/s. (a) Qual é a fem induzida nessa espira?

(b) Se a espira possui uma resistência de 0,600 Ω, determine a corrente induzida na espira.

29.2 •• Em um experimento de física feito em um laboratório, uma bobina com 200 espiras, delimitando uma área igual a 12 cm^2, gira em 0,040 s desde uma posição na qual seu plano é perpendicular ao campo magnético da Terra até uma posição na qual seu plano é paralelo ao campo. O campo magnético da Terra onde se situa o laboratório é igual a $6{,}0 \times 10^{-5}$ T. (a) Qual é o fluxo magnético total que passa pela bobina antes de ela ser girada? E após ela ser girada? (b) Qual é a fem induzida média na bobina?

29.3 •• **Bobinas de exploração e cartões de crédito.** Uma forma prática de medir a intensidade do campo magnético utiliza uma pequena bobina com enrolamento compacto, chamada *bobina de exploração*. A bobina é inicialmente mantida em seu plano perpendicular a um campo magnético. Em seguida, é girada rapidamente por um quarto do diâmetro ou é rapidamente puxada para fora do campo. (a) Deduza uma equação para relacionar a carga total Q que flui através de uma bobina de exploração com o módulo do campo magnético B. A bobina de exploração possui N espiras, cada uma delas com área A, e o fluxo diminui de seu valor máximo inicial até zero em um intervalo de tempo Δt. A resistência da bobina é igual a R e a carga total é dada por $Q = I\Delta t$, em que I é a corrente média induzida pela variação do fluxo. (b) Em um dispositivo para leitura de cartões de crédito, a tarja magnética no verso do cartão é "passada" rapidamente através do campo de uma bobina no interior do dispositivo de leitura. Explique, usando o mesmo raciocínio básico para explicar o funcionamento da bobina de exploração, como o dispositivo de leitura pode decodificar as informações armazenadas nas camadas magnetizadas existentes na tarja magnética. (c) É necessário que o cartão seja "passado" no dispositivo de leitura exatamente na velocidade certa? Por quê?

29.4 • Uma bobina de exploração com enrolamento compacto (Exercício 29.3) possui área igual a 3,20 cm^2, 120 espiras e resistência de 60,0 Ω. Ela é conectada com um instrumento de medida de carga cuja resistência interna é de 45,0 Ω. Quando a bobina gira rapidamente de uma posição paralela a um campo magnético uniforme até uma posição perpendicular ao campo, o instrumento indica uma carga igual a $3{,}56 \times 10^{-5}$ C. Qual é o módulo do campo?

29.5 • Uma espira circular com raio de 12,0 cm e orientada no plano horizontal xy está localizada em uma região de campo magnético uniforme. Um campo de 1,5 T está orientado ao longo do sentido positivo de Oz, que é de baixo para cima. (a) Se a espira for removida da região do campo em um intervalo de tempo de 2,0 ms, determine a fem média que será induzida na espira durante o processo de remoção. (b) Se a bobina for vista de cima para baixo, a corrente induzida na espira estará em sentido horário ou anti-horário?

29.6 • **CALC** Uma bobina com raio de 4,00 cm, com 500 espiras, é colocada em um campo magnético uniforme que varia com o tempo de acordo com a relação $B = (0{,}0120\ \text{T/s})t + (3{,}00 \times 10^{-5}\ \text{T/s}^4)t^4$. A bobina está conectada a um resistor de 600 Ω e seu plano é perpendicular ao campo magnético. A resistência da bobina pode ser desprezada. (a) Calcule o módulo da fem induzida na bobina em função do tempo. (b) Qual é o módulo da corrente que passa no resistor em $t = 5{,}00$ s?

29.7 • **CALC** A corrente no fio longo e retilíneo AB indicado na **Figura E29.7** tem um sentido de baixo para cima e está aumentando constantemente a uma taxa di/dt. (a) No instante em que a corrente é i, quais são o módulo, a direção e o sentido do campo $\vec{B}$ a uma distância r para a direita do fio? (b) Qual é o fluxo $d\Phi_B$ através da faixa estreita e sombreada? (c) Qual é o fluxo total através da espira? (d) Qual é a fem induzida na espira? (e) Avalie o valor numérico da fem induzida, se $a = 12{,}0$ cm, $b = 36{,}0$ cm, $L = 24{,}0$ cm e $di/dt = 9{,}60$ A/s.

Figura E29.7

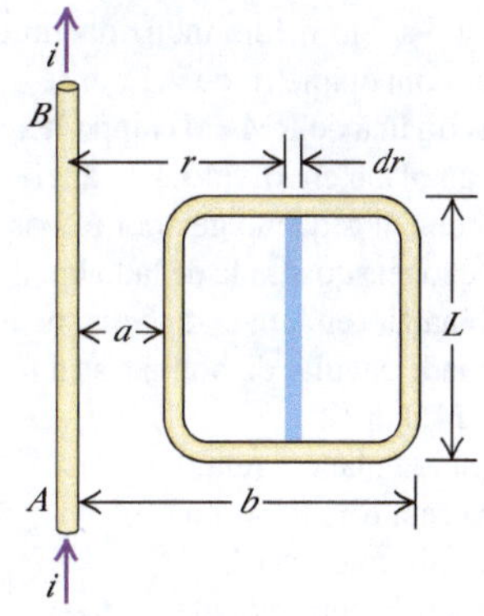

29.8 • **CALC** Uma espira plana e circular de aço, com raio de 75 cm, está em repouso em um campo magnético uniforme, como indica uma perspectiva perpendicular na **Figura E29.8**. O campo varia com o tempo, de acordo com $B(t) = (1{,}4\ \text{T})e^{-(0{,}057\ \text{s}^{-1})t}$. (a) Determine a fem induzida na espira em função do tempo. (b) Quando a fem induzida é igual a $\frac{1}{10}$ de seu valor inicial? (c) Determine o sentido da corrente induzida na espira, se observada por cima dela.

Figura E29.8

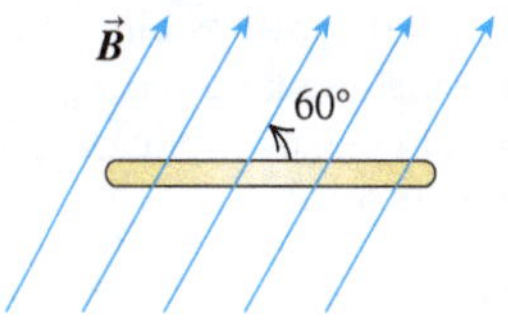

29.9 • **Espira comprimida.** Uma espira circular de ferro flexível possui circunferência inicial de 165,0 cm, mas essa circunferência diminui a uma taxa constante de 12,0 cm/s em virtude de um puxão tangencial no fio. A espira está em um campo magnético uniforme e constante, orientado perpendicularmente ao plano da espira e com módulo igual a 0,500 T. (a) Determine a fem induzida na espira, no instante em que se passaram 9,0 s. (b) Determine o sentido da corrente induzida na espira, olhando-se ao longo do sentido do campo magnético.

29.10 • Uma bobina retangular com 80 voltas de espiras próximas possui dimensões de 25,0 cm por 40,0 cm. O plano da bobina sofre rotação de uma posição onde forma um ângulo de 37,0° com o campo magnético de 1,70 T até uma posição perpendicular ao campo. A rotação leva 0,0600 s. Qual é a fem induzida média na bobina?

29.11 • **CALC** Em uma região do espaço, um campo magnético aponta no sentido positivo de Ox (para a direita). Seu módulo varia de posição, de acordo com a fórmula $B_x = B_0 + bx$, em que B_0 e b são constantes positivas, para $x \geq 0$. Uma bobina plana de área A se move com velocidade escalar uniforme da direita para a esquerda, com o plano de sua área sempre perpendicular a esse campo. (a) Qual é a fem induzida nessa bobina, enquanto ela está à direita da origem? (b) Olhando-se a partir da origem, qual é o sentido (horário ou anti-horário) da corrente induzida na bobina? (c) Caso a bobina se mova da esquerda para a direita, quais serão as respostas aos itens (a) e (b)?

29.12 • Em muitos sistemas de imagens por ressonância magnética (RM), o campo magnético é produzido por um ímã supercondutor que precisa ser mantido resfriado abaixo da temperatura de transição da supercondução. Se o sistema de resfriamento criogênico falhar, as bobinas do ímã poderão perder sua supercondutividade e a intensidade do campo magnético cairá rapidamente, ou *desvanecerá*. A dissipação de energia como calor nas bobinas agora sem supercondução pode causar uma rápida ebulição do líquido criogênico (normalmente, hélio líquido), que é usado para o resfriamento. Considere um ímã de RM supercondutor para o qual um campo magnético cai de 8,0 T para perto de 0 em 20 s. Qual é a fem média induzida em uma aliança de casamento circular com diâmetro de 2,2 cm se o anel estiver no centro das bobinas do ímã de RM e o campo magnético original for perpendicular ao plano envolvido pelo anel?

29.13 •• O rotor de um pequeno gerador é constituído por uma bobina chata de seção reta quadrada de lado igual a 1,60 cm, com 120 espiras. A bobina gira em um campo magnético de 0,0750 T. Qual será a velocidade angular da bobina, se a fem máxima produzida for igual a 24,0 mV?

29.14 • Uma bobina plana e retangular de dimensões l e w é puxada com velocidade escalar uniforme através de um campo magnético B, com o plano de sua área perpendicular ao campo (**Figura E29.14**). (a) Determine a fem induzida nessa bobina. (b) Se a velocidade escalar e o campo magnético forem ambos triplicados, qual será a fem induzida?

Figura E29.14

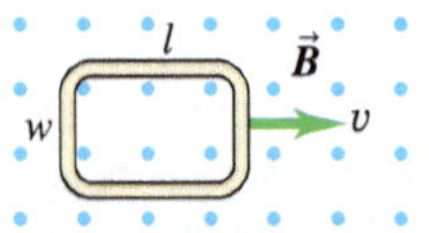

Seção 29.3 Lei de Lenz

29.15 • Uma espira de fio circular está em uma região do espaço onde existe um campo magnético uniforme, como indica a **Figura E29.15**. O campo magnético está entrando no plano da figura. Determine o sentido (horário ou anti-horário) da corrente induzida na espira quando: (a) B está aumentando; (b) B está diminuindo; (c) B permanece constante com um valor igual a B_0. Explique seu raciocínio.

Figura E29.15

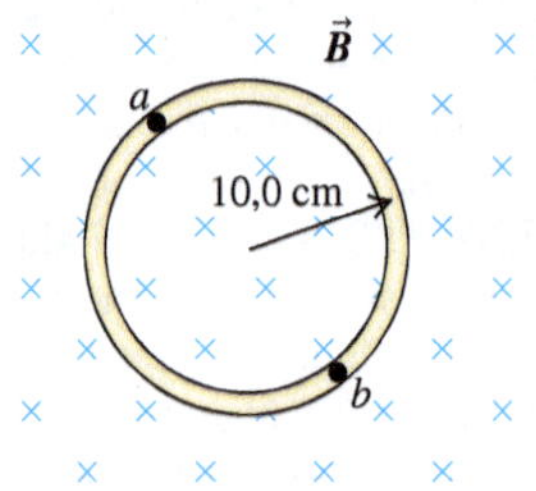

29.16 • A corrente I em um fio longo e retilíneo é constante e orientada para a direita, como na **Figura E29.16**. As espiras condutoras A, B, C e D estão se movendo, nas direções mostradas, perto do fio. (a) Para cada espira, a direção da corrente induzida está em sentido horário ou anti-horário, ou a corrente induzida é zero? (b) Para cada espira, qual é o sentido da força resultante que o fio exerce sobre a espira? Explique o seu raciocínio para cada resposta.

Figura E29.16

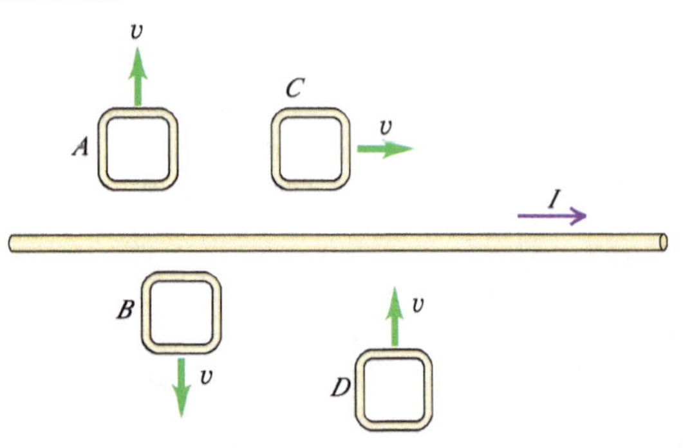

29.17 • Duas espiras fechadas A e C estão próximas de um fio longo transportando uma corrente I (**Figura E29.17**). (a) Determine o sentido (horário ou anti-horário) da corrente induzida em cada espira se I estiver diminuindo constantemente. (b) Enquanto I está diminuindo, qual é a direção da força resultante que o fio exerce sobre cada espira? Explique como você obteve a resposta.

Figura E29.17

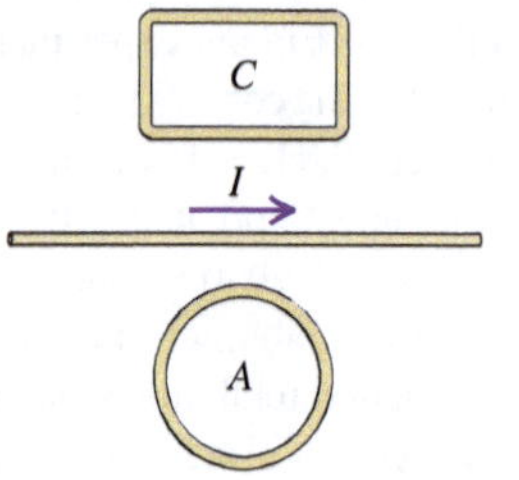

29.18 • A corrente na **Figura E29.18** obedece à equação $I(t) = I_0e^{-bt}$, em que $b > 0$. Determine o sentido (horário ou anti-horário) da corrente induzida na bobina redonda para $t > 0$.

Figura E29.18

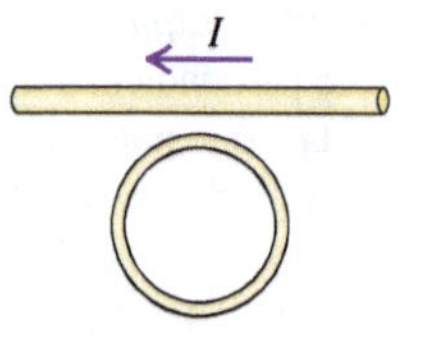

29.19 • Use a lei de Lenz para determinar o sentido da corrente induzida que passa no resistor ab indicado na **Figura E29.19**, quando: (a) a chave S é aberta depois de ficar fechada durante alguns minutos; (b) quando a bobina B se aproxima da bobina A enquanto a chave permanece fechada; (c) quando o valor da resistência R diminui enquanto a chave permanece fechada.

Figura E29.19

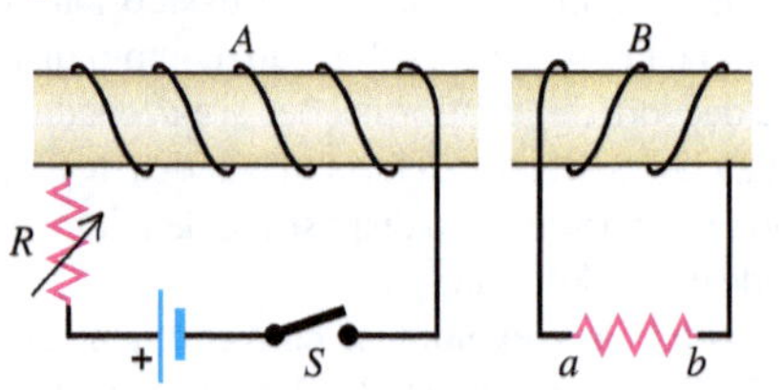

29.20 • Um tubo de papelão é circundado por dois enrolamentos feitos com fios isolados, formando espirais em sentidos contrários, como visto na **Figura E29.20**. Os terminais a e b do enrolamento A podem ser conectados a uma bateria por meio de uma chave inversora. Determine se a corrente que passa no resistor R é da direita para a esquerda ou da esquerda para a direita nos seguintes casos: (a) a corrente flui no enrolamento A de a para b e está aumentando; (b) a corrente flui no enrolamento A de b para a e está diminuindo; (c) a corrente flui no enrolamento A de b para a e está aumentando.

Figura E29.20

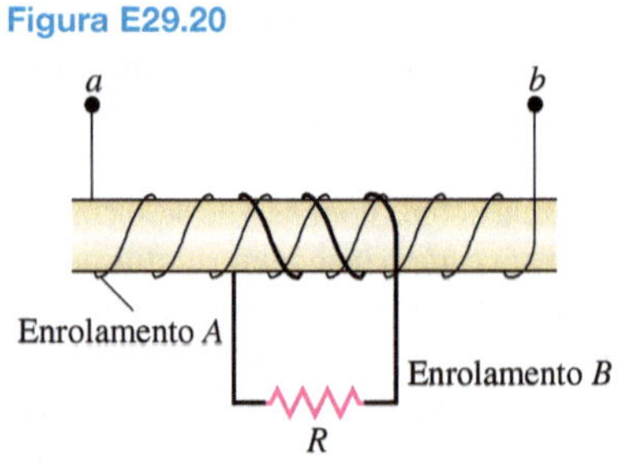

29.21 • Um pequeno anel circular está no interior de uma espira maior, que está conectada a uma bateria e a uma chave (**Figura E29.21**). Use a lei de Lenz para determinar o sentido da corrente induzida no pequeno anel (a) logo após a chave S ser fechada; (b) após S ter sido fechada por muito tempo; (c) logo após S ter sido reaberta, depois de estar fechada por um longo tempo.

Figura E29.21

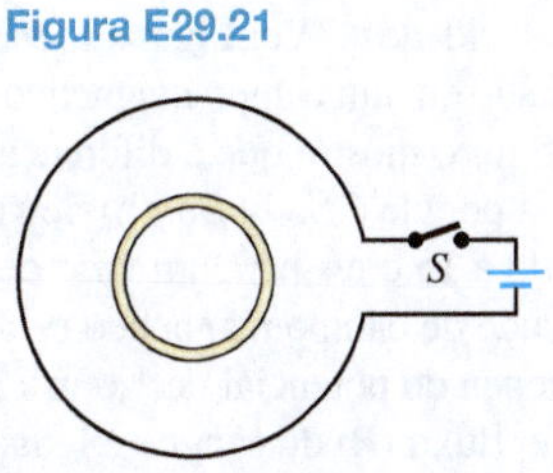

29.22 • Uma espira de fio circular com raio $r = 0{,}0480$ m e resistência $R = 0{,}160\ \Omega$ está em uma região de campo magnético espacialmente uniforme, como mostra a **Figura E29.22**. O campo magnético está direcionado para fora do plano da figura. O campo magnético tem um valor inicial de 8,00 T e está diminuindo a uma taxa de $dB/dt = -0{,}680$ T/S. (a) A corrente induzida na espira está em sentido horário ou anti-horário? (b) Qual é a taxa na qual a energia elétrica está sendo dissipada pela resistência da espira?

Figura E29.22

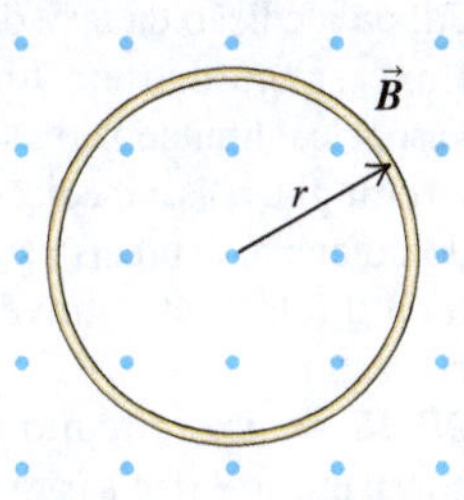

29.23 • **CALC** Uma espira de fio circular com raio $r = 0{,}0250$ m e resistência $R = 0{,}390\ \Omega$ está em uma região de campo magnético espacialmente uniforme, como mostra a **Figura E29.23**. O campo magnético está direcionado para dentro do plano da figura. Em $t = 0$, $B = 0$. O campo magnético, então, começa a aumentar, com $B(t) = (0{,}380\ \text{T/s}^3)t^3$. Qual é a corrente na espira (módulo, direção e sentido) no instante em que $B = 1{,}33$ T?

Figura E29.23

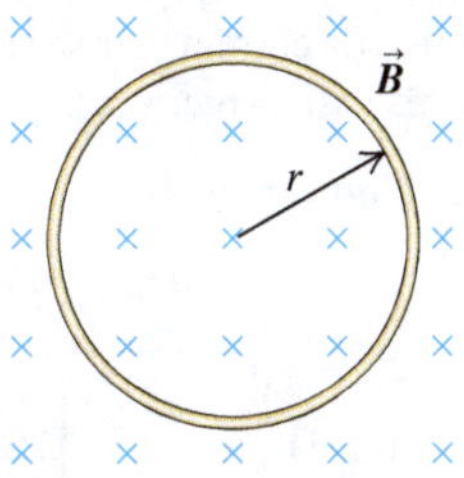

Seção 29.4 Força eletromotriz produzida pelo movimento

29.24 • Uma espira de fio retangular, com dimensões de 1,50 cm por 8,00 cm e resistência $R = 0{,}600\ \Omega$, está sendo puxada para a direita, saindo de uma região de campo magnético uniforme. O campo magnético possui módulo $B = 2{,}40$ T e está direcionado para dentro do plano da **Figura E29.24**. No instante em que a velocidade da espira é de 3,00 m/s e ainda está parcialmente na região do campo, que força (módulo, direção e sentido) o campo magnético exerce sobre a espira?

Figura E29.24

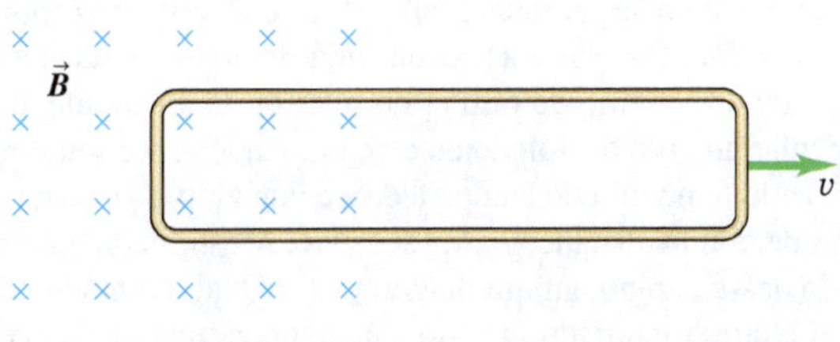

29.25 • Na **Figura E29.25**, uma barra condutora de comprimento $L = 30{,}0$ cm se move através de um campo magnético $\vec{B}$, de módulo 0,450 T, orientado para dentro do plano da figura. A barra se desloca com velocidade $v = 5{,}0$ m/s no sentido indicado. (a) Qual é a diferença de potencial entre as extremidades da barra? (b) Qual dos dois pontos, *a* ou *b*, possui potencial mais elevado? (c) Quando as cargas na barra estão em equilíbrio, quais são o módulo, a direção e o sentido do campo elétrico no interior da barra? (d) Quando as cargas na barra estão em equilíbrio, qual dos dois pontos, *a* ou *b*, possui excesso de carga positiva? (e) Qual é a diferença de potencial através da barra, caso ela se mova (i) paralelamente a *ab* e (ii) diretamente para fora da página?

Figura E29.25

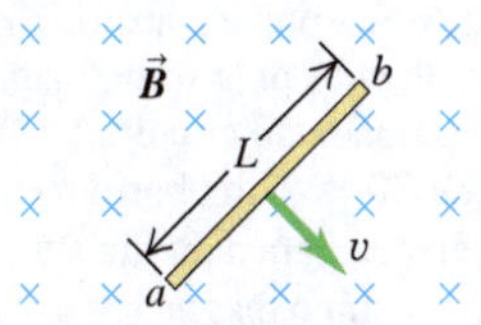

29.26 • Um retângulo que mede 30,0 cm por 40,0 cm está localizado no interior de um campo magnético espacialmente uniforme de 1,25 T, com o campo perpendicular ao plano da bobina (**Figura E29.26**). A bobina é retirada a uma taxa regular de 2,00 cm/s, movendo-se perpendicularmente às linhas de campo. A região do campo termina bruscamente, conforme indicado. Determine a fem induzida nessa bobina, quando ela está: (a) inteiramente no interior do campo; (b) parcialmente no interior do campo; (c) totalmente fora do campo.

Figura E29.26

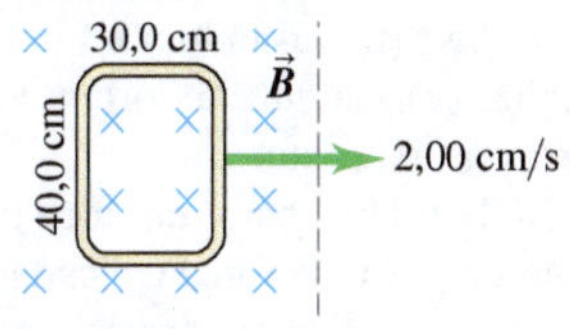

29.27 • **As fems do movimento são uma fonte prática de eletricidade?** Com que velocidade (em m/s) uma barra de cobre de 5,0 cm teria de se mover formando ângulos retos com um campo magnético de 0,650 T, para gerar 1,50 V (semelhante a uma pilha AA) através de suas extremidades? Esta parece ser uma forma prática de gerar eletricidade?

29.28 • **Fems do movimento nos transportes.** Aviões e trens se movem através do campo magnético da Terra a velocidades escalares relativamente altas, portanto é razoável imaginar se esse campo pode exercer um efeito substancial neles. Devemos usar um valor típico de 0,50 G para o campo da Terra. (a) O trem francês TGV e o "trem-bala" japonês atingem velocidades de até 290 km/h, deslocando-se sobre trilhos separados por uma distância aproximada de 1,5 m. Na velocidade máxima, no sentido perpendicular ao campo magnético da Terra, qual é a diferença de potencial induzida através dos trilhos enquanto as rodas giram? Esse valor é grande o suficiente para produzir efeitos notáveis? (b) O avião Boeing 747-400 possui envergadura de asa de 64,4 m e uma velocidade de cruzeiro de 900 km/h. Quando não há vento soprando (de modo que essa também é sua velocidade em relação ao solo), qual é a diferença de potencial máxima que poderia ser induzida entre as pontas opostas das asas? Esse valor é suficientemente grande para causar problemas ao avião?

29.29 • Na **Figura E29.29**, uma barra condutora *ab* está em contato com os trilhos *ca* e *db*. O dispositivo encontra-se em um campo magnético uniforme de 0,800 T, perpendicular ao plano da figura. (a) Calcule o módulo da fem induzida na barra quando ela se desloca da esquerda para a direita com velocidade igual a 7,50 m/s. (b) Em que sentido a corrente flui na barra? (c) Sabendo que a resistência do circuito *abcd* é igual a 1,50 Ω (supostamente constante), determine o módulo, a direção e o sentido da força necessária para manter a barra se

Figura E29.29

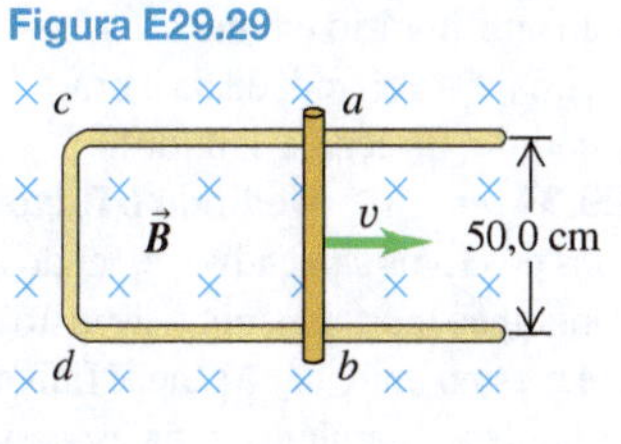

deslocando da esquerda para a direita com velocidade de 7,50 m/s. Despreze o atrito. (d) Compare a taxa do trabalho mecânico realizado pela força magnética (Fv) à taxa da energia térmica dissipada no circuito (I^2R).

29.30 • Uma barra metálica com 0,650 m de comprimento é puxada para a direita a 5,0 m/s regulares e perpendicularmente a um campo magnético uniforme de 0,750 T. A barra desliza sobre trilhos metálicos paralelos, conectados por um resistor de 25,0 Ω (**Figura E29.30**), de modo que o aparato faz um círculo completo. A resistência da barra e dos trilhos pode ser desprezada. (a) Calcule o módulo da fem induzida no circuito. (b) Determine o sentido da corrente induzida no circuito (i) usando a força magnética sobre as cargas na barra em movimento; (ii) usando a lei de Faraday; (iii) usando a lei de Lenz. (c) Calcule a corrente através do resistor.

Figura E29.30

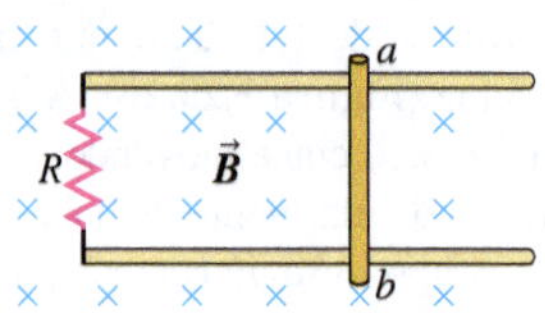

29.31 • Uma barra metálica com 0,360 m é puxada para a esquerda por uma força aplicada F. A barra desliza sobre trilhos metálicos paralelos conectados através de um resistor de 45,0 Ω, como indica a **Figura E29.31**, de modo que o dispositivo faz um circuito completo. A resistência da barra e dos trilhos pode ser desprezada. O circuito está em um campo magnético uniforme de 0,650 T, direcionado para fora do plano da figura. No instante em que a barra está se movendo para a esquerda a 5,90 m/s, (a) a corrente induzida no circuito está em sentido horário ou anti-horário e (b) qual é a taxa à qual a força aplicada está realizando trabalho sobre a barra?

Figura E29.31

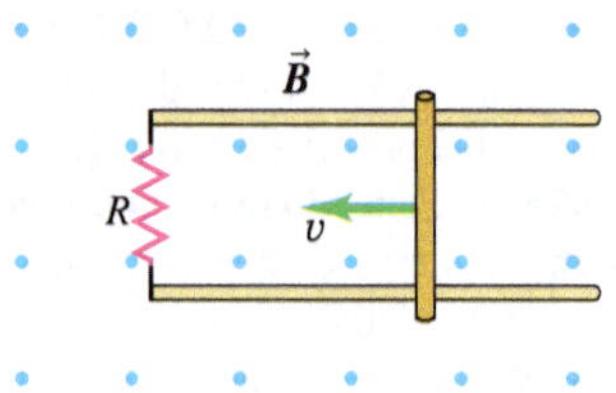

29.32 • Considere o circuito mostrado na Figura E29.31, mas com a barra movendo-se para a direita com velocidade v. Como no Exercício 29.31, a barra possui comprimento de 0,360 m, R = 45,0 Ω e B = 0,650 T. (a) A corrente induzida no circuito está em sentido horário ou anti-horário? (b) Em um instante em que o resistor de 45,0 Ω está dissipando energia elétrica a uma taxa de 0,840 J/s, qual é a velocidade da barra?

29.33 • Uma barra com 0,250 m de extensão sobre trilhos paralelos que estão conectados por um resistor de 6,00 Ω, como mostra a **Figura E29.33**, de modo que o dispositivo forma um circuito completo. Despreze a resistência da barra e dos trilhos. O circuito está em um campo magnético uniforme B = 1,20 T, que está direcionado para o plano da figura. Em um instante em que a corrente induzida no circuito está em sentido anti-horário e igual a 1,75 A, qual é a velocidade da barra (módulo, direção e sentido)?

Figura E29.33

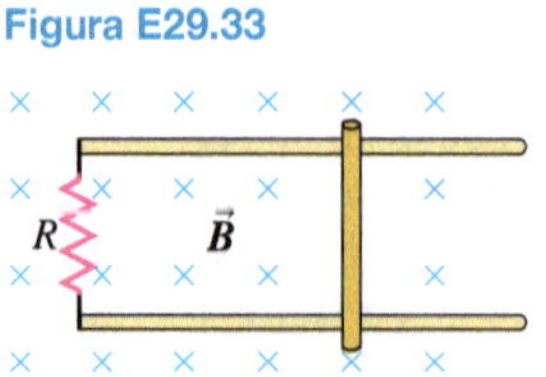

29.34 •• BIO **Medindo o fluxo sanguíneo.** O sangue contém íons positivos e negativos e, sendo assim, é um condutor. Um vaso sanguíneo, portanto, pode ser visto como um fio elétrico. Podemos até mesmo imaginar o sangue fluindo como uma série de caminhos condutores paralelos, cuja espessura tem o diâmetro d do vaso, movendo-se com velocidade v. (Ver **Figura E29.34**.) (a) Se o vaso sanguíneo for colocado em um campo magnético B perpendicular ao vaso, como na figura, mostre que a diferença de potencial de movimento induzida por ele é $\mathcal{E} = vBd$. (b) Se você espera que o sangue esteja fluindo a 15 cm/s para um vaso de 5,0 mm de diâmetro, que intensidade de campo magnético será necessária para produzir uma diferença de potencial de 1,0 mV? (c) Mostre que a taxa de volume do fluxo (R) do sangue é igual a $R = \pi\mathcal{E}d/4B$. (*Nota:* embora o método desenvolvido aqui seja útil na medição da taxa de fluxo sanguíneo em um vaso, ele é limitado ao uso na cirurgia, pois a medição do potencial $\mathcal{E}$ precisa ser feita diretamente através do vaso.)

Figura E29.34

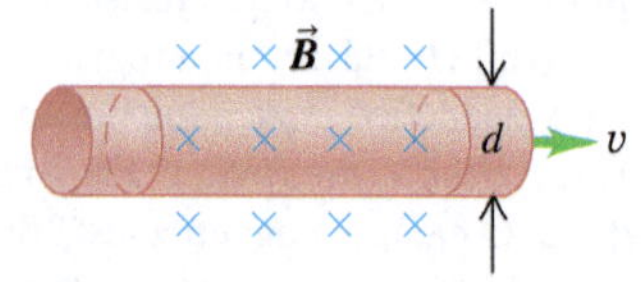

29.35 •• Um circuito retangular se move a uma velocidade constante de 3,0 m/s para dentro, através e para fora de um campo magnético uniforme de 1,25 T, como indica a **Figura E29.35**. A região do campo magnético é consideravelmente maior que 50,0 cm. Ache o módulo e o sentido (horário ou anti-horário) da corrente induzida no circuito enquanto ele (a) entra no campo magnético; (b) está totalmente dentro do campo, porém ainda se movendo; e (c) movendo-se para fora do campo. (d) Desenhe um gráfico da corrente nesse circuito em função do tempo, incluindo os três casos anteriores.

Figura E29.35

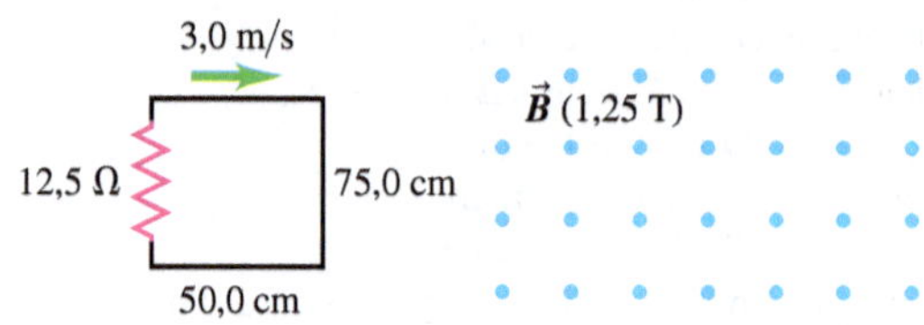

Seção 29.5 Campos elétricos induzidos

29.36 • Um anel metálico de 4,50 cm de diâmetro é colocado entre os polos norte e sul de grandes ímãs, cujos planos da área são perpendiculares ao campo magnético. Esses ímãs produzem um campo inicial uniforme de 1,12 T entre eles, mas são gradualmente separados, fazendo esse campo permanecer uniforme, mas diminua regularmente em 0,250 T/s. (a) Qual é o módulo do campo elétrico induzido no anel? (b) Em qual sentido (horário ou anti-horário) a corrente flui, do ponto de vista de alguém no polo sul do ímã?

29.37 • O campo magnético no interior de um solenoide retilíneo longo, com seção reta circular de raio R, está crescendo a uma taxa dB/dt. (a) Qual é a taxa de variação do fluxo magnético através de um círculo de raio r_1 no interior do solenoide, perpendicular ao eixo do solenoide e centralizado sobre seu eixo? (b) Calcule o módulo do campo elétrico induzido no interior do solenoide, a uma distância r_1 de seu eixo. Mostre a direção e o sentido desse campo em um diagrama. (c) Qual é o módulo do campo elétrico induzido *fora* do solenoide, a uma distância r_2 de seu eixo? (d) Faça um gráfico do campo elétrico induzido em função da distância r de seu eixo, desde $r = 0$ até $r = 2R$. (e) Qual é o módulo da fem induzida em uma espira circular de raio igual a $R/2$ que possui centro sobre o eixo do solenoide? (f) Qual será o módulo da fem induzida, se o raio da espira do item (e) for igual a R? (g) E se o raio da espira do item (e) for igual a $2R$?

29.38 •• Um solenoide fino possui 900 espiras por metro e raio de 2,50 cm. A corrente no solenoide cresce a uma taxa uniforme de 36,0 A/s. Qual é o módulo do campo elétrico induzido em um ponto próximo do centro do solenoide e situado a uma distância do eixo do solenoide (a) igual a 0,500 cm? (b) Igual a 1,0 cm?

29.39 •• Um solenoide fino possui 400 espiras por metro e raio de 1,10 cm. A corrente no solenoide cresce a uma taxa uniforme di/dt. O campo elétrico induzido em um ponto próximo do centro do solenoide e a uma distância de 3,50 cm de seu eixo é igual a $8{,}0 \times 10^{-6}$ V/m. Calcule di/dt.

29.40 • O campo magnético $\vec{B}$ em todos os pontos do círculo no interior do anel indicado na Figura E29.15 possui módulo inicial igual a 0,750 T. (O círculo poderia representar aproximadamente o espaço no interior de um solenoide longo e fino.) O campo magnético está direcionado para o interior da figura e diminui a uma taxa igual a –0,0350 T/s. (a) Qual é a forma das linhas do campo elétrico induzido, indicado na Figura E29.15, no interior desse círculo? (b) Quais são o módulo, a direção e o sentido desse campo em qualquer ponto do anel condutor com raio de 0,100 m? (c) Qual é a corrente que circula no anel, sabendo que sua resistência é de 4,00 Ω? (d) Qual é a fem entre os pontos a e b do anel? (e) Se o anel for cortado em um certo ponto e as extremidades forem ligeiramente separadas, qual será a fem entre essas extremidades?

29.41 • Um solenoide reto longo, com seção reta de área igual a 8,00 cm^2, contém 90 espiras por centímetro e conduz uma corrente igual a 0,350 A. Um segundo enrolamento com 12 espiras circunda o centro do solenoide. A corrente no solenoide é desligada, de modo que o campo magnético deste se anula em 0,0400 s. Qual é a fem média induzida no segundo enrolamento?

Seção 29.7 Corrente de deslocamento e equações de Maxwell

29.42 • Um capacitor de placas paralelas e cheio de ar está sendo carregado, como indica a Figura 29.23. As placas circulares possuem raio de 4,00 cm e, em um dado instante, a corrente de condução nos fios é de 0,520 A. (a) Qual é a densidade de corrente de deslocamento j_D no espaço entre as placas? (b) Qual é a taxa de variação do campo elétrico entre as placas? (c) Qual é o campo magnético induzido entre as placas a uma distância de 2,00 cm do eixo? (d) E a 1,00 cm?

29.43 • **Corrente de deslocamento em um dielétrico.** Suponha que as placas paralelas na Figura 29.23 possuam área de 3,00 cm^2 e estejam separadas por uma lâmina de dielétrico com 2,50 mm de espessura, que preenche completamente o volume entre as placas. O dielétrico possui constante dielétrica de 4,70. (Os efeitos das bordas podem ser desprezados.) Em determinado instante, a diferença de potencial entre as placas é igual a 120 V e a corrente de condução i_C é igual a 6,00 mA. Nesse instante, quais são: (a) a carga q em cada placa; (b) a taxa de variação da carga sobre as placas; (c) a corrente de deslocamento no dielétrico?

29.44 • CALC Na Figura 29.23, as placas do capacitor possuem área de 5,00 cm^2 e separação de 2,00 mm. As placas estão em um vácuo. A corrente de carga possui um valor *constante* de 1,80 mA. No instante $t = 0$, a carga nas placas é igual a zero. (a) Calcule a carga sobre as placas, o campo elétrico e a diferença de potencial entre elas quando $t = 0{,}500\ \mu$s. (b) Calcule dE/dt, a taxa de variação com o tempo do campo elétrico entre as placas. dE/dt varia com o tempo? (c) Calcule a densidade de corrente de deslocamento j_D entre as placas e, partir desse valor, a corrente de deslocamento total i_D. Como i_C e i_D se comparam?

Seção 29.8 Supercondutividade

29.45 • Nas vizinhanças do zero absoluto, B_c tende a 0,142 T para o vanádio, que é um supercondutor do tipo I. A fase normal do vanádio possui uma suscetibilidade magnética próxima de zero. Considere um cilindro de vanádio longo e fino com seu eixo paralelo a um campo magnético externo $\vec{B}_0$ no sentido $+x$. Para pontos muito afastados das extremidades do cilindro, por simetria, todos os vetores magnéticos são paralelos ao eixo Ox. Em temperaturas próximas do zero absoluto, qual deve ser o campo magnético $\vec{B}$ e a magnetização $\vec{M}$ no interior e no exterior do cilindro (longe das extremidades) para (a) $\vec{B}_0 = (0{,}130\ \text{T})\hat{\imath}$? e (b) $\vec{B}_0 = (0{,}260\ \text{T})\hat{\imath}$?

PROBLEMAS

29.46 •• Uma espira retangular muito longa pode deslizar sem atrito sobre uma superfície horizontal. Inicialmente, a espira possui parte de sua área em uma região de campo magnético uniforme, com módulo $B = 2{,}90$ T, perpendicular ao plano da espira. A espira possui dimensões de 4,00 cm por 60,0 cm, massa de 24,0 g e resistência $R = 5{,}00 \times 10^{-3}\ \Omega$. A espira encontra-se inicialmente em repouso; depois, uma força constante $F_{ext} = 0{,}180$ N é aplicada à espira para puxá-la para fora do campo (**Figura P29.46**). (a) Qual é a aceleração da espira quando $v = 3{,}00$ cm/s? (b) Quais são a velocidade terminal da espira e sua aceleração quando ela está se movendo nessa velocidade terminal? (c) Qual é a aceleração da espira quando ela está completamente fora do campo magnético?

Figura P29.46

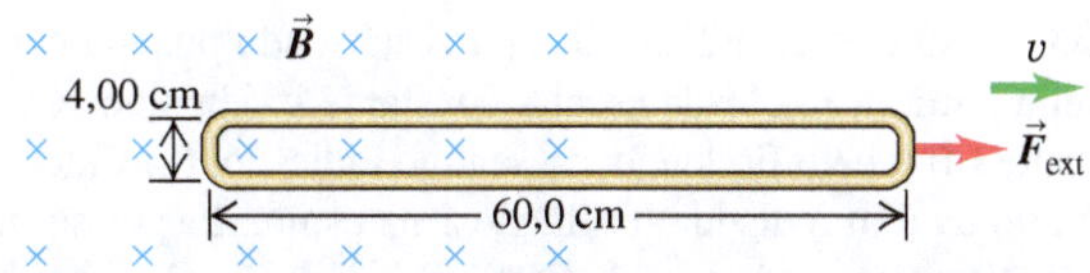

29.47 •• PC CALC No circuito indicado na **Figura P29.47**, o capacitor possui capacitância $C = 20\ \mu$F e carga inicial de 100 V, com a polaridade indicada. O resistor R_0 possui resistência de 10 Ω. No instante $t = 0$, a chave S é fechada. O pequeno circuito não está conectado de forma alguma ao maior. O fio do circuito pequeno possui resistência de 1,0 Ω/m e contém 25 espiras. O circuito maior é um retângulo de 2,0 m por 4,0 m, enquanto o menor possui dimensões de $a = 10{,}0$ cm e $b = 20{,}0$ cm. A distância c é igual a 5,0 cm. (A figura não está em escala.) Ambos os circuitos são mantidos estáticos. Suponha que somente o fio mais próximo do circuito pequeno produza um campo magnético considerável através dele. (a) Determine a corrente no circuito maior 200 μs após S ser fechada. (b) Determine a corrente no circuito pequeno 200 μs após S ser fechada. (*Dica:* veja o Exercício 29.7.) (c) Ache o sentido da corrente no circuito pequeno. (d) Justifique por que podemos ignorar o campo magnético de todos os fios do circuito maior, exceto o do fio mais próximo do circuito pequeno.

Figura P29.47

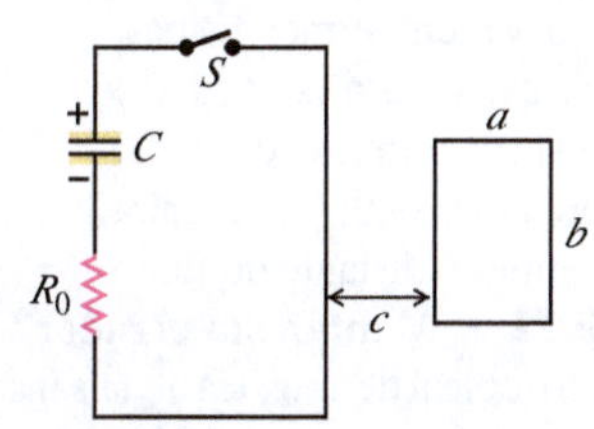

29.48 •• PC CALC No circuito indicado na Figura P29.47, uma fem de 90,0 V é acrescentada em série com o capacitor e o resistor, e o capacitor está inicialmente descarregado. A fem é colocada entre o capacitor e a chave S, com o terminal positivo da fem adjacente ao capacitor. De outra forma, os dois circuitos são os mesmos do Problema 29.47. A chave é fechada em $t = 0$. Quando a corrente no circuito grande é 5,00 A, quais são o módulo e o sentido da corrente induzida no circuito pequeno?

29.49 •• CALC Um solenoide retilíneo muito longo, com área de seção reta igual a 2,00 cm^2, é enrolado com 90,0 voltas de fio por centímetro. Começando em $t = 0$, a corrente no solenoide está aumentando de acordo com $i(t) = (0{,}160 \text{ A/s}^2)t^2$. Um enrolamento secundário de 5 voltas envolve o solenoide em seu centro, de modo que o enrolamento secundário possui a mesma seção reta do solenoide. Qual é o módulo da fem induzida no enrolamento secundário no instante em que a corrente no solenoide é 3,20 A?

29.50 • Suponha que a espira da **Figura P29.50** seja: (a) girada em torno do eixo Oy; (b) girada em torno do eixo Ox; (c) girada em torno de um lado da espira paralelo ao eixo Oz. Qual é a fem induzida máxima em cada um desses casos, considerando $A = 600$ cm^2, $\omega = 35{,}0$ rad/s e $B = 0{,}320$ T?

Figura P29.50

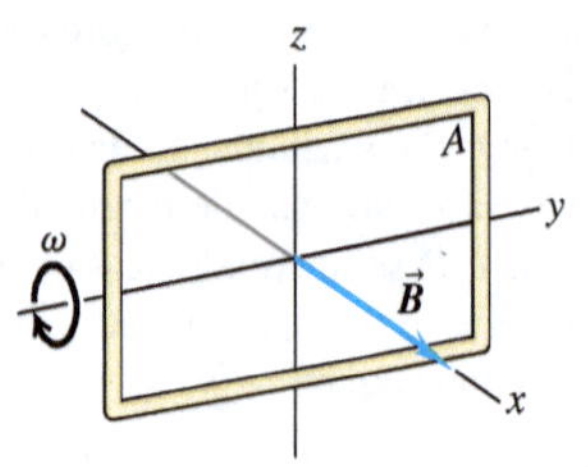

29.51 • Na **Figura P29.51**, a espira está sendo puxada para a direita a uma velocidade escalar constante v. Uma corrente constante I flui pelo fio longo, no sentido indicado. (a) Calcule o módulo da fem induzida resultante $\mathcal{E}$ na espira. Faça isso de duas formas: (i) usando a lei de Faraday da indução (*Dica*: veja o Problema 29.7); e (ii) analisando a fem induzida em cada segmento da espira em função de seu movimento. (b) Determine o sentido (horário ou anti-horário) da corrente induzida na espira. Faça isso de duas formas: (i) usando a lei de Lenz; e (ii) usando a força magnética sobre as cargas na espira. (c) Confira sua resposta para a fem no item (a) nos seguintes casos especiais, para verificar se é razoável em termos físicos: (i) a espira está estática; (ii) a espira é muito delgada, portanto $a \rightarrow 0$; (iii) a espira fica muito distante do fio.

Figura P29.51

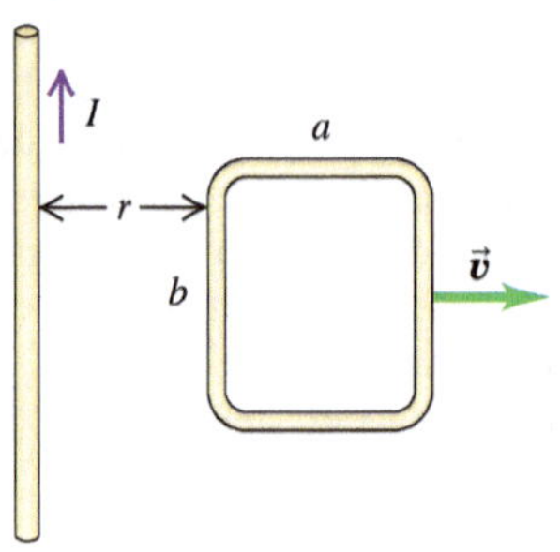

29.52 • **Montar um gerador?** Você é um náufrago em uma ilha tropical deserta. Há alguns instrumentos elétricos disponíveis que podem ser operados através de um gerador, mas você não possui nenhum ímã. O campo magnético da Terra na sua localização é horizontal e possui módulo $8{,}0 \times 10^{-5}$ T, e você decide tentar usar esse campo para montar um gerador, girando uma grande bobina circular a uma taxa elevada. Você precisa produzir um pico de fem de 9,0 V e estimar que pode girar a bobina a 30 rpm, virando uma manivela. Você também decide que, para ter uma resistência aceitável na bobina, o número máximo de espiras é 2.000. (a) Qual área deve ter a bobina? (b) Se a bobina for circular, qual será a velocidade de translação máxima de um ponto na bobina enquanto ela gira? Você acha que esse dispositivo é viável? Explique.

29.53 • Uma espira circular flexível, com diâmetro igual a 6,50 cm, está no interior de um campo magnético de módulo igual a 1,35 T, direcionado para o interior da página na **Figura P29.53**. A espira é esticada nos pontos indicados pelas setas, reduzindo a área da espira até zero em 0,250 s. (a) Calcule a fem média induzida no circuito. (b) Qual é o sentido da corrente que flui em R, de a para b ou de b para a? Explique seu raciocínio.

Figura P29.53

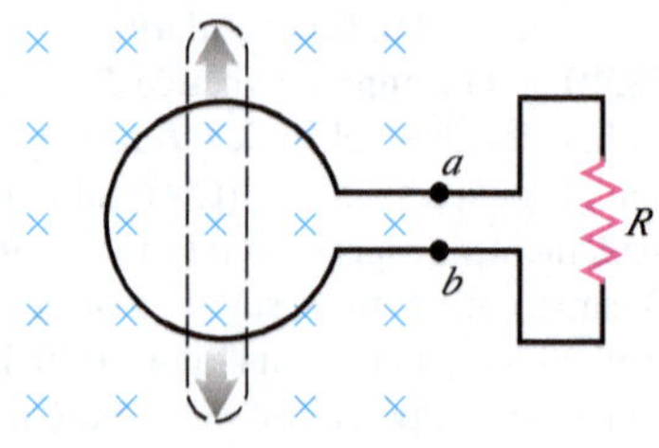

29.54 ••• CALC Uma barra condutora de comprimento $L = 0{,}200$ m, massa $m = 0{,}120$ kg e resistência $R = 80{,}0\ \Omega$, se move sem atrito sobre trilhos metálicos, como indica a Figura 29.11. Um campo magnético uniforme com módulo $B = 1{,}50$ T está entrando no plano da figura. A barra parte do repouso e sofre a ação de uma força constante com módulo $\boldsymbol{F} = 1{,}90$ N orientada para a direita. Quantos segundos depois que a força é aplicada a barra atinge uma velocidade de 25,0 m/s?

29.55 •• CALC Um fio muito longo e cilíndrico, de raio R, transporta uma corrente I_0 uniformemente distribuída através da seção reta do fio. Calcule o fluxo magnético através de um retângulo que possui lado com comprimento W descendo pelo centro do fio e outro lado de comprimento R, como indica a **Figura P29.55** (veja o Exercício 29.7).

Figura P29.55

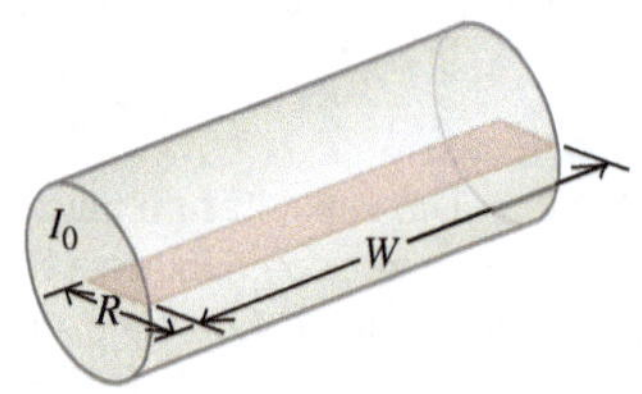

29.56 •• PC CALC **Velocidade terminal.** Uma barra com comprimento $L = 0{,}36$ m está livre para deslizar sem atrito sobre trilhos horizontais, como indica a **Figura P29.56**. Há um campo magnético uniforme $B = 2{,}4$ T, orientado para dentro do plano da figura. Em uma das extremidades dos trilhos há uma bateria com fem $\mathcal{E} = 12$ V e uma chave S. A barra possui massa de 0,90 kg e resistência de 5,0 Ω, e todas as demais resistências no circuito podem ser ignoradas. A chave é fechada no instante $t = 0$. (a) Faça um desenho da velocidade escalar da barra em função do tempo. (b) Logo após a chave ser fechada, qual é a aceleração da barra? (c) Qual é a aceleração da barra quando sua velocidade escalar é igual a 2,0 m/s? (d) Qual é a velocidade terminal da barra?

Figura P29.56

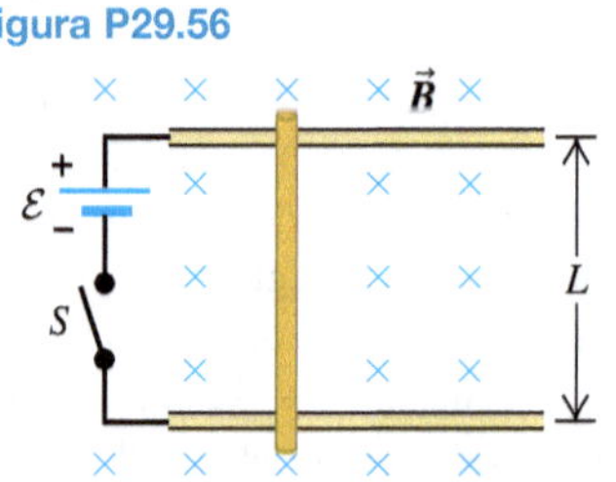

29.57 • CALC O fio retilíneo longo indicado na **Figura P29.57a** conduz uma corrente constante I. Uma barra metálica de comprimento L se move com velocidade constante $\vec{v}$, como indica a figura. O ponto a está a uma distância d do fio. (a) Calcule a fem induzida na barra. (b) Qual dos dois pontos, a ou b, possui potencial mais elevado? (c) Se a barra for substituída por uma espira retangular de resistência R (Figura P29.57b), qual será o módulo da corrente induzida na espira?

Figura P29.57

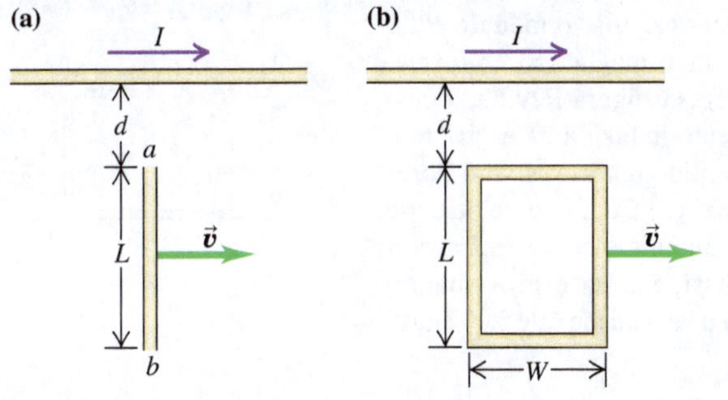

29.58 • **CALC** Um anel condutor circular, com raio $r_0 = 0{,}0420$ m, está sobre o plano xy em uma região onde existe um campo magnético uniforme $\vec{B} = B_0[1 - 3(t/t_0)^2 + 2(t/t_0)^3]\hat{k}$, em que $t_0 = 0{,}0100$ s e permanece constante, t é o tempo, $\hat{k}$ é um vetor unitário orientado no sentido $+z$ e $B_0 = 0{,}0800$ T e permanece constante. Nos pontos a e b (**Figura P29.58**), existe uma pequena abertura do anel, cujas extremidades são conectadas a fios que conduzem a corrente para um circuito externo com resistência $R = 12{,}0\ \Omega$. Não há nenhum campo magnético no local onde está o circuito externo. (a) Deduza uma expressão, em função do tempo, para o fluxo magnético total Φ_B através do anel. (b) Calcule a fem induzida no anel para $t = 5{,}00 \times 10^{-3}$ s. Qual é a polaridade da fem? (c) Como o anel possui uma resistência interna, a corrente que flui através de R no instante calculado no item (b) é de apenas 3,00 mA. Determine a resistência interna do anel. (d) Calcule a fem induzida no anel para $t = 1{,}21 \times 10^{-2}$ s. Qual é a polaridade da fem? (e) Determine o instante em que a corrente que flui através de R inverte seu sentido.

Figura P29.58

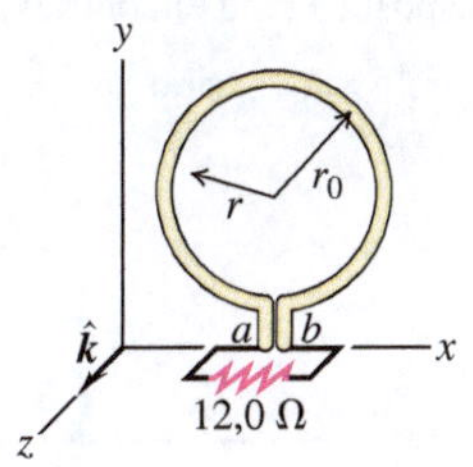

29.59 • **CALC** Uma haste fina, de comprimento igual a 0,240 m, gira com velocidade angular de 8,80 rad/s em torno de um eixo perpendicular à haste e passando em uma de suas extremidades. O plano da rotação da haste é perpendicular a um campo magnético uniforme, com módulo igual a 0,650 T. (a) Qual é a fem induzida na haste? (b) Qual é a diferença de potencial entre as suas extremidades? (c) Suponha que, em vez da rotação anterior, a haste gire com 8,80 rad/s em torno de um eixo perpendicular à haste, passando em seu centro. Agora, qual é a diferença de potencial entre suas extremidades? E entre o centro e uma de suas extremidades?

29.60 •• Uma haste metálica de 25,0 cm de comprimento está sobre o plano xy, formando um ângulo de 36,9° com o sentido positivo do eixo Ox e um ângulo de 53,1° com o sentido positivo do eixo Oy. A haste se move no sentido $+x$ com velocidade igual a 6,80 m/s e está em um campo magnético uniforme $\vec{B} = (0{,}120\ \text{T})\hat{\imath} - (0{,}220\ \text{T})\hat{\jmath} - (0{,}0900\ \text{T})\hat{k}$. (a) Qual é o módulo da fem induzida na haste? (b) Faça um desenho para indicar qual extremidade da haste possui o potencial mais elevado.

29.61 •• **PC CALC** Uma espira retangular com largura L e um fio deslizante com massa m estão como indica a **Figura P29.61**. Um campo magnético uniforme $\vec{B}$ está orientado perpendicularmente ao plano da espira para dentro do plano da figura. O fio deslizante recebe uma velocidade escalar inicial v_0 e, a seguir, é liberado. Não há atrito entre o fio deslizante e a espira, e a resistência da espira é desprezível em comparação à resistência R do fio. (a) Obtenha uma expressão para F, o módulo da força exercida sobre o fio enquanto ele se move a uma velocidade escalar v. (b) Mostre que a distância x que o fio percorre antes de atingir o repouso é $x = mv_0R/L^2B^2$.

Figura P29.61

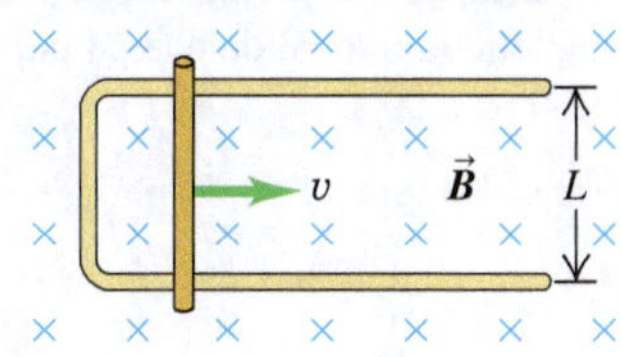

29.62 • **CALC** A hélice de um avião com comprimento total L gira em torno de seu centro com velocidade angular ω em um campo magnético perpendicular ao plano da rotação. Modelando a hélice como uma barra delgada e uniforme, determine a diferença de potencial entre (a) o centro e qualquer extremidade da hélice e (b) as duas extremidades. (c) Se o campo é o campo da Terra de 0,50 G e a hélice gira a 220 rpm e tem 2,0 m de comprimento, qual é a diferença de potencial entre o meio e qualquer das extremidades? Esse valor chega a ser preocupante?

29.63 • O campo magnético $\vec{B}$, em todos os pontos de uma região circular de raio R, é uniforme e está direcionado para o interior do plano da página, como indicado na **Figura P29.63**. (Essa região poderia ser a seção reta de um solenoide reto longo.) Sabendo que o campo magnético está crescendo com uma taxa dB/dt, determine o módulo, a direção e o sentido das forças magnéticas que atuam sobre uma carga q nos pontos a, b e c. (O ponto a está a uma distância r acima do centro da região, o ponto b está a uma distância r do lado direito do centro da região e o ponto c está no centro da região.)

Figura P29.63

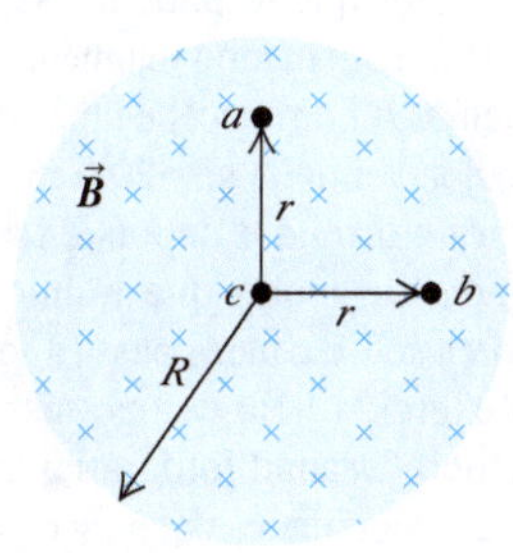

29.64 •• **PC CALC** Um capacitor possui duas placas paralelas com área A separadas por uma distância d. O espaço entre as placas está preenchido com um material que possui constante dielétrica K. O material não é um isolante perfeito, mas possui resistividade ρ. O capacitor tem carga inicial de módulo Q_0 em cada placa que gradualmente se descarrega em virtude da condução através do dielétrico. (a) Calcule a densidade da corrente de condução $j_C(t)$ no dielétrico. (b) Mostre que, em qualquer instante, a densidade da corrente de deslocamento no dielétrico é igual em módulo à densidade da corrente de condução, mas com sentido contrário, de modo que a densidade de corrente *total* é igual a zero a todo instante.

29.65 ••• **CALC** Um dielétrico de permissividade $3{,}5 \times 10^{-11}$ F/m preenche completamente o volume entre duas placas de um capacitor. Para $t > 0$, o fluxo elétrico através do dielétrico é $(8{,}0 \times 10^3\ \text{V} \cdot \text{m/s}^3)t^3$. O dielétrico é ideal e não magnético; a corrente de condução no dielétrico é igual a zero. Em qual instante a corrente de deslocamento no dielétrico é igual a 21 μA?

29.66 •• **DADOS** Você está avaliando o desempenho de um eletroímã grande. O campo magnético do eletroímã é zero em $t = 0$ e aumenta à medida que a corrente fluindo pelos enrolamentos do eletroímã aumenta. Você determina o campo magnético em função do tempo medindo a dependência de tempo da corrente induzida em uma pequena bobina inserida entre os polos do eletroímã, com o plano da bobina paralelo às faces do polo, como na Figura 29.5. A bobina possui 4 voltas, um raio de 0,800 cm e uma resistência de 0,250 Ω. Você mede a corrente i na bobina em função do tempo t. Seus resultados são representados na **Figura P29.66**. No decorrer de suas medições, a corrente induzida na bobina permanece no mesmo sentido. Calcule o campo magnético no local da bobina para (a) $t = 2{,}00$ s, (b) $t = 5{,}00$ s e (c) $t = 6{,}00$ s.

Figura P29.66

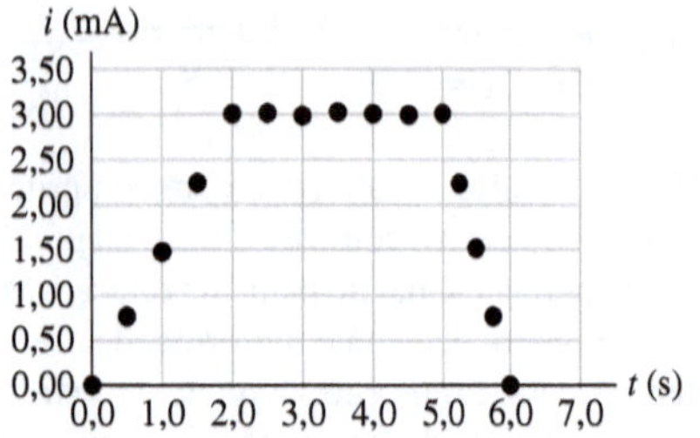

29.67 •• **DADOS** Você está realizando uma experiência na qual uma barra metálica com comprimento de 6,00 cm e massa de 0,200 kg se desloca sem atrito sobre dois trilhos de metal paralelos (**Figura P29.67**). Um resistor com resistência $R = 0{,}800\ \Omega$ é conectado por uma das extremidades dos trilhos de modo que a barra, os trilhos e o resistor formem um circuito condutor completo. As resistências dos trilhos e da barra são muito menores que R, podendo ser desprezadas. O dispositivo inteiro está em um campo magnético uniforme $\vec{B}$, na direção do plano da figura. A barra recebe uma velocidade inicial $v = 20{,}0$ cm/s para a direita e depois é largada, de modo que a única força sobre a barra passa a ser a exercida pelo campo magnético. Usando fotografias de alta velocidade, você mede o módulo da aceleração da barra em função de sua velocidade. Seus resultados aparecem nesta tabela:

Figura P29.67

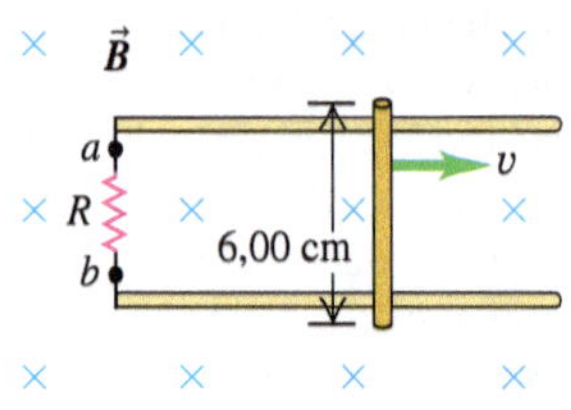

v (cm/s)	20,0	16,0	14,0	12,0	10,0	8,0
a (cm/s^2)	6,2	4,9	4,3	3,7	3,1	2,5

(a) Desenhe um gráfico de a em função de v. Explique por que os pontos de dados desenhados dessa maneira formam uma linha aproximadamente reta, e determine a inclinação da linha reta com o melhor ajuste para os dados. (b) Use seu gráfico do item (a) para calcular o módulo B do campo magnético. (c) Enquanto a barra está se movendo, qual extremidade do resistor, a ou b, está no potencial mais elevado? (d) Quantos segundos são necessários para que a velocidade da barra passe de 20,0 cm/s para 10,0 cm/s?

29.68 ••• **DADOS** Você mede o módulo da força externa $\vec{F}$ que precisa ser aplicada a uma espira condutora retangular para puxá-la a uma velocidade constante v para fora de uma região com campo magnético uniforme $\vec{B}$ cuja direção é o plano da **Figura P29.68**. A espira possui dimensões de 14,0 cm por 8,00 cm e uma resistência de $4{,}00 \times 10^{-3}\ \Omega$; ela não muda de forma enquanto se movimenta. As medições que você obtém aparecem na tabela a seguir.

F (N)	0,10	0,21	0,31	0,41	0,52
v (cm/s)	2,0	4,0	6,0	8,0	10,0

(a) Desenhe um gráfico de F em função de v. Explique por que os pontos de dados desenhados dessa maneira formam uma linha aproximadamente reta e determine a inclinação da linha reta com o melhor ajuste para os dados. (b) Use seu gráfico do item (a) para calcular o módulo B do campo magnético uniforme. (c) Na Figura P29.68, a corrente induzida na espira tem sentido horário ou anti-horário? (d) Com que velocidade a energia elétrica está sendo dissipada na espira quando sua velocidade é de 5,00 cm/s?

Figura P29.68

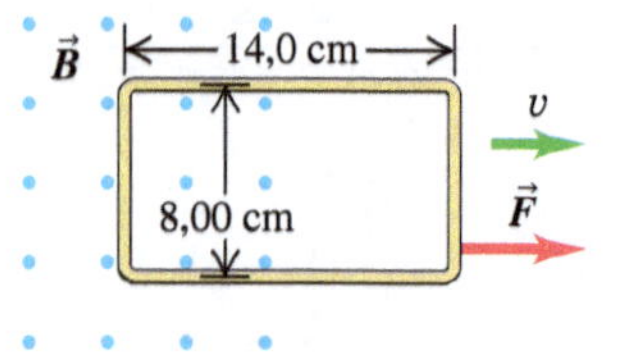

PROBLEMAS DESAFIADORES

29.69 ••• Uma barra metálica de comprimento L, massa m e resistência total R está sobre trilhos metálicos sem atrito, inclinados em um ângulo ϕ em relação à horizontal. Os trilhos possuem resistência desprezível. Um campo magnético uniforme de módulo B está orientado para baixo, como indicado na **Figura P29.69**. A barra é liberada do repouso e desliza para baixo sobre os trilhos. (a) O sentido da corrente induzida é de a para b ou de b para a? (b) Qual é a velocidade terminal da barra? (c) Qual será a corrente induzida na barra quando a velocidade terminal for atingida? (d) Depois que a velocidade terminal é atingida, qual é a taxa da conversão de energia elétrica em energia térmica na barra? (e) Depois que a velocidade terminal é atingida, qual é a taxa do trabalho realizado pela força da gravidade? Compare sua resposta à taxa encontrada no item (d).

Figura P29.69

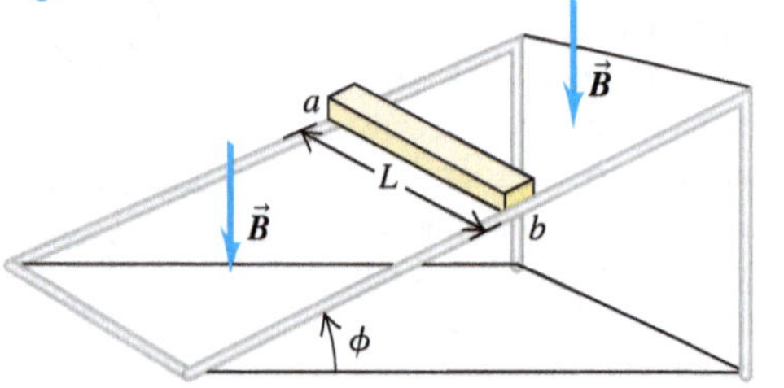

29.70 ••• **PC CALC** Uma espira condutora quadrada de lado L, massa total m e resistência total R está inicialmente sobre um plano horizontal xy, com os vértices nos pontos $(x, y, z) = (0, 0, 0)$, $(0, L, 0)$, $(L, 0, 0)$ e $(L, L, 0)$. Na região dentro e ao redor da espira, existe um campo magnético uniforme, de baixo para cima, $\vec{B} = B\hat{k}$. O lado da espira que se estende de (0, 0, 0) até (L, 0, 0) é mantido fixo sobre o eixo Ox; o restante da espira pode girar livremente em torno desse eixo. Quando a espira é liberada do repouso, ela começa a girar em virtude do torque produzido pela força da gravidade. (a) Determine o módulo, a direção e o sentido do torque *resultante* sobre a espira no momento em que ela está girando para baixo com velocidade angular ω e já girou um ângulo ϕ em relação à posição inicial. (b) Calcule a aceleração angular da espira no instante descrito no item (a). (c) Comparando com o tempo que ela levaria para girar na ausência de campo magnético, a espira leva um tempo maior ou menor para girar um ângulo de 90°? Explique. (d) A energia mecânica é conservada quando a espira gira para baixo? Explique.

Problemas com contexto

BIO **ESTIMULANDO O CÉREBRO.** A comunicação no sistema nervoso é baseada na propagação de sinais elétricos chamados *potenciais de ação* ao longo dos axônios, que são extensões das células nervosas (veja os Problemas com contexto no Capítulo 26). Os potenciais de ação são gerados quando a diferença de potencial elétrico pela membrana da célula nervosa varia: especificamente, o interior da célula torna-se mais positivo. Os pesquisadores em medicina clínica e neurobiologia não conseguem estimular os nervos (até mesmo de forma não invasiva) em locais específicos nos indivíduos humanos conscientes. O uso de eletrodos para aplicar corrente na pele é doloroso e requer grandes correntes, o que poderia ser perigoso.

Anthony Barker e seus colegas na Universidade de Sheffield, na Inglaterra, desenvolveram uma técnica chamada *estimulação magnética transcraniana* (TMS). Nesse procedimento bastante utilizado, uma bobina posicionada perto do crânio produz um campo magnético variando em função do tempo, que induz, no tecido condutor do cérebro [ver parte (a) da figura], correntes elétricas suficientes para causar potenciais de ação nas células nervosas. Por exemplo, se a bobina for colocada perto do córtex motor (a região do cérebro que controla o movimento voluntário), os cientistas podem monitorar a contração muscular e avaliar as conexões entre o cérebro e os músculos. A parte (b) da figura é um gráfico da dependência típica sobre o tempo t do campo magnético B produzido pela bobina.

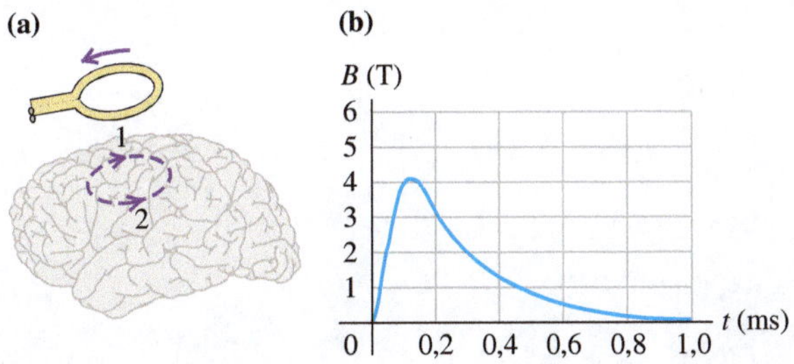

29.71 Na parte (a) da figura, um pulso de corrente aumenta até um pico e depois diminui até zero no sentido mostrado na bobina de estimulação. Qual será o sentido da corrente induzida (linha tracejada) no tecido cerebral? (a) 1; (b) 2; (c) 1 enquanto a corrente aumenta na bobina e 2 enquanto a corrente diminui; (d) 2 enquanto a corrente aumenta na bobina e 1 enquanto a corrente diminui.

29.72 Imagine que o tecido cerebral no nível da linha tracejada seja uma série de círculos concêntricos, cada um se comportando de forma independente dos outros. Onde a fem induzida será maior? (a) No centro da linha tracejada; (b) na periferia da linha tracejada; (c) em lugar nenhum — ela será a mesma em todos os círculos concêntricos; (d) no centro enquanto a corrente de estimulação aumenta e na periferia enquanto a corrente diminui.

29.73 Pode-se desejar aumentar a corrente induzida máxima no tecido cerebral. Na **Figura P29.73**, qual gráfico do campo magnético B na bobina em função do tempo alcança esse objetivo? Suponha que tudo o mais permaneça constante. (a) A; (b); B (c) A ou B; (d) nem A nem B.

Figura P29.73

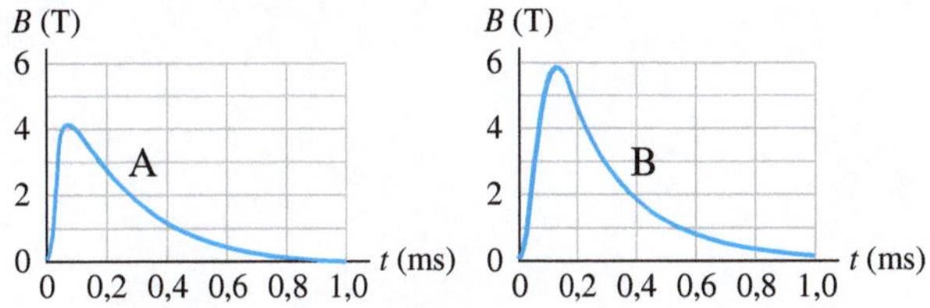

29.74 Qual gráfico da **Figura P29.74** representa melhor a corrente i induzida no tecido cerebral em função do tempo t, supondo que esse tecido possa ser modelado como um circuito resistivo? (As unidades de i são arbitrárias.) (a) A; (b) B; (c) C; (d) D.

Figura P29.74

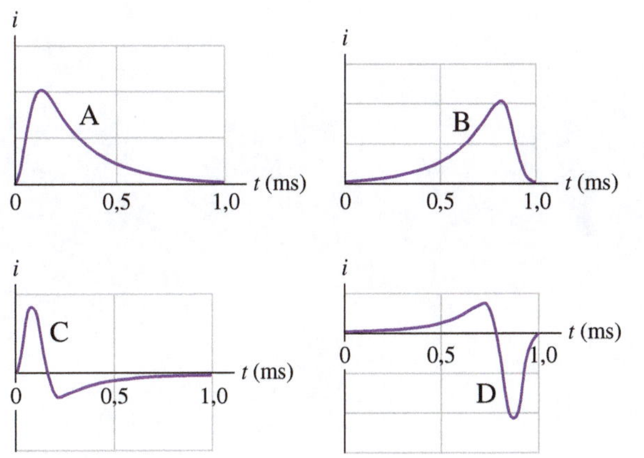

RESPOSTAS

Resposta à pergunta inicial do capítulo

(iv) À medida que a tarja magnética se move através do dispositivo de leitura do cartão, a configuração da magnetização codificada na tarja provoca uma variação no fluxo magnético. Um campo elétrico é induzido e, consequentemente, uma corrente é induzida nos circuitos de leitura. Se o cartão não se mover, não haverá fem induzida nem corrente, e nenhuma informação do cartão de crédito será lida.

Respostas às perguntas dos testes de compreensão

29.2 Respostas: (**a**) (**i**), (**b**) (**iii**) (a) Inicialmente, há fluxo magnético orientado para o interior do plano da página, que designamos como positivo. À medida que a espira é comprimida, o fluxo se torna menos positivo ($d\Phi_B/dt < 0$) e, assim, a fem induzida é positiva, como na Figura 29.6b ($\mathcal{E} = -d\Phi_B/dt > 0$). Ao apontar o polegar da sua mão direita para dentro da página, seus dedos se dobram no sentido horário, portanto esse é o sentido da fem induzida positiva. (b) Como a forma da bobina não está mais variando, o fluxo magnético não está variando e não há fem induzida.

29.3 Respostas: (**a**) (**i**), (**b**) (**iii**) Em (a), como na situação original, o ímã e a espira se aproximam entre si e o fluxo de cima para baixo através da espira aumenta. Logo, a fem induzida e a corrente induzida são as mesmas. No item (b), como o ímã e a espira estão se movendo juntas, o fluxo através da espira não varia e nenhuma fem é induzida.

29.4 Respostas: (**a**) (**iii**); (**b**) (**i**) ou (**ii**); (**c**) (**ii**) ou (**iii**) Você obterá o valor máximo da fem do movimento ao segurar a haste verticalmente, de modo que seu comprimento esteja perpendicular tanto ao campo magnético quanto ao sentido do movimento. Com essa orientação, $\vec{L}$ é paralelo a $\vec{v} \times \vec{B}$. Ao segurar a haste em qualquer orientação horizontal, $\vec{L}$ será perpendicular a $\vec{v} \times \vec{B}$ e nenhuma fem será induzida. Ao caminhar rumo ao norte ou ao sul, $\vec{v} \times \vec{B} = \mathbf{0}$ e nenhuma fem será induzida para qualquer orientação da haste.

29.5 Respostas: sim, não O campo magnético em uma posição fixa varia quando você move o ímã, o que induz um campo elétrico. Esses campos elétricos induzidos *não* são conservativos.

29.6 Resposta: (iii) Pela lei de Lenz, a força deve se opor ao movimento do disco através do campo magnético. Como o material do disco agora está se movendo para a direita através da região do campo, a força $\vec{F}$ está à esquerda — ou seja, no sentido contrário ao indicado na Figura 29.20b. Para produzir uma força magnética para a esquerda $\vec{F} = I\vec{L} \times \vec{B}$ sobre as correntes que atravessam um campo magnético $\vec{B}$ orientado para fora do plano da figura, as correntes de Foucault devem se mover de cima para baixo na figura — ou seja, no mesmo sentido indicado na Figura 29.20b.

29.7 Respostas: (a) lei de Faraday, (b) lei de Ampère Um dispositivo de leitura de cartão de crédito funciona induzindo correntes nas bobinas do leitor quando a tarja magnetizada do cartão é "passada" (veja a resposta à pergunta inicial do capítulo). A lei de Ampère descreve como correntes de todos os tipos (tanto as correntes de condução quanto as de deslocamento) produzem campos magnéticos.

Problema em destaque

$v_{\text{terminal}} = 16\rho_m\rho_R g/B^2$

? Muitos semáforos mudam quando um carro se aproxima de um cruzamento. Esse processo funciona porque o carro contém: (i) material condutor; (ii) material isolante que transporta uma carga elétrica resultante; (iii) material ferromagnético; (iv) material ferromagnético que já está magnetizado.

30 INDUTÂNCIA

OBJETIVOS DE APRENDIZAGEM

Ao estudar este capítulo, você aprenderá:

30.1 Como a corrente de uma bobina, que varia no tempo, pode induzir uma fem em outra bobina desconectada.

30.2 Como relacionar a fem induzida em um circuito à taxa de variação de corrente no mesmo circuito.

30.3 Como calcular a energia armazenada em um campo magnético.

30.4 Como analisar circuitos que incluem tanto um resistor quanto um indutor (bobina).

30.5 Por que ocorrem oscilações elétricas em circuitos que possuem tanto um indutor quanto um capacitor.

30.6 Por que as oscilações diminuem em circuitos com um indutor, um resistor e um capacitor.

Revendo conceitos de:

14.2, 14.3, 14.7 Movimento harmônico simples, oscilações amortecidas.

24.1, 24.3 Capacitância, energia do campo elétrico.

26.2, 26.4 Regras de Kirchhoff, circuitos *R-C*.

28.4, 28.7, 28.8 Forças magnéticas entre condutores; campo de um solenoide; permeabilidade.

29.2, 29.3, 29.7 Lei de Faraday; lei de Lenz; campos elétricos conservativos e não conservativos.

Enrole um pedaço de fio de cobre em volta de um lápis para formar uma bobina. Se você colocar essa bobina em um circuito, ela se comportará de forma bem diferente de um pedaço retilíneo de fio. Em um carro comum movido a gasolina, esse tipo de bobina torna possível que a bateria de 12 V produza os milhares de volts necessários para gerar a centelha no espaço entre os eletrodos da vela de ignição do motor e colocá-lo em funcionamento. Outras bobinas desse tipo são usadas para manter as lâmpadas fluorescentes acesas. Bobinas maiores, instaladas sob as ruas da cidade, são usadas para controlar o funcionamento dos semáforos. Todas essas aplicações, entre muitas outras, envolvem os efeitos de *indução* que estudamos no Capítulo 29.

Uma corrente variável em uma bobina induz uma fem em outra bobina adjacente. O acoplamento entre as duas bobinas é descrito pela *indutância mútua*. Uma corrente variável em uma bobina também induz uma fem na própria bobina. Essa bobina denomina-se *indutor*; a relação entre a fem e a corrente depende da *indutância* (também chamada de *autoindutância*) da bobina. Quando existe, inicialmente, uma corrente em uma bobina, a energia é liberada quando a corrente diminui; esse princípio é usado nos sistemas de ignição dos automóveis. Verificaremos que a energia liberada estava armazenada no campo magnético produzido pela corrente que circulava inicialmente na bobina e examinaremos algumas aplicações práticas da energia do campo magnético.

Faremos também um estudo inicial do fenômeno que ocorre quando um indutor é parte de um circuito. No Capítulo 31, estudaremos como um indutor se comporta em circuitos de corrente alternada, e aprenderemos por que os indutores desempenham um papel essencial na eletrônica moderna.

30.1 INDUTÂNCIA MÚTUA

Figura 30.1 Uma corrente i_1 na bobina 1 produz um fluxo magnético através da bobina 2.

Indutância mútua: se a corrente na bobina 1 varia, o fluxo variável na bobina 2 induz uma fem na bobina 2.

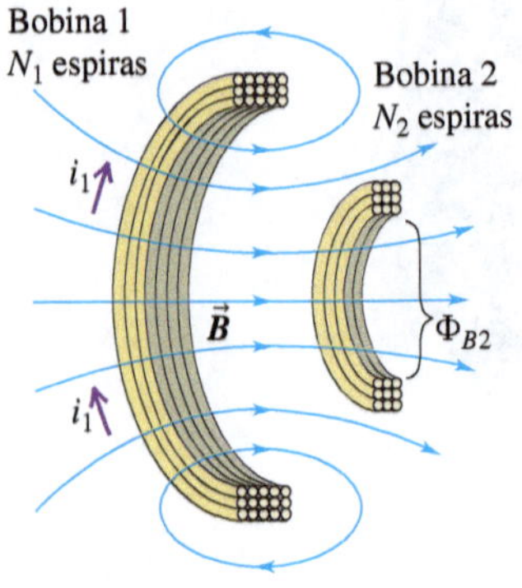

Na Seção 28.4, consideramos a interação magnética entre dois fios que conduzem correntes *estacionárias*; a corrente de um dos fios produz um campo magnético que exerce uma força sobre a corrente do outro fio. Contudo, quando existe uma corrente *variável* em um dos circuitos, ocorre uma interação adicional entre eles. Considere duas bobinas vizinhas, como ilustrado na **Figura 30.1**. Uma corrente circulando na bobina 1 produz um campo magnético $\vec{B}$ e, portanto, um fluxo magnético através da bobina 2. Quando a corrente na bobina 1 varia, o fluxo magnético através da bobina 2 também varia; de acordo com a lei de Faraday (Seção 29.2), isso produz uma fem na bobina 2. Sendo assim, a variação da corrente em um dos circuitos produz uma corrente induzida no outro circuito.

Vamos analisar a situação ilustrada na Figura 30.1 com mais detalhes. Empregaremos letras minúsculas para designar grandezas que variam com o tempo; por exemplo, uma corrente variável será designada por i, geralmente com um subscrito para identificar o circuito. Na Figura 30.1, uma corrente i_1 na bobina 1 induz um campo magnético $\vec{B}$ e algumas das linhas de campo (as linhas claras com setas) passam através da bobina 2. Designamos por Φ_{B2} o fluxo magnético através de *cada* espira da bobina 2 produzido pela corrente i_1 na bobina 1. (Quando o fluxo magnético for diferente para as diversas espiras, designaremos por Φ_{B2} o fluxo magnético *médio*.) O campo magnético é proporcional a i_1, de modo que Φ_{B2} também é proporcional a i_1. Quando i_1 varia, Φ_{B2} varia; esse fluxo magnético variável induz uma fem $\mathcal{E}_2$ na bobina 2, dada por

$$\mathcal{E}_2 = -N_2\frac{d\Phi_{B2}}{dt} \tag{30.1}$$

Figura 30.2 Esta escova de dentes elétrica utiliza a indutância mútua. A base contém uma bobina alimentada com corrente alternada da tomada na parede. Embora não exista contato elétrico direto entre a base e a escova, essa corrente variável induz uma fem em uma bobina no interior da própria escova, recarregando sua bateria.

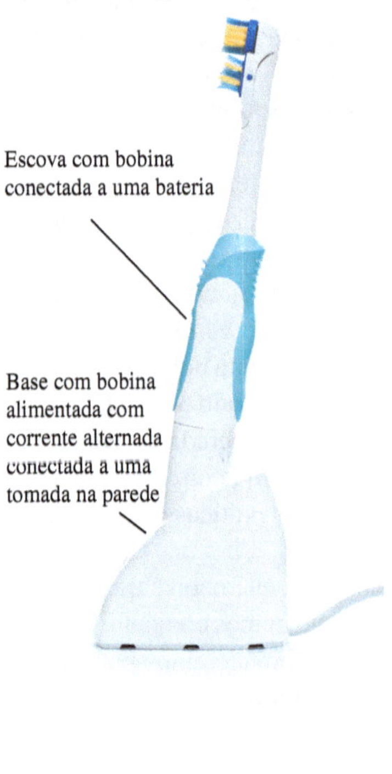

Poderíamos representar a proporcionalidade entre Φ_{B2} e i_1 na forma Φ_{B2} = (constante)i_1; contudo, é mais conveniente incluir o número de espiras N_2 na relação. Introduzindo uma constante de proporcionalidade M_{21}, chamada de **indutância mútua** das duas bobinas, escrevemos

$$N_2\Phi_{B2} = M_{21}i_1 \tag{30.2}$$

em que Φ_{B2} é o fluxo magnético através de uma *única* espira da bobina 2. Portanto,

$$N_2\frac{d\Phi_{B2}}{dt} = M_{21}\frac{di_1}{dt}$$

e podemos reescrever a Equação 30.1 na forma

$$\mathcal{E}_2 = -M_{21}\frac{di_1}{dt} \tag{30.3}$$

Ou seja, a variação da corrente i_1 na bobina 1 induz uma fem na bobina 2 diretamente proporcional à taxa de variação da corrente i_1 (**Figura 30.2**).

A indutância mútua definida pela Equação 30.2 pode ser escrita na forma

$$M_{21} = \frac{N_2\Phi_{B2}}{i_1}$$

Quando as bobinas estão no vácuo, o fluxo magnético Φ_{B2} através de cada espira da bobina 2 é diretamente proporcional à corrente i_1. Então a indutância mútua M_{21} é uma constante que depende apenas da geometria das duas bobinas (tamanho, forma, número de espiras, orientação de cada bobina e distância entre elas). Na presença de material magnético, a M_{21} também depende das propriedades magnéticas do material. Quando o material possui propriedades magnéticas não lineares, ou seja, quando a permeabilidade relativa K_m (definida na Seção 28.8) não é constante e a magnetização não é proporcional ao campo magnético, então Φ_{B2} deixa de ser diretamente proporcional à corrente i_1. Nesse caso, a indutância mútua também depende da corrente i_1. Na presente discussão, vamos supor que qualquer material magnético que esteja presente possua um valor de K_m constante, de modo que o fluxo magnético *seja* diretamente proporcional à corrente e M_{21} dependa apenas da geometria.

Podemos repetir o raciocínio anterior para o caso oposto, no qual uma corrente variável i_2 na bobina 2 produza um fluxo magnético variável Φ_{B1} e induza uma fem $\mathcal{E}_1$ na bobina 1. Verificamos que a constante correspondente M_{12} é *sempre* igual a M_{21}, embora geralmente as duas bobinas não sejam idênticas e o fluxo através delas não seja o mesmo. Chamaremos esse valor comum simplesmente de indutância mútua, designada pelo símbolo M, sem nenhum subscrito; essa grandeza caracteriza completamente a fem induzida pela interação entre as duas bobinas. Logo, podemos escrever

Fems mutuamente induzidas:

$$\mathcal{E}_2 = -M\frac{di_1}{dt} \quad \text{e} \quad \mathcal{E}_1 = -M\frac{di_2}{dt} \tag{30.4}$$

Fem induzida na bobina 2 ($\mathcal{E}_2$); Taxa de variação de corrente na bobina 1 (di_1/dt); Fem induzida na bobina 1 ($\mathcal{E}_1$); Taxa de variação de corrente na bobina 2 (di_2/dt); Indutância mútua das bobinas 1 e 2 (M)

Os sinais negativos na Equação 30.4 decorrem da lei de Lenz (Seção 29.3). A primeira equação afirma que a variação da corrente na bobina 1 produz uma variação de fluxo magnético na bobina 2, induzindo uma fem na bobina 2 que se opõe à variação desse fluxo; na segunda equação, os papéis desempenhados pelas bobinas são invertidos. A indutância mútua M é

Indutância mútua das bobinas 1 e 2:

$$M = \frac{N_2\Phi_{B2}}{i_1} = \frac{N_1\Phi_{B1}}{i_2} \tag{30.5}$$

Espiras na bobina 2 (N_2); Fluxo magnético através de cada espira da bobina 2 (Φ_{B2}); Espiras na bobina 1 (N_1); Fluxo magnético através de cada espira da bobina 1 (Φ_{B1}); Corrente na bobina 1 (gera fluxo na bobina 2) (i_1); Corrente na bobina 2 (gera fluxo na bobina 1) (i_2)

ATENÇÃO Somente uma corrente variável induz uma fem Observe que somente uma corrente *que varia com o tempo* em uma bobina pode induzir uma fem e, portanto, uma corrente em uma segunda bobina. As equações 30.4 mostram que a fem induzida em cada bobina é diretamente proporcional à *taxa de variação* da corrente em outra bobina e não ao *valor* da corrente. Uma corrente estacionária em uma bobina, por mais potente que seja, não é capaz de produzir uma corrente em uma bobina vizinha.

A unidade SI de indutância mútua denomina-se **henry** (1 H), em homenagem ao físico norte-americano Joseph Henry (1797-1878), um dos descobridores da indução eletromagnética. De acordo com a Equação 30.5, verificamos que um henry é igual a um weber por ampère. Outras unidades equivalentes, obtidas pela aplicação da Equação 30.4, são:

$$1\ \text{H} = 1\ \text{Wb/A} = 1\ \text{V}\cdot\text{s/A} = 1\ \Omega\cdot\text{s} = 1\ \text{J/A}^2$$

Assim como o farad é uma unidade relativamente grande de capacitância (ver Seção 24.1), o henry também é uma unidade relativamente grande de indutância mútua. Valores usuais de indutância mútua podem ser expressos na faixa de milihenry (mH) ou microhenry (μH).

Dificuldades e aplicações de indutância mútua

A indutância mútua pode ocasionar perturbações em circuitos elétricos, visto que a variação da corrente em um circuito é capaz de gerar uma fem indesejável em outro circuito próximo. Para amenizar esse efeito, os sistemas compostos por muitos circuitos devem ser projetados procurando-se minimizar os valores de M; por exemplo, duas bobinas devem ser montadas bem afastadas uma da outra.

Felizmente, a indutância mútua também possui muitas aplicações úteis. Um *transformador*, empregado em circuitos de corrente alternada para aumentar ou diminuir uma voltagem, é fundamentalmente um dispositivo semelhante ao arranjo das duas bobinas indicadas na Figura 30.1. Uma corrente variável alternada em uma bobina do transformador produz uma fem alternada na outra bobina; o valor de M, que depende da geometria das bobinas, determina a amplitude da fem induzida na outra bobina e, portanto, a amplitude da voltagem na saída do transformador. (Vamos estudar os transformadores com mais detalhes no Capítulo 31.)

EXEMPLO 30.1 CÁLCULO DE INDUTÂNCIA MÚTUA

Em uma das versões da bobina de Tesla (um gerador de alta voltagem que talvez você já tenha visto em algum museu de ciências), um solenoide longo, de comprimento l e seção reta com área A, possui N_1 espiras enroladas de modo compacto. Uma bobina com N_2 espiras é enrolada em seu centro (**Figura 30.3**). Determine a indutância mútua M.

SOLUÇÃO

IDENTIFICAR E PREPARAR: a indutância mútua ocorre nessa situação porque uma corrente em uma das bobinas produz um campo magnético que gera um fluxo através da outra bobina. Pelo Exemplo 28.9 (Seção 28.7), temos uma expressão simples (Equação 28.23) para o módulo do campo B_1 no centro do solenoide (bobina 1) em termos da corrente do solenoide i_1. Isso nos permite determinar o fluxo através de uma seção reta do solenoide. Como quase não existe campo magnético fora de um solenoide muito longo, este também é igual ao fluxo Φ_{B2} através de cada espira da bobina *externa* (2). Então, usamos a Equação 30.5, na forma $M = N_2\Phi_{B2}/i_1$, para determinar M.

EXECUTAR: a Equação 28.23 é expressa em termos do número de espiras por unidade de comprimento, que, para o solenoide (1), é $n_1 = N_1/L$. Assim,

$$B_1 = \mu_0 n_1 i_1 = \frac{\mu_0 N_1 i_1}{l}$$

O fluxo magnético através da seção reta do solenoide é igual a B_1A. Como já dissemos, ele também é igual ao fluxo Φ_{B2} através de cada espira da bobina externa, qualquer que seja sua área da seção reta. De acordo com a Equação 30.5, a indutância mútua M é dada por

$$M = \frac{N_2\Phi_{B2}}{i_1} = \frac{N_2B_1A}{i_1} = \frac{N_2}{i_1}\frac{\mu_0N_1i_1}{l}A = \frac{\mu_0AN_1N_2}{l}$$

AVALIAR: a indutância mútua M de duas bobinas quaisquer é proporcional ao produto N_1N_2 de seus números de espiras. Note que a indutância mútua M depende apenas da geometria das bobinas, não da corrente que passa através delas.

Vejamos aqui um exemplo numérico para que você tenha ideia das ordens de grandeza. Considere $l = 0{,}50$ m, $A = 10\ \text{cm}^2 = 1{,}0 \times 10^{-3}\ \text{m}^2$, $N_1 = 1.000$ espiras e $N_2 = 10$ espiras. Portanto,

$$M = \frac{(4\pi \times 10^{-7}\ \text{Wb/A}\cdot\text{m})\,(1{,}0 \times 10^{-3}\ \text{m}^2)\,(1.000)(10)}{0{,}50\ \text{m}}$$

$$= 25 \times 10^{-6}\ \text{Wb/A} = 25 \times 10^{-6}\ \text{H} = 25\ \mu\text{H}$$

Figura 30.3 Um solenoide longo com N_1 espiras e seção reta de área A, que contém em seu centro uma bobina com N_2 espiras.

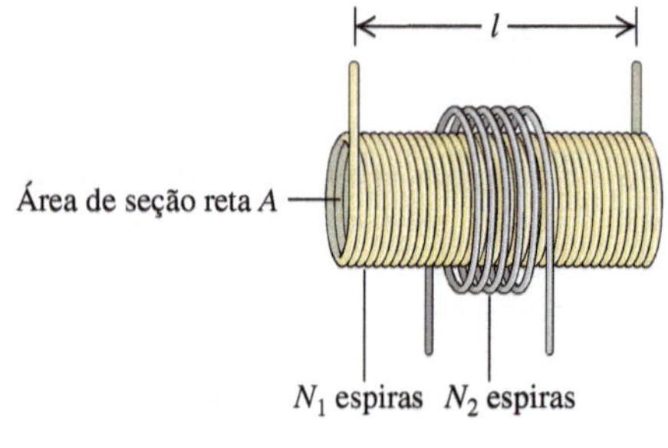

EXEMPLO 30.2 FEM PRODUZIDA POR INDUTÂNCIA MÚTUA

No Exemplo 30.1, suponha que a corrente i_2 na bobina externa seja dada pela expressão $i_2 = (2{,}0 \times 10^6\ \text{A/s})t$. (Correntes em fios podem, na verdade, crescer com essa taxa elevada durante breves períodos.) (a) No instante $t = 3{,}0\ \mu\text{s}$, qual é o fluxo magnético médio através de cada espira do solenoide (bobina 1) produzido pela corrente que circula na bobina externa? (b) Qual é a fem induzida no solenoide?

SOLUÇÃO

IDENTIFICAR E PREPARAR: no Exemplo 30.1, determinamos a indutância mútua relacionando a corrente no solenoide ao fluxo produzido na bobina externa; para fazer isso, usamos a Equação 30.5 na forma $M = N_2\Phi_{B2}/i_1$. Neste exemplo, temos a corrente i_2 na bobina externa e queremos determinar o fluxo resultante Φ_1

(*Continua*)

(*Continuação*)

no solenoide. A indutância mútua é a *mesma* em qualquer caso, e temos $M = 25\ \mu$H do Exemplo 30.1. Usamos a Equação 30.5 na forma $M = N_1\Phi_{B1}/i_2$ para determinar o fluxo médio Φ_{B1} que passa através de cada espira do solenoide gerado por uma dada corrente i_2 na bobina externa. A seguir, usamos a Equação 30.4 para determinar a fem induzida no solenoide pela variação no tempo da corrente i_2.

EXECUTAR: (a) no instante $t = 3{,}0\ \mu\text{s} = 3{,}0 \times 10^{-6}$ s, a corrente na espira externa é $i_2 = (2{,}0 \times 10^6\ \text{A/s})\ (3{,}0 \times 10^{-6}\ \text{s}) = 6{,}0$ A. Explicitamos Φ_{B1} na Equação 30.5 através de cada espira da bobina 1:

$$\Phi_{B1} = \frac{Mi_2}{N_1} = \frac{(25 \times 10^{-6}\,\text{H})\,(6{,}0\ \text{A})}{1.000} = 1{,}5 \times 10^{-7}\ \text{Wb}$$

Enfatizamos que esse é um valor *médio*; o fluxo pode variar bastante entre o centro e as extremidades do solenoide.

(b) Sabemos que $i_2 = (2{,}0 \times 10^6\ \text{A/s})t$, de modo que $di_2/dt = 2{,}0 \times 10^6$ A/s; então, a fem induzida no solenoide é, pela Equação 30.4,

$$\mathcal{E}_1 = -M\frac{di_2}{dt} = -(25 \times 10^{-6}\ \text{H})(2{,}0 \times 10^6\ \text{A/s}) = -50\ \text{V}$$

AVALIAR: essa fem elevada foi obtida como resposta a uma variação muito rápida da corrente. As bobinas de Tesla reais operam com correntes alternadas de alta frequência em vez da corrente continuamente crescente citada neste exemplo; tanto di_2/dt quanto $\mathcal{E}_1$ são grandezas cujas amplitudes podem atingir valores milhares de vezes maiores que os indicados neste exemplo.

TESTE SUA COMPREENSÃO DA SEÇÃO 30.1 Considere a bobina de Tesla descrita no Exemplo 30.1. Se você montar um solenoide com o dobro de fio, de modo que ele tenha o dobro de espiras e o dobro do comprimento, quantas vezes maior será a indutância mútua? (i) M será quatro vezes maior; (ii) M será o dobro; (iii) M não varia; (iv) M será a metade do valor inicial; (v) M será $^1/_4$ do valor inicial. ❚

30.2 INDUTORES E AUTOINDUTÂNCIA

Em nossa discussão sobre a indutância mútua, consideramos dois circuitos separados e independentes; uma corrente em um dos circuitos cria um campo magnético que produz um fluxo magnético sobre o outro circuito. Quando a corrente no primeiro circuito varia, o fluxo através do segundo varia, induzindo uma fem no segundo circuito.

Um efeito relacionado importante ocorre até mesmo quando consideramos um *único* circuito isolado. Quando existe uma corrente em um circuito, ela produz um campo magnético que gera um fluxo magnético através do *próprio* circuito; quando a corrente varia, esse fluxo também varia. Portanto, qualquer circuito percorrido por uma corrente variável possui uma fem induzida nele mesmo pela variação de *seu próprio* fluxo magnético. Tal fem denomina-se **fem autoinduzida**. De acordo com a lei de Lenz, uma fem autoinduzida sempre se opõe à variação da corrente que produz a fem e, portanto, tende a tornar mais difícil qualquer variação da corrente. Por essa razão, a fem autoinduzida é muito importante quando existe uma corrente variável.

Uma fem autoinduzida pode ocorrer em *qualquer* circuito, visto que sempre existirá algum fluxo magnético através de espiras fechadas em um circuito que conduz uma corrente. Porém, o efeito é bastante ampliado quando o circuito contém uma bobina com N espiras de fio (**Figura 30.4**). Em virtude da corrente i, existe um fluxo magnético médio Φ_B através de cada espira da bobina. Por analogia à Equação 30.5, definimos a **autoindutância** L do circuito do seguinte modo:

Autoindutância (ou **indutância**) de uma bobina:

$$L = \frac{N\Phi_B}{i} \qquad (30.6)$$

(N: Número de espiras na bobina; Φ_B: Fluxo gerado pela corrente através de cada espira da bobina; i: Corrente na bobina)

Figura 30.4 A corrente i no circuito produz um campo magnético $\vec{B}$ na bobina e, portanto, um fluxo magnético através dela.

Autoindutância: quando a corrente i na bobina varia, o fluxo variável através da bobina induz uma fem nela.

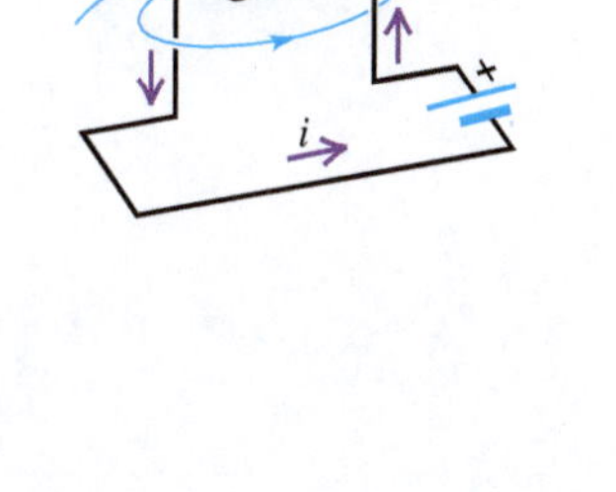

Quando não existe nenhuma possibilidade de confusão com a indutância mútua, a autoindutância pode ser simplesmente chamada de **indutância**. Comparando a Equação 30.5 com a 30.6, vemos que as unidades de autoindutância são as mesmas que as unidades de indutância mútua; a unidade SI de autoindutância é o henry.

Aplicação Indutores, transmissão de energia e relâmpagos Se um relâmpago atinge parte de um sistema de transmissão elétrica, isso causa um pico repentino na tensão, que pode danificar os componentes do sistema, além de qualquer coisa conectada a esse sistema (por exemplo, aparelhos domésticos). Para reduzir esses efeitos, grandes indutores são incorporados ao sistema de transmissão. Eles utilizam o princípio de que um indutor se opõe e suprime quaisquer variações bruscas na corrente.

Quando a corrente i no circuito varia, Φ_B também varia; reagrupando a Equação 30.6 e tomando a derivada em relação ao tempo, as taxas de variação são relacionadas por

$$N\frac{d\Phi_B}{dt} = L\frac{di}{dt}$$

De acordo com a lei de Faraday para uma bobina com N espiras, Equação 29.4, a fem autoinduzida é dada por $\mathcal{E} = -N\, d\Phi_B/dt$, portanto concluímos que

Fem autoinduzida em um circuito; Indutância do circuito; Taxa de variação da corrente no circuito

$$\mathcal{E} = -L\frac{di}{dt} \qquad (30.7)$$

O sinal negativo na Equação 30.7 decorre da lei de Lenz; ele mostra que a fem autoinduzida em um circuito se opõe a qualquer variação de corrente que ocorra nesse circuito.

A Equação 30.7 também afirma que a autoindutância de um circuito é o módulo da fem autoinduzida por unidade de taxa de variação da corrente. Essa relação torna possível medir uma autoindutância desconhecida: altere a corrente no circuito a uma taxa conhecida di/dt, meça a fem induzida e calcule a razão para determinar L.

Indutores como elementos do circuito

O dispositivo de um circuito projetado para possuir um valor particular de indutância denomina-se **indutor** ou *reator*. O símbolo geralmente usado para designar um indutor em um circuito é

Assim como os resistores e os capacitores, os indutores são elementos indispensáveis na eletrônica moderna. O objetivo de um indutor é criar uma corrente que se oponha à variação da corrente no circuito. Um indutor colocado em um circuito de corrente contínua ajuda a manter a corrente constante, apesar de eventuais flutuações da fem aplicada; em um circuito de corrente alternada, o indutor pode ser usado para suprimir variações da corrente que sejam mais rápidas que as desejadas.

Para entendermos o comportamento de circuitos contendo indutores, precisamos desenvolver um princípio geral semelhante à lei das malhas de Kirchhoff (discutida na Seção 26.2). Para aplicarmos essa regra, percorremos o circuito calculando sucessivamente a diferença de potencial através de cada elemento do circuito. A soma algébrica de todas essas diferenças de potencial através do circuito fechado deve ser igual a zero, porque o campo elétrico produzido pelas cargas distribuídas ao longo do circuito é *conservativo*. Na Seção 29.7, designamos esse campo conservativo como $\vec{E}_c$.

Porém, quando existe um indutor no circuito, a situação muda. O campo elétrico induzido magneticamente nas bobinas do indutor *não* é conservativo; assim como na Seção 29.7, designamos esse campo por $\vec{E}_n$. Precisamos raciocinar com cuidado sobre os papéis desempenhados pelos diferentes campos. Vamos supor que a bobina possua uma resistência desprezível. Então, basta um campo elétrico muito pequeno para que uma carga se desloque através dela, daí o campo elétrico *total* $\vec{E}_c + \vec{E}_n$ nas espiras da bobina deve ser igual a zero, embora nenhum dos dois campos seja individualmente igual a zero. Como $\boldsymbol{E}_c$ não é zero, sabemos que, para produzir esse campo, deve existir um acúmulo de cargas nas extremidades do indutor e sobre as superfícies de seus condutores.

Considere o circuito indicado na **Figura 30.5**; a caixa contém algumas combinações de baterias de resistores que permitem o controle da corrente i no circuito. De acordo com a lei de Faraday, Equação 29.10, a integral de linha de $\vec{E}_n$ em torno do circuito é a taxa da variação do fluxo, com sinal negativo, que passa através do circuito e que, por sua vez, é dada pela Equação 30.7. Combinando essas duas relações, obtemos

$$\oint \vec{E}_n \cdot d\vec{l} = -L\frac{di}{dt}$$

em que realizamos a integral no sentido horário (o sentido escolhido para a corrente). Porém, $\vec{E}_n$ só é diferente de zero dentro do indutor. Portanto, a integral de linha de $\vec{E}_n$ em torno do circuito todo pode ser substituída por uma integral somente de a até b através do indutor, ou seja,

$$\int_a^b \vec{E}_n \cdot d\vec{l} = -L\frac{di}{dt}$$

A seguir, como $\vec{E}_c + \vec{E}_n = \mathbf{0}$ em cada ponto do interior das bobinas do indutor, $\vec{E}_n = -\vec{E}_c$. Assim, podemos escrever o resultado anterior na forma

$$\int_a^b \vec{E}_c \cdot d\vec{l} = L\frac{di}{dt}$$

Porém, esta integral é precisamente o potencial V_{ab} do ponto a em relação ao ponto b, de modo que

$$V_{ab} = V_a - V_b = L\frac{di}{dt} \tag{30.8}$$

Concluímos que existe uma genuína diferença de potencial entre os terminais do indutor associada às forças eletrostáticas conservativas, apesar de o campo elétrico associado à indução magnética não ser conservativo. Assim, justificamos o uso da Equação 30.8 na lei das malhas de Kirchhoff para a análise de circuitos.

Figura 30.5 Um circuito contendo uma fonte de energia e um indutor. A fonte é variável, de modo que a corrente i e sua taxa de variação di/dt podem variar.

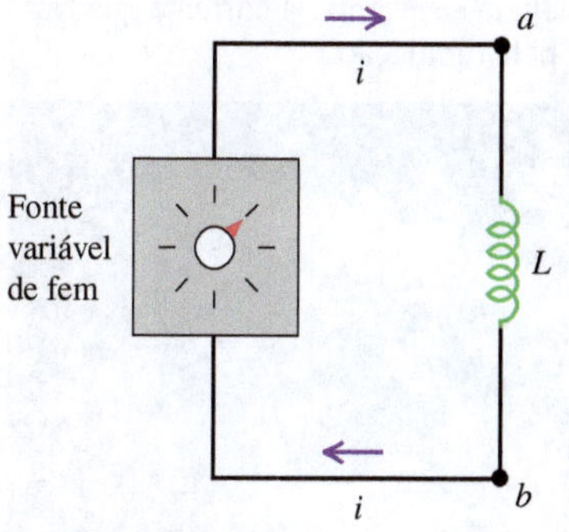

ATENÇÃO A fem autoinduzida se opõe às variações na corrente Note que a fem autoinduzida não se opõe à própria corrente i; em vez disso, ela se opõe a qualquer *variação* (di/dt) da corrente. Portanto, o comportamento de um indutor em um circuito é completamente diferente do comportamento de um resistor. Na **Figura 30.6**, comparamos o comportamento de um indutor com o do resistor e resumimos as relações dos sinais.

Figura 30.6 (a) A diferença de potencial através de um resistor depende da corrente. (b), (c) e (d) A diferença de potencial através de um indutor depende da taxa de variação da corrente.

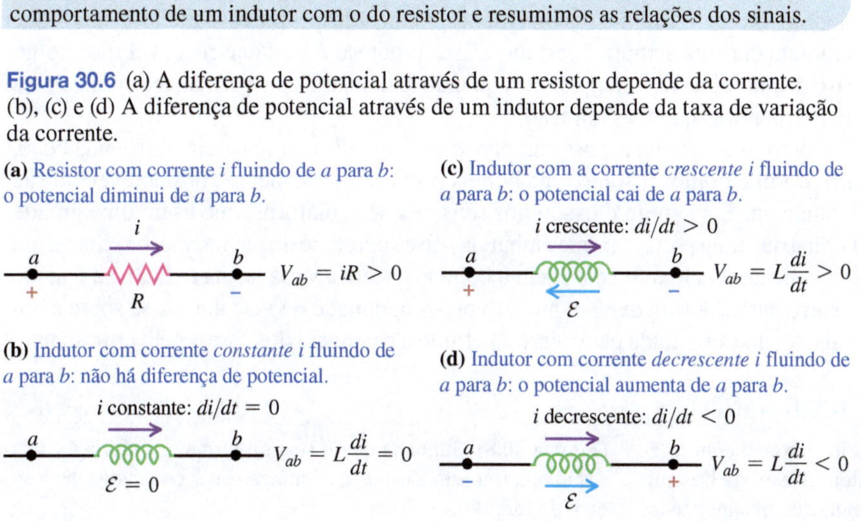

Aplicações de indutores

Figura 30.7 Estas lâmpadas fluorescentes estão conectadas em série a um indutor, ou reator, que ajuda a sustentar a corrente que flui pela tubulação.

Por se opor a variações na corrente, um indutor desempenha um papel importante nas instalações de lâmpadas fluorescentes (**Figura 30.7**). Nesse tipo de instalação, a corrente flui da fiação para o gás que preenche o tubo, ionizando o gás e fazendo-o incandescer. Entretanto, um gás ionizado ou *plasma* é um condutor altamente não ôhmico. Quanto maior a corrente, mais altamente ionizado o plasma e mais baixa a sua resistência. Se uma voltagem suficientemente alta for aplicada ao plasma, a corrente poderá crescer a ponto de danificar o circuito fora do tubo fluorescente. Para prevenir esse problema, um indutor ou *reator magnético* é colocado em série com o tubo fluorescente, de modo a impedir que a corrente ultrapasse os limites.

O reator também permite ao tubo fluorescente operar com a voltagem alternada fornecida pela fiação doméstica. Essa voltagem oscila senoidalmente com uma frequência de 60 Hz, de modo que cai momentaneamente a zero 120 vezes por segundo. Se não houvesse reator, o plasma no tubo fluorescente sofreria rápida desionização, quando a voltagem caísse para zero, e o tubo se desligaria. Com a presença de reator, uma fem autoinduzida sustenta a corrente e mantém o tubo aceso. Reatores magnéticos também são usados para essa finalidade na iluminação de ruas (caso em que se obtém luminosidade a partir de um vapor incandescente de mercúrio ou de sódio) e nas lâmpadas de neon. (Em lâmpadas fluorescentes compactas, o reator magnético é substituído por um esquema mais complicado de corrente regulada. Esse esquema utiliza transistores, discutidos no Capítulo 42.)

A autoindutância de um circuito depende de seu volume, da forma e do número de espiras. Quando as N espiras estão muito compactadas, ela é sempre proporcional a N^2. Ela também depende das propriedades magnéticas do material existente no interior do circuito. Nos exemplos apresentados a seguir, vamos supor que no interior do circuito haja somente o vácuo (ou o ar, que, do ponto de vista das propriedades magnéticas, é essencialmente igual ao vácuo). Porém, se o fluxo magnético está concentrado em uma região que contém um material magnético com permeabilidade μ, então devemos substituir na expressão de B a permeabilidade do vácuo μ_0 por $= K_m\mu_0$, conforme vimos na Seção 28.8. Quando o material é paramagnético ou diamagnético, essa substituição produz uma diferença desprezível, visto que K_m é aproximadamente igual a 1. Contudo, quando o material é *ferromagnético*, a diferença possui importância crucial. Um solenoide enrolado sobre um núcleo de ferro doce com $K_m = 5.000$ pode possuir uma indutância aproximadamente 5.000 vezes maior que a indutância do mesmo solenoide com ar em seu interior. Indutores com núcleo ferromagnético são muito empregados em diversas aplicações elétricas e eletrônicas.

Com materiais ferromagnéticos, a magnetização geralmente não é uma função linear da corrente que produz a magnetização, especialmente nas vizinhanças da saturação. Por isso a indutância não é constante, porém depende da corrente de modo complexo. Em nossas discussões, vamos desprezar esse efeito e supor que a indutância seja sempre constante. Essa hipótese é bastante razoável mesmo no caso de materiais ferromagnéticos, quando a magnetização permanece com valores muito menores que na saturação.

Como os automóveis possuem partes em aço, que é um material ferromagnético, dirigir um automóvel sobre uma bobina provoca um aumento considerável em sua indutância. Esse efeito é usado nos sensores de semáforos, que usam uma grande bobina que transporta corrente embutida sob a superfície do pavimento, próximo a um cruzamento. O circuito conectado à bobina detecta a variação na indutância quando o carro passa. Assim que um número pré-programado de veículos passa sobre a bobina, o semáforo muda para verde e permite a passagem dos carros pelo cruzamento.

EXEMPLO 30.3 CÁLCULO DE AUTOINDUTÂNCIA

Determine a autoindutância de um solenoide toroidal com seção reta de área A e raio médio r, que contém N espiras bastante compactadas e enroladas em torno de um núcleo não magnético (**Figura 30.8**). Suponha que B seja uniforme através da área da seção reta (ou seja, despreze a variação de B com a distância ao eixo do toroide).

(Continua)

(Continuação)

SOLUÇÃO

IDENTIFICAR E PREPARAR: nossa variável-alvo é a autoindutância L do solenoide toroidal. Podemos determinar L usando a Equação 30.6, que requer o conhecimento do fluxo Φ_B através de cada espira e a corrente i na bobina. Para isso, usamos os resultados do Exemplo 28.10 (Seção 28.7), em que determinamos o campo magnético no interior de um solenoide toroidal em função da corrente.

EXECUTAR: pela Equação 30.6, a autoindutância é $L = N\Phi_B/i$. De acordo com o Exemplo 28.10, o campo magnético a uma distância r do eixo de um toroide é $B = \mu_0 Ni/2\pi r$. Supondo que o campo magnético possua esse valor através da área A da seção reta, então

$$\Phi_B = BA = \frac{\mu_0 NiA}{2\pi r}$$

O fluxo magnético Φ_B é o mesmo através de cada espira, e

$$L = \frac{N\Phi_B}{i} = \frac{\mu_0 N^2 A}{2\pi r} \quad \text{(autoindutância de um solenoide toroidal)}$$

AVALIAR: considere $N = 200$ espiras, $A = 5{,}0\ \text{cm}^2 = 5{,}0 \times 10^{-4}\ \text{m}^2$ e $r = 0{,}10$ m; então,

$$L = \frac{(4\pi \times 10^{-7}\ \text{Wb/A} \cdot \text{m})(200)^2(5{,}0 \times 10^{-4}\ \text{m}^2)}{2\pi(0{,}10\ \text{m})}$$
$$= 40 \times 10^{-6}\ \text{H} = 40\ \mu\text{H}$$

Figura 30.8 Determinação da autoindutância de um solenoide toroidal com espiras enroladas de modo compacto. Para maior clareza, somente algumas espiras do enrolamento são mostradas. Parte do toroide foi cortada para mostrar a área de seção reta A e o raio r.

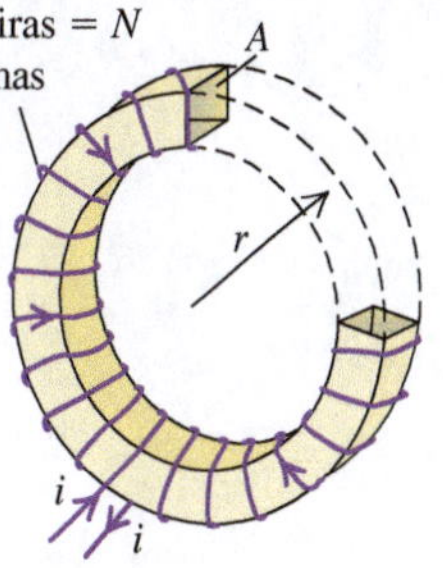

EXEMPLO 30.4 CÁLCULO DE FEM AUTOINDUZIDA

Sabendo que a corrente no solenoide toroidal do Exemplo 30.3 cresce uniformemente de zero até 6,0 A em 3,0 μs, determine o módulo e o sentido da fem autoinduzida.

SOLUÇÃO

IDENTIFICAR E PREPARAR: temos L, a autoindutância, e di/dt, a taxa de variação da corrente no solenoide. Calculamos o módulo da fem autoinduzida $\mathcal{E}$ usando a Equação 30.7 e seu sentido usando a lei de Lenz.

EXECUTAR: temos $di/dt = (6{,}0\ \text{A})/(3{,}0 \times 10^{-6}\ \text{s}) = 2{,}0 \times 10^6$ A/s. Pela Equação 30.7, o módulo da fem induzida é

$$|\mathcal{E}| = L\left|\frac{di}{dt}\right| = (40 \times 10^{-6}\ \text{H})(2{,}0 \times 10^6\ \text{A/s}) = 80\ \text{V}$$

A corrente está crescendo; logo, pela lei de Lenz, o sentido da fem deve ser oposto ao da corrente. Isso corresponde à situação indicada na Figura 30.6c; a fem possui sentido de b para a, como se fosse uma bateria com o terminal a com sinal + e o terminal b com sinal −, tendendo a se opor ao crescimento da corrente no circuito externo.

AVALIAR: este exemplo demonstra que mesmo uma pequena indutância L pode produzir uma fem induzida substancial quando a corrente varia rapidamente.

TESTE SUA COMPREENSÃO DA SEÇÃO 30.2 Classifique os seguintes indutores por ordem de diferença de potencial V_{ab}, do mais positivo para o mais negativo. Em todos os casos, o indutor possui resistência igual a zero e a corrente flui do ponto a passando pelo indutor até o ponto b. (i) A corrente que percorre um indutor de 2,0 μH aumenta de 1,0 A para 2,0 A em 0,50 s; (ii) a corrente que passa por um indutor de 4,0 μH diminui de 3,0 A para 0 em 2,0 s; (iii) a corrente que passa por um indutor de 1,0 μH permanece constante a 4,0 A; (iv) a corrente que passa por um indutor de 1,0 μH aumenta de 0 para 4,0 A em 0,25 s. ❙

30.3 ENERGIA DO CAMPO MAGNÉTICO

Para fazer uma corrente circular em um circuito, é necessário fornecer uma dada quantidade de energia; e um indutor que conduz corrente possui energia armazenada nele. Vamos ver como isso ocorre. Na Figura 30.5, uma corrente i crescendo no indutor induz uma fem $\mathcal{E}$ entre os terminais e uma correspondente diferença de potencial V_{ab} nos terminais da fonte, e o ponto a possui um potencial mais elevado que o ponto b. Portanto, a fonte deve fornecer energia para o indutor e a potência instantânea P (taxa de transferência de energia para o indutor) é dada por $P = V_{ab}i$.

Energia armazenada em um indutor

Podemos calcular a energia total U necessária para estabelecer uma corrente final I em um indutor com indutância L, supondo que a corrente inicial seja igual a zero. Admitindo que a resistência do indutor seja igual a zero, nenhuma corrente é dissipada no interior do indutor. Supondo que a taxa de variação da corrente i em determinado instante seja igual a di/dt, a corrente está aumentando, de modo que $di/dt > 0$. A voltagem entre os terminais a e b do indutor nesse instante é $V_{ab} = L\,di/dt$, e a taxa P com a qual a energia está sendo fornecida ao indutor (igual à potência instantânea fornecida pela fonte externa) é dada por

$$P = V_{ab}i = Li\frac{di}{dt}$$

A energia dU fornecida ao indutor durante um intervalo de tempo infinitesimal dt é dada por $dU = P\,dt$, portanto,

$$dU = Li\,di$$

A energia total U fornecida enquanto a corrente está aumentando de zero até um valor final I é dada por

Energia armazenada em um indutor

$$U = L\int_0^I i\,di = \tfrac{1}{2}LI^2 \qquad (30.9)$$

Indutância

Corrente final

Integral do valor inicial (zero) da corrente instantânea até o valor final

Depois que a corrente atinge seu valor estacionário final I, obtemos $di/dt = 0$ e nenhuma energia adicional é fornecida ao indutor. Quando não existe nenhuma corrente, a energia armazenada U é igual a zero e, quando existe uma corrente I, a energia é igual a $\frac{1}{2}LI^2$.

Quando a corrente diminui de I até zero, o indutor atua como uma fonte que fornece a energia total $\frac{1}{2}LI^2$ para o circuito externo. Se interrompemos repentinamente o circuito, abrindo uma chave, a corrente diminui rapidamente, a fem induzida fica muito grande e a energia pode ser descarregada por meio de um arco voltaico entre os contatos da chave.

Figura 30.9 Um resistor é um dispositivo em que a energia é irremediavelmente dissipada. Em contraste, a energia armazenada em um indutor que transporta corrente pode ser recuperada quando a corrente diminui até chegar a zero.

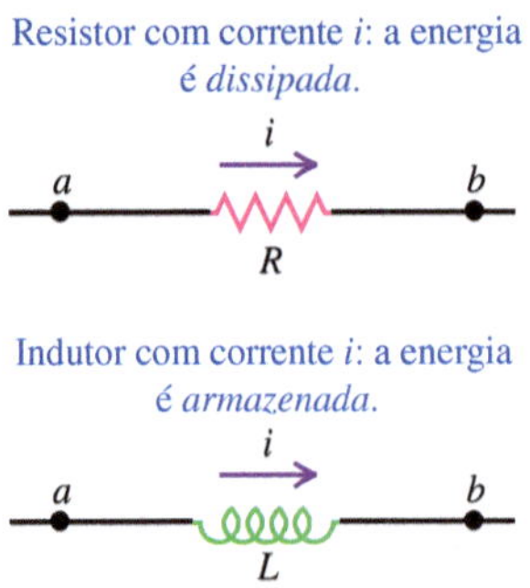

ATENÇÃO Energia, resistores e indutores Não confunda o comportamento de indutores e de resistores no que se refere à energia (**Figura 30.9**). A energia flui para um resistor sempre que uma corrente passar por ele, quer a corrente seja estacionária, quer seja variável com o tempo; essa energia é sempre dissipada sob forma de calor. Em contraste, a energia flui para o interior de um indutor ideal, sem resistência interna, somente quando a corrente no indutor *cresce*. Essa energia não é dissipada; ela fica armazenada no indutor e é liberada quando a corrente *diminui*. Quando a corrente permanece estacionária através de um indutor, não existe nenhuma energia que entra no indutor ou sai dele.

Densidade de energia magnética

A energia em um indutor é, na realidade, armazenada no campo magnético no interior da bobina, assim como a energia de um capacitor é armazenada no campo elétrico entre suas placas. Podemos desenvolver relações para a energia do campo magnético análogas às que obtivemos para a energia elétrica na Seção 24.3 (veja as equações 24.9 e 24.11). Vamos considerar um caso simples: o solenoide toroidal ideal. Esse sistema possui a vantagem de seu campo magnético ficar confinado completamente a uma região finita do espaço no interior de seu núcleo. Como no Exemplo 30.3, vamos supor que a área A de sua seção reta seja suficientemente pequena para que possamos considerar o campo magnético constante ao longo dessa área. O volume V de um solenoide toroidal é aproximadamente igual ao comprimento da circunferência $2\pi r$ multiplicado pela área A: $V = 2\pi rA$. De acordo com o Exemplo 30.3, a autoindutância de um solenoide toroidal com vácuo no interior das suas espiras é

$$L = \frac{\mu_0 N^2 A}{2\pi r}$$

De acordo com a Equação 30.9, a energia U armazenada no solenoide toroidal quando passa uma corrente I por meio dele é dada por

$$U = \tfrac{1}{2}LI^2 = \tfrac{1}{2}\frac{\mu_0 N^2 A}{2\pi r}I^2$$

O campo magnético e, consequentemente, essa energia, estão em um volume $V = 2\pi rA$ no interior das espiras. A energia *por unidade de volume*, ou *densidade de energia magnética*, é dada por $u = U/V$:

$$u = \frac{U}{2\pi rA} = \tfrac{1}{2}\mu_0 \frac{N^2 I^2}{(2\pi r)^2}$$

Podemos expressar esse resultado em termos do módulo B do campo magnético dentro do solenoide toroidal. De acordo com a Equação 28.24 no Exemplo 28.10 (Seção 28.7), temos

$$B = \frac{\mu_0 NI}{2\pi r}$$

e, portanto,

$$\frac{N^2 I^2}{(2\pi r)^2} = \frac{B^2}{\mu_0^2}$$

Quando substituímos esse resultado na expressão de u obtida antes, finalmente encontramos a expressão da **densidade de energia magnética** no vácuo:

Densidade de energia magnética no vácuo → $u = \dfrac{B^2}{2\mu_0}$ ← Módulo do campo magnético (B); Constante magnética (μ_0) (30.10)

Essa expressão é a correspondente magnética da energia por unidade de volume em um campo *elétrico* no vácuo, $u = \frac{1}{2}\epsilon_0 E^2$, que deduzimos na Seção 24.3. Como um exemplo, a densidade de energia no campo magnético de 1,5 T de um aparelho de ressonância magnética (ver Seção 27.7) é $u = B^2/2\mu_0 = (1{,}5\ \text{T})^2/(2 \times 4\pi \times 10^{-7}\ \text{T} \cdot \text{m/A}) = 9{,}0 \times 10^5\ \text{J/m}^3$.

Se o material existente dentro do toroide não é o vácuo, porém um material com permeabilidade magnética (constante) $\mu = K_m\mu_0$, então devemos substituir μ_0 por μ na Equação 30.10:

Densidade de energia magnética em um material → $u = \dfrac{B^2}{2\mu}$ ← Módulo do campo magnético (B); Permeabilidade do material (μ) (30.11)

Aplicação Uma erupção magnética no Sol Essa composição de duas imagens do Sol mostra uma ejeção de massa coronal, um evento fantástico em que cerca de 10^{12} kg (um bilhão de toneladas) de material da atmosfera externa do Sol são ejetados para o espaço em velocidades de 500 km/s ou mais. Essas erupções acontecem em intervalos de algumas horas a alguns dias, e são provenientes da energia armazenada no campo magnético do Sol. Diferentemente do campo magnético relativamente constante da Terra, o campo do Sol está sempre variando, e regiões com campo excepcionalmente forte (e, portanto, com densidade de energia magnética excepcionalmente alta) são formadas com frequência. Uma ejeção de massa coronal ocorre quando a energia armazenada nessa região é liberada repentinamente.

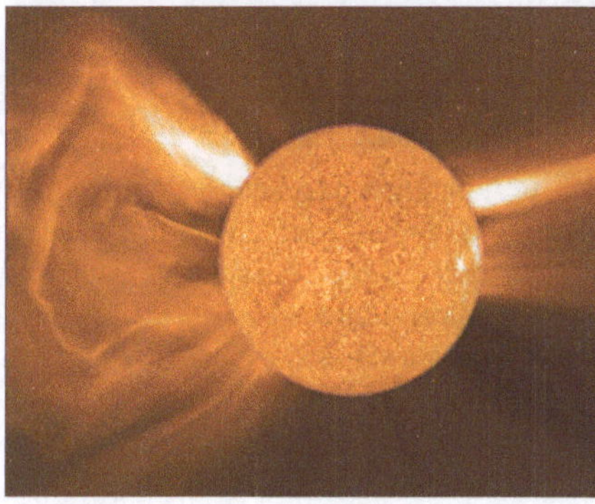

Figura 30.10 A energia necessária para produzir a ignição de um automóvel é proveniente da energia de campo magnético armazenada na bobina de ignição.

Embora tenhamos deduzido a Equação 30.11 para a situação especial descrita anteriormente, verifica-se que ela é a expressão correta para a energia por unidade de volume em *qualquer* configuração de campo magnético com permeabilidade magnética constante. Para o vácuo, a Equação 30.11 se reduz à Equação 30.10. Usaremos as expressões da energia do campo magnético e do campo elétrico quando estudarmos a energia associada às ondas eletromagnéticas, no Capítulo 32.

A energia do campo magnético desempenha um papel importante nos sistemas de ignição de automóveis movidos a gasolina. Uma bobina primária com cerca de 250 espiras é conectada à bateria do veículo e produz um forte campo magnético. Essa bobina é cercada por uma bobina secundária com aproximadamente 25.000 espiras compostas de um fio muito fino. Quando surge a necessidade de se produzir uma centelha (veja a Figura 20.5 na Seção 20.3), a corrente da bobina primária é interrompida, o campo magnético rapidamente cai a zero e uma fem de dezenas de milhares de volts é induzida na bobina secundária. Dessa forma, a energia armazenada no campo magnético penetra uma forte pulsação de corrente que percorre a bobina secundária até a vela, gerando a centelha que produz a ignição da mistura combustível–ar nos cilindros do motor (**Figura 30.10**).

EXEMPLO 30.5 COMO ARMAZENAR ENERGIA EM UM INDUTOR

A indústria de produção de energia elétrica gostaria de encontrar um modo eficiente de armazenar a energia gerada a mais nas horas em que o consumo diminui, para poder atender à demanda dos consumidores nas horas de pico. Talvez um grande indutor pudesse ser usado. Qual seria a indutância necessária para armazenar 1,00 kW · h de energia em uma bobina conduzindo uma corrente de 200 A?

SOLUÇÃO

IDENTIFICAR E PREPARAR: temos a quantidade necessária de energia armazenada U e a corrente $I = 200$ A. Usamos a Equação 30.9 para encontrar a autoindutância L.

EXECUTAR: temos $I = 200$ A e $U = 1{,}00$ kW · h $= (1{,}0 \times 10^3$ W) (3.600 s) $= 3{,}60 \times 10^6$ J. Explicitando L da Equação 30.9, obtemos

$$L = \frac{2U}{I^2} = \frac{2(3{,}60 \times 10^6 \text{ J})}{(200 \text{ A})^2} = 180 \text{ H}$$

AVALIAR: a indutância necessária é mais de um milhão de vezes maior que a autoindutância do solenoide toroidal do Exemplo 30.3. Fios convencionais que conduzem 200 A precisam ter um diâmetro muito grande para manter uma resistência pequena e evitar perdas de energia inaceitáveis decorrentes do aquecimento I^2R. Por isso, um indutor de 180 H usando fios convencionais deveria possuir um volume bastante elevado (do tamanho de uma sala). Um indutor com material supercondutor poderia ser muito menor, visto que a resistência de um supercondutor é igual a zero e fios muito mais finos poderiam ser usados; uma dificuldade é que os fios deveriam ser mantidos em baixas temperaturas e seria necessário usar energia para manter essa temperatura. Consequentemente, o projeto não é prático com a tecnologia existente.

TESTE SUA COMPREENSÃO DA SEÇÃO 30.3 A corrente em um solenoide tem o sentido invertido, porém o mesmo módulo é mantido. (a) Isso causa variação no campo magnético no interior do solenoide? (b) Isso causa variação na densidade de energia magnética no solenoide? ❙

30.4 O CIRCUITO *R-L*

Vamos examinar alguns exemplos do comportamento de indutores em circuitos. Um efeito já está claro: um indutor inserido em um circuito torna difícil a ocorrência de variações bruscas de corrente em virtude dos efeitos associados à fem autoinduzida. A Equação 30.7 mostra que, quanto maior a taxa de variação da corrente di/dt, maior é a fem autoinduzida e maior a diferença de potencial nos terminais do indutor. Essa equação, com a lei das malhas de Kirchhoff (Seção 26.2), fornece os princípios de que precisamos para analisar circuitos com indutores.

ESTRATÉGIA PARA A SOLUÇÃO DE PROBLEMAS 30.1 INDUTORES EM CIRCUITOS

IDENTIFICAR *os conceitos relevantes:* um indutor é simplesmente outro elemento do circuito, como uma fonte de fem, um resistor ou um capacitor. A principal diferença é que, quando um indutor é usado como um dispositivo em um circuito, todas as voltagens, correntes e cargas nos capacitores geralmente são funções do tempo, e não constantes, como nos muitos casos de análise de circuitos que fizemos anteriormente. Contudo, mesmo quando as voltagens e correntes variam com o tempo, as leis de Kirchhoff (ver Seção 26.2) são válidas para cada instante.

PREPARAR *o problema* por meio das seguintes etapas:

1. Siga o mesmo procedimento descrito na Estratégia para a solução de problemas 26.2 (Seção 26.2). Desenhe o diagrama de um circuito grande e designe todas as grandezas, conhecidas e desconhecidas. Aplique a regra dos nós imediatamente para expressar as correntes em termos do menor número de grandezas possível.
2. Determine quais grandezas são as variáveis-alvo.

EXECUTAR *a solução* conforme segue:

1. Como na Estratégia para a solução de problemas 26.2, aplique a regra das malhas de Kirchhoff a cada espira no circuito.
2. Faça uma revisão das regras dos sinais, dadas na Estratégia para a solução de problemas 26.2. Para obter o sinal correto para a diferença de potencial entre os terminais de um indutor, aplique a lei de Lenz e a regra de sinais descrita na Seção 30.2 relacionada à Equação 30.7 e à Figura 30.6. Usando a lei das malhas de Kirchhoff, quando atravessamos o indutor no *mesmo* sentido escolhido para a corrente, ocorre uma *queda* de voltagem, dada por $L\,di/dt$; logo, o termo correspondente na equação da lei das malhas é $-L\,di/dt$. Quando atravessamos o indutor no sentido *oposto* ao escolhido para a corrente, ocorre uma inversão na diferença de potencial e o termo a ser aplicado na equação da lei das malhas é $+L\,di/dt$.
3. Explicite as variáveis-alvo.

AVALIAR *sua resposta:* verifique se sua resposta é consistente com o comportamento dos indutores. Pela lei de Lenz, quando a corrente através de um indutor varia, seu resultado deve indicar que a diferença de potencial através do indutor se opõe à variação.

Aumento da corrente em um circuito *R-L*

Podemos aprender muitos conceitos básicos sobre o comportamento de um indutor analisando o circuito indicado na **Figura 30.11**. Um circuito com apenas um resistor e um indutor, e possivelmente uma fonte de alimentação, é conhecido como **circuito *R-L***. O indutor torna difícil a ocorrência de variações bruscas de corrente, o que pode ser útil quando se deseja manter uma corrente constante em um circuito alimentado por uma fem que possui flutuações. O resistor R pode ser um elemento separado do circuito ou a resistência do enrolamento da própria bobina; todo indutor real sempre possui alguma resistência, a menos que ele seja feito com um fio supercondutor. Fechando a chave S_1 indicada, podemos conectar a combinação R-L a uma fonte com fem $\mathcal{E}$ constante. (Supomos que a fonte possua resistência interna desprezível, de modo que a voltagem nos terminais da fonte seja igual a $\mathcal{E}$.)

Figura 30.11 Um circuito *R-L*.

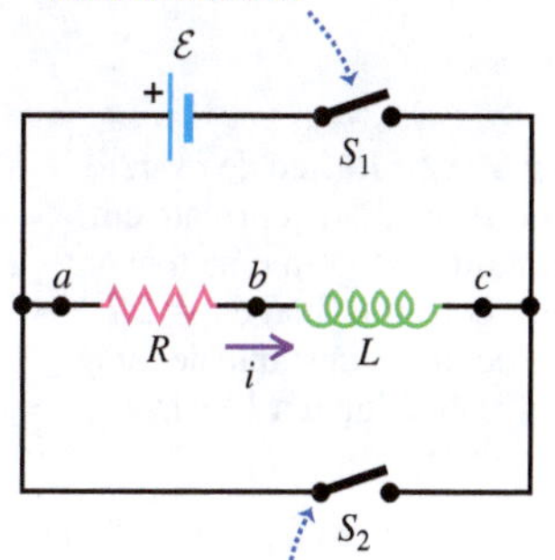

Suponha que, inicialmente, as duas chaves estejam abertas e, em um dado instante $t = 0$, fechamos a chave S_1. A corrente não poderia variar repentinamente de zero até seu valor final, porque di/dt e a fem induzida seriam infinitas. Em vez disso, a corrente começa a aumentar com uma taxa que depende do valor de L existente no circuito.

Seja i a corrente para um dado instante t depois que fechamos a chave S_1 e seja di/dt sua taxa de variação no instante considerado. As diferenças de potencial v_{ab} (através do resistor) e v_{bc} (através do indutor) nesse instante são dadas por

$$v_{ab} = iR \quad \text{e} \quad v_{bc} = L\frac{di}{dt}$$

Note que, se a corrente está no sentido indicado na Figura 30.11 e está crescendo, então v_{ab} e v_{bc} são positivos e a possui um potencial maior que b, que, por sua vez, possui um potencial maior que c. (Compare com as figuras 30.6a e c.) Aplicamos a lei das malhas de Kirchhoff, começando no terminal negativo e percorrendo a malha no sentido anti-horário:

$$\mathcal{E} - iR - L\frac{di}{dt} = 0 \qquad (30.12)$$

Explicitando di/dt, verificamos que a taxa de aumento da corrente é

$$\frac{di}{dt} = \frac{\mathcal{E} - iR}{L} = \frac{\mathcal{E}}{L} - \frac{R}{L}i \qquad (30.13)$$

No instante inicial em que a chave S_1 é fechada, $i = 0$ e a queda de potencial através de R é igual a zero. A taxa inicial de aumento da corrente é

$$\left(\frac{di}{dt}\right)_{\text{inicial}} = \frac{\mathcal{E}}{L}$$

Quanto maior a indutância L, mais lentamente a corrente aumenta.

À medida que a corrente aumenta, o termo $(R/L)i$ na Equação 30.13 também aumenta, e a *taxa* de aumento da corrente dada pela Equação 30.13 torna-se cada vez menor. Isso significa que a corrente se aproxima de um valor estacionário final I. Quando a corrente atinge esse valor, sua taxa de aumento é igual a zero. Então, a Equação 30.13 fornece

$$\left(\frac{di}{dt}\right)_{\text{final}} = 0 = \frac{\mathcal{E}}{L} - \frac{R}{L}I \quad \text{e}$$

$$I = \frac{\mathcal{E}}{R}$$

A corrente *final* I não depende da indutância L; ela seria a mesma caso a resistência R estivesse conectada sozinha à mesma fonte com fem $\mathcal{E}$.

O gráfico na **Figura 30.12** indica o comportamento da corrente em função do tempo. Para deduzirmos a equação dessa curva (isto é, uma expressão da corrente em função do tempo), procedemos de modo análogo ao usado durante a carga de um capacitor na Seção 26.4. Inicialmente, separamos as variáveis e escrevemos a Equação 30.13 do seguinte modo:

$$\frac{di}{i - (\mathcal{E}/R)} = -\frac{R}{L}dt$$

A variável i está no membro esquerdo, separada da variável t, que está no membro direito. A seguir, integramos ambos os membros, trocando as variáveis para i' e t', de modo que possamos usar i e t como os limites superiores das integrais. (O limite inferior de ambas as integrais é igual a zero, correspondendo a uma corrente zero no instante inicial $t = 0$.) Obtemos

$$\int_0^i \frac{di'}{i' - (\mathcal{E}/R)} = -\int_0^t \frac{R}{L}dt'$$

$$\ln\left(\frac{i - (\mathcal{E}/R)}{-\mathcal{E}/R}\right) = -\frac{R}{L}t$$

A seguir, tomamos a função exponencial em ambos os membros e explicitamos i. Sugerimos que você faça os detalhes da solução; o resultado final é a equação da curva na Figura 30.12:

$$i = \frac{\mathcal{E}}{R}(1 - e^{-(R/L)t}) \quad \text{(corrente em um circuito } R\text{-}L \text{ com fem)} \quad (30.14)$$

Figura 30.12 Gráfico de i *versus* t para o aumento da corrente em um circuito R-L com uma fem em série. A corrente final é $I = \mathcal{E}/R$; depois de uma constante de tempo τ, a corrente é igual a $1 - 1/e$ desse valor.

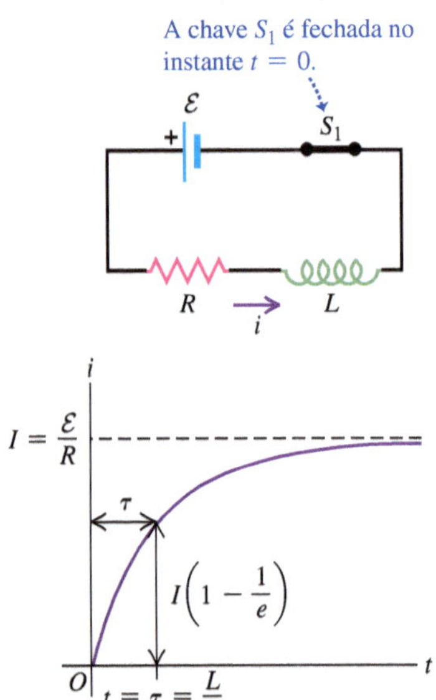

Derivando a Equação 30.14 em relação ao tempo, encontramos

$$\frac{di}{dt} = \frac{\mathcal{E}}{R} e^{-(R/L)t} \qquad (30.15)$$

No instante $t = 0$, $i = 0$ e $di/dt = \mathcal{E}/L$. Quando $t \rightarrow \infty$, $i \rightarrow \mathcal{E}/R$ e $di/dt \rightarrow 0$, conforme havíamos previsto.

Como indica a Figura 30.12, a corrente instantânea i no início cresce rapidamente, a seguir cresce de modo mais lento e tende assintoticamente a seu valor final $I = \mathcal{E}/R$. No instante igual a L/R, a corrente cresceu para $(1 - 1/e)$, ou cerca de 63% de seu valor final. A grandeza L/R fornece uma indicação da velocidade com a qual a corrente cresce até atingir seu valor final; essa grandeza é chamada de **constante de tempo** do circuito, indicada pela letra τ:

Constante de tempo para um circuito *R-L*

$$\tau = \frac{L}{R} \qquad (30.16)$$

(L: Indutância; R: Resistência)

Para um tempo igual a 2τ, a corrente atinge 86% de seu valor final; para 5τ, 99,3%; e, para 10τ, 99,995%. (Compare com a discussão na Seção 26.4 para carregar um capacitor com capacitância C em série com um resistor de resistência R; para aquela situação, a constante de tempo era o produto RC.)

O gráfico de i *versus* t possui a mesma forma geral para todos os valores de L. Para determinado valor de R, a constante de tempo τ será tanto maior quanto maior for o valor de L. Quando L é pequeno, a corrente cresce rapidamente até atingir seu valor final; quando L é grande, ela cresce mais lentamente. Por exemplo, para $R = 100\ \Omega$ e $L = 10$ H,

$$\tau = \frac{L}{R} = \frac{10\ \text{H}}{100\ \Omega} = 0{,}10\ \text{s}$$

e a corrente leva 0,10 s para atingir cerca de 63% de seu valor final. (Lembre-se de que $1\ \text{H} = 1\ \Omega \cdot \text{s}$.) Porém, quando $L = 0{,}010$ H, $\tau = 1{,}0 \times 10^{-4}\ \text{s} = 0{,}10$ ms, e o aumento é muito mais rápido.

Considerações de energia nos oferecem uma visualização adicional do comportamento de um circuito *R-L*. A taxa instantânea com a qual a fonte fornece energia para o circuito é dada por $P = \mathcal{E}i$. A taxa instantânea com a qual a energia é dissipada no resistor é dada por i^2R, e a taxa com a qual a energia é armazenada no indutor é dada por $iv_{bc} = Li\, di/dt$ [ou, de modo equivalente, $(d/dt)(\frac{1}{2}Li^2) = Li\, di/dt$]. Quando multiplicamos a Equação 30.12 por i e reagrupamos, encontramos

$$\mathcal{E}i = i^2R + Li\frac{di}{dt} \qquad (30.17)$$

Da potência $\mathcal{E}i$ fornecida pela fonte, uma parte (i^2R) é dissipada no resistor e a outra parte ($Li\, di/dt$) fica armazenada no indutor. Essa discussão é completamente análoga à análise sobre a potência durante o processo de carga de um capacitor, feita no final da Seção 26.4.

EXEMPLO 30.6 ANÁLISE DE UM CIRCUITO *R-L*

Um dispositivo eletrônico sensível com resistência $R = 175\ \Omega$ deve ser conectado, por meio de uma chave, a uma fonte de fem (com resistência interna desprezível). O dispositivo foi projetado para operar com uma corrente igual a 36 mA, porém, para evitar danos ao dispositivo, a corrente não pode ultrapassar o valor de 4,9 mA nos primeiros 58 μs depois que a chave é fechada. Para proteger esse dispositivo, ele é conectado em série a um indutor, como indicado na Figura 30.11; a chave mencionada é a S_1. (a) Qual é o valor necessário para a fem $\mathcal{E}$? (b) Qual é a indutância L necessária? (c) Qual é o valor da constante de tempo τ do circuito *R-L*?

(*Continua*)

(*Continuação*)

SOLUÇÃO

IDENTIFICAR E PREPARAR: este problema se refere à corrente e ao crescimento da corrente em um circuito *R-L*, portanto podemos usar os conceitos estudados nesta seção. A Figura 30.12 indica a corrente i em função do tempo t decorrido desde o fechamento de S_1. O gráfico mostra que a corrente final é $I = \mathcal{E}/R$; sabemos que $R = 175\ \Omega$, de modo que a fem é determinada pelo requisito de que a corrente final deve ser $I = 36$ mA. O outro requisito é que a corrente não ultrapasse $i = 4{,}9$ mA em $t = 58\ \mu$s; para satisfazer esse requisito, usamos a Equação 30.14 para a corrente em função do tempo e explicitamos a indutância, que é a única grandeza desconhecida. A Equação 30.16 fornecerá a constante de tempo.

EXECUTAR: (a) usamos $I = \mathcal{E}/R$ para explicitar $\mathcal{E}$:

$$\mathcal{E} = IR = (0{,}036\text{ A})\,(175\ \Omega) = 6{,}3\text{ V}$$

(b) Para determinar a indutância necessária, explicitamos L da Equação 30.14. Inicialmente, multiplicamos ambos os membros por $(-R/\mathcal{E})$ e, somando 1 a ambos os membros, obtemos

$$1 - \frac{iR}{\mathcal{E}} = e^{-(R/L)t}$$

A seguir, tomamos o logaritmo natural de ambos os membros, explicitamos L e, finalmente, substituímos os valores numéricos:

$$L = \frac{-Rt}{\ln(1 - iR/\mathcal{E})}$$

$$= \frac{-(175\ \Omega)\,(58 \times 10^{-6}\text{ s})}{\ln[1 - (4{,}9 \times 10^{-3}\text{ A})\,(175\ \Omega)/(6{,}3\text{ V})]} = 69\text{ mH}$$

(c) Pela Equação 30.16,

$$\tau = \frac{L}{R} = \frac{69 \times 10^{-3}\text{ H}}{175\ \Omega} = 3{,}9 \times 10^{-4}\text{ s} = 390\ \mu\text{s}$$

AVALIAR: notamos que 58 μs é muito menor que a constante de tempo. Em 58 μs, a corrente cresce de zero até 4,9 mA, uma pequena fração do valor final que é igual a 36 mA; depois de 390 μs, a corrente torna-se igual a $(1 - 1/e)$ de seu valor final, ou cerca de (0,63) (36 mA) = 23 mA.

Diminuição da corrente em um circuito *R-L*

Figura 30.13 Gráfico de i *versus* t para a diminuição da corrente em um circuito *R-L*. Após uma constante de tempo τ, a corrente é $1/e$ de seu valor inicial.

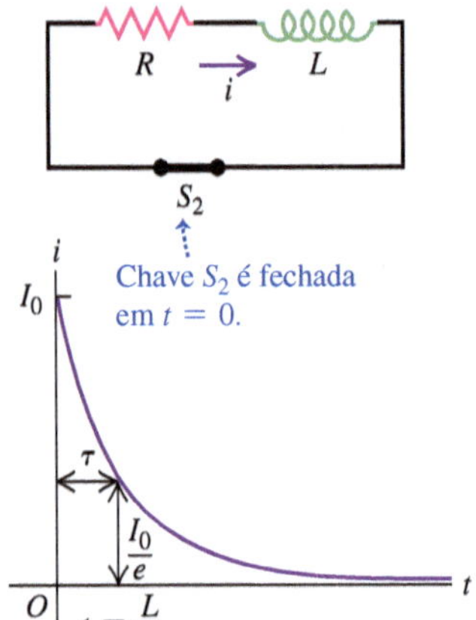

Suponha agora que a chave S_1 no circuito da Figura 30.11 tenha permanecido fechada durante certo tempo e que a corrente tenha atingido um valor final I_0. Damos uma nova partida ao cronômetro para definir o instante inicial no momento em que fechamos a chave S_2 para $t = 0$, eliminando a bateria do circuito. (Nesse mesmo instante, devemos abrir, simultaneamente, a chave S_1 para proteger a bateria.) A corrente através de R e de L não se anula instantaneamente, porém diminui até zero lentamente, como indica a **Figura 30.13**. Para usar a lei das malhas de Kirchhoff, basta omitir o termo $\mathcal{E}$ da Equação 30.12. Desafiamos você a repetir as etapas que fizemos anteriormente e mostrar que a corrente i varia com o tempo de acordo com a expressão

$$i = I_0 e^{-(R/L)t} \tag{30.18}$$

em que I_0 é a corrente inicial para $t = 0$. A constante de tempo $\tau = L/R$ é o tempo necessário para que a corrente diminua para $1/e$, ou cerca de 37% do valor inicial. Para um tempo igual a 2τ, a corrente se reduziu a 13,5%; para 5τ, se reduziu a 0,67%, e para 10τ, a 0,0045%.

A energia necessária para manter a corrente durante essa diminuição é fornecida pela energia no campo magnético do indutor. A análise detalhada da energia é mais simples nesse caso. Em vez da Equação 30.17, temos

$$0 = i^2R + Li\frac{di}{dt} \tag{30.19}$$

Neste caso, $Li\,di/dt$ tem sinal negativo; a Equação 30.19 mostra que a energia armazenada no indutor *diminui* a uma taxa igual à taxa de dissipação de energia i^2R no resistor.

Toda essa discussão pode parecer familiar, pois a situação é muito semelhante ao problema de carregar ou descarregar um capacitor, como analisamos na Seção 26.4. Seria uma boa ideia rever aquela seção e compará-la à nossa discussão sobre o circuito *R-L*.

EXEMPLO 30.7 ENERGIA EM UM CIRCUITO *R-L*

Quando uma corrente em um circuito *R-L* está diminuindo, que fração da energia inicial armazenada no indutor é dissipada depois de 2,3 constantes de tempo?

SOLUÇÃO

IDENTIFICAR E PREPARAR: este problema se refere à diminuição de corrente em um circuito *R-L*, bem como à relação entre a corrente em um indutor e a quantidade de energia armazenada. A corrente *i* em qualquer instante *t* neste caso é dada pela Equação 30.18; a energia armazenada associada a essa corrente é dada pela Equação 30.9, $U = \frac{1}{2}Li^2$.

EXECUTAR: de acordo com a Equação 30.18, a corrente *i* em qualquer instante *t* é

$$i = I_0 e^{-(R/L)t}$$

A energia *U* do indutor em *qualquer* instante é obtida substituindo-se a expressão anterior na relação $U = \frac{1}{2}Li^2$. Obtemos

$$U = \tfrac{1}{2}LI_0{}^2 e^{-2(R/L)t} = U_0 e^{-2(R/L)t}$$

em que $U_0 = \frac{1}{2}LI_0{}^2$ é a energia no instante inicial $t = 0$. Quando $t = 2{,}3\tau = 2{,}3L/R$, obtemos

$$U = U_0 e^{-2(2{,}3)} = U_0 e^{-4{,}6} = 0{,}010U_0$$

Ou seja, somente 0,010 ou 1,0% da energia inicial no indutor ainda permanece armazenada, de modo que 99,0% da energia inicial foi dissipada no resistor.

AVALIAR: para ter uma noção do que esse resultado significa, considere o circuito *R-L* que analisamos no Exemplo 30.6, para o qual $\tau = 390\ \mu$s. Com $L = 69$ mH e $I_0 = 36$ mA, temos $U_0 = \frac{1}{2}LI_0{}^2 = \frac{1}{2}(0{,}069\ \text{H})\ (0{,}036\ \text{A})^2 = 4{,}5 \times 10^{-5}$ J. Disto, 99,0% ou $4{,}4 \times 10^{-5}$ J é dissipado em $2{,}3(390\ \mu\text{s}) = 9{,}0 \times 10^{-4}\ \text{s} = 0{,}90$ ms. Em outras palavras, este circuito pode ser desligado quase por completo (ou ligado) em 0,90 ms, de modo que o tempo mínimo para um ciclo completo de ligar e desligar é, portanto, igual a 1,8 ms. Para muitas finalidades, como em redes de chaveamento rápido em telecomunicações, é exigido um ciclo ainda mais curto de tempo. Nesses casos, uma constante de tempo menor $\tau = L/R$ é necessária.

TESTE SUA COMPREENSÃO DA SEÇÃO 30.4 (a) Na Figura 30.11, quais são os sinais algébricos das diferenças de potencial v_{ab} e v_{bc}, quando a chave S_1 é fechada e a S_2 é aberta? (i) $v_{ab} > 0$, $v_{bc} > 0$; (ii) $v_{ab} > 0$, $v_{bc} < 0$; (iii) $v_{ab} < 0$, $v_{bc} > 0$; (iv) $v_{ab} < 0$, $v_{bc} < 0$. (b) Quais são os sinais de v_{ab} e v_{bc} quando S_1 é aberta, S_2 é fechada e a corrente flui no sentido indicado? (i) $v_{ab} > 0$, $v_{bc} > 0$; (ii) $v_{ab} > 0$, $v_{bc} < 0$; (iii) $v_{ab} < 0$, $v_{bc} > 0$; (iv) $v_{ab} < 0$, $v_{bc} < 0$. ❙

30.5 O CIRCUITO *L-C*

Um circuito com um indutor e um capacitor mostra um comportamento completamente novo, caracterizado pelas *oscilações* das correntes e das cargas. Tal comportamento contrasta fortemente com o comportamento *exponencial* que descrevemos tanto no circuito *R-C* quanto no *R-L*. No **circuito *L-C***, indicado na **Figura 30.14a**, carregamos o capacitor até uma diferença de potencial V_m e carga inicial $Q_m = CV_m$ sobre sua placa da esquerda e, a seguir, fechamos a chave. O que acontece?

O capacitor começa a se descarregar sobre o indutor. Em virtude da fem induzida pelo indutor, a corrente não pode variar instantaneamente; ela parte de zero e começa a crescer até atingir um valor máximo I_m. Durante esse crescimento, o capacitor está se descarregando. Em cada instante, o potencial do capacitor é igual à fem induzida; portanto, à medida que o capacitor se descarrega, a *taxa de variação* da corrente diminui. Quando o potencial do capacitor se torna zero, a fem induzida também é igual a zero e a corrente foi elevada até seu valor máximo I_m. A Figura 30.14b mostra essa situação; o capacitor está completamente descarregado. A diferença de potencial entre os terminais do capacitor (e entre os terminais do indutor) diminuiu até zero, e a corrente atingiu seu valor máximo I_m.

Durante a descarga do capacitor, a corrente crescente no indutor estabelece um campo magnético em torno dele, e a energia elétrica que estava inicialmente armazenada no campo elétrico do capacitor agora passa a ser armazenada no campo magnético do indutor.

Embora o capacitor esteja completamente descarregado na Figura 30.14b, a corrente persiste (ela não pode mudar instantaneamente) e o capacitor começa a se carregar com uma polaridade oposta à que existia no estado inicial. À medida que a corrente diminui, o campo magnético também diminui, induzindo uma fem no indutor com o *mesmo* sentido da corrente; isso atrasa a diminuição da corrente. Por fim, a corrente e o campo magnético atingem um valor igual a zero, e o capacitor

DADOS MOSTRAM

Indutores em circuitos

Quando os alunos recebiam um problema envolvendo um circuito *R-L*, mais de 23% davam uma resposta incorreta. Erros comuns:

- Confusão sobre corrente e sua taxa de variação. A corrente *i* não pode variar bruscamente em um circuito com um indutor, de modo que *i* precisa ser uma função contínua do tempo *t*. Porém, *di*/*dt* pode variar bruscamente (digamos, quando a fem na Figura 30.11 é conectada ao circuito).
- Confusão sobre valores inicial e final. Quando uma fem é conectada a um circuito *R-L*, como na Figura 30.12, o indutor se opõe à variação de corrente e, portanto, $i = 0$ logo depois que a chave é fechada. Muito tempo depois que a chave é fechada e a corrente é estabilizada, o indutor atua como um fio simples, e não possui mais efeito.

Figura 30.14 Em um circuito L-C oscilante, a carga do capacitor e a corrente através do indutor variam senoidalmente com o tempo. A energia é transferida entre a energia magnética no indutor (U_B) e a energia elétrica no capacitor (U_E). Como no caso de um movimento harmônico simples, a energia total E permanece constante. (Compare com a Figura 13.14 na Seção 13.3.)

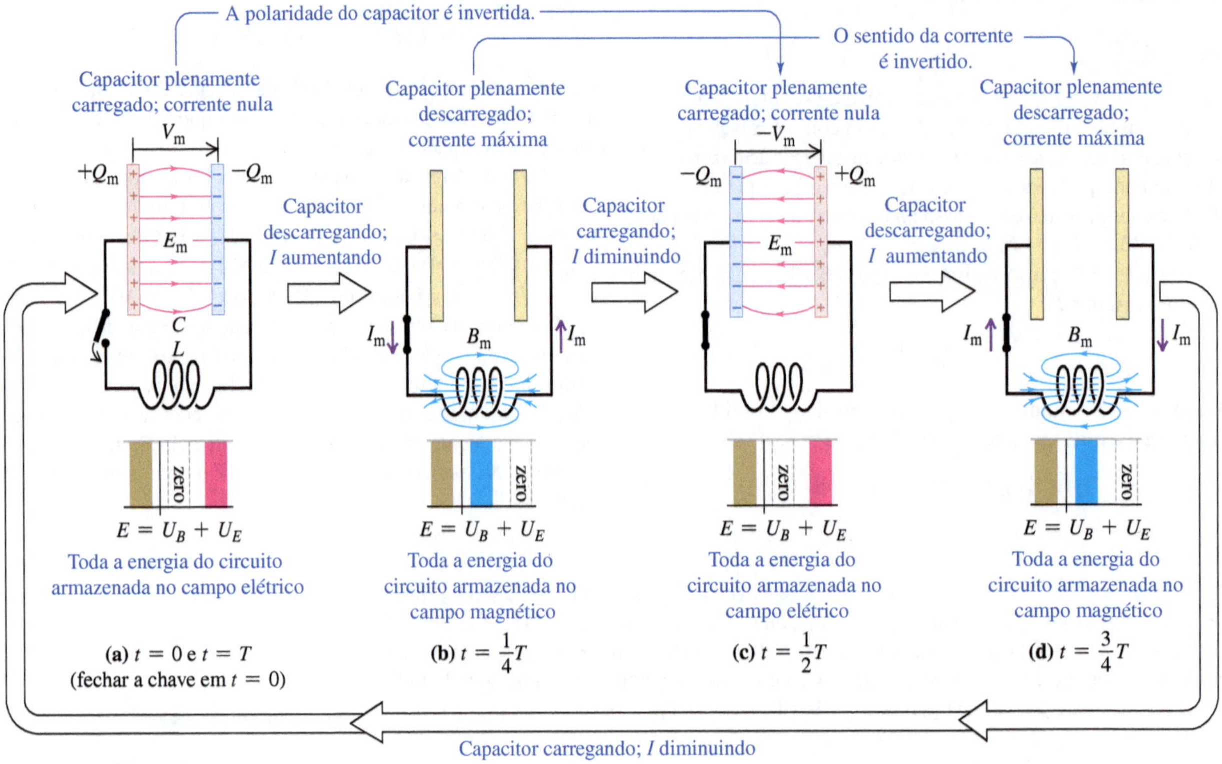

fica carregado com uma polaridade *oposta* à inicial (Figura 30.14c), com uma diferença de potencial $-V_m$ e uma carga $-Q_m$ em sua placa da esquerda.

O processo então se inverte; um pouco mais tarde, o capacitor se descarrega e surge uma corrente em sentido oposto no indutor (Figura 30.14d). A seguir, ainda mais tarde, a carga do capacitor retorna a seu valor original (Figura 30.14a) e o processo todo se repete. Caso não existisse nenhuma perda de energia, as cargas do capacitor continuariam a oscilar indefinidamente. Esse processo é chamado de **oscilação elétrica**. (Antes de continuar lendo, reveja o caso semelhante de oscilação *mecânica* nas seções 13.2 e 13.3.)

Do ponto de vista energético, as oscilações de um circuito elétrico transferem energia entre o campo elétrico do capacitor e o do indutor e vice-versa. A energia *total* associada ao circuito permanece constante. Essa situação é análoga ao caso de um sistema mecânico oscilante em que ocorre transformação de energia potencial em energia cinética e vice-versa, com energia total constante (Seção 13.3). Conforme veremos, essa analogia pode ser ainda mais estendida.

Oscilações elétricas em um circuito L-C

Para estudarmos com detalhes o escoamento das cargas, seguiremos o processo adotado quando analisamos o circuito R-L. Na **Figura 30.15**, mostramos nossas definições de q e de i.

ATENÇÃO Corrente positiva em um circuito L-C Depois de examinar a Figura 30.14, o sentido positivo para a corrente na Figura 30.15 pode parecer invertido. De fato, escolhemos esse sentido para simplificar a relação entre a corrente e a carga do capacitor. Definimos a corrente a cada instante como $i = dq/dt$, que é a taxa de variação da carga da placa no capacitor do lado esquerdo. Se o capacitor está inicialmente carregado e começa a se descarregar, como indicado nas figuras 30.14a e 30.14b, então $dq/dt < 0$ e a corrente inicial i é negativa; o sentido da corrente é, portanto, oposto ao sentido (positivo) indicado na Figura 30.15.

Aplicamos a lei das malhas de Kirchhoff para o circuito indicado na Figura 30.15. Começamos no vértice inferior do lado esquerdo e somamos as voltagens à medida que percorremos o circuito no sentido horário ao longo da malha e obtemos

$$-L\frac{di}{dt}-\frac{q}{C}=0$$

Como $i = dq/dt$, concluímos que $di/dt = d^2q/dt^2$. Substituindo essas expressões na relação anterior e dividindo por $-L$, encontramos

$$\frac{d^2q}{dt^2}+\frac{1}{LC}q=0 \quad \text{(circuito } L\text{-}C\text{)} \tag{30.20}$$

A Equação 30.20 possui a mesma forma da equação do movimento harmônico simples que deduzimos na Seção 13.2, Equação 13.4, dada por $d^2x/dt^2 = -(k/m)x$, ou

$$\frac{d^2x}{dt^2}+\frac{k}{m}x=0$$

Em um circuito *L-C*, a carga do capacitor q desempenha o papel do deslocamento x e a corrente $i = dq/dt$ é análoga à velocidade da partícula $v_x = dx/dt$. A indutância L é análoga à massa m e o inverso da capacitância, $1/C$, é análogo à constante da mola k.

Continuando a fazer essa analogia, lembramos que a frequência angular $\omega = 2\pi f$ do oscilador harmônico é dada por $(k/m)^{1/2}$ (Equação 13.10), e a posição é dada em função do tempo pela Equação 13.13,

$$x = A\cos(\omega t+\phi)$$

em que a amplitude A e o ângulo de fase dependem das condições iniciais. Na situação elétrica análoga, a carga q do capacitor é dada por

$$q = Q\cos(\omega t+\phi) \tag{30.21}$$

e a frequência angular ω da oscilação é dada por

Frequência angular da oscilação em um circuito *L-C*

$$\omega=\sqrt{\frac{1}{LC}} \tag{30.22}$$

(Capacitância; Indutância)

Tente demonstrar que a Equação 30.21 satisfaz a equação das malhas, Equação 30.20, quando ω possui o valor indicado na Equação 30.22. Para isso, você verificará que a corrente instantânea $i = dq/dt$ é dada por

$$i = -\omega Q\,\text{sen}\,(\omega t+\phi) \tag{30.23}$$

Portanto, a carga e a corrente em um circuito *L-C* oscilam senoidalmente com o tempo, com a frequência angular determinada pelos valores de L e de C. Como sempre, a frequência f, o número de ciclos por segundo, é igual a $\omega/2\pi$. As constantes Q e ϕ nas equações 30.21 e 30.23 são determinadas pelas condições iniciais. Se, no instante $t = 0$, a placa do lado esquerdo do capacitor da Figura 30.15 possuir sua carga máxima Q e a corrente i for igual a zero, então $\phi = 0$. Se $q = 0$ para $t = 0$, então $\phi = \pm\pi/2$ rad.

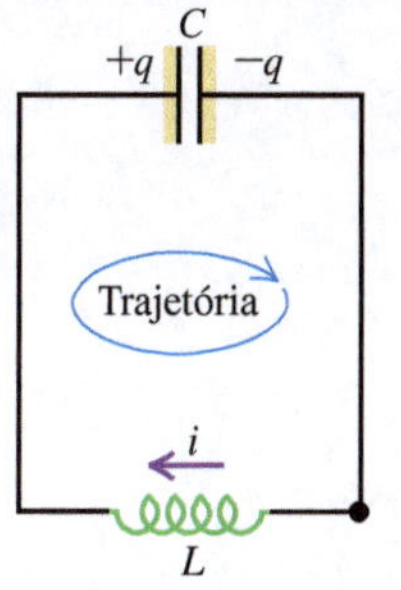

Figura 30.15 Aplicação da lei das malhas de Kirchhoff para um circuito *L-C*. O sentido do percurso em torno da malha é indicado. Logo depois de completar o circuito e o capacitor começar a descarregar, como na Figura 30.14a, a corrente é negativa (com sentido oposto ao indicado).

Energia em um circuito *L-C*

Podemos ainda analisar um circuito *L-C* utilizando uma abordagem do ponto de vista da energia. A analogia com o movimento harmônico simples também é útil aqui. No problema mecânico, um corpo de massa *m* está preso a uma dada mola, cuja constante é igual a *k*. Suponha que você desloque o corpo da posição de equilíbrio até uma distância *A* e, a seguir, o libere no instante $t = 0$. A energia cinética do sistema em qualquer instante é $\frac{1}{2}mv_x^2$ e sua energia elástica é igual a $\frac{1}{2}kx^2$. Como existe conservação da energia, a soma das duas energias anteriores é igual à energia inicial do sistema $\frac{1}{2}kA^2$. Calculamos a velocidade v_x em cada ponto *x* do mesmo modo que fizemos na Seção 13.3, Equação 13.22:

$$v_x = \pm\sqrt{\frac{k}{m}}\sqrt{A^2 - x^2} \tag{30.24}$$

O circuito *L-C* também é um sistema conservativo. Novamente, considere *Q* a carga máxima do capacitor. A energia do campo magnético $\frac{1}{2}Li^2$ no indutor em qualquer instante corresponde à energia cinética $\frac{1}{2}mv^2$ do corpo que oscila, e a energia do campo elétrico $q^2/2C$ no capacitor corresponde à energia potencial elástica $\frac{1}{2}kx^2$ da mola. A soma dessas duas energias é igual à energia total $Q^2/2C$ do sistema:

$$\frac{1}{2}Li^2 + \frac{q^2}{2C} = \frac{Q^2}{2C} \tag{30.25}$$

A energia total no circuito *L-C* é *constante*; ela oscila entre as formas magnética e elétrica, como a energia mecânica total constante no movimento harmônico simples é constante e oscila entre as formas cinética e potencial.

Explicitando a variável *i* da Equação 30.25, verificamos que, quando a carga do capacitor é *q*, a corrente *i* é dada por

$$i = \pm\sqrt{\frac{1}{LC}}\sqrt{Q^2 - q^2} \tag{30.26}$$

Verifique essa equação substituindo *q*, dado pela Equação 30.21, e *i*, dado pela Equação 30.23. Comparando a Equação 30.24 à Equação 30.26, você notará que a corrente $i = dq/dt$ e a carga *q* estão relacionadas de forma análoga à relação entre a velocidade $v_x = dx/dt$ e o deslocamento *x* no problema mecânico.

Na **Tabela 30.1**, mostramos um resumo das analogias entre um movimento harmônico simples e as oscilações de um circuito *L-C*. As analogias impressionantes indicadas nessa tabela são tão próximas que podemos resolver problemas complicados de mecânica e de acústica usando circuitos elétricos análogos e medindo as correntes e as voltagens correspondentes às respectivas grandezas mecânicas a serem determinadas. Esse é o princípio básico do funcionamento de muitos computadores analógicos. Essa analogia pode ser estendida para oscilações *amortecidas*, que serão analisadas na próxima seção. No Capítulo 31, estenderemos ainda mais essas analogias, a fim de incluir oscilações elétricas *forçadas*, que ocorrem em todos os circuitos de corrente alternada.

TABELA 30.1 Comparação entre oscilações mecânicas de um sistema massa-mola e oscilações elétricas de um circuito *L-C*.

Sistema massa-mola
Energia cinética $= \frac{1}{2}mv_x^2$
Energia potencial $= \frac{1}{2}kx^2$
$\frac{1}{2}mv_x^2 + \frac{1}{2}kx^2 = \frac{1}{2}kA^2$
$v_x = \pm\sqrt{k/m}\sqrt{A^2 - x^2}$
$v_x = dx/dt$
$\omega = \sqrt{\frac{k}{m}}$
$x = A\cos(\omega t + \phi)$
Circuito indutor-capacitor
Energia magnética $= \frac{1}{2}Li^2$
Energia elétrica $= q^2/2C$
$\frac{1}{2}Li^2 + q^2/2C = Q^2/2C$
$i = \pm\sqrt{1/LC}\sqrt{Q^2 - q^2}$
$i = dq/dt$
$\omega = \sqrt{\frac{1}{LC}}$
$q = Q\cos(\omega t + \phi)$

EXEMPLO 30.8 UM CIRCUITO OSCILANTE

Uma fonte de alimentação de 300 V é usada para carregar um capacitor de 25 μF. Depois de o capacitor ficar completamente carregado, ele é desconectado da fonte e conectado aos terminais de um indutor de 10 mH. A resistência do circuito é desprezível. (a) Calcule a frequência e o período das oscilações do circuito. (b) Determine a carga do capacitor e a corrente no circuito 1,2 ms depois que o capacitor é ligado ao indutor.

SOLUÇÃO

IDENTIFICAR E PREPARAR: as variáveis-alvo são a frequência de oscilação *f* e o período *T*, bem como os valores da carga *q* e da corrente *i* em um dado instante *t*. Temos a capacitância *C* e a indutância *L*, a partir das quais podemos calcular a frequência e o período usando a Equação 30.22. Determinamos a carga e

(Continua)

(Continuação)

a corrente usando as equações 30.21 e 30.23. Inicialmente, o capacitor está plenamente carregado e a corrente é nula, como indica a Figura 30.14a, portanto o ângulo de fase é $\phi = 0$ (veja a discussão que segue a Equação 30.23).

EXECUTAR: (a) a frequência angular natural é dada por

$$\omega = \sqrt{\frac{1}{LC}} = \sqrt{\frac{1}{(10 \times 10^{-3}\ \text{H})(25 \times 10^{-6}\ \text{F})}}$$
$$= 2{,}0 \times 10^3\ \text{rad/s}$$

A frequência f e o período T são, portanto,

$$f = \frac{\omega}{2\pi} = \frac{2{,}0 \times 10^3\ \text{rad/s}}{2\pi\ \text{rad/ciclo}} = 320\ \text{Hz}$$

$$T = \frac{1}{f} = \frac{1}{320\ \text{Hz}}$$
$$= 3{,}1 \times 10^{-3}\ \text{s} = 3{,}1\ \text{ms}$$

(b) Como o período das oscilações é $T = 3{,}1$ ms, $t = 1{,}2$ ms corresponde a $0{,}38\,T$; isso equivale a uma situação intermediária entre as figuras 30.14b ($t = T/4$) e 30.14c ($t = T/2$). Comparando essas figuras à Figura 30.15, espera-se que a carga q do capacitor seja negativa (isto é, deve haver carga negativa sobre a placa esquerda do capacitor) e a corrente i também deve ser negativa (ou seja, o sentido da corrente é anti-horário).

Para calcularmos o valor de q, usamos a Equação 30.21, $q = Q\cos(\omega t + \phi)$. A carga é máxima para $t = 0$; logo, $\phi = 0$ e $Q = C\mathcal{E} = (25 \times 10^{-6}\ \text{F}) \times (300\ \text{V}) = 7{,}5 \times 10^{-3}$ C. Assim, a Equação 30.21 torna-se

$$q = (7{,}5 \times 10^{-3}\ \text{C}) \cos \omega t$$

Para $t = 1{,}2 \times 10^{-3}$ s,

$$\omega t = (2{,}0 \times 10^3\ \text{rad/s})\,(1{,}2 \times 10^{-3}\ \text{s}) = 2{,}4\ \text{rad}$$
$$q = (7{,}5 \times 10^{-3}\ \text{C}) \cos(2{,}4\ \text{rad}) = -5{,}5 \times 10^{-3}\ \text{C}$$

Pela Equação 30.23, a corrente i em função do tempo é dada por $i = -\omega Q \,\text{sen}\, \omega t$. No instante $t = 1{,}2 \times 10^{-3}$ s,

$$i = -(2{,}0 \times 10^3\ \text{rad/s})\,(7{,}5 \times 10^{-3}\ \text{C})\ \text{sen}\,(2{,}4\ \text{rad}) = -10\ \text{A}$$

AVALIAR: note que os sinais de q e de i são ambos negativos, como havíamos previsto.

EXEMPLO 30.9 ENERGIA EM UM CIRCUITO OSCILANTE

Para o circuito *L-C* mencionado no Exemplo 30.8, calcule a energia magnética e a energia elétrica para (a) $t = 0$ e (b) $t = 1{,}2$ ms.

SOLUÇÃO

IDENTIFICAR E PREPARAR: precisamos calcular a energia magnética U_B (armazenada no indutor) e a energia elétrica U_E (armazenada no capacitor) em dois instantes diferentes durante a oscilação do circuito *L-C*. Pelo Exemplo 30.8, temos os valores da carga do capacitor q e da corrente i no circuito para ambos os instantes de interesse. Usaremos esses valores para calcular $U_B = \frac{1}{2}Li^2$ e $U_E = q^2/2C$.

EXECUTAR: (a) para $t = 0$ não existe nenhuma corrente e $q = Q$. Portanto, não há nenhuma energia magnética e toda a energia do circuito está na forma da energia elétrica no capacitor:

$$U_B = \tfrac{1}{2}Li^2 = 0 \qquad U_E = \frac{Q^2}{2C} = \frac{(7{,}5 \times 10^{-3}\ \text{C})^2}{2(25 \times 10^{-6}\ \text{F})} = 1{,}1\ \text{J}$$

(b) Pelo Exemplo 30.8, em $t = 1{,}2$ ms, temos $i = -10$ A e $q = -5{,}5 \times 10^{-3}$ C. Logo,

$$U_B = \tfrac{1}{2}Li^2 = \tfrac{1}{2}(10 \times 10^{-3}\ \text{H})\,(-10\ \text{A})^2 = 0{,}5\ \text{J}$$

$$U_E = \frac{q^2}{2C} = \frac{(-5{,}5 \times 10^{-3}\ \text{C})^2}{2(25 \times 10^{-6}\text{F})} = 0{,}6\ \text{J}$$

AVALIAR: as energias magnética e elétrica são iguais para $t = 3T/8 = 0{,}375T$, na metade do percurso entre as situações nas figuras 30.14b e 30.14c. Vimos, no Exemplo 30.8, que o tempo considerado no item (b), $t = 1{,}2$ ms, é igual a $0{,}38T$; este é ligeiramente maior que $0{,}375T$ e U_B é pouco menor que U_E. A energia *total* $E = U_B + U_E$ possui *sempre* o mesmo valor; neste caso, 1,1 J. Um circuito *L-C* sem resistência é um sistema conservativo; nenhuma energia é dissipada.

TESTE SUA COMPREENSÃO DA SEÇÃO 30.5 Uma forma de considerar a energia armazenada no circuito *L-C* é afirmar que os elementos do circuito realizam trabalho positivo ou negativo sobre as cargas que se movem para a frente e para trás através do circuito. (a) Entre os estágios (a) e (b) na Figura 30.14, o capacitor realiza trabalho positivo ou negativo sobre as cargas? (b) Que tipo de força (elétrica ou magnética) o capacitor exerce sobre as cargas para realizar esse trabalho? (c) Durante esse processo, o indutor realiza trabalho positivo ou negativo sobre as cargas? (d) Que tipo de força (elétrica ou magnética) o indutor exerce sobre as cargas? ▌

30.6 O CIRCUITO *L-R-C* EM SÉRIE

Em nossa discussão sobre o circuito *L-C*, imaginamos que não existe nenhuma *resistência* no circuito. Certamente, isso é uma idealização; sabemos que todo

Figura 30.16 Gráficos da carga do capacitor em função do tempo em um circuito L-R-C em série com uma carga inicial Q.

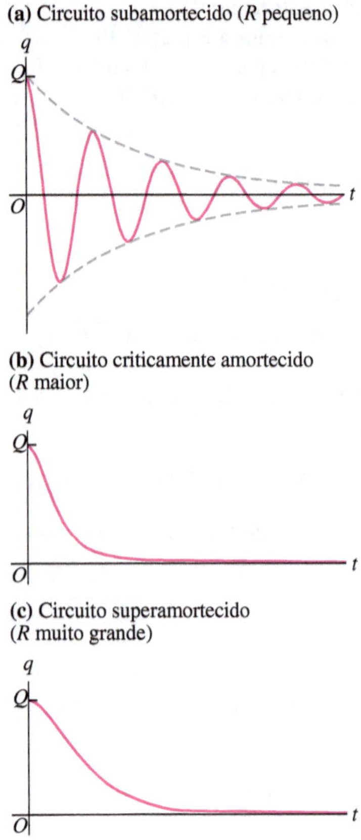

indutor real possui resistência em suas espiras, assim como os fios conectores possuem resistências. Em virtude da resistência, uma parte da energia eletromagnética do circuito é dissipada e convertida em outras formas de energia, como a energia interna dos materiais do circuito. A resistência em um circuito elétrico é um fator análogo ao atrito em um sistema mecânico.

Considere um indutor com indutância L e resistência R ligado em série a um capacitor carregado, formando um **circuito L-R-C em série**. Como antes, o capacitor começa a se descarregar logo após sua conexão com o indutor. Porém, em virtude das perdas i^2R no resistor, a energia magnética adquirida pelo indutor depois que o capacitor é completamente descarregado é *menor* que a energia elétrica inicial do capacitor. De maneira análoga, concluímos que a energia do capacitor quando a energia magnética do indutor diminui até zero é ainda menor que a energia inicial do capacitor e assim por diante.

Quando a resistência R do resistor é relativamente pequena, o circuito ainda oscila, porém com um **movimento harmônico amortecido (Figura 30.16a)**, e dizemos que o circuito está **subamortecido**. Quando aumentamos a resistência R, as oscilações tendem a zero mais rapidamente. Quando R atinge um certo valor, o circuito deixa de oscilar, tornando-se **criticamente amortecido** (Figura 30.16b). Para valores de R maiores que o valor crítico, o circuito é **superamortecido** (Figura 30.16c), e a carga do capacitor tende a zero ainda mais lentamente. Usamos esses mesmos termos quando descrevemos, na Seção 13.7, o comportamento do sistema mecânico análogo e o oscilador harmônico amortecido.

Análise de um circuito *L-R-C*

Para analisarmos com mais detalhes o comportamento de um circuito L-R-C, consideramos o circuito indicado na **Figura 30.17**. Ele é semelhante ao circuito L-C da Figura 30.15, porém agora existe um resistor R em série; mostramos também a fonte que fornece a carga inicial do capacitor. Os sinais de q e de i são os mesmos que usamos para o circuito L-C.

Inicialmente, deslocamos a chave para cima, fechando o circuito superior, conectando o capacitor com uma fonte de fem $\mathcal{E}$ durante tempo suficiente para carregar o capacitor com uma carga $Q = C\mathcal{E}$ e fazendo as oscilações iniciais desaparecerem. A seguir, para $t = 0$, deslocamos a chave para a posição inferior, desconectando a fonte do circuito e ligando o capacitor em série ao resistor e ao indutor. Note que o sentido da corrente inicial é negativo, oposto ao sentido de i indicado na Figura 30.17.

Para sabermos como q e i variam com o tempo, aplicamos a lei das malhas de Kirchhoff. Começando no ponto a e percorrendo o circuito ao longo da malha no sentido $abcda$, obtemos

$$-iR - L\frac{di}{dt} - \frac{q}{C} = 0$$

Substituindo i por dq/dt e reagrupando, encontramos

$$\frac{d^2q}{dt^2} + \frac{R}{L}\frac{dq}{dt} + \frac{1}{LC}q = 0 \qquad (30.27)$$

Note que, quando $R = 0$, a equação anterior se transforma na Equação 30.20 para um circuito L-C.

Existem métodos gerais para obter a solução da Equação 30.27. A forma da solução para o caso subamortecido (R pequeno) é diferente do caso superamortecido (R grande). Quando R^2 é menor que $4L/C$, a solução possui a seguinte forma:

$$q = Ae^{-(R/2L)t}\cos\left(\sqrt{\frac{1}{LC} - \frac{R^2}{4L^2}}\,t + \phi\right) \qquad (30.28)$$

em que A e ϕ são constantes. Você pode a tomar as derivadas de primeira e segunda ordens dessa função anterior e mostrar, por substituição direta, que ela satisfaz a Equação 30.27.

A solução apresentada corresponde ao comportamento *subamortecido* indicado na Figura 30.16a; a função representa uma oscilação senoidal com uma amplitude que diminui exponencialmente. (Note que o fator exponencial $e^{-(R/2L)t}$ é diferente do fator exponencial $e^{-(R/L)t}$ que encontramos ao descrever o circuito R-L, na Seção 30.4.) Quando $R = 0$, a Equação 30.28 se reduz à Equação 30.21 para as oscilações de um circuito L-C. Quando R não é zero, a frequência angular das oscilações é *menor* que $1/(LC)^{1/2}$ em virtude do termo que contém R. A frequência angular ω' das oscilações amortecidas é dada por

Frequência angular das oscilações subamortecidas em um circuito *L-R-C* em série

$$\omega' = \sqrt{\frac{1}{LC} - \frac{R^2}{4L^2}} \qquad (30.29)$$

(R: Resistência; L: Indutância; C: Capacitância)

Figura 30.17 Um circuito L-R-C em série.

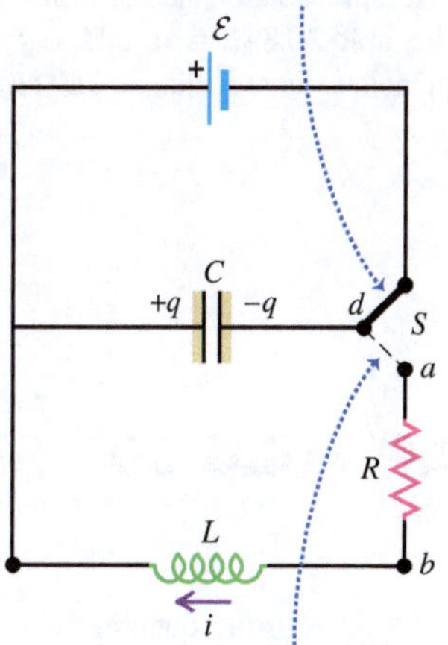

Quando $R = 0$, o resultado anterior fornece a Equação 30.22, $\omega = 1/(LC)^{1/2}$. À medida que R aumenta, ω' torna-se cada vez menor. Quando $R^2 = 4L/C$, o valor da grandeza embaixo do sinal da raiz quadrada torna-se igual a zero; então o sistema deixa de oscilar, atingindo a condição de *amortecimento crítico* (Figura 30.16b). Quando R aumenta ainda mais, o sistema se comporta conforme ilustra a Figura 30.16c. Nesse caso, dizemos que o sistema está *superamortecido* e q é uma função do tempo dada pela soma de duas funções exponenciais decrescentes com o tempo.

No caso *subamortecido*, a constante da fase ϕ na função cosseno da Equação 30.28 permite que haja, simultaneamente, uma carga e uma corrente iniciais para $t = 0$, uma situação análoga ao caso do oscilador harmônico subamortecido que necessita de valores simultâneos para o deslocamento e a velocidade iniciais (veja o Exercício 30.41).

Enfatizamos mais uma vez que o comportamento de um circuito L-R-C em série é completamente análogo ao do oscilador harmônico amortecido estudado na Seção 13.7. Convidamos você a verificar, por exemplo, que se partirmos da Equação 13.41, substituindo q por x, L por m, $1/C$ *por* k e a constante de amortecimento b por R, encontraremos a Equação 30.27. Analogamente, o limite entre o comportamento subamortecido e o superamortecido ocorre quando $b^2 = 4km$ no caso de um sistema mecânico e quando $R^2 = 4L/C$ no caso elétrico. Você é capaz de determinar outros aspectos dessa analogia?

As aplicações práticas do circuito L-R-C em série aparecem quando incluímos uma fonte de fem que varia senoidalmente. O resultado é análogo ao caso das *oscilações forçadas* que estudamos na Seção 13.7, e também existem efeitos análogos de *ressonância*. Esse tipo de circuito denomina-se *circuito de corrente alternada* (*ca*). A análise de um circuito ca será o assunto principal do próximo capítulo.

EXEMPLO 30.10 UM CIRCUITO *L-R-C* EM SÉRIE SUBAMORTECIDO

Qual deve ser o valor da resistência R (em termos de L e de C) para que a frequência das oscilações de um circuito L-R-C em série seja igual à metade da frequência do circuito não amortecido?

SOLUÇÃO

IDENTIFICAR E PREPARAR: este problema se refere a um circuito L-R-C em série subamortecido (Figura 30.16a). Queremos uma resistência apenas suficiente para reduzir a frequência de oscilação à metade do valor não amortecido. A frequência angular ω' de um circuito L-R-C em série subamortecido é dada pela Equação 30.29; a frequência angular ω de um circuito L-C não amortecido é dada pela Equação 30.22. Usaremos ambas para explicitar a incógnita R.

EXECUTAR: pelas equações 30.29 e 30.22, o requisito $\omega' = \omega/2$ resulta em

$$\sqrt{\frac{1}{LC} - \frac{R^2}{4L^2}} = \frac{1}{2}\sqrt{\frac{1}{LC}}$$

Elevando ao quadrado ambos os membros da equação anterior e explicitando R, obtemos

(Continua)

(*Continuação*)

$$R = \sqrt{\frac{3L}{C}}$$

Por exemplo, adicionando-se uma resistência de 35 Ω ao circuito do Exemplo 30.8 (L = 10 mH, C = 25 μF), verifica-se que sua frequência seria reduzida de 320 Hz para 160 Hz.

AVALIAR: o circuito se torna criticamente amortecido sem nenhuma oscilação, quando $R = \sqrt{4L/C}$. O resultado obtido para R é menor que isso, como deveria; queremos que o circuito seja *sub*amortecido.

TESTE SUA COMPREENSÃO DA SEÇÃO 30.6 Um circuito *L-R-C* em série inclui um resistor de 2,0 Ω. No instante t = 0, a carga do capacitor é igual a 2,0 μC. Para qual dos seguintes valores de indutância e capacitância a carga do capacitor *não* oscilará? (i) L = 3,0 μH, C = 6,0 μF; (ii) L = 6,0 μH, C = 3,0 μF; (iii) L = 3,0 μH, C = 3,0 μF. ❙

CAPÍTULO 30 RESUMO

Indutância mútua: quando uma corrente variável i_1 em um circuito produz um fluxo magnético variável em outro circuito, uma fem $\mathcal{E}_2$ é induzida no segundo circuito. Analogamente, uma corrente variável i_2 no segundo circuito gera uma fem $\mathcal{E}_1$ no primeiro circuito. Quando os circuitos são bobinas com N_1 e N_2 espiras, a indutância mútua M pode ser expressa em termos do fluxo magnético médio Φ_{B2} através de cada espira da bobina 2 produzido pela corrente i_1 na bobina 1, ou em termos do fluxo magnético médio Φ_{B1} através de cada espira da bobina 1 gerado pela corrente i_2 na bobina 2. A unidade SI de indutância mútua é o henry, abreviado por H. (Ver exemplos 30.1 e 30.2.)

$$\mathcal{E}_2 = -M\frac{di_1}{dt} \quad \text{e}$$

$$\mathcal{E}_1 = -M\frac{di_2}{dt} \qquad (30.4)$$

$$M = \frac{N_2\Phi_{B2}}{i_1} = \frac{N_1\Phi_{B1}}{i_2} \qquad (30.5)$$

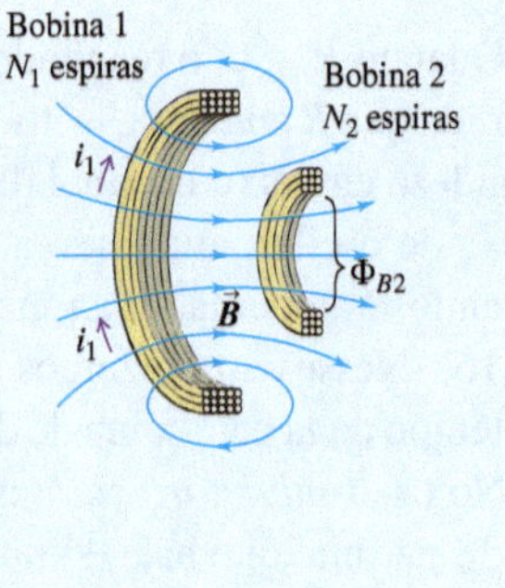

Autoindutância: uma corrente variável i em qualquer circuito induz uma fem autoinduzida $\mathcal{E}$. A constante L, denominada autoindutância ou indutância, depende da geometria do circuito e do material existente em suas vizinhanças. A indutância de uma bobina com N espiras é relacionada com o fluxo magnético médio Φ_B através de cada espira, produzido pela corrente i que passa na bobina. Denomina-se indutor um dispositivo do circuito, em geral com uma bobina, que apresenta indutância elevada. (Ver exemplos 30.3 e 30.4.)

$$\mathcal{E} = -L\frac{di}{dt} \qquad (30.7)$$

$$L = \frac{N\Phi_B}{i} \qquad (30.6)$$

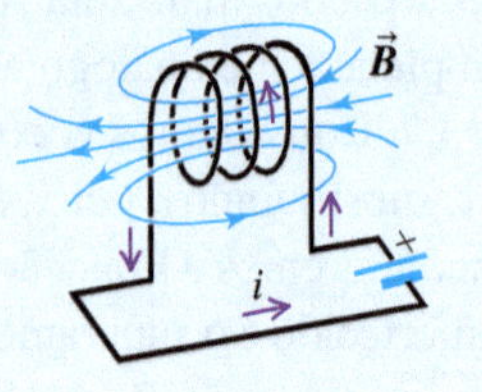

Energia do campo magnético: um indutor com indutância L que conduz uma corrente I possui energia U associada ao campo magnético do indutor. A densidade de energia magnética u (energia por unidade de volume) é proporcional ao quadrado do módulo do campo magnético. (Veja o Exemplo 30.5.)

$$U = \tfrac{1}{2}LI^2 \qquad (30.9)$$

$$u = \frac{B^2}{2\mu_0} \quad \text{(no vácuo)} \qquad (30.10)$$

$$u = \frac{B^2}{2\mu} \quad \text{(em um material com permeabilidade magnética } \mu\text{)} \qquad (30.11)$$

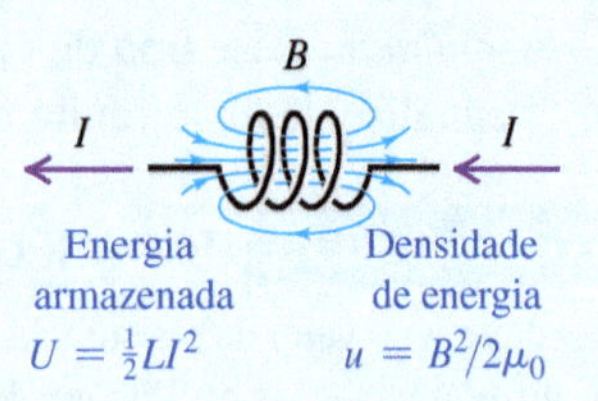

Circuitos *R-L*: em um circuito contendo um resistor R, um indutor L e uma fonte de fem, o aumento e o decréscimo da corrente são dados por uma função exponencial. A constante de tempo τ é o intervalo de tempo necessário para que a corrente atinja um valor igual a $1/e$ de seu valor final. (Ver exemplos 30.6 e 30.7.)

$$\tau = \frac{L}{R} \qquad (30.16)$$

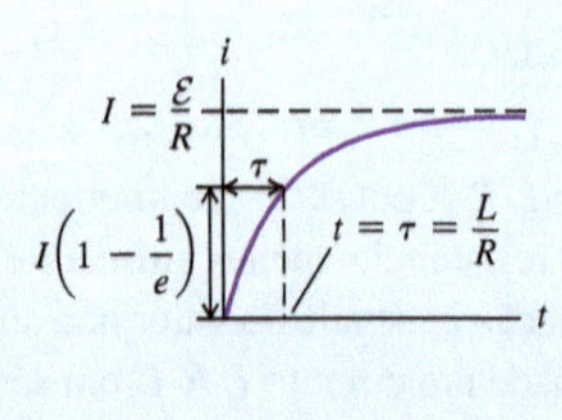

Circuitos *L-C*: um circuito que contém indutância L e capacitância C passa por oscilações elétricas com uma frequência angular ω que depende de L e de C. Tal circuito é análogo a um oscilador harmônico mecânico, sendo a indutância L análoga à massa m, o inverso da capacitância ($1/C$) análogo à constante de força k, a carga q análoga ao deslocamento x e a corrente i análoga à velocidade v_x. (Ver exemplos 30.8 e 30.9.)

$$\omega = \sqrt{\frac{1}{LC}} \qquad (30.22)$$

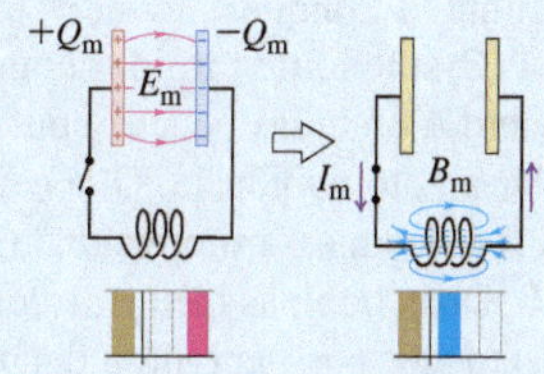

Circuitos *L-R-C* em série: um circuito que contém indutância, resistência e capacitância realiza oscilações amortecidas quando a resistência é suficientemente pequena. A frequência angular ω' das oscilações amortecidas depende dos valores de L, R e C. À medida que R aumenta, o amortecimento cresce; quando R é maior que um dado valor, o comportamento torna-se superamortecido e deixa de oscilar. (Veja o Exemplo 30.10.)

$$\omega' = \sqrt{\frac{1}{LC} - \frac{R^2}{4L^2}} \qquad (30.29)$$

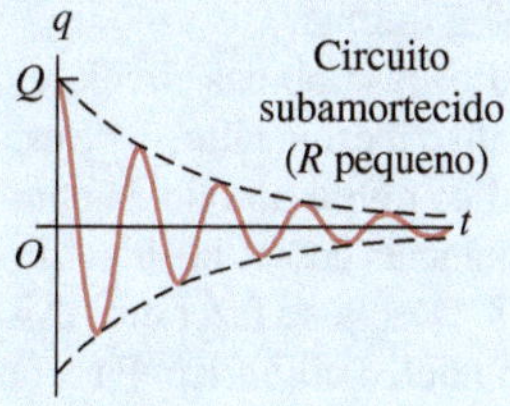

Problema em destaque Análise de um circuito *L-C*

Um circuito *L-C* como o mostrado na Figura 30.14 consiste em um indutor de 60,0 mH e um capacitor de 250 μF. A carga inicial no capacitor é de 6,00 μC, e a corrente inicial no indutor é de 0,400 mA. (a) Qual é a energia máxima armazenada no indutor? (b) Qual é a corrente máxima no indutor? (c) Qual é a voltagem máxima nos terminais do capacitor? (d) Quando a corrente no indutor tiver a metade de seu valor máximo, quais são a energia armazenada no indutor e a voltagem em seus terminais?

GUIA DA SOLUÇÃO

IDENTIFICAR E PREPARAR

1. Um circuito *L-C* é um sistema conservativo — não há resistência para dissipar energia. A energia oscila entre a energia elétrica no capacitor e a energia magnética armazenada no indutor.
2. As oscilações em um circuito *L-C* são semelhantes às oscilações mecânicas de uma partícula na extremidade de uma mola ideal (ver Tabela 30.1). Compare esse problema com o problema mecânico semelhante (Exemplo 13.3 na Seção 13.2 e Exemplo 13.4 na Seção 13.3).
3. Quais são as principais equações necessárias para descrever o capacitor? E para descrever o indutor?

EXECUTAR

4. Determine a energia total inicial no circuito. Use-a para determinar a energia máxima armazenada no indutor durante a oscilação.
5. Use o resultado do item 4 para determinar a corrente máxima no indutor.
6. Use o resultado do item 4 para determinar a energia máxima armazenada no capacitor durante a oscilação. Depois, use esse resultado para determinar a tensão máxima no capacitor.
7. Determine a energia no indutor e a carga do capacitor quando a corrente tiver metade do valor encontrado no item 5.

AVALIAR

8. Inicialmente, que fração da energia total está no indutor? É possível saber se ela está inicialmente aumentando ou diminuindo?

PROBLEMAS

•, ••, •••: níveis de dificuldade. **PC**: problemas cumulativos, incorporando material de outros capítulos. **CALC**: problemas exigindo cálculo. **DADOS:** problemas envolvendo dados reais, evidência científica, projeto experimental e/ou raciocínio científico. **BIO**: problemas envolvendo biociências.

QUESTÕES PARA DISCUSSÃO

Q30.1 Em um ônibus elétrico, o motor do veículo extrai corrente de um fio suspenso por meio de um braço longo com um conector na ponta, que desliza pelo fio suspenso. Uma faísca elétrica cintilante geralmente é vista quando o conector passa por uma junção nos fios, no momento em que o contato é momentaneamente perdido. Explique esse fenômeno.

Q30.2 Pela Equação 30.5, 1 H = 1 Wb/A, e pelas equações 30.4, 1 H = 1 $\Omega \cdot$ s. Mostre que essas duas definições são equivalentes.

Q30.3 Na Figura 30.1, se a bobina 2 faz um giro de 90°, de modo que seu eixo fique na vertical, a indutância mútua aumenta ou diminui? Explique.

Q30.4 O solenoide toroidal com espiras enroladas de modo compacto é uma das poucas configurações para a qual é fácil calcular a autoindutância. Que características do solenoide toroidal fornecem essa simplicidade?

Q30.5 Duas bobinas idênticas com espiras enroladas de modo compacto, que possuem autoindutância L, são colocadas ao longo do eixo comum e a distância entre elas é tão pequena que quase se tocam. Quando elas são conectadas em série, qual é a autoindutância da combinação? E se elas fossem ligadas em paralelo? Elas podem ser ligadas de modo que a indutância total seja igual a zero? Explique.

Q30.6 Duas bobinas circulares com enrolamentos compactos possuem o mesmo número de espiras, porém o raio de uma delas é igual ao dobro do raio da outra. Qual é a relação entre as autoindutâncias dessas bobinas? Explique.

Q30.7 Deseja-se fazer um resistor enrolando um fio em torno de um núcleo cilíndrico. Para fazer o valor da indutância ser o menor possível, enrola-se a metade do fio em um sentido e a outra metade no sentido contrário, sobre a camada anterior. Isso produziria o efeito desejado? Por quê?

Q30.8 Para o mesmo valor do campo magnético B, a densidade de energia magnética possui um valor maior no vácuo ou em um material magnético? Explique. Da Equação 30.11, podemos concluir que, para um solenoide longo no qual circula uma corrente I, a energia armazenada é proporcional a $1/\mu$? Isso significa que, para uma mesma corrente, menos energia é armazenada quando um solenoide é preenchido com um material ferromagnético do que no caso de existir ar em seu interior? Explique.

Q30.9 Em um circuito R-C, um resistor, um capacitor descarregado, uma bateria de cc e uma chave aberta estão em série. Em um circuito R-L, um resistor, um indutor, uma bateria de cc e uma chave aberta estão em série. Compare o comportamento da corrente nesses circuitos (a) logo após a chave ser fechada e (b) bastante tempo depois que a chave estiver fechada. Em outras palavras, compare o modo como um capacitor e um indutor afetam um circuito.

Q30.10 Um circuito diferenciador. A corrente em um indutor sem resistência varia com o tempo de acordo com o gráfico mostrado na **Figura Q30.10**. (a) Desenhe o padrão que seria observado na tela de um osciloscópio conectado aos terminais do indutor. (O feixe do osciloscópio varre horizontalmente a tela a uma velocidade constante, e sua deflexão vertical é proporcional à diferença de potencial entre os terminais do indutor.) (b) Explique por que um circuito com um indutor pode ser descrito como um "circuito diferenciador".

Figura Q30.10

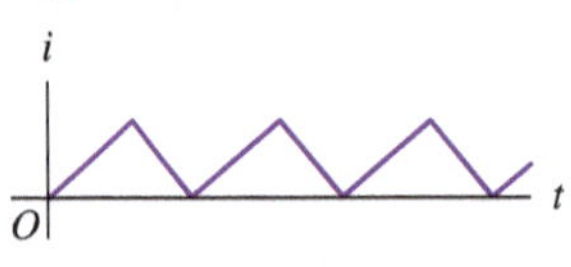

Q30.11 Na Seção 30.5, aplicamos a lei das malhas de Kirchhoff no circuito L-C, no qual o capacitor é inicialmente carregado por completo, e deduzimos a equação $-L\,(di/dt) - (q/C) = 0$. Porém, quando o capacitor começa a descarregar, a corrente aumenta a partir de zero. A equação afirma que $L\,di/dt = -q/C$, ou seja, que $L\,di/dt$ possui valor negativo. Explique como $L\,di/dt$ pode ser negativo quando a corrente está aumentando.

Q30.12 Na Seção 30.5, aplicamos a relação $i = dq/dt$ para deduzir a Equação 30.20. Porém, um fluxo da corrente corresponde a uma diminuição da carga do capacitor. Portanto, explique a razão pela qual o uso dessa relação está correto, em vez do uso da relação $i = -dq/dt$.

Q30.13 No circuito R-L mostrado na Figura 30.11, quando fechamos a chave S_1, o potencial v_{ac} varia repentinamente e de forma descontínua, porém a corrente não. Explique a razão pela qual a voltagem pode variar bruscamente, porém a corrente não.

Q30.14 No circuito R-L da Figura 30.11, a corrente no resistor é sempre a mesma que a corrente no indutor? Como ter certeza disso?

Q30.15 Suponha que exista uma corrente contínua em um indutor. Caso você tente reduzir a corrente até zero instantaneamente, abrindo rapidamente uma chave, um arco voltaico pode se formar nos contatos da chave. Por quê? É fisicamente possível interromper uma corrente instantaneamente? Explique.

Q30.16 Em um circuito L-R-C, que critérios você usa para saber se o sistema é superamortecido ou subamortecido? Por exemplo, você pode comparar a energia máxima armazenada durante um ciclo com a energia dissipada nesse período? Explique.

EXERCÍCIOS

Seção 30.1 Indutância mútua

30.1 • A indutância mútua entre duas bobinas é $M = 3{,}25 \times 10^{-4}$ H. A corrente i_1 na primeira bobina cresce a uma taxa uniforme de 830 A/s. (a) Qual é a fem induzida na segunda bobina? Ela é constante? (b) Suponha que a corrente esteja circulando na segunda bobina em vez de na primeira. Qual é o módulo da fem induzida na primeira bobina?

30.2 • Duas bobinas são enroladas sobre um mesmo núcleo cilíndrico, como as bobinas no Exemplo 30.1. Quando a corrente na primeira bobina diminui a uma taxa de $-0{,}242$ A/s, a fem induzida na segunda bobina possui módulo igual a $1{,}65 \times 10^{-3}$ V. (a) Qual é a indutância mútua do par de bobinas? (b) Se a segunda bobina possui 25 espiras, qual é o fluxo através de cada espira quando a corrente na primeira bobina é igual a 1,20 A? (c) Quando a corrente na segunda bobina cresce a uma taxa igual a 0,360 A/s, qual é o módulo da fem induzida na primeira bobina?

30.3 • Um solenoide 10 cm de comprimento e diâmetro de 0,400 cm é enrolado uniformemente com 800 espiras. Uma segunda bobina com 50 espiras é enrolada em torno do solenoide, em seu centro. Qual é a indutância mútua da combinação das duas bobinas?

30.4 • Um solenoide com 25 espiras de fio é enrolado de forma compacta em torno de outra bobina com 300 espiras (veja o Exemplo 30.1). O solenoide interno tem 25,0 cm de comprimento e diâmetro de 2,0 cm. Em um dado momento, a corrente no solenoide interno é igual a 0,120 A e aumenta a uma taxa de $1{,}75 \times 10^3$ A/s. Para esse momento, calcule: (a) o fluxo magnético médio através de cada espira do solenoide interno; (b) a indutância mútua dos dois solenoides; (c) a fem induzida no solenoide externo pela corrente variante no solenoide interno.

30.5 • Dois solenoides toroidais são enrolados sobre um mesmo núcleo de modo que o campo magnético de um passa através das espiras do outro. O solenoide 1 possui 700 espiras, enquanto o solenoide 2, 400 espiras. Quando a corrente no solenoide 1 é igual a 6,52 A, o fluxo magnético médio através de cada espira do solenoide 2 é igual a 0,0320 Wb. (a) Qual é a indutância mútua do sistema com os dois solenoides? (b) Quando a corrente no solenoide 2 é igual a 2,54 A, qual é o fluxo magnético médio através de cada espira do solenoide 1?

30.6 •• Um solenoide toroidal com um raio médio r e uma área de seção reta A está uniformemente enrolado com um número de espiras igual a N_1. Um segundo solenoide com um número de espiras igual a N_2 é enrolado uniformemente sobre o primeiro, de modo que os dois solenoides tenham a mesma área de seção reta e raio médio. (a) Qual é a indutância mútua dos dois solenoides? Suponha que o campo magnético do primeiro solenoide seja uniforme pela seção reta dos dois solenoides. (b) Se N_1 = 500 voltas, N_2 = 300 voltas, r = 10,0 cm e A = 0,800 cm^2, qual é o valor da indutância mútua?

Seção 30.2 Indutores e autoindutância

30.7 • Um solenoide toroidal de 2,50 mH possui raio médio de 6,00 cm e área de seção reta igual a 2,00 cm^2. (a) Quantas bobinas ele tem? (Faça a mesma suposição do Exemplo 30.3.) (b) Com que taxa a corrente através dele deverá variar de modo que uma diferença de potencial de 2,00 V seja desenvolvida em seus terminais?

30.8 • Um solenoide toroidal possui 500 espiras, área de seção reta de 6,25 cm^2 e raio médio de 4,00 cm. (a) Calcule a autoindutância da bobina. (b) Para o caso em que a corrente diminui uniformemente de 5,00 A para 2,00 A em 3,00 ms, calcule a fem autoinduzida na bobina. (c) A corrente está orientada no sentido do terminal *a* da bobina para o terminal *b*. O sentido da fem induzida é de *a* para *b* ou de *b* para *a*?

30.9 • No instante em que a corrente em um indutor está aumentando a uma taxa de 0,0640 A/s, o módulo da fem autoinduzida é igual a 0,0160 V. (a) Qual é a indutância do indutor? (b) Se o indutor é um solenoide com 400 espiras, qual é o fluxo magnético médio através de cada espira quando a corrente é igual a 0,720 A?

30.10 •• Quando a corrente em um solenoide toroidal está variando com uma taxa igual a 0,0260 A/s, o módulo da fem é igual a 12,6 mV. Quando a corrente é igual a 1,40 A, o fluxo magnético médio através de cada espira do solenoide é igual a 0,00285 Wb. Quantas espiras o solenoide possui?

30.11 • O indutor na **Figura E30.11** apresenta indutância de 0,260 H e conduz uma corrente no sentido indicado que diminui a uma taxa constante dada por $di/dt = -0{,}0180$ A/s. (a) Qual é a fem autoinduzida? (b) Qual é a extremidade do indutor que está a um potencial mais elevado, *a* ou *b*?

Figura E30.11

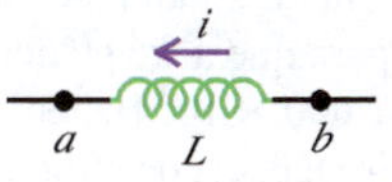

30.12 • O indutor indicado na Figura E30.11 possui indutância igual a 0,260 H e transporta uma corrente no sentido indicado. A taxa de variação da corrente é constante. (a) O potencial entre os pontos *a* e *b* é V_{ab} = 1,04 V, com o ponto *a* possuindo potencial mais elevado. A corrente está aumentando ou diminuindo? (b) Quando a corrente em t = 0 é de 12,0 A, qual é a corrente em t = 2,00 s?

30.13 •• Um solenoide toroidal possui raio médio de 12,0 cm e área de seção reta igual a 0,600 cm^2. (a) Quantas espiras o solenoide possui se sua indutância for 0,100 mH? (b) Qual é a resistência do solenoide se o fio do qual ele é enrolado tiver resistência por comprimento unitário de 0,0760 Ω/m?

30.14 • Um solenoide reto e longo possui 800 espiras. Quando a corrente no solenoide é igual a 2,90 A, o fluxo médio através de cada espira do solenoide é igual a $3{,}25 \times 10^{-3}$ Wb. Qual deverá ser o módulo da taxa de variação da corrente para que a fem autoinduzida seja igual a 6,20 mV?

30.15 •• **Indutância de um solenoide.** (a) Um solenoide reto e longo possui *N* espiras, seção reta uniforme com área *A* e comprimento *l*. Mostre que a indutância desse solenoide é dada pela equação $L = \mu_0 AN^2/l$. Suponha que o campo magnético seja uniforme dentro do solenoide e igual a zero fora dele. (Sua resposta será aproximada porque, na realidade, *B* é menor nas extremidades que no centro do solenoide. Por isso, na realidade sua resposta será um limite superior para a indutância.) (b) Uma mola metálica de laboratório normalmente possui 5,00 cm de comprimento e 0,150 cm de diâmetro, com 50 voltas. Se você conectar essa mola a um circuito elétrico, quanta autoindutância deverá ser incluída para que ela seja modelada como um solenoide ideal?

Seção 30.3 Energia do campo magnético

30.16 • Um indutor usado em uma fonte de alimentação de corrente contínua possui indutância igual a 12,0 H e resistência de 180 Ω. Ele conduz uma corrente de 0,500 A. (a) Qual é a energia armazenada no campo magnético? (b) Qual é a taxa de produção de energia térmica no indutor? (c) Sua resposta do item (b) significa que a energia magnética está diminuindo com o tempo? Explique.

30.17 • Um solenoide toroidal cheio de ar possui raio médio igual a 15,0 cm e seção reta com área de 5,0 cm^2. Quando a corrente é de 12,0 A, a energia armazenada é igual a 0,390 J. Quantas espiras ele possui?

30.18 • Um solenoide toroidal cheio de ar possui 300 espiras e raio médio de 12,0 cm, com seção reta de área igual a 4,00 cm^2. Supondo que a corrente seja de 5,00 A, calcule: (a) o campo magnético do solenoide; (b) a autoindutância do solenoide; (c) a energia armazenada no campo magnético; (d) a densidade de energia no campo magnético. (e) Confira sua resposta para o item (d), dividindo sua resposta para o item (c) pelo volume do solenoide.

30.19 •• Um solenoide de 25,0 cm de comprimento e área de seção reta de 0,500 cm^2 contém 400 espiras e transporta uma corrente de 80,0 A. Calcule: (a) o campo magnético no solenoide; (b) a densidade de energia no campo magnético, se o solenoide for preenchido com ar; (c) a energia total contida no campo magnético da bobina (suponha que o campo seja uniforme); (d) a indutância do solenoide.

30.20 • Existe uma proposta para usar grandes indutores como dispositivos para armazenar energia. (a) Qual é a energia total convertida em energia térmica e energia luminosa quando uma lâmpada incandescente de 150 W fica acesa durante um dia? (b) Se a energia calculada na parte (a) fosse armazenada em um indutor no qual circulasse uma corrente de 80,0 A, qual seria sua indutância?

30.21 •• Em um acelerador de prótons usado em experiências de física com partículas elementares, as trajetórias dos prótons são controladas por eletroímãs defletores que produzem campos magnéticos da ordem de 4,80 T. Qual é a energia do campo magnético em um volume de 10,0 cm^3 no vácuo, em que B = 4,80 T?

30.22 • Deseja-se armazenar $1{,}00\ \text{kW} \cdot \text{h} = 3{,}60 \times 10^6$ J de energia elétrica em um campo magnético uniforme com módulo igual a 0,600 T. (a) Qual é o volume (no vácuo) que o campo magnético deve ocupar para armazenar essa quantidade de energia? (b) Se essa quantidade de energia fosse armazenada (no vácuo) em um volume contido em um cubo de aresta igual a 40,0 cm, qual deveria ser o campo magnético necessário?

Seção 30.4 O circuito *R-L*

30.23 • Um indutor com indutância de 2,50 H e resistência igual a 8,0 Ω está conectado aos terminais de uma bateria com fem de 6,00 V e resistência interna desprezível. Calcule: (a) a taxa inicial do crescimento da corrente no circuito; (b) a taxa de aumento da corrente no instante em que a corrente é igual a 0,500 A; (c) a corrente 0,250 s depois que o circuito é fechado; (d) a corrente estacionária final.

30.24 • Na Figura 30.11, $R = 15{,}0\ \Omega$ e a fem da bateria é igual a 6,30 V. Com a chave S_2 aberta, S_1 é fechada. Depois de vários minutos, S_1 é aberta e S_2 é fechada. (a) 2,00 ms após S_1 ser aberta, a corrente diminui para 0,280 A. Calcule a indutância da bobina. (b) Quanto tempo depois de S_1 ser aberta a corrente atingirá 1,00% de seu valor original?

30.25 • Uma bateria de 35,0 V com resistência interna desprezível, um resistor de 50,0 Ω e um indutor de 1,25 mH com resistência desprezível estão conectados em série a uma chave aberta. A chave é subitamente fechada. (a) Quanto tempo após a chave ser fechada a corrente através do indutor atingirá metade de seu valor máximo? (b) Quanto tempo após o fechamento da chave a energia armazenada no indutor atingirá a metade de seu valor máximo?

30.26 • Na Figura 30.11, a chave S_1 é fechada, enquanto S_2 é mantida aberta. A indutância é $L = 0{,}115$ H e a resistência é $R = 120\ \Omega$. (a) Quando a corrente atinge seu valor final, a energia armazenada no indutor é igual a 0,260 J. Qual é a fem $\mathcal{E}$ da bateria? (b) Depois que a corrente atinge seu valor final, a chave S_1 é aberta e S_2 é fechada. Quanto tempo é necessário para que a energia armazenada no indutor diminua até 0,130 J, a metade de valor inicial?

30.27 • Na Figura 30.11, suponha que $\mathcal{E} = 60{,}0$ V, $R = 240\ \Omega$ e $L = 0{,}160$ H. A chave S_2 é mantida aberta e fechamos S_1 até que uma corrente constante seja estabelecida. A seguir, S_2 é fechada e S_1 é aberta, de modo que a bateria não alimente mais o circuito. (a) Qual é a corrente inicial no resistor logo após S_2 ser fechada e S_1 ser aberta? (b) Qual é a corrente no resistor quando $t = 4{,}00 \times 10^{-4}$ s? (c) Qual é a diferença de potencial entre os pontos b e c quando $t = 4{,}00 \times 10^{-4}$ s? Qual dos dois pontos está a um potencial mais elevado? (d) Quanto tempo é necessário para que a corrente se reduza à metade de seu valor inicial?

30.28 • Na Figura 30.11, suponha que $\mathcal{E} = 60{,}0$ V, $R = 240\ \Omega$ e $L = 0{,}160$ H. Inicialmente, não existe nenhuma corrente no circuito. A chave S_2 é mantida aberta e fechamos S_1. (a) Logo após fechar S_1, quais são os valores das diferenças de potencial v_{ab} e v_{bc}? (b) Calcule v_{ab} e v_{bc} muito tempo depois do fechamento de S_1 (após muitas constantes de tempo). (c) Calcule v_{ab} e v_{bc} para um tempo intermediário quando $i = 0{,}150$ A.

30.29 • Na Figura 30.11, S_1 é fechada enquanto S_2 é mantida aberta. A indutância é $L = 0{,}380$ H, a resistência é $R = 48{,}0\ \Omega$, e a fem da bateria é 18,0 V. No momento t após S_1 ser fechada, a corrente no circuito está aumentando a uma taxa $di/dt = 7{,}20$ A/s. Nesse momento, qual é o valor de v_{ab}, a voltagem nos terminais do resistor?

30.30 •• Tome como referência o Exercício 30.23. (a) Qual é a taxa com que a bateria está fornecendo energia elétrica ao circuito logo após ele estar fechado? (b) Quando a corrente tiver alcançado seu valor constante final, quanta energia é armazenada no indutor? Qual é a taxa em que a energia elétrica está sendo dissipada na resistência do indutor? Qual é a taxa em que a bateria está fornecendo energia elétrica ao circuito?

Seção 30.5 O circuito *L-C*

30.31 • Em um circuito *L-C*, $L = 85{,}0$ mH e $C = 3{,}20\ \mu$F. Durante a oscilação, a corrente máxima no indutor é igual a 0,850 mA. (a) Qual é a carga máxima do capacitor? (b) Qual é o módulo da carga do capacitor quando a corrente no indutor possui módulo igual a 0,500 mA?

30.32 •• Um capacitor de 15,0 μF é carregado por uma fonte de alimentação de 150,0 V e, a seguir, desconectado da fonte para ser conectado em série a um indutor de 0,280 mH. Calcule: (a) a frequência de oscilação do circuito; (b) a energia armazenada no capacitor no instante $t = 0$ ms (o momento da conexão com o indutor); (c) a energia armazenada no indutor no instante $t = 1{,}30$ ms.

30.33 • Um capacitor de 7,50 nF é carregado até 12,0 V e, a seguir, desconectado da fonte de alimentação e conectado em série através de uma bobina. O período de oscilação do circuito é medido em $8{,}60 \times 10^{-5}$ s. Calcule: (a) a indutância da bobina; (b) a carga máxima no capacitor; (c) a energia total do circuito; (d) a corrente máxima no circuito.

30.34 •• Um capacitor de 18,0 μF é conectado a uma bateria de 22,5 V por alguns segundos e, a seguir, conectado a um indutor de 12,0 mH com resistência desprezível. (a) Após o capacitor e o indutor estarem ambos conectados, determine a corrente máxima no circuito. Quando a corrente é máxima, qual é a carga no capacitor? (b) Quanto tempo após o capacitor e o indutor serem conectados em conjunto o capacitor é completamente descarregado da primeira vez? E da segunda vez? (c) Faça gráficos da carga nas placas do capacitor e da corrente que passa pelo indutor em função do tempo.

30.35 • **Oscilações *L-C*.** Um capacitor com capacitância igual a $6{,}00 \times 10^{-5}$ F é carregado conectando-o a uma bateria de 12,0 V. A seguir, o capacitor é desconectado da bateria e conectado a um indutor com $L = 1{,}50$ H. (a) Calcule a frequência angular ω das oscilações elétricas e o período dessas oscilações (o tempo de uma oscilação). (b) Qual é a carga inicial do capacitor? (c) Qual é a energia inicial armazenada no capacitor? (d) Qual é a carga do capacitor 0,0230 s depois de ele ser ligado ao indutor? Interprete o sinal de sua resposta. (e) No instante dado no item (d), qual é a corrente no indutor? Interprete o sinal de sua resposta. (f) No instante dado no item (d), qual é a energia elétrica armazenada no capacitor e qual é a energia armazenada no indutor?

30.36 • **Um circuito de sintonia de rádio.** A capacitância mínima do capacitor variável de um rádio é igual a 4,18 pF. (a) Qual é a indutância de uma bobina conectada a esse capacitor para que a frequência de oscilação do circuito *L-C* seja igual a 1.600×10^3 Hz, correspondente a uma extremidade da faixa de frequência de rádio da banda AM, quando o seletor for posicionado de modo que o capacitor possua sua capacitância mínima? (b) A frequência da outra extremidade dessa faixa de frequência é igual a 540×10^3 Hz. Qual é o valor máximo da capacitância para que as frequências das oscilações possam ser selecionadas dentro do intervalo dessa banda de frequências de rádio?

30.37 •• Um circuito *L-C* formado por um indutor de 80,0 mH e um capacitor de 1,25 nF oscila com uma corrente máxima de 0,750 A. Calcule: (a) a carga máxima no capacitor; e (b) a frequência de oscilação no circuito. (c) Supondo que o capacitor tenha carga máxima no instante $t = 0$, calcule a energia armazenada no indutor após 2,50 ms de oscilação.

Seção 30.6 O circuito *L-R-C* em série

30.38 • Um circuito *L-R-C* em série possui $L = 0{,}600$ H e $C = 3{,}00\ \mu$F. (a) Calcule a frequência angular de oscilação para o circuito quando $R = 0$. (b) Que valor de R oferece amortecimento crítico? (c) Qual é a frequência de oscilação ω' quando R tem metade do valor que produz amortecimento crítico?

30.39 • Um circuito *L-R-C* possui $L = 0{,}450$ H, $C = 2{,}50 \times 10^{-5}$ F e resistência R. (a) Qual é a frequência angular do circuito quando $R = 0$? (b) Qual deve ser o valor de R para que a frequência angular seja 5,0% menor que o valor calculado no item (a)?

30.40 • Um circuito *L-R-C* em série possui $L = 0{,}400$ H, $C = 7{,}00\ \mu$F e $R = 320\ \Omega$. Em $t = 0$, a corrente é zero e a carga inicial no capacitor é $2{,}80 \times 10^{-4}$ C. (a) Quais são os valores das constantes A e ϕ na Equação 30.28? (b) Quanto tempo é necessário para cada oscilação de corrente completa após a chave desse circuito ser fechada? (c) Qual é a carga no capacitor após a primeira oscilação de corrente completa?

30.41 • Para o circuito indicado na Figura 30.17, seja C = 15,0 nF, L = 22 mH e R = 75,0 Ω. (a) Calcule a frequência de oscilação no circuito após o capacitor ter sido carregado e a chave ter sido conectada ao ponto a. (b) Quanto tempo levará para a amplitude da oscilação cair 10,0% em relação a seu valor original? (c) Qual valor de R produzirá um circuito criticamente amortecido?

PROBLEMAS

30.42 • Um indutor está ligado aos terminais de uma bateria com fem igual a 16,0 V e resistência interna desprezível. Depois de 0,940 ms de a ligação ser feita, a corrente é igual a 4,86 mA. Depois de um muito tempo, a corrente é de 6,45 mA. (a) Qual é a resistência R do indutor? (b) Qual é a indutância L do indutor?

30.43 • Considere dois solenoides, um dentro do outro. O solenoide externo possui comprimento de 50,0 cm e contém 6.750 espiras, enquanto o solenoide coaxial interno tem 3,0 cm de comprimento e 0,120 cm de diâmetro, contendo 15 espiras. A variação na corrente do solenoide externo é igual a 49,2 A/s. (a) Qual é a indutância mútua desses solenoides? (b) Determine a fem induzida no solenoide interno.

30.44 •• **CALC** Uma bobina possui 400 espiras e autoindutância de 7,50 mH. A corrente na bobina varia de acordo com a equação i = (680 mA) cos (πt/0,0250 s). (a) Qual é a fem máxima induzida na bobina? (b) Qual é o fluxo magnético médio máximo através de cada espira da bobina? (c) Para t = 0,0180 s, qual é o módulo da fem induzida?

30.45 •• **Energia solar magnética.** A força dos campos magnéticos no interior de uma mancha solar pode chegar a 0,4 T. (Comparativamente, a força do campo magnético da Terra é cerca de 1/10.000 disso.) As manchas solares podem ter até 25.000 km de raio. O material de uma mancha solar possui densidade aproximada de 3×10^{-4} kg/m^3. Suponha que μ para o material da mancha solar seja μ_0. Se 100% da energia do campo magnético armazenado em um ponto solar pudesse ser usada para ejetar o material da mancha solar da superfície do Sol, qual seria a velocidade da ejeção do material? Compare com a velocidade de escape do Sol, que é de aproximadamente 6×10^5 m/s. (*Dica:* calcule a energia cinética que o campo magnético pode fornecer a 1 m^3 de material da mancha solar.)

30.46 •• **PC CALC** **Um cabo coaxial.** Um pequeno condutor maciço com raio a é suportado por dois discos isolantes não magnéticos no eixo de um tubo com paredes finas de raio interno igual a b. Os condutores interno e externo conduzem correntes de mesmo módulo i, porém com sentidos contrários. (a) Aplique a lei de Ampère para determinar o campo magnético em qualquer ponto do volume entre os condutores. (b) Escreva a expressão para o fluxo magnético $d\Phi_B$ através de uma faixa estreita de comprimento l paralela ao eixo, com espessura dr, situada a uma distância r do centro do cabo e sobre o plano que contém o eixo. (c) Integre a expressão encontrada no item (b) sobre o volume entre os dois condutores, para calcular o fluxo magnético produzido pela corrente i que passa no condutor central. (d) Mostre que a indutância L de um comprimento l do cabo é dada por

$$L = l\frac{\mu_0}{2\pi}\ln\left(\frac{b}{a}\right)$$

(e) Use a Equação 30.9 para calcular a energia magnética armazenada no campo magnético para um comprimento l do cabo.

30.47 •• **PC CALC** Considere o cabo coaxial do Problema 30.46. As correntes dos condutores possuem o mesmo módulo i, porém seus sentidos são opostos. (a) Aplique a lei de Ampère para determinar o campo magnético em qualquer ponto do volume entre os condutores. (b) Use a expressão da densidade de energia do campo magnético, Equação 30.10, para calcular a energia armazenada em uma camada cilíndrica fina entre os dois condutores. Suponha que a camada cilíndrica possua raio interno r, raio externo $r + dr$ e comprimento l. (c) Integre a expressão encontrada no item (b) sobre o volume entre os dois condutores para calcular a energia total armazenada no campo magnético para um comprimento l do cabo. (d) Use o resultado do item (c) e a Equação 30.9 para calcular a indutância L de um comprimento l do cabo. Compare sua resposta ao resultado obtido no item (d) do Problema 30.46.

30.48 •• **CALC** Considere o circuito na Figura 30.11, com as duas chaves abertas. Em $t = 0$, a chave S_1 é fechada enquanto S_2 é mantida aberta. (a) Use a Equação 30.14 para derivar uma equação para a taxa P_R na qual a energia elétrica está sendo consumida no resistor. Em termos de $\mathcal{E}$, R e L, em que valor de t a taxa P_R é máxima? Qual é esse valor máximo? (b) Use as equações 30.14 e 30.15 para deduzir uma equação para P_L, a taxa na qual a energia está sendo armazenada no indutor. (c) Qual é o valor de P_L em $t = 0$ e quando $t \rightarrow \infty$? (d) Em termos de $\mathcal{E}$, R e L, em que valor de t a taxa P_L é máxima? Qual é esse valor máximo? (e) Obtenha uma expressão para $P_{\mathcal{E}}$, a taxa na qual a bateria está fornecendo energia elétrica ao circuito. Em termos de $\mathcal{E}$, R e L, em que valor de t a taxa $P_{\mathcal{E}}$ é máxima? Qual é esse valor máximo?

30.49 • (a) Qual deveria ser a autoindutância de um solenoide para que ele armazenasse 10,0 J de energia, quando uma corrente de 2,00 A passa por ele? (b) Supondo que o diâmetro da seção reta do solenoide seja igual a 4,00 cm e que suas bobinas possam ser enroladas a uma densidade de 10 bobinas/mm, qual seria o comprimento do solenoide? (Veja o Exercício 30.15.) Esse comprimento é viável para uso rotineiro em um laboratório?

30.50 •• **CALC** Um indutor com indutância L = 0,300 H e resistência desprezível está ligado a uma bateria, uma chave S e dois resistores, R_1 = 12,0 Ω e R_2 = 16,0 Ω (**Figura P30.50**). A bateria tem fem de 96,0 V e resistência interna desprezível. S é fechada em $t = 0$. (a) Quais são as correntes i_1, i_2 e i_3 logo após S ser fechada? (b) Quais são i_1, i_2 e i_3 depois que S tiver sido fechada por muito tempo? (c) Qual é o valor de t para o qual i_3 tem metade do valor final que você calculou no item (b)? (d) Quando i_3 tem metade de seu valor final, quais são os valores de i_1 e i_2?

Figura P30.50

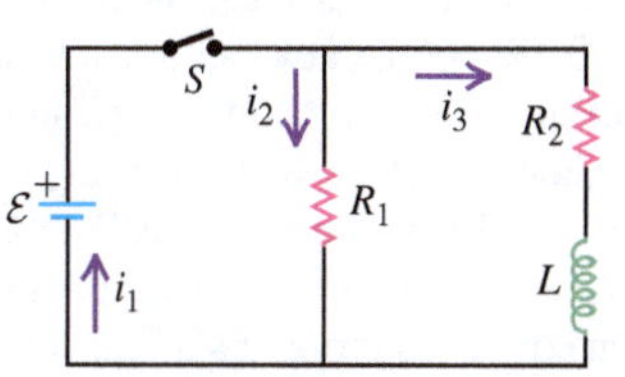

30.51 • **Alarme veicular eletromagnético.** Sua mais recente invenção é um alarme para carros que produz um som a uma frequência particularmente perturbadora de 3.500 Hz. Para fazer isso, o circuito desse alarme deve produzir uma corrente elétrica alternada com a mesma frequência. Por esse motivo, seu projeto inclui um indutor e um capacitor em série. A voltagem máxima através do capacitor deve ser de 12,0 V (a mesma voltagem da bateria do carro). Para produzir um som suficientemente alto, o capacitor deve armazenar 0,0160 J de energia. Quais valores de capacitância e indutância você deve escolher para o circuito de seu alarme para carros?

30.52 ••• CALC Um indutor com indutância $L = 0{,}200$ H e resistência desprezível está ligado a uma bateria, uma chave S e dois resistores, $R_1 = 8{,}00\ \Omega$ e $R_2 = 6{,}00\ \Omega$ (**Figura P30.52**). A bateria tem emf de 48,0 V e resistência interna desprezível. S é fechada em $t = 0$. (a) Quais são as correntes i_1, i_2 e i_3 logo após S ser fechada? (b) Quais são i_1, i_2 e i_3 depois que S tiver sido fechada por muito tempo? (c) Aplique as leis de Kirchhoff ao circuito e obtenha uma equação diferencial para $i_3(t)$. Integre essa equação para obter uma equação para i_3 em função do tempo t decorrido desde que S foi fechada. (d) Use a equação deduzida no item (c) para calcular o valor de t para o qual i_3 tem metade do valor final que você calculou no item (b). (e) Quando i_3 tem metade de seu valor final, quais são os valores de i_1 e i_2?

Figura P30.52

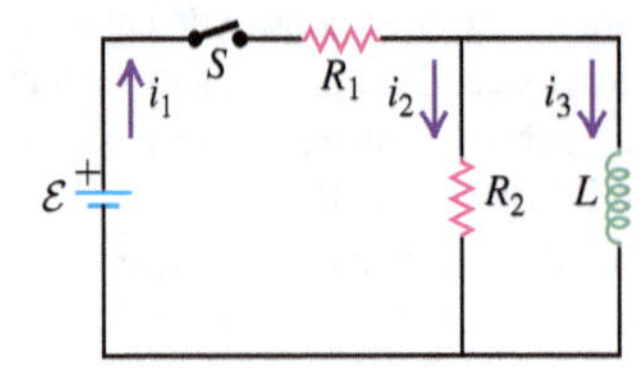

30.53 • Um capacitor de 7,00 μF possui carga inicial com potencial igual a 16,0 V. A seguir, ele é conectado em série a um indutor de 3,75 mH. (a) Qual é a energia total armazenada nesse circuito? (b) Qual é a corrente máxima no indutor? Qual é a carga nas placas do capacitor no instante em que a corrente no indutor é máxima?

30.54 •• Um capacitor de 6,40 nF é carregado a 24,0 V e depois desconectado da bateria no circuito e conectado em série com uma bobina que possui $L = 0{,}0660$ H e resistência desprezível. Depois que o circuito estiver fechado, haverá oscilações de corrente. (a) Em um instante em que a carga do capacitor é igual a 0,0800 μC, quanta energia estará armazenada no capacitor e no indutor, e qual é a corrente no indutor? (b) No instante em que a carga no capacitor for 0,0800 μC, quais são as voltagens no capacitor e no indutor, e qual é a taxa na qual a corrente no indutor está variando?

30.55 • Um circuito L-C é constituído por um indutor de 60,0 mH e um capacitor de 250 μF. A carga inicial do capacitor é igual a 6,00 μC e a corrente inicial no indutor é igual a zero. (a) Qual é a voltagem máxima através do capacitor? (b) Qual é a corrente máxima no indutor? (c) Qual é a energia máxima armazenada no indutor? (d) Quando a corrente no indutor atinge a metade de seu valor máximo, qual é a carga no capacitor e qual é a energia armazenada no indutor?

30.56 •• Um capacitor carregado com $C = 590\ \mu$F está conectado em série com um indutor que possui $L = 0{,}330$ H e resistência desprezível. No instante em que a corrente no indutor é $i = 2{,}50$ A, a corrente está aumentando a uma taxa $di/dt = 73{,}0$ A/s. Durante as oscilações de corrente, qual é a voltagem máxima nos terminais do capacitor?

30.57 ••• PC No circuito indicado na **Figura P30.57**, a chave está aberta há muito tempo, quando é subitamente fechada. Nem a bateria nem os indutores possuem resistência interna significativa. Quais são as leituras do amperímetro e do voltímetro: (a) logo após S ser fechada; (b) após S estar fechada há muito tempo; (c) 0,115 ms após S ser fechada?

Figura P30.57

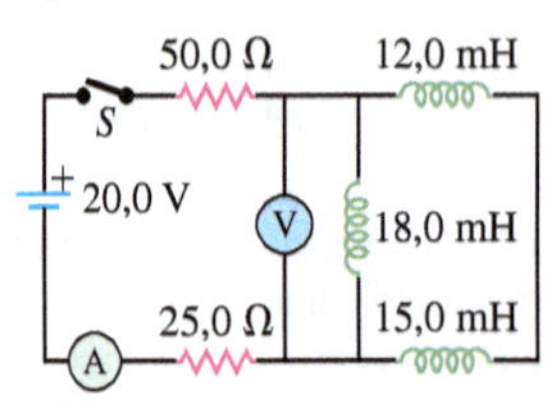

30.58 •• PC No circuito indicado na **Figura P30.58**, determine a leitura em cada amperímetro e voltímetro (a) logo após a chave S ser fechada e (b) após S estar fechada há muito tempo.

Figura P30.58

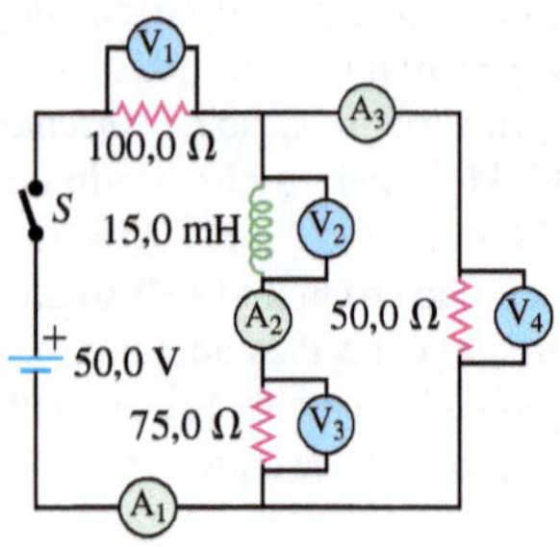

30.59 •• PC No circuito indicado na **Figura P30.59**, a chave S é fechada no instante $t = 0$ sem carga inicial no capacitor. (a) Determine a leitura em cada amperímetro e voltímetro logo após a chave S ser fechada. (b) Determine a leitura de cada instrumento após S estar fechada há muito tempo. (c) Determine a carga máxima no capacitor. (d) Desenhe um gráfico qualitativo da leitura do voltímetro V_2 em função do tempo.

Figura P30.59

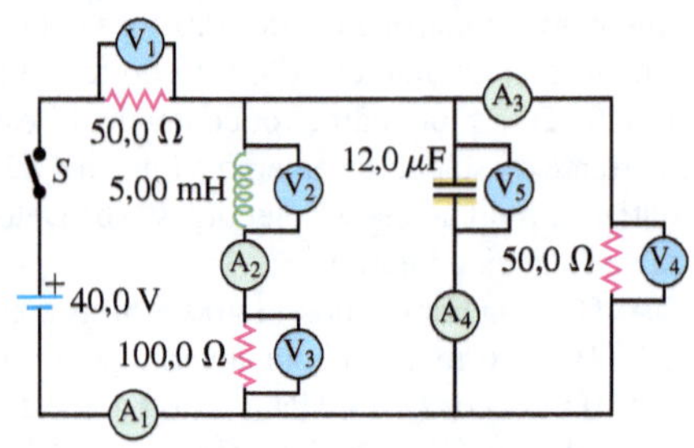

30.60 •• No circuito indicado na **Figura P30.60**, a chave S_1 está fechada há um longo tempo, o suficiente para que a leitura da corrente esteja estacionária a 3,50 A. Subitamente, S_2 é fechada, e S_1 é aberta no mesmo instante. (a) Qual é a carga máxima que o capacitor receberá? (b) Qual é a corrente no indutor nesse instante?

Figura P30.60

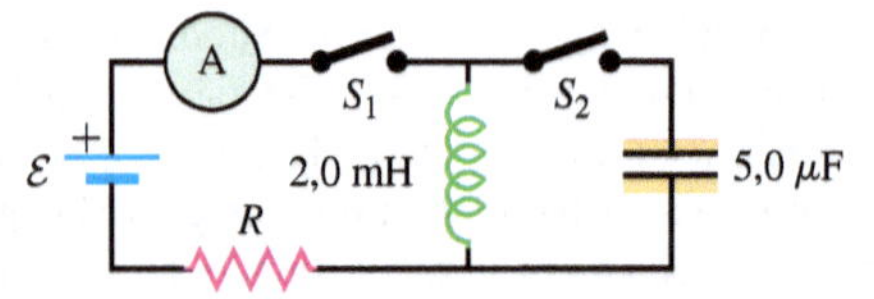

30.61 •• PC No circuito indicado na **Figura P30.61**, $\mathcal{E} = 60{,}0$ V, $R_1 = 40{,}0\ \Omega$, $R_2 = 25{,}0\ \Omega$ e $L = 0{,}300$ H. A chave S está fechada para $t = 0$. Logo depois de a chave ser fechada, (a) qual é a diferença de potencial v_{ab} nos terminais do resistor R_1? (b) Qual é o ponto que está a um potencial mais elevado, a ou b? (c) Qual é a diferença de potencial v_{cd} nos terminais do indutor L? (d) Qual é o ponto que está a um potencial mais elevado, c ou d? A seguir, a chave é mantida fechada durante um tempo muito longo e depois é aberta. Logo após a chave ser aberta, (e) qual é a diferença de potencial v_{ab} nos terminais do resistor R_1? (f) Qual é o ponto que está a um potencial mais elevado, a ou b? (g) Qual é a diferença de potencial v_{cd} nos terminais do indutor L? (h) Qual é o ponto que está a um potencial mais elevado, c ou d?

Figura P30.61

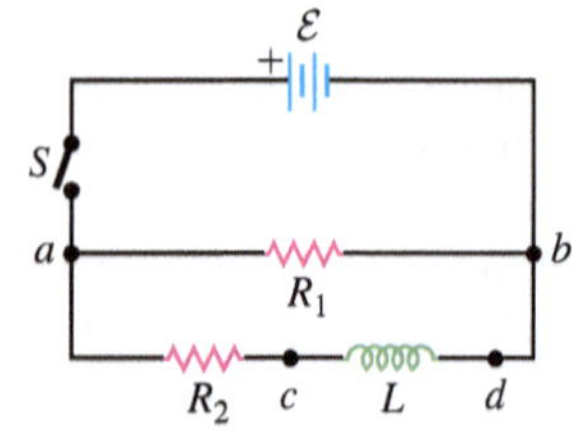

30.62 •• **PC** No circuito indicado na Figura P30.61, $\mathcal{E} = 60{,}0$ V, $R_1 = 40{,}0\ \Omega$, $R_2 = 25{,}0\ \Omega$ e $L = 0{,}300$ H. (a) A chave *S* está fechada. Em um instante *t* posterior, a corrente no indutor está crescendo a uma taxa $di/dt = 50{,}0$ A/s. Nesse instante, qual é a corrente i_1 que passa em R_1 e qual é a corrente i_2 que passa em R_2? (*Dica:* analise duas espiras separadas, uma contendo $\mathcal{E}$ e R_1 e a outra contendo $\mathcal{E}$, R_2 e *L*.) (b) A seguir, a chave é mantida fechada durante um tempo muito longo e depois é aberta. Logo depois de ela ser aberta, qual é a corrente que passa em R_1?

30.63 •• **CALC** Considere o circuito indicado na **Figura P30.63**. Seja $\mathcal{E} = 36{,}0$ V, $R_0 = 50{,}0\ \Omega$, $R = 150\ \Omega$ e $L = 4{,}00$ H. (a) A chave S_1 é fechada e S_2 é mantida aberta. Logo depois que S_1 é fechada, quais são os valores da corrente i_0 que passa em R_0, e das diferenças de potencial v_{ac} e v_{cb}? (b) Depois que S_1 é fechada durante um tempo muito longo (mantendo S_2 ainda aberta), de modo que a corrente atinja seu valor estacionário final, quais são os valores de i_0, v_{ac} e v_{cb}? (c) Determine as expressões de i_0, v_{ac} e v_{cb} em função do tempo, a partir do momento em que a chave S_1 é fechada. Seu resultado deve estar de acordo com a resposta do item (a), quando $t = 0$, e com a resposta do item (b), quando $t \rightarrow \infty$. Faça um gráfico de i_0, v_{ac} e v_{cb} em função do tempo.

Figura P30.63

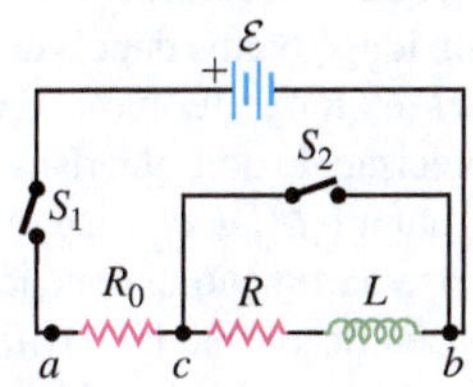

30.64 •• Depois que a corrente na Figura P30.63 atinge seu valor estacionário final com a chave S_1 fechada e S_2 aberta, S_2 é fechada, colocando o indutor em curto-circuito. (A chave S_1 permanece fechada. Veja o Problema 30.63 para os valores numéricos dos elementos do circuito.) (a) Logo depois de S_2 ser fechada, quais são os valores de v_{ac} e v_{cb} e quais são as correntes que passam em R_0, *R* e S_2? (b) Depois que S_2 é fechada durante um tempo muito longo, quais são os valores de v_{ac} e v_{cb} e quais são as correntes que passam em R_0, *R* e S_2? (c) Determine as expressões para as correntes que passam em R_0, *R* e S_2 em função do tempo desde o momento em que S_2 é fechada. Seu resultado deve concordar com a resposta do item (a) quando $t = 0$ e com a resposta do item (b) quando $t \rightarrow \infty$. Faça um gráfico dessas três correntes em função do tempo.

30.65 •• **PC** No circuito indicado na **Figura P30.65**, a chave *S* é fechada no instante $t = 0$. (a) Determine a leitura de cada instrumento logo após a chave *S* ser fechada. (b) Qual é a leitura após a chave S estar fechada há muito tempo?

Figura P30.65

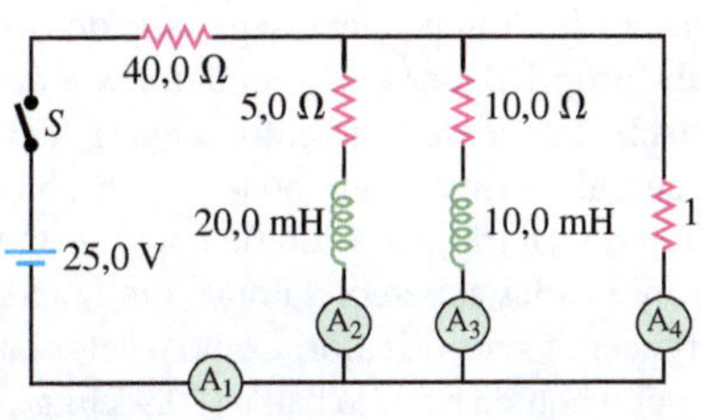

30.66 ••• **PC** No circuito indicado na **Figura P30.66**, nem a bateria nem os indutores possuem resistência interna significativa, os capacitores não possuem carga inicial e a chave *S* está na posição 1 há muito tempo. (a) Qual é a corrente no circuito? (b) A chave é agora subitamente passada para a posição 2. Determine a carga máxima que cada capacitor receberá e quanto tempo após a mudança de posição da chave eles levarão para adquirir essa carga.

Figura P30.66

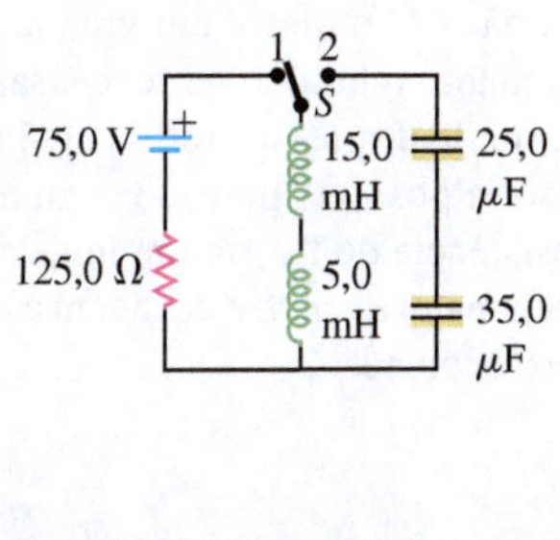

30.67 •• **DADOS** Durante um estágio como técnico em eletrônica, você é solicitado a medir a autoindutância *L* de um solenoide. Você conecta o solenoide em série com um resistor de 10,0 Ω, uma bateria com resistência interna desprezível e uma chave. Usando um voltímetro ideal, você mede e registra digitalmente a voltagem v_L no solenoide em função do tempo *t* que se passou desde que a chave foi fechada. Seus valores medidos aparecem na **Figura P30.67**, onde v_L é representado em função de *t*. Além disso, você mede que $v_L = 50{,}0$ V logo depois que a chave é fechada e $v_L = 20{,}0$ V muito tempo depois que ela é fechada. (a) Aplique a regra da malha ao circuito e obtenha uma equação para v_L em função de *t*. (*Dica*: use uma análise semelhante à usada para deduzir a Equação 30.15.) (b) Qual é a fem $\mathcal{E}$ da bateria? (c) De acordo com suas medições, qual é a amplitude de voltagem no resistor de 10,0 Ω quando $t \rightarrow \infty$? Use esse resultado para calcular a corrente no circuito quando $t \rightarrow \infty$. (d) Qual é a resistência R_L do solenoide? (e) Use a equação teórica do item (a), a Figura P30.67 e os valores de $\mathcal{E}$ e R_L dos itens (b) e (d) para calcular *L*. (*Dica:* de acordo com a equação, qual é o valor de v_L quando $t = \tau$, uma constante de tempo? Use a Figura P30.67 para estimar o valor de $t = \tau$.)

Figura P30.67

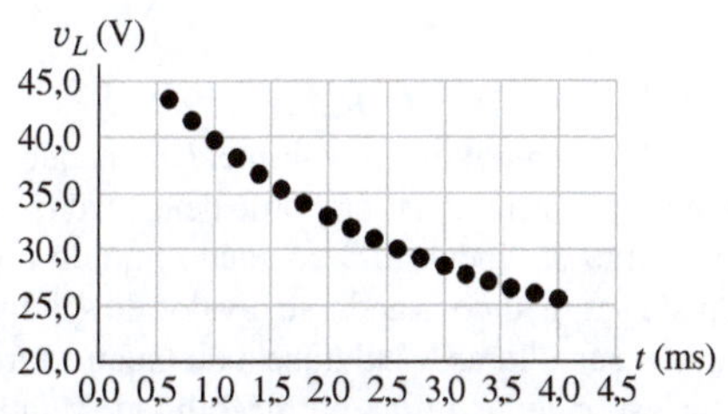

30.68 •• **DADOS** Você está estudando um solenoide com resistência e indutância desconhecidas. Você o conecta em série com um resistor de 50,0 Ω, uma bateria de 25,0 V com resistência interna desprezível e uma chave. Usando um voltímetro ideal, você mede e registra digitalmente a voltagem v_R nos terminais do resistor em função o tempo *t* que se passou após a chave ter sido fechada. Seus valores medidos aparecem na **Figura P30.68**, onde v_R é desenhado em função de *t*. Além disso, você mede que $v_R = 0$ logo depois que a chave é fechada e $v_R = 25{,}0$ V muito tempo depois que ela é fechada. (a) Qual é a resistência R_L do solenoide? (b) Aplique a regra das malhas ao circuito e obtenha uma equação para v_R em função de *t*. (c) De acordo com a equação que você derivou no item (b), qual é o valor de v_R quando $t = \tau$, uma constante de tempo? Use a Figura P30.68 para estimar o valor de $t = \tau$. Qual é a indutância do solenoide? (d) Quanta energia é armazenada no indutor muito tempo depois que a chave é fechada?

Figura P30.68

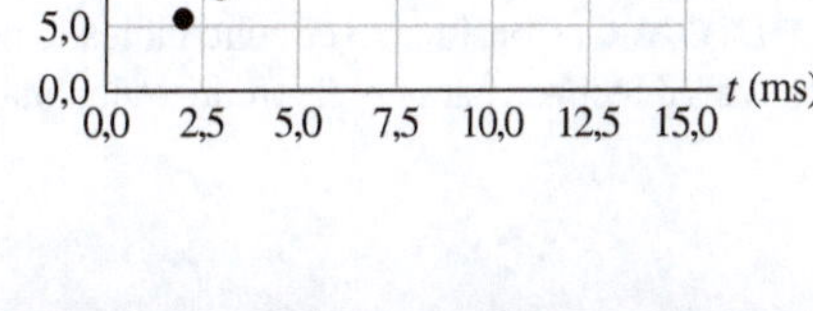

30.69 •• DADOS Para investigar as propriedades de um grande solenoide industrial, você conecta o solenoide e um resistor em série com uma bateria. As chaves permitem que a bateria seja substituída por um curto-circuito do solenoide e do resistor. Portanto, a Figura 30.11 pode ser usada, com $R = R_{ext} + R_L$, em que R_L é a resistência do solenoide e R_{ext} é a resistência do resistor em série. Com a chave S_2 aberta, você fecha S_1 e a mantém fechada até que a corrente i no solenoide seja constante (Figura 30.11). Depois, simultaneamente, S_2 é fechada e S_1 é aberta, usando um mecanismo de comutação com resposta rápida. Com um aparelho eletrônico de alta velocidade, você mede o tempo t_{meio} necessário para que a corrente diminua até metade de seu valor inicial. Essa medição é repetida para diversos valores de R_{ext} e obtêm-se estes resultados:

R_{ext} (Ω)	3,0	4,0	5,0	6,0	7,0	8,0	10,0	12,0
t_{meio} (s)	0,735	0,654	0,589	0,536	0,491	0,453	0,393	0,347

(a) Desenhe um gráfico de seus dados na forma de $1/t_{meio}$ em função de R_{ext}. Explique por que os pontos de dados desenhados dessa forma ficam próximos de uma linha reta. (b) Use seu gráfico do item (a) para calcular a resistência R_L e a indutância L do solenoide. (c) Se a corrente no solenoide for 20,0 A, quanta energia está armazenada lá? A que taxa a energia elétrica está sendo dissipada na resistência do solenoide?

PROBLEMAS DESAFIADORES

30.70 ••• PC Um medidor de volume. Um tanque contendo líquido possui espiras enroladas em torno dele, fazendo com que ele funcione como um indutor. O conteúdo líquido no interior do tanque pode ser medido usando-se o valor de sua indutância para determinar sua altura. A indutância do tanque varia de um valor L_0, correspondente a uma permeabilidade relativa igual a 1, quando está vazio, até um valor L_f, correspondente a uma permeabilidade relativa igual a K_m (a permeabilidade relativa do líquido), quando está cheio. Um circuito eletrônico apropriado pode determinar a indutância com cinco algarismos significativos e, portanto, é capaz de determinar a permeabilidade relativa efetiva da combinação do volume de ar com o volume do líquido na cavidade retangular do tanque. Os quatro lados do tanque possuem largura W e altura D (**Figura P30.70**). A altura atingida pelo líquido no tanque é igual a d. Despreze os efeitos de borda e suponha que a permeabilidade relativa do material do tanque seja desprezível. (a) Deduza uma expressão para d em função de L, a indutância correspondente a uma dada altura do líquido, de L_0, L_f e D. (b) Qual é a indutância (com cinco algarismos significativos) para um tanque cheio até ¼, cheio até $\frac{1}{2}$, cheio até ¾ e completamente cheio de oxigênio líquido? Considere L_0 = 0,63000 H. A suscetibilidade magnética do oxigênio líquido é $\chi_m = 1{,}52 \times 10^{-3}$. (c) Repita o item (b) para o mercúrio. A suscetibilidade magnética do mercúrio é dada na Tabela 28.1. (d) Para que tipo de material esse dispositivo de medição de volume é mais prático?

Figura P30.70

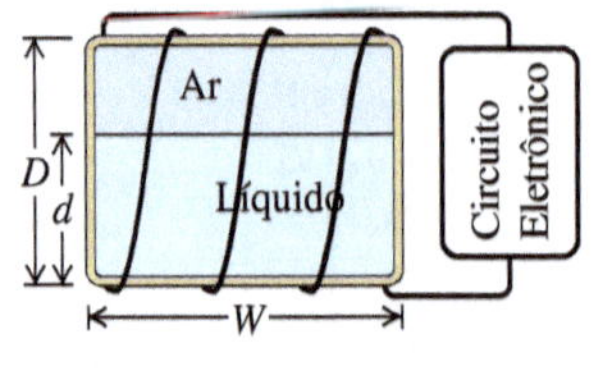

30.71 ••• PC CALC Considere o circuito indicado na **Figura P30.71**. A chave S é fechada para $t = 0$, produzindo uma corrente i_1, que passa através do ramo do indutor, e uma corrente i_2, que passa através do ramo do capacitor. A carga inicial do capacitor é igual a zero e a carga no instante t é igual a q_2. (a) Deduza expressões para i_1, i_2 e q_2 em função do tempo. Expresse as respostas em termos de $\mathcal{E}$, L, C, R_1, R_2 e t. Para o restante deste problema, use os seguintes valores para os elementos do circuito: $\mathcal{E}$ = 48 V, L = 8,0 H, C = 20 μF, R_1 = 25 Ω e R_2 = 5.000 Ω. (b) Qual é a corrente inicial que passa através do ramo do indutor? Qual é a corrente inicial que passa através do ramo do capacitor? (c) Quais são as correntes que passam através do ramo do indutor e do ramo do capacitor um longo tempo depois de a chave ser fechada? Qual é a duração desse "longo tempo"? Explique. (d) Para qual tempo t_1 (com precisão de dois algarismos significativos) a corrente i_1 torna-se igual a i_2? (*Dica:* você deve considerar o desenvolvimento em série da função exponencial.) (e) Calcule i_1 para as condições especificadas no item (d). (f) A corrente total através da bateria é $i = i_1 + i_2$. Para qual tempo t_2 (com precisão de dois algarismos significativos) a corrente i torna-se igual à metade de seu valor final? (*Dica*: o cálculo numérico pode ser simplificado se você fizer aproximações adequadas. Um desenho de i_1 e de i_2 em função de t pode ajudar a decidir qual é a aproximação válida.)

Figura P30.71

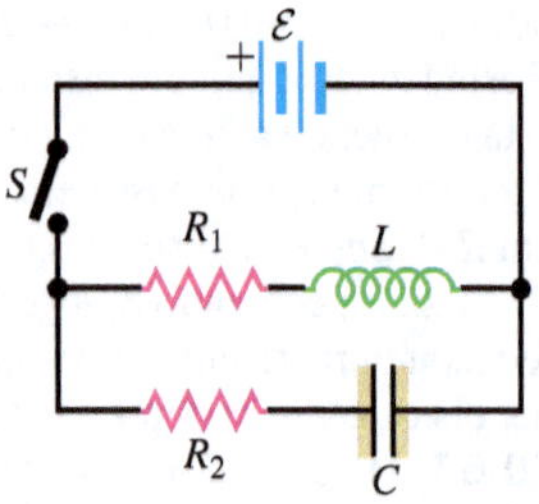

Problemas com contexto

BIO ***QUENCHING* EM UM ÍMÃ DE RM.** Ímãs transportando correntes muito grandes são usados para produzir os campos magnéticos uniformes e intensos necessários para os exames por *ressonância magnética* (RM). Um ímã típico para RM pode ser um solenoide com 2,0 m de extensão e 1,0 m de diâmetro, com autoindutância de 4,4 H, transportando uma corrente de 750 A. Um fio normal transportando tanta corrente dissiparia uma grande potência elétrica em forma de calor, de modo que a maioria dos ímãs de RM é feita com bobinas de um fio supercondutor resfriado por hélio líquido a uma temperatura pouco abaixo de seu ponto de fusão (4,2 K). Depois que a corrente é estabelecida no fio, a fonte de alimentação é desconectada e as extremidades do ímã são unidas por meio de um pedaço de supercondutor, de modo que a corrente fluirá sem resistência enquanto o hélio líquido mantiver o ímã frio.

Sob raras circunstâncias, um pequeno segmento do fio do ímã pode perder suas propriedades supercondutoras e desenvolver alguma resistência. Nesse segmento, a energia elétrica é convertida em energia térmica, que pode causar ebulição de parte do hélio líquido. Outras partes do fio então se aquecem e perdem suas propriedades supercondutoras, dissipando assim ainda mais energia em forma de calor. Como o calor latente da vaporização do hélio líquido é muito baixo (20,9 kJ/kg), quando o fio começar a se aquecer, todo o hélio líquido poderá ferver rapidamente. Esse evento, denominado *quench*, pode danificar o ímã. Além disso, um grande volume de gás hélio é gerado enquanto o líquido ferve, causando risco de asfixia, e o rápido acúmulo de pressão resultante pode causar uma explosão. Com isso, é possível perceber a importância de manter em zero a resistência do fio em um ímã de RM e ter dispositivos que detectam um *quench* e desligam a corrente imediatamente quando isso acontece.

30.72 Quantas voltas esse ímã de RM típico possui? (a) 1.100; (b) 3.000; (c) 4.000; (d) 22.000.

30.73 Se uma pequena parte desse ímã perder suas propriedades supercondutoras e a resistência do fio de repente subir de 0 para 0,005 Ω constante, quanto tempo levará para que a corrente diminua até a metade de seu valor inicial? (a) 4,7 min; (b) 10 min; (c) 15 min; (d) 30 min.

30.74 Se parte do ímã desenvolver uma resistência e o hélio líquido ferver, retirando cada vez mais supercondutividade do ímã, como esse *quench* afetará o tempo para que a corrente caia para a metade de seu valor inicial? (a) O tempo será mais curto, pois a resistência aumentará; (b) o tempo será maior, pois a resistência aumentará; (c) o tempo será o mesmo; (d) não há informações suficientes para poder afirmar.

30.75 Se toda a energia magnética armazenada nesse ímã de RM for convertida em energia térmica, quanto hélio líquido ferverá? (a) 27 kg; (b) 38 kg; (c) 60 kg; (d) 110 kg.

RESPOSTAS

Resposta à pergunta inicial do capítulo

Resposta: **(iii)** Como foi explicado na Seção 30.2, os sensores dos semáforos operam medindo a variação da indutância de uma bobina embutida sob a superfície do pavimento, quando um carro (que contém material ferromagnético) passa sobre ela.

Respostas às perguntas dos testes de compreensão

30.1 Resposta: **(iii)** Duplicar tanto o comprimento do solenoide (l) quanto o número de espiras nele (N_1) *não* exerce efeito sobre a indutância mútua M. O Exemplo 30.1 indica que M depende da razão entre essas grandezas, que permaneceria constante. Isso ocorre porque o campo magnético produzido pelo solenoide depende do número de giros *por unidade de comprimento*, e a variação proposta não exerce efeito sobre essa grandeza.

30.2 Resposta: **(iv)**, **(i)**, **(iii)**, **(ii)** Pela Equação 30.8, a diferença de potencial através do indutor é $V_{ab} = L\,di/dt$. Para os quatro casos, obtemos (i) V_{ab} = (2,0 μH) (2,0 A − 1,0 A)/(0,50 s) = 4,0 μV; (ii) V_{ab} = (4,0 μH) (0 − 3,0 A)/(2,0 s) = −6,0 μV; (iii) V_{ab} = 0, porque a taxa de variação da corrente é nula; e (iv) V_{ab} = (1,0 μH) (4,0 A − 0)/(0,25 s) = 16 μV.

30.3 Respostas: **(a) sim**, **(b) não** Inverter o sentido da corrente não exerce efeito sobre o módulo do campo magnético, mas provoca a inversão do sentido dele. Não exerce efeito sobre a densidade de energia do campo magnético, que é proporcional ao quadrado do *módulo* do campo magnético.

30.4 Respostas: **(a) (i)**, **(b) (ii)** Lembre-se de que v_{ab} é o potencial no ponto a menos o potencial no ponto b, e da mesma forma para v_{bc}. Para qualquer arranjo das chaves, a corrente flui através do resistor de a para b. A extremidade superior do resistor possui sempre o maior potencial, portanto v_{ab} é positivo. Com S_1 fechada e S_2 aberta, a corrente que passa pelo indutor flui de b para c e continua aumentando. A fem autoinduzida se opõe a esse aumento e está, portanto, orientada de c para b, o que significa que b possui maior potencial. Logo, v_{bc} é positivo. Com S_1 aberta e S_2 fechada, a corrente do indutor novamente flui de b para c, mas diminuindo dessa vez. A fem autoinduzida está orientada de b para c em um esforço para sustentar a corrente decrescente, portanto c possui potencial maior e v_{bc} é negativo.

30.5 Respostas: **(a) positivo**, **(b) elétrica**, **(c) negativo**, **(d) elétrica** O capacitor perde energia entre os estágios (a) e (b), portanto realiza trabalho positivo sobre as cargas. Ele faz isso exercendo uma força elétrica que afasta a corrente da placa esquerda com carga positiva do capacitor e que a aproxima da placa direita com carga negativa. Ao mesmo tempo, o indutor ganha energia e realiza trabalho negativo sobre as cargas em movimento. Embora o indutor armazene energia magnética, a força que ele realiza é *elétrica*. Essa força se origina da fem autoinduzida do indutor (veja a Seção 30.2).

30.6 Respostas: **(i)**, **(iii)** Não há oscilações para $R^2 \geq 4L/C$. Em cada caso, R^2 = (2,0 Ω)^2 = 4,0 Ω^2. No caso (i) $4L/C$ = 4(3,0 μH)/(6,0 μF) = 2,0 Ω^2, não há oscilações (o sistema está superamortecido); no caso (ii) $4L/C$ = 4(6,0 μH)/(3,0 μF) = 8,0 Ω^2, há oscilações (o sistema está subamortecido); e no caso (iii) $4L/C$ = 4(3,0 μH)/(3,0 μF) = 4,0 Ω^2, então não há oscilações (o sistema está criticamente amortecido).

Problema em destaque

(a) $7{,}68 \times 10^{-8}$ J **(b)** 1,60 mA **(c)** 24,8 mV
(d) $1{,}92 \times 10^{-8}$ J, 21,5 mV

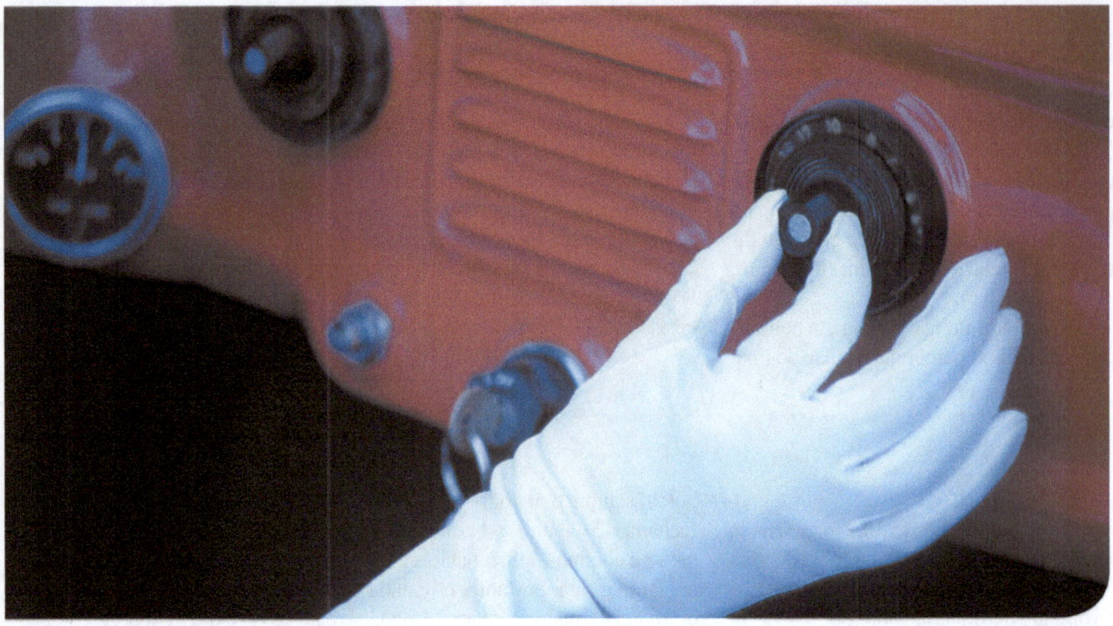

? As ondas de uma estação de radiodifusão produzem corrente alternada nos circuitos de um rádio (como o deste carro antigo). Quando um rádio é sintonizado a uma frequência de 1.000 kHz, ele também detecta as transmissões de uma estação que transmite a: (i) 600 kHz; (ii) 800 kHz; (iii) 1.200 kHz; (iv) todas essas frequências; (v) nenhuma delas?

31 CORRENTE ALTERNADA

OBJETIVOS DE APRENDIZAGEM

Ao estudar este capítulo, você aprenderá:

31.1 Como os fasores facilitam a descrição senoidal das grandezas variantes.

31.2 Como usar a reatância para descrever a voltagem através de um elemento de circuito que transporta uma corrente alternada.

31.3 Como analisar um circuito *L-R-C* em série com uma fem senoidal.

31.4 O que determina a quantidade de potência que entra ou sai de um circuito de corrente alternada.

31.5 Como um circuito *L-R-C* em série responde a fems senoidais de frequências diferentes.

31.6 Por que os transformadores são úteis e como eles funcionam.

Revendo conceitos de:

14.2, 14.8 Movimento harmônico simples, ressonância.

16.7 Ressonância e som.

18.3 Valor quadrático médio (qm).

25.3 Diodos.

26.3 Galvanômetros.

28.8 Histerese em materiais magnéticos.

29.2, 29.6, 29.7 Geradores de corrente alternada; correntes de Foucault; corrente de deslocamento.

30.1, 30.2, 30.5, 30.6 Indutância mútua; voltagem em um indutor; circuitos *L-C*; circuitos *L-R-C* em série.

Durante a década de 1880, ocorreu nos Estados Unidos um caloroso debate entre dois inventores sobre qual deveria ser o melhor método para a distribuição de energia elétrica. Thomas Edison defendia que a melhor solução seria usar a corrente contínua (cc), ou seja, a corrente que não varia com o tempo. George Westinghouse afirmava que o melhor método consistia em usar a **corrente alternada (ca)**, ou seja, voltagens e correntes que variam senoidalmente. Ele afirmava que o transformador (que estudaremos neste capítulo) funciona somente quando estimulado por uma voltagem ca, e não por voltagem cc; as baixas voltagens são mais seguras para os consumidores, porém é necessário usar uma voltagem muito elevada com baixa corrente correspondente para minimizar as perdas i^2R nos cabos.

Por fim, as ideias de Westinghouse prevaleceram e quase todos os sistemas atuais de distribuição de energia elétrica funcionam com corrente alternada. Qualquer eletrodoméstico que você ligar na tomada da parede usa ca. Circuitos modernos usados em dispositivos de comunicação também empregam muito a corrente alternada.

Neste capítulo, aprenderemos como os resistores, os indutores e os capacitores se comportam com correntes e voltagens que variam senoidalmente. Muitos princípios que consideramos úteis no Capítulo 30 podem ser aplicados, com diversos conceitos novos relacionados ao comportamento de circuitos com capacitores e indutores. Um conceito fundamental neste estudo é a *ressonância*, que vimos no Capítulo 13 para sistemas mecânicos.

31.1 FASOR E CORRENTE ALTERNADA

Para fornecer uma corrente alternada a um circuito, é necessária uma fonte de voltagem ou fem. Um exemplo desse tipo de fonte é uma espira girando com velocidade angular constante em um campo magnético, conforme discutimos no Exemplo 29.3 (Seção 29.2). Essa rotação produz uma fem senoidal, sendo o protótipo do gerador comercial ou *alternador* (veja a Figura 29.8).

Usaremos a expressão **fonte ca** para qualquer dispositivo que aplique uma voltagem que varia senoidalmente v (diferença de potencial) ou que forneça uma corrente i. Nos diagramas de circuitos elétricos, uma fonte ca é representada pelo seguinte símbolo:

Uma tensão senoidal pode ser representada por uma função do seguinte tipo:

$$v = V \cos \omega t \tag{31.1}$$

Na expressão anterior, v (com letra minúscula) é a diferença de potencial *instantânea*; V (com letra maiúscula) é a diferença de potencial máxima, que chamaremos de **amplitude da voltagem**; e ω é a *frequência angular*, que é igual a 2π vezes a frequência f (**Figura 31.1**).

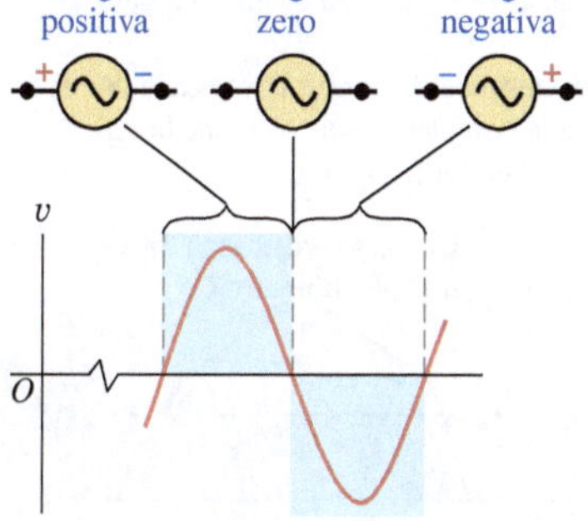

Figura 31.1 Voltagem através de uma fonte ca senoidal.

Em diversos países, inclusive no Brasil, quase todos os sistemas de distribuição de energia elétrica usam a frequência $f = 60$ Hz, que corresponde a uma frequência angular $\omega = (2\pi \text{ rad})(60 \text{ s}^{-1}) = 377$ rad/s; em alguns países, usa-se a frequência $f = 50$ Hz ($\omega = 314$ rad/s). De modo análogo, uma corrente senoidal com um valor máximo (ou **amplitude de corrente**) de I pode ser escrita na forma

Corrente alternada senoidal:

$$i = I \cos \omega t \tag{31.2}$$

(Corrente instantânea: i; Frequência angular: ω; Tempo: t; Amplitude de corrente (corrente máxima): I)

Diagramas de fasores

Para representarmos correntes e tensões que variam senoidalmente, faremos diagramas vetoriais semelhantes aos usados nos estudos dos movimentos harmônicos simples, na Seção 13.2 (veja as figuras 13.5b e 13.6). Nesses diagramas, o valor instantâneo de uma grandeza que varia senoidalmente com o tempo é representado pela *projeção* sobre o eixo horizontal de um vetor cujo comprimento fornece a amplitude da grandeza considerada. O vetor gira em sentido anti-horário com velocidade angular constante ω. Esses vetores rotativos são chamados de **fasores**, e um desenho com essas grandezas é chamado de **diagrama de fasor**. A **Figura 31.2** mostra um diagrama com um fasor para descrever a grandeza senoidal descrita pela Equação 31.2. A projeção do fasor sobre o eixo horizontal no instante t é igual a $I \cos \omega t$; essa é a razão pela qual preferimos usar a função cosseno na Equação 31.2, em vez de uma função seno.

Figura 31.2 Um diagrama de fasor.

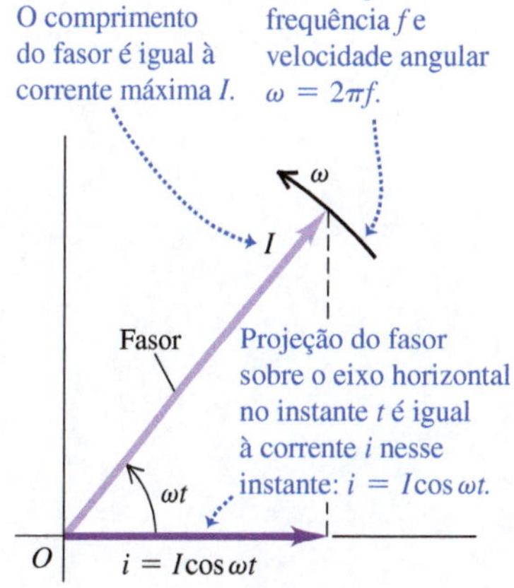

ATENÇÃO O que exatamente é um fasor? Um fasor não é uma grandeza vetorial real com direção e sentido no espaço, como a velocidade, o momento linear ou o campo elétrico. Em vez disso, trata-se de uma grandeza *geométrica* escalar, que ajuda a descrever e analisar grandezas físicas que variam senoidalmente com o tempo. Na Seção 13.2, empregamos um único fasor para representar a posição de uma partícula executando um movimento harmônico simples. Neste capítulo, usaremos fasores para *somar* voltagens e correntes senoidais. A combinação de grandezas senoidais com diferenças de fase torna-se, então, um problema de soma vetorial. Voltaremos a usar fasores de um modo semelhante nos capítulos 35 e 36, nos quais estudaremos os efeitos da interferência com a luz.

Corrente alternada retificada

Como medir uma corrente que varia senoidalmente? Na Seção 26.3, usamos um galvanômetro de d'Arsonval para medir correntes constantes. Porém, quando uma corrente *senoidal* passa por um galvanômetro de d'Arsonval, o torque sobre a bobina móvel varia senoidalmente e, durante a metade do ciclo, a corrente passa por um sentido e durante a outra metade, ela varia no sentido oposto. A agulha pode oscilar um pouco se a frequência for muito baixa, porém o desvio médio é igual a zero. Portanto, um medidor de d'Arsonval não é útil para medir correntes alternadas.

Para obtermos uma corrente mensurável fluindo através de um medidor, podemos usar *diodos* — descritos na Seção 25.3. Um diodo (ou retificador) conduz melhor em um sentido que no outro; um diodo ideal possui resistência nula em um sentido e resistência infinita no sentido oposto. Um arranjo possível é descrito na **Figura 31.3a**, denominado *circuito retificador de onda completa*. A corrente que passa no galvanômetro G é sempre orientada no mesmo sentido positivo, independentemente do sentido da corrente fornecida pela fonte ca (i.e., não importa se a metade do ciclo é positiva ou negativa). A corrente que passa em G é indicada pela Figura 31.3b: ela é pulsante, porém possui sempre o mesmo sentido, e agora o desvio médio do medidor *não* é igual a zero.

Figura 31.3 (a) Um circuito retificador de onda completa. (b) Gráfico da corrente resultante que passa pelo galvanômetro G.

(a) Um circuito retificador de onda completa

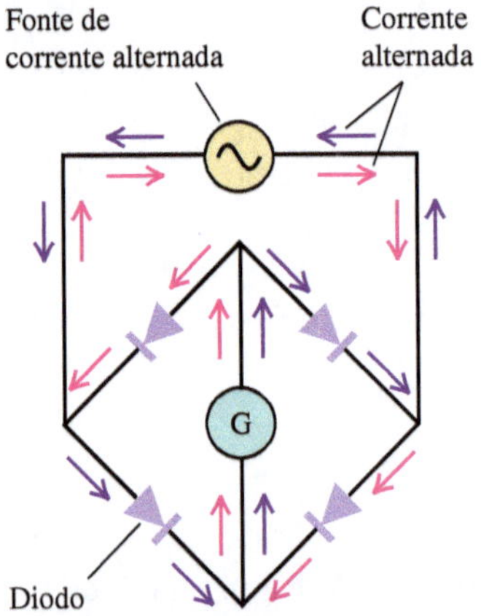

(b) Gráfico da corrente retificada de onda completa e seu valor médio, a corrente retificada média I_{rm}

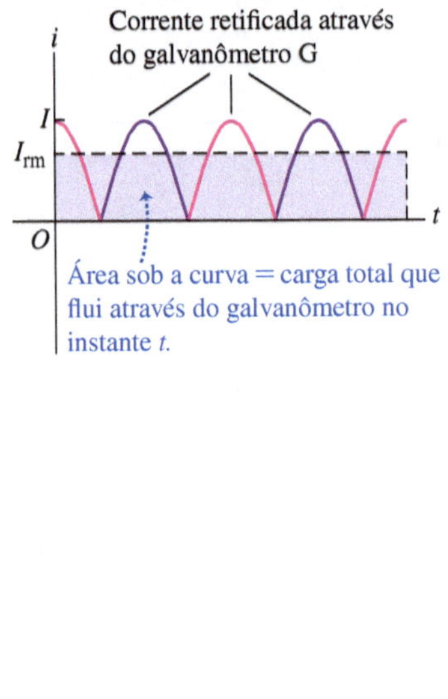

A **corrente retificada média** I_{rm} é aquela que, considerando qualquer número inteiro de ciclos, seria igual a uma corrente contínua que possuísse o mesmo valor I_{rm}. A notação I_{rm}, usada para indicar a corrente *retificada média*, serve para enfatizar que essa corrente *não* é a corrente média da corrente senoidal original. Na Figura 31.3b, a carga total que flui no tempo t corresponde a uma área embaixo da curva de i contra t (lembre-se de que $i = dq/dt$; logo, q é a integral de t); essa área é dada pela área do retângulo com altura I_{rm}. Vemos que I_{rm} é menor que a corrente máxima I; as duas são relacionadas por

Valor médio retificado de uma corrente senoidal; Amplitude de corrente

$$I_{rm} = \frac{2}{\pi} I = 0{,}637I \qquad (31.3)$$

(O fator $2/\pi$ é o valor médio de $|\cos \omega t|$ ou de $|\text{sen}\, \omega t|$; veja o Exemplo 29.4, na Seção 29.2.) O desvio do galvanômetro é proporcional a I_{rm}. O galvanômetro pode ser calibrado para ler I, I_{rm} ou, mais frequentemente, o valor quadrático médio I_{qm} (definido a seguir).

Valor quadrático médio (qm)

Um método mais útil para a descrição de qualquer grandeza positiva ou negativa consiste em usar seu *valor quadrático médio* (*qm*), também chamado de *valor eficaz*. Já aplicamos valores qm na Seção 18.3 em conexão com as velocidades das moléculas de um gás. Elevamos ao *quadrado* a corrente instantânea i, tomamos o valor *médio* (a média) de i^2 e, finalmente, extraímos a *raiz quadrada* dessa média. Esse procedimento define a **corrente quadrática média** (ou **corrente eficaz**), designada por I_{qm} (**Figura 31.4**). Mesmo quando i for negativa, i^2 será sempre positiva, de modo que I_{qm} nunca será igual a zero (a menos que i seja nula em todos os instantes).

Vejamos agora como obter a corrente quadrática média I_{qm}, como a indica a Figura 31.4. Se a corrente instantânea for dada por $i = I \cos \omega t$, então

$$i^2 = I^2 \cos^2 \omega t$$

Usando a identidade trigonométrica que relaciona o dobro de um ângulo, obtemos

Figura 31.4 Cálculo do valor quadrático médio (qm) de uma corrente alternada.

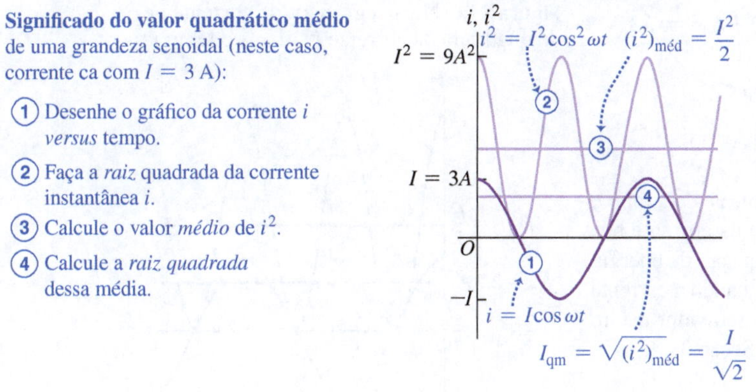

$$\cos^2 A = \tfrac{1}{2}(1 + \cos 2A)$$

encontrando

$$i^2 = I^2\tfrac{1}{2}(1 + \cos 2\omega t) = \tfrac{1}{2}I^2 + \tfrac{1}{2}I^2\cos 2\omega t$$

O valor médio de cos $2\omega t$ é igual a zero, porque a função é positiva na metade do tempo e negativa na outra metade. Portanto, o valor médio de i^2 é simplesmente igual a $I^2/2$. A raiz quadrada desse valor é I_{qm}:

Valor quadrático médio (qm) de uma corrente senoidal $\rightarrow$ $$I_{qm} = \frac{I}{\sqrt{2}} \quad (31.4)$$ (I: Amplitude de corrente)

Da mesma forma, o valor quadrático médio de uma voltagem senoidal é dado por

Valor quadrático médio (qm) de uma voltagem senoidal $\rightarrow$ $$V_{qm} = \frac{V}{\sqrt{2}} \quad (31.5)$$ (V: Amplitude de voltagem (valor máximo))

Podemos converter um amperímetro retificador em um voltímetro colocando um resistor em série, como fizemos no caso discutido na Seção 26.3. Os multímetros usados para medir uma corrente ou uma voltagem ca quase sempre são calibrados para ler um valor eficaz e não medem o valor máximo ou o valor retificado médio. Voltagens e correntes sempre são especificadas pelo respectivo valor eficaz nos sistemas de distribuição de energia elétrica. A tensão normal fornecida para as residências de "120 volts ca" possui uma voltagem eficaz igual a 120 V (**Figura 31.5**). A amplitude da voltagem é dada por

$$V = \sqrt{2}\,V_{qm}$$
$$= \sqrt{2}(120\text{ V}) = 170\text{ V}$$

Figura 31.5 Esta tomada de parede fornece uma tensão eficaz de 120 V. Sessenta vezes por segundo, a voltagem instantânea em seus terminais varia desde $(\sqrt{2})(120\text{ V}) = 170$ V até -170 V.

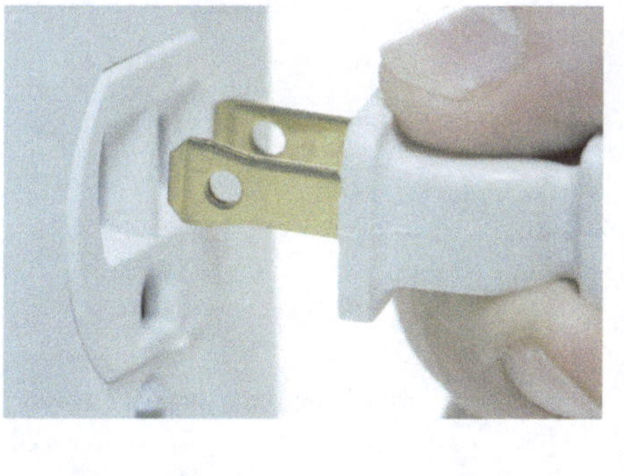

EXEMPLO 31.1 CORRENTE EM UM COMPUTADOR PESSOAL

A placa na parte traseira de um computador diz que ele consome 2,7 A de uma linha de 120 V com 60 Hz. Para esse computador, calcule: (a) a corrente média; (b) o valor médio do quadrado da corrente; e (c) a amplitude da corrente.

SOLUÇÃO

IDENTIFICAR E PREPARAR: este exemplo se refere à corrente alternada. Na parte (a), descobrimos a média da corrente alternada por um ciclo completo. Na parte (b), reconhecemos que o consumo de corrente de 2,7 A do computador é o valor I_{qm} — ou seja, a *raiz quadrada* do valor *médio* (média) do *quadrado* da corrente, $(i^2)_{méd}$. Na parte (c), usamos a Equação 31.4 para relacionar I_{qm} à amplitude de corrente.

EXECUTAR: (a) o valor médio de *qualquer* grandeza alternada senoidal em um número inteiro de ciclos é sempre igual a zero. (b) A corrente fornecida é o valor eficaz: $I_{qm} = 2{,}7$ A. Pela definição de valor qm,

(*Continua*)

(*Continuação*)

$$I_{qm} = \sqrt{(i^2)_{méd}} \text{ então } (i^2)_{méd} = (I_{qm})^2 = (2{,}7 \text{ A})^2 = 7{,}3 \text{ A}^2$$

(c) Pela Equação 31.4, a amplitude da corrente I é

$$I = \sqrt{2}I_{qm} = \sqrt{2}(2{,}7 \text{ A}) = 3{,}8 \text{ A}$$

A **Figura 31.6** mostra os gráficos de i e i^2 em função do tempo t.

AVALIAR: por que o valor médio do quadrado da corrente nos interessaria? Lembre-se de que a taxa de dissipação da energia em um resistor R é igual a i^2R. Essa taxa varia quando a corrente é alternada, portanto é mais bem descrita pelo seu valor médio $(i^2)_{méd}R = I_{qm}{}^2R$. Aplicamos esse conceito na Seção 31.4.

Figura 31.6 Nossos gráficos da corrente i e do quadrado da corrente i^2 *versus* o tempo t.

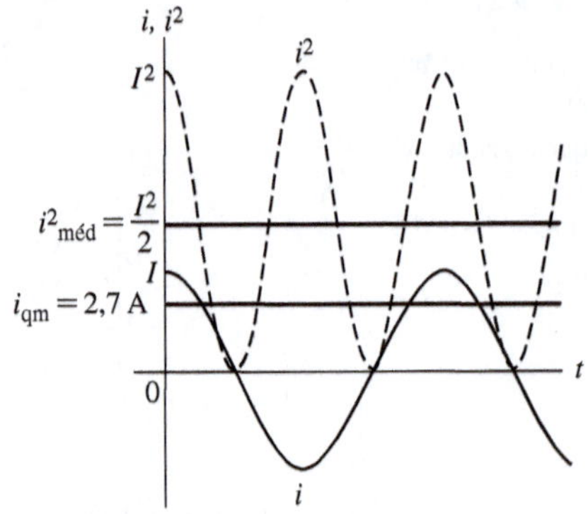

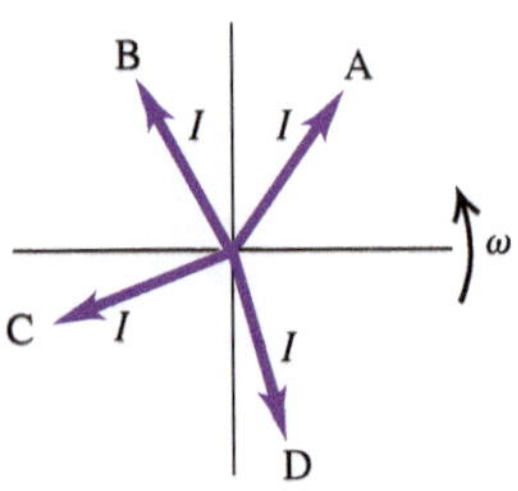

TESTE SUA COMPREENSÃO DA SEÇÃO 31.1 A figura deste teste indica quatro diferentes fasores de corrente, com a mesma frequência angular ω. No instante indicado, qual dos fasores corresponde a: (a) uma corrente positiva que se torna mais positiva; (b) uma corrente positiva que diminui, tendendo a zero; (c) uma corrente negativa que se torna mais negativa; (d) uma corrente negativa cujo módulo diminui, tendendo a zero? ▌

31.2 RESISTÊNCIA E REATÂNCIA

Nesta seção, vamos deduzir uma relação entre a corrente e a voltagem para os elementos individuais — resistores, indutores e capacitores — de um circuito que conduz uma corrente senoidal.

Resistor em um circuito ca

Inicialmente, consideremos um resistor com resistência R através do qual passa uma corrente senoidal dada pela Equação 31.2: $i = I \cos \omega t$. O sentido positivo da corrente é anti-horário em torno do circuito, como na **Figura 31.7a**. A amplitude da corrente (valor máximo) é I. De acordo com a lei de Ohm, a diferença de potencial instantânea v_R entre um ponto a e um ponto b (ou seja, a voltagem instantânea através do resistor) é dada por

$$v_R = iR = (IR) \cos \omega t \tag{31.6}$$

A voltagem máxima da voltagem v_R é V_R, a *amplitude da voltagem*:

Figura 31.7 Resistência R conectada através de uma fonte ca.

(a) Circuito com fonte ca e resistor

(b) Gráfico da corrente e da voltagem *versus* tempo

(c) Diagrama de fasor

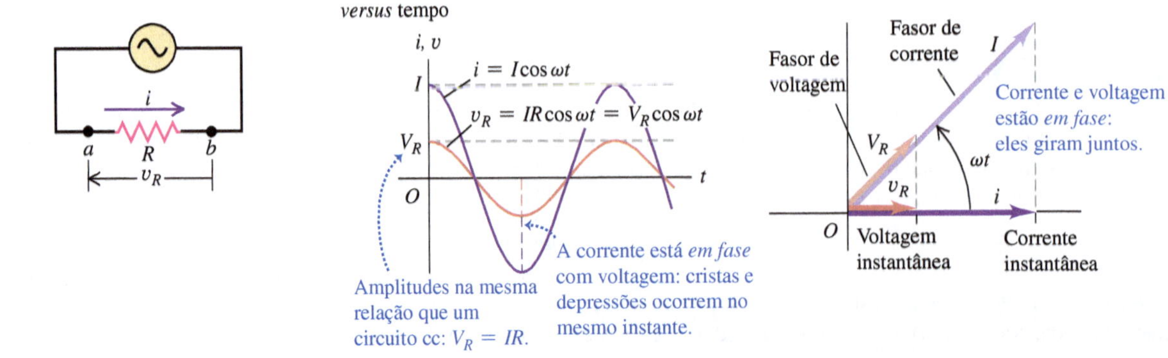

$$V_R = IR \qquad (31.7)$$

Amplitude da voltagem no resistor, circuito ca; Amplitude de corrente; Resistência

Portanto, também podemos escrever

$$v_R = V_R \cos \omega t \qquad (31.8)$$

A corrente i e a voltagem v_R são ambas proporcionais a cos ωt, de modo que a corrente está *em fase* com a voltagem. A Equação 31.7 mostra que a amplitude da corrente é relacionada à amplitude da tensão por meio da mesma equação usada para um circuito de corrente contínua.

A Figura 31.7b mostra um gráfico de i e de v_R em função do tempo. A escala vertical da corrente é diferente da escala da voltagem, de modo que a altura relativa das duas curvas não é relevante. O diagrama de fasor correspondente é fornecido pela Figura 31.7c. Como i e v_R estão *em fase* e possuem a mesma frequência, os fasores da corrente e da voltagem giram juntos e são paralelos em todos os instantes. Suas projeções sobre o eixo horizontal representam, respectivamente, a corrente e a voltagem.

Indutor em um circuito ca

A seguir, troque o resistor na Figura 31.7 por um indutor puro com indutância L e resistência zero (**Figura 31.8a**). Novamente, supomos uma corrente dada por $i = I \cos \omega t$, com o sentido positivo da corrente i como o sentido do percurso anti-horário em torno do circuito.

Embora não exista nenhuma resistência, há diferença de potencial v_L entre os terminais a e b do indutor, porque a corrente varia com o tempo, dando origem a uma fem autoinduzida. A fem autoinduzida no sentido de i é dada pela Equação 30.7, $\mathcal{E} = -L\, di/dt$; contudo, a voltagem v_L *não* é simplesmente igual a $\mathcal{E}$. Para entender o motivo disso, note que a corrente do indutor está orientada no sentido positivo (anti-horário) de a até b e está crescendo, então di/dt é positivo e a *fem* induzida é orientada para a esquerda, a fim de se opor ao aumento da corrente; portanto, o ponto a está a um potencial mais elevado que o ponto b. Logo, o potencial do ponto a em relação ao ponto b é positivo, sendo dado por $v_L = +L\, di/dt$, o valor da fem com sinal *contrário.* (Você deve se convencer de que essa expressão dá o valor correto de v_L em *todas* as situações, incluindo i anti-horário e diminuindo, i horário e aumentando e i horário e diminuindo; revise também a Seção 30.2.) Portanto, obtemos

$$v_L = L\frac{di}{dt} = L\frac{d}{dt}(I \cos \omega t) = -I\omega L \operatorname{sen} \omega t \qquad (31.9)$$

Figura 31.8 Indutância L conectada através de uma fonte ca.

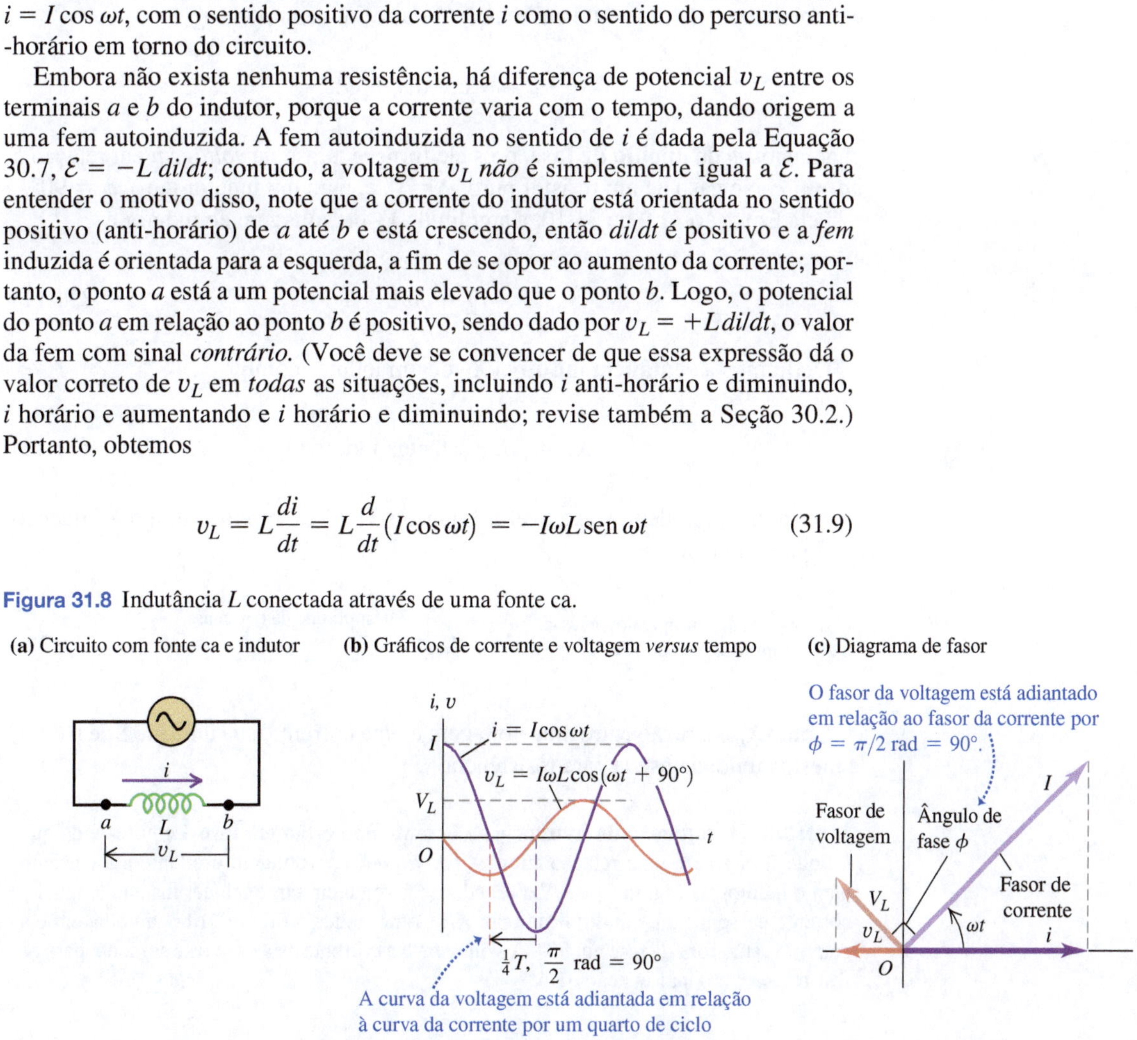

A voltagem v_L através do indutor é, em qualquer instante, proporcional ao valor da *taxa de variação* da corrente. Os pontos de voltagem máxima sobre o gráfico correspondem a uma inclinação máxima da curva da corrente, e os pontos de voltagem zero são os correspondentes aos valores mínimos e máximos da curva da corrente (Figura 31.8b). A voltagem e a corrente estão um quarto do ciclo "fora de sincronia" ou *fora de fase*. Como os picos de voltagem ocorrem um quarto do ciclo antes dos picos de corrente, dizemos que a voltagem está *adiantada* 90° em relação à corrente. O diagrama de fasores indicado na Figura 31.8c também mostra essa relação entre as fases; o fasor da voltagem está 90° na frente do fasor da corrente.

Também podemos obter essa relação de fase reescrevendo a Equação 31.9 e aplicando a identidade cos $(A + 90°) = -\text{sen}\, A$:

$$v_L = I\omega L \cos(\omega t + 90°) \qquad (31.10)$$

Esse resultado mostra que a voltagem pode ser vista como uma função cosseno, cuja "frente inicial" está 90° adiantada em relação à corrente.

Como fizemos na Equação 31.10, geralmente escrevemos as fases da *voltagem* em relação à *corrente*, e não o contrário. Portanto, quando em um circuito a corrente i é dada por

$$i = I \cos \omega t$$

e a voltagem v de um ponto em relação a outro for dada por

$$v = V \cos(\omega t + \phi)$$

chamamos ϕ de **ângulo de fase**, pois ele fornece a fase da *voltagem* em relação à *corrente*. No caso de um resistor puro, $\phi = 0$, e, para um indutor puro, $\phi = 90°$.

Pela Equação 31.9 ou 31.10, a amplitude V_L da voltagem do indutor é

$$V_L = I\omega L \qquad (31.11)$$

Definimos a **reatância indutiva** X_L de um indutor como

$$X_L = \omega L \text{ (reatância indutiva)} \qquad (31.12)$$

Usando X_L, podemos escrever a Equação 31.11 de modo análogo à Equação 31.7 para um resistor:

Amplitude de voltagem através de um indutor, circuito ca → $V_L = IX_L$ (31.13)
(I: Amplitude de corrente; X_L: Reatância indutiva)

Como X_L é a razão entre uma voltagem e uma corrente, sua unidade SI é o ohm, a mesma unidade usada para resistência.

ATENÇÃO A voltagem do indutor e a corrente não estão em fase Lembre-se de que a Equação 31.13 é uma relação entre as *amplitudes* da voltagem oscilante e a corrente para o indutor na Figura 31.8a. Ela *não* diz se a voltagem em qualquer instante é igual à corrente nesse instante multiplicada por X_L. Como indica a Figura 31.8b, a voltagem e a corrente estão fora da fase em 90°. A voltagem e a corrente estão em fase somente para os resistores, como na Equação 31.6.

Significado da reatância indutiva

A reatância indutiva X_L é, na realidade, uma descrição da fem autoinduzida que se opõe a qualquer variação de corrente através do indutor. Pela Equação 31.13, para uma dada amplitude de corrente I, a voltagem $v_L = +L\,di/dt$ através do indutor e a fem autoinduzida $\mathcal{E} = -L\,di/dt$ possuem a mesma amplitude V_L, que é diretamente proporcional a X_L. De acordo com a Equação 31.12, a reatância indutiva e a fem autoinduzida crescem com uma variação mais rápida da corrente (ou quando a frequência angular ω aumenta) e com o aumento da indutância L.

Quando uma voltagem oscilante com uma dada amplitude de voltagem V_L é aplicada através dos terminais de um indutor, a corrente resultante terá uma amplitude menor I para valores mais elevados de X_L. Uma vez que X_L é proporcional à frequência, uma voltagem com alta frequência aplicada ao indutor produz uma corrente pequena, enquanto uma voltagem de baixa frequência com a mesma amplitude produz uma corrente mais elevada. Os indutores são usados em algumas aplicações em circuitos, como fontes de alimentação e filtros de rádio, que servem para bloquear frequências elevadas enquanto permitem a passagem de frequências mais baixas ou corrente contínua. Um circuito que emprega um indutor para esse objetivo denomina-se *filtro passa-baixa* (veja o Problema 31.48).

EXEMPLO 31.2 INDUTOR EM UM CIRCUITO CA

Suponha que se queira obter uma corrente de 250 μA em um indutor puro de um circuito de rádio submetido a uma amplitude de voltagem de 3,60 V, com uma frequência de 1,60 MHz (correspondente ao limite superior da banda AM das frequências de rádio). (a) Qual é a reatância indutiva necessária? Qual é a indutância? (b) Se a amplitude da voltagem for mantida constante, qual será a amplitude da corrente através de um indutor para 16,0 MHz? E para 160 kHz?

SOLUÇÃO

IDENTIFICAR E PREPARAR: o circuito pode ter outros elementos, mas neste exemplo não os conhecemos. Tudo o que eles fazem se resume a fornecer ao indutor uma voltagem oscilante. Portanto, todos esses outros elementos de circuito estão agrupados na fonte ca indicada na Figura 31.8a. Conhecemos a amplitude de corrente I e a amplitude de voltagem V. As incógnitas do item (a) são a reatância indutiva X_L a 1,60 MHz e a indutância L, que determinamos pelas equações 31.13 e 31.12. Quando obtemos L, usamos essas mesmas equações para determinar a reatância indutiva e a amplitude de corrente em qualquer outra frequência.

EXECUTAR: (a) pela Equação 31.13,

$$X_L = \frac{V_L}{I} = \frac{3{,}60\ \text{V}}{250 \times 10^{-6}\ \text{A}} = 1{,}44 \times 10^4\ \Omega = 14{,}4\ \text{k}\Omega$$

Pela Equação 31.12, com $\omega = 2\pi f$, encontramos

$$L = \frac{X_L}{2\pi f} = \frac{1{,}44 \times 10^4\ \Omega}{2\pi(1{,}60 \times 10^6\ \text{Hz})} = 1{,}43 \times 10^{-3}\ \text{H} = 1{,}43\ \text{mH}$$

(b) Combinando as equações 31.12 e 31.13, verificamos que a amplitude da corrente é dada por $I = V_L/X_L = V_L/\omega L = V_L/2\pi f L$. Logo, a amplitude da corrente é inversamente proporcional à frequência f. Visto que $I = 250\ \mu$A para $f = 1{,}60$ MHz, as amplitudes da corrente para 16,0 MHz ($10f$) e 160 kHz = 0,160 MHz ($f/10$) serão, respectivamente, um décimo (25,0 μA) e dez vezes maior (2.500 μA = 2,50 mA).

AVALIAR: em geral, quanto menor for a frequência de uma voltagem oscilante aplicada através de um indutor, maior será a amplitude da corrente oscilante resultante.

Capacitor em um circuito ca

Finalmente, conectamos à fonte um capacitor com capacitância C, como na **Figura 31.9a**, produzindo-se uma corrente $i = I \cos \omega t$ através do capacitor. Novamente, consideramos positivo o sentido anti-horário em torno do circuito.

ATENÇÃO Corrente alternada através de um capacitor Uma carga não pode passar realmente através de um capacitor, porque suas duas placas são separadas por um isolante. Isso é verdade, porém, como o capacitor se carrega e descarrega, existe uma corrente i entrando em uma das placas, uma corrente igual saindo da outra placa e uma corrente de *deslocamento* igual entre as placas. (Pode ser conveniente fazer uma revisão da discussão da corrente de deslocamento na Seção 29.7.) Portanto, frequentemente falamos que uma corrente alternada passa *através* de um capacitor.

Figura 31.9 Um capacitor C conectado através de uma fonte ca.

(a) Um circuito com fonte ca e capacitor

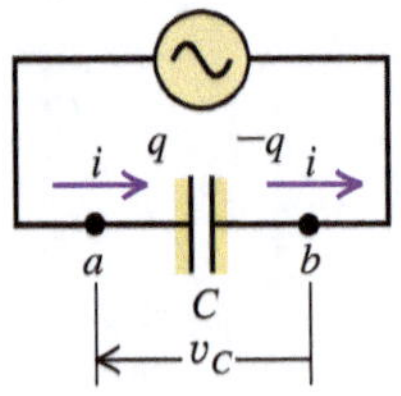

(b) Gráficos da corrente e da voltagem em função do tempo

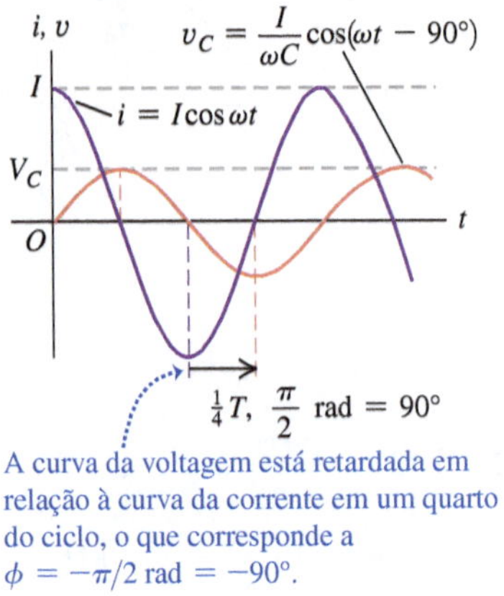

(c) Diagrama de fasor

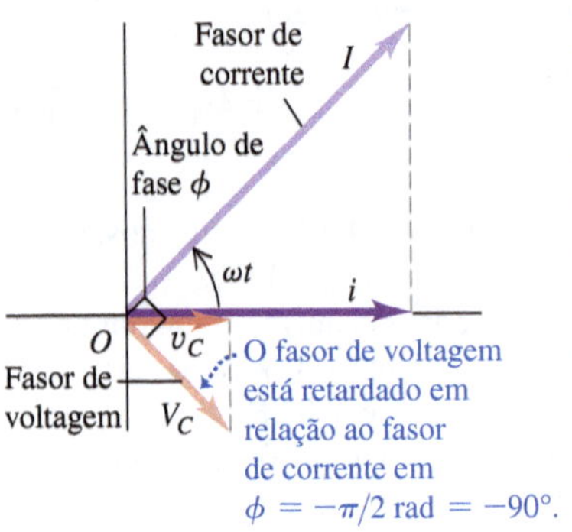

Para encontrarmos a voltagem instantânea v_C através do capacitor, ou seja, o potencial de um ponto a e um ponto b, inicialmente chamamos de q a carga da placa esquerda do capacitor na Figura 31.9a (logo, $-q$ é a carga da placa direita). A corrente i é relacionada a q por $i = dq/dt$; com essa definição, a corrente positiva corresponde a uma carga crescente na placa esquerda do capacitor. Logo,

$$i = \frac{dq}{dt} = I\cos\omega t$$

Integrando a relação anterior, obtemos

$$q = \frac{I}{\omega}\operatorname{sen}\omega t \qquad (31.14)$$

Além disso, pela Equação 24.1, a carga q é igual à voltagem v_C multiplicada pela capacitância, $q = Cv_C$. Substituindo isso na Equação 31.14, encontramos

$$v_C = \frac{I}{\omega C}\operatorname{sen}\omega t \qquad (31.15)$$

A corrente instantânea i é igual à taxa de variação dq/dt da carga q do capacitor; visto que $q = Cv_C$, i também é proporcional à taxa de variação da voltagem. (Compare a um indutor, para o qual a situação é inversa e v_L é proporcional à taxa de variação da corrente i.) A Figura 31.9b mostra v_C e i em função de t. Como $i = dq/dt = C\,dv_C/dt$, a corrente possui seu módulo máximo quando a curva v_C aumenta ou diminui mais rapidamente, e a corrente é nula quando v_C atinge seu valor máximo ou mínimo.

Os picos de voltagem do capacitor ocorrem um quarto do ciclo *após* os picos de corrente correspondentes, e dizemos que a voltagem *se atrasa* em relação à corrente em 90°. O diagrama de fasor na Figura 31.9c mostra essa relação; o fasor da voltagem está 90° ou um quarto de ciclo atrás do fasor da corrente.

Podemos também deduzir essa diferença de fase reescrevendo a Equação 31.15 e usando a identidade $\cos(A - 90°) = \operatorname{sen} A$:

$$v_C = \frac{I}{\omega C}\cos(\omega t - 90°) \qquad (31.16)$$

Isso corresponde a um ângulo de fase $\phi = -90°$. Essa função cosseno começa "depois" de 90° em comparação à corrente $i = I\cos\omega t$.

As equações 31.15 e 31.16 mostram que a voltagem *máxima* V_C (a amplitude da voltagem) é dada por

$$V_C = \frac{I}{\omega C} \qquad (31.17)$$

Para colocarmos essa expressão em uma forma semelhante à Equação 31.7 para um resistor, $V_R = IR$, definimos uma grandeza X_C, chamada de **reatância capacitiva** do capacitor, pela relação

$$X_C = \frac{1}{\omega C} \quad \text{(reatância capacitiva)} \qquad (31.18)$$

Portanto,

Amplitude da voltagem através de um capacitor, circuito ca

$$V_C = IX_C \qquad (31.19)$$

(I: Amplitude de corrente; X_C: Reatância capacitiva)

A unidade SI de X_C é o ohm, a mesma usada para resistência e reatância indutiva, pois X_C é a razão entre uma voltagem e uma corrente.

ATENÇÃO Voltagem do capacitor e corrente não estão em fase Lembre-se de que a Equação 31.19 para um capacitor, como a Equação 31.13 para um indutor, *não* é uma afirmação sobre os valores instantâneos de voltagem e de corrente. Os valores instantâneos estão realmente 90° fora de fase, como indica a Figura 31.9b. Em vez disso, a Equação 31.19 relaciona as *amplitudes* da voltagem e da corrente.

Significado da reatância capacitiva

A reatância capacitiva de um capacitor é inversamente proporcional à frequência angular ω e à capacitância C; quanto maior for a capacitância e mais alta a frequência, *menor* será a reatância capacitiva X_C. Os capacitores tendem a permitir a passagem de uma corrente com frequência elevada e bloquear correntes com baixa frequência ou uma corrente contínua, comportamento exatamente oposto ao de um indutor. Um dispositivo que deixa passar preferencialmente sinais com frequências elevadas denomina-se *filtro passa-alta* (veja o Problema 31.47).

EXEMPLO 31.3 UM RESISTOR E UM CAPACITOR EM UM CIRCUITO CA

Um resistor de 200 Ω é conectado em série com um capacitor de 5,0 μF. A voltagem nos terminais do resistor é $v_R = (1{,}20\ \text{V})\cos(2.500\ \text{rad/s})t$ (**Figura 31.10**). (a) Deduza uma expressão para a corrente do circuito. (b) Determine a reatância capacitiva do capacitor. (c) Deduza uma expressão para a voltagem através do capacitor.

SOLUÇÃO

IDENTIFICAR E PREPARAR: como se trata de um circuito em série, a corrente é a mesma através do capacitor e do resistor. As variáveis-alvo são a corrente i, a reatância capacitiva X_C e a voltagem do capacitor v_C. Usamos a Equação 31.6 para encontrar uma expressão para i em termos da frequência angular $\omega = 2.500$ rad/s, a Equação 31.18 para determinar X_C, a Equação 31.19 para determinar a amplitude de voltagem V_C e a Equação 31.16 para escrever uma expressão para v_C.

EXECUTAR: (a) pela Equação 31.6, aplicando $v_R = iR$, verificamos que

$$i = \frac{v_R}{R} = \frac{(1{,}20\ \text{V})\cos(2.500\ \text{rad/s})t}{200\ \Omega} = (6{,}0 \times 10^{-3}\ \text{A})\cos(2.500\ \text{rad/s})t$$

(b) Pela Equação 31.18, a reatância capacitiva em $\omega = 2.500$ rad/s é

$$X_C = \frac{1}{\omega C} = \frac{1}{(2.500\ \text{rad/s})\ (5{,}0 \times 10^{-6}\ \text{F})} = 80\ \Omega$$

(c) Pela Equação 31.19, a amplitude da voltagem através do capacitor é dada por

$$V_C = IX_C = (6{,}0 \times 10^{-3}\ \text{A})\ (80\ \Omega) = 0{,}48\ \text{V}$$

(A reatância de 80 Ω do capacitor é igual a 40% da resistência de 200 Ω do resistor, de modo que o valor de V_C é 40% de V_R.) A voltagem instantânea do capacitor é dada pela Equação 31.16:

$$v_C = V_C \cos(\omega t - 90°) = (0{,}48\ \text{V})\cos[(2.500\ \text{rad/s})t - \pi/2\ \text{rad}]$$

AVALIAR: embora a *corrente* seja a mesma no resistor e no capacitor, as respectivas *voltagens* são diferentes tanto em amplitude quanto em fase. Note que, na expressão para v_C, convertemos 90° para $\pi/2$ rad para que todas as grandezas angulares possuam as mesmas unidades. Na análise de um circuito ca, os ângulos de fase geralmente são dados em graus, de modo que você deve tomar cuidado e converter os ângulos de graus para radianos quando necessário.

Figura 31.10 Nosso desenho para este problema.

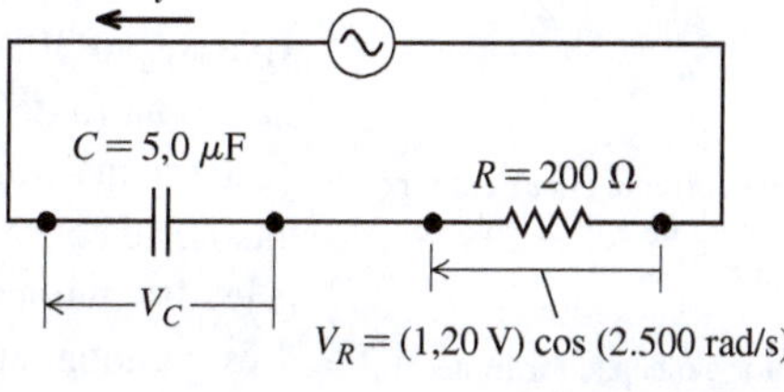

Comparação de elementos de circuito ca

Na **Tabela 31.1**, apresentamos um resumo das relações envolvendo as amplitudes da voltagem e as amplitudes da corrente para os três elementos de circuito que descrevemos anteriormente. Note que novamente a voltagem *instantânea* e a corrente são proporcionais em um resistor, porque a diferença de fase entre v_R e

TABELA 31.1 Elementos de circuito no caso de uma corrente alternada.

Elemento do circuito	Relações entre amplitudes	Grandeza do circuito	Fase de v
Resistor	$V_R = IR$	R	Em fase com i
Indutor	$V_L = IX_L$	$X_L = \omega L$	Adiantada 90° em relação a i
Capacitor	$V_C = IX_C$	$X_C = 1/\omega C$	Atrasada 90° em relação a i

Figura 31.11 Gráficos de R, X_L e X_C em função da frequência angular ω.

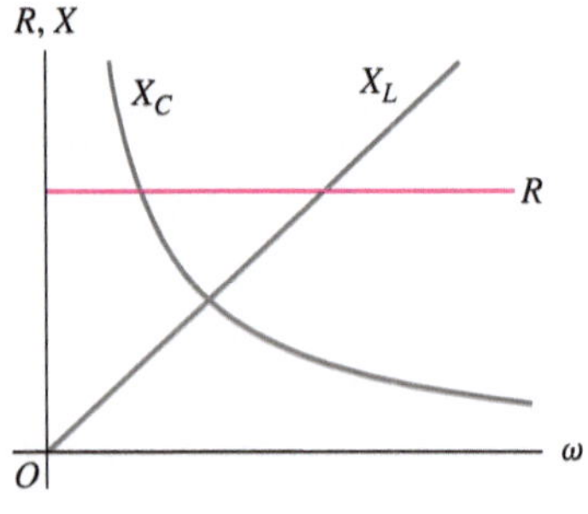

Figura 31.12 (a) Os dois alto-falantes são conectados em paralelo ao amplificador. (b) Gráficos da amplitude da corrente no *woofer* e no *tweeter* em função da frequência para uma determinada amplitude da voltagem do amplificador.

(a) Conexões de alimentação em um sistema de alto-falantes

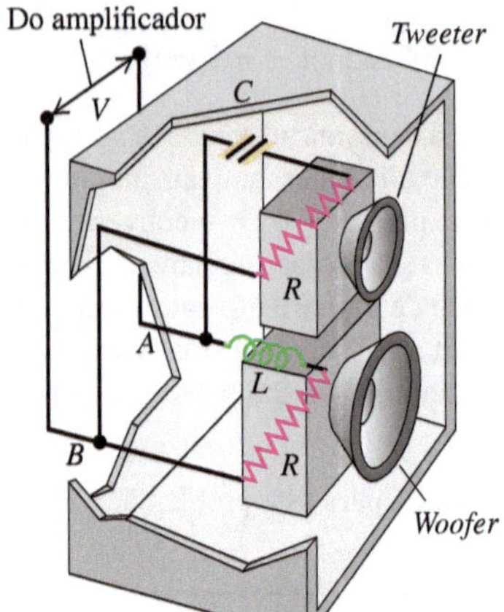

(b) Gráficos da corrente eficaz em função da frequência para uma dada voltagem do amplificador

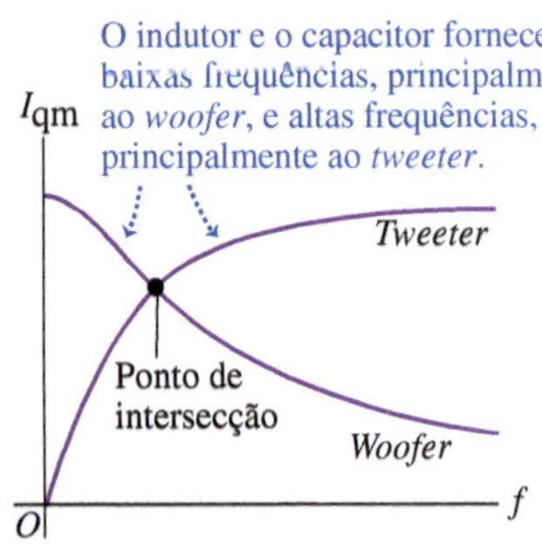

i no resistor é igual a zero (Figura 31.7b). Os valores instantâneos da voltagem e da corrente *não* são proporcionais em um indutor ou capacitor, porque existe uma diferença de fase de 90° em ambos os casos (ver figuras 31.8b e 31.9b).

A **Figura 31.11** mostra como a resistência de um resistor e as reatâncias de um indutor e de um capacitor variam com frequência angular ω. A resistência R é independente da frequência, enquanto as reatâncias X_L e X_C não são. Quando $\omega = 0$, correspondendo a um circuito cc, *não* existe nenhuma corrente através do capacitor, porque $X_C \rightarrow \infty$, e não existe nenhum efeito indutivo, porque $X_L = 0$. No limite $\omega \rightarrow \infty$, X_L também tende ao infinito e a corrente através do indutor torna-se praticamente igual a zero; lembre-se de que a fem autoinduzida se opõe a variações rápidas na corrente. Nesse mesmo limite, X_C e a voltagem através do capacitor tendem a zero; o sentido da corrente varia tão rapidamente que nenhuma carga pode permanecer sobre qualquer placa.

A **Figura 31.12** mostra uma aplicação da discussão anterior para um sistema de alto-falantes. Os sons de baixa frequência são produzidos pelo *woofer*, que é um alto-falante com diâmetro grande; o *tweeter*, um alto-falante de diâmetro pequeno, produz sons com altas frequências. Para que os sinais com frequências diferentes sejam recebidos pelo alto-falante apropriado, o *tweeter* e o *woofer* são conectados em paralelo na saída do amplificador. O capacitor no ramo do *tweeter* bloqueia os componentes de baixa frequência do som, mas deixa passar as frequências altas; o indutor no circuito do *woofer* desempenha o papel oposto.

TESTE SUA COMPREENSÃO DA SEÇÃO 31.2 Uma voltagem oscilante de amplitude fixa é aplicada através de um elemento de circuito. Se a frequência dessa voltagem for aumentada, a amplitude da corrente que passa pelo elemento vai (i) aumentar, (ii) diminuir ou (iii) permanecer constante se for (a) um resistor, (b) um indutor ou (c) um capacitor? ❙

31.3 O CIRCUITO *L-R-C* EM SÉRIE

Muitos circuitos ca empregados na eletrônica envolvem resistências, reatâncias indutivas e reatâncias capacitivas. Um exemplo simples é o circuito em série com um resistor, um indutor, um capacitor e uma fonte ca, como indica a **Figura 31.13a**. (Na Seção 30.6, consideramos o comportamento de um circuito *L-R-C* em série *sem* uma fonte.)

Para analisarmos esse circuito, usaremos um diagrama de fasores que inclui os fasores da corrente e da voltagem para cada um dos componentes. Tendo em vista a lei das malhas de Kirchhoff, a voltagem instantânea *total* v_{ad} através de todos os três componentes é igual à voltagem da fonte em cada instante. Mostraremos que o fasor que representa essa voltagem total é dado pela *soma vetorial* dos fasores das voltagens individuais.

As figuras 31.13b e 31.13c mostram os diagramas de fasor completos para o circuito da Figura 31.13a. Vamos supor que a fonte forneça uma corrente i dada por $i = I \cos \omega t$. Como os elementos do circuito estão ligados em série, a corrente em cada instante é a mesma em todos os pontos do circuito. Logo, um *único fasor I*, cujo comprimento é proporcional à amplitude da corrente, representa a corrente que passa em *todos* os elementos do circuito.

Figura 31.13 Um circuito *L-R-C* com uma fonte ca.

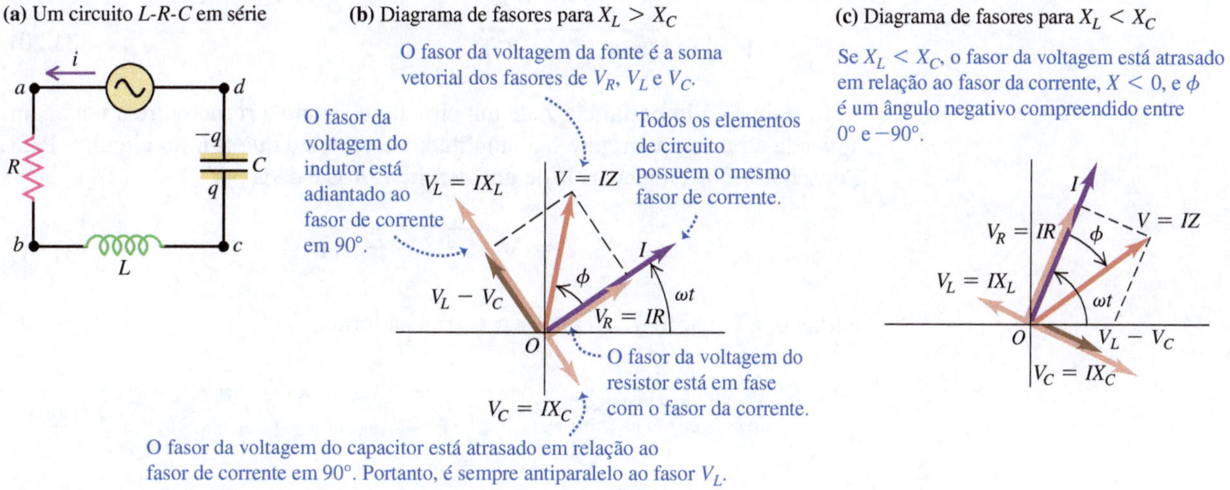

Como na Seção 31.2, usaremos os símbolos v_R, v_L e v_C para as voltagens instantâneas nos terminais de R, de L e de C, e os símbolos V_R, V_L e V_C para as voltagens máximas. Designaremos a voltagem instantânea e a voltagem máxima da *fonte* pelos símbolos v e V, respectivamente. Então, pela Figura 31.13a, $v = v_{ad}$, $v_R = v_{ab}$, $v_L = v_{bc}$ e $v_C = v_{cd}$.

A diferença de potencial entre os terminais de um resistor está *em fase* com a corrente que passa no resistor. Seu valor máximo V_R é dado pela Equação 31.7:

$$V_R = IR$$

O fasor V_R na Figura 31.13b, em fase com o fasor da corrente I, representa a voltagem através do resistor. Sua projeção sobre o eixo horizontal em qualquer instante fornece a diferença de potencial instantânea v_R.

A voltagem através do indutor está *adiantada* 90° em relação à corrente. Sua amplitude de voltagem é dada pela Equação 31.13:

$$V_L = IX_L$$

O fasor V_L na Figura 31.13b representa a voltagem através do indutor e sua projeção sobre o eixo horizontal em qualquer instante é igual a v_L.

A voltagem através de um capacitor está *atrasada* 90° em relação à corrente. Sua amplitude de voltagem é dada pela Equação 31.19:

$$V_C = IX_C$$

O fasor V_C na Figura 31.13b representa a voltagem através do capacitor, e sua projeção sobre o eixo horizontal em qualquer instante é igual a v_C.

A diferença de potencial instantânea v entre os terminais a e d é igual, em cada instante, à soma algébrica de cada diferença de potencial v_R, v_L e v_C. Ou seja, ela é dada pela soma das *projeções* dos fasores V_R, V_L e V_C. Porém, a soma das projeções desses fasores é igual à *projeção da soma vetorial* dos fasores. Logo, a soma vetorial que fornece V deve ser o fasor que representa a voltagem da fonte v e a voltagem total instantânea v_{ad} através dos elementos em série.

Para fazermos essa soma vetorial, inicialmente subtraímos o fasor V_C do fasor V_L. (Esses dois fasores estão sempre sobre a mesma linha, com sentidos opostos.) Isso fornece o fasor $V_L - V_C$. O fasor resultante sempre forma um ângulo reto com o fasor V_R, de modo que, usando o teorema de Pitágoras, obtemos a seguinte expressão para o módulo do fasor V:

$$V = \sqrt{V_R^2 + (V_L - V_C)^2} = \sqrt{(IR)^2 + (IX_L - IX_C)^2} \quad \text{ou}$$

$$V = I\sqrt{R^2 + (X_L - X_C)^2} \tag{31.20}$$

Definimos a **impedância** Z de um circuito ca como a razão entre a voltagem aplicada através do circuito e a amplitude da corrente que flui no circuito. Pela Equação 31.20, a impedância de um circuito L-R-C é dada por

$$Z = \sqrt{R^2 + (X_L - X_C)^2} \tag{31.21}$$

portanto, a Equação 31.20 pode ser escrita na forma

Amplitude de voltagem através de um circuito ca $V = IZ$ (Amplitude de corrente: I; Impedância do circuito: Z) (31.22)

Embora a Equação 31.21 seja válida somente para um circuito L-R-C em série, podemos aplicar a Equação 31.22 para *qualquer* conjunto de circuitos com resistores, indutores e capacitores e definir a impedância do conjunto como a razão entre a amplitude da voltagem que alimenta o conjunto e a amplitude da corrente que passa no circuito equivalente do conjunto. A unidade SI de impedância é o ohm.

Significado de impedância e ângulo de fase

A Equação 31.22 possui forma semelhante a $V = IR$, em que a impedância Z do circuito ca desempenha o papel da resistência R em um circuito cc. Assim como a corrente direta tende a seguir a trajetória da menor resistência, a corrente alternada tende a seguir a trajetória da menor impedância (**Figura 31.14**). Contudo, observe que, na realidade, a impedância é uma função de R, de L, de C e da frequência angular ω. Podemos ver essa dependência substituindo na Equação 31.12 o valor de X_L, dado pela Equação 31.18, e X_C, dado pela Equação 31.21, obtendo-se a seguinte expressão completa para Z em circuito em série:

Impedância de um circuito L-R-C em série (Resistência: R; Indutância: L; Capacitância: C; Frequência angular: ω)

$$Z = \sqrt{R^2 + [\omega L - (1/\omega C)]^2} \tag{31.23}$$

Figura 31.14 Esta esfera de vidro cheia de gás possui uma voltagem alternada aplicada entre sua superfície e o eletrodo existente em seu centro. As descargas luminosas indicam a corrente alternada que passa através do gás. Ao tocar a parte externa da esfera, os dedos e a parte interna da esfera formam um capacitor, e a esfera com o corpo formam juntos um circuito L-R-C em série. A corrente (tão pequena que não ocasiona risco) é conduzida para os dedos, porque o percurso através de seu corpo possui baixa impedância.

Portanto, para uma determinada amplitude V da fonte de tensão que alimenta o circuito, a amplitude $I = V/Z$ da corrente será diferente para frequências diferentes. Estudaremos essa dependência com a frequência detalhadamente na Seção 31.5.

Na Figura 31.13b, o ângulo ϕ entre os fasores da voltagem e da corrente é o ângulo de fase da voltagem v da fonte em relação à corrente i; ou seja, é o ângulo do avanço da voltagem da fonte em relação à corrente. Pelo diagrama,

$$\tan\phi = \frac{V_L - V_C}{V_R} = \frac{I(X_L - X_C)}{IR} = \frac{X_L - X_C}{R}$$

Ângulo de fase da voltagem em relação à corrente em um circuito L-R-C em série (Frequência angular: ω; Indutância: L; Capacitância: C; Resistência: R)

$$\tan\phi = \frac{\omega L - 1/\omega C}{R} \tag{31.24}$$

Quando a corrente é $i = I\cos\omega t$, então a voltagem da fonte v é dada por

$$v = V\cos(\omega t + \phi) \qquad (31.25)$$

A Figura 31.13b mostra o comportamento de um circuito em série no qual $X_L > X_C$. A Figura 31.13c mostra o comportamento quando $X_L < X_C$; o fasor da voltagem V está do lado oposto do fasor I e a voltagem está *atrasada* em relação à corrente. Nesse caso, $X_L - X_C$ é *negativo*, tan ϕ é negativa e ϕ é um ângulo negativo compreendido entre 0° e −90°. Como X_L e X_C dependem da frequência, o ângulo de fase ϕ também depende da frequência. Vamos examinar as consequências desse comportamento na Seção 31.5.

Todas as expressões que deduzimos para um circuito *L-R-C* em série continuam válidas mesmo que não exista um dos elementos do circuito. Quando não há o resistor, fazemos $R = 0$; quando não existe o indutor, $L = 0$. Porém, quando não há o capacitor, fazemos $C = \infty$, correspondendo à ausência de qualquer diferença de potência ($v_C = q/C = 0$) ou qualquer reatância capacitiva ($X_C = 1/\omega C = 0$).

Em toda esta discussão, descrevemos os módulos das voltagens e das correntes com base em seus valores *máximos*, as *amplitudes* das voltagens e das correntes. Porém, observamos no final da Seção 31.1 que essas grandezas geralmente são descritas mediante o uso do respectivo valor eficaz, e não em termos do valor da amplitude da grandeza. O valor eficaz de qualquer grandeza que varia senoidalmente é sempre dado por $1/\sqrt{2}$ vezes a amplitude da grandeza. Todas as relações entre voltagem e corrente que deduzimos nesta seção e na anterior continuam válidas quando descrevemos grandezas mediante o uso do respectivo valor eficaz em vez das amplitudes das grandezas. Por exemplo, dividindo a Equação 31.22 por $\sqrt{2}$, obtemos

$$\frac{V}{\sqrt{2}} = \frac{I}{\sqrt{2}}Z$$

que pode ser reescrita na forma

$$V_{qm} = I_{qm}Z \qquad (31.26)$$

Podemos fazer, para as equações 31.7, 31.13 e 31.19, um procedimento exatamente igual.

Consideramos somente circuitos ca para os quais existe um resistor ligado em série com um capacitor e um indutor. Você pode fazer uma análise semelhante em um circuito *L-R-C em paralelo* — veja o Problema 31.54.

BIO Aplicação Medindo a gordura corporal por análise bioelétrica de impedância Os eletrodos ligados ao peito deste paciente com sobrepeso estão aplicando uma pequena voltagem ca com frequência de 50 kHz. A instrumentação conectada mede a amplitude e o ângulo de fase da corrente resultante através do corpo do paciente, os quais dependem das quantidades relativas de água e gordura pelo trajeto seguido pela corrente, e, portanto, fornecem uma medida razoável da composição do corpo.

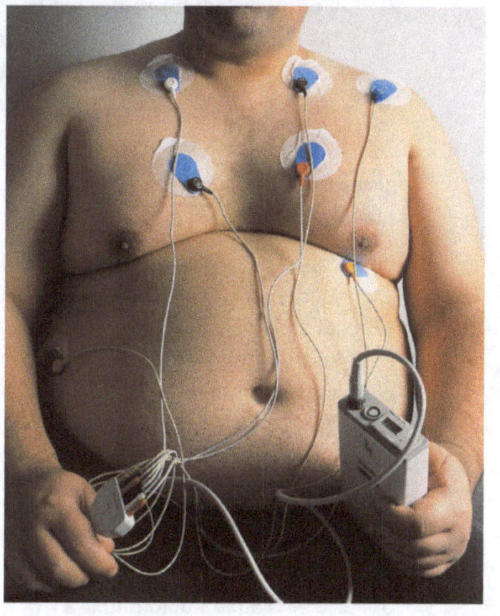

ESTRATÉGIA PARA A SOLUÇÃO DE PROBLEMAS 31.1 CIRCUITOS DE CORRENTE ALTERNADA

IDENTIFICAR *os conceitos relevantes:* todos os conceitos que usamos para analisar circuitos de corrente contínua também se aplicam a circuitos de corrente alternada, particularmente os das Estratégias para a solução de problemas 26.1 e 26.2. Entretanto, devemos tomar cuidado para distinguir as amplitudes de correntes alternadas e voltagens de seus valores instantâneos, tendo em mente também as distinções entre resistência (para resistores), reatância (para indutores ou capacitores) e impedância (para circuitos compostos).

PREPARAR *o problema* por meio das seguintes etapas:

1. Faça um diagrama do circuito e designe todas as grandezas conhecidas e desconhecidas.
2. Determine as variáveis-alvo.

EXECUTAR *a solução* conforme segue:

1. Use as relações deduzidas nas seções 31.2 e 31.3 para solucionar as variáveis-alvo, usando as dicas a seguir.
2. Em problemas de circuito ca, quase sempre é mais fácil usar a frequência angular $\omega = 2\pi f$ em vez da frequência comum f.
3. Memorize alguns fatos básicos sobre relações de fase: para um resistor, a voltagem e a corrente estão sempre *em fase* e os dois fasores correspondentes possuem sempre a mesma direção e o mesmo sentido. Para um indutor, a voltagem está sempre *adiantada* 90° em relação à corrente (ou seja, $\phi = +90° = \pi/2$ radianos) e o fasor da voltagem gira sempre 90° no sentido anti-horário a partir do fasor da corrente. Para um capacitor, a voltagem está sempre *atrasada* 90° em relação à corrente (ou seja, $\phi = -90° = -\pi/2$ radianos), e o fasor da voltagem gira sempre 90° no sentido horário a partir do fasor da corrente.

(*Continua*)

(*Continuação*)

4. As leis de Kirchhoff são válidas a *cada instante*. Por exemplo, em um circuito em série, a corrente instantânea é a mesma através de todos os elementos do circuito; em um circuito paralelo, a diferença de potencial instantânea é a mesma através de todos os elementos do circuito.
5. A reatância indutiva, a reatância capacitiva e a impedância desempenham papéis análogos ao papel da resistência. Cada uma dessas grandezas representa a razão entre a amplitude da voltagem V e a amplitude da corrente I, em um elemento do circuito ou através da combinação de elementos. Contudo, lembre-se de que as relações que envolvem as fases desempenham um papel crucial; os efeitos da resistência e da reatância devem ser combinados com as regras da soma *vetorial* dos fasores das voltagens correspondentes, como nas figuras 31.13b e 31.13c. Quando houver diversos elementos do circuito ligados em série, por exemplo, você não pode apenas *somar* os valores numéricos das resistências e reatâncias para obter a impedância; dessa forma, você estaria ignorando as relações entre as fases.

AVALIAR *sua resposta:* ao lidar com um circuito *L-R-C em série*, você pode conferir os resultados comparando os valores da reatância indutiva X_L com os da reatância capacitiva X_C. Se $X_L > X_C$, a amplitude da voltagem através do indutor é maior do que aquela através do capacitor e o ângulo de fase ϕ é positivo (entre 0° e 90°). Se $X_L < X_C$, a amplitude da voltagem através do indutor é menor do que aquela através do capacitor e o ângulo de fase ϕ é negativo (entre 0° e −90°).

EXEMPLO 31.4 UM CIRCUITO *L-R-C* EM SÉRIE I

No circuito em série da Figura 31.13a, suponha que $R = 300\ \Omega$, $L = 60$ mH, $C = 0{,}50\ \mu$F, $V = 50$ V e $\omega = 10.000$ rad/s. Calcule as reatâncias X_L e X_C, a impedância Z, a amplitude da corrente I, o ângulo de fase ϕ e a amplitude da voltagem através de cada elemento do circuito.

SOLUÇÃO

IDENTIFICAR E PREPARAR: este problema usa os conceitos desenvolvidos na Seção 31.2 e nesta seção sobre o comportamento dos elementos de circuito em um circuito ca. Usamos as equações 31.12 e 31.18 para determinar X_L e X_C, e a Equação 31.23 para determinar Z. A seguir, usamos a Equação 31.22 para determinar a amplitude da corrente e a Equação 31.24 para calcular o ângulo de fase. As relações na Tabela 31.1 fornecem as amplitudes de voltagem.

EXECUTAR: as reatâncias indutiva e capacitiva são:

$$X_L = \omega L = (10.000\ \text{rad/s})(60\ \text{mH}) = 600\ \Omega$$

$$X_C = \frac{1}{\omega C} = \frac{1}{(10.000\ \text{rad/s})(0{,}50 \times 10^{-6}\ \text{F})} = 200\ \Omega$$

A impedância Z do circuito é, então,

$$Z = \sqrt{R^2 + (X_L - X_C)^2} = \sqrt{(300\ \Omega)^2 + (600\ \Omega - 200\ \Omega)^2}$$
$$= 500\ \Omega$$

Como a amplitude da voltagem é $V = 50$ V, a amplitude da corrente I e o ângulo de fase ϕ são

$$I = \frac{V}{Z} = \frac{50\ \text{V}}{500\ \Omega} = 0{,}10\ \text{A}$$

$$\phi = \arctan\frac{X_L - X_C}{R} = \arctan\frac{400\ \Omega}{300\ \Omega} = 53°$$

Pela Tabela 31.1, as amplitudes de voltagem V_R, V_L e V_C através do resistor, do indutor e do capacitor, respectivamente, são:

$$V_R = IR = (0{,}10\ \text{A})\,(300\ \Omega) = 30\ \text{V}$$
$$V_L = IX_L = (0{,}10\ \text{A})\,(600\ \Omega) = 60\ \text{V}$$
$$V_C = IX_C = (0{,}10\ \text{A})\,(200\ \Omega) = 20\ \text{V}$$

AVALIAR: assim como na Figura 31.13b, $X_L > X_C$, de modo que a amplitude da voltagem através do indutor é maior que aquela através do capacitor e ϕ é positivo. O valor $\phi = 53°$ significa que a voltagem está *adiantada* em 53° em relação à corrente.

Note que a amplitude de voltagem da fonte $V = 50$ V *não* é igual à soma das amplitudes das voltagens através de cada elemento do circuito. (Ou seja, 50 V ≠ 30 V + 60 V + 20 V.) Em vez disso, V é a *soma vetorial* dos fasores V_R, V_L e V_C. Se você desenhar o diagrama de fasores, como na Figura 31.13b, para esta situação em particular, verá que V_R, $V_L - V_C$ e V constituem um triângulo retângulo 3-4-5.

EXEMPLO 31.5 UM CIRCUITO *L-R-C* EM SÉRIE II

Para o circuito *L-R-C* em série apresentado no Exemplo 31.4, descreva a dependência com o tempo da corrente instantânea i e de cada voltagem instantânea através do resistor (v_R), do indutor (v_L), do capacitor (v_C) e da fonte de ca (v).

SOLUÇÃO

IDENTIFICAR E PREPARAR: descrevemos a corrente usando a Equação 31.2, que considera que a corrente é máxima em $t = 0$. As voltagens são dadas pela Equação 31.8 para o resistor, a Equação 31.10 para o indutor, a Equação 31.16 para o capacitor e a Equação 31.25 para a fonte.

EXECUTAR: a corrente e todas as voltagens oscilam com a mesma frequência angular $\omega = 10.000$ rad/s e, portanto, com o mesmo período, $2\pi/\omega = 2\pi/(10.000\ \text{rad/s}) = 6{,}3 \times 10^{-4}$ s $= 0{,}63$ ms. A corrente é descrita pela Equação 31.2,

$$i = I\cos\omega t = (0{,}10\ \text{A})\cos(10.000\ \text{rad/s})t$$

A voltagem do resistor está *em fase* com a corrente; logo,

$$v_R = V_R\cos\omega t = (30\ \text{V})\cos(10.000\ \text{rad/s})t$$

A voltagem do indutor está *adiantada* 90° em relação à corrente, portanto

(*Continua*)

(Continuação)

$$v_L = V_L \cos(\omega t + 90°) = -V_L \text{ sen } \omega t$$
$$= -(60\text{ V}) \text{ sen } (10.000 \text{ rad/s})t$$

A voltagem do capacitor está *atrasada* 90° em relação à corrente, portanto

$$v_C = V_C \cos(\omega t - 90°) = V_C \text{ sen } \omega t$$
$$= (20\text{ V}) \text{ sen } (10.000 \text{ rad/s})t$$

Descobrimos, no Exemplo 31.4, que a voltagem da fonte (igual à voltagem total através do resistor, do indutor e do capacitor) está *adiantada* por um ângulo $\phi = 53°$ em relação à corrente; logo,

$$v = V\cos(\omega t + \phi)$$
$$= (50\text{ V}) \cos\left[(10.000 \text{ rad/s})t + \left(\frac{2\pi \text{ rad}}{360°}\right)(53°)\right]$$
$$= (50\text{ V}) \cos[(10.000 \text{ rad/s})t + 0{,}93 \text{ rad}]$$

AVALIAR: a **Figura 31.15** mostra um gráfico das diversas voltagens *versus* tempo. A voltagem do indutor possui uma amplitude maior que a voltagem do capacitor, porque $X_L > X_C$. A voltagem *instantânea* da fonte v é sempre dada pela soma das voltagens instantâneas v_R, v_L e v_C. Você pode verificar isso medindo os valores das voltagens indicados nos gráficos para diferentes valores do tempo t.

Figura 31.15 Gráficos da voltagem da fonte v, da voltagem do resistor v_R, da voltagem do indutor v_L e da voltagem do capacitor v_C em função do tempo para a situação descrita no Exemplo 31.4. A corrente, não indicada, está em fase com a voltagem através do resistor.

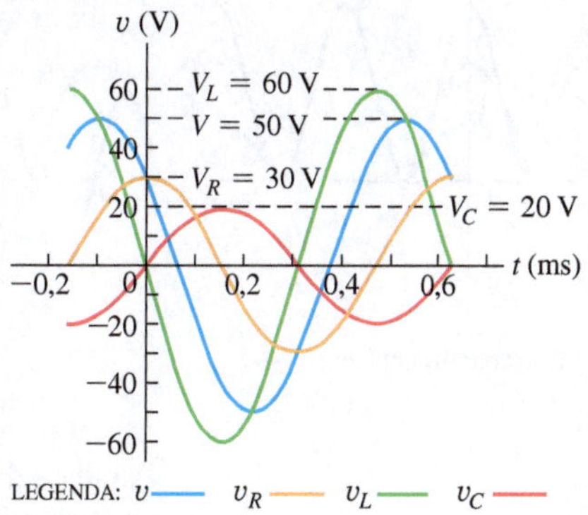

TESTE SUA COMPREENSÃO DA SEÇÃO 31.3 Classifique os seguintes circuitos ca por ordem de amplitude de corrente, do maior para o menor valor. (i) O circuito no Exemplo 31.4; (ii) o circuito no Exemplo 31.4 com o capacitor e o indutor removidos; (iii) o circuito no Exemplo 31.4 com o resistor e o capacitor removidos; (iv) o circuito no Exemplo 31.4 com o resistor e o indutor removidos. ❙

31.4 POTÊNCIA EM CIRCUITOS DE CORRENTE ALTERNADA

As correntes alternadas desempenham um papel fundamental nos sistemas para distribuição, conversão e uso da energia elétrica, por isso é importante pesquisar as relações que envolvem a potência em circuitos ca. Para um circuito ca com uma corrente instantânea i e amplitude de corrente I, vamos considerar um elemento desse circuito através do qual existe uma diferença de potencial instantânea v com amplitude de voltagem V. A potência instantânea p fornecida para esse elemento do circuito é dada por

$$p = vi$$

Vamos, inicialmente, verificar o que isso significa para os elementos individuais do circuito. Para cada caso, vamos supor que $i = I \cos \omega t$.

Potência em um resistor

Suponha, inicialmente, que o elemento do circuito seja um *resistor puro R*, como indicado na Figura 31.7a; portanto, $v = v_R$ e i estão *em fase*. Obtemos o gráfico que representa p multiplicando as alturas dos gráficos de v e de i na Figura 31.7b em cada instante. Esse gráfico é indicado pela letra p (linha preta curva) na **Figura 31.16a**. O produto vi é sempre positivo porque ou ambos são positivos ou ambos são negativos. Portanto, a energia é fornecida *para* o resistor em cada instante nos dois sentidos de i, embora a potência não seja constante.

Figura 31.16 Gráficos da corrente, da voltagem e da potência em função do tempo para (a) um resistor puro, (b) um indutor puro, (c) um capacitor puro e (d) um circuito ca arbitrário que pode possuir resistência, indutância e capacitância.

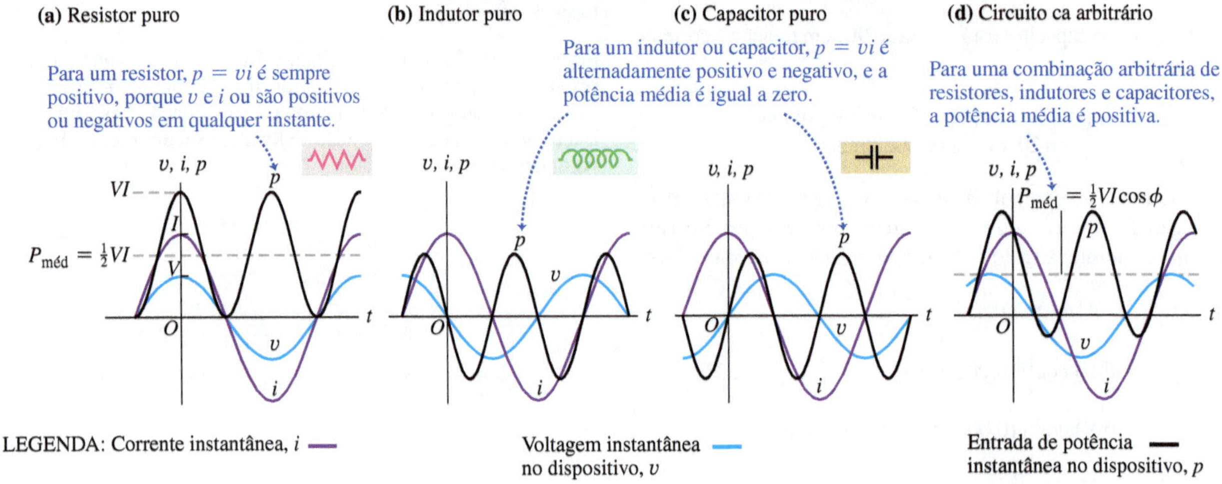

A curva da potência para um resistor puro é simétrica em torno de um valor igual à metade de seu valor máximo VI, logo, a *potência média* $P_{méd}$ é dada por

$$P_{méd} = \frac{1}{2}VI \quad \text{(para um resistor puro)} \tag{31.27}$$

Uma expressão equivalente é

$$P_{méd} = \frac{V}{\sqrt{2}}\frac{I}{\sqrt{2}} = V_{qm}I_{qm} \quad \text{(para um resistor puro)} \tag{31.28}$$

Porém, como $V_{qm} = I_{qm}R$, também podemos expressar $P_{méd}$ mediante qualquer uma das seguintes relações:

$$P_{méd} = I_{qm}{}^2R = \frac{V_{qm}{}^2}{R} = V_{qm}I_{qm} \quad \text{(para um resistor puro)} \tag{31.29}$$

Note que as expressões na Equação 31.29 possuem a mesma forma que as relações correspondentes para um circuito de corrente contínua, Equação 25.18. Note também que elas valem somente para resistores puros, mas não para circuitos mais complicados que envolvam combinações de elementos.

Potência em um indutor

A seguir, conectamos a fonte a um indutor puro L, como na Figura 31.8a. A voltagem $v = v_L$ está adiantada 90° em relação à corrente i. Quando multiplicamos as curvas de v e de i, o produto vi é *negativo* durante a metade do ciclo quando v e i possuem sentidos *contrários*. A curva da potência indicada na Figura 31.16b é simétrica em relação ao eixo horizontal, positiva na metade do tempo e negativa na outra metade, e a potência média é igual a zero. Quando p é positivo, a energia está sendo fornecida para criar o campo magnético no indutor; quando p é negativo, o campo está diminuindo e o indutor restitui a energia para a fonte. A energia líquida transferida no ciclo é igual a zero.

Potência em um capacitor

Finalmente, conectamos à fonte um capacitor puro C, como indicado na Figura 31.9a. A voltagem $v = v_C$ está atrasada 90° em relação à corrente i. A Figura 31.16c mostra a curva da potência; a potência média é novamente igual a zero. A energia é fornecida para carregar o capacitor e restituída para a fonte quando o capacitor é descarregado. A transferência de energia líquida em um ciclo é novamente igual a zero.

Potência em um circuito ca genérico

Em *qualquer* circuito ca, com uma combinação arbitrária de resistores, capacitores e indutores, a voltagem v através do circuito todo possui algum ângulo de fase ϕ em relação à corrente i. Então, a potência instantânea p é dada por

$$p = vi = [V \cos (\omega t + \phi)]\,[I \cos \omega t] \tag{31.30}$$

A curva da potência instantânea possui a forma indicada na Figura 31.16d. A área compreendida entre as partes positivas e o eixo horizontal é maior que a área entre as partes negativas e o eixo horizontal, e a potência média é positiva.

Usando a Equação 31.30, podemos deduzir uma expressão para a *potência média* $P_{méd}$ usando a identidade do cosseno da soma de dois ângulos:

$$\begin{aligned} p &= [V(\cos \omega t \cos \phi - \text{sen}\, \omega t\, \text{sen}\, \phi)]\,[I \cos \omega t] \\ &= VI \cos \phi \cos^2 \omega t - VI\, \text{sen}\, \phi \cos \omega t\, \text{sen}\, \omega t \end{aligned}$$

Pela discussão na Seção 31.1, que serviu para deduzir a Equação 31.4, vimos que o valor médio de $\cos^2 \omega t$ (sobre um ciclo) é igual a $\frac{1}{2}$. Além do mais, $\cos \omega t\, \text{sen}\, \omega t$ é igual a $\frac{1}{2}\, \text{sen}\, 2\omega t$, cuja média durante um ciclo é zero. Logo, a potência média $P_{méd}$ é dada por

Potência média em um circuito ca genérico

$$P_{méd} = \tfrac{1}{2} VI \cos \phi = V_{qm} I_{qm} \cos \phi \tag{31.31}$$

Ângulo de fase da voltagem em relação à corrente; Amplitude de voltagem (V); Amplitude de corrente (I); Voltagem qm (V_{qm}); Corrente qm (I_{qm})

A **Figura 31.17** mostra a relação geral entre os fasores da corrente e da voltagem. Quando v e i estão em fase, $\phi = 0$; logo, a potência média é dada por $\frac{1}{2} VI = V_{qm} I_{qm}$; quando v e i possuem uma diferença de fase de 90°, a potência média é igual a zero. No caso geral, quando v possui um ângulo de fase ϕ em relação a i, a potência média é igual a $\frac{1}{2} I$ vezes $V \cos \phi$, o componente do fasor da voltagem que está *em fase* com o fasor da corrente. Para o circuito *L-R-C* em série, as figuras 31.13b e 31.13c mostram que $V \cos \phi$ é igual à amplitude da voltagem V_R através do resistor; portanto, a Equação 31.31 é a potência média dissipada no resistor. Na média, não existe nenhum fluxo de energia para dentro ou para fora do indutor ou do capacitor; logo, $P_{méd}$ não entra nem sai de nenhum desses dois elementos do circuito.

Figura 31.17 Uso de fasores para calcular a potência média para um circuito ca arbitrário.

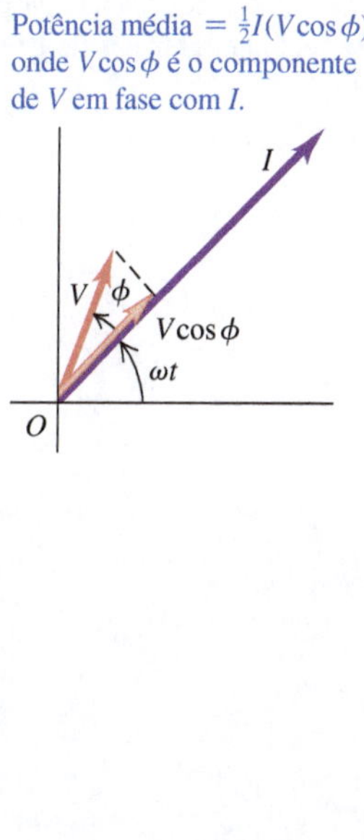

O fator $\cos \phi$ denomina-se **fator de potência** do circuito. Para uma resistência pura, $\phi = 0$, $\cos \phi = 1$ e $P_{méd} = V_{qm} I_{qm}$. Para indutores ou capacitores puros, $\phi = \pm 90°$, $\cos \phi = 0$ e $P_{méd} = 0$. Para um circuito em série *L-R-C*, o fator de potência é igual a R/Z; deixaremos a prova dessa afirmação como um problema para você resolver (veja o Exercício 31.21).

Um fator de potência pequeno (ângulo de fase ϕ com atraso ou adiantamento elevado) costuma ser indesejável em circuitos de potência. A explicação é que, para uma determinada diferença de potencial, uma corrente elevada torna-se necessária para que uma dada potência seja fornecida. Isso produz uma elevada perda de i^2R nas linhas de transmissão. Muitas máquinas e aparelhagens ca produzem uma corrente *atrasada*, ou seja, a corrente que percorre as máquinas está atrasada em relação à voltagem aplicada; portanto, a voltagem está adiantada em relação à corrente, logo, $\phi > 0$ e $\cos \phi < 1$. O fator de potência pode ser corrigido até o valor ideal igual a 1, conectando-se um capacitor em paralelo com a carga. A corrente através do capacitor está *adiantada* em relação à tensão (ou seja, a voltagem através do capacitor está atrasada em relação à corrente), o que produz uma compensação pelo atraso da corrente no outro ramo do circuito. O próprio capacitor não absorve nenhuma potência líquida do circuito.

EXEMPLO 31.6 POTÊNCIA DE UM SECADOR DE CABELO

Um secador elétrico de cabelo consome uma potência *média* de 1.500 W para 120 V (seu valor *eficaz*). Calcule: (a) a resistência; (b) a corrente eficaz; e (c) a potência instantânea máxima. Suponha que o secador de cabelo seja uma resistência pura. (O elemento de aquecimento do secador de cabelo atua como um resistor.)

SOLUÇÃO

IDENTIFICAR E PREPARAR: temos a potência média $P_{méd}$ = 1.500 W e a voltagem eficaz V_{qm} = 120 V. As variáveis-alvo são a resistência R, a corrente eficaz I_{qm} e o valor máximo da potência instantânea $p_{máx}$. Explicitamos a Equação 31.29 para determinar a resistência R. Determinamos a corrente eficaz I_{qm} de V_{qm} e $P_{méd}$, usando a Equação 31.28, e achamos a potência instantânea máxima $p_{máx}$, pela Equação 31.30.

EXECUTAR: (a) pela Equação 31.29, a resistência é

$$R = \frac{V_{qm}^2}{P_{méd}} = \frac{(120\text{ V})^2}{1.500\text{ W}} = 9{,}6\ \Omega$$

(b) De acordo com a Equação 31.28,

$$I_{qm} = \frac{P_{méd}}{V_{qm}} = \frac{1.500\text{ W}}{120\text{ V}} = 12{,}5\text{ A}$$

(c) Para um resistor puro, a voltagem e a corrente estão em fase e o ângulo de fase ϕ é igual a zero. Logo, pela Equação 31.30, a potência instantânea é $p = VI\cos^2 \omega t$ e a potência instantânea máxima é $p_{máx} = VI$. De acordo com a Equação 31.27, isso é o dobro da potência média $P_{méd}$, portanto,

$$p_{máx} = VI = 2P_{méd} = 2\,(1.500\text{ W}) = 3.000\text{ W}$$

AVALIAR: podemos usar a Equação 31.7 para confirmar o resultado obtido no item (b): $I_{qm} = V_{qm}/R = (120\text{ V})/(9{,}6\ \Omega) = 12{,}5$ A. Note que alguns fabricantes de amplificadores estéreo anunciam as saídas de potência em termos do valor de *pico* em vez do valor médio inferior, para enganar consumidores desatentos.

EXEMPLO 31.7 POTÊNCIA EM UM CIRCUITO *L-R-C* EM SÉRIE

Para o circuito *L-R-C* mencionado no Exemplo 31.4, (a) calcule o fator de potência; (b) calcule a potência média fornecida pelo circuito todo e para cada elemento do circuito.

SOLUÇÃO

IDENTIFICAR E PREPARAR: podemos usar os resultados obtidos no Exemplo 31.4. O fator de potência é o cosseno do ângulo de fase ϕ, e a Equação 31.31 permite determinar a potência média fornecida em termos de ϕ e das amplitudes de voltagem e corrente.

EXECUTAR: (a) o fator de potência é dado por $\cos\phi = \cos 53° = 0{,}60$.

(b) Pela Equação 31.31,

$$P_{méd} = \tfrac{1}{2}VI\cos\phi = \tfrac{1}{2}\,(50\text{ V})(0{,}10\text{ A})(0{,}60) = 1{,}5\text{ W}$$

AVALIAR: enquanto $P_{méd}$ é a potência média fornecida para a combinação *L-R-C*, toda essa potência é dissipada no *resistor*. A potência média transferida para um indutor puro ou um capacitor puro é sempre igual a zero (veja as figuras 31.16b e 31.16c).

TESTE SUA COMPREENSÃO DA SEÇÃO 31.4 A Figura 31.16d mostra que, durante uma parte do ciclo de oscilação, a potência instantânea transferida para o circuito é negativa. Isso significa que a energia está sendo extraída do circuito. (a) De onde a energia está sendo extraída? (i) Do resistor; (ii) do indutor; (iii) do capacitor; (iv) da fonte ca; (v) de mais de um desses elementos. (b) Para onde vai a energia? (i) Para o resistor; (ii) para o indutor; (iii) para o capacitor; (iv) para a fonte ca; (v) para mais de um desses elementos. ❙

31.5 RESSONÂNCIA EM CIRCUITOS DE CORRENTE ALTERNADA

Muitas aplicações práticas dos circuitos *L-R-C* em série se devem ao modo pelo qual tais circuitos respondem a diferentes fontes de frequência angular ω. Por exemplo, um circuito de sintonia típico em um receptor de rádio é simplesmente um circuito *L-R-C* em série. Um sinal de rádio com qualquer frequência produz uma corrente com a mesma frequência no circuito do receptor, porém a amplitude da corrente atinge seu valor *máximo* quando a frequência do sinal é igual a uma frequência particular para a qual o circuito receptor se encontra "sintonizado". Esse efeito é chamado de *ressonância*. O circuito é projetado de tal modo que os sinais de sintonia produzem correntes tão pequenas que não ocorre nenhum som audível no alto-falante do rádio.

Para verificar como um circuito *L-R-C* pode ser usado desse modo, suponha que você conecte uma fonte ca cuja amplitude da voltagem V seja constante, porém com uma frequência angular ω ajustável através de um circuito *L-R-C* em série. A corrente que surge no circuito possui a mesma frequência angular da fonte e uma amplitude de corrente $I = V/Z$, em que Z é a impedância do circuito *L-R-C* em série. Essa impedância depende da frequência, como mostra a Equação 31.23. A **Figura 31.18a** apresenta gráficos de R, X_L, X_C e Z em função de ω. Usamos uma escala logarítmica para a frequência angular de modo a cobrir um vasto intervalo de frequências. À medida que a frequência aumenta, X_L aumenta e X_C diminui; portanto, sempre existe uma frequência para a qual X_L é igual a X_C e $X_L - X_C$ é igual a zero. Para essa frequência, a impedância $Z = \sqrt{R^2 + (X_L - X_C)^2}$ atinge seu valor *mínimo*, que é simplesmente igual a R.

Figura 31.18 Como as variações na frequência angular de um circuito ca afetam (a) reatância, resistência e impedância e (b) impedância, amplitude de corrente e ângulo de fase.

(a) Reatância, resistência e impedância em função da frequência angular

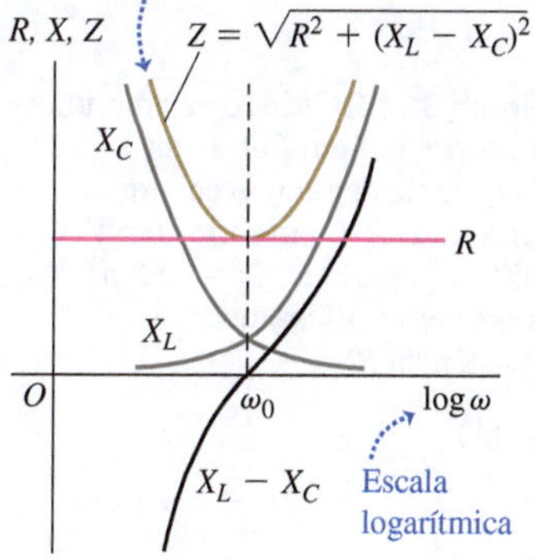

(b) Impedância, amplitude da corrente e ângulo de fase em função da frequência angular

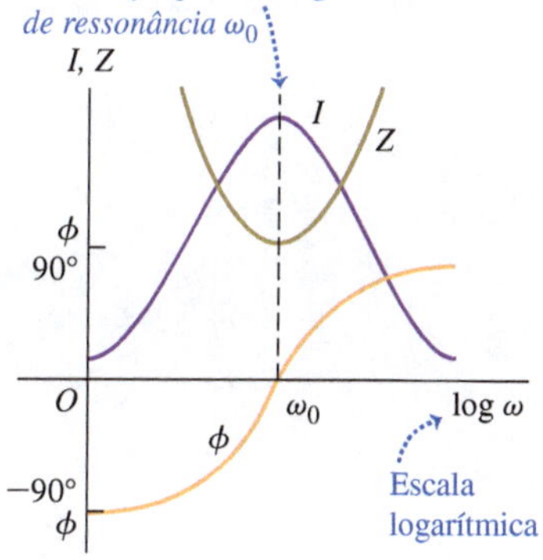

Comportamento do circuito em ressonância

À medida que fazemos variar a frequência angular ω da fonte, a amplitude da corrente $I = V/Z$ varia conforme indicado na Figura 31.18b; o valor *máximo* de I ocorre quando a impedância Z é *mínima*. O fenômeno no qual a amplitude da corrente atinge seu valor máximo denomina-se **ressonância**. A frequência angular ω_0 para a qual ocorre o pico da ressonância é chamada de **frequência angular de ressonância**. Em $\omega = \omega_0$, a reatância indutiva X_L é igual à reatância capacitiva X_C; portanto, $\omega_0 L = 1/\omega_0 C$ e

Frequência angular de ressonância de um circuito *L-R-C* em série

$$\omega_0 = \frac{1}{\sqrt{LC}} \qquad (31.32)$$

Indutância — Capacitância

Observe que esse valor é igual ao valor da frequência angular das oscilações naturais de um circuito *L-C*, que deduzimos na Seção 30.5, Equação 30.22. A **frequência de ressonância** f_0 é igual a $\omega_0/2\pi$. Nessa frequência, surge a corrente mais elevada no circuito para uma dada amplitude de voltagem; em outras palavras, f_0 é a frequência para a qual o circuito está "sintonizado".

Convém saber o que ocorre com as *voltagens* em um circuito *L-R-C* em série durante a ressonância. A corrente em cada instante é a mesma tanto em L quanto em C. A voltagem através de um indutor sempre está *adiantada* 90° em relação à corrente, ou $\frac{1}{4}$ do ciclo, e a voltagem através de um capacitor está sempre *atrasada* 90° em relação à corrente. Portanto, a diferença de fase instantânea através de L e de C é sempre igual a 180° ou $\frac{1}{2}$ ciclo; logo, elas possuem sinais opostos a cada instante. Para a frequência de ressonância e *somente* para ela, $X_L = X_C$ e as amplitudes de voltagem $V_L = IX_L$ e $V_C = IX_C$ são *iguais*; então, a soma da voltagem através de L e C é igual a zero em todos os instantes, e a voltagem *total* v_{bd} através da combinação LC, indicada na Figura 31.13a, é exatamente zero. A voltagem através do resistor torna-se igual à voltagem da fonte. Logo, para a frequência de ressonância, o circuito se comporta como se nem o indutor nem o capacitor existissem!

A *fase* da voltagem em relação à corrente é dada pela Equação 31.24. Para frequências abaixo da ressonância, X_C é maior que X_L; a reatância capacitiva é dominante, a voltagem está *atrasada* em relação à corrente e o ângulo de fase ϕ está compreendido entre zero e −90°. Acima da ressonância, a reatância indutiva é dominante; a voltagem está *adiantada* em relação à corrente e o ângulo de fase está compreendido entre zero e +90°. Essa variação de ϕ com a frequência angular está indicada na Figura 31.18b.

Projeto de um circuito ca

Se podemos variar a indutância L e a capacitância C de um circuito, também podemos variar a frequência de ressonância. Isso fornece exatamente o método para "sintonizar" um receptor de rádio ou de televisão para receber uma dada estação. No início da tecnologia do rádio, isso era realizado usando-se capacitores com placas metálicas móveis, cujas áreas podiam ser sobrepostas para se obter uma variação de C. (É isso o que ocorre com o botão de sintonia do rádio indicado na fotografia que abre este capítulo.) Um método mais moderno consiste em fazer variar o valor de L, empregando-se uma bobina com um núcleo de ferrita que pode deslizar para dentro ou para fora do núcleo.

Em um circuito L-R-C em série, a impedância atinge seu valor mínimo e a corrente atinge seu valor máximo durante a ressonância. Na curva do meio da **Figura 31.19**, mostramos um gráfico de corrente em função da frequência para esse tipo de circuito, com amplitude de voltagem da fonte $V = 100$ V, $L = 2{,}0$ H, $C = 0{,}50$ μF e $R = 500$ Ω. Essa curva representa uma *curva de resposta*, mais conhecida como *curva de ressonância*, e possui um pico na frequência angular $\omega_0 = \sqrt{LC} = 1.000$ rad/s.

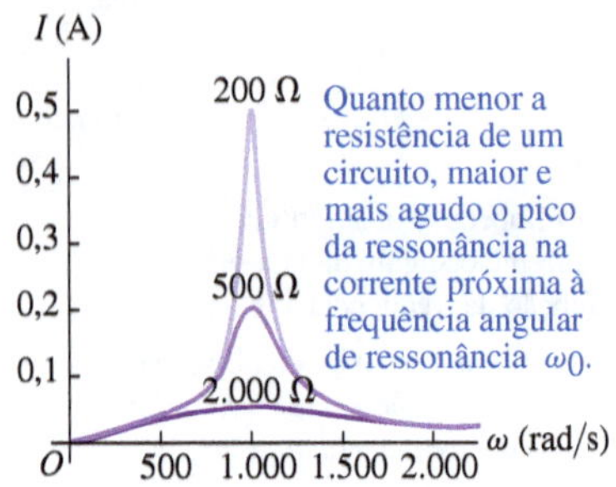

Figura 31.19 Gráfico da amplitude da corrente I em função da frequência angular ω em um circuito L-R-C em série com $V = 100$ V, $L = 2{,}0$ H, $C = 0{,}50$ μF e três valores diferentes para a resistência R.

A frequência de ressonância depende de L e de C; o que ocorre quando fazemos R variar? A Figura 31.19 também mostra gráficos de I em função de ω para $R = 200$ Ω e para $R = 2.000$ Ω. As curvas são semelhantes para frequências muito afastadas da ressonância, em que X_L ou X_C desempenham papéis dominantes na impedância. Mas, próximo à ressonância, em que X_L é quase igual a X_C, a curva torna-se estreita, com picos mais pontiagudos para valores de R pequenos e achatada e larga para valores de R elevados. Na ressonância, $Z = R$ e $I = V/R$, de modo que a altura máxima da curva é inversamente proporcional a R.

A forma da curva de ressonância é importante no projeto de circuitos de recepção de rádio e de televisão. A curva com um pico muito agudo possibilita discriminar entre duas estações com bandas de frequência adjacentes. Contudo, quando o pico é *demasiadamente* agudo, podem ser perdidas algumas informações do sinal recebido, como as frequências mais elevadas dos sons musicais. A forma da curva de ressonância também é relacionada aos conceitos de oscilações superamortecidas ou subamortecidas, descritas na Seção 30.6. Uma curva de ressonância com um pico agudo corresponde a um valor de R pequeno e a um sistema oscilante ligeiramente amortecido; uma curva larga e achatada corresponde a um valor de R elevado e a um sistema fortemente amortecido.

Nesta seção, discutimos a ressonância em um circuito L-R-C em *série*. A ressonância também pode ocorrer em um circuito ca no qual o indutor, o resistor e o capacitor estão ligados em *paralelo*. Deixamos os detalhes para você (veja o Problema 31.55).

O fenômeno da ressonância não é exclusivo de circuitos ca; ela ocorre em todas as áreas da física. Já discutimos exemplos de ressonância em sistemas *mecânicos* nas seções 13.8 e 16.5. A amplitude de uma oscilação mecânica atinge valor máximo quando a frequência da força motriz é próxima da frequência das oscilações naturais do sistema; isso é análogo ao surgimento do pico da corrente em um circuito L-R-C em série.

EXEMPLO 31.8 SINTONIZANDO UM RÁDIO

O circuito em série na **Figura 31.20** é semelhante ao arranjo usado em circuitos de sintonização de rádio. Esse circuito é ligado aos terminais de uma fonte de alimentação ca com frequência variável nos terminais em que a voltagem possui um valor eficaz igual a 1,0 V. Calcule: (a) a frequência de ressonância; (b) a reatância indutiva X_L, a reatância capacitiva X_C e a impedância Z para a frequência de ressonância; (c) a corrente eficaz I_{qm} na ressonância; e (d) a voltagem eficaz através de cada elemento do circuito na ressonância.

SOLUÇÃO

IDENTIFICAR E PREPARAR: o circuito na Figura 31.20 é um circuito L-R-C em série, porém com a inclusão de medidores para medir correntes e voltagens eficazes (as variáveis-alvo deste problema). A Equação 31.32 fornece a fórmula da frequência angular de ressonância ω_0, a partir da qual obtemos a frequência de ressonância f_0. Usamos as equações 31.12 e 31.18 para determinar X_L e X_C, que são iguais na ressonância; na ressonância, pela

(Continua)

(Continuação)

Equação 31.23, temos $Z = R$. Usamos as equações 31.7, 31.13 e 31.19 para determinar as voltagens nos elementos do circuito.

EXECUTAR: (a) os valores de ω_0 e f_0 são

$$\omega_0 = \frac{1}{\sqrt{LC}} = \frac{1}{\sqrt{(0{,}40 \times 10^{-3}\ \text{H})(100 \times 10^{-12}\ \text{F})}}$$

$$= 5{,}0 \times 10^6\ \text{rad/s}$$

$$f_0 = 8{,}0 \times 10^5\ \text{Hz} = 800\ \text{kHz}$$

Essa frequência faz parte da banda inferior da faixa AM de frequências de rádio.

(b) Para essa frequência,

$$X_L = \omega L = (5{,}0 \times 10^6\ \text{rad/s})(0{,}40 \times 10^{-3}\ \text{H}) = 2.000\ \Omega$$

$$X_C = \frac{1}{\omega C} = \frac{1}{(5{,}0 \times 10^6\ \text{rad/s})(100 \times 10^{-12}\ \text{F})} = 2.000\ \Omega$$

Como $X_L = X_C$ na ressonância, como já dissemos, $Z = R = 500\ \Omega$.

(c) De acordo com a Equação 31.26, o valor eficaz da corrente na ressonância é

$$I_{\text{qm}} = \frac{V_{\text{qm}}}{Z} = \frac{V_{\text{qm}}}{R} = \frac{1{,}0\ \text{V}}{500\ \Omega} = 0{,}0020\ \text{A} = 2{,}0\ \text{mA}$$

(d) A diferença de potencial eficaz através do resistor é

$$V_{R\text{-qm}} = I_{\text{qm}}R = (0{,}0020\ \text{A})\ (500\ \Omega) = 1{,}0\ \text{V}$$

As diferenças de potencial eficazes através do indutor e do capacitor são, respectivamente,

$$V_{L\text{-qm}} = I_{\text{qm}}X_L = (0{,}0020\ \text{A})\ (2.000\ \Omega) = 4{,}0\ \text{V}$$

$$V_{C\text{-qm}} = I_{\text{qm}}X_C = (0{,}0020\ \text{A})\ (2.000\ \Omega) = 4{,}0\ \text{V}$$

AVALIAR: a diferença de potencial eficaz através do indutor e através do capacitor possui os mesmos valores e as mesmas amplitudes, porém existe uma diferença de fase de 180° a cada instante e, portanto, a soma desses valores sempre é igual a zero. Note também que $V_{R\text{-qm}}$ é igual à diferença potencial eficaz V_{qm} através da fonte, embora neste exemplo $V_{L\text{-qm}}$ e $V_{C\text{-qm}}$ possuam valores consideravelmente *maiores* que V_{qm}.

Figura 31.20 Um circuito sintonizador de rádio durante a ressonância. Os círculos denotam a corrente e a voltagem eficazes.

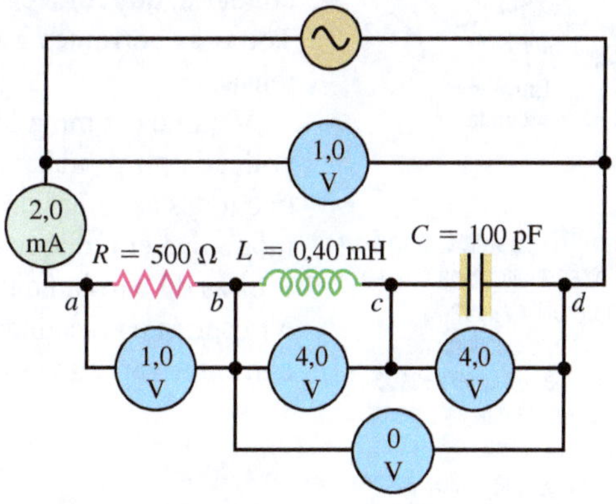

TESTE SUA COMPREENSÃO DA SEÇÃO 31.5 Como a frequência de ressonância de um circuito *L-R-C* em série varia, à medida que as placas do capacitor se aproximam? (i) Aumenta; (ii) diminui; (iii) não é afetada. ∎

31.6 TRANSFORMADORES

Uma grande vantagem da ca em relação à cc para a distribuição de energia elétrica é a facilidade para elevar e abaixar o valor da tensão com ca. Para transmitir energia elétrica através de distâncias muito grandes, é desejável o uso de uma tensão a mais elevada possível e de uma corrente muito pequena; isso faz diminuir as perdas proporcionais a i^2R que ocorrem nas linhas de transmissão, e fios mais finos podem ser usados, economizando material. As linhas de transmissão modernas geralmente operam com valores da tensão eficaz da ordem de 500 kV. Por outro lado, questões de segurança e de isolamento exigem o uso de baixas tensões em residências e indústrias. A tensão padronizada em muitos estados do Brasil é de 110 V a 120 V, porém, em algumas cidades brasileiras e em diversos países, a tensão é de 220 V a 240 V. A conversão de uma dada voltagem para qualquer outra tensão é obtida por meio de **transformadores**.

Como funcionam os transformadores

A **Figura 31.21** mostra um transformador idealizado. Os componentes básicos do transformador são duas bobinas ou *enrolamentos*, isolados eletricamente um do outro, porém enrolados sobre o mesmo núcleo. O núcleo em geral é feito de um material com elevada permeabilidade magnética relativa K_m, como o ferro. Isso obriga as linhas do campo magnético, produzidas pela corrente do enrolamento, a

Figura 31.21 Diagrama esquemático de um transformador ideal para elevar uma tensão. O primário é conectado a uma fonte de tensão ca; o secundário é conectado a um dispositivo com resistência R.

A fem induzida *por espira* é a mesma em ambas as bobinas, de modo que ajustamos a razão das voltagens nos terminais ajustando a razão das espiras:

$$\frac{V_2}{V_1} = \frac{N_2}{N_1}$$

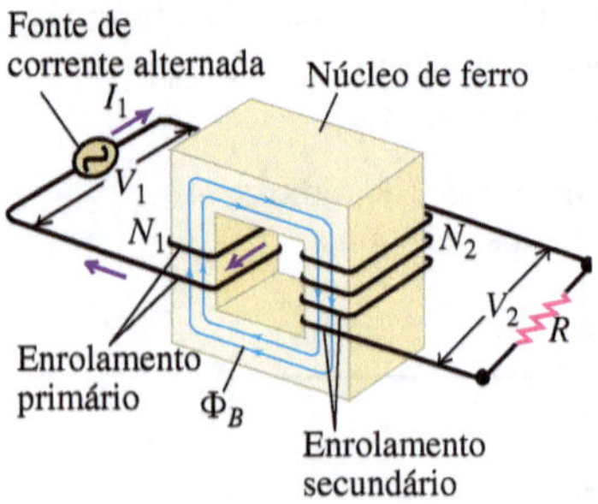

BIO Aplicação Riscos da tensão ca *versus* cc A corrente alternada em alta voltagem (acima de 500 V) é mais perigosa que a corrente contínua na mesma voltagem. Quando uma pessoa toca em uma fonte cc de alta voltagem, isso normalmente causa uma única contração de músculo, que pode ser forte o suficiente para empurrá-la para fora da fonte. Ao contrário, tocar uma fonte de ca de alta voltagem pode causar uma contração contínua do músculo, impedindo que a vítima solte a fonte. A redução da voltagem ca com um transformador reduz o risco de danos à saúde.

ficar confinadas quase completamente no interior do núcleo. Portanto, quase todas as linhas de campo passam através do outro enrolamento, maximizando a *indutância mútua* dos dois enrolamentos (veja a Seção 30.1). O **primário** é o enrolamento conectado com a fonte de tensão; denomina-se **secundário** o enrolamento cujos terminais fornecem a tensão transformada. O símbolo de circuito para um transformador com núcleo de ferro é

Vejamos então como funciona um transformador. A fonte ca produz uma corrente alternada no primário, que dá origem a um fluxo magnético alternado no núcleo; isso gera uma fem induzida em cada enrolamento, de acordo com a lei de Faraday. A fem induzida no secundário dá origem a uma corrente alternada no secundário, que fornece energia elétrica para o dispositivo conectado ao secundário. Todas as correntes e fems produzidas possuem a mesma frequência da fonte de tensão ca.

Vejamos como a tensão no secundário pode ser maior ou menor que a tensão aplicada no primário. Vamos desprezar a resistência dos enrolamentos e supor que todas as linhas do campo magnético fiquem confinadas no núcleo de ferro, de modo que em todos os instantes o fluxo magnético Φ_B seja o mesmo em todas as espiras do enrolamento primário e do secundário. O enrolamento primário possui N_1 espiras e o secundário, N_2 espiras. Quando o fluxo magnético varia porque as correntes variam nas duas bobinas, as fems induzidas resultantes são

$$\mathcal{E}_1 = -N_1\frac{d\Phi_B}{dt} \quad \text{e} \quad \mathcal{E}_2 = -N_2\frac{d\Phi_B}{dt} \tag{31.33}$$

O fluxo *por espira* Φ_B é o mesmo tanto no primário quanto no secundário, de modo que a Equação 31.33 mostra que a fem induzida *por espira* é a mesma nas duas bobinas. Portanto, a razão entre a fem do secundário $\mathcal{E}_2$ e a fem do primário $\mathcal{E}_1$ é igual a cada instante à razão entre o número de espiras do secundário e do primário:

$$\frac{\mathcal{E}_2}{\mathcal{E}_1} = \frac{N_2}{N_1} \tag{31.34}$$

Como $\mathcal{E}_1$ e $\mathcal{E}_2$ oscilam com a mesma frequência da fonte ca, a Equação 31.34 também fornece a razão entre as amplitudes ou entre os valores eficazes de cada fem induzida. Como estamos supondo a resistência do enrolamento igual a zero, cada fem $\mathcal{E}_1$ ou $\mathcal{E}_2$ deve ser igual à respectiva voltagem através do primário e do secundário; portanto,

Voltagens nos terminais de um transformador:

$$\frac{V_2}{V_1} = \frac{N_2}{N_1} \tag{31.35}$$

V_2: Amplitude de voltagem ou valor eficaz no secundário
V_1: Amplitude de voltagem ou valor eficaz no primário
N_2: Número de espiras no secundário
N_1: Número de espiras no primário

Escolhendo-se uma razão apropriada N_2/N_1, podemos obter qualquer valor desejado para a tensão no secundário a partir de uma dada tensão no primário. Quando $N_2 > N_1$, como na Figura 31.21, então $V_2 > V_1$, e dizemos que o transformador *eleva a tensão*; quando $N_2 < N_1$, então $V_2 < V_1$, e obtemos um transformador que *abaixa a tensão*. Nas usinas geradoras de energia elétrica, existem transformadores que elevam a tensão; o primário é ligado ao gerador e o secundário é ligado à linha de transmissão, obtendo-se a tensão bastante alta necessária para a transmissão. Nos locais de consumo da energia elétrica, usam-se transformadores para abaixar a tensão até que ela atinja valores convenientes para uso doméstico ou industrial (**Figura 31.22**).

Mesmo a voltagem relativamente baixa fornecida por uma tomada de parede doméstica é alta demais para muitos aparelhos eletrônicos, tornando necessário um transformador adicional para abaixar a tensão. Essa é a função de um "adaptador ca", como os usados para recarregar um telefone celular ou um computador portátil a partir da voltagem da tomada (**Figura 31.23**).

Figura 31.22 O objeto cilíndrico no topo do poste é um transformador usado para abaixar uma tensão. Ele converte a alta tensão ca da linha de transmissão para a baixa tensão (120 V) ca, que a seguir é distribuída para as residências e para o comércio.

Figura 31.23 Um adaptador como este converte a corrente ca de uso doméstico em corrente cc de baixa voltagem para uso em aparelhos eletrônicos. Ele contém um transformador que abaixa a tensão e diodos que transformam a corrente alternada em corrente contínua, exigida por pequenos dispositivos eletrônicos (veja a Figura 31.3).

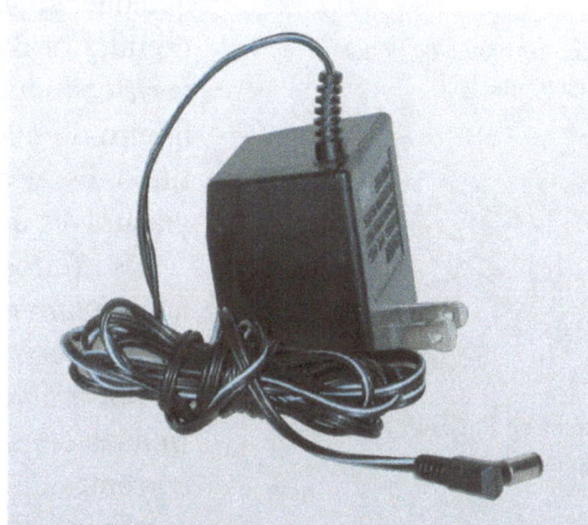

Considerações sobre a energia para transformadores

Quando o circuito secundário está ligado a uma resistência R, então a amplitude da corrente ou o valor eficaz da corrente nesse circuito é $I_2 = V_2/R$. Por considerações de energia, a potência fornecida ao primário é igual à potência consumida no secundário (porque estamos desprezando as resistências dos enrolamentos); logo,

Voltagens e correntes terminais em um transformador:

Amplitude de voltagem ou valor eficaz no primário (V_1); Amplitude de voltagem ou valor eficaz no secundário (V_2); Corrente no primário (I_1); Corrente no secundário (I_2)

$$V_1 I_1 = V_2 I_2 \tag{31.36}$$

Combinando as equações 31.35 e 31.36 com a relação $I_2 = V_2/R$ para eliminar V_2 e I_2, encontramos:

$$\frac{V_1}{I_1} = \frac{R}{(N_2/N_1)^2} \tag{31.37}$$

Essa relação mostra que, quando o secundário é fechado através de uma resistência R, o resultado é o mesmo que no caso em que a *fonte* é conectada diretamente a uma resistência R dividida pelo quadrado da razão entre as espiras $(N_2/N_1)^2$. Em outras palavras, o transformador "transforma" não somente voltagens e correntes, mas também as resistências. De modo geral, podemos encarar um transformador como um dispositivo que "transforma" a *impedância* do circuito ao qual o secundário é conectado.

A Equação 31.37 tem muitas consequências práticas. A potência fornecida por uma fonte a um resistor depende da resistência da fonte e do resistor. Podemos

DADOS MOSTRAM

Transformadores

Quando os alunos recebiam um problema envolvendo transformadores, mais de 40% davam uma resposta incorreta. Erros comuns:

- Esquecer que os transformadores só funcionam para corrente *alternada*. Um transformador funciona com o princípio de que uma corrente variando em uma bobina primária induz uma corrente variando em uma bobina secundária. Ele não funciona com corrente contínua, constante.
- Confusão entre voltagem e corrente. A voltagem em uma bobina do transformador é *proporcional* ao número de espiras nessa bobina. A corrente em uma bobina do transformador é *inversamente proporcional* ao número de espiras.

Figura 31.24 (a) Enrolamento primário e enrolamento secundário de um transformador. (b) Correntes de Foucault, no núcleo de ferro, indicadas na seção reta *AA*. (c) Redução das correntes de Foucault usando-se um núcleo laminado.

(a) Transformador esquematizado

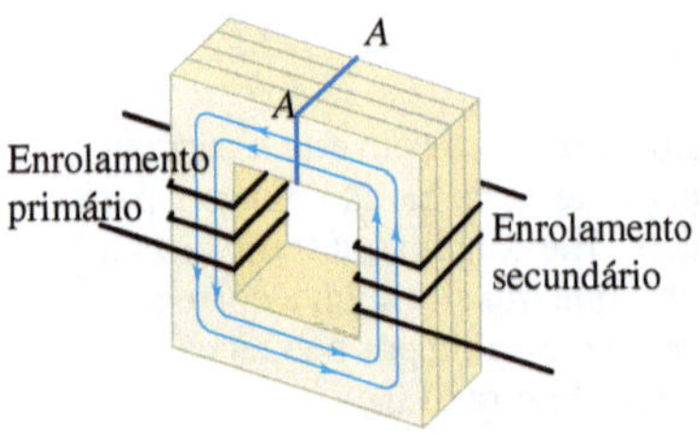

(b) Grandes correntes de Foucault em um núcleo maciço

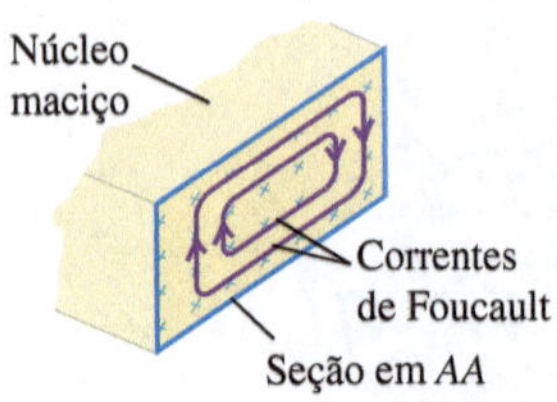

(c) Correntes de Foucault menores em núcleo laminado

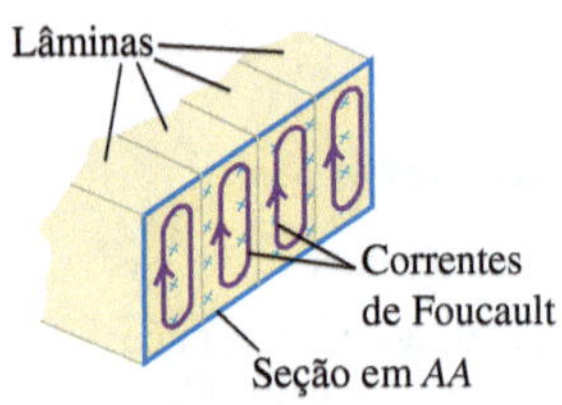

demonstrar que a transferência da potência é máxima quando as duas resistências são *iguais*. O mesmo princípio é válido tanto no caso de um circuito cc quanto no caso de um circuito ca. Se uma fonte ca com impedância elevada precisa ser ligada a um circuito com baixa impedância, como um amplificador de áudio ligado a um alto-falante, a impedância da fonte deve se *igualar* à do circuito por meio do uso de um transformador com uma razão de espiras N_2/N_1 apropriada.

Um transformador real sempre apresenta alguma perda de energia. (Por isso, um adaptador ca como o indicado na Figura 31.23 se aquece após algum tempo de uso; o transformador é aquecido pela energia dissipada.) Os enrolamentos possuem alguma resistência e produzem perdas i^2R. Também ocorrem perdas por histerese no núcleo (Seção 28.8). As perdas por histerese podem ser minimizadas usando-se ferro doce com um ciclo de histerese estreito.

Outro mecanismo importante para a perda de energia no núcleo do transformador envolve as correntes de Foucault (Seção 29.6). Considere a seção reta *AA* que corta o núcleo de ferro de um transformador (**Figura 31.24a**). Como o ferro é condutor, qualquer seção igual a essa pode ser descrita como diversas espiras condutoras, uma no interior da outra (Figura 31.24b). O fluxo através de cada uma dessas espiras varia continuamente, de modo que correntes de Foucault podem circular no volume inteiro do núcleo, cujas linhas de escoamento formam planos perpendiculares ao fluxo. Essas correntes de Foucault são indesejáveis: elas produzem perda de energia através do termo i^2R do efeito térmico e elas próprias geram um fluxo oposto.

Os efeitos das correntes de Foucault podem ser minimizados usando-se um núcleo *laminado*, ou seja, um núcleo constituído por folhas finas ou lâminas. A elevada resistência superficial de cada lâmina, produzida por uma camada de óxido ou por um verniz de isolante, faz com que as correntes de Foucault fiquem confinadas em lâminas individuais (Figura 31.24c). Os caminhos possíveis para as correntes de Foucault tornam-se mais estreitos, a fem induzida em cada caminho é menor e as correntes de Foucault são bastante reduzidas. O campo magnético alternado exerce forças sobre as lâminas que conduzem corrente, produzindo vibrações; essas vibrações produzem um "ronco" característico de um transformador em funcionamento. Você pode ouvir esse mesmo "ronco" do reator de uma lâmpada fluorescente (veja a Seção 30.2).

Graças ao uso do ferro doce e de lâminas no núcleo, a eficiência de um transformador geralmente é da ordem de 90%; nas instalações de grande porte, a eficiência pode atingir até 99%.

EXEMPLO 31.9 "ACORDE E USE O TRANSFORMADOR!"

Uma amiga trouxe da Europa uma cafeteira elétrica de 960 W, projetada para funcionar com uma fonte de alimentação de 240 V. (a) O que ela deve fazer para ligar o aparelho em uma fonte de 120 V? (b) Qual deve ser a corrente que a cafeteira consome de uma linha de 120 V? (c) Qual é a resistência da cafeteira? (O valor de cada voltagem é um valor eficaz.)

SOLUÇÃO

IDENTIFICAR E PREPARAR: nossa amiga necessita de um transformador que eleve a tensão, de modo a converter os 120 V disponíveis na casa para os 240 V exigidos pela cafeteira. Usamos a Equação 31.35 para determinar a razão de espiras N_2/N_1 do transformador, a relação $P_{méd} = V_{qm}I_{qm}$ de um resistor para obter o consumo de corrente e a Equação 31.37 para calcular a resistência.

EXECUTAR: (a) para obter $V_2 = 240$ V com $V_1 = 120$ V, a razão de espiras deverá ser $N_2/N_1 = V_2/V_1 = (240\text{ V})/(120\text{ V}) = 2$. Ou seja, a bobina secundária (que deve ser ligada na cafeteira) precisa ter um enrolamento com um número de espiras igual ao dobro do número de espiras existentes na bobina do primário (ligado na linha de 120 V).

(b) O valor eficaz da corrente I_1 no primário de 120 V pode ser calculado a partir da fórmula $P_{méd} = V_1I_1$, em que $P_{méd}$ é a potência média consumida pela cafeteira e, portanto, a potência fornecida pela linha de 120 V. (Estamos supondo que não existam perdas de energia no transformador.) Portanto, $I_1 = P_{méd}/V_1 = (960\text{ W})/(120\text{ V}) = 8{,}0$ A. A corrente no secundário é, então, $I_2 = P_{méd}/V_2 = (960\text{ W})/(240\text{ V}) = 4{,}0$ A.

(c) Temos $V_1 = 120$ V, $I_1 = 8{,}0$ A e $N_2/N_1 = 2$; logo,

$$\frac{V_1}{I_1} = \frac{120\text{ V}}{8{,}0\text{ A}} = 15\ \Omega$$

Pela Equação 31.37,

$$R = 2^2(15\ \Omega) = 60\ \Omega$$

AVALIAR: para conferir, $V_2/R = (240\text{ V})/(60\ \Omega) = 4{,}0\text{ A} = I_2$, o mesmo valor obtido anteriormente. Podemos também comprovar o resultado de R usando a expressão $P_{méd} = V_2^2/R$ para a potência consumida pela cafeteira.

TESTE SUA COMPREENSÃO DA SEÇÃO 31.6 Cada um destes quatro transformadores possui 1.000 espiras na bobina primária. Classifique os transformadores, do maior para o menor número de espiras na bobina secundária. (i) Converte 120 V ca em 6,0 V ca; (ii) converte 120 V ca em 240 V ca; (iii) converte 240 V ca em 6,0 V ca; (iv) converte 240 V ca em 120 V ca. ❙

CAPÍTULO 31 RESUMO

Fasores e corrente alternada: um alternador ou fonte ca produz uma fem que varia senoidalmente com o tempo. Uma corrente ou voltagem senoidal pode ser representada por um fasor, um vetor que gira no sentido anti-horário com velocidade angular ω constante, que é igual à frequência angular da grandeza senoidal. Sua projeção sobre o eixo horizontal em qualquer instante representa o valor instantâneo da grandeza.
Para uma corrente senoidal, a corrente média retificada e a corrente quadrática média (corrente eficaz) são proporcionais à amplitude da corrente I. Analogamente, o valor da tensão quadrática média (tensão eficaz) de uma grandeza senoidal é proporcional à amplitude da tensão V. (Veja o Exemplo 31.1.)

$$I_{\text{rm}} = \frac{2}{\pi} I = 0{,}637I \quad (31.3)$$

$$I_{\text{qm}} = \frac{I}{\sqrt{2}} \quad (31.4)$$

$$V_{\text{qm}} = \frac{V}{\sqrt{2}} \quad (31.5)$$

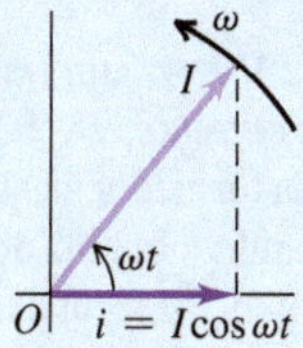

Voltagem, corrente e ângulo de fase: em geral, a voltagem instantânea $v = V\cos(\omega t + \phi)$ entre dois pontos em um circuito ca não está em fase com a corrente instantânea que passa por esses pontos. A grandeza ϕ é chamada de ângulo de fase da voltagem em relação à corrente.

$$i = I\cos t \quad (31.2)$$

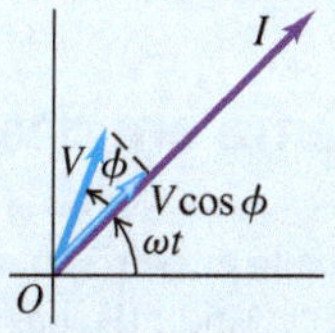

Resistência e reatância: a voltagem nos terminais de um resistor R está em fase com a corrente. A voltagem nos terminais de um indutor L está adiantada 90° em relação à corrente ($\phi = +90°$), ao passo que a voltagem nos terminais de um capacitor C está atrasada 90° em relação à corrente ($\phi = -90°$). A amplitude da voltagem através de cada tipo de dispositivo é proporcional à amplitude de corrente I. Um indutor possui reatância indutiva $X_L = \omega L$, e um capacitor possui reatância capacitiva $X_C = 1/\omega C$. (Veja os exemplos 31.2 e 31.3.)

$$V_R = IR \quad (31.7)$$

$$V_L = IX_L \quad (31.13)$$

$$V_C = IX_C \quad (31.19)$$

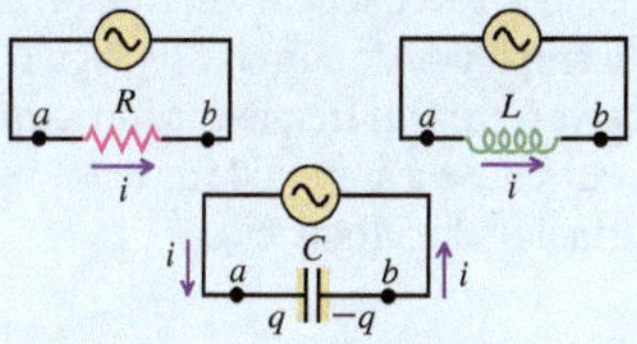

Impedância e o circuito *L-R-C* em série: em um circuito ca genérico, as amplitudes da voltagem e da corrente são relacionadas pela impedância Z do circuito. Para um circuito L-R-C em série, os valores de L, R e C e a frequência angular ω determinam a impedância e o ângulo de fase ϕ da voltagem em relação à corrente. (Veja os exemplos 31.4 e 31.5.)

$$V = IZ \quad (31.22)$$

$$Z = \sqrt{R^2 + [\omega L - (1/\omega C)]^2} \quad (31.23)$$

$$\tan\phi = \frac{\omega L - 1/\omega C}{R} \quad (31.24)$$

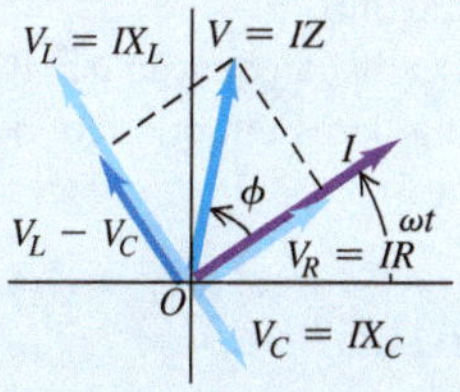

Potência em circuitos ca: a entrada de potência média $P_{\text{méd}}$ de um circuito ca depende das amplitudes de voltagem e de corrente (ou, de forma equivalente, seus valores eficazes) e o ângulo de fase ϕ da voltagem em relação à corrente. A grandeza $\cos\phi$ é denominada fator de potência. (Veja os exemplos 31.6 e 31.7.)

$$P_{\text{méd}} = \tfrac{1}{2} VI\cos\phi = V_{\text{qm}} I_{\text{qm}} \cos\phi \quad (31.31)$$

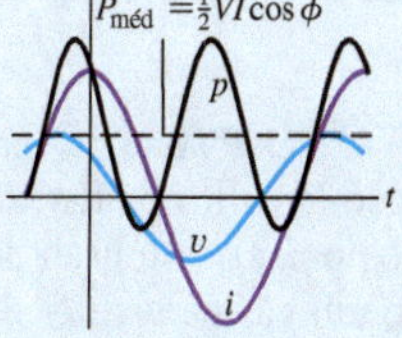

Ressonância em circuitos ca: em um circuito *L-R-C* em série, a impedância torna-se mínima e a amplitude da corrente torna-se máxima a uma frequência angular chamada de frequência angular de ressonância. Esse fenômeno constitui a ressonância. Na ressonância, a voltagem e a corrente estão em fase, e a impedância Z possui valor igual ao da resistência R. (Veja o Exemplo 31.8).

$$\omega_0 = \frac{1}{\sqrt{LC}} \quad (31.32)$$

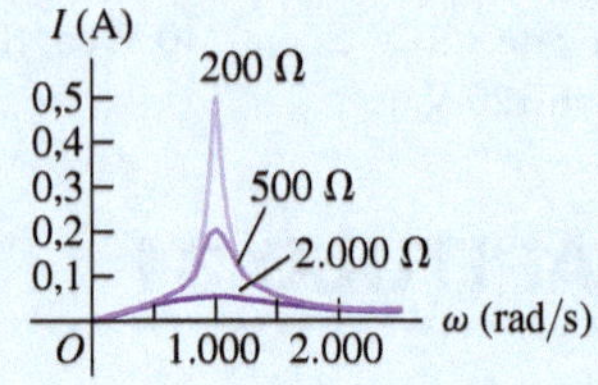

Transformadores: um transformador serve para transformar correntes e voltagens em um circuito ca. Para um transformador ideal que não perde nenhuma energia, quando a bobina do primário possui N_1 espiras e a bobina do secundário possui N_2 espiras, os valores das amplitudes das duas voltagens (ou os valores eficazes dessas voltagens) são relacionados pela Equação 31.35. Os valores das amplitudes (ou os valores eficazes) da voltagem e da corrente no primário são relacionados com os respectivos valores no secundário do transformador pela Equação 31.36. (Veja o Exemplo 31.9.)

$$\frac{V_2}{V_1} = \frac{N_2}{N_1} \quad (31.35)$$

$$V_1 I_1 = V_2 I_2 \quad (31.36)$$

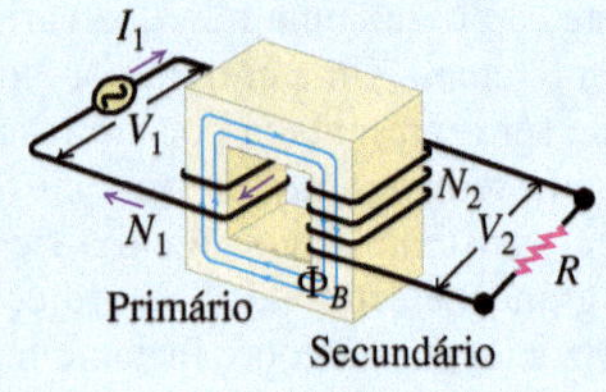

Problema em destaque Um circuito de corrente alternada

Um circuito em série como o da Figura 31.13a consiste em um indutor de 1,50 mH, um resistor de 125 Ω e um capacitor de 25,0 nF conectados a uma fonte ca com uma voltagem eficaz de 35,0 V e frequência variável. (a) Em que frequências angulares a amplitude de corrente será igual a $\frac{1}{3}$ de seu valor máximo possível? (b) Nas frequências do item (a), quais são a amplitude de corrente e a amplitude de tensão em cada elemento do circuito (incluindo a fonte ca)?

GUIA DA SOLUÇÃO

IDENTIFICAR E PREPARAR

1. A amplitude de corrente máxima ocorre na frequência angular de ressonância. Esse problema trata de frequências angulares em que a amplitude de corrente é um terço desse máximo.
2. Escolha a equação que lhe permitirá achar as frequências angulares em questão, bem como as equações que serão utilizadas para achar as amplitudes de corrente e tensão em cada frequência angular.

EXECUTAR

3. Determine a impedância nas frequências angulares do item (a); depois explicite os valores da frequência angular.
4. Determine a amplitude de tensão na fonte e a amplitude de corrente para cada uma das frequências angulares no item (a). (*Dica:* lembre-se de fazer a distinção entre *amplitude* e *valor eficaz*.)
5. Use os resultados das etapas 3 e 4 para determinar as reatâncias em cada frequência angular. Depois calcule as amplitudes de tensão para o resistor, o indutor e o capacitor.

AVALIAR

6. Alguma amplitude de tensão é maior que a amplitude de tensão da fonte? Se for, isso significa que os resultados estão errados?

PROBLEMAS

•, ••, •••: níveis de dificuldade. **PC**: problemas cumulativos, incorporando material de outros capítulos. **CALC**: problemas exigindo cálculo. **DADOS**: problemas envolvendo dados reais, evidência científica, projeto experimental e/ou raciocínio científico. **BIO**: problemas envolvendo biociências.

QUESTÕES PARA DISCUSSÃO

Q31.1 No Brasil, nos Estados Unidos, no Canadá e em muitos outros países, a tensão de 110 V a 120 V é padronizada, enquanto em vários lugares da Europa é mais comum o uso da tensão de 220 V a 240 V. Quais são as vantagens e as desvantagens desses sistemas?

Q31.2 A corrente em uma linha de transmissão ca muda de sentido 120 vezes por segundo e seu valor médio é igual a zero. Explique como é possível transmitir energia elétrica com esse sistema.

Q31.3 Em um circuito ca, por que a energia média em um indutor e em um capacitor é zero, mas não em um resistor?

Q31.4 A Equação 31.14 foi deduzida usando-se a relação $i = dq/dt$ entre a corrente e a carga no capacitor. Na Figura 31.9a, a corrente positiva cresce no sentido anti-horário, fazendo aumentar a carga no capacitor. Quando a placa esquerda for positiva, mas seu valor estiver diminuindo com o tempo, a relação $i = dq/dt$ ainda será correta ou deveremos usar $i = -dq/dt$? A relação $i = dq/dt$ continua válida quando a placa do lado direito é positiva e seu módulo aumenta ou diminui? Explique.

Q31.5 Uma lâmpada fluorescente em geral usa um indutor de compensação, chamado de reator, para limitar a corrente no tubo. Por que é melhor usar um indutor em vez de um resistor para esse objetivo?

Q31.6 A Equação 31.9 afirma que $v_{ab} = L\, di/dt$ (Figura 31.8a). Use a lei de Faraday para explicar por que o ponto *a* está em um potencial mais elevado que o ponto *b* quando *i* flui no sentido indicado na Figura 31.8a e seu módulo está aumentando. A expressão $v_{ab} = L\, di/dt$ permanece válida quando *i* possui sentido anti-horário e seu módulo diminui ou a expressão correta seria $v_{ab} = -L\, di/dt$? A expressão $v_{ab} = L\, di/dt$ permanece válida quando *i* está no sentido horário e seu módulo aumenta ou diminui? Explique.

Q31.7 É possível o fator de potência de um circuito ca *L-R-C* em série ser igual a zero? Justifique sua resposta em termos *físicos*.

Q31.8 Em um circuito *L-R-C* em série, a voltagem instantânea através do capacitor pode superar a voltagem da fonte no mesmo instante? Isso pode ser verdade para a voltagem através do indutor? E através do resistor? Explique.

Q31.9 Em um circuito *L-R-C* em série, qual é o valor do ângulo de fase ϕ e do fator de potência $\cos \phi$ quando a resistência é muito menor que a reatância indutiva ou capacitiva e o circuito está operando fora da ressonância? Explique.

Q31.10 Quando um circuito *L-R-C* em série é conectado através de uma linha ca de 120 V, a tensão do capacitor pode superar o valor máximo estipulado mesmo quando sua voltagem máxima estipulada é de 200 V ou 400 V. Como você explica isso?

Q31.11 No Exemplo 31.6 (Seção 31.4), um secador de cabelo foi definido como um resistor puro. Porém, como a resistência de aquecimento é constituída por um fio enrolado e no motor do ventilador existem bobinas, um secador de cabelo também possui uma indutância. Qualitativamente, a inclusão de uma indutância faz aumentar ou diminuir os valores de *R*, de I_{qm} e de *P*?

Q31.12 Uma lâmpada e um capacitor de placas paralelas, com ar entre as placas, são conectados em série a uma fonte ca. O que acontece com a luminosidade da lâmpada, quando um dielétrico é inserido entre as placas do capacitor? Explique.

Q31.13 Uma bobina enrolada em um tubo oco e uma lâmpada são conectados em série a uma fonte ca. O que acontece à luminosidade da lâmpada quando um bastão de ferro é inserido no tubo?

Q31.14 Um circuito consiste em uma lâmpada, um capacitor e um indutor conectados em série a uma fonte ca. O que acontece com a luminosidade da lâmpada quando o indutor é removido? E quando o indutor é mantido no circuito, mas o capacitor é removido? Explique.

Q31.15 Um circuito consiste em uma lâmpada, um capacitor e um indutor conectados em série a uma fonte ca. É possível que tanto o capacitor quanto o indutor sejam removidos e que a luminosidade da lâmpada permaneça inalterada? Explique.

Q31.16 É possível usar um transformador ligando-o a uma fonte cc? Explique. O que ocorreria se você ligasse um transformador projetado para 120 V ca em uma fonte de 120 V cc?

Q31.17 Um transformador ideal possui N_1 enrolamentos no primário e N_2 enrolamentos no secundário. Se você dobrar somente o número de enrolamentos no secundário, por qual fator (a) a amplitude da voltagem no secundário varia e (b) a resistência efetiva do circuito secundário varia?

Q31.18 Um indutor, um capacitor e um resistor são todos conectados em série com uma fonte ca. Se a resistência, a indutância e a capacitância forem todas dobradas, por qual fator cada uma das seguintes quantidades varia? Indique se elas aumentam ou diminuem: (a) a frequência angular de ressonância; (b) a reatância indutiva; (c) a reatância capacitiva. (d) A impedância dobra?

Q31.19 Você deseja dobrar a frequência angular de ressonância de um circuito *L-R-C* em série alterando apenas os elementos de circuito *pertinentes*, todos pelo mesmo fator. (a) Quais você deverá mudar? (b) Por qual fator você deverá mudá-los?

EXERCÍCIOS

Seção 31.1 Fasor e corrente alternada

31.1 • Você possui uma lâmpada especial com um filamento *muito* delicado. O fio se romperá se a corrente fluindo por ele ultrapassar 1,50 A, mesmo que por um instante. Qual é a maior corrente quadrática média que pode passar por essa lâmpada?

31.2 • Uma corrente senoidal $i = I \cos \omega t$ possui um valor eficaz $I_{qm} = 2{,}10$ A. (a) Qual é a amplitude da corrente? (b) A corrente passa através de um retificador de onda completa. Qual é o valor da corrente retificada média? (c) Qual é o maior valor, I_{qm} ou I_{rm}? Explique usando um gráfico de i^2 e outro da corrente retificada.

31.3 • A voltagem através dos terminais de uma fonte ca varia com o tempo de acordo com a Equação 31.1. A amplitude da voltagem é $V = 45{,}0$ V. Calcule: (a) o valor eficaz ou o valor quadrático médio da diferença de potencial V_{qm}; (b) a diferença de potencial média $V_{méd}$ entre os dois terminais da fonte de tensão.

Seção 31.2 Resistência e reatância

31.4 • Um capacitor está conectado através de uma fonte ca cuja amplitude de tensão é 60,0 V e frequência de 80,0 Hz. (a) Qual é o ângulo de fase ϕ para a voltagem da fonte em relação à corrente? A voltagem da fonte está atrasada ou adiantada em relação à corrente? (b) Qual é a capacitância *C* do capacitor se a amplitude de corrente é igual a 5,30 A?

31.5 • Um indutor com $L = 9{,}50$ mH está conectado a uma fonte ca com uma amplitude de tensão de 45,0 V. (a) Qual é o ângulo de fase ϕ para a tensão da fonte em relação à corrente? A voltagem da fonte está atrasada ou adiantada em relação à corrente? (b) Que valor para a frequência da fonte resulta em uma amplitude de corrente de 3,90 A?

31.6 • Uma capacitância *C* e uma indutância *L* são operadas na mesma frequência angular. (a) Em qual frequência angular elas terão a mesma reatância? (b) Se $L = 5{,}00$ mH e $C = 3{,}50\ \mu$F, qual é o valor numérico da frequência angular no item (a) e qual é a reatância de cada elemento?

31.7 • **Capacitância na cozinha.** O circuito de um refrigerador contém um capacitor no sistema de partida. Uma voltagem com amplitude de 170 V e frequência igual a 60,0 Hz é aplicada através do capacitor e produz uma corrente com amplitude de 0,850 A através do capacitor. Qual é o valor da capacitância *C* necessária?

31.8 • (a) Calcule a reatância de um indutor de 0,450 H para frequências de 60,0 Hz e 600 Hz. (b) Calcule a reatância de um capacitor de 2,50 μF para as mesmas frequências. (c) Para qual frequência a reatância de um indutor de 0,450 H possui valor igual ao da reatância de um capacitor de 2,50 μF?

31.9 • (a) Qual é a reatância de um indutor de 3,00 H para uma frequência de 80,0 Hz? (b) Qual é a indutância de um indutor cuja reatância é igual a 120 Ω em 80,0 Hz? (c) Qual é a reatância de um capacitor de 4,00 μF em uma frequência de 80,0 Hz? (d) Qual é a capacitância de um capacitor cuja reatância é igual a 120 Ω em 80,0 Hz?

31.10 • **Indutor de um rádio.** Você deseja obter uma amplitude de corrente igual a 1,80 mA passando através de um indutor de 0,450 mH (uma parte de um circuito de um receptor de rádio) quando uma voltagem senoidal com amplitude de 12,0 V é aplicada nos terminais do indutor. Qual é a frequência necessária?

31.11 •• Um indutor de 0,180 H está conectado em série com um resistor de 90,0 Ω e uma fonte ca. A voltagem através do indutor é $v_L = -(12{,}0 \text{ V}) \text{ sen}[(480 \text{ rad/s})t]$. (a) Deduza uma expressão para a voltagem v_R através do resistor. (b) Qual é o valor de v_R em $t = 2{,}00$ ms?

31.12 •• Um resistor de 250 Ω é conectado em série a um capacitor de 4,80 μF. A voltagem nos terminais do capacitor é dada por $v_C = (7{,}60 \text{ V}) \text{ sen}[(120 \text{ rad/s})t]$. (a) Determine a reatância capacitiva do capacitor. (b) Deduza uma expressão para a voltagem v_R através do resistor.

31.13 •• Um resistor de 150 Ω é conectado em série a um indutor de 0,250 H e uma fonte ca. A tensão nos terminais do resistor é $v_R = (3{,}80 \text{ V}) \cos[(720 \text{ rad/s})t]$. (a) Deduza uma expressão para a corrente no circuito. (b) Determine a reatância indutiva do indutor. (c) Deduza uma expressão para a voltagem v_L nos terminais do indutor.

Seção 31.3 O circuito *L-R-C* em série

31.14 • Você dispõe de um resistor de 200 Ω, de um indutor de 0,400 H e de um capacitor de 6,00 μF. Suponha que você faça um circuito em série ligando o resistor e o indutor com uma fonte de tensão com amplitude de voltagem igual a 30,0 V e frequência angular igual a 250 rad/s. (a) Qual é a impedância do circuito? (b) Qual é a amplitude da corrente? (c) Calcule as amplitudes das voltagens através do resistor e do indutor. (d) Qual é o ângulo de fase da voltagem da fonte em relação à corrente? A voltagem da fonte está atrasada ou adiantada em relação à corrente? (e) Faça um diagrama de fasores.

31.15 • O resistor, o indutor, o capacitor e a fonte de tensão do Exercício 31.14 são conectados formando um circuito *L-R-C* em série. (a) Qual é a impedância do circuito? (b) Qual é a amplitude da corrente? (c) Qual é o ângulo de fase da voltagem da fonte em relação à corrente? A voltagem da fonte está adiantada ou atrasada em relação à corrente? (d) Calcule as amplitudes das voltagens através do resistor, do indutor e do capacitor. (e) Explique como a amplitude da tensão entre as placas do capacitor pode ser maior que a amplitude da voltagem através da fonte.

31.16 •• Você dispõe de um resistor de 200 Ω, de um indutor de 0,900 H, de um capacitor de 6,00 μF e uma fonte de tensão com amplitude de tensão de 30,0 V e frequência angular de 250 rad/s, todos conectados em série. (a) Quais são os valores de v, v_R, v_L e v_C em $t = 20{,}0$ ms? Compare $v_R + v_L + v_C$ com v nesse instante. (b) Quais são os valores de V_R, V_L e V_C? Compare V com $V_R + V_L + V_C$. Explique por que essas duas quantidades não são iguais.

31.17 • Em um circuito *L-R-C* em série, a voltagem eficaz através do resistor é igual a 30,0 V, através do capacitor é igual a 90,0 V e através do indutor é igual a 50,0 V. Qual é a voltagem eficaz da fonte?

Seção 31.4 Potência em circuitos de corrente alternada

31.18 •• Um resistor com $R = 300$ Ω e um indutor são conectados em série por uma fonte ca com amplitude de tensão igual a 500 V. A taxa com que a energia elétrica dissipada no resistor é de 286 W. Quais são: (a) a impedância Z do circuito; (b) a amplitude da tensão no indutor; (c) o fator de potência?

31.19 • A potência de determinado aparelho de CD que opera com uma tensão eficaz de 120 V é igual a 20,0 W. Supondo que o aparelho de CD se comporte como uma resistência pura, calcule: (a) a potência instantânea máxima; (b) a corrente eficaz; (c) a resistência desse aparelho.

31.20 •• Os componentes de um circuito *L-R-C* em série possuem os seguintes valores: $L = 20{,}0$ mH, $C = 140$ nF e $R = 350$ Ω. O gerador possui tensão eficaz de 120 V e frequência de 1,25 kHz. Determine (a) a potência fornecida pelo gerador e (b) a potência dissipada no resistor.

31.21 • (a) Mostre que, para um circuito *L-R-C* em série, o fator de potência é igual a R/Z. (b) Um circuito *L-R-C* em série possui ângulo de fase de $-31{,}5°$. A amplitude de tensão da fonte é igual a 90,0 V. Qual é a amplitude de tensão no resistor?

31.22 • (a) Use os resultados da parte (a) do Exercício 31.21 para mostrar que a potência média fornecida pela fonte é dada por $P_{méd} = I_{qm}^2 R$. (b) Um circuito *L-R-C* em série possui $R = 96{,}0$ Ω, e a amplitude da tensão através do resistor é 36,0 V. Qual é a potência média fornecida pela fonte?

31.23 • Um circuito *L-R-C* em série com $L = 0{,}120$ H, $R = 240$ Ω e $C = 7{,}30$ μF conduz uma corrente eficaz de 0,450 A com uma frequência igual a 400 Hz. (a) Calcule o ângulo de fase e o fator de potência do circuito. (b) Qual é a impedância do circuito? (c) Qual é a tensão eficaz da fonte? (d) Qual é a potência média fornecida pela fonte? (e) Qual é a taxa média de conversão de energia elétrica em energia térmica no resistor? (f) Qual é a taxa média da conversão de energia elétrica (em outras formas de energia) no capacitor? (g) E no indutor?

31.24 •• Um circuito *L-R-C* em série é conectado a uma fonte ca de 120 Hz cuja tensão eficaz é dada por $V_{qm} = 80{,}0$ V. O circuito possui uma resistência de 75,0 Ω e uma impedância igual a 105 Ω para essa frequência. Qual é a potência média fornecida ao circuito pela fonte?

31.25 •• Um circuito ca em série contém um resistor de 250 Ω, um indutor de 15 mH, um capacitor de 3,5 μF e uma fonte de potência ca com amplitude de tensão igual a 45 V que opera a uma frequência angular de 360 rad/s. (a) Qual é o fator de potência desse circuito? (b) Determine a potência média fornecida para todo o circuito. (c) Qual é a potência média fornecida para o resistor, o capacitor e o indutor?

Seção 31.5 Ressonância em circuitos de corrente alternada

31.26 •• Em um circuito *L-R-C* em série, a fonte é operada em sua frequência angular ressonante. Nessa frequência, a reatância X_C do capacitor é 200 Ω e a amplitude de tensão pelo capacitor é de 600 V. O circuito possui $R = 300$ Ω. Qual é a amplitude de tensão da fonte?

31.27 • **Analisando um circuito *L-R-C*.** Você tem um resistor de 200 Ω, um indutor de 0,400 H, um capacitor de 5,00 μF e uma fonte ca de frequência variável com uma amplitude de 3,00 V. Você conecta todos os quatro elementos para formar um circuito em série. (a) Em que frequência a corrente no circuito será maior? Qual será a amplitude de corrente nessa frequência? (b) Qual será a amplitude de corrente em uma frequência angular de 400 rad/s?

Nessa frequência, a voltagem na fonte está adiantada ou atrasada em relação à corrente?

31.28 • Um circuito *L-R-C* em série é construído com um resistor de 175 Ω, um capacitor de 12,5 μF e um indutor de 8,00 mH, todos conectados através de uma fonte ca com frequência variável e uma amplitude de tensão de 25,0 V. (a) Em qual frequência angular a impedância atingirá seu valor mínimo e qual é a impedância nessa frequência? (b) Na frequência angular no item (a), qual é a corrente máxima que passa pelo indutor? (c) Na frequência angular do item (a), calcule a diferença de potencial através da fonte ca, do resistor, do capacitor e do indutor no instante em que a corrente é igual à metade de seu maior valor positivo. (d) No item (c), como as diferenças de potencial através do resistor, do indutor e do capacitor estão relacionadas à diferença de potencial através da fonte ca?

31.29 • Em um circuito *L-R-C* em série, $R = 300\ \Omega$, $L=$ 0,400 H e $C = 6{,}00 \times 10^{-8}$ F. Quando a fonte ca opera na frequência de ressonância do circuito, a amplitude da corrente é igual a 0,500 A. (a) Qual é a amplitude de tensão da fonte? (b) Qual é a amplitude de tensão através do resistor, do indutor e do capacitor? (c) Qual é a potência média fornecida pela fonte?

31.30 • Um circuito *L-R-C* em série consiste em uma fonte com amplitude de tensão de 120 V e frequência angular de 50,0 rad/s, um resistor com $R = 400\ \Omega$, um indutor com $L = 3{,}00$ H e um capacitor com capacitância *C*. (a) Para qual valor de *C* a amplitude da corrente no circuito será máxima? (b) Quando *C* tiver o valor calculado no item (a), qual será a amplitude de tensão através do indutor?

31.31 • Em um circuito *L-R-C* em série, $R = 150\ \Omega$, $L =$ 0,750 H e $C = 0{,}0180\ \mu$F. A fonte possui uma amplitude de tensão $V = 150$ V e uma frequência igual à frequência de ressonância do circuito. (a) Qual é o fator de potência? (b) Qual é a potência média fornecida pela fonte? (c) O capacitor é substituído por outro com $C = 0{,}0360\ \mu$F e a frequência da fonte é ajustada para o novo valor da ressonância. Qual é, então, a nova potência média fornecida pela fonte?

31.32 • Em um circuito *L-R-C* em série, $R = 400\ \Omega$, $L = 0{,}350$ H e $C = 0{,}0120\ \mu$F. (a) Qual é a frequência angular de ressonância do circuito? (b) O capacitor pode suportar uma tensão máxima de 670 V. Supondo que a fonte esteja operando com a frequência de ressonância, qual é a amplitude de tensão máxima que ela pode ter para que a voltagem do capacitor não seja excedida?

31.33 •• Em um circuito *L-R-C* em série, $L = 0{,}280$ H e $C =$ 4,0 μF. A amplitude da voltagem da fonte é igual a 120 V. (a) Qual é a frequência angular de ressonância do circuito? (b) Quando a fonte opera com a frequência angular de ressonância, a amplitude da corrente no circuito é de 1,70 A. Qual é a resistência *R* do resistor? (c) Na frequência angular de ressonância, quais são os valores máximos das voltagens nos terminais do indutor, do capacitor e do resistor?

Seção 31.6 Transformadores

31.34 • **Partiu Europa!** Sua amiga pretende levar um secador de cabelo para a Europa, onde as tomadas elétricas geram uma tensão de 240 V em vez dos 120 V comumente usados no Brasil. O secador gera 1.600 W a 120 V. (a) O que você deve fazer para fazer o secador funcionar em 240 V na Europa? (b) Qual é a corrente consumida pelo secador na Europa? (c) Qual é a resistência que o secador parece ter quando opera a 240 V?

31.35 • **Um transformador para abaixar a tensão.** Um transformador conectado a uma fonte ca de 120 V (valor eficaz) deve fornecer 12,0 V (valor eficaz) a um dispositivo eletrônico portátil. A resistência de carga no secundário é igual a 5,0 Ω. (a) Qual é a razão entre o número de espiras do primário e o número de espiras do secundário desse transformador? (b) Qual é o valor eficaz da corrente fornecida pelo secundário? (c) Qual é a potência média fornecida para a carga? (d) Que resistência deveria ser conectada diretamente na fonte de 120 V para que ela consumisse a mesma potência fornecida ao transformador? Mostre que esse valor é igual a 5,0 Ω vezes o quadrado da razão entre o número de espiras do primário e o número de espiras do secundário.

31.36 • **Um transformador para elevar a tensão.** Um transformador conectado a uma fonte ca de 120 V (valor eficaz) deve fornecer 13.000 V (valor eficaz) para um anúncio de neônio. Para prevenir o risco de choque, um fusível é inserido no circuito primário; o fusível deve se fundir se a corrente eficaz superar o valor de 8,50 mA no secundário. (a) Qual é a razão entre o número de espiras do primário e o número de espiras do secundário desse transformador? (b) Qual é a potência fornecida para o transformador quando a corrente eficaz no secundário é de 8,50 mA? (c) Qual deve ser a corrente máxima do fusível inserido no circuito primário?

PROBLEMAS

31.37 • Uma bobina possui uma resistência de 48,0 Ω. Para uma frequência de 80,0 Hz, a tensão através da bobina está adiantada 52,3° em relação à corrente. Determine a indutância da bobina.

31.38 •• Quando um solenoide está conectado a uma bateria cc de 48,0 V com resistência interna desprezível, a corrente no solenoide é de 5,50 A. Quando esse solenoide é conectado a uma fonte ca com uma amplitude de tensão de 48,0 V e frequência angular de 20,0 rad/s, a corrente no solenoide é igual a 3,60 A. Qual é a indutância desse solenoide?

31.39 •• Um circuito *L-R-C* em série possui $C = 4{,}80\ \mu$F, $L =$ 0,520 H e amplitude de tensão na fonte $V = 56{,}0$ V. A fonte opera na frequência de ressonância do circuito. Se a tensão no capacitor possui amplitude de 80,0 V, qual é o valor de *R* para o resistor no circuito?

31.40 •• Cinco voltímetros com impedância infinita, calibrados para medir o valor eficaz da tensão, são conectados conforme indicado na **Figura P31.40**. Seja $R = 200\ \Omega$, $L = 0{,}400$ H, $C =$ 6,0 μF e $V = 30{,}0$ V. Qual é a leitura de cada voltímetro quando (a) $\omega = 200$ rad/s? (b) $\omega = 1.000$ rad/s?

Figura P31.40

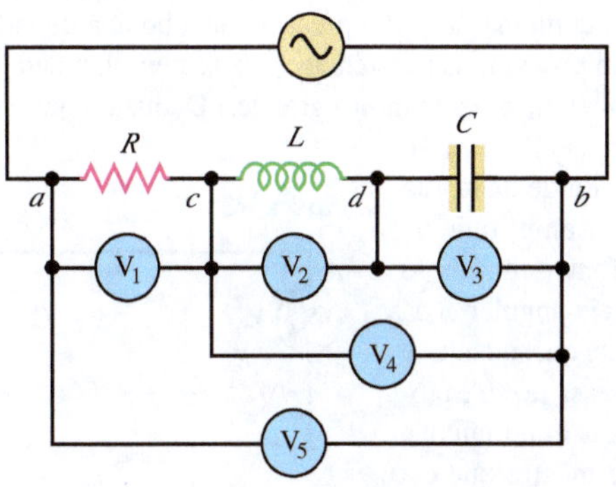

31.41 •• **PC** Um capacitor de placas paralelas contendo placas quadradas de 4,50 cm em cada lado, com 8,00 mm de separação entre elas, é colocado em série com o seguinte: uma fonte ca com frequência angular de 650 rad/s e amplitude de tensão de 22,5 V; um resistor de 75,0 Ω; e um solenoide ideal com 9,00 cm de extensão, uma seção reta circular de 0,500 cm de diâmetro e contendo 125 espiras por centímetro. Qual é a frequência angular de ressonância desse circuito? (Ver Exercício 30.15.)

31.42 •• PC Um solenoide toroidal possui 2.900 espiras enroladas bem próximas, área de seção reta igual a 0,450 cm^2, raio médio de 9,00 cm e resistência $R = 2{,}80\ \Omega$. Ignore a variação do campo magnético pela seção reta do solenoide. Qual é a amplitude da corrente no solenoide se ele estiver conectado a uma fonte ca com amplitude de tensão igual a 24,0 V e frequência de 495 Hz?

31.43 •• Um circuito em série possui uma impedância de 60,0 Ω e um fator de potência igual a 0,720 em 50,0 Hz. A tensão da fonte está atrasada em relação à corrente. (a) Que elemento de circuito, um indutor ou um capacitor, deve ser ligado em série com o circuito para fazer aumentar seu fator de potência? (b) Qual deve ser o valor desse elemento para que o fator de potência seja igual a 1?

31.44 •• Uma bobina grande de um eletroímã está conectada a uma fonte ca de 120 Hz. A bobina possui resistência de 400 Ω e, para essa frequência da fonte, a bobina apresenta reatância indutiva igual a 250 Ω. (a) Qual é a indutância da bobina? (b) Qual deve ser a tensão eficaz da fonte sabendo que a bobina consome uma potência elétrica média de 450 W?

31.45 •• Em um circuito *L-R-C* em série, $R = 300\ \Omega$, $X_C = 300\ \Omega$ e $X_L = 500\ \Omega$. A potência elétrica média consumida no resistor é 60,0 W. (a) Qual é o fator de potência do circuito? (b) Qual é a tensão eficaz da fonte?

31.46 • Para uma frequência ω_1, a reatância de um certo capacitor é igual à reatância de um certo indutor. (a) Se a frequência variar para $\omega_2 = 2\omega_1$, qual deverá ser a razão entre a reatância do indutor e a reatância do capacitor? Qual das duas reatâncias é a maior? (b) Se a frequência variar para $\omega_3 = \omega_1/3$, qual será a razão entre as reatâncias do indutor e do capacitor? Qual das duas reatâncias é a maior? (c) Se o capacitor e o indutor fossem conectados em série com um resistor de resistência *R* para formar um circuito *L-R-C* em série, qual seria a frequência angular durante a ressonância do circuito?

31.47 •• **Um filtro passa-alta.** Uma aplicação do circuito *L-R-C* em série consiste no uso de um filtro passa-alta ou de um filtro passa-baixa, que filtram, respectivamente, os componentes de baixa frequência ou os componentes de alta frequência de um determinado sinal. Um filtro passa-alta é indicado na **Figura P31.47**, em que a tensão de saída é tomada através da combinação *L-R*. (A combinação *L-R* representa uma bobina de indução que também possui uma resistência, pois seu enrolamento é um fio com um comprimento muito grande.) Deduza uma expressão para $V_{saída}/V_s$, a razão entre a amplitude da tensão na saída e a amplitude da tensão da fonte, em função da frequência angular ω da fonte. Mostre que, quando ω é pequena, essa razão é proporcional a ω e, portanto, é pequena, e mostre que ela tende a 1 no limite de frequências altas.

Figura P31.47

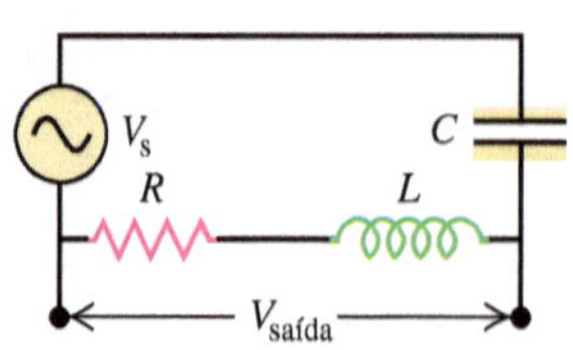

31.48 •• **Um filtro passa-baixa.** A **Figura P31.48** mostra um filtro passa-baixa (veja o Problema 31.47); a tensão de saída é tomada através do capacitor do circuito *L-R-C* em série. Deduza uma expressão para $V_{saída}/V_s$, a razão entre a amplitude da tensão na saída e a amplitude da tensão da fonte, em função da frequência angular ω da fonte. Mostre que, quando ω é grande, essa razão é proporcional a ω^{-2} e, portanto, muito pequena, e mostre que ela tende a 1 no limite de frequências baixas.

Figura P31.48

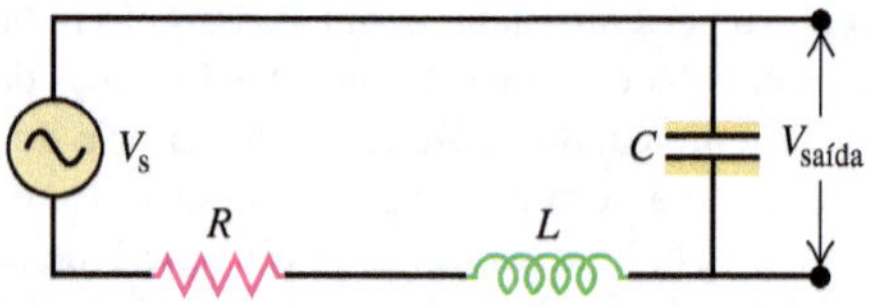

31.49 ••• Um circuito *L-R-C* em série é conectado a uma fonte ca com uma amplitude de tensão *V* constante e frequência angular variável ω. (a) Mostre que a amplitude da corrente em função de ω é dada por

$$I = \frac{V}{\sqrt{R^2 + (\omega L - 1/\omega C)^2}}$$

(b) Mostre que a potência média dissipada no resistor é

$$P = \frac{V^2R/2}{R^2 + (\omega L - 1/\omega C)^2}$$

(c) Mostre que *I* e *P* são *ambos* máximos quando $\omega = 1/\sqrt{LC}$, ou seja, quando a frequência da fonte é igual à frequência de ressonância do circuito. (d) Faça um gráfico de *P* em função de ω para $V = 100$ V, $R = 200\ \Omega$, $L = 2{,}0$ H e $C = 0{,}50\ \mu$F. Compare o resultado com a curva indicada com o dístico de 200 Ω na Figura 31.19. Discuta o comportamento de *I* e de *P* nos limites $\omega = 0$ e $\omega \to \infty$.

31.50 ••• Um circuito *L-R-C* em série é conectado a uma fonte ca que possui uma amplitude de voltagem constante *V* e frequência angular variável ω. Usando os resultados do Problema 31.49, desenvolva uma expressão para: (a) a amplitude V_L da voltagem através do indutor em função de ω; (b) a amplitude V_C da voltagem através do capacitor em função de ω. (c) Faça um gráfico de V_L e de V_C em função de ω para $V = 100$ V, $R = 200\ \Omega$, $L = 2{,}0$ H e $C = 0{,}50\ \mu$F. (d) Discuta o comportamento de V_L e de V_C nos limites $\omega = 0$ e $\omega \to \infty$. Para qual valor de ω obtemos $V_L = V_C$? Qual é o significado desse valor de ω?

31.51 •• Em um circuito *L-R-C* em série, o módulo do ângulo de fase é igual a 54,0° com a voltagem da fonte atrasada em relação à corrente. A reatância do capacitor é de 350 Ω e a resistência do resistor é de 180 Ω. A potência média fornecida pela fonte é igual a 140 W. Calcule: (a) a reatância do indutor; (b) a corrente eficaz; (c) a tensão eficaz da fonte.

31.52 •• Em um circuito *L-R-C* em série, o ângulo de fase é igual a 40,0°, com a voltagem da fonte adiantada em relação à corrente. A reatância do capacitor é de 400 Ω e a resistência do resistor é de 200 Ω. A potência média fornecida pela fonte é igual a 150 W. Calcule: (a) a reatância do indutor; (b) a corrente eficaz; (c) a tensão eficaz da fonte.

31.53 • Um circuito *L-R-C* em série possui $R = 500\ \Omega$, $L = 2{,}00$ H, $C = 0{,}500\ \mu$F e $V = 100$ V. (a) Para $\omega = 800$ rad/s, calcule V_R, V_L, V_C e ϕ. Usando um único conjunto de eixos, faça um gráfico de v, v_R, v_L e v_C em função do tempo. Inclua dois ciclos de v em seu gráfico. (b) Repita o item (a) para $\omega = 1.000$ rad/s. (c) Repita o item (a) para $\omega = 1.250$ rad/s.

31.54 •• **O circuito *L-R-C* em paralelo.** Um resistor, um indutor e um capacitor são ligados em paralelo com uma fonte ca com amplitude de voltagem V e frequência angular ω. Suponha que a voltagem da fonte seja dada por $v = V \cos \omega t$. (a) Mostre que a voltagem instantânea nos terminais de cada elemento v_R, v_L e v_C em qualquer instante é a mesma da fonte v e que $i = i_R + i_L + i_C$, em que i é a corrente que passa na fonte e i_R, i_L e i_C são as correntes que passam no resistor, no indutor e no capacitor, respectivamente. (b) Quais são as fases de i_R, i_L e i_C em relação à v? Use fasores para representar as correntes i, i_R, i_L e i_C. Sobre o diagrama de fasores, mostre as fases dessas quatro correntes em relação a v. (c) Use o diagrama de fasores do item (b) para mostrar que a amplitude da corrente I para a corrente i que passa na fonte é dada por $I = \sqrt{I_R^2 + (I_C - I_L)^2}$. (d) Mostre que o resultado do item (c) pode ser escrito na forma $I = V/Z$, com $1/Z = \sqrt{(1/R^2) + [\omega C - (1/\omega L)]^2}$.

31.55 •• A impedância em um circuito *L-R-C* em paralelo foi deduzida no Problema 31.54. (a) Mostre que, na ressonância, a frequência angular $\omega_0 = 1/\sqrt{LC}$, a impedância Z é máxima e, portanto, a corrente que passa pela fonte ca é mínima. (b) Um resistor de 100 Ω, um capacitor de 0,100 μF e um indutor de 0,300 H estão conectados em paralelo a uma fonte de tensão com amplitude de 240 V. Qual é a frequência angular de ressonância? Para esse circuito, na frequência de ressonância, qual é: (c) a corrente máxima através da fonte; (d) a corrente máxima no resistor; (e) a corrente máxima no indutor; (f) a corrente máxima no ramo que contém o capacitor?

31.56 •• Um resistor de 400 Ω e um capacitor de 6,00 μF estão conectados em paralelo com um gerador ca que fornece uma tensão eficaz de 180 V para uma frequência angular de 360 rad/s. Use os resultados do Problema 31.54. Observe que, como não existe indutor no circuito, o termo $1/\omega L$ não está presente na expressão de $1/Z$. Calcule: (a) a amplitude da corrente no resistor; (b) a amplitude da corrente no capacitor; (c) o ângulo de fase da corrente da fonte em relação à tensão da fonte; (d) a amplitude da corrente através do gerador. (e) A corrente da fonte está atrasada ou adiantada em relação à voltagem da fonte?

31.57 ••• Um circuito *L-R-C* em série consiste em um capacitor de 2,50 μF, um indutor de 5,00 mH e um resistor de 75,0 Ω, conectados através de uma fonte ca com amplitude de voltagem igual a 15,0 V e frequência variável. (a) Sob quais circunstâncias a potência média fornecida ao circuito equivale a $\frac{1}{2} V_{qm} I_{qm}$? (b) Sob as condições no item (a), qual é a potência média fornecida a cada elemento de circuito e qual é a corrente máxima que passa pelo capacitor?

31.58 •• Um circuito *L-R-C* em série possui $R = 60{,}0\ \Omega$, $L = 0{,}800$ H e $C = 3{,}00 \times 10^{-4}$ F. A fonte ca possui uma amplitude de tensão igual a 90,0 V e frequência angular de 120 rad/s. (a) Qual é a energia máxima armazenada no indutor? (b) Quando a energia armazenada no indutor é máxima, quanta energia está armazenada no capacitor? (c) Qual é a energia máxima armazenada no capacitor?

31.59 • Em um circuito *L-R-C* em série, a fonte possui uma amplitude de voltagem igual a 120 V, $R = 80{,}0\ \Omega$, e a reatância do capacitor é de 480 Ω. A amplitude de tensão nos terminais do capacitor é igual a 360 V. (a) Qual é a amplitude da corrente no circuito? (b) Qual é sua impedância? (c) Quais são os dois valores da reatância do indutor? (d) Para qual dos dois valores que você encontrou no item (c) a frequência angular é menor que a frequência angular da ressonância? Explique.

31.60 •• Em um circuito ca *L-R-C* em série, a fonte possui uma amplitude de tensão de 240 V, $R = 90{,}0\ \Omega$ e a reatância do indutor é igual a 320 Ω. A amplitude de tensão no resistor é igual a 135 V. (a) Qual é a amplitude de corrente no circuito? (b) Qual é a amplitude de tensão através do indutor? (c) Quais são os dois valores que a reatância do capacitor pode ter? (d) Para qual dos dois valores encontrados no item (c) a frequência angular é menor que a frequência angular de ressonância? Explique.

31.61 • Uma resistência R, uma capacitância C e uma indutância L são ligadas em série a uma fonte de tensão com amplitude V e frequência angular variável ω. Sendo $\omega = \omega_0$, a frequência angular da ressonância, calcule: (a) a corrente máxima no resistor; (b) a voltagem máxima através do capacitor; (c) a voltagem máxima através do indutor; (d) a energia máxima armazenada no capacitor; (e) a energia máxima armazenada no indutor. Forneça suas respostas em função de R, C, L e V.

31.62 •• **Largura da ressonância.** Considere um circuito *L-R-C* em série com um indutor de 1,80 H, um capacitor de 0,900 μF e um resistor de 300 Ω. A fonte possui uma voltagem eficaz $V_{qm} = 60{,}0$ V e uma frequência angular variável ω. (a) Qual é a frequência angular de ressonância ω_0 do circuito? (b) Qual é o valor eficaz da corrente que passa no circuito $I_{qm\text{-}0}$ na ressonância? (c) Quais são os dois valores, ω_1 e ω_2, da frequência de ressonância para os quais a corrente eficaz é igual à metade do valor da corrente durante a ressonância? (d) O valor $|\omega_1 - \omega_2|$ define a *largura da ressonância*. Calcule $I_{qm\text{-}0}$ e a largura da ressonância para $R = 300\ \Omega$, 30,0 Ω e 3,00 Ω. Discuta como seus resultados se comparam com os resultados da Seção 31.5.

31.63 •• Um circuito *L-R-C* em série consome 220 W de uma linha ca de 120 V (valor eficaz) com 50,0 Hz. O fator de potência é igual a 0,560 e a voltagem da fonte está adiantada em relação à corrente. (a) Qual é a resistência total R do circuito? (b) Calcule a capacitância de um capacitor em série capaz de produzir no circuito um fator de potência igual a 1, quando ele é conectado ao circuito original. (c) Qual é a nova potência consumida da fonte de alimentação?

31.64 •• **DADOS** Uma colega sua estava fazendo medições de um solenoide conectado a uma fonte de tensão ca. Infelizmente, ela saiu de férias antes de concluir a análise, e seu chefe lhe pediu para terminar. Você possui um gráfico de $1/I^2$ em função de ω^2 (**Figura P31.64**), onde I é a corrente no circuito e ω é a frequência angular da fonte. Uma nota colada ao gráfico diz que a amplitude de tensão da fonte foi mantida constante em 12,0 V. Calcule a resistência e a indutância do solenoide.

Figura P31.64

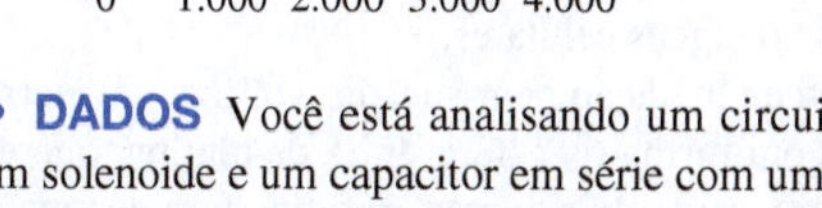

31.65 •• **DADOS** Você está analisando um circuito ca que contém um solenoide e um capacitor em série com uma fonte ca que possui amplitude de tensão de 90,0 V e frequência angular ω.

Para diferentes capacitores no circuito, cada um com capacitância conhecida, você mede o valor da frequência ω_{res} para a qual a corrente no circuito é máxima. Você desenha seus valores medidos em um gráfico de ω_{res}^2 em função de $1/C$ (**Figura P31.65**). Você nota que a corrente máxima para cada valor de C é a mesma, igual a 4,50 A. Calcule a resistência e a indutância do solenoide.

Figura P31.65

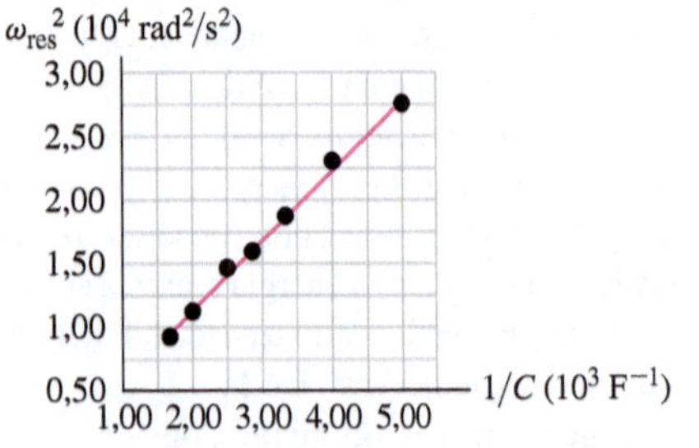

31.66 •• DADOS Você recebe esta tabela de dados registrados para um circuito com um resistor, um indutor com resistência desprezível e um capacitor, todos em série com uma fonte de tensão ca:

f (Hz)	80	160
Z (Ω)	15	13
ϕ (°)	−71	67

Aqui, f é a frequência da fonte de tensão, Z é a impedância do circuito e ϕ é o ângulo de fase. (a) Use os dados nas duas frequências para calcular a resistência do resistor. (*Dica:* use os resultados do Exercício 31.21.) Calcule a média desses dois valores da resistência e use os resultados como o valor de R no restante da análise. (b) Use os dados em 80 Hz e 160 Hz para calcular a indutância L e a capacitância C do circuito. (c) Qual é a frequência de ressonância para o circuito, e quais são a impedância e o ângulo de fase da frequência de ressonância?

PROBLEMAS DESAFIADORES

31.67 •• CALC Em um circuito *L-R-C* em série, a corrente é dada por $i = I \cos \omega t$. As amplitudes das voltagens através do resistor, do indutor e do capacitor são, respectivamente, V_R, V_L e V_C. (a) Mostre que a potência instantânea através do resistor é dada por $p_R = V_R I \cos^2 \omega t = \frac{1}{2} V_R I (1 + \cos 2\omega t)$. O que essa expressão fornece para a potência média através do resistor? (b) Mostre que a potência instantânea através do indutor é dada por $p_L = -V_L I \operatorname{sen} \omega t \cos \omega t = -\frac{1}{2} V_L I \operatorname{sen} 2\omega t$. O que essa expressão fornece para a potência média através do indutor? (c) Mostre que a potência instantânea através do capacitor é dada por $p_C = V_C I \operatorname{sen} \omega t \cos \omega t = \frac{1}{2} V_C I \operatorname{sen} 2\omega t$. O que essa expressão fornece para a potência média através do capacitor? (d) Na Seção 31.4, verificamos que a potência instantânea fornecida pela fonte é dada por $p = VI \cos \omega t (\cos \phi \cos \omega t - \operatorname{sen} \phi \operatorname{sen} \omega t)$. Mostre que, em qualquer instante, o valor de p é dado pela soma $p_R + p_L + p_C$.

31.68 ••• CALC (a) Para qual frequência angular a amplitude da voltagem através do *resistor* atinge seu valor máximo em um circuito *L-R-C* em série? (b) Para qual frequência angular a amplitude da voltagem através do *indutor* atinge seu valor máximo? (c) Para qual frequência angular a amplitude da voltagem através do *capacitor* atinge seu valor máximo? (Talvez seja conveniente você usar como referência o Problema 31.49.)

Problemas com contexto

BIO CONVERTENDO CC EM CA. Uma célula individual como um óvulo (produzido nos ovários) normalmente é organizada espacialmente, conforme manifestado em parte pelas assimetrias na membrana celular. Essas assimetrias incluem distribuições não uniformes de mecanismos de transporte de íon, o que resulta em uma corrente elétrica resultante entrando por uma região da membrana e saindo por outra. Essas correntes celulares uniformes podem regular a polaridade celular, levando (no caso dos óvulos) à polaridade embrionária; portanto, os cientistas estão interessados em medi-las.

Essas correntes celulares se movem em malhas através do fluido extracelular. A lei de Ohm requer que haja diferenças de voltagem entre dois pontos quaisquer nesse fluido que transporta corrente ao redor das células. Embora as correntes possam ser significativas, as diferenças de voltagem extracelulares são minúsculas — na ordem de nanovolts. Se pudermos mapear as diferenças de voltagem no fluido fora de uma célula, poderemos calcular a densidade de corrente usando a lei de Ohm, supondo que a resistividade do fluido seja conhecida. Não podemos medir essas diferenças de voltagem espaçando dois eletrodos por 10 ou 20 μm, pois a impedância cc (a resistência) desses eletrodos é alta e o ruído inerente nos sinais detectados nos eletrodos ultrapassa bastante as voltagens celulares.

Um método de medição bem-sucedido utiliza um eletrodo com uma ponta em forma de esfera, feita de platina, que é movida senoidalmente entre dois pontos no fluido fora de uma célula. O potencial elétrico que o eletrodo mede, em relação a um eletrodo de referência distante, também varia senoidalmente. A diferença de potencial cc entre os dois extremos (os dois pontos no fluido) é então convertida em uma diferença de potencial ca em forma de onda de seno. O eletrodo de platina se comporta como um capacitor em série com a resistência do fluido extracelular. Essa resistência, chamada *resistência de acesso* (R_A), possui um valor de cerca de $\rho/10a$, onde ρ é a resistividade do fluido (normalmente expressa em $\Omega \cdot$ cm) e a é o raio do eletrodo em forma de esfera. A esfera de platina normalmente possui um diâmetro de 20 μm e uma capacitância de 10 nF; a resistividade de muitos fluidos biológicos é 100 $\Omega \cdot$ cm.

31.69 Qual é a impedância cc do eletrodo, supondo que ele se comporte como um capacitor ideal? (a) 0; (b) infinita; (c) $\sqrt{2} \times 10^4$ Ω; (d) $\sqrt{2} \times 10^6$ Ω.

31.70 Se o eletrodo oscila entre dois pontos afastados em 20 μm a uma frequência de $(5.000/\pi)$Hz, qual é a impedância do eletrodo? (a) 0; (b) infinita; (c) $\sqrt{2} \times 10^4$ Ω; (d) $\sqrt{2} \times 10^6$ Ω.

31.71 O sinal do eletrodo oscilante é alimentado em um amplificador, que informa a tensão medida como um valor eficaz, 1,5 nV. Qual é a diferença de potencial entre os dois extremos? (a) 1,5 nV; (b) 3,0 nV; (c) 2,1 nV; (d) 4,2 nV.

31.72 Se a frequência em que o eletrodo oscila for aumentada para um valor muito elevado, a impedância do eletrodo: (a) aproxima-se do infinito; (b) aproxima-se de zero; (c) aproxima-se de um valor constante, mas diferente de zero; (d) não varia.

RESPOSTAS

Resposta à pergunta inicial do capítulo

Resposta: (**iv**) O rádio detecta simultaneamente as transmissões em *todas* as frequências. Entretanto, um rádio está em um circuito *L-R-C* em série e, em um dado instante qualquer, ele é sintonizado para ter uma ressonância em uma única frequência. Logo, a resposta do rádio a essa frequência é muito maior que sua resposta a qualquer outra frequência, motivo pelo qual você ouve somente uma estação transmissora pelo alto-falante do rádio. (Às vezes, você pode ouvir uma segunda estação, caso a frequência dessa estação esteja suficientemente próxima à frequência sintonizada.)

Respostas às perguntas dos testes de compreensão

31.1 Respostas: (**a**) **D**; (**b**) **A**; (**c**) **B**; (**d**) **C** Para cada fasor, a corrente real é representada pela projeção desse fasor sobre o eixo horizontal. Todos os fasores giram no sentido anti-horário em torno da origem, com frequência angular ω, de modo que no instante indicado a projeção do fasor A é positiva, porém tendendo a zero; a projeção do fasor B é negativa e se torna cada vez mais negativa; a projeção do fasor C é negativa, porém tendendo a zero; a projeção do fasor D é positiva e se torna cada vez mais positiva.

31.2 Respostas: (**a**) (**iii**); (**b**) (**ii**); (**c**) (**i**) Para um resistor, $V_R = IR$, portanto $I = V_R/R$. A amplitude da voltagem V_R e a resistência R não variam com a frequência, portanto a amplitude da corrente I permanece constante. Para um indutor, $V_L = IX_L = I\omega L$, portanto $I = V_L/\omega L$. A amplitude da voltagem V_L e a indutância L são constantes, de modo que a amplitude da corrente I diminui à medida que a frequência aumenta. Para um capacitor, $V_C = IX_C = I/\omega C$, portanto $I = V_C\omega C$. A amplitude de voltagem V_C e a capacitância C são constantes, portanto a amplitude da corrente I aumenta à medida que a frequência aumenta.

31.3 Resposta: (**iv**), (**ii**), (**i**), (**iii**) Para o circuito no Exemplo 31.4, $I = V/Z = (50\ \text{V})/(500\ \Omega) = 0{,}10$ A. Quando o capacitor e o indutor são removidos, de modo que restem somente a fonte ca e o resistor, o circuito se assemelha ao indicado na Figura 31.7a; então, $I = V/R = (50\ \text{V})/(300\ \Omega) = 0{,}17$ A. Quando o resistor e o capacitor são removidos, de modo que restem somente a fonte ca e o indutor, o circuito se assemelha ao indicado na Figura 31.8a; então $I = V/X_L = (50\ \text{V})/(600\ \Omega) = 0{,}083$ A. Finalmente, quando o resistor e o indutor são removidos, de modo que restem somente a fonte ca e o capacitor, o circuito se assemelha ao indicado na Figura 31.9a; então $I = V/X_C = (50\ \text{V})/(200\ \Omega) = 0{,}25$ A.

31.4 Respostas: (**a**) (**v**); (**b**) (**iv**) A energia não pode ser extraída do resistor, visto que ela é dissipada em um resistor e não pode ser recuperada. Em vez disso, a energia deve ser extraída do indutor (que armazena a energia do campo magnético) ou do capacitor (que armazena energia do campo elétrico). A potência positiva significa que a energia está sendo transferida da fonte ca para o circuito, de modo que a potência *negativa* implica que a energia está sendo transferida de volta para a fonte.

31.5 Resposta: (**ii**) A capacitância C aumenta quando o espaçamento entre as placas diminui (veja a Seção 24.1). Logo, a frequência de ressonância $f_0 = \omega_0/2\pi = 1/2\pi\sqrt{LC}$ diminui.

31.6 Resposta: (**ii**), (**iv**), (**i**), (**iii**) Pela Equação 31.35, a razão de espiras é $N_2/N_1 = V_2/V_1$, de modo que o número de espiras no secundário é $N_2 = N_1V_2/V_1$. Portanto, para os quatro casos, temos (i) $N_2 = (1.000)(6{,}0\ \text{V})/(120\ \text{V}) = 50$ espiras; (ii) $N_2 = (1.000)(240\ \text{V})/(120\ \text{V}) = 2.000$ espiras; (iii) $N_2 = (1.000)(6{,}0\ \text{V})/(240\ \text{V}) = 25$ espiras; e (iv) $N_2 = (1.000)(120\ \text{V})/(240\ \text{V}) = 500$ espiras. Note que (i), (iii) e (iv) são transformadores que abaixam a tensão, com menos espiras no secundário que no primário, ao passo que (ii) é um transformador que eleva a tensão, com mais espiras no secundário que no primário.

Problema em destaque

(**a**) $8{,}35 \times 10^4$ rad/s e $3{,}19 \times 10^5$ rad/s

(**b**) Em $8{,}35 \times 10^4$ rad/s: $V_{\text{fonte}} = 49{,}5$ V, $I = 0{,}132$ A, $V_R = 16{,}5$ V, $V_L = 16{,}5$ V, $V_C = 63{,}2$ V.

Em $3{,}19 \times 10^5$ rad/s: $V_{\text{fonte}} = 49{,}5$ V, $I = 0{,}132$ A, $V_R = 16{,}5$ V, $V_L = 63{,}2$ V, $V_C = 16{,}5$ V.

?Objetos metálicos refletem não só a luz visível, mas também as ondas de rádio. Isso acontece porque, na superfície de um metal, (i) o componente do campo elétrico paralelo à superfície deve ser zero; (ii) o componente do campo elétrico perpendicular à superfície deve ser zero; (iii) o componente do campo magnético paralelo à superfície deve ser zero; (iv) o componente do campo magnético perpendicular à superfície deve ser zero; (v) mais de uma dessas respostas é possível.

32 ONDAS ELETROMAGNÉTICAS

OBJETIVOS DE APRENDIZAGEM

Ao estudar este capítulo, você aprenderá:

32.1 Como são geradas as ondas eletromagnéticas.

32.2 Como e por que a velocidade da luz está relacionada às constantes fundamentais da eletricidade e do magnetismo.

32.3 Como descrever a propagação de uma onda eletromagnética senoidal.

32.4 O que determina a quantidade de energia e momento linear transportada por uma onda eletromagnética.

32.5 Como descrever as ondas eletromagnéticas estacionárias.

Revendo conceitos de:

8.1 Momento linear.

15.3, 15.7 Ondas progressivas e ondas estacionárias em uma corda.

16.4 Ondas de som estacionárias.

23.4 Campo elétrico em um condutor.

24.3, 24.4 Densidade da energia elétrica; permissividade de um dielétrico.

28.1, 28.8 Campo magnético de uma carga em movimento; permeabilidade de um dielétrico.

29.2, 29.7 Lei de Faraday e equações de Maxwell.

30.3, 30.5 Densidade de energia magnética; circuitos *L-C*.

O que é a luz? Por séculos, essa pergunta foi feita pelos seres humanos, sem que houvesse nenhuma resposta, até a unificação da eletricidade com o magnetismo em uma única teoria, conhecida como *eletromagnetismo*, cuja descrição é dada pelas equações de Maxwell. Essas equações mostram que um campo magnético variável funciona como fonte de campo elétrico e que um campo elétrico variável funciona como fonte de campo magnético. Esses campos $\vec{E}$ e $\vec{B}$ podem se sustentar mutuamente, formando uma *onda eletromagnética* que se propaga através do espaço. A luz visível emitida por um filamento de lâmpada incandescente é um exemplo de onda eletromagnética; outros tipos de ondas eletromagnéticas são produzidos por estações-base de wi-fi, aparelhos de raios X e núcleos radioativos.

Neste capítulo, usaremos as equações de Maxwell como a base teórica para o entendimento das ondas eletromagnéticas. Mostraremos que essas ondas transportam energia e movimento linear. Em ondas eletromagnéticas senoidais, os campos $\vec{E}$ e $\vec{B}$ variam senoidalmente com o tempo e com a posição, com uma dada frequência e um dado comprimento de onda. Os diversos tipos de ondas eletromagnéticas — a luz visível, o rádio, os raios X e outras ondas — diferem entre si apenas pela frequência e pelo comprimento de onda. Nosso estudo de óptica nos capítulos posteriores será baseado parcialmente na natureza eletromagnética da luz.

Diferentemente das ondas em uma corda ou do som se propagando em um fluido, as ondas eletromagnéticas não precisam de um meio material para se propagar; a luz de uma estrela que você vê em uma noite clara viajou sem nenhuma dificuldade por dezenas de anos-luz através do espaço (aproximadamente) vazio. Apesar dessa diferença, as ondas eletromagnéticas e as ondas mecânicas possuem muitas características comuns e são descritas com base na mesma linguagem. Antes de ler este capítulo, seria conveniente fazer uma revisão das propriedades das ondas mecânicas discutidas nos capítulos 15 e 16.

32.1 EQUAÇÕES DE MAXWELL E ONDAS ELETROMAGNÉTICAS

Em capítulos anteriores, estudamos diversos aspectos de campos elétricos e magnéticos. Aprendemos que, quando os campos não variam com o tempo, como no caso de campos elétricos produzidos por cargas em repouso ou de campos magnéticos gerados por correntes estacionárias, podemos analisar os campos elétricos e magnéticos separadamente, sem considerar as interações entre esses campos. Porém, quando ocorrem variações dos campos com o tempo, eles deixam de ser independentes. A lei de Faraday (veja a Seção 29.2) nos ensina que a variação de um campo magnético produz um campo elétrico que se traduz pela fem induzida em transformadores e indutores. A lei de Ampère, incluindo o termo da corrente de deslocamento, descoberta por Maxwell (veja a Seção 29.7), mostra que um campo elétrico variável atua como uma fonte de campo magnético. Essa interação mútua entre os dois campos é sintetizada completamente pelas equações de Maxwell, apresentadas na Seção 29.7.

Portanto, quando um campo elétrico *ou* um campo magnético está variando com o tempo, ocorre uma indução do outro campo na região do espaço adjacente ao campo que está variando. Somos levados a considerar (como Maxwell também considerou) a possibilidade da ocorrência de uma perturbação eletromagnética constituída por campos elétricos e magnéticos variando com o tempo e que pode se propagar de uma região do espaço para outra, mesmo quando não existe nenhuma matéria entre essas regiões. Tal perturbação, caso exista, deve apresentar as características de uma *onda*, e chamá-la de **onda eletromagnética** é bastante apropriado.

Esse tipo de onda existe; as ondas de rádio e de televisão, a luz, os raios X e muitos outros tipos de radiação são exemplos de ondas eletromagnéticas. Nosso objetivo neste capítulo é mostrar como a existência de tais ondas está relacionada aos princípios básicos do eletromagnetismo que estudamos anteriormente e examinar as propriedades dessas ondas.

Eletricidade, magnetismo e luz

O entendimento teórico das ondas eletromagnéticas na verdade seguiu um caminho muito mais tortuoso do que o que acabamos de mencionar. No início da teoria eletromagnética (no começo do século XIX), dois sistemas diferentes de unidades de carga elétrica eram usados, um para problemas de eletrostática e outro para fenômenos magnéticos envolvendo correntes. Nos sistemas de unidades usados naquela época, essas duas unidades de carga possuíam dimensões físicas diferentes. A dimensão da *razão* entre essas duas grandezas era igual à dimensão de velocidade, e as medidas mostraram que essa razão possuía um valor numérico precisamente igual ao valor da velocidade da luz, $3{,}0 \times 10^8$ m/s. Naquela época, os físicos observaram que isso era uma extraordinária coincidência e não tinham como explicá-la.

Pesquisando esse resultado, Maxwell (**Figura 32.1**) provou, em 1865, que uma perturbação eletromagnética poderia se propagar no espaço vazio com uma velocidade igual à velocidade da luz e que a luz era, provavelmente, uma onda eletromagnética por natureza. Ao mesmo tempo, ele descobriu que os princípios básicos do eletromagnetismo podem ser descritos em quatro equações, que hoje são conhecidas como **equações de Maxwell**, discutidas na Seção 29.7. Essas quatro equações são: (1) a lei de Gauss para os campos elétricos; (2) a lei de Gauss para os campos magnéticos, mostrando a ausência de monopolos magnéticos; (3) a lei de Faraday; e (4) a lei de Ampère, incluindo a corrente de deslocamento:

$$\oint \vec{E} \cdot d\vec{A} = \frac{Q_{\text{inte}}}{\epsilon_0} \quad \text{(lei de Gauss)} \qquad (29.18)$$

Figura 32.1 O físico escocês James Clerk Maxwell (1831-1879) foi o primeiro pesquisador a entender verdadeiramente a natureza fundamental da luz. Ele também fez contribuições importantes para a termodinâmica, a ótica, a astronomia e a fotografia em cores. Albert Einstein descreveu seu trabalho como "a mais profunda e a mais frutífera contribuição que a física recebeu desde os tempos de Newton".

Figura 32.2 (a) Todo telefone celular emite sinais sob a forma de ondas eletromagnéticas, que são produzidas por cargas aceleradas. (b) Linhas de transmissão de energia elétrica transportam uma forte corrente alternada, o que significa que uma expressiva quantidade de carga está acelerando para a frente e para trás, gerando ondas eletromagnéticas. Essas ondas podem produzir um som semelhante a um zumbido no rádio do seu carro, se você dirige próximo às linhas.

(a)

(b)

$$\oint \vec{B} \cdot d\vec{A} = 0 \quad \text{(lei de Gauss para o magnetismo)} \qquad (29.19)$$

$$\oint \vec{E} \cdot d\vec{l} = -\frac{d\Phi_B}{dt} \quad \text{(lei de Faraday)} \qquad (29.20)$$

$$\oint \vec{B} \cdot d\vec{l} = \mu_0 \left(i_C + \epsilon_0 \frac{d\Phi_E}{dt} \right)_{\text{inte}} \quad \text{(lei de Ampère)} \qquad (29.21)$$

Essas equações se aplicam a campos elétricos e magnéticos no *vácuo*. Quando um material está presente, é necessário substituir as constantes elétrica ϵ_0 e magnética μ_0 pela permissividade ϵ e pela permeabilidade μ do material. Quando os valores de ϵ e μ variam de um ponto para outro na região de integração, então ϵ e μ devem ser transferidos para o membro esquerdo das equações 29.18 e 29.21, respectivamente, e colocados dentro do sinal das respectivas integrais. O valor de ϵ na Equação 29.21 também deve ser incluído na integral que fornece $d\Phi_E/dt$.

De acordo com as equações de Maxwell, uma carga puntiforme em repouso produz um campo $\vec{E}$ estático, mas não gera nenhum campo $\vec{B}$, enquanto uma carga puntiforme que se move com uma velocidade constante (veja a Seção 28.1) produz tanto o campo $\vec{E}$ quanto o campo $\vec{B}$. As equações de Maxwell também podem ser usadas para mostrar que, para uma carga puntiforme produzir ondas eletromagnéticas, é necessário que a carga esteja *acelerada*. De fato, em *cada* situação na qual a energia eletromagnética é irradiada, a fonte vem de cargas aceleradas (**Figura 32.2**).

Geração de radiação eletromagnética

Um dos modos para fazer uma carga puntiforme emitir ondas eletromagnéticas consiste em fazê-la oscilar com movimento harmônico simples, de maneira que ela possua uma aceleração em quase todos os pontos de sua trajetória (a exceção ocorre quando a partícula passa em sua posição de equilíbrio). A **Figura 32.3** mostra algumas linhas de campo elétrico produzidas por uma carga puntiforme oscilante. As linhas de campo *não* são objetos materiais, porém pode ser útil imaginá-las como se fossem cordas que se estendem desde a carga puntiforme até o infinito. Quando fazemos a carga oscilar para cima e para baixo, produzem-se ondas que se propagam a partir da carga através dessas "cordas". Observe que a carga não emite ondas igualmente em todas as direções; as ondas mais acentuadas se propagam em uma direção formando um ângulo de 90° com o eixo do movimento da carga, ao passo que não existe *nenhuma* onda se propagando ao longo do eixo da oscilação. Isso é exatamente o que o modelo das "cordas" indica. Também existe uma perturbação *magnética* que se espalha para fora da carga e não é indicada na Figura 32.3. Como as perturbações elétricas e magnéticas se espalham ou se irradiam para fora da fonte, podemos usar a expressão **radiação eletromagnética** com o mesmo sentido de "ondas eletromagnéticas".

Ondas eletromagnéticas com comprimentos de onda macroscópicos foram produzidas em laboratório pela primeira vez no ano de 1887, pelo físico alemão Heinrich Hertz (que deu nome à unidade de frequência no SI). Como fonte ondulatória, ele usou cargas oscilando em circuitos *L-C* (ver Seção 30.5); Hertz detectou as ondas eletromagnéticas resultantes usando outros circuitos sintonizados para a mesma frequência. Ele também produziu ondas eletromagnéticas *estacionárias* e mediu a distância entre dois nós consecutivos (meio comprimento de onda) para determinar seu comprimento de onda. Sabendo a frequência de ressonância de seus circuitos, ele então determinou a velocidade da onda usando a relação entre comprimento de onda e frequência, $v = \lambda f$. Desse modo, verificou que a velocidade da onda eletromagnética era igual à velocidade da luz; isso confirmava diretamente a previsão teórica de Maxwell.

Figura 32.3 Linhas do campo elétrico de uma carga puntiforme que oscila com movimento harmônico simples, vistas em cinco instantes durante um período completo T da oscilação. As linhas de campo estão sobre o plano do desenho que contém a trajetória da carga. Para $t = 0$, a carga puntiforme se move de baixo para cima e está em sua posição máxima. A seta em cada parte da figura indica uma "dobra" nas linhas de $\vec{E}$ que se propagam para fora da carga puntiforme. As linhas do campo magnético (não mostradas, por maior clareza) contêm circunferências situadas em planos perpendiculares ao plano das figuras e são concêntricas ao eixo da oscilação.

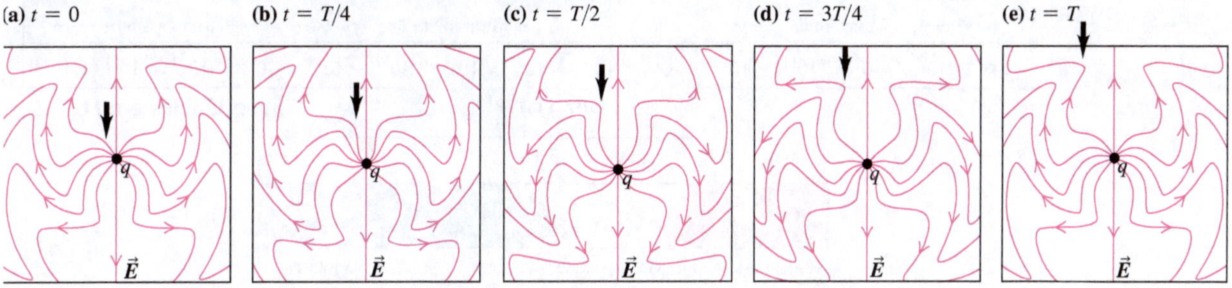

O valor moderno da velocidade da luz, que designamos pelo símbolo c, é igual a 299.792.458 m/s. (Recapitulando a Seção 1.3, esse valor é a base do nosso padrão de comprimento: um metro é definido como a distância que a luz viaja em 1/299.792.458 segundo.) Para nossos propósitos, $c = 3{,}00 \times 10^8$ m/s é suficientemente preciso.

Em prosseguimento à descoberta de Hertz, Guglielmo Marconi e outros fizeram as comunicações por rádio se tornarem uma realidade cotidiana. Em um *transmissor* de rádio, cargas elétricas oscilam ao longo do comprimento de uma antena condutora, produzindo perturbações de campos oscilantes semelhantes aos indicados na Figura 32.3. Visto que muitas cargas oscilam juntas em uma antena, as perturbações são muito mais fortes que as produzidas por uma única carga oscilando e podem ser detectadas em distâncias muito mais longas. Em um *receptor* de rádio, a antena também é um condutor; os campos das ondas que emanam de um transmissor distante exercem forças sobre as cargas livres no interior da antena receptora, produzindo uma corrente oscilante que é detectada e amplificada pelo circuito receptor.

Na maior parte do restante deste capítulo, nossa preocupação será com as próprias ondas eletromagnéticas, e não com o problema mais complexo de como elas são produzidas.

Espectro eletromagnético

O **espectro eletromagnético** abrange ondas eletromagnéticas de todas as frequências e comprimentos de onda. A **Figura 32.4** mostra as faixas aproximadas de comprimento de onda e frequência para a parte do espectro mais comumente encontrada. Apesar das grandes diferenças em seus usos e meios de produção, trata-se de ondas eletromagnéticas com a mesma velocidade de propagação (no vácuo) $c = 299.792.458$ m/s. As ondas eletromagnéticas podem diferir em frequência f e comprimento de onda λ, mas a relação $c = \lambda f$ no vácuo se mantém para cada uma.

Podemos detectar somente um pequeno segmento desse espectro diretamente através do nosso sentido da visão. Chamamos essa faixa de **luz visível**. Seus comprimentos de onda variam de cerca de 380 a 750 nm (de 380 a 750×10^{-9} m), com frequências correspondentes de aproximadamente 790 a 400 THz (de 7,9 a $4{,}0 \times 10^{14}$ Hz). Diferentes partes do espectro visível evocam nos seres humanos as sensações de cores diferentes. Os comprimentos de onda aproximados para cores no espectro visível são fornecidos na **Tabela 32.1**.

TABELA 32.1 Comprimentos de onda de uma luz visível.

De 380 a 450 nm	Violeta
De 450 a 495 nm	Azul
De 495 a 570 nm	Verde
De 570 a 590 nm	Amarelo
De 590 a 620 nm	Laranja
De 620 a 750 nm	Vermelho

Figura 32.4 O espectro eletromagnético. As frequências e os comprimentos de onda encontrados na natureza se estendem sobre um intervalo tão elevado que é necessário usar uma escala logarítmica para mostrar todas as bandas importantes. Os limites entre as diversas bandas são ligeiramente arbitrários.

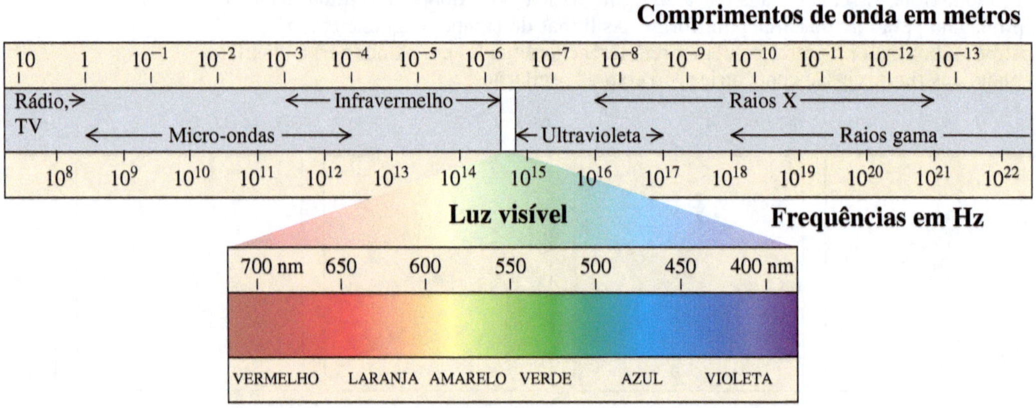

BIO Aplicação Visão ultravioleta Muitos insetos e pássaros podem ver comprimentos de onda ultravioleta que os humanos não conseguem. Como um exemplo, a foto da esquerda mostra como as margaridas do gênero *Rudbeckia* são vistas por nós. A foto da direita (em falsa cor), tirada com uma câmera sensível ao ultravioleta, mostra como essas mesmas flores se parecem para as abelhas que as polinizam. Observe o ponto central proeminente que não é visível aos humanos. De modo semelhante, muitos pássaros com visão ultravioleta — incluindo periquitos, pardais e pavões — possuem padrões de ultravioleta em seus corpos, o que os torna ainda mais vívidos uns para com os outros do que a forma como se apresentam para nós.

As luzes brancas comuns incluem todos os comprimentos de onda visíveis. Entretanto, usando fontes ou filtros especiais, podemos selecionar uma faixa estreita de comprimento de onda dentro de uma faixa de alguns nm. Essa luz é aproximadamente *monocromática* (de uma única cor). Uma luz monocromática absoluta com um único comprimento de onda é uma idealização inatingível. Quando usamos a expressão "luz monocromática com $\lambda = 550$ nm", em referência a uma experiência laboratorial, na realidade queremos dizer uma pequena faixa de comprimento de onda *em torno* de 550 nm. A luz proveniente de um *laser* está muito mais próxima do monocromático que a luz obtida de qualquer outra forma.

Formas invisíveis de radiação eletromagnética não são menos importantes que a luz visível. Nosso sistema de comunicação global, por exemplo, depende das ondas de rádio: a rádio AM usa ondas com frequências de $5{,}4 \times 10^5$ Hz a $1{,}6 \times 10^6$ Hz, enquanto as transmissões de rádio FM estão nas frequências de $8{,}8 \times 10^7$ Hz a $1{,}08 \times 10^8$ Hz. As micro-ondas também são usadas nas comunicações (por exemplo, nos telefones celulares e nas redes sem fio) e para radares meteorológicos (em frequências próximas de 3×10^9 Hz). Muitas câmeras possuem um dispositivo que emite um feixe de radiação infravermelha; analisando as propriedades da radiação infravermelha refletida do sujeito, a câmera determina a distância dele e automaticamente ajusta o foco. Os raios X são capazes de penetrar a pele, o que os torna inestimáveis na odontologia e na medicina. Os raios gama, o tipo de radiação eletromagnética com comprimento de onda mais curto, são usados na medicina para destruir células cancerígenas.

TESTE SUA COMPREENSÃO DA SEÇÃO 32.1 (a) É possível uma onda puramente elétrica se propagar através do espaço vazio — ou seja, uma onda composta de um campo elétrico, porém sem campo magnético? (b) E uma onda puramente magnética, com campo magnético, porém sem campo elétrico? ❙

32.2 ONDAS ELETROMAGNÉTICAS PLANAS E A VELOCIDADE DA LUZ

Agora estamos preparados para desenvolver as ideias básicas das ondas eletromagnéticas e suas relações com os princípios do eletromagnetismo. Nosso procedimento será postular uma configuração de campo simples que possui comportamento ondulatório. Vamos supor um campo elétrico $\vec{E}$ que possui apenas um componente y e um campo magnético $\vec{B}$ com apenas um componente z e admitir que ambos os campos se deslocam juntos ao longo do eixo $+Ox$ com uma velocidade c que não conhecemos inicialmente. (À medida que prosseguirmos, ficará claro por que escolhemos $\vec{E}$ e $\vec{B}$ perpendiculares à direção da propagação, bem como perpendiculares entre si.) A seguir, vamos testar se esses campos são fisicamente possíveis perguntando se eles são consistentes com as equações de Maxwell, particularmente com a lei de Ampère e com a lei de Faraday. Verificaremos que a resposta é sim, desde que *c* possua um determinado valor. Mostraremos também que a *equação de onda*, descrita no estudo das ondas mecânicas no Capítulo 15, pode ser deduzida usando-se as equações de Maxwell.

Uma onda eletromagnética plana simples

Usando um sistema de coordenadas *xyz* (**Figura 32.5**), imaginamos que o espaço inteiro seja dividido em duas regiões por um plano perpendicular ao eixo *Ox* (paralelo ao plano *yz*). Em cada ponto à esquerda desse plano existe um campo elétrico uniforme $\vec{E}$ no sentido do eixo $+Oy$ e um campo magnético uniforme $\vec{B}$ no sentido do eixo $+Oz$, conforme indicado. Além disso, supomos que o plano da fronteira, denominado *frente da onda*, se desloca da esquerda para a direita ao longo do eixo $+Ox$ com uma velocidade constante *c*, ainda não conhecida. Logo, $\vec{E}$ e $\vec{B}$ se deslocam da esquerda para a direita, para regiões previamente desprovidas de campo, com uma velocidade definida. Essa situação descreve de modo rudimentar uma onda eletromagnética. Tal onda, na qual em qualquer instante os campos são uniformes sobre qualquer plano perpendicular à direção de propagação, denomina-se **onda plana**. No caso indicado na Figura 32.5, os campos são nulos para planos situados do lado direito da frente de onda e possuem os mesmos valores sobre os planos situados do lado esquerdo da frente de onda; mais adiante, vamos considerar ondas planas mais complexas.

Figura 32.5 Uma frente de onda eletromagnética. O plano que representa a frente de onda se desloca para a direita (no sentido positivo de *x*) com velocidade *c*.

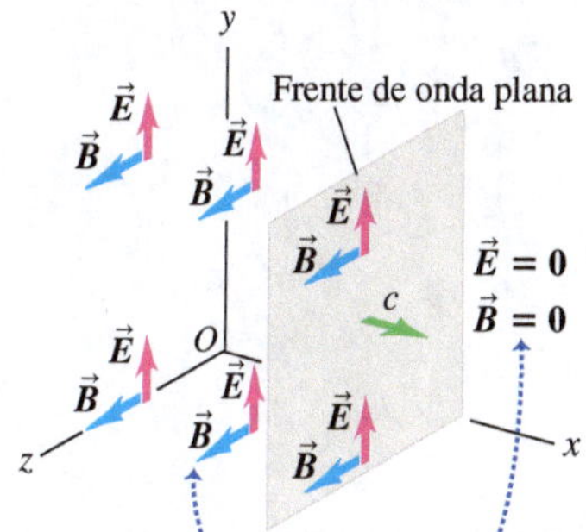

No momento, não estamos preocupados com o problema da *produção* efetiva de tal configuração de campo. Em vez disso, simplesmente perguntamos se ela é consistente com as leis do eletromagnetismo, ou seja, com as equações de Maxwell.

Inicialmente, devemos verificar se a equação de onda satisfaz à primeira e à segunda equação de Maxwell, ou seja, as duas leis de Gauss para os campos elétricos e magnéticos. Para isso, tomamos como superfície gaussiana uma caixa retangular com lados paralelos aos planos *xy*, *xz* e *yz* (**Figura 32.6**). No interior da caixa, não existe nenhuma carga elétrica. O fluxo elétrico total e o fluxo magnético são iguais a zero, mesmo se parte da caixa estiver na região em que $E = B = 0$. Esse *não* seria o caso se $\vec{E}$ ou $\vec{B}$ tivessem componentes ao longo do eixo *Ox*, paralelos à direção de propagação; se a frente de onda estivesse dentro da caixa, haveria um fluxo passando pelo lado esquerdo da caixa (em $x = 0$), mas não pelo lado direito (em $x > 0$). Portanto, para satisfazer as duas primeiras equações de Maxwell, é necessário que o campo elétrico e o campo magnético sejam perpendiculares à direção de propagação; ou seja, trata-se de uma **onda transversal**.

Figura 32.6 Superfície gaussiana para uma onda eletromagnética plana transversal.

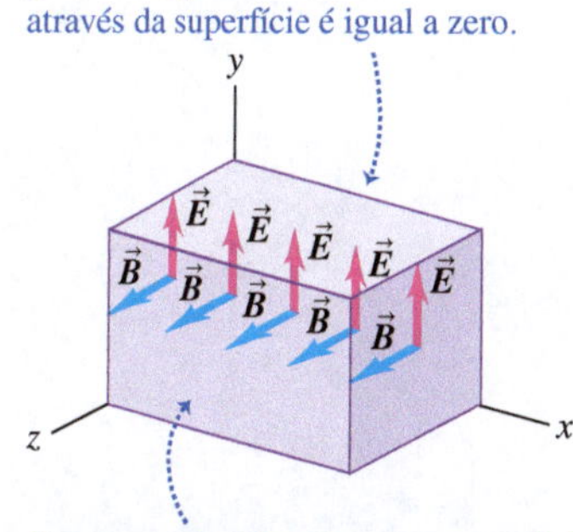

A próxima equação de Maxwell a ser considerada é a lei de Faraday:

$$\oint \vec{E} \cdot d\vec{l} = -\frac{d\Phi_B}{dt} \tag{32.1}$$

Para verificarmos se a onda satisfaz à lei de Faraday, aplicamos essa lei a um retângulo *efgh* paralelo ao plano *xy* (**Figura 32.7a**). Como indica a Figura 32.7b, para uma seção reta no plano *xy*, esse retângulo possui altura *a* e largura Δx. No instante indicado, a frente de onda avança parcialmente através do retângulo, e $\vec{E}$ é zero ao longo do lado *ef*. Para aplicarmos a lei de Faraday, consideramos o vetor área $d\vec{A}$ do retângulo *efgh* no sentido $+Oz$. Com essa escolha, a regra da mão direita exige que a integral de $\vec{E} \cdot d\vec{l}$ seja feita no sentido *anti-horário* em torno do retângulo. Em cada ponto ao longo do lado *ef*, $\vec{E}$ é igual a zero. Em cada ponto ao longo dos lados *fg* e *he*, $\vec{E}$ é nulo ou perpendicular ao vetor $d\vec{l}$. Somente o lado *gh* contribui para a integral. Sobre esse lado, $\vec{E}$ possui sentido oposto ao de $d\vec{l}$, e descobrimos que o lado esquerdo da Equação 32.1 é diferente de zero:

$$\oint \vec{E} \cdot d\vec{l} = -Ea \tag{32.2}$$

Figura 32.7 (a) Aplicação da lei de Faraday para uma onda plana. (b) No intervalo de tempo dt, o fluxo magnético através do retângulo no plano xy cresce por $d\Phi_B$, que é igual ao fluxo através do retângulo sombreado de área igual a $ac\ dt$; ou seja, $d\Phi_B = Bac\ dt$. Logo, $d\Phi_B/dt = Bac$.

(a) No intervalo dt, a frente de onda se desloca uma distância $c\ dt$ no sentido positivo de x.

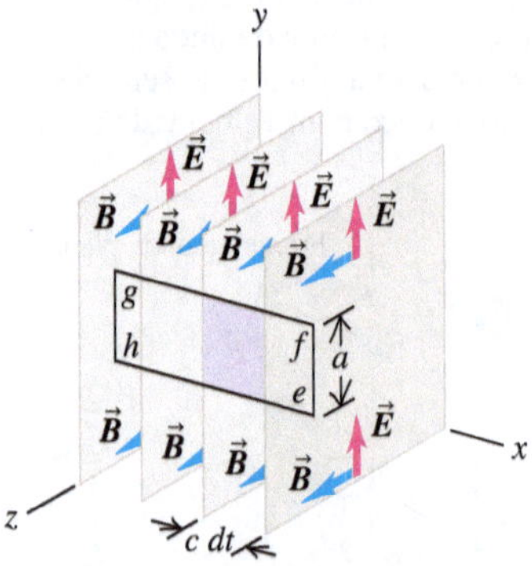

(b) Vista lateral da situação descrita no item **(a)**.

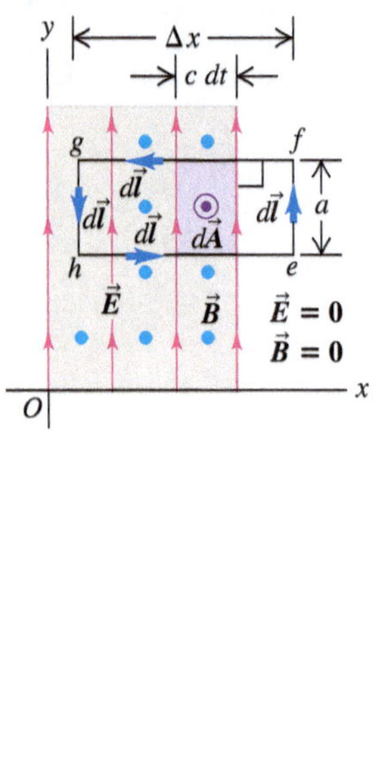

Para satisfazer a lei de Faraday, Equação 32.1, deve haver um componente de $\vec{B}$ na direção do eixo Oz (perpendicular a $\vec{E}$), de modo que nessa região exista um fluxo magnético Φ_B através do retângulo $efgh$ e uma derivada $d\Phi_B/dt$ diferente de zero. Na realidade, em nossa onda, $\vec{B}$ possui *apenas* o componente ao longo do eixo Oz. Havíamos suposto que esse componente estava orientado no sentido *positivo* do eixo Oz; veremos se essa hipótese é consistente com a lei de Faraday. Durante o intervalo de tempo dt, a frente de onda se desloca para a direita a uma distância $c\ dt$ na Figura 32.7b, varrendo uma área $ac\ dt$ do retângulo $efgh$. Durante esse intervalo, o fluxo magnético Φ_B através do retângulo $efgh$ cresce por $d\Phi_B = B(ac\ dt)$, de modo que a taxa de variação do fluxo magnético é

$$\frac{d\Phi_B}{dt} = Bac \qquad (32.3)$$

Agora, substituímos as equações 32.2 e 32.3 na lei de Faraday, Equação 32.1; obtemos $-Ea = -Bac$, de modo que

Onde eletromagnética no vácuo: Módulo do campo elétrico; Módulo do campo magnético; Velocidade da luz no vácuo

$$E = cB \qquad (32.4)$$

Nossa onda só é consistente com a lei de Faraday quando a velocidade da onda c é tal que os módulos de $\vec{E}$ e $\vec{B}$ sejam relacionados por meio da Equação 32.4. Se tivéssemos escolhido para $\vec{B}$ o sentido *negativo* do eixo Oz, surgiria um sinal negativo adicional na Equação 32.4; visto que E, c e B são grandezas positivas, a solução obtida seria impossível. Além disso, qualquer componente de $\vec{B}$ ao longo do eixo Oy (paralelo a $\vec{E}$) não contribuiria para o fluxo magnético variável Φ_B através do retângulo $efgh$ (que é paralelo ao plano xy) e, portanto, não seria parte da onda.

Finalmente, vamos fazer um cálculo semelhante usando a lei de Ampère, a última equação de Maxwell que restava. Não existe nenhuma corrente de condução ($i_C = 0$), logo, a lei de Ampère é dada por

$$\oint \vec{B} \cdot d\vec{l} = \mu_0 \epsilon_0 \frac{d\Phi_E}{dt} \qquad (32.5)$$

Para verificarmos se nosso resultado é consistente com a lei de Ampère, imaginemos agora que nosso retângulo esteja situado no plano xz (**Figura 32.8**), e novamente examinamos a situação no instante em que a frente de onda se deslocou parcialmente através do retângulo. Consideramos o vetor área $d\vec{A}$ no sentido $+Oy$

Figura 32.8 (a) Aplicação da lei de Ampère para uma onda plana. (Compare com a Figura 32.7a.) (b) No intervalo de tempo dt, o fluxo elétrico através do retângulo no plano xz cresce por um valor $d\Phi_E$. Esse aumento é igual ao fluxo através da área do retângulo sombreado $ac\ dt$; ou seja, $d\Phi_E = Eac\ dt$. Portanto, $d\Phi_E/dt = Eac$.

(a) No intervalo dt, a frente de onda percorre uma distância $c\ dt$ no sentido positivo de x.

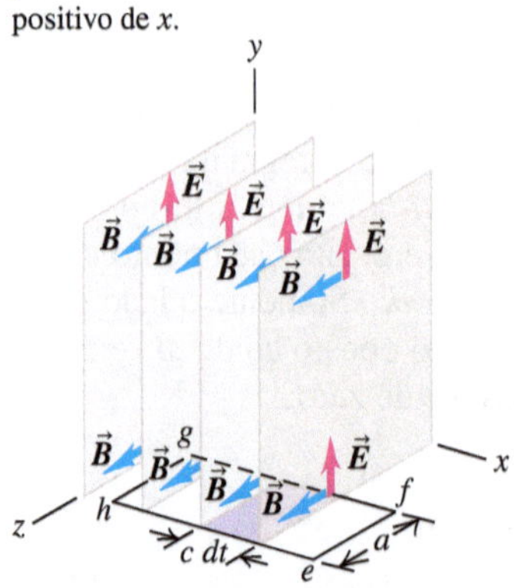

(b) Vista do topo da situação no item **(a)**

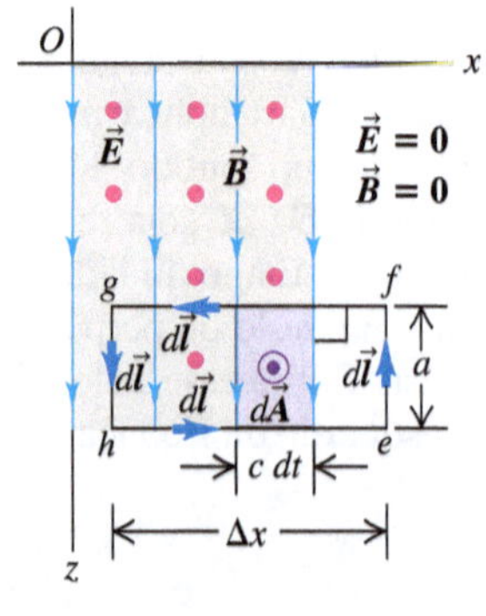

e, portanto, a regra da mão direita exige que a integral $\vec{B} \cdot d\vec{l}$ seja feita no sentido anti-horário em torno do retângulo. O campo $\vec{B}$ é igual a zero em cada ponto ao longo dos lados *ef*, e em cada ponto ao longo dos lados *fg* e *he* ele é igual a zero ou perpendicular a $d\vec{l}$. Somente o lado *gh*, no qual $\vec{B}$ e $d\vec{l}$ são paralelos, contribui para a integral, e assim obtemos

$$\oint \vec{B} \cdot d\vec{l} = Ba \tag{32.6}$$

Portanto, o membro esquerdo da lei de Ampère, Equação 32.5, é diferente de zero; o membro direito também deve ser diferente de zero. Portanto, $\vec{E}$ deve possuir um componente *y* (perpendicular a $\vec{B}$), de modo que o fluxo elétrico Φ_E através do retângulo e a derivada $d\Phi_E/dt$ possam ser diferentes de zero. Chegamos ao mesmo resultado obtido aplicando-se a lei de Faraday: em uma onda eletromagnética, $\vec{E}$ e $\vec{B}$ devem ser mutuamente perpendiculares.

Em um intervalo de tempo *dt*, o fluxo elétrico Φ_E através do retângulo aumentou por $d\Phi_E = E(ac\,dt)$. Como escolhemos $d\vec{A}$ no sentido $+Oy$, a variação desse fluxo é positiva; a taxa de variação do campo elétrico é

$$\frac{d\Phi_E}{dt} = Eac \tag{32.7}$$

Substituindo as equações 32.6 e 32.7 na lei de Ampère, Equação 32.5, encontramos $Ba = \epsilon_0\mu_0 Eac$, logo

Onda eletromagnética no vácuo:

$$B = \epsilon_0\mu_0 cE \tag{32.8}$$

(Módulo do campo magnético: B; Constante elétrica: ϵ_0; Constante magnética: μ_0; Velocidade da luz no vácuo: c; Módulo do campo elétrico: E)

A onda considerada obedece à lei de Ampère somente quando as grandezas *B*, *c* e *E* forem relacionadas pela Equação 32.8. A onda também deve obedecer *simultaneamente* à lei de Ampère e à lei de Faraday; portanto, as equações 32.4 e 32.8 são ambas satisfeitas. Isso só ocorre quando $\epsilon_0\mu_0 c = 1/c$, ou seja,

Velocidade das ondas eletromagnéticas no vácuo

$$c = \frac{1}{\sqrt{\epsilon_0\mu_0}} \tag{32.9}$$

(Constante elétrica: ϵ_0; Constante magnética: μ_0)

Substituindo os valores numéricos dessas grandezas, obtemos

$$c = \frac{1}{\sqrt{(8{,}85 \times 10^{-12}\ \mathrm{C^2/N \cdot m^2})(4\pi \times 10^{-7}\ \mathrm{N/A^2})}}$$
$$= 3{,}00 \times 10^8\ \mathrm{m/s}$$

A onda que consideramos é consistente com todas as equações de Maxwell, desde que a frente de onda se propague com a velocidade indicada, que é a velocidade da luz! Note que o valor *exato* de *c* é definido como 299.792.458 m/s; o valor moderno de ϵ_0 é definido de modo a concordar com isso, quando usado na Equação 32.9 (veja a Seção 21.3).

Principais propriedades das ondas eletromagnéticas

Escolhemos uma onda simples para nosso estudo, a fim de evitar complicações matemáticas; porém, este caso especial ilustra diversas características importantes de *todas* as ondas eletromagnéticas:

Figura 32.9 A regra da mão direita para ondas eletromagnéticas relaciona os sentidos de $\vec{E}$ e $\vec{B}$ e o sentido da propagação.

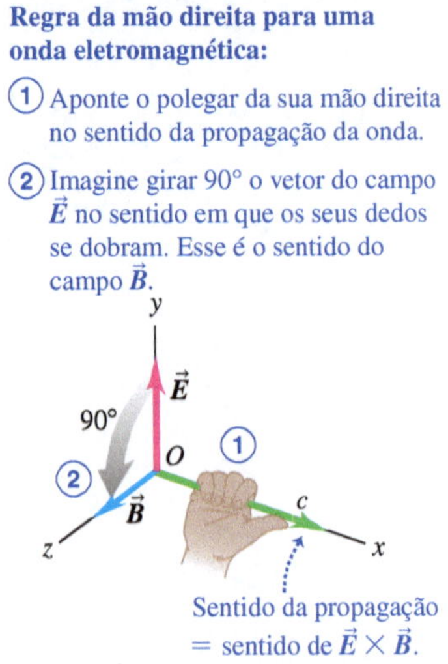

1. A onda é *transversal*; tanto $\vec{E}$ quanto $\vec{B}$ são perpendiculares à direção de propagação da onda. Os campos elétricos e magnéticos também são mutuamente perpendiculares. O produto vetorial $\vec{E} \times \vec{B}$ fornece a direção e o sentido da propagação da onda (**Figura 32.9**).
2. A razão entre o módulo de $\vec{E}$ e o módulo de $\vec{B}$ é constante: $E = cB$.
3. A onda se desloca no vácuo com uma velocidade definida e invariável.
4. Diferentemente das ondas mecânicas, que necessitam das partículas de um meio para oscilar — como o ar ou a água — e para transmitir a onda, uma onda eletromagnética não necessita de nenhum meio.

Podemos generalizar essa discussão para uma situação mais realista. Suponha que todas as frentes de onda possuam forma de planos paralelos perpendiculares ao eixo Ox, todos se propagando da esquerda para a direita com velocidade c. Suponha que os campos $\vec{E}$ e $\vec{B}$ sejam os mesmos em todos os pontos no interior de uma única região entre os dois planos, porém os campos variem de uma região para a outra. A onda resultante é uma onda plana, mas uma onda na qual os campos variem ao longo do eixo Ox. Tal onda poderia ser construída superpondo-se as diversas ondas simples que discutimos anteriormente (indicadas na Figura 32.5). Isso é possível porque os campos $\vec{E}$ e $\vec{B}$ obedecem ao princípio da superposição aplicado para as ondas do mesmo modo que em situações estáticas; quando duas ondas se superpõem, o campo elétrico total $\vec{E}$ em cada ponto é dado pela soma vetorial de todos os campos $\vec{E}$ das ondas individuais e, analogamente, esse princípio serve para o campo $\vec{B}$ total.

Podemos estender o desenvolvimento anterior para mostrar que, para as ondas cujos campos variam gradualmente, as leis de Faraday e de Ampère também são válidas, desde que todas as frentes de onda se propaguem com a velocidade c dada pela Equação 32.9. No limite, quando a variação gradual for infinitamente pequena, teremos uma onda para a qual os campos $\vec{E}$ e $\vec{B}$ variam *continuamente* ao longo do eixo Ox. A configuração inteira do campo se propaga da esquerda para a direita com velocidade c. Na Seção 32.3, vamos considerar ondas para as quais $\vec{E}$ e $\vec{B}$ são funções *senoidais* de x e de t. Como em cada ponto os módulos de $\vec{E}$ e de $\vec{B}$ são relacionados por $E = cB$, as variações periódicas dos dois campos em qualquer onda progressiva devem permanecer *em fase*.

As ondas eletromagnéticas possuem a propriedade da **polarização**. Na discussão anterior, a escolha do eixo Oy para $\vec{E}$ foi arbitrária. Poderíamos igualmente especificar o eixo Oz para $\vec{E}$; então $\vec{B}$ deveria estar na direção do eixo $-Oy$. Uma onda para a qual o vetor $\vec{E}$ permanece sempre paralelo a certo eixo denomina-se **linearmente polarizada** ao longo desse eixo. De modo mais geral, *qualquer* onda que se propague na direção Ox pode ser representada como uma superposição de ondas linearmente polarizadas na direção do eixo Oy e na direção Oz. No Capítulo 33, estudaremos a polarização com mais detalhes.

DADOS MOSTRAM

Ondas eletromagnéticas

Quando os alunos recebiam um problema envolvendo ondas eletromagnéticas, mais de 29% davam uma resposta incorreta. Erros comuns:

- Esquecer que, no vácuo, todas as ondas eletromagnéticas trafegam na mesma velocidade: c. Como $c = \lambda f$, as ondas com alta frequência f possuem comprimento de onda λ curto, mas trafegam na mesma velocidade que as ondas com f baixo e λ longo.
- Confusão a respeito das direções de $\vec{E}$ e $\vec{B}$ e o sentido da propagação. Os campos elétrico e magnético em uma onda eletromagnética são sempre perpendiculares um ao outro. A onda se propaga na direção de $\vec{E} \times \vec{B}$, que é perpendicular a ambos, $\vec{E}$ e $\vec{B}$.

Dedução da equação de onda eletromagnética

Vejamos agora uma dedução alternativa da Equação 32.9 para a velocidade das ondas eletromagnéticas. Ela utiliza mais desenvolvimentos matemáticos que nossos tratamentos anteriores, porém inclui uma dedução da equação de onda para ondas eletromagnéticas. Essa parte da seção pode ser omitida sem a perda da continuidade no capítulo.

Durante nossa discussão sobre ondas mecânicas na Seção 15.3, mostramos que a função $y(x,t)$, que representa o deslocamento em qualquer ponto da onda mecânica que se desloca ao longo do eixo Ox, deve satisfazer uma equação diferencial, a Equação 15.12:

$$\frac{\partial^2 y(x,t)}{\partial x^2} = \frac{1}{v^2}\frac{\partial^2 y(x,t)}{\partial t^2} \qquad (32.10)$$

A equação anterior denomina-se **equação de onda**, e v é a velocidade de propagação da onda.

Para deduzirmos uma equação correspondente para uma onda eletromagnética, consideramos novamente uma onda plana. Ou seja, vamos supor que, em qualquer instante, E_y e B_z são uniformes sobre planos perpendiculares ao eixo Ox, a direção de propagação da onda. Porém, agora vamos fazer E_y e B_z variar continuamente ao longo do eixo Ox; então, cada onda é uma função de x e de t. Vamos considerar os valores de E_y e de B_z sobre dois planos perpendiculares ao plano Ox, um situado no ponto x e o outro em $x + \Delta x$.

Seguindo o mesmo procedimento adotado anteriormente, aplicamos a lei de Faraday em um retângulo situado sobre um plano paralelo ao plano xy, como indicado na **Figura 32.10**. Essa figura é semelhante à Figura 32.7. Suponha que a extremidade esquerda do retângulo gh esteja no ponto x e que a extremidade direita ef esteja na posição $(x + \Delta x)$. No instante t, os valores de E_y sobre esses dois lados são $E_y(x, t)$ e $E_y(x + \Delta x, t)$, respectivamente. Quando aplicamos a lei de Faraday para esse retângulo, verificamos que, em vez de $\oint \vec{E} \cdot d\vec{l} = -Ea$ como antes, temos

$$\oint \vec{E} \cdot d\vec{l} = -E_y(x, t)\,a + E_y(x + \Delta x, t)\,a$$

$$= a[E_y(x + \Delta x, t) - E_y(x, t)] \qquad (32.11)$$

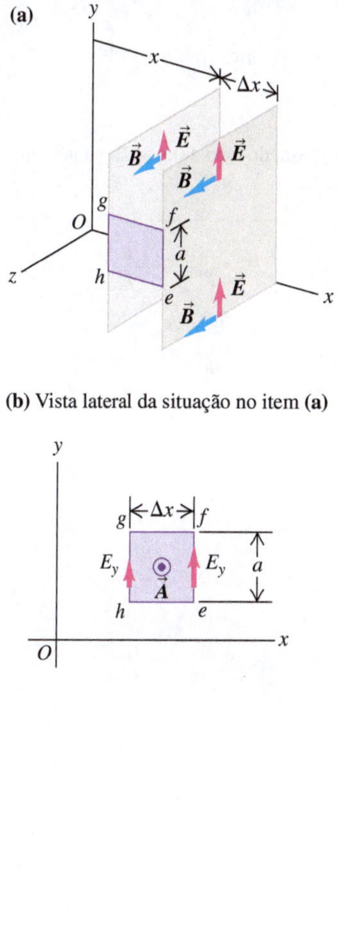

Figura 32.10 Aplicação da lei de Faraday para um retângulo de altura a e base Δx paralelo ao plano xy.

Para determinarmos o fluxo magnético Φ_B através desse retângulo, supomos que Δx seja suficientemente pequeno, de modo que B_z possa ser considerado aproximadamente constante sobre o retângulo. Nesse caso, $\Phi_B = B_z(x, t)A = B_z(x, t)a\,\Delta x$ e

$$\frac{d\Phi_B}{dt} = \frac{\partial B_z(x, t)}{\partial t} a\,\Delta x$$

Usamos uma notação com derivadas parciais porque B_z é uma função de x e de t. Quando substituímos essa expressão e a Equação 32.11 na lei de Faraday, dada pela Equação 32.1, obtemos

$$a[E_y(x + \Delta x, t) - E_y(x, t)] = -\frac{\partial B_z}{\partial t} a\,\Delta x$$

$$\frac{E_y(x + \Delta x, t) - E_y(x, t)}{\Delta x} = -\frac{\partial B_z}{\partial t}$$

Finalmente, suponha que o retângulo seja contraído até formar uma tira estreita, de modo que Δx tenda a zero. Quando tomamos o limite da equação anterior para $\Delta x \to 0$, obtemos

$$\frac{\partial E_y(x, t)}{\partial x} = -\frac{\partial B_z(x, t)}{\partial t} \qquad (32.12)$$

A equação anterior mostra que, quando existe um componente B_z do campo magnético variando com o tempo, também existe um componente E_y do campo elétrico que varia com x, reciprocamente. Vamos deixar guardada essa relação por enquanto; em breve, retornaremos a ela.

A seguir, aplicamos a lei de Ampère ao retângulo indicado na **Figura 32.11**. A integral de linha $\oint \vec{B} \cdot d\vec{l}$ torna-se

$$\oint \vec{B} \cdot d\vec{l} = -B_z(x + \Delta x, t)\,a + B_z(x, t)\,a \qquad (32.13)$$

Figura 32.11 Aplicação da lei de Ampère para um retângulo de altura a e base Δx paralelo ao plano xz.

(a)

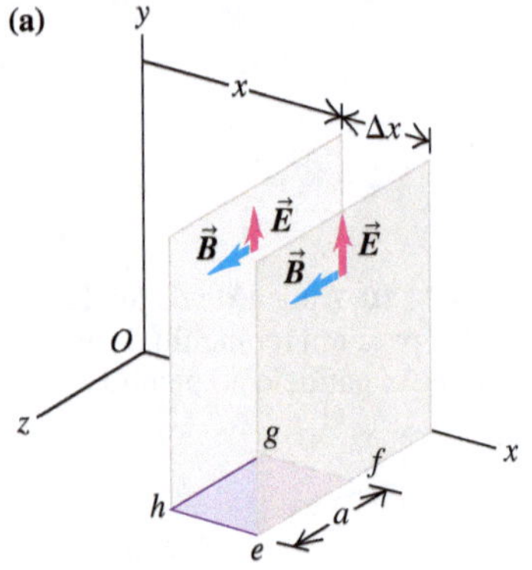

(b) Vista do topo da situação no item (a)

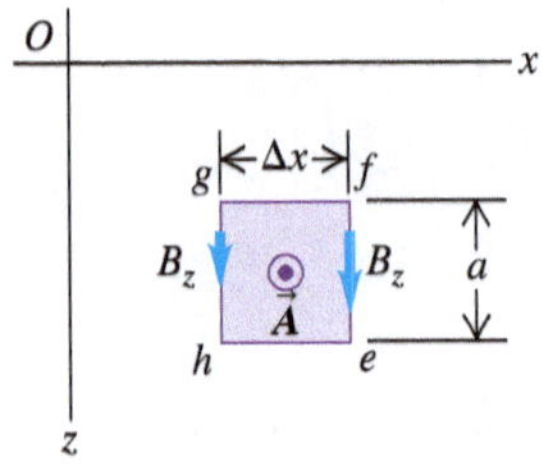

Supondo novamente que o retângulo seja muito estreito, aproximamos o fluxo elétrico Φ_E através dele por $\Phi_E = E_y(x, t)A = E_y(x, t)a\ \Delta x$. A taxa de variação de Φ_E, necessária para aplicar a lei de Ampère, é dada por

$$\frac{d\Phi_E}{dt} = \frac{\partial E_y(x, t)}{\partial t} a\ \Delta x$$

Agora substituindo a relação anterior e a Equação 32.13 na lei de Ampère, Equação 32.5:

$$-B_z(x + \Delta x, t)\,a + B_z(x, t)\,a = \epsilon_0\mu_0 \frac{\partial E_y(x, t)}{\partial t} a\ \Delta x$$

Dividindo ambos os membros por $a\ \Delta x$ e tomando o limite quando $\Delta x \rightarrow 0$, obtemos

$$-\frac{\partial B_z(x, t)}{\partial x} = \epsilon_0\mu_0 \frac{\partial E_y(x, t)}{\partial t} \qquad (32.14)$$

Então surge a etapa final. Fazemos a derivada parcial em relação a x de ambos os membros da Equação 32.12 e fazemos a derivada parcial em relação a t de ambos os membros da Equação 32.14. Obtemos os seguintes resultados:

$$-\frac{\partial^2 E_y(x, t)}{\partial x^2} = \frac{\partial^2 B_z(x, t)}{\partial x \partial t}$$

$$-\frac{\partial^2 B_z(x, t)}{\partial x \partial t} = \epsilon_0\mu_0 \frac{\partial^2 E_y(x, t)}{\partial t^2}$$

Combinando as duas equações anteriores para eliminar B_z, finalmente encontramos

$$\frac{\partial^2 E_y(x, t)}{\partial x^2} = \epsilon_0\mu_0 \frac{\partial^2 E_y(x, t)}{\partial t^2} \quad \text{(equação da onda eletromagnética no vácuo)} \qquad (32.15)$$

Essa expressão possui a mesma forma da equação geral de uma onda, Equação 32.10. Como o campo elétrico E_y deve satisfazer essa equação, ele se comporta como uma onda cuja configuração se desloca através do espaço com uma velocidade definida. Além disso, comparando a Equação 32.15 à Equação 32.10, vemos que a velocidade da onda é dada por

$$\frac{1}{v^2} = \epsilon_0\mu_0 \qquad \text{ou} \qquad v = \frac{1}{\sqrt{\epsilon_0\mu_0}}$$

Esse resultado está de acordo com a Equação 32.9, que fornece a velocidade c de propagação das ondas eletromagnéticas.

Podemos mostrar que B_z também satisfaz a mesma equação de onda para E_y, a Equação 32.15. Para provar isso, tomamos a derivada parcial da Equação 32.12 em relação a t e a derivada parcial da Equação 32.14 em relação a x e combinamos os resultados. Deixamos essa demonstração para você resolver.

TESTE SUA COMPREENSÃO DA SEÇÃO 32.2 Para cada uma das seguintes ondas eletromagnéticas, indique o sentido do campo magnético. (a) A onda se propaga no sentido positivo de z, e $\vec{E}$ está no sentido positivo de x; (b) a onda se propaga no sentido positivo de y, e $\vec{E}$ está no sentido negativo de z; (c) a onda se propaga no sentido negativo de x, e $\vec{E}$ está no sentido positivo de z. ❙

32.3 ONDAS ELETROMAGNÉTICAS SENOIDAIS

As ondas eletromagnéticas senoidais são diretamente análogas às ondas mecânicas transversais em uma corda esticada, que estudamos na Seção 15.3. Em uma onda eletromagnética senoidal, $\vec{E}$ e $\vec{B}$ em qualquer ponto do espaço são funções senoidais do tempo e, em qualquer instante, a variação *espacial* dos campos também é senoidal.

Algumas ondas eletromagnéticas senoidais são *ondas planas*; em comum com as ondas descritas na Seção 32.2 elas possuem a propriedade de que, em cada instante, os campos são uniformes sobre qualquer plano perpendicular à direção de propagação. O conjunto todo se desloca na direção e no sentido de propagação da onda com velocidade c. As direções de $\vec{E}$ e de $\vec{B}$ são perpendiculares à direção de propagação da onda (e são mutuamente perpendiculares), de modo que a onda é *transversal*. As ondas eletromagnéticas produzidas por uma carga puntiforme oscilando, indicadas na Figura 32.3, são um exemplo de ondas senoidais que *não* são ondas planas. Porém, se restringimos nossa observação a uma região relativamente pequena e para pontos muito afastados da fonte, até mesmo essas ondas podem ser consideradas aproximadamente ondas planas (**Figura 32.12**). Da mesma forma, a superfície curva da Terra (aproximadamente) esférica parece ser plana para um observador no solo, porque o raio da Terra é muito maior que o tamanho do observador. Nesta seção, vamos restringir nossa discussão às ondas planas.

Figura 32.12 Ondas que passam através de uma pequena área a uma distância suficientemente grande de uma fonte podem ser tratadas como ondas planas.

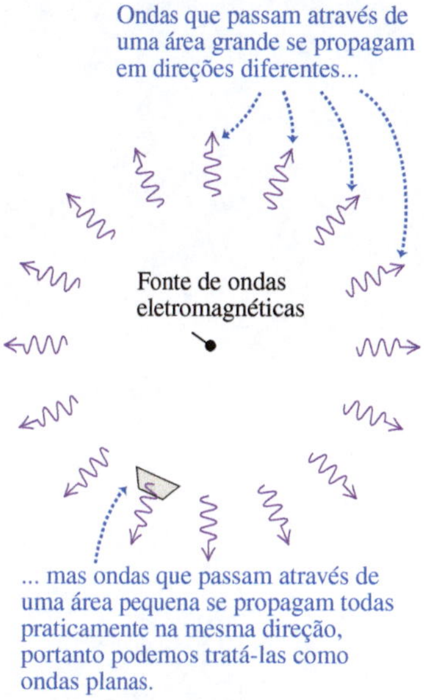

A frequência f, o comprimento de onda λ e a velocidade de propagação da onda c de qualquer onda periódica são relacionados pela equação usual $c = \lambda f$. Quando a frequência f é de 10^8 Hz (100 Mhz), comum para as transmissões de rádio FM comerciais, o comprimento de onda é dado por

$$\lambda = \frac{3 \times 10^8 \text{ m/s}}{10^8 \text{ Hz}} = 3 \text{ m}$$

A Figura 32.4 mostra a proporcionalidade inversa entre o comprimento de onda e a frequência.

Campos de uma onda senoidal

A **Figura 32.13** mostra uma onda eletromagnética senoidal linearmente polarizada se propagando no sentido do eixo $+Ox$. Os campos elétrico e magnético oscilam em fase: $\vec{E}$ atinge seu valor máximo quando $\vec{B}$ atinge seu valor máximo e $\vec{E}$ é igual a zero quando $\vec{B}$ é igual a zero. Note também que, em planos para os quais $\vec{E}$ está no sentido $+y$, $\vec{B}$ está no sentido $+z$; quando $\vec{E}$ está no sentido $-y$, $\vec{B}$ está no sentido $-z$. Note que em todos os planos o produto vetorial $\vec{E} \times \vec{B}$ aponta no sentido da propagação da onda (o sentido $+x$). Mencionamos isso na Seção 32.2, na lista de características das ondas eletromagnéticas.

ATENÇÃO Em uma onda plana, $\vec{E}$ e $\vec{B}$ estão em toda parte A Figura 32.13 pode passar a impressão equivocada de que os campos elétrico e magnético existem somente ao longo do eixo x. Na verdade, em uma onda plana senoidal, há campos elétricos e magnéticos em *todos* os pontos no espaço. Imagine um plano perpendicular ao eixo x (ou seja, paralelo ao plano yz) em um dado ponto e em um dado instante; os campos possuem os mesmos valores em todos os pontos nesse plano. Os valores são diferentes em planos diferentes.

Figura 32.13 Representação dos campos elétricos e magnéticos em função de x para uma onda eletromagnética plana senoidal linearmente polarizada. Indicamos um comprimento de onda no instante $t = 0$. Os campos são indicados somente para pontos sobre o eixo Ox.

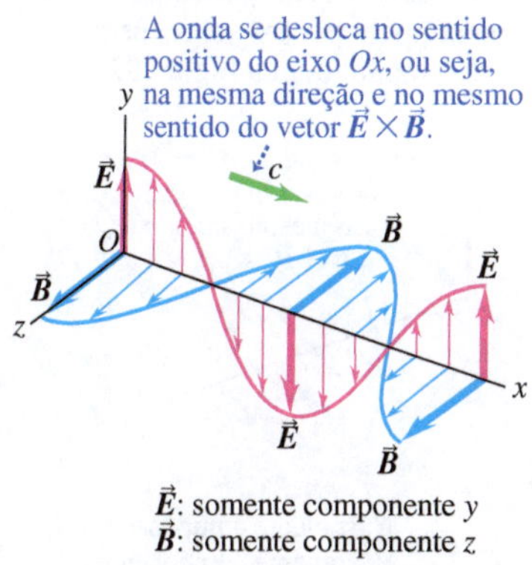

Uma onda eletromagnética pode ser descrita por meio de uma *função de onda*, assim como fizemos na Seção 15.3 para ondas em uma corda. Uma forma da função de onda para uma onda transversal se propagando no sentido $+x$ ao longo de uma corda esticada é dada pela Equação 15.7:

$$y(x, t) = A \cos (kx - \omega t)$$

em que $y(x, t)$ é o deslocamento transversal a partir do equilíbrio de um ponto da corda de coordenada x para um instante t. A grandeza A é o deslocamento máximo, ou *amplitude*, da onda; ω é sua *frequência angular*, igual a 2π vezes sua frequência f; e k é o *número de onda*, igual a $2\pi/\lambda$, em que λ é o comprimento de onda.

Suponha que, na Figura 32.13, $E_y(x, t)$ e $B_z(x, t)$ representem, respectivamente, os valores instantâneos do componente y de $\vec{E}$ e do componente z de $\vec{B}$ e que $E_{máx}$ e $B_{máx}$ representem os valores máximos, ou *amplitudes*, desses campos. Nesse caso, as funções de onda são

$$E_y(x, t) = E_{máx} \cos (kx - \omega t) \quad B_z(x, t) = B_{máx} \cos (kx - \omega t) \qquad (32.16)$$

Podemos também escrever as funções de onda usando vetores:

Onda plana eletromagnética senoidal propagando-se no sentido $+Ox$:

$$\vec{E}(x, t) = \hat{\jmath} E_{máx} \cos(kx - \omega t)$$
$$\vec{B}(x, t) = \hat{k} B_{máx} \cos(kx - \omega t) \qquad (32.17)$$

Campo elétrico; Módulo do campo elétrico; Número de onda; Frequência angular; Campo magnético; Módulo do campo magnético

ATENÇÃO O símbolo k possui dois significados Note que designamos duas grandezas com a mesma letra k: o vetor unitário $\hat{k}$ no sentido do eixo Oz e o número de onda k. Tome cuidado para não confundir!

As curvas senoidais indicadas na Figura 32.13 representam os campos em função de x e de t para $t = 0$, ou seja, $\vec{E}(x, t = 0)$ e $\vec{B}(x, t = 0)$. À medida que o tempo passa, a onda se desloca para a direita com velocidade c. As equações 32.16 e 32.17 mostram que, em qualquer ponto, as oscilações de $\vec{E}$ e de $\vec{B}$ estão *em fase*. A partir da Equação 32.4, as amplitudes devem ser relacionadas por

Onda eletromagnética senoidal no vácuo:

$$E_{máx} = cB_{máx} \qquad (32.18)$$

Amplitude do campo elétrico; Amplitude do campo magnético; Velocidade da luz no vácuo

Essas relações de fase e de amplitude também são necessárias para que $E(x, t)$ e $B(x, t)$ obedeçam às equações 32.12 e 32.14, obtidas da lei de Faraday e da lei de Ampère, respectivamente. Você é capaz de provar essa afirmação? (Veja o Problema 32.34.)

A **Figura 32.14** mostra os campos $\vec{E}$ e $\vec{B}$ de uma onda que se desloca no sentido *negativo* do eixo Ox. Nos pontos para os quais $\vec{E}$ está no sentido positivo de y, $\vec{B}$ está no sentido *negativo* de z; quando $\vec{E}$ está no sentido negativo de y, $\vec{B}$ está no sentido *positivo* de z. Assim como no caso de uma onda que se desloca no sentido $+x$, em qualquer ponto, as oscilações dos campos $\vec{E}$ e $\vec{B}$ dessa onda estão em fase, e o produto vetorial $\vec{E} \times \vec{B}$ aponta no sentido da propagação da onda. Nesse caso, as funções de onda são

$$\vec{E}(x, t) = \hat{\jmath} E_{máx} \cos (kx + \omega t) \qquad (32.19)$$
$$\vec{B}(x, t) = -\hat{k} B_{máx} \cos (kx + \omega t)$$

(onda eletromagnética plana senoidal propagando-se no sentido $-Ox$)

Figura 32.14 Representação no instante $t = 0$ de um comprimento de onda para uma onda eletromagnética plana senoidal linearmente polarizada que se desloca no sentido negativo do eixo Ox. Os campos são indicados somente para pontos sobre o eixo Ox. (Compare com a Figura 32.13.)

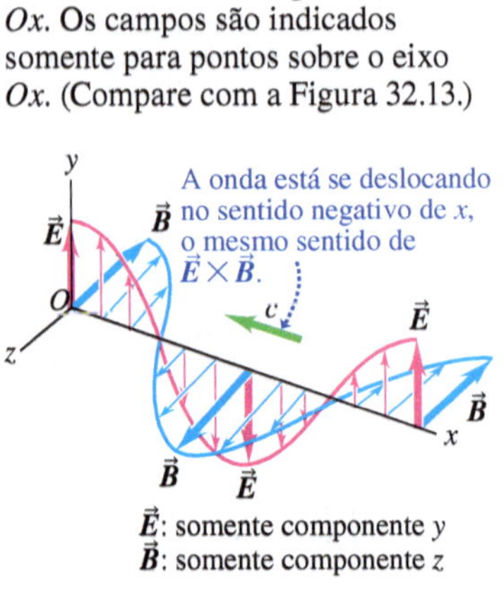

As duas ondas senoidais indicadas nas figuras 32.13 e 32.14 são linearmente polarizadas no eixo Oy; o campo $\vec{E}$ permanece sempre paralelo ao eixo Oy. A onda eletromagnética descrita no Exemplo 32.1 é linearmente polarizada no eixo Oz.

ESTRATÉGIA PARA A SOLUÇÃO DE PROBLEMAS 32.1 ONDAS ELETROMAGNÉTICAS

IDENTIFICAR *os conceitos relevantes:* muitos dos conceitos que se aplicam às ondas mecânicas também se aplicam às ondas eletromagnéticas. O novo aspecto é que as ondas eletromagnéticas são descritas por duas grandezas: o campo elétrico $\vec{E}$ e o campo magnético $\vec{B}$, em vez de por uma única grandeza, como o deslocamento de um fio.

PREPARAR *o problema* por meio das seguintes etapas:

1. Faça um diagrama indicando o sentido da propagação da onda e os sentidos de $\vec{E}$ e $\vec{B}$.
2. Identifique as variáveis-alvo.

EXECUTAR *a solução* conforme segue:

1. Reveja o tratamento sobre ondas mecânicas senoidais, nos capítulos 15 e 16. Observe particularmente as quatro estratégias para a solução de problemas recomendadas naqueles capítulos.
2. Recorde as relações fundamentais para ondas periódicas $v = \lambda f$ e $\omega = vk$. Para ondas eletromagnéticas no vácuo, $v = c$. Verifique com cuidado se você sabe distinguir entre frequência normal f, geralmente expressa em hertz, e frequência angular $\omega = 2\pi f$, expressa em rad/s. Lembre-se também de que o número da onda é $k = 2\pi/\lambda$.
3. Concentre-se nas relações fundamentais, como a relação entre $\vec{E}$ e $\vec{B}$ (levando em conta o módulo, a direção e o sentido, e a fase relativa), a determinação da velocidade da onda e a natureza transversal das ondas.

AVALIAR *sua resposta:* verifique se o resultado obtido é razoável. Para ondas eletromagnéticas no vácuo, o módulo do campo magnético em teslas é muito menor (por um fator de $3{,}00 \times 10^8$) que o módulo do campo elétrico em volts por metro. Se a sua resposta for diferente disso, você provavelmente cometeu um erro ao usar a relação $E = cB$. (Mais adiante nesta seção, veremos que essa relação é diferente para ondas eletromagnéticas em um meio material.)

EXEMPLO 32.1 CAMPOS DE UM FEIXE DE LASER

Um laser de dióxido de carbono emite ondas eletromagnéticas senoidais que se propagam no vácuo no sentido negativo do eixo Ox. O comprimento de onda é igual a 10,6 μm (no infravermelho; ver Figura 32.4), e o campo $\vec{E}$ é paralelo ao eixo Oz e seu módulo máximo $E_{máx} = 1{,}5$ MV/m. Escreva as equações vetoriais para $\vec{E}$ e para $\vec{B}$ em função do tempo e da posição.

SOLUÇÃO

IDENTIFICAR E PREPARAR: as equações 32.19 descrevem uma onda se deslocando no sentido negativo do eixo Ox com o campo $\vec{E}$ paralelo ao eixo Oy — ou seja, uma onda que está linearmente polarizada ao longo do eixo y. Em contraste, a onda eletromagnética deste exemplo é linearmente polarizada ao longo do eixo Oz. Nos pontos em que $\vec{E}$ está no sentido positivo de z, $\vec{B}$ deve estar no sentido positivo de y para que o produto vetorial $\vec{E} \times \vec{B}$ aponte no sentido negativo do eixo Ox (o sentido da propagação da onda). A **Figura 32.15** indica uma onda que atende a esses requisitos.

EXECUTAR: um par possível de funções de onda que descrevem a onda mostrada na Figura 32.15 é dado por

$$\vec{E}(x, t) = \hat{k} E_{máx} \cos(kx + \omega t)$$
$$\vec{B}(x, t) = \hat{\jmath} B_{máx} \cos(kx + \omega t)$$

O sinal positivo nos argumentos das funções cosseno indica que a onda está se propagando no sentido negativo de x, como era de esperar. A lei de Faraday exige que $E_{máx} = cB_{máx}$ (Equação 32.18), portanto,

$$B_{máx} = \frac{E_{máx}}{c} = \frac{1{,}5 \times 10^6 \text{ V/m}}{3{,}0 \times 10^8 \text{ m/s}} = 5{,}0 \times 10^{-3} \text{ T}$$

(Lembre-se de que 1 V = 1 Wb/s e 1 Wb/m^2 = 1 T.)

Temos $\lambda = 10{,}6 \times 10^{-6}$ m, portanto o número de onda e a frequência angular são dados por

$$k = \frac{2\pi}{\lambda} = \frac{2\pi \text{ rad}}{10{,}6 \times 10^{-6} \text{ m}} = 5{,}93 \times 10^5 \text{ rad/m}$$

$$\omega = ck = (3{,}00 \times 10^8 \text{ m/s})(5{,}93 \times 10^5 \text{ rad/m}) = 1{,}78 \times 10^{14} \text{ rad/s}$$

Substituindo esses valores nas funções de onda vetoriais escritas anteriormente, obtemos

$$\vec{E}(x, t) = \hat{k}(1{,}5 \times 10^6 \text{ V/m}) \times \cos[(5{,}93 \times 10^5 \text{ rad/m})x + (1{,}78 \times 10^{14} \text{ rad/s})t]$$
$$\vec{B}(x, t) = \hat{\jmath}(5{,}0 \times 10^{-3} \text{ T}) \times \cos[(5{,}93 \times 10^5 \text{ rad/m})x + (1{,}78 \times 10^{14} \text{ rad/s})t]$$

AVALIAR: como era de esperar, o módulo $B_{máx}$ em teslas é muito menor que o módulo $E_{máx}$ em volts por metro. Para verificar os sentidos de $\vec{E}$ e $\vec{B}$, note que $\vec{E} \times \vec{B}$ está no sentido de $\hat{k} \times \hat{\jmath} = -\hat{\imath}$. Isso está dentro da expectativa para uma onda que se propaga no sentido negativo de Ox.

Nossas expressões para $\vec{E}(x, t)$ e $\vec{B}(x, t)$ não são as únicas soluções possíveis. Podemos acrescentar uma fase ϕ aos argumentos da função cosseno, de modo que $kx + \omega t$ se torne $kx + \omega t + \phi$. Para determinar o valor de ϕ, temos de conhecer $\vec{E}$ e $\vec{B}$, seja como funções de x em um dado instante t, seja como funções de t em uma dada coordenada x. Entretanto, o enunciado do problema não inclui essa informação.

Figura 32.15 Nosso esquema para este problema.

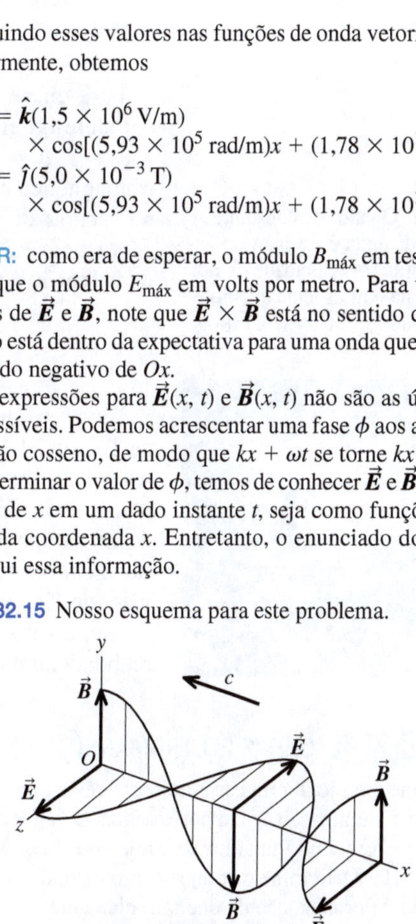

Ondas eletromagnéticas na matéria

Até o momento, nossa discussão sobre as ondas eletromagnéticas se restringiu a ondas se propagando no *vácuo*. Contudo, as ondas eletromagnéticas também podem se propagar na *matéria*; considere a luz se propagando no ar, na água ou no vidro. Nesta subseção, estendemos nossa análise para ondas eletromagnéticas se propagando em materiais não condutores, ou seja, em *dielétricos*.

Em um dielétrico, a velocidade de propagação da onda não é a mesma velocidade no vácuo, e vamos designá-la por v em vez de c. A lei de Faraday permanece inalterada, porém na Equação 32.4, deduzida a partir da lei de Faraday, devemos substituir c por v. Na lei de Ampère, a corrente de deslocamento, em vez de ser dada por $\epsilon_0 d\Phi_E/dt$, em que Φ_E é o fluxo de $\vec{E}$ através de uma superfície, é dada por $\epsilon\, d\Phi_E/dt = K\epsilon_0 d\Phi_E/dt$, em que K é a constante dielétrica e ϵ é a permissividade do dielétrico. (Introduzimos essas grandezas na Seção 24.4.) Também devemos substituir a constante μ_0 na lei de Ampère por $\mu = K_m\mu_0$, em que K_m é a permeabilidade relativa do dielétrico e μ é a sua permeabilidade (veja a Seção 28.8). Portanto, as equações 32.4 e 32.8 são substituídas por

$$E = vB \quad \text{e} \quad B = \epsilon\mu v E \tag{32.20}$$

Seguindo o mesmo procedimento usado para as ondas em vácuo, encontramos

Velocidade das ondas eletromagnéticas em um dielétrico

$$v = \frac{1}{\sqrt{\epsilon\mu}} = \frac{1}{\sqrt{KK_m}}\frac{1}{\sqrt{\epsilon_0\mu_0}} = \frac{c}{\sqrt{KK_m}} \tag{32.21}$$

Permeabilidade; Velocidade da luz no vácuo; Permissividade; Constante dielétrica; Permeabilidade relativa; Constante elétrica; Constante magnética

Para quase todos os dielétricos, a permeabilidade relativa K_m é aproximadamente igual a 1 (exceto para materiais ferromagnéticos isolantes). Quando $K_m \cong 1$, $v = c/\sqrt{K}$. Como K é sempre maior que 1, a velocidade da onda eletromagnética em um dielétrico não magnético é sempre *menor* que a velocidade no vácuo c de um fator igual a $1/\sqrt{K}$ (**Figura 32.16**). A razão entre a velocidade no vácuo c e a velocidade em um material v é conhecida na óptica como o **índice de refração** n do material. Quando $K_m \cong 1$,

$$\frac{c}{v} = n = \sqrt{KK_m} \cong \sqrt{K} \tag{32.22}$$

Em geral, na equação anterior, não podemos usar os valores de K indicados na Tabela 24.1, porque tais valores foram medidos a partir de um campo elétrico *constante*. Quando o campo elétrico oscila rapidamente, não existe tempo suficiente para que os dipolos sejam orientados na direção do campo, como no caso da ação de um campo estático. Os valores de K medidos com campos oscilantes geralmente são *menores* que os valores indicados naquela tabela. Por exemplo, para a água, o valor de K é igual a 80,4, quando o campo elétrico é estático, e cerca de 1,8, quando o campo varia com a frequência da luz. Portanto, a "constante" dielétrica K é, na realidade, uma função da frequência (a *função dielétrica*).

Figura 32.16 O valor da constante dielétrica K da água é 1,8 para luz visível, então a velocidade da luz visível na água é mais lenta que no vácuo cerca de $1/\sqrt{K} = 1/\sqrt{1{,}8} = 0{,}75$.

EXEMPLO 32.2 ONDAS ELETROMAGNÉTICAS EM DIFERENTES MATERIAIS

(a) Ao visitar uma joalheria certa noite, você segura um diamante contra a iluminação de um poste de rua. O vapor de sódio aquecido do poste emite uma luz amarela com frequência de $5{,}09 \times 10^{14}$ Hz. Determine o comprimento de onda no vácuo, a velocidade da propagação da onda no diamante e o comprimento de onda no diamante. Nessa frequência, o diamante possui propriedades $K = 5{,}84$ e $K_m = 1{,}00$. (b) Uma onda de rádio com frequência de 90,0 MHz (na faixa de rádio FM) passa do vácuo para uma ferrita isolante (um material ferromagnético usado em cabos de computador para suprimir a interferência de rádio). Calcule o comprimento de onda no vácuo, a velocidade da propagação de onda na ferrita e o comprimento de onda na ferrita. Nessa frequência, a ferrita possui propriedades $K = 10{,}0$ e $K_m = 1.000$.

(Continua)

(Continuação)

SOLUÇÃO

IDENTIFICAR E PREPARAR: em cada caso, determinamos o comprimento de onda no vácuo usando $c = \lambda f$. Para usar a relação correspondente $v = \lambda f$ para determinar o comprimento de onda em um meio material, encontramos a velocidade v das ondas eletromagnéticas em um meio pela Equação 32.21, que relaciona v aos valores da constante dielétrica K e da permeabilidade relativa K_m para o meio.

EXECUTAR: (a) o comprimento de onda no vácuo da luz de sódio é

$$\lambda_{\text{vácuo}} = \frac{c}{f} = \frac{3{,}00 \times 10^8 \text{ m/s}}{5{,}09 \times 10^{14} \text{ Hz}} = 5{,}89 \times 10^{-7} \text{ m} = 589 \text{ nm}$$

A velocidade da onda e o comprimento de onda no diamante são

$$v_{\text{diamante}} = \frac{c}{\sqrt{KK_m}} = \frac{3{,}00 \times 10^8 \text{ m/s}}{\sqrt{(5{,}84)(1{,}00)}} = 1{,}24 \times 10^8 \text{ m/s}$$

$$\lambda_{\text{diamante}} = \frac{v_{\text{diamante}}}{f} = \frac{1{,}24 \times 10^8 \text{ m/s}}{5{,}09 \times 10^{14} \text{ Hz}}$$
$$= 2{,}44 \times 10^{-7} \text{ m} = 244 \text{ nm}$$

(b) Seguindo as mesmas etapas do item (a), encontramos

$$\lambda_{\text{vácuo}} = \frac{c}{f} = \frac{3{,}00 \times 10^8 \text{ m/s}}{90{,}0 \times 10^6 \text{ Hz}} = 3{,}33 \text{ m}$$

$$v_{\text{ferrita}} = \frac{c}{\sqrt{KK_m}} = \frac{3{,}00 \times 10^8 \text{ m/s}}{\sqrt{(10{,}0)(1.000)}} = 3{,}00 \times 10^6 \text{ m/s}$$

$$\lambda_{\text{ferrita}} = \frac{v_{\text{ferrita}}}{f} = \frac{3{,}00 \times 10^6 \text{ m/s}}{90{,}0 \times 10^6 \text{ Hz}} = 3{,}33 \times 10^{-2} \text{ m} = 3{,}33 \text{ cm}$$

AVALIAR: a velocidade da luz em materiais transparentes está normalmente entre $0{,}2c$ e c; nosso resultado no item (a) mostra que $v_{\text{diamante}} = 0{,}414c$. Como indicam os resultados obtidos no item (b), a velocidade das ondas eletromagnéticas em materiais densos como a ferrita (para a qual $v_{\text{ferrita}} = 0{,}010c$) pode ser *muito mais* lenta que no vácuo.

TESTE SUA COMPREENSÃO DA SEÇÃO 32.3 A primeira das equações 32.17 fornece o campo elétrico para uma onda plana medida em pontos ao longo do eixo x. Para essa onda plana, como o campo elétrico no ponto *fora* do eixo x difere da expressão nas equações 32.17? (i) A amplitude é diferente; (ii) a fase é diferente; (iii) tanto a amplitude quanto a fase são diferentes; (iv) nenhuma das alternativas. I

32.4 ENERGIA E MOMENTO LINEAR EM ONDAS ELETROMAGNÉTICAS

Ondas eletromagnéticas transportam energia: a energia solar é um exemplo bem conhecido. Algumas aplicações práticas dessa energia ondulatória são fornos de micro-ondas, transmissores de rádio e cirurgias oculares a laser. Para compreender como utilizar essa energia, é útil deduzirmos relações para a energia associada a uma onda eletromagnética.

Começamos com a expressão deduzida nas seções 24.3 e 30.3 para a **densidade de energia** existente nos campos elétrico e magnético; sugerimos que você faça agora uma revisão daquelas deduções. Especificamente, as equações 24.11 e 30.10 mostram que a densidade de energia total u em uma região do espaço vazio onde existem os campos $\vec{E}$ e $\vec{B}$ é dada por

$$u = \tfrac{1}{2}\epsilon_0 E^2 + \frac{1}{2\mu_0}B^2 \qquad (32.23)$$

Para a onda eletromagnética no vácuo, os módulos de E e B são relacionados por

$$B = \frac{E}{c} = \sqrt{\epsilon_0 \mu_0}\,E \qquad (32.24)$$

Combinando as equações 32.23 e 32.24, podemos expressar a densidade de energia u em uma onda eletromagnética simples no vácuo mediante a relação

$$u = \tfrac{1}{2}\epsilon_0 E^2 + \frac{1}{2\mu_0}(\sqrt{\epsilon_0 \mu_0}\,E)^2 = \epsilon_0 E^2 \qquad (32.25)$$

Isso mostra que, no vácuo, a densidade de energia associada ao campo $\vec{E}$ em nossa onda simples é igual à densidade de energia associada ao campo $\vec{B}$. Geralmente, o módulo do campo elétrico E é uma função da posição e do tempo, como no caso da onda senoidal indicada na Equação 32.16; portanto, a densidade de energia u de uma onda eletromagnética, dada pela Equação 32.25, também é, em geral, uma função da posição e do tempo.

Fluxo de energia eletromagnética e vetor de Poynting

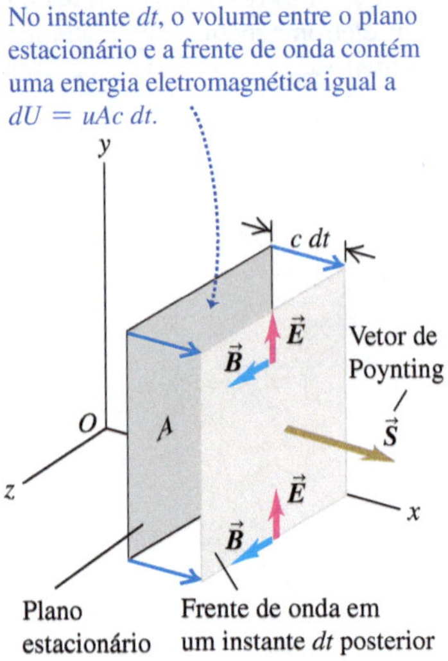

Figura 32.17 Uma frente de onda eletromagnética no instante dt depois que ela atravessa um plano de área A em repouso.

As ondas eletromagnéticas que descrevemos são ondas *progressivas* que transportam energia de uma região para outra. Podemos descrever esse transporte de energia em termos da energia transferida *por unidade de tempo e por unidade da área da seção reta* ou em termos da *potência por unidade de área*, considerando uma área perpendicular à direção do deslocamento da onda.

Para verificar como o fluxo de energia é relacionado aos campos, considere um plano em repouso, perpendicular ao eixo Ox, que para um dado instante coincide com a frente de onda. Em um tempo dt depois desse instante, a frente de onda se deslocou para a direita até uma distância ao plano $dx = c\,dt$. Considerando uma área A sobre esse plano em repouso (**Figura 32.17**), notamos que a energia contida no espaço à direita dessa área passou através de sua superfície para atingir a nova localização. O volume dV da região relevante é dado pela área da base A multiplicada pela distância $c\,dt$, e a energia dU nessa região é dada pela densidade de energia u multiplicada por esse volume:

$$dU = u\,dV = (\epsilon_0 E^2)\,(Ac\,dt)$$

Essa energia passa através da área A em um tempo dt. O fluxo de energia por unidade de tempo e por unidade de área, que designaremos pela letra S, é dado por

$$S = \frac{1}{A}\frac{dU}{dt} = \epsilon_0 c E^2 \qquad \text{(no vácuo)} \qquad (32.26)$$

Usando as equações 32.4 e 32.9, podemos obter as seguintes formas alternativas:

$$S = \frac{\epsilon_0}{\sqrt{\epsilon_0\mu_0}}E^2 = \sqrt{\frac{\epsilon_0}{\mu_0}}E^2 = \frac{EB}{\mu_0} \qquad \text{(no vácuo)} \qquad (32.27)$$

A grandeza S possui unidades de energia por unidade de tempo e por unidade de área, ou potência por unidade de área. A unidade SI de S é 1 J/s · m^2 ou 1 W/m^2.

Podemos definir uma grandeza *vetorial* que descreve o módulo, a direção e o sentido da taxa do fluxo de energia. Introduzido pelo físico inglês John Poynting (1852-1914), essa grandeza denomina-se **vetor de Poynting**:

Vetor de Poynting no vácuo

$$\vec{S} = \frac{1}{\mu_0}\vec{E} \times \vec{B} \qquad (32.28)$$

($\vec{E}$: Campo elétrico; $\vec{B}$: Campo magnético; μ_0: Constante magnética)

Figura 32.18 Estes painéis de energia solar são inclinados de modo a ficarem frontais ao Sol — ou seja, frontais ao vetor de Poynting das ondas eletromagnéticas provenientes do Sol, para que possam absorver o máximo de energia da onda.

O vetor $\vec{S}$ aponta na direção e no sentido da propagação da onda (**Figura 32.18**). Como $\vec{E}$ e $\vec{B}$ são perpendiculares, o módulo do vetor $\vec{S}$ é dado por $S = EB/\mu_0$; de acordo com as equações 32.26 e 32.27, ele fornece o fluxo de energia por unidade de tempo e por unidade de área através da seção reta perpendicular à direção de propagação da onda. O fluxo total da energia por unidade de tempo (potência, P) que atravessa uma superfície fechada é obtido mediante a integral de $\vec{S}$ sobre a superfície:

$$P = \oint \vec{S} \cdot d\vec{A}$$

Para as ondas senoidais estudadas na Seção 32.3, bem como para outras ondas mais complexas, em qualquer ponto os campos magnético e elétrico variam com o tempo, de modo que o vetor de Poynting também é uma função do tempo em qualquer ponto. Visto que as frequências das ondas eletromagnéticas típicas são muito elevadas, a variação do vetor de Poynting com o tempo é tão rápida que é mais apropriado buscar seu valor *médio*. O valor médio do módulo de $\vec{S}$ em um dado ponto denomina-se **intensidade** da radiação no ponto considerado. A unidade SI de intensidade é a mesma de S: 1 W/m^2.

Vamos examinar a intensidade da onda senoidal usando as expressões indicadas nas equações 32.17. Inicialmente, substituímos $\vec{E}$ e $\vec{B}$ na Equação 32.28:

$$\vec{S}(x,t) = \frac{1}{\mu_0}\vec{E}(x,t) \times \vec{B}(x,t)$$

$$= \frac{1}{\mu_0}[\hat{\jmath}E_{\text{máx}}\cos(kx - \omega t)] \times [\hat{k}B_{\text{máx}}\cos(kx - \omega t)]$$

O produto vetorial dos vetores unitários é $\hat{\jmath} \times \hat{k} = \hat{\imath}$ e $\cos^2(kx - \omega t)$ nunca é negativo, portanto $\vec{S}(x, t)$ sempre aponta no sentido positivo de x (o sentido da propagação da onda). O componente x do vetor de Poynting é

$$S_x(x,t) = \frac{E_{\text{máx}}B_{\text{máx}}}{\mu_0}\cos^2(kx - \omega t) = \frac{E_{\text{máx}}B_{\text{máx}}}{2\mu_0}[1 + \cos 2(kx - \omega t)]$$

A média temporal de $\cos 2(kx - \omega t)$ é igual a zero porque em qualquer ponto essa função é positiva durante uma metade do ciclo e negativa durante a outra metade. Assim, o valor médio do vetor de Poynting em um ciclo completo é dado por $\vec{S}_{\text{méd}} = \hat{\imath}S_{\text{méd}}$, em que

$$S_{\text{méd}} = \frac{E_{\text{máx}}B_{\text{máx}}}{2\mu_0}$$

Ou seja, o valor médio de $\vec{S}$ para uma onda senoidal (a intensidade I da onda) é igual a $\frac{1}{2}$ de seu valor máximo. Usando as relações $E_{\text{máx}} = B_{\text{máx}}c$ e $\epsilon_0\mu_0 = 1/c^2$, podemos expressar a intensidade em diversas formas equivalentes:

Intensidade de uma onda senoidal no vácuo

$$I = S_{\text{méd}} = \frac{E_{\text{máx}}B_{\text{máx}}}{2\mu_0} = \frac{E_{\text{máx}}{}^2}{2\mu_0 c} = \frac{1}{2}\sqrt{\frac{\epsilon_0}{\mu_0}}E_{\text{máx}}{}^2 = \frac{1}{2}\epsilon_0 c E_{\text{máx}}{}^2 \quad (32.29)$$

Amplitude do campo elétrico; Amplitude do campo magnético; Constante elétrica; Valor médio do módulo do vetor de Poynting; Constante magnética; Velocidade da luz no vácuo

BIO Aplicação Cirurgia a laser Os lasers são bastante usados na medicina como "bisturis" ultraprecisos, sem sangue. Eles podem alcançar e remover tumores com o mínimo de danos aos tecidos saudáveis nas vizinhanças, como na cirurgia cerebral mostrada na figura. A saída de potência do laser normalmente é inferior a 40 W, menor que a de uma lâmpada incandescente comum. Porém, essa potência é concentrada em um ponto de 0,1 a 2,0 mm de diâmetro, de modo que a intensidade da luz (igual ao valor médio do vetor de Poynting) pode chegar a até 5×10^9 W/m^2.

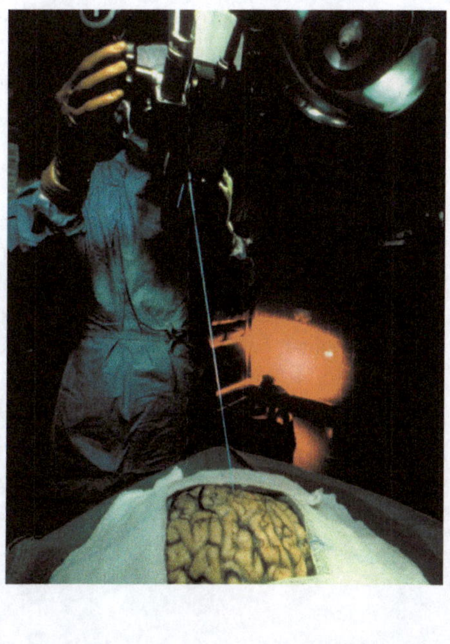

Para uma onda se deslocando no sentido $-x$, representada pela Equação 32.19, o vetor de Poynting está apontando no sentido $-x$ em todos os pontos, porém o módulo é o mesmo que o da onda que se propaga no sentido $+x$. Você terá oportunidade de verificar essas afirmações.

ATENÇÃO Vetor de Poynting *versus* intensidade Em qualquer ponto x, o módulo do vetor de Poynting varia com o tempo. Portanto, a taxa *instantânea* com a qual a energia eletromagnética de uma onda plana senoidal chega a uma superfície não é constante. Isso parece contradizer nossa experiência diária, pois as luzes solar, de uma lâmpada ou do laser de um *scanner* de supermercado aparentemente não variam na intensidade. Contudo, o vetor de Poynting dessas fontes *varia* com o tempo, mas a variação não pode ser percebida porque a frequência da oscilação é extremamente elevada (da ordem de 5×10^{14} Hz para a luz visível). O que você percebe é o valor *médio* da taxa com a qual a energia atinge seus olhos, sendo essa a razão pela qual se usa a intensidade (o valor médio de S) para descrever a força da radiação eletromagnética.

Em toda a discussão até aqui, consideramos somente as ondas eletromagnéticas que se propagam no vácuo. Contudo, quando as ondas se deslocam em um meio dielétrico, as expressões para a densidade de energia (Equação 32.23), o vetor de Poynting (Equação 32.28) e a intensidade de uma onda senoidal (Equação 32.29) devem ser modificados. Verifica-se que as modificações necessárias são bem simples: simplesmente substituir ϵ_0 pela permissividade ϵ do dielétrico, substituir μ_0 pela permeabilidade μ do dielétrico e substituir c pela velocidade v das ondas eletromagnéticas no dielétrico. É notável como as densidades de energia nos campos $\vec{E}$ e $\vec{B}$ são iguais, mesmo em um dielétrico.

EXEMPLO 32.3 ENERGIA EM UMA ONDA NÃO SENOIDAL

Para a onda não senoidal descrita na Seção 32.2, suponha que $E = 100$ V/m $= 100$ N/C. Calcule o valor de B, a densidade de energia u e a taxa do fluxo de energia S por unidade de área.

SOLUÇÃO

IDENTIFICAR E PREPARAR: nesta onda, $\vec{E}$ e $\vec{B}$ são uniformes na parte traseira da frente de onda (e zero na dianteira). Portanto, as variáveis-alvo B, u e S também devem ser uniformes na parte traseira da frente de onda. Dado o valor do módulo E, calculamos o módulo B usando a Equação 32.4, a densidade de energia u usando a Equação 32.25 e S usando a Equação 32.27. (Note que não podemos usar a Equação 32.29, aplicável somente a ondas senoidais.)

EXECUTAR: de acordo com a Equação 32.4,

$$B = \frac{E}{c} = \frac{100 \text{ V/m}}{3{,}00 \times 10^8 \text{ m/s}} = 3{,}33 \times 10^{-7} \text{ T}$$

De acordo com a Equação 32.25,

$$\begin{aligned} u &= \epsilon_0 E^2 = (8{,}85 \times 10^{-12} \text{ C}^2/\text{N} \cdot \text{m}^2)(100 \text{ N/C})^2 \\ &= 8{,}85 \times 10^{-8} \text{ N/m}^2 = 8{,}85 \times 10^{-8} \text{ J/m}^3 \end{aligned}$$

O módulo do vetor de Poynting é dado por

$$\begin{aligned} S &= \frac{EB}{\mu_0} = \frac{(100 \text{ V/m})(3{,}33 \times 10^{-7} \text{ T})}{4\pi \times 10^{-7} \text{ T} \cdot \text{m/A}} \\ &= 26{,}5 \text{ V} \cdot \text{A/m}^2 = 26{,}5 \text{ W/m}^2 \end{aligned}$$

AVALIAR: podemos conferir o resultado obtido para S, usando uma fórmula alternativa dada pela Equação 32.26:

$$S = \epsilon_0 c E^2 = (8{,}85 \times 10^{-12} \text{ C}^2/\text{N} \cdot \text{m}^2)(3{,}00 \times 10^8 \text{ m/s}) \times (100 \text{ N/C})^2 = 26{,}5 \text{ W/m}^2$$

Como $\vec{E}$ e $\vec{B}$ possuem valores constantes sobre planos perpendiculares situados na parte traseira da frente de onda, a densidade de energia u e o módulo do vetor de Poynting S também possuem valores constantes sobre esses planos. Na parte dianteira da frente de onda, $\vec{E} = \mathbf{0}$ e $\vec{B} = \mathbf{0}$, portanto $u = 0$ e $S = 0$; quando não há nenhum campo, não há nenhuma energia no campo.

EXEMPLO 32.4 ENERGIA EM UMA ONDA SENOIDAL

Uma estação de rádio na superfície terrestre irradia ondas senoidais com uma potência média total igual a 50 kW (**Figura 32.19**). Supondo que a emissora irradie uniformemente em todas as direções acima do solo (o que não é provável em situações reais), determine as amplitudes $E_{máx}$ e $B_{máx}$ detectadas por um satélite a uma distância de 100 km da antena.

SOLUÇÃO

IDENTIFICAR E PREPARAR: temos a média da potência total do transmissor, P. A intensidade I é a potência média por unidade de área; para determinar I a 100 km do transmissor, dividimos P pela área da superfície hemisférica na Figura 32.19. Para uma onda senoidal, I também é igual ao módulo do valor negativo $S_{méd}$ do vetor de Poynting, de modo que podemos usar a Equação 32.29 para determinar $E_{máx}$; a Equação 32.4 resulta em $B_{máx}$.

EXECUTAR: a área da superfície hemisférica com raio $r = 100$ km $= 1{,}00 \times 10^5$ m é

$$A = 2\pi R^2 = 2\pi(1{,}00 \times 10^5 \text{ m})^2 = 6{,}28 \times 10^{10} \text{ m}^2$$

Toda a potência irradiada passa através dessa superfície, de modo que a potência média por unidade de área (ou seja, a intensidade) é

$$I = \frac{P}{A} = \frac{P}{2\pi R^2} = \frac{5{,}00 \times 10^4 \text{ W}}{6{,}28 \times 10^{10} \text{ m}^2} = 7{,}96 \times 10^{-7} \text{ W/m}^2$$

Pela Equação 32.29, $I = S_{méd} = E_{máx}{}^2/2\mu_0 c$, de modo que

$$\begin{aligned} E_{máx} &= \sqrt{2\mu_0 c S_{méd}} \\ &= \sqrt{2(4\pi \times 10^{-7} \text{ T} \cdot \text{m/A})(3{,}00 \times 10^8 \text{ m/s})(7{,}96 \times 10^{-7} \text{ W/m}^2)} \\ &= 2{,}45 \times 10^{-2} \text{ V/m} \end{aligned}$$

De acordo com a Equação 32.4,

$$B_{máx} = \frac{E_{máx}}{c} = 8{,}17 \times 10^{-11} \text{ T}$$

AVALIAR: note que o módulo $E_{máx}$ é comparável a campos comumente encontrados em laboratório, porém o valor de $B_{máx}$ é

(Continua)

(*Continuação*)

extremamente pequeno em comparação a valores do campo $\vec{B}$ que descrevemos em capítulos anteriores. Por essa razão, quase todos os detectores de radiação eletromagnética respondem aos efeitos do campo elétrico, porém não são sensíveis ao campo magnético. As antenas de rádio em espira são exceção (veja o Problema em destaque ao final deste capítulo).

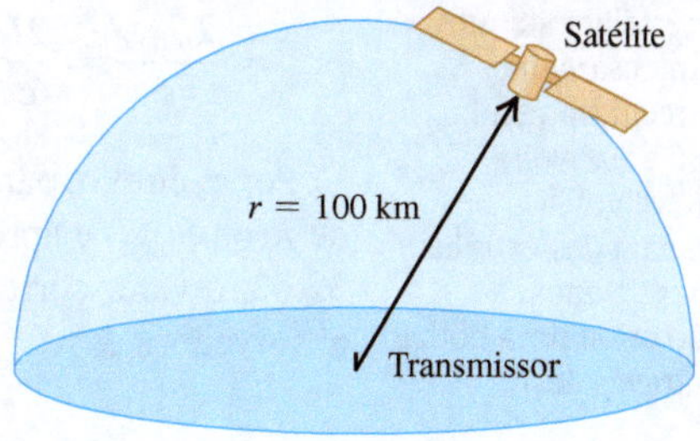

Figura 32.19 Uma estação de rádio irradia ondas no interior da superfície hemisférica indicada.

Fluxo do momento linear eletromagnético e pressão da radiação

Mostramos que as ondas eletromagnéticas transportam energia. Podemos também mostrar que as ondas eletromagnéticas transportam *momento linear p*, com uma densidade correspondente de momento linear (momento linear dp por unidade de volume dV) dada pelo módulo

$$\frac{dp}{dV} = \frac{EB}{\mu_0 c^2} = \frac{S}{c^2} \qquad (32.30)$$

Esse momento linear é uma propriedade do campo; ele não é associado com a massa de uma partícula que se move no sentido usual.

Também existe uma correspondente da taxa de fluxo do momento linear. O volume dV ocupado por uma onda eletromagnética (velocidade c) que passou através de uma área A no tempo dt é dado por $dV = Ac\,dt$. Substituindo na Equação 32.30 e reagrupando os termos, verificamos que a taxa do fluxo do momento linear por unidade de área é dada por

Taxa de fluxo do momento linear eletromagnético

$$\frac{1}{A}\frac{dp}{dt} = \frac{S}{c} = \frac{EB}{\mu_0 c} \qquad (32.31)$$

- $\frac{1}{A}\frac{dp}{dt}$: Momento linear transferido por unidade de área da superfície por unidade de tempo
- S: Módulo do vetor de Poynting
- E: Módulo do campo elétrico
- B: Módulo do campo magnético
- c: Velocidade da luz no vácuo
- μ_0: Constante magnética

Podemos obter a taxa *média* dessa transferência de momento linear por unidade de área substituindo S, na Equação 32.31, por $S_{méd} = I$.

Esse momento linear é responsável por um fenômeno chamado de **pressão da radiação**. Quando uma onda eletromagnética é absorvida por uma superfície, o momento linear da onda também é transferido para essa superfície. Por simplicidade, vamos considerar uma superfície perpendicular à direção de propagação. Aplicando as ideias desenvolvidas na Seção 8.1, vemos que a taxa dp/dt com a qual o momento linear é transferido para a superfície absorvedora é a *força* realizada sobre a superfície. A força média por unidade de área produzida pela onda, ou *pressão da radiação* p_{rad}, é igual ao valor médio de dp/dt dividido pela área A da superfície absorvedora. (Usamos o subscrito "rad" para distinguir a pressão da radiação do momento linear para o qual também usamos a letra p.) De acordo com a Equação 32.31, a pressão da radiação é dada por

$$p_{rad} = \frac{S_{méd}}{c} = \frac{I}{c} \quad \text{(pressão da radiação, onda totalmente absorvida)} \qquad (32.32)$$

Quando a onda é totalmente refletida, a variação do momento linear é duas vezes maior e a pressão da radiação é dada por

$$p_{rad} = \frac{2S_{méd}}{c} = \frac{2I}{c} \quad \text{(pressão da radiação, onda totalmente refletida)} \quad (32.33)$$

Por exemplo, para a luz solar direta, antes de ela atravessar a atmosfera, o valor de I (ou $S_{méd}$) é aproximadamente igual a 1,4 kW/m^2. De acordo com a Equação 32.32, o valor correspondente da pressão média sobre uma superfície totalmente absorvedora é

$$p_{rad} = \frac{I}{c} = \frac{1{,}4 \times 10^3 \text{ W/m}^2}{3{,}0 \times 10^8 \text{ m/s}} = 4{,}7 \times 10^{-6} \text{ Pa}$$

De acordo com a Equação 32.33, a pressão média sobre uma superfície totalmente *refletora* é igual ao dobro do valor anterior, $2I/c$ ou $9{,}4 \times 10^{-6}$ Pa. Essas pressões são extremamente pequenas, da ordem de 10^{-10} atm, porém elas podem ser medidas com instrumentos suficientemente sensíveis.

A pressão da radiação da luz solar no *interior* do Sol é muito maior que na superfície da Terra (veja o Problema 32.37). No interior de estrelas com brilhos e massas maiores que os do Sol, a pressão da radiação é tão elevada que faz aumentar substancialmente a pressão do gás no interior da estrela e ajuda a impedir o colapso gravitacional da estrela sob a ação de sua própria gravidade. Em alguns casos, a pressão de radiação das estrelas pode exercer efeitos drásticos sobre o material que as circunda (**Figura 32.20**).

Figura 32.20 No centro desta nuvem de gás interestelar está um grupo de estrelas intensamente luminosas que exercem tremenda pressão de radiação à sua volta. Auxiliada por um "vento" de partículas que emanam das estrelas, nos últimos milhões de anos, a pressão de radiação criou uma bolha dentro da nuvem através de 70 anos-luz.

EXEMPLO 32.5 POTÊNCIA E PRESSÃO DOS RAIOS SOLARES

Um satélite em órbita em torno da Terra possui painéis coletores de energia solar com área total igual a 4,0 m^2 (**Figura 32.21**). Sabendo que a radiação solar é perpendicular à superfície do painel e totalmente absorvida, calcule a potência solar média absorvida e a força média exercida pela pressão da radiação.

SOLUÇÃO

IDENTIFICAR E PREPARAR: este problema usa as relações entre intensidade, potência, pressão da radiação e força. Na discussão anterior, calculamos a intensidade I (potência por unidade de área) da luz solar, bem como a pressão de radiação p_{rad} (força por unidade de área) da luz solar sobre uma superfície absorvedora. (Calculamos esses valores para pontos acima da atmosfera, na órbita do satélite.) Multiplicando cada valor pela área dos painéis solares, temos a potência média absorvida e a força de radiação líquida sobre os painéis.

EXECUTAR: a intensidade I (potência por unidade de área) é igual a $1{,}4 \times 10^3$ W/m^2. Embora a luz solar não seja uma onda senoidal simples, ainda podemos usar o fato de que a potência média P é dada pela intensidade I vezes a área A:

$$P = IA = (1{,}4 \times 10^3 \text{ W/m}^2)(4{,}0 \text{ m}^2) = 5{,}6 \times 10^3 \text{ W} = 5{,}6 \text{ kW}$$

A pressão da radiação da luz solar sobre uma superfície absorvente é $p_{rad} = 4{,}7 \times 10^{-6}$ Pa $= 4{,}7 \times 10^{-6}$ N/m^2. A força total F é a pressão p_{rad} vezes a área A:

$$F = p_{rad} A = (4{,}7 \times 10^{-6} \text{ N/m}^2)(4{,}0 \text{ m}^2) = 1{,}9 \times 10^{-5} \text{ N}$$

AVALIAR: a potência absorvida é bastante substancial. Parte dela pode ser usada para fornecer energia para os equipamentos no interior do satélite; a parte restante da energia produz aquecimento do painel, direta ou indiretamente, em virtude da limitação da eficiência das fotocélulas existentes no painel.

A força de radiação total é comparável com o peso (na Terra) de um grão de sal. Contudo, com o tempo, essa força pequena pode ter um efeito sensível sobre a órbita de um satélite artificial, como mostrado na Figura 32.21, e, portanto, a pressão da radiação deve ser considerada nos projetos desses satélites.

Figura 32.21 Painéis solares sobre um satélite.

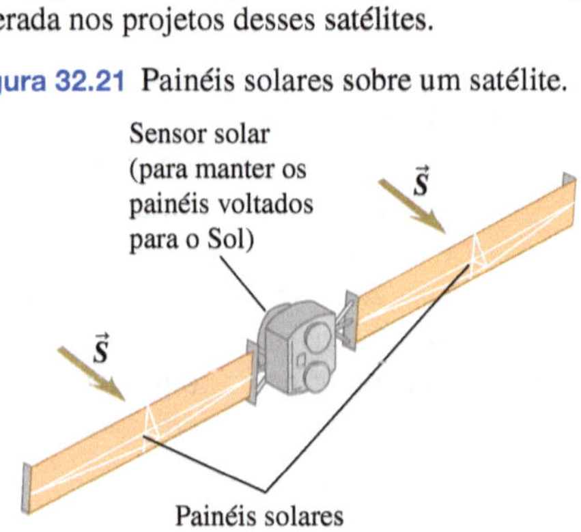

TESTE SUA COMPREENSÃO DA SEÇÃO 32.4 A Figura 32.13 mostra o comprimento de onda de uma onda eletromagnética senoidal em um instante $t = 0$. Para qual dos quatro seguintes valores de x (a) a densidade de energia é máxima; (b) a densidade de energia é mínima; (c) o módulo do vetor de Poynting instantâneo (não médio) é máximo; (d) o módulo do vetor de Poynting instantâneo (não médio) é mínimo? (i) $x = 0$; (ii) $x = \lambda/4$; (iii) $x = \lambda/2$; (iv) $x = 3\lambda/4$. ❙

32.5 ONDAS ELETROMAGNÉTICAS ESTACIONÁRIAS

As ondas eletromagnéticas podem ser *refletidas* pela superfície de um condutor (como uma lâmina metálica polida) ou de um dielétrico (como uma placa de vidro). A superposição de uma onda incidente com uma onda refletida forma uma **onda estacionária**. A situação é análoga ao caso das ondas estacionárias em uma corda esticada, estudadas na Seção 15.7.

Uma placa muito fina de um condutor perfeito (resistividade nula) colocada sobre o plano *yz*, como na **Figura 32.22**, é atingida por uma onda eletromagnética linearmente polarizada, se propagando no sentido negativo do eixo *Ox*. Conforme dissemos na Seção 23.4, o campo $\vec{E}$ não pode possuir nenhum componente na direção paralela à superfície de um condutor perfeito; portanto, no presente caso, $\vec{E}$ deve ser igual a zero em todos os pontos sobre o plano *yz*. Contudo, o campo elétrico da onda eletromagnética *incidente não* é nulo em todos os instantes sobre o plano *yz*. Porém, esse campo elétrico oscilante produz correntes induzidas na superfície do condutor e essas correntes dão origem a um campo elétrico adicional. O campo elétrico *resultante*, dado pela soma vetorial do campo elétrico induzido e do campo elétrico $\vec{E}$ incidente, é igual a zero tanto na superfície como no interior do condutor.

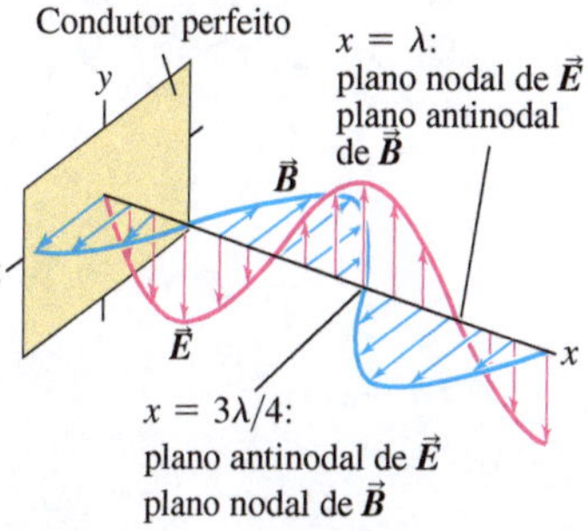

Figura 32.22 Representação dos campos elétrico e magnético de uma onda eletromagnética estacionária plana linearmente polarizada quando $\omega t = 3\pi/4$ rad. Em qualquer plano perpendicular ao eixo *Ox*, *E* é máximo (um antinó) quando *B* (um nó) é zero e vice-versa. À medida que o tempo passa, a configuração das ondas *não* se propaga da esquerda para a direita ao longo do eixo *Ox*; em vez disso, em cada ponto os vetores $\vec{E}$ e $\vec{B}$ simplesmente oscilam.

As correntes induzidas na superfície do condutor também dão origem a uma onda *refletida* que se propaga para fora do plano no sentido $+x$. Suponha que a onda incidente seja descrita pelas funções de onda indicadas na Equação 32.19 (uma onda senoidal se propagando no sentido $-x$) e a onda refletida pela negativa das equações 32.16 (uma onda senoidal se propagando no sentido $+x$). Tomamos o *negativo* da onda dado pelas equações 32.16, de modo que os campos elétricos incidentes e refletivos se anulam em $x = 0$ (o plano do condutor, onde o campo elétrico total deve ser igual a zero). O princípio da superposição afirma que o campo $\vec{E}$ resultante em qualquer ponto é dado pela soma vetorial do campo $\vec{E}$ da onda incidente com o campo elétrico da onda refletida, e analogamente para o campo $\vec{B}$ resultante. Portanto, as funções de onda para a superposição das duas ondas são dadas por

$$E_y(x, t) = E_{máx}\,[\cos(kx + \omega t) - \cos(kx - \omega t)]$$

$$B_z(x, t) = B_{máx}\,[-\cos(kx + \omega t) - \cos(kx - \omega t)]$$

Podemos expandir e simplificar essas expressões, usando as identidades

$$\cos(A \pm B) = \cos A \cos B \mp \operatorname{sen} A \operatorname{sen} B$$

Os resultados são

$$E_y(x, t) = -2E_{máx} \operatorname{sen} kx \operatorname{sen} \omega t \qquad (32.34)$$

$$B_z(x, t) = -2B_{máx} \cos kx \cos \omega t \qquad (32.35)$$

A Equação 32.34 é análoga à Equação 15.28 para uma corda esticada. Vemos que, para $x = 0$, o campo elétrico $E_y(x = 0, t)$ é *sempre* igual a zero. Essa exigência é oriunda da natureza do condutor perfeito, que desempenha um papel análogo ao do ponto fixo na extremidade de uma corda vibrante. Além disso, $E_y(x, t)$ é igual a zero em *qualquer* instante em todos os pontos sobre os planos perpendiculares ao eixo Ox, para os quais sen $kx = 0$. Ou seja, $kx = 0, \pi, 2\pi, ...$ Uma vez que $k = 2\pi/\lambda$, as posições desses planos são dadas por

$$x = 0, \frac{\lambda}{2}, \lambda, \frac{3\lambda}{2}, \ldots \quad \text{(planos nodais de } \vec{E}\text{)} \qquad (32.36)$$

Esses planos constituem **planos nodais** do campo $\vec{E}$; eles são equivalentes aos nós ou pontos nodais de uma onda estacionária em uma corda vibrante. Entre dois planos nodais adjacentes, existem planos para os quais sen $kx = \pm 1$; sobre cada um desses planos, o módulo $E(x, t)$ atinge duas vezes em cada ciclo o valor máximo possível de $2E_{máx}$. Cada um desses planos constitui um **plano antinodal** de $\vec{E}$, que corresponde aos antinós das ondas estacionárias de uma corda.

O campo magnético total é igual a zero para todos os instantes para os pontos dos planos determinados pela condição cos $kx = 0$. Esses são os planos nodais do campo $\vec{B}$, e ocorrem onde

$$x = \frac{\lambda}{4}, \frac{3\lambda}{4}, \frac{5\lambda}{4}, \ldots \quad \text{(planos nodais de } \vec{B}\text{)} \qquad (32.37)$$

Existem planos antinodais de $\vec{B}$ na metade da distância entre dois planos nodais adjacentes.

A Figura 32.22 mostra uma configuração de ondas estacionárias para um dado instante de tempo. O campo magnético *não* é igual a zero sobre a superfície condutora ($x = 0$). As correntes superficiais que criam um campo elétrico para fazer o campo resultante $\vec{E}$ exatamente igual a zero sobre a superfície produzem um campo magnético sobre a superfície. Os planos nodais de cada um dos dois campos são separados por metade do comprimento de onda. Os planos nodais de $\vec{E}$ estão situados na metade dos de $\vec{B}$ e vice-versa. Compare a presente discussão com a distinção entre os nós de pressão e os nós de deslocamento na Seção 16.4.

O campo elétrico total é uma função *seno* de t e o campo magnético total é uma função *cosseno* de t. As variações senoidais dos dois campos estão, portanto, defasadas 90° em cada ponto. Nos instantes para os quais sen $\omega t = 0$, o campo elétrico é igual a zero *em todas as partes*, e o campo magnético apresenta seu valor máximo. Quando cos $\omega t = 0$, o campo magnético é igual a zero em todas as partes, e o campo elétrico apresenta seu valor máximo. Isso contrasta com uma onda progressiva que se propaga em uma dada direção, como descrito separadamente pelas equações 32.16 ou 32.19, para a qual as variações senoidais de $\vec{E}$ e $\vec{B}$ estão sempre *em fase* em qualquer ponto. É instrutivo verificar que as equações 32.34 e 32.35 satisfazem a equação de onda indicada na Equação 32.15. Elas também satisfazem as equações 32.12 e 32.14, que são formas equivalentes das leis de Faraday e de Ampère.

Ondas estacionárias em uma cavidade

Vamos agora introduzir um segundo plano condutor paralelo ao primeiro e situado sobre o eixo $+Ox$ a uma distância L desse plano. A cavidade entre os dois planos é análoga ao caso de uma corda esticada presa nos pontos $x = 0$ e $x = L$. Os dois planos condutores devem ser planos nodais para o campo $\vec{E}$; uma onda estacionária só poderá se formar quando o segundo plano estiver situado sobre um ponto para o qual $E(x, t) = 0$, de modo que L deve ser um múltiplo inteiro de $\lambda/2$. Os comprimentos de onda que satisfazem essa condição são dados por

$$\lambda_n = \frac{2L}{n} \quad (n = 1, 2, 3, \ldots) \qquad (32.38)$$

As frequências correspondentes são

$$f_n = \frac{c}{\lambda_n} = n\frac{c}{2L} \quad (n = 1, 2, 3, \ldots) \tag{32.39}$$

Portanto, existe um conjunto de *modos normais*, cada um dos quais com uma frequência característica, uma dada forma de onda e configuração nodal (**Figura 32.23**). Medindo as posições dos nós, podemos determinar os comprimentos de onda. Se a frequência for conhecida, a velocidade da onda poderá ser calculada. Essa técnica foi aplicada pela primeira vez por Hertz na década de 1880 em suas investigações pioneiras sobre ondas eletromagnéticas.

Superfícies condutoras não são apenas refletoras de ondas eletromagnéticas. As reflexões também ocorrem em uma interface entre dois materiais isolantes com propriedades dielétricas ou magnéticas diferentes. O análogo mecânico é uma junção de duas cordas com igual tensão, porém diferente densidade de massa linear. Em geral, a incidência de uma onda sobre tal superfície limítrofe é parcialmente transmitida para o segundo material e parcialmente refletida de volta ao primeiro. Por exemplo, a luz é transmitida através de uma janela de vidro, mas suas superfícies também refletem a luz.

Figura 32.23 Um forno de micro-ondas produz ondas eletromagnéticas estacionárias com $\lambda = 12{,}2$ cm, um comprimento de onda fortemente absorvido pela água existente nos alimentos. Como a distância entre dois nós consecutivos é $\lambda/2 = 6{,}1$ cm, o alimento deve girar durante a operação do forno. Caso não girasse, as partes situadas sobre os nós — pontos onde a amplitude da onda é igual a zero — permaneceriam frias.

EXEMPLO 32.6 INTENSIDADE DE UMA ONDA ESTACIONÁRIA

Calcule a intensidade da onda estacionária representada pelas equações 32.34 e 32.35.

SOLUÇÃO

IDENTIFICAR E PREPARAR: a intensidade I da onda é dada pelo valor médio $S_{\text{méd}}$ do módulo do vetor de Poynting $\vec{S}$. Para determinar $S_{\text{méd}}$, vamos inicialmente usar a Equação 32.28 para encontrar o valor instantâneo de $\vec{S}$ e, a seguir, extrair a média de um número inteiro de ciclos da onda.

EXECUTAR: usando as funções das equações 32.34 e 32.35 na Equação 32.28 para o vetor de Poynting $\vec{S}$, obtemos

$$\begin{aligned}\vec{S}(x,t) &= \frac{1}{\mu_0}\vec{E}(x,t) \times \vec{B}(x,t)\\ &= \frac{1}{\mu_0}[-2\hat{\jmath}E_{\text{máx}}\,\text{sen}\,kx\,\text{sen}\,\omega t] \times [-2\hat{k}B_{\text{máx}}\cos kx\cos\omega t]\\ &= \hat{\imath}\frac{E_{\text{máx}}B_{\text{máx}}}{\mu_0}(2\,\text{sen}\,kx\cos kx)(2\,\text{sen}\,\omega t\cos\omega t) = \hat{\imath}S_x(x,t)\end{aligned}$$

Aplicando a identidade sen $2A = 2$ sen A cos A, podemos escrever a relação anterior na forma

$$S_x(x,t) = \frac{E_{\text{máx}}B_{\text{máx}}\,\text{sen}\,2kx\,\text{sen}\,2\omega t}{\mu_0}$$

O valor médio de uma função seno sobre um número qualquer de períodos é igual a zero. Portanto, *a média temporal de* $\vec{S}$ *em qualquer ponto é igual a zero*; $I = S_{\text{méd}} = 0$.

AVALIAR: esse resultado já era esperado. Formamos a onda estacionária pela superposição de duas ondas de mesma frequência e mesma amplitude se deslocando em sentidos opostos. Toda a energia transferida por uma das ondas é completamente anulada pela quantidade de energia fornecida em sentido oposto pela outra onda. Quando usamos ondas eletromagnéticas para transmitir potência, é importante evitar as reflexões que possam dar origem a ondas estacionárias.

EXEMPLO 32.7 ONDAS ESTACIONÁRIAS EM UMA CAVIDADE

Ondas eletromagnéticas estacionárias são produzidas em uma cavidade com duas paredes paralelas fortemente condutoras e separadas por uma distância de 1,50 cm. (a) Calcule o comprimento de onda λ mais longo e a menor frequência f das ondas estacionárias entre as paredes. (b) Para a onda estacionária com o comprimento de onda mais longo, em que pontos da cavidade $\vec{E}$ possui seu módulo máximo? Em que pontos $\vec{E}$ é igual a zero? Em que pontos $\vec{B}$ possui seu módulo máximo? Em que pontos $\vec{B}$ é igual a zero?

SOLUÇÃO

IDENTIFICAR E PREPARAR: somente certos modos normais são possíveis para ondas eletromagnéticas em uma cavidade, assim como somente certos modos normais são possíveis para ondas estacionárias em uma corda. O comprimento de onda mais longo possível e a frequência mais baixa possível correspondem ao modo $n = 1$ nas equações 32.38 e 32.39. Usamos essas equações para determinar os valores de λ e f. A seguir, as equações 32.36 e 32.37 fornecem as localizações dos planos nodais de $\vec{E}$ e $\vec{B}$. Os planos antinodais de cada campo estão no centro, entre os planos nodais adjacentes.

EXECUTAR: (a) a partir das equações 32.38 e 32.39, o comprimento de onda e a frequência que correspondem a $n = 1$ são:

$$\lambda_1 = 2L = 2\,(1{,}50\text{ cm}) = 3{,}00\text{ cm}$$

$$f_1 = \frac{c}{2L} = \frac{3{,}00 \times 10^8\text{ m/s}}{2\,(1{,}50 \times 10^{-2}\text{ m})} = 1{,}00 \times 10^{10}\text{ Hz} = 10\text{ GHz}$$

(Continua)

(Continuação)

(b) Para $n = 1$, existe apenas a metade do comprimento de onda entre as duas paredes. O campo elétrico possui planos nodais ($\vec{E} = 0$) nas paredes e um plano antinodal (onde $\vec{E}$ tem seu módulo máximo) no centro entre as duas paredes. O campo magnético apresenta planos *antinodais* nas paredes e um plano nodal no centro entre as duas paredes.

AVALIAR: uma aplicação dessas ondas estacionárias é para produzir um campo oscilante $\vec{E}$ com uma frequência fixa, que serve para sondar o comportamento de uma pequena amostra de material colocada no interior da cavidade. Para submetermos a amostra ao campo elétrico mais forte, devemos colocá-la no centro da cavidade, no plano antinodal de $\vec{E}$.

TESTE SUA COMPREENSÃO DA SEÇÃO 32.5 Na onda estacionária descrita no Exemplo 32.7, há algum ponto na cavidade onde a densidade da energia seja igual a zero em todos os instantes? Se sim, onde? Se não, por quê? ❙

CAPÍTULO 32 RESUMO

Equações de Maxwell e ondas eletromagnéticas: as ondas eletromagnéticas, que se propagam no vácuo com velocidade igual à da luz c, foram previstas pelas equações de Maxwell. O espectro eletromagnético cobre frequências de, no mínimo, 1 até 10^{24} Hz e uma correspondente ampla gama de comprimentos de onda. A luz visível, com comprimentos de onda de 380 nm a 750 nm, constitui somente uma pequena parte desse espectro. Em uma onda plana, $\vec{E}$ e $\vec{B}$ são uniformes sobre qualquer plano perpendicular à direção de propagação. A lei de Faraday e a lei de Ampère fornecem relações entre os módulos de $\vec{E}$ e $\vec{B}$; para que essas duas relações sejam satisfeitas, é necessária uma expressão para c em termos de ϵ_0 e μ_0. As ondas eletromagnéticas são transversais; os campos $\vec{E}$ e $\vec{B}$ são perpendiculares entre si e perpendiculares à direção de propagação. O produto vetorial $\vec{E} \times \vec{B}$ fornece a direção e o sentido de propagação da onda.

$$E = cB \quad (32.4)$$

$$B = \epsilon_0\mu_0 cE \quad (32.8)$$

$$c = \frac{1}{\sqrt{\epsilon_0\mu_0}} \quad (32.9)$$

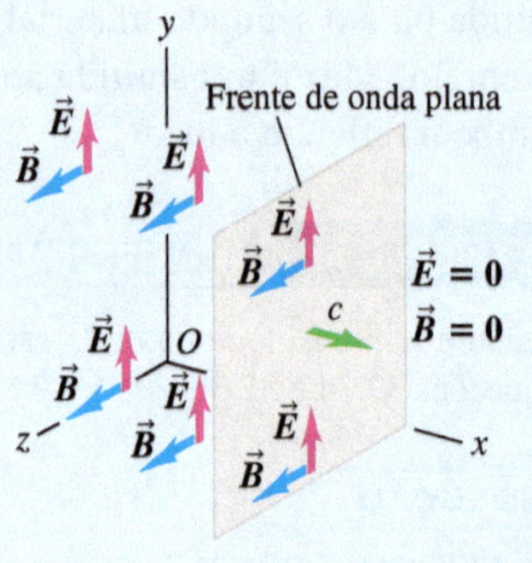

Ondas eletromagnéticas senoidais: as equações 32.17 e 32.18 descrevem uma onda eletromagnética plana senoidal se propagando no vácuo no sentido $+x$. Se a onda estiver se propagando no sentido $-x$, substitua $kx - \omega t$ por $kx + \omega t$. (Veja o Exemplo 32.1.)

$$\vec{E}(x, t) = \hat{\jmath}E_{\text{máx}} \cos(kx - \omega t) \quad (32.17)$$

$$\vec{B}(x, t) = \hat{k}B_{\text{máx}} \cos(kx - \omega t)$$
$$E_{\text{máx}} = cB_{\text{máx}} \quad (32.18)$$

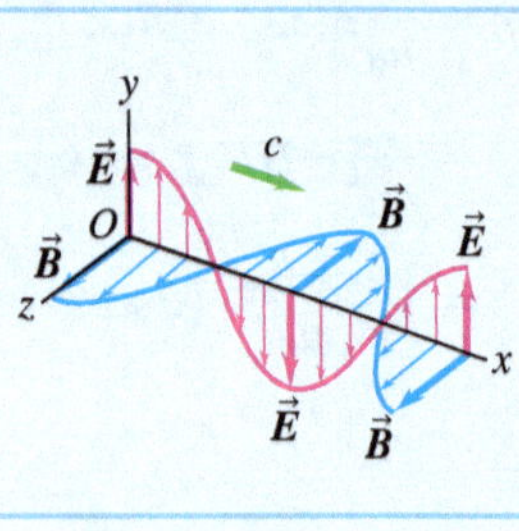

Ondas eletromagnéticas na matéria: quando uma onda eletromagnética se desloca através de um dielétrico, a velocidade de onda v é menor que a velocidade da luz no vácuo c. (Veja o Exemplo 32.2.)

$$v = \frac{1}{\sqrt{\epsilon\mu}} = \frac{1}{\sqrt{KK_m}}\frac{1}{\sqrt{\epsilon_0\mu_0}} = \frac{c}{\sqrt{KK_m}} \quad (32.21)$$

Energia e momento linear nas ondas eletromagnéticas: a taxa do fluxo de energia (potência por unidade de área) para uma onda eletromagnética se propagando no vácuo é dada pelo vetor de Poynting $\vec{S}$. A intensidade I da onda é a média no tempo do módulo do vetor de Poynting. Uma onda eletromagnética também transporta momento linear. Ao atingir uma superfície, uma onda eletromagnética exerce uma pressão de radiação p_{rad}. Quando a

$$\vec{S} = \frac{1}{\mu_0}\vec{E} \times \vec{B} \quad (32.28)$$

$$I = S_{\text{méd}} = \frac{E_{\text{máx}}B_{\text{máx}}}{2\mu_0} = \frac{E_{\text{máx}}^2}{2\mu_0 c} = \frac{1}{2}\sqrt{\frac{\epsilon_0}{\mu_0}}E_{\text{máx}}^2 = \frac{1}{2}\epsilon_0 c E_{\text{máx}}^2 \quad (32.29)$$

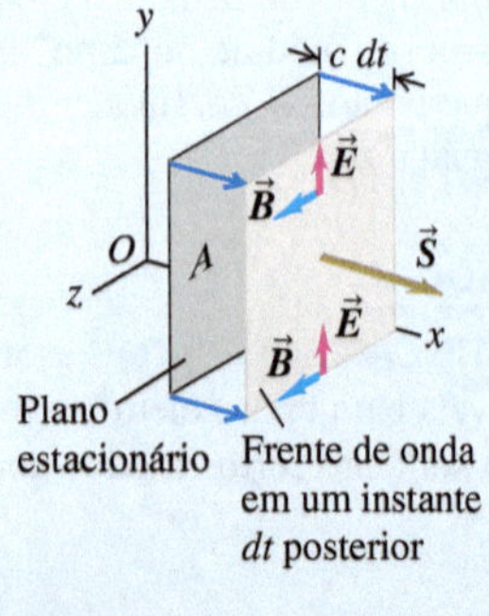

superfície é perpendicular à direção de propagação e é totalmente absorvida, $p_{rad} = I/c$; quando ocorre reflexão total na superfície, $p_{rad} = 2I/c$. (Veja os exemplos 32.3 a 32.5.)

$$\frac{1}{A}\frac{dp}{dt} = \frac{S}{c} = \frac{EB}{\mu_0 c} \quad (32.31)$$

(taxa do fluxo do momento linear eletromagnético)

Ondas eletromagnéticas estacionárias: quando uma superfície refletora ideal é colocada em $x = 0$, as ondas refletidas e incidentes formam ondas estacionárias. Os planos nodais de $\vec{E}$ formam-se nos pontos $kx = 0, \pi, 2\pi, ...$, e os planos nodais de $\vec{B}$ formam-se nos pontos $kx = \pi/2, 3\pi/2, 5\pi/2, ...$. Em cada ponto, as variações senoidais de $\vec{E}$ e de $\vec{B}$ estão defasadas em 90°. (Veja os exemplos 32.6 e 32.7.)

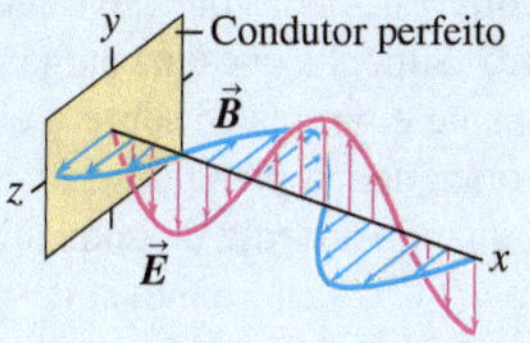

Problema em destaque Detectando ondas eletromagnéticas

Uma espira de fio circular pode ser usada como uma antena de rádio. Se uma antena com 18,0 cm de diâmetro está localizada a 2,50 km de uma fonte de 95,0 MHz com uma potência total de 55,0 kW, qual é a fem induzida máxima na espira? A orientação da espira da antena e a polarização da onda aparecem na **Figura 32.24**. Suponha que a fonte irradie uniformemente em todas as direções.

GUIA DA SOLUÇÃO

IDENTIFICAR E PREPARAR

1. O plano da espira da antena é perpendicular à direção do campo magnético oscilante da onda. Isso causa um fluxo magnético através da espira que varia senoidalmente com o tempo. Pela lei de Faraday, isso produz uma fem igual em módulo à taxa de variação do fluxo. A variável-alvo é o módulo dessa fem.
2. Selecione as equações necessárias para determinar: (i) a intensidade da onda na posição da espira, a uma distância $r = 2{,}50$ km da fonte de potência $P = 55{,}0$ kW; (ii) a amplitude do campo magnético variando senoidalmente nessa posição; (iii) o fluxo magnético através da espira em função do tempo; e (iv) a fem produzida pelo fluxo.

EXECUTAR

3. Determine a intensidade de onda na posição da espira.
4. Use o resultado do item 3 para escrever expressões para o campo magnético em função do tempo nessa posição e para o fluxo magnético em função do tempo através da espira.
5. Use os resultados do item 4 para determinar a fem induzida em função do tempo na espira. A amplitude dessa fem é a sua variável-alvo.

AVALIAR

6. A fem induzida é grande o suficiente para ser detectada? (Se for, um receptor conectado a essa antena captará sinais da fonte.)

Figura 32.24 Uso de uma antena de espira circular para detectar ondas de rádio.

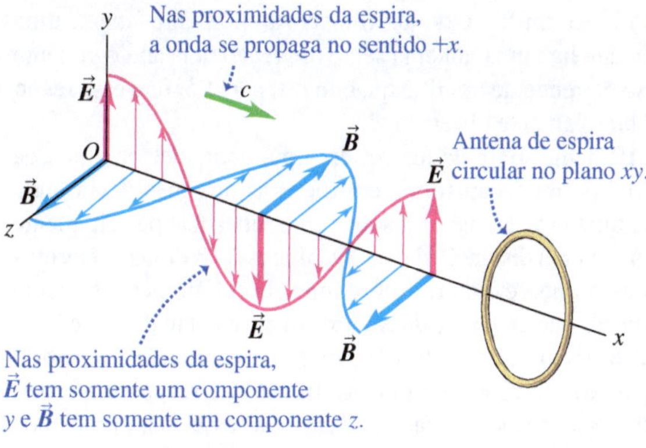

PROBLEMAS

•, ••, •••: níveis de dificuldade. **PC**: problemas cumulativos, incorporando material de outros capítulos. **CALC**: problemas exigindo cálculo. **DADOS:** problemas envolvendo dados reais, evidência científica, projeto experimental e/ou raciocínio científico. **BIO**: problemas envolvendo biociências.

QUESTÕES PARA DISCUSSÃO

Q32.1 Se você medir o campo magnético e o campo elétrico em um ponto do espaço onde uma onda eletromagnética se propaga, é possível determinar a direção de onde a onda veio? Explique.

Q32.2 Quando um motorista dirige no nível superior da ponte Bay Bridge, no sentido de Oakland para São Francisco, ele consegue sintonizar facilmente diversas estações emissoras no rádio do carro. Quando ele volta de São Francisco para Oakland pelo nível inferior da ponte, que possui nos dois lados uma estrutura de aço para suportar o nível superior, a recepção do rádio é muito fraca. Qual é o motivo dessa diferença?

Q32.3 Dê exemplos de ondas eletromagnéticas encontradas em nossa vida diária. O que existe de semelhante entre elas? Quais são as diferenças?

Q32.4 Algumas vezes, anúncios de neônio desligados, mas localizados próximo a uma emissora de rádio com potência elevada, brilham fracamente durante a noite, embora não estejam ligados. O que produz esse brilho fraco?

Q32.5 A polarização é uma propriedade de todas as ondas eletromagnéticas ou é apenas uma propriedade da luz visível? As ondas sonoras podem ser polarizadas? Qual é a propriedade fundamental das ondas que deve ser considerada? Explique.

Q32.6 Suponha que uma carga puntiforme positiva q esteja inicialmente em repouso sobre o eixo Ox, no trajeto de uma onda eletromagnética plana descrita na Seção 32.2. A carga se moverá quando a frente da onda atingi-la? Caso não se mova, por que não? Caso ela se mova, descreva qualitativamente seu movimento. (Lembre-se de que $\vec{E}$ e $\vec{B}$ possuem os mesmos valores em todos os pontos atrás da frente de onda.)

Q32.7 O feixe de um holofote pode possuir um campo elétrico com módulo igual a 1.000 V/m, correspondendo a uma diferença de potencial de 1.500 V entre a cabeça e os pés de uma pessoa com altura de 1,50 m sobre a qual o feixe incide. Isso provoca um choque elétrico forte sobre a pessoa? Por quê?

Q32.8 Para uma dada onda senoidal de intensidade I, a amplitude do campo magnético é igual a B. Qual seria a amplitude (em termos de B) em uma onda semelhante com o dobro da intensidade?

Q32.9 A amplitude do campo magnético das ondas eletromagnéticas do laser mencionado no Exemplo 32.1 (Seção 32.3) é cerca de 100 vezes maior que o campo magnético da Terra. Se você iluminar uma bússola com o feixe desse laser, ocorrerá uma deflexão da bússola? Por quê?

Q32.10 Muitos automóveis possuem antenas verticais para receber ondas de emissoras de rádio. Explique como isso pode dar uma informação sobre a polarização do campo elétrico $\vec{E}$ das ondas eletromagnéticas provenientes das emissoras de rádio.

Q32.11 Se um feixe de luz transporta momento linear, uma pessoa que liga uma lanterna sente um recuo dela analogamente ao caso do recuo de um rifle quando dispara? Por que esse recuo não é efetivamente observado?

Q32.12 Uma fonte de luz irradia uma onda eletromagnética senoidal de modo uniforme em todas as direções. Essa onda exerce uma pressão média p sobre uma superfície perfeitamente refletora a uma distância R dela. Qual pressão média (em termos de p) essa onda exerceria sobre uma superfície perfeitamente absorvente que estivesse duas vezes mais distante da fonte?

Q32.13 Uma onda eletromagnética *estacionária* transporta energia? Ela transporta momento linear? As respostas a essas questões seriam as mesmas se a pergunta fosse sobre uma onda eletromagnética *progressiva*? Por quê?

EXERCÍCIOS

Seção 32.2 Ondas eletromagnéticas planas e a velocidade da luz

32.1 • (a) Sabendo que a distância entre a Terra e a Lua é de 384.000 km, quanto tempo leva a luz para viajar da Lua até a Terra? (b) A luz emitida pela estrela Sirius leva 8,61 anos para chegar até a Terra. Qual é a distância entre a Terra e Sirius em quilômetros?

32.2 • Considere a direção e o sentido do campo magnético e do campo elétrico indicados a seguir. Para cada caso, quais são a direção e o sentido da propagação da onda? (a) $\vec{E}$ na direção $+x$, $\vec{B}$ na direção $+y$; (b) $\vec{E}$ na direção $-y$, $\vec{B}$ na direção $+x$; (c) $\vec{E}$ na direção $+z$, $\vec{B}$ na direção $-x$; (d) $\vec{E}$ na direção $+y$, $\vec{B}$ na direção $-z$.

32.3 • Uma onda eletromagnética senoidal está se propagando no vácuo no sentido $+z$. Se em um dado instante e em um dado ponto do espaço o campo elétrico estiver no sentido $+x$ e possuir módulo de 4,00 V/m, quais serão o módulo, a direção e o sentido do campo magnético da onda nesse mesmo ponto no espaço e mesmo instante no tempo?

32.4 • Considere a direção e o sentido do campo magnético e do campo elétrico indicados a seguir. Para cada caso, quais são a direção e o sentido de propagação da onda? (a) $\vec{E} = E\hat{\imath}, \vec{B} = -B\hat{\jmath}$; (b) $\vec{E} = E\hat{\jmath}, \vec{B} = B\hat{\imath}$; (c) $\vec{E} = -E\hat{k}, \vec{B} = -B\hat{\imath}$; (d) $\vec{E} = E\hat{\imath}, \vec{B} = -B\hat{k}$.

Seção 32.3 Ondas eletromagnéticas senoidais

32.5 • BIO **Raios X médicos.** Os raios X médicos são realizados com ondas eletromagnéticas que possuem um comprimento de onda em torno de 0,10 nm no ar. Quais são a frequência, o período e o número de onda dessas ondas?

32.6 • BIO **Radiação ultravioleta.** Há duas categorias de raio ultravioleta. O ultravioleta A (UVA) possui um comprimento de onda que varia de 320 nm a 400 nm. Ele não é tão prejudicial à pele e é necessário para a produção de vitamina D. O UVB, com comprimento de onda entre 280 nm e 320 nm, é muito mais perigoso, porque causa câncer de pele. (a) Determine as faixas de frequência de UVA e UVB. (b) Quais são as faixas dos números de onda para UVA e UVB?

32.7 • Uma onda eletromagnética senoidal com um campo magnético de amplitude 1,25 μT e um comprimento de onda de 432 nm se desloca no sentido $+x$ no vácuo. (a) Qual é a frequência dessa onda? (b) Qual é a amplitude do campo elétrico associado? (c) Escreva as equações para os campos elétrico e magnético em função de x e de t na forma das equações 32.17.

32.8 • Uma onda eletromagnética com comprimento de onda igual a 435 nm se desloca no vácuo no sentido $-z$. O campo elétrico é paralelo ao eixo Ox e possui amplitude de $2{,}70 \times 10^{-3}$ V/m. Qual é o valor (a) da frequência? (b) Da amplitude do campo magnético? (c) Escreva as equações vetoriais para $\vec{E}(z, t)$ e para $\vec{B}(z, t)$.

32.9 • Considere uma onda eletromagnética que se propaga no ar. (a) Determine a frequência de uma onda com um comprimento de onda de (i) 5,0 km; (ii) 5,0 μm; (iii) 5,0 nm. (b) Qual é o comprimento de onda (em metros e nanômetros) de (i) raios gama com frequência de $6{,}50 \times 10^{21}$ Hz e (ii) ondas de uma estação de rádio AM na frequência de 590 kHz?

32.10 • O campo elétrico de uma onda eletromagnética senoidal obedece à equação $E = (375 \text{ V/m}) \cos [(1{,}99 \times 10^{7} \text{ rad/m})x + (5{,}97 \times 10^{15} \text{ rad/s})t]$. (a) Qual é a velocidade da onda? (b) Quais são as amplitudes dos campos elétrico e magnético dessa onda? (c) Quais são a frequência, o comprimento de onda e o período da onda? Essa luz é visível aos seres humanos?

32.11 • Uma onda eletromagnética possui um campo elétrico dado por $\vec{E}(y, t) = (3{,}10 \times 10^{5} \text{ V/m})\hat{k} \cos [ky - (12{,}65 \times 10^{12} \text{ rad/s})t]$. (a) Em que direção e sentido a onda eletromagnética está se propagando? (b) Qual é o comprimento de onda? (c) Escreva a equação vetorial para $\vec{B}(y, t)$.

32.12 • Uma onda eletromagnética possui um campo magnético dado por $\vec{B}(x, t) = -(8{,}25 \times 10^{-9} \text{ T})\hat{\jmath} \cos [(1{,}38 \times 10^{4} \text{ rad/m})x + \omega t]$. (a) Em que direção e sentido a onda eletromagnética está se propagando? (b) Qual é a frequência f da onda? (c) Escreva a equação vetorial para $\vec{E}(x, t)$.

32.13 • Uma certa estação de rádio emite ondas com frequência de 830 kHz. Para uma dada distância do transmissor, a amplitude do campo magnético da onda eletromagnética é igual a $4{,}82 \times 10^{-11}$ T. Calcule: (a) o comprimento de onda; (b) o número de onda; (c) a frequência angular; (d) a amplitude do campo elétrico.

32.14 • Uma onda eletromagnética com frequência de 65,0 Hz se desloca em um material magnético isolante que possui constante dielétrica de 3,64 e permeabilidade relativa de 5,18 nessa frequência. O campo elétrico possui amplitude $7{,}20 \times 10^{-3}$ V/m. (a) Qual é a velocidade de propagação da onda? (b) Qual é o comprimento de onda? (c) Qual é a amplitude do campo magnético?

32.15 • Uma onda eletromagnética com frequência $5{,}70 \times 10^{14}$ Hz se propaga com uma velocidade de $2{,}17 \times 10^{8}$ m/s em um dado pedaço de vidro. Determine: (a) o comprimento de onda da onda no vidro; (b) o comprimento de onda de uma onda com a mesma frequência que se propaga no ar; (c) o índice de refração n do vidro para uma onda eletromagnética com essa frequência; (d) a constante dielétrica do vidro nessa frequência, supondo que a permeabilidade relativa seja igual a 1.

Seção 32.4 Energia e momento linear em ondas eletromagnéticas

32.16 • BIO **Tratamento de câncer com alta energia.** Os cientistas estão trabalhando em uma nova técnica para eliminar células cancerígenas, removendo-as com pulsos de luz de energia ultra-alta (na faixa de 10^{12} W) que duram um tempo extremamente curto (alguns nanossegundos). Esses pulsos curtos desarrumam o interior de uma célula sem fazer com que ela se exploda, como fariam os pulsos longos. Podemos modelar uma célula típica desse tipo como um disco de 5,0 μm de diâmetro, com um pulso durando 4,0 ns e uma potência média de $2{,}0 \times 10^{12}$ W. Vamos considerar que a energia seja espalhada uniformemente pelas faces de 100 células para cada pulso. (a) Quanta energia é dada à célula durante esse pulso? (b) Qual é a intensidade (em W/m^2) fornecida à célula? (c) Quais são os valores máximos dos campos elétrico e magnético no pulso?

32.17 •• **Campos de uma lâmpada.** Podemos modelar de forma razoável uma lâmpada incandescente de 75 W como uma esfera com 6,0 cm de diâmetro. Tipicamente, apenas cerca de 5% da energia vai para a luz visível; o restante vai, em grande parte, para a radiação infravermelha não visível. (a) Qual é a intensidade da luz visível (em W/m^2) na superfície da lâmpada? (b) Quais são as amplitudes dos campos elétrico e magnético nessa superfície, para uma onda senoidal com essa intensidade?

32.18 •• Uma onda eletromagnética senoidal emitida por uma estação de rádio passa perpendicularmente através de uma janela aberta com área de 0,500 m^2. Na janela, o campo elétrico da onda possui valor eficaz de 0,0400 V/m. Quanta energia essa onda transporta através da janela durante um comercial de 30,0 s?

32.19 • Uma sonda espacial que está a $2{,}0 \times 10^{10}$ m de uma estrela mede que a intensidade total da radiação eletromagnética da estrela é de $5{,}0 \times 10^{3}$ V/m^2. Se a estrela irradia uniformemente em todas as direções, qual é sua potência média total?

32.20 •• O fluxo de energia da luz solar até a Terra é cerca de 1,4 kW/m^2. (a) Determine os valores máximos dos campos elétrico e magnético para uma onda senoidal com essa intensidade. (b) A distância da Terra ao Sol é cerca de $1{,}5 \times 10^{11}$ m. Ache a potência total irradiada pelo Sol.

32.21 • A intensidade de um feixe de laser cilíndrico é de 0,800 W/m^2. A área de seção reta do feixe é $3{,}0 \times 10^{-4}$ m^2 e a intensidade é uniforme através da seção reta do feixe. (a) Qual é a potência média do laser? (b) Qual é o valor eficaz do campo elétrico no feixe?

32.22 • Uma onda eletromagnética senoidal emitida por um telefone celular possui comprimento de onda igual a 35,4 cm e a amplitude do campo elétrico é de $5{,}40 \times 10^{-2}$ V/m a uma distância de 250 m do telefone. Calcule: (a) a frequência da onda; (b) a amplitude do campo magnético; (c) a intensidade da onda.

32.23 • Uma fonte de luz monocromática possui potência total igual a 60,0 W e irradia uniformemente em todas as direções uma luz de comprimento de onda igual a 700 nm. Calcule $E_{\text{máx}}$ e $B_{\text{máx}}$ para a luz de 700 nm a uma distância de 5,00 m da fonte.

32.24 • **Transmissão de televisão.** O canal público de televisão KQED em São Francisco, nos Estados Unidos, transmite um sinal de rádio senoidal a uma potência de 777 kW. Suponha que a onda se propague uniformemente para um hemisfério acima do solo. Em uma casa a 5,00 km de distância da antena, (a) qual é a pressão média exercida pela onda sobre uma superfície totalmente refletora; (b) quais são as amplitudes dos campos elétrico e magnético da onda e (c) qual é a densidade média da energia que essa onda transporta? (d) Para a densidade de energia obtida no item (c), qual porcentagem advém do campo elétrico e qual porcentagem advém do campo magnético?

32.25 •• Uma fonte de luz intensa irradia uniformemente em todas as direções. A uma distância de 5,0 m da fonte, a pressão de radiação sobre uma superfície perfeitamente absorvedora é $9{,}0 \times 10^{-6}$ Pa. Qual é a potência média total da fonte?

32.26 • Nos laboratórios de simulação espacial da Nasa, existe uma sala de 25 pés (aproximadamente 7,6 m) de comprimento, na qual um conjunto de lâmpadas produz, no piso do laboratório, uma intensidade de 2.500 W/m^2 (uma simulação equivalente à intensidade da luz solar nas vizinhanças do planeta Vênus). Calcule a pressão da radiação média (em pascals e em atmosferas) sobre: (a) uma seção totalmente absorvedora do piso do laboratório; (b) uma seção totalmente refletora do piso. (c) Calcule a densidade do momento linear médio (momento linear por unidade de volume) da luz que atinge o piso.

32.27 •• BIO **Segurança do laser.** Se o olho humano receber uma intensidade média maior que $1{,}0 \times 10^{2}$ W/m^2, pode haver danos à retina. Essa quantidade é denominada *patamar de dano* da retina. (a) Qual é a maior potência média (em mW) que um raio laser com 1,5 mm de diâmetro pode ter e ainda ser considerado seguro para ser visto de frente? (b) Quais são os valores máximos dos campos elétrico e magnético para o raio no item (a)? (c) Quanta energia o raio no item (a) enviaria por segundo para a retina? (d) Expresse o patamar de dano em W/cm^2.

32.28 •• Um raio laser possui diâmetro de 1,20 nm. Qual é a amplitude do campo elétrico da radiação eletromagnética no raio se ele exerce uma força de $3{,}8 \times 10^{-9}$ N sobre uma superfície totalmente refletora?

32.29 • **Lasers de laboratório.** Lasers de He-Ne são frequentemente usados em demonstrações de física. Eles produzem luz com comprimento de onda de 633 nm e uma potência de 0,500 mW espalhada por um feixe cilíndrico com 1,00 mm de diâmetro (embora esses valores possam variar). (a) Qual é a intensidade desse feixe de laser? (b) Quais são os valores máximos dos campos elétrico e magnético? (c) Qual é a densidade média de energia no feixe de laser?

Seção 32.5 Ondas eletromagnéticas estacionárias

32.30 • Uma onda eletromagnética estacionária em certo material possui frequência igual a $2{,}20 \times 10^{10}$ Hz. A distância entre dois planos nodais consecutivos do campo $\vec{B}$ é igual a 4,65 mm. Calcule: (a) o comprimento de onda da onda nesse material; (b) a distância entre dois planos nodais adjacentes do campo $\vec{E}$; (c) a velocidade de propagação da onda.

32.31 • **Forno de micro-ondas.** As micro-ondas de um forno possuem um comprimento de onda de 12,2 cm. (a) Qual deve ser a largura desse forno para que possa conter cinco planos antinodais do campo elétrico ao longo de sua largura no padrão de onda estacionária? (b) Qual é a frequência dessas micro-ondas? (c) Suponha que, por um erro de fabricação, o forno tenha ficado 5,0 cm mais comprido que o especificado no item (a). Nesse caso, qual teria de ser a frequência das micro-ondas para ainda haver cinco planos antinodais do campo elétrico ao longo da largura do forno?

32.32 • Uma onda eletromagnética estacionária no ar possui frequência igual a 75,0 MHz. (a) Qual é a distância entre dois planos nodais consecutivos do campo $\vec{E}$? (b) Qual é a distância entre um plano nodal do campo $\vec{E}$ e o plano nodal mais próximo do campo $\vec{B}$?

PROBLEMAS

32.33 •• BIO **Cirurgia a laser.** Pulsos muito curtos de raios laser com alta intensidade são usados para reparar partes descoladas da retina. Os curtos pulsos de energia absorvidos pela retina unem as partes descoladas no lugar. Em um procedimento desse tipo, um raio laser tem um comprimento de onda de 810 nm e fornece 250 mW de potência espalhados por uma região circular com 510 μm de diâmetro. O humor vítreo (o fluido transparente que preenche a maior parte do olho) possui um índice de refração de 1,34. (a) Se os pulsos do laser duram 1,50 ms, quanta energia é fornecida à retina a cada pulso? (b) Qual pressão média o pulso do raio laser exerceria na incidência normal sobre uma superfície no ar se o raio fosse totalmente absorvido? (c) Quais são o comprimento de onda e a frequência da luz do laser dentro do humor vítreo? (d) Quais são os valores máximos dos campos elétrico e magnético no raio laser?

32.34 •• CALC Considere uma onda eletromagnética senoidal tal que os campos sejam dados pelas equações $\vec{E} = E_{máx}\hat{\jmath}\cos(kx - \omega t)$ e $\vec{B} = B_{máx}\hat{k}\cos(kx - \omega t + \phi)$, com $-\pi \leq \phi \leq \pi$. Mostre que, se $\vec{E}$ e $\vec{B}$ satisfazem às equações 32.12 e 32.14, então concluímos que $E_{máx} = cB_{máx}$ e $\phi = 0$. (O resultado $\phi = 0$ indica que os campos $\vec{E}$ e $\vec{B}$ oscilam em fase.)

32.35 • Um satélite a 575 km acima da superfície terrestre transmite ondas eletromagnéticas senoidais com frequência de 92,4 MHz uniformemente em todas as direções, com uma potência de 25,0 kW. (a) Qual é a intensidade dessas ondas, quando elas atingem um receptor na superfície terrestre diretamente abaixo do satélite? (b) Quais são as amplitudes dos campos elétrico e magnético no receptor? (c) Se o receptor possui um painel totalmente absorvedor que mede 15,0 cm por 40,0 cm orientado com seu plano perpendicular ao sentido percorrido pelas ondas, qual é a força média que essas ondas exercem sobre o painel? Essa força é grande o suficiente para causar efeitos significativos?

32.36 •• Para uma onda eletromagnética senoidal se propagando no vácuo, como a onda descrita na Equação 32.16, mostre que a densidade de energia *média* armazenada no campo elétrico é a mesma que a armazenada no campo magnético.

32.37 • O Sol emite energia sob forma de ondas eletromagnéticas a uma taxa de $3{,}9 \times 10^{26}$ W. Essa energia é produzida por reações nucleares que ocorrem próximas ao centro do Sol. (a) Calcule a intensidade da radiação eletromagnética e a pressão da radiação sobre um objeto absorvedor na superfície do Sol (raio $r = R = 6{,}96 \times 10^5$ km) e a uma distância $r = R/2$ no interior do Sol. Despreze os efeitos de espalhamento das ondas quando elas se propagam radialmente a partir do centro do Sol. Compare o resultado aos valores fornecidos na Seção 32.4 para a luz solar imediatamente antes de ela penetrar na atmosfera terrestre. (b) A pressão do gás na superfície do Sol é aproximadamente igual a $1{,}0 \times 10^4$ Pa; para $r = R/2$, a pressão do gás é de cerca de $4{,}7 \times 10^{13}$ Pa. Comparando esses dados aos resultados que você obteve no item (a), a pressão da radiação é um fator importante para determinar a estrutura do Sol? Por quê?

32.38 • Um pequeno laser de hélio-neônio emite luz vermelha com potência igual a 5,80 mW, concentrada em um feixe com diâmetro de 2,50 mm. (a) Calcule as amplitudes do campo elétrico e do campo magnético da luz emitida. (b) Calcule as densidades de energia médias associadas com o campo elétrico e com o campo magnético. (c) Qual é a energia contida em um comprimento do feixe igual a 1,00 m?

32.39 •• PC Dois refletores quadrados, cada qual com 1,50 cm de lado e 4,00 g de massa, estão localizados em extremidades opostas de uma haste delgada, extremamente leve, de 1,00 m e que pode girar sem atrito e no vácuo em torno de um eixo perpendicular a ele em seu centro (**Figura P32.39**). Esses refletores são suficientemente pequenos para serem tratados como massas puntiformes em cálculos de momento de inércia. Ambos os refletores são iluminados em uma face por uma onda de luz senoidal com um campo elétrico de amplitude 1,25 N/C, que recai uniformemente sobre ambas as superfícies e sempre os atinge perpendicularmente ao plano de suas superfícies. Um refletor é coberto com um revestimento perfeitamente absorvedor e o outro, com um revestimento perfeitamente refletor. Qual é a aceleração angular desse dispositivo?

Figura P32.39

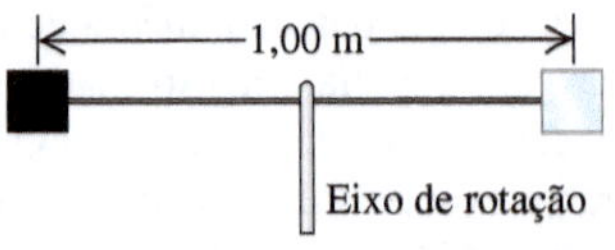

32.40 •• Uma fonte de ondas eletromagnéticas senoidais irradia uniformemente em todas as direções. A 10,0 m dessa fonte, a amplitude do campo elétrico é medida como 3,50 N/C. Qual é a amplitude do campo elétrico a uma distância de 20,0 cm da fonte?

32.41 • CALC PC Um condutor cilíndrico com seção reta circular de raio a e resistividade ρ conduz uma corrente constante I. (a) Determine o módulo, a direção e o sentido do vetor $\vec{E}$ em um ponto imediatamente abaixo da superfície do fio situado a uma distância a do eixo central. (b) Determine o módulo, a direção e o sentido do vetor $\vec{B}$ nesse mesmo ponto. (c) Calcule o módulo, a direção e o sentido do vetor de Poynting $\vec{S}$ nesse mesmo ponto. (O sentido de $\vec{S}$ indica o sentido em que a energia eletromagnética flui para o interior ou para o exterior do condutor.) (d) Use o resultado do item (c) para calcular a taxa de escoamento de energia para o interior do volume ocupado por um comprimento l do condutor. (*Dica:* integre $\vec{S}$ sobre a superfície do volume considerado.) Compare o resultado à taxa da geração de energia térmica no mesmo volume. Explique por que a energia dissipada na resistência de um condutor que conduz uma corrente pode ser interpretada em termos de uma energia que penetra no solenoide através de suas paredes cilíndricas.

32.42 •• PC Uma espira de fio circular tem um raio de 7,50 cm. Uma onda no plano eletromagnético senoidal trafegando no ar passa pela espira, com a direção do campo magnético da onda perpendicular ao plano da espira. A intensidade da onda no local da espira é de 0,0275 W/m², e o comprimento de onda é de 6,90 m. Qual é a fem máxima induzida na espira?

32.43 • Em uma dada experiência, um transmissor de rádio emite ondas eletromagnéticas senoidais com frequência de 110,0 MHz em sentidos opostos dentro de uma cavidade estreita com refletores em ambas as extremidades, gerando um padrão de onda estacionária. (a) Qual é a distância que separa os planos nodais do campo magnético? (b) Se o padrão de onda estacionária é determinado como em sua oitava harmônica, qual é o comprimento da cavidade?

32.44 • Nikola Tesla, um inventor do século XIX, propôs a transmissão de potência elétrica através de ondas eletromagnéticas senoidais. Considere a potência elétrica transmitida por um feixe com seção reta de área igual a 100 m^2. Qual deveria ser a amplitude do campo magnético e a amplitude do campo elétrico para que esse feixe pudesse transmitir uma potência elétrica comparável à potência transmitida por linhas de transmissão modernas (que operam com tensões da ordem de 500 kV e correntes da ordem de 1.000 A)?

32.45 •• PC **Sistema de posicionamento global (GPS).** A rede GPS consiste em 24 satélites, e cada um realiza duas órbitas em torno da Terra por dia. Cada satélite transmite um sinal eletromagnético senoidal de 50,0 W (ou até menos) em duas frequências, e uma delas é de 1.575,42 MHz. Suponha que um satélite transmita metade de sua potência em cada frequência e que as ondas se propaguem uniformemente em um hemisfério de cima para baixo. (a) Qual é a intensidade média que um receptor de GPS no solo, diretamente abaixo do satélite, recebe? (*Dica:* primeiro use as leis de Newton para determinar a altitude do satélite.) (b) Quais são as amplitudes dos campos elétrico e magnético do receptor de GPS no item (a), e quanto tempo leva para o sinal atingir o receptor? (c) Se o receptor for um painel quadrado de 1,50 cm de lado que absorve todo o feixe de luz, qual é a pressão média exercida pelo sinal sobre ele? (d) Qual é o comprimento de onda com o qual o receptor deve estar sintonizado?

32.46 •• PC **Velas solares.** A Nasa está considerando seriamente a possibilidade de a propulsão de naves espaciais usar o conceito de *velas solares*. Uma nave espacial solar teria uma grande vela feita com material leve e usaria a propulsão aproveitando a energia e o momento linear da radiação solar. (a) A vela deve absorver ou refletir a luz solar? Por quê? (b) A potência total emitida pelo Sol é igual a $3{,}9 \times 10^{26}$ W. Qual deve ser a área de uma vela para impulsionar uma nave espacial de massa igual a 10.000 kg no sentido contrário ao da força de atração gravitacional do Sol? Expresse sua resposta em quilômetros quadrados. (c) Explique por que sua resposta do item (b) não depende da distância entre a nave e o Sol.

32.47 •• PC O espaço sideral contém muitas partículas que constituem a chamada *poeira cósmica*. A pressão oriunda da radiação emitida pelo Sol estabelece um limite inferior para o diâmetro dessas partículas. Para verificar a origem desse limite, considere uma partícula esférica de poeira de raio R e massa específica ρ. (a) Escreva uma expressão para a força gravitacional exercida pelo Sol (massa M) sobre a partícula quando ela está a uma distância r do Sol. (b) Seja L a luminosidade do Sol, ou seja, a taxa com a qual ele emite ondas eletromagnéticas. Calcule a força exercida sobre a partícula (totalmente absorvedora) oriunda da pressão da radiação solar, lembrando que a intensidade da radiação do Sol também depende da distância r. A grandeza relevante para esse cálculo é a área da seção reta da partícula, e *não* a área de sua superfície. Como parte da resposta, diga por que você deve considerar essa área. (c) A massa específica de uma partícula típica de poeira cósmica é da ordem de 3.000 kg/m^3. Calcule qual deve ser o raio R da partícula para que a força gravitacional exercida pelo Sol seja igual ao valor da força oriunda da pressão da radiação. A luminosidade do Sol é de $3{,}9 \times 10^{26}$ W. Sua resposta depende da distância r entre a partícula e o Sol? Por quê? (d) Explique por que existe uma probabilidade muito pequena de que uma partícula com raio menor que o que você encontrou no item (c) possa existir no espaço interplanetário do sistema solar. [*Dica:* obtenha a razão entre a expressão de força encontrada no item (a) e a encontrada no item (b).]

32.48 •• DADOS A empresa onde você trabalha obteve e armazenou cinco lasers em um depósito de suprimentos. Você precisa determinar a intensidade da radiação eletromagnética produzida por cada laser. Os lasers são marcados com especificações, mas infelizmente foram dadas informações diferentes para cada laser:

Laser A: potência = 2,6 W; diâmetro do feixe cilíndrico = 2,6 mm

Laser B: amplitude do campo elétrico = 480 V/m

Laser C: amplitude do campo magnético = $8{,}7 \times 10^{-6}$ T

Laser D: diâmetro do feixe cilíndrico = 1,8 mm; força na superfície totalmente refletiva = $6{,}0 \times 10^{-8}$ N

Laser E: densidade de energia média no feixe = $3{,}0 \times 10^{-7}$ J/m^3

Calcule a intensidade para cada laser e ordene os lasers em ordem de intensidade crescente. Suponha que os raios laser tenham distribuições de intensidade uniformes sobre suas seções retas.

32.49 •• DADOS Visto que a velocidade da luz em um vácuo (ou no ar) possui um valor muito alto, ela é muito difícil de ser medida diretamente. Para medir essa velocidade, você realiza um experimento no qual mede a amplitude do campo elétrico em um raio laser enquanto varia a intensidade do raio. A **Figura P32.49** é um gráfico da intensidade I que você mediu em função do quadrado da amplitude $E_{máx}$ do campo elétrico. A linha reta pelo melhor ajuste para os seus dados tem uma inclinação de $1{,}33 \times 10^{-3}$ $J/(V^2 \cdot s)$. (a) Explique por que os pontos de dados desenhados dessa forma ficam próximos de uma linha reta. (b) Use esse gráfico para calcular a velocidade da luz no ar.

Figura P32.49

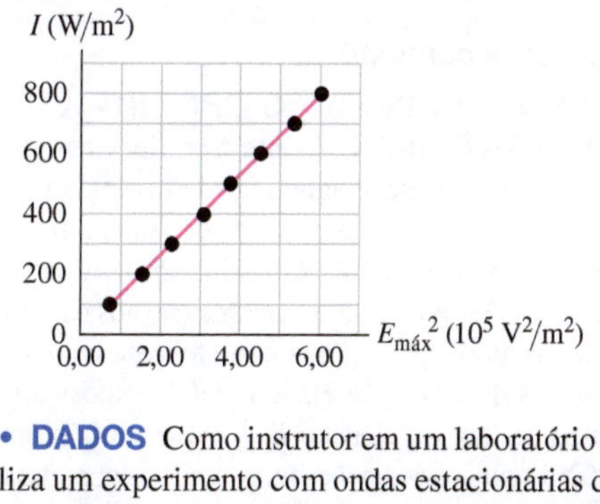

32.50 •• DADOS Como instrutor em um laboratório de física, você realiza um experimento com ondas estacionárias de micro-ondas, semelhante às ondas estacionárias produzidas em um forno de micro-ondas doméstico. Um transmissor emite micro-ondas com frequência f. As ondas são refletidas por um refletor metálico plano, e um receptor mede a amplitude do campo elétrico das ondas em função da posição na configuração de onda estacionária que é produzida entre o transmissor e o refletor (**Figura P32.50**). Você mede a distância d entre os pontos de amplitude máxima (ventres) do campo elétrico em função da frequência das ondas emitidas pelo transmissor. Os dados obtidos aparecem na tabela a seguir.

f (10^9 Hz)	1,0	1,5	2,0	2,5	3,0	3,5	4,0	5,0	6,0	8,0
d (cm)	15,2	9,7	7,7	5,8	5,2	4,1	3,8	3,1	2,3	1,7

Use os dados para calcular c, a velocidade das ondas eletromagnéticas no ar. Como cada valor medido tem algum erro experimental, desenhe os dados de modo que os pontos de dados fiquem próximos de uma linha reta; então, use a inclinação dessa linha para calcular o valor de c.

Figura P32.50

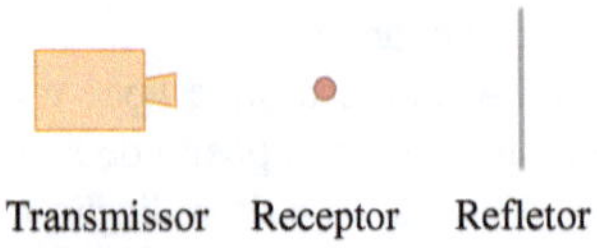

PROBLEMAS DESAFIADORES

32.51 ••• PC Ondas eletromagnéticas são produzidas por cargas aceleradas. A taxa da emissão de energia de uma partícula com carga q e aceleração a é dada por

$$\frac{dE}{dt} = \frac{q^2a^2}{6\pi\epsilon_0 c^3}$$

em que c é a velocidade da luz. (a) Verifique se essa equação está dimensionalmente correta. (b) Sabendo que um próton se desloca em um acelerador de partícula com energia cinética de 6,0 MeV, percorrendo uma órbita circular de raio igual a 0,750 m, qual é a fração de sua energia que ele irradia por segundo? (c) Considere agora um elétron se deslocando nessa órbita com o mesmo raio e a mesma velocidade. Qual é a fração de sua energia que ele irradia por segundo?

32.52 ••• PC **Modelo clássico do átomo de hidrogênio.** Podemos considerar que o elétron de um átomo de hidrogênio está em uma órbita circular com raio igual a 0,0529 nm e energia cinética de 13,6 eV. Caso o elétron se comportasse de maneira tradicional, qual seria a quantidade de energia que ele deveria irradiar por segundo? (Veja o Problema desafiador 32.51.) O que esse resultado informa a respeito do modelo da física clássica para descrever o átomo?

32.53 ••• CALC As ondas eletromagnéticas se propagam em *condutores* de modo muito diferente da propagação em dielétricos e no vácuo. Quando a resistividade do condutor for suficientemente pequena (ou seja, quando ele for um bom condutor), o campo elétrico oscilante da onda produzirá uma corrente de condução oscilante que é muito maior que a corrente de deslocamento. Nesse caso, a equação de onda para o campo elétrico $\vec{E}(x, t) = E_y(x, t)\hat{j}$ se propagando no sentido $+x$ no interior do condutor é dada por

$$\frac{\partial^2 E_y(x,t)}{\partial x^2} = \frac{\mu}{\rho}\frac{\partial E_y(x,t)}{\partial t}$$

em que μ é a permeabilidade do condutor e ρ é sua resistividade. (a) Uma solução para essa equação de onda é dada por $E_y(x, t) = E_{\text{máx}}e^{-k_C x}\cos(k_C x - \omega t)$, em que $k_C = \sqrt{\omega\mu/2\rho}$. Verifique essa solução substituindo $E_y(x, t)$ na equação de onda precedente. (b) O termo exponencial mostra que a amplitude do campo elétrico diminui à medida que a onda se propaga. Explique a razão desse efeito. (*Dica:* o campo realiza trabalho para mover a carga no interior do condutor. A corrente resultante desse movimento produz uma dissipação de calor i^2R no interior do condutor, fazendo sua temperatura aumentar. De onde provém a energia para isso?) (c) Mostre que a amplitude do campo elétrico diminui por um fator $1/e$ para uma distância determinada por $1/k_C = \sqrt{2\rho/\omega\mu}$ e calcule essa distância para uma onda de rádio com frequência $f = 1{,}0$ MHz no cobre (resistividade $1{,}72 \times 10^{-8}\ \Omega \cdot$ m e permeabilidade $\mu = \mu_0$). Como essa distância é muito pequena, as ondas eletromagnéticas praticamente não se propagam no interior do cobre. Ao contrário, elas são refletidas na superfície do metal. A partir disso, conclui-se que as ondas de rádio não penetram no cobre nem em outros metais, explicando-se por que a recepção das ondas de rádio é extremamente fraca no interior de um ambiente cercado por uma estrutura metálica.

Problemas com contexto

BIO **NÍVEL DE EXPOSIÇÃO SEGURO ÀS ONDAS ELETROMAGNÉTICAS.** Existem muitos estudos sobre os efeitos das ondas eletromagnéticas de diversas frequências sobre os seres humanos. Usando esses estudos, a International Commission on Non-Ionizing Radiation Protection (ICNIRP) produziu orientações para limitar a exposição aos campos eletromagnéticos, visando à proteção contra efeitos adversos à saúde. Nas frequências de 1 Hz a 25 Hz, o nível de exposição máximo da amplitude do campo elétrico $E_{\text{máx}}$ para público em geral é 14 kV/m. (Diferentes orientações foram criadas para pessoas submetidas a exposição ocupacional à radiação.) Nas frequências de 25 Hz a 3 kHz, a $E_{\text{máx}}$ correspondente é $350/f$ V/m, onde f é a frequência em kHz. (Fonte: "ICNIRP Statement on the 'Guidelines for Limiting Exposure to Time-Varying Electric, Magnetic, and Electromagnetic Fields (up to 300 GHz)'," 2009; *Health Physics* 97(3): 257-258.)

32.54 Nos Estados Unidos, a energia elétrica residencial é fornecida em uma frequência de 60 Hz, de modo que há interesse particular na radiação eletromagnética nessa frequência. Com base nas orientações da ICNIRP, qual é a intensidade máxima de uma onda eletromagnética nessa frequência para a qual o público em geral deverá estar exposto? (a) 7,7 W/m^2; (b) 160 W/m^2; (c) 45 kW/m^2; (d) 260 kW/m^2.

32.55 Dobrar a frequência de uma onda na faixa de 25 Hz a 3 kHz representa que variação na intensidade máxima permitida de onda eletromagnética? (a) Um fator de 2; (b) um fator de $1/\sqrt{2}$; (c) um fator de $\frac{1}{2}$; (d) um fator de $\frac{1}{4}$.

32.56 A ICNIRP também possui orientações para a exposição do campo magnético para o público em geral. Na faixa de frequência de 25 Hz a 3 kHz, essa orientação afirma que a amplitude máxima permitida é $5/f$ T, onde f é a frequência em kHz. Qual é um limite mais rigoroso sobre a intensidade de onda eletromagnética nessa faixa de frequência: a orientação sobre o campo elétrico ou a orientação sobre o campo magnético? (a) A orientação sobre o campo magnético, pois, em determinada frequência, o campo magnético permitido é menor que o campo elétrico permitido. (b) A orientação sobre o campo elétrico, pois, em determinada frequência, a intensidade permitida, calculada a partir da orientação sobre o campo elétrico, é menor. (c) Depende da frequência em particular escolhida (as duas orientações dependem da frequência). (d) Nem uma nem outra — para qualquer frequência dada, as orientações representam a mesma intensidade de onda eletromagnética.

RESPOSTAS

Resposta à pergunta inicial do capítulo

Resposta: (**i**) os metais são refletivos porque são bons condutores de eletricidade. Quando uma onda eletromagnética atinge um condutor, o campo elétrico da onda ativa correntes sobre a superfície do condutor que geram uma onda refletida. Para um condutor perfeito, o requisito de que o componente do campo elétrico paralelo à superfície deva ser zero implica que essa onda refletida é tão intensa quando a onda incidente. Metais foscos são menos brilhantes porque sua superfície está oxidada e é menos condutiva; o polimento do metal remove o óxido e expõe o material condutor.

Respostas às perguntas dos testes de compreensão

32.1 Respostas: (**a**) **não**, (**b**) **não** Uma onda puramente elétrica teria um campo elétrico variante. Esse campo necessariamente gera um campo magnético através da lei de Ampère, Equação 29.21, portanto uma onda puramente elétrica é impossível. De modo análogo, uma onda puramente magnética é impossível: o campo magnético variante nesse tipo de onda automaticamente geraria um campo elétrico através da lei de Faraday, Equação 29.20.

32.2 Respostas: (**a**) **sentido positivo de** y, (**b**) **sentido negativo de** x, (**c**) **sentido positivo de** y Você pode conferir essas respostas usando a regra da mão direita para demonstrar que $\vec{E} \times \vec{B}$ em cada caso está no sentido da propagação, ou usando a regra indicada na Figura 32.9.

32.3 Resposta: (**iv**) Em uma onda eletromagnética plana ideal, em qualquer instante, os campos são os mesmos em qualquer ponto de um plano perpendicular ao sentido da propagação. A onda plana descrita pelas equações 32.17 se propaga no sentido de x, portanto os campos dependem da coordenada x e do instante t, mas *não* dependem das coordenadas y e z.

32.4 Respostas: (**a**) (**i**) e (**iii**), (**b**) (**ii**) e (**iv**), (**c**) (**i**) e (**iii**), (**d**) (**ii**) e (**iv**) Tanto a densidade de energia u quanto o módulo S do vetor de Poynting são máximos onde os campos $\vec{E}$ e $\vec{B}$ possuírem seus módulos máximos. (O sentido dos campos não importa.) Pela Figura 32.13, isso ocorre em $x = 0$ e $x = \lambda/2$. Tanto u quanto S possuem um valor mínimo igual a zero; isso ocorre quando $\vec{E}$ e $\vec{B}$ são ambos iguais a zero. Pela Figura 32.13, isso ocorre em $x = \lambda/4$ e $x = 3\lambda/4$.

32.5 Resposta: **não** Há pontos em que $\vec{E} = \mathbf{0}$ em todos os instantes (nas paredes) e a densidade de energia elétrica $\frac{1}{2}\epsilon_0 E^2$ é sempre igual a zero. Também há pontos em que $\vec{B} = \mathbf{0}$ em todos os instantes (sobre o plano no centro entre as paredes) e a densidade da energia magnética $B^2/2\mu_0$ é sempre igual a zero. Entretanto, *não* há pontos em que tanto $\vec{E}$ quanto $\vec{B}$ sejam sempre nulos. Portanto, a densidade de energia em qualquer ponto na onda estacionária é sempre diferente de zero.

Problema em destaque

0,0368 V

APÊNDICE A

O SISTEMA INTERNACIONAL DE UNIDADES

O Sistema Internacional de Unidades, abreviado por SI, é o sistema desenvolvido pela Conferência Geral sobre Pesos e Medidas, um congresso internacional, e adotado por quase todos os países industrializados do mundo. O material apresentado a seguir foi adaptado do *National Institute of Standards and Technology* (**<http://physics.nist.gov/cuu>**).

Grandeza	Nome da unidade	Símbolo	
	Unidades básicas do SI		
comprimento	metro	m	
massa	quilograma	kg	
tempo	segundo	s	
corrente elétrica	ampère	A	
temperatura termodinâmica	kelvin	K	
quantidade de substância	mol	mol	
intensidade luminosa	candela	cd	
	Unidades derivadas do SI		**Unidades equivalentes**
área	metro quadrado	m^2	
volume	metro cúbico	m^3	
frequência	hertz	Hz	s^{-1}
massa específica (densidade)	quilograma por metro cúbico	kg/m^3	
velocidade	metro por segundo	m/s	
velocidade angular	radiano por segundo	rad/s	
aceleração	metro por segundo ao quadrado	m/s^2	
aceleração angular	radiano por segundo ao quadrado	rad/s^2	
força	newton	N	$kg \cdot m/s^2$
pressão (tensão mecânica)	pascal	Pa	N/m^2
viscosidade cinemática	metro quadrado por segundo	m^2/s	
viscosidade dinâmica	newton-segundo por metro quadrado	$N \cdot s/m^2$	
trabalho, energia, calor	joule	J	$N \cdot m$
potência	watt	W	J/s
carga elétrica	coulomb	C	$A \cdot s$
diferença de potencial, força eletromotriz	volt	V	J/C, W/A
intensidade do campo elétrico	volt por metro	V/m	N/C
resistência elétrica	ohm	Ω	V/A
capacitância	farad	F	$A \cdot s/V$
fluxo magnético	weber	Wb	$V \cdot s$
indutância	henry	H	$V \cdot s/A$
densidade de fluxo magnético	tesla	T	Wb/m^2
intensidade do campo magnético	ampère por metro	A/m	
força magnetomotriz	ampère	A	
fluxo luminoso	lúmen	lm	$cd \cdot sr$
luminância	candela por metro quadrado	cd/m^2	
iluminamento	lux	lx	lm/m^2
número de onda	um por metro	m^{-1}	
entropia	joule por kelvin	J/K	
calor específico	joule por quilograma-kelvin	$J/kg \cdot K$	
condutividade térmica	watt por metro-kelvin	$W/m \cdot K$	
intensidade da radiação	watt por estereorradiano	W/sr	
atividade (de uma fonte radioativa)	becquerel	Bq	s^{-1}

dose de radiação	gray	Gy	J/kg
equivalente da dose de radiação	sievert	Sv	J/kg
	Unidades suplementares do SI		
ângulo plano	radiano	rad	
ângulo sólido	estereorradiano	sr	

DEFINIÇÕES DAS UNIDADES DO SI

metro (m) O *metro* é um comprimento igual à distância percorrida pela luz no vácuo em um intervalo de tempo igual à fração 1/299.792.458 do segundo.

quilograma (kg) O *quilograma* é uma unidade de massa igual à massa de um protótipo internacional do quilograma. (O protótipo internacional do quilograma é um cilindro de uma liga de platina-irídio preservado em uma galeria da Agência Internacional de Pesos e Medidas em Sèvres, na França.)

segundo (s) O *segundo* é o intervalo de tempo correspondente a 9.192.631.770 ciclos da radiação emitida durante a transição entre dois níveis hiperfinos do estado fundamental do átomo de césio 133.

ampère (A) O *ampère* é uma corrente constante que, ao ser mantida em dois fios retilíneos e paralelos de comprimentos infinitos de seções retas desprezíveis e separados por uma distância de 1 m no vácuo, produz entre os fios uma força igual a 2×10^{-7} N para cada metro de comprimento dos fios.

kelvin (K) O *kelvin*, unidade de temperatura termodinâmica, é a fração igual a 1/273,16 da temperatura termodinâmica correspondente ao ponto triplo da água.

ohm (Ω) O *ohm* é a resistência elétrica entre dois pontos de um condutor que transporta uma corrente de 1 A quando uma diferença de potencial constante de 1 volt é aplicada entre esses dois pontos, esse trecho do condutor não pode ser fonte de nenhuma força eletromotriz.

coulomb (C) O *coulomb* é a carga elétrica transportada em um segundo por uma corrente de 1 A.

candela (cd) A *candela* é a intensidade luminosa, em dada direção, de uma fonte que emite uma radiação monocromática com frequência igual a 540×10^{12} hertz e cuja intensidade da radiação nessa direção equivale a 1/683 watt por estereorradiano.

molécula-grama (mol) O *mol* é a quantidade de uma substância que contém um número de unidades elementares equivalente ao número de átomos existentes em 0,012 kg de carbono 12. Essas unidades elementares devem ser especificadas e podem ser átomos, moléculas, íons, elétrons, outras partículas ou grupos de tais partículas especificadas.

newton (N) O *newton* é a força que fornece para uma massa de 1 quilograma uma aceleração de um metro por segundo por segundo.

joule (J) O *joule* é o trabalho realizado quando o ponto de aplicação de uma força constante de 1 N é deslocado até uma distância de 1 metro na direção da força.

watt (W) O *watt* é a potência que dá origem a uma produção de energia com uma taxa igual a 1 joule por segundo.

volt (V) O *volt* é a diferença de potencial elétrico entre dois pontos de um condutor que transporta uma corrente constante igual a 1 ampère, quando a potência entre esses dois pontos é igual a 1 W.

weber (Wb) O *weber* é o fluxo magnético que, ao atravessar um circuito com uma espira, produz nela uma força eletromotriz igual a 1 V quando o fluxo é reduzido a zero com uma taxa uniforme em um segundo.

lúmen (lm) O *lúmen* é o fluxo luminoso emitido em um ângulo sólido igual a 1 estereorradiano por uma fonte pontual uniforme cuja intensidade é igual a 1 candela.

farad (F) O *farad* é a capacitância de um capacitor que possui uma diferença de potencial de 1 V entre suas placas quando ele é carregado por uma carga elétrica igual a 1 coulomb.

henry (H) O *henry* é a indutância de um circuito fechado no qual uma força eletromotriz de 1 V é produzida quando a corrente elétrica no circuito varia com uma taxa uniforme de 1 A por segundo.

radiano (rad) O *radiano* é o ângulo plano entre dois raios do círculo que cortam a circunferência formando um arco de comprimento igual ao raio.

estereorradiano (sr) O *estereorradiano* é um ângulo sólido que, possuindo seu vértice no centro de uma esfera, corta a superfície da esfera formando uma calota cuja área superficial é equivalente à área de um quadrado de lado igual ao raio da esfera.

prefixos do SI Os nomes dos múltiplos e submúltiplos das unidades do SI podem ser formados usando-se a lista dos prefixos apresentados no Apêndice F.

APÊNDICE B

RELAÇÕES MATEMÁTICAS ÚTEIS

Álgebra

$$a^{-x} = \frac{1}{a^x} \qquad a^{(x+y)} = a^x a^y \qquad a^{(x-y)} = \frac{a^x}{a^y}$$

Logaritmos: Se $\log a = x$, então $a = 10^x$. $\log a + \log b = \log(ab)$ $\log a - \log b = \log(a/b)$ $\log(a^n) = n \log a$

Se $\ln a = x$, então $a = e^x$. $\ln a + \ln b = \ln(ab)$ $\ln a - \ln b = \ln(a/b)$ $\ln(a^n) = n \ln a$

Equação do segundo grau: Se $ax^2 + bx + c = 0$, $\quad x = \dfrac{-b \pm \sqrt{b^2 - 4ac}}{2a}$.

Série binomial

$$(a + b)^n = a^n + na^{n-1}b + \frac{n(n-1)a^{n-2}b^2}{2!} + \frac{n(n-1)(n-2)a^{n-3}b^3}{3!} + \cdots$$

Trigonometria

No triângulo retângulo ABC, $x^2 + y^2 = r^2$.

Definições das funções trigonométricas:

$\operatorname{sen} \alpha = y/r \qquad \cos \alpha = x/r \qquad \tan \alpha = y/x$

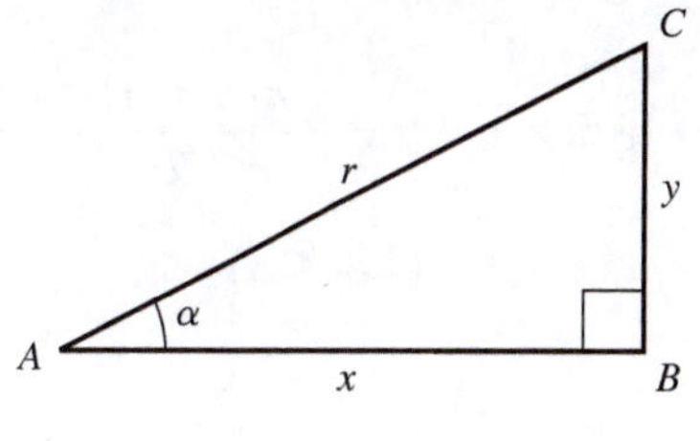

Identidades:

$\operatorname{sen}^2\alpha + \cos^2\alpha = 1 \qquad \tan \alpha = \dfrac{\operatorname{sen} \alpha}{\cos \alpha}$

$\operatorname{sen} 2\alpha = 2 \operatorname{sen} \alpha \cos \alpha \qquad \cos 2\alpha = \cos^2\alpha - \operatorname{sen}^2\alpha = 2\cos^2\alpha - 1 = 1 - 2\operatorname{sen}^2\alpha$

$\operatorname{sen}\frac{1}{2}\alpha = \sqrt{\dfrac{1 - \cos\alpha}{2}} \qquad \cos\frac{1}{2}\alpha = \sqrt{\dfrac{1 + \cos\alpha}{2}}$

$\operatorname{sen}(-\alpha) = -\operatorname{sen} \alpha \qquad \operatorname{sen}(\alpha \pm \beta) = \operatorname{sen} \alpha \cos \beta \pm \cos \alpha \operatorname{sen} \beta$

$\cos(-\alpha) = \cos \alpha \qquad \cos(\alpha \pm \beta) = \cos \alpha \cos \beta \mp \operatorname{sen} \alpha \operatorname{sen} \beta$

$\operatorname{sen}(\alpha \pm \pi/2) = \pm \cos \alpha \qquad \operatorname{sen} \alpha + \operatorname{sen} \beta = 2\operatorname{sen}\frac{1}{2}(\alpha + \beta)\cos\frac{1}{2}(\alpha - \beta)$

$\cos(\alpha \pm \pi/2) = \mp \operatorname{sen} \alpha \qquad \cos \alpha + \cos \beta = 2\cos\frac{1}{2}(\alpha + \beta)\cos\frac{1}{2}(\alpha - \beta)$

Para *qualquer* triângulo $A'\,B'\,C'$ (não necessariamente um triângulo retângulo) com lados a, b e c e ângulos α, β e γ:

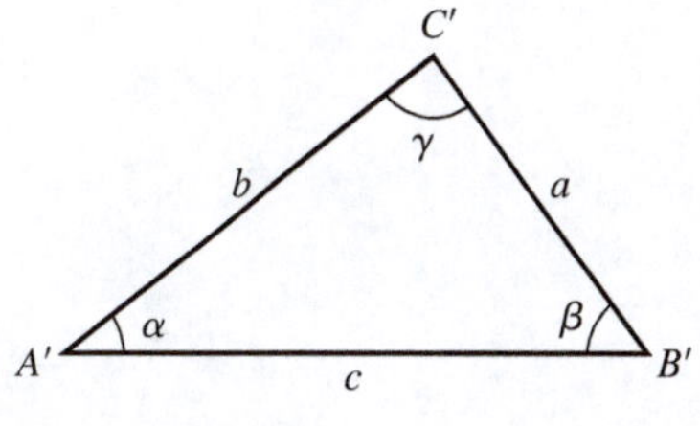

Lei dos senos: $\dfrac{\operatorname{sen}\alpha}{a} = \dfrac{\operatorname{sen}\beta}{b} = \dfrac{\operatorname{sen}\gamma}{c}$

Lei dos cossenos: $c^2 = a^2 + b^2 - 2ab\cos\gamma$

Geometria

Comprimento de uma circunferência de raio r: $C = 2\pi r$

Área de um círculo de raio r: $A = \pi r^2$

Volume de uma esfera de raio r: $V = 4\pi r^3/3$

Área da superfície de uma esfera de raio r: $A = 4\pi r^2$

Volume de um cilindro de raio r e altura h: $V = \pi r^2 h$

Cálculo diferencial e integral

Derivadas:

$$\frac{d}{dx}x^n = nx^{n-1} \qquad \frac{d}{dx}\ln ax = \frac{1}{x} \qquad \frac{d}{dx}e^{ax} = ae^{ax}$$

$$\frac{d}{dx}\operatorname{sen} ax = a\cos ax \qquad \frac{d}{dx}\cos ax = -a \operatorname{sen} ax$$

Integrais:

$$\int x^n\,dx = \frac{x^{n+1}}{n+1} \quad (n \neq -1) \qquad \int \frac{dx}{x} = \ln x \qquad \int e^{ax}\,dx = \frac{1}{a}e^{ax}$$

$$\int \operatorname{sen} ax\,dx = -\frac{1}{a}\cos ax \qquad \int \cos ax\,dx = \frac{1}{a}\operatorname{sen} ax \qquad \int \frac{dx}{\sqrt{a^2 - x^2}} = \operatorname{arcsen}\frac{x}{a}$$

$$\int \frac{dx}{\sqrt{x^2 + a^2}} = \ln\left(x + \sqrt{x^2 + a^2}\right) \qquad \int \frac{dx}{x^2 + a^2} = \frac{1}{a}\arctan\frac{x}{a} \qquad \int \frac{dx}{(x^2 + a^2)^{3/2}} = \frac{1}{a^2}\frac{x}{\sqrt{x^2 + a^2}}$$

$$\int \frac{x\,dx}{(x^2 + a^2)^{3/2}} = -\frac{1}{\sqrt{x^2 + a^2}}$$

Séries de potências (convergentes para os valores de x indicados):

$$(1 + x)^n = 1 + nx + \frac{n(n-1)x^2}{2!} + \frac{n(n-1)(n-2)}{3!}x^3 + \cdots (|x| < 1)$$

$$\tan x = x + \frac{x^3}{3} + \frac{2x^5}{15} + \frac{17x^7}{315} + \cdots (|x| < \pi/2)$$

$$e^x = 1 + x + \frac{x^2}{2!} + \frac{x^3}{3!} + \cdots \text{(todo } x\text{)}$$

$$\operatorname{sen} x = x - \frac{x^3}{3!} + \frac{x^5}{5!} - \frac{x^7}{7!} + \cdots \text{(todo } x\text{)}$$

$$\ln(1 + x) = x - \frac{x^2}{2} + \frac{x^3}{3} - \frac{x^4}{4} + \cdots (|x| < 1)$$

$$\cos x = 1 - \frac{x^2}{2!} + \frac{x^4}{4!} - \frac{x^6}{6!} + \ldots \text{(todo } x\text{)}$$

APÊNDICE C

ALFABETO GREGO

Nome	Maiúscula	Minúscula
Alfa	A	α
Beta	B	β
Gama	Γ	γ
Delta	Δ	δ
Épsilon	E	ϵ
Zeta	Z	ζ
Eta	H	η
Teta	Θ	θ
Iota	I	ι
Capa	K	κ
Lambda	Λ	λ
Mu	M	μ
Nu	N	ν
Xi	Ξ	ξ
Ômicron	O	o
Pi	Π	π
Rô	P	ρ
Sigma	Σ	σ
Tau	T	τ
Úpsilon	Υ	υ
Fi	Φ	ϕ
Qui	X	χ
Psi	Ψ	ψ
Ômega	Ω	ω

APÊNDICE D

TABELA PERIÓDICA DOS ELEMENTOS

Grupo periódico	1	2	3	4	5	6	7	8	9	10	11	12	13	14	15	16	17	18
1	1 **H** 1.008																	2 **He** 4.003
2	3 **Li** 6.941	4 **Be** 9.012											5 **B** 10.811	6 **C** 12.011	7 **N** 14.007	8 **O** 15.999	9 **F** 18.998	10 **Ne** 20.180
3	11 **Na** 22.990	12 **Mg** 24.305											13 **Al** 26.982	14 **Si** 28.086	15 **P** 30.974	16 **S** 32.065	17 **Cl** 35.453	18 **Ar** 39.948
4	19 **K** 39.098	20 **Ca** 40.078	21 **Sc** 44.956	22 **Ti** 47.867	23 **V** 50.942	24 **Cr** 51.996	25 **Mn** 54.938	26 **Fe** 55.845	27 **Co** 58.933	28 **Ni** 58.693	29 **Cu** 63.546	30 **Zn** 65.409	31 **Ga** 69.723	32 **Ge** 72.64	33 **As** 74.922	34 **Se** 78.96	35 **Br** 79.904	36 **Kr** 83.798
5	37 **Rb** 85.468	38 **Sr** 87.62	39 **Y** 88.906	40 **Zr** 91.224	41 **Nb** 92.906	42 **Mo** 95.94	43 **Tc** (98)	44 **Ru** 101.07	45 **Rh** 102.906	46 **Pd** 106.42	47 **Ag** 107.868	48 **Cd** 112.411	49 **In** 114.818	50 **Sn** 118.710	51 **Sb** 121.760	52 **Te** 127.60	53 **I** 126.904	54 **Xe** 131.293
6	55 **Cs** 132.905	56 **Ba** 137.327	71 **Lu** 174.967	72 **Hf** 178.49	73 **Ta** 180.948	74 **W** 183.84	75 **Re** 186.207	76 **Os** 190.23	77 **Ir** 192.217	78 **Pt** 195.078	79 **Au** 196.967	80 **Hg** 200.59	81 **Tl** 204.383	82 **Pb** 207.2	83 **Bi** 208.980	84 **Po** (209)	85 **At** (210)	86 **Rn** (222)
7	87 **Fr** (223)	88 **Ra** (226)	103 **Lr** (262)	104 **Rf** (261)	105 **Db** (262)	106 **Sg** (266)	107 **Bh** (264)	108 **Hs** (269)	109 **Mt** (268)	110 **Ds** (271)	111 **Rg** (272)	112 **Uub** (285)	113 **Uut** (284)	114 **Uuq** (289)	115 **Uup** (288)	116 **Uuh** (292)	117 **Uus**	118 **Uuo**

Lantanídeos	57 **La** 138.905	58 **Ce** 140.116	59 **Pr** 140.908	60 **Nd** 144.24	61 **Pm** (145)	62 **Sm** 150.36	63 **Eu** 151.964	64 **Gd** 157.25	65 **Tb** 158.925	66 **Dy** 162.500	67 **Ho** 164.930	68 **Er** 167.259	69 **Tm** 168.934	70 **Yb** 173.04
Actinídeos	89 **Ac** (227)	90 **Th** (232)	91 **Pa** (231)	92 **U** (238)	93 **Np** (237)	94 **Pu** (244)	95 **Am** (243)	96 **Cm** (247)	97 **Bk** (247)	98 **Cf** (251)	99 **Es** (252)	100 **Fm** (257)	101 **Md** (258)	102 **No** (259)

Para cada elemento indica-se a massa atômica média da mistura dos isótopos do elemento que se encontram na natureza. Para os elementos que não possuem isótopos estáveis, indica-se entre parênteses a massa atômica média aproximada do elemento de maior duração. Todas as massas atômicas são expressas usando-se unidades de massa atômica (1 u = 1,660538921(73) $\times 10^{-27}$ kg), que equivale a grama por mol (g/mol).

APÊNDICE E

FATORES DE CONVERSÃO DAS UNIDADES

COMPRIMENTO
1 m = 100 cm = 1.000 mm = 10^6 μm = 10^9 nm
1 km = 1.000 m = 0,6214 mi
1 m = 3,281 pés = 39,37 pol
1 cm = 0,3937 pol
1 pol = 2,540 cm
1 pé = 30,48 cm
1 yd = 91,44 cm
1 mi = 5.280 pés = 1,609 km
1 Å = 10^{-10} m = 10^{-8} cm = 10^{-1} nm
1 milha náutica = 6.080 pés
1 ano-luz = 9,461 × 10^{15} m

ÁREA
1 cm^2 = 0,155 pol^2
1 m^2 = 10^4 cm^2 = 10,76 $pés^2$
1 pol^2 = 6,452 cm^2
1 $pé^2$ = 144 pol^2 = 0,0929 m^2

VOLUME
1 litro = 1.000 cm^3 = 10^{-3} m^3 = 0,03531 $pé^3$ = 61,02 pol^3
1 $pé^3$ = 0,02832 m^3 = 28,32 litros = 7,477 galões
1 galão = 3,788 litros

TEMPO
1 min = 60 s
1 h = 3.600 s
1 d = 86.400 s
1 a = 365,24 d = 3,156 × 10^7 s

ÂNGULO
1 rad = 57,30° = 180°/π
1° = 0,01745 rad = π/180 rad
1 rotação = 360° = 2π rad
1 rot/min (rpm) = 0,1047 rad/s

VELOCIDADE
1 m/s = 3,281 pés/s
1 pé/s = 0,3048 m/s
1 mi/min = 60 mi/h = 88 pés/s
1 km/h = 0,2778 m/s = 0,6214 mi/h
1 mi/h = 1,466 pés/s = 0,4470 m/s = 1,609 km/h
1 furlong/fortnight = 1,662 × 10^{-4} m/s

ACELERAÇÃO
1 m/s^2 = 100 cm/s^2 = 3,281 pés/s^2
1 cm/s^2 = 0,01 m/s^2 = 0,03281 pé/s^2
1 pé/s^2 = 0,3048 m/s^2 = 30,48 cm/s^2
1 mi/h · s = 1,467 pé/s^2

MASSA
1 kg = 10^3 g = 0,0685 slug
1 g = 6,85 × 10^{-5} slug
1 slug = 14,59 kg
1 u = 1,661 × 10^{-27} kg
1 kg possui uma massa de 2,205 lb quando g = 9,80 m/s^2

FORÇA
1 N = 10^5 dina = 0,2248 lb
1 lb = 4,448 N = 4,448 × 10^5 dina

PRESSÃO
1 Pa = 1 N/m^2 = 1,450 × 10^{-4} lb/pol^2 = 0,209 lb/$pé^2$
1 bar = 10^5 Pa
1 lb/pol^2 = 6.895 Pa
1 lb/$pé^2$ = 47,88 Pa
1 atm = 1,013 × 10^5 Pa = 1,013 bar
= 14,7 lb/pol^2 = 2.117 lb/$pé^2$
1 mm Hg = 1 torr = 133,3 Pa

ENERGIA
1 J = 10^7ergs = 0,239 cal
1 cal = 4,186 J (com base em temperatura de 15°)
1 pé · lb = 1,356 J
1 Btu = 1055 J = 252 cal = 778 pés · lb
1 eV = 1,602 × 10^{-19} J
1 kWh = 3,600 × 10^6 J

EQUIVALÊNCIA ENTRE MASSA E ENERGIA
1 kg ↔ 8,988 × 10^{16} J
1 u ↔ 931,5 MeV
1 eV ↔ 1,074 × 10^{-9} u

POTÊNCIA
1 W = 1 J/s
1 hp = 746 W = 550 pés · lb/s
1 Btu/h = 0,293 W

APÊNDICE F

CONSTANTES NUMÉRICAS

Constantes físicas fundamentais*

Nome	Símbolo	Valor
Velocidade da luz no vácuo	c	$2{,}99792458 \times 10^{8}$ m/s
Módulo da carga do elétron	e	$1{,}60217653(35) \times 10^{-19}$ C
Constante gravitacional	G	$6{,}67384(80) \times 10^{-11}$ N · m²/kg²
Constante de Planck	h	$6{,}62606957(29) \times 10^{-34}$ J · s
Constante de Boltzmann	k	$1{,}3806488(13) \times 10^{-23}$ J/K
Número de Avogadro	N_A	$6{,}02214129(27) \times 10^{23}$ moléculas/mol
Constante dos gases	R	8,3144621(75) J/mol · K
Massa do elétron	m_e	$9{,}10938291(40) \times 10^{-31}$ kg
Massa do próton	m_p	$1{,}672621777(74) \times 10^{-27}$ kg
Massa do nêutron	m_n	$1{,}674927351(74) \times 10^{-27}$ kg
Constante magnética	μ_0	$4\pi \times 10^{-7}$ Wb/A · m
Constante elétrica	$\epsilon_0 = 1/\mu_0 c^2$	$8{,}854187817\ldots \times 10^{-12}$ C²/N · m²
	$1/4\pi\epsilon_0$	$8{,}987551787\ldots \times 10^{9}$ N · m²/C²

Outras constantes úteis*

Equivalente mecânico do calor		4,186 J/cal (15° calorias)
Pressão da atmosfera padrão	1 atm	$1{,}01325 \times 10^{5}$ Pa
Zero absoluto	0 K	−273,15 °C
Elétron-volt	1 eV	$1{,}602176565(35) \times 10^{-19}$ J
Unidade de massa atômica	1 u	$1{,}660538921(73) \times 10^{-27}$ kg
Energia de repouso do elétron	$m_e c^2$	0,510998928(11) MeV
Volume de um gás ideal (0 °C e 1 atm)		22,413968(20) litro/mol
Aceleração da gravidade (padrão)	g	9,80665 m/s²

*_Fonte: National Institute of Standards and Technology_ (**<http://physics.nist.gov/cuu>**). Os números entre parênteses indicam as incertezas dos dígitos finais dos números principais; por exemplo, o número 1,6454(21) significa 1,6454 ± 0,0021. Os valores que não possuem incertezas são exatos.

Dados astronômicos†

Corpo	Massa (kg)	Raio (m)	Raio orbital (m)	Período orbital
Sol	$1,99 \times 10^{30}$	$6,96 \times 10^{8}$	—	—
Lua	$7,35 \times 10^{22}$	$1,74 \times 10^{6}$	$3,84 \times 10^{8}$	27,3 d
Mercúrio	$3,30 \times 10^{23}$	$2,44 \times 10^{6}$	$5,79 \times 10^{10}$	88,0 d
Vênus	$4,87 \times 10^{24}$	$6,05 \times 10^{6}$	$1,08 \times 10^{11}$	224,7 d
Terra	$5,97 \times 10^{24}$	$6,37 \times 10^{6}$	$1,50 \times 10^{11}$	365,3 d
Marte	$6,42 \times 10^{23}$	$3,39 \times 10^{6}$	$2,28 \times 10^{11}$	687,0 d
Júpiter	$1,90 \times 10^{27}$	$6,99 \times 10^{7}$	$7,78 \times 10^{11}$	11,86 a
Saturno	$5,68 \times 10^{26}$	$5,82 \times 10^{7}$	$1,43 \times 10^{12}$	29,45 a
Urano	$8,68 \times 10^{25}$	$2,54 \times 10^{7}$	$2,87 \times 10^{12}$	84,02 a
Netuno	$1,02 \times 10^{26}$	$2,46 \times 10^{7}$	$4,50 \times 10^{12}$	164,8 a
Plutão‡	$1,31 \times 10^{22}$	$1,15 \times 10^{6}$	$5,91 \times 10^{12}$	247,9 a

†*Fonte:* NASA (<**http://solarsystem.nasa.gov.planets/**>). Para cada corpo, o "raio" é o seu raio médio e o "raio orbital" é a distância média entre o corpo e o Sol (para os planetas) ou medida a partir da Terra (no caso da Lua).

‡ Em agosto de 2006, o International Astronomical Union reclassificou Plutão e outros pequenos corpos na órbita do Sol como "planetas anões".

Prefixos para as potências de dez

Potência de dez	Prefixos	Abreviaturas
10^{-24}	locto-	y
10^{-21}	zepto-	z
10^{-18}	atto-	a
10^{-15}	femto-	f
10^{-12}	pico-	p
10^{-9}	nano-	n
10^{-6}	micro-	μ
10^{-3}	mili-	m
10^{-2}	centi-	c
10^{3}	quilo-	k
10^{6}	mega-	M
10^{9}	giga-	G
10^{12}	tera-	T
10^{15}	peta-	P
10^{18}	exa-	E
10^{21}	zeta-	Z
10^{24}	iota-	Y

Exemplos:

1 femtômetro = 1 fm = 10^{-15} m 1 milivolt = 1 mV = 10^{-3} V
1 picossegundo = 1 ps = 10^{-12} s 1 quilopascal = 1 kPa = 10^{3} Pa
1 nanocoulomb = 1 nC = 10^{-9} C 1 megawatt = 1 MW = 10^{6} W
1 microkelvin = 1 μK = 10^{-6} K 1 gigahertz = 1 GHz = 10^{9} Hz

RESPOSTAS DOS PROBLEMAS ÍMPARES

CAPÍTULO 21

21.1 (a) $2{,}00 \times 10^{10}$ (b) $8{,}59 \times 10^{-13}$
21.3 $3{,}4 \times 10^{18}$ m/s^2 (próton), $6{,}3 \times 10^{21}$ m/s^2 (elétron)
21.5 1,3 nC
21.7 3,7 km
21.9 (a) 0,742 μC (b) 0,371 μC, 1,48 μC
21.11 (a) $2{,}21 \times 10^4$ m/s^2
21.13 +0,750 nC
21.15 $1{,}8 \times 10^{-4}$ N, na direção $+x$
21.17 $x = -0{,}144$ m
21.19 2,58 μN, na direção $-y$
21.21 (a) $8{,}80 \times 10^{-9}$ N, atração
(b) $8{,}22 \times 10^{-8}$ N; cerca de 10 vezes maior que a força de ligação
21.23 (a) $4{,}40 \times 10^{-16}$ N (b) $2{,}63 \times 10^{11}$ m/s^2
(c) $2{,}63 \times 10^5$ m/s
21.25 (a) $3{,}30 \times 10^6$ N/C, à esquerda (b) 14,2 ns
(c) $1{,}80 \times 10^3$ N/C, à direita
21.27 (a) $-21{,}9$ μC (b) $1{,}02 \times 10^{-7}$ N/C
21.29 (a) 364 N/C (b) não; 2,73 μm, para baixo
21.31 $1{,}79 \times 10^6$ m/s
21.33 (a) $-\hat{\jmath}$ (b) $\dfrac{\sqrt{2}}{2}\hat{\imath} + \dfrac{\sqrt{2}}{2}\hat{\jmath}$
(c) $-0{,}39\hat{\imath} + 0{,}92\hat{\jmath}$
21.35 (a) 633 km/s (b) 15,9 km/s
21.37 (a) 0
(b) para $|x| < a$:
$$E_x = -\frac{q}{\pi\epsilon_0}\frac{ax}{(x^2 - a^2)^2};$$
para $x > a$:
$$E_x = \frac{q}{2\pi\epsilon_0}\frac{x^2 + a^2}{(x^2 - a^2)^2};$$
para $x < -a$:
$$E_x = -\frac{q}{2\pi\epsilon_0}\frac{x^2 + a^2}{(x^2 - a^2)^2}$$
21.39 (a) (i) 574 N/C, direção $+x$ (ii) 268 N/C, direção $-x$ (iii) 404 N/C, direção $-x$
(b) (i) $9{,}20 \times 10^{-17}$ N, direção $-x$
(ii) $4{,}30 \times 10^{-17}$ N, direção $+x$
(iii) $6{,}48 \times 10^{-17}$ N, direção $+x$
21.41 $1{,}04 \times 10^7$ N/C, em direção à carga de $-2{,}00$ μC
21.43 (a) 8.740 N/C, à direita
(b) 6.540 N/C, à direita
(c) $1{,}40 \times 10^{-15}$ N, à direita
21.45 $1{,}73 \times 10^{-8}$ N, em direção ao ponto entre os elétrons
21.47 (a) $E_x = E_y = E = 0$ (b) $E_x = 2.660$ N/C, $E_y = 0$, $E = 2.660$ N/C, direção $+x$
(c) $E_x = 129$ N/C, $E_y = -510$ N/C, $E = 526$ N/C, 284° sentido anti-horário a partir do eixo $+x$
(d) $E_x = 0$, $E_y = 1.380$ N/C, $E = 1.380$ N/C, direção $+y$
21.49 (a) $1{,}14 \times 10^5$ N/C, em direção ao centro do disco
(b) $8{,}92 \times 10^4$ N/C, em direção ao centro do disco
(c) $1{,}46 \times 10^5$ N/C, em direção à carga
21.51 (a) $(7{,}0\text{ N/C})\hat{\imath}$ (b) $(1{,}75 \times 10^{-5}\text{ N})\hat{\imath}$
21.53 (a) $1{,}4 \times 10^{-11}$ C · m, de q_1 para q_2
(b) 860 N/C
21.55 (a) $\vec{p}$ alinhado na mesma direção ou na direção oposta de $\vec{E}$
(b) estável: $\vec{p}$ alinhado na mesma direção de $\vec{E}$; instável: $\vec{p}$ alinhado na direção oposta
21.57 (a) 1.680 N, da carga de $+5{,}00$ μC para a carga de $-5{,}00$ μC
(b) 22,3 N · m, sentido horário
21.59 (b) $\dfrac{Q^2}{8\pi\epsilon_0 L^2}(1 + 2\sqrt{2})$, afastando do centro do quadrado
21.61 (a) $8{,}63 \times 10^{-5}$ N, $-5{,}52 \times 10^{-5}$ N
(b) $1{,}02 \times 10^{-4}$ N, 32,6° abaixo do eixo $+x$
21.63 (b) 2,80 μC (c) 39,5°
21.65 $3{,}41 \times 10^4$ N/C, à esquerda
21.67 entre as cargas, 0,24 m da carga de 0,500 nC
21.69 em $x = d/3$, $q = -4Q/9$
21.71 (a) $\dfrac{6q^2}{4\pi\epsilon_0 L^2}$, para longe do vértice vazio
(b) $\dfrac{3q^2}{4\pi\epsilon_0 L^2}\left(\sqrt{2} + \dfrac{1}{2}\right)$, para o centro do quadrado
21.73 (a) $6{,}0 \times 10^{23}$ (b) $4{,}1 \times 10^{-31}$ N (gravitacional), 510 kN (elétrica)
(c) sim (elétrica), não (gravitacional)
21.75 2.190 km/s
21.77 (a) $\dfrac{mv_0^2 \operatorname{sen}^2\alpha}{2eE}$ (b) $\dfrac{mv_0^2 \operatorname{sen} 2\alpha}{eE}$
(d) $h_{máx}$: 0,418 m d: 2,89 m
21.79 (a) $E_x = \dfrac{Q}{4\pi\epsilon_0 a}\left(\dfrac{1}{x - a} - \dfrac{1}{x}\right)$, $E_y = 0$
(b) $\dfrac{qQ}{4\pi\epsilon_0 a}\left(\dfrac{1}{r} - \dfrac{1}{r + a}\right)\hat{\imath}$
21.81 (a) $-7{,}99$ nC (b) $-24{,}0$ nC
21.83 (a) 1,56 N/C, direção $+x$ (c) menor
(d) 4,7%
21.85 $E_x = E_y = \dfrac{Q}{2\pi^2\epsilon_0 a^2}$
21.87 (a) $6{,}25 \times 10^4$ N/C, 225° sentido anti-horário a partir do eixo apontando para a direita no ponto P
(b) $1{,}00 \times 10^{-14}$ N, oposto à direção do campo elétrico
21.89 (a) $1{,}15 \times 10^6$ N/C, à esquerda
(b) $1{,}58 \times 10^5$ N/C, à esquerda
(c) $1{,}58 \times 10^5$ N/C, à direita
21.91 (a) $\pi(R_2{}^2 - R_1{}^2)\sigma$
(b) $\dfrac{\sigma}{2\epsilon_0}\left(\dfrac{1}{\sqrt{(R_1/x)^2 + 1}} - \dfrac{1}{\sqrt{(R_2/x)^2 + 1}}\right)\dfrac{|x|}{x}\hat{\imath}$
(c) $\dfrac{\sigma}{2\epsilon_0}\left(\dfrac{1}{R_1} - \dfrac{1}{R_2}\right)x\hat{\imath}$; $x \ll R_1$
(d) $\dfrac{1}{2\pi}\sqrt{\dfrac{q\sigma}{2\epsilon_0 m}\left(\dfrac{1}{R_1} - \dfrac{1}{R_2}\right)}$
21.93 (a) $q_1 = 8{,}00$ μC, $q_2 = 3{,}00$ μC
(b) 7,49 N, na direção $-x$
(c) $x = 0{,}248$ m
21.95 (b) $q_1 < 0$, $q_2 > 0$ (c) 0,843 μC (d) 56,2 N
21.97 (a) $\dfrac{Q}{2\pi\epsilon_0 L}\left(\dfrac{1}{2x + a} - \dfrac{1}{2L + 2x + a}\right)$
21.99 opção (c)
21.101 opção (b)

CAPÍTULO 22

22.1 (a) 1,8 N · m^2/C (b) não (c) (i) 0° (ii) 90°
22.3 (a) $3{,}53 \times 10^5$ N · m^2/C (b) 3,13 μC
22.5 $\pi r^2 E$
22.7 0,977 N · m^2/C, para dentro
22.9 (a) 0 (b) $1{,}22 \times 10^8$ N/C, radialmente para dentro
(c) $3{,}64 \times 10^7$ N/C, radialmente para dentro
22.11 (a) $1{,}17 \times 10^5$ N · m^2/C
(b) nenhuma mudança
22.13 0,0810 N
22.15 $1{,}35 \times 10^{10}$
22.17 (a) $6{,}47 \times 10^5$ N/C, direção $+y$
(b) $7{,}2 \times 10^4$ N/C, direção $-y$
22.19 (a) 5,73 μC/m^2 (b) $6{,}47 \times 10^5$ N/C
(b) $-5{,}65 \times 10^4$ N · m^2/C
22.21 (a) 0,260 μC/m^3 (b) 1.960 N/C
22.23 (a) $6{,}56 \times 10^{-21}$ J (b) $1{,}20 \times 10^5$ m/s
22.25 (a) 6,00 nC (b) $-1{,}00$ nC
22.27 σ/ϵ_0 (entre), 0 (fora)
22.29 (a) $2\pi R\sigma$ (b) $\dfrac{\sigma R}{\epsilon_0 r}$ (c) $\dfrac{\lambda}{2\pi\epsilon_0 r}$
22.31 1,16 km/s
22.33 10,2°
22.35 (a) 750 N · m^2/C (b) 0
(c) 577 N/C, direção $+x$
(d) dentro e fora
22.37 (a) $-0{,}598$ nC (b) dentro e fora
22.39 (a) $\dfrac{\lambda}{2\pi\epsilon_0 r}$, radialmente para fora
(b) $\dfrac{\lambda}{2\pi\epsilon_0 r}$, radialmente para fora
(d) $-\lambda$ (interna), $+\lambda$ (externa)
22.41 (a) $\dfrac{\rho r}{2\epsilon_0}$ (b) $\dfrac{\lambda}{2\pi\epsilon_0 r}$
(c) São iguais.

22.43 (a) $r < R$: 0; $R < r < 2R$: $\frac{1}{4\pi\epsilon_0}\frac{Q}{r^2}$, radialmente para fora; $r > 2R$: $\frac{1}{4\pi\epsilon_0}\frac{2Q}{r^2}$, radialmente para fora;

22.45 (a) (i) 0 (ii) 0 (iii) $\frac{q}{2\pi\epsilon_0 r^2}$, radialmente para fora (iv) 0 (v) $\frac{3q}{2\pi\epsilon_0 r^2}$, radialmente para fora (b) (i) 0 (ii) $+2q$ (iii) $-2q$ (iv) $+6q$

22.47 (a) $\frac{qQ}{4\pi\epsilon_0 r^2}$, para o centro da casca (b) 0

22.49 (a) $\frac{\alpha}{2\epsilon_0}\left(1 - \frac{a^2}{r^2}\right)$ (b) $q = +2\pi\alpha a^2$, $E = \frac{\alpha}{2\epsilon_0}$

22.51 $R/2$

22.53 (c) $\frac{Qr}{4\pi\epsilon_0 R^3}\left(4 - \frac{3r}{R}\right)$ (e) $2R/3$ $\frac{Q}{3\pi\epsilon_0 R^2}$

22.55 (b) $|x| > d$ (fora da placa): $\frac{\rho_0 d}{3\epsilon_0}\frac{x}{|x|}\hat{\imath}$ $|x| < d$ (dentro da placa): $\frac{\rho_0 x^3}{3\epsilon_0 d^2}\hat{\imath}$

22.57 (b) $\frac{\rho\vec{b}}{3\epsilon_0}$

22.59 (a) fio retilíneo carregado: A; esfera uniformemente carregada: B (b) $\lambda = 1{,}50 \times 10^{-7}$ C/m, $\rho = 2{,}81 \times 10^{-3}$ C/m^3

22.61 (i) 377 N/C (ii) 653 N/C (iii) 274 N/C (iv) 0

22.63 opção (a)

22.65 opção (b)

CAPÍTULO 23

23.1 $-0{,}356$ J

23.3 $3{,}46 \times 10^{-13}$ J = 2,16 MeV

23.5 (a) 12,5 m/s (b) 0,323 m

23.7 $1{,}94 \times 10^{-5}$ N

23.9 (a) 13,6 km/s; muito tempo depois da partida (b) $2{,}45 \times 10^{17}$ m/s^2; logo após a partida

23.11 $-q/2$

23.13 7,42 m/s, mais rapidamente

23.15 (a) 0 (b) 0,750 mJ (c) $-2{,}06$ mJ

23.17 (a) 0 (b) -175 kV (c) $-0{,}875$ J

23.19 (a) -737 V (b) -704 V (c) $8{,}2 \times 10^{-8}$ J

23.21 (b) $V = \frac{q}{4\pi\epsilon_0}\left(\frac{1}{|x|} - \frac{2}{|x-a|}\right)$ (c) $x = -a, a/3$ e) $V = \frac{q}{4\pi\epsilon_0 x}$

23.23 (a) b (b) 800 V/m (c) $-48{,}0$ μJ

23.25 (a) (i) 180 V (ii) -270 V (iii) -450 V (b) 719 V, casca interna

23.27 (a) oscilatório (b) $1{,}67 \times 10^7$ m/s

23.29 150 m/s

23.31 (a) 94,9 nC/m (b) não, menor (c) 0

23.33 (a) 78,2 kV (b) 0

23.35 0,474 J

23.37 (a) 8,00 kV/m (b) 19,2 μN (c) 0,864 μJ (d) $-0{,}864$ μJ

23.39 -760 V

23.41 (a) (i) $V = \frac{q}{4\pi\epsilon_0}\left(\frac{1}{r_a} - \frac{1}{r_b}\right)$ (a) (i) $V = \frac{q}{4\pi\epsilon_0}\left(\frac{1}{r_a} - \frac{1}{r_b}\right)$ (ii) $V = \frac{q}{4\pi\epsilon_0}\left(\frac{1}{r} - \frac{1}{r_b}\right)$ (iii) $V = 0$ (d) 0 (e) $E = \frac{q - Q}{4\pi\epsilon_0 r^2}$

23.43 (a) $E_x = -Ay + 2Bx$, $E_y = -Ax - C$, $E_z = 0$ (b) $x = -C/A$, $y = -2BC/A^2$, qualquer valor de z

23.45 (a) 0,762 nC

23.47 (a) $-0{,}360$ μJ (b) $x = 0{,}074$ m

23.49 $4{,}2 \times 10^6$ V

23.51 (a) 4,79 MeV, $7{,}66 \times 10^{-13}$ J (b) $5{,}17 \times 10^{-14}$ m

23.53 (a) $-21{,}5$ μJ (b) $-2{,}83$ kV (c) 35,4 kV/m

23.55 (a) $7{,}85 \times 10^4$ V/m$^{4/3}$ (b) $E_x(x) = -(1{,}05 \times 10^5$ V/m$^{4/3})x^{1/3}$ (c) $3{,}13 \times 10^{-15}$ N, em direção ao anodo

23.57 (a) $-\frac{1{,}46q^2}{\pi\epsilon_0 d}$

23.59 47,8 V

23.61 (a) (i) $V = (\lambda/2\pi\epsilon_0)\ln(b/a)$ (ii) $V = (\lambda/2\pi\epsilon_0)\ln(b/r)$ (iii) $V = 0$ (d) $(\lambda/2\pi\epsilon_0)\ln(b/a)$

23.63 (a) $1{,}76 \times 10^{-16}$ N, para baixo (b) $1{,}93 \times 10^{14}$ m/s^2, para baixo (c) 0,822 cm (d) 15,3° (e) 3,29 cm

23.65 (a) 97,1 kV/m (b) 30,3 pC

23.67 $\frac{3}{5}\left(\frac{Q^2}{4\pi\epsilon_0 R}\right)$

23.69 360 kV

23.71 (a) 50,0 g: 216 m/s^2, 12,7 m/s; 150,0 g: 7,20 m/s^2, 4,24 m/s

23.73 (a) $\frac{Q}{4\pi\epsilon_0 a}\ln\left(\frac{x+a}{x}\right)$ (b) $\frac{Q}{4\pi\epsilon_0 a}\ln\left(\frac{a + \sqrt{a^2 + y^2}}{y}\right)$ (c) (a): $\frac{Q}{4\pi\epsilon_0 x}$, (b): $\frac{Q}{4\pi\epsilon_0 y}$

23.75 (a) $\frac{1}{3}$ (b) 3

23.77 (a) 7.580 km/s (b) 7.260 km/s (c) $2{,}3 \times 10^9$ K; $6{,}4 \times 10^9$ K

23.79 (a) $A = -6{,}0$ V/m^2, $B = -4{,}0$ V/m^3, $C = -2{,}0$ V/m^6, $D = 10$ V, $l = 2{,}0$, $m = 3{,}0$, $n = 6{,}0$ (b) (0, 0, 0): 10,0 V, 0; (0,50 m, 0,50 m, 0,50 m): 8,0 V, 6,7 V/m; (1,00 m, 1,00 m, 1,00 m): $-2{,}0$ V, 21 V/m

23.81 (c) $4{,}79 \times 10^{-19}$ C (gota 1), $1{,}59 \times 10^{-19}$ C (gota 2), $8{,}09 \times 10^{-19}$ C (gota 3), $3{,}23 \times 10^{-19}$ C (gota 4) (d) 3 (gota 1), 5 (gota 3), 2 (gota 4) (e) $1{,}60 \times 10^{-19}$ C (gota 1), $1{,}59 \times 10^{-19}$ C (gota 2), $1{,}62 \times 10^{-19}$ C (gotas 3 e 4); $1{,}61 \times 10^{-19}$ C

23.83 $1{,}01 \times 10^{-12}$ m, $1{,}11 \times 10^{-13}$ m, $2{,}54 \times 10^{-14}$ m

23.85 opção (b)

CAPÍTULO 24

24,1 (a) 10,0 kV (b) 22,6 cm^2 (c) 8,00 pF

24.3 (a) 604 V (b) 90,8 cm^2 (c) 1.840 kV/m (d) 16,3 μC/m^2

24.5 (a) 120 μC (b) 60 μC (c) 480 μC

24.7 (a) 1,05 mm (b) 84,0 V

24.9 (a) 4,35 pF (b) 2,30 V

24.11 (a) 15,0 pF (b) 3,09 cm (c) 31,2 kN/C

24.13 (a) 17,5 cm (b) 25,5 nC

24.15 (a) série (b) 5.000

24.17 (a) $Q_1 = Q_2 = 22{,}4$ μC, $Q_3 = 44{,}8$ μC, $Q_4 = 67{,}2$ μC (b) $V_1 = V_2 = 5{,}6$ V, $V_3 = 11{,}2$ V, $V_4 = 16{,}8$ V (c) 11,2 V

24.19 (a) $Q_1 = 156$ μC, $Q_2 = 260$ μC (b) $V_1 = V_2 = 52{,}0$ V

24.21 (a) 19,3 nF (b) 482 nC (c) 162 nC (d) 25 V

24.23 0,0283 J/m^3

24.25 (a) 90,0 pF (b) 0,0152 m^3 (c) 4,5 kV (d) 1,80 μJ

24.27 (a) $U_p = 4U_s$ (b) $Q_p = 2Q_s$ (c) $E_p = 2E_s$

24.29 (a) 24,2 μC (b) $Q_{35} = 7{,}7$ μC, $Q_{75} = 16{,}5$ μC (c) 2,66 mJ (d) $U_{35} = 0{,}85$ mJ, $U_{75} = 1{,}81$ mJ (e) 220 V

24.31 (a) 1,60 nC (b) 8,05

24.33 (a) 3,60 mJ (antes), 13,5 mJ (depois) (b) 9,9 mJ, aumentou

24.35 (a) 0,620 μC/m^2 (b) 1,28

24.37 0,0135 m^2

24.39 (a) 6,3 μC (b) 6,3 μC (c) nenhum

24.41 (a) 10,1 V (b) 2,25

24.43 (a) $\frac{Q}{\epsilon_0 AK}$ (b) $\frac{Qd}{\epsilon_0 AK}$ (c) $K\frac{\epsilon_0 A}{d} = KC_0$

24.45 (a) 421 J (b) 0,054 F

24.47 (a) 0,531 pF (b) 0,224 mm

24.49 (a) 0,0160 C (b) 533 V (c) 4,26 J (d) 2,14 J

24.51 (a) 158 μJ (b) 72,1 μJ

24.53 (a) 2,5 μF (b) $Q_1 = 550$ μC, $Q_2 = 370$ μC, $Q_3 = Q_4 = 180$ μC, $Q_5 = 550$ μC; $V_1 = 65$ V, $V_2 = 87$ V, $V_3 = V_4 = 43$ V, $V_5 = 65$ V

24.55 $C_2 = 6{,}00$ μF, $C_3 = 4{,}50$ μF

24.57 (a) 76 μC (b) 1,4 mJ (c) 11 V (d) 1,3 mJ

24.59 (a) 2,3 μF (b) $Q_1 = 970$ μC, $Q_2 = 640$ μC (c) 47 V

24.61 (a) 3,91 (b) 22,8 V

24.63 1,67 μF

24.65 0,185 μJ

24.67 (b) 2,38 nF

24.69 (a) $C_1 = 6{,}00$ μF, $C_2 = 3{,}00$ μF (b) mesma carga; C_2 armazena mais energia (c) C_1 armazena mais carga e energia

24.71 (a) primeiro (conectado) (b) 144 cm^2 (c) desconectado

24.73 opção (c)

24.75 opção (a)

CAPÍTULO 25

25.1 1,0 C

25.3 (a) $3{,}12 \times 10^{19}$ (b) $1{,}51 \times 10^6$ A/m^2 (c) 0,111 mm/s (d) tanto (b) quanto (c) aumentariam

25.5 (a) 110 min (b) 440 min (c) $v_d \propto 1/d^2$

25.7 (a) 330 C (b) 41 A

25.9 9,0 μA

25.11 (a) $1{,}06 \times 10^{-5}$ $\Omega \cdot$ m (b) 0,00105 (C°)$^{-1}$

25.13 (a) 0,206 mV (b) 0,176 mV

25.15 (a) 1,21 V/m (b) 0,0145 Ω (c) 0,182 V

25.17 0,125 Ω

25.19 (a) $4{,}67 \times 10^{-8}$ Ω (b) $6{,}72 \times 10^{-4}$ Ω

25.21 (a) 11 A (b) 3,1 V (c) 0,28 Ω

25.23 (a) 99,54 Ω (b) 0,0158 Ω

25.25 (a) 27,4 V (b) 12,3 MJ

25.27 (a) 0 (b) 5,0 V (c) 5,0 V

25.29 3,08 V, 0,067 Ω, 1,80 Ω

25.31 (a) 1,41 A, sentido horário (b) 13,7 V (c) $-1{,}0$ V

25.33 (a) 0,471 A, sentido anti-horário (b) 15,2 V

25.35 (a) 144 Ω (b) 240 Ω (c) 100 W: 0,833 A; 60 W: 0,500 A

25.37 (a) 29,8 W (b) 0,248 A
25.39 (a) 3,1 W (b) 7,2 W (c) 4,1 W
25.41 (a) 300 W (b) 0,90 J
25.43 (a) 2,6 MJ (b) 0,063 L (c) 1,6 h
25.45 12,3%
25.47 (a) 24,0 W (b) 4,0 W (c) 20,0 W
25.49 (a) $1{,}55 \times 10^{-12}$ s
25.51 (a) $3{,}65 \times 10^{-8}\ \Omega \cdot$ m (b) 172 A
(c) 2,58 mm/s
25.53 0,060 Ω
25.55 (a) 2,5 mA (b) 21,4 μV/m (c) 85,5 μV/m
(d) 0,180 mV
25.57 (a) 80 C° (b) não
25.59 (a) $\dfrac{\rho h}{\pi r_1 r_2}$
25.61 (a) 0,36 Ω (b) 8,94 V
25.63 (a) 1,0 kΩ (b) 100 V (c) 10 W
25.65 (a) R$ 78,90 (b) R$ 140,27
25.67 (a) $I_A\left(1 + \dfrac{R_A}{r + R}\right)$ (b) 0,0429 Ω
25.69 (a) 171 μΩ (b) 176 μV/m
(c) esquerda: 54,7 μΩ; direita: 116 μΩ
25.71 (a) 204 V (b) 199 J
25.73 6,67 V
25.75 (b) não (c) sim (d) 9,40 W (e) 4,12 W
25.77 (a) $R = \dfrac{\rho_0 L}{A}\left(1 - \dfrac{1}{e}\right), I = \dfrac{V_0 A}{\rho_0 L\left(1 - \dfrac{1}{e}\right)}$
(b) $E(x) = \dfrac{V_0 e^{-x/L}}{L\left(1 - \dfrac{1}{e}\right)}$
(c) $V(x) = \dfrac{V_0\left(e^{-x/L} - \dfrac{1}{e}\right)}{1 - \dfrac{1}{e}}$
25.79 opção (c)
25.81 opção (d)

CAPÍTULO 26

26.1 3*R*/4
26.3 22,5 W
26.5 (a) 3,50 A (b) 4,50 A (c) 3,15 A
(d) 3,25 A
26.7 0,769 A
26.9 (a) 8,80 Ω (b) 3,18 A (c) 3,18 A
(d) $V_{1,60} = 5{,}09$ V, $V_{2,40} = 7{,}63$ V, $V_{4,80} = 15{,}3$ V (e) $P_{1,60} = 16{,}2$ W, $P_{2,40} = 24{,}3$ W, $P_{4,80} = 48{,}5$ W (f) maior resistência
26.11 (a) $I_1 = 8{,}00$ A, $I_3 = 12{,}0$ A (b) 84,0 V
26.13 5,00 Ω; $I_{3,00} = 8{,}00$ A, $I_{4,00} = 9{,}00$ A, $I_{6,00} = 4{,}00$ A, $I_{12,0} = 3{,}00$ A
26.15 (a) $I_1 = 1{,}50$ A, $I_2 = I_3 = I_4 = 0{,}500$ A
(b) $P_1 = 10{,}1$ W, $P_2 = P_3 = P_4 = 1{,}12$ W; lâmpada R_1
(c) $I_1 = 1{,}33$ A, $I_2 = I_3 = 0{,}667$ A
(d) $P_1 = 8{,}00$ W, $P_2 = P_3 = 2{,}00$ W
(e) brilho mais intenso: R_2 e R_3; menos brilho: R_1
26.17 18,0 V, 3,00 A
26.19 1.010 s
26.21 (a) 0,100 A (b) $P_{400} = 4{,}0$ W, $P_{800} = 8{,}0$ W
(c) 12,0 W (d) $I_{400} = 0{,}300$ A, $I_{800} = 0{,}150$ A
(e) $P_{400} = 36{,}0$ W, $P_{800} = 18{,}0$ W (f) 54,0 W
(g) série: lâmpada 800 Ω; paralelo: lâmpada 400 Ω (h) paralelo
26.23 (a) 20,0 Ω (b) A_2: 4,00 A; A_3: 12,0 A; A_4: 14,0 A; A_5: 8,00 A
26.25 (a) 2,00 A (b) 5,00 Ω (c) 42,0 V (d) 3,50 A
26.27 (a) 8,00 A (b) $\mathcal{E}_1 = 36{,}0$ V, $\mathcal{E}_2 = 54{,}0$ V
(c) 9,00 Ω
26.29 (a) 1,60 A (superior), 1,40 A (meio), 0,20 A (inferior) (b) 10,4 V
26.31 (a) 36,4 V (b) 0,500 A
26.33 (a) 2,14 V, *a* (b) 0,050 A, 0; para baixo
26.35 (a) 0,641 Ω (b) 975 Ω
26.37 (a) 17,9 V (b) 22,7 V (c) 21,4%
26.39 (a) 0,849 μF (b) 2,89 s
26.41 (a) 0 (b) 245 V (c) 0 (d) 32,7 mA
(e) (a): 245 V; (b): 0; (c): 1,13 mC; (d): 0
26.43 (a) 4,21 ms (b) 0,125 A
26.45 192 μC
26.47 13,6 A
26.49 (a) 0,937 A (b) 0,606 A
26.51 (a) 165 μC (b) 463 Ω (c) 12,6 ms
26.53 900 W
26.55 (a) 2,2 A, 4,4 V, 9,7 W
(b) 16,3 W; o brilho aumenta
26.57 (a) +0,22 V (b) 0,464 A
26.59 $I_1 = 0{,}848$ A, $I_2 = 2{,}14$ A, $I_3 = 0{,}171$ A
26.61 $I_{2,00} = 5{,}21$ A, $I_{4,00} = 1{,}11$ A, $I_{5,00} = 6{,}32$ A
26.63 (a) 109 V; não (b) 13,5 s
26.65 (a) 186 V, terminal positivo superior
(b) 3,00 A, para cima (c) 20,0 Ω
26.67 (a) −12,0 V (b) 1,71 A (c) 4,21 Ω
26.69 (a) $P_1 + P_2$ (b) $\dfrac{P_1 P_2}{P_1 + P_2}$
26.71 (a) 1,35 W (b) 8,31 ms (c) 0,337 W
26.73 (a) 114 V (b) 263 V (c) 266 V
26.75 (a) 18,0 V (b) *a* (c) 6,00 V
(d) ambas diminuem em 36,0 μC
26.77 (a) $V_{224} = 24{,}8$ V, $V_{589} = 65{,}2$ V
(b) 3.840 Ω (c) 62,6 V (d) não
26.79 1,7 MΩ, 3,1 μF
26.81 (a) −1,23 ms (inclinação), 79,5 μC (valor de *y*)
(b) 247 Ω, 15,9 V (c) 1,22 ms (d) 11,9 V
26.85 (b) 4 (c) 3,2 MΩ, $4{,}0 \times 10^{-3}$
(d) $3{,}4 \times 10^{-4}$ (e) 0,88
26.87 opção (d)

CAPÍTULO 27

27.1 (a) $(-6{,}68 \times 10^{-4}\ \text{N})\hat{\boldsymbol{k}}$
(b) $(6{,}68 \times 10^{-4}\ \text{N})\hat{\imath} + (7{,}27 \times 10^{-4}\ \text{N})\hat{\jmath}$
27.3 (a) positivo (b) 0,0505 N
27.5 9.490 km/s
27.7 (a) $B_x = -0{,}175$ T, $B_z = -0{,}256$ T (b) B_y
(c) 0; 90°
27.9 (a) 1,46 T, no plano *xz* a 40° do eixo +*x* em direção ao eixo −*z*
(b) $7{,}47 \times 10^{-16}$ N, no plano *xz* a partir de 50° do eixo −*x* para o eixo −*z*
27.11 (a) 3,05 mWb (b) 1,83 mWb (c) 0
27.13 −0,78 mWb
27.15 (a) 0,160 mT, em direção à página (b) 0,111 μs
27.17 $7{,}93 \times 10^{-10}$ N, em direção ao sul
27.19 (a) $2{,}84 \times 10^{6}$ m/s, negativo
(b) sim (c) é a mesma
27.21 (a) 835 km/s (b) 26,2 ns (c) 7,27 kV
27.23 0,838 mT
27.25 (a) $(1{,}60 \times 10^{-14}\ \text{N})\hat{\jmath}$ (b) sim
(c) helicoidal; não (d) 1,40 cm
27.27 (a) 7.900 N/C, $\hat{\imath}$ (b) 7.900 N/C, $\hat{\imath}$
27.29 0,0445 T, para fora da página
27.31 (a) 4,92 km/s (b) $9{,}96 \times 10^{-26}$ kg
27.33 2,0 cm
27.35 0,724 N, 63,4° abaixo da direção atual no segmento superior do fio
27.37 (a) 817 V (b) 113 m/s²
27.39 (a) *a* (b) 3,21 kg
27.41 (b) $F_{cd} = 1{,}20$ N (c) 0,420 N · m
27.43 (a) A_2 (b) 290 rad/s²
27.45 (a) $-NIAB\hat{\imath}$, 0 (b) 0, $-NIAB$ (c) $+NIAB\hat{\imath}$, 0
(d) 0, $+NIAB$
27.47 (a) 1,13 A (b) 3,69 A (c) 98,2 V (d) 362 W
27.49 (a) 4,7 mm/s
(b) $+4{,}5 \times 10^{-3}$ V/m, direção +*z*
(c) 53 μV
27.51 (a) $-\dfrac{F_2}{qv_1}\hat{\jmath}$ (b) $F_2/\sqrt{2}$
27.53 (a) $8{,}3 \times 10^{6}$ m/s (b) 0,14 T
27.55 3,45 T, perpendicular à velocidade inicial da moeda
27.57 (a) −3,89 μC
(b) $(7{,}60 \times 10^{14}\ \text{m/s}^2)\hat{\imath} + (5{,}70 \times 10^{14}\ \text{m/s}^2)\hat{\jmath}$
(c) 2,90 cm (d) $2{,}88 \times 10^{7}$ Hz
(e) (0,0290 m, 0, 0,874 m)
27.59 1,6 mm
27.61 $\dfrac{Mg \tan\theta}{LB}$, direita para esquerda
27.63 (a) 8,46 mT (b) 27,2 cm (c) 2,2 cm; sim
27.65 (a) *ILB*, à direita (b) $\dfrac{v^2 m}{2ILB}$ (c) 1.960 km
27.67 1,97 N, 68,3° sentido horário a partir do segmento da esquerda
27.69 0,024 T, direção +*y*
27.71 (a) $F_{PQ} = 0$; $F_{RP} = 12{,}0$ N, para dentro da página; $F_{QR} = 12{,}0$ N, para fora da página
(b) 0 (c) $\tau_{PQ} = \tau_{RP} = 0$; $\tau_{QR} = 3{,}60$ N · m
(d) 3,60 N · m; sim (e) para fora
27.73 $-(0{,}444\ \text{N})\hat{\jmath}$
27.75 (b) esquerda: $(B_0 LI/2)\hat{\imath}$; acima: $-IB_0 L\hat{\jmath}$; direita: $-(B_0 LI/2)\hat{\imath}$; abaixo: 0 (c) $-IB_0 L\hat{\jmath}$
27.77 (a) $-IA\,\hat{\boldsymbol{k}}$ (b) $B_x = \dfrac{3D}{IA}$, $B_y = \dfrac{4D}{IA}, B_z = -\dfrac{12D}{IA}$
27.79 (b) $1{,}85 \times 10^{-28}$ kg (c) 1,20 kV
(d) $8{,}32 \times 10^{5}$ m/s
27.81 (a) 5,14 m (b) 1,72 μs (c) 6,08 mm
(d) 3,05 cm
27.83 opção (c)
27.85 opção (a)

CAPÍTULO 28

28.1 (a) $-(19{,}2\ \mu\text{T})\hat{\boldsymbol{k}}$ (b) 0 (c) $(19{,}2\ \mu\text{T})\hat{\imath}$
(d) $(6{,}79\ \mu\text{T})\hat{\imath}$
28.3 (a) 60,0 nT, para fora da página em *A* e *B*
(b) 0,120 μT, para fora da página (c) 0
28.5 (a) 0 (b) $-(1{,}31\ \mu\text{T})\hat{\boldsymbol{k}}$ (c) $-(0{,}462\ \mu\text{T})\hat{\boldsymbol{k}}$
(d) $(1{,}31\ \mu\text{T})\hat{\jmath}$
28.7 $(97{,}5\ \text{nT})\hat{\boldsymbol{k}}$
28.9 (a) 0,440 μT, para fora da página
(b) 16.7 nT, para fora da página (c) 0
28.11 (a) $(50{,}0\ \text{pT})\hat{\jmath}$ (b) $-(50{,}0\ \text{pT})\hat{\imath}$
(c) $-(17{,}7\ \text{pT})(\hat{\imath} - \hat{\jmath})$ (d) 0
28.13 17,6 μT, para dentro da página
28.15 (a) 0,8 mT (b) 40 μT (é 20 vezes maior)
28.17 250 μA
28.19 (a) 10,0 A (b) em todos os pontos diretamente acima do fio
(c) todos os pontos diretamente a leste do fio
28.21 (a) $-(0{,}10\ \mu\text{T})\hat{\imath}$ (b) 2,19 μT, a 46,8° do eixo +*x* para o eixo +*y*
(c) $(7{,}9\ \mu\text{T})\hat{\imath}$
28.23 (a) 0 (b) 6,67 μT, para o topo da página
(c) 7,54 μT, à esquerda
28.25 (a) 0 (b) 0 (c) 0,40 mT, à esquerda
28.27 (a) *P*: 41 μT, para dentro da página; *Q*: 25 μT, para fora da página

(b) P: 9,0 μT, para fora da página; Q: 9,0 μT, para dentro da página

28.29 (a) 6,00 μN; repulsivo (b) 24,0 μN

28.31 46 μN/m; repulsivo; não

28.33 0,38 μA

28.35 $\dfrac{\mu_0|I_1 - I_2|}{4R}$; 0

28.37 (a) 25,1 μT (b) 503 μT; não

28.39 18,0 A, sentido anti-horário

28.41 (a) 305 A (b) $-3{,}83 \times 10^{-4}$ T · m

28.43 (a) $\mu_0 I/2\pi r$ (b) 0

28.45 (a) 2,83 mT (b) 35,0 μT; não

28.47 (a) 1.790 espiras por metro (b) 63,0 m

28.49 (a) 3,72 MA (b) 249 kA (c) 237 A

28.51 1,11 mT

28.53 (a) (i) 1,13 mT (ii) 4,68 MA/m (iii) 5,88 T

28.55 (a) 1,00 μT, para dentro da página (b) (74,9 nN)$\hat{\jmath}$

28.57 (a) no plano dos fios, entre eles, a 0,300 m do fio de 75,0 A
(b) no plano dos fios, a 0,200 m do fio de 25,0 A e 0,600 m do fio de 75,0 A

28.59 (a) $5{,}7 \times 10^{12}$ m/s^2, afastando-se do fio
(b) 32,5 N/C, afastando-se do fio (c) não

28.61 (a) 81 A (b) $2{,}4 \times 10^{-3}$ N/m

28.63 (a) 2,00 A, para fora da página
(b) 2,13 μT, para cima (c) 2,06 μT

28.65 23,2 A

28.67 (a) $\dfrac{\mu_0 N I a^2}{2} \times$
$$\left\{\frac{1}{\left[(x + a/2)^2 + a^2\right]^{3/2}} + \frac{1}{\left[(x - a/2)^2 + a^2\right]^{3/2}}\right\}$$
(c) $\left(\dfrac{4}{5}\right)^{3/2} \dfrac{\mu_0 N I}{a}$ (d) 20,2 mT (e) 0,0

28.69 (a) $\dfrac{3I}{2\pi R^3}$ (b) (i) $B = \dfrac{\mu_0 I r^2}{2\pi R^3}$
(ii) $B = \dfrac{\mu_0 I}{2\pi r}$

28.71 (b) $B = \dfrac{\mu_0 I_0}{2\pi r}$ (c) $\dfrac{I_0 r^2}{a^2}\left(2 - \dfrac{r^2}{a^2}\right)$
(d) $B = \dfrac{\mu_0 I_0 r}{2\pi a^2}\left(2 - \dfrac{r^2}{a^2}\right)$

28.73 (a) $B = \mu_0 I n/2$, direção $+x$
(b) $B = \mu_0 I n/2$, direção $-x$

28.75 (a) $I_0 = 2\pi b\delta(1 - e^{-a/\delta})$, 81,5 A (b) $\dfrac{\mu_0 I_0}{2\pi r}$
(c) $\left(\dfrac{e^{r/\delta} - 1}{e^{a/\delta} - 1}\right) I_0$ (d) $\dfrac{\mu_0 I}{2\pi r}\left(\dfrac{e^{r/\delta} - 1}{e^{a/\delta} - 1}\right)$
(e) $r = \delta$: 175 μT; $r = a$: 326 μT; $r = 2a$: 163 μT

28.77 (a) não (c) 65 A, 1,2 cm

28.79 (b) $\dfrac{1}{2g}\left(\dfrac{\mu_0 Q_0^2}{4\pi\lambda RCd}\right)^2$

28.81 opção (b)

28.83 opção (c)

CAPÍTULO 29

29.1 (a) 17,1 mV (b) 28,5 mA

29.3 (a) $Q = NBA/R$ (c) não

29.5 (a) 34 V (b) sentido anti-horário

29.7 (a) $\mu_0 i/2\pi r$, para dentro da página
(b) $\dfrac{\mu_0 i}{2\pi r} L dr$ (c) $\dfrac{\mu_0 i L}{2\pi} \ln(b/a)$
(d) $\dfrac{\mu_0 L}{2\pi} \ln(b/a) \dfrac{di}{dt}$ (e) 0,506 μV

29.9 (a) 5,44 mV (b) sentido horário

29.11 (a) bAv (b) sentido horário
(c) bAv, sentido anti-horário

29.13 10,4 rad/s

29.15 (a) sentido anti-horário (b) sentido horário
(c) nenhuma corrente induzida

29.17 (a) C: sentido anti-horário;
A: sentido horário
(b) em direção ao fio

29.19 (a) a para b (b) b para a (c) b para a

29.21 (a) sentido horário
(b) nenhuma corrente induzida
(c) sentido anti-horário

29.23 13,2 mA, sentido anti-horário

29.25 (a) 0,675 V (b) b (c) 2,25 V/m, b para a
(d) b (e) (i) 0 (ii) 0

29.27 46,2 m/s = 103 mph; não

29.29 (a) 3,00 V (b) b para a
(c) 0,800 N, à direita (d) 6,00 W para cada

29.31 (a) sentido anti-horário (b) 42,4 mW

29.33 35,0 m/s, à direita

29.35 (a) 0,225 A, sentido horário (b) 0
(c) 0,225 A, sentido anti-horário

29.37 (a) $\pi r_1^2 \dfrac{dB}{dt}$ (b) $\dfrac{r_1}{2}\dfrac{dB}{dt}$ (c) $\dfrac{R^2}{2r_2}\dfrac{dB}{dt}$
(e) $\dfrac{\pi R^2}{4}\dfrac{dB}{dt}$ (f) $\pi R^2 \dfrac{dB}{dt}$ (g) $\pi R^2 \dfrac{dB}{dt}$

29.39 9,21 A/s

29.41 0,950 mV

29.43 (a) 0,599 nC (b) 6,00 mA (c) 6,00 mA

29.45 (a) interior: $B = 0$, $\vec{M} = -(0{,}103\ \text{MA/m})\hat{\imath}$;
exterior: $\vec{B} = (0{,}130\ \text{T})\hat{\imath}$, $M = 0$
(b) interior e exterior:
$\vec{B} = (0{,}260\ T)\hat{\imath}$, $M = 0$

29.47 (a) 3,7 A (b) 1,33 mA
(c) sentido anti-horário

29.49 16,2 μV

29.51 (a) $\dfrac{\mu_0 I a b v}{2\pi r(r + a)}$ (b) sentido horário

29.53 (a) 17,9 mV (b) a para b

29.55 $\mu_0 I W/4\pi$

29.57 (a) $\dfrac{\mu_0 I v}{2\pi} \ln(1 + L/d)$ (b) a (c) 0

29.59 (a) 0,165 V (b) 0,165 V (c) 0; 0,0412 V

29.61 (a) $B^2 L^2 v/R$

29.63 a: $\dfrac{qr}{2}\dfrac{dB}{dt}$, à esquerda;
b: $\dfrac{qr}{2}\dfrac{dB}{dt}$, para o topo da página; c: 0

29.65 5,0 s

29.67 (a) 0,3071 s^{-1} (b) 3,69 T (c) a (d) 2,26 s

29.69 (a) a para b (b) $\dfrac{Rmg \tan\phi}{L^2 B^2 \cos\phi}$ (c) $\dfrac{mg\tan\phi}{LB}$
(d) $\dfrac{Rm^2 g^2 \tan^2\phi}{L^2 B^2}$ (e) $\dfrac{Rm^2 g^2 \tan^2\phi}{L^2 B^2}$; é a mesma

29.71 opção (c)

29.73 opção (c)

CAPÍTULO 30

30.1 (a) 0,270 V; sim (b) 0,270 V

30.3 6,32 μH

30.5 (a) 1,96 H (b) 7,11 mWb

30.7 (a) 1.940 (b) 800 A/s

30.9 (a) 0,250 H (b) 0,450 mWb

30.11 (a) 4,68 mV (b) a

30.13 (a) 1.000 (b) 2,09 Ω

30.15 (b) 0,111 μH

30.17 2.850

30.19 (a) 0,161 T (b) 10,3 kJ/m^3
(c) 0,129 J (d) 40,2 μH

30.21 91,7 J

30.23 (a) 2,40 A/s (b) 0,800 A/s (c) 0,413 A
(d) 0,750 A

30.25 (a) 17,3 μs (b) 30,7 μs

30.27 (a) 0,250 A (b) 0,137 A (c) 32,9 V; c
(d) 0,462 ms

30.29 15,3 V

30.31 (a) 443 nC (b) 358 nC

30.33 (a) 25,0 mH (b) 90,0 nC (c) 0,540 μJ
(d) 6,58 mA

30.35 (a) 105 rad/s, 59,6 ms (b) 0,720 mC
(c) 4,32 mJ (d) $-0{,}542$ mC
(e) $-0{,}050$ A, sentido anti-horário
(f) $U_C = 2{,}45$ mJ, $U_L = 1{,}87$ mJ

30.37 (a) 7,50 μC (b) 15,9 kHz (c) 21,2 mJ

30.39 (a) 298 rad/s (b) 83,8 Ω

30.41 (a) 8,76 kHz (b) 1,35 ms (c) 2.420 Ω

30.43 (a) 0,288 μH (b) 14,2 μV

30.45 20 km/s; cerca de 30 vezes menor

30.47 (a) $\dfrac{\mu_0 i}{2\pi r}$ (b) $\dfrac{\mu_0 i^2 l}{4\pi r} dr$ (c) $\dfrac{\mu_0 i^2 l}{4\pi} \ln(b/a)$
(d) $\dfrac{\mu_0 l}{2\pi} \ln(b/a)$

30.49 (a) 5,00 H (b) 31,7 m; não

30.51 222 μF, 9,31 μH

30.53 (a) 0,896 mJ (b) 0,691 A; 0

30.55 (a) 24,0 mV (b) 1,55 mA (c) 72,1 nJ
(d) 5,20 μC, 18,0 nJ

30.57 (a) 0, 20,0 V (b) 0,267 A, 0
(c) 0,147 A, 9,0 V

30.59 (a) $A_1 = A_4 = 0{,}800$ A, $A_2 = A_3 = 0$;
$V_1 = 40{,}0$ V, $V_2 = V_3 = V_4 = V_5 = 0$
(b) $A_1 = 0{,}480$ A, $A_2 = 0{,}160$ A,
$A_3 = 0{,}320$ A, $A_4 = 0$; $V_1 =$ 24,0 V, $V_2 = 0$, $V_3 = V_4 =$ $V_5 = 16{,}0$ V (c) 192 μC

30.61 (a) 60,0 V (b) a (c) 60,0 V (d) c
(e) $-96{,}0$ V (f) b (g) 156 V (h) d

30.63 (a) 0; $v_{ac} = 0$, $v_{cb} = 36{,}0$ V
(b) 0,180 A, $v_{ac} = 9{,}0$ V, $v_{cb} = 27{,}0$ V
(c) $i_0 = (0{,}180\ \text{A})\,(1 - e^{-t/(0{,}020\ \text{s})})$,
$v_{ac} = (9{,}0\ \text{V})\,(1 - e^{-t/(0{,}020\ \text{s})})$,
$v_{cb} = (9{,}0\ \text{V})\,(3{,}00 + e^{-t/(0{,}020\ \text{s})})$

30.65 (a) $A_1 = A_4 = 0{,}455$ A, $A_2 = A_3 = 0$
(b) $A_1 = 0{,}585$ A, $A_2 = 0{,}320$ A,
$A_3 = 0{,}160$ A, $A_4 = 0{,}107$ A

30.67 (a) $v_L = \dfrac{\epsilon}{R + R_L}\left(R_L + Re^{-(R+R_L)t/L}\right)$
(b) 50,0 V (c) 30,0 V; 3,00 A (d) 6,67 Ω
(e) 40,0 mH

30.69 (b) 5,0 Ω, 8,5 H (c) 1,7 kJ; 2,0 kW

30.71 (a) $i_1 = \dfrac{\epsilon}{R_1}(1 - e^{-R_1 t/L})$, $i_2 = \dfrac{\epsilon}{R_2} e^{-t/R_2 C}$,
$q_2 = \epsilon C(1 - e^{-t/R_2 C})$
(b) $i_1 = 0$, $i_2 = 9{,}60$ mA
(c) $i_1 = 1{,}92$ A, $i_2 = 0$; $t >> L/R_1$ e $t >> R_2 C$
(d) 1,6 ms (e) 9,4 mA (f) 0,22 s

30.73 opção (b)

30.75 opção (c)

CAPÍTULO 31

31.1 1,06 A

31.3 (a) 31,8 V (b) 0

31.5 (a) 90°; adiantada (b) 193 Hz

31.7 13,3 μF

31.9 (a) 1.510 Ω (b) 0,239 H (c) 497 Ω
(d) 16,6 μF

31.11 (a) (12,5 V) cos[(480 rad s)t] (b) 7,17 V

31.13 (a) $i = (0{,}0253\ \text{A})\cos[(720\ \text{rad/s})t]$
(b) 180 Ω
(c) $v_L = -(4{,}56\ \text{V})\,\text{sen}[(720\ \text{rad/s})t]$

31.15 (a) 601 Ω (b) 49,9 mA (c) $-70{,}6°$; atrasada

(d) $V_R = 9{,}98$ V, $V_L = 4{,}99$ V, $V_C = 33{,}3$ V
31.17 50,0 V
31.19 (a) 40,0 W (b) 0,167 A (c) 720 Ω
31.21 (b) 76,7 V
31.23 (a) 45,8°, 0,697 (b) 344 Ω (c) 155 V (d) 48,6 W (e) 48,6 W (f) 0 (g) 0
31.25 (a) 0,302 (b) 0,370 W (c) 0,370 W (resistor), 0, 0
31.27 (a) 113 Hz; 15,0 mA (b) 7,61 mA; atrasada
31.29 (a) 150 V (b) $V_R = 150$ V, $V_L = V_C = 1.290$ V (c) 37,5 W
31.31 (a) 1,00 (b) 75,0 W (c) 75,0 W
31.33 (a) 945 rad/s (b) 70,6 Ω (c) $V_L = V_C = 450$ V, $V_R = 120$ V
31.35 (a) 10 (b) 2,40 A (c) 28,8 W (d) 500 Ω
31.37 0,124 H
31.39 230 Ω
31.41 $3{,}59 \times 10^7$ rad/s
31.43 (a) indutor (b) 0,133 H
31.45 (a) 0,831 (b) 161 W
31.47 $\dfrac{V_{\text{saída}}}{V_s} = \sqrt{\dfrac{R^2 + \omega^2 L^2}{R^2 + \left(\omega L - \dfrac{1}{\omega C}\right)^2}}$
31.51 (a) 102 Ω (b) 0,882 A (c) 270 V
31.53 (a) $V_R = 48{,}6$ V, $V_L = 155$ V, $V_C = 243$ V, −60,9° (b) $V_R = 100$ V, $V_L = V_C = 400$ V, 0° (c) $V_R = 48{,}6$ V, $V_L = 243$ V, $V_C = 155$ V, +60,9°
31.55 (b) 5.770 rad/s (c) 2,40 A (d) 2,40 A (e) 0,139 A (f) 0,139 A
31.57 (a) $\omega = 28.800$ rad/s, de modo que $\phi = 60°$ (b) $P_R = 0{,}375$ W, $P_L = P_C = 0$; 0,100 A
31.59 (a) 0,750 A (b) 160 Ω (c) 341 Ω, 619 Ω (d) 341 Ω
31.61 (a) $\dfrac{V}{R}$ b) $\dfrac{V}{R}\sqrt{\dfrac{L}{C}}$ (c) $\dfrac{V}{R}\sqrt{\dfrac{L}{C}}$ (d) $\frac{1}{2}L\dfrac{V^2}{R^2}$ (e) $\frac{1}{2}L\dfrac{V^2}{R^2}$
31.63 (a) 20,6 Ω (b) 105 μF (c) 699 W
31.65 20,0 Ω, 0,18 H
31.67 (a) $\frac{1}{2}V_R I$ (b) 0 (c) 0
31.69 opção (b)
31.71 opção (d)

CAPÍTULO 32

32.1 (a) 1,28 s (b) $8{,}15 \times 10^{13}$ km
32.3 13,3 nT, direção $+y$
32.5 $3{,}0 \times 10^{18}$ Hz, $3{,}3 \times 10^{-19}$ s, $6{,}3 \times 10^{10}$ rad/s
32.7 (a) $6{,}94 \times 10^{14}$ Hz (b) 375 V/m (c) $E(x, t) = (375 \text{ V/m}) \times \cos[(1{,}45 \times 10^7 \text{ rad/m})x - (4{,}36 \times 10^{15} \text{ rad/s})t]$, $B(x, t) = (1{,}25\ \mu\text{T}) \times \cos[(1{,}45 \times 10^7 \text{ rad/m})x - (4{,}36 \times 10^{15} \text{ rad/s})t]$
32.9 (a) (i) 60 kHz (ii) $6{,}0 \times 10^{13}$ Hz (iii) $6{,}0 \times 10^{16}$ Hz (b) (i) $4{,}62 \times 10^{-14}$ m = $4{,}62 \times 10^{-5}$ nm (ii) 508 m = $5{,}08 \times 10^{11}$ nm
32.11 (a) direção $+y$ (b) 0,149 mm (c) $\vec{B} = (1{,}03 \text{ mT}) \cos[(4{,}22 \times 10^4 \text{ rad/m})y - (1{,}265 \times 10^{13} \text{ rad/s})t]\hat{\imath}$
32.13 (a) 361 m (b) 0,0174 rad/m (c) $5{,}22 \times 10^6$ rad/s (d) 0,0144 V/m
32.15 (a) 0,381 μm (b) 0,526 μm (c) 1,38 (d) 1,90
32.17 (a) 330 W/m^2 (b) 500 V/m, 1,7 μT
32.19 $2{,}5 \times 10^{25}$ W
32.21 (a) 0,24 mW (b) 17,4 V/m
32.23 12,0 V/m, 40,0 nT
32.25 850 kW
32.27 (a) 0,18 mW (b) 274 V/m, 0,913 μT (c) 0,18 mJ/s (d) 0,010 W/cm^2
32.29 (a) 637 W/m^2 (b) 693 V/m, 2,31 μT (c) 2,12 μJ/m^3
32.31 (a) 30,5 cm (b) 2,46 GHz (c) 2,11 GHz
32.33 (a) 0,375 mJ (b) 4,08 mPa (c) 604 nm, $3{,}70 \times 10^{14}$ Hz (d) 30,3 kV/m, 101 μT
32.35 (a) $6{,}02 \times 10^{-9}$ W/m^2 (b) $2{,}13 \times 10^{-3}$ N/C, $7{,}10 \times 10^{-12}$ T (c) $1{,}20 \times 10^{-18}$ N; não
32.37 (a) em $r = R$: 64 MW/m^2, 0,21 Pa; em $r = R/2$: 260 MW/m^2, 0,85 Pa (b) não
32.39 $3{,}89 \times 10^{-13}$ rad/s^2
32.41 (a) $\rho I/\pi a^2$, no sentido da corrente (b) $\mu_0 I/2\pi a$, sentido anti-horário se a corrente for para fora da página (c) $\dfrac{\rho I^2}{2\pi^2 a^3}$, radialmente para dentro (d) $\dfrac{\rho I^2}{\pi a^2} = I^2 R$
32.43 (a) 1,363 m (b) 10,90 m
32.45 (a) $9{,}75 \times 10^{-15}$ W/m^2 (b) 2,71 μV/m, $9{,}03 \times 10^{-15}$ T, 67,3 ms (c) $3{,}25 \times 10^{-23}$ Pa (d) 0,190 m
32.47 (a) $\dfrac{4\rho G\pi MR^3}{3r^2}$ (b) $\dfrac{LR^2}{4cr^2}$ (c) 0,19 μm; não
32.49 (b) $3{,}00 \times 10^8$ m/s
32.51 (b) $1{,}39 \times 10^{-11}$ (c) $2{,}54 \times 10^{-8}$
32.53 (c) 66,0 μm
32.55 opção (d)

CRÉDITOS

Sobre a capa do livro O projeto arquitetônico exibido na capa deste livro foi baseado em um desenho feito por Leonardo da Vinci em 1502 para ser uma ponte de pedra na Turquia. As anotações de Leonardo da Vinci permaneceram cerca de 500 anos na obscuridade. Finalmente, em 2001, o artista norueguês Vebjörn Sand, em colaboração com a Administração de Estradas da Noruega, transformou em realidade aquele desenho de Leonardo da Vinci e projetou esta elegante ponte que foi construída nas proximidades de Oslo. O caminho para pedestres na parte superior da ponte é sustentado por três arcos parabólicos.

Capítulo 21 Abertura: Mikael Damkier/Shutterstock; 21.5: Clayton Stalter/Journal-Courier/The Image Works; 21.8a: Richard Megna/Fundamental Photographs; Appl. p. 690: Knape/Getty Images; Appl. p. 695: Matt9122/Shutterstock; 21.29a: Richard Megna/Fundamental Photographs; 21.30b: OtnaYdur/Shutterstock; Appl. p. 709: Mark Smith/Science Source; PP21.98–101: Dados de "Detection and Learning of Floral Electric Fields by Bumblebees", Dominic Clarke et al., *Science*, April 5, 2013: Vol. 340, no. 6128, pp. 66–69: http://www.sciencemag.org

Capítulo 22 Abertura: U. S. Department of Energy; Appl. p. 726: Oxford Scientific/Getty Images; 22.10: Akg-images; Appl. p. 738: David Furness, Keele University/Science Source; 22.27b: Peter Terren/Tesladownunder; Appl. p. 741: Yevgeniy11/Shutterstock

Capítulo 23 Abertura: Ted Kurihara Photography/The Image Bank/Getty Images; 23.9: John F. Kennedy/NASA; 23.11: Vladyslav Danilin/Fotolia; Appl. p. 760: StockLite/Shutterstock; Appl. p. 762: BSIP/Newscom; 23.17: Keystone/Hulton Archive/Getty Images; 23.22: USGS; Appl. p. 773: 3d4Medical.com/Motif/Corbis

Capítulo 24 Abertura: Damir Sagolj/Reuters; 24.3: Nejron Photo/Shutterstock; 24.4: Andrew Lambert Photography/Science Source; 24.7: Eric Schrader/Pearson Education; Appl. p. 791: OtnaYdur/Shutterstock; 24.11: Sandia National Laboratories; Appl. p. 800: Ernest Prim/Getty Images; Appl. p. 802: Pearson Science

Capítulo 25 Abertura: JGI/Tom Grill/Getty Images; 25.4: Eric Schrader/Pearson Education; 25.5: Stockbyte/Stockbyte/Getty Images; Appl. p. 822: Dr. David Furness, Keele University/Science Source; 25.8: TFoxFoto/Shut-terstock; 25.12: Laurence Gough/Shutterstock; Appl. p. 828: Andrew J. Martinez/Science Source; 25.15: Richard Megna/Fundamental Photographs; p. 847 (tabela): Fonte: Based on F. Vollrath e D. Edmonds, "Consequences of electrical conductivity in an orb spider's capture web", *Naturwissenschaften*: Dezembro de 2013, 100:12, pp. 1163–69

Capítulo 26 Abertura: 06photo/Shutterstock; 26.2: Claro Cortes/Reuters; 26.5: John P. Surey; 26.13: John P. Surey; Appl. p. 859: Gary Ombler/Dorling Kindersley; 26.18: Richard Megna/Fundamental Photographs; Appl. p. 864: Science Source; 26.25a: Vladimir Arndt/Shutterstock; 26.25b: Evgeny Tomeev/Shutterstock

Capítulo 27 Abertura: Michael Flippo/Fotolia; 27.2b: Fotolia; Appl. p. 884: Robert Smith/age fotostock/Getty Images; Appl. p. 885: luminaimages/Shutterstock; 27.14ab: Richard Megna/Fundamental Photographs; 27.17b: Richard Megna/Fundamental Photographs; 27.20a: NASA; 27.20b: Roman Krochuk/Shutterstock; 27.21: Lawrence Berkeley National Laboratory; Appl. p. 901: Simon Fraser/Science Source; 27.40: Jeremy Burgess/Science Source

Capítulo 28 Abertura: CERN/European Organization for Nuclear Research; Appl. p. 925 (Terra): NASA; Appl. p. 925 (Lua): Godrick/Shutterstock; 28.8: Pearson Education; 28.11: Jeremy Walker/Science Source; Appl. p. 932: James Steidl/Fotolia; Appl. p. 939: Pearson Education; Appl. p. 944: Dr. Kenneth Scarberry

Capítulo 29 Abertura: Jabejon/E+/Getty Images; Appl. p. 956: Simon Fraser/University of Durham/Science Source; 29.9: Maximilian Stock Ltd/Science Source; 29.19a: Kim Kulish/Corbis News/Corbis; 29.19b: Susan & Allan Parker/Alamy; Appl. p. 973: NASA/JPL/Caltech; 29.27: Richard Megna/Fundamental Photographs

Capítulo 30 Abertura: EschCollection/Photonica/Getty Images; 30.2: Shutterstock; Appl. p. 994: Ron Chapple/The Image Bank/Getty Images; 30.7: Turleyt/Fotolia; Appl. p. 999: SOHO/NASA; 30.10: Science Source

Capítulo 31 Abertura: Roger A. Freedman; 31.5: Rubberball/Mike Kemp/Getty Images; 31.14: Lawrence Migdale/Science Source; Appl. p. 1030: Mauro Fermariello/Science Source; Appl. p. 1039: Katharina Wittfeld/Shutterstock; 31.22: Thomas Barrat/Shutterstock; 31.23: Roger A. Freedman

Capítulo 32 Abertura: JLImages/Alamy; 32.1 (citação): Fonte: Albert Einstein in James Clerk Maxwell, *A Commemoration Volume* (Nova York: The Macmillan Company, 1931), p. 71; 32.1: Bettmann/Corbis; 32.2a: Daniel Laflor/Vetta/Getty Images; 32.2b: sss78/Fotolia; Appl. p. 1054: Ted Kinsman/Science Source; 32.16: Dudarev Mikhail/Shutterstock; 32.18: Craig Holmes Premium/Alamy; Appl. p. 1065: Alexander Tsiaras/Science Source; 32.20: NASA; 32.23: grzymkiewicz/Getty Images; PP32.54–56: Dados de ICNIRP Guidelines For Limiting Exposure To Time-Varying Electric, Magnetic and Electromagnetic Fields (up to 300 Ghz). *Health Physics* 74 (4): 494–522; 1998

ÍNDICE REMISSIVO

Nota: os números de página seguidos de f indicam figuras; aqueles seguidos de t indicam tabelas.

D

E

F

Fluxo de energia eletromagnética, 426–428

G

H

I

J

K

L

M

N

O

P

Q

R

SOBRE OS AUTORES

Roger A. Freedman é conferencista de física na Universidade da Califórnia em Santa Bárbara (UCSB). Ele fez a graduação no *campus* da Universidade da Califórnia em San Diego e Los Angeles, e as pesquisas para sua tese de doutorado versaram sobre teoria nuclear, na Universidade de Stanford, sob a orientação do professor J. Dirk Walecka. O dr. Freedman ingressou na UCSB em 1981, depois de ter trabalhado por três anos em pesquisa e ensino de física na Universidade de Washington.

Na UCSB, lecionou no Departamento de Física, bem como no College of Creative Studies, um setor da universidade destinado a alunos de graduação altamente motivados e competentes. Ele publicou trabalhos de pesquisa em física nuclear, física das partículas elementares e física do laser. Ultimamente, tem lutado para tornar as aulas de física uma experiência mais interativa, com o uso de sistemas de resposta em sala de aula e vídeos pré-aula.

Nos anos 1970, o dr. Freedman trabalhou como letrista de revistas de quadrinhos e ajudou a organizar a San Diego Comic-Con (atualmente, a maior convenção de cultura popular do mundo) durante seus primeiros anos. Hoje, quando não está lecionando ou debruçado sobre um computador, dr. Freedman está voando (ele tem licença de piloto comercial) ou com sua esposa, Caroline, animando os remadores da equipe masculina e feminina da UCSB.

À MEMÓRIA DE HUGH YOUNG (1930-2013)

Hugh D. Young foi professor emérito de física na Universidade Carnegie Mellon em Pittsburgh, Pennsylvania. Ele estudou na Carnegie-Mellon tanto na graduação quanto na pós-graduação, obtendo o título de Ph.D. na teoria de partículas fundamentais, sob a orientação do professor Richard Cutkosky. Young começou a trabalhar na Carnegie Mellon em 1956 e aposentou-se em 2004. Ele também atuou duas vezes como professor visitante na Universidade da Califórnia, em Berkeley.

A carreira do professor Young girou inteiramente em torno do ensino de graduação. Ele escreveu diversos livros de física em nível de graduação e, em 1973, foi coautor, com Francis Sears e Mark Zemansky, dos famosos livros de introdução à física. Além de sua participação no livro *University Physics*, de Sears e Zemansky, ele foi autor de *College Physics*, dos mesmos autores.

O professor Young obteve o título de bacharel em performance de órgão pela Carnegie Mellon em 1972 e foi organista associado por vários anos na Catedral de St. Paul, em Pittsburgh. Ele frequentemente se aventurava no deserto para caminhar, escalar ou explorar cavernas com os alunos do Explorers Club da Carnegie Mellon, que fundou como aluno de graduação e depois assessorou. O professor Young e sua esposa, Alice, hospedavam até 50 alunos a cada ano para jantares de Ação de Graças em sua casa.

Sempre generoso, dr. Young expressava sua admiração de forma ardente: “Estendo meus cordiais agradecimentos aos meus colegas da Carnegie Mellon, em especial aos professores Robert Kraemer, Bruce Sherwood, Ruth Chabay, Helmut Vogel e Brian Quinn, por discussões estimulantes sobre pedagogia da Física e por seu apoio e incentivo durante a elaboração das sucessivas edições deste livro. Agradeço também às muitas gerações de estudantes da Carnegie Mellon, por me ajudarem a entender o que é ser um bom professor e um bom escritor e por me mostrarem o que funciona ou não. É sempre um prazer e um privilégio expressar minha gratidão à minha esposa, Alice, e minhas filhas, Gretchen e Rebecca, pelo amor, apoio e amparo emocional durante a elaboração das sucessivas edições deste livro. Quem dera todos os homens e mulheres fossem abençoados com o amor que elas me dedicam.” Nós, da Pearson, apreciamos seu profissionalismo, boa índole e cooperação. Sentiremos falta dele.

A. Lewis Ford é professor de física na Universidade A&M do Texas. Ele recebeu o grau de *Bachelor of Arts* (B.A.) na Universidade Rice em 1968 e o título de Ph.D. em físico-química na Universidade do Texas, em Austin, em 1972. Depois de um pós-doutorado de um ano na Universidade de Harvard, ele começou a trabalhar na faculdade de física da Universidade A&M do Texas, em 1973, e ali permanece até hoje. Suas pesquisas versam sobre física atômica teórica, particularmente em colisões atômicas. Na Universidade A&M do Texas, lecionou em diversos cursos de graduação e de pós-graduação, porém se dedicou mais à física básica.